Dubbels Taschenbuch für den Maschinenbau

Bearbeitet von

Dipl.-Ing. Ch. Bouché, Dr.-Ing. O. Deublein, Dr.-Ing. K.-A. Ebert, Dr.-Ing. B. Eck, Prof. Dr.-Ing. F. Fröhlich, Dipl.-Ing. A. Garve, Dr.-Ing. W. Gumz, Ing. K. Hain, Dr. phil. V. Happach, Prof. Dr.-Ing. W. Hofmann, Dipl.-Ing. G. Köhler, Dr.-Ing. H. Kraussold, Prof. Dipl.-Ing. W. Lehmann, Dr.-Ing. A. Leitner, Prof. Dr.-Ing. E. Metzmeier, Prof. Dr.-Ing. W. Meyer zur Capellen, Prof. Dr.-Ing. K. Nesselmann, Dr. Dr. B. Riediger, Dr.-Ing. H. Rögnitz, Prof. Dr.-Ing. F. Sass, Dr.-Ing. H. Sigwart, Prof. Dr.-Ing. E. Sörensen, Prof. Dr. phil. nat. O. Schäfer, Dipl.-Ing. K. Schmidt, Dipl.-Ing. E. Schulz, Prof. Dr.-Ing. A. Vierling, Dr.-Ing. F. Wettstädt

Zweiter berichtigter Neudruck der

zwölften völlig neubearbeiteten Auflage

herausgegeben von

Dr.-Ing. Dr.-Ing. E. h.

F. Sass

Professor an der Technischen Universität Berlin

Dipl.-Ing.

Ch. Bouché

vorm. Direktor der Staatlichen Ingenieurschule Beuth, Berlin

Dr.-Ing.

A. Leitner

Bundesanstalt für Materialprüfung Berlin

Mit etwa 3000 Abbildungen

In zwei Bänden

Zweiter Band

Springer-Verlag Berlin Heidelberg GmbH 1966

ISBN 978-3-662-40822-3 ISBN 978-3-662-41306-7 (eBook)
DOI 10.1007/978-3-662-41306-7

Ursprünglich erschienen bei Springer-Verlag OHG., Berlin/Göttingen/Heidelberg 1961
Softcover reprint of the hardcover 2nd edition 1961

Library of Congress Catalog Card Number: 62–1529

Inhaltsverzeichnis

Zweiter Band

Dampferzeugungsanlagen

Bearbeitet von Dipl.-Ing. *E. Schulz*, Berlin

Gaserzeuger (Generatoren)

Bearbeitet von Dipl.-Ing. *Kurt Schmidt*, Köln

Kraft- und Arbeitsmaschinen mit Kolbenbewegung

Schwungräder, Massenausgleich, Schwingungen und Regler

Bearbeitet von Prof. Dr.-Ing. *F. Sass*, Berlin

Strömungsmaschinen

Bearbeitet von Prof. Dr.-Ing. *E. Sörensen* und Obering. *A. Garve*, Augsburg

Kondensation und Rückkühlung

Bearbeitet von Dr.-Ing. *H. Kraussold*, Ingelheim

Kopplung der Erzeugung und Verwendung von Kraft und Wärme

Bearbeitet von Dr. techn. Dr. jur. *Bruno Riediger*, Frankfurt/Main

Kältetechnik

Bearbeitet von Prof. Dr.-Ing. *K. Nesselmann*, Karlsruhe

Hebe- und Fördermittel

Bearbeitet von Prof. Dr.-Ing. *A. Vierling*, Hannover

Verfahren und Maschinen der Metallbearbeitung

Bearbeitet von Dr.-Ing. *H. Rögnitz*, Berlin

Kraftwagen

Bearbeitet von Dr.-Ing. *F. Wettstädt*, Frankfurt/Main

Regelungstechnik

Bearbeitet von Prof. Dr. phil. nat. *O. Schäfer*, Aachen

Elektrotechnik

Bearbeitet von Prof. Dipl.-Ing. *W. Lehmann*, Hannover

Berichtigung

Auf S. 552 muß die zweite Gleichung von oben richtig lauten:

$$N_B \approx (1{,}1 \text{ bis } 1{,}2)\, \frac{G_{ges}}{g} \cdot \frac{v_L'}{60 \cdot t_a} \cdot \frac{v_L'}{60} \cdot \frac{1}{102 \cdot \eta_{ges}} \text{ kW};$$

Beziehungen zwischen dem technischen und dem internationalen (MKS-)Maßsystem *

Größe	Technisches Maßsystem Einheiten: Länge m Kraft kg * Zeit sek	MKS-Maßsystem Einheiten: Länge m Masse kg Zeit sek
Kraft	1 kp = 9,81 N	N (Newton) 1 N = 1 kg m/sek^2 = 10^5 dyn 1 N = 0,102 kp
Masse	kp sek^2/m 1 kp sek^2/m = 9,80665 kg (= 1 hyl)	g kg t 1 kg = 0,102 kp sek^2/m
spez. Gewicht	p/cm^3, kp/dm^3	—
Dichte	p sek^2/cm^4, kp sek^2/dm^4	g/cm^3, kg/dm^3
Druck	kp/cm^2, kp/m^2 1 kp/m^2 = 9,80665 N/m^2 1 at = 1 kp/cm^2 = 9,80665·10^4 N/m^2 1 at = 0,980665 bar = 735,56 Torr 1 Atm = 1,01325 bar = 760 Torr	N/m^2 1 N/m^2 = 1 kg/(m sek^2) 1 N/m^2 = 0,102 kp/m^2 1 N/m^2 = 0,102 · 10^{-4} kp/cm^2 1 bar = 10^5 N/m^2 = 1 Mdyn/cm^2 1 bar = 1,02 at = 750,06 Torr = 0,9869 Atm
Arbeit, Energie	mkp, PSh, kWh 1 mkp = 3,704 · 10^{-6} PSh = 2,724 · 10^{-6} kWh 1 mkp = 9,80665 J 1 kcal = 4,1868 · 10^3 J	J (Joule) 1 J = 1 Nm = 1 Wsek = 1 kgm^2/sek^2 1 J = 0,102 mkp = 3,7767·10^{-7} PSh = 2,7778·10^{-7} kWh = 2,3884·10^{-4} kcal
Leistung	mkp/sek, PS, kW 75 mkp/sek = 1 PS = 0,7355 kW 1 mkp/sek = 9,81 W	W 1 W = 1 J/sek = 1 Nm/sek = 1 kgm^2/sek^3 1 W = 0,102 mkp/sek
spez. Wärme	kcal/kg grd 1 kcal/kg grd = 4,1868·10^3 J/kg grd	J/kg grd 1 J/kg grd = 2,3884·10^{-4} kcal/kg grd
Wärmeleitzahl	kcal/m h grd, cal/cm sek grd 1 kcal/m h grd = 2,778·10^{-3} cal/cm sek grd 1 cal/cm sek grd = 360 kcal/m h grd 1 kcal/m h grd = 1,163 W/m grd 1 cal/cm sek grd = 418,68 W/m grd	W/m grd, W/cm grd 1 W/m grd = 1 · 10^{-2} W/cm grd 1 W/cm grd = 10^2 W/m grd 1 W/m grd = 0,86 kcal/m h grd 1 W/m grd = 0,239 · 10^{-2} cal/cm sek grd
Wärme-übergangs-(durchgangs-)zahl	kcal/m^2 h grd; cal/cm^2 sek grd 1 kcal/m^2 h grd = 2,778 · 10^{-5} cal/cm^2 sek grd 1 cal/cm^2 sek grd = 3,6·10^4 kcal/m^2 h grd	W/m^2 grd, W/cm^2 grd 1 W/m^2 grd = 10^{-4} W/cm^2 grd 1 W/cm^2 grd = 10^4 W/m^2 grd
dynamische Zähigkeit η	kp sek/m^2 1 kp sek/m^2 = 98,1 P	P (Poise) 1 P = 0,1 Nsek/m^2 = 0,1 kg/m sek 1 P = 0,0102 kpsek/m^2
allgemeine Gaskonstante	847,9 mkp/kmol grd	8315 J/kmol grd

* Wenn zur Unterscheidung zwischen kg (Kraft) und kg (Masse) für die Krafteinheit das kp angewendet wird, so ergeben sich die vorstehenden Beziehungen.

Hebe- und Fördermittel

Bearbeitet von Prof. Dr.-Ing. **A. Vierling**, Hannover

Literatur: 1. *Altpeter, H.:* Die Drahtseile. 4. Aufl. Berlin-Charl.: Draht-Welt 1955. — 2. *Aumund, H.:* Hebe- und Förderanlagen. Berlin: Springer 1958. — 3. *Barschew* u. *Chinitsch:* Hubstapler, Traktorlader und ihre Verwendung. Leipzig: Fachbuchhandlung GmbH 1954. — 4. *Bogdanow* u. *Petuchow:* Bremsvorrichtungen an Kranen. Berlin: VEB Verl. Technik 1955. — 5. *Busch, H. v.:* Bestimmungen über Einrichtung und Betrieb der Aufzüge. Köln-Berlin: C. Heymann-Verl. 1955. — 6. *Czitary, E.:* Seilschwebebahnen. Wien: Springer 1951. — 7. *Ernst, H.:* Die Hebezeuge, Bd. I—III. Braunschweig: Vieweg u. S. 1955—1958. — 8. *Heidebroek, E.:* Fördertechnik für Massengüter, Bd. I—II. Halle a./S.: Knapp 1952/53. — 9. *Kussy, W.:* Elektrische Antriebe von Hebezeugen und Transportanlagen. Berlin: H. Cram 1954. — 10. *Meebold, R.:* Die Drahtseile in der Praxis. Berlin: Springer 1953. — 11. *Mey, H.:* Fließarbeit und Förderung von Massengütern. Halle a./S.: Knapp 1956. — 12. *Michenfelder, C.:* Handbuch der Fördertechnik, Bd. I: Dauerförderer. Leipzig: Fachbuch Verl. 1953. — 13. *Ricken, Th.:* Fördermittel für Bearbeitungs- und Zusammenbauwerkstätten. München: Hanser 1949. — 14. *Sondersorg, B.:* Fördermittel im Untertagebetrieb. Essen: Vulkan-Verl. Classen 1956. — 15. *Spiwakowski, A. O.:* Förderanlagen. Berlin: VEB-Verl. Technik 1959. — 16. *Strathausen, E.:* Hebemaschinen, Bd. I—II, Bd. III in Vorb. Braunschweig: Westermann 1955 und 1958. — 17. *Tafel, G.:* Die Hebezeuge, Sammlung Göschen Bd. 414/414a. Berlin: Walter de Gruyter u. Co. 1954. — 18. *Wundram, O.:* Mech. Hafenausrüstungen. Berlin: Springer 1939. — 19. *Zeitschr.:* Fördern u. Heben. Wiesbaden: Krausskopf-Verl. — Deutsche Hebe- u. Fördertechnik, Ludwigsburg: AGT-Verl.

I. Gleislose Flurfördermittel

A. Handfahrgeräte

Für kurze Entfernungen (bis 50 m Förderweg), kleine Lasten (bis 1 t) und zeitlich ungeregelt anfallende Transporte finden von Hand gezogene oder geschobene Fahr- und Hubzeuge Verwendung.

Einteilung nach DIN 4902 u. AWF (**A**usschuß für **w**irtschaftliche **F**ertigung)[1].

a) Karren. Lastaufnahme im Stillstand durch Räder und Stützen, beim Verfahren durch Räder und Bedienungsmann. Einrädrige Schubkarre mit Platten-, Sprossen- oder Kastenaufbau. Zweirädrige Stechkarre, für Sack-, Faß- und Kistentransport. Sonderkarren mit großen Raddurchmessern und zweckbedingtem Gerüstaufbau für Stahlflaschen, Tonnen, Ballons usw. Für geringe Anhebearbeit wird Rad möglichst unter Last angeordnet.

b) Wagen. Last ruht auf drei oder vier Rädern. Günstiger Kraftangriff zum Schieben in 90 cm, zum Ziehen, auch bei Deichsel, in 75 cm Höhe. Je

[1] Die AWF-Schriften sind zu beziehen durch die Beuth-Vertrieb GmbH, Berlin W 15 und Köln.

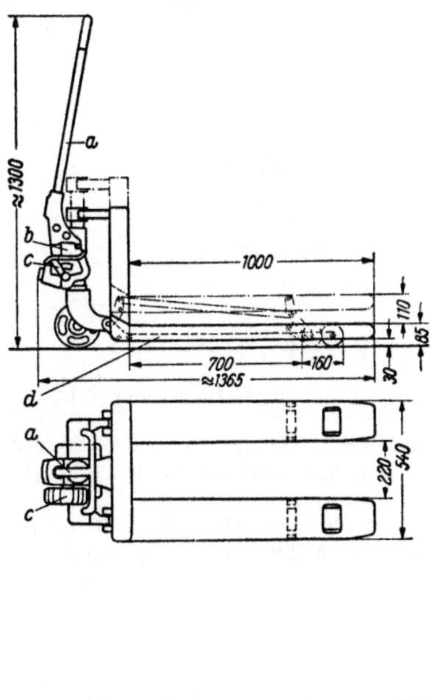

Bild 1. Gabelhubwagen 1 t Tragfähigkeit mit hydr. betätigter Hubeinrichtung
a Stahlrohr-Deichsel; *b* Pumpengehäuse aus Temperguß enthält Ölbehälter, Pumpenkolben und Preßkolben nebst Steuerventilen; *c* Fußschalthebel für drei Stellungen: Heben — Fahren — Senken; *d* Gestänge zum Anheben der hinteren Stützrollen. Lenkräder elastikbereift, Stützrollen aus Grauguß, Holz oder Kunststoff (Nylon)

nach Aufbau Plattenwagen, Wandwagen mit Stirn- oder Seitenwänden, Kastenwagen, Kranwagen. Hubwagen mit heb- und senkbarer Plattform (DIN 4903 und 15131 A, B) oder Gabel (DIN 15137) zum Unterfahren von Ladegestellen und Ladeplatten, Bild 1; Hubeinrichtung mechanisch oder hydraulisch durch Deichsel oder Bügel betätigt. Für größere Hubhöhen Hochhubwagen und Stapler mit Hand- oder Kraftantrieb des Hubwerks (DIN 15131 C, D). Die Wagen besitzen Drei- oder Vierradstützung mit einer bzw. zwei Lenkrollen und einer Festachse; deichselgeführte Wagen auch mit vorderem Drehgestell.

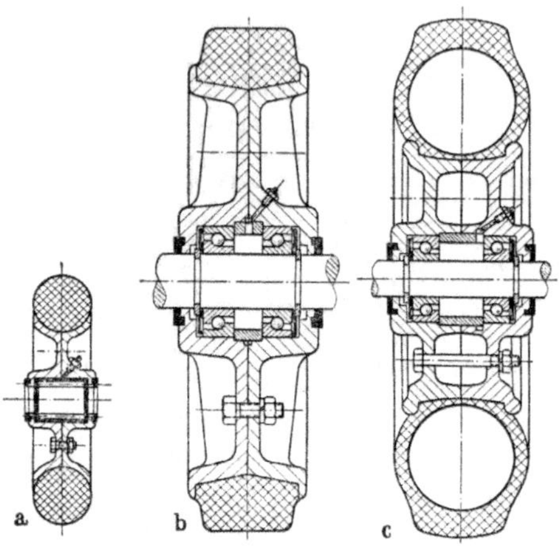

Bild 2. Leichtmetall-Doppel-Scheibenräder. a Rad mit Rundprofil-Vollgummibereifung; 80 bis 200 mm Dmr.; 80 bis 250 kg Tragf.; Rollenkorblagerung; Nabenringe; b Rad mit Flachprofil-Vollgummibereifung; 200 bis 300 mm Dmr.; 350 bis 700 kg Tragf.; Kugellagerung; Nabenringe; c Rad mit Luftbereifung auf Flachbettfelge. 200 bis 400 mm Dmr.; 75 bis 500 kg Tragf.

c) Roller. Drei oder vier Lenkrollen kleinen Durchmessers sind durch Dreieck- oder Viereckrahmen verbunden: Dreieckroller, Viereckroller; letztere auch mit festen Rollen. Sonderausführung Hubroller, bestehend aus Rollplattform und Hebelroller; die auf zwei Rädern und zwei Stützen ruhende Plattform wird durch zweirädrige Deichsel mit Hebeleinrichtung unterfahren, angehoben, fortbewegt und wieder abgesetzt.

Zum Erzielen leichten Baugewichts werden bei allen Handfahrgeräten die Traggerüste aus dünnwandigen Rohren oder Leichtprofilen durch Schweißung gebildet. Plattformen und Wände werden aus Holz, gesickten Stahl- oder Leichtmetallblechen hergestellt. Die Radscheiben bestehen aus gepreßtem Stahl- oder Leichtmetallblech. Für die Lagerung der Räder werden Wälzlager vorgezogen. Vollgummi-(Elastik-) oder Luftreifen ergeben stoßarmes Fahren der sonst ungefederten Handfahrgeräte, Bild 2 u. 3.

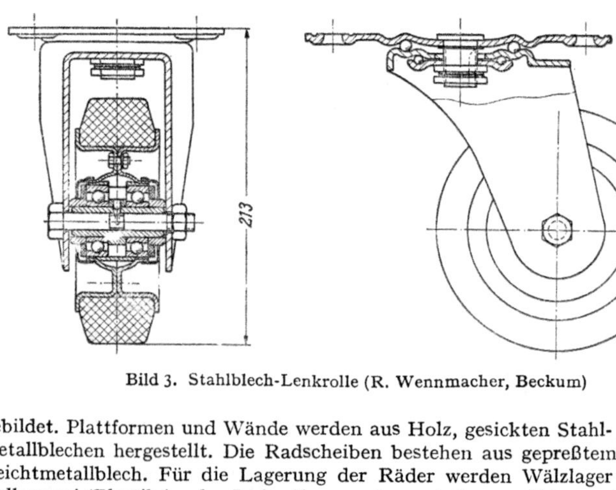

Bild 3. Stahlblech-Lenkrolle (R. Wennmacher, Beckum)

B. Motorisch angetriebene Flurfördermittel

Kurzzeichen, Benennungen und Sinnbilder gemäß DIN 15140 „Flurförderzeuge", Dez. 1957. Die Kurzzeichen bestehen aus drei Buchstaben, von denen der erste den Fahrantrieb, der zweite die Lenkung, der dritte die Bauform kennzeichnet.

Erster Buchstabe (Fahrantrieb): B Benzin, D Diesel, E Elektro (Batterie), L Leitung (Oberleitung), N Netz, P Preßluft, T Treibgas.

Zweiter Buchstabe (Lenkung): F (Fahrer)-Sitzlenkung, H Handlenkung, G Lenkung durch Gehenden, S Standlenkung.

Die Drittbuchstaben werden bei der Behandlung der einzelnen Bauformen angegeben.

Normung von Reifen, Vollgummireifen und Felgen für Flurfördergeräte in DIN 7811, 7845 und 7825.

1. Wagen W (Karren K)

Die im Normblatt DIN 4902 gegebene Definition gilt auch hier; jedoch werden manche Wagen herkömmlicherweise als Karren bezeichnet: Elektrokarren (vgl. DIN 43540 und 43551; dort ist für deichselgeführte Elektrowagen auch der Begriff „Elektroroller" gebraucht und diese Lenkungsart nicht mit G, sondern mit M (Mitgänger) bezeichnet.

a) Elektrokarren für regelmäßige, schnelle Förderung größerer Lasten (600, 1000, 2000, 3000 kg und höher) sind Wagen mit Fahrerstand oder Fahrersitz, gestützt auf 4 Räder, von denen 2 oder alle 4 gelenkt werden, Bild 4. Der Typenbezeichnung wird eine Kennzahl der Lastklasse angefügt, z. B. EK 2002: Elektrokarren, Nenntragfähigkeit 2000 kg, 2 gelenkte Räder.

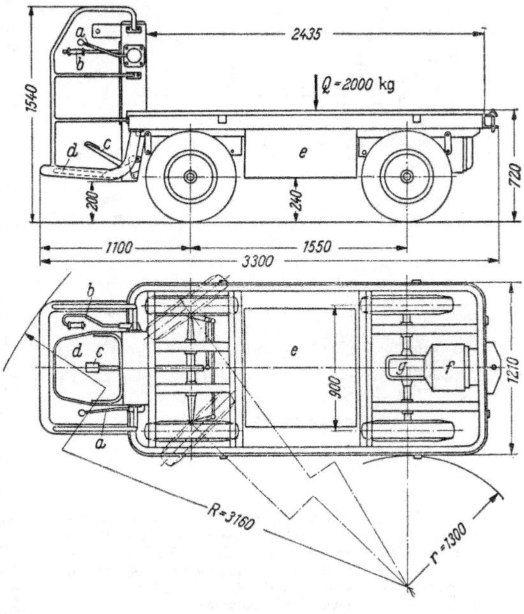

Bild 4. Elektrokarren EK 2002 mit Luftreifen (Vertikalmaße entsprechen Beladezustand). *a* Schalthebel; *b* Lenkhebel; *c* Bremshebel; *d* Trittbrett (selbsttätiges Bremsen und Stromabschalten beim Verlassen des Fahrerstandes); *e* Kasten für Bleibatterie 40 Zellen, 160 Ah; *f* Motor 3,7 kW, 75 V, $n = 1300$ U/min; *g* Zahnradvorgelege und Differential

Der Fahrzeugrahmen wird aus hochwertigem Baustahl elektrisch geschweißt.

Die Batterie (40 oder 80 V), unter der Plattform zwischen den Achsen angeordnet, versorgt einen Gleichstrom-Reihenschlußmotor, der ein Räderpaar über ein Ausgleichgetriebe antreibt. Werden zwei Motoren verwendet, so treibt jeder ein Rad über ein normales Zahnradvorgelege. Fahrgeschwindigkeiten 9 bis 15 km/h; Fahrbereich 30 bis 50 km mit einer Batterieladung. Der Fahrschalter (Walzen- oder Flachbahnschalter) für Vor- oder Rückwärtsfahrt legt die Motorfelder in Serie oder parallel, wobei in der 1. Stufe ein Widerstand vorgeschaltet wird; in der Bremsstellung sind Widerstand, Motoranker, Motorfelder hintereinandergeschaltet; Betätigung durch Handrad oder Handhebel. Schaltung von Batteriegruppen durch den Fahrschalter seltener angewendet.

Lenkung durch Lenkhebel, Knüppel, Fußbrett; bei sitzendem Fahrer durch Lenkrad; auch hydraulische Spurhaltung, so daß beim Überfahren von Bodenunebenheiten Lenkhebel- oder Lenkradstellung unbeeinflußt bleiben.

Backenbremsen wirken auf die Treibräder. Bei Seilzugbetätigung werden die Bremsbacken durch Federn angepreßt und durch den Seilzug gelöst, der über den Bremshebel vom Bedienenden ausgeübt wird. Bei Öldruckbremsen ist zusätzlich eine Feststellbremse (selbsttätig wirkend) erforderlich.

Bereifung mit Elastik- oder Luftreifen auf Stahlblech-Scheibenrädern; Wälzlagerung der Räder, Federung durch Blattfederpakete.

An Stelle einer Plattform können Sonderaufbauten treten: Pritsche, Kasten, Tank, Kippmulde, Schwenkkran usw.

Tiefe Lage der Ladefläche wird erreicht beim *Niederflur-Elektrokarren* durch Verwendung kleiner Raddurchmesser für die Hinterachse, die jetzt Laufachse ist. Batterie liegt über der Vorderachse (Treibachse). Mit anhebbarer Plattform wird er zum *Hubwagen* zur bequemen Aufnahme von Ladegestellen.

Elektro-Fahrersitzwagen für Schwerlasten (10, 15, 20 und 40 t Tragfähigkeit)[1] erhalten hydraulische Lenkhilfen.

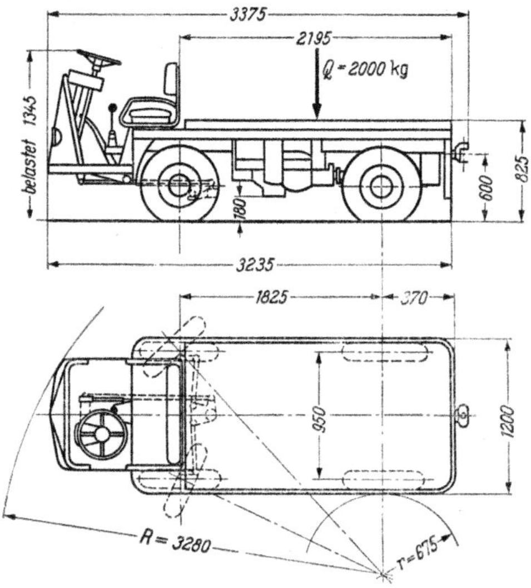

Bild 5. Diesel-Fahrersitzwagen DFW 2002. 2-Takt-Dieselmotor 12 PS, $n = 2200$ U/min mit Kühler und Schaltgetriebe geschlossene Einheit bildend. Lichtmaschine, Starter und 12-V-Batterie. Fahrgeschwindigkeit vorwärts bis 17 km/h; rückwärts bis 5,3 km/h (MIAG, Braunschweig)

b) Diesel-(Otto-)Wagen DW (BW). Für Hoftransporte und Werkrundverkehr bietet ein Wagenantrieb mit Diesel- oder Ottomotor wirtschaftliche Vorteile. Der Verbrennungsmotor wird an Stelle der Batterie unter der Plattform angeordnet. Er arbeitet wie beim Kraftfahrzeug über Trockenscheibenkupplung, vollsynchronisiertes Schaltgetriebe (2 oder 3 Vorwärtsgänge, 1 Rückwärtsgang) auf das Ausgleichgetriebe der Hinterachse, Bild 5. Bei schweren Fahrzeugen zur Schonung der Trockenscheibenkupplung und Triebwerkteile Vorbau einer Flüssigkeitskupplung. Lenkung, Bremseinrichtungen, Federung wie bei Kraftfahrzeugen ausgebildet.

Eine etwas niedrigere Plattformhöhe wird ermöglicht, wenn der Dieselmotor nicht unter der Plattform, sondern über den vorderen Lenkrädern angeordnet wird.

Die Anwendung einer hydrostatischen Kraftübertragung vom Dieselmotor zu den Treibrädern stellt eine Sonderbauart eines Dieselwagens dar. Der Dieselmotor treibt eine stufenlos regelbare Axialkolbenpumpe, die ihrerseits die beiden Ölmotoren — ebenfalls Axialkolbenbauart — mit Drucköl versorgt. Der Fahrzeugrahmen in Einrohr-Konstruktion dient zugleich zur Druckölführung. Ein Hebel steuert Vorwärts-, Rückwärtsfahrt und Bremsen, ein zweiter bewirkt die Lenkung, ein dritter betätigt die mechanische Feststellbremse.

c) Bei **dreiradgestützten Wagen** mit Antrieb durch Verbrennungsmotor sind Motor, Kupplung, Getriebe und Antriebsrad zu einer Einheit zusammengefaßt. Der Plattformrahmen stützt sich vorn auf diese Einheit mittels eines Kugelkranzes, hinten auf zwei Laufräder. Brennstofftank und Bedienungselemente befinden sich an der Antriebseinheit, die mittels Lenkbügels um 360° geschwenkt

[1] Vgl. *Vierling, A.:* Von der Technischen Messe Hannover 1954. VDI-Z. Bd. 96 (1954) Nr. 19 S. 549, insbes. S. 553.

werden kann. Bedienung im Stand, Sitz oder Mitgehen. Eine solche Motorwagenbauart läßt sich auch mit Batterie und Elektromotor verwirklichen.

d) Deichselgeführte Elektrowagen (Elektroroller), Bild 6. Für kurze Transportwege, bei beengten Raumverhältnissen, insbesondere als Zubringerfahrzeug

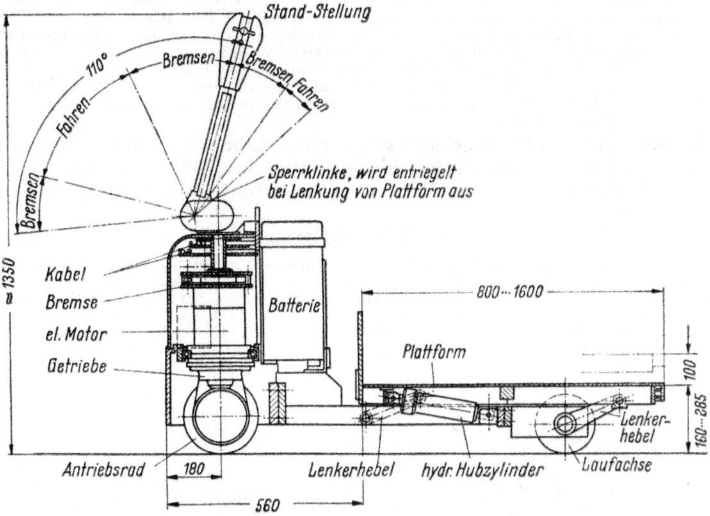

Bild 6. Deichselgeführter Elektrohubwagen (H. Jungheinrich & Co., Hamburg)

dienen die mit Marschgeschwindigkeit (4 bis 6 km/h) fahrenden, deichselgeführten, dreiradgestützten, als Niederplattform-, Hub- und Hochhubwagen ausgeführten „Elektroroller" (z. B. EGN). Tragfähigkeit 1,5 und 2 t, aber auch bis 5 t, Zugleistung etwa 4 t. Energiequelle 24-V-Batterie, 100 bis 150 Ah (bzw. bis 300 Ah).

Der Gleichstrom-Hauptstrommotor ($\approx$ 1,2 kW) treibt über im Ölbad laufendes Zahnradgetriebe das Vorderrad an. Auf die deichselgelenkte Antriebseinheit stützt sich über ein Kugellager der geschweißte Stahlrahmen des Fahrzeugs. Hintere Abstützung durch zwei kleinere Räder mit Elastikbereifung. Bedienungsschalter für Fahren im Deichselkopf, geht bei Loslassen des Drehgriffs in Nullstellung. Die durch die Deichsel betätigte Außenbackenbremse wirkt auf die Motorwelle. Bremsung bei höchster und tiefster Deichselstellung, dabei gleichzeitig Abschalten des Stromes. Bei Hubrollern Hubvorrichtung elektrohydraulisch: von besonderem Motor wird Zahnrad- oder Hochdruckkolbenpumpe getrieben; Drucköl wirkt über Hubzylinder auf die an Lenkerhebeln aufgehängte Plattform.

2. Schlepper Z

a) Bei den **Elektro-Schleppern** EZ sind kleine, wendige, dreiradgestützte Fahrzeuge mit Fahrersitz und Handradlenkung für 3 t Anhängelast (kurzzeitig 5 bis 6 t) vorherrschend, die 6 bis 9 km/h Fahrgeschwindigkeit in der Ebene

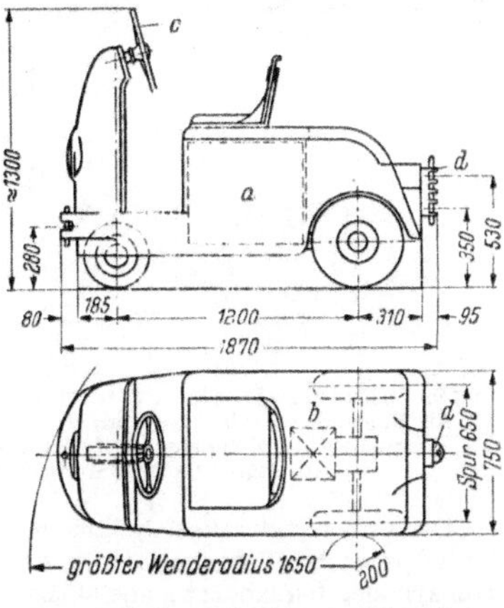

Bild 7. Elektro-Kleinschlepper (Maschinenfabrik Eßlingen). *a* Batterie; *b* Motor mit Vorgelege und Differential; *c* Handradlenkung des Vorderrads; *d* Anhängevorrichtung: Stufenkupplung

entwickeln; Fahrbereich mit einer Batterieladung 30 km. Die erforderliche Motordauerleistung beträgt dann 2 kW; Batterie 12 Zellen, 250 Ah oder 40 Zellen, 100 Ah. Üblich sowohl Lenkung *und* Antrieb auf Vorderrad verlegt als auch Vorderrad nur gelenkt, Einmotorenantrieb über Differential auf die beiden Hinterräder wirkend, Bild 7; vorn Vollgummi-, hinten Vollgummi- oder Luftbereifung.

Schwerere Elektro-Schlepper für normal 10 t Schlepplast bei etwa 6,5 km/h Fahrgeschwindigkeit werden als vierrädrige Fahrersitzkarren mit Handradlenkung ausgebildet. Entweder Einmotorantrieb mit mechanischem Ansgleichgetriebe auf Hinterachse wirkend (zuweilen zusätzlich umschaltbares Schleppgetriebe) oder Zweimotorenantrieb, wobei jeder Motor über eine Getriebestufe ein Hinterrad treibt. Batterie 40 Zellen, 300 Ah für Motorleistung von 5 kW. Elastik- oder Luftbereifung. Konstruktion der Lenk- und Bremseinrichtungen wie bei Elektrokarren.

b) Schlepper für höhere Schlepplast (10 t und mehr, bis zu 60 t) werden vorzugsweise mit *Diesel-* oder *Ottomotoren* ausgerüstet (DZ, BZ). Kupplung, Schaltgetriebe, Lenkung und Bremsen werden wie bei Kraftfahrzeugen ausgebildet.

3. Gabelstapler G

Der Gabelstapler erfaßt einzelne oder zu Ladeeinheiten zusammengestellte Stückgüter, hebt sie an, verfährt sie, setzt sie ab oder stapelt sie. An Stelle der Gabeln auch andere Lastaufnahmemittel: Dorn, Klammer, Greifer, Kranausleger; Schaufel und Kippkübel für Schüttgut. Ausführung für Tragfähigkeiten von 0,5 bis 8 t (vgl. DIN 15133, Gabelstapler, Hauptmaße; DIN 15134, Räder für Gabelstapler; DIN 15135 Vornorm, Gabelträger, Anbaugeräte, Anschlußmaße; DIN 15136, Anbaugeräte für Stapler und Lader, Benennungen).

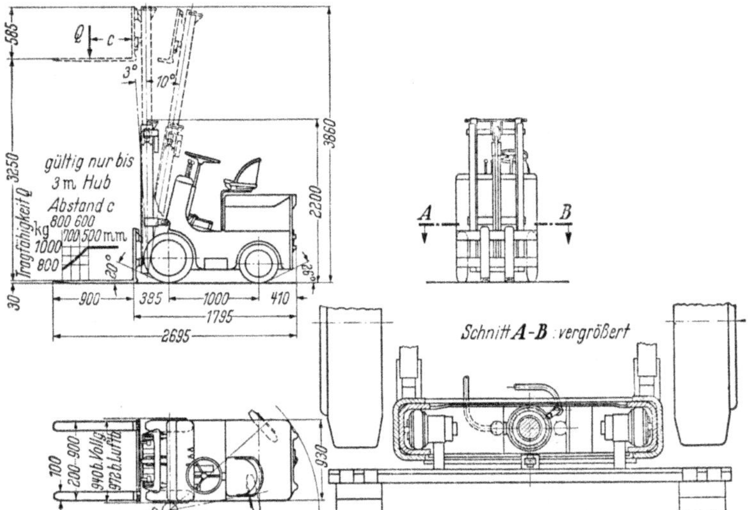

Bild 8. Elektro-Gabelstapler 1 t Tragfähigkeit. Vierradstützung. Batterie 40 Zellen (80 V), 200 Ah. Fahrmotor 3,6 kW (30 min), Hubmotor 2,6 kW (30% ED). Höchstgeschwindigkeit in der Ebene 12,3 km/h unbeladen, 10,8 km/h beladen. Hubgeschwindigkeit 12 m/min. Vollgummi- oder luftbereift (Steinbock GmbH, Moosburg/Obb.).

Der Gabelstapler besteht aus einem auf drei oder vier Punkten häufig ungefedert gestützten Fahrzeugkörper, einem daran neigbar angebrachten, durch einen Hubzylinder teleskopartig ausfahrbaren Hubmast und dem in ihm geführten Hubschlitten nebst Gabeln, Bild 8. Der Fahrzeugkörper enthält den gesamten Fahrantrieb und den Hydraulikantrieb sowie Steuerorgane und Lenkung; zum Erzielen der Standfestigkeit wird die Fahrzeugrückwand durch ein Gegengewicht gebildet. Als Energiequelle dienen Akkumulatorenbatterien oder Verbrennungsmotoren.

Dreiradbauweise für Geräte mit elektrischem Antrieb bis 1,2 t Tragfähigkeit ergibt sehr wendige Fahrzeuge. Die Batterie treibt den Fahrmotor, der über ein Vorgelege auf das Hinterrad wirkt. Der Fahrzeugrahmen stützt sich über ein Kugellager auf der Antriebseinheit ab. Er ist aus Stahlblech in Schweißkonstruktion aufgebaut.

Bei *Vierrad-Gabelstaplern* findet sich neben der Fahrzeugrahmen-Ausbildung in Stahlblech eine rahmenlose selbsttragende Blockbauweise, die durch eine Zusammenfassung von Getriebe, Fahrmotor, Pumpenmotor und Öldruckpumpe zu einem rohrförmigen Tragkörper gekennzeichnet ist. An ihm ist vorn mit Pratzen das Hubmastlager befestigt, in der Mitte über dem Fahrmotor auf einer Platte die Neighydraulik, das Lenkgetriebe und die Lenksäule nebst Betätigungshebeln angebracht und hinten über dem Gehäuse der Hydraulikpumpe das Gegengewicht aufgesetzt. Die hintere Lenkachse ist pendelnd unter dem rückwärtigen Ende des Maschinenblocks gelagert. Auf und vor dem Gegengewicht sitzt die Batterie. Die Blockbauweise kann auch bei diesel- oder benzin-elektrischem Antrieb beibehalten werden. Der Verbrennungsmotor treibt unmittelbar die Hydraulikpumpe; an die Stelle des Hydraulikmotors tritt der elektrische Generator.

Normalerweise besteht das *Hubgerüst* — der Hubmast — aus einem unteren, aus [-förmigen Walz- oder Abkantprofilen gebildeten Rahmen. In ihm wird ein zweiter ausfahrbarer, ebenfalls mit [-förmigen Seitenträgern ausgebildeter Rahmen gleitend (vgl. Bild 8, insbesondere Schnitt *A*—*B*) oder mittels Rollen geführt, Bild 9. In der Mitte des unteren Rahmens ist der Hubzylinder befestigt. Sein Kolben trägt ein Querhaupt, mit dem er den beweglichen inneren Rahmen nach oben drückt. In dessen [-Profilen wird der *Hubschlitten* mittels Rollen geführt; er hängt an zwei Laschenketten (auch nur an einer mittigen, Bild 8), die über am Kolbenquerhaupt angebrachte Kettenräder nach einem Befestigungspunkt am unteren Rahmen geführt sind. Bei dieser Anordnung bewegt sich der Hubschlitten doppelt so schnell wie der Hubkolben.

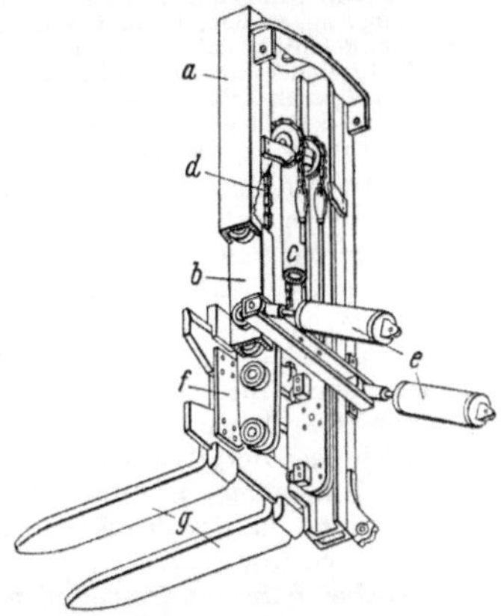

Bild 9. Hubmast mit Rollenführung nebst Hubschlitten, Gabeln und Neigzylinder (Clark-Ruhr-Intrans, Mühlheim-Ruhr). *a* äußerer Rahmen; *b* innerer, ausfahrbarer Rahmen; *c* Hubzylinder; *d* Hubketten; *e* Neigzylinder; *f* Hubschlitten; *g* Gabeln

Werden die Führungsprofile der beiden Hubmastrahmen eng an den Hubzylinder herangerückt, so entsteht der Zentralhubmast, der dem Fahrer gute Sicht gewährt; für kleinere Tragfähigkeiten geeignet (1 bis 2 t).

Der Hubmast ist gelenkig am Fahrzeugrahmen gelagert und kann durch die *Neighydraulik* um 3° (bis 5,5°) nach vorn und um 8° (bis 15°) nach hinten geneigt werden; gegebenenfalls bewirken Federn die Neigung nach vorn. Bei kleinen und sehr großen Tragfähigkeiten ist der Hubmast starr und senkrecht bzw. leicht nach hinten geneigt angebracht.

Um einerseits eine große Hubhöhe, andererseits eine kleine eingefahrene Masthöhe zu erzielen, kann man den Hubmast zweimal teleskopartig ausfahrbar ausbilden.

Wird nicht der Rahmen, sondern der Hubzylinder zweifach ausziehbar gestaltet, so wird bewirkt, daß zunächst der Hubschlitten mit der Gabel gehoben und dann erst der Mast ausgezogen wird; dabei ist ein deutlicher Unterschied in der Größe der wirksamen Kolbenflächen erforderlich, damit die richtige Reihenfolge der Stufen beim Ein- und Ausschieben gewährleistet ist.

Die Führungsrollen des Hubschlittens sind mit Wälzlagern versehen und in zwei Wangen befestigt, die ihrerseits Querplatten zur Aufnahme der beiden Gabelzinken tragen. Die Gabelzinken sind seitlich verschiebbar und feststellbar.

Betätigung des Hubkolbens und der beiden Neigkolben durch *Hydraulikanlage*, die aus einer Hochdruck-Zahnrad- oder rotierenden Hochdruck-Kolbenpumpe, den Steuerorganen (Ventile oder Schieber nebst Betätigungshebeln), einem Überdruck-Sicherheitsventil, einem Senkbremsventil und dem Ölbehälter besteht. Öldruck zwischen 80 und 120 kg/cm². Hubgeschwindigkeiten 10 bis 20 cm/s. Ölbehälterinhalt etwa viermal der bei einem Hubvorgang benötigten Ölmenge.

Bei den batteriegetriebenen Gabelstaplern wird der Pumpenmotor und damit die Ölpumpe erst im Augenblick des Druckölbedarfs eingeschaltet, während bei den mit Verbrennungsmotor angetriebenen Geräten die Ölpumpe ständig mitläuft und das aus dem Ölbehälter angesaugte Hydrauliköl über die in ihrer neutralen Stellung befindlichen Steuergeräte wieder fast drucklos zurückfördert. In beiden Fällen wird bei Betätigung des Steuerventils für die Hubbewegung Drucköl unter den Kolben des Hubzylinders geleitet und dadurch der Kolben angehoben, wobei sich der Öldruck entsprechend der Last auf der Gabel einstellt. Wird der Schalthebel des Hubventils in die Stellung „Senken" gebracht, so fließt das Öl aus dem Hubzylinder über das Senkbremsventil in den Ölbehälter zurück. Entsprechend der Auslage des Schalthebels des Neigventils nach vorn oder rückwärts werden die Unter- oder Oberseite der Kolben der Neigzylinder mit Drucköl beaufschlagt und so der Hubmast nach vorn oder rückwärts geneigt.

Geräte, die auf schlechter Bahn mit hohem Fahrwiderstand verwendet werden sollen, werden als *luftbereifte Vierradfahrzeuge mit Benzin- oder Dieselmotor*, Schaltkupplung und synchronisiertem Schaltgetriebe ausgerüstet. Da die Arbeitsweise des Gabelstaplers häufiges Kuppeln — auch Fahren mit schleifender Kupplung — mit sich bringt, ist die Dimensionierung dieser Kupplungen schwierig. Dies wird umgangen durch zusätzlichen Einbau einer Strömungskupplung zwischen Motor und Schaltkupplung. Für schwerere Typen wird der Einbau eines Drehmomentwandlers lohnend (z. B. Ilomatic-Getriebe, System Weinrich oder Borg-Warner-Getriebe)[1].

Schaltkupplung, Strömungskupplung oder Wandler werden vermieden beim *benzin- oder dieselelektrischen Antrieb*. Die Verbrennungskraftmaschine treibt einen Gleichstromgenerator, der über einen Fahrtrichtungsumschalter mit dem elektrischen Fahrmotor verbunden ist. Die Drehzahl des Fahrmotors wird verlustlos durch Spannungsänderung geregelt, die ihrerseits durch Drehzahländerung des Verbrennungsmotors erzielt wird. In der Leerlaufstellung des Gaspedals ist die elektrische Verbindung zwischen Generator und Fahrmotor durch ein Fahrschütz unterbrochen.

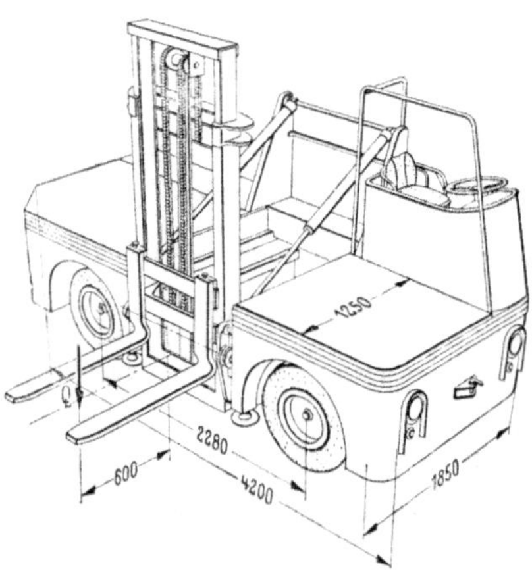

Bild 10. Quergabelstapler für 3 t Tragfähigkeit. Hubhöhe normal 2,65 bis 3,10, maximal 4,0 m (Irion Nachf., Stuttgart-Münster)

Gabelstapler leichter Bauweise werden auch mit Fahrerstand oder mit Handlenkung durch Mitgehenden, also deichselgeführt, ausgebildet.

Sonderbauart des Gabelstaplers: *Quergabelstapler* Q (Langgutgabelstapler). Der Hubmast mit Schlitten und Gabel ist dabei in der Mitte eines Plattformfahrzeugs quer zur Fahrzeuglängsachse in einer Aussparung verschiebbar angeordnet. Bei Lastaufnahme und Stapeln steht der Hubmast bündig mit der Fahrzeugseitenwand. Für das Verfahren der Last wird der Hubmast in die Aussparung hineingezogen und die Last auf die Plattform abgesenkt. Antrieb batterie- oder dieselelektrisch, Bild 10.

[1] Z. Ölhydraulik u. Pneumatik Bd. 2 (1958) Nr. 3 S. 109/13.

Die *statische Standsicherheit* S (Längsstabilität) der Gabelstapler ergibt sich aus der Last Q und dem Eigengewicht G sowie den Abständen k und d von der Kippkante A zu $S = Gd/Qk = 1{,}4$ (vgl. Berechnungsskizze Bild 11). Der statische Sicherheitsfaktor S ist bei senkrechtem Hubgerüst auch definiert durch $S = Py/Qk$, wobei P der Hinterachsdruck und y der Radstand ist. S kann dann durch Versuch ermittelt werden aus der Beziehung:

$$S = \frac{\text{Nennlast} + \text{zugeladene Last (Sicherheitslast)}}{\text{Nennlast}},$$

wobei die Sicherheitslast so groß zu wählen ist, daß die Hinterräder sich eben vom Boden abheben.

Dieses einfache Rechnungs- und Versuchsverfahren wird jetzt ergänzt durch eine praktische Stabilitätsprüfung, wobei der Gabelstapler auf einer neigbaren Plattform genau definierten Kippversuchen unterworfen wird[1]. Bei größeren Hubhöhen >3 m ist wegen der dynamischen Kräfte, welche die Standsicherheit verringern, die Last zu reduzieren[2].

Für die Zusammenstellung der technischen Daten von Gabelstaplern wurde das Typenblatt für Gabelstapler herausgegeben (AWF-Bestell-Nr. 440).

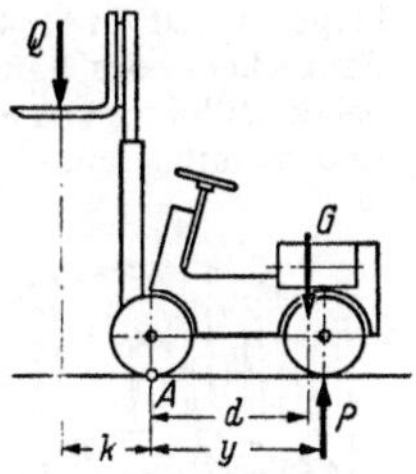

Bild 11. Berechnungsskizze zur Ermittlung der statischen Standsicherheit von Gabelstaplern

4. Hochhubwagen H, Gabelhochhubwagen V, Spreizenstapler P

Im Gegensatz zum Gabelstapler, bei dem sich die Last außerhalb seiner Radbasis befindet, liegt bei diesen Geräten der Lastschwerpunkt innerhalb der Unterstützungsfläche. Ferner ist der Hubgerüstrahmen fest mit dem meist sehr niedrig gehaltenen Fahrzeugrahmen verbunden. Als Lastträger werden sowohl Plattformen (Hochhubwagen) als auch Gabeln (Gabelhochhubwagen) verwendet. Ausbildung mit Fahrersitz-, Fahrerstand- oder Deichsellenkung; letztere immer erforderlich, wenn das Gerät von Hand verfahren wird („Stapelroller"). Beim Spreizenstapler ist der Fahrzeugrahmen nach vorne offen, die vorderen Unterstützungsräder sind also an Pratzen angebracht, so daß der Lastträger bis auf Flur abgesenkt werden kann.

Fahrantrieb von Hand oder elektrisch; Heben durch Hydraulikkolben, seltener durch Elektrowinde. Energiequelle meist mitgeführte Batterie; bei von Hand verfahrbaren kleineren Geräten Stromzufuhr zu Hubmotor auch mittels Kabels. Bei schwereren Ausführungen Antrieb für Fahren und Heben auch durch Verbrennungskraftmaschine. Tragfähigkeit 0,4 bis 4 t.

5. Stapelplatten (Paletten), Stapelbehälter (Boxpaletten), Ladegestelle, Kästen

Zur Bildung von Einheitsladungen im Zusammenhang mit dem Einsatz von Gabelstaplern und Gabelhubwagen werden *Stapelplatten* (DIN 15141 und 15146) und *Stapelbehälter* (DIN 15142) verwendet.

a) Die genormten Maße von **Stapelplatten** betragen 800 × 1000, 800 × 1200 und 1000 × 1200 mm, wobei die mittlere Größe bevorzugt wird. Zweiweg- und Vierweg-Ausbildung möglich. Jene gestattet die Gabeleinführung an der Breit- oder Längsseite, diese an beiden Seiten, vgl. Bild 12; aus ihm ist auch der Aufbau einer Stapelplatte ersichtlich.

Als Werkstoff wird Holz, Pappe, Preßstoff, Stahl (Blech oder Drahtgeflecht) sowie Leichtmetall verwendet.

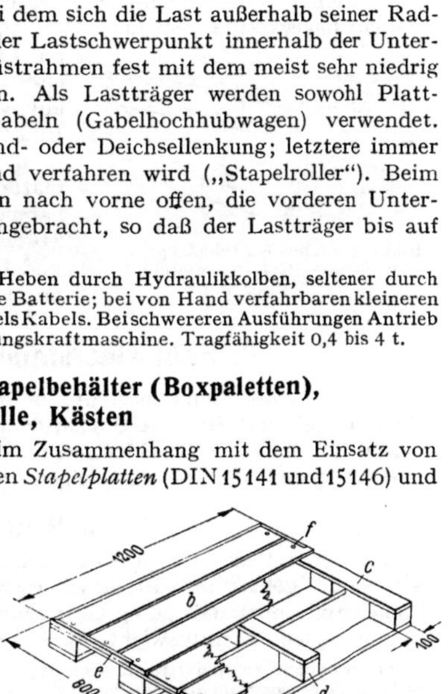

Bild 12. Flachpalette 800 × 1200 mm
a Grundbretter; *b* Belagbretter; *c* Querbretter; *d* Zwischenklötze; *e* Kantenschutz (Winkeleisen); *f* durchgehende Schrauben

[1] Testverfahren der FEM (Fédération Européenne de la Manutention).
[2] Vgl. *Wilhelm, A.:* Z. Fördern u. Heben. Bd. 7 (1957) Nr. 12 S. 571.

b) Hauptabmessungen und Aufsetzvorrichtungen von **Stapelbehältern** sind aus DIN 15142 zu entnehmen. Je nach Schwere der zu fördernden Einzelteile erhalten die Behälter Wände aus Holz, Kunststoff, Baustahlgewebe, gesicktem Stahlblech, Bild 13, oder ganz aus Leichtmetall. Bevorzugte Grundflächengrößen 800 × 1000 und 1000 × 1200 mm; Tragfähigkeit bis 2 bzw. 3,2 t. Gitterboxpaletten (Stapelgitterbehälter) für 1000 kg Tragfähigkeit werden nichtzusammenklappbar (DIN 15144) oder faltbar hergestellt. Die Aufsetzvorrichtungen (z. B. Fangecken- oder Fanglaschenaufsatz) gewährleisten einfaches Aufeinandersetzen bei der Bildung von Stapeln. Zur Aufnahme der Stapelbehälter durch einen Kran sind sie mit Kranösen oder Kranringen versehen.

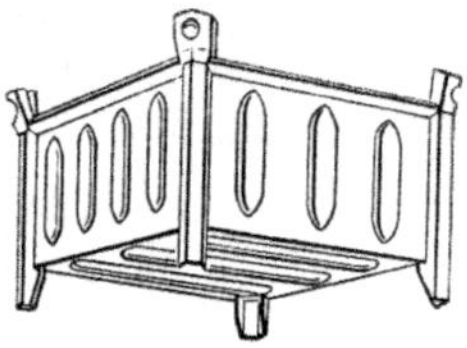

Bild 13. Stapelbehälter aus gesicktem Stahlblech mit Fangeckenaufsatz und Kranöse

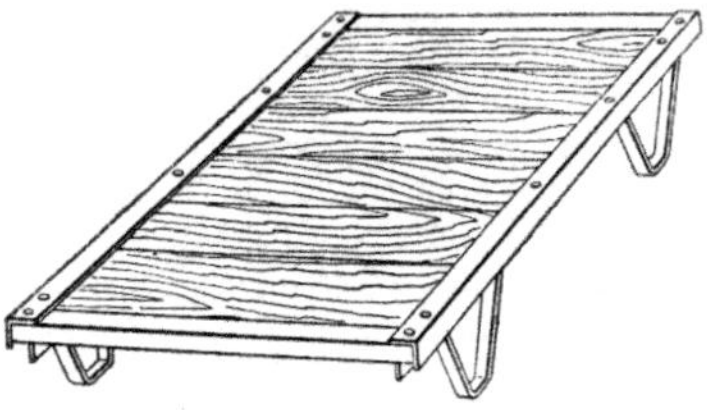

Bild 14. Ladegestell mit Stahlfüßen

c) Zum Unterfahren mit Hubwagen sind die mit großer Bodenfreiheit gebauten **Ladegestelle** geeignet; DIN 15132: Ladegestelle und Aufbauten. Die an Längs- und Stirnseite meist mit Winkeleisen bewehrte hölzerne Tragplatte steht auf verleimten Holz- oder Flachstahlfüßen, Bild 14.

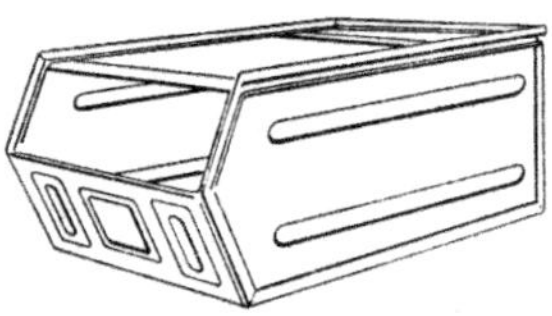

Bild 15. Stapel-Kasten (Lager-Fix, F. Schäfer KG, Neunkirchen, Kr. Siegen)

d) Die Hauptmaße von **Kästen** für Stapelplatten, Stapelbehälter und Regale, die zur Aufnahme von Kleingut dienen und diesem Schutz, Stützung oder Trennung während Transport und Lagerung gewähren, sind in DIN 15143 angegeben, Bild 15.

C. Fahrwiderstand von Flurförderern

Der Fahrwiderstand besteht aus dem Rollwiderstand W_r kg (Zapfen- und Rollreibung) und dem Steigungswiderstand W_{st} kg; bei motorgetriebenen Fahrzeugen ist auch der Beschleunigungswiderstand W_b kg zu berücksichtigen. Der Luftwiderstand kann bei der kleinen Fahrgeschwindigkeit vernachlässigt werden.

1. Rollwiderstand

Bei den elastik- oder luftbereiften Flurförderern wird der auf waagerechter Strecke im Beharrungszustand zu erwartende Rollwiderstand am besten aus dem Einheitsrollwiderstand w_r kg/t berechnet, der aus Versuchen bekannt ist. Mit dem bewegten Gesamtgewicht (Fahrzeug + Last) G t ist $W_r = G w_r$ kg.

w_r ist abhängig von der Lagerungsgüte der Räder, der Bereifungsart und dem Fahrbahnzustand. Wälzlagerung der Räder und Elastikbereifung auf guter Asphalt- oder Betonfahrbahn ergeben $w_r = 12$ bis 14 kg/t; mit Luftbereifung wird auf solcher Fahrbahn $w_r = 14$ bis 16 kg/t, auf Pflaster oder festen, glatten Erdwegen (auf Höfen) 20 bis 25 kg/t.

2. Steigungswiderstand

Der Einheitssteigungswiderstand w_{st} kg/t kann bei den kleinen, von Flurfördermitteln zu befahrenden Steigungen (Elektrofahrzeuge bis 5%) genau genug gleich der Steigung s in ‰ gesetzt werden. Damit wird der Steigungswiderstand $W_{st} = G w_{st} = G s$ kg.

Größere Steigfähigkeit haben die mit Verbrennungsmotor angetriebenen Flurfördermittel, da die dort eingebauten Serienmotoren eine große Leistungsreserve besitzen. Genau wird der Steigungswiderstand bei Einführung des Steigungswinkels α erhalten zu $W_{st} = 1000\,G \sin\alpha$ kg.

3. Beschleunigungswiderstand

Die geradlinig bewegten Fahrzeug- und Lastmassen $1000\,G/g$ kg sek²/m ergeben bei einer Beschleunigung b m/sek² einen Widerstand von

$$W_{b1} = 1000 \frac{G}{g} b \text{ kg}.$$

Die Beschleunigung der rotierenden Massen von Antriebsmotor, Getriebe usw. erfordert am Treibradhalbmesser r m eine Umfangskraft

$$W_{b2} = \frac{1}{r}\left(J_1 \varepsilon_1 \frac{\omega_1}{\omega_{Tr}} + J_2 \varepsilon_2 \frac{\omega_2}{\omega_{Tr}} + \cdots + J_n \varepsilon_n \frac{\omega_n}{\omega_{Tr}}\right) = \frac{1}{r} J_{\text{red}} \varepsilon_{Tr} = J_{\text{red}} \frac{b}{r^2} \text{ kg};$$

J kg m sek² Trägheitsmoment des umlaufenden Teils (J_{red} auf Treibradachse reduziert),
ε 1/sek² Winkelbeschleunigung (ε_{Tr} des Treibrads),
ω 1/sek Winkelgeschwindigkeit (ω_{Tr} des Treibrads).

$$J_{\text{red}} = J_1 \left(\frac{\omega_1}{\omega_{Tr}}\right)^2 + J_2 \left(\frac{\omega_2}{\omega_{Tr}}\right)^2 + \cdots + J_n \left(\frac{\omega_n}{\omega_{Tr}}\right)^2$$

Der gesamte Beschleunigungswiderstand ist dann $W_b = W_{b1} + W_{b2}$ kg.

Zur Ermittlung der Fahrmotorleistung N_F kW kann vom Rollwiderstand ausgegangen werden. Für eine Fahrgeschwindigkeit v m/sek wird mit einem Getriebewirkungsgrad η: $N_F = W_r v/(102\,\eta)$ kW.

Bei batterie-elektrischem Antrieb ist zu kontrollieren, ob das Anfahrmoment des gewählten Motors zum Beschleunigen des Fahrzeugs in einem nicht zu langen Zeitraum ausreicht; ferner, ob Motor und Batterie für eine kürzere Zeit eine Überlastbarkeit vertragen, so daß eine Steigung von 5% befahren werden kann. Wird ein Otto- oder Dieselmotor zum Antrieb vorgesehen, so ergibt die durch wirtschaftliche Gründe bestimmte Wahl von Serienmotoren eine Leistung, die reichliche Anfahrbeschleunigung wie auch die Überwindung größerer Steigungen als 5% zuläßt. Selbst dann kann oft ihre Nennleistung nicht ausgenutzt werden, so daß die Motoren beim Einbau gedrosselt werden.

II. Hebezeuge

A. Bauteile

1. Ketten

a) Im Hebezeugbau am häufigsten verwendete Kettenart: **Rundglieder-Kette.** Ihren günstigen Eigenschaften: Beweglichkeit, Unempfindlichkeit, niedriger Preis, kleiner Aufwickeldurchmesser (dadurch kleiner Durchmesser von Rollen und Trommeln, also kleiner Lasthebelarm) stehen als nachteilig gegenüber: hohes Gewicht, geringe Elastizität, Empfindlichkeit gegen Stöße und Überlastung. Die Lebensdauer wird erschöpft durch die Abnutzung in den Gelenkstellen, ein Bruch erfolgt plötzlich. Geeignet für Arbeitsgeschwindigkeiten $\leqq 1{,}0$ m/sek.

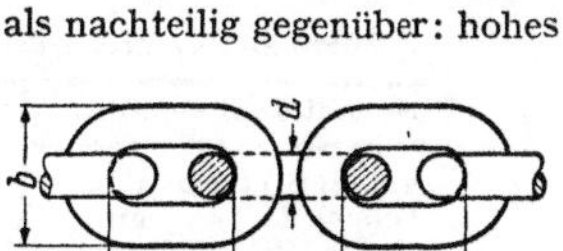

Bild 16. Rundgliederkette

Die Rundgliederkette wird gekennzeichnet durch ihre Nenngliedicke d, ihre äußere Breite b und ihre Teilung t, Bild 16.

Die Glieder werden feuer- oder elektrisch geschweißt und die fertigen Ketten mit doppelter Nutzlast (Recklast) geprüft. Alle 100 m Herstellungslänge wird ein Probestück zur Feststellung der Bruchlast ($\geqq 4 \times$ Nutzlast) entnommen; vgl. hierzu DIN 685: Geprüfte Ketten, Richtlinien für die Anforderungen an Rundstahlketten. Für Lastenbewegung nur geprüfte Ketten verwenden.

Genormt sind:

Ketten DIN 763, langgliedrig, nicht lehrenhaltig, nicht geprüft, Nenngliedicke 4 bis 16 mm, Ausführung naturschwarz und blank; Anwendung nur als Handketten, nicht zur Lastenbewegung.

Rundgliederketten für Förderer DIN 764, geprüft, A lehrenhaltig für verzahnte Rollen und Greiferscheiben, B nicht lehrenhaltig, C gehärtet; naturschwarz. Werkstoff St 35.13 K. Verwendung als Anschlagketten, Hubketten und Förderketten.

Zahlentafel 1. *Rundgliederketten für Förderer* nach DIN 764 (März 1955)

Nenndicke d	mm	10	13	16	18	20	23	26	28	30	33	36	39	42
Äußere Breite b	mm	34	44	54	60	67	77	87	94	101	112	122	132	142
Teilung t	mm*	35	45	56	63	70	80	91	98	105	115	126	136	147
Nutzlast Q	t**	0,95	1,6	2,5	3,0	3,8	5,0	6,4	7,5	8,5	10	12,5	15	17
Gewicht q	kg/m	2,05	3,45	5,20	6,50	8,20	10,8	14,0	16,5	19,0	22,3	26,5	31	36

* $\approx$ bei Ausführung B; einwandfreies Zusammenarbeiten von Kette und Kettenrad wird bei lehrenhaltigen Ketten vom Hersteller gewährleistet, wenn ihm das Kettenrad zur Verfügung gestellt wird.

** Nur bei Kettengeschwindigkeiten bis 1 m/sek.

Ketten Din 765, kurzgliedrig, lehrenhaltig, geprüft. Blank oder naturschwarz, Werkstoff St 35.13 K. Im Hebezeugbau und -betrieb als Lastketten meist verwendete Kettenart.

Zahlentafel 2. *Ketten* nach DIN 765 (März 1955)

Nenndicke d	mm	9,5	11	13	16	18	20	23
Äußere Breite b	mm	31	36	42	52	58	65	74
Teilung t	mm	27	31	36	45	50	56	64
Nutzlast Q	t	0,85	1,14	1,59	2,50	3,06	3,78	5,00
Gewicht q	kg/m	1,9	2,7	3,8	5,8	7,3	9,0	12,0

Rundgliederketten für allgemeine Zwecke DIN 766, geprüft; A lehrenhaltig (für verzahnte Rollen), ungehärtet (handelsüblich), naturschwarz; B nicht lehrenhaltig, ungehärtet (handelsüblich), naturschwarz; C gehärtet; D blank; E vergütet (C, D, E auf besondere Bestellung). Nenndicken von 2—60 mm. Werkstoff St 35.13 K, bei $d = 2$—4 mm Flußstahl.

Die Ketten von Nenndicke $d = 2$ bis 3 mm und die Handketten für Kleinhebezeuge von $d = 4$ bis 6 mm (besonders gekennzeichnet durch Buchstaben H) werden ungeprüft, also ohne Gewähr für eine Nutzlast geliefert. Sollen Ketten von $d = 5$ und 6 mm als Lastketten verwendet werden, so müssen sie geprüft sein (Prüfstempel beachten).

Hochfeste Rundstahlketten für Hebezeuge DIN 5684 (Vornorm), geprüft, lehrenhaltig. Im Normblatt sind auch Richtlinien für Anforderungen und Prüfung angegeben.

Werkstoff: Stahl 13 Mn 3; Ausführung: blank. Anwendung besonders bei hand- und elektrisch betriebenen leichten Kettenflaschenzügen.

Zahlentafel 3. *Hochfeste Rundstahlketten* nach DIN 5684 (Vornorm)

Nenndicke d	mm	5	7	9	11	14	16	18
Äußere Breite b	mm	16	22	29	36	46	52	58
Teilung t	mm	18,5	22	27	31	41	45	50
Nutzlast Q	kg	500	1000	1600	2500	4000	5000	6300
Gewicht q	kg/m	0,50	1,00	1,75	2,70	4,40	5,80	7,30

Berechnung der Rundgliederketten nur auf Zug. Die tatsächlich auftretende Biegung und der Festigkeitsverlust durch die Schweißstelle werden durch Wahl einer niedrigen zulässigen Zugspannung σ_z berücksichtigt. Für Ketten nach DIN 765 ist mit $\sigma_z = 600$ kg/cm², für hochfeste Rundstahlketten nach DIN 5684 mit $\sigma_z = 1250$ kg/cm² gerechnet, $Q = \sigma_z \cdot 2 \cdot d^2 \pi/4$.

Bei längeren Ketten ist bei Berechnung der Tragfähigkeit ihr Eigengewicht zu berücksichtigen. Diejenige Länge L_G, bei der gerade noch das Eigengewicht der Kette mit einer vorgeschriebenen Sicherheit ν getragen wird, heißt „Grenzlänge",

$$L_G = \frac{\sigma_{\text{Bruch}} \cdot 2 \cdot d^2 \pi/4}{q \cdot \nu}.$$

Für den Umgang mit Ketten vgl. AWF 24: Kettenbefestigung zur Lastenbewegung,

b) Laschenketten. Als Lastketten: *Gall-Ketten* DIN 8151 leicht, f. besondere Fälle; DIN 8150 schwer, mit äußeren oder inneren Endgliedern, für Schwerlastkrane in Maschinenhäusern, als Trag- und Huborgan bei Schmiedekranen.

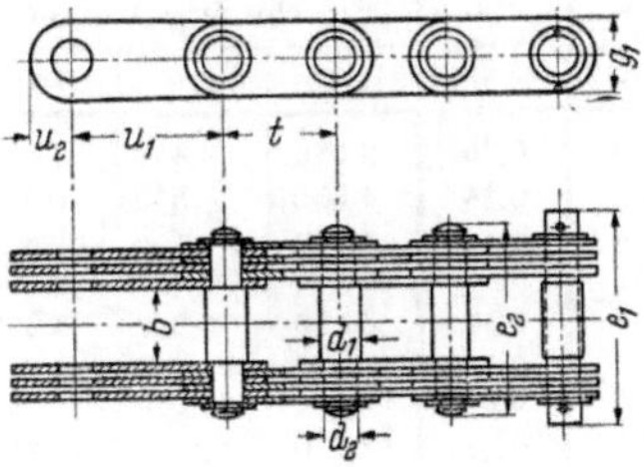

Bild 17. Gallkette DIN 8150

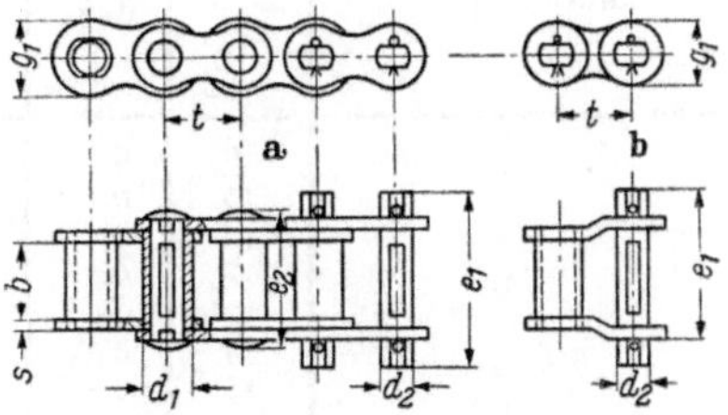

Bild 18. Buchsenkette DIN 8164. a mit Verbindungsglied für gerade Gliederzahl; b gekröpftes Verbindungsglied für ungerade Gliederzahl

Die Laschen umgreifen den Bolzenhals und sind durch Nietkopf seitlich gehalten (Bild 17). Kettengeschwindigkeit bis zu 0,3 m/sek, auch als Kraftübertragungskette (mit Verbindungsbolzen). Niedrigere Gelenkreibung als Gliederkette, aber hohe Flächenpressung (Lochleibungsdruck) zwischen Lasche und Bolzen. Laschen, gerade oder geschweift aus St 60, Bolzen: St 50. Zulässige Zugspannung in den Laschen 1000 kg/cm², Flächenpressung zwischen Laschen und Bolzenhals 1200 kg/cm².

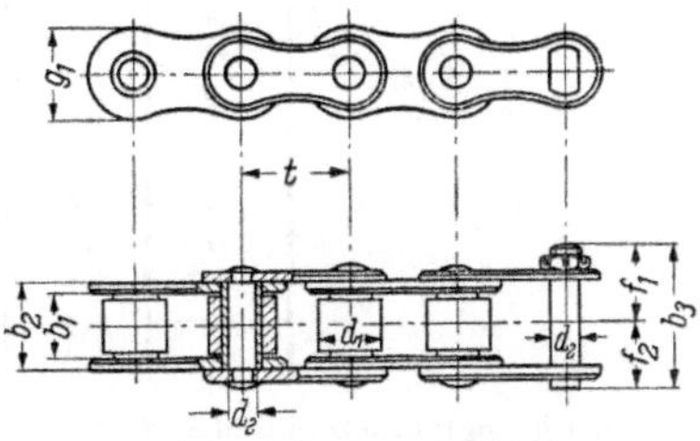

Bild 19. Rollenkette DIN 8180

Als Kraftübertragungsketten für höhere Geschwindigkeiten (bis 5 m/ /sek) sind Stahlgelenkketten in der Form von *Hülsen-(Buchsen-)Ketten* DIN 8164, Bild 18, und *Rollenketten* DIN 8180, Bild 19, und DIN 8188 (amerik. Bauart) verfügbar. Die Bolzen, fest verbunden mit den Außenlaschen, tragen auf ihrer ganzen Länge in den Hülsen, auf denen die Innenlaschen sitzen, daher kleine Flächenpressung; auch Zwei- und Mehrfachanordnung. Hülsen und Bolzen werden im Einsatz gehärtet.

2. Seile

a) Hanfseile werden wegen guter Biegsamkeit hauptsächlich als Schling- und Anschlagtaue gebraucht; AWF 23: Seilbefestigungen zum Bewegen von Lasten, schließt auch Drahtseile ein. Zur Ermittlung der zulässigen Last Q kg für ein Seil aus Reinhanf vom Durchmesser d cm kann die Beziehung $Q \leqq 70\,d^2$ dienen, die eine 7- bis 8fache Sicherheit gegen Bruch einschließt.

b) Drahtseile für *Krane und Hebezeuge* nach DIN 655 sind *Rundlitzenseile*, bei denen die aus Stahldrähten gefertigten Litzen im Gleichschlag (Litzen im Seil und Drähte in den Litzen im gleichen Sinn, Bild 20) oder Kreuzschlag (Litzen im Seil entgegen den Drähten in den Litzen, Bild 21) um eine mit Fett getränkte Fasereinlage (Hanfseele) geschlagen werden. Drei Bauarten A, B und C mit je 6 Litzen zu je 19 bzw. 37 bzw. 61 gleichstarken Drähten sind vorgesehen (Bild 22, Seilquerschnitt Aufbau B). Meist verwendet werden B-Seile, da einerseits nicht so grobdrähtig und damit biegsamer als A-Seile, andererseits nicht so feindrähtig und damit gegen äußeren Verschleiß widerstandsfähiger als C-Seile.

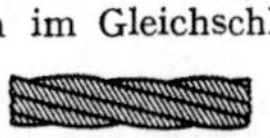

Bild 20

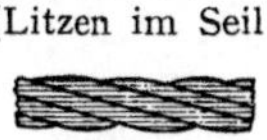

Bild 21

Zahlentafel 4. *Drahtseile für Krane und Hebezeuge* nach DIN 655 (Febr. 1957), Ausführung B

Ausführung	Seil-Nenn-dmr. mm Zul. Abw. ± 5%	Draht-dmr. mm	Metall. Quer-schnitt des Seiles mm²	Gewicht kg/m Zul. Abw. ± 5%	Rechnerische Bruchbelastung des Seiles kg bei Zugfestigkeit des Einzeldrahtes kg/mm² 130	160	180
	9	0,4	27,9	0,26	3 650	4 450	5 000
	10	0,45	35,3	0,34	4 600	5 650	6 350
	11	0,5	43,6	0,41	5 650	7 000	7 850
B	12	0,55	52,7	0,50	6 850	8 450	9 500
	13	0,6	62,8	0,59	8 150	10 050	11 300
	14	0,65	73,7	0,70	9 600	11 800	13 250
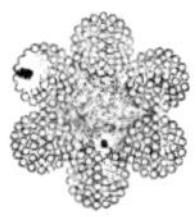	15	0,7	85,4	0,81	11 100	13 650	15 350
	16	0,75	98,1	0,93	12 750	15 700	17 650
	18	0,8	111,6	1,06	14 500	17 850	20 100
	20	0,9	141,2	1,34	18 350	22 600	25 400
	22	1,0	174,4	1,65	22 650	27 900	31 400
	24	1,1	211,0	2,00	27 450	33 750	38 000
	27	1,2	251,1	2,38	32 650	40 200	45 200
6 × 37 = 222 Drähte + 1 Fasereinlage	29	1,3	294,7	2,80	38 300	47 150	53 050
	31	1,4	341,7	3,24	44 400	54 650	61 500
	33	1,5	392,3	3,72	51 000	62 750	70 600
Bild 22	35	1,6	446,4	4,24	58 050	71 400	80 350
	37	1,7	503,9	4,78	65 500	80 600	90 700
	40	1,8	564,9	5,36	73 450	90 400	101 700
	42	1,9	629,4	5,97	81 800	100 700	113 300
	44	2,0	697,4	6,62	90 650	111 600	125 550

Bezeichnung für ein Drahtseil Ausführung B von 16 mm Nenndurchmesser mit 160 kg/mm² Zugfestigkeit des Einzeldrahtes: Drahtseil B 16 × 160 DIN 655; das Seil wird dann blank in Kreuzschlag (K) und rechtsgängig (Z) geliefert. Wird verzinkt, Gleichschlag (G), linksgängig (S), spannungsarm gewünscht, so heißt die Bezeichnung: Drahtseil B 16 × 160 GS DIN 655 verzinkt, spannungsarm.

Kreuzschlagseile sind drallärmer als Gleichschlagseile, haben aber größere innere Reibung und kleinere Auflagefläche in Seilrillen, daher kürzere Lebensdauer. Letztere aber nur für geführte Lasten; im Hebezeugbau deshalb Kreuzschlagseile bevorzugt. Drallarme und spannungsfreie Seile durch Vorformung der Litzen zu der Schraubenlinie, in der sie nach dem Verseilen zum Liegen kommen (Tru-Lay-Seile); Spannungsfreiheit auch durch Biegen der Drähte, Litzen und des soeben geschlagenen Seiles in verschiedenen Ebenen über Rollen kleinen Durchmessers erzielt. Drehungsfreie Macharten von Drahtseilen: DIN 6895 (mehrlagige Rund- u. Flachlitzenseile).

Theoretisch muß zur gleichmäßigen Zugbeanspruchung der einzelnen Drähte der Steigungswinkel der Schraubenlinie für alle Drähte einer Litze derselbe sein (gleicher „Flechtwinkel"); diese Forderung bedingt, daß bei mehrlagigen Litzen (z. B. 1 + 6 + 12 + 18, Bild 22) die Windungshöhe der Drähte der inneren Lage kleiner ist als der darumliegenden, wodurch Überkreuzungsstellen mit erhöhtem Reibungsverschleiß auftreten. Vermeiden der Überkreuzung durch gleiche Windungshöhe, aber verschiedene Flechtwinkel für die einzelnen Lagen (Parallelschlag); durch geeignete Wahl der Flechtwinkel legen sich die äußeren Drahtlagen genau in die Zwickelräume der inneren: Seale-, Warrington- und Fülldraht-Machart (DIN 656 und 657); Litzen dieser Machart in den Bildern 23, 24 und 25.

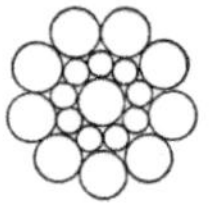

Bild 23. Litze in Seale-Machart

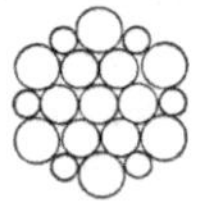

Bild 24. Litze in Warrington-Machart

Bild 25. Litze in Fülldraht-Machart

Für die Prüfung von Drahtseilen vgl. DIN 51201 (DVM 1201).

Bei Drahtseilen, die der Hitze ausgesetzt sind, wird statt der Hanfseele eine Seele aus weichen Stahldrähten verwendet.

Berechnung und Ausführung der Seiltriebe für Krane, Elektrozüge und Winden nach DIN 15020. Kleinster zulässiger Seildurchmesser d_{min} mm aus größtem Seilzug S kg: $d_{min} = k\sqrt{S}$.

Trommel- und Rollendurchmesser (gemessen auf Seilmitte) werden aus Verhältnis D/d bestimmt.

Für Wahl von k und D/d sind die Seiltriebe je nach Anzahl der Spiele in der Stunde in fünf Gruppen eingeteilt worden (s. Zahlentafel 5).

Zahlentafel 5. *Werte für k und D/d für die Seiltriebgruppen 0 bis 4* nach DIN 15020, Bl. 1 (Nov. 1954), ergänzt durch rechnerische Bruchsicherheiten ν

Seil-trieb-gruppe	Spielzahl je Stunde	Rechnerische Bruchsicherheit ν	Mindestwerte für k mm/$\sqrt{\text{kg}}$	Mindestwerte für D/d: Trommel	Mindestwerte für D/d: Rolle[1]	Mindestwerte für D/d: Ausgl.-Rolle
		für σ_B: 160 (180) kg/mm²	Für Seile nach DIN 655, 656 (6895) aus Stahldraht von σ_B = 160 und (180) kg/mm²			
0	bis 6	4,5 (5,1)	0,28 (0,30)	15 (17)	16 (18)	14 (16)
1	über 6—18	5,2 (5,8)	0,30 (0,32)	18 (20)	20 (22)	14 (16)
2	über 18—30	5,9 (6,6)	0,32 (0,35)	20 (22)	22 (24)	15 (17)
3	über 30—60	7,0 (7,9)	0,35 (0,38)	22 (24)	24 (26)	16 (18)
4	über 60	8,3 (9,3)	0,38 (0,41)	24 (26)	26 (28)	16 (18)

[1] Seilrollen in Greifern sind nach DIN 69200 und 69201 zu bemessen.

Der Beiwert k folgt aus:

$$S = x\,\frac{d^2\pi}{4}\cdot\frac{\sigma_B}{\nu}\ \text{zu}\ k = \sqrt{\frac{\nu}{x\cdot\sigma_B\cdot\pi/4}}\,,$$

$$\text{wobei } x = \text{Füllfaktor} = \frac{\text{metallischer Querschnitt des Seiles}}{\text{umschriebener Kreisquerschnitt des Seiles}}\,;$$

x ist für Seile nach DIN 655 und 656 sowie nach DIN 6895 Form C, D und E im Mittel gleich 0,46. Dieser Wert ist den k-Werten der Zahlentafel 5 zugrunde gelegt. Bei Betrieb mit vorwiegend oder dauernd auftretender Höchstlast sind die k-Werte der nächsthöheren Gruppe zu nehmen; bei Gruppe 4 ist dann mit k = 0,41 (0,44) zu rechnen. Bei besonders gefährlichen Transporten (feuerflüssige Massen) sind die k-Werte ebenfalls zu erhöhen.

Das Arbeitsspiel eines Seiltriebs besteht aus den zum Durchführen eines vollständigen Transportes erforderlichen Bewegungen. Handbetriebene Krane und Winden sowie Drahtseilblöcke für handbetriebene Montagewinden fallen unabhängig von der Spielzahl unter Gruppe 0, Drahtseilblöcke für kraftbetriebene Montagewinden unter Gruppe 1.

Seile mit Stahldrähten von σ_B = 130 kg/mm² nur in Ausnahmefällen verwenden; k ist dabei um 10% zu erhöhen.

Läuft das gleiche Seilstück über mehr als zwei Rollen oder in entgegengesetzter Richtung (S-Biegung), so sind die Werte D/d um 2 zu erhöhen.

Für *Ablege-Reife der Seile* Richtlinien DIN 15020, Blatt 2 beachten.

Über *Anschlagseile* und deren zulässige Belastung (8fache rechnerische Bruchsicherheit) s. DIN 15060; über *Trag-* und *Abspannseile* von Kranen DIN 4129.

Drahtseile und Seiltriebe für die Erdölindustrie werden nach DIN 5881 berechnet und ausgewählt. Mit einem Sicherheitsbeiwert von 4 (vor dem Auflegen) ermittelt sich die zulässige Seilzugkraft aus der rechnerischen Seil-Bruchbelastung zu:

Zulässige Seilzugkraft = rechn. Bruchbelastung/4.

c) Seilbefestigungen. Zur Herstellung einer Verbindung wird das Seilende am einfachsten um eine *Kausche* gelegt und mit dem tragendem Strang verspleißt oder mit 3 bis 5 Klemmen befestigt, Bild 26 und 27. Kauschen leicht und mittel nach DIN 6899. Drahtseilklemmen gemäß DIN 741; Abstand a voneinander je nach Seildmr. d gestuft:

d mm	5 bis 8	über 8 bis 13	über 13 bis 22	über 22 bis 40
a mm	10 d	8 d	6 d	5 d

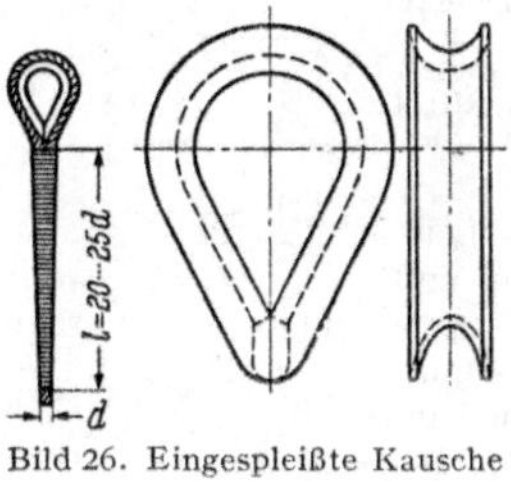

Bild 26. Eingespleißte Kausche

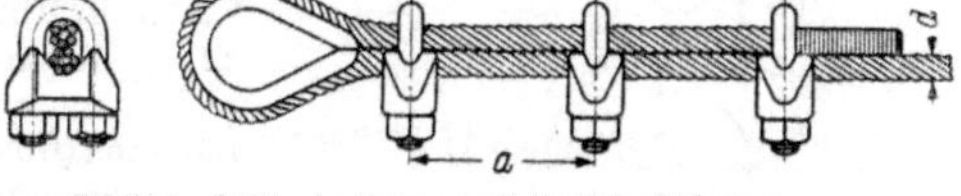

Bild 27. Seilbefestigung mit Drahtseilklemmen

Trag- und Abspannseile nach DIN 4129 erhalten mindestens 5 Klemmen im Abstand $a = 5d$.

Selbsttätig wird beim *Keilschloß* die Klemmkraft durch den Seilzug erzeugt, Bild 28.

In die vorgewärmte ***Seilbirne*** (Seilhülse), Bild 29, wird das aufgelöste Seilende nach Entfernen der Hanfseele, Reinigen der Einzeldrähte (z. B. mit Benzin), Verzinnen oder Verzinken mit einer Vergußmasse vergossen (vgl. auch DIN 83315). Als Vergußmaterial werden verwendet: nach DIN 83315 für verzinkte Seile Hüttenrohzink oder raffiniertes Hüttenzink (Schmelzpunkt 420 °C, Brinellhärte 35 kg/mm²); für blanke Seile: Weißmetall mit etwa 79% Sn, 16% Sb, 4,5% Cu, 1,5% Pb (Schmelzpunkt 220°C, Brinellhärte 30 kg/mm²).

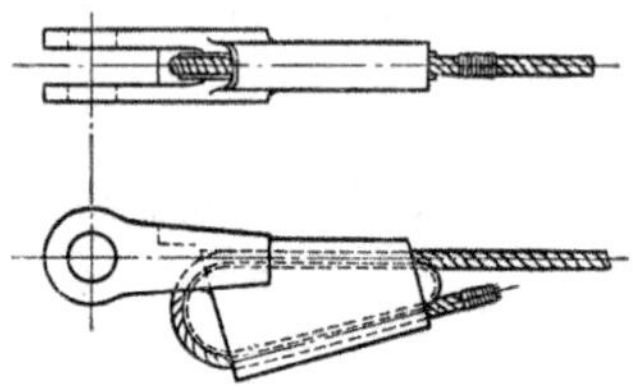

Bild 28. Keilschloß

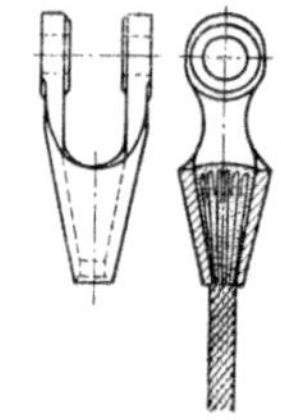

Bild 29. Seilbirne (Gabel-Seilhülse) mit vergossenem Seilende

3. Rollen und Trommeln

a) Kettenrollen für Rundgliederketten werden unverzahnt ausgeführt, wenn nur zur Umlenkung gebraucht, verzahnt, wenn Umfangskräfte übertragen werden sollen (Kettennüsse bei kleiner Zähnezahl, sonst Kettenräder), Bild 30 und 31. Werkstoff: Grauguß, Hartguß, Stahlguß.

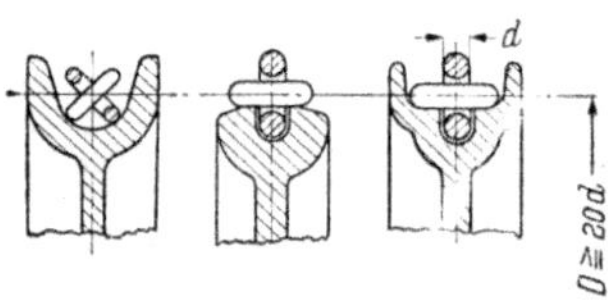

Bild 30. Rillenprofile zur Führung von Rundgliederketten

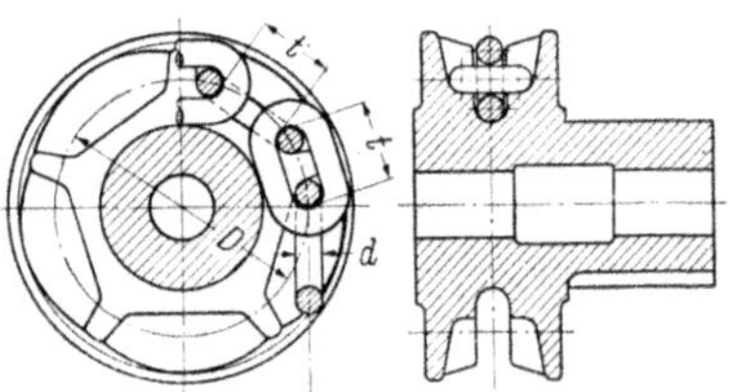

Bild 31. Kettennuß

Für Kettenteilung t, Nennglieddicke der Kette d, Zähnezahl z von Kettennuß oder -rad wird dessen Teilkreisdurchmesser

$$D = \sqrt{[t/\sin(90°/z)]^2 + [d/\cos(90°/z)]^2}.$$

Bei $z \geqq 6$ und $d \leqq 16$ mm (Haspelräder) kann das zweite Glied unter der Wurzel vernachlässigt werden.

Zum leichteren Ausschwenken der Kette aus der Nuß wird ein Abweis-Eisen vorgesehen, zum Vermeiden des Herausspringens ein Einführungsbügel, ein Schutzgehäuse, zuweilen auch eine Lenkrolle.

b) Verzahnte Kettenräder für Laschenketten, Bild 32, erhalten einen Teilkreisdurchmesser $D = t/\sin(180°/z)$; $z_{min} = 7$ bis 8 Zähne.

Die Kettenteilung t wird als Sehne abgetragen, die Zahnflanke oberhalb des Teilkreises durch einen Kreisbogen gebildet mit $r = t - d/2$. Für Rollen- und Hülsenketten Radverzahnung gemäß DIN 8196. Werkstoff: Grauguß, Stahlguß, Stahl (dann als Ritzel mit Welle aus einem Stück oder aufgeschweißt).

Bild 32. Kettenrad für Laschenketten

c) Seilrollen. Leitrollen in Flaschen und zur Umlenkung, Ausgleichsrollen zur Seilaufhängung (führen nur Einstellbewegung aus). Die

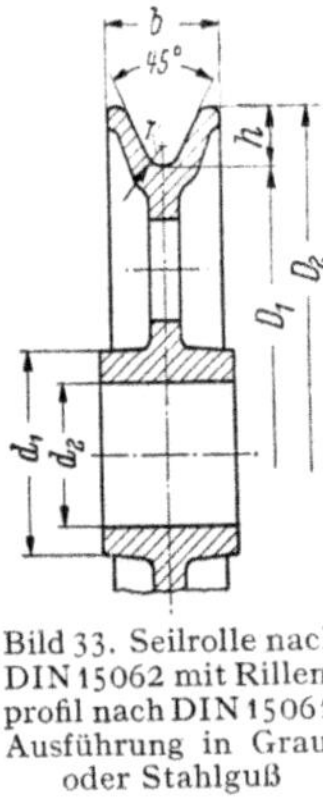

Bild 33. Seilrolle nach DIN 15062 mit Rillenprofil nach DIN 15061. Ausführung in Grau- oder Stahlguß

Rillenprofile sind genormt in DIN 15061, weitere Abmessungen in DIN 15062. Auszug hieraus in Zahlentafel 6, dazu Bild 33.

Zur Ausführung in Grau- oder Stahlguß kommen zum Gewichtseinsparen geschmiedete (bis $D_1 = 400$ mm) oder geschweißte mit Kranz aus Flachstahl (Bild 34a), Winkelstahl (Bild 34b) oder Sonderwalzprofil (Bild 34c). Die Speichen werden aus Flachstahl (wie in den Bildern) oder Rundstahl gebildet.

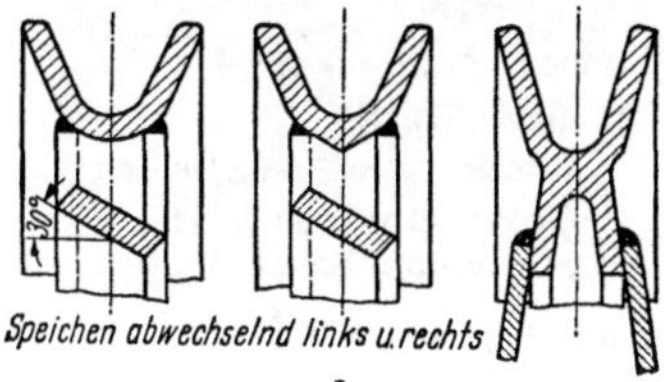

a b c

Bild 34. Ausbildung von Seilrollenkränzen aus Stahl

Lagerung der Seilrollen mittels Rotguß- oder Bronzebuchsen auf feststehenden (geschliffenen) Achsen oder mittels Wälzlager. Wirkungsgrad einer Seilrolle mit Wälzlagerung (einschließlich Seilumlenkverlust) $\eta_r \approx 0{,}97$.

d) Trommeln für Ketten mit eingedrehter Rille für einlagiges Aufwickeln. Trommeldmr. $D = (20 \text{ bis } 30) \times$ Nenngliedicke d der Kette. Zwei Sicherheitswindungen. Werkstoff Grauguß.

e) Seiltrommeln werden gegossen (Grauguß) oder geschweißt. Glatter Trommelmantel nur bei einfachsten Ausführungen oder solchen, bei denen große Seillängen ein Übereinanderwickeln erfordern; sonst schraubenförmig eingedrehte Rillen mit $r \approx 0{,}53\, d$ und Steigung $s = d + b$ gemäß Zahlentafel 7 und Bild 35.

Zahlentafel 6. *Seilrollenabmessungen* nach DIN 15062 (April 1956)

Rollenkranz												Naben		
r[1]	h	b		Seilrollen Gr. 0[2]		Seilrollen als Ausgleichrollen Gr. 0 bis 4[2]		Seilrollen Gr. 1 bis 4[2]			d_1	Größte Bohrung d_2 H 7	
		Grauguß	Stahlguß und Stahl	D_1	für Seildurchmesser	D_1	für Seildurchmesser	D_1 Reihe I	D_1 Reihe II	für Seildurchmesser		Grauguß	Stahlguß und Stahl
4	15	28	28	100	6,5	100	8 —5	160	200	8—6	40	20	25
5	17,5	32	32	125	8	125	9,5—8	200	250	10—8	50	28	32
6,3	20	38	36	160	10	160	12 —9	250	315	13—9	60	36	42
8	25	45	43	200	13	200	15 —11	315	400	16—11	80	55	60
10	32,5	60	55	250	16	250	19 —14	400	500	21—15	100	65	75
12,5	37,5	70	65	315	20	315	24 —17	500	630	26—19	140	90	105
14	40	75	70	—	—	355	27 —22	560	710	29—21	160	110	120
16	45	80	75	400	27	400	30 —24	630	800	33—23	180	130	140
18	50	90	85	—	—	450	34 —27	710	900	37—26	200	150	160

[1] Zur Beschränkung der Rillenprofile ist der Rillenhalbmesser **r** von $\approx 0{,}53$ bis auf 0,47 vom jeweils angegebenen größten Seildmr. **d** herabgesetzt. [2] Gr. = Seiltriebgruppe (vgl. Zahlentafel 5).

Zahlentafel 7. *Rillenabmessungen von Seiltrommeln* in mm

Seildmr. d	10	13	16	19	22	27	33	40
r	5,5	7	8,5	10	12	14,5	17,5	[illegible]
b	2	2	2	3	3	4	4	[illegible]
a	1	1,5	2	2,5	3	3,5	4	5

Doppeltrommeln erhalten auf einem Trommelkörper oder auf den beiden Einzeltrommeln rechts- und linksgewundene Seilrillen.

Der *Trommelmantel* erfährt 1. eine Drehbeanspruchung durch das zu übertragende Drehmoment M_d (meist vernachlässigbar klein); 2. eine Biegebeanspruchung durch den Zug des ablaufenden Seils (nur bei langen Trommeln von zu beachtendem Einfluß; Träger auf zwei Stützen); 3. eine Druck- und Biegebeanspruchung infolge der Umschnürung.

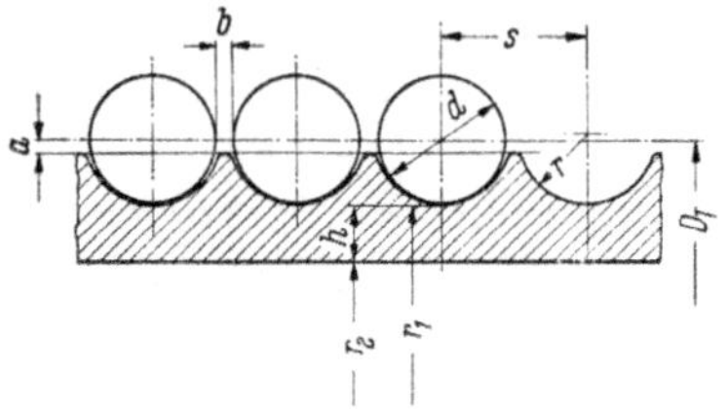

Bild 35. Ausbildung der Trommelrillen auf dem Trommelmantel

Zu 1: $\tau = \frac{M_d}{W_p} = \frac{M_d \cdot r_1}{J_p} = \frac{M_d r_1}{2 J_x}$;

$J_x = \pi r_1^4/4 - \pi r_2^4/4$.

Zu 2: $\sigma_b = \frac{M_b}{W_x} = \frac{M_b r_1}{J_x}$.

Zusammen: $\sigma_{\text{red}} = \sqrt{\sigma_b^2 + 3\tau^2}$.

Zu 3: nach *Ernst:*
Druck $\sigma_d = 0{,}85\, S/(h \cdot s)$;
Trommel vollgewickelt,
S = größte Seilzugkraft in kg.

Auflaufstelle: Druck $\sigma_{d,a} = 0{,}5\, S/(h \cdot s)$; Biegung $\sigma_{b,a} = 0{,}96\, S \sqrt[4]{1/(D^2 \cdot h^6)}$.

Diese beiden Beanspruchungen treten gleichzeitig, aber in um 90° gegeneinander versetzten Querschnitten auf. σ_{ba} darf bei gußeisernen Trommeln mit 200 bis 250 kg/cm² angesetzt werden; bei Stahltrommeln aus St 37 kann sowohl $\sigma_{d,a}$ als auch $\sigma_{b,a}$ mit 500 kg/cm² angenommen werden. Ist die eine Beanspruchung kleiner, so kann die andere entsprechend größer zugelassen werden und umgekehrt. Für leichten Betrieb können diese Spannungswerte um 25% erhöht werden, während sie bei besonders schwerem Betrieb um 20% herabzusetzen sind.

Die Stärke W cm der *Trommelstirnwände* wird bei Graugußtrommeln etwa gleich der Trommelmantelstärke h gewählt. Bei geschweißten Trommeln ist die Biegebeanspruchung σ_b kg/cm² maßgebend, die sich nach *Ernst* ergibt zu:

$$\sigma_b = 1{,}44\left(1 - \frac{2 \cdot D_N}{3 \cdot D}\right)\frac{H}{W^2}$$

und 1000 kg/cm² betragen darf. (D [cm] = Trommeldmr., D_N [cm] = Nabendmr.; H [kg] = Horizontalkomponente der Seilzugkraft $\approx 0{,}1\, S$.)

Damit das Seil nicht in das Zahngetriebe geraten kann, muß nach den Unfallverhütungsvorschriften die Trommel an den gefärdeten Stellen Bordscheiben erhalten, deren Höhe über dem Seilrillengrund mindestens gleich dem 2,5fachen Seildmr. ist.

Die Gestaltung einer gegossenen Trommel mit zentriert angeflanschtem Zahnrad zeigt Bild 36; einige der Verbindungsschrauben als Paßschrauben ausführen oder mit Scherringen

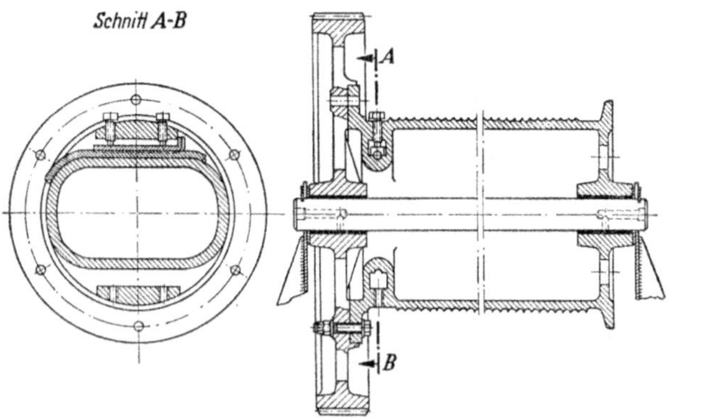

Bild 36. Gußeiserne Seiltrommel mit angeflanschtem Stahlguß-Zahnrad auf Festachse

versehen. Trommel- und Zahnrad sind mit Bronzebuchsen gelagert. Werden alle Vorgelege des Windwerks in einem geschlossenen Getriebekasten untergebracht, so wird die Trommel durch eine Vielnutsteckverbindung angeschlossen und mittels eingeschweißten Wellenstummels in einem Außenlager gestützt, Bild 37; dadurch wird die Dreifachlagerung statisch bestimmt.

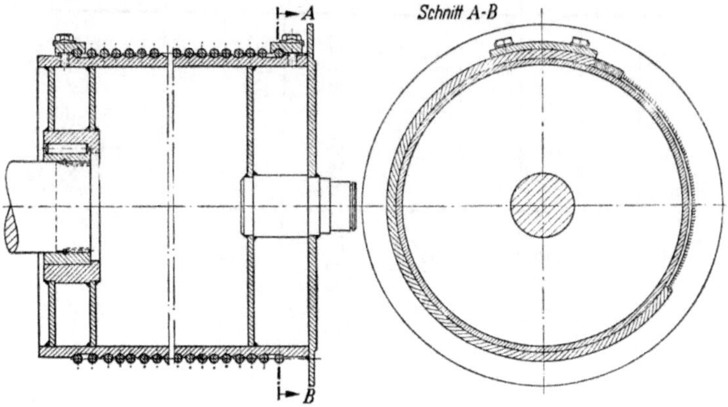

Bild 37. Geschweißte Seiltrommel mit Vielnutsteckverbindung zwischen Vorgelegewelle und Trommel

Bei weitest abgewickeltem Seil sollen noch mindestens zwei Windungen auf der Trommel bleiben, damit die Seilbefestigung von der Seilzugkraft weitgehend entlastet wird. Die Gesamtwindungszahl n für das Aufwickeln einer Seillänge L wird damit: $n = L/(D\pi) + 2$. Die Seilbefestigung wird meist als einfache Klemmverbindung ausgebildet (Druckstück durch Schrauben aufgepreßt, Bild 36; aufschraubbare Leiste, Bild 37).

Die Seiltrommel mit schraubenförmigen Rillen wird auch als *Reibungstrommel* angewendet, z. B. zum Antrieb des Katzfahrseils bei Kabelkranen; hierbei wandert das die Trommel umschlingende Seil (Umschlingungswinkel $\alpha = 3\pi$) von einem Mantelende zum anderen. Die übertragbare Umfangskraft U ergibt sich aus den Seilzügen S_1 und S_2 der auf- und ablaufenden Trume, dem Umschlingungswinkel α und dem Reibungsbeiwert μ zwischen Seil und Rille aus:

$$U = S_1 - S_2 \quad \text{und} \quad S_1 = S_2\, e^{\mu\alpha}$$

$$\text{zu:} \quad U = S_2\,(e^{\mu\alpha} - 1); \quad \mu \approx 0{,}14.$$

Auf demselben Prinzip beruht die Kraftübertragung bei Spillköpfen. Damit das Seil stets in die Hohlkehle gedrängt wird, muß Neigungswinkel $\beta \geqq$ Reibungswinkel ϱ sein, Bild 38. — Vgl. Beispiel Bd. I, S. 225.

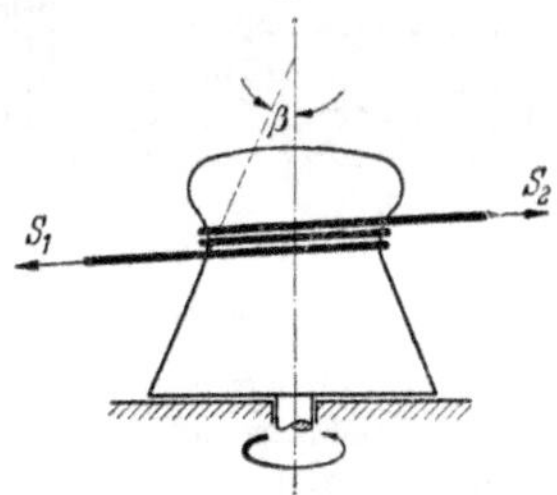

Bild 38. Spillkopf

4. Achsen, Wellen, Lager

a) Die festen **Achsen** der Hebezeuge werden auf Biegung schwellend beansprucht. Absätze möglichst vermeiden, Schmiernuten und -bohrungen in Ebene der neutralen Faser legen (Kerbwirkung). Werkstoff St 50 und St 60. Zulässige Biegebeanspruchung außerdem abhängig von Lagerungsart und Schwere des Betriebs: bei St 50 $\sigma_{zul} = 800$ bis 1400 kg/cm². Zulässiger Lochleibungsdruck in den Lagerblechen 1000 bis 1500 kg/cm². Über Lagerung der Seilrollen und Trommeln mittels Rg- oder GBz-Buchsen s. Bd. I, S. 651 u. 686; zul. Flächenpressung 80 bis 120 kg/cm². Bei Wälzlagerung s. Bd. I, S. 693, Abschn. Wälzlager, und nachstehende Angaben bei Wellen.

Befestigung vorhandener Rollen- und Trommelachsen durch *Achshalter* nebst Kopfschrauben (DIN 15058, Zahlentafel 8); Anordnung entgegengesetzt zur

Zahlentafel 8. *Achshalter* nach DIN 15058 (Dez. 1954) (Bild 39, Maße in mm)

a	b	c_1	c_2	d_1	Wellendmr. d_2	f	h ≈	Befestigungs-schrauben Gewinde [1]
25	6	80	50	11	28 32 36 40	22 23 24 26	12	M 10
30	8	100	70	13	45 50 56 63	31 33 35 37	16	M 12
40	10	140	100	17	70 80 90 100	45 48 52 56	20	M 16
50	12	190	140	21	110 125 140 160	65 71 77 85	25	M 20

[1] Auch Feingewinde.

Belastungsrichtung der Achse, Bild 39, oder parallel dazu; letztere immer, wenn auf einer Seite zwei Achshalter erforderlich sind (für d_2 über 100 mm).

b) Beanspruchung der ein Drehmoment übertragenden **Wellen** auf Biegung (wechselnd) und Verdrehung. Werkstoff: St 50 oder St 60; Berechnung nach Bd. I, S. 399 u. Abschn. Wellen, S. 706. Lagerung meist in Wälzlagern; Gleitlager nur bei niedrigen Drehzahlen.

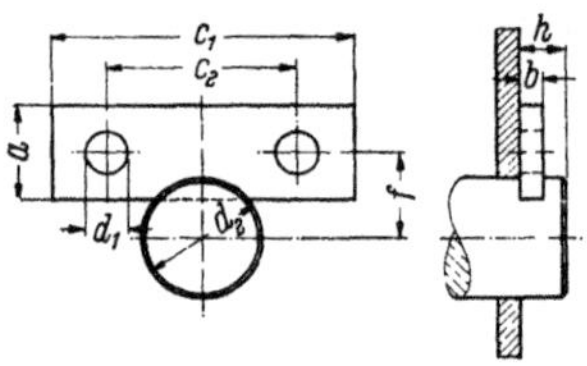

Bild 39. Achshalter

c) Für den Hebezeugbau sind **Gleitlager** genormt; *Flanschlager* nach DIN 502 und 503 sowie *Augenlager* nach DIN 504 werden für untergeordnete Zwecke verwendet; *Deckellager* nach DIN 505 und 506 für langsamlaufende, offene Vorgelege und für lange Transmissionswellen. Sicherung des Deckellagerfußes nach Aufpassen des Lagers durch seitlich auf die Stahlkonstruktion geschweißte Flacheisenstücke.

d) Im übrigen werden **Wälzlager** bevorzugt, z. B. in Getriebekästen, an schwer für die Schmierung zugänglichen Stellen (weniger Wartung), in hochbelasteten und gleichzeitig schnellaufenden Laufrädern, in Handhebezeugen zur Energieeinsparung.

Mit Rücksicht auf Austausch und Lagerhaltung Anwendung gängiger Wälzlager-Bauformen: Ringrillenlager DIN 625 für mittlere und hohe Drehzahlen, kleine und mittlere Lagerdrücke, kleine Axialschübe: erste Stufen in Getriebekästen. Ringpendellager DIN 630 wegen geringer Verschwenkungsmöglichkeit des Innenrings für Fahrwerkswellen, überhaupt lange Wellen geeignet; Befestigung auf glatter Welle mit Spannhülse. Ringtonnenlager DIN 635, radial und axial hoch belastbar, schwenkbar, für Endstufen in Getriebekästen, schwere Seilrollen und Laufrollen. Scheibenlager einseitig wirkend DIN 711, zweiseitig DIN 715 nur Axiallasten: Lasthaken, Schneckengetriebe, Kransäulen. Der Listenauswahl der Wälzlager kann man eine Lebensdauer von 3000 Std. bei leichtem, 5000 Std. bei normalem und 8000 Std. bei schwerem Betrieb zugrunde legen, um eine Haltbarkeit von 6 bis 8 Jahren zu erreichen; die rechnerische Lagerbelastung ist dabei wegen der Stöße um etwa 50% zu erhöhen. — Angaben der Firmen beachten.

5. Kranschienen und Laufräder

a) Die **Kranschiene** wird für kleinere und mittlere Belastungen als Flachstahlschiene ausgeführt (Bild 40a bis c) in den Abmessungen $k \cdot h = 50 \cdot 30$, $50 \cdot 40$, $60 \cdot 30$, $60 \cdot 40$, $60 \cdot 50$ und $70 \cdot 50$ mm. Für größere Belastungen Kranschienenprofil nach DIN 536, Bild 41, und Zahlentafel 9. Werkstoff Flußstahl von mindestens 60 kg/mm² Zugfestigkeit.

Normale Eisenbahnschienen bei Beton- oder Schwellenfundierung der Kranlaufbahn.

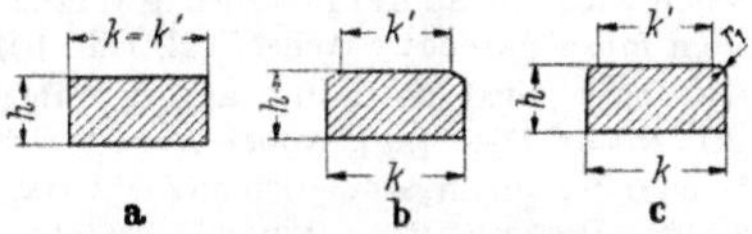

Bild 40. Flachstahlschienenformen
a rechteckig, b abgekantet, c abgerundet

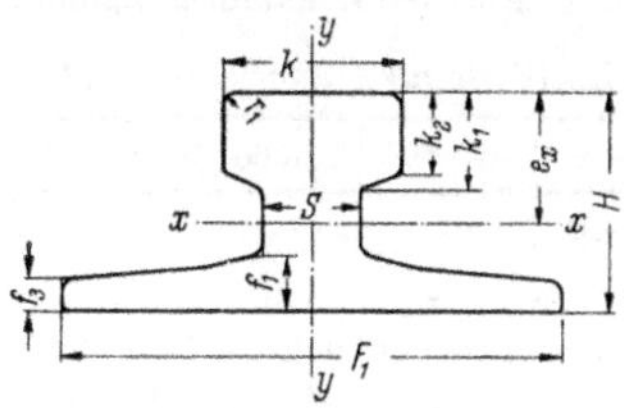

Bild 41. Kranschienenprofil DIN 536

b) Laufräder werden nur noch selten aus Grauguß GG-18 hergestellt (Handlaufkrane und -katzen); sonst Werkstoff GS-52 oder GS-60, bei größten Raddrücken mit Radreifen St 70. Ausbildung gemäß DIN 15074 bis 15084. Beispiele Bilder 42, 43 und 44.

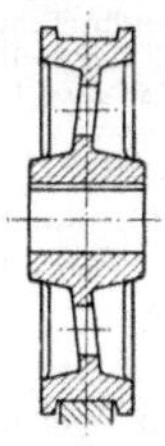

Bild 42. Katzenlaufrad ohne Zahnkranz mit Keilnut

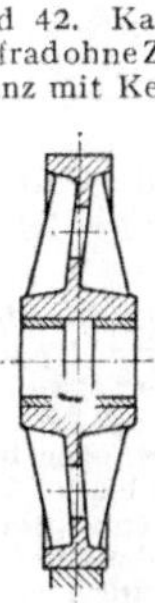

Bild 43. Laufrad ohne Spurkranz mit Gleitlagern

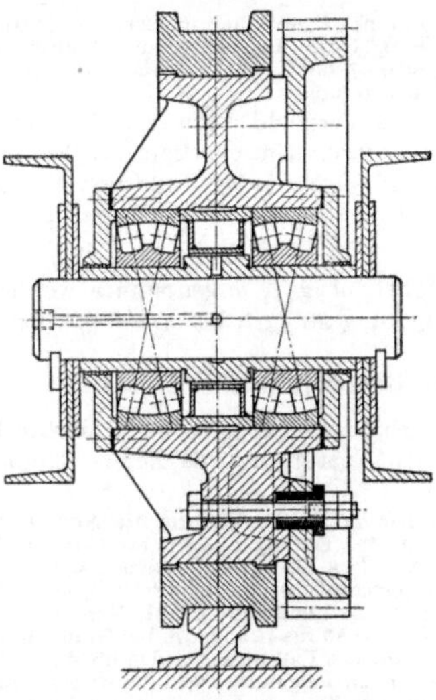

Bild 44. Kranlaufrad: Stahlgußradkörper mit Radreifen, Zahnrad angeschraubt, Pendelrollenlager

Zahlentafel 9. *Kranschienen* nach DIN 536 (April 1959)

Kurzzeichen	H (mm)	F_1 (mm)	k (mm)	S (mm)	f_1 (mm)	f_3 (mm)	k_1 (mm)	k_2 (mm)	r_1 (mm)	Querschnitt cm²	Gewicht kg/m	Trägheitsmoment J_x cm⁴	Schwerpunktsabstand e_x cm	Widerstandsmoment W_x cm³	Trägheitsmoment J_y cm⁴	Widerstandsmoment W_y cm³	Raddurchmesser D_L cm
KS 22	55 ± 1	125	45	24	14,5	8	24	20	4	28,3	22,2	91	3,31	27,5	169	27,0	40
KS 32	65 ± 1	150	55	31	17,5	9	28,5	25	5	40,7	32,0	182	3,88	46,9	337	44,9	60
KS 43	75 ± 1	175	65	38	20	10	34	30	6	55,4	43,5	327	4,44	73,7	609	69,6	80
KS 56	85 ± 1	200	75	45	22	11	39,5	35	8	72,1	56,6	545	5,00	109	1010	101	100
KS 75	95 ± 1,5	200	100	60	23	12	45,5	40	10	95,6	75,2	888	5,21	170	1360	136	100

Räder für Laufkatzen und Laufkrane erhalten zweiseitigen Spurkranz; eindeutige Führung durch schmalere Ausdrehung des Laufradkranzes auf einer Seite der Katze oder des Krans. An Laufkranen ergeben Spurkränze mit großem Spiel und konischen Laufflächen (nach außen im Verhältnis 1 : 16 verjüngt) bei den angetriebenen Rädern auf Schienen mit leicht gewölbtem Kopf gute Führungsverhältnisse. Bei schweren Laufkranen wird auf Spurkranzführung verzichtet; die Führung übernehmen seitliche Rollen mit senkrechter Achse, vgl. Bild 107.

α) Der *Laufraddurchmesser* D_L [cm] wird bestimmt aus der Beziehung: Zulässige Radbelastung (Raddruck) $P = C D_L k'$ [kg], wobei $k' = k - 2r_1$ [cm] die Auflagebreite und C [kg/cm²] eine Erfahrungszahl bedeuten. Zwischen der Erfahrungszahl C und der Hertzschen Pressung p_{max} [kg/cm²] besteht der Zusammenhang $C = p_{max}^2/0{,}35\,E$; bei Paarung verschiedener Werkstoffe ist

$$E = 2E_1E_2/(E_1 + E_2);\quad E = \text{Elastizitätsmodul in kg/cm}^2.$$

Zahlentafel 10. *Zulässige Werte für Faktor C* [kg/cm²]

GG-18	GG-26	GS-52	GS-60	St 60	St 70
20—30	30—50	40—60	40—70	50—80	60—90

Die kleinen C-Werte sind bei hoher Fahrgeschwindigkeit, häufigem Fahren bei Vollast und Stößen zu wählen, die großen bei leichtem Betrieb[1].

β) Der *Fahrwiderstand* (im Beharrungszustand) W [kg] besteht aus dem Rollwiderstand W_r [kg] (Zapfen- + Rollreibung) und dem Widerstand an Spurkränzen und Nabenstirnflächen, der nach *Ernst* mit 5 kg/t Raddruck angesetzt werden kann. Aus der Momentengleichung am rollenden Rad (Zapfenbelastung Q [kg], Radeigengewicht G [kg], Bild 45) und dem genannten Sicherheitszuschlag ergibt sich:

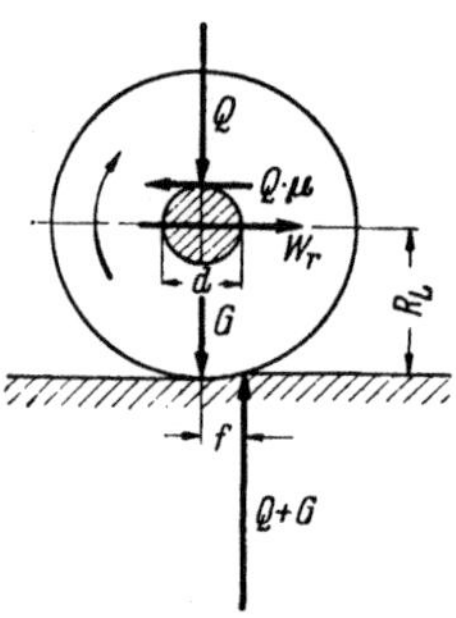

Bild 45. Zapfen- und Rollreibung am rollenden Rad

$$W = \frac{1}{R_L}\left[Q\mu\frac{d}{2} + (Q+G)\,f\right] + 0{,}005\,(Q+G);$$

R_L [cm] Laufradhalbmesser; d [cm] Zapfendurchmesser; $f = 0{,}05$ cm Hebelarm der Rollreibung; Zapfenreibwert $\mu \approx 0{,}07$ bis 0,1 bei Gleitlagerung, $\mu \approx 0{,}0015$ bis 0,003 bei Wälzlagerung.

Bei Vernachlässigung des Radeigengewichts G (statthaft wegen Unsicherheit der Reibwertzahl) kann für Q und $(Q + G)$ der Raddruck P eingesetzt werden.

Überschlägige Vorausberechnung:

$$W\,[\text{kg}] = w_{ges}\,[\text{kg/t}] \cdot P\,[\text{t}],$$

wobei für w_{ges} angenommen werden kann: bei Gleitlagerung 20 kg/t, bei Wälzlagerung 6 kg/t.

6. Gesperre und Bremsen

a) In Handhebezeugen verhindern **Gesperre** bei Unterbrechung der Antriebskraft das Absinken der Last. Ausführung als Zahn- (Klinken-) oder Klemmgesperre.

α) Konstruktionsmaße für außenverzahntes *Sperrad mit Sperrklinke und Sperrhaken* in Bild 46; Berechnungsskizze Bild 47. Teilung $t = (10$ bis $18)\pi$, Teilkreisdmr. $D_t = zt/\pi$, Zähnezahl $z = 5$ bis 25, Breite $b = (0{,}5$ bis $1{,}0)\,t$. Winkel $\beta \approx 17°$ (> Reibungswinkel ϱ). Biegespannung im gefährdeten Querschnitt $\sigma_b = Pl/(bh^2/6)$; $\sigma_{b\,zul} = 200$ bis 300 kg/cm² für Grauguß und 500 bis 600 kg/cm² für Stahlguß oder Stahl; Kantenpressung zwischen Klinke und Rad $k = P/b$; nach *Krell* $k_{zul} = 50$ bis 100 kg/cm bei Grauguß und 150 bis 300 kg/cm bei Stahl auf Stahl. Zur Verringerung des Fallweges werden häufig zwei Klinken angeordnet, von denen die eine auch als Sperrhaken ausgebildet sein kann; beim Eingriff der einen steht die andere in der Mitte zwischen zwei Zähnen. Sperräder mit Innenverzahnung meist mit Bandbremsen zusammengebaut.

[1] In DIN 15070 und 15071, Berechnungsgrundlagen für Laufräder, wurde eine Kenn-Radlast R_0 eingeführt, die sich ergibt, wenn $C = 56$ kg/cm² gesetzt wird.

β) Bei *Klemmgesperren* ergibt die Innenanordnung der Sperrbacken bessere Übertragungsverhältnisse für die Klemmkraft P, vgl. Bild 48, als eine Außenanordnung. Das dort schematisch dargestellte Klemmgesperre verhindert das Drehen einer Trommel a im Senksinn, weil sich dann die Backen b (drehbar um an der Trommel befestigte Bolzen c gelagert und von Feder d gestützt) in einer inneren Keilrille einer gebremsten Scheibe e festklemmen. Zum Senken wird dann das Bremsband f gelüftet. Für Sperrwirkung (Selbsthemmung) muß γ kleiner als der Reibungswinkel ϱ sein (bei Keilrille $\gamma < \varrho'$; vgl. Bd. I, S. 219).

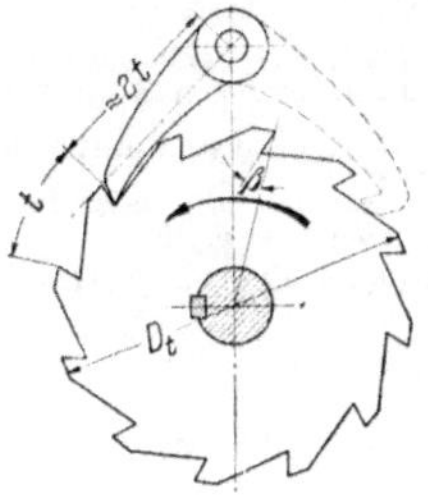

Bild 46. Sperrad mit Sperrklinke und Sperrhaken

b) Für das Festhalten, Abstoppen oder die geregelte Bewegung von Last oder Hebezeug werden **Bremsen** in Form von *Bandbremsen*, *Backenbremsen*, auch *Scheiben-*

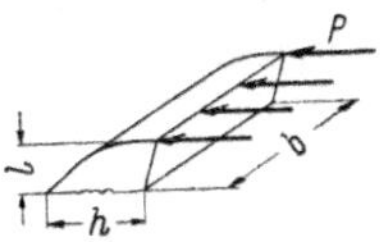

Bild 47. Berechnungsskizze

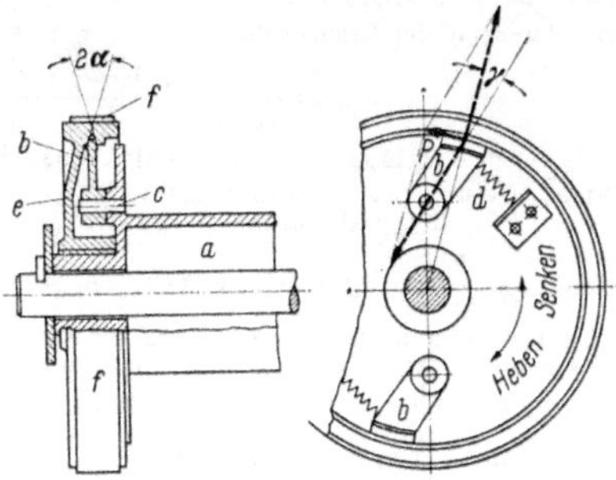

Bild 48. Klemmgesperre

oder Kegelbremsen angeordnet. Aufbringen der Bremskraft durch Gewicht, Feder, Hand- oder Fußkraft, Öldruck; Lüften der Bremse: von Hand, durch Lüftmagnet, Lüftmotor, elektromechanische oder elektrohydraulische Lüfter.

Um ein möglichst kleines abzubremsendes Drehmoment und damit kleine Bremsenabmessungen zu erhalten, setzt man bei motorischen Antrieben die Bremsscheibe auf die Motorwelle auf und bildet sie oft als die eine Hälfte der Kupplung zwischen Motor und Getriebe aus.

α) *Berechnung des Bremsmoments.* Das abzubremsende Moment M_{Br}, bezogen auf die Bremswelle, wird bei vereinfachter Rechnung aus dem für den Beharrungszustand ermittelten rechnerischen Antriebsmoment M_d des Motors (bezogen auf die Bremswelle) mit dem Wirkungsgrad des Triebwerks η und einer Sicherheitszahl ν

$$M_{Br} = \nu M_d \eta^2,$$

ν = 1,3 bis 1,5 bei Handhubwerken,
ν = 2 bis 3 bei gewöhnlichen motorisierten Hubwerken,
ν = 3 bis 4 bei Greiferhubwerken und Hubwerken mit schwerem Gehänge,
ν = 1,5 bei Fahr- und Drehwerken.

Genauere Ermittlung des abzubremsenden Moments M_{Br} aus den Teilmomenten (für motorische Antriebe)[1]:

M_Q stat. Moment der Last (bei Hubwerken),
M_P Verzögerungsmoment für die geradlinig bewegten Massen (im Senksinn bewegte Last bei Hubwerken; Masse von Last + Kran bei Fahrwerken),
M_S Verzögerungsmoment für die drehenden Massen (Motoranker und Triebwerkteile bei allen Antrieben, drehende Kranmassen),
M_W stat. Moment der Windkräfte.

$$M_Q = \frac{Q}{i_R} \cdot r_T \cdot \frac{1}{i} \cdot \eta \text{ kgm}$$

Q kg Last (Nutzlast + Totlast),
r_T m Trommelradius,
i_R Übersetzung des Rollenzuges (z. B. = 2, vgl. Bild 75),
i Übersetzungsverhältnis zwischen Bremswelle und Trommelwelle $= n_{Br}/n_T$,
η Produkt aller Wirkungsgrade vom Rollenzug bis zur Bremswelle.

[1] Vgl. *Thomas:* Beitrag zur Normalisierung der Hebezeugbremsen und Berechnung von Fahrwerksbremsen; DEMAG-Nachr. 1940, Juni bzw. 1941, Nov.

$$M_P = \frac{Q}{g} \cdot \frac{v_H}{t_x} \cdot \frac{1}{i_R} \cdot r_T \cdot \frac{1}{i} \cdot \eta = \frac{1}{2\pi g\, 60} \cdot Q \cdot v_H'^2 \cdot \frac{1}{t_x n_{Br}} \cdot \eta \text{ kgm} \quad \text{Hubwerke}$$

$$M_P = \frac{Q_{\text{ges}}}{g} \cdot \frac{v_F}{t_x} \cdot r_L \cdot \frac{1}{i} \cdot \eta = \frac{1}{2\pi g\, 60} \cdot Q_{\text{ges}} \cdot v_F'^2 \cdot \frac{1}{t_x n_{Br}} \cdot \eta \text{ kgm} \quad \text{Fahrwerke}$$

Q_{ges} kg Last + Kraneigengewicht,
r_L m Laufradradius,
v_H m/sek Hubgeschwindigkeit,
v'_H m/min Hubgeschwindigkeit,
v_F m/sek Fahrgeschwindigkeit,
v'_F m/min Fahrgeschwindigkeit,
n_{Br} U/min Drehzahl der Bremswelle,
t_x sek Nachlaufzeit, errechenbar aus den Nachlaufumdrehungen a gemäß $a = \frac{n_{Br} t_x}{60 \cdot 2}$, oder aus der mittleren Verzögerung $b = v/t_x$, oder dem Nachlaufweg $s_x = v t_x/2$,
g m/sek² Fallbeschleunigung (= 9,81).

$$M_S = \frac{\pi}{120\, g} \cdot \frac{\Sigma\,(GD_i^2 \cdot n_i^2 \cdot \eta_i)}{n_{Br} \cdot t_x} \text{ kgm},$$

GD_i^2 kgm² Schwungmoment der drehenden Masse bezogen auf ihre Drehachse,
n_i U/min Drehzahl der Schwungmasse,
η_i Wirkungsgrad von Massendrehachse bis Bremswelle.

$$M_W = P_W \cdot r_L \cdot \frac{1}{i} \cdot \eta \text{ kgm Fahrwerke,} \qquad M_W = P_W \cdot r_W \cdot \frac{1}{i} \cdot \eta \text{ kgm Drehwerke,}$$

P_W kg Gesamte Windkraft (Betriebswinddruck 50 kg/m²),
r_W m Abstand des Angriffspunktes der Windkraft von der Drehachse.

Für die verschiedenen Antriebe wird hiermit M_{Br}:

Hubwerke: $M_{Br} = M_Q + M_P + M_S$.

Nachlaufumdrehungen $a = 5$ (bis 8); zur Vereinfachung der Rechnung wird oft $M_P = 0{,}1\, M_Q$ gesetzt.

Fahrwerke: $M_{Br} = M_P + M_S + M_W - M_F$

M_F kgm Moment des Fahrwiderstands bezogen auf die Bremswelle,
$M_W = 0$, wenn Kran im Gebäude.

Nachlaufumdrehungen $a \approx 8$; zweckmäßigerweise werden auch Nachlaufweg und Verzögerung nachgerechnet. Die zulässige Verzögerung ist begrenzt durch das Rutschen der Räder auf der Schiene; bei Allradantrieb kann man b bis zu $\approx 1{,}3$, bei Antrieb der Hälfte der Räder mit 0,7 m/sek² annehmen; üblich $\approx 0{,}9$ bzw. 0,5 m/sek².

Drehwerke: $M_{Br} = M_S + M_W - M_D$,

M_D kgm Moment des Drehwiderstandes bezogen auf die Bremswelle,
$M_W = 0$, wenn Kran im Gebäude.
Nachlaufzeit $t_x = 5$ bis 8 sek. Bremsverzögerung $b = 0{,}5$ bis 0,9 m/sek².

Die so ermittelten Bremsmomente brauchen bei Fahr- und Drehwerken nicht mehr mit einer Sicherheitszahl ν multipliziert zu werden. Bei Hubwerken können die oben angegebenen Sicherheitszahlen ν je nach Schwere des Betriebs auf 1,5 bis 2,5 reduziert werden. Übrigens wird zur Erhöhung der Betriebssicherheit bei Kranen hoher Tragkraft die mechanische Bremse nur für die letzte Phase des Abstoppens und für das Halten benutzt (Regelung der Senkgeschwindigkeit bei Hubwerken durch Senkbremsschaltungen; Verzögern bei Fahr- und Drehwerken durch elektr. Nachlaufbremsung).

β) Die *einfache Bandbremse*, Bild 49, ist nur für eine Richtung des abzubremsenden Moments geeignet (z. B. Hubwerke).

Bedeutet:

U_{Br} abzubremsende Umfangskraft,
r Radius der Bremsscheibe,
T_1 am Festpunkt angreifende Bandzugkraft,
T_2 am Bremshebel angreifende Bandzugkraft,
α Umschlingungswinkel,
μ Reibwert zwischen Band und Bremsscheibe,

so ergeben sich die Beziehungen:

$$U_{Br} = M_{Br}/r, \qquad T_1/T_2 = e^{\mu\alpha}, \qquad T_1 - T_2 = U_{Br},$$

$$T_1 = U_{Br}\, e^{\mu\alpha}/(e^{\mu\alpha} - 1), \qquad T_2 = U_{Br}/(e^{\mu\alpha} - 1).$$

Die am Hebelarm l auszuübende Bremskraft G (Gewicht oder Feder) (vgl. Bild 49) wird damit:

$$G = T_2 \frac{a}{l} = U_{Br} \cdot \frac{1}{e^{\mu\alpha} - 1} \cdot \frac{a}{l}.$$

Die Resultierende T_R aus den Bandzugkräften T_1 und T_2 beansprucht die Bremswelle auf Biegung; Bremsmoment $M_{Br} = T_R c = M'_{Br}$ der Größe nach, aber entgegengesetzt gerichtet.

Die Ausbildung einer Bandbremse für wechselnde Drehrichtung führt zur *Summenbremse*, Bild 50, die ein mehrfach so großes Bremsgewicht G erfordert wie die einfache Bandbremse.

$$G = (T_1 + T_2)\frac{a}{l} = U_{Br}\,\frac{e^{\mu\alpha}+1}{e^{\mu\alpha}-1}\cdot\frac{a}{l}\,.$$

Reibwert $\mu \approx 0{,}15$ für nacktes Stahlband, $\mu \approx 0{,}3$ für mit Fiber belegtes. Errechnung der Bandbreite b_0 aus zulässiger Flächenpressung $p_{zul} = 2$ bis 3 kg/cm² bei Holzbelag; bis 3 kg/cm² bei Ferodofiber, bis 5 bei Ferodoasbest.

$$p_{max} = T_1/rb_0, \quad p_{min} = T_2/rb_0,$$
$$(p_{max} + p_{min})/2 \leqq p_{zul}.$$

Reibungsleistung, bezogen auf 1 cm² der Bremsfläche:

$\Delta L = p\,v\,\mu$ [mkg/sek cm²] — worin v [m/sek] die Umfangsgeschwindigkeit bedeutet — soll 10 bis 30 bei Stoppbremsen und 3 bis 10 bei Senkbremsen nicht überschreiten; maßgebend sind Erwärmung und Verschleiß[1].

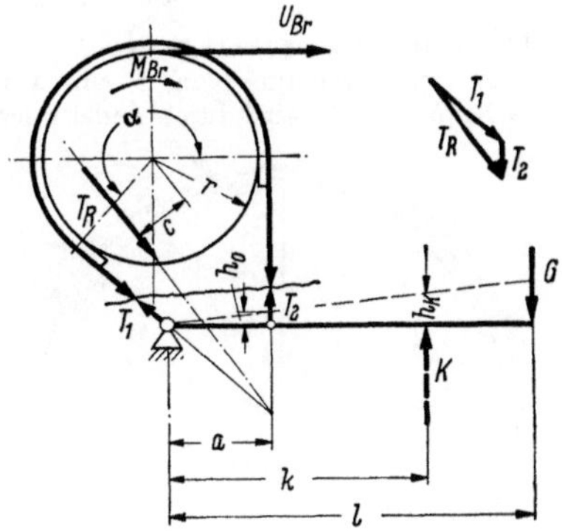

Bild 49. Einfache Bandbremse

Reicht der einfache Umschlingungswinkel nicht zur Erzeugung des erforderlichen Bremsmoments aus, so kann das Bremsband mehrfach schraubenförmig um die Bremsscheibe geschlungen werden, *Schlingbandbremse*. Auch eine gegabelte Ausführung des Bremsbands ergibt größeren Umschlingungswinkel ($\approx$ 1,75fach).

Der *Lüftweg* h_0, gemessen am Band, ergibt sich bei der einfachen Bandbremse und der nach demselben Prinzip gebauten Schlingbandbremse aus der radialen Abhebung $\lambda = (0{,}1$ bis $0{,}3$ cm je nach Bremsscheibendmr.) und dem Umschlingungswinkel $\widehat{\alpha}$ zu: $h_0 = \lambda\widehat{\alpha}$. Für Bestimmung des Lüftweges h_K am Angriffspunkt des Bremslüfters Umrechnung von h_0 im Verhältnis der Hebelübersetzung unter Zuschlag von 10% für Spiel in Gelenken. Die *Lüftarbeit* ist $A_L = K h_K$, wobei $K = Gl/k$. Beachte, daß bei der Summenbremse der Lüftweg aus der Bewegung der beiden Bandenden 1 und 2 zustande kommt, also $\lambda\widehat{\alpha} = h_{01} + h_{02}$.

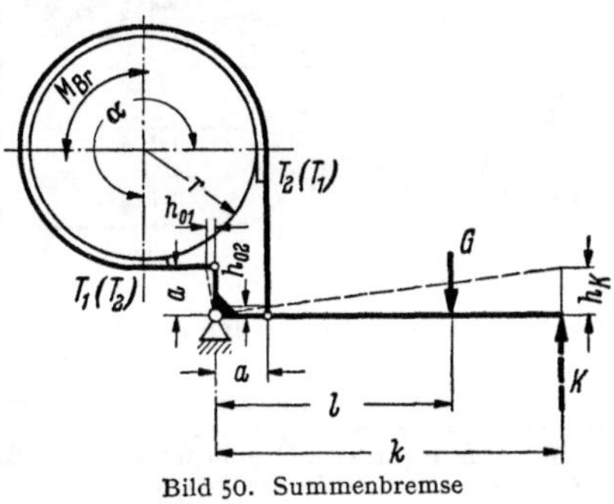

Bild 50. Summenbremse

Konstruktive Durchbildung einer einfachen Bandbremse, vgl. Bild 51. Der Bremsbelag wird mit Kupfernieten auf das Stahlband aufgenietet; die Bremsbandenden sind einerseits an einer Blattschraube (nachstellbar), andererseits an einer Blechschlaufe befestigt; Blechbügel mit Stellschrauben für gleichmäßiges Abheben.

γ) Bei elektrisch angetriebenen Wind-, Fahr- und Drehwerken wird die *Doppelbackenbremse* bevorzugt angewendet, die für beide Drehrichtungen gleiche Bremswirkung ergibt.

Für die Anordnung mit fest an den Bremshebeln angebrachten Backen wird gemäß Bild 52a die in Bremsbackenmitte von außen aufzubringende Bremskraft

$$K = U_{Br}(a^2 - c^2\mu^2)/2\mu a^2.$$

Wenn zum Vermeiden eines Biegemomentes auf die Bremswelle $c = 0$ gemacht wird, so ergibt sich $K = U_{Br}/2\mu$.

[1] Vgl. Niemann: Bremsbeläge und Bremstrommeln, VDI-Z. Bd. 86 (1942) Nr. 13/14 S. 199/205.

Die Aufteilung von U_{Br} auf die beiden Backen erfolgt nach:

$$U_{Br1} = R_1 = N_1\mu = K\,\frac{\mu a}{a + c\mu} \quad \text{bzw.} \quad U_{Br2} = R_2 = N_2\mu = K\,\frac{\mu a}{a - c\mu},$$

wobei $U_{Br1} + U_{Br2} = U_{Br} = M_{Br}/r$ ist.

Die zur Erzeugung von K am Winkelhebel erforderliche Zugkraft wird $V = Ka/b \cdot d/e$; V wird durch Feder oder Gewicht erzeugt.

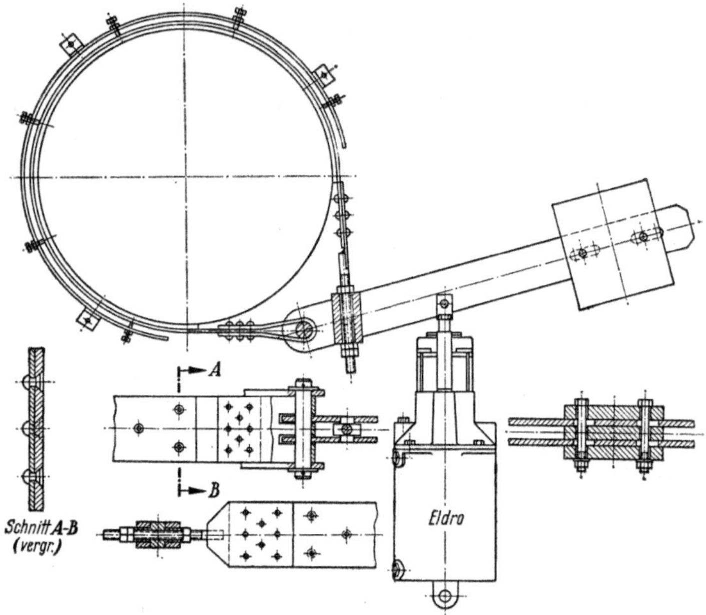

Bild 51. Ausführungsbeispiel für einfache Bandbremse mit Gewichtsbelastung und Eldrobremslüfter

Die Kräfte können in einem Kräfteplan verfolgt werden, Bild 52b. Auszugehen ist von R_1 und N_1 bzw. R_2 und N_2; dabei ergeben sich auch die Auflagerkräfte A und B.

Wird eine Bremsfeder F unmittelbar an den Bremsbackenhebeln angebracht (wie schematisch in Bild 52a gestrichelt eingetragen), so besteht V nur aus dem Eigengewichtsanteil des Lüftungsgestänges und gegebenenfalls dort angreifenden Gewichtsanteilen des Lüftgeräts selbst; in diesem Fall wird $K = F \cdot b/a + V\,b/a \cdot e/d$. Aus dieser Beziehung Ermittlung der Federkraft F.

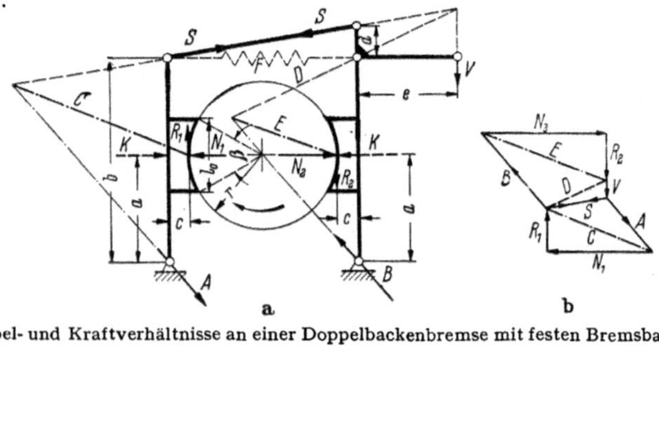

Bild 52. Hebel- und Kraftverhältnisse an einer Doppelbackenbremse mit festen Bremsbacken

Bei der konstruktiven Durchbildung der Doppelbackenbremse sind beweglich an den Bremshebeln angelenkte Backen den festen Backen vorzuziehen (unempfindlicher gegen Montageungenauigkeiten, gleichmäßigerer Belagverschleiß). Gleichgewicht an Backe bedingt, daß die an ihr angreifenden Kräfte durch ihren Gelenkpunkt gehen. Für das Kräftespiel gelten die oben angegebenen Gleichungen ebenfalls, vgl. Bild 53.

Hier wird $c = 0$, wenn Backendrehpunkt und Bremshebelgelenke senkrecht untereinander liegen. Aus Gründen besseren Abhebens der Backen beim Lüftvorgang wird der Bremshebel oft etwas nach innen gerückt, wobei jetzt ein Hebelarm $-c$ entsteht und damit wieder eine geringe Biegebeanspruchung der Bremswelle auftritt.

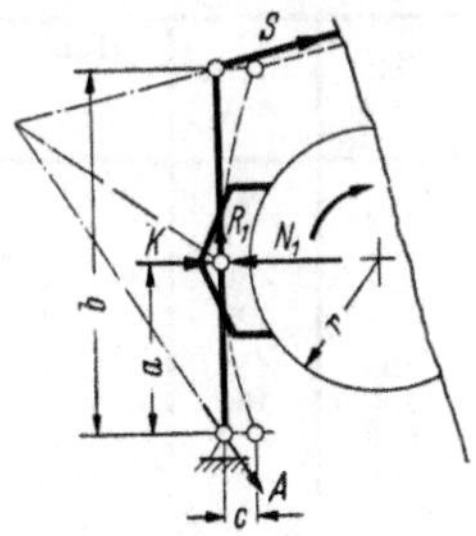

Bild 53. Hebel- und Kraftverhältnisse an einer Doppelbackenbremse mit beweglichen Bremsbacken

Reibwert zwischen Bremsbacke und Scheibe für marktgängige Reibbeläge $\mu = 0{,}4$ (leicht gefettet). Zulässige mittlere Flächenpressung $p_0 = 0{,}5$ bis 3 kg/cm². Überstreicht die Bremsbacke einen Zentriwinkel β von 60 bis 80°, so wird die Backenlänge $l_0 \approx (0{,}5$ bis $0{,}6) \cdot$ Bremsscheibendmr. Backenbreite aus $b_0 = N/(p_0 l_0)$. Reibungsleistung wie bei Bandbremsen.

Beim Lüftvorgang hebe sich eine Bremsbacke um $\lambda = 1{,}5$ bzw. 2 bzw. 2,5 mm bei einem Bremsscheibendmr. von 250 bzw. 500 bzw. 700 mm ab. Der Lüftweg an der Stelle des Angriffspunktes der Kraft V (vgl. Abb. 52a) wird $h = 2\lambda b/a \cdot e/d$ und die zugehörige Hubarbeit des Lüfters $A = 1{,}1\, V \cdot h$ (10% für Gestängeverluste). Ist die Bremskraft durch die Feder F zwischen den Bremsbacken dargestellt (vgl. gestrichelte Anordnung in Bild 52a), so ist die Hubarbeit des Lüfters: $A = 1{,}1\, h\,(V + F d/e)$, wobei V nur aus den obengenannten Eigengewichtsanteilen besteht.

Bremsbacken und Bremshebel meist aus Flacheisen in Schweißkonstruktion. Konstruktive Ausführung vgl. Beispiele Bild 54 und 55.

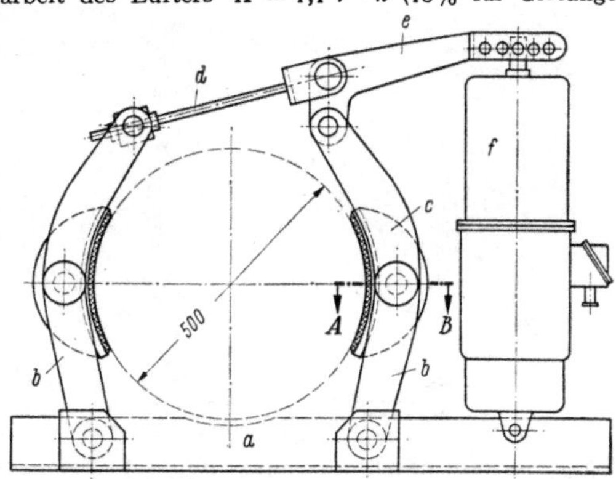

Bild 54. Doppelbackenbremse mit beweglichen Backen (DEMAG). Bremskraft durch in den Bremslüfter (Motordrücker f) eingebaute Feder erzeugt. a Untersatz; b Bremshebel; c Bremsbacken (GG); d einstellbare Zugstange; e Winkelhebel

δ) Übliche Abmessungen von *Bremsscheiben* s. Zahlentafel 11. Dort sind auch die bei normalem Betrieb zuzuordnenden Motorleistungen angegeben. Werden die Bremsscheiben zur Senkbremsung benutzt, so kann nur die Hälfte der Motorleistung als zugehörig angesehen werden; bei Hubwerken mit elektrischer Senkbremsschaltung und Fahrwerken mit elektrischer Nachlaufbremsung können jedoch die Motorleistungen um 20% erhöht werden. Bei schwerem Betrieb (hohe Spielzahl, meist volle Belastung) verringert sich die zugehörige Hubmotorleistung um etwa 25%. Die Zahlenwerte der Motorleistung gelten für Fahrwerkbremsen bis zu etwa 60 m/min Fahrgeschwindigkeit; bei 120 m/min sind sie um etwa 25% zu vermindern.

Zahlentafel 11. *Bremsscheibengrößen und zugeordnete Motorleistungen bei Halte- bzw. Stoppbremsen*; Bremsscheibe auf Motorwelle (aus *Ernst*, Die Hebezeuge, Bd. I, 5. Aufl. S. 110)

Dmr. mm	Breite mm	Hub- bzw. Fahrmotorleistung PS bei		
		n = 570	n = 730	n = 960
160	55	9	10	11
200	65	13	15	16
250	80	19	21	24
320	100	31	35	40
400	125	52	59	67
500	160	85	96	112
630	200	135	156	—
800	250	220	260	—

ε) Ringförmig angeordnete Bremsflächen kennzeichnen die Einfach- oder Mehrfach-*Scheibenbremsen* (Lamellenbremsen); Anwendung bei Handhebezeugen und motorisierten Kleinhebezeugen. Kleinere Einrück- und damit auch Lüftkraft ergibt die Anordnung der Bremsfläche auf einem Kegelmantel; *Kegelbremse*. Anwendungsbeispiele: Bild 77, Lastdruckbremse in Schraubenflaschenzug, und Bild 79, Verschiebeläufermotor. Vgl. Bd. I, Lamellenkupplung, Kegelreibungskupplung, S. 711.

ζ) *Bremslüfter* dienen zur selbsttätigen Lüftung der mechanischen Bremse im Augenblick des Einschaltens und während des Betriebs des Antriebs-Elektromotors. Kennzeichnung durch Hubhöhe, Hubkraft, Hubarbeit und zugehörige Schalthäufigkeit sowie durch relative Einschaltdauer.

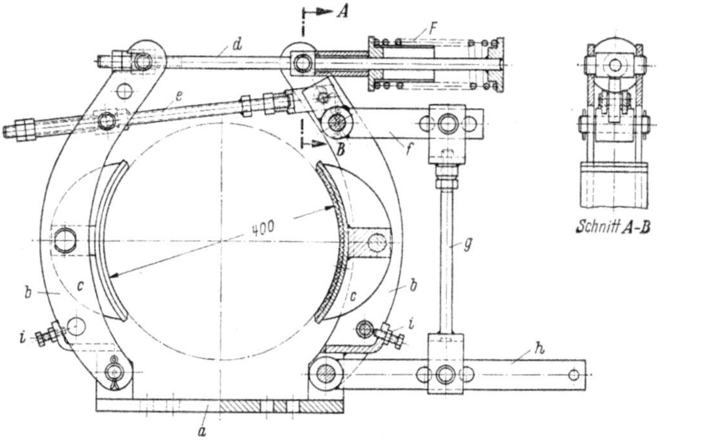

Bild 55. Normalausführung einer Doppelbackenbremse der MAN mit beweglichen Bremsbacken. Bremskraft durch unmittelbar auf die Bremshebel wirkende Federkraft F erzeugt. a Untersatz; b Bremshebel; c Bremsbacken; d Zugstange der Druckfeder F; e, g Druckstangen zum Lüften; f Winkelhebel; h Lüfthebel; i Stellschrauben zum gleichmäßigen Abheben der Backen beim Lüften

αα) Ausbildung als *Magnetbremslüfter,* bei dem ein beweglicher Anker (Kern) durch feste Magnetspulen angezogen wird, für Gleich- oder Drehstrom.

Beim *Gleichstrom-Nebenschluß-Bremslüfter,* dessen Wicklung parallel zum Motorstromkreis angeschlossen wird — auch in Reihe zu dessen Erregerwicklung —, ist die Lüftarbeit unabhängig vom Motorstrom.

Gleichstrom-Reihenschluß-Bremslüfter benötigen zwar keine besonderen Schleifleitungen, werden aber wegen ihrer Nachteile: Hubkraft abhängig vom Motorstrom, Unbrauchbarkeit bei Senkbremsschaltungen, kaum mehr angewendet.

Drehstrom-Magnetbremslüfter sind für kleinere und mittlere Hubarbeiten gut geeignet. Anschluß parallel zur Motorständerwicklung.

Der verhältnismäßig hohe Einschaltstrom verringert sich sehr, wenn der Magnetanker ganz angezogen ist. Bremsgestänge darf diese Endlage nicht verhindern, da sonst Magnetspulen bei Dauereinschaltung verbrennen. Ausnutzung der Zugkraft mit mindestens $^2/_3$, da sonst durch zu großen Überschuß Schläge auftreten oder der Anker kleben bleibt.

In den Listen für Magnetbremslüfter ist das Kerngewicht angegeben, das die Bremskraft miterzeugt; die Arbeit für dessen Heben ist in der Angabe der Hubarbeit enthalten.

ββ) *Motorbremslüfter*. Kleiner Drehstrom-Asynchronmotor arbeitet über Zahnradgetriebe und Kurbel auf das Bremsgestänge. Geeignet für große Hubarbeit und Schalthäufigkeit; weiches, aber langsames Arbeiten.

γγ) *Motordrücker*, Bild 56. Ein Drehstrom-Käfigläufermotor *a* treibt ein Lenkersystem *b*, dessen Fliehkraft über eine Schubachse *c* und einen Stößel *d* das Bremsgestänge bewegt. Eine einstellbare, federbelastete Kegelbremse *e* sorgt beim Ausschalten des Motors für mehr oder minder rasches Wirksamwerden der Backen-Schließkraft. Diese wird erzeugt durch die eingebauten Arbeitsfedern *f*. Eignung für große Schalthäufigkeit und jede Einschaltdauer. Ausführung für kleine, mittlere und große Hubarbeiten; Einbaulage beliebig.

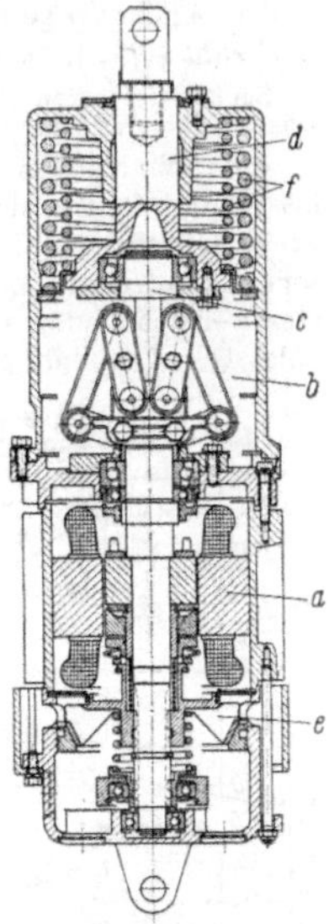

Bild 56. Motordrücker (Kampnagel-Siemens)

δδ) *Eldro-Bremslüfter*, Bild 57. Bei diesem elektrohydraulischen Hubgerät treibt ein Drehstrom-Käfigläufermotor *a* das Rad *b* einer Zentrifugalpumpe über die in der Motorwelle axial verschiebbare Vierkant-Pumpenradwelle *c* an. Das Pumpengehäuse wird durch einen Kolben *d* gebildet, der im Gerätgehäuse *e* leicht verschiebbar angeordnet ist. Nach Einschalten des Motors drückt das Pumpenrad *b* das über dem Kolben befindliche Öl durch Kanäle unter den Kolben, der dadurch schnell gehoben wird. Bewegung und Kraft des Kolbens werden über die beiden Kolbenstangen *f* auf das Joch *h* und die Drucklasche *i*, die mit dem Bremsgestänge verbunden wird, übertragen. Nach Abschalten des Motors sinkt der Kolben unter der Wirkung von Bremsgewicht oder -feder stoßfrei in die Ausgangsstellung zurück. Die Augen *k* dienen zur schwenkbaren Befestigung des Geräts an der Stahlkonstruktion. Die Brems-(Rückzug-)Feder kann auch — aufgelöst in zwei Federgeschirre — unmittelbar an das Joch *h* angebaut werden. Ausführung bis zu größten Hubleistungen; volle Hubarbeit wird auch bei hoher Schalthäufigkeit oder Dauereinschaltung abgegeben.

Gegebenenfalls wird der Eldro-Bremslüfter auch mit Einphasen-Wechselstrom- oder Gleichstrommotor ausgerüstet. Soll die Haltebremse zur Geschwindigkeitsregelung benutzt werden, so kann durch Drehzahlregelung des Eldromotors eine variable Bremskraft erzeugt werden. Bei Drehstromantrieb wird dazu der Eldromotor in der ersten Senk- oder Hubstellung der Steuerung an den Läuferstromkreis des Hauptmotors angeschlossen, wodurch bei schleifender Bremse eine nahezu drehmomentunabhängige Drehzahl des Kranmotors von etwa 20% seiner Nenndrehzahl erreicht wird (Eldro-Bremssteuerung).

Die Drehzahl des Eldrogeräts kann auch von einem Frequenzgeber beeinflußt werden, der vom Hauptmotor über ein Vorgelege angetrieben wird (vgl. Bild 90).

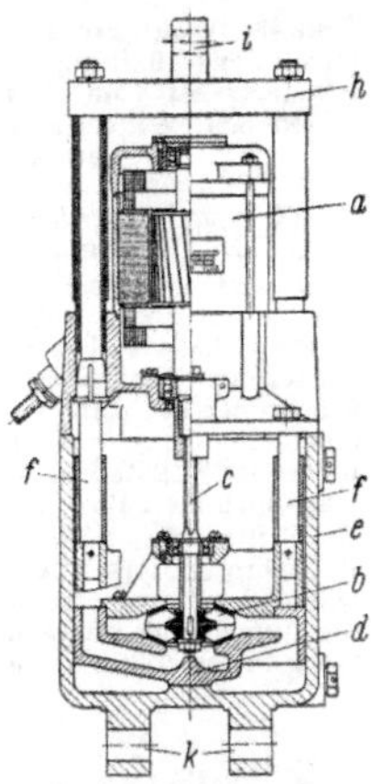

Bild 57. Eldro-Bremslüfter (AEG—EMG)

εε) *Drucköl-Bremslüfter*. Druckölerzeuger (z. B. Zahnradpumpe mit Antriebsmotor und Ölbehälter) und Druckzylinder mit Kolben und Rückzugfedern werden hierbei als unabhängig voneinander aufstell- bzw. anbringbare Einheiten gebaut und nur durch Druck- und Leckölleitungen verbunden (Drölgerät der Gensel-Kranantriebe KG, Bielefeld).

η) *Senkbrems- und Nachlaufschaltungen* (vgl. auch Abschn. Antriebsmotoren S. 537). αα) Beim Antrieb durch *Gleichstrom*-Reihenschlußmotor (auch Doppelschlußmotor) wird für das elektrische Bremsen der Senk- bzw. Fahrbewegung im einfachsten Fall der Motor vom Netz getrennt und arbeitet als Generator auf zu- und abschaltbare Belastungswiderstände. Diese dienen beim Heben bzw. Fahren — dem Anker vorgeschaltet — als Anlaßwiderstände und Regelwiderstände für die Drehzahl (vgl. Elektrotechnik, Bremsung mit Gleichstrommotoren).

Senken des leeren Hakens und leichter, nicht durchziehender Lasten motorisch. Parallelschalten eines Widerstandes auf ersten Schaltstufen ergibt sanften Anlauf.

$\beta\beta$) Schaltungen für *Drehstrom*-Asynchronmotoren mit Schleifringläufer. Anlassen und Regeln der Hubgeschwindigkeit durch Widerstandsstufen im Läuferkreis. Durchziehende Last verursacht eine Senkdrehzahl, die bei kurzgeschlossenem Läuferkreis nur wenig über der synchronen Drehzahl liegt, durch Widerstandseinschaltung im Läuferkreis aber bis zu einer für die Nennlast höchstzulässigen Drehzahl gesteigert werden kann. Motor arbeitet dabei als asynchroner Generator. Nichtdurchziehende Lasten können bis zur Nenndrehzahl durch Widerstandsregelung im Läuferkreis beschleunigt werden. Umkehr der Drehfeldrichtung (Ständerkreis) ergibt Gegenstrombremsung.

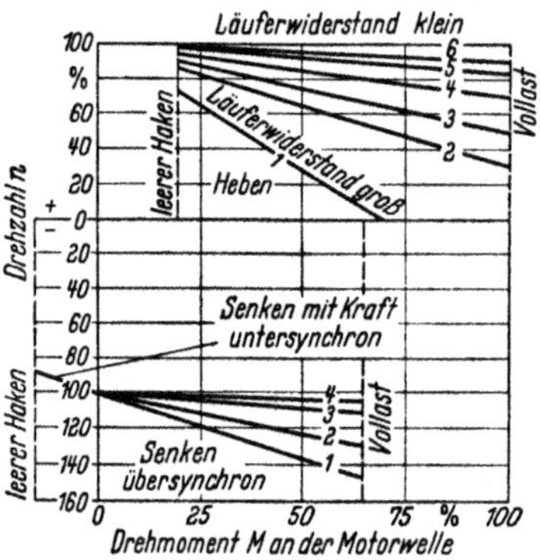

Bild 58. Verkürzte übersynchrone Drehstrom-Senkschaltung. Motordrehzahlen in Abhängigkeit vom Drehmoment bei verschiedenen Widerständen (1 bis 6) im Läuferkreis

Einfache Fahr- oder *Hubschaltung* (*übersynchrone Senkschaltung*): Motor wird nur über im Läufer liegende Widerstände geregelt. Bei Fahrwerken kann im Gefahrfall durch Gegenstromgeben gebremst werden. Bei Hubwerken ist bei den größeren Lasten infolge der erheblichen Lastabhängigkeit der Drehzahl ein verhältnismäßig großer Regelbereich vorhanden, vgl. Bild 58, nicht aber bei kleinen Lasten. Senken der größeren Lasten geschieht mit übersynchroner Motordrehzahl; der leere Haken und kleine Lasten werden motorisch gesenkt. Meist angewendete Schaltung bei mittleren Tragkräften und Betriebsverhältnissen.

Zur Vermeidung zu großer Senkgeschwindigkeiten bei größeren Lasten: „verkürzte übersynchrone Senkschaltung", bei der durch Verminderung der Schaltstellungen auf der Senkseite nur ein Teil der Läuferwiderstände eingeschaltet werden kann (in Bild 58 nur 4 Stufen).

Sicherheits-Senkschaltungen mit *untersynchroner Bremsung* wurden entwickelt von AEG, BBC, SSW u. a.

Unter- und übersynchrone Senkbremsschaltung mit gleichstromerregtem Ständer. Für das Heben wird der Motor normal über im Läuferkreis liegende Widerstände angelassen und geregelt. Leerer Haken und kleine Lasten werden mit Motorkraft gesenkt, durchziehende Lasten auf diesen Schaltstufen mit übersynchroner Drehzahl. Letztere können mit untersynchroner Drehzahl gesenkt werden, wenn der Ständer des Motors mit Gleichstrom — von einem Trockengleichrichter erzeugt — erregt wird. Da das Gleichstromfeld den Läufer bis nahe zum Stillstand abbremst und eine gegenläufige Bewegung nicht auftritt, ist diese Schaltung auch als Fahrbremsschaltung geeignet.

Feinregel-Senkbremsschaltungen werden erzielt durch starre Kupplung des Antriebs-Asynchronmotors mit einem Bremsgenerator. Dieser besteht (z. B. bei Sachsenwerk) aus einem gleichstromerregten Vielpolständer und einem Käfigläufer. Diese Anordnung ergibt eine feinstufige und wenig lastabhängige Drehzahlregelmöglichkeit im Hub- und Senkbereich. Auch für Nachlaufbremsung von Fahrwerken verwendbar.

7. Lastaufnahmemittel

a) Lasthaken. Abmessungen der Einfach- und Doppelhaken (Rohlinge) mit langem oder kurzem Schaft in DIN 687 bzw. DIN 699; über Berechnung, Beanspruchung, Werkstoff, Prüfung und Behandlung gibt DIN 688, Bl. 1, Auskunft, über die Bearbeitung des Schaftes DIN 688, Bl. 2. Normblatt DIN 689 enthält die Abmessungen von Ösenhaken für Lastketten.

Die aus Vergütungsstahl Ck 22 oder Ck 35 (DIN 17200) hergestellten Hakenrohlinge sind sorgfältig nach DIN 1606 zu glühen. Für Kranhaken, die der Wärme ausgesetzt sind, ist alterungsbeständiger Stahl von 42 bis 50 kg/mm² Zugfestigkeit (H II A DIN 17155) zu verwenden.

α) *Berechnung.* Beanspruchung im Zapfen- bzw. Kernquerschnitt des Gewindes auf Zug. Für Kraftbetrieb $\sigma_{zul} = 400$ bis $650\ \text{kg/cm}^2$ für kleine bis große

Nutzlast; für Handbetrieb wird die doppelte bis 1,6fache Spannung zugelassen (vgl. Zahlentafel 12).

Beanspruchung in den stark gekrümmten Teilen auf Biegung und Zug; Berechnung als gekrümmter Stab. Die Randspannungen ergeben sich zu (Bild 59):

$$\sigma_{z\,\max} = \frac{P}{\varkappa F} \cdot \frac{\eta_1}{a/2} \quad \text{und}$$

$$\sigma_{d\,\max} = -\frac{P}{\varkappa F} \cdot \frac{\eta_2}{a/2 + h},$$

worin $\varkappa F = \Sigma \Delta F \dfrac{\eta}{r + \eta}$; $\varkappa$ berücksichtigt die Form der Querschnittfläche.

Zeichnerische Bestimmung von $\varkappa F = 2\,(f' - f'')$ nach *Tolle* (VDI-Z. 1903 S. 884) gemäß Bild 59. Strahl *PL* zur Hakenumrandung zeichnen, in *L* Lot errichten, Parallele zu *PL* durch Schwerpunkt *S* ziehen; diese schneidet das Lot im Punkt *U*, der einen Punkt der Umgrenzung der Hilfsflächen f' bzw. f'' ergibt. Die Flächen *F*, f' und f'' sind im natürlichen Maßstab in cm^2 einzusetzen, *P* in kg; damit Spannungen in kg/cm^2. Spannungsverlauf innerhalb des Querschnitts nach einer Hyperbel. Bei den Haken für Krafthubwerke gemäß Zahlentafel 12 werden die größten Spannungen

800 bis 1200 kg/cm^2.

Für Kraft *P*, welche die Spannungen verursacht, ist einzusetzen: beim Einfachhaken, Bild 60a, und Querschnitt *AB*: Nutzlast *Q* [kg]; Querschnitt *CD*: $Q/2 \cdot \operatorname{tg} \alpha$; beim Doppelhaken, Bild 60b, und Querschnitt *EF*: $Q/2 \cdot \operatorname{tg} \alpha$; Querschnitt *GH*:

$$Q \sin(\alpha + \beta)/2 \cos \alpha.$$

Der halbe Spreizwinkel α des Anschlagseils wird meist zu 45° angenommen. Schubkräfte in den Querschnittsebenen werden vernachlässigt.

Zahlentafel 12. *Lasthaken (Einfach-Haken) für Kraft- und Handhubwerke*, Bild 60, nach DIN 687 und 688 (Juni 1944 bzw. Nov. 1943)

Nutzlast Kraft	Nutzlast Hand	Maul a	Maul w	Schaft mit Zapfen oder Gewinde f_1 [1]	f_2 [1]	d_3	d_4	d	d_1	g [2]	l [2]	Schnitt A—B h_1	b_1	b_2	Schnitt C—D h_2	b_3	b_4	e	n
t	t	mm																	
0,5	1,0	45	34	160	—	26	20	M 20	16,8	50	25	38	30	12	32	27	15	64	24
1 [3]	2,5	55	42	240	—	40	30	M 30	25,5	65	35	55	40	15	46	37	18	87,5	35
3	6	70	55	290	410	52	42	M 42	36,2	80	50	75	65	25	63	53	30	131	50
5	10	90	70	340	480	60	48	M 48	41,5	85	55	100	80	30	86	67	40	168	70
8	16	110	85	420	580	80	64	M 64	56,2	105	70	120	100	40	105	80	46	225	85
10	20	120	95	450	610	85	72	M 72	64,2	115	75	130	110	40	114	87	50	250	90
12,5	25	130	105	490	650	85	72	M 72	64,2	120	75	140	125	45	119	95	60	270	95
16	32	140	115	530	700	95	80	80 [4]	68	130	80	150	135	50	128	105	65	300	105
20	40	160	130	620	800	112	90	90	78	150	95	170	145	60	149	115	70	345	120
32	63	200	165	720	950	132	110	110	96	170	115	210	180	70	178	145	90	415	150
50	80	240	195	880	1150	160	130	130	112	220	145	260	225	85	223	175	105	495	180
80	—	280	225	1100	1350	190	160	160	138	260	190	320	275	105	272	215	125	580	210
100	—	300	240	1200	1500	220	190	180	158	290	210	355	300	110	302	235	135	630	225

[1] Richtmaße, Schaftlängen werden den Unterflaschen angepaßt. [2] Nicht genormt. [3] Auch für 1250 kg Nutzlast bei elektr. Kleinhebezeugen.
[4] Ab hier grobes Rundgewinde.

Große Sicherheit gegen plötzlichen Bruch gewährt der *Lamellenhaken*, der aus einzelnen Blechplatten aufgebaut ist und mit einer Maulschale aus Bronze die Last aufnimmt. Anwendung, wo Haken strahlender Hitze ausgesetzt ist, z. B. für Gießpfannengehänge, Bild 68.

β) Verbindung mit Kette oder Seil. Haken mit Öse eignen sich zum unmittelbaren Anbringen an eine Kette, Bild 61. Verbindung mit dem Lastseil über *Hakengeschirre*, Bild 62, oder *Unterflaschen* von Seil-Flaschenzügen, Bild 63 und 64. Zwischen der gesicherten Hakenmutter und der Traverse des Geschirrs oder der Flasche wird zur leichten Drehbarkeit des Hakens ein Längskugellager eingebaut; einfache Ausführung: Kugellaufbahnen in Mutter und Traverse eingearbeitet und gehärtet. Bei den Unterflaschen langer Bauart ist die Hakentraverse in den Zuglaschen gelenkig gelagert und durch Achshalter gesichert, die in Zapfeneindrehungen eingreifen, Bild 63 und 65; bei den Unterflaschen kurzer Bauart sitzen die Seilrollen auf den Traversenzapfen, Bild 64.

Berechnung der Taversen auf Biegung als Balken auf zwei Stützen und ihrer Zapfen als in die Traversen einseitig eingespannte Träger. $\sigma_{zul} = 1000$ kg/cm² (St 50). Lochleibungsdruck im Zapfenlager bis 1200 kg/cm².

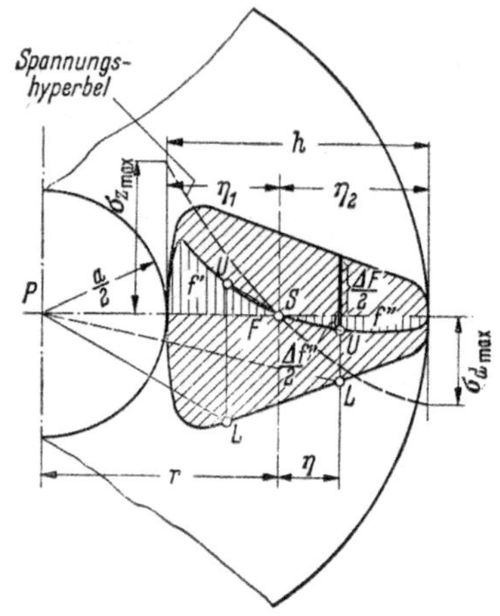

Bild 59. Skizze zur Querschnittsberechnung von Lasthaken

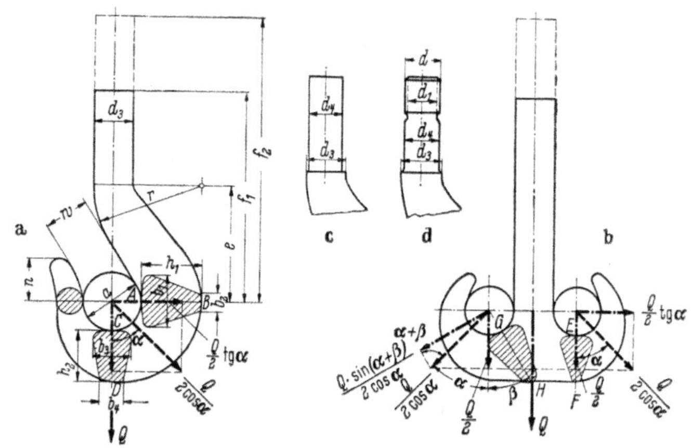

Bild 60. Lasthaken. a Einfachhaken; b Doppelhaken; c mit Zapfen oder d mit Gewinde

b) Schäkel (Lastösen, Lastbügel). Für größte Lasten (100 t und mehr) werden an Stelle der Haken auch *Schäkel* angewendet, die aus Zugbändern und Querstück zusammengesetzt sind, Bild 66. Beanspruchung des Querstücks auf Biegung mit $M_{Q1} = Ql/4$, und auf Druck und Biegung mit $P_Q = Q/2 \cdot \operatorname{tg} \alpha$ und $M_{Q2} = f P_Q$, der Zuglaschen auf Zug mit $P_L = Q/(2 \cos \alpha)$. Geschlossene, aus einem Stück geschmiedete Schäkel (für mittlere und kleinere Tragkräfte) heute selten; näherungsweise Berechnung dieser statisch unbestimmten Ausbildung nach *Unold*[1];

[1] D. Prakt. Masch.-Konstr. (1926) S. 317.

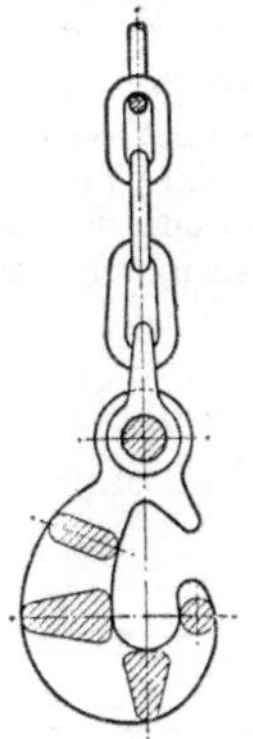

Bild 61. Lasthaken mit Abweisnase an Kette

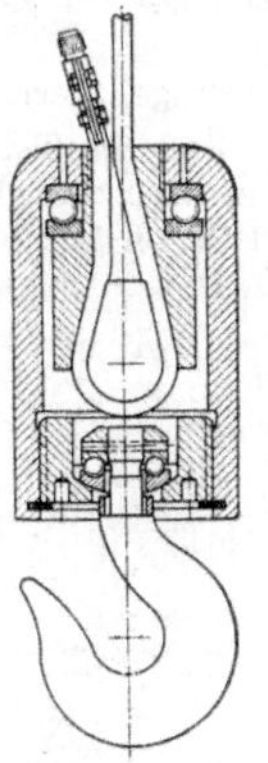

Bild 62. Hakengeschirr für Stückgutkrane

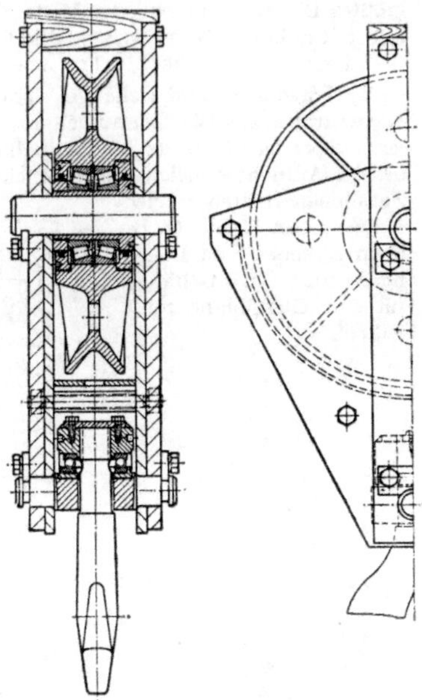

Bild 63. Lange Unterflasche (einrollig); Seilrolle auf Kegelrollenlagern laufend

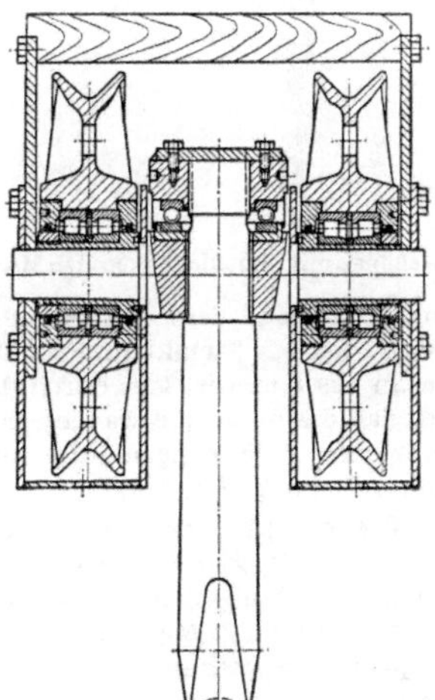

Bild 64. Kurze Unterflasche (zweirollig); Seilrollen auf Zylinderrollenlagern laufend

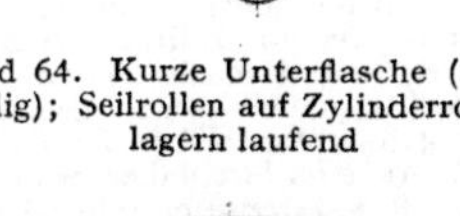

Bild 65. Hakentraverse zur Unterflasche Bild 63

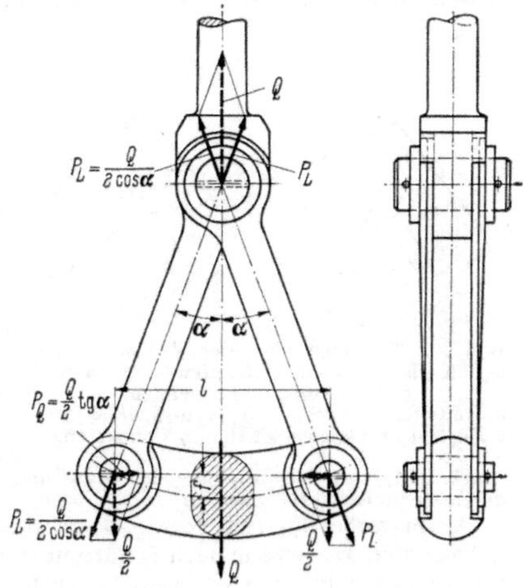

Bild 66. Schäkel mit Zuglaschen

größtes Biegemoment in der Mitte des Querteiles: $M_1 \approx Q\,l/6$; Biegemoment in der Rundung: $M_2 \approx Q\,l/13$ (Bild 67).

Lagerung der Schäkel in Traverse auf Längskugellagern wie Haken.

c) Tragbalken und Gehänge. Tragbalken, aus Profilstahl gebildet oder als Kastenträger aus Blechen aufgebaut, dienen als Zwischenglieder beim Transport langer sperriger Güter (z. B. Tragbalken mit Pratzen für Walzstahl oder Bleche), bei der Aufnahme gleichartiger Stückgüter (z. B. von Säcken, Ballen) und beim Zusammenarbeiten zweier Katzen oder Krane (z. B. beim Anheben von Lokomotiven). Ein Gehänge für eine Gießpfanne zeigt Bild 68.

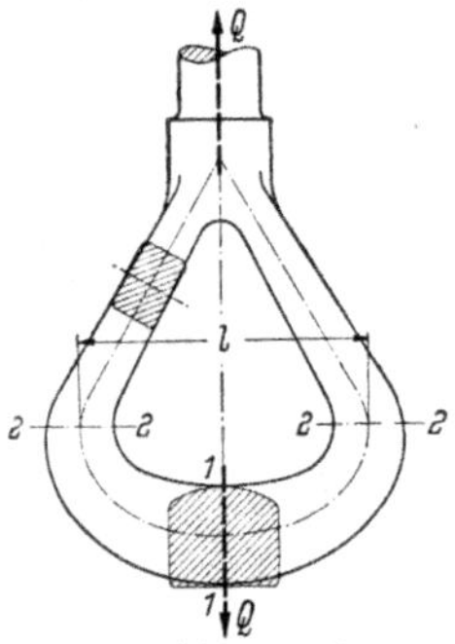

Bild 67. Geschlossener Schäkel

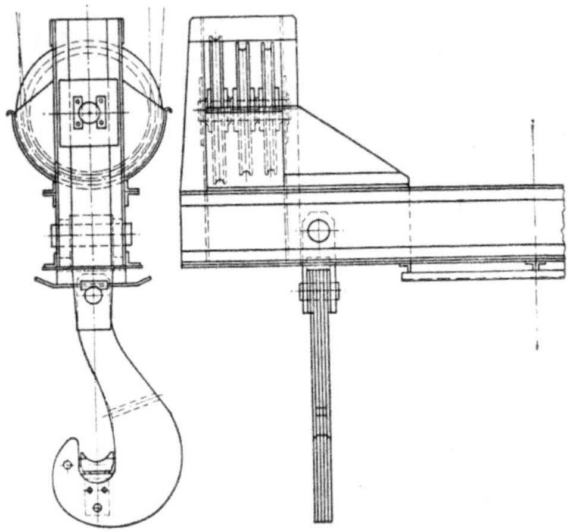

Bild 68. Gießpfannen-Gehänge mit Lamellenhaken (DEMAG)

d) Zangen oder Klammern. Zangenform und -größe sind dem zu greifenden Stückgut anzupassen: Rundholzzange, Kisten-, Sack-, Steinklammer. Die Geräte werden nach Anlegen der Zangenhälften an das Gut wirksam durch das Gewicht Q der Last selbst. Hebelübersetzung so, daß die durch die waagerechte Anpreßkraft P je Zangenhälfte verursachte Reibung $P\mu > Q/2$.

e) Greifer. α) Für rasches Arbeiten Ausführung als *Zweiseilgreifer.* Betätigung durch Hub-(Schließ-)Seil und Halte-(Entleer-)Seil. Meist sind beide Seile paarweise vorhanden: Vierseilgreifer.

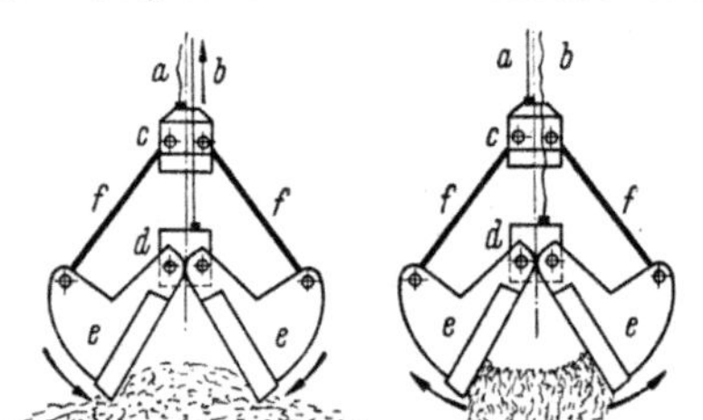

Bild 69. Wirkungsweise des Zweiseilgreifers (schematisch). Links: Greifen und Heben; rechts: Öffnen und Senken.
a Halte-(Entleer-)Seil; *b* Hub-(Schließ-)Seil; *c* Kopf; *d* Traverse; *e* Schalen; *f* Druckstangen

Schließ- und Hubbewegung werden durch Anziehen des Hub- oder Schließseils *b* vollführt, Bild 69 links, während beim Öffnen der Greifer am Halteseil *a* hängt und das Hubseil *b* nachgelassen wird, Bild 69 rechts. Auch beim geöffneten Senken trägt das Halteseil *a* den Greifer. Das Windwerk erfordert daher zwei Seiltrommeln, die wahlweise einzeln oder gekuppelt laufen (siehe Greifer-Windwerke Abschnitt 9, f, γ). Zur Erhöhung der Grab- und Schließkraft ist das Hubseil *b* im Greifer durch einen Rollenzug geführt.

Vorherrschende Greiferform: *Zweischalen-Stangengreifer*, dessen Kopf, Stangen, Schalen und Traverse je nach Schüttgut (Getreide, Kohle, Erz) leicht, mittel oder schwer ausgebildet werden, Bild 70; auch die Rollenzugübersetzung wird hierfür verschieden groß gewählt (1 : 3 bis 1 : 6). Zum Aufnehmen der Restladung aus Schiffen oder auf Lagerplätzen: weitgreifende *Trimmgreifer*, Bild 71. Für das

Greifen sperriger Güter: *Mehrschalen-Greifer*, z. B. DEMAG Polypgreifer; für Baggerarbeiten: Zweischalen-Greifer mit Reißzähnen.

Das *Kräftespiel an einem Vierseil-Stangengreifer* während des Schließhubes ist in Bild 72 dargestellt. Betrachtet wird eine Greiferhälfte. An ihr wirken: Zugkraft S eines Schließseils, halbes Gewicht G_K der oberen Traverse (Kopf), halbes Gewicht G_D der Druckstangen, halbes Gewicht G_u der unteren Traverse, Gewicht G_S einer Greiferschaufel, Gewicht G_F des Schüttgutes in einer Greiferschaufel im augenblicklichen Schließzustand. Jedes Schließseil sei n-fach eingeschert, d. h. es greifen am Kopf $(n-1)$ Stränge, an der unteren Traverse n Stränge an. Die Wirkungslinie von G_S geht durch den Schaufelschwerpunkt; auch G_F kann genau genug in dieser Linie angenommen werden. Dann herrschen in den Schaufelstützpunkten (am unteren Stangenende A und am Drehpunkt B der unteren Traverse die Gewichtskräfte G_1 bzw. G_2, die sich ergeben zu $G_1 = G_D/2 + (G_S + G_F) \cdot a/b$ und $G_2 = G_u + (G_S + G_F) \cdot (b - a)/a$ (vgl. Bild 72a, Lageplan). Die Größe von G_F kann unter Annahme einer parabolischen Abhängigkeit vom Schließwinkel ermittelt werden.

Ein Kräfteplan, Bild 72b, läßt sich zeichnen, wenn für den betrachteten Schließzustand S bekannt ist (etwa durch Messen des Verlaufs der Schließ-Seilkraft über dem Schließhub). $(n-1)S + G_K$ wird zerlegt in Stangen-Druckkraft D und Horizontalkraft H_0. Druckkraft D und Gewichtskraft G_1 am unteren Stangendrehpunkt A ergeben die Resultierende R_1.

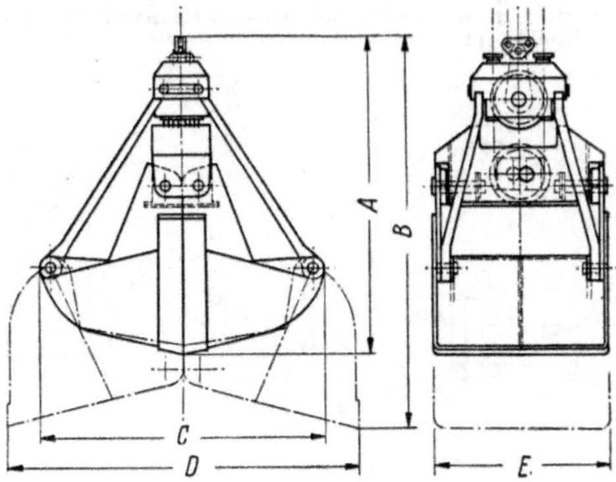

Bild 70. Mehrseil-Stangengreifer nach DIN 69201 in Längsaufhängung (DEMAG)

Zahlentafel 13 (zu Bild 70). *Kohlengreifer* (DEMAG)

Greifer-inhalt m³	Greifer-gewicht kg	Baumaße in mm A	B	C	D	E
0,8	1100	2200	2500	1840	2500	950
1,0	1200	2300	2675	2040	2700	950
1,25	1400	2300	2675	2040	2700	1250
1,6	1700	2400	2825	2200	2900	1250
2,0	2000	2400	2825	2200	2900	1550
2,5	2400	2550	3075	2440	3200	1550
3,0	2700	2550	3075	2440	3200	1750
3,5	3200	2960	3540	2515	3130	1695
4,0	3500	3060	3640	2520	3180	1900

Da alle an der Schaufel angreifenden Kräfte im Gleichgewicht stehen müssen, kann H_u aus einer Momentengleichung um den Schneidenangriffspunkt C bestimmt werden zu: $H_u = [R_1 e + (nS - G_2) c]/d$. Damit wird der Kräfteplan fortgesetzt und aus der Verbindungslinie der Endpunkte von R_1 und R_2 die Schneidenkraft W nach Größe und Richtung gefunden. Zerlegen von W ergibt deren Horizontal- und Vertikalkomponente.

Für den Fall des geschlossenen, gefüllten Greifers sind — auch ohne Messungen und Annahmen — S und G_F sowie die horizontale Richtung von W bekannt; es kann dafür also der Kräfteplan auch ohne Zwischenrechnung gezeichnet werden.

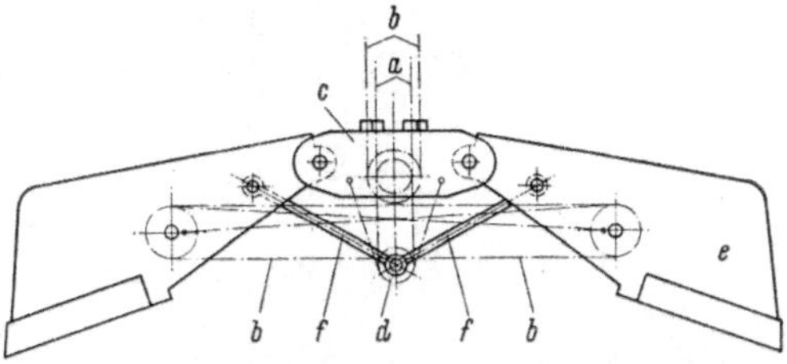

Bild 71. Trimmgreifer für Erzentladung aus Seeschiffen (DEMAG). *a* Halte-(Entleer-)Seile; *b* Hub-(Schließ-)Seile durch Flaschenzug geführt; *c* Kopf; *d* Öffnungsrolle; *e* Schalen (Schaufeln); *f* Öffnungsstangen

β) *Einseilgreifer*, DIN 69200, ermöglichen Greiferbetrieb durch Krane, die nur mit Eintrommel-Windwerk ausgerüstet sind, wie z. B. Hafenkrane mit Stückgutwindwerk. Das Windwerkseil dient bei diesen Bauarten als Schließ-(Hub-)Seil.

Beim Einseilgreifer mit *Klinkenverriegelung* Entleeren in beliebiger Höhenlage durch Lösen einer Klinke zwischen unterem Flaschenzug-Rollenblock und Greifertraverse mittels einer Abzugleine; beim Einseilgreifer mit *Aufsetzentleerung* wird die Verriegelung durch Aufsetzen gelöst. Einseilgreifer mit am Kranausleger hängender Auslöseglocke, mit welcher der Greiferkopf zum Entleeren verklinkt wird, nur noch selten im Gebrauch.

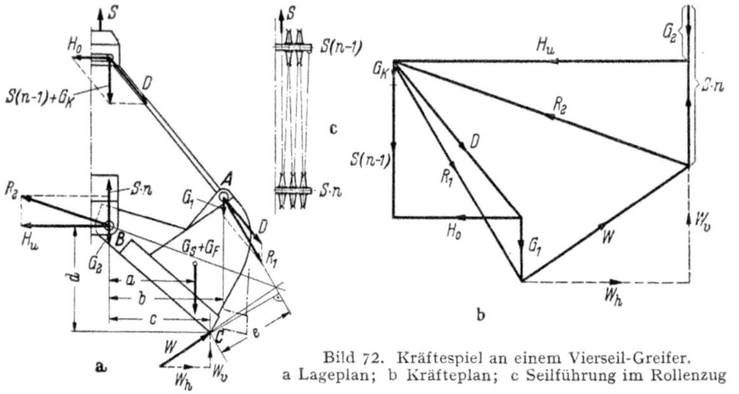

Bild 72. Kräftespiel an einem Vierseil-Greifer.
a Lageplan; b Kräfteplan; c Seilführung im Rollenzug

γ) Motorgreifer, z. B. Bild 73, sind ebenfalls für Eintrommel-Windwerke brauchbar. Das Windwerkseil ist hier Halteseil. Öffnen und Schließen wird motorisch betätigt über eine im Greifer selbst eingebaute Flaschenzugwinde oder zwei angetriebene Schraubenspindeln oder eine Hydraulikpumpe mit angeschlossenem Druckzylinder. Motorgreifer, insbesondere der beiden letzten Bauarten, haben niedrige Bauhöhe, geringes Eigengewicht und trotzdem hohe Schließkraft. Kabelzuführung zum Antriebsmotor erforderlich.

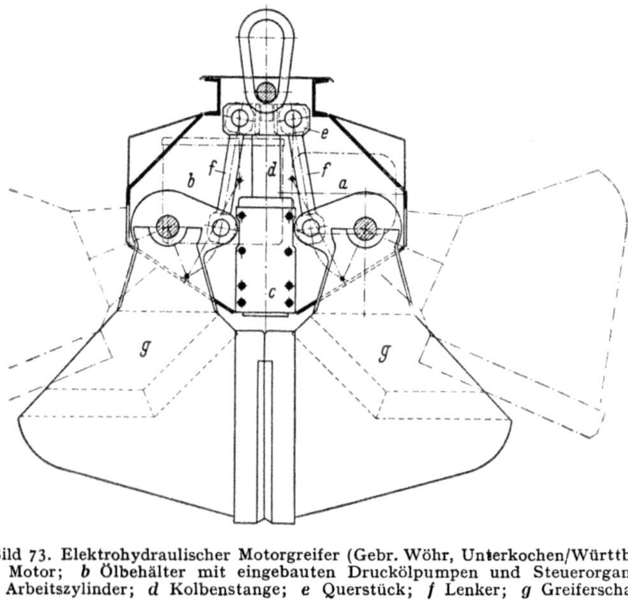

Bild 73. Elektrohydraulischer Motorgreifer (Gebr. Wöhr, Unterkochen/Württbg.). *a* Motor; *b* Ölbehälter mit eingebauten Druckölpumpen und Steuerorganen; *c* Arbeitszylinder; *d* Kolbenstange; *e* Querstück; *f* Lenker; *g* Greiferschalen

f) Kübel. α) An einem Flachstahlbügel drehbar aufgehängt ist der *Kippkübel* (0,3 bis 3 m^3). Seine waagerechte Drehachse liegt so, daß das beladene Gefäß nach Lösen einer Verriegelung von Hand oder selbsttätig durch Anschlag kippt und entleert, das leere aber wieder selbsttätig in seine Ausgangslage zurückkehrt.

β) Zum Transport empfindlicher Schüttgüter wie Kohle, Koks, Briketts werden *Klappkübel* bis 24 m^3 Inhalt angewendet, Schema Bild 74.

Diese Gefäße bestehen aus zwei gleichen schalenförmigen Hälften *a*, die gelenkig miteinander verbunden sind. Sie werden mit einer Kreuztraverse bedient; ihr einer Teil *b* greift mit zwei Haken *c* an den Entleerungsösen *d* an, ihr anderer Teil *e*, in *b* beweglich geführt, mit ebenfalls zwei Haken *f* an der Gelenkachse. Zum Öffnen wird der an den Hubseilen *g* eines Zweitrommel-Windwerks hängende Traversenteil *e* nachgelassen, während Teil *b* von dessen Halteseilen *h* getragen wird. Beim Anziehen der Hubseile schließt sich der Kübel. Zum Erleichtern der Bedienung wird Traverse auch drehbar und selbstgreifend ausgebildet.

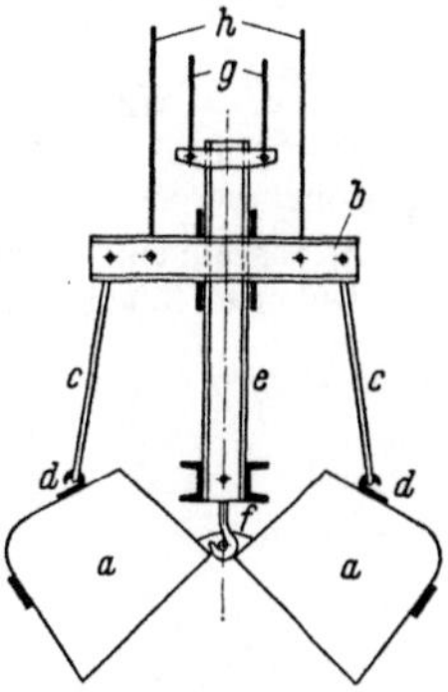

Bild 74. Klappkübel an Kreuztraverse, geöffnet (schematisch)

g) Lasthebemagnete. Anwendung in der eisenschaffenden Industrie zum Transport von Blöcken, Brammen, Masseln, Schrott und Fallkugeln, auch auf Lagerplätzen für Schienen und Profile. Vorherrschende Bauart: *Rundmagnet* mit 700 bis 1900 mm Dmr. und 4 bis 30 t Tragkraft bei massiven Blöcken, bei Spänen und Feinschrott nur 3 bis 5% hiervon. Heiße Eisenstücke werden noch bis 500 °C aufgenommen (DEMAG-Wärmeschutz bis 600 °C); Eisen von 700 °C ist nicht mehr magnetisierbar, auch nicht kaltes Eisen mit 7% Mangangehalt und darüber.

Zur Aufnahme von gestapelten Knüppeln, Rundstahl, Blechen sind *Flachmagnete* rechteckiger Form, für Langmaterial auch *Hufeisenmagnete* mit schmalen Polflächen geeignet.

B. Flaschenzüge

a) Rollenzüge. Wirkungsweise eines Rollenzuges s. Bild 75. Ist der Wirkungsgrad einer Rolle η und hängt die Last an n Strängen, so ist die für die Last Q aufzubringende Zugkraft:

$$Z = \frac{Q}{\eta + \eta^2 + \eta^3 + \cdots + \eta^n}$$

$$\text{oder } Z = Q\,\frac{1-\eta}{\eta - \eta^{n+1}},$$

vgl. Reihenentwicklg., Bd. I, S. 56.

Abweichend von Bild 75 haben in Wirklichkeit die Rollen meist gleichen Durchmesser und sind oben und unten hintereinanderliegend in einem „Kloben" oder einer „Flasche" zusammengefaßt: *einfacher* oder *Faktoren-Flaschenzug* mit Hanfseil als Lastträger (bis 200 kg Tragfähigkeit).

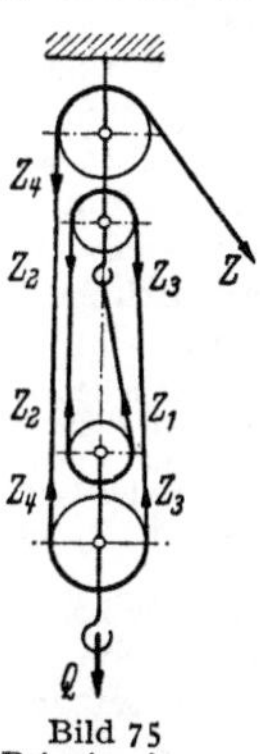

Bild 75 Prinzip eines Rollenzugs

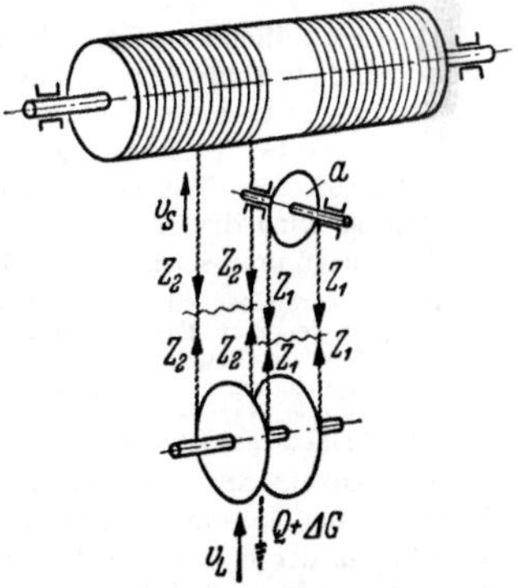

Bild 76. Seilführung bei viersträngigem Zwillingsrollenzug. *a* Ausgleichsrolle

Rollenzüge zum Verteilen der Last auf mehrere Seilstränge bei motorischen Windwerken; bei Laufkatzen in Zwillingsanordnung, mit Ausgleichrolle, die nur Einstellbewegungen macht; je nach Tragfähigkeit 4, 8, 12 Stränge. Wirkungsgrad η einer Drahtseilrolle 0,95 (Gleitlager) bis 0,97 (Wälzlager) enthält Lagerreibung und Seil-Umlenkverlust.

Der viersträngige Zwillings-Rollenzug (bis $Q = 20$ t), Bild 76, ergibt eine Übersetzung $i_R = 2$; die Seilgeschwindigkeit auf der Trommel v_S ist also doppelt so groß wie die Lastgeschwindigkeit v_L; die Zugkraft Z_2 in jedem auf die Trommel aufwickelnden Seilstrang wird, wenn Q die Last und ΔG das Gewicht der Unterflasche bedeutet,

$$Z_2 = \frac{Q + \Delta G}{2} \cdot \frac{1}{1 + \eta},$$

da $Q + \Delta G = 2(Z_1 + Z_2)$ und $Z_1 = \eta Z_2$ ist.

Die Achse der Ausgleichsrolle kann auch parallel zur Trommelachse angeordnet werden.

b) Schraubenflaschenzüge haben als Lastträger Rundgliederketten (bis 10 t) oder Rollenketten (bis 20 t). Antrieb der Kettennuß vom Haspelrad ausgehend über zweigängiges Schneckengetriebe (Steigungswinkel $\approx 20°$). Der Axialschub der Schnecke betätigt eine Kegel- oder Lamellenreibungsbremse (Lastdruckbremse); $\eta \approx 0{,}6$.

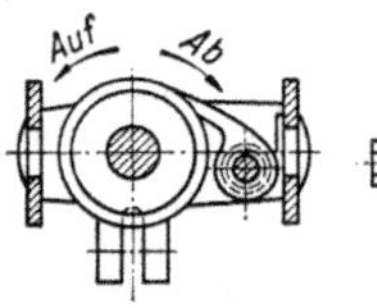

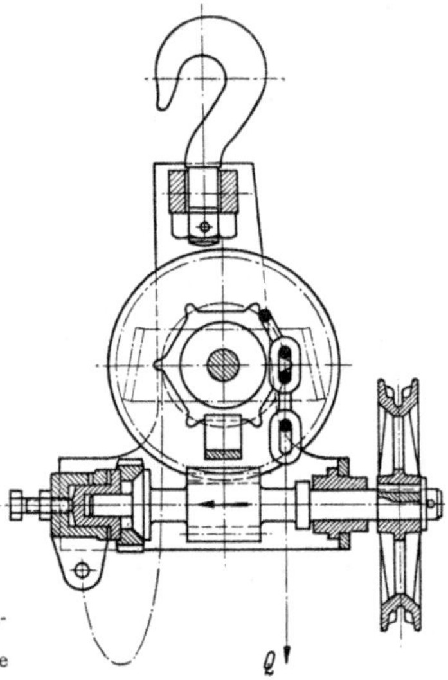

Bild 77. Schraubenflaschenzug mit Kegelreibungsbremse

In Bild 77 ist der durch die Last auf die Schnecke ausgeübte Axialschub durch einen Pfeil angedeutet; er drückt den auf der Schneckenwelle befestigten Reibkegel in seinen Sitz. Dieser, im Flaschenzuggehäuse gelagert, wird durch eine ebenfalls dort befestigte Sperrklinke am Drehen im Senksinn verhindert. Beim Heben der Last dagegen dreht sich der Sitz unter der Sperrklinke hinweg; beim Senken muß durch den Handantrieb die Reibung zwischen Kegel und Sitz überwunden werden.

c) Stirnradflaschenzüge, Tragkräfte bis 10 t, erreichen bessere Wirkungsgrade als Schraubenflaschenzüge. Die Verwendung hochwertiger Werkstoffe für die Zahnräder und von hochfesten Lastketten nach DIN 696 ergeben kleines Bauvolumen. Gutes Unterbringen der Stirnradübersetzung durch Ausbildung als Planetengetriebe. Weitere Gewichtsersparnis durch Leichtmetallgehäuse. Wirkungsgrad wird durch Wälzlagerung verbessert. Erzeugung des Axialschubs für die Lastdruckbremse meist durch Gewinde (Trapez- oder Sägenform).

Der Stirnradflaschenzug mit Planetengetriebe, Bild 78, ist in allen Lagerstellen mit Kugellagern versehen. Die Kettennuß *a* ist mit dem Planetenträger verbunden. Die Planetenräder *b* rollen auf dem im Gehäuse befestigten Hohlrad *c* ab; sie werden durch das Sonnenritzel *d* angetrieben. Die Gewinde-Lastdruckbremse *e* enthält Scheiben *f* aus Reibbelag; in das Sperrad *g* greift eine federbelastete Sperrklinke *h* ein. Bei den Modellen für höhere Lasten wird das Planetengetriebe mehrfach angeordnet.

Die Anzahl der anzuwendenden Stirnräderpaare wird durch die gewünschte Flaschenzug-Tragfähigkeit Q bestimmt, da bei Nennlast die erforderliche Zugkraft K an der Haspelradkette 35 kg nicht überschreiten soll. Das Übersetzungsverhältnis i (z. B. 8) folgt aus der Beziehung:

Kraftmoment × Übersetzungsverhältnis × Wirkungsgrad = Lastmoment

$$\text{oder } i = \frac{Q \cdot r_L}{K \cdot r_K \cdot \eta},$$

worin bedeuten: r_K Radius des Haspelrades (Kraftarm), η Wirkungsgrad (bis 0,85),
r_L Radius der Kettennuß (Lastarm).

Mit einem Ratschhebel an Stelle des Haspelrades werden die zum Ziehen und Spannen bevorzugten *Hub-Zug-Geräte* angetrieben. Ihre Konstruktion gestattet rasches Durchziehen der Lastkette von Hand im unbelasteten Zustand. Kleine Abmessungen, Leichtbauweise; Tragkraft einsträngig bis 3 t.

d) Elektrozüge. Elektromotor (meist Drehstrom-Käfigläufer mit Verschiebeläufer) treibt über ein gewöhnliches Stirnradgetriebe, Bild 79, oder Planetengetriebe die Seiltrommel an. Zur Platzersparnis wird Motor oft in Seiltrommel untergebracht. Lastaufhängung ein-, zwei-, drei- und viersträngig. Tragkräfte nach DIN 15021 bei einrilliger Trommel und zweisträngigem Seil: 0,25 – 0,5 – 1 – 2 – 3,2 – 5 – 8 t; hierzu Hubgeschwindigkeiten zwischen 20 und 4 m/min. Dieselbe Type trägt bei einsträngigem Seil die Hälfte, weist aber dann die doppelte Hubgeschwindigkeit auf.

Zwei Hubgeschwindigkeiten (z. B. im Verhältnis 1 : 4, auch 1 : 6) durch polumschaltbare Motorwicklung; größere Drehzahlabstufung (z. B. 1 : 7 und mehr) durch Zusatzgetriebe und Feingangmotor.

Tragbare Kleinst-Elektrozüge von nur etwa 35 kg Eigengewicht für 0,125—0,25—0,5 t Tragkraft werden mit hochfester Rundgliederkette oder Rollenkette ausgeführt.

Die Hubmotoren werden für Beharrungsleistung und 20% Einschaltdauer (ED) ausgelegt (bei Kleinstzügen auch für 40%). Betätigung durch Druckknopfschalter; selbsttätiges Abschalten in den Endstellungen des Hakens durch Endschalter (ED s. S. 532).

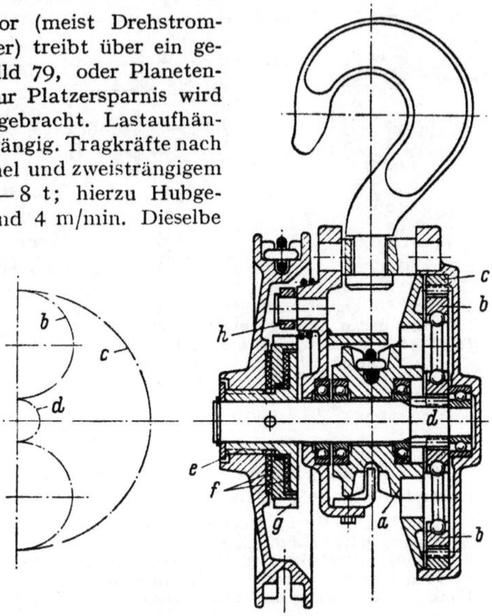

Bild 78. Stirnradflaschenzug mit einstufigem Planetengetriebe für 0,5 t Tragfähigkeit (Lauf-Bungert und Winnesberg KG, Mülheim/Ruhr)

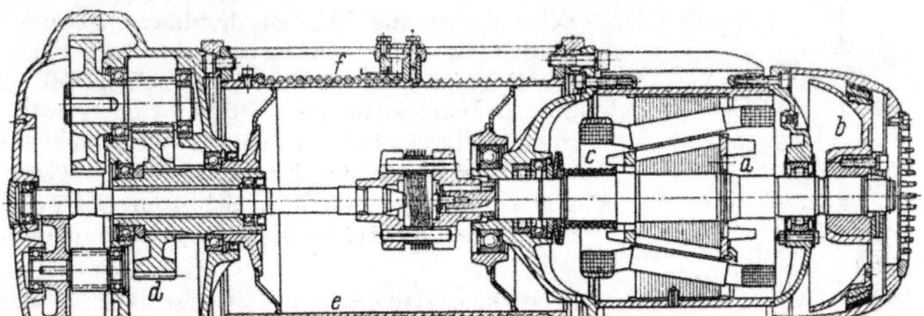

↑ Bild 79. Elektrozug (DEMAG). *a* Konischer Läufer; *b* Kegelbremse, wird beim Einschalten durch axiale Verschiebung des Läufers *a* gelüftet, beim Ausschalten durch Bremsfeder *c* angedrückt; *d* Stirnradgetriebe; *e* Trommel; *f* Seilspanner

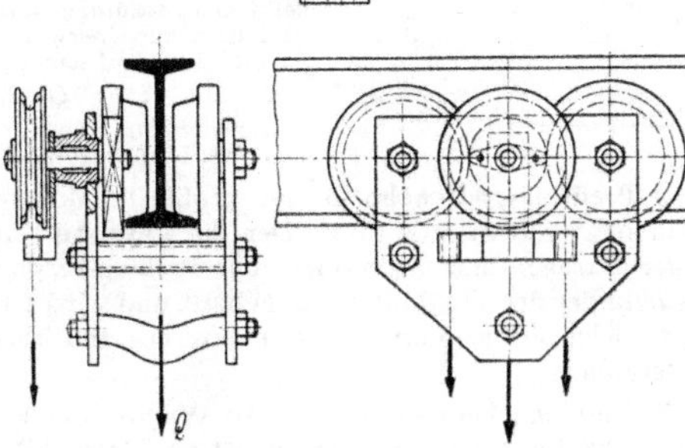

Bild 80. Handlaufkatze → zum Einhängen eines Hand- oder Elektroflaschenzuges

e) Laufkatzen für Flaschenzüge. Hand- oder Elektroflaschenzüge werden verfahrbar durch Einhängen in Laufkatzen, die auf den Untergurten von I-Trägern oder T-förmig aufgehängten Winkeleisen laufen. Handlaufkatzen für kleinere Tragfähigkeiten ($\leqq 1$ t) bewegt durch Drücken an der Last, sonst durch Haspelkette, Bild 80; für Elektroflaschenzüge auch mit elektr. Fahrantrieb, Bild 81.

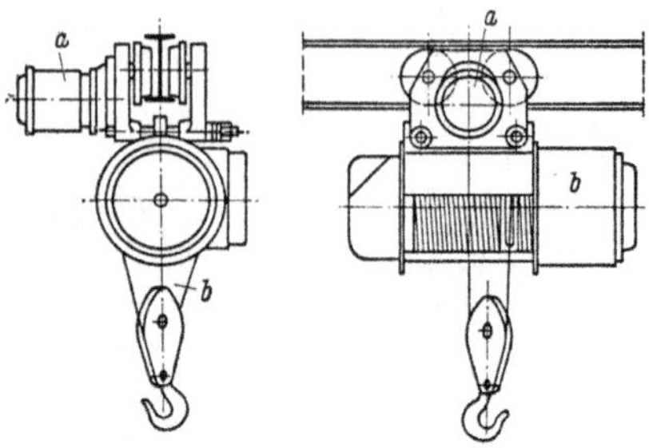

Bild 81. Untergurt-Laufkatze mit elektr. Antrieb und daran befestigtem Elektroflaschenzug (DEMAG). *a* Katzfahrmotor mit Vorgelege; *b* Elektroflaschenzug (zweisträngig)

Fahrwiderstand W nach Abschn. 5, b, β, S. 512. Übersetzung bei Handantrieb $i = W r_L/(K r_K \eta)$. Kraft an der Handkette $K \leqq 20$ kg. Leistung des Fahrmotors $N_{\text{Nenn}} = c \cdot W \cdot v'/(60 \cdot 102 \cdot \eta)$ kW bei $v' \leqq 30$ m/min; $c = 1{,}0$ bei Gleitlagern und 1,5 bei Wälzlagerung (wegen Beschleunigungsanteil).

C. Winden

a) Zahnstangenwinden. Genormte Bauweise der tragbaren Stahlwinden mit hebendem Gehäuse (DIN 7355 u. 7356) für 1,5—3—5—10 t Tragfähigkeit.

Die Handkraft wird von einer Kurbel über ein einfaches (bis 3 t) oder doppeltes (bis 10 t) Zahnradvorgelege auf die Zahnstange übertragen, an der sich das Gehäuse führt und mit dem Zahnstangenritzel abstützt. Die Last wird gestützt durch das Horn am oberen Gehäuseende oder durch eine Tragpratze, die am unteren Gehäuseende angeschweißt ist. Sperrad und Sperrklinke in Verbindung mit Sicherheitskurbel verhindern unbeabsichtigtes Absinken der Last.

b) Schraubenwinden, Bild 82. Die Last Q stützt sich auf die mit einem selbsthemmenden Trapezgewinde (Steigungswinkel $\gamma = 4°$, mittl. Flankenhalbmesser r_2, Steigung s; $\operatorname{tg}\gamma = s/2r_2\pi$) versehene Schraubenspindel über ein drehbares Kronen- oder Hornstück (mittl. Hornringhalbmesser r_H). Das Muttergewinde ist in den Ständer selbst oder in eine dort befestigte Buchse eingeschnitten. Betätigung mittels Handhebels (Kraft P, Hebellänge l), oft unter Verwendung einer Ratsche als Zwischenglied. Anbringung auch auf Schlitten. Bei *Teleskopwinden* sind mehrere Schraubenspindeln ineinandergefügt.

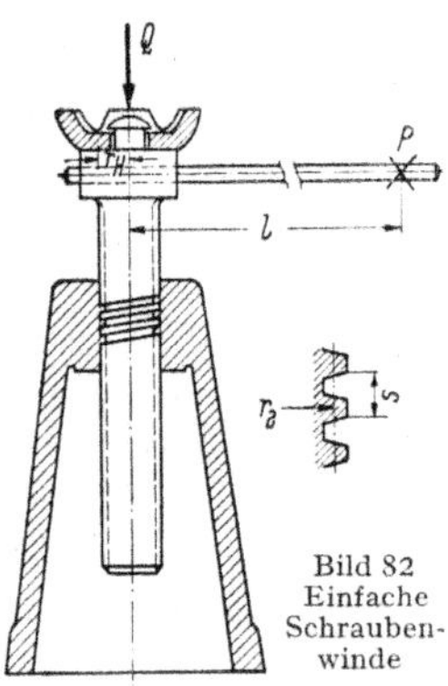

Bild 82 Einfache Schraubenwinde

Wirkungsgrad $\eta = \operatorname{tg}\gamma/\operatorname{tg}(\gamma + \varrho') \approx 0{,}4$ (ϱ' = Reibungswinkel = 6°, entsprechend $\mu \approx 0{,}1$). Das zum Heben bzw. Senken der Last Q aufzuwendende Drehmoment $P \cdot l$ setzt sich zusammen aus dem zum Drehen der Schraube und dem zur Überwindung der Reibung zwischen drehbarem Horn und seiner Auflage (Reibwert $\mu_H \approx \mu$):

$$P l = Q r_2 \operatorname{tg}(\gamma \pm \varrho') + Q \mu_H r_H,$$

+-Zeichen für Heben, —-Zeichen für Senken der Last. Vgl. Bd. I, Bewegungsschrauben S. 221.

c) Preßwasser-Hebeböcke für große Tragkräfte (20 bis 300 t), aber kleine Hubhöhen (200 bis 160 mm). Der die Last stützende Kolben wird durch Preßwasser getragen und angehoben. Die Preßwasserpumpe ist häufig unmittelbar an den Zylinder des Tragkolbens angebaut und wird dann durch Handhebel betätigt; sonst gleichzeitige Versorgung mehrerer Hebeböcke durch gemeinsame Preßwasseranlage.

d) Handkabelwinden werden als Wand- oder Bockwinden für Tragkräfte von 50 bis 6000 kg gebaut. Lastträger ist ein Drahtseil, häufig in Kabelschlag (wegen guter Biegsamkeit), das auf eine glatte Seiltrommel in mehreren Lagen aufgewunden wird. Je nach Tragfähigkeit Schneckentrieb mit Axialdruckbremse, häufiger ein-, zwei- oder dreistufiges Stirnradvorgelege. Sperradbremse als Halte- und Senkbremse. Stahlblechschilde; gußeiserne Flanschlager mit Fettschmierung.

Bei Winden mit Mehrfach-Vorgelege wird zum Erzielen größerer Hubgeschwindigkeit bei wesentlich unter Nennlast liegenden Lasten das erste Vorgelege überbrückt: etwa durch Umstecken der Kurbeln auf die nächste Welle; Rückschlagsicherheit für Kurbeln muß dabei gewahrt bleiben. Zum Ändern des Übersetzungsverhältnisses werden auch Verschiebezahnräder angeordnet, z. B. Bild 83.

Auch bei den Handkabelwinden wird das erforderliche Übersetzungsverhältnis i wie beim Stirnradflaschenzug berechnet. Gesamtwirkungsgrad η für die Winde (fettgeschmierte Gleitlager, geschnittene Zähne): 0,9 bei einstufigem, 0,86 bei zweistufigem und 0,82 bei dreistufigem Vorgelege.

Kraft K an der Handkurbe l ≈ 12 kg dauernd, bis 25 kg als Spitze durch einen Arbeiter aufbringbar bei einem normalen Kurbelradius von $r_K \approx$ ≈ 40 cm und bequemer Höhenlage der Kurbelwelle; Kurbeldrehzahl n_K hierzu etwa 24 U/min. Kurbelgeschwindigkeit $v_K = 2 r_K \pi n_K / 60$ m/sek. Trommeldrehzahl $n_T = n_K / i$; Lastgeschwindigkeit $v_L = v_K / i = 2 r_K \pi n_T / 60$ m/sek.

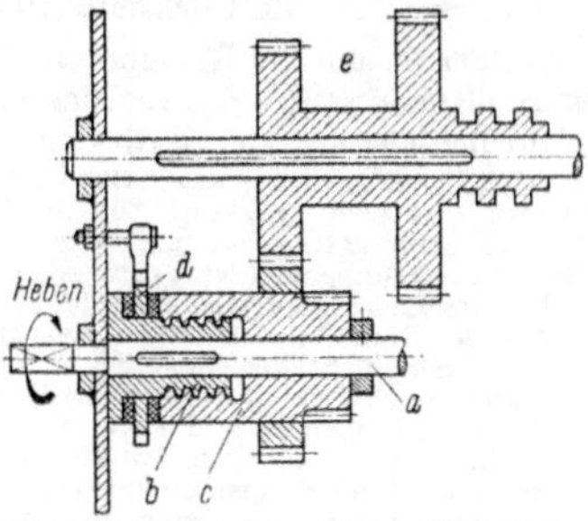

Bild 83. Rückschlagsichere Kurbel an Handkabelwinde; Gesperre vom Lastdruck betätigt (Pützer-Defries, Düsseldorf). *a* Kurbelwelle; *b* Gewindeklemmstück; *c* Klemm-Mutter mit Antriebszahnrädern; *d* Sperrad mit Sperrklinke; *e* verschiebbare Zahnräder zur Wahl zweier Übersetzungen

e) Hand-Laufwinden. Die bei den Handflaschenzügen üblichen Triebwerksteile werden in von Hand verfahrbarem, geschweißtem Walzstahlrahmen angeordnet, Tragkraft 1 bis 25 t.

Hubwerk mit Haspelrad, zweigängigem Schneckengetriebe, Lastdruckbremse, Kettennuß (für Rundstahlkette) oder Kettenrad für Gallkette: *Schneckenlaufwinde.*

Stirnrad-Laufwinden mit Hubwerk nach Art der Stirnrad-Flaschenzüge.

Haspelkettenzug für die Hubwerke 30 bis 40 kg bei Nennlast. Fahrwerksantrieb durch Haspelrad (Zugkraft ≈ 20 kg), das bei Tragkräften bis 3 t unmittelbar auf der anzutreibenden Laufradwelle sitzt, sonst über ein Stirnradvorgelege diese Welle dreht.

f) Elektromotorisch angetriebene Winden. α) *Berechnungsgrundlagen.* Soll eine Last Q [kg] mit einer Geschwindigkeit v' [m/min] gehoben werden, so ist die vom Motor im Beharrungszustand aufzubringende Leistung (Vollast-Beharrungsleistung)

$$N = \frac{Q v'}{60 \cdot 102 \cdot \eta_H} \text{ kW},$$

wobei der Gesamtwirkungsgrad η_H des Windwerks beim Heben zunächst schätzungsweise und nachher zur Kontrolle als Produkt der Einzelwirkungsgrade ermittelt wird: Zahlentafel 14.

Zahlentafel 14. *Einzelwirkungsgrade in Flaschenzügen und Windwerken*

Bauteile	mit Gleitlagern	mit Wälzlagern
Kettenrollen	0,94	0,96
Kettennüsse und Haspelräder	0,93	0,95
Kettenräder für Rollenketten	0,94	0,96
Seilrollen	0,95	0,97
Stirn- oder Kegelradpaar, Fettschmierung	0,95	0,96
Stirn- oder Kegelradpaar, Ölschmierung	0,96	0,97
Seiltrommel	0,96	0,97

Der Wirkungsgrad beim Senken η_S ist $\approx \eta_H$, wenn die Einzelwirkungsgrade 0,9 nicht unterschreiten; sonst kann er annähernd berechnet werden aus

$$\eta_S = (2 - 1/\eta_1) \cdot (2 - 1/\eta_2) \cdot \ldots \cdot (2 - 1/\eta_n);$$

η_S wird Null, d. h. das Getriebe ist selbsthemmend, wenn einer dieser Faktoren Null wird, wenn also bei einer Getriebestufe $\eta \leq 0,5$ ist.

Maßgebend für die Wahl der Motorgröße ist die zulässige Erwärmung. Da die Vollast-Beharrungsleistung beim aussetzenden Betrieb der Windwerke nur während eines Teils der Zeitdauer für ein Arbeitsspiel aufzubringen ist, wird der Motor nach seiner *relativen Einschaltdauer* ED gewählt:

$$\mathrm{ED} = \frac{\Sigma \text{ Einschaltzeiten}}{\Sigma \text{ Einschaltzeiten} + \Sigma \text{ stromlose Pausen}} \cdot 100\,\%.$$

Die in den Listen der Kranmotorenhersteller angegebenen Motor-Nennleistungen für 20, 40 und 60% relative Einschaltdauer entsprechen den zulässigen Vollastbeharrungsleistungen (vgl. Abschn. Elektrotechnik, S. 913).

Nach *Ernst* brauchen für die Hubwerke von Maschinenhauskranen, Werkstatt- und Lagerplatzkranen großer Tragkraft, für Stückgut-, Helling- und Dockkrane, Schwerlastkrane, Turmkrane für Bauzwecke nur 90% der Vollastbeharrungsleistung für die erforderliche Listen-Nennleistung angesetzt zu werden.

Die ***Beschleunigungsarbeit*** hat bei Hubwerken, selbst solchen mit hoher Geschwindigkeit, nur geringen Einfluß auf die Motorerwärmung und kann meist unberücksichtigt bleiben. Auch das ***Anzugsmoment*** der nach der Beharrungsleistung und Einschaltdauer ausgewählten Motorgröße reicht bei Hubwerken im allgemeinen für die Überwindung der Reibung der Ruhe und für die Beschleunigung der Massen aus.

Nachprüfen des zusätzlichen Beschleunigungsmoments M_B möglich mit Hilfe der für die Berechnung des Bremsmoments angegebenen Formeln (S. 513); dabei sind die Wirkungsgrade η jetzt in den Nenner zu setzen, statt n_{Br} ist die Motordrehzahl n_{Mot} einzuführen und statt t_x die Beschleunigungszeit t_a (2 bis 4 sek). Damit wird:

$$M_B = \frac{1}{120\,\pi g}\, Q v_H'^2\, \frac{1}{t_a \cdot n_{Mot} \cdot \eta} + \frac{\pi}{120\, g} \cdot \frac{\Sigma GD_i^2 n_i^2/\eta_i}{n_{Mot} \cdot t_a}.$$

β) Stückgutwinden für Hakenbetrieb zum ortfesten Einbau in Drehkrane (Hafen- und Werftkrane, Turmdrehkrane für Bauzwecke, Schwimmkrane), Bild 84 und 85. Vorgelege in gegossenem oder — bei Einzelausführungen — geschweißtem Getriebekasten mit Ölschmierung. Schrägverzahnung und Wälzlagerung ergeben Laufruhe und

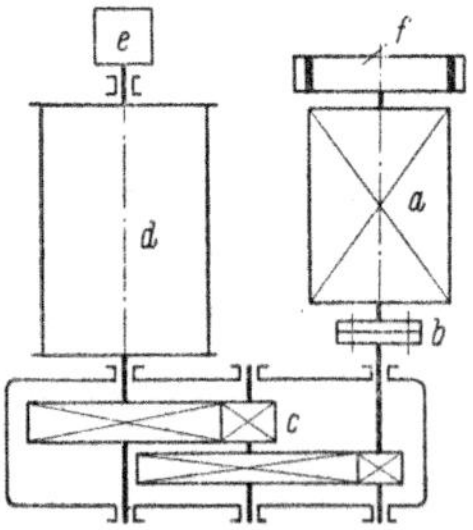

Bild 84. Schema einer Stückgutwinde für Hafendrehkran. *a* Motor; *b* elast. Kupplung; *c* zweistufiges Stirnradgetriebe; *d* Seiltrommel; *e* Endausschalter; *f* Bremse

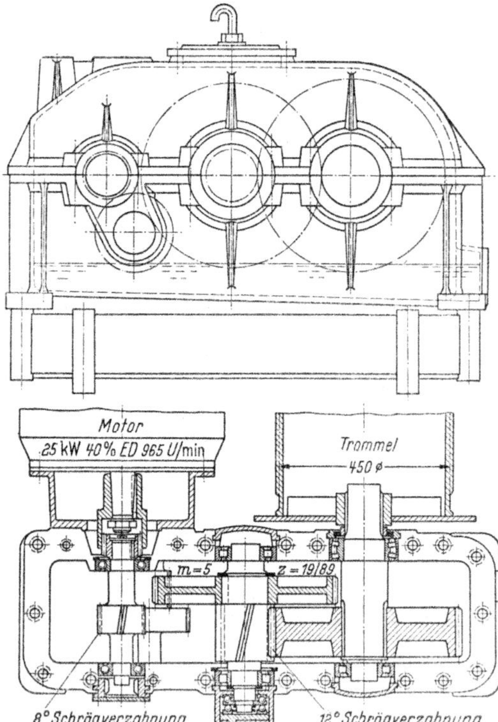

Bild 85. Getriebe zu einer Stückgutwinde für 3 t Tragfähigkeit mit einer Hubgeschwindigkeit von 45 m/min. Doppelbackenbremse, Bremsscheibe 315 mm Dmr., 210 mm breit, auf freiem Motorwellenstumpf (wie in Bild 84) (DEMAG-Drehwippkrane, Hafen Bremen)

guten Wirkungsgrad. Getriebe auch mit Umschaltmöglichkeit auf zwei Geschwindigkeiten. Mechanische Bremse meist als Halte- und Senkbremse ausgebildet für stromloses Senken. Aufbau auf Gußsockel oder geschweißtem Stahlblechrahmen.

γ) *Greiferwinden.* Den Schließ- und Halteseilen von Mehrseilgreifern oder Klappkübeln sind getrennte Trommeln zugeordnet. Paarweise Anordnung einer

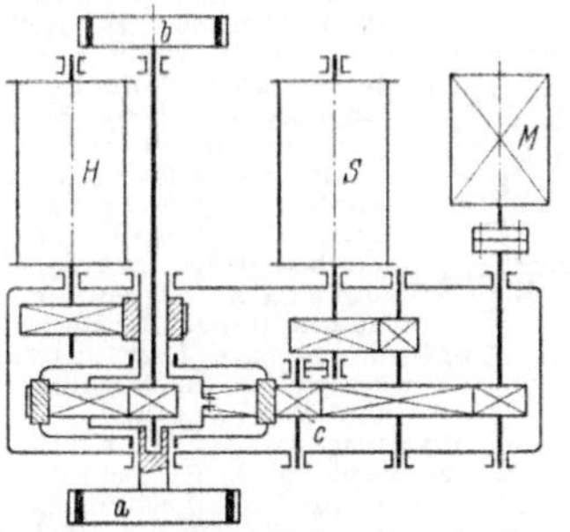

Bild 86. Einmotoren-Greiferwinde mit Umlaufgetriebe (Schema nach einer Ausführung von Kampnagel, Hamburg). M Motor; S Schließtrommel; H Haltetrommel; a, b Doppelbackenbremsen; c Zwischenrad.

Arbeitsweise: 1. Greifer schließen bzw. öffnen: a angezogen, b gelüftet. S wird im Hubsinn bzw. Senksinn gedreht, H steht still.

2. Geschlossenen Greifer heben bzw. geöffneten Greifer senken: a gelüftet, b angezogen. S und H drehen sich im Hub- bzw. Senksinn mit gleicher Umfangsgeschwindigkeit.

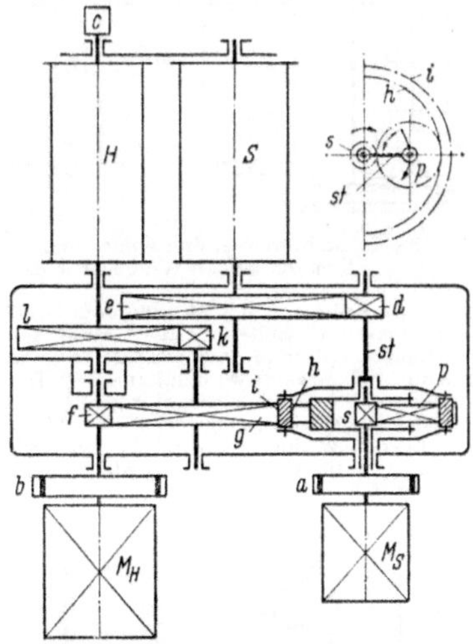

Bild 87. Zweimotoren-Greiferwinde mit Planetengetriebe (Schema nach einer Ausführung der DEMAG). M_S Schließmotor; M_H Hubmotor; S Schließtrommel; H Haltetrommel; a, b Doppelbackenbremsen, die beim Einschalten der zugehörigen Motoren gelüftet werden; c Endschalter.

Arbeitsweise: 1. Greifer schließen bzw. öffnen: Schließmotor M_S wird im Hub- bzw. Senksinn eingeschaltet; er treibt über Sonnenrad s und Steg st des Planetenrades p, das auf der Innenverzahnung h des stillstehenden Doppelzahnkranzes h—i abrollt, das Vorgelege d—e und damit die Schließtrommel S an.

2. Geschlossenen Greifer heben bzw. geöffneten Greifer senken: Hubmotor M_H treibt beide Trommeln mit gleicher Umfangsgeschwindigkeit im gewünschten Drehsinn an; Hubtrommel H wird über Vorgelege f—g und k—l bewegt, Schließtrommel S über f—g—i (g wirkt nur als Zwischenrad), h—p—st und d—e. Beim Einschalten beider Motoren überlagern sich beide Bewegungen.

Beispiel: $Q = 10$ t (Greifer + Füllung), $v' = 40$ m/min, Hubmotor 80 kW bei 60% ED, $n = 735$ U/min; Schließmotor 40 kW bei 60% ED, $n = 730$ U/min

Seilart (Drei- oder Vierseilgreifer) bedingt Ausführung der zugehörigen Trommel mit Seilrillen in Rechts- und Linksgewinde. Motorenanordnung und Getriebeausbildung so, daß Schließ- und Haltetrommel zusammen und zumindest Schließtrommel auch allein bewegt werden können. Mechanische Verbindung der beiden Trommeln meist über Umlaufgetriebe (Planetengetriebe); dann sind Schließ- und Öffnungsbewegung des Greifers auch mit Hub- und Senkbewegung überlagerbar. Planetenrad wird wegen sicherer Eingriffsverhältnisse nur einfach ausgeführt; Gewichtsausgleich im Planetenträger (Steg).

Einmotoren-Greiferwinden für geringere Anforderungen an Leistung und Arbeitsspielzahl, Bild 86. Preisgünstige Windwerkform.

Zweimotoren-Greiferwinden für hohe Umschlagleistungen. Schließ- und Haltetrommel werden mit den Motoren über Umlaufgetriebe gekuppelt, Bild 87. Einfache, eindeutige Steuerung. In USA häufiger zwei getrennte gleiche Windwerke für Schließ- und Halteseile in symmetrischer Anordnung; Steuerung rein elektrisch, Bild 88.

Einbau der Greiferwinden in Drehkrane und Laufkatzen von Laufkranen und Verladebrücken. Bei allen Greiferwinden mit mechanischer Verbindung der beiden Trommeln werden die Schließseile und die zur Schließtrommel führenden Triebwerksteile für die Gesamtlast (Greifer + Füllung) berechnet, wenn auch beim Heben des gefüllten Greifers sich eine statisch unbestimmte Verteilung dieser Last auf beide Seilarten einstellt. Die Halteseile und die Triebwerke zur Haltetrommel werden nur im Augenblick des Öffnungsbeginns des Greifers mit der Gesamtlast beansprucht, am Ende des Entleervorgangs und beim Senken aber nur mit der Last des leeren Greifers ($\approx 1/2$ der Gesamtlast). Berechnung der Halteseile mit 75% der Gesamtlast daher zulässig; die zugehörigen Triebwerkteile müssen festigkeitsmäßig für die gesamte Last ausgelegt werden (verschleißmäßig nur für die halbe Last).

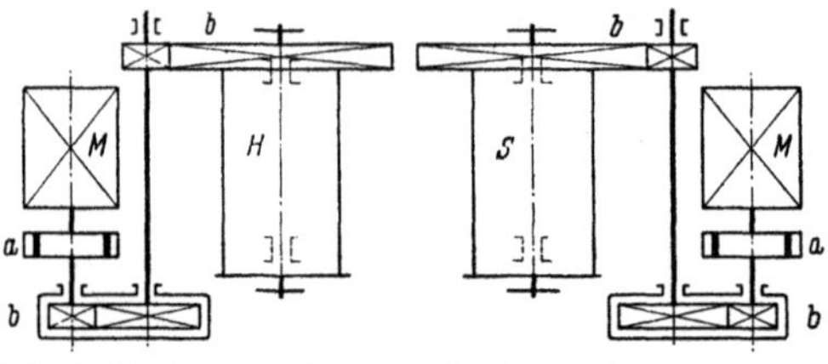

Bild 88. Zweimotoren-Greiferwinde ohne mechanische Kupplung der beiden Windenteile (Schema)

Der Hubmotor der Zweimotoren-Greiferwinden mit Planetengetriebe ist wie der Motor der Einmotorenwinden für die Gesamtlast und 40% ED zu wählen (60% ED bei sehr angestrengtem Betrieb), während der zugehörige Schließmotor für die halbe Leistung bei 20 bis 40% ED gewählt werden kann. Der Hubmotor wird meist mit einer Senkbremsschaltung versehen; für den Schließmotor genügt einfache Umkehrschaltung; Steuern beider Motoren durch einen einzigen Handhebel einer Meisterwalze für Schütze.

Bei den Zweimotorenwinden ohne mechanische Kupplung sollten beide Motoren und ihre Triebwerke für mehr als das 0,5fache der vollen Hubleistung (etwa das 0,7fache) bemessen werden, da eine genau gleiche Lastverteilung auf beide Windenhälften nicht zu erwarten ist.

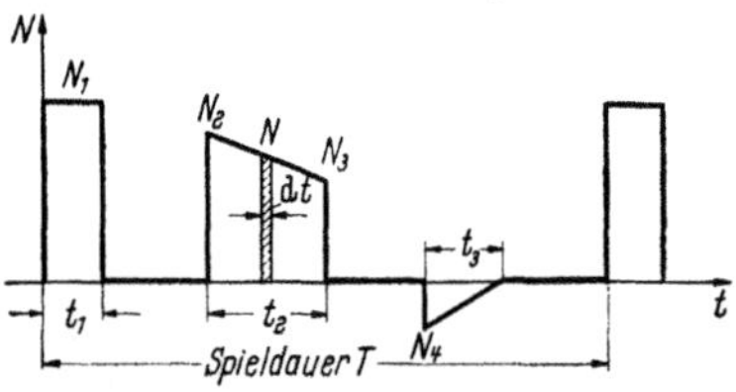

Bild 89. Erläuterungsskizze zur Berechnung des quadratischen Mittelwertes N_m

Der Greiferbetrieb gestattet oft ein Vorausbestimmen des zeitlichen Ablaufs der Belastung der Antriebsmotoren während eines Greiferspiels und der Größe dieser Belastung. Dann kann aus dem aufgestellten Zeit-Leistungsschaubild der quadratische Mittelwert N_m der Leistung ermittelt und der Motorwahl zugrunde gelegt werden. Jedoch ist nachzuprüfen, ob das Spitzendrehmoment des Motors mit Sicherheit ausreicht, auch die höchste im Schaubild auftretende Leistung abgeben zu können. Das Verfahren der Bildung des quadratischen Mittelwerts ist allgemein dargestellt in Bild 89, in welches charakteristische Leistungsflächen (Rechteck, Trapez, Dreieck) aufgenommen wurden, damit die zugehörigen Werte $\int N^2\,dt$ in der nachstehenden Formel erkannt werden können:

$$N_m = \sqrt{\frac{N_1^2 t_1 + 1/3\,(N_2^2 + N_2 N_3 + N_3^2)\,t_2 + 1/3\,N_4^2\,t_3}{T}}\,.$$

Mit der Umlaufgetriebeform, die in den Windwerken der Bilder 86 und 87 (auch beim Planeten-Flaschenzug, Bild 78) verwendet werden, können allgemein folgende Bewegungs- und Übersetzungsverhältnisse erzielt werden (n Drehzahl, z Zähnezahl, i Übersetzungsverhältnis, η Wirkungsgrad, η_0 Wirkungsgrad einer Paarung):

Fall a) Sonnenrad s treibend, Steg st festgehalten, Hohlrad h treibt ab: Drehsinn von Rad h entgegengesetzt dem von Rad s (negativ); Planetenrad p wirkt nur als Zwischenrad; $n_h = -n_s \cdot z_s/z_h$. Umkehrung: Rad h treibend, Steg st festgehalten, Rad s treibt ab: $n_s = -n_h z_h/z_s$; für beide Krafteinleitungsfälle gilt: $i_{s/h} = -n_s/n_h$; $\eta = \eta_0^2$.

Fall b) Sonnenrad s treibend, Hohlrad h festgehalten, Steg st treibt ab: Stegdrehsinn wie der von Rad s (positiv); $n_{st} = n_s z_s/(z_s + z_h)$; $i_{s/st} = n_s/n_{st} = 1 - i_{s/h}$; $\eta_{st/s} = (i_{s/h} \cdot \eta_0^2 - 1)/(i_{s/h} - 1)$. Umkehrung: Rad h treibend, Rad s festgehalten, Steg st treibt ab: Stegdrehsinn wie der von Rad h; $n_{st} = n_h \cdot z_h/(z_h + z_s)$; $i_{h/st} = n_h/n_{st} = 1 - i_{h/s} = 1 - 1/i_{s/h}$; $\eta_{st/h} = (i_{s/h} - \eta_0^2)/(i_{s/h} - 1)$.

Die betrachtete Umlaufgetriebeform kann auch zum Verzweigen des Antriebsmoments dienen (z. B. beim Zweitrommel-Förderbandantrieb, s. Stetigförderer, S. 583). Verteilung der Momente im umgekehrten Verhältnis der Drehzahlen; vgl. Bd. I S. 747 und [1].

δ) *Laufwinden.* Ihre Windwerke (für Lasthakenbetrieb) unterscheiden sich von den Stückgutwinden nur durch die Trommelausbildung zum Aufwickeln der beiden Seilenden der Zwillingsrollenzüge (4 Seilstränge bis 30 t, vgl. Bild 76, 8 Seil-

[1] *Wolf, A.:* Die Grundgesetze der Umlaufgetriebe. 2. Aufl. Braunschweig: Vieweg 1958.

stränge bis 100 t) und durch ein größeres Übersetzungsverhältnis des Zahnradgetriebes, Bild 90. Tragkraftreihe und Zuordnung der Hubgeschwindigkeit nach DIN 15021 und 15022, Zahlentafel 20, Abschn. Laufkrane, S. 544. Ab 12,5 t Tragkraft wird häufig ein Hilfshubwerk mit kleinerer Tragkraft nach DIN 15021 angeordnet, Bild 91. Feinheben mit nur einem Hubwerk möglich durch zusätzlichen Feinhubmotor, der über ein Umlaufgetriebe an das Hubwerksvorgelege angeschlossen wird.

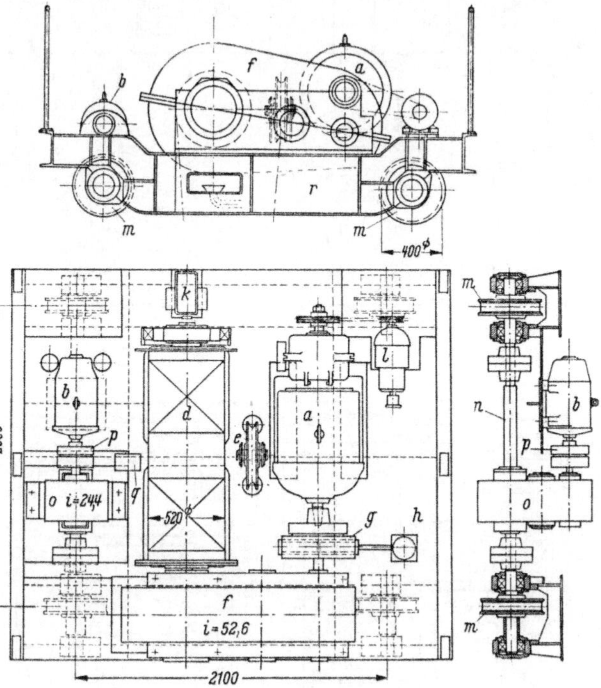

Bild 90. Normale Laufkatze für 20 t Tragkraft und 15 m/min Hubgeschwindigkeit (MAN). Hubmotor *a* mit 72 kW bei 20% ED, $n = 965$ U/min. Katzfahren 45 m/min; Katzfahrmotor *b* mit 5,2 kW bei 20% ED, $n = 870$ U/min. *d* Seiltrommel; *e* Ausgleichrolle; *f* Hubwerksgetriebe; *g* elast. Kupplung mit Bremsscheibe; *h* Eldro-Bremslüfter; *k* Endschalter; *l* Frequenzgeber für Eldro-Regelbremse; *m* Laufräder; *n* Fahrwerkswelle; *o* Fahrwerksgetriebe; *p* elast. Kupplung mit Bremsscheibe; *q* Eldro-Bremslüfter; *r* Katzrahmen

Gestaltungsgrundsätze. Leichte und gedrängte Bauweise, die trotzdem Einzelteile zugänglich läßt. Alle Hubwerksvorgelege in einem Getriebekasten vereinigt: Schrägverzahnung wenigstens der ersten Stufen, Wälzlager, Ölbad; nur bei schweren Hubwerken wird Trommelvorgelege noch in offener Bauweise ausgeführt, aber mit Radschutzkasten abgedeckt (vgl. Bild 91, Haupthubwerk). Hubwerksbremse nicht knapp dimensionieren. Anwendung von Senkbremsschaltungen. Katzrahmen aus Normalprofilen, Abkantprofilen und Blechen in Schweißkonstruktion. Antrieb eines Laufradpaares ausreichend. Bremse für Katzfahrwerk kann bis 20 m/min Katzfahrgeschwindigkeit meist entbehrt werden. Möglichst gleichmäßige Laufradbelastung.

Einbau von Greiferwinden in Laufkatzen ergibt Greifer-Laufkatzen.

Katzfahrgeschwindigkeiten und *Fahrwerksberechnung* siehe Abschnitte Laufkrane S. 543 und Verladebrücken S. 556.

ε) *Sonderausführungen.* Winden mit dauernd durchlaufendem Elektromotor (Bauwinden) erhalten von Hand schaltbare Reibungskupplungen zur Verbindung von Motor und Windwerk. Freifallstellung muß vermieden werden. Schiffsladewinden bekommen zusätzlich Spillköpfe.

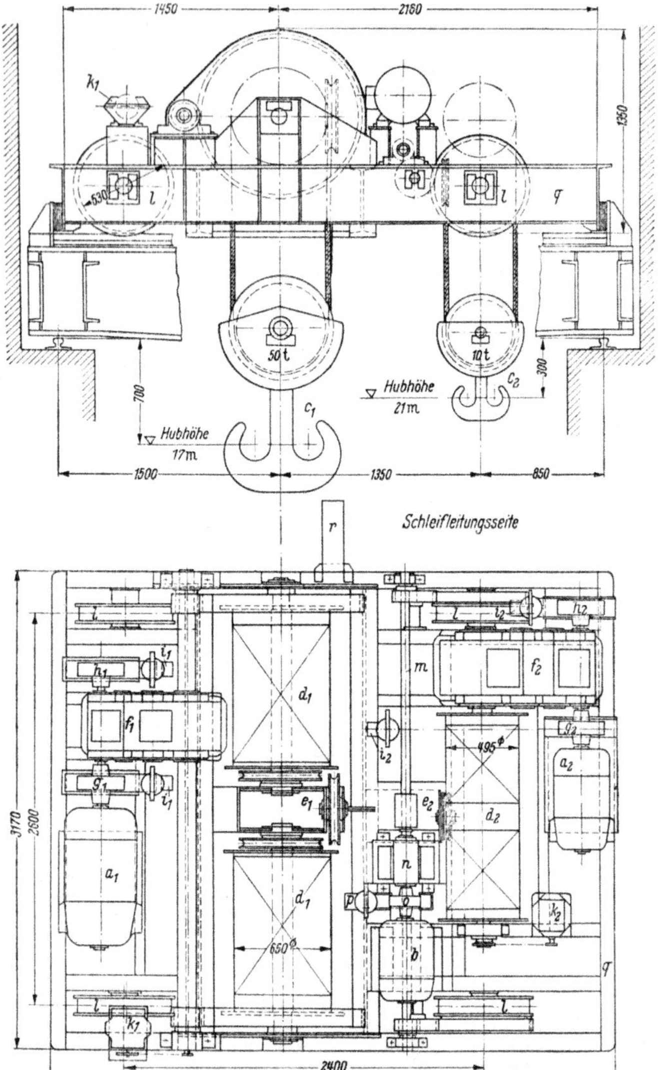

Bild 91. Laufkatze mit Haupthubwerk 50 t Tragkraft, 2 m/min Hubgeschwindigkeit und Hilfshubwerk 10 t Tragkraft, 5 m/min Hubgeschwindigkeit (Mohr u. Federhaff AG, Mannheim). Hubmotoren a_1 mit 21 kW bei 40% ED, $n = 850$ U/min bzw. a_2 mit 11 kW bei 40% ED, $n = 1110$ U/min, Katzfahren 15 m/min; Katzfahrmotor b 6,3 kW bei 40% ED, $n = 1100$ U/min. Diese Laufkatze wird mit Drehstrom 60 Hz betrieben. Das Katzfahrwerk liegt zum Erzielen kleiner Anfahrmaße zwischen Haupt- und Hilfshubwerk. Katzgewicht rd. 12 t

c_1, c_2 Unterflaschen; d_1, d_2 Seiltrommeln; e_1, e_2 Ausgleichrollen; f_1, f_2 Hubwerksgetriebe; g_1, g_2 elast. Kupplungen (g_1 mit Bremsscheibe); h_1, h_2 Bremsscheiben; i_1, i_2 Eldrobremslüfter mit angebauten Rückzugfedern; k_1, k_2 Endschalter; l Laufräder; m Fahrwerkswelle; n Fahrwerksgetriebe; o elast. Kupplung mit Bremsscheibe; p Eldrobremslüfter mit angebauten Rückzugfedern; q Katzrahmen; r Träger für Schleifleitungen

D. Antriebsmotoren und Zubehör

a) Elektromotoren. α) *Gleichstrommotoren.* Obwohl im *Reihenschlußmotor* eine für den Kranbetrieb ideale Antriebsmaschine zur Verfügung steht, ist seine Anwendung beschränkt infolge Ablösung der Gleichstromnetze (220, 440 V) durch Drehstromnetze von 220, 380, 500 V, 50 Hz (Ausland auch 60 Hz). Kennzeichnend sein großes Anzugsmoment (2,5 bis 3,5mal Nennmoment) und die mit abnehmender Belastung größer werdende Drehzahl (s. Elektrotechnik, S. 890, Bild 126, *a*). Leerer Haken wird etwa doppelt so schnell gehoben wie Nennlast. Lastabhängigkeit der Drehzahl gemildert beim *Doppelschlußmotor* (S. 890, Bild 126, *c*, *d*).

Der *Nebenschlußmotor* findet bei Schwerlastkranen und Werftdrehkranen als Antriebsmotor im Zusammenhang mit einem *Leonard-Aggregat* Verwendung (s. Elektrotechnik, S. 919); fast völlig lastunabhängige und verlustarme Drehzahlregelung bis zu kleinsten Drehzahlwerten. Antrieb des Umformersatzes durch Drehstrom-Asynchronmotor oder Dieselmotor.

β) *Drehstrommotoren* für Aussetzbetrieb werden als *Käfigläufermotoren* (Kurzschlußläufermotoren) hauptsächlich für Kleinhebezeuge (bis ≈ 5 kW) angewendet

Die dreiphasige Ständerwicklung wird über einen Schalter unmittelbar an das Netz gelegt; der Läufer in Käfigform hat kurzgeschlossene Leiter (s. Abschn. Elektrotechnik, Bild 143, S. 896). Doppelstabläufer ergibt für Hebezeuganlauf besonders geeignete Drehzahl-Drehmomentenkennlinie. Drehrichtungsumkehr durch Vertauschen zweier Netzanschlüsse. Drehzahl nicht regelbar und nahezu unabhängig von Belastung. Leerer Haken und leichte Lasten werden mit Stromaufnahme gesenkt, durchziehende Lasten bei übersynchroner Drehzahl und Stromrückgabe ins Netz selbsttätig gebremst.

Um diese durch einfachen Aufbau und Betrieb gekennzeichnete Motorart auch für Kranantriebe mittlerer Leistung (bis ≈ 25 kW) brauchbar zu machen, hat man Bauarten mit größerem Anzugsmoment bei erträglichem Einschaltstrom entwickelt. Anlaufmoment/Nennmoment $\leqq 3$; Einschaltstrom/Nennstrom $\leqq 3{,}5$.

Zwei oder mehrere Drehzahlen möglich bei polumschaltbarer Bauart. Dreifachpolumschaltbarer Motor (2, 4, 16 Polpaare) ergibt drei praktisch lastunabhängige Regelstufen[1].

Für mittlere und größere Antriebsleistung meist *Drehstrom-Asynchronmotor* mit *Schleifringläufer* (s. Elektrotechnik S. 901).

Unmittelbares Einschalten der Ständerwicklung; Läuferwicklung ist an dreiphasigen Stufenwiderstand angeschlossen, der beim Anlassen nach und nach herausgenommen wird. Die Drehzahl ist jedoch bei einer bestimmten Widerstandsstufe noch abhängig von der Belastung (um so stärker, je größer der Widerstand im Läuferkreis und je größer die Belastung ist) (vgl. hierzu Kurven „Heben", Bild 58). Anfahrmoment durch Auslegung des Gesamtwiderstandes wählbar (in Bild 58, Schaltstellung 1 ≈ 60% M_{Vollast}). Kippmoment bei den Ausführungen für Hebezeugbetrieb etwa (2 bis 3) × Nennmoment (je nach ED). Übliche (synchrone) Motordrehzahlen 1500, 1000, 750, 600 U/min.

Schleifring- und Käfigläuferbauart ist vereinigt beim *Doppel-Kranmotor* der AEG. Ständerwicklung mit hoher Polpaarzahl und zugehörige Schleifringläuferwicklung für die niedrigen Drehzahlen; Ständerwicklung mit niedriger Polpaarzahl und Käfigläufer für die große Drehzahl.

Für schwere Greiferhubwerke auch Anwendung von *Wechselstrom-Kollektormotoren*, z. B. Repulsionsmotor und Deri-Motor (BBC).

Alle Elektromotoren für den Hebezeugbetrieb werden in geschützter oder geschlossener Bauart hergestellt, letztere auch mit Oberflächenbelüftung.

Bemessung der Elektromotoren s. bei den einzelnen Anwendungsfällen (Elektroflaschenzug S. 529, Winden S. 531, Fahrwerke S. 550, Drehwerke S. 570, Wippwerke S. 571).

b) Elektrische Zusatzausrüstung. α) *Steuereinrichtungen. Direkt-Steuerung mit Steuerschaltern.* Durch Handrad, -knebel oder -hebel wird eine Schaltwelle gedreht, auf der Nockenscheiben aufgesetzt sind; diese öffnen die zu ihnen versetzt angeordneten, federbelasteten Einzelschalter.

Schützsteuerung mit Meisterschaltern. Motor und Hilfseinrichtungen (Widerstände, Bremslüfter usw.) werden durch Schütze (Magnetspulenschalter) mit

---

[1] Siemens-Z. Bd. 32 (1958) S. 631/42.

Netz oder untereinander verbunden. Betätigung der Schütze durch Hilfsstrom, der vom „Meisterschalter" geschaltet wird. Dieser ist wie ein Steuerschalter aufgebaut, hat kleine Abmessungen und ist leicht bedienbar.

Vereinigung von zwei Steuergeräten in einem Gehäuse und Betätigen durch nur einen Handhebel: Universalsteuerung, zweifach- und dreifach Meisterschalter. Anbringung der Steuer- oder Meisterschalter an den Seitenpodesten von Kransteuersesseln.

Drehstrommotoren mit Käfigläufer werden mit *dreipoligem Umschalter* betätigt, auch über Schütze und Druckknopf.

β) Die *Widerstände* sind aus Draht (Cu-Ni-Legierung) gewickelt, meist aber aus mäanderförmigen Gußeisenstreifen aufgebaut und in Blechkästen zusammengefaßt. Die einzelnen Stufen tragen Anschlußfahnen zur Befestigung der Leitungen mittels Kabelschuhen.

γ) *Bremslüfter*, s. S. 518.

δ) *Haupt-* und *Hilfsstromendschalter* dienen zum Begrenzen der Hub- oder Fahrbewegung und werden als Hebel-, Spindel- oder Getriebeendschalter ausgeführt.

ε) Ein *Kranschalter* trennt alle Motoren vom Netz; er gibt den Kurzschlußschutz durch Schnellauslösung, den thermischen Schutz durch Bimetall-Auslösung. Einschalten nur möglich, wenn volle Betriebsspannung vorhanden und alle Steuergeräte in Nullstellung stehen (Nullstellungszwang). Mechanische Verriegelung in „Aus"-Stellung durch Dreikantschlüssel oder Sicherheitsschloß.

ζ) Die *Schleifleitungen* werden aus blanken Rundkupfer- oder Profildrähten gebildet; Stromabnahme durch Rollenstromabnehmer oder Schleifkontakte. Zubehör: Schnallenisolatoren, Drahtstützen, Drahtspanner, Endspannhaken usw. Für Drehkrane: *Schleifringstromabnehmer*. Stromzuführung auch über Schleppkabel (Verladebrücken).

c) Dieselmotoren. Zum Antrieb von fahrbaren Drehkranen, Autokranen und Mobilkranen werden Dieselmotoren leichter Bauart (Fahrzeugmotoren mit 1500 bis 2000 U/min und einem Gewicht von 8 bis 10 kg/PS) mit Wasser- oder Luftkühlung angewendet. Drehzahl-Drehmomentkennlinie verlangt Leeranlauf und Schalt- und Wendegetriebe. Ableitung der Einzelbewegungen durch Schaltkupplungen.

Dieselelektrischer Antrieb bei großen Schwimm-, Eisenbahn- und Mobilkranen. Der Dieselmotor treibt mit konstanter Drehzahl einen fremderregten Gleichstromgenerator, von dem aus die konstant erregten Antriebselektromotoren für die Einzelbewegungen versorgt werden (Leonard-Schaltung, S. 919).

Bei Mobilkranen für mittlere und große Tragkräfte öfter eine elektrische Kraftübertragung, bei welcher der Dieselmotor einen selbsterregten Gleichstromgenerator antreibt. Die Kranmotoren werden an ihn mit gewöhnlicher Widerstandsschaltung angeschlossen; wird der Generator vom Dieselmotor mit konstanter Drehzahl angetrieben, so fällt seine Spannung von einem Maximalwert im unbelasteten bis zu einem Minimalwert im belasteten Zustand. Diesem Minimalwert der Spannung entspricht ein zulässiger Höchststrom, welcher zugleich das Motormoment und damit die Hakenlast begrenzt. Selbsttätig fällt die Drehzahl des Motors mit zunehmender Belastung ab. Eine zusätzliche Beeinflussung der Generatorspannung und damit der Motordrehzahl ergibt die Betätigung des „Gaspedals" des Dieselmotors[1].

d) Druckölmotoren. α) *Arbeitszylinder*, deren Kolben einfach- oder doppeltwirkend (auch mit ungleichen Kolbenflächen) durch Drucköl betätigt werden für geradlinige Bewegungseinleitung (z. B. Wippbewegung von Drehkranauslegern).

Der Öldruck wird meist von einer einfachen Zahnradpumpe (bis 120 at) erzeugt (für höhere Betriebsdrücke Kolbenpumpe), die in einem Ölkreislauf liegt; an ihn wird dann über die Steuerorgane der Arbeitszylinder angeschlossen (s. a. S. 681: Flüssigkeitsgetriebe mit kreisendem Antrieb und schiebendem Abtrieb).

β) *Motoren für Drehbewegungen*, wenn weiche Arbeitsweise und stufenlose Regelbarkeit besonders erwünscht (z. B. Mobilkran für Bergungszwecke). Bauart als Axial- oder Radial-Kolbenmotoren, neuerdings auch als Drehflügelmotor. Die zugehörigen Druckölerzeuger (Pumpen) weisen dieselben Bauformen auf, wobei

[1] *Lüttgerding, H.:* Autokrane mit verbrennungs-elektrischem Antrieb. Fördern und Heben Bd. 6 (1956) S. 904.

aber für das Zusammenarbeiten das Prinzip der Pumpe nicht dem des Motors zu entsprechen braucht.

Für das Zusammenarbeiten von Motor und Pumpe können verschiedene Wege beschritten werden. Wird z. B. die Pumpe als „Verstellpumpe" ausgeführt, die bei konstanter Antriebsdrehzahl durch mechanische Beeinflussung ihrer Verstellglieder verschieden große Flüssigkeitsströme liefert, so entspricht beim angeschlossenen Motor, der nun nicht verstellbar zu sein braucht, jedem zugeführten Flüssigkeitsstrom eine andere Drehzahl. Bauart und Wirkungsweise von Verstellpumpen s. S. 679. An Stelle dieser „Pumpenregelung" kann bei Anwendung von Pumpen mit konstantem Förderstrom der dem Motor zuzuführende Flüssigkeitsstrom und damit seine Drehzahl auch durch „Schiebersteuerung" geregelt werden (Drosseln, Mengenbegrenzungs-, Mengenteilventile)[1].

e) Druckluftmotoren. α) *Arbeitszylinder* mit Hubkolben für kurze Hubwege gelegentlich in Betrieben, in denen Preßluft ($\approx$ 6 atü) bereits als Arbeitsmittel vorhanden ist (z. B. Gießereien). Bevorzugt zum Betätigen von Kupplungen und Schaltgetrieben bei Druckluftsteuerung von dieselmechanisch getriebenen Drehkranen angewendet.

β) *Druckluft-Zahnradmotoren* dienen zum Antrieb von Winden und Haspeln in schlagwetterreichen Gruben des Steinkohlenbergbaus.

E. Krane

1. Krantragwerke

a) Allgemeines. Die Krantragwerke werden in *Vollwand-* oder *Fachwerk*bauweise ausgeführt; zur ersteren sollen sowohl die aus Normalprofilen oder Stegblechträgern bestehenden, als auch die in Zellen-, Kasten- oder Schalenbauweise entworfenen Tragwerke gezählt werden. Fachwerke werden meist aus Dreiecken statisch bestimmt aufgebaut und als ebene Fachwerke behandelt.

An dem gewählten Tragwerksystem sind die äußeren Kräfte nach Lage, Größe und Richtung anzubringen und deren Auflagerreaktionen zu ermitteln (s. Abschn. 2, Kranformen). Mit Hilfe der Verfahren der Statik (Bd. I, Mechanik) werden die inneren Kräfte (Stabkräfte), Biegemomente und Querkräfte zeichnerisch oder rechnerisch bestimmt und die dadurch verursachten Spannungen berechnet. Diese dürfen die für den untersuchten Belastungsfall und den gewählten Werkstoff zulässigen Spannungen nicht überschreiten. Getrennte Untersuchung für Verkehrslast (ungünstigste Stellung), ständige Lasten (Eigengewichte) und Zusatzlasten (Wind, Bremskräfte); Überlagerung der jeweils ermittelten Spannungen.

Werkstoffe: Stahl in der Qualität St 37, auch der höherwertige St 52 in Form von Walzprofilen und Blechen; für Leichtbau auch in Form von Abkantprofilen, kaltgezogenen und kaltgewalzten Profilen (Niete St 34 bzw. St 44; Schrauben St 38 bzw. St 52). Von Leichtmetallegierungen zur Gewichtseinsparung wird wegen größerer Herstellkosten nur selten Gebrauch gemacht.

b) Berechnungsgrundlagen für Stahlbauteile von Kranen und Kranbahnen, DIN 120[2]. Sie sind als Richtlinien für die Baupolizei eingeführt und in Verbindung mit DIN 4114: Stabilitätsfälle (Knickung, Kippung, Beulung) für die Bemessung der Krantragwerke maßgebend. Auszug aus DIN 120:

I. *Einteilung der Krane*, §§ 1 und 2. Je nach Art und Schwere des Betriebs sind *Krangruppen* I bis IV abgeleitet, deren Stahltragwerk verschieden stark auszubilden ist. Einordnung der Kranarten in die Gruppen s. Zahlentafel 15.

II. *Belastungsannahmen*. Einteilung in Haupt- und Zusatzkräfte; Ausgleichszahl ψ und Stoßzahl φ.

§ 3. *Hauptkräfte*

1. Ständige Last (S_g, M_g): Äußere Kräfte, die den Bauteil ständig in gleicher Größe und an derselben Stelle belasten (Eigengewichte und übrige am Bauteil fest angebrachte Lasten, z. B. Auslegerrollen, Winden, Führerhaus, Gegengewicht).

2. Verkehrslast (S_p, M_p): An einem Bauteil angreifende äußere Kräfte, die Größe oder Angriffspunkt im regelmäßigen Betrieb ändern können. Zur Verkehrslast gehören auch alle im Betrieb auftretenden Massenkräfte außer den Bremskräften aus der Fahrbewegung (§ 4, Ziffer 2). Zugelassener Schrägzug ist zu berücksichtigen.

3. Wärmewirkungen brauchen nur in besonderen Fällen berücksichtigt zu werden.

---

[1] Vgl. auch Ölhydraulik u. Pneumatik Bd. 1 (1957) S. 14 u. S. 58; Bd. 2 (1958) S. 19.

[2] DIN 120 wird z. Z. neubearbeitet. Die Neubearbeitung sieht die Aufteilung in mehrere DIN-Blätter vor (vgl. Entwurf DIN 15 019: Standsicherheit, Probebelastung, Sicherheit gegen Abtreiben durch Wind).

Zahlentafel 15. *Einordnung der Kranarten in dic Gruppen*

	Art des Krans	Gruppe
1	2	3
1	Kleinkrafthebezeuge und Handkrane	I
2	Maschinenhauskrane	I und II
3	Lokomotivhebekrane	II
4	Werkstatt- und Lagerplatzkrane kleiner Tragkraft	II und III
5	Werkstatt- und Lagerplatzkrane großer Tragkraft	II
6	Aufstellkrane	I bis III
7	Gießereikrane	II und III
8	Nietkrane	II und III
9	Hellingkrane	II
10	Schwerlastkrane	I und II
11	Drehkrane, Torkrane, Schwimmkrane	
	a) Stückgutbetrieb	II
	b) Greifer- und Magnetbetrieb	III und IV
12	Träger von Verladebrücken, Hängebahnen u. dgl.	
	a) Stückgutbetrieb	II
	b) Greiferbetrieb	II und III
13	Kipperbrücken	III
14	Turmkrane für Hoch- und Tiefbau	I und II
	Sonderkrane für Hüttenwerke	
15	Leichte Krane, Montagekrane, Walzenwechselkrane	I bis III
16	Beschickungsmaschinen	III und IV
17	Walzeisenförderkrane (Pratzenkrane)	II bis IV
18	Mischer und Gießkrane	II und III
19	Kokillen- und Blockkrane	III
20	Tiefofenkrane	III und IV
21	Stripperkrane	IV
22	Fallwerkskrane	II bis IV

§ 4. *Zusatzkräfte*

1. ***Winddruck:*** Wird als Vielfaches des Staudrucks q [kg/m²] ($q = v^2/_{16}$, v = Windgeschw. in m/sek) ausgedrückt; $w = c \cdot q$, wobei c von Gestalt der getroffenen Fläche abhängt. In den verschiedenen Höhen H über dem umgebenden Gelände sind die Windgeschwindigkeiten v und der zugehörige Staudruck q gemäß Zahlentafel 16 in Rechnung zu stellen. Der Widerstandsbeiwert c ist nach Zahlentafel 17 zu wählen.

Der für den Betriebszustand angegebene Wert q = 30 kg/m² ergibt mit c = 1,6 bereits w = 1,6 · 30 = rd. 50 kg/m². Erfahrungsgemäß kann ein Kran bei dieser Windbelastung nicht mehr arbeiten.

Vom Wind getroffene Kran- und Kranbahnflächen nach wirklichen Maßen schätzungsweise bestimmen; Lastfläche schätzen. Liegen mehrere Träger unmittelbar hintereinander auf Deckung und ist der Trägerabstand bei Vollwandträgern kleiner als die Trägerhöhe, bei Fachwerkträgern kleiner als die Stabbreite, so ist nur die Fläche des vorderen Trägers einzusetzen. Liegen mehrere Träger in größerem Abstand hintereinander, so kann die Fläche des nachfolgenden Trägers bis auf 75% vermindert eingesetzt werden. Sich nicht deckende Trägerteile voll einsetzen.

Zahlentafel 16. *Windgeschwindigkeit* v [m/sek] und *Staudruckwerte* q [kg/m²]

H	Außer Betrieb		Betriebszustand	
m	v	q	v	q
0 bis 20	35,8	80	22	30
über 20 bis 100	42,0	110	22	30
über 100	45,6	130	22	30

Zahlentafel 17. *Widerstandsbeiwerte c*

Art der Bauwerke	c für Überdruck	c für Unterdruck
Fachwerke u. Vollwandträger	1,6 (zusammen)	
Kranhäuser, abgedeckte Flächen, Gegengewichte	0,8	0,4
	1,2 (zusammen)	

2. ***Bremskräfte aus Fahrbewegung.*** Die in Fahrtrichtung in Höhe der Schienenoberkante wirkende größte Bremskraft ist mit $^1/_7$ der Belastung aller gebremsten Räder anzunehmen.

3. ***Waagerechte Seitenkräfte:*** Bei Laufkranen ist jede der beiden Fahrbahnseiten auch für eine rechtwinklig zur Fahrtrichtung wirkende waagerechte Kraft gleich $^1/_{10}$ der diese

Fahrbahnseite treffenden Radlasten eines Krans zu bemessen, wobei die Katze mit der Last in ungünstigster Stellung anzunehmen ist (wichtig für Kopfträger- und Kranbahnberechnung).

4. Belastung der ***Laufstege*** und ***Treppen*** mit wandernder Einzellast von 300 kg (darf bei allen durch Verkehrslast beanspruchten Bauteilen außer acht gelassen werden); ***Geländer*** mit wandernder waagerechter Einzellast von 30 kg. Bei Laufstegen und Treppen, die selten und ohne Traglast begangen werden, können vorstehende Werte um 50% ermäßigt werden.

5. ***Schneelast*** braucht bei Kranen nicht berücksichtigt zu werden.

§§ 5 und 6. ***Ausgleichszahl ψ und Stoßzahl φ*** [1]

Die von der Verkehrslast bzw. von der ständigen Last hervorgerufenen Stabkräfte, Biegemomente und Querkräfte sind mit einer Ausgleichszahl ψ bzw. Stoßzahl φ zu vervielfachen, Zahlentafel 18.

Zahlentafel 18. *Ausgleichszahl ψ und Stoßzahl φ*

Krangruppe	ψ	Laufschienenstöße		φ
I	1,2	vorhanden	nicht vorhanden oder geschweißt	
II	1,4	Fahrgeschwindigkeit in m/sek.		
III	1,6	$\leqq 1$	$\leqq 1{,}5$	1,1
IV	1,8	>1	$>1{,}5$	1,2

III. ***Allgemeine Vorschriften für die Festigkeitsberechnung***

§ 7. ***Bezeichnungen*** nach DIN 1350: Zeichen für Festigkeitsberechnungen.

§ 8. ***Elastizitätsmodul E, Schubmodul G*** und ***Wärmedehnzahl α_t***:

Stahl: $E = 2100000$ kg/cm², $G = 810000$ kg/cm², $\alpha_t = 0{,}012 \cdot 10^{-3}$ m/m grd.

Gußeisen: $E = 1000000$ kg/cm², $G = 380000$ kg/cm², $\alpha_t = 0{,}010 \cdot 10^{-3}$ m/m grd.

§ 9. ***Wahl des Werkstoffs:*** St 00 und Handelsbaustahl möglichst vermeiden.

§ 10. ***Inhalt der Berechnung.*** Anzugeben sind: Krangruppe (§ 2), Belastungen (§§ 3 u. 4), Ausgleichs- und Stoßzahlen (§§ 5 u. 6), Hauptmaße des Stahltragwerks; vorgesehene Werkstoffe; Eigengewichte der wesentlichen Teile; Querschnittsform und Querschnittswert aller wesentlichen Bauglieder; größte ermittelte und zulässige Spannungen der einzelnen Bauglieder und Verbindungen; Größe der Durchbiegung (soweit erforderlich); Standsicherheitsnachweis.

§ 11. ***Einzelheiten der Berechnung.*** Im allgemeinen genügt Rechenschiebergenauigkeit; beim Spannungsnachweis ist Ermittlung der Grenzwerte von Kräften, Biegemomenten und Querkräften für die *einzelnen* Belastungen zweckmäßig; ungewöhnliche Formeln erläutern.

§ 12. ***Wechselbeanspruchung.*** Wechselt in einem Querschnitt die von der ständigen Last und der Verkehrslast hervorgerufene Spannung bei verschiedenen Stellungen der Verkehrslast ihr Vorzeichen, so ist die Spannung σ'_{I} nachzuweisen (vereinfachte Rechnung):

bei Fachwerkträgern: $$\sigma'_{\mathrm{I}} = \frac{\max S}{F_n} + \frac{\min S}{F} \quad [\mathrm{kg/cm^2}],$$

bei Vollwandträgern: $$\sigma'_{\mathrm{I}} = \frac{\max M + \min M}{W_n} \quad [\mathrm{kg/cm^2}];$$

hierbei ist:

F cm² Querschnitt ohne, F_n cm² Querschnitt mit Nietabzug,
W_n cm³ Widerstandsmoment mit Nietabzug,
$\max S$ kg größte im Querschnitt auftretende Zugkraft,
$\min S$ kg größte im Querschnitt auftretende Druckkraft,
$\max M$ mkg größtes positives Biegemoment,
$\min M$ mkg größtes negatives Biegemoment,

alle Kräfte und Momente hervorgerufen aus der ständigen Last (S_g bzw. M_g) und der Verkehrslast (S_p bzw. M_p) und vervielfältigt mit φ und ψ, also $S = \varphi S_g + \psi S_p$ bzw. $M = \varphi M_g + \psi M_p$; Werte ohne Rücksicht auf ihr tatsächliches Vorzeichen positiv einsetzen. σ'_{I} darf zusammen mit etwaigen Spannungen aus Wärmewirkung σ_{zul} für Belastungsfall 1 (§ 13) nicht überschreiten. Bei dieser Rechnungsart bleibt Knickzahl ω unberücksichtigt; Knicksicherheit muß besonders nachgewiesen werden (§ 17).

IV. ***Zulässige Spannungen und Spannungsermäßigungen***

§ 13. ***Zulässige Spannungen*** sind für die beiden zu untersuchenden Belastungsfälle (1: Hauptkräfte; 2: Haupt- und Zusatzkräfte) in Zahlentafel 19 aufgeführt. Für Bauteile, die durch keine Hauptkräfte, sondern nur durch *eine* der unter Belastungsfall 2 angeführten Lastarten beansprucht werden, sind die in der Zahlentafel für Belastungsfall 1 angegebenen Spannungen zu Grunde zu legen. Maßgebend für Querschnittsermittlung *der* Belastungsfall, der größten Querschnitt ergibt.

§ 14. ***Spannungsermäßigungen*** sind erforderlich, wenn alter Baustahl wieder verwendet wird (je nach Erhaltungszustand).

---

[1] In der zu erwartenden Neufassung von DIN 120 werden diese Faktoren durch einen „Schwingbeiwert" ersetzt. Vgl. *Cranz:* Schwingbeiwerte von Kran-Stahlkonstruktionen. Fördern u. Heben Bd. 4 (1954) S. 691.

Zahlentafel 19. *Zulässige Spannungen für Stahlbauteile und Verbindungsmittel* in kg/cm² (vgl. auch DIN 1050, Dez. 1957)

σ_{zul} τ_{zul} $\sigma_{l zul}$	Werkstoff	Belastungsfall	Druck und Biegedruck	Zug und Biegezug[1]	Schub bzw. Abscheren	Lochleibungsdruck
Bauteile	St 37.12	1 2	1400 1600	1600 1800	900 1050	— —
	St 52	1 2	2100 2400	2400 2700	1350 1550	— —
Niete	St 34.13	1 2	— —	480 540	1400 1600	2800 3200
	St 44	1 2	— —	720 810	2100 2400	4200 4800
Schrauben eingepaßt	St 38.13	1 2	— —	1120 1120	1400 1600	2800 3200
	St 52	1 2	— —	1500 1500	2100 2400	4200 4800
Schrauben roh	St 38.13	1 2	— —	1120 1120	1120 1260	2100 2700

[1] Biegedruck, wenn Ausweichen der gedrückten Gurte nicht möglich.

V. *Bemessungsregeln*

§ 15. *Mindestquerschnitte:* Im allgemeinen L 50 · 50, Blechstärke 5 mm, Niet- oder Schraubendmr. 14 mm; Ausnahme: untergeordnete Teile und Kleinkrafthebezeuge.

§ 16. ***Zugstäbe.*** Ihr nutzbarer Querschnitt F_n bzw. das nutzbare Widerstandsmoment W_n bei Biegungsträgern verbleibt nach Abzug der Nietlöcher. Die Zugspannung errechnet sich also bei Zugstäben aus $\sigma = \Sigma S/F_n$, bei Biegungsträgern aus $\sigma = \Sigma M/W_n$, bei auf Zug und Biegung beanspruchten Trägern aus der Summe dieser beiden Ausdrücke. Dabei bedeuten:

$$\Sigma S = \varphi S_g + \psi S_p \quad \text{und} \quad \Sigma M = \varphi M_g + \psi M_p \quad \text{für Hauptkräfte,}$$

$$\left.\begin{aligned}\Sigma S &= \varphi S_g + \psi S_p + S_w + S_b\\ \Sigma M &= \varphi M_g + \psi M_p + M_w + M_b\end{aligned}\right\} \text{für Haupt- und Zusatzkräfte,}$$

(Indizes: g ständige Last, p Verkehrslast, w Windlast, b Bremskräfte).

§ 17. ***Druckstäbe.*** Die Druckkraft ist mit der Knickzahl ω zu vervielfältigen: ω-Verfahren. Es muß sein: $S\omega/F \leqq \sigma_{zul}$. Behandlung ein- und zweiteiliger, zentrisch belasteter Druckstäbe s. Bd. I, Festigkeitslehre, S. 388, ausführliche Darstellung DIN 4114. Als freie Knicklänge s_K kann die Länge s der Netzlinie angesetzt werden, wenn die beiden Stabenden gelenkig und unverschieblich festgehalten sind (z. B. Gurtstäbe, Streben und Pfosten eines Fachwerks). Für Streben und Pfosten darf für das Knicken *in* Fachwerkebene der Abstand der Schwerpunkte der Niet- oder Schweißanschlüsse als freie Knicklänge eingesetzt werden. Für nur an einem Ende eingespannte Stäbe mit freiem anderen Ende ist $s_K = 2s$. Bei Druckauslegern von Kranen, deren Spitze von Seilen gehalten wird, ist nach *Unold* s_K zwischen $2s$ und s wählbar[1].

Stäbe mit einem Schlankheitsgrad von $\lambda > 250$ dürfen nicht verwendet werden ($\lambda = s_K/i_{min}$; i_{min} Trägheitsradius des kleinsten axialen Trägheitsmomentes des Querschnitts), s. Bd. I, S. 392 α).

Bindebleche oder Vergitterungen bei mehrteiligen Druckstäben sind gemäß DIN 4114 mit einer Querkraft $Q_i = F\sigma_{zul}/80$ zu berechnen (F = ungeschwächter Querschnitt des Gesamtstabes).

Außermittig gedrückte Stäbe (Druck und Biegung) zunächst mit der Druckkraft (ohne ω) und den Biegemomenten um die x- und y-Achse berechnen; es muß sein:

$$\sigma = \Sigma S/F + \Sigma M_x/W_x + \Sigma M_y/W_y \leqq \sigma_{zul}.$$

Nietlochschwächung bei W_x und W_y berücksichtigen.

Anschließend Knickuntersuchung (nach DIN 4114, 10) in der als Hauptachse vorausgesetzten Momentenebene. Hat Querschnittsschwerpunkt von Biegezug- und Biegedruckrand gleichen Abstand oder liegt er ersterem näher, so gilt:

$$\omega\, \Sigma S/F + 0{,}9\, \Sigma M/W_d \leqq \sigma_{zul}.$$

[1] *Unold:* Die Knickberechnung von schlanken Kranauslegern. Stahlbau Bd. 13 (1940) S. 38.

Liegt Querschnittsschwerpunkt näher dem Biegedruckrand, so muß außerdem erfüllt sein:

$$\omega\, \Sigma S/F + (300 + 2\lambda) \cdot \Sigma M/(1000\, W_z) \leqq \sigma_{zul}.$$

W_d und W_z sind die auf den Biegedruck- bzw. Biegezugrand bezogenen Widerstandsmomente des unverschwächten Stabquerschnitts, λ der Schlankheitsgrad für Knickung in der Momentenebene.

§ 19. ***Abstützung der Druckstäbe gegen seitliches Ausknicken*** bei Druckgurtungen, die nicht durch einen Verband verbunden sind. Berechnung nach DIN 4114, 12.

VI. ***Standsicherheit der Krane.*** Nachweis für belasteten und unbelasteten Zustand:

$$\text{Standsicherheit} = \frac{\Sigma\ \text{Standmomente}}{\Sigma\ \text{Kippmomente}}\ \text{bezogen auf Kippkante.}$$

Werte für ortfeste und fahrbare Krane, Sondervorschriften für fahrbare Dreh- und Turmkrane, Schwimmkrane, Schwerlastkrane und Kranwagen besonderer Bauart in DIN 120. In den neuen Standsicherheitsvorschriften Entwurf DIN 15019 ist eine bestimmte Überlast zu 5 Betriebsfällen festgelegt. Die „kleine Probelast" beträgt 1,25 Nennlast in Bewegung (bei Windstille); zusätzlich können Krane in Ruhe mit einer „großen Probelast" geprüft werden.

Für die *bauliche Durchbildung* sind in DIN 120, Blatt 2, Grundsätze angegeben: Kröpfungen und schroffe Übergänge vermeiden; einspringende Ecken und Richtungsänderungen durchlaufender Teile ausrunden. Rohrbauweisen sind statthaft.

Verbindungsmittel (Nieten und Schrauben). Sinnbilder nach DIN 407 (Bd. I, S. 608). In tragenden Teilen Niet- und Schraubenlöcher nicht stanzen, nur bohren. Nietabstand bei einreihiger Nietung $e = e_{max} = 6d$ oder $15\,\delta$; $e_{min} = 3$ bis $3{,}5\,d$. Randabstand $4d$ oder 8δ (d = Nietdmr., δ = Blechstärke); bei in Abstand a gelegten Nietreihen ist die Entfernung der versetzten Niete $e_1 = e - a/2$. Heftnieten können bei Druckstäben in $e = 8d$ oder $20\,\delta$, bei Zugstäben in $e = 10\,d$ oder $25\,\delta$ angeordnet werden; wenn alle außenliegenden Teile aus Formstählen bestehen, Vergrößerung dieser Abstände bei ∟ auf das $1^1/_2$fache, bei ⊥ und [auf das zweifache möglich.

Durch die Einführung *hochfester, vorgespannter Schraubenverbindungen,* die mit Drehmomentenschlüssel angezogen werden, ist eine gedrängtere Knotenpunktsbildung möglich geworden, die zudem dynamischen Beanspruchungen besser widersteht[1].

Bei Fachwerkträgern muß im Haupttragwerk die Schwerachse der Stäbe mit der Netzlinie zusammenfallen. Besteht der Stab aus einem einzelnen Winkelstahl, so Stabschwerachse in Netzlinie legen, Anschlußniete in Wurzelmaßlinie setzen. Stäbe aus Flachstahl vermeiden. Weiteres über die Bauformen von Vollwand- und Fachwerkträgern bei den einzelnen Kranformen (Abschn. 12).

c) Geschweißte Stahlbauteile von Kranen und Kranbahnen. Hier gelten grundsätzlich ebenfalls DIN 120, Blatt 1, und DIN 4114. Für das Schweißen von Kranen der Gruppen I und II ist DIN 4100, Vorschriften für geschweißte Stahlhochbauten, anwendbar. Bei *vollwandigen* Stahlbauteilen von Kranen und Kranbahnen der Gruppen III und IV sind jedoch die „Vorschriften für geschweißte Eisenbahnbrücken" (DV 848, Ausgabe 1955) maßgebend, welche die Lastwechsel berücksichtigen. *Fachwerkartige* Bauteile dürfen bei Kranen und Kranbahnen der Gruppen III und IV nicht geschweißt werden. Besondere Vorschriften für geschweißte Krantragwerke werden z. Z. bearbeitet. Vgl. hierzu Bd. I, Schweißkonstruktionen, S. 632.

2. Kranformen

a) Laufkrane bestreichen mit den 3 Bewegungen: Heben (Senken), Katzfahren, Kranfahren, von denen jede einen eigenen Antrieb besitzt, im allgemeinen rechteckige Grundflächen von Hallen und Lagerplätzen (selten kreisförmige).

Handlaufkrane. Betätigen aller oder mindestens der Kranfahrbewegung durch Handkette und Haspelrad. Einträger-Handlaufkrane mit Elektro-Unterflansch-Laufkatzen bis ≈ 5 t Tragkraft, Bild 92. Zweiträger-Handlaufkrane für große Tragkräfte und seltene Benutzung (z. B. in Kraftwerks-Maschinenhaus), wobei allerdings Hubwerk meist mit Motorantrieb ausgestattet wird.

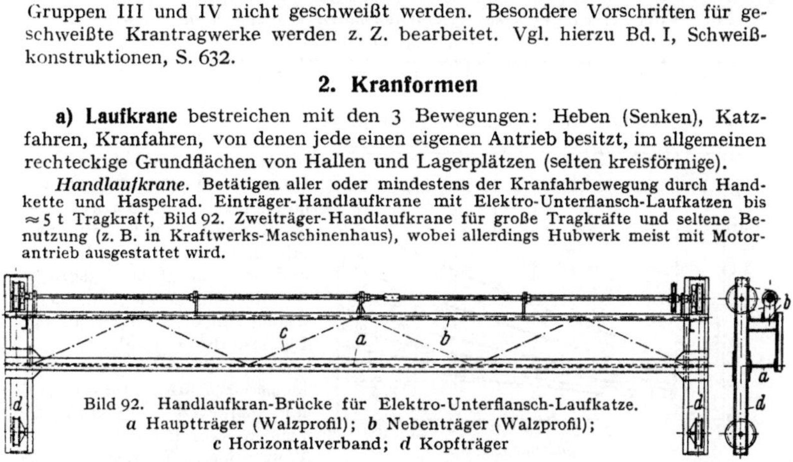

Bild 92. Handlaufkran-Brücke für Elektro-Unterflansch-Laufkatze. *a* Hauptträger (Walzprofil); *b* Nebenträger (Walzprofil); *c* Horizontalverband; *d* Kopfträger

[1] Vorläufige Richtlinien für Berechnung, Ausführung und bauliche Durchbildung von gleitfesten Schraubenverbindungen (HV-Verbindungen). Köln: Stahlbau-Verlag 1956.

Zahlentafel 20. *Tragkräfte und Arbeitsgeschwindigkeiten* bei Laufkranen mit Motorantrieb (Lasthakenbetrieb) nach DIN 15021 und 15022 (April 1951)

Kran bzw. Triebwerksgruppe		I Leichter Betrieb	II Normaler Betrieb	III Angestr. Betrieb
Größte Spielzahl/h		bis 18	bis 30	bis 60 (und höher)
Katzfahren m/min		16—31,5	20—40	25—63 [1]
Kranfahren m/min		25—63	50—100	63—160 [1]
Heben in m/min	für Tragkraft in t 3,2	6,3	16	31,5
	5	6,3	16	31,5
	8	5	12,5	25
	(10)	5	12,5	25
	12,5	5	12,5	25
	(16)	5	10	20
	20	4	8	16
	32	3,15	6,3	12,5
	50	2	4	8
	80	2	2—5	5
	100	2	2—4	4
Feinheben m/min		0,3	0,5 0,8 1,0	1,25

[1] Abstufung: 16, 20, 25; 31,5; 40, 50, 63, 80, 100, 125, 160.

Für *Laufkrane mit Motorantrieb* sind Tragkräfte aus DIN 15021 zu entnehmen, Richtlinien für Hubhöhen und Arbeitsgeschwindigkeiten aus DIN 15022. Zu bevorzugende Werte für elektrische Laufkrane mit Lasthakenbetrieb siehe Zahlentafel 20.

Bei Anordnung eines Hilfshubwerks gehört zur

Tragkraft des Haupthubwerks	12,5	20	32	50	80	100 t
Tragkraft des Hilfshubwerks	5	5	8	12,5	20	32 t
	(3,2)	—	(5)	(10)	(16)	(20) t

Die Hilfshubwerkgeschwindigkeiten richten sich nach der Tragkraft.

α) *Kranwagen* (*Kranbrücke*). Aufbau aus Hauptträgern (quer zur Kranfahrbahn) für Laufwinde (Katze), Nebenträgern (quer) für Bühnen und Kranfahrwerk, Horizontalverbänden (Windverbänden) zwischen Haupt- und Nebenträgern zur Aufnahme der waagerechten Kräfte, Kopfträgern (längs) zur Abstützung der Querträger und Kraftüberleitung durch die Kranlaufräder auf die Kranbahn, Bild 105. Zum Entwurf: Annahme des Katz-Eigengewichts, Bild 93, und der Trägereigengewichte; Anhaltswerte hierfür in Zahlentafel 21 und Bild 93.

Zahlentafel 21. *Eigengewicht G_0 von normalen Laufkatzen für Hakenbetrieb* (*ohne Hilfshubwerk*)

Tragkraft Q t	5	8	(10)	12,5	(16)	20	32	50
Eigengew. G_0 t	2,4	3,5	3,7	4	5	6	8	10

Katzen mit Hilfshubwerk wiegen 20 bis 30% mehr.

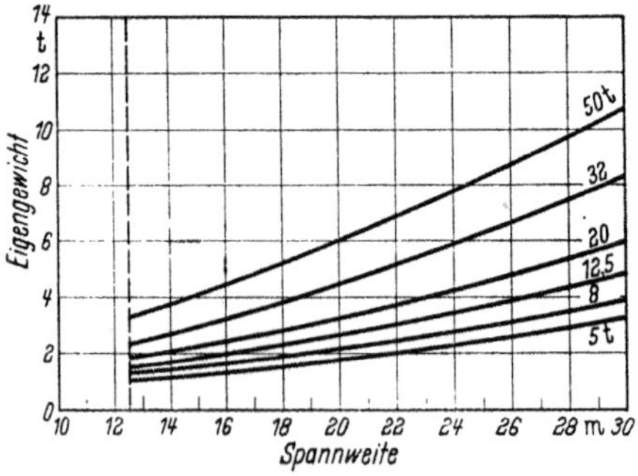

Bild 93. Eigengewicht von Fachwerk-Hauptträgern normaler Laufkrane (Gruppe II)

Zur ständigen Last von Haupt- und Nebenträger gehören noch je etwa zur Hälfte die Eigengewichte der Horizontalverbände nebst ihren Belägen und den darauf untergebrachten Kranfahrwerksteilen, sowie das anteilige Eigengewicht des Führerkorbes mit Inhalt.

αα) *Vollwandbauweise.* Für kleinere Tragkräfte (bis ≈ 12,5 t) und Spannweiten (bis ≈ 12,5 m) können die Hauptträger aus Walzprofilen (I oder IP) gebildet werden. Bei Zweiträger-Ausbildung Aufschweißen der

Flacheisenschiene mit unterbrochener oder durchgehender Naht (dann trägt Schiene mit), Bild 94a. Größere Tragkräfte und Spannweiten (bis 30 m) erfordern Stegblechträger, Bild 94b, oder Kastenträger, Bild 94c, d; Kranschienen aufgeschweißt, aufgeschraubt oder aufgeklemmt.

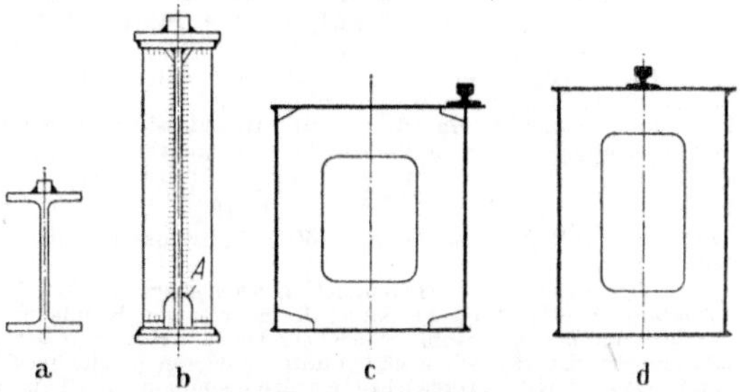

Bild 94. Ausbildung von Kranbrückenträgern in Vollwandbauweise. a Walzprofil; b Stegblechträger; c Kastenträger mit Schiene auf innerer Trägerwand; d Kastenträger mit mittiger Schiene

Bei *Walzprofil-* und *Stegblechträgern* ist für die Bemessung meist die zulässige Durchbiegung f_m in Trägermitte maßgebend. Erfahrungsgemäß soll Durchbiegung *unter Verkehrslast* bei Handlaufkranen nicht größer sein als 1/600 bis 1/500 der Spannweite L, bei elektrisch betriebenen nicht größer als $L/1000$ bis $L/750$. Erforderliches Trägheitsmoment bei Stellung des mit dem Radstand b wandernden Lastenpaares P—P symmetrisch zur Brückenmitte:

$$J_{erf} \approx \frac{P}{48\, E f_m} (L - b)\, [3 L^2 - (L - b)^2]\ \text{cm}^4.$$

Raddruck P in kg; Längen L, b und Durchbiegung f_m in cm; Elastizitätsmodul $E = 2100000\ \text{kg/cm}^2$. Diese vorläufige Querschnittsermittlung kann bei verschieden großen Katzraddrücken P_1 und P_2 mit deren arithmetischem Mittelwert ausgeführt werden.

Die Höhe der meist in Trapezform dem Biegemomentenverlauf angepaßten und durch Schweißung aus Blechen aufgebauten *Stegblechträger* (Bild 95) wird zu $h = 1/15$ bis $1/12\ L$ gewählt, die Endhöhe $h_0 \approx 0{,}4$ bis $0{,}5\ h$; Stegblechdicke je

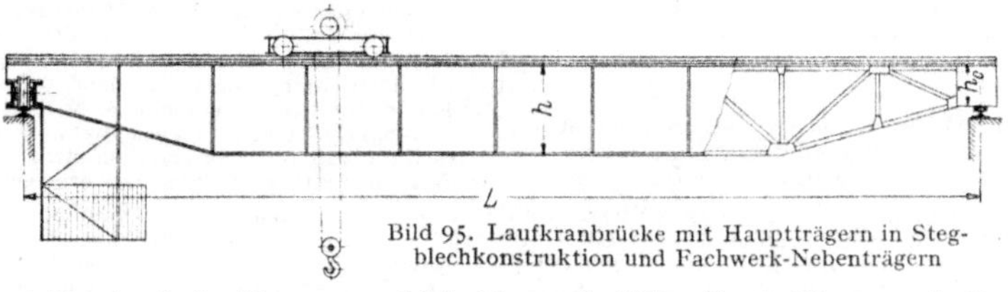

Bild 95. Laufkranbrücke mit Hauptträgern in Stegblechkonstruktion und Fachwerk-Nebenträgern

nach Tragkraft des Krans $s = 6$ bis 12 mm (mittlere Tragkräfte 10 mm). Gurtplattenstärke $s_1 \approx 1{,}25$ bis $2\,s$. Aussteifungen gegen Ausbeulen nötig (im Abstand von $0{,}5\ h$ bis h; Beulsicherheit nach DIN 4114 nachrechnen); sie werden als Flachstahl- oder Winkelstahlsteifen an Druckgurt und Steg angeschweißt (wegen Kerbwirkung der Kehlnähte nur bis Punkt „A") und mit Paßplättchen (20 bis 30 mm stark) gegen den Zuggurt spielfrei abgestützt (vgl. Bild 94b). Bildung der Stegblechträger auch aus längsgeteiltem Walzprofil mit dazwischengesetztem Stegblech. Nach vorläufiger Trägerwahl Eigengewichtsermittlung.

Zum *Nachweis der Spannungen* sind zu bestimmen:

1. ***Biegemomente aus ständiger Last.*** $G_1 \approx$ (Hauptträger-Eigengewicht + $^1/_2$ Horizontalverbände + $^1/_2$ Bühnenbeläge) $= q \cdot L$, wenn q Gewicht je m, $G_2 \approx {}^1/_2$ Fahrantrieb.

Max. Biegemoment in Trägermitte:

$$\max M_g = G_1 L/8 + G_2 L/4 = q L^2/8 + G_2 L/4.$$

Gegebenenfalls auch Gewicht G_F eines Kranführerhauses berücksichtigen. Verlauf des Biegemoments längs der Spannweite L (Parabel bzw. Dreieck) s. Bd. I, S. 352 bzw. 351.

2. ***Biegemomente aus Verkehrslast.*** Nutzlast Q und Eigengewicht der Laufwinde G_0 können meist genau genug als gleichmäßig auf die vier Katzräder verteilt angenommen werden; dann Raddruck $P \approx (Q + G_0)/4$. Der Träger wird vom Lastenpaar P—P mit dem Abstand b (Katz-Radstand) befahren; hierbei Größtmoment $\max M_p$ unter einer Last P, wenn die Katzmitte (und damit die Resultierende $R = 2P$) um $b/4$ von Brückenmitte entfernt ist (s. Bd. I, S. 208/09):

$$\max M_p = P (L - b/2)^2 / 2L.$$

Sind die Raddrücke P_1 und P_2 ungleich und hat ihre Resultierende $R = P_1 + P_2$ von der größeren Kraft den Abstand b_1, so tritt das Größtmoment max M_p unter dieser größeren Kraft auf, wenn die Resultierende um $b_1/2$ von der Brückenmitte entfernt ist:

$$\max M_p = (P_1 + P_2)\,(L - b_1)^2/4\,L.$$

Verlauf des Biegemoments längs der Spannweite L beim Verfahren der Lastenpaare P—P bzw. P_1—P_2 (Parabeln) s. Bd. I, S. 208. Für die weitere Berechnung kann max M_p als in Brückenmitte wirkend angenommen werden.

Zum Vergleich mit der für Hauptkräfte zulässigen Spannung (Zahlentafel 19) muß unter Berücksichtigung der Stoßzahl φ und der Ausgleichszahl ψ sein:

$$\sigma = \frac{\varphi \cdot \max M_g + \psi \cdot \max M_p}{W_x} \leqq \sigma_{zul},$$

wobei für das Widerstandsmoment W_x bei unsymmetrischem Querschnitt der kleinste Wert einzusetzen ist.

3. *Bremskräfte aus Brücken-Fahrbewegung.* Größte Bremskraft in Höhe Schienenoberkante gleich 1/7 der Belastung der gebremsten Kranlaufräder (DIN 120) ergibt Bremsverzögerung $b = g/7$, wenn alle Räder gebremst, bzw. $b = g/14$ wenn nur die Hälfte der Räder gebremst wird, wie noch bei mittelschweren Kranen möglich. Die waagerechte Massenkraft aus Last und Katzgewicht folgt also bei einem auf 4 Laufrädern gestützten Kranwagen, von denen 2 gebremst werden zu: $(Q + G_0)/g \cdot g/14 = (Q + G_0)/14$, was einem waagerecht wandernden Lastenpaar P_h—P_h mit $P_h = P/14$ entspricht. Ebenso betragen die durch die Bremsung der ständigen Lasten hervorgerufenen waagerechten Kräfte jeweils 1/14 der senkrecht wirkenden.

Ist zur Aufnahme dieser Kräfte kein waagerechter Verband vorhanden, wie zuweilen bei Kranwagen mit Hauptträgern aus Walzprofilen, so beanspruchen sie den Hauptträger auf Biegung mit den Größtmomenten (max M_g + max M_p)/14. Es muß dann sein:

$$\sigma = \frac{\varphi \cdot \max M_g + \psi \cdot \max M_p}{W_x} + \frac{\max M_g + \max M_p}{14 \cdot W_y} \leqq \sigma_{zul}$$

für Haupt- und Zusatzkräfte.

Überträgt jedoch ein waagerechter Verband die Massenkräfte, so ist dieser mit den Raddrücken P_h—P_h in ungünstigster Katzstellung zu belasten, Bild 96, die Kräfte P_h werden auf die benachbarten Knotenpunkte nach dem Hebelgesetz verteilt, die zugehörigen waagerechten Auflagerkräfte H_A und H_B ermittelt und ein Cremonaplan gezeichnet. Aus ihm ergeben sich die Zusatzkräfte für den Obergurt des Haupt- und Nebenträgers sowie die Stabkräfte der Diagonalen. Die demgegenüber kleinen Massenkräfte aus den Eigengewichten können — an den einzelnen Knotenpunkten angebracht — in einem weiteren Kräfteplan berücksichtigt werden; zu ihrer Aufnahme ist auch ein etwa vorhandener unterer Verband heranzuziehen.

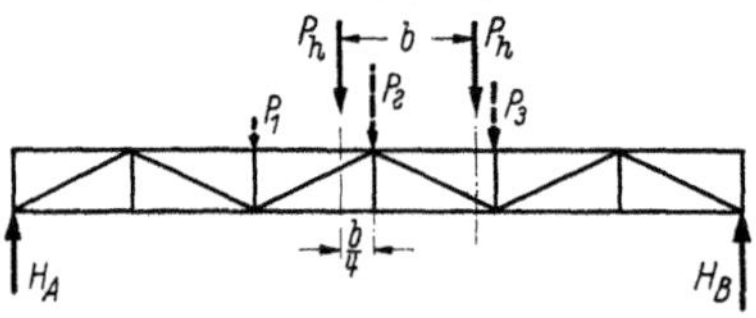

Bild 96. Belastung des waagerechten (oberen) Verbandes durch Bremskräfte (Lastenpaar $P_h - P_h$)

4. *Durchbiegung.* Nach endgültiger Profilfestlegung Nachprüfen der max. Durchbiegung; überschlägig: aus wandernder Last durch Auflösen der oben gegebenen Formel nach f_m; aus Eigengewicht G (bei unveränderlichem Trägheitsmoment, aber auch bei üblicher Trapez-Trägerform genügend genau) $f_{mo} = 5\,GL^3/384\,EJ$. Genauer nach Verfahren von *Mohr* (s. Bd. I S. 360). Teilweiser Ausgleich durch Überhöhung, die in der Mitte mit $L/1000$ angesetzt wird, nach den Enden nach einer Parabel abnehmend.

Der oder die *Nebenträger* werden als Fachwerkträger ausgeführt. Dimensionierung für ständige Last (Eigengewicht + $^1/_2$ Horizontalverband + $^1/_2$ Bühnenbelag + Fahrantriebsanteil) und wandernde Einzellast von 300 kg (DIN 120).

Zwecks guter Werkstoffausnutzung, hoher Form- und Verwindungssteifigkeit, guter Unterhaltungsmöglichkeit (glatte Anstrichflächen) und formschönen Aussehens werden Haupt- und Nebenträger vereint zum *Kastenträger*, besonders bei Kranen für schwere Lasten und angestrengten Betrieb. Schlanker Kasten mit mittig angeordneter Kranschiene, Bild 94d, in USA bevorzugt; häufiger sonst Kastenträger mit annähernd quadratischem Querschnitt, Bild 94c, und Kranschiene auf innerer Wand. Der Kastenquerschnitt wird durch Querschotte versteift; die Beulsicherheit der Felder erfordert meist noch Längssteifen (vgl. Bild 97). Anhaltswerte für Querschnittsentwurf: Kastenhöhe $h = L/15$ bis $L/12$, an den Enden $h_0 \approx h/2$; Kastenbreite $b \approx 0{,}85$ bis $1\,h$; Schottabstand $\lambda \mathrel{\not=} L/12$, Höhe des Schottrahmens $\approx b/4$, kann bei Verstärkung des Innenrandes auf $b/6$ reduziert werden; Blechstärken $s \leqq h/100$. Zur guten Krafteinleitung ist es zweckmäßig, den Oberteil der Innenwand (Hauptträger) aus einem geteilten Walzprofilträger zu bilden, der stärkeren Steg als die restliche Kastenwand aufweist (Bild 97, 1/2 IP 26).

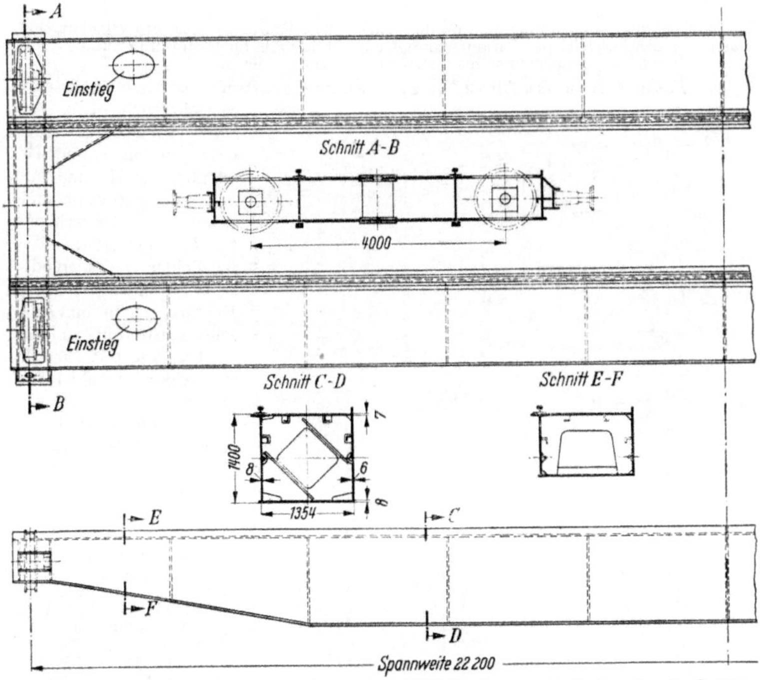

Bild 97. Kranbrücke in Kastenträger-Bauweise (DEMAG). Spannweite 22,2 m, Tragkraft 40 t

Zur Ermittlung der Normal- und Schubspannungen aus Biegung und der Schubspannungen aus Torsion wird die Trägerbelastung aufgespalten, Bild 98[1]. Die größten Normalspannungen errechnen sich aus $\sigma_x = M_b e/J_x$; ($M_b = \varphi \cdot \max M_g + \psi \cdot \max M_p^*$; e = Abstand der äußersten Zug- oder Druckfaser von der neutralen; J_x Trägheitsmoment um x-Achse, wozu die gesamte Breite der Gurte als mittragend angesetzt werden kann); die Schubspannung ergibt sich aus der Querkraft Q und der Querschnittsfläche des Steges F_{Steg} zu $\max \tau_1 = Q/F_{\text{Steg}}$. Die Normalspannungen erhöhen sich für den Hauptträger (Innenwand) um die Beanspruchung eines zwischen den Schottenwänden eingehängten Trägers (von der Länge λ), der durch die größte Radlast in der Mitte belastet wird; zur Aufnahme dieses Biegemoments ($= P \cdot \lambda/4$) kann der Steg der Innenwand nebst 1/6 der Gurtbreiten oben und unten herangezogen werden. Berechnung der Torsionsbeanspruchung mit Hilfe der *Bredt*schen Formeln[2]; es genügt, die meist etwas verschiedenen Blechstärken im Haupt- und Nebenträger (Innen- bzw. Außenwand) sowie im Ober- und Untergurt zu mitteln: s_m. Damit wird $\max \tau_2 = M_t/(2 \cdot F_{R\,\min} \cdot s_m)$; ($M_t$ Torsionsmoment $= Pb/2$; $F_{R\,\min}$ Fläche, die von Blechmittellinien umschlossen wird, Bild 98). Die Steifigkeit der Schotten ist ausreichend bei einem Verhältnis des Trägheitsmoments des Schottenrahmens J_Q zum Trägheitsmoment des Kastens J_x von $J_Q/J_x \approx 2 \cdot 10^{-3}$.

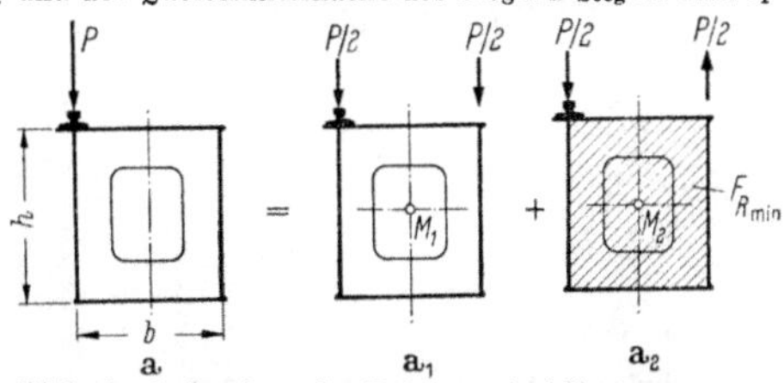

Bild 98. Aufspalten der Belastung bei Kastenträgern: a_1 für Normalspannungen und Schubspannungen aus Biegung (M_1 Schubmittelpunkt); a_2 für Schubspannungen aus Torsion (M_2 Drillruhepunkt)

[1] *Schindler:* Ein Beitrag zur Berechnung von dünnwandigen Hohlkastenträgern. Diss. T. H. Hannover, 1959 und *Stüssi:* Der dünnwandige schlanke Stahlstab mit Kastenquerschnitt. Abh. Int. Ver. Brückenbau u. Hochbau Bd. 11 (1951) S. 375.

[2] *Schleicher, F.:* Taschenbuch für Bauingenieure, 2. Auflage (1955), Bd. I S. 222.

Dieselbe Untersuchung muß man für die waagerechten Kräfte (Bremskräfte, Wind) durchführen, um den Vergleich der Gesamtspannungen auch mit σ_{zul} für Haupt- und Zusatzkräfte zu ermöglichen. Beuluntersuchung nach DIN 4114 ist anzuschließen.

$\beta\beta$) *Fachwerkbauweise.* Ab 12,5 m Spannweite Hauptträger als Fachwerkträger wirtschaftlich, Bild 99. Schweißung nur für Krangruppen I und II erlaubt, für III und IV ist Nietkonstruktion anzuwenden. Trägerhöhe $h = L/12$ bis $L/10$; meist 10 Felder. Trägerendhöhe h_0 richtet sich nach Kopfträgerhöhe und Anschlußausbildung an ihn.

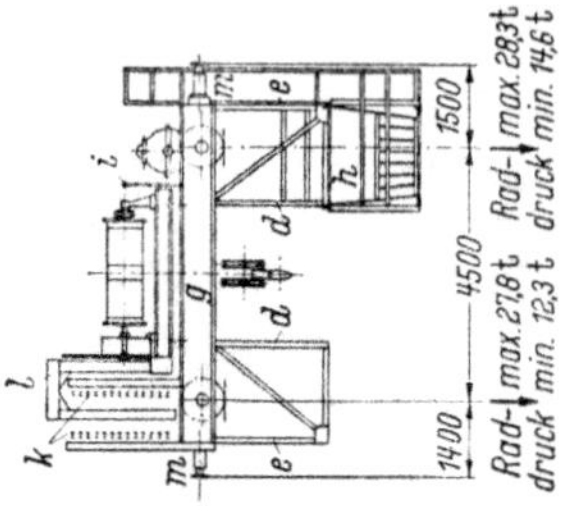

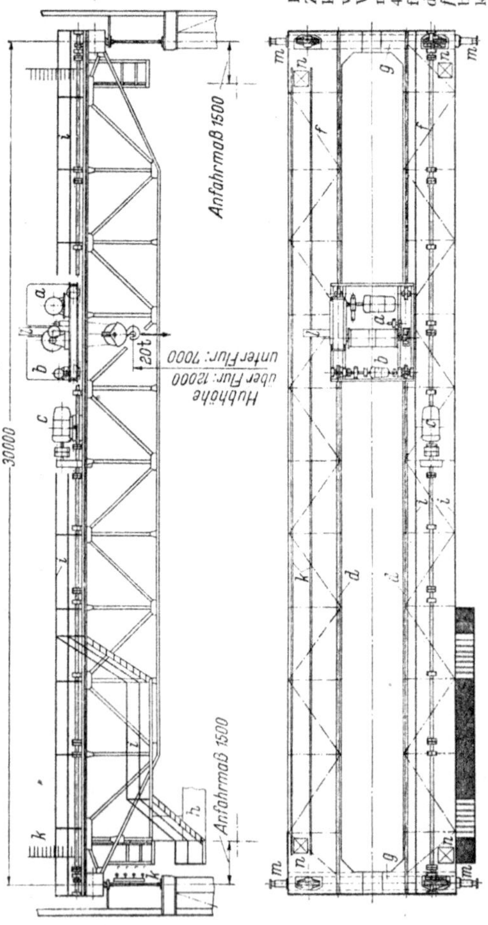

Bild 99. Elektrisch betriebener Zweiträger-Laufkran 20 t Tragkraft, 30 m Stützweite in Fachwerkbauweise (Krupp-Ardelt, Wilhelmshaven). Heben 9 m/min mit Motor *a*; Katzfahren 41 m/min mit Motor *b*; Kranfahren 92 m/min mit Motor *c*; *d* Hauptträger; *e* Nebenträger; *f* Verband mit gelochtem Belagblech; *g* Kopfträger; *h* Führerkorb; *i* Geländer; *k* Schleifleitungen; *l* Stromabnehmer; *m* Puffer; *n* Zugänge

Trägergestalt meist trapezförmig; Bild 100a (Nietung), b (Schweißung, einfacherer Knoten *k*), c (Untergurtlaufkran, seltener; oberer Querverband muß biegesteif ausgebildet werden).

Rechteck-(Parallel-)Träger nur, wenn etwa noch Hilfskatze auf Untergurt laufen soll oder Untergurt zur Abstützung von Führungsrollen gebraucht wird (Laufkran mit Verschiebeausleger) oder bei Sonderkranen für Hüttenwerke.

Statische Behandlung der Fachwerk-Kranträger s. Bd. I S. 209.

Zum Zeichnen des Kräfteplans für die ständigen Lasten S_g kann das auf die einzelnen Knotenpunkte zu verteilende Eigengewicht zunächst aus Bild 93 entnommen werden. Die Stabkräfte aus der Verkehrslast (wanderndes Lastenpaar) werden am einfachsten durch einen Kräfteplan für die Auflagerkraft $A = 1$ t in Verbindung mit der A-Linie bestimmt, Bd. I S. 209. Ober- und Untergurt-Stabkräfte können auch aus Biegemoment und Feldhöhe, Diagonalstabkräfte aus der Querkraft und der Neigung der Diagonalen ermittelt werden, Bd. I S. 212. Einflußlinien-Verfahren zeigt anschaulich Wechsel des Stabkraftvorzeichens bei den Diagonalen; lohnend, wenn Träger von 2 Katzen befahren wird oder bei unterteiltem System (Verladebrückenträger). Die Vertikalen werden mit dem größten Raddruck P_1 auf

Druck berechnet. Ist der Katzen-Radstand $b < \lambda$, so ist die größte Vertikalstabkraft $V = P_1 + P_2 (\lambda - b)/\lambda$.

Der befahrene Gurt wird zusätzlich auf Biegung beansprucht. Näherungsweise ist das (größte) Mittenmoment $M_m \approx + P_1 \lambda/6$, das Knotenmoment $M_k \approx - P_1\lambda/12$, Bild 101.

Zum Ausgleich der Durchbiegung können auch die Fachwerkträger eine nach einer Parabel gestaltete Überhöhung mit $L/1000$ in der Mitte erhalten.

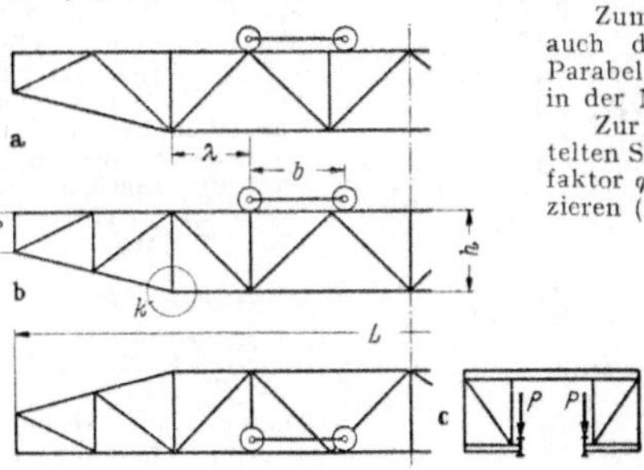

Bild 100. Fachwerkformen für Laufkranbrücken

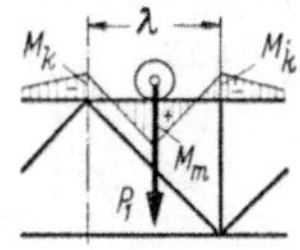

Bild 101. Biegebeanspruchung des Gurtes

Zur *Bemessung der Stäbe* sind die ermittelten Stabkräfte und Momente mit dem Stoßfaktor φ und Ausgleichsfaktor ψ zu multiplizieren (DIN 120, §§ 5 u. 6). Der für *Zugstäbe* erforderliche Querschnitt ist $F_{erf} = 1{,}15 \cdot (\varphi S_g + \psi S_p)/\sigma_{zul}$ unter Berücksichtigung von 15% Nietlochabzug. Der Querschnitt der auf Knickung zu berechnenden Druckstäbe wird vorläufig nach der Gebrauchsformel, Bd. I S. 392 ermittelt, wobei dort einzusetzen ist: $P = \varphi S_g + \psi S_p$. Dann ist der Nachweis zu führen, daß:

bei befahrenem Druckgurt $\sigma = \omega\,(\varphi S_g + \psi S_p)/F + \psi M_m/W_{x\,min} = \sigma_\omega + \sigma_m \leqq \sigma_{zul}$ (s. a. Bild 104),

bei befahrenem Zuggurt $\sigma = (\varphi S_g + \psi S_p)/F_n + \psi M_m/W_{x\,min} \leqq \sigma_{zul}$.

Beim unbefahrenen Gurt entfällt der zweite Summand. Behandlung der wechselnd beanspruchten Stäbe (Diagonalen): vgl. DIN 120, S. 539.

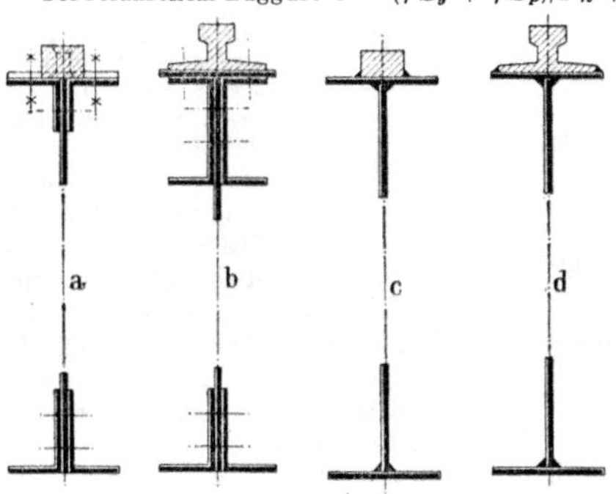

Bild 102. Ober- und Untergurtgestaltung bei Fachwerk-Hauptträgern: a, b bei Nietung; c, d bei Schweißung

Die Querverbände werden in Fachwerk ausgeführt (Bühnen mit Lochblechabdeckung), Bild 99.

Aufbau der Ober- und Untergurte aus normalen Form- oder Winkelprofilen und Blechen, der Diagonalen aus Winkelprofilen. Beispiele für Fachwerkträger-Querschnitte, Bild 102a bis d; Diagonalen, Bild 103; Spannungen im Obergurt, Bild 104.

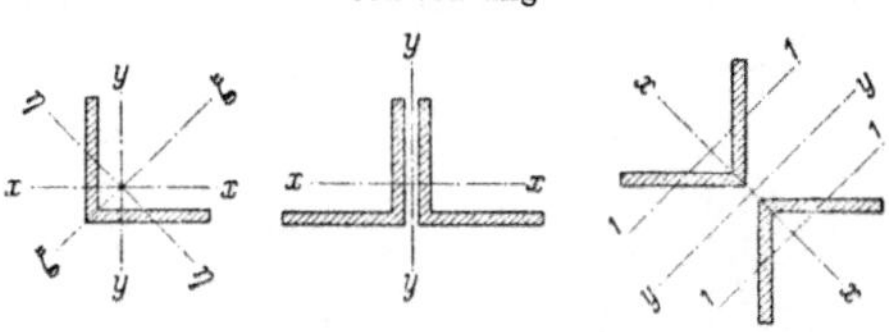

Bild 103. Diagonalen-Querschnitte für Fachwerkträger

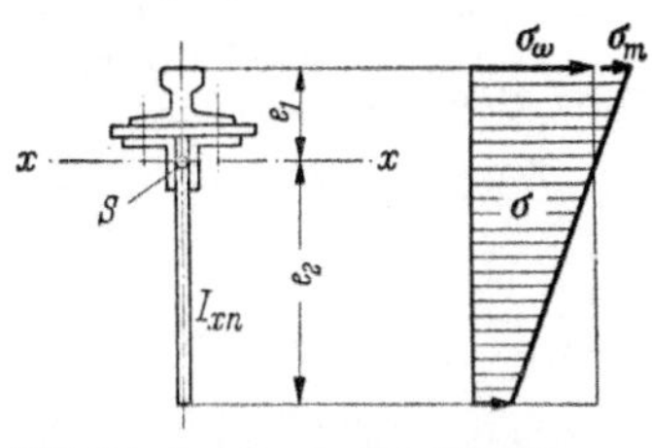

Bild 104. Zusammensetzung der Spannungen bei befahrenem Fachwerk-Obergurt ($W_{x\,min} = J_{xn}/e_1$)

$\gamma\gamma$) *Kopfträger*. Ausführung und Berechnung eng verknüpft mit Kranfahrwerk. Aufbau aus [-Profilen und Blechen in Schweiß- oder Nietkonstruktion. Beispiele in Bildern 92, 97, 99. Berechnung auf Biegung unter Vernachlässigung ihres Eigengewichts; wegen Stoßfaktor φ und Ausgleichsfaktor ψ getrennte Ermittlung der Biegemomente aus ständiger Last und Verkehrslast erforderlich.

Die *ständige Last* bilden die Hälften der Eigengewichte von Haupt- und Nebenträgern (nebst den hierauf zu verteilenden Eigengewichten von Horizontalverbänden mit Belägen und Fahrwerksanteilen): $G_{H\,\text{links}}/2$ bzw. $G_{N\,\text{links}}/2$ und $G_{H\,\text{rechts}}/2$ bzw. $G_{N\,\text{rechts}}/2$. Gegebenenfalls tritt noch jeweils die Hälfte eines Führerhausanteils hinzu: $G_{FA} = G_F(L-f)/L$. Ermittlung von $\max M_g$ mit Seilpolygon; Bild 105a und b.

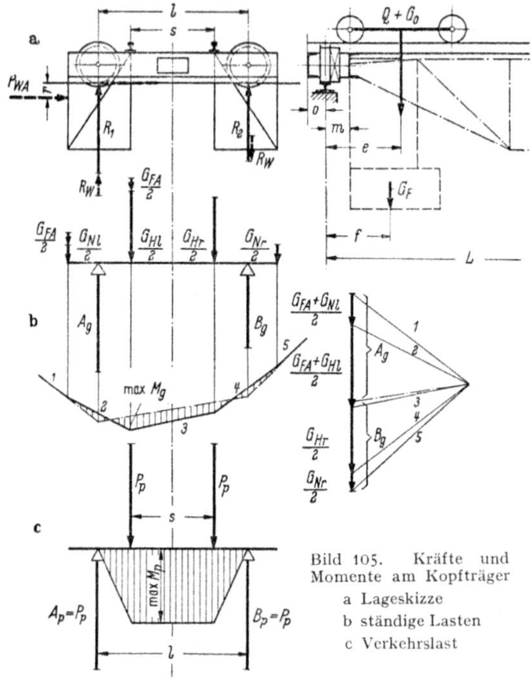

Bild 105. Kräfte und Momente am Kopfträger
a Lageskizze
b ständige Lasten
c Verkehrslast

Größtes Biegemoment aus **Verkehrslast,** wenn Katze im „Anfahrmaß" e steht, Bild 105a und c:

$$\max M_p = P_p \frac{l-s}{2} = \frac{Q+G_0}{2} \cdot \frac{L-e}{L} \cdot \frac{l-s}{2}.$$

Damit ist $\max M = \varphi \max M_g + \psi \max M_p$.

Da das Laufrad meist nicht mittig zwischen den beiden Kopf-Trägerhälften liegt, Bild 105a, so ist für die Profilwahl *einer Trägerhälfte* bestimmend:

$$\max M \cdot m/(o+m).$$

Zum Spannungsnachweis für Haupt-*und* Zusatzkräfte ist noch die waagerechte Beanspruchung des Kopfträgers durch ein Moment $M \approx (A_g + A_p)/10 \cdot (l-s)/2$ zu berücksichtigen (vgl. DIN 120, § 4, 3).

Bei größeren Kranen werden die Kopfträger aus Transportgründen in der Mitte geteilt und mit einer Schraubverbindung gestoßen, die das volle Moment aufnehmen muß, Bild 97. Werden 8 Laufräder erforderlich, so können je zwei in einer Schwinge zusammengefaßt werden, Bild 107, oder die Teilfuge der Kopfträger wird als Gelenk ausgebildet; bei 6 Laufrädern sitzt das mittlere jeder Seite auf dem Gelenkbolzen.

Gegen Unfälle bei Achsbrüchen sind Radbruchstützen vorzusehen; hölzerne Prellklötze oder gefederte Puffer verhindern hartes Anstoßen an die Fahrwegbegrenzer der Hauptträger.

δδ) *Kranfahrwerk.* Anordnung von Fahrwerkwelle, Vorgelege und Haspelrad bei *Handlaufkranen* vgl. Bild 92. Bei *elektrisch betriebenem Kranfahrwerk* Auf-

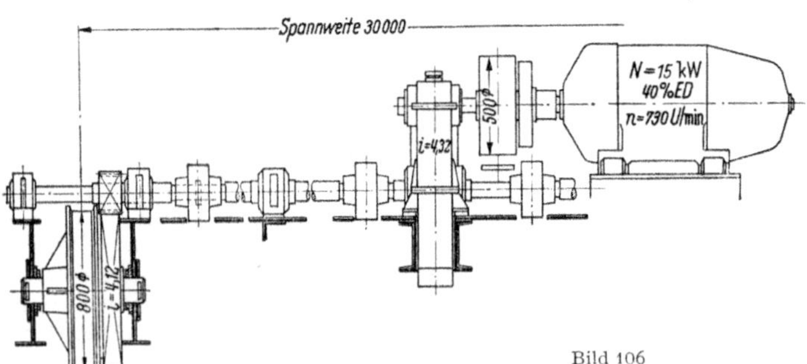

Bild 106
Fahrwerk zum Laufkran nach Bild 99
(20 t Tragkraft, 30 m Spannweite)

stellung des Fahrmotors und ersten Vorgeleges etwa in Kranbrückenmitte. Zweites Vorgelege besteht aus Ritzel an Fahrwerkwelle und Zahnkranz an Laufrad, Bild 99 und Bild 44 S. 511. Normales Kranfahrwerk für Laufkran mit zwei angetriebenen (von vier) Laufrädern s. a. Bild 106. (Analog sind auch Katzfahrwerke aufgebaut, vgl. Bild 90 u. 91, S. 535/36.) Bremse wird mit elektr. Bremslüfter ausgerüstet oder durch Fußhebel betätigt (Übertragung der Bremskraft jetzt meist durch Öldruck) und wirkt auf Motorkupplung. Radstand nicht kleiner als $L/7$ (wegen Aneckens). Schwerste Hüttenkrane erhalten Fahrantriebe gemäß Bild 107, bei denen alle 8 Räder über Gelenkwellen und Vorgelege von je einem Motor angetrieben werden; zuweilen werden dabei alle 8 Antriebe nur zum Anfahren benutzt, während die konstante Fahrgeschwindigkeit nur durch die vier ziehenden aufrechterhalten wird. Beachte in Bild 107 die Führung des Krans durch Führungsrollen b mit senkrechter Achse.

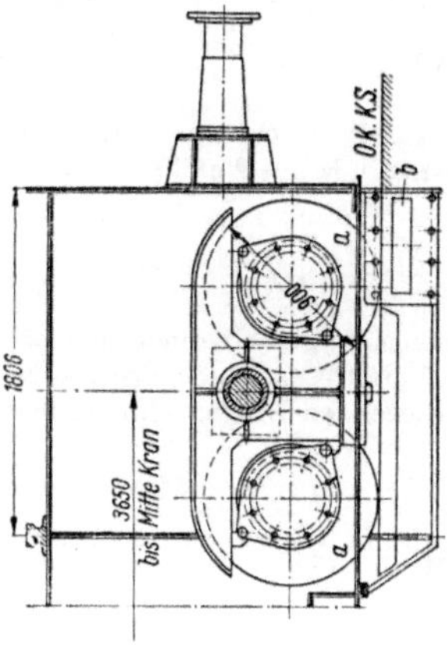

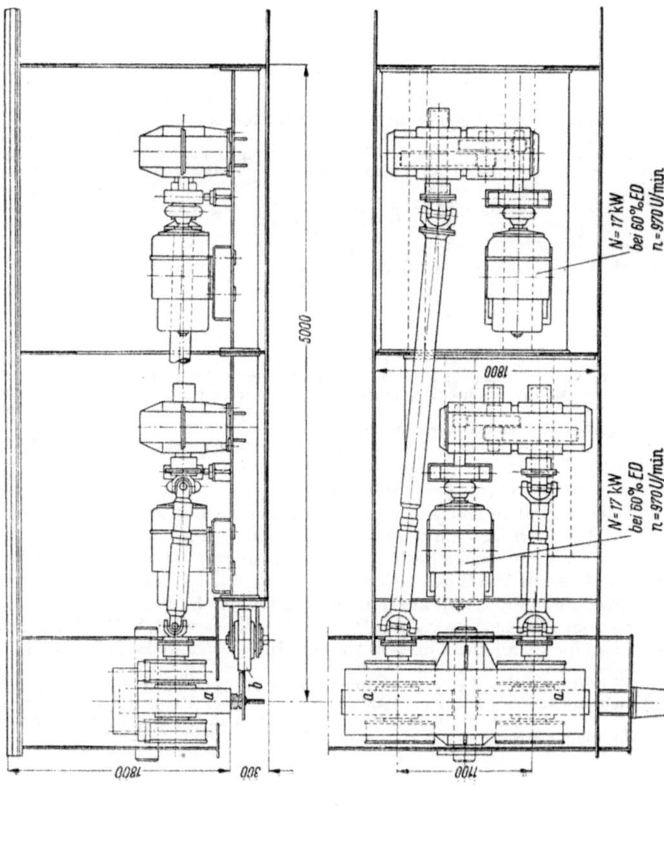

Bild 107. Fahrwerksausbildung bei schwerem Hüttenkran ($Q = 40$ t, $L = 30$ m); dargestellt ist der Antrieb von zwei in einer Schwinge gelagerten Laufrädern a (viermal vorhanden). Kranfahrgeschwindigkeit $v'_L = 102$ m/min. Doppelbackenbremse auf jeder Motorkupplung mit Eldro-Bremslüfter Ed 11 (DEMAG)

Berechnung des Fahrwerks. Laufradabmessungen nach Angaben S. 511 für größten Raddruck max $P = R_1 = A_g + A_p$ (Bild 105); Fahrwiderstand W im Beharrungszustand s. S. 512. Hiermit Motorleistung für den Vollast-Beharrungszustand N_V bei einer Fahrgeschwindigkeit v'_L [m/min] und einem Gesamtwirkungsgrad η_{ges}:

$$N_V = \frac{W \cdot v'_L}{60 \cdot 102 \cdot \eta_{ges}} \text{ kW}.$$

Um die gesamten Kran- und Lastmassen G_{ges}/g in der Zeit t_a [sek] auf v'_L [m/min] sowie die rotierenden Massen zu beschleunigen, ist am Ende des Anfahrabschnitts eine Beschleunigungsleistung erforderlich von:

$$N_B \approx (1{,}1 \text{ bis } 1{,}2) \frac{G_{ges}}{g} \cdot \frac{v'_L}{60\, t_a} \cdot \frac{v'_L}{102 \cdot \eta_{ges}} \text{ kW};$$

W, G_{ges}[1] in kg einsetzen; Faktor 1,1 bis 1,2 berücksichtigt rotierende Massen. t_a je nach Endgeschwindigkeit (25 bis 160 m/min) 4 bis 10 sek. Nach *Ernst* kann (wenn $N_B \geqq N_V$) der Motor entsprechend der vorliegenden ED gewählt werden mit einer Nennleistung:

$$N_{Nenn} = \frac{N_V + N_B}{1{,}7 \text{ bis } 2{,}0} \text{ kW}.$$

Bei Kranfahrwerken von Greifer- und Verladekranen sowie Fahrwerken von Greifer-Laufwinden ist nachzuprüfen, ob Erwärmung größeren Motor erfordert. Die mittlere quadratische Leistung während der Bewegungszeit $t_a + t + t_x$ ist:

$$N_m = \sqrt{\frac{(N_V^2 + N_B^2)\, t_a + N_V^2\, t + N_B'^2\, t_x}{t_a + t + t_x}}$$

und daraus

$$N'_{Nenn} \approx 0{,}9\, N_m.$$

Wird Bremszeit t_x = Anlaufzeit t_a gesetzt, so ist die (elektrische) Bremsleistung

$$N'_B = (N_B - N_V)\, \eta_{ges}^2.$$

Für die Berechnung der Fahrwerkwelle und der Laufrad-Vorgelege ist dasjenige Drehmoment maßgebend, das bei Stellung der Katze im Anfahrmaß nach der stärker belasteten Kranwagenseite zu leiten ist. Verteilung des Gesamtdrehmoments auf die beiden Fahrwerkseiten im Verhältnis ihrer Belastungen A und B. Mit G als Kranwagengewicht werden sie:

$$A = \frac{G}{2} + (G_0 + Q)\frac{L - e}{L} \text{ und } B = \frac{G}{2} + (G_0 + Q)\frac{e}{L}.$$

Bei Kranen im Freien erhöht der Winddruck (Staudruck $q = 30$ kg/m², $w \approx 50$ kg/m², vgl. S. 540) die Raddrücke der ihm zugewandten Räder. Aber auch die erforderliche Leistung des Kranfahrmotors wird bei Gegenwind w (= 15 kg/m²) größer. Insbesondere sind in diesem Fall die Beschleunigungs- und Bremsverhältnisse nachzurechnen (letztere mit $w = 50$ kg/m² Rückenwind).

Der Windkraftanteil P_{WA}, der auf den Kopfträger einer Kranseite bei ungünstiger Katzstellung trifft, verursacht gemäß Bild 105a die Raddrücke $R_W = P_{WA} \cdot l/r$. Greift die Windkraft am Kran oberhalb der Kranschiene an (z. B. bei Laufkranen mit zwischen den Untergurten laufender Katze, Bockkranen, Verladebrücken), so tritt die Raddruckerhöhung bei den der Windangriffsseite abgewandten Rädern ein.

Die Windkraft = Windfläche F × Winddruck w erfordert eine Fahrleistung am Motor von $N_W = F\, w\, v'/(60 \cdot 102 \cdot \eta_{ges})$ in kW.

β) Laufkrane mit erweitertem Arbeitsbereich.

Um von einem Hallenschiff in ein danebenliegendes übergreifen zu können, wendet man (selten) *Ausleger-Laufkrane* mit an den Untergurten der Laufkran-Hauptträger verfahrbar hängendem Verschiebeausleger an: Dieser enthält — wiederum auf seinen Untergurten laufend — eine leichte Katze, oft verkehrt dann eine schwerere Hauptkatze auf den Obergurten der Laufkran-Hauptträger. Häufiger wird zum gleichen Zweck der *Drehlaufkran* angewendet. Die Laufkrankatze trägt hier einen Drehkran, dessen Ausleger in das Nachbarschiff hineinragt.

---

[1] Gesamtgewicht (einschl. Katzgewicht und Last) von Laufkranen mit motorischem Antrieb und Fachwerkträgern s. Stahl im Hochbau, 12. Aufl., S. 697 (aus den dort angegebenen Raddrücken summierbar); dort auch Angaben über Laufraddmr., Radstand, Spurweite der Katze, Kranschienenabmessungen.

Aufhängung des Drehkrans entweder an einer in der Laufkatze befestigten Säule oder an einem Gerüst, das sich mittels eines Drehkranzes auf die Laufkatze stützt.

b) Konsolkrane (Wand-Laufkrane). Zur Vervollständigung der Hebezeugausrüstung und Entlastung des Laufkrans in Werkstatt- und Gießereihallen auf erhöhter Laufbahn an Längswand angeordnet. Bedienung der Einzelarbeitsplätze mit leichten Lasten, Bild 108. Tragkräfte 2; 3,2; 5, 8 und 10 t; Ausladung zwischen 4 und 10 m; schnellfahrend bis etwa 120 m/min. Ausführung mit fest am Laufgerüst angebrachtem Ausleger und darauf verkehrender Laufkatze oder mit drehbarem Ausleger konstanter Ausladung. Krangerüst in Vollwand- oder Fachwerkbauweise.

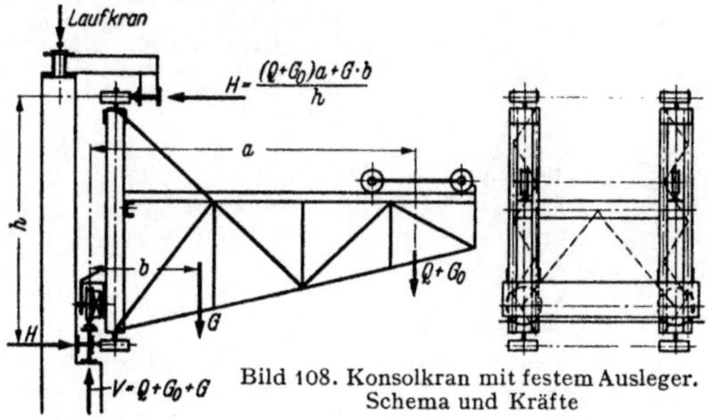

Bild 108. Konsolkran mit festem Ausleger. Schema und Kräfte

Beim *Konsolkran mit festem Ausleger* größerer Tragkraft wird der Ausleger außer mit den beiden Hauptträgern auch mit Nebenträgern, Horizontalverbänden und Laufbühnen versehen. Statische Behandlung für Verkehrslast (Katze + Nutzlast in äußerster Stellung) und ständige Last, die bei Fachwerkausbildung auf die einzelnen Knotenpunkte verteilt wird.

Der Ausleger des *Konsol-Drehkrans* wird meist mit drehbarer Säule ausgeführt, Bild 109. Laufradstand abhängig von Ausladung; maßgebende Stellung des Auslegers hierfür: parallel zur Fahrbahn.

Für beide Arten Dimensionierung der Lauf- und Druckrollen nach den maximalen Raddrücken. Der Berechnung des *Fahrwiderstandes* sind zusammengehörige Belastungen der senkrecht und waagerecht angeordneten Räder zugrunde zu legen. Bei kleinen Konsolkranen genügt Antrieb eines Laufrades; bei größeren, insbesondere bei Konsol-Drehkranen mit ihrer Veränderung der Raddruckverteilung mit dem Drehwinkel, wird der Antrieb beider Laufräder erforderlich: ein Motor über Wellenleitung oder zwei getrennt arbeitende Motoren wie in Bild 109.

Ist ein Konsol-Drehkran voll drehbar, kann er also ins Nachbarschiff durchgreifen, so sind Druckrollen auch zur Aufnahme des nun entgegengesetzt wirkenden Last- und Eigengewichtsmoments notwendig.

c) Bockkrane. Wird die Kranbrücke auf eine oder zwei Portalstützen gesetzt, so entsteht die Form des Halbtor- bzw. Volltor-Bockkrans, Bild 110. Ortfest als Überladekran auf Bahn- und Werkhöfen, auf Schienen verfahrbar in Steinbrüchen, auf Lagerplätzen und an Ufern, auf Schienen verfahrbar oder mit gummibereiften Rädern als zerlegbarer Montagekran. Brücke auch einseitig oder zweiseitig auskragend. Bockkrane größerer Spannweite bilden Übergang zur Verladebrücke; dann bereits Anordnung einer festen und einer Pendelstütze.

Tragkraft der *Überladekrane* 5 bis 12 t; sie überspannen gewöhnlich 2 Normalspurgleise mit einer lichten Weite von etwa 8 m zwischen den Stützen und einer Torhöhe von 6 bis 7 m. Bei seltener Benutzung Handantrieb von Hub- und Katzfahrwerk, am Unterteil einer Stütze eingebaut, sonst Hubwerk elektrisch. Gerüst aus Walzprofilen.

Größere fahrbare Bockkrane mit Tragkräften von 5 bis 20 t und Spannweiten von 10 bis 25 m (schwerste Montagekrane für den Brückenbau mit kleiner Spannweite, bis 300 t) werden voll elektrisch betrieben. Normale Kran-Laufwinden. Kranlaufräder wie beim Laufkran von Brückenmitte aus angetrieben über Wellenleitung, die nach Umlenkung durch Kegelräderpaare an den Stützen abwärts führt. Größter Raddruck bei Katze im Anfahrmaß, wenn Kragarm vorhanden, bei äußerster Katzstellung. Vier oder acht Laufräder, wobei dann je zwei in einem Schemel zusammengefaßt sind. Statische Behandlung der Brücke wie bei Laufkranen. Zu berücksichtigende Kräfte: Katze G_0 + Nutzlast Q, Kraneigengewicht G und als Zusatzkräfte Windkraft P_W, horizontale Massenkräfte P_H, gegebenenfalls Schrägzug. Für die Stützen werden häufig statisch unbestimmte Fachwerksysteme gewählt. Standsicherheitsnachweis für Wind (außer Betrieb) quer zum Kran; bei Ausführung mit Kragarm auch für Betrieb mit Last ohne Wind, sowie mit Wind in Kran-Längsrichtung bei äußerster Katzstellung; nötigenfalls Gegengewicht anordnen (G_g in Bild 111). Auch Sicherheit gegen Abtreiben durch Wind nachrechnen. Anzusetzende Windstaudrucke siehe DIN 120.

Als Beispiel sind in Bild 111 für die Stütze B die äußeren Kräfte eingetragen und die daraus sich ergebenden Auflagerreaktionen ermittelt. Hierbei wurde der Stab U als nicht vorhanden und das Gerüst als Dreigelenkbogen mit den Gelenken C, D, E angesehen; diese Vereinfachung in der Behandlung ergibt eine genügende Annäherung.

Die maximale Belastung der Stütze B tritt bei Stellung der Katze (Verkehrslast) am Kragarmende auf; sie ist für jede Stützenseite

$$B_1 = \frac{Q + G_0}{2} \cdot \frac{L + a}{L} .$$

Der Anteil des Bockkran-Eigengewichts G wirkt in der Ebene der Hauptträger und beträgt:

$$B_2 = \frac{G}{2} \cdot \frac{d}{L} .$$

Als waagerechte Kräfte seien der Windanteil P_{WB} und die Massenkraft P_H vorhanden (der Wind quer zur Brücke, der P_{WB} verursacht, wird durch die Querrahmen jedes Feldes in den oberen Windverband geleitet).

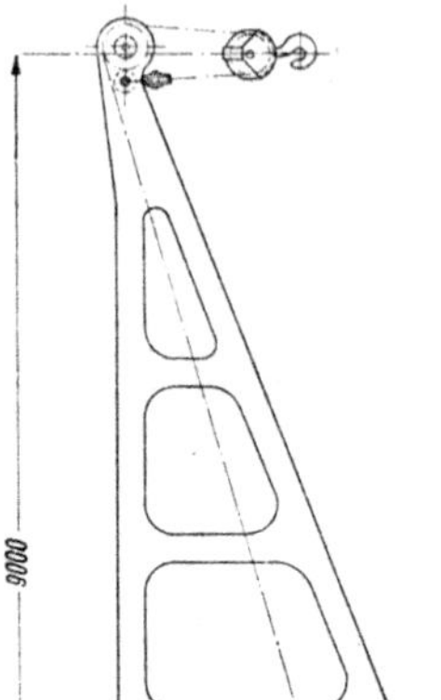
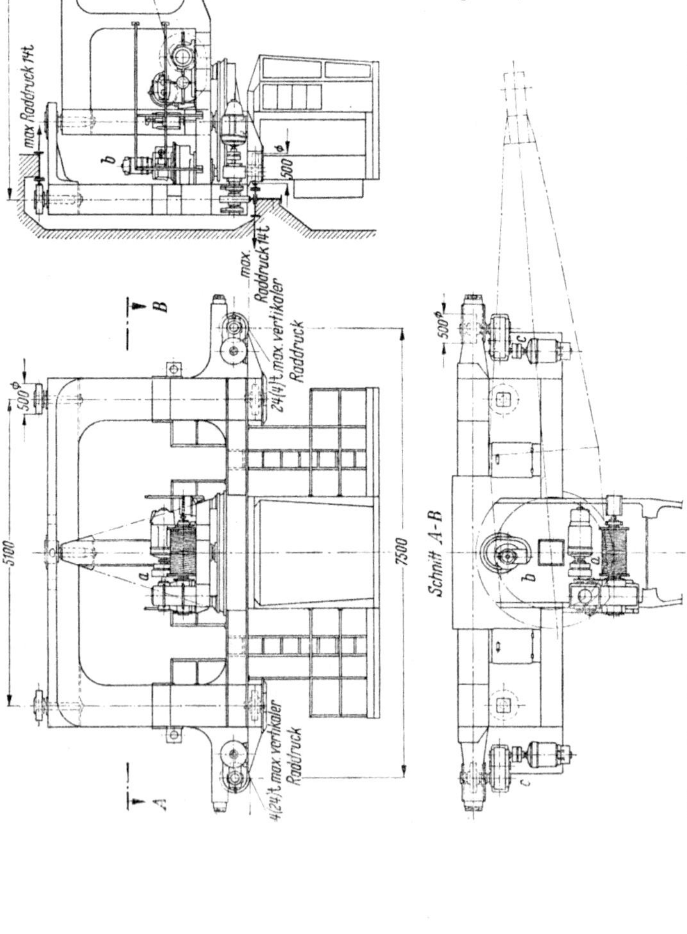

Bild 109. Konsol-Drehkran in geschweißter Stahlblech-Bauweise mit konstanter Ausladung (MAN). Tragkraft 7,5 t. *a* Hubwerk; *b* Drehwerk; *c* Fahrwerke

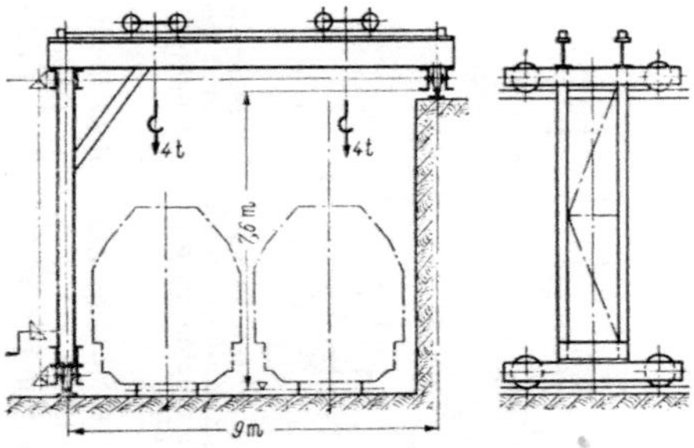

Bild 110. Fahrbarer Halbtor-Bockkran mit zwei Handlaufkatzen von je 4 t Tragkraft

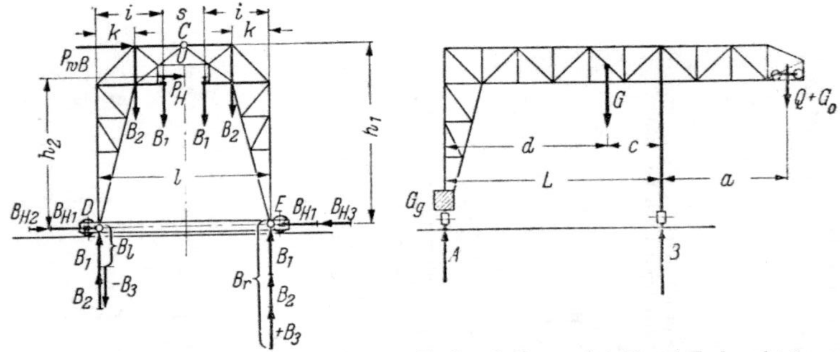

Bild 111. Bockkran mit einseitigem Kragarm. Fachwerk-Krangerüst. Haupt-Fachwerkträger im Seitenriß (Pendelstütze *B*) stark gezeichnet

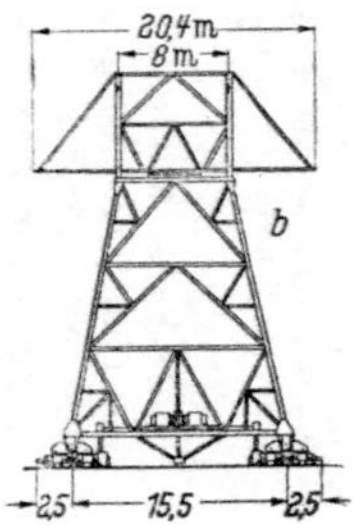

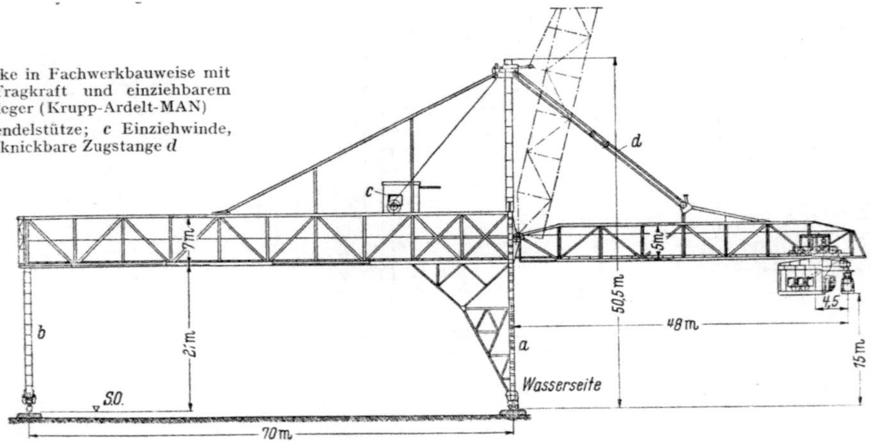

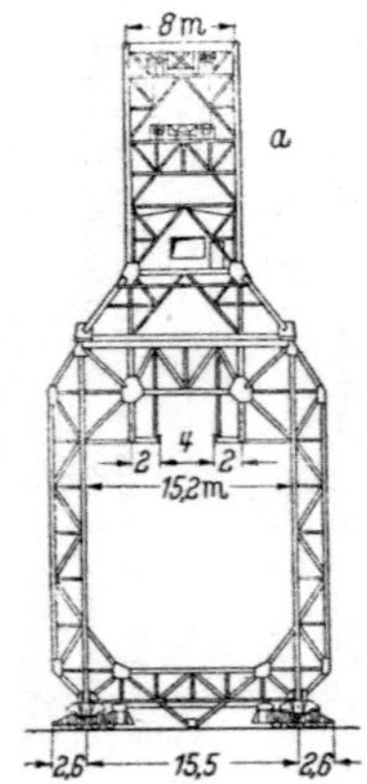

Bild 112. Verladebrücke in Fachwerkbauweise mit Drehlaufkatze 16 t Tragkraft und einziehbarem wasserseitigen Ausleger (Krupp-Ardelt-MAN)

a feste Stütze; *b* Pendelstütze; *c* Einziehwinde, entlastet durch knickbare Zugstange *d*

Für alle diese äußeren Kräfte ergeben sich folgende Auflagerreaktionen:

$$\text{Vertikal:}\quad B_1;\ B_2;\ B_3 = \pm\frac{1}{l}\,(P_{WB}\cdot h_1 + P_H\cdot h_2).$$

$$\text{Horizontal:}\quad B_{H1} = \pm\frac{1}{h_1}\,(B_1\cdot i + B_2\cdot k);\qquad B_{H2} = \frac{1}{h_1}\left[B_3\,\frac{l}{2} - P_H\,(h_1 - h_2)\right];$$

$$B_{H3} = -\frac{1}{h_1}\,B_3\cdot\frac{l}{2}\,.$$

Um die Stabkräfte aus Kräfteplänen zu ermitteln, werden die nicht in einer Fachwerkebene angreifenden Kräfte P_H und B_1 auf die nächstliegenden dieser Ebenen reduziert.

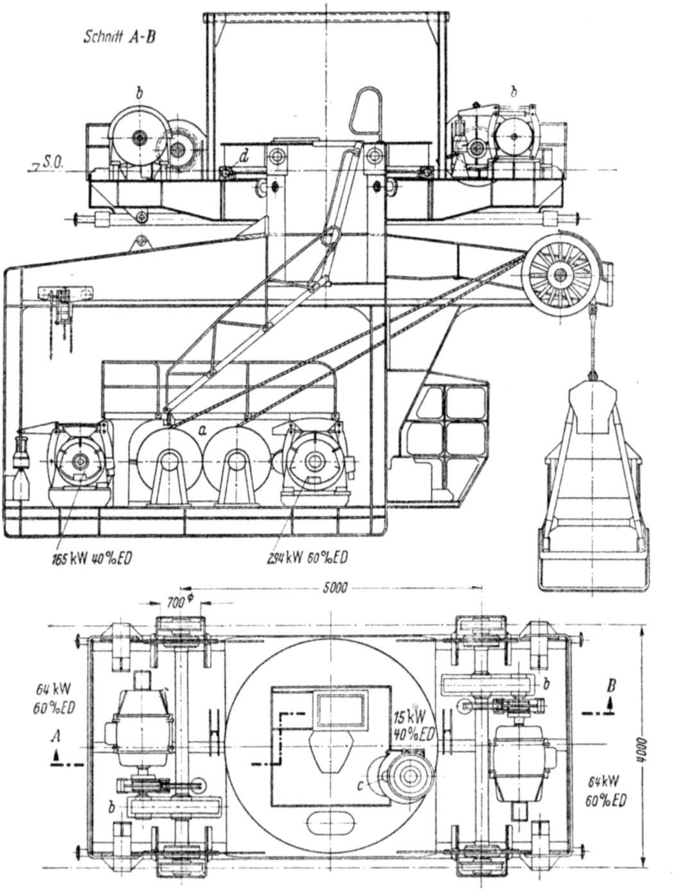

Bild 113. Drehlaufkatze 16 t Tragkraft und 4,5 m Ausladung (zur Verladebrücke Bild 112). Arbeitsgeschwindigkeiten: Heben 90 m/min, Katzfahren 200 m/min, Drehen 3 U/min. Der drehbare Teil stützt sich auf einen Kugeldrehkranz *d* des Katzrahmens. *a* Greifer-Windwerk; *b* Katzfahrwerke; *c* Drehwerk

d) Verladebrücken. Anwendung für Aufgaben des Massengutumschlags, heute meist in Verbindung mit Stetigförderern (Bandförderanlagen), um zeitliche Zusammendrängung eines Arbeitsspiels ohne Bewegung der Brückenmasse zu erreichen; daher Unterteilen des Fördervorgangs in Lastaufnahme (durch Greiferkatze oder Greiferkran) und Weiterleiten, auch innerhalb der Brücke, durch Gurtförderer. **Ausführung meist mit ein- oder zweiseitigem Kragarm bis zu etwa 120 m Spannweite.**

Die Tragkräfte (Greifer-Eigengewicht + Nutzlast) betragen 3 bis 20 t, in Ausnahmefällen bis 30 t. Je nach Förderweg werden Hubgeschwindigkeiten von 40 bis 100 m/min und Katzfahrgeschwindigkeiten von 80 bis 300 m/min, Drehkranfahrgeschwindigkeiten von 60 bis 200 m/min angewendet. Brückenfahren bis 60 m/min. Die Umschlagleistung ist außer von der Tragkraft stark abhängig vom senkrechten und insbesondere waagerechten Förderweg sowie von Schüttgewicht und Stückigkeit des Fördergutes, auch ob aus dem Vollen gegriffen oder Trimmarbeit geleistet wird; ihre Größenordnung liegt zwischen 50 und 500 t/h.

α) *Verladebrücken mit Laufkatzen.* Eine Laufkatze mit Führerstand fährt im Brückenträger, dessen Querschnitt z.B. wie beim Bockkran (Bild 111) gebildet sein kann (vgl. Bild 112 und 115). Ein breiteres Arbeitsfeld ohne Verfahren der Brücke wird erreicht durch Drehlaufkatze mit 4 bis 5 m Ausladung, Bild 112 und 113, Drehgeschwindigkeit etwa 3 U/min; diese bedingt jedoch größeres Eigengewicht von Katze und Brücke.

β) *Verladebrücken mit Drehkran,* Bild 114. Trotz größeren Gewichts des Drehkrans wird Brücke kaum schwerer als bei Drehlaufkatze, da geschlossene Trägerkonstruktion und niedrigere Stützen möglich. Beschränkung dieser Bauart meist auf Binnenhäfen und Lagerplätze, da feste Kragarm-Ausladung wegen Schiffsaufbauten begrenzt; Vergrößerung der Ausladung aber beim Drehkran möglich, insbesondere bei Anwendung von Doppellenker-Wippkran.

Die Bauweise mit obenlaufendem Drehkran eignet sich besonders zum Einbau von Bandförderern. Der Drehkran (zweckmäßig Doppellenker-

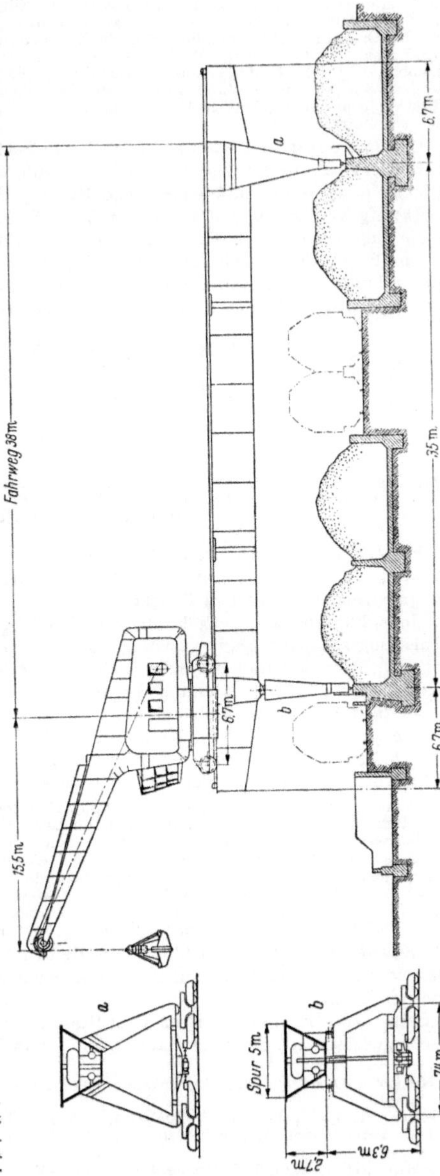

Bild 114. Verladebrücke in Vollwandbauweise (Hohlkastenträger in Trapezform) mit obenlaufendem Drehkran von 10 t Tragkraft für Erzumschlag (DEMAG). Greifer mit 1,6 m³ Inhalt und 4,5 t Eigengewicht. *a* feste, *b* Pendelstütze

Wippkran) bedient dann beispielsweise einen am Kragarmende befindlichen kleinen Bunker, von dem aus ein kurzes Abzugsband das fest in das Brückengerüst eingebaute Hauptförderband beschickt. Dies übergibt auf ein unter ihm im Brückengerüst verfahrbar angebrachtes, reversierbares Förderband, das über Kopf auf den Lagerplatz abwirft, gegebenenfalls durch Teleskoprohre[1].

Eine Veränderung der Auskragung im Betrieb ermöglicht die ***Verladebrücke mit Verschiebeträger***: Auf einer zwischen den beiden Stützen angebrachten Brückenkonstruktion wird die den Drehkran tragende Hauptbrücke in ihrer Längsrichtung verschiebbar angeordnet (MAN)[2]. Bei einer Ausführung der DEMAG ist dagegen der Hauptbrückenträger auf Laufrollen verschiebbar, die auf den beiden voneinander unabhängigen Stützen — zudem auf einer Drehscheibe — angebracht sind; dadurch wird die Brücke auch schwenkbar[3]. Grundsätzlich kann jede Brückenform durch gelenkige Verbindung mit den Stützen mehr oder minder schrägstellbar ausgeführt werden.

γ) Das *Traggerüst der Verladebrücken* wird in Fachwerkkonstruktion, Bild 112, bei mittleren Spannweiten bevorzugt in Vollwandbauweise, Bild 114, ausgeführt. Anordnung einer festen und einer Pendelstütze; Horizontalkräfte in Brückenlängsrichtung werden daher nur von der festen Stütze aufgenommen und auf die Fahrbahn übertragen. Bei der Vollwandbauweise für obenlaufenden Drehkran wird dem Brückenträger ein Dreieck-, Trapez- oder Trogquerschnitt gegeben; letzterer erlaubt in Verbindung mit einem Drehkran mit feststehender Hohlsäule gefahrlosen Einstieg (MAN). Querschnitte durch Brückenträger, Bild 115.

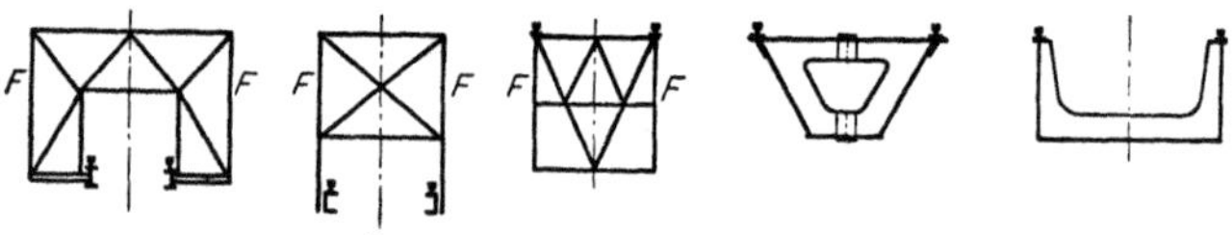

Bild 115. Querschnittausbildung von Verladebrückenträgern. a und b Fachwerkträger für Laufkatzen; c Fachwerkträger für Drehkrane; *F* Ebene der Hauptträger; d und e Vollwandträger in Trapez- bzw. Trogform

δ) *Brückenfahrwerke.* Die Laufrollen von Brücken kleiner und mittlerer Stützweite werden durch einen Motor von Brückenmitte aus mittels Transmissionswellen angetrieben. Bei großen Brücken:

1. Jede Fahrwerkseite erhält eigenen Antrieb; beide Antriebe sind durch Wellenleitung zum Gleichlauf gezwungen; sie ist für den größtmöglichen Unterschied der Fahrwiderstände beider Seiten auszulegen. Dieser rührt her von ungleicher Eigengewichtsverteilung der Brückenkonstruktion auf beide Stützen und einseitiger Katz- bzw. Kranstellung.
2. Wie 1., jedoch elektrische Kupplung der beiden Antriebe („elektr. Welle").
3. Schrägstellbare Brücken erfordern weder mechanische noch elektrische Kupplung der getrennt angetriebenen Fahrwerkseiten.

Trotz der unter 1. und 2. genannten Gleichlaufeinrichtungen kann sich die Brücke während längeren Betriebes durch ungleiche Laufraddurchmesser (Verschleiß) und ungleiches Gleiten der beiden Seiten beim Abbremsen schief stellen. Daher Anzeigevorrichtungen hierfür zweckmäßig. Geraderichten der Brücke an den Endpuffern der Fahrbahn.

Sturmsicherungen werden durch Aufsichtsbehörde verlangt (ausgeführt werden z. B. motorisch betätigte Schienenzangen). ***Windmesser*** weist durch akustisches oder optisches Signal auf große Windgeschwindigkeit hin, setzt bei deren weiterer Erhöhung (entsprechend etwa 50 kg/m² Winddruck) Fahrantrieb still und legt Sturmsicherungen ein.

e) Kabelkrane[4]. Hauptsächlich zur Bedienung großer Lagerplätze, zum Fördern von Bauhilfsgeräten und zum Einbringen von Beton bei Schleusen- und Talsperrenbauten.

Zwischen zwei Türmen aus Holz- oder Stahlkonstruktion sind ein oder mehrere Tragseile ausgespannt, die einer Laufkatze als Fahrbahn dienen. Die Katze wird

[1] *Hacker* u. *Overbeck:* Neue Erzverladebrücken im Hafen von Bremen. VDI-Z. Bd. 81 (1937) S. 957.
[2] *Ernst:* Verladebrücke mit Verschiebeträger. VDI-Z. Bd. 84 (1940) S. 959.
[3] *Idel:* Verladebrücke mit verschieb- und schwenkbarem Brückenträger. VDI-Z. Bd. 87 (1943) S. 79.
[4] *Barat* u. *Plawinski:* Kabelkrane. Berlin: VEB-Verlag Technik 1956.

durch ein Fahrseil hin- und herbewegt; die Last hängt mehrsträngig am Hubseil. Der Abstand der Seile wird durch Knoten- oder Nachlaufreiter (bei hohen Katzfahrgeschwindigkeiten) gewahrt. Jene werden von einem Spieß der Laufkatze selbsttätig ausgegeben und eingesammelt (vgl. Bild 116); diese laufen mit zwei Rollen auf dem Tragseil und werden vom Fahrseil durch Reibrollen angetrieben, die verschiedene Durchmesser haben und gegen das Tragseil von unten gedrückt werden (Bild 120); zwangläufig geschieht ihr Antrieb durch ein Hilfsfahrseil. Zuweilen auch fest am Tragseil angeschellte Klappreiter[1]. Das Windwerk für Fahr- und Hubseile ist auf einem der Türme untergebracht.

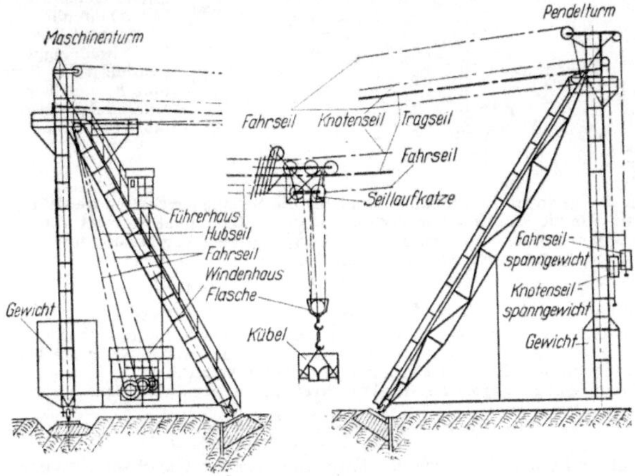

Bild 116. Schema eines fahrbaren Kabelkrans mit Maschinen- und Pendelturm (Bleichert)

Übliche Spannweiten 150 bis 400 m (ausgeführt bis 800 m); Tragkraft 2 bis 5 t, aber auch bis 20 t (ausnahmsweise bis 150 t); Hubhöhe nicht beschränkt; Arbeitsgeschwindigkeiten: Heben 60 bis 90 m/min mit vollem, bis 150 m/min mit leerem Kübel; Katzfahren 150 bis 360 m/min; Turmfahren 8 bis 24 m/min; Umschlag bis 250 t/h. Winde und Katze auch gestaltbar für Greiferbetrieb.

Kabelkran wird zum ***Kabelbagger***, wenn Katze und Winde einen Schürfkübel bedienen, der durch Neigen und Wiederaufrichten einer an einem Turm befestigten Schwinge in die Schürf- bzw. Verfahrstellung gebracht wird.

Ortfeste Kabelkrane werden mit zwei fest fundierten Türmen, von denen einer ein Pendelturm sein kann, ausgeführt. Arbeitsbereich ein schmaler Geländestreifen. Verbreitern des Arbeitsbereichs durch Anwendung seitlich neigbarer, durch Trossen abgespannter Masten an Stelle der festen Türme.

Fahrbare Kabelkrane zum Bestreichen rechteckiger Arbeitsfelder. Beide Türme sind gleichzeitig verfahrbar; im Gebirge oft ein Turm auch als niedriger Wagen ausgebildet[1]. Ebenso häufig Anwendung eines Pendelturms, Bild 116.

Für unregelmäßig gestaltete (dreieckige Arbeitsplätze) wird ein feststehender und ein auf einer Kreisbahn verfahrbarer Turm angeordnet: ***Schwenk-Kabelkran.***

Als *Tragseile* kommen bei geringeren Ansprüchen *Spiralseile* in Betracht; sie bestehen aus 3 bis 6 mm starken Runddrähten gleichen Durchmessers mit bis 180 kg/mm² Bruchfestigkeit, Bild 117. Glattere Oberfläche und bessere Witterungsbeständigkeit haben *verschlossene Seile*, bei denen der aus starken Runddrähten bestehende, gegebenenfalls von Keildrähten umgebene Kern durch eine Lage Z-förmiger Profildrähte nach außen abgeschlossen ist, Bild 118. Festigkeit der Keil- und Profildrähte bis 140 kg/mm².

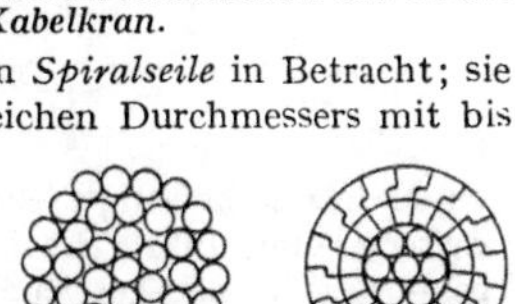

Bild 117 Spiralseil

Bild 118 Verschlossenes Tragseil

---

[1] ***Franke, W.:*** Die Entwicklung der neuzeitlichen Kabelkrane für Bauzwecke in Deutschland und Amerika. Der Bauingenieur Bd. 29 (1954) S. 1/11.

Berechnet wird das Tragseil auf Zug mit einer 3,5- bis 4fachen Sicherheit. Zulässig erachteter Gesamtdurchhang $f_{max} \approx 1/25$ der Spannweite L, verursacht durch Einzellast P [kg] (Katze + Nutzlast) und Eigengewicht q [kg/m] (Tragseil + durch Reiter darauf übertragenes Eigengewicht der anderen Seile). Bei Stellung der Einzellast am Punkt x wird der Durchhang (Bild 119, Tragseil an einem Ende fest, am anderen durch Pendelturm oder Gewicht gespannt):

$$f_x = \left(\frac{P}{L} + \frac{q}{2\cos\alpha}\right)\frac{(L-x)x}{H};$$

f_{max} für $x = L/2$; H Horizontalkomponente des Seilzugs.

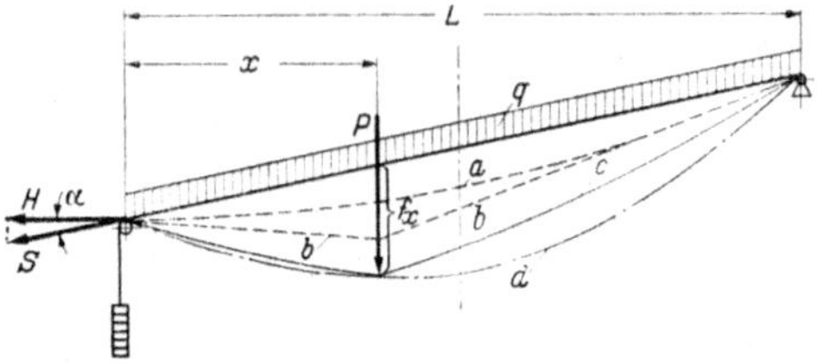

Bild 119. Tragseildurchhang unter Eigengewicht und Einzellast. *a* Durchhangparabel unter Tragseil-Eigengewicht; *b* Durchhanggerade unter Einzellast; *c* Summe von *a* und *b*; *d* Umhüllende der Durchhangsummen beim Verfahren der Einzellast ($f_{x\,gesamt}$)

Wegen des geringen Durchhangs kann für die Seilzugberechnung die Wirkungslinie der Seilzugkraft S in die Richtung der Verbindung der Auflagerpunkte gelegt werden; bei waagerechter Ausspannung ($\alpha = 0$) wird dann $H \approx S$, und bei Ausspannung unter dem Winkel α wird $H \approx S\cos\alpha$. Im ersten Fall wird daher

$$S \approx H = (PL/4 + qL^2/8)/f_{max},$$

im zweiten Fall

$$S \approx (PL/4\cos\alpha + qL^2/8\cos^2\alpha)/f_{max}.$$

Für ausreichende Lebensdauer des Tragseils soll das Verhältnis Raddruck R [kg] zu Seilzug S [kg] 1/30 bis 1/60 nicht überschreiten, wobei der größere Wert nur für schwach beanspruchte, selten mit Höchstlast arbeitende Kabelkrane gilt.

Fahrbahnneigung β gegenüber der Waagerechten an der Stelle x aus

$$\operatorname{tg}\beta = \operatorname{tg}\alpha + \frac{2x - L}{2H}\left(\frac{q}{\cos\alpha} + \frac{P}{L}\right).$$

Als Fahrseil wird ein normales Rundlitzenseil in Gleichschlag verwendet.

Die *Laufkatze* ist als Fachwerkgestell ausgebildet, in welchem die Führungsrollen für das Hubseil und die Laufrollen des Fahrwerks gelagert sind. Zur gleichmäßigen Raddruckverteilung sind je zwei Laufrollen in einer Schwinge zusammengefaßt. Gestaltung stark beeinflußt von Tragkraft, Hubseilführung und Reiterart, Bild 120.

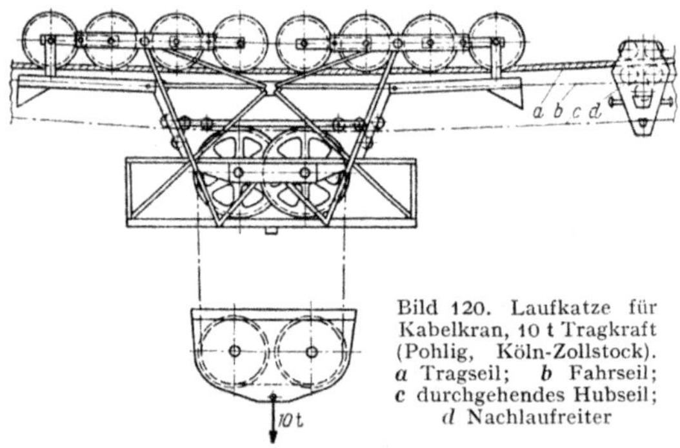

Bild 120. Laufkatze für Kabelkran, 10 t Tragkraft (Pohlig, Köln-Zollstock). *a* Tragseil; *b* Fahrseil; *c* durchgehendes Hubseil; *d* Nachlaufreiter

Die *Winden* enthalten die Triebwerke für Hub- und Fahrseil. Das Hubseil wird von der Hubtrommel über Umlenkrollen zur Hakenflasche geführt und an der Katze befestigt, Bild 116, oder zu einer Endbefestigung am Gegenturm weitergeleitet, Bild 120; im ersten Fall Hubwinde mit Fahrwinde zwangläufig gekuppelt (Umlaufgetriebe). Das Fahrseil ist mit beiden Enden an der Katze befestigt und wird durch eine Treibscheibe bewegt. Die von ihr auf das Fahrseil zu übertragende Umfangskraft U ergibt sich aus dem Einheitslaufwiderstand w (≈ 20 kg/t bei Gleitlagerung der Laufrollen), der Fahrbahnneigung $\operatorname{tg}\beta$ (am größten an den Enden) und dem Gewicht P [kg] von Katze + Nutzlast zu

$$U = P\left(\operatorname{tg}\beta + \frac{w}{1000}\right) \text{ in kg}.$$

Bei durchgeführtem Hubseil vergrößert sich U um die Reibungskraft, die beim Katzfahren durch das Durchziehen des Hubseils durch seine Flaschenzugrollen entsteht.

Bei großen Hubhöhen und weitem Fahrweg werden zwei Arbeitsgeschwindigkeiten für Voll- und Leerlast vorgesehen.

f) Drehkrane. Zur Bedienung einzelner Arbeitsplätze, z. B. an Werkzeugmaschinen, in Gießerei und Formerei, in Schmiede *ortfeste Bauart* für kleine Lasten und kleine Ausladung; auch an Rampen, an Bord von Schiffen.

Fahrbare Drehkrane auf Gleiswagen (Plattformwagen, Halbportale, Vollportale) für Lagerplätze, Baustellen, Hafenanlagen, Werften; auf gummibereiften

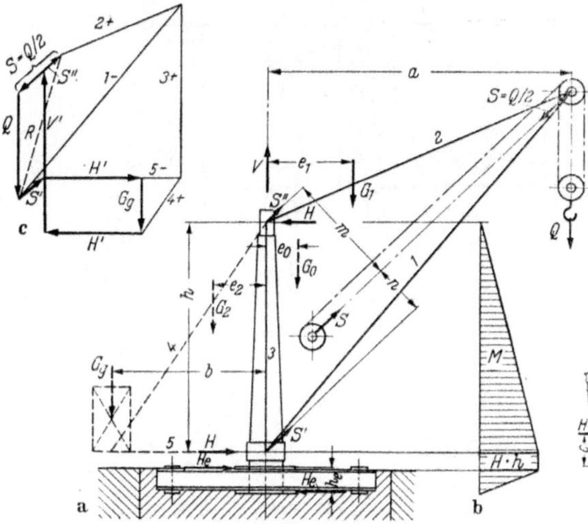

Bild 121. Schema eines ortfesten Drehkrans mit feststehender Säule. a Anordnung und Kräfte; b Verlauf des Biegemoments längs der Säule; c Kräfteplan (mit Gegengewicht G_g)

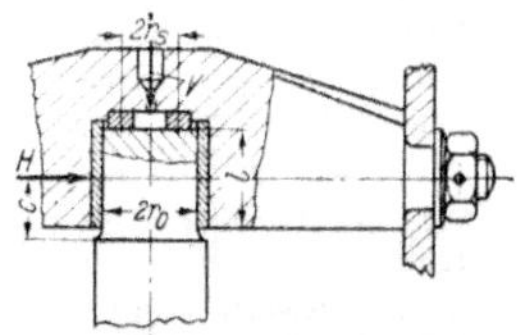

Bild 122. Oberes Stütz- und Halslager in Traverse; Gleitlagerausführung

Fahrgestellen (Fahrzeugkrane) für Baustellen, Montagezwecke, Bergungsarbeiten und andere, nicht regelmäßig anfallende Umschlagarbeiten, auch auf Raupenfahrgestellen; *Schwimmkrane* für schweren Stückgutumschlag in Häfen und Werften (Ausrüstungskrane), auch für Schüttgut.

Je nach Ausbildung des drehbaren Teils Einteilung in Drehkrane mit *feststehender Säule*, mit *drehbarer Säule*, mit *Kugeldrehkranz* oder *Drehscheibe*. Ausleger fest, verstellbar oder wippbar.

Arbeitsgeschwindigkeiten DIN 15022; Ausladungen DIN 15023.

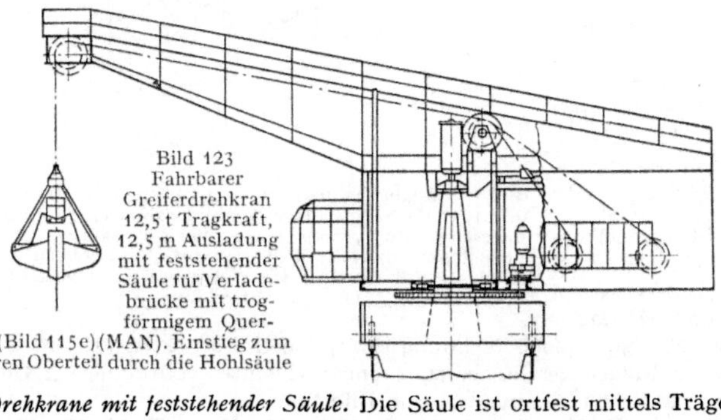

Bild 123 Fahrbarer Greiferdrehkran 12,5 t Tragkraft, 12,5 m Ausladung mit feststehender Säule für Verladebrücke mit trogförmigem Querschnitt (Bild 115e) (MAN). Einstieg zum drehbaren Oberteil durch die Hohlsäule

α) *Drehkrane mit feststehender Säule.* Die Säule ist ortfest mittels Trägersterns in einem Betonfundament gelagert, Bild 121, oder mit dem Unterwagen, Bild 123, oder Schiffsrumpf, Bild 126, fest verbunden. Geschmiedete Vollsäule für kleinere

Tragkräfte; Stahlblech-Hohlsäule zylindrisch, kegelstumpf- oder pyramidenstumpfförmig, Bild 123 und 124, für mittlere Tragkräfte; turmartige Fachwerksäule bei schweren Turmdrehkranen und Schwimmkranen, Bild 126. Das drehbare Gerüst wird über die feststehende Säule gestülpt; es überträgt darauf die senkrechten Kräfte oben durch ein Stützlager (Längslager), die waagerechten oben und unten durch je ein Halslager (Querlager). Oberes Stütz- und Halslager auch vereinigt in Kegelrollenlager, Bild 125. Bei größeren Kranen unteres Halslager durch 4 oder 6 Druckrollen mit senkrechter Achse gebildet, Bild 124.

Die *Säule* wird auf Knickung beansprucht durch die senkrechte Stützkraft V Bild 121a und 124, die sich aus der Summe aller senkrechten Kräfte ergibt.

Im Beispiel Bild 121 wird V ohne bzw. mit Gegengewichtsanordnung:

$V = Q + G_1$ bzw.

$V = Q + G_0 + G_g$,

wobei $G_0 = G_1 + G_2$.

Wenn das Gegengewichtsmoment, wie üblich, das Eigengewichtsmoment und die Hälfte des Lastmoments ausgleichen soll, wird

$G_g = (G_0 e_0 + {}^1/_2 \cdot Qa)/b$.

Säulenhöhe $h \approx (0{,}4$ bis $0{,}6)\,a$. Die waagerechten Stützkräfte H werden:

$H = (Qa + G_1 e)/h$ bzw.

$H = (Qa + G_0 e - G_g b)/h$,

wobei $G_0 e_0 = G_1 e_1 - G_2 e_2$. Sie verursachen ein Biegemoment gemäß Bild 121b mit dem Maximum $H \cdot h$ an der Einspannstelle. Die Einspannkräfte ergeben sich zu $H_e = Hh/h_e$.

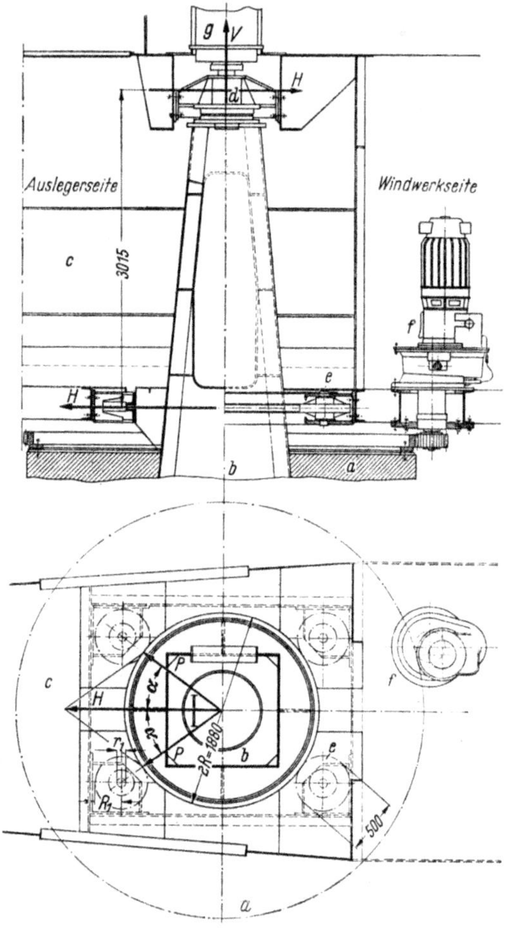

Bild 124. Lagerung des drehbaren Oberteils des Greiferdrehkrans, Bild 123 (MAN). *a* Unterwagen mit Zahnkranz; *b* in Unterwagen eingeschweißte pyramidenstumpfförmige Säule mit Ringschiene; *c* drehbarer Oberteil; *d* oberes Stütz- und Halslager; *e* unteres Halslager mit Druckrollen; *f* Drehwerk; *g* Schleifring-Stromabnehmer

Bei kleineren Tragkräften einfache Ausführung des *oberen Stütz-* und *Halslagers* wie Bild 122. Vgl. Zapfenberechnung Bd. I, S. 686. Für schwere Krane Anwendung sphärischer Rollenlager in geschlossenem Gehäuse vollständig in Öl laufend. Einbau eines Scheibentonnenlagers s. Bild 125.

Das *untere Halslager* wird nur bei Kranen kleiner Tragkraft als einfaches Gleitlager ausgeführt. Bei Druckrollenlagerung werden zwei Druckrollen als tragend angenommen. Verteilung von H auf die Druckrollen nach Bild 124, Grundriß: $P = H/2 \cos \alpha$; Rollenbolzen erhalten für die Befestigung in den Lagerblechen exzentrische Zapfen, damit bei Montage alle Rollen zum Anliegen an Säule oder Ringschiene kommen.

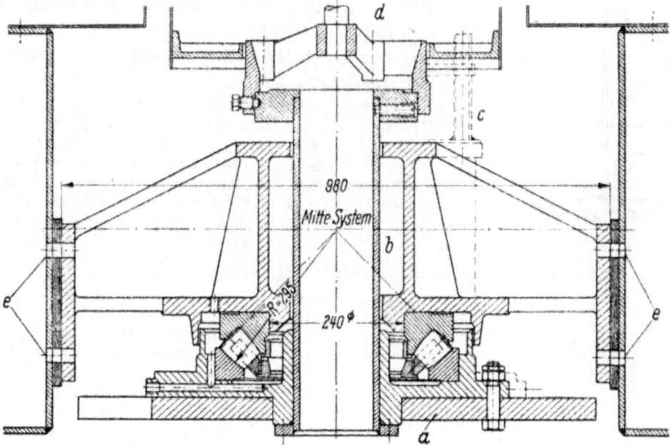

Bild 125. Schnitt durch vereinigtes Stütz- und Halslager (Scheibentonnenlager) nebst Stahlgußtraverse (Bild 123) (MAN). *a* feststehender Teil; *b* drehbarer Teil; *c* Mitnehmer für Stromabnehmer *d*; *e* Paßschrauben

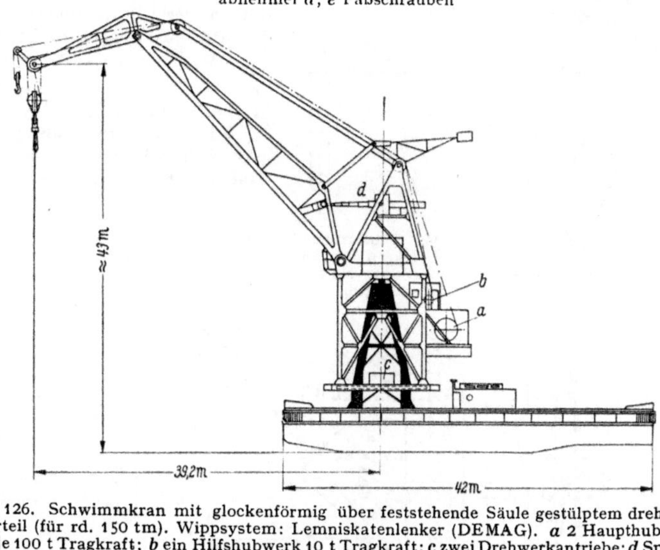

Bild 126. Schwimmkran mit glockenförmig über feststehende Säule gestülptem drehbaren Oberteil (für rd. 150 tm). Wippsystem: Lemniskatenlenker (DEMAG). *a* 2 Haupthubwerke von je 100 t Tragkraft; *b* ein Hilfshubwerk 10 t Tragkraft; *c* zwei Drehwerkantriebe; *d* Spindeleinziehwerk[1]

Die durch V und H auf Biegung in zwei Ebenen beanspruchte *Traverse* wird je nach Krangröße aus GG, GS oder Stahl (aus dem Vollen geschmiedet) hergestellt. Befestigung der Traverse an der Stahlkonstruktion mittels angedrehter Zapfen, Bild 122, oder Paßschrauben, Bild 125.

[1] *Neumann, H.:* Ein neuer 200-t-Schwimmkran für den Hamburger Hafen. Z. Hansa (1958) Nr. 16/17.

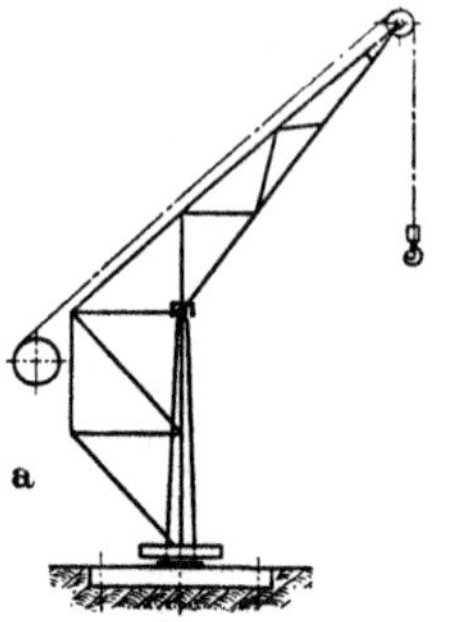

Das aus zwei Wänden und ihren Querverbindungen bestehende *Krangerüst* wird in Vollwand- oder Fachwerkbauweise ausgeführt. Auf gute Überleitung der Kräfte von den Wänden zu den Stützstellen an der Säule achten. Form des Gerüstes abhängig vom Verwendungszweck des Krans. Vielfalt der Gestalt, insbesondere bei kleinen Kranen, vgl. Bild 127.

Zur statischen Behandlung Anbringen der äußeren Kräfte (Last Q, Gegengewicht G_g), ihrer Auflagerreaktionen $V' = Q + G_g$, $H' = (Qa - G_g b)/h$ und des Seilzuges S an dem gewählten System. Im Beispiel Bild 121a (einfaches Fachwerk) werden hiermit die vorläufigen Stabdimensionen und die Eigengewichte G_1 und G_2 ermittelt. Ausgegangen ist von der Resultierenden R aus Q und S (hier $S = Q/2$), vgl. Kräfteplan Bild 121c. Die an der Windentrommel angreifende Seilzugkraft S wurde auf die benachbarten Knotenpunkte verteilt gemäß: $S' = Sm/(m+n)$ und $S'' = Sn/(m+n)$. In einem weiteren Kräfteplan können die Eigengewichte berücksichtigt werden (Verteilung auf die Knotenpunkte) und in einem dritten die waagerechten Massenkräfte (bei motorischem Schwenken) sowie der Wind.

a

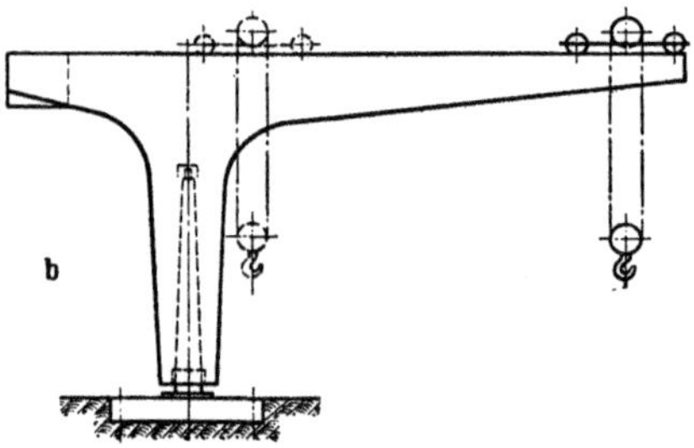

b

Drehwiderstand. Das Reibungsmoment um die Säulenachse wird für das *obere* Stütz- und Halslager bei Ausführung nach Bild 122:

$$M_{Do} = V\,\mu r_s + H\,\mu r_o;$$

$\mu \approx 0{,}1$; bei Wälzlagerung $\mu = 0{,}002$ bis $0{,}004$.

Für das *untere* Halslager ergibt sich bei Lagerung auf dem Hals mit Radius r_u:

$$M_{Du} = H\mu r_u.$$

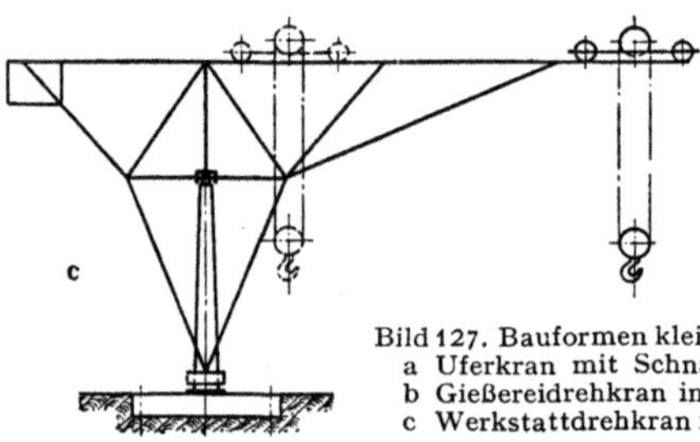

c

Bild 127. Bauformen kleinerer Drehkrane mit feststehender Säule
a Uferkran mit Schnabelrolle an Fachwerkausleger;
b Gießereidrehkran in Vollwandbauweise mit Laufkatze;
c Werkstattdrehkran in Fachwerkbauweise mit Laufkatze

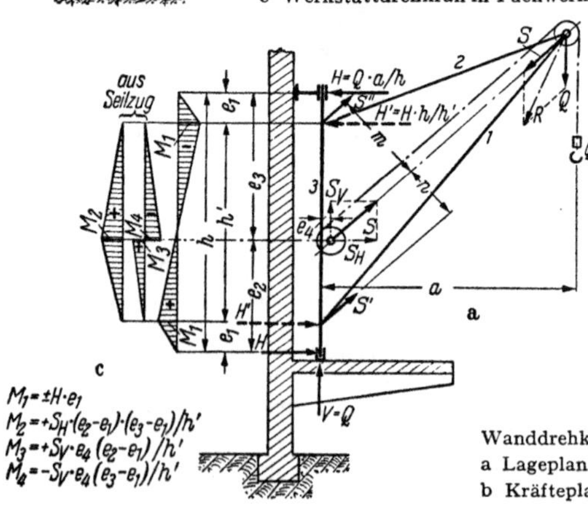

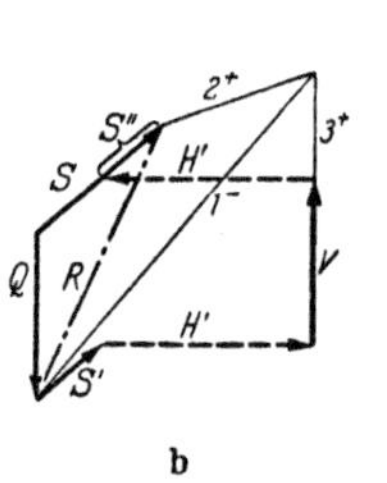

Bild 128
Wanddrehkran mit Schnabelrolle
a Lageplan mit Kräfteangriff;
b Kräfteplan; c Biegemomente

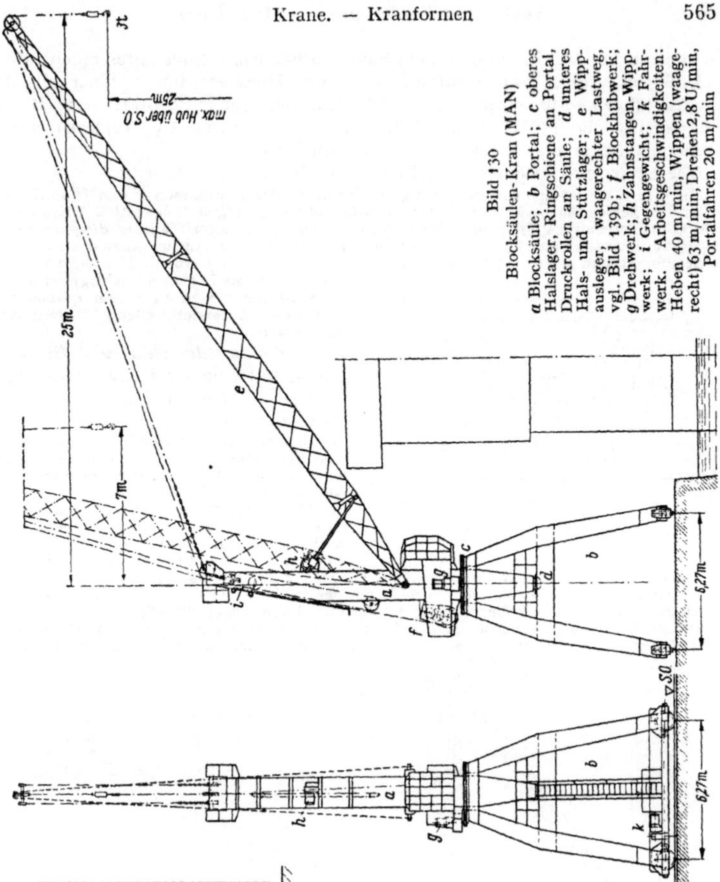

Bild 130
Blocksäulen-Kran (MAN)

a Blocksäule; *b* Portal; *c* oberes Halslager, Ringschiene an Portal, Druckrollen an Säule; *d* unteres Hals- und Stützlager; *e* Wippausleger, waagerechter Lastweg, vgl. Bild 139b; *f* Blockhubwerk; *g* Drehwerk; *h* Zahnstangen-Wippwerk; *i* Gegengewicht; *k* Fahrwerk. Arbeitsgeschwindigkeiten: Heben 40 m/min, Wippen (waagerecht) 63 m/min, Drehen 2,8 U/min, Portalfahren 20 m/min

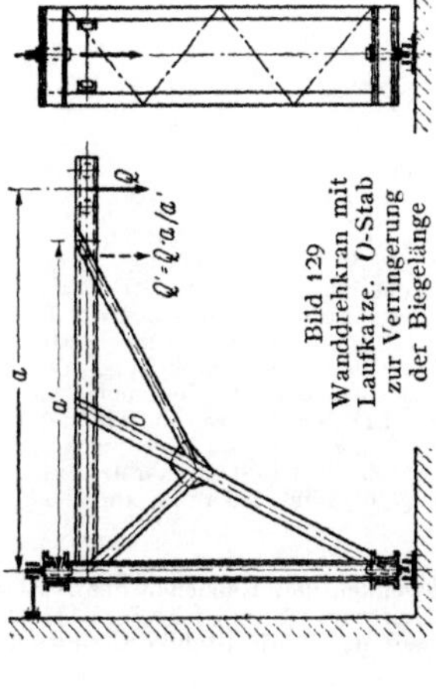

Bild 129
Wanddrehkran mit Laufkatze. *O*-Stab zur Verringerung der Biegelänge

Ist das untere Halslager mit Druckrollen ausgeführt wie in Bild 124, so wird

$$M_{Du} = \frac{H}{\cos\alpha}\left(\mu \frac{r_1}{R_1} R + f \frac{R_1 + R}{R_1}\right);$$

μ Zapfenreibwert wie oben; f Hebelarm der Rollreibung $\approx 0{,}05$ cm (vgl. Bild 45, S. 512).

Berücksichtigung von Massenkräften und Wind s. Drehwerksberechnung S. 570.

β) *Drehkrane mit drehbarer Säule.* Zwei Bauarten: Im Krangerüst ist oben und unten je ein Zapfen befestigt; der obere wird in einem Halslager (Querlager) geführt, der untere durch ein Hals- und Spurlager (Quer- und Längslager) gestützt: Wanddrehkrane kleiner Tragkraft mit Schnabelrolle, Bild 128, oder mit Laufkatze Bild 129; vgl. a. Konsoldrehkran, Bild 109.

Im anderen Fall ist eine ausgeprägte Säule vorhanden, die nur unten einen Stütz- und Führungszapfen hat, während das obere Halslager (meist innerhalb der unteren Säulenhälfte angeordnet) als Druckrollenlager ausgebildet ist (Blocksäulenkrane, Bild 130): Stückgut-Hafenkrane mit meist 3 t Tragkraft, große Ausladung (20 m und mehr), wippbarer Ausleger.

Die *Säule* wird hier auf Zug, Druck und Biegung beansprucht.

In Bild 128 sind die von der Last Q und ihren Auflagerreaktionen V und H sowie dem Seilzug S herrührenden Kräfte und Biegemomente eingetragen (Zugkraft 3^+ Kräfteplan Bild 128b; im unteren Teil, bis Abgang des Stabes *1*, Druckkraft V; die Biegemomente, Bild 128c, überlagern sich; aus einer Summation der drei Kurvenzüge kann die Größe des Biegemomentes an jeder Stelle sowie sein Maximum abgegriffen werden). Das Gerüst-Eigengewicht ist dabei unberücksichtigt geblieben; es wird am besten in einem gesonderten Kräfteplan behandelt, ebenso Massen- und Windkräfte.

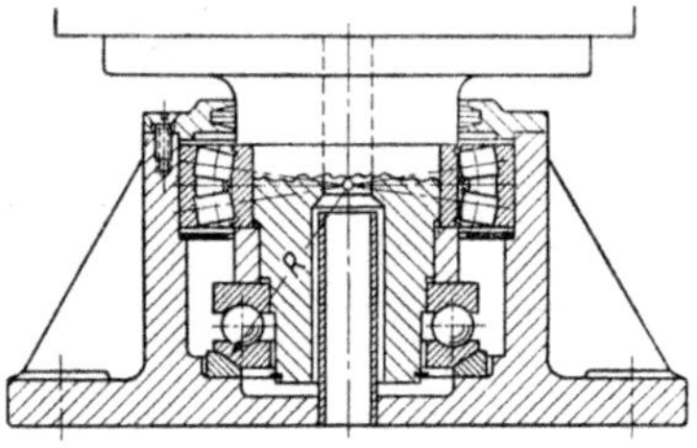

Bild 131. Lagerung des Fußes einer drehbaren Säule

Ausbildung der Stütz- und Halslager und Ermittlung ihres *Drehwiderstandes* analog der des Drehkrans mit feststehender Säule.

Beispiel für Lagerung des Säulenfußes, Bild 131. Dabei wurden zwei getrennte Wälzlager verwendet: ein Pendelrollenlager für Aufnahme der Horizontalkräfte und ein Scheibenkugellager mit Einstellscheibe für senkrechte Lasten. Aufnahme der Axial- und Radialkräfte auch durch ein einziges Lager möglich (z. B. Axial-Pendelrollenlager).

Sonderausführung mit drehbarer Säule: ***Derrickkran*** (Mastenkran) für Montagezwecke, Lagerplätze, Steinbrüche. An dem drehbaren senkrechten Mast, dessen oberes Halslager durch zwei Streben (***Bock-Derrick***, Bild 132) oder durch Ankerseile (***Trossen-Derrick***) gehalten wird, ist ein durch Rollenzug heb- und senkbarer Ausleger angelenkt. Beim Bock-Derrick Schwenkwinkel auf ≈ 280° beschränkt. Last hängt an Rollenzug, dessen Zugseil

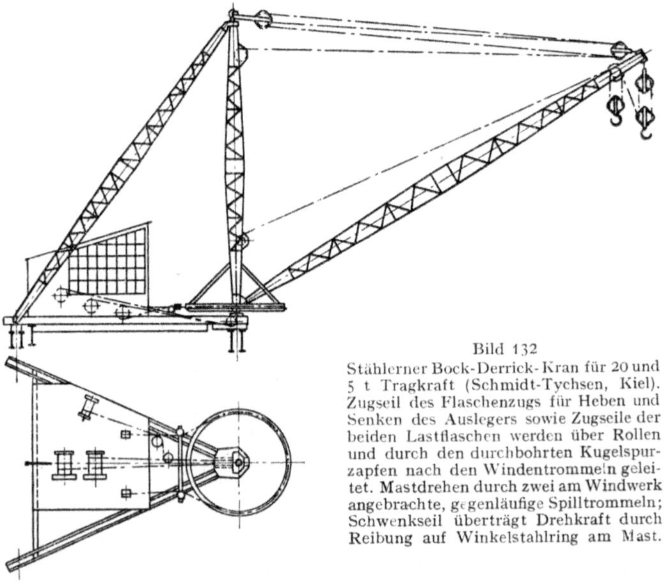

Bild 132
Stählerner Bock-Derrick-Kran für 20 und 5 t Tragkraft (Schmidt-Tychsen, Kiel). Zugseil des Flaschenzugs für Heben und Senken des Auslegers sowie Zugseile der beiden Lastflaschen werden über Rollen und durch den durchbohrten Kugelspurzapfen nach den Windentrommeln geleitet. Mastdrehen durch zwei am Windwerk angebrachte, gegenläufige Spilltrommeln; Schwenkseil überträgt Drehkraft durch Reibung auf Winkelstahlring am Mast.

zur Winde führt; dieselbe Winde vollführt auch Schwenken und Einziehen des Auslegers. Bei Anordnung einer zweiten Windentrommel auch Greiferbetrieb möglich. Bock, Mast und Ausleger werden sowohl in Holz mit eisernen Beschlägen als auch in Stahlkonstruktion ausgeführt. Tragkraft normaler Holz-Derricks bis 20 t.

γ) Drehkrane mit Drehkranz, für kleine bis größte Tragkräfte ausführbar. Der drehbare Oberteil (Oberwagen) stützt sich auf den festen Unterteil (Plattform, Unterwagen, Halb- oder Vollportal) mittels eines Drehkranzes (Kugeldrehverbindung, s. Bild 134 u. 135); dieser muß Axial- und Radialkräfte sowie Momente aufnehmen, vgl. Beispiel eines Baukrans, Bild 133.

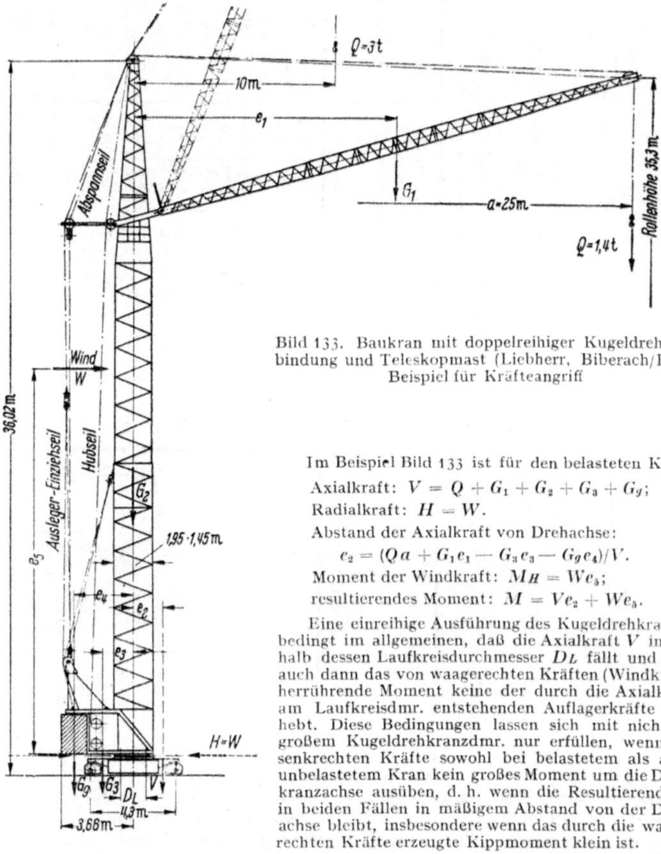

Bild 133. Baukran mit doppelreihiger Kugeldrehverbindung und Teleskopmast (Liebherr, Biberach/Riß). Beispiel für Kräfteangriff

Im Beispiel Bild 133 ist für den belasteten Kran:

Axialkraft: $V = Q + G_1 + G_2 + G_3 + G_g$;

Radialkraft: $H = W$.

Abstand der Axialkraft von Drehachse:

$$e_2 = (Qa + G_1 e_1 - G_3 e_3 - G_g e_4)/V.$$

Moment der Windkraft: $M_H = We_5$;

resultierendes Moment: $M = Ve_2 + We_5$.

Eine einreihige Ausführung des Kugeldrehkranzes bedingt im allgemeinen, daß die Axialkraft V innerhalb dessen Laufkreisdurchmesser D_L fällt und daß auch dann das von waagerechten Kräften (Windkraft) herrührende Moment keine der durch die Axialkraft am Laufkreisdmr. entstehenden Auflagerkräfte aufhebt. Diese Bedingungen lassen sich mit nicht zu großem Kugeldrehkranzdmr. nur erfüllen, wenn die senkrechten Kräfte sowohl bei belastetem als auch unbelastetem Kran kein großes Moment um die Drehkranzachse ausüben, d. h. wenn die Resultierende V in beiden Fällen in mäßigem Abstand von der Drehachse bleibt, insbesondere wenn das durch die waagerechten Kräfte erzeugte Kippmoment klein ist.

In Bild 133 fällt die Axialkraft V außerhalb des vorgesehenen Laufkreisdurchmessers. Für diesen Fall wird eine dreiteilige doppelreihige Bauart des Kugeldrehkranzes angewendet, die auch ein Kippmoment aufnehmen kann, Bild 134 und 135. Die Hauptbelastung wird meist von der oberen Kugelreihe aufgenommen.

Die Eisenwerk Rothe Erde GmbH, Dortmund, legt der Berechnung ihrer doppelreihigen Kugeldrehverbindungen ein „ideelles Moment“ zugrunde:

$$M_i = 0{,}2 D_L V + 0{,}6 D_L H + M.$$

Der Zusammenhang dieses Moments mit den Abmessungen der Kugeldrehverbindungen für Außen- und Innenzahnkranz (in den das Drehwerkritzel eingreift) ist in Zahlentafel 22 für eine Auswahl aus dem Herstellungsprogramm angegeben. Anfertigung bis zu einem größten Laufkreisdurchmesser von 4,2 m.

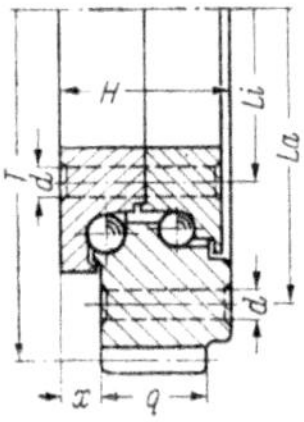

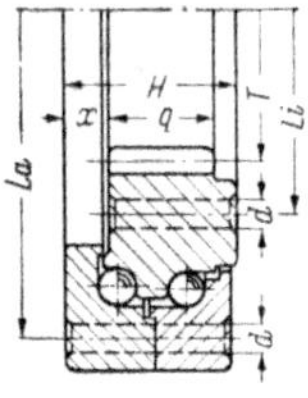

Dreiteilige doppelreihige Kugeldrehverbindung
Bild 134: mit Außenverzahnung — Bild 135: mit Innenverzahnung
(Eisenwerk Rothe Erde GmbH, Dortmund)

Zahlentafel 22. *Ideelles Moment und Hauptabmessungen zweireihiger Kugeldrehverbindungen* (Eisenwerk Rothe Erde GmbH, Dortmund)

Type		M_i (tm)	d	n	m	b	x	H	Außenverzahnung (Bild 134) Durchmesser T	L_a	L_i	Gew. (kg)	Innenverzahnung (Bild 135) Durchmesser T	L_a	L_i	Gew. (kg)
18.18.	600	4,8	18	12	8	55	20	80	720	665	550	100	480	650	535	95
	1000	13,2	18	12	8	55	20	80	1120	1065	950	165	880	1050	935	161
20.20.	850	10,9	22	12	10	65	22	92	1000	930	790	201	700	910	770	192
	1250	23,5	22	12	10	65	22	92	1400	1330	1190	293	1100	1310	1170	283
25.25.	1000	19,0	22	20	10	70	25	110	1160	1085	935	299	840	1065	915	285
	1400	37,1	22	20	10	70	25	110	1560	1485	1335	415	1240	1465	1315	402
30.25.	1230	34,6	26	30	10	75	31	120	1400	1325	1155	442	1060	1305	1135	430
	1630	60,6	26	30	10	75	31	120	1800	1725	1555	584	1460	1705	1535	571
35.30.	1380	51,0	26	24	12	80	34	138	1560	1480	1300	597	1200	1460	1280	580
	1860	92,7	26	24	12	80	34	138	2040	1960	1780	802	1680	1940	1760	785
40.35.	1680	87,0	32	24	12	90	40	156	1896	1800	1585	969	1464	1775	1560	942
	2400	178,0	32	40	12	90	40	156	2616	2520	2305	1378	2184	2495	2280	1351
45.40.	2800	276,8	32	40	14	110	42	175	3024	2925	2700	1928	2576	2900	2675	1898
50.40.	3200	408,0	32	40	16	120	44	185	3440	3330	3095	2597	2960	3305	3070	2559

In der Spalte für die Type bedeuten die beiden ersten Zahlen die Kugeldmr., die dritte Zahl die zugehörigen Laufkreisdmr. D_L; n = Schraubenanzahl; m = Modul des Zahnkranzes; Maße in mm.

Drehwiderstand. Die Reibung einer Kugeldrehverbindung ist stark abhängig von Fertigungs- und Einbaugenauigkeit, so daß der der Berechnung ihres Reibungsmomentes zugrunde zu legende Reibwert μ starken Schwankungen unterworfen ist; ferner verteilen sich die Kräfte, insbesondere die Axialkraft V nicht gleichmäßig auf die einzelnen Kugeln. Größenordnungsmäßig kann mit einem mittleren $\mu = 0{,}005$ bis $0{,}01$ gerechnet werden. Damit wird das Reibungsmoment um die Drehachse:

$$M_D = \mu\,(V + H) \cdot D_L/2\,.$$

Übrigens sind für Auslegung von Drehmotor und Drehwerk die für die Beschleunigung der zu bewegenden Massen und zur Überwindung des Windwiderstandes erforderlichen Momente von größerem Einfluß (vgl. Drehwerke, Berechnung).

Anwendung einer doppelreihigen Kugeldrehverbindung mit Innenverzahnung bei Hafen-Stückgutkran auf Dreibein-Halbportal: Bild 136 und Drehkran auf Verladebrücke Bild 114. Auch gummibereifte Fahrzeugkrane werden häufig mit doppelreihigem Kugeldrehkranz ausgerüstet.

δ) *Drehkrane mit Drehscheibe,* Bild 137. Stützung des drehbaren Oberteils durch vier Drehrollen ohne Spurkranz auf einem Schienenring, bei großen Tragkräften auch durch 8, von denen je zwei in Schemel zusammengefaßt und pendelnd aufgehängt sind. Zur Führung dient Königszapfen, der aber im Betrieb keine Kippmomente aufnehmen soll (Beanspruchung auf Zug nur durch Wind und bei Überlastung); Gesamtschwerpunkt mit und ohne Last muß daher innerhalb der Drehrollen-Unterstützungspunkte bleiben (Gesamtresultierende V bzw. V'). Diese Bedingung ergibt große Schienenringdmr.; Bauart deshalb durch doppelreihigen Kugeldrehkranz verdrängt, jedoch noch viele solcher Krane im Betrieb.

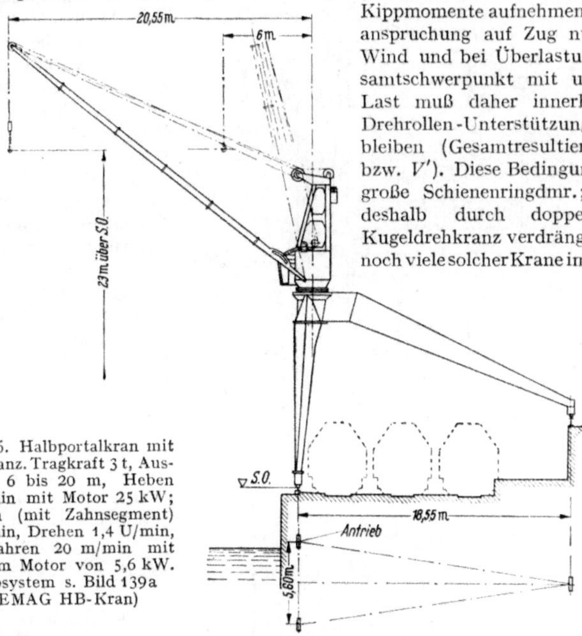

Bild 136. Halbportalkran mit Drehkranz. Tragkraft 3 t, Ausladung 6 bis 20 m, Heben 39 m/min mit Motor 25 kW; Wippen (mit Zahnsegment) 60 m/min, Drehen 1,4 U/min, Portalfahren 20 m/min mit je einem Motor von 5,6 kW. Wippsystem s. Bild 139a (DEMAG HB-Kran)

Gleichgewichtsbedingungen für den belasteten bzw. unbelasteten Kran mit Bezeichnungen Bild 137 bei Kippen um Kante I bzw. II (50% Überlast):

$$1{,}5\,Q\,(a - l/2) = G_0\,(l/2 - e_0) + G_g\,(g + l/2) \quad \text{bzw.} \quad G_0\,(l/2 + e_0) = G_g\,(g - l/2)\,.$$

Wenn Drehrollen vorn bei voll belastetem Kran und Drehrollen hinten bei unbelastetem Kran unter gleichem Raddruck stehen sollen und der Zentriwinkel 50° beträgt, wird der Schienenringdmr. (bei festem Ausleger)[1]

$$D_S \approx 2{,}2\,\frac{Q\,a}{G_0 + G_g + 2Q}\,.$$

Der ***Drehwiderstand*** der Drehrollen ergibt sich als Moment um die Drehachse aus Zapfen- und Rollreibung sowie einem Zuschlag von 25% (Reibung an Nabenstirnflächen und Königszapfenlager) zu:

$$M_D = 1{,}25\,(Q + G_0 + G_g) \cdot (\mu r_1 + f)\,\frac{R_S}{r_2}\,,$$

Berücksichtigung von Massenkräften und Wind siehe ε).

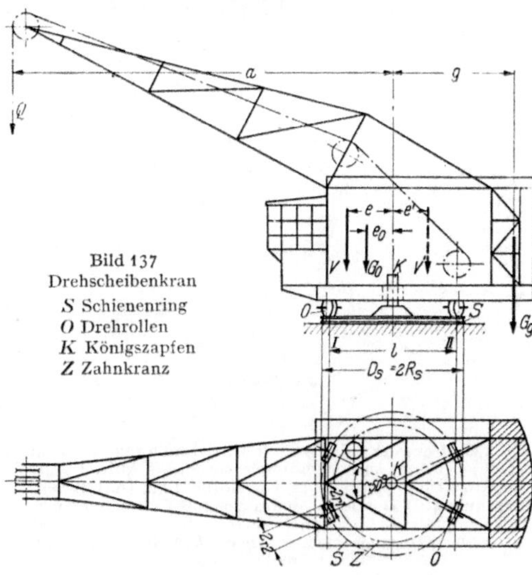

Bild 137
Drehscheibenkran
S Schienenring
O Drehrollen
K Königszapfen
Z Zahnkranz

---

[1] Vgl. Lit. 7, dort Bd. II S. 189.

ε) *Drehwerke* (*Berechnung*). Zu den bei den Drehkranbauarten angegebenen Ausdrücken für das Moment des Drehwiderstands M_D sind noch die wichtigeren Momente zum Beschleunigen der drehenden Massen M_S und zur Überwindung des Windes M_W zu berücksichtigen.

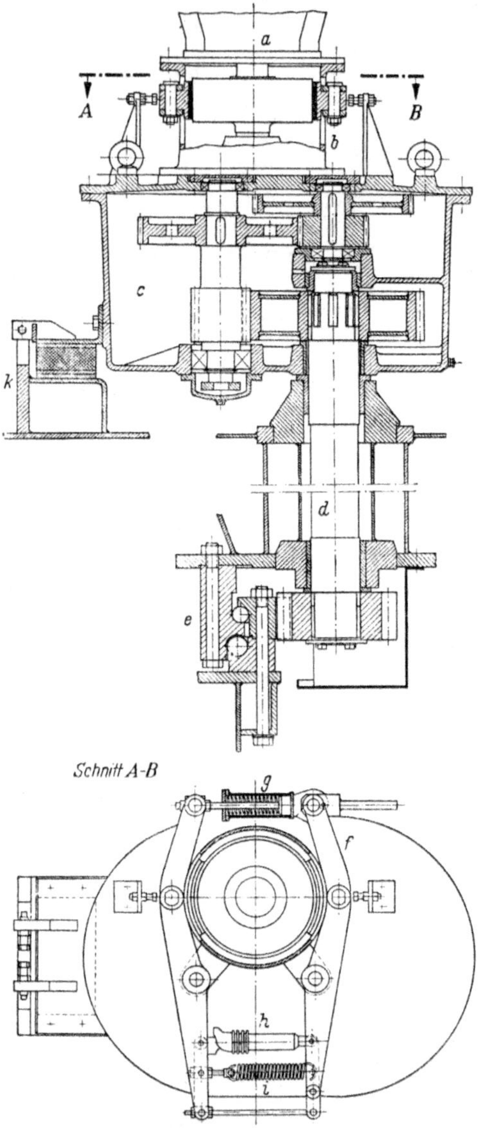

Bild 138. Drehwerk (DEMAG). *a* Antriebmotor; *b* Laterne; *c* Getriebekasten mit Stirnradvorgelegen; *d* Abtriebwelle mit Ritzel; *e* doppelreihiger Kugeldrehkranz (mit Innenverzahnung); *f* Doppelbackenbremse mit Feststellvorrichtung *g*, hydr. Betätigungszylinder *h* (Bremse anziehen) und Feder *i* (Bremsbacken abheben); *k* Abstützung durch Schwingmetallkissen

Für die Berechnung von M_S (bezogen auf Kran-Drehachse) brauchen als Schwungmassen nur die Last Q (Abstand a), das Auslegereigengewicht G_A (Abstand e) und sonstige größere zusammenliegende Kranmassen (z. B. Gegengewicht) G_m (Abstand m) angesetzt zu werden; rotierende Massen von Getriebe und Motor vernachlässigbar. Mit n als Krandrehzahl (1 bis 3 U/min) und t_a als Beschleunigungszeit (5 bis 10 sek) wird

$$M_S = \frac{\pi}{30\,g}\,(Q a^2 + G_A e^2 + \\ + \Sigma\, G_m m^2)\,\frac{n}{t_a}\,.$$

Das Windmoment M_W wird aus einem Winddruck $w = 15$ kg/m² auf die links und rechts der Drehachse liegenden Kranflächen F_1 und F_2 bestimmt zu ($F_1 > F_2$; Schwerpunktabstände der Flächen s_1 bzw. s_2):

$$M_W = F_1 w s_1 - F_2 w s_2\,,$$

Motornennleistung:

$$N = \frac{(M_D + M_S + M_W)\,n}{1{,}7 \cdot 974\;\eta_{\text{ges}}}$$

in kW; Gesamtwirkungsgrad $\eta_{\text{ges}} \approx 0{,}65$ bei Stirnradgetrieben.

Mit dieser Leistung kann Motor aus Liste gewählt werden für 25% ED bei leichtem, 40% ED bei flottem Stückgutbetrieb, 60% ED bei schwerem Greiferbetrieb.

Übersetzungsverhältnis des Getriebes $i = n_{\text{Mot}}/n$.

Gestaltung. Drehwerk für leichte oder wenig benutzte Drehkrane: Drehen mittels Zugkette an Auslegerspitze oder Handstange an Gerüst oder mittels Handkurbel, die über Kegelradvorgelege und Ritzel auf feststehenden Zahnkranz arbeitet. Motorisch angetriebene Drehwerke in Blockbauweise: Senkrecht angeordneter Motor, elastische Kupplung mit Bremsscheibe in Laterne, Stirnradgetriebe, Abtriebritzel; letzteres kämmt mit dem feststehenden Zahnkranz (Außen- oder Innenverzahnung); Gesamtanordnung Bild 124 und 125, Einzelheiten Bild 138. Zwei Stirnrad-Vorgelege sind in dem gegossenen oder geschweißten, öldichten Getriebekasten auf Wälzlagern gelagert. Ölumlaufschmierung. Lagerung der Abtriebwelle, die unten fliegendes Ritzel trägt, in angeflanschtem Rohrstück oder in der Stahlkonstruktion der Plattform. Anziehen der Doppelbackenbremse meist ölhydraulisch durch Fußhebel vom Kranführerhaus aus; Feststellvorrichtung von Hand betätigt bei Verlassen des Krans. Zahnkranz erhält Evolventen- oder Triebstockverzahnung.

ζ) *Ausleger-Einzieh- und Wippsysteme.* Veränderung der Ausladung und Tragfähigkeit zwischen zwei Betriebszuständen ohne Last (seltener mit Last): *Einziehsystem*; z. B. bei Baukran, Bild 133, und Fahrzeugkran, Bild 150; durch besonderes Windwerk betätigbare Einziehseile dienen während des Betriebs als Abspannseile für den Ausleger. Im Gegensatz dazu Veränderung der Ausladung unter Last als Betriebsvorgang: *Wippsystem*; bei Stückguthafenkranen, Bild 130 u. 136, Werftdrehkranen, Schwimmkranen, Bild 126, aber auch bei Greiferdrehkranen. Kennzeichen: etwa waagerechter Lastweg während des Wippens zum Vermeiden von Hubarbeit und unübersichtlicher Lastbewegung.

Zum System eines Wippkrans gehören der bewegliche Ausleger, das Gegengewicht zum Ausgleich von dessen Eigengewicht und das Wippwerk. Gebräuchliche Wippsysteme Bild 139 u. 140.

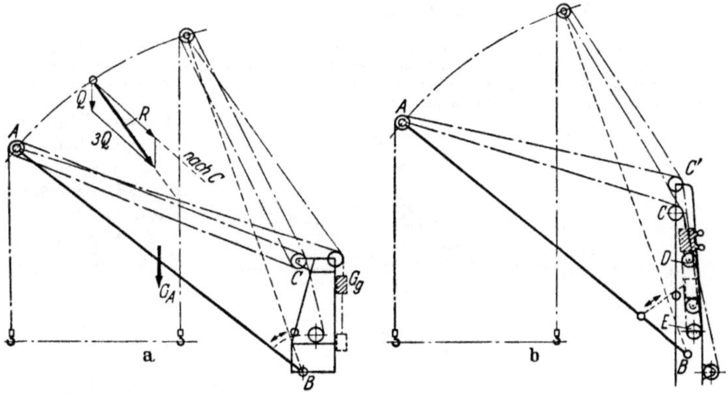

Bild 139. Wippsysteme mit Seilausgleich durch dreifache Hubseil-Einscherung

In Bild 139a ist das Hubseil zum Erzielen des waagerechten Lastwegs zwischen der Auslegerspitze A und dem Festpunkt C über je 2 Seilrollen 3mal eingeschert. Um den Ausleger von Biegemomenten möglichst freizuhalten, bestimmt man Punkt C für zwei mittlere Auslegerstellungen aus dem eingezeichneten Kräfteparallelogramm, und zwar als Schnittpunkt der Linien „nach C“. Damit wird auch die Bedingung eines waagerechten Lastwegs mit genügender Annäherung erfüllt. Ausleger wird durch Resultierende R auf Knickung beansprucht. Größe des Gegengewichts G_g ergibt sich aus Gleichsetzen seiner Senkarbeit mit der Arbeit für das Heben des Auslegers (Eigengewicht G_A).

Nach dem gleichen Prinzip ist das Wippsystem in Bild 139b (MAN) ausgeführt, jedoch ist hier das Hubseil 3fach eingeschert über eine Rolle D am beweglichen Gegengewicht und eine am Krangerüst befestigte Rolle E. Die Drehpunkte der Umlenkrollen C und C' sollen sich in Wirklichkeit möglichst decken (vgl. Bild 130).

Die in Bild 140a und b dargestellten Wippsysteme sind auch für Greiferbetrieb geeignet.

Beim Schwinghebelsystem (hier mit Steilschwinge, MAN), Bild 140a, werden die Hub- (und Halte-)Seile von ihrer Trommel über eine in einer Schwinge verlagerte Seilrolle zur Schnabelrolle und Last geführt. Die Schwinge ist mit dem Ausleger und dem Zahnsegment des Einziehwerks gelenkig verbunden; hebt sich die Auslegerspitze, so senkt sich die Schwinge und gibt soviel Seillänge frei, daß die Last sich mit großer Genauigkeit auf einer Waagerechten bewegt[1].

[1] Ermittlung der gegenseitigen Lage der Gelenkpunkte s. Lit. 7, dort Bd. II S. 210

Mit dem in Bild 140b wiedergegebenen Doppellenker- (Lemniskatenlenker-) Wippsystem, das aus einer unteren Druckstrebe (Grundlenker), einem oberen Zuglenker und dem sie verbindenden Spitzenausleger besteht, wird eine waagerechte Bewegung der Auslegerspitze

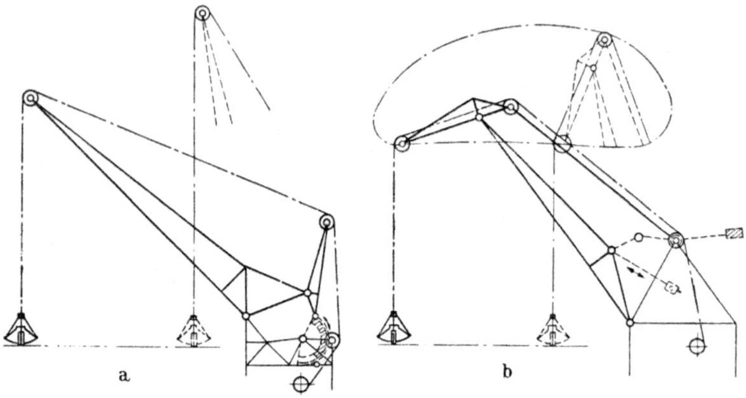

Bild 140. Wippsysteme, auch für Greiferbetrieb: a mit Seilausgleich durch Schwinghebel (Steilschwinge); b mit waagerecht geführter Auslegerspitze (Lemniskatenlenker)

erzielt. Da Länge des Hubseils sich beim Wippen nicht ändert (es wird über Rollen in den Gelenkpunkten geführt), beschreibt Last ebenfalls waagerechten Weg. Angriff des Gegengewichts und Wippwerks am Grundlenker[1]. Häufig angewendetes Wippsystem für schwere Stückgut-Wippkrane und Greifer-Wippkrane (vgl. Bild 126).

Zum Wippen des Auslegers dienen *Wippwerke* mit Schraubenspindel, Zahnstangen, Zahnsegmenten oder hydraulisch bewegtem Kolben als Zugelement.

Beim *Spindeleinzieh-* oder *-wippwerk* treibt Motor über Kegel- oder Stirnradvorgelege Spindelmutter an. Spindel erhält bei Verzicht auf Selbsthemmung dreigängiges Trapezgewinde (guter Wirkungsgrad); dann Verschiebeläufermotor oder Doppelbackenbremse erforderlich. Aufnahme der Längskraft durch Scheibenkugellager. Spindelschutz durch Teleskoprohre. Tellerfedern zur elastischen Hubbegrenzung. Lagerung des Wippwerks mittels Drehzapfen am Krangerüst. Bild 141.

Eine einfache Anordnung ergibt die Verwendung eines schwingend am Krangerüst gelagerten *Hydraulikzylinders*, dessen Kolbenstange am Ausleger gelenkig angreift.

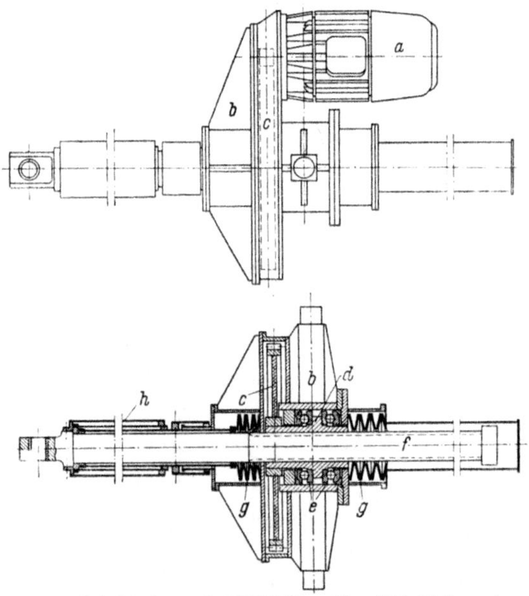

Bild 141. Spindelwippwerk (DEMAG). *a* Verschiebeläufermotor; *b* Gehäuse mit Drehzapfen; *c* Stirnradvorgelege; *d* Spindelmutter; *e* Scheibenkugellager; *f* Spindel; *g* Tellerfedern; *h* Teleskop-Schutzrohre

[1] S. 571.

Zahnstangen (Bild 130) oder *Zahnsegmente* (Bild 136) werden paarweise angeordnet. Evolventen- oder Triebstockverzahnung. Motor treibt über Stirnrad- und Schneckenvorgelege Zahnstangenritzel an; Zahnstange gegen Abheben durch Druckrollen gesichert.

Für die Auslegung des Wippmotors ist die Zugkraft Z in dem Zugelement des Wippwerks aus einer Momentengleichung aller angreifenden Kräfte (Last, Eigengewichte, Gegengewichte, Seilzug, Wind) um den Auslegerdrehpunkt zu bestimmen; verschiedene Auslegerstellungen untersuchen. Aus Z_{max} und Spindel- bzw. Zahnstangengeschwindigkeit v sowie dem anzunehmenden Getriebewirkungsgrad η ergibt sich der erste Anteil der erforderlichen Motorbeharrungsleistung. Ein zweiter Anteil folgt aus der Reibungsleistung in den Gelenken. Der so bemessene Motor reicht normalerweise auch für die Beschleunigung der Last- und Eigengewichtsmassen aus. Zur Dimensionierung der Triebwerkteile und der Bremse ist Z für den Fall „hochgestellter Ausleger" und „Wind außer Betrieb" maßgebend. Waagerechte Einziehgeschwindigkeit: 40 bis 70 m/min.

η) *Einziehbare* und *wippbare Ausleger.* Einziehbare Ausleger meist in Fachwerkkonstruktion. Mit Zuggurt (oben) und Druckgurt (unten), Bild 142 (ähnlich

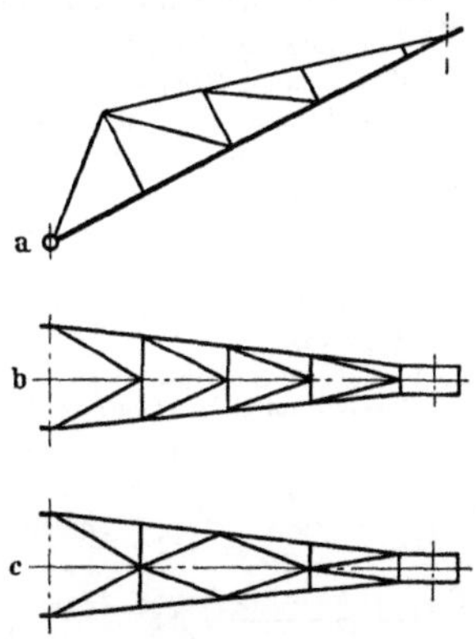

Bild 142. Fachwerkausleger. a Ansicht einer Wand; b K-Verband in Druckgurtebene; c Doppel-K-Verband in Druckgurtebene

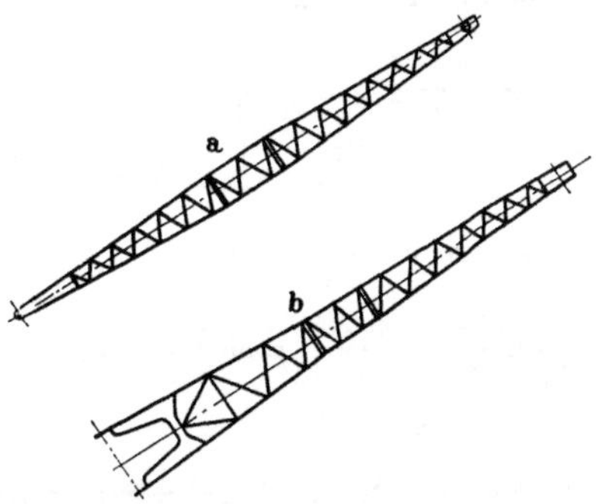

Bild 143. Fachwerkausleger in drei Schüssen, vornehmlich für Fahrzeugkrane. a Ansicht der Vorderwand (in Rückwand laufen Diagonalen entgegengesetzt); b Draufsicht auf obere Wand (in unterer Wand laufen Diagonalen entgegengesetzt)

festem Ausleger); Querverband (für Wind, andere Horizontalkräfte und zur Unterteilung der Knicklänge) in Druckgurtebene als K-Verband, Doppel-K-Verband oder mit gekreuzten Diagonalen; auch geknickte Ausleger dieser Ausführungsform. Nach Bild 142 werden auch Grundlenker von Doppellenker-Wippkranen ausgeführt, falls Fachwerkkonstruktion gewählt. Gestaltung als mehrteiliger Druckstab mit quadratischem oder dreieckigem Querschnitt für Baukrane (Bild 133) und Fahrzeugkrane (Bild 143;) der Ausleger nach Bild 143 besteht aus mehreren Schüssen, Endschüsse meist konisch; Vergitterung meist mit auf- und absteigenden oder auch mit gekreuzten Diagonalen; Aufbau in Schweißkonstruktion aus Winkelprofilen (Diagonalen auch aus Flachstahl) oder Rohren.

Die langen, im Aufriß in der Hauptsache nur Druck aufnehmenden Ausleger von Wippkranen werden in Fachwerk-, Vollwand- oder Hohlkastenträgerbauweise hergestellt.

Bild 144 gibt als Beispiel den Aufbau des Auslegers zum Blocksäulenkran Bild 130 wieder. Die Holme und Diagonalen bestehen aus Winkelprofilen, letztere sind an den Kreuzungsstellen verschweißt; die vier Wände sind vergittert. Die Verwendung von dünnwandigen Hohlkastenträgern für die Holme und Querverbindungen zeigt Bild 145.

Die Gelenke werden als Augen ausgebildet; mit Teilfuge, wenn anders Montage nicht möglich. Bei Wippkranen mit Gußbronze ausgebuchst.

Windlastannahmen nach DIN 120; zum Berücksichtigen der Beschleunigungskräfte und eines Schrägzugs Anbringen einer Kraft $Q/10$ an Auslegerspitze, und zwar senkrecht zur Auslegerachse in der Ebene des Querverbands.

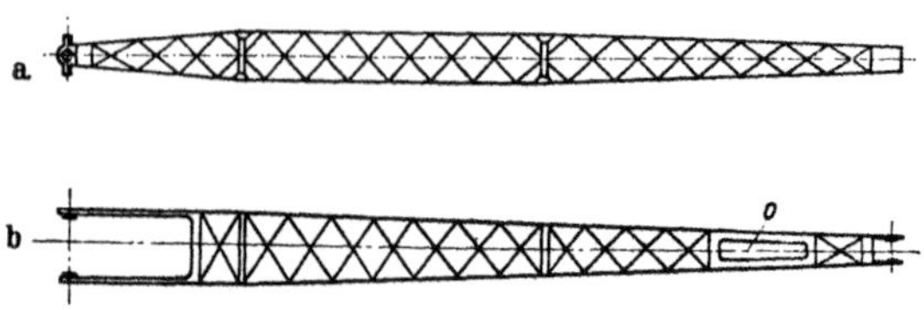

Bild 144. Wippkranausleger in Fachwerkbauweise mit gekreuzten Diagonalen. a Vorderwand (Rückwand gleich); b Draufsicht auf obere Wand, Öffnung *O* für Leiterdurchtritt (in unterer Wand keine Unterbrechung der Vergitterung)

ϑ) *Unterwagen.* Spurweite und Radstand sind wählbar, soweit Kran nicht auf Normalspur laufen soll oder die größte Fahrzeugbreite durch die Straßenverkehrs - Zulassungsverordnung begrenzt wird.

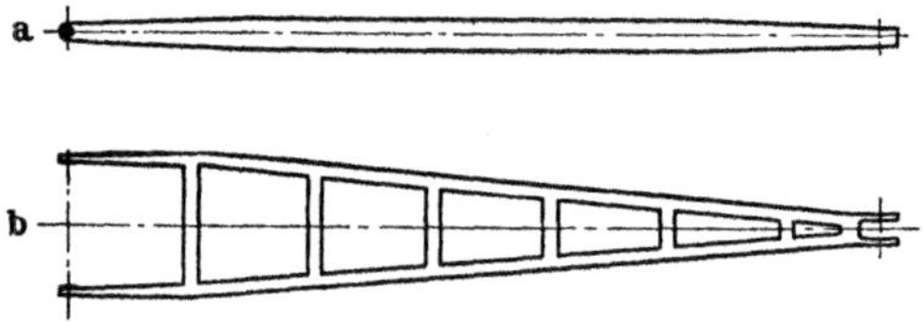

Bild 145. Wippkranausleger in Hohlkastenbauweise a Aufriß; b Grundriß

Raddruckbestimmung bei Stützung auf 4 Rädern. Raddruck aus Oberwagen abhängig von Lage der Drehachse zum Unterwagenmittelpunkt (t) und Schwerpunktlage des Oberwagens (einschl. Last) (e); veränderlich mit Auslegerstellung (α), Bild 146.

Für irgendeine Auslegerstellung α wird Resultierende V zunächst auf Auflagerpunkt A und B verteilt, dann so ermittelte Auflagerkräfte A bzw. B weiter auf Räder 1, 4 bzw. 2, 3 (P_1 bis P_4). Damit wird:

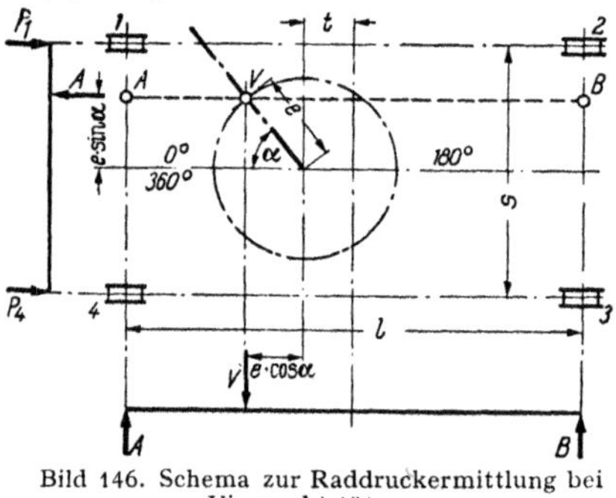

Bild 146. Schema zur Raddruckermittlung bei Vierpunktstützung

$$P_1 = \frac{V}{4}\left(1 + \frac{2\,(e\cos\alpha + t)}{l}\right)\left(1 + \frac{2\,e\sin\alpha}{s}\right),$$

$$P_4 = \frac{V}{4}\left(1 + \frac{2\,(e\cos\alpha + t)}{l}\right)\left(1 - \frac{2\,e\sin\alpha}{s}\right),$$

$$P_2 = \frac{V}{4}\left(1 - \frac{2\,(e\cos\alpha + t)}{l}\right)\left(1 + \frac{2\,e\sin\alpha}{s}\right),$$

$$P_3 = \frac{V}{4}\left(1 - \frac{2\,(e\cos\alpha + t)}{l}\right)\left(1 - \frac{2\,e\sin\alpha}{s}\right).$$

Weiterer Anteil P_u der Raddrücke aus Eigengewicht des Unterwagens G_u:

$$P_u = G_u/4.$$

Die statische Unbestimmtheit der Vierpunktstützung erfordert bei Schienenkranen elastische Nachgiebigkeit der Unterwagenkonstruktion, damit bei Schienenunebenheiten alle vier Räder tragen; dieser Gesichtspunkt ist besonders bei Gestaltung von Vierbein-Portalen zu beachten[1].

Die elektrisch betriebenen Schienen-Drehkrane von Verladebrücken erhalten *niedrige Unterwagen* mit Kranlaufrädern auf Festachsen. Aufbau der Stahlkonstruktion aus Blechen und Profilen in Zellen- und Kastenbauweise. Unterwagenplattform trägt Stützorgane für Oberwagen: feste Säule (Bild 123) oder Drehkranz oder Schienenring. Fahrwerk wie bei Laufkatzen und Laufkranen.

Auf Normalspur selbstfahrende dieselbetriebene Drehkrane für Tragkräfte von 2 bis 10 t und verstellbarer Ausladung von 4 bis 10 m werden meist von *ungefederten Unterwagen* mit Eisenbahnradsätzen getragen; zweiachsig oder vierachsig mit Drehgestell. Fahrantrieb wird von Oberwagen durch Drehkranzmitte nach Unterwagen geleitet. Mit dieser Kranform Bedienung von Werkhöfen, Lagerplätzen (Stückgut-, Greifer-, Magnetbetrieb).

[1] *Ernst, H.:* Die Entwicklung neuer Kranformen mit Hilfe von Modell- und Großversuchen. MAN-Forschungsheft 8 (1958).

Große Schienendrehkrane (10 bis 120 t Tragkraft bei 5 bis 15 m Ausladung), für Gleisbauarbeiten, Kran- und Brückenmontagen, Schwerlastbewegung und Aufgleisungsarbeiten bei Unfällen, baut man auf *gefederte Fahrgestelle*, um sie in Züge bis 80 km/h Geschwindigkeit einstellen zu können. Diesel- oder Dampfantrieb. Eigener Fahrantrieb nur für geringe Geschwindigkeit. Beim Arbeiten mittels ausschwenkbarer Stützarme und Schraubenspindeln auf Schwellenstapeln. Vorschriften der Eisenbahnverwaltungen einhalten.

Zum Überspannen der Verladegleise erhalten Unterwagen für Hafendrehkrane *Voll-* oder *Halbportalform.* Vierpunkt- oder Dreipunktabstützung; beide Arten ergeben bei Vollportalen kleiner Spannweite (z. B. über 1 Gleis) in der jetzt vorherrschenden Hohlkastenbauweise geringe Umschlagsbehinderung (Bild 130). Bei Halbportalen (Bild 136) Dreipunktstützung im Vorteil. Gerade oder (besonders bei Vierbeinportal) geknickte Beine. Angetrieben werden wasserseitige Stützen, oft nur eine einzige.

Raddruck bei Dreiradstützung statisch bestimmt. Verteilung der Resultierenden V aus Last und Oberwagengewicht auf die Räder nach dem Hebelgesetz, vgl. Bild 147.

Dreieckstützfläche gegeben (s, s_1, s_2, c in Bild 147) sowie Abstand e der Resultierenden V von Drehachse. Für bestimmte Auslegerstellung (α) wird V auf gedachte Auflagerpunkte A und B verteilt: $A = Va_2/(a_1 + a_2)$; $B = Va_1/(a_1 + a_2)$; weiter Verteilung von A auf E und D_1 bzw. von B auf C und D_2; z. B. $C = B\,l_2/(l_1 + l_2)$ und $D_2 = B\,l_1/(l_1 + l_2)$; $D = D_1 + D_2$.

Zu diesen Raddrücken aus dem Oberwagen kommt der Anteil aus dem Portaleigengewicht G_u hinzu. Greift G_u im Dreiecksschwerpunkt an, so ist $P_u = G_u/3$; sonst Behandlung wie oben.

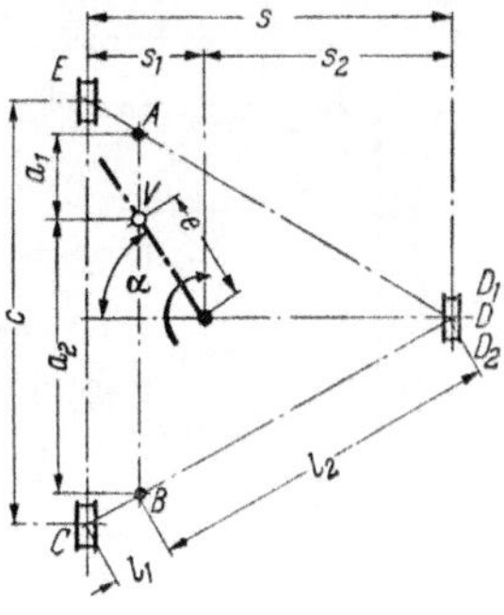

Bild 147. Schema zur Raddruckermittlung bei Dreipunktstützung

Unterwagen für gummibereifte Fahrzeugkrane. Bei *Mobilkranen* bilden zwei-, drei-, auch vierachsige Unterwagen mit Kranaufbau oder Oberwagen eine organische Einheit, Bild 148; im Gegensatz dazu: Zwei- oder dreiachsige verstärkte Lastkraftwagen-Fahrgestelle als Unterwagen (auch in Sonderausführung), auf denen Oberwagen drehbar montiert ist: *Lkw-Krane* mit hoher Fahrgeschwindigkeit (bis 60 km/h).

Der *Unterwagen kleiner Mobilkrane* (2 bis 7 t Tragfähigkeit bei kleinster Ausladung) wird aus glatten und abgekanteten Blechen in Schweißkonstruktion ausgeführt. In diesem Rahmen ist Treibachse ungefedert, Lenkachse pendelnd gelagert (Pendelachse für Kranbetrieb sperrbar); Lenkung kraftfahrzeugmäßig, oft mit hydraulischer Lenkhilfe. In Fahrzeugrahmen eingebaut: Antriebs-Dieselmotor mit Kupplung und Mehrgang-Schaltgetriebe für Fahrbewegung (3 bis 20 km/h); Abtrieb für Hydraulikpumpe, gegebenenfalls auch für Hub- und Schwenkwerk. Schwenkbarer Kranaufbau. Kranausleger meist teleskopartig ausschieb- und dann feststellbar. Arbeitsbewegungen des Krans (Heben, Schwenken, Ausleger-Neigen und -Ausziehen) hydraulisch oder mechanisch oder gemischt.

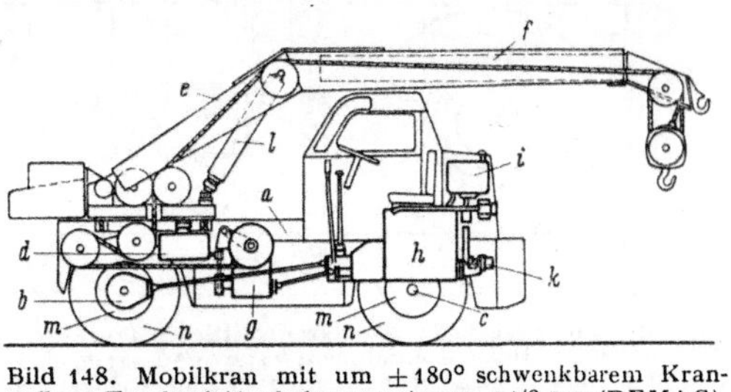

Bild 148. Mobilkran mit um $\pm 180°$ schwenkbarem Kranaufbau. Tragkraft/Ausladung: 7 t/4,9 m, 1 t/8,9 m (DEMAG). *a* Fahrzeugrahmen; *b* Treibachse; *c* Lenkachse; *d* Schwenkwerk; *e* geknickter Ausleger; *f* ausschiebbarer Auslegerteil mit Auslegerkopf; *g* Hubwerk; *h* Antriebs-Dieselmotor mit Kupplung und Schaltgetriebe, Abtrieb für Fahrwerk, Hub- und Drehwerk; *i* Ölbehälter für Hydraulik; *k* Hydraulikpumpe; *l* Neigzylinder für Auslegerverstellung; *m* Bremstrommeln; *n* sechs gummibereifte Räder, davon vier unter Kranaufbau

Mobilkrane mittlerer Tragkraft bis etwa 12 t für Stückgut- und Greiferbetrieb können noch mit *zweiachsigem Unterwagen* gebaut werden. Fahrzeugrahmen in torsions- und biegesteifer Kastenbauweise mit ausschiebbaren (Bild 149) oder ausschwenkbaren Stützen. Meist mit einer starren und einer gefederten, aber feststellbaren Achse; Allradantrieb. Kraftübertragung entweder vom Oberwagen her (Bild 149) oder umgekehrt (seltener). Dieselmechanischer, auch dieselelektrischer Antrieb (vgl. auch Abschn. 10, Antriebsmotoren und Zubehör, S. 537). Über 12 bis 20 t Tragkraft *dreiachsige*, darüber *vierachsige* Unterwagen.

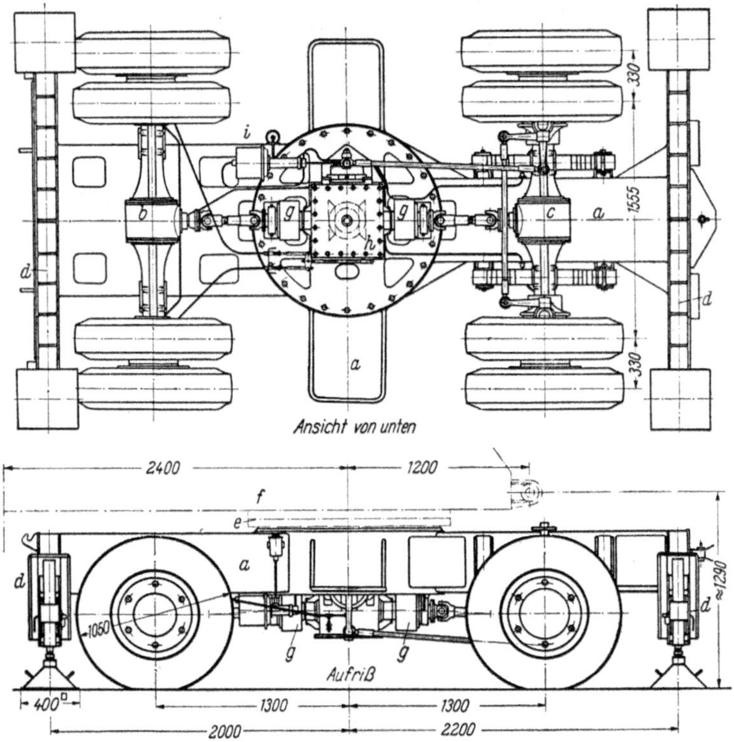

Bild 149. Unterwagen für Mobilkran mittlerer Tragkraft (Krupp-Ardelt, Wilhelmshaven). *a* kreuzförmiger Hohlkastenrahmen; *b* starre Achse; *c* gefederte Lenkachse; *d* Schiebestützen (auf 3,6 m Abstand ausschiebbar); *e* doppelreihiger Kugeldrehkranz; *f* Oberwagen; *g* Lamellenkupplungen für Allradantrieb; *h* Kegelradübertragung; *i* Druckluftbremssteuerung

Tragkräfte eines vierachsigen Mobilkrans ohne und mit Abstützung bei verschiedenen Ausladungen und Verwendung verschieden langer Ausleger, s. Bild 150. Der dargestellte Kran hat dieselmechanischen Antrieb (vom Oberwagen aus); Antriebsdieselmotor mit 75 PS Dauerleistung. Viergang-Schaltgetriebe für vier Fahrgeschwindigkeiten (1,6 bis 8 km/h) und Rückwärtsgang (1,9 km/h). Die vier Geschwindigkeitsstufen sind auch auf alle Kranbewegungen übertragbar. Maximale Arbeitsgeschwindigkeiten: Heben: 4 t, einsträngig, 48 m/min; 8 t, zweisträngig, 24 m/min; usw. bis 25 t, sechssträngig, 8 m/min; Greiferbetrieb 48 m/min; Einziehseilgeschwindigkeit 13 m/min; Drehen 2 U/min.

Werden *Lastkraftwagen-Fahrgestelle als Unterwagen* benutzt, so kann der Oberwagen mit eigenem Antriebmotor für Windwerke und Drehwerk als geschlossene Einheit aufgesetzt werden. Dieser Antrieb dieselmechanisch (Bild 151) oder dieselelektrisch, neuerdings auch dieselhydraulisch. Auch Kraftfluß vom Fahrzeugmotor zum Oberwagen ausführbar. Schließlich können Fahrzeugmotor

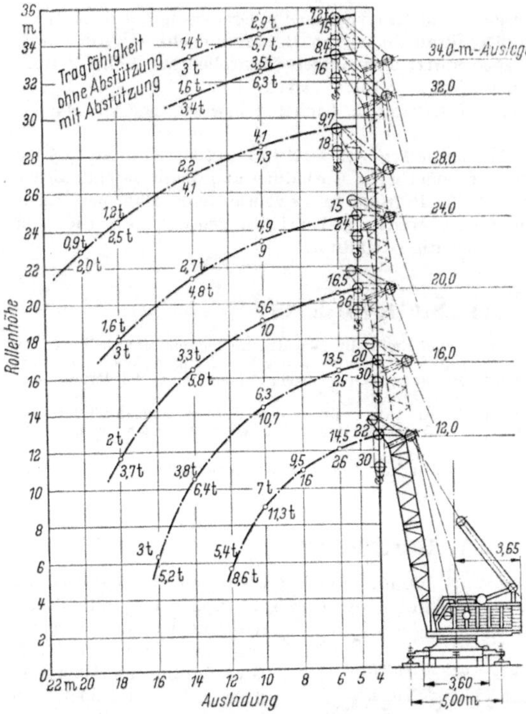

Bild 150. Tragkraft eines vierachsigen Mobilkrans ohne und mit Abstützung bei verschiedenen Ausladungen und Rollenhöhen (Leo Gottwald, Düsseldorf)

und der Antriebmotor der Oberwageneinheiten für das Fahren des Lkw-Krans zusammenarbeiten[1]. Auch bei den Lkw-Unterwagen werden Abstützvorrichtungen zum Vergrößern der Standfläche vorgesehen.

Die Oberwagenkonstruktion Bild 151 ist auch kennzeichnend für Mobilkrane mittlerer Tragkraft. Auf Oberwagenplattform A-förmiger Stützbock, der Lagerung von Hub- und Haltetrommel sowie Einziehtrommel enthält. Kraftfluß von Dieselmotor über Mehrgang-Schaltgetriebe zur Hauptwelle und von da über druckluftgesteuerte Lamellenkupplungen zu den Windwerken und dem Drehwerk; auch Anschluß eines Fahrantriebs, der in Kugeldrehkranzmitte zum Unterwagen führt.

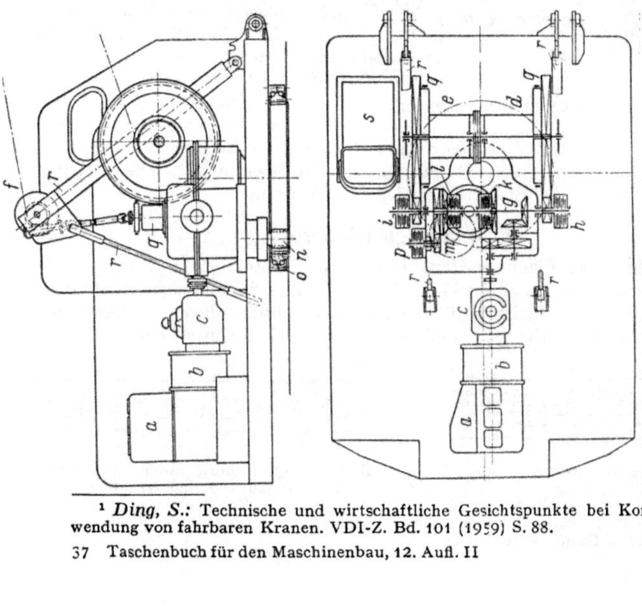

Bild 151. Dieselmechanisch betriebener Oberwagen für Mobil- oder Lkw-Kran (Stückgut- und Greiferbetrieb). *a* Dieselmotor; *b* Trockenscheibenkupplung; *c* Schaltgetriebe; *d* Hubtrommel; *e* Haltetrommel; *f* Einziehtrommel; *g* Hauptwelle; *h, i* Lamellenkupplungen für Hub- bzw. Haltetrommel; *k, l* Lamellenkupplungen mit Kegelrädern für Drehwerkantrieb *m*; *n* Drehwerkritzel; *o* Kugeldrehkranz mit Innenverzahnung; *p* Lamellenkupplung als Feststellbremse für Drehwerk; *q* Bandbremsen; *r* A-Stützbock; *s* Fahrersitz

[1] *Ding, S.:* Technische und wirtschaftliche Gesichtspunkte bei Konstruktion und Anwendung von fahrbaren Kranen. VDI-Z. Bd. 101 (1959) S. 88.

Mit *Raupenfahrwerk* ausgerüstete Unterwagen für Drehkrane mittlerer Tragkräfte (im Baubetrieb, wo Drehkran auch zum Bagger umgebaut werden soll; auf Lagerplätzen). Unterwagen stützt sich mittels Laufrollen auf 2 Gleisketten, die vom Oberwagen aus angetrieben werden. Zwecks Kurvenfahrt jede Raupe abkuppelbar und durch Bremse festzustellen. Einheitsfahrwiderstand $w \approx 140$ kg je t Dienstgewicht.

ι) Zur Berechnung der *Standsicherheit* vgl. DIN 120 und DIN-Entwurf 15019 (S. 543). Um bei Kranen mit veränderlicher Ausladung und damit veränderlicher Tragkraft die Standsicherheit im Betrieb zu gewährleisten, sieht man Lastmomentanzeige- und Lastmomentbegrenzungs-Einrichtungen vor; sie werden von Last und Auslegerstellung gleichzeitig beeinflußt.

III. Stetigförderer

Die kontinuierliche Arbeitsweise ermöglicht die Bewältigung großer Mengen in kurzer Zeit über einen festgelegten Förderweg. Verwendung in der Fließfertigung auch im Taktverfahren. Je nach Art des Förderers waagerechte, geneigte, senkrechte Förderung über gerade, abgewinkelte oder gekrümmte Strecke möglich.

Einteilung der Stetigförderer nach DIN 15201: Benennungen, Sinnbilder, in Förderer für Schüttgut, für Schütt- und Stückgut und für Stückgut. Hier Gliederung nach gleichartigem konstruktivem Aufbau.

Kennzeichnend für Leistungsfähigkeit ist der Fördergutstrom I (Volumenstrom I_V in m³/h, Gewichtsstrom I_G in t/h).

A. Gurtförderer

Ein endloser Gurt, am einen Ende um eine Antriebstrommel, am andern um eine Umlenktrommel geführt und unterwegs durch Tragrollen gestützt, fördert das Gut von der Aufgabe- zur Abwurfstelle, Bild 152. Gurtführung im Obertrum flach oder gemuldet, im Untertrum flach. Zum Übertragen der Umfangskraft der Antriebstrommel auf den Gurt Vorspannung erforderlich.

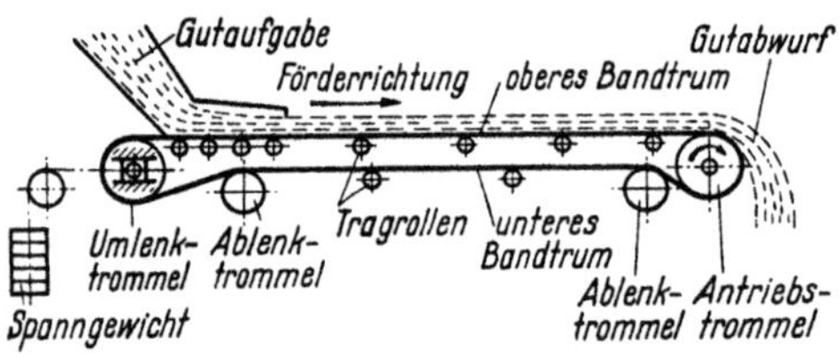

Bild 152. Gurtbandförderer, Schema

Anwendung für *Schüttgut* in Umschlags- und Lageranlagen, Bekohlungsanlagen, Hüttenwerken, Bergwerken, im Braunkohletagebau, auf Erdbaustellen; auch zur Förderung von *Stückgut* wie Säcken, Kisten, Paketen, Einzelteilen und Baugruppen der Fließfertigung.

1. Gummigurtförderer

a) Gurtaufbau und Eigenschaften. Verfügbar Gummigurte mit Textil- oder Stahlseil-Einlagen. Aufbau, Bild 153 u. 154. Gegenüber der einfachen Ausführung werden für harte Betriebsverhältnisse zusätzlich Schutzeinlagen in Kante und oberer Deckplatte eingearbeitet. Stahlseilgurte auch ohne Gewebeeinlagen.

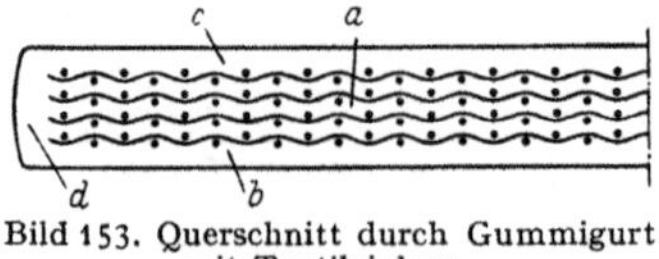

Bild 153. Querschnitt durch Gummigurt mit Textileinlage
a Einlagenpaket aus Gewebebahnen und Gummibindeschichten; *b* untere, *c* obere Gummideckplatte; *d* Gummiseitenkante

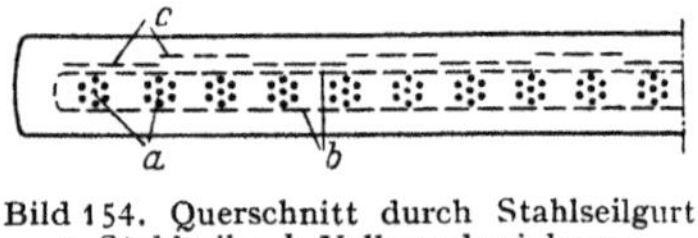

Bild 154. Querschnitt durch Stahlseilgurt
a Stahlseile; *b* Vollgewebeeinlagen; *c* Schutzeinlagen

Beim Gummigurt mit Textileinlagen Kennzeichnung durch Werkstoff und statische Zerreißfestigkeit in Längsrichtung je cm Breite und Lage [kg/cm]. Gebräuchlich: Baumwolle B 50, 60, 80, 100; Reyon (Kunstseide) R 125, 150, 175, 200, 225, 250; Reyon in Kette, Perlon im Schuß RP 160, 200, 250; Zellwolle Z 90. Gurte mit Stahlseileinlagen tragen als Kurzzeichen St und die Zerreißfestigkeit in kg je cm Gurtbreite; üblich St 1500, 2000, 3000.

Bruchdehnung bei Gummigurten mit Einlagen aus Baumwolle etwa 14%, aus Reyon etwa 10%, aus Zellwolle etwa 12%.

Verfahren zur Prüfung der Gurtqualität: DIN 22102.

Flammwidrige Gurte für den Bergbau werden mit synthetischem Gummi (z. B. Neoprene) oder Kunststoffen (PVC) hergestellt; für die Nahrungsmittelindustrie geruchlose Gummigurte; Heißgutbänder bis 150 °C.

b) Berechnungsgrundlagen. α) Der *Fördergutstrom* ergibt sich aus dem Gutquerschnitt F [m²], der Fördergeschwindigkeit v [m/sek] und dem Schüttgewicht γ [t/m³] zu:

$$I_V = vF \text{ m}^3/\text{sek} = 3600\, vF \text{ m}^3/\text{h},$$
$$I_G = \gamma I_V = \gamma v F \text{ t/sek.} = 3600\, \gamma v F \text{ t/h}.$$

Werte für Schüttgewichte s. Bd. I, Tafeln im Anhang.

Der mögliche *Gutquerschnitt* (*Füllquerschnitt*) ist abhängig von Bandbreite B [m], Muldungsform des Gurtes, Fließverhalten des Fördergutes (Böschungswinkel, innere Reibung) und Neigung des Förderers. Unter Annahme mittlerer Guteigenschaften und gleichmäßiger Beschickung errechnen sich (DIN 22101) für den flachlaufenden und den unter $\lambda = 20°$ bzw. 30° Neigung der seitlichen Tragrollen gemuldeten Gurt aus den geometrischen Verhältnissen (Bild 155 und 156) die Fördergutströme zu:

flach: $I_V \approx 240 v (0{,}9B - 0{,}05)^2$ m³/h,

gemuldet 20°: $I_V \approx 465 v (0{,}9B - 0{,}05)^2$ m³/h,

gemuldet 30°: $I_V \approx 545 v (0{,}9B - 0{,}05)^2$ m³/h.

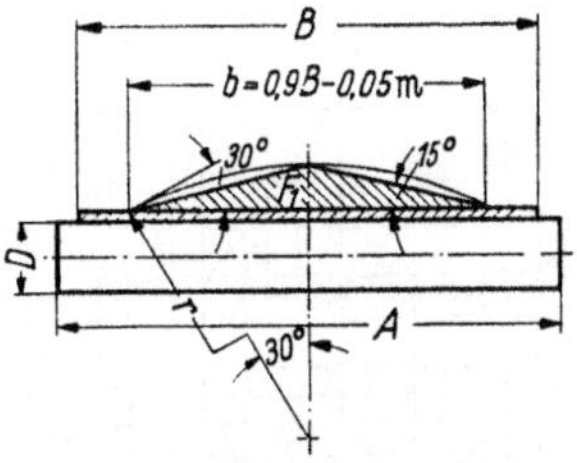

Bild 155. Füllquerschnitt beim flachen Gurt. $F = F_1$

Zahlentafel 23. *Normale Gurtbreiten, Tragrollenlängen und Tragrollendurchmesser* in mm

Gurtbreite B	Muldenrolle L*	Rollendmr. D	
500	200	63,5	89
650	250	63,5	89
800	315	89	108
1000	380	108	133
1200	465	133	159
1400	530	133	159
1600	600	133	159
1800	670	159	191
2000	750	159	191
2200	850	191	216
2400	900	191	216
2600	950	191	216

* Länge A der Flachrolle ≈ $3 \times L$.

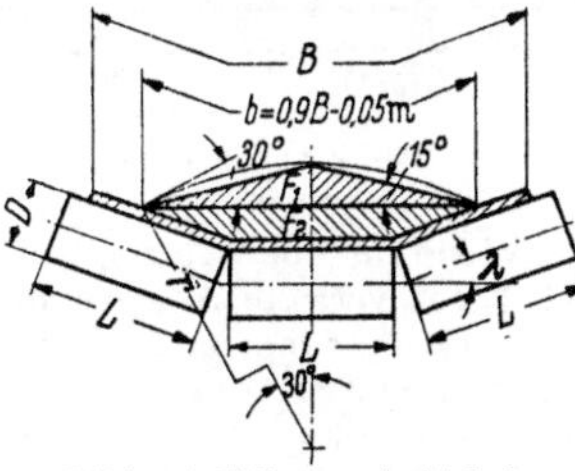

Bild 156. Füllquerschnitt beim gemuldeten Gurt. $F = F_1 + F_2$

Abweichend von der in Bild 156 angegebenen Muldenform vereinzelt dreiteilige Muldensätze mit kürzerer oder längerer Mittelrolle; auch Muldensätze mit 2 V-förmig unter 15 oder 20° zur Waagerechten geneigten Seitenrollen.

Hat die Förderbandanlage gegenüber der Waagerechten eine *Neigung* $\delta°$, so sind die theoretischen Fördergutströme mit einem Minderungsfaktor k zu multiplizieren:

$\delta°$	4	10	14	16	18	20	21	22	23	24
k	0,99	0,95	0,91	0,89	0,85	0,81	0,78	0,76	0,73	0,71

Die Bewegung großer Massen verlangt hohe *Gurtgeschwindigkeiten* von 4 bis 6 m/sek (Erdbaustellen, Braunkohlentagebau mit Fördergutströmen bis 14000 t/h). Erz und andere stark schleißende Schüttgüter werden z. Z. mit bis 2,5 m/sek befördert. Kesselbekohlungsanlagen und Kohleförderung unter Tage 2 bis 3 m/sek; Getreideförderer 1 bis 2 m/sek; stark staubende Güter (Mehl, Zement) 1 m/sek; Trag- und fahrbare Förderer für den Baubetrieb 1 m/sek. Für Stückgutförderung und Fließfertigung von 1,5 m/sek abwärts bis zu kleinsten Geschwindigkeiten.

β) *Bewegungswiderstände* und *Leistungsbedarf. Hauptwiderstände:* Reibungswiderstand der Tragrollen, Walkwiderstand von Gurt und Gut; *Nebenwiderstände:* Umlenkwiderstand des Gurtes an den Trommeln, Reibungswiderstände an Aufgabestelle, Gurt- und Trommelreinigern, Trommellagern, etwa schräg zur Förderrichtung gestellten Tragrollen (Sturz), Trägheitswiderstand des Gutes an Aufgabestelle. Hierzu tritt der *Steigungswiderstand* für Heben (+) oder Senken (−) des Förderguts bei geneigter Anlage. Die Hauptwiderstände werden berechnet mittels eines Gesamt-Reibungsbeiwertes f, die Nebenwiderstände mittels eines von der Anlagenlänge L abhängigen Beiwertes C (Bild 157) und der Steigungswiderstand aus Hubhöhe und Gut-Metergewicht (vgl. hierzu auch DIN 22101). Unter diesen Voraussetzungen wird die *von der Antriebstrommel auf den Gurt zu übertragende Umfangskraft:*

$$P = C f L \left(G_m + \frac{I_G}{3{,}6\, v} \right) \pm \frac{I_G H}{3{,}6\, v} \text{ kg}$$

und die *erforderliche Antriebleistung* an der Trommelwelle:

$$N_a = \frac{P v}{102} =$$

$$= \frac{C f L}{102 \cdot 3{,}6} (3{,}6\, G_m v + I_G) \pm$$

$$\pm \frac{I_G H}{102 \cdot 3{,}6} \text{ kW},$$

wenn bedeuten:

I_G	t/h	Fördergutstrom,
G_m	kg/m	Gewicht der drehenden Teile der Tragrollen und des Gurtes je m Fördererlänge (Ober- und Untertrum),
v	m/sek	Gurtgeschwindigkeit,
H	m	gesamte Förderhöhe.

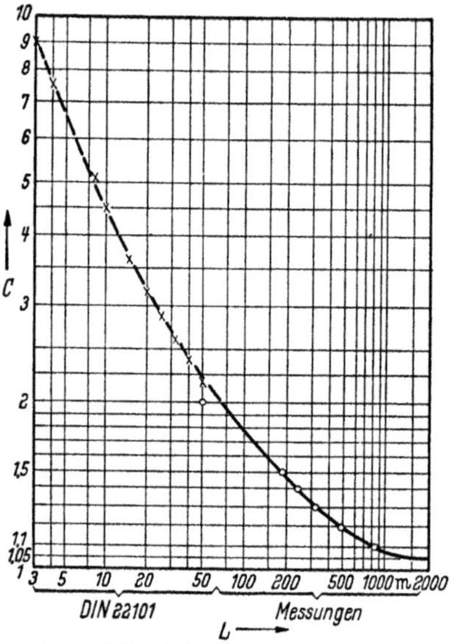

Bild 157. Beiwert C als Funktion der Förderlänge L

Werte für f bei Wälzlagerung und Labyrinthdichtung der Tragrollen:

0,017 gut verlegte Anlagen mit leichtlaufenden Tragrollen und Fördergut mit geringer innerer Reibung,

0,020 normal ausgeführte Anlagen,

0,023 bis 0,027 ungünstige Betriebsbedingungen; staubiger Betrieb, Fördergut mit großer innerer Reibung, gelegentliche Überladungen.

Werte für C s. Bild 157.

Gemäß DIN 22101 ist für jeden voll im Eingriff stehenden Gutabstreicher oder Abwurfwagen zu P hinzuzuschlagen: 75 kg bis 500 mm Gurtbreite, 150 kg bis 1000 mm und 225 bis 300 kg über 1000 mm Gurtbreite. Bei Anordnung von Führungsleisten ist ein Zuschlag von mindestens 7,5 kg/m zu machen.

Motorleistung: $N_m = N_a / \eta_{ges}$, wobei η_{ges} den Gesamtwirkungsgrad aller Übertragungsglieder zwischen Trommelwelle und Motorwelle darstellt ($\approx 0{,}8$ bis 0,9).

Genaue Ermittlung der Bewegungswiderstände aus den Einzelwiderständen nach vorläufiger Anlagendimensionierung bei Großbandanlagen[1].

[1] *Vierling, A.:* Untersuchungen über die Bewegungswiderstände von Bandförderanlagen. Fördern und Heben Bd. 6 (1956) S. 131/42 u. S. 249. Die Nebenwiderstände von Bandförderanlagen. Fördern u. Heben Bd. 8 (1958) S. 489/95. Quantitative Folgerungen aus Förderbandmessungen. Braunkohle, Wärme u. Energie Bd. 11 (1959) S. 253/59.

Die *Gurtzugkraft* T_1 errechnet sich aus der Eytelweinschen Gleichung $T_1/T_2 = e^{\mu\alpha}$ und der Beziehung $P = T_1 - T_2$ (vgl. Bild 158) zu

$$T_1 = P\,[1 + 1/(e^{\mu\alpha} - 1)]\,.$$

e = 2,718, Basis der nat. Logarithmen; α Umschlingungswinkel im Bogenmaß ($= \alpha_1 + \alpha_2$ bei Doppeltrommelantrieb); μ Reibwert zwischen Gurt und Antriebtrommel.

Werte für μ nach DIN 22101: Blankgedrehte Trommel naß 0,1, feucht 0,2, trocken 0,3; Trommel mit Gewebereibbelag schlüpfrig feucht 0,15, trocken 0,4.

Werte für $e^{\mu\alpha}$ in der Form e^x s. Bd. I S. 32/33.

Doppeltrommelantrieb, wenn Übertragungsfähigkeit eines Eintrommelantriebs bei mäßiger Vorspannung T_2 nicht ausreicht. Theoretische Verteilung der Umfangskraft P auf die beiden angetriebenen Trommeln (Bild 158):

$$\frac{P_1}{P_2} = e^{\mu\alpha_2} \cdot \frac{e^{\mu\alpha_1} - 1}{e^{\mu\alpha_2} - 1}\,; \qquad P = P_1 + P_2\,.$$

Praktische Aufteilung 2:1, Bild 164; zuweilen auch 1:1 unter Verzicht auf volle Ausnutzung der Übertragungsfähigkeit der Trommel *I*.

γ) *Gurtauslegung* nach DIN 22101; es bedeute:

T_1	kg	Gurtzugkraft,	S		Sicherheitszahl,
B	m	Gurtbreite,	K_z	kg/cm	Zerreißfestigkeit des Gurtes je Einlage.

Damit wird die Einlagenzahl des Gurtes $z = 0{,}01\,T_1\,S/(BK_z)$;

Sicherheitszahl $S = 11$ bei 3 bis 5 Einlagen, 12 bei 6 bis 9 und 13 bei 10 bis 14 Einlagen.

Antriebtrommeldmr. $D = \dfrac{360\,P}{p\,\pi\,\alpha^\circ\,B}$ in m, jedoch mindestens (0,125 bis 0,18) z, untertage bis 0,08 z.

$p = 1600$ bis 2000 kg/m², untertage bis 3500 kg/m² für Gurte mit Baumwolleinlagen; $p = 2500$ bis 3500 kg/m² für Gurte mit Kunstspinnstoff-Einlagen; $p = 5000$ bis 6000 kg/m² für Gurte mit Stahlseileinlagen.

Umlenktrommeldmr. D_1 in m = 0,1 bis 0,125 z, untertage bis 0,06 z; für Gummigurte mit Stahlseileinlagen: $D_1 \approx 0{,}8\,D$.

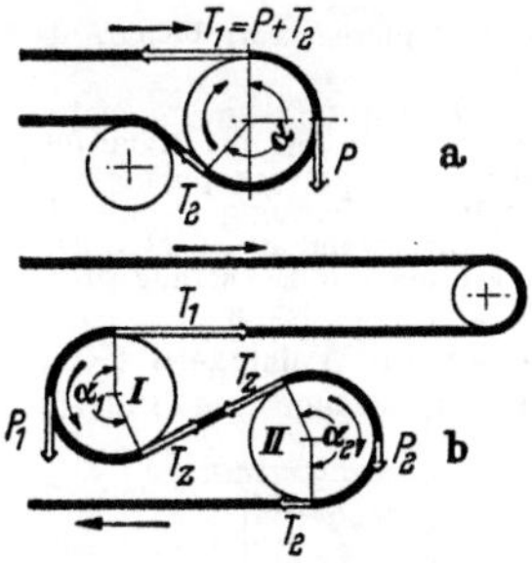

Bild 158. Kräfte an der Antriebtrommel. a Eintrommelantrieb; b Zweitrommelantrieb (vorgebauter Abwurf)

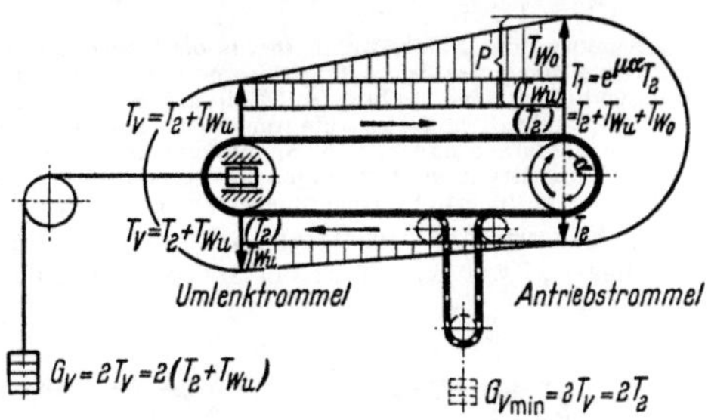

Bild 159. Kräfteverlauf längs des Fördergurtes zur Ermittlung der Vorspannkraft T_V

δ) *Kräfteverlauf längs des Fördergurtes* in Bild 159 für waagerechte Förderung und Beharrungszustand schematisch dargestellt; Kräfte im Gurt sind senkrecht zu ihrer Wirkungslinie aufgetragen. Größe der Vorspannkraft T_V bestimmt durch Ablaufkraft T_2. Bei kürzeren Gurtförderern Anbringen der Vorspannkraft an der Umlenktrommel. Bei längeren Anlagen Spannvorrichtung dicht am Ablaufpunkt, ergibt kleinste Vorspannkraft ($T_V = T_2$) und nimmt die beim Anfahren anfallende Gurtlängung auf.

Ausgehend von Ablaufkraft $T_2 = T_1 - P = P/(e^{\mu\alpha} - 1)$ kommen auf dem Weg des Untertrums dessen Bewegungswiderstände T_{Wu} dazu und nach Gurtumlenkung die Widerstände im beladenen Obertrum T_{Wo}. Insgesamt sind $T_{Wo} + T_{Wu} = P$ zu überwinden. $T_{Wo}/T_{Wu} \approx 5:1$. Kurve längs des Umschlingungsbogens α der Antriebstrommel logarithmische Spirale. Abnahme der Gurtzugkraft auf Antriebstrommel von T_1 auf T_2 hat Verringerung der Gurtdehnung zur Folge, so daß Gurt gegenüber Trommelbewegung etwas zurückbleibt (Dehnschlupf). Wird Reibungsschluß zwischen Gurt und Trommel unterbrochen (z. B. zu geringe Vorspannkraft), so tritt Gleitschlupf auf. Normalerweise wird der Umschlingungsbogen nur teilweise zur Kraftübertragung ausgenutzt; dann tritt der Dehnschlupf nur auf dem von T_2 aus sich aufbauenden „Nutzungsbogen" φ_N auf, während der Gurt auf dem nicht ausgenutzten Bogenteil, dem „Ruhebogen" ohne Schlupf läuft, Bild 160.

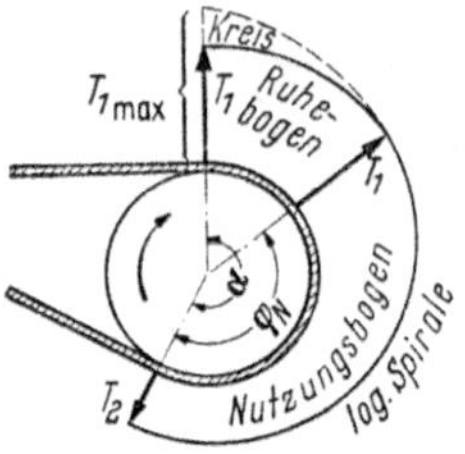

Bild 160. Ausnutzung des Umschlingungswinkels α

Dehnschlupf bedingt, daß bei Zweitrommelantrieb Trommel *II* mit etwas geringerer Umfangsgeschwindigkeit laufen müßte als Trommel *I*. Bei Antrieb durch einen Motor daher Ausgleichgetriebe zwischen beiden Antriebstrommeln erforderlich; bei Antrieb mit getrennten Motoren Anwendung von Flüssigkeitskupplung (hinter Käfigläufermotor, bis etwa 100 kW); angepaßter Trommeldmr. oder steilere Drehzahlcharakteristik des Motors *II* (fester Schlupfwiderstand) bei Schleifringläufermotorantrieb[1].

ε) *Anlaufverhältnisse.* Bei kurzen und wenig belasteten Anlagen nehmen Motor und Gurt die beim Anfahren auftretenden Mehrbelastungen mit genügender Sicherheit auf. Lange und hochbelastete Anlagen haben erheblichen Losbrech- und Trägheitswiderstand. Für das Losbrechen kann das 1,3- bis 1,5fache des Beharrungswiderstandes angesetzt werden; daher auch Beschleunigungsvorgang so einrichten, daß Beschleunigungskraft diesen 0,3- bis 0,5fachen Überschuß über die Beharrungskraft nicht überschreitet. Die Beschleunigungszeit beträgt:

$$t_x = \left(\frac{2\,G_{Bm} + G_{Gm}}{g}\,L + \frac{\Sigma\,G_{\text{red}}}{g}\right)\frac{v}{P_b} \quad \text{sek}\,,$$

wobei bedeuten: G_{Bm} und G_{Gm} Gurt- bzw. Gutgewicht in kg/m,
g Fallbeschleunigung in m/sek² (= 9,81), L Fördererlänge in m,
ΣG_{red} Summe aller auf den Tragrollen- bzw. Trommelumfang reduzierten Gewichte der umlaufenden Teile (G_{red} berechnet aus deren Schwungmoment GD_i^2 [kgm²], dividiert durch das Quadrat des Tragrollen- bzw. Trommeldmr. D^2 [m²]),
v Gurtgeschwindigkeit in m/sek,
P_b Trägheitskraft in kg ($P_b = 0{,}3$ bis $0{,}5\,P$; gesamte Umfangskraft beim Anlauf $P_A = 1{,}3$ bis $1{,}5\,P$).

Begrenzen des Anfahrdrehmoments bei Verwendung von Drehstrom-Asynchronmotoren mit Schleifringläufer durch feinstufig oder stufenlos wirkenden Anlasser; bei Käfigläufer-Motoren Flüssigkeitskupplung (mit Füllungsverzögerung) oder Magnetpulverkupplung.

Vorspannkraft muß für Anfahren ebenfalls den 1,3 bis 1,5fachen Betrag gegenüber dem Beharrungszustand haben, d. h. Spannvorrichtung ist für Anfahrzustand auszulegen; damit ist bei Gewichtsspannvorrichtungen diese erhöhte Vorspannkraft auch im Beharrungszustand vorhanden; gesteuerte Verringerung möglich bei elektr. betätigter Spannwinde.

c) Konstruktive Ausbildung. α) *Tragrollen* durchweg mit Wälzlagern (Rillenkugellager). Zwei Bauarten: Festachse, Bild 161 a, b; Kappenlagerung Bild 161 c.

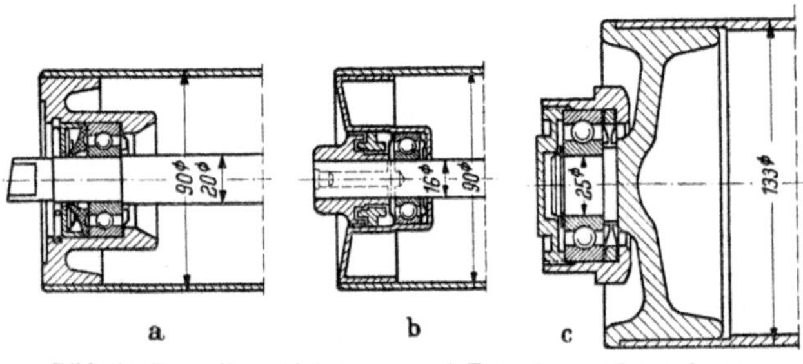

Bild 161. Tragrollenausführungen. a, b Festachse; c Kappenlagerung

[1] Vgl. *Vierling, A.:* Zur Theorie der Bandförderung, Continental-Transportbanddienst Heft 8 (1956), sowie *ders.* u. *H. Oehmen:* Messungen an Förderbandanlagen. Braunkohle, Wärme u. Energie Bd. 10 (1958) S. 313/26.

Rollenmantel nahtlos gezogenes Rohr oder gerolltes, geschweißtes Blech; Rollenboden aus Grauguß, Bild 161a, aus tiefgezogenem Stahlblech, Bild 161b, aus Stahlguß, Bild 161c, oder im Gesenk geschmiedet. Dichtung: Bunalippe und Nilos-Blechdichtring, Bild 161a; Labyrinthdichtung und gesickte Blechringe, Bild 161b (Labyrinth auch aus Blechelementen); nur Nilosringe, Bild 161c; bei Dichtungsausbildung auf geringen Laufwiderstand achten. Unwuchten vermeiden.

Die Tragrollen werden in geschlitzte Haltbleche eingelegt, die drei Einzelrollen des Muldensatzes in Tragstuhl zusammengefaßt, Bild 162. Bandtraggerüste für Untertage DIN 22111.

Zur Gurtführung und Lenkung auch Seitenrollen von Muldensätzen mit Sturz (1 bis 3°) in Laufrichtung, oder drehbare Anordnung des Tragstuhls um Mittelzapfen. Zur Gurtreinigung im Untertrum Spiralrollen (Rollenmantel aus schraubenförmig angebrachtem Rund- oder Bandstahl) oder Rollen mit aufgesetzten Gummischeiben. Unter der Gutaufgabestelle zur Stoßmilderung enggestellte, mit Gummipolsterringen versehene Tragrollen.

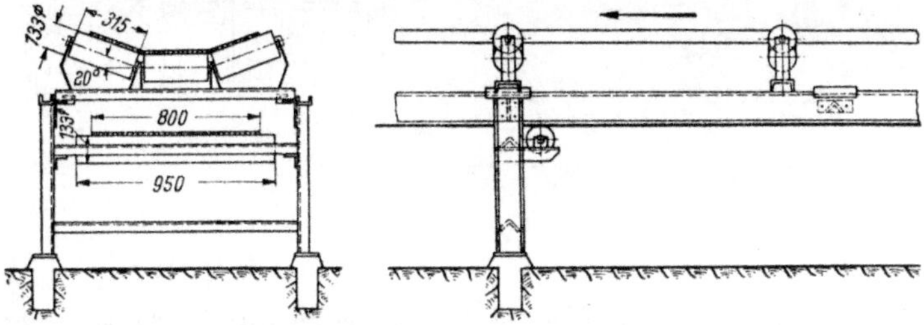

Bild 162. Tragrollenanordnung in Traggerüst (Eisenwerk Weserhütte AG, Bad Oeynhausen) Ortfeste Anlage, Festachslagerung der Rollen, 20° Mulde

β) *Antrieb-, Umlenk- und Ablenktrommeln* aus Stahl in Schweißkonstruktion. Die Antriebtrommeln werden auf ihre Welle aufgekeilt oder mit Ringspannsätzen befestigt; zylindrisch gedreht, blank oder mit Reibbelag aus Gewebe, profiliertem Gummi (grobes Fischgrätenmuster), Sonderwerkstoffen. Umlenk- und Ablenktrommeln dagegen laufen oft mit in ihren Naben befestigten Wälzlagern auf festen Achsen.

γ) *Antriebgestaltung.* Bei kleinen ortfesten, trag- und fahrbaren Förderbändern: Elektromotor - Vorgelege - Antriebtrommel; Keilriemen- und Zahnradvorgelege. Vereinigung dieser Elemente in Elektro-Förderbandtrommeln (bis etwa 15 kW). Anordnung meist am Kopf der Anlage; bei fahrbaren Anlagen und Auslegern zum Vermeiden der Kopflastigkeit auch am Aufgabeende („geschobenes Band"), Bild 163.

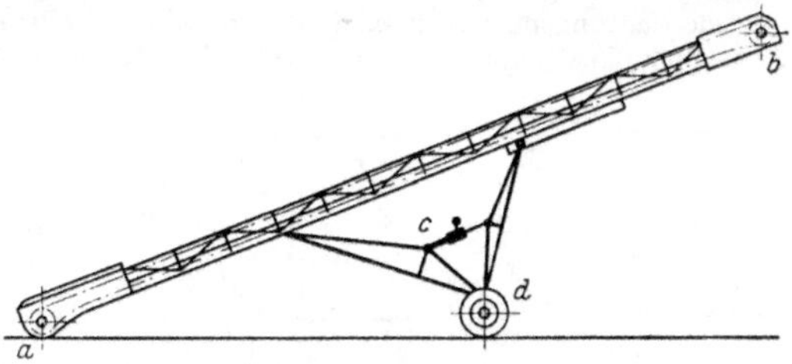

Bild 163. Fahrbarer Gurtförderer mit Höhenverstellung *a* Elektro-Förderbandtrommel; *b* Umlenktrommel; *c* Zahnstangenwinde; *d* um 90° schwenkbare Räder

Mittlere und große Anlagen meist am Kopf angetrieben. Trommelantrieb durch ein oder zwei Antriebaggregate (Motor — Kupplung — Getriebe — Kupplung — Trommel auf festem Rahmen), Bild 164, oder: Motor — Kupplung — Getriebe — Trommel; Trommelwellenstumpf trägt das davorliegende Aggregat, dessen Tragrahmen mit Pendelstütze abgefangen ist: Tatzlagerung.

Weitere Antriebformen: Ein- oder Zweitrommelantrieb am Kopf und Eintrommelantrieb am Schluß (für wenig abwärts fördernde Anlagen günstig; auch für schwere etwa waagerechte Anlagen); reversierbare Anlagen angetrieben in Mitte Untertrum oder an einem der Enden oder an beiden.

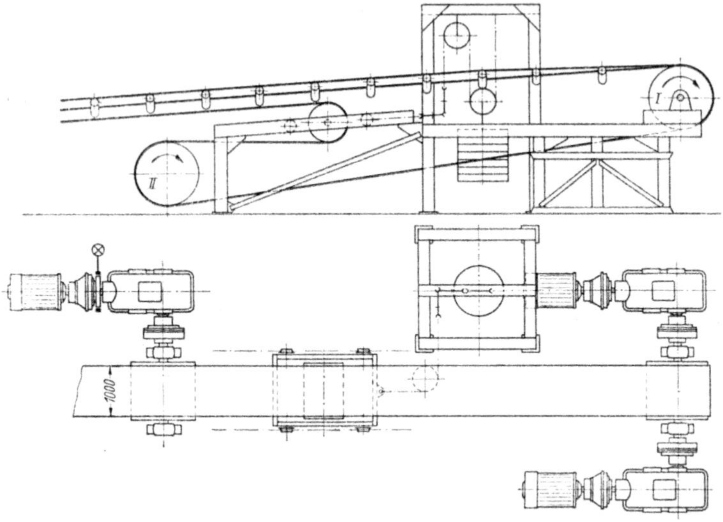

Bild 164. Zweitrommelantrieb mit drei gleichen Käfigläufermotoren und füllungsverzögerten Strömungskupplungen für waagerechte Förderbandanlage 1200 m Länge, 1400 m^3/h bei 4 m/sek Gurtgeschwindigkeit. Antriebtrommeln nur von sauberer Gurtseite berührt. Vorspannkraft durch seitlich angebrachtes Spanngewicht. Zum raschen Stillsetzen Doppel-Backenbremse mit Eldro-Bremslüfter auf Antrieb *II*

δ) *Spannvorrichtungen.* Für trag- und fahrbare Gurtförderer, auch für ortfeste Kleinanlagen Spindelspannvorrichtungen, Bild 165; zum Begrenzen der Vorspannung auch gefedert, Bild 166.

Bei größeren Anlagen wird Spanntrommel auf Spannwagen gelagert, der auf in Förderrichtung angeordneten Schienen, Bild 164, oder in senkrechten Führungen fährt. Spannkraft durch Gewicht oder Winde. Einstellen der Windenzugkraft von Hand oder elektromotorisch nach Anzeige eines eingebauten Dynamometers. Elektrische Spannwinde gestattet auch Ausbildung selbsttätiger Einstellung der Windenzugkraft zwischen zwei Grenzwerten oder Regelung auf konstante Größe.

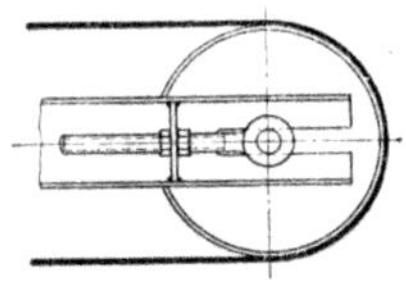

Bild 165 Spindelspannvorrichtung mit Druckschraube

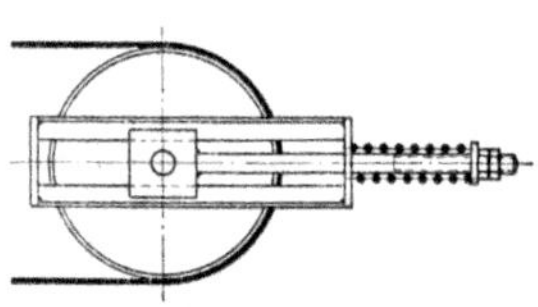

Bild 166 Spindelspannvorrichtung mit gefederter Zugschraube

ε) *Gutaufgabe* möglichst in Laufrichtung und unter Vermeidung größerer Fallhöhen. Bei Schüttgütern Anbringen von Trichtern und Zulaufschurren, deren Kanten mit Weichgummileisten gegenüber dem laufenden Gurt abgedichtet werden. Schonende Gutaufgabe von Schüttgütern mit verschiedener Körnung durch Anbringen eines Rostes, auch Rollenrostes. Winklig angeordnete Übergabestellen erhalten einstellbare Prallschürzen zum mittigen Beschicken des abgehenden Gurtes. Bei großen Bandgeschwindigkeiten Auf- und Übergabestellen mit kurzen Prall- und Beschleunigungs-Zwischenbändern, Bild 167. Aufschlagstellen unterstützt durch Polsterrollen oder Stützband.

ζ) *Gutabwurf* meist über Kopf am Anlagenende; auf der Förderstrecke durch einseitige oder pflugförmige Abstreifer oder Abwurfwagen (Bandschleifenwagen).

Abstreifer ausschwenk- oder abhebbar. Der längs der Förderstrecke verfahrbare Bandschleifenwagen gibt entweder in einen Trichter ab, von dem das Schüttgut seitlich durch ein oder zwei Rohre weitergeleitet wird oder wirft es auf ein nachgeschaltetes Querband ab.

Zur Lagerplatz- und Bunkerbeschickung jetzt an Stelle der Abwurfwagen Zuführen des Schüttguts über das Hauptband bis zur Platz- bzw. Bunkermitte, dann Übergabe auf ein längs unter dem Hauptband verfahrbares und reversierbares Abwurfband.

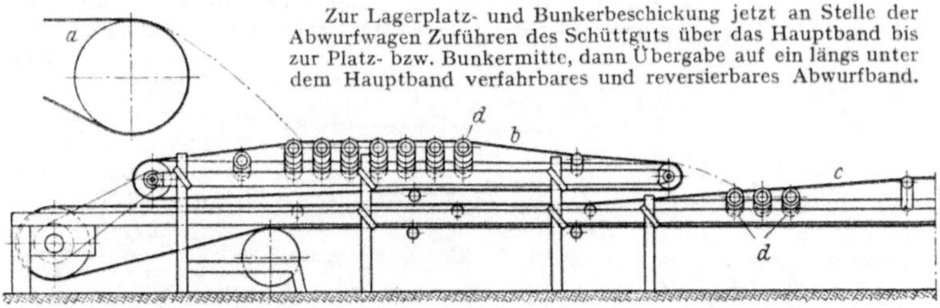

Bild 167. Übergabestelle mit Beschleunigungszwischenband. *a* Zuführendes Band; *b* Zwischenband mit niedriger Abwurfhöhe, angetrieben von abführendem Band *c*; *d* Polsterrollen

d) Sonderausführungen. Erhöhen des Reibwertes zwischen Gurt und Gut und damit *steileres Fördern* durch Oberflächenmusterung der Tragseite (Fischgräten-, Pyramiden-, Riffelmuster). Zusätzliches Stützen von Schütt- oder Stückgut durch Querleisten (Kastenband) oder pfeilförmig angeordnete Stollen. Das aufwärtsfördernde „Höckerband" besteht aus einem stark muldbaren Grundband und dreieckförmigen Gummilippen, die sich bei der Muldung zu einem Schott schließen.

Steilförderung größerer Fördergutströme bis zu einem Winkel von 35 bis 40° ermöglicht ein Deckband, das über dem normalen Förderband angebracht ist und mit der gleichen Geschwindigkeit umläuft, Bild 168. Das Fördergut wird zwischen beiden Gurten eingeschlossen. Das Deckband wirkt durch sein eigenes Gewicht, kann aber auch zusätzlich durch Druckrollen angepreßt werden.

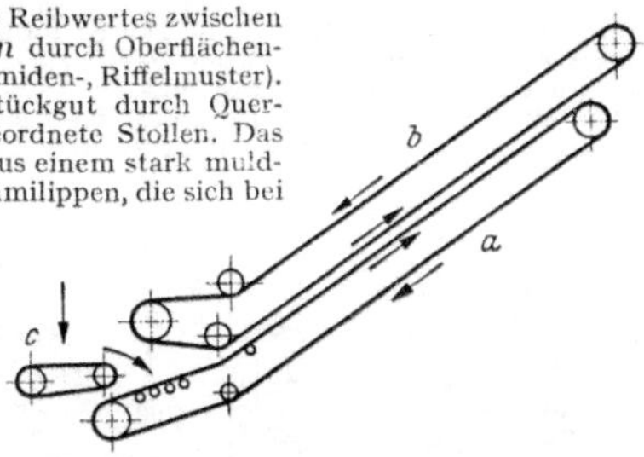

Bild 168. Steilförderer mit Deckband. *a* normaler Fördergurt; *b* Deckband; *c* Aufgabeband

2. Textilgurt-, Drahtgurt-, Stahlbandförderer

a) Ausgangswerkstoffe für **Textilgurte** (ohne Überzug aus elastischem Material): Hanf-, Baumwoll-, Tierhaargarne. Eignung nur bei leichter Oberflächenbeanspruchung in geschlossenen, gleichmäßig warmen Räumen; widerstandsfähig gegen Fette und Öle, Baumwollgurt auch gegen Laugen; Kamelhaargurt unempfindlich gegen Staub und Säuren.

b) Stahl- oder **Metalldrahtgurte** verschiedener Machart: Drahtglieder-, Drahtgeflecht-, Drahtösenbänder für schwereres Fördergut; Stangen- und Drahtgewebebänder für leichteste Güter. Anwendung auch für heiße und glühende Schütt- und Stückgüter, ferner als Entwässerungs- und Trocknungsbänder (Steinhaus GmbH, Duisburg).

c) Das aus Kohlenstoffstahl, kalt gewalzt und gehärtet (120 kg/mm² Bruchfestigkeit) hergestellte **Stahlband** (0,4 bis 1,6 mm stark) ist besonders für den Transport harter Mineralien oder gesinterten Materials sowie von feuchtem oder klebendem Gut geeignet. Anwendung auch in Back- und Trockenöfen und in Arbeitstischen bei der Fließfertigung. Meist ebene Führung, jedoch auch leichte Muldung möglich. Sonderausführungen aus rostbeständigem, hartgewalztem Chromnickelstahl, mit Gummischicht umkleidet.

Sowohl das nackte als auch das gummibelegte Stahlband erfordern angepaßte Gestaltung der stützenden Tragrollen oder Gleitflächen, der Antriebs- und Umlenktrommeln und der Spannvorrichtungen (Sandvikens Transportband-GmbH, Stuttgart-Bad Cannstatt).

B. Gliederförderer

Gleichartige Förderelemente (Platten, Tröge, Kästen, Becher, Gehänge, Kratzer) sind an einem endlosen Zugmittel (Rundgliederkette, Laschenkette, Sonderkette, Gurt, Drahtseil) in gleichen Abständen aneinandergereiht.

Die in DIN 22200 angegebenen *Berechnungsgrundlagen* beziehen sich auf Platten- und Kastenbänder, Becherwerke und Kratzbänder. Sinngemäße Anwendung auch auf Kreisförderer.

1. Gliederbandförderer

Je nach Ausbildung der Tragglieder: *Platten-*, *Trog-* und *Kastenbänder;* sie überdecken sich gelenkig; bei Plattenbändern für Stückgut auch stumpf aneinanderstoßend. Genormte Abmessungen und Anordnungen: allgemein DIN 15275; Trogbandförderer mit zwei Kettensträngen und außenliegenden wandernden Rollen: DIN 22241 (Ketten neben oder unter dem Bandglied), mit einem Kettenstrang DIN-Entwurf 22242.

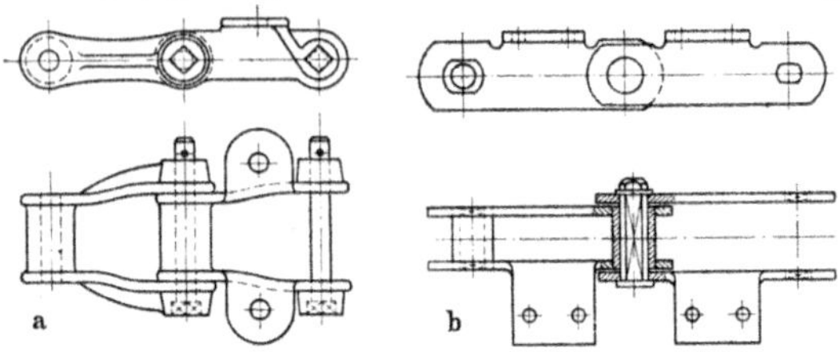

Bild 169. Ketten für Gliederbandförderer. a Stahlbolzenkette DIN 654; b Laschenkette DIN 8175

a) Zugmittel. Zerlegbare Gelenkketten DIN 686 oder Stahlbolzenketten DIN 654 mit ein- oder zweiseitigen Befestigungslappen, Bild 169a; an Stelle der Tempergußausführung Buchsenförderketten mit gekröpften Stahllaschen; für schwereren Betrieb auch Stahllaschenketten mit geraden Laschen (DIN 8165 und DIN 8175), Bild 169b, als Buchsenketten oder mit glatten oder Bund-Laufrollen DIN 8166 und Bild 176. Rundgliederketten DIN 764 (S. 501) oder in hochfester Sonderausführung, hauptsächlich für Trogbänder. Anordnung zwei- oder einsträngig; letztere erforderlich bei kurvengängigen Gliederbändern.

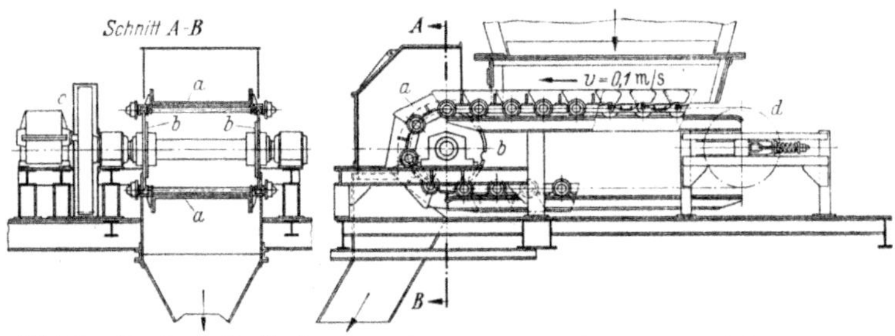

Bild 170. Trogband für Bunkerabzug (Eisenwerk Weserhütte AG, Bad Oeynhausen). *a* Kettenband; *b* Antriebskettenrad; *c* Getriebe; *d* Umkehre mit Spannvorrichtung

b) Tragglieder. Leisten oder Platten aus Holz oder Stahl für Stückgut-Plattenbänder. Für Schüttgut sich überdeckende Platten z. B. Platten-Doppelglieder DIN 22204. Bei den Trogbändern überdecken sich auch die hochgezogenen Seitenwände schuppenförmig (vgl. Bild 170). Kästen werden gebildet durch eingezogene Querwände: Kasten-Doppelglieder DIN 22207 und Verladekasten-Doppelglieder DIN 22208; Einzelteile zu Doppelgliedern DIN 22210.

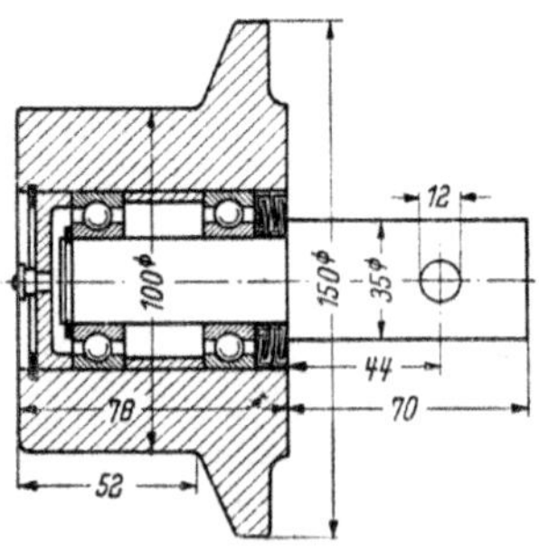

Bild 171. Laufrolle für Trogbandförderer; Außenabmessungen nach DIN 22243

c) Abstützung des Gliederbandes durch Laufrollen auf Führungsschienen; selten schleifend oder auf Stützrollen. Meist werden die mit Bund (Spurkranz) versehenen Laufrollen auf im Zugmittel befestigten Steck- oder durchgehenden Achsen fliegend mittels Wälzlagern gelagert, Bild 170. Anordnung im Abstand von 1 bis zu 12 Kettenteilungen. Außenabmessungen der Laufrollen für Trogbandförderer DIN 22243, Bild 171. Bei kurvengängigen Gliederbändern zusätzlich Führungsrollen mit senkrechter Achse.

d) Antrieb und Umlenkung durch Kettenräder oder Kettensterne (Turasse) aus GG 12 oder GS 52. Antriebstation für Trogbandförderer gemäß DIN 22244. Fördergeschwindigkeiten 0,1 bis 1,2 m/sek. Lange Trogbandförderer erfordern Anlaufkupplungen (z. B. Flüssigkeitskupplung); hier auch Zwischenantrieb anwendbar, bei dem kurze endlose Kette mit Mitnehmern in die Förderkette eingreift. An Umkehre gefederte Spindelspannvorrichtung (vgl. Bild 166 u. 170).

e) Anwendung. Holz- und Stahlplattenbänder für Stückgüter, insbesondere in der Fließfertigung. Trogbänder für schwere, grobstückige, stark schleißende, auch heiße Stück- oder Schüttgüter, z. B. kurze Bunker-Austragbänder, Förderbänder für Kohle und Berge untertage (Fördergutstrom bis 300 t/h, Förderlänge bis 400 m mit Antrieb am Kopf und Schluß des Bandes; größere Längen mit Zwischenantrieben); bei Steigungen (bis 50°) Kastenbänder (z. B. für Koksverladung).

2. Becherwerke

a) Senkrecht- oder Schrägbecherwerke (Elevatoren) mit Bechern als Tragorgan, die am Zugorgan (Gurt, Ein- oder Zweistrangkette) befestigt sind. Selbstschöpfend (Schöpfbecherwerk, Bild 172) oder durch Aufgabetrichter beschickt (Aufgabebecherwerk, Bild 174). Schnellaufende Gurt-Becherwerke bis 2,5 m/sek Gurtgeschwindigkeit; Ketten-Becherwerke mit 1,0 bis 1,2 oder langsam mit 0,3 bis 0,5 m/sek Kettengeschwindigkeit. Die Becher sind meist an jedem zweiten Kettenglied angebracht oder in dichter Folge an jedem Kettenglied (Vollbecherwerke, Bild 174). Antrieb und Umlenkung (Spannung) über Trommeln, Rollen oder Kettenräder. Offen und fahrbar (Becherwerkslader) oder in geschlossenem Gehäuse (Kastenschlot oder Doppelschlot), wobei das Volltrum immer geführt wird, das Leertrum aber auch frei durchhängt. Abwurf über Kopf in Abgabeschurre unter Wirkung der Zentrifugalkraft, Bild 172 und 174 (ab 0,8 m/sek);

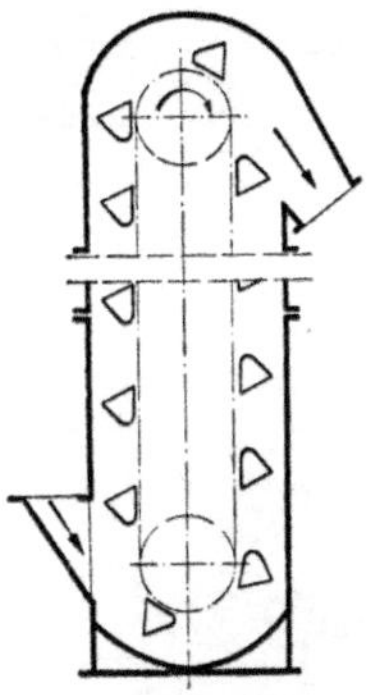

Bild 172. Schöpfbecherwerk (Abwurf durch Zentrifugalkraft)

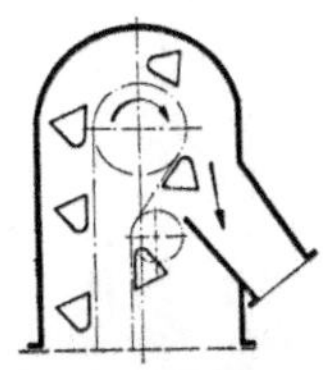

Bild 173. Becherführung bei Abwurf durch Schwerkraft

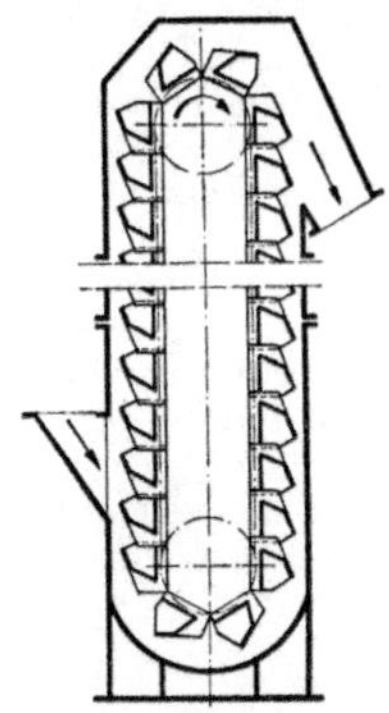

Bild 174. Vollbecherwerk (Abwurf durch Zentrifugalkraft)

bei Vollbecherwerken Schüttgut durch Rinne am Becherrücken geführt, Bild 174. Langsame Becherwerke erfordern Ablenkung des Leertrums nach innen, Bild 173, oder schütten zwischen den Kettensträngen aus.

α) *Zugmittel und Tragglieder.* Bei den Gurtbecherwerken werden die Becher am Textil-, Gummi- oder Drahtgurt mittels Tellerschrauben und Tellerscheiben angebracht: DIN 15236, Blatt 1, und DIN 15237. Befestigung der Becher an Stahlbolzenketten, Rundgliederketten oder Buchsenketten durch Schrauben gemäß DIN 15236, Bl. 3, 4 u. 5, oder Kettenbügel, DIN 745. Becherformen (0,1 bis 140 lit) je nach Schüttgut genormt in gegossener Ausführung DIN 15241 bis 45 oder aus Blech (gepreßt oder geschweißt DIN 15231/35). Becher auch aus Gummi. Als Doppelglieder sind Becher nebst Laschenketten, besonders für Aufbereitungsanlagen von Steinkohle in DIN 22201/03 und 22211/13 dargestellt; Einzelteile dazu DIN 22210.

β) *Antrieb und Umlenkung.* Antriebswelle im Becherwerkskopf trägt Antriebstrommel bzw. Antriebsrollen, Antriebskettenräder oder Turasse (Vierkantsterne DIN 22214, Sechskantsterne DIN 22215). Ungleichförmige Kettengeschwindigkeit, die zusätzlich Trägheitskräfte in Zugorgan ergibt, wird in Kauf genommen, Geschwindigkeitsausgleich aber möglich[1]. Die Umkehre im Becherwerksfuß wird durch Schraubenspindel (ohne oder mit Feder) oder gewichtsbelasteten Hebel gespannt.

γ) *Anwendung* zur Schräg- und Senkrechtförderung (ab etwa 50°) auf Höhen bis 30 m (max. bis 80 m); Fördergutstrom bis 350 t/h (vgl. Zahlentafel 24). Gurtbecherwerke für Getreide und andere leichte Schüttgüter. Kettenbecherwerke in Kies-, Kohle-, Erz-Aufbereitungsanlagen, in der Industrie der Steine und Erden; als Bestandteil von Eimerketten-Naßbaggern.

---

[1] Vgl. auch *Idelberger:* Die Geschwindigkeits- und Beschleunigungsverhältnisse beim Antrieb von Stahlgliederbändern und Kettenförderern. Bergbau-Rdsch. (1955) Nr. 12 S. 671.

Zahlentafel 24. *Senkrechtbecherwerke* nach DIN 15251 (Okt. 1952)
(Beumer, Beckum)

Becherbreite	mm	160	200	250	315	400	500	630	800
Becherinhalt	lit [1]	1,5	2,4	3,75	6	9,5	15	21,6	37,5
Fördergutstrom	m³/h *	10	16	21	33	52	72	90	135
Antriebsleistung	PS **	3,5	4	5	6	9	12,5	15	25

[1] Wasserinhalt bei senkrechter Becherlage.
* Für 1,15 m/sek Fördergeschwindigkeit und 75% Füllungsgrad.
** Für 20 m Achsabstand und normales Fördergut.

b) Pendelbecherwerke, Bild 175. Die gegossenen, meist aber aus Stahlblech geschweißten Becher (28 bis 500 lit) sind in gleichen Abständen an Achsen pendelnd zwischen zwei mit Laufrollen versehenen endlosen Laschen-Kettensträngen aufgehängt (vgl. DIN 15256, Pendelbecherwerke)[1]. Beschicken durch vom Becherstrang selbst betätigte Fülleinrichtungen (z. B. Fülltrommel mit Schlitzen, deren Entfernung voneinander dem Becherabstand entspricht). Gutabgabe durch Kippen der Becher um etwa 90°. Die Becherstirnwände tragen hierfür Rollen oder Nocken, die gegen durch Handhebel ein- und ausrückbare Kurvenbahnen der ortfesten oder verschiebbaren Kippvorrichtung fahren. Führung des Becherstranges waagerecht, schräg, senkrecht; auch raumbewegliche Ausbildung möglich.

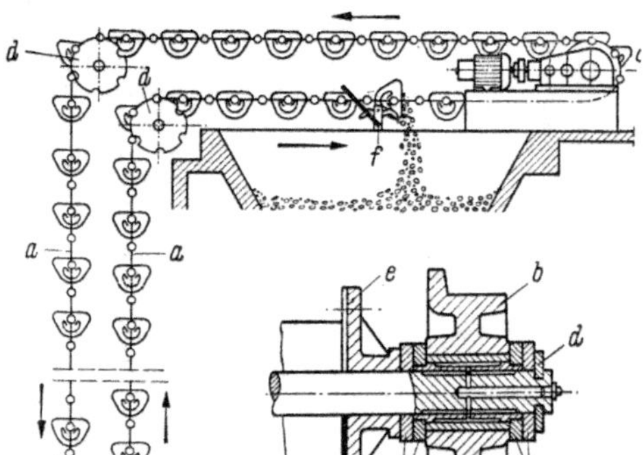
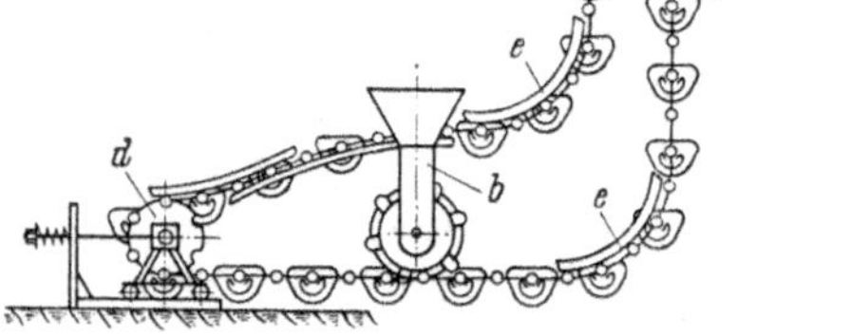

Bild 175. Pendelbecherwerk (Schema) *a* Becherkette; *b* Fülltrommel; *c* Antrieb; *d* Umlenkscheiben; *e* Umführungsschienen; *f* Kippvorrichtung

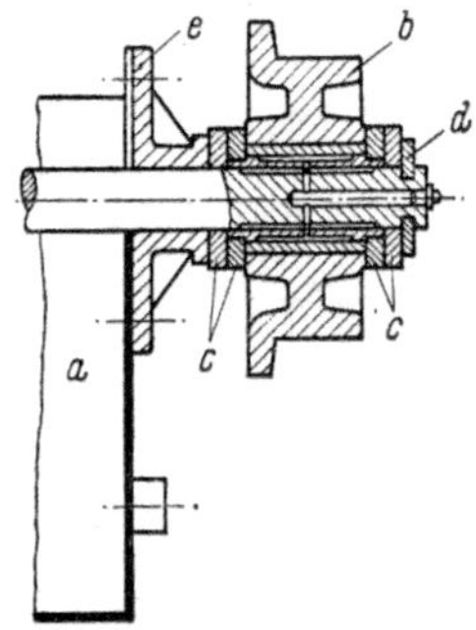

Bild 176. Laufrolle an Buchsenförderkette für Pendelbecherwerk (Schenck, Darmstadt). *a* Becher; *b* Bundrolle; *c* Kettenlaschen; *d* Achshalter; *e* Flanschlager

α) Als *Zugmittel* meist zweisträngige Buchsenförderkette (z. B. DIN 8165, mit Rollen DIN 8166). Jeder Kettenstrang besteht aus doppelten Zuglaschen, deren innere Glieder auf die Buchse gepreßt, die äußeren mit der Achse durch Achshalter starr verbunden sind. Laufrolle zwischen den Innenlaschen; ihre Bohrung ist mit einer auswechselbaren gehärteten und geschliffenen Buchse versehen, Bild 176. Hochdruck-Preßfettschmierung durch die Achse. Diese Zugmittelausführung wird auch für schwere Gliederbänder verwendet.

β) Die *Becher* werden mittels Flanschlager an den Kettenachsen aufgehängt. Der Becherstrang rollt auf den waagerechten oder schrägen Strecken auf Schleißschienen und wird auf den senkrechten Strecken durch Winkelstahlschienen geführt. Zum Antrieb dienen verzahnte Arm- oder Scheibenräder, die die Laufrollen greifen. Rücklaufsperre im Getriebe oder Doppelbackenbremse erforderlich. Die gleichen Radformen werden für Ablenkung und Umkehre benutzt; Kurvenführung auch durch Umführungsschienen (an Stellen geringerer Zugkraft). Die Umlenkräder der Umkehre sind auf einem fahrbaren Rahmen gelagert, der durch Federn oder Gewichte gespannt wird; dadurch werden die Ketten vorgespannt und ihre Längenänderungen selbsttätig ausgeglichen.

[1] Kettengeschwindigkeit 0,25 bis 0,5 m/sek.

γ) *Anwendung* hauptsächlich für Bunkerbekohlung und Aschetransport in Kraft- und Gaswerken, aber auch für andere Schüttgüter, wenn Förderweg von der Horizontalen in die Vertikale abgelenkt werden muß und Abgabeort wechselt.

δ) *Schaukelförderer* (für Stückgut), DIN 15282, erhalten an Stelle der Becher Gehänge, die zwischen den beiden parallel laufenden Kettensträngen pendelnd angebracht sind. Fördergutauf- und -abgabe von Hand oder selbsttätig (kammförmige Ausbildung von Schaukel und Aufgabevorrichtung, die sich gegenseitig durchdringen). Fördergeschwindigkeit ≈ 0,25 m/sek. Für leichte Lasten Schaukeln fliegend an einzigem Kettenstrang: *Einkettenschaukelförderer*. Bei den nur senkrecht arbeitenden *Umlaufförderern* (z.B. Umlaufaufzüge DIN 15307, 15308) sind die Tragmittel an zwei versetzt angeordneten Kettensträngen aufgehängt.

Zahlentafel 25. *Fördergutstrom* I_V von Pendelbecherwerken bei Füllungsgrad $\varphi = 90\%$ und Becherabstand $a = 1$ m [1] (Schenck, Darmstadt)

Spurweite s mm	Becherinhalt V lit	Fördergutstrom I_V in m³/h bei v m/sek 0,25	0,315	0,4
630	40	32	41	52
800	56	45	57	73
800	112	91	115	146
1000	150	122	153	194
1000	225	182	230	290
1250	200	162	205	260
1250	300	244	305	390
1400	336	274	345	440
1600	396	322	408	518
1800	456	370	466	595
2000	516	420	528	670

[1] $I_V = 3{,}6\,\varphi V v/a$; bei $a = 2$ m beträgt daher I_V jeweils die Hälfte.

3. Kreisförderer

An Laufrollenpaare (zwei oder vier), die durch eine hochverlegte, offene oder geschlossene Laufbahn geführt werden, hängen pendelnd der Last angepaßte Tragglieder: ein- oder mehrstöckige Plattformen, Gestelle, Gabeln, Bügel, Haken, Mulden, Behälter. Sie sind durch eine endlose Kette verbunden, die über ein Kettenrad angetrieben wird (bei längeren Strecken mehrmals, auch durch Mitnehmerketten); Ab- und Umlenkung durch Kettenräder, Scheiben oder Rollenbatterien; Spannvorrichtung erforderlich. Beliebige Streckenführung mit raumbeweglicher Kette. Aufnahme und Abgabe des Förderguts von Hand oder selbsttätig. Vorwahl der Abgabestellen durch Zielsteuerungen.

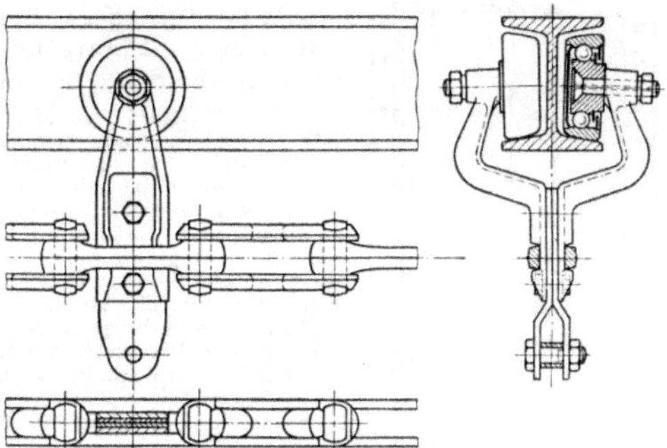

Bild 177. Kreisförderer-Laufrollenpaar mit Nietlos-Kette auf I-Laufbahn

a) Laufbahnen und -rollen. I-Schiene für Einschienen-Kreisförderer, Bild 177. Winkelstahlschienen für Zweischienen-Kreisförderer, DIN 15281 und Bild 178a; Rohr mit Schlitz (Tubusförderer, Stotz AG, Stuttgart-Kornwestheim); Kastenprofil, Bild 178b. Anbringen der Laufbahn an Decken und Wänden oder Abstützen vom Boden durch Winkelstahl- oder Rohrkonstruktionen. Die Rollen (glatt oder mit Bund) laufen auf Wälz- oder Gleitlagern, Bild 177 bzw. DIN 8166.

b) Zugmittel. Die Ketten: raumbewegliche Rundgliederketten DIN 762, Stahlbolzenketten DIN 654, Buchsenketten DIN 8165 (nötigenfalls mit Kardangelenk), im Gesenk geschmiedete, zerlegbare „Nietlos-Ketten", Bild 177, greifen an einem einfachen oder doppelten Zugbügel des Laufrollenpaares unterhalb der Laufbahn an. Am Zugbügel ist auch das Gehänge beweglich befestigt; zum Senkrechtfördern muß es an *zwei* Rollenpaaren gelenkig angebracht werden (über winkelförmig zusammengeführte Arme). Bei rohrförmiger Laufbahn Kettenangriff auch in Mitte Laufrollenachse; dann Rollenpaare abwechseln mit um 90° versetzten Achsen an Kardankette befestigt. Drahtseile als Zugmittel selten.

c) Antrieb und Umlenkung. Antriebsort günstig hinter Strecken großen Bewegungswiderstandes, z. B. hinter Steigungen und nach Gutabgabe. Antriebskettenrad in waagerechter

Kurve; Mitnehmerkettenantrieb auf waagerechter gerader Strecke; Antrieb- und Umlenkkettenräder der Kettenart angepaßt; Kettenumlenkung in waagerechter Ebene auch durch Rollenkurven. Kettenspannung mittels Spindel- oder Gewichtsspannvorrichtung, die an verschiebbarer 180°-Umlenkung angreift. Umlenken des Fördererstrangs in senkrechter Ebene (Vertikalbögen) durch Führen der Rollenpaare in entsprechender Laufbahnkrümmung.

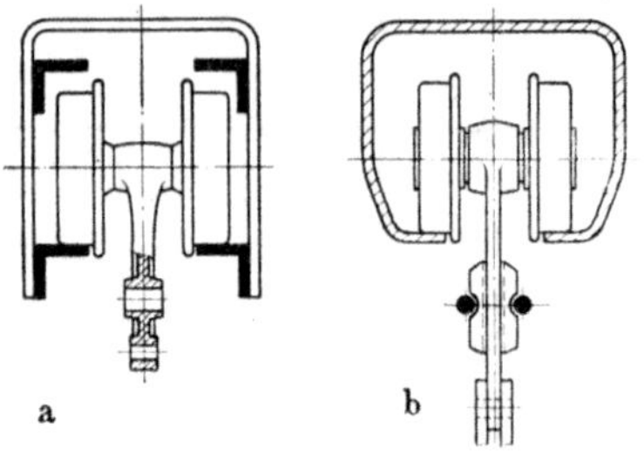

Bild 178. Kreisförderer-Querschnitte
a Winkelschienen-Laufbahn; b Kastenprofil-Laufbahn

Kettengeschwindigkeit $v \leqq 0{,}25$ m/sek; oft stufenlos regelbar. Fördergutstrom $I_G = 3{,}6\,Gv/a$ [t/h]; G [kg] Gutgewicht je Gehänge, a [m] Gehängeabstand.

Zur Berechnung des Leistungsbedarfs und der Kettenzugkraft aus den Einzelwiderständen (Fahrwiderstand, Widerstand an Umlenkrädern, Rollenkurven, Vertikalbögen, Steigungswiderstand)[1].

d) Anwendung als Zubringer und Verbindungsmittel für Arbeitsplätze in Werkstätten (z. B. Montagestraßen), Abteilungen, Stockwerken; zum Führen von Einzelteilen durch Behandlungsanlagen (Bäder, Spritzkammern, Trockenräume); als bewegliches Zwischenlager, insbesondere wenn Gehänge, die dann eigene Rollwagen besitzen, vom Förderstrang getrennt und auf Ausweichgleise geleitet werden können (Powerand Free-System).

4. Kratzerförderer

In waagerechter oder wenig geneigter feststehender Holz- oder Stahlblechrinne schieben Kratzerbleche oder -stege, die an Ein- oder Doppelstrangkette befestigt sind, kleine Förderguthaufen schrappend vor sich her. Stützung der Kratzer durch mitlaufende Rollen; Rückführung des Leertrums oberhalb des Fördertroges. Zum Erzielen niedriger Bauhöhe für untertage: Gleitstützung von Ketten und Stegen, Bild 179.

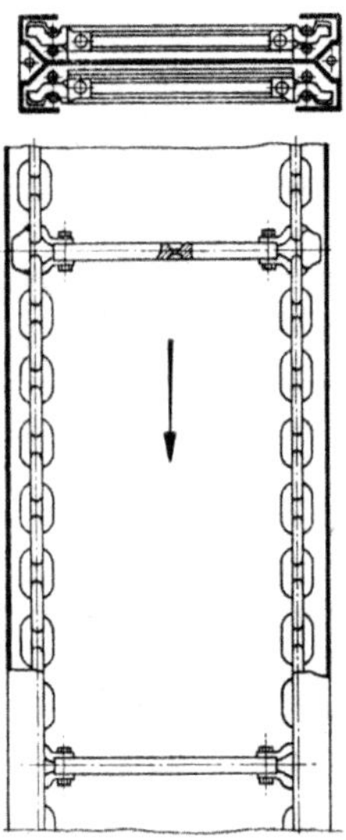

Trotz einfacher Bauweise wegen hohen Leistungsbedarfs *Anwendung* übertage nur selten (z. B. für aggressive Schüttgüter). Untertageausführung ist häufigstes Strebfördermittel im Steinkohlenbergbau.

Der in Bild 179 wiedergegebene Kratzerförderer (Doppelkettenförderer) für den Bergbau wird aus 1,5 m langen Rinnenschüssen zusammengesetzt, deren Verbindung eine geringe Ablenkbarkeit in der Waagerechten und Senkrechten gestattet. Zugmittel: hochfeste Rundstahlketten DIN 22252. Antrieb vom Elektromotor (mit Flüssigkeits- oder mechanischer Anlaufkupplung) oder Preßluftmotor über Untersetzungsgetriebe auf Kettensternräder. Fördergeschwindigkeit 0,6 bis 0,9 m/sek. Kohlenstrom je nach Förderergröße 80 bis 300 t/h. Förderlänge bis 200 m (mit Kopf- und Schlußantrieb). Rinnenkonstruktion gestattet Gewinnungsmaschine (Schrämmaschine, Kohlenhobel) zu tragen und zu führen.

Einsträngige Kratzerkette für Gleitstützung DIN 8177 (Stahlgelenkkette mit Mitnehmern).

←Bild 179. Rinnen- und Kettenausführung eines Doppelkettenförderers für den Steinkohlenbergbau (Westfalia, Lünen)

5. Trogkettenförderer

Im Gegensatz zum Kratzerförderer wird hier eine Einstrang- oder Zweistrangkette mit eng aufeinanderfolgenden Mitnehmern in einem geschlossenen Trog mit mäßiger Geschwindigkeit ($\approx 0{,}3$ m/sek) vorwärtsbewegt. An der Aufgabestelle fällt das Fördergut (feinkörniges Gut oder Grobgut mit Feingut gemischt) auf das fördernde Kettentrum und wird zunächst durch die Querstege und dann durch die bereits in Bewegung befindliche Gutschicht mitgenommen. Die Bewegung der

[1] *Geissler, H. J.:* Zugkraft- und Leistungsberechnung von Kreisförderanlagen. Fördern u. Heben Bd. 9 (1959) S. 132/38.

unteren Gutschichten wird bis zu einer bestimmten, sich selbst einstellenden Höhe auf die oberen übertragen, so daß das gesamte Fördergut zusammen mit der

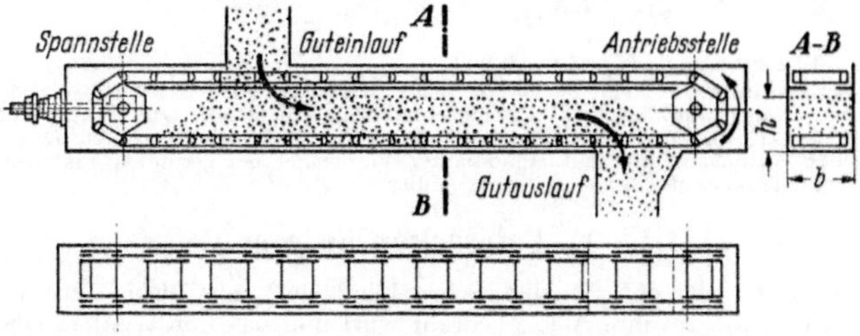

Bild 180. Waagerechter Trogkettenförderer mit Zweistrangkette (Schema)

Kette einen mit gleichmäßiger Geschwindigkeit dahingleitenden Körper bildet. Förderung waagerecht und leicht geneigt, Bild 180; bei Vertikalkurven und Senkrecht-Förderung mit besonderer Ketten- und Trogausbildung (Redler), Bild 181. Mehrfach Auf- und Abgabe möglich.

a) Kettenformen und ihre Abmessungen für waagerechte und leicht geneigte Förderung DIN 15263 (daraus Bild 182a und b); die nicht genormte ∪-förmige Ausbildung der Mitnehmer, Bild 182c, ist auch für senkrechte Linienführung geeignet; dann ∪ leicht entgegen Förderrichtung geneigt.

b) Antrieb und Umkehre über Kettenräder oder -sterne. Zu den genormten Ketten gehören Sternausführungen nach DIN 15266/69, Antriebsgehäuse und Welle DIN 15264, Troganschlüsse DIN 15265. Kettenspannung an Umkehre mit ungefederter oder gefederter Spindelspannvorrichtung.

c) Berechnungsgrundlagen. Der *Fördergutstrom* I_V [m³/h] ergibt sich aus dem gefüllten Fördererquerschnitt bh' [m²] abzüglich der durch die Kette in Anspruch genommenen Fläche (G_K [kg/m] Kettengewicht je m; γ_K [kg/m³] spez. Gew. der Kette) und der Gutgeschwindigkeit (v [m/sek.] Kettengeschwindigkeit, c Minderungsfaktor für Zurückbleiben des Gutes gegenüber Kette: 0,6 bis 0,9 für fein- bis gröberkörniges Gut und waagerechte oder wenig geneigte Förderung, 0,5 bis 0,7 für steiles oder senkrechtes Fördern) zu

$$I_V = 3600 \cdot c v (b h' - G_K / \gamma_K) \text{ m}^3/\text{h},$$

und mit dem Schüttgewicht γ in t/m³

$$I_G = \gamma \cdot I_V \text{ t/h}.$$

Zum Zusammenhang zwischen Schüttguthöhe (über Mitnehmer), Kettenteilung und Trogbreite bei verschiedenen Schüttguteigenschaften und waagerechter sowie leicht geneigter Förderung s. Anm. 1.

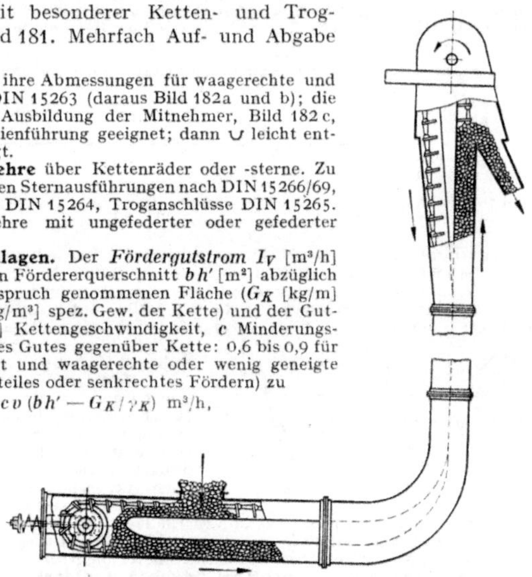

Bild 181. Redler-Förderer mit waagerechter Aufgabe- und senkrechter Förderstrecke (Schema)

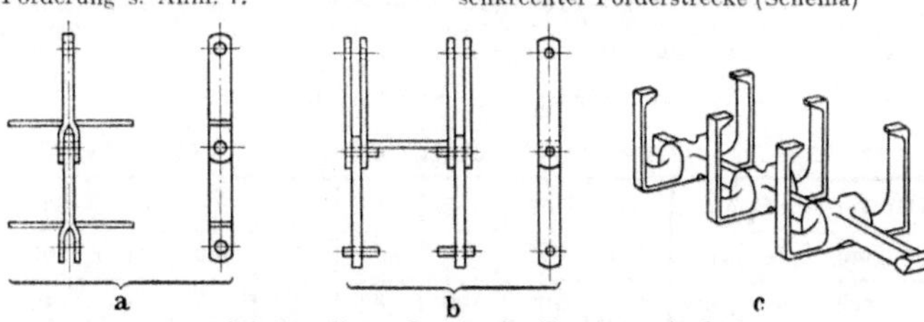

Bild 182. Kettenformen für Trogkettenförderer
a Einstrang-Gabelkette; b Zweistrang-Blockkette; c Redler-Kette

[1] *Vierling, A.*, u. *M. Lamm:* Untersuchungen zur Trogkettenförderung. VDI-Z. Bd. 83 (1939) S. 499/502.

Leistungsbedarf an Antriebswelle angenähert (in Anlehnung an DIN 22200, Kratzbänder) mit Gesamtverlustbeiwert f_1 (0,75 bis 0,6 bei staubförmigem bis gröberem Gut; Kette gleitet auf dünner Gutschicht):

$$N_a = \frac{L f_1}{270} (I_G + 3{,}6 \cdot 2 G_K v) \pm \frac{I_G H}{270} \quad \text{PS},$$

worin L [m] Förderlänge, H [m] Förderhöhe.

d) Anwendung für Mehl, Zucker, Zement, Brikettierkohle, Ölsaaten, Getreide, Chemikalien, jedoch nicht für klebriges, backendes und stark schleißendes Gut (Transport auf kurze und mittlere Entfernung, Silobeschickung und -abzug, Schiffsentladung). Den Vorteilen schonender Gutbehandlung und staubdichter Förderung bei geringem Platzbedarf steht Ketten- und Trogverschleiß nachteilig gegenüber.

C. Schneckenförderer

Förderndes Element ist eine Schraubenfläche[1] aus Blech oder Bandstahl (selten Guß), die um ihre Achse gedreht wird und das Fördergut in einem Trog oder Rohr vorwärtsschiebt.

1. Schneckenförderer mit umlaufender Welle

a) Schnecke. Gelochte und längs eines Radius aufgeschnittene Blechronden werden zu einem Schneckengang gepreßt und untereinander und mit einer Rohrwelle (seltener Vollwelle) verschweißt: *Vollschnecke*, Bild 183; Herstellung der Schraubenfläche auch durch Walzen.

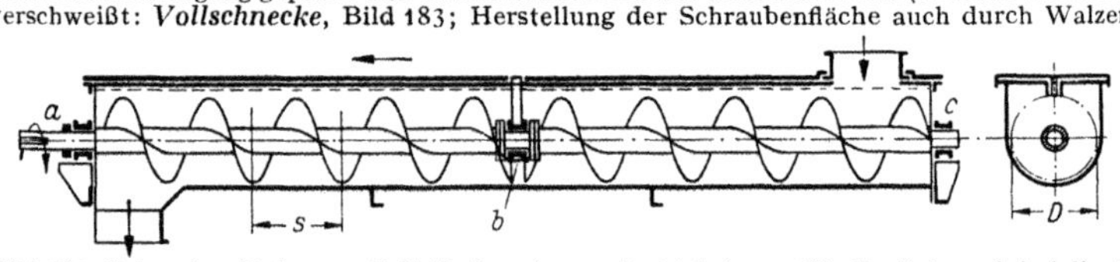

Bild 183. Schneckenförderer mit Vollschnecke. *a* Antriebslager (für Radial- und Axiallast); *b* Zwischenlager (pendelnd); *c* Endlager (für Radiallast)

Bei der *Bandschnecke* (für stückiges Gut) stützt sich eine Wendel aus Flachstahl mit Armen gegen die Schneckenwelle ab, Bild 184. Besondere Misch- und Rührwirkung durch einzeln auf die Welle aufgesetzte einstellbare Paletten, von denen jede den Teil einer Voll- oder Bandschnecke bildet: *Rührschnecke*. In die Rohrwelle werden Antriebs- und Endlagerzapfen eingenietet; Längen über 2,5 bis 3,5 m erfordern Zwischenlagerzapfen oder Flanschkuppelstücke; die zugehörigen am Trog aufgehängten Lager bedingen Unterbrechung der Schraubenfläche.

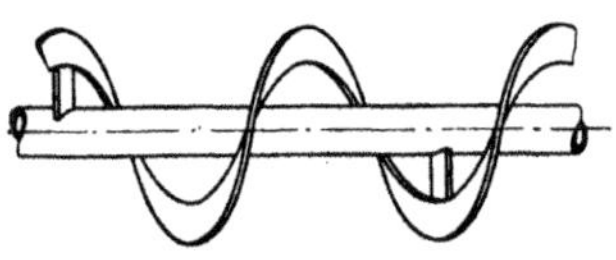

Bild 184. Bandschnecke

b) Trog und Lager. Der Stahlblechtrog soll mit seiner Rundung eng an Schraubenfläche anschließen (sonst erhöhter Abrieb und Zermahlen) und hat gewöhnlich gerade Seitenwände, die auf Abkantung oder Saumwinkel den Trogdeckel tragen. Verwendung von Gleit- oder Wälzlagern, wobei ein Lager auch Axialschub aufnehmen muß, der entgegen Förderrichtung wirkt; Anordnung so, daß Schneckenwelle auf Zug beansprucht. Welle vor Endlager an Trog-Stirnwand durch Stopfbuchse gedichtet, während Antriebslager meist als Flanschlager ausgebildet ist.

c) Antrieb über Vorgelege von Elektromotor; heute häufig Getriebemotor.

d) Konstruktions- und Berechnungsgrundlagen. Mit Schneckendmr. D [m], Steigung s [m], Drehzahl n [U/min] (Abmessungen DIN 15261 und Zahlentafel 26), Gut-Schüttgewicht [t/m³] und Füllungsgrad φ (von 0,15 bei schwerem, stark schleißendem Fördergut bis 0,45 bei leichten, gut fließenden, nicht schleißenden Gütern) wird der Fördergutstrom beim waagerechten Schneckenförderer mit Vollschnecke

$$I_G = I_V \gamma = \frac{D^2 \pi}{4} s \varphi \, 60 \, n \, \gamma \quad \text{in t/h}.$$

Zahlentafel 26. *Hauptdaten von Vollschnecken* nach DIN 15261 (Febr. 1952)

Durchmesser D mm	160	200	250	315	400	500	630	800
Steigung s mm	160	200	250	300	355	400	450	500
Drehzahl n U/min	112* 90**	100 80	90 71	80 63	71 56	63 50	50 40	40 32

* für leichtes Fördergut ** normal

[1] Vgl. *Vierling, A.*, u. *Ch. Ephremidis:* Untersuchungen zum Fördervorgang beim waagerechten Schneckenförderer. Fördern u. Heben Bd. 7 (1957) Nr. 9 u. 10.

Die an der Schneckenwelle erforderliche Antriebsleistung wird für einen waagerechten Schneckenförderer von der Länge L [m] unter Zugrundelegen eines Gesamtwiderstandsbeiwerts f_1, der je nach Materialzustand (bei den Werten für den Füllungsgrad gekennzeichnet) zwischen 4 und 2 liegt:

$$N_a = \frac{I_G L f_1}{270} \text{ in PS}.$$

e) Anwendung für staubförmige, feinkörnige bis stückige Fördergüter über verhältnismäßig kurze Entfernungen (selten über 40 m), vielfach als Zubringer oder Zwischenförderer, waagerecht oder leicht geneigt. Verbindung von Förder- mit Mischvorgang. Steile und senkrechte Förderung möglich mit Sonderausführungen (Rohrtrog, hohe Drehzahl)[1].

2. Schneckenrohrförderer

In dem auf Rollen gestützten umlaufenden Rohr ist ein Schraubengang aus Flachstahl innen angeschweißt. Steigung s gegenüber Rohrdurchmesser D klein ($s/D \approx 0{,}5$), ebenso Drehzahl, um Gutumlauf mit Rohr zu vermeiden; auch Füllungsgrad sinkt gegenüber Schneckenförderer auf etwa die Hälfte. Dagegen gute Mischwirkung; außerdem einfache Heiz- oder Kühlmöglichkeit für das Gut während des Fördervorgangs.

D. Schwingförderer

In waagerechter oder schwach geneigter, hin- und hergehender Rinne (Rohr) werden beim Hingang Massenkräfte auf das Fördergut übertragen, die es während des Rinnen-Rückgangs in Förderrichtung vorwärts bewegen.

1. Schüttelrutschen

a) Förderprinzip. Das in der ungleichförmig hin- und hergehenden Rinne liegende Fördergut wird beim Hingang stetig beschleunigt und bis zur Durchbrechung des Reibungsschlusses der ruhenden Reibung (Reibungsbeiwert μ_r) mitgenommen. Von da ab (günstigst am Hingangsende) und während des Rückgangs gleitet es infolge seiner kinetischen Energie solange weiter, bis diese durch die Gleitreibung (Reibungsbeiwert μ_{gl}) aufgezehrt ist (günstigst am Rückgangsende): *Beschleunigungsverfahren.* Konstante Auflagerkraft von Gut auf Rinne erlaubt beim Hingang Beschleunigung $b_1 \leqq g\mu_r$, Bild 185a (g Fallbeschleunigung); veränderliche Auflagerkraft durch Anheben der Rinne beim Hingang und Absenken beim Rückgang ermöglicht größere Hingangsbeschleunigung $b_1' = g\mu_r/(1 - \mu_r \operatorname{tg}\beta)$, Bild 185b. Beschleunigungsverfahren mit beiden Auflagerungsarten auch für geneigte Rinnenlage ausführbar.

Antrieb einer unter δ° abwärtsfördernden Rinne beim Hingang durch die Schwerkraft möglich, wenn $\operatorname{tg}\delta \geqq \mu_0$ (μ_0 Rollreibungsbeiwert der Rinnenauflagerung: *Schwerkraftverfahren*). Rückhub durch Preßluftzylinder.

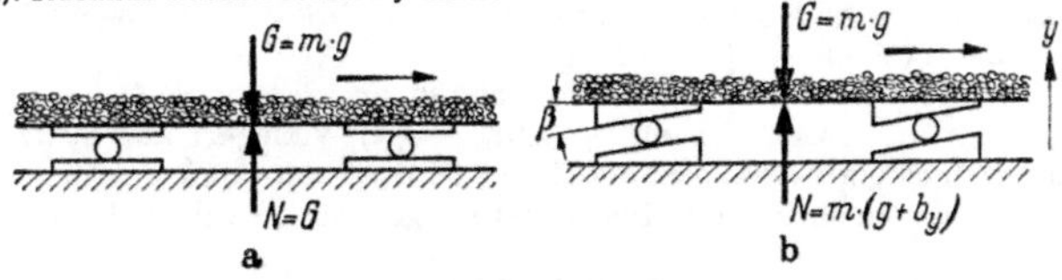

Bild 185. Förderprinzip einer Schüttelrutsche. Beschleunigungsverfahren: a mit konstanter, b mit veränderlicher (erhöhter) Auflagerkraft ($b_{y\,max} = b_1' \operatorname{tg}\beta$)

b) Erzeugung der **Schüttelrutschenbewegung** durch Preßluftkolbenmotoren[2] oder bei elektromotorischem Antrieb durch Umwandlung einer gleichförmigen Drehbewegung in die erforderliche ungleichförmige hin- und hergehende mittels Kurbeltriebs mit kurzer Schubstange ($\lambda = r/l = 0{,}45$ bis $0{,}2$)[3] oder elliptischen Zahnräderpaares mit angeschlossener Schubstange (seltener mittels Bogenschubkurbelgetriebe oder Kurvenscheiben).

---

[1] Vgl. *Sinha, G. L.:* Untersuchungen zum Fördervorgang beim senkrechten Schneckenförderer. Diss. T. H. Hannover 1959.
[2] *Fritzsche, C. H.:* Lehrb. d. Bergbaukunde, 1. Bd. 9. Aufl. S. 250, Berlin: Springer 1955.
[3] *Koeltzsch, R.:* Der Kurbeltrieb als Erzeuger für die Bewegung von Schüttelrinnen. Diss. T. H. Hannover 1939.

In Bild 186 sind die kennzeichnenden Kurven für Rinnen- und Gutbewegung einer nach dem Beschleunigungsverfahren mit konstantem Auflagerdruck arbeitenden und waagerecht fördernden Schüttelrutsche in Abhängigkeit von der Zeit wiedergegeben. Die Geschwindigkeit c der Rinne steigt zunächst an, ohne daß dabei ihre Beschleunigung b den Grenzwert $g\mu_r$ überschreitet; bei ihrem Abfall im weiteren Hingangs-Verlauf wird jedoch dieser Grenzwert erreicht und unterschritten (Punkt C, $b = -g\mu_r$). In diesem Zeitpunkt trennen sich Rinnen- (s_R) und Gutbewegung (s_G). Das Gut gleitet mit der Geschwindigkeit v weiter (verzögert durch $b_{gl} = g\mu_{gl}$), die im Punkt D' den Wert Null erreicht. Die zu der geradlinigen Geschwindigkeitsabnahme gehörige Gutweg-Kurve ist die Parabel CD, die an die gemeinsame Wegkurve AC anschließt. Da das Gut ab D' zwar seine Bewegung gegenüber dem Raum umkehrt, der Rinne gegenüber aber seine Bewegungsrichtung beibehält, so läuft die Linie der Gutgeschwindigkeit v bis zum Schnittpunkt E' mit der Kurve der Rinnengeschwindigkeit c weiter. Der zugehörige Gutweg ist durch Fortsetzung der Parabel CD bis zum Punkt E gegeben. Von da ab Zurücktragen des Gutes (Weg EB) gemeinsam mit der Rinne, entsprechend Rinnenwegstück E_R/B_R, da Rinnenbeschleunigung wieder kleiner als $g\mu_r$.

s_u, Größe des Gutweges bei einem Rinnen-Hin- und -Hergang (wird auch durch die zwischen v und c liegende, in Bild 186 schraffierte Fläche dargestellt).

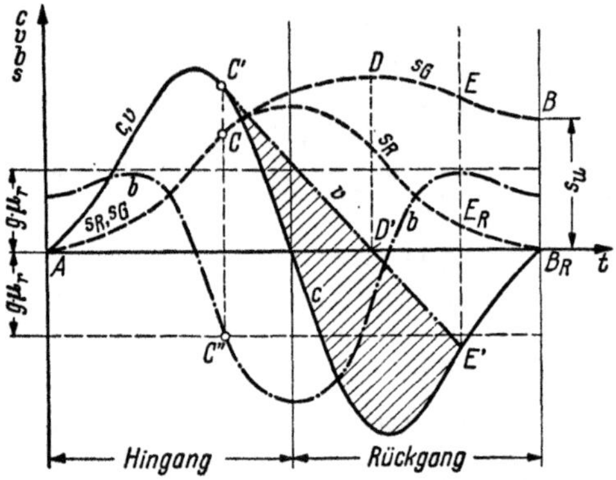

Bild 186. Kennkurven der Schüttelrutschenbewegung
s_R Rinnenweg; s_G Gutweg

Ausführung der Bewegung mit geringen *Hubzahlen* ($n = 50$ bis 100 Doppelhübe/min), aber verhältnismäßig großen Hüben (300 bis 120 mm).

Mittlere Fördergeschwindigkeit $v_m = s_u\, n/60$ m/sek.

Fördergutstrom $I_G = 3600\, \gamma F v_m$ t/h.

c) Gestaltung hängt stark ab vom Anwendungsfall: *Schüttelrutschen für den Bergbau* werden aus einzelnen Rinnenschüssen von 3 m Länge zusammengesetzt (Rutschenprofile DIN 20900; Rutschenschrauben DIN 20903) zu Stranglängen bis 200 m. Jeder Schuß trägt Laufradachse oder ist auf Kugelstuhl gelagert (Laufradachsen, Spurweiten DIN 20909). Antriebsangriff am Aufgabeende an Angriffsstoß in Rutschenachse oder beidseitig (Zwillingsantrieb). Druckluft-Rutschenmotoren DIN 20905. Fördergutstrom bis 200 t/h; vorteilhaft söhlig oder einfallend (0° bis −25° Neigung).

Kurze Schüttelrutschen zum Bunkerabzug als Schubaufgeber; breite Rinne leicht geneigt in Förderrichtung (−5 bis −15°), verlagert auf Stützrollen oder pendelnd aufgehängt. Antriebsangriff meist mittig am Rinnen-Aufgabeende.

Eignung allgemein für fein- bis grobstückiges, auch stark schleißendes Fördergut.

2. Schwingrinnen

a) Förderprinzip. Die trog- oder rohrförmige Rinne wird durch schnelle Schwingungen mit kleiner Amplitude vor — aufwärts und zurück — abwärts bewegt. Hin- und Rückgang der schräg gerichteten, im Idealfall sinusförmigen Schwingbewegung haben gleiche Zeitdauer. Das in der Rinne liegende Schüttgut wird hierdurch in eine gleichsam fließende Bewegung versetzt.

Den Gutteilchen kann eine Mikro-Wurfbewegung zugeordnet werden, Bild 187; sie werden zunächst im Kontakt mit der Rinne bewegt und lösen sich, wenn Vertikalbeschleunigung größer als Fallbeschleunigung.

b) Rinnen- und Gutbewegung[1]. Mit den bei Bild 187 angegebenen Bezeichnungen wird bei sinusförmigem Schwingungsverlauf der *Rinnenweg*

$$s_R = r\,[1 - \cos(2\pi f t)] \quad \text{m}$$

[1] *Böttcher, S.:* Beitrag zur Klärung der Gutbewegung auf Schwingrinnen. Fördern u. Heben Bd. 8 (1958) Nr. 3 bis 5 u. Diss. T.H. Hannover 1957.

und daraus (nach zweimaliger Differentiation) die ***Rinnenbeschleunigung:***

$$\ddot{s}_R = 4\pi^2 f^2 r \cos(2\pi f t) \quad \text{m/sek}^2.$$

Maßgebend für den Mikrowurf ist die Vertikalkomponente der Rinnenbeschleunigung:

$$\ddot{y}_R = \ddot{s}_R \cdot \sin\beta = 4\pi^2 f^2 r \cos(2\pi f t)\sin\beta \quad \text{m/sek}^2.$$

Kennzeichnend für die Gutbewegung ist das Verhältnis Γ der maximalen Vertikalbeschleunigung ($\cos(2\pi f t) = 1$) zur Fallbeschleunigung g,

$$\Gamma = \frac{4\pi^2 f^2 r \cdot \sin\beta}{g}.$$

$\Gamma < 1$: keine Wurfbewegung (Schüttelrutsche),

$\Gamma > 1$: Wurfbewegung (Schwingrinne).

Die Fördergeschwindigkeit v des Gutes ergibt sich theoretisch aus der mittleren horizontalen Rinnengeschwindigkeit während der Haftzeit 0 bis t_s und der horizontalen Gutgeschwindigkeit während der Wurfzeit t_s bis t_a zu

$$v = \frac{g}{2} \cdot \frac{n^2}{f} \cdot \operatorname{ctg}\beta \quad \text{m/sek.}$$

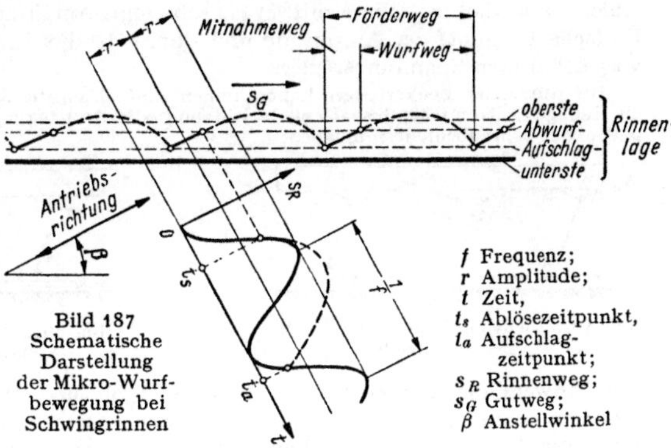

Bild 187 Schematische Darstellung der Mikro-Wurfbewegung bei Schwingrinnen

f Frequenz;
r Amplitude;
t Zeit,
t_s Ablösezeitpunkt,
t_a Aufschlagzeitpunkt;
s_R Rinnenweg;
s_G Gutweg;
β Anstellwinkel

Der Faktor n bedeutet den Anteil der Wurfzeit an der gesamten Periodendauer $T = 1/f$, also

$$n = \frac{t_a - t_s}{T}$$

und ist mit dem Kennwert Γ verknüpft durch:

$$\Gamma = \sqrt{\left(\frac{\cos 2\pi n + 2\pi^2 n^2 - 1}{2\pi n - \sin 2\pi n}\right)^2 + 1}.$$

Diese implizite Funktion ist für die Berechnung von v in Bild 188 graphisch dargestellt, so daß zu dem aus den gewählten Schwingrinnendaten f, r und β berechneten Γ die Größe n daraus entnommen werden kann. Die Geschwindigkeitsformel gilt für den Bereich: $0 \leq n \leq 1$, entsprechend: $1 \leq \Gamma \leq 3{,}3$, d. h. bis zu einer Wurfzeit von einer Periodendauer. Die so errechnete Fördergeschwindigkeit stimmt mit der praktisch auftretenden bei körnigem Fördergut gut überein.

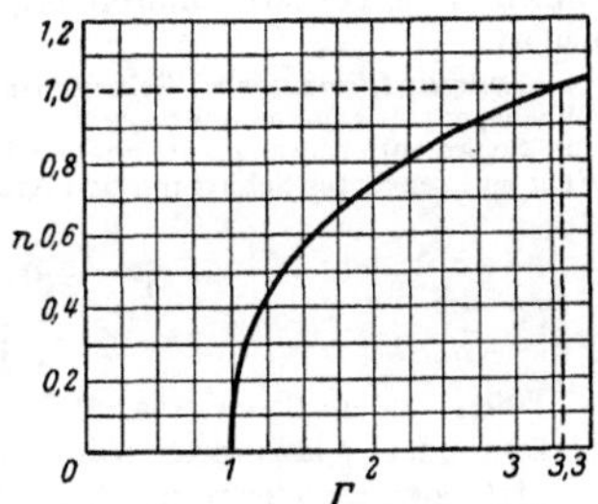

Bild 188. Diagramm zur Ermittlung des Faktors n

Mit der Querschnittsfläche F [m²] und dem Schüttgewicht γ [t/m³] des Förderguts wird der Fördergutstrom $I_G = 3600\, F v \gamma$ t/h.

c) Antriebsarten. α) *Zwanglaufantrieb* durch Kurbeltrieb mit kleinem Schubstangenverhältnis ($\lambda = r/l = 0{,}1$ bis $0{,}01$), Amplituden von 15 bis 3 mm, dazu Frequenzen von 5 bis 25 Hz. Stützung der Rinne auf Lenkern oder Blattfedern aus Stahl oder Eschenholz. Zusätzliche Federelemente (Stahl oder Gummi) mit Eigenfrequenz nahe der Betriebsfrequenz, um Leistungsbedarf zum Aufrechterhalten der Schwingung klein zu halten, Bild 189.

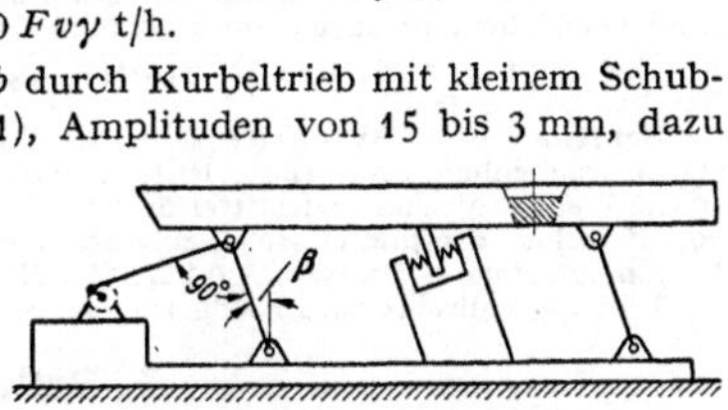

Bild 189. Schwingrinne mit Zwanglaufantrieb

β) *Wuchtmassenantrieb* mittels zweier um 180° versetzter, gegenläufiger, gleich großer Unwuchtmassen. Blatt- oder Schraubenfederstützung der Rinne, auch Gummifederstützung; Amplituden 5 bis 0,5 mm, 15 bis 30 Hz (kleinere Ausführungen bis 50 Hz), Bild 190.

γ) *Antrieb durch elektromagnetischen Vibrator*, Bild 191. Der Anker eines Elektromagneten ist mit der Rinne verbunden, während der mit einer Freimasse versehene Spulenkörper mit der Nutzmasse (Anker, Rinne, Schüttgut) über vorgespannte Druckfedern gekoppelt ist. Da die elektromagnetische Kraft dem Quadrat des Stromes proportional ist, erzeugt eine angelegte Wechselspannung von 50 Hz eine Rinnenfrequenz von 100 Hz, mit der kleinere Rinnen betrieben werden. Die größeren Ausführungen werden über Einweggleichrichter angeschlossen, so daß die Rinne mit 50 Hz schwingt. Amplituden von 0,05 bis 1 mm. Einfache Regelung der Amplitude und damit der Fördergeschwindigkeit mittels vorgeschalteten Spannungsreglers.

Die stützenden Lenkerfedern haben keinen Einfluß auf die Rinnenfrequenz, legen aber die Bewegungsbahn fest; deshalb auch Stützung oder Aufhängung der Rinne über Gummipuffer oder Schraubenfedern möglich.

Bild 190. Schwingrinne mit Wuchtmassenantrieb

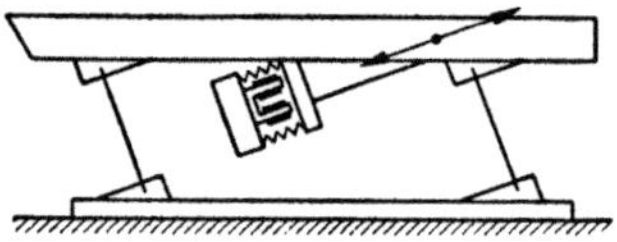

Bild 191. Schwingrinne mit elektromagnetischem Vibrator

d) Anwendung zur Förderung stückiger, grob- und feinkörniger sowie pulverförmiger Schüttgüter, auch wenn mechanisch oder chemisch aggressiv, auf Entfernungen bis ≈ 30 m (ausnahmsweise 100 m); waagerecht und leicht geneigt. Fördergutstrom bis 500 t/h; als Bunkerabzugsrinnen, Aufgabe- und Dosierrinnen. Das Förderverfahren ergibt geringen Rinnenverschleiß und Leistungsbedarf.

Sonderausführungen. Schwingrinnen mit Zwanglauf- oder Wuchtmassenantrieb mit schwingendem Rahmen oder zwei im Gegentakt schwingenden Rinnen zum Massenausgleich. Zur Senkrechtförderung: Wendelwuchtförderer (Schenck, Darmstadt). Teileförderer, die Kleinteile regelloser Schüttung den Arbeits- oder Verpackungsmaschinen gerichtet zuführen.

E. Schwerkraftförderer

1. Feste Rutschen

Offene oder geschlossene Rinnen (Rutschen, Schurren, Rohre) fördern in gerader oder gekrümmter Ein- oder Mehrwegbahn Schüttgut oder Stückgüter geneigt oder senkrecht abwärts. Erforderliches Gefälle δ größer als Reibungswinkel ϱ_r der Ruhe zwischen Rutsche und Gut ($\operatorname{tg} \varrho_r = \mu_r$).

Praktisch angewendete Gefälle für *gerade Stahlblech-Rutschen:* Getreide 30 bis 35°, Säcke 25 bis 30°, Kohle je nach Stückigkeit 30 bis 40°, Erze ≈ 45°, Salze ≈ 50°, staubförmige Güter ≈ 60°. Die Austrittsgeschwindigkeit aus der Rutsche (Anfangsgeschwindigkeit gleich Null) bei Höhenunterschied h, Rutschenneigung δ und Gleitreibungsbeiwert μ_{gl} zwischen Rutsche und Gut wird: $v_a = \sqrt{2gh(1 - \mu_{gl} \operatorname{ctg} \delta)}$. Formen feststehender Rutschen für den Bergbau DIN 20902.

Bei *Kurven-* und *Wendelrutschen* wird als Weg des Schwerpunkts der Fördergutstücke eine Schraubenlinie vorgesehen. Rutschenboden dabei in Kreis-, Ellipsen- oder Parabelform[1]. Offene Wendelrutschen mit Mittelsäule für Pakete und Säcke; geschlossene, in Rohrschüssen von 1050 bis 1650 mm Dmr. eingebaute Wendeln für Abwärtsförderung von Kohlen und Bergen untertage (1,5 m/sek, 200 bis 250 t Kohle/h bei 1250 mm Wendelaußendmr.).

Teleskop-Fallrohre zum Niedertragen von Schüttgut (auf Lagerplätze, in Schiffe).

2. Rollenbahnen

In Flach- oder Winkelstahlrahmen sind eng aufeinanderfolgend Tragrollen mit fester Achse angeordnet. Abmessungen DIN 15291. Notwendiges Gefälle bei kugelgelagerten Rollen 2 bis 5%. Die Rahmen von 1 bis 3 m Länge, auf höhenverstellbaren Böcken oder fest gestützt, werden zur Bahn zusammengesetzt.

---

[1] Vgl. *Thüsing, H.:* Zur Theorie von Förderrutschen, Bahn- und Straßenkurven. VDI-Z. Bd. 96 (1954) S. 805/13.

Kurven-, Weichen-, Drehscheiben- und aufklappbare Durchgangsstücke. Senkrecht-Abwärtsfördern mit Wendelrollenbahn.

Kurvenstücke können zwar mit zylindrischen Rollen in radialer Anordnung gebildet werden, ergeben aber teilweises Gleiten des Stückguts, das verringert wird durch Unterteilen der zylindrischen Rollen oder Verwenden kegeliger Tragrollen.

Bei längeren Förderstrecken Wiederanheben des Stückguts durch angetriebene Rollen (Kettentrieb).

Leichte Rollenbahnbauart: *Scheibenrollen-* oder *Röllchenbahnen*. Sie bestehen aus kugelgelagerten Scheibenrollen, die auf dünnen, im Rahmen eingespannten Achsen laufen.

Kugeltische zum leichten Verschieben von Stückgut von Hand in waagerechter Ebene. Kugeln sitzen in Kugeltöpfen, auf kleinen Kugeln gestützt.

Vielseitige *Anwendung* für Stückgut mit ebener Bodenfläche, z. B. Pakete und Kisten beim Warenumschlag und in Lagern. In Werkstätten, insbesondere Gießereien für Werkstücktransport.

F. Pneumatische und hydraulische Förderanlagen

1. Förderung im Luftstrom

Für den pneumatischen Transport der Gutteilchen von einer Einführungs- zu einer Austragstelle ist in der Förderrohrleitung eine Mindestluftgeschwindigkeit erforderlich. Je nach Erzeugung des tragenden Luftstroms zwei Förderarten: *Förderung im Saugluftstrom:* Luftpumpe am Ende der Förderstrecke; Förderung von mehreren Aufnahmestellen nach Sammelstelle. *Förderung im Druckluftstrom:* Drucklufteinführung am Anfang der Förderstrecke; Förderung von einer Aufgabestelle nach mehreren Verteilerstellen. Saug- und Druckanlagen auch hintereinander schaltbar (Sonderfälle). Beide Verfahren für staubförmige, körnige, kleinstückige Schüttgüter geeignet.

a) Saugluft-Förderanlagen, Bild 192. Aufnahme des Fördergutes durch Saugdüse *a*; Weiterführung in Rohrleitung *b* (flexible Zwischenstücke, Gelenke) zum Abscheider *c*. Dort fällt das Fördergut infolge Richtungsänderung der Luftströmung und erheblicher Querschnittsvergrößerung (Verringerung der Luftgeschwindigkeit) aus. Ausschleusen des Fördergutes mittels Zellenrades (ohne Förderunterbrechung). Reinigen der Trägerluft in Trocken-Staubabscheider *d* (*c* und *d* auch in *einem* Rezipienten vereinigt). Erzeugen des Saugluftstromes durch Vakuum-Kolbenpumpe *e* (0,3 bis 0,7 ata). Anlagen ortfest, verfahrbar, schwimmend.

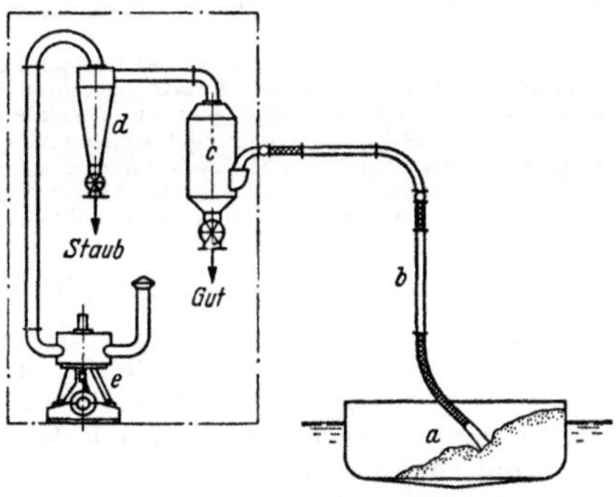

Bild 192. Schema einer Saugluftförderanlage

Statt der Luftpumpe mit Scheibenkolben werden verwendet: Drehkolbenpumpen (Rotationsgebläse), Wasserringpumpen (unempfindlich gegen Staub, aber nur für kleinere Leistungen), Zentrifugalventilatoren; letztere dort, wo Fördergut durch Luftstromerzeuger hindurchtritt (z. B. Späneabsauganlage).

Für mehr oder minder gute Förderfähigkeit eines Schüttguts im Luftstrom ist dessen Schwebegeschwindigkeit maßgebend, worunter die Luftgeschwindigkeit verstanden wird, bei der die Teilchen im senkrechten Luftstrom gerade in Schwebe gehalten werden (abhängig von Teilchenform und -größe, spez. Gew. von Teilchen und Luft)[1,2]. Die für den Fördervorgang notwendige Luftgeschwindigkeit ist wesentlich größer (20 bis 40 m/sek).

Der *Energiebedarf* ist hoch; er beträgt z. B. bei einem aus dem Vollen ansaugenden Getreideheber, der 40 t/h durch ein Rohr von 120 mm Dmr. auf 20 bis 25 m Höhe fördert (geringe waagerechte Förderstrecke) etwa 1 kWh/t an der Pumpenantriebswelle. *Anwendung*

---

[1] *Gasterstädt, J.:* Experimentelle Untersuchung des pneumatischen Fördervorgangs, Mitt. Forschungsarb. a. d. Gebiet des Ingenieurwesens Nr. 265, 1924.

[2] *Segler, G.:* Pneumatic Grain Conveying. Selbstverlag 1951. Dort ausführliche Schrifttumangaben.

daher nur, wenn Vorteile des Verfahrens: große Anpassungsfähigkeit, bequeme Verlegung und geringer Raumbedarf der Rohrleitung, ruhiges staubfreies Arbeiten, Durchlüftung (Getreide) und Kühlung des Fördergutes (chemische Erzeugnisse), Wegfall von Trimmarbeit (Aufnahme von Restmengen möglich) überwiegen. Überbrückbare Förderstrecke bis 350 m; erreichbare Förderhöhe 45 m; Fördergutstrom bei großen Getreidehebern 150 (bis 300) t/h je Einheit.

b) Druckluft-Förderanlagen. An der Aufgabestelle wird das Fördergut einem Gebläse- oder Druckluftstrom zugegeben. Abschluß gegen Außenluft durch Fördergut selbst, Bild 193, bzw. durch Zellenrad; bei staubförmigem Gut unter Zwischenschalten einer rasch laufenden Preßschnecke, Bild 194. Gutzufuhr auch durch Mehrkammer-Schleusensystem. Abgabe aus der Förderleitung in Abscheider, die unten mit Gutaustrittsstutzen, oben mit Abluftöffnung versehen sind.

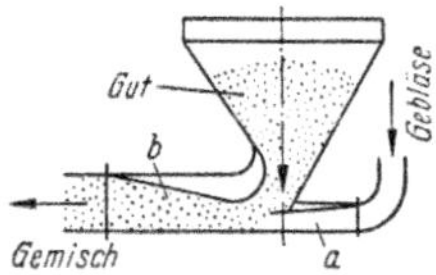

Bild 193. Aufgabestelle für Gebläseförderer. *a* düsenförmige Zufuhr der Tragluft; *b* Diffusor

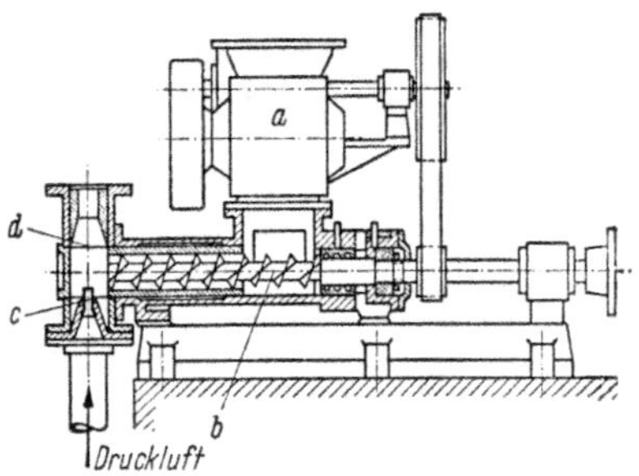

Bild 194. Gutaufgabe mit Zellenrad *a* und Preßschnecke *b*; *c* Düse; *d* Mischkopf

Drucklufterzeuger: Gebläse bis 300 mm WS (Exhaustoren für Getreideförderung auf Entfernungen bis 100 m); Drehkolbenverdichter 0,3 bis 0,8 atü (für normale Druckluftförderanlagen bis 100 t/h über Entfernungen bis 500 m); bei staubförmigem Gut und Preßschnecke: Preßluftdruck von 0,5 bis 3 atü je nach Entfernung (bis 1500 m, bis 100 t/h); Entnahme aus Preßluftnetz, 4,5 bis 6 atü, unter Drosselung auf 2,5 bis 3,5 atü für Blasversatzanlagen.

Anwendung. Innerhalb von Getreidesilos; in Zementfabriken, in Kraftwerken für Kohlenstaubtransport, in chemischen Fabriken. Untertage für Blasversatz. Rohrleitungen, insbesondere Krümmer unterliegen starkem Verschleiß. Hoher Energieverbrauch.

c) Pneumatische Förderrinne. Pulvriges oder feingrießiges Fördergut wird durch Zufuhr von Gebläseluft oder Inertgas durch porösen, schwach geneigten Rinnenboden zum Fließen gebracht. Rinnenneigung 2 bis 4%; Luftdruck 100 bis 300 mm WS; Fördergutstrom 15 bis 100 t/h bei 125 bis 500 mm Rinnenbreite (Polysius, Neubeckum).

2. Förderung im Wasserstrom

Das Fördergut wird in offenen geneigten Rinnen in Wasser vorwärtsbewegt: *Spülverfahren*; in geschlossener Rohrleitung beliebiger Streckenführung durch Druckwasser getragen und gefördert: *Druckwasserförderung*; mit dem Saugrohr einer Pumpe aufgenommen und durch das Druckrohr weitergeleitet: *kombinierte Saug- und Druckwasserförderung.*

Zuckerrüben werden mit Wasserstrahl entladen und in Schwemmrinne weiterbefördert; gleichzeitig Säuberung. Spülentaschung in Kraftwerks-Kesselanlagen: Asche wird unter Aschetrichter mit Druckwasser in Ejektor abgesaugt und Wasser-Asche-Gemisch in Spülrinne abgegeben (Rothstein, Düsseldorf). Druckwasserentaschung mittels Ejektors und angeschlossener Gemisch-Druckleitung.

Druckwasserförderung von feiner bis kleinstückiger Kohle über weite Entfernungen (z. Z. bis 170 km)[1], in Schachtsteigleitungen. Einführung auch zum Transport von gemahlenem Rohkalk und Ton von Gewinnungs- zur Verarbeitungsstelle; wirtschaftlich unter Ausnutzung natürlichen Gefälles. Materialzugabe bereits als Wasser-Gut-Gemisch in Saugleitung der Förder-Kreiselpumpe oder Einschleusung in die Druckwasserleitung. Trennung von Gut und Wasser am Ziel in Absetzbecken.

Saugbagger nehmen Baggergut durch Ansaugtrichter der auf den Baggergrund schräg abgesenkten Saugleitung auf (Wasser zu Gut 6 : 1 bis 3 : 1); Gemisch passiert Förder-Kreiselpumpe und wird durch Druckrohr in Schuten oder an Land abgegeben. Gemischabgabe auch in eigene Schiffsbunker (Hopperbagger).

---

[1] *Ertle, H. J.:* Hydraulischer Transport von Feststoffen durch Rohrleitungen. Fördern u. Heben Bd. 6 (1956) S. 1050/54.

Verfahren und Maschinen der Metallbearbeitung

Bearbeitet von Dr.-Ing. **H. Rögnitz**, Berlin

In den *Literaturangaben* dieses Beitrages wird für die „Werkstattbücher", erschienen im Springer-Verlag, die Abkürzung WB angewendet.

Der Hinweis auf die Betriebshütte bezieht sich auf deren 5. Aufl., Berlin: W. Ernst & Sohn 1957.

In den *Quellenangaben* dieses Beitrages bedeuten:

W.-T.	Zeitschrift	Werkstattstechnik (bis 1944), Berlin: Springer,
Wt. u. Mb.	„	Werkstattstechnik u. Maschinenbau (seit 1949 bis 1958, entspr. Bd. 39 bis 48),
Wt	„	Werkstattstechnik (ab 1959, entspr. Bd. 49), Berlin/Düsseldorf: Springer/VDI-Verlag,
W. u. B.	„	Werkstatt u. Betrieb, München: Hanser.

I. Verfahren, Übersicht und Wahl

Verfahren zum Bearbeiten der Metalle werden hier eingeteilt in spanlose und abspanende.

a) Spanlose Arbeitsverfahren sind[1]:

Urformen: insbesondere Gießen (geschmolzenes Metall fließt in eine Form oder wird in eine Form gepreßt).

Massivumformen: kaltes oder erwärmtes Metall wird unter Einwirken von Kräften geformt (Schmieden, Walzen, Prägen, Pressen, Drücken, Ziehen).

Schneiden: Metall wird mit oder ohne Einwirken von Wärme getrennt (Brennschneiden, Stanzen, Lochen, Abgraten).

Fügen: durch Verbinden von Stoffen (Schweißen, Löten, Kleben) oder durch Stoffhaltung (Nieten, Schrumpfen).

b) Abspanende Arbeitsverfahren sind *Hobeln, Drehen, Bohren, Fräsen, Räumen, Schleifen, Feilen, Schaben.* Abspanen bedeutet Werkstoffzerstörung oder Faserunterbrechung, demnach Werkstoff- bzw. Festigkeitsverlust. Abspanende Verfahren sollen daher nur dann eingesetzt werden, wenn gewünschte Oberflächengüte oder Genauigkeit oder Werkstückform durch Einsatz anderer Verfahren nicht zu erzielen sind. Dann soll aber die spanlos erzielte Vorform weitgehend der gewünschten Form gleichen, so daß nur noch geringe Werkstoffmengen abzuspanen sind.

c) In der **Wahl des Verfahrens** ist man nicht vollkommen frei, da viele Verfahren teils werkstoff- teils formbedingt sind und vorhandene Einrichtungen berücksichtigt werden müssen.

Auch die zu erreichende *Genauigkeit* und *Oberflächengüte* sind mitbestimmend bei der Verfahrenswahl. Abspanende Arbeitsverfahren können Werkstücke mit höherer Genauigkeit, d. h. mit engeren Toleranzen, und Oberflächen höchster Güte liefern, während die spanlos arbeitenden Verfahren meist von einer durch Abspanen hergestellten Form ausgehen müssen, so daß zu den hierbei bedingten

---

[1] *Kienzle, O.:* Die Grundpfeiler der Fertigungstechnik. Wt. u. Mb. Bd. 46 (1956) Nr. 5 S. 204.

Toleranzen noch die eigenen Toleranzen des spanlosen Verfahrens hinzukommen. Trotzdem sind bei spanlosen Verfahren zum Teil Toleranzen der 7. und 8. Qualität erreichbar. Bei jedem Verfahren steigert aber das Einengen der Toleranz die Kosten progressiv, so daß das Gesetz für den Konstrukteur besteht, die Toleranz möglichst so groß festzulegen, wie sie für den Betrieb des Werkstückes gerade noch vertretbar ist. Ähnliches gilt für die Oberflächengüte (vgl. Bd. I, S. 594).

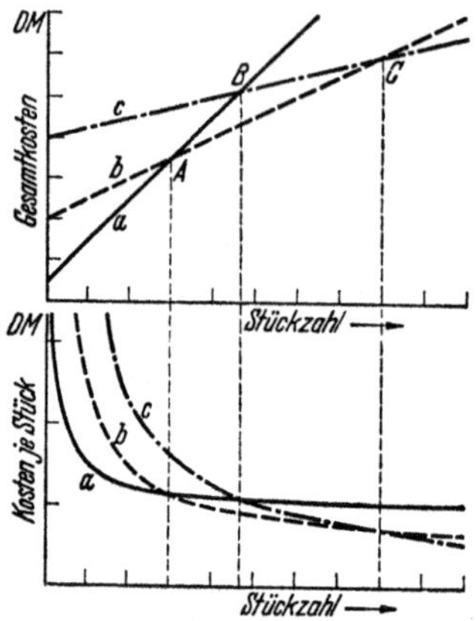

Bild 1. Grundsätzliche Darstellung der Fertigungskosten bei drei Verfahren a, b, c. Bis Stückzahl A ist a wirtschaftlich, ab C ist c am günstigsten, zwischen A und C dagegen b. Bei a hoher Anteil der proportionalen Kosten, bei c hoher Anteil der Serienkosten

d) Die **Art der Verfahrendurchführung** wird weitgehend durch die Stückzahl bestimmt. Die Kosten des Verfahrens setzen sich aus festen (Serien-) und proportionalen (Stück-) Kosten zusammen. Je höher die Serienkosten sind, um so höher muß die Stückzahl sein, damit ein niedriger Kostenanteil je Stück erreicht wird, Bild 1. Serienkosten entstehen durch das Rüsten und Herstellen der Sonderwerkzeuge, Spannzeuge, Meßzeuge und Sondermaschinen. Sind die Serienkosten eines Verfahrens gering, so ist meist der Anteil der proportionalen Kosten hoch, so daß solche Verfahren nur bei geringen Stückzahlen anzuwenden sind.

Nach der Anzahl der zu erzeugenden Werkstücke unterteilt man Einzel-, kleine und große Serien- und Massenfertigung, die weniger durch die Stückzahl als durch die Art der Fertigungsmittel und Arbeitsvorbereitungen zu kennzeichnen sind (s. Zahlentafel 1). Das wirtschaftliche Verfahren kann nur dann mit sicherem Erfolg ermittelt werden, wenn neben einer eingehenden Arbeitsvorbereitung eine weitgegliederte Kostenstellenrechnung vorhanden ist.

Zahlentafel 1. *Kennzeichen der Fertigungsarten*

	Einzelfertigung	Serienfertigung klein	Serienfertigung groß	Massenfertigung
Abspanendes Formen Werkzeugmaschinen	Vielzweckmaschinen	Mehr-, Einzweck-, Sondermaschinen	Baueinheiten Maschinenstraßen	
Werkzeuge	Normalwerkzeuge	Normal- und Sonderwerkzeuge	Vielschneider	Sonderwerkzeuge
Meßzeuge	Einstellbare Meßzeuge	Zeigerlehren, Feste und Sonderlehren		auch automatisch
Spannzeuge	Normale Futter	Vorrichtungen, auch kraftspannend		
Spanloses Formen Gießen	Holzmodelle, Schablonen, Handformerei	Holzmodelle Formmaschinen	Kokillen, Maschinenformerei Druck- und Preßgießerei	
Schmieden und Pressen	Freiformschmieden	Gesenkschmiede- und Stauchmaschinen		Strangpressen-Ziehen
Stanzen Tiefziehen	— einfache Drückwerkzeuge	Einfachste Werkzeuge	Folge- und Gesamtschnitt	Automaten

II. Verfahren und Werkzeuge der spanlosen Formung

A. Gießen

Literatur: 1. *Mehrtens, I.:* Der Gießerei-Schachtofen im Aufbau und Betrieb. WB 10, 4. Aufl. 1950. — 2. *Naumann, F.:* Handformerei. WB 70, 2. Aufl. 1950. — 3. *Allendorf, H.:* Maschinenformerei. WB 66, 2. Aufl. 1950. — 4. *Jung, H.:* Metallmodelle, Gipsmodelle u. Modellplatten WB 37, 2. Aufl. 1953. — 5. *Rögnitz-Köhler:* Fertigungsgerechtes Gestalten, 2. Aufl. Stuttgart: Teubner 1959. — 6. Konstruieren und Gießen. Düsseldorf: Gießerei-Verlag 1957.

1. Allgemeines

Beim Gießen wird ein Werkstück dadurch erzeugt, daß ein Hohlraum (Form), der der Gestalt des Werkstücks entspricht, mit geschmolzenem Metall gefüllt wird. Das Metall erstarrt im Hohlraum und nimmt so die gewünschte Gestalt an.

Unterscheidung nach verarbeiteten Werkstoffen: Eisen- oder Graugießerei, in der Grauguß (GG) und Temperguß (GT), Stahlgießerei, in der Stahl (GS), Metallgießerei, in der Nichteisenmetalle und ihre Legierungen verarbeitet werden.

Unterscheidung nach Art des Abgießens und des Formbaus: Gießerei, bei der flüssiges Metall nur durch Schwerkraft in die Form fließt, Formen aus Sand, Lehm oder Metall (Kokillen); Formmaskenverfahren, bei denen von dem Modell zunächst Masken abgenommen werden, um am Gußteil glattere Oberflächen und geringere Abmaße zu erzielen; Feingußverfahren, bei denen ausschmelzbare Hilfsmittel eingeformt werden; Druckgießerei (Preßgießerei), Metall wird in Metallform gedrückt; Schleudergießerei, flüssiges Metall wird in umlaufenden Formen geschleudert.

Beim Erstarren ziehen sich Werkstoffe zusammen (schwinden). Formen müssen daher um Schwindmaß größer als fertiges Werkstück ausgeführt werden. Schwinden bei GG $\approx$ 1%, GT $\approx$ 2%, GS $\approx$ 2%, Metallguß $\approx$ 1,5%, Al- und Mg-Leg. $\approx$ 1,25%.

2. Formverfahren

a) Sandformerei von Hand. Formwerkstoffe sind: Quarzsandkörner und Ton (magerer Sand $\approx$ 5 bis 8% Ton, mittelfetter Sand 8 bis 20% Ton). Gasdurchlässigkeit sinkt bei steigendem Tongehalt. Billiger magerer Sand nur dort, wo keine besonderen Ansprüche an Festigkeit der Form gestellt werden. Prüfung von Formsand nach DIN 52401. Unerwünschte Bestandteile sind Eisenoxyd und Kalk.

Haufen oder *Füllsand* zum Füllen der Kästen besteht aus Altsand. Eigentlicher Gebrauchssand ist der *Modellsand*, mit dem Modelle unmittelbar umgeben werden. Bei Maschinenformerei meist Einheitssand. Zusatz von Steinkohlenstaub soll Abbrennen des Sandes an Gußstückoberfläche verhindern, da flüssiges Eisen Kohleteilchen vergast.

Masse, in der Eisengießerei als Graugußmasse bezeichnet, ist fetter Quarzsand mit $\approx$20% Ton, verwendet bei solchen Formen, die fester sein sollen, da sie durch hohen Gießdruck oder mechanisch beansprucht werden. *Lehm* hauptsächlich in Stahlgießerei, besonders für Schablonenformerei, auch zur Kernherstellung.

Synthetische Formstoffe sind Gemische aus scharfem, tonfreiem Quarzsand (93%, Korn-

Zahlentafel 2. *Korngrößen nach Götz*

Kl = Kleinguß; Mi = Mittelgroßer Guß; Gr = Großer Guß

	Korngröße in mm von / bis	0,06 / 0,1	0,1 / 0,2	0,2 / 0,3	0,3 / 0,6	für
Gießmetall	GG TG Mg		Kl	Mi	Gr	Modell
			Kl	Mi	Gr	Kern
	Al Buntmetall	Kl	Mi			Modell
			Kl	Mi		Kern
	GS		Kl		Mi	Modell
				Kl	Mi	Kern

größe 0,1 bis 0,3 mm) mit Bindemitteln (bis 5%) und Wasser (3 bis 5%). Bindemittel z. B. Betonit (Ton Mineral Montmorillonit), auch zum Auffrischen von Formsand und zum Bildsammachen von Kernsand.

Gebrauchter Sand wird in Aufbereitungsanlagen durch Schleudern, Sieben, Kollern gereinigt und wieder feinkörnig gemacht, so daß er unter Zusatz von neuem Sand wieder verwendet werden kann (vgl. Abschn. V, A, S. 706).

b) Modelle. Mutter- und Arbeitsmodelle werden gefertigt aus Holz oder Metall, auch aus Lehm, Gips, Zement, Kunststoff. Für das Einformen in Sand bei kleineren und mittleren Werkstückgrößen meist Holzmodelle. Bei Fertigung auf Formmaschinen und größeren Stückzahlen Modelle und Modellplatten zweckmäßig aus Metall. (Metallbaustoffe sind Blei-, Zinklegierungen, Grauguß, Leichtmetalle, Messing.) Vor Verwendung werden Holzmodelle nach DIN 1511 angestrichen. Modelle sind um Schwindung- und Bearbeitungszugaben (Bild 3) größer als fertiges Werkstück.

Beim offenen *Herdguß*, Bild 2, wird Modell *a* im Fußboden der Gießerei geformt, Einguß bei *b*. Hierbei wird Oberfläche uneben und rauh. Bessere Oberfläche erzielt man mit geschlossenem Herdguß, wobei ein mit Sand gefüllter, unten glatter Formkasten aufgesetzt wird. Herdformerei nur bei sehr einfachen Gußstücken ohne besondere Ansprüche an Güte und bei großen Werkstücken (Maschinenbetten u. ä.).

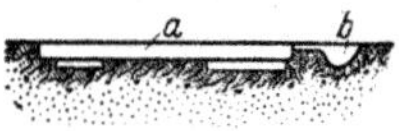

Bild 2. Offener Herdguß

Bild 3 zeigt Vorgang bei *Kastenformerei*.

Nach Werkzeichnung A wird Modell B mit Bearbeitungszugaben *b* gefertigt. Den Hohlraum erzeugt Kern *c*, mit Kernkasten *d* hergestellt (C) und in Form D eingelegt. Modell B trägt daher Kernmarken *a*, die in Form D die Lagerung des Kernes ergeben. Form wird mit zwei Kästen *g* und *h*, vgl. DIN 1524, hergestellt, daher ist Modell B geteilt.

Kann man bei komplizierten Modellen mit *einer* Teilebene, also mit zweiteiligem Modell nicht auskommen, so zwei oder mehr Teilebenen oder Verwenden von herausnehmbaren Sandballen, wodurch aber Formerei verteuert wird.

Eingußtrichter werden so eingelegt, daß Metall an tiefster Stelle in Form tritt und hochsteigend Luft verdrängt. Trichter wird durch Anschnitte mit Form verbunden, Bild 4.

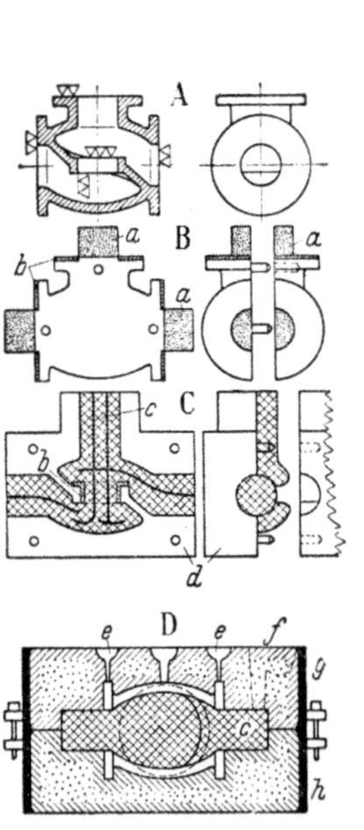

Bild 3. Werkstückzeichnung A, Modell B, Kernkasten C mit Kern und Schnitt durch fertige Form D für zweiteiliges Modell. *e* Steigtrichter, *f* Einguß

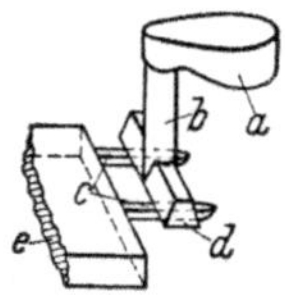

Bild 4. Einguß mit Schlackenlauf. *a* Sumpf, *b* Trichter, *c* Einlauf, *d* Schlackenlauf, *e* Gußteil

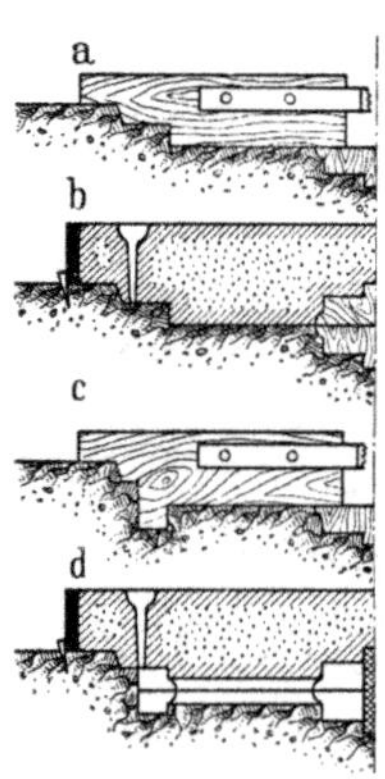

Bild 5. Einformen eines Rades mit Schablone im Herd (Einguß nicht gezeichnet)

Lehrenformerei (Schablonenformerei) wendet man bei Umdrehungskörpern an, Bild 5. Man erspart hierbei Modellkosten, da nun mit einfacher Schablone eine Form ausgearbeitet wird (a), von der man Oberkasten abformen kann (b). Mit einer zweiten Schablone wird Form weiter ausgearbeitet (c), so daß nach Aufsetzen des Formkastens Hohlraum entsteht (d). Arme werden mit Schablonen gezogen. Lehrenformerei für große einfache Werkstücke.

c) Das **Formmaskenverfahren** (Croning) verwendet zum Erzeugen der Masken Sand-Kunstharzgemisch (93% Sand mit Phenol-Kresol-Binder) oder harzumhüllten Sand, der auf erwärmte Metallmodellplatte aufgebracht wird. Dicke der fertigen Maske bis ≈6 mm. Oberflächenrauhigkeit wesentlich geringer als bei Sandformen. Toleranz am Gußteil bei 50 mm Kantenlänge etwa 0,1 bis 0,3 mm. Mindest-Wanddicke bis zu 2 mm. Geeignet für Massen- und Serienfertigung (Feinmechanik, Maschinenbau, Kraftwagenteile, Rippenzylinder); hier wirtschaftlicher als Sandguß, da auch weniger Nacharbeit.

Beim *Feinguß* (Präzisionsguß, Ausschmelzverfahren) werden Hilfsmodelle aus leicht schmelzbaren Werkstoffen (Wachs, Kunststoffe, gefrorenes Quecksilber) hergestellt und nach dem Einformen in der Form geschmolzen; dadurch Modellbaustoff aus der einteiligen Form entfernt. Der Hohlraum wird dann mit dem flüssigen Gußmetall ausgegossen. Da Form einteilig, ist kein Grat vorhanden; gute Oberfläche, kleine Abmaße. Hilfsmodelle werden nach Muttermodellen stets neu gefertigt. Gießverfahren statisch oder im Schleuderguß. Gußwerkstoffe: Grauguß, Stahl, auch legiert, Leicht-, Schwer- u. Edelmetalle.

d) **Maschinenformerei** ist dadurch der Handformerei überlegen, daß das Einformen, Ausheben des Modelles und teilweise auch Befestigen des Sandes maschinell betrieben wird und von angelernten Kräften ausgeführt werden kann. Da aber statt der Holzmodelle Modellplatten (meist aus Metall) angefertigt werden und Maschinen eingerichtet werden müssen, lohnt sich Maschinenformerei nur bei Serien- und Massenfertigung (vgl. V, A, S. 706).

3. Gießverfahren

a) **Eisengießerei.** Grauguß (vgl. Bd. I, S. 548) wird aus Mischung (Gattierung) von Roheisen verschiedener Zusammensetzung, Gußbruch und Schrott geschmolzen, wobei man andere Metalle oder Legierungen (Spiegeleisen, Ferromangan, Silizium-Mangan, Ferrosilizium) zusetzt, um gewünschte Analysendaten zu erhalten. Beim Schmelzen brennen Si um 8 bis 10%, Mn um 12 bis 15% ab, während S-Gehalt um ≈50% zunimmt. Anreichern des Schwefels wird verhindert durch Zugabe von Kalkstein, Flußspat, Entschwefelungbriketts (Soda mit Alkali-Zusätzen oder reiner Soda).

In Gußeisen mit *Kugelgraphit* (Sphäroguß) fällt durch Zusatz von Magnesium Kohlenstoff als Graphit in kugeliger oder knotiger Form an. Durch Glühen oder Vergüten zu veredeln. Größere Festigkeit, hohe Verschleißfestigkeit und Oberflächenhärte. Geeignet für Flammen-Oberflächenhärtung, auch Nitrierhärtung. Härtbar bis $HB = 500$ bis 700 kg/mm². Wanddicken bis herab zu 3,5 mm.

Geschmolzen wird das Roheisen meist im *Schacht*-(Kupol-)*Ofen*[1], Bild 6, dessen Abmessungen durch DIN 6920 festgelegt. Brennstoffaufwand an Koks (Gewicht) etwa 10% des Einsatzes. Schachtofen arbeiten mit Schmelzleistungen $S \approx 7$ t/h je m² lichten Ofenquerschnitts. Da sich im Schacht des Ofens nur etwa 0,1 bis 0,2 S an geschmolzenem Grauguß sammeln können, setzt man Vorherd an, wo etwa 75% des stündlich geschmolzenen Eisens gesammelt und damit größere Gußstücke gegossen werden können.

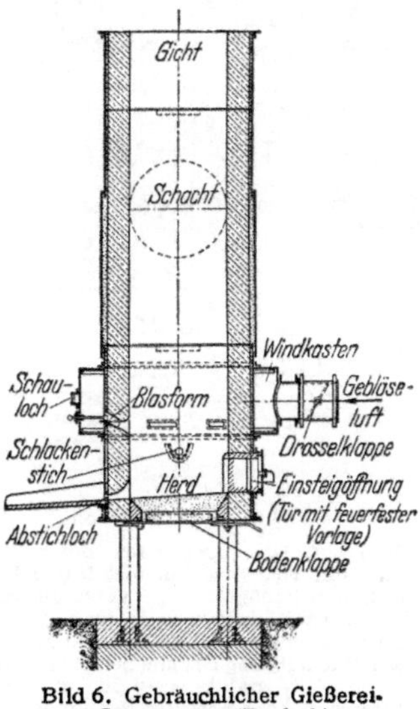

Bild 6. Gebräuchlicher Gießerei-Schachtofen (Durlach)

Vorherd wirkt auch als Mischer und entzieht geschmolzenen Grauguß der Einwirkung des Brennstoffs. Nachteil: Abkühlen der Schmelze, daher auch Vorherd mit Heizung, Bild 7.

[1] *Hosse, H.:* Gießerei (1956) S. 839.

Ausstoß abhängig von Windmenge und Kokssatz. Schmelzzone etwa 200 mm hoch; ihre Lage wird durch Windmenge bestimmt, Bild 8. Obere Grenze bei Kokssatz zwischen 300 und 1000 mm über Oberkante der Düsen. Neben den Kaltwind-Kupolöfen häufig Heißwind-Kupolöfen: Öfen kleidet man mit saurem oder basischem Futter aus, um die Schmelze chemisch zu beeinflussen; Wind wird in Rekuperatoren auf 450 bis 600 °C erhitzt; Rekuperatoren werden erwärmt durch Gichtgase, die kurz oberhalb der Schmelzzone oder dicht unterhalb der Gicht entnommen werden, oder durch Fremdbeheizung.

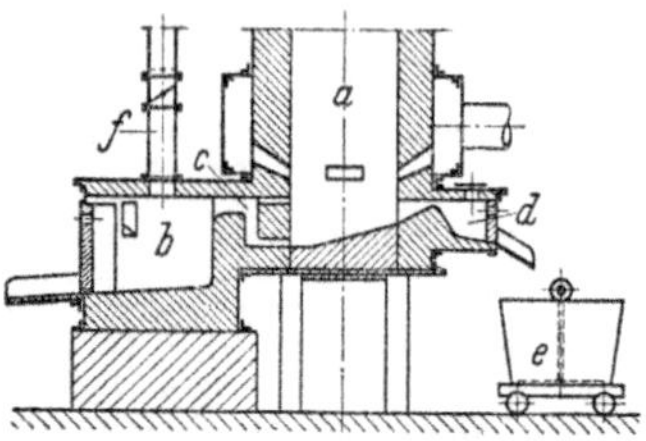

Bild 7. Schachtofen mit Vorherd für getrennten Eisen- und Schlackenablauf (Bauart Dr. Schumacher & Co.). *a* Schacht, *b* Vorherd, *c* Überlauf für Eisen, *d* Überlauf für Schlacke, *e* Schlackenwagen, *f* Schornstein (nach *Mehrtens*, WB 10)

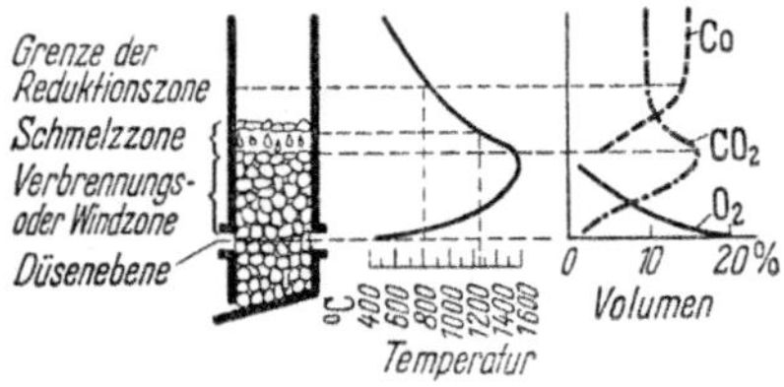

Bild 8. Vorgänge im Kupolofen (*Alcacer, J. N.*, u. *J. A. de Andrés:* Gießerei Bd. 42 (1955) S. 134)

In *Flammöfen* kann Sondergrauguß auch mit niedrigem Kohlenstoffgehalt erschmolzen werden. Da Eisen nicht in unmittelbarer Berührung mit Brennstoff steht, nimmt es weniger Schwefel auf. Auch große Schrottstücke können eingeschmolzen werden. Ausführung auch als Trommelöfen. Beheizung durch Gas, Öl, Kohlenstaub.

Für hochwertigen Guß auch *Tiegelöfen* mit Koks-, Öl- und Gasfeuerung, feststehend oder kippbar, Einsatz bis 600 kg.

Elektroöfen für GG als Induktionsöfen, vorwiegend als Netzfrequenz-Rinnenöfen, Netzfrequenz-Tiegelöfen, Bild 9, oder Mittelfrequenz-Tiegelöfen. Rinnenofen für niedere Temperaturen.

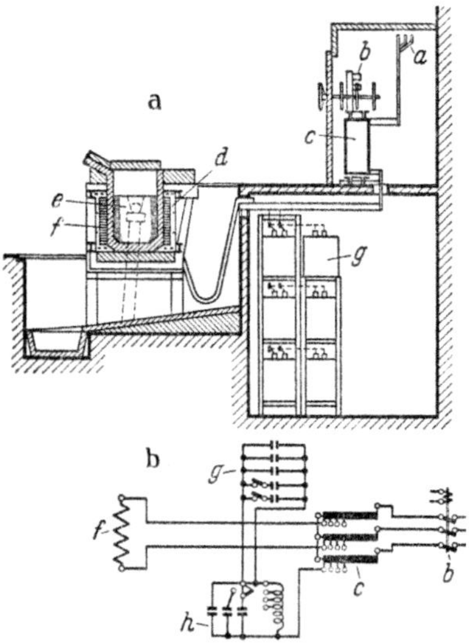

Bild 9. Netzfrequenz-Induktions-Schmelzofen mit Tiegel; a Schema, b Schaltplan. *a* Sammelschiene für Versorgungsnetz, *b* Schalttafel mit selbsttätigem Schalter, *c* Transformator für Ofenspannung, *d* Joche zur Rückführung des magnetischen Feldes, *e* Tiegel, *f* Induktionsspule, *g* Kondensator zum Ausgleich des Ofenblindstromes, *h* Phasen-Symmetriereinrichtung. (Nach *Brockmeier, K.-H.:* Induktives Schmelzen. Gießerei Bd. 43 (1956) S. 57)

b) Tempergießerei. Temperguß GT (vgl. Bd. I, S. 549); Ausgangswerkstoff meist im (Heißwind-)Kupolofen oder im Duplexverfahren (Kupolofen-Netzfrequenz-Induktionsofen) erzeugt, zeigt nach Erkalten weißes Bruchgefüge (Ledeburit). Das Gußstück wird dann bei 850° bis 1000° geglüht („getempert"), s. Bild 10, entweder

α) in Sauerstoff abgebenden Glühmitteln (Erze, Roteisensteinpulver, etwa 6 Tage). Man erhält dann Guß mit weißem Bruchgefüge: *weißer* oder europäischer Temperguß (GTW) mit stark entkohltem äußeren Rand, ferritischem Gefüge, das nach Mitte zu Mischung von Ferrit und Perlit und zunehmend Temperkohle, schließlich unzerlegten Ledeburit zeigt;

β) oder in neutralem Sand, um Zementit zum Zerfall zu bringen. Keine Entkohlung, Glühdauer 4 bis 5 Tage: *schwarzer* oder amerikanischer Temperguß (GTS), der zunehmend weißen Temperguß verdrängt, da er gleichmäßiges, randfreies Gefüge über gesamten Querschnitt zeigt; Einfluß der Wanddicke demnach gering.

Zum Glühen kann Temperguß in Gefäße, meist aus GT, GS, in abwechselnden Lagen mit Glühmitteln oder Sand eingepackt werden. Als Glühöfen verwendet man Koks- oder gasgefeuerte Kammeröfen. Bei neuzeitlichen Verfahren wird der Guß, ohne eingepackt zu werden, geglüht, und zwar GTS in zwei Stufen in luftdicht abgeschlossenem Doppelkammerofen; GTW wird in Tunnelofen unter einem Gasgemisch (30% CO, 10% CO_2, 25% H_2, 18% Wasserdampf, Rest N) entkohlt, Bild 10.

Aus Temperguß werden kleinere Gußteile hergestellt, von denen größere Festigkeit, als bei Grauguß erreichbar, verlangt wird. Weißer Temperguß für Teile, die wenig, schwarzer für dickwandige Gußteile, die anschließend mehr abgespant werden sollen.

Weißer und schwarzer Temperguß können vergütet werden, indem man Tempervorgang unterbricht oder schon abgekühlten Guß wieder auf 850° erhitzt und dann rasch abkühlt. Durch anschließendes Anlassen kann Festigkeit auf über 60 kg/mm² gesteigert werden, während Dehnung auf 3 bis 6% sinkt. GTW ist schweißbar (Gas-, Lichtbogen-, Punkt-, auch Stumpfschweißung), GTS nur bedingt schweißbar.

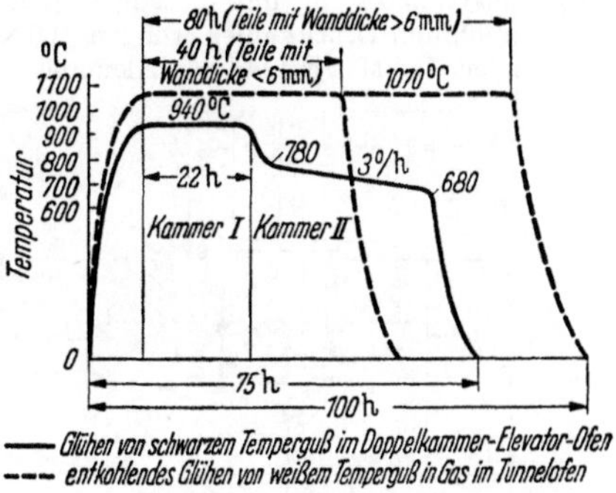

Bild 10. Temperaturverlauf bei der Wärmebehandlung von GTS und GTW in Gasglühöfen (nach *Roesch* in Stahl u. Eisen, 1957, Nr. 24 S. 1750)

c) Stahlgießerei. Stahl wird im Tiegel, Siemens-Martin-Ofen, Elektroofen (Mittelfrequenz-Tiegelöfen, Graphit-Schmelzöfen) oder Birne geschmolzen. Wegen höherer Gießtemperatur müssen Formwerkstoffe hitzebeständiger sein als bei Grauguß. Formmasse daher aus gebranntem Ton, ferner alten Tiegelscherben, reinem Quarzsand und Graphit als Magerungsmittel. Einformen wie bei Grauguß. Um grobkörniges Gefüge, das bei Abkühlen entsteht und mechanische Eigenschaften herabsetzt, zu verfeinern, muß Stahlguß auf etwa 30° oberhalb des A_3-Punktes erhitzt werden (Normalisieren). Gußspannungen werden beseitigt, wenn Werkstück sich langsam abkühlt, nachdem man es bis auf dunkle Rotglut schnell abgekühlt hat, um feines Korn zu erhalten. Glühen im Glühofen mit Kohlen-, Gas- oder Halbgasfeuerung. Brennhärtung möglich bei 0,42 bis 0,58% C.

d) In **Metallgießerei** werden Schwer- und Leichtmetalle (Nichteisenmetalle) vergossen. Diese Metalle neigen dazu, im Schmelzfluß Gase aufzunehmen, die beim Erstarren entweichen und Gußstück porös machen. Durch Desoxydation, d. h. Zusatz von Elementen, die mit Gasen Verbindungen eingehen und entweichen oder verschlackt werden, bekämpft man die Gasaufnahme und erreicht weiterhin, daß Verunreinigungen, die alle Schmelzen enthalten (Oxyde, Sulfide, Sulfate), sich absetzen. Gelingt Entfernen der Verunreinigungen nicht, so setzen sie sich an Grenzflächen der Kristalloide ab und machen Metall schlecht bearbeitbar.

Gießtemperaturen liegen für Messing bei ≈1000°, Bronze ≈1150 bis 1250°, Kupfer ≈1150 bis 1200°, Aluminiumlegierungen ≈680 bis 780°, Magnesium bei ≈750° C. Formen in der Metallgießerei aus Sand wie in Eisengießerei, oder aus Grauguß (Kokillenguß). Schmelzöfen sind feststehende Tiegelöfen, die ≈1000 kg Schwermetall fassen und in Gießereisohle versenkt aufgestellt sind. Kippbare Tiegelöfen erleichtern das Vergießen. Auch Flammöfen werden feststehend und beweglich ausgeführt. Elektrische Schmelzöfen in der Metallgießerei sind vielfach Induktionsöfen, für Schwermetalle Rinnenöfen, für Magnesium Netzfrequenzöfen mit Stahltiegel.

Metallgußteile (Halbguß), die abspanend verarbeitet werden sollen, werden „blankgebrannt", d. h. es wird eine metallisch reine Oberfläche erzeugt, indem man die Gußstücke in Mischung aus Salpeter- und Schwefelsäure taucht.

e) Druck- und Preßgießerei. Da hier Schmelze unter Druck in Form gespritzt oder gepreßt wird, kann man nur Dauerformen aus hitzebeständigem Werkstoff verwenden. Auch Kerne sind aus Metall und werden nach oder beim Erkalten aus der Form gezogen, Bild 11. Bei verwickelten Teilen können Kerne außerdem auch nach Seite oder schräg herausgezogen werden.

Druckgußlegierungen haben niedrigen Schmelzpunkt: Zinklegierungen (DIN 1743), von denen GD-Zn Al 4 am meisten verwendet ($\sigma_B = 25$ kg/mm², $\delta_5 = 1{,}5$%, $HB = 70$ kg/mm²); Gießtemperatur $\approx 420°$, $\gamma = 6{,}7$, benutzt für Apparate, Elektroindustrie, Fahrzeugbau. Blei-Druckgußlegierungen und Zinn-Druckgußlegierungen haben nur untergeordnete Bedeutung.

Aluminium-Druckgußlegierungen (DIN 1725, Bl. 2), vier versch. Zusammensetzungen, für Massenteile des Kleinmaschinen- und Gerätebaus, Feinmechanik,

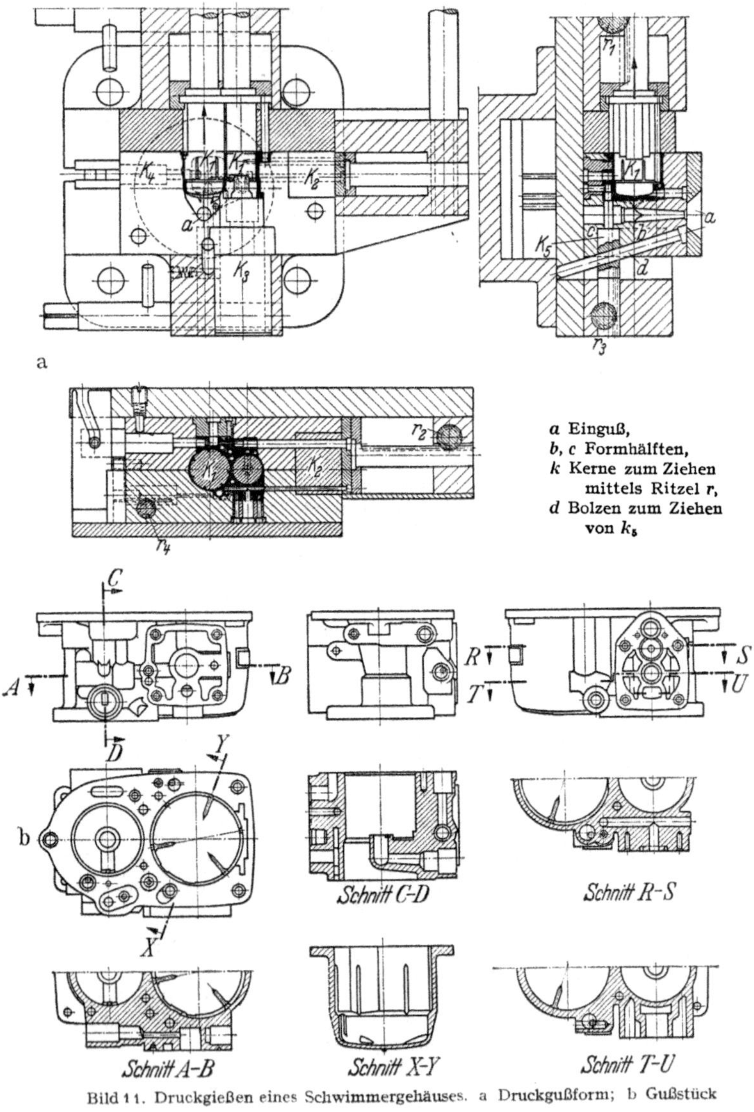

Bild 11. Druckgießen eines Schwimmergehäuses. a Druckgußform; b Gußstück

Optik, Kraftfahrzeugbau; Gießtemperatur ≈ 700°; auch Umschmelzdruckgußleg. geeignet, $\sigma_B = 26$ bis 18, $\delta_{10} = 1$ bis 3, $HB\,5/250-30 = 55$ bis 85 kg/mm².

Magnesium-Druckgußlegierungen (DIN 1729, Bl. 2) zeichnen sich durch besonders niedriges spez. Gew. aus ($\gamma \approx 1{,}8$); verwendet für Apparatebau, optische Geräte, Büromaschinen; Gießtemperatur bei 720°C.

Zulässige Abmessungen in Werkstücken und erreichbare Toleranzen s. Zahlentafel 3. Druckgußteile können meist ohne Nacharbeit eingebaut werden; wegen Kosten der Form insbesondere für größere Reihen- und Massenfertigung.

Zahlentafel 3: ***Hauptabmessungen für Werkstücke aus Druckgußlegierungen mit***

		Zink	Aluminium	Magnesium	Kupfer
Mindestwanddicke in mm		0,5 bis 3	0,8 bis 3	0,8 bis 3	1,5 bis 4
Bohrungen mm Dmr.		> 1	> 2	> 2	> 4
Bohrung durchgehend, größte Länge		6 × Dmr.	4 × Dmr.	6 × Dmr.	3 × Dmr.
Bohrung nicht durchgehend, größte Tiefe		3 × Dmr.	3 × Dmr.	3 × Dmr.	2 × Dmr.
Außengewinde zulässig ab		10 mm	12 mm	10 mm	15 mm
Innengewinde zulässig nur in Sonderfällen ab		15 mm	20 mm	15 mm	nicht zu empfehlen
Neigung in % der Kerntiefe		≈0,3	≈0,5	≈0,3	≈1,0
Erreichbare Genauigkeit	Sollmaß in einer Formhälfte	±0,01	±0,03	±0,02	±0,03
	Sollmaß in beiden Formhälften senkrecht zur Teilung	±0,08	±0,1	±0,1	±0,1

Beim Preßgießen werden Metallegierungen mit Schmelzpunkten um 1000 °C (Kupfer, Messing) in erweichtem Zustand unter hohem Druck in die Form gepreßt. Ausbildung der Formen wie bei Druckguß. Messingdruckguß nur wirtschaftlich, wenn Bearbeitungskosten erspart werden (spez. Gew. 8,4); Verwendung im Elektro- und Armaturenbau.

f) Schleudergießen von Grauguß, Stahlguß und Nichteisenmetallen wird außer zum Herstellen langer Rohre dann angewendet, wenn man besonders dichtes verschleißfestes Gefüge anstrebt (Zylinderbuchsen, Ventilsitzringe, Bremstrommeln, Zahnräder, Ausgießen von Lagerschalen).

Form kreist hierbei schnell um waagerechte oder senkrechte Achse, während Schmelze eingegossen und nun durch Zentrifugalkräfte nach außen geschleudert wird, Bild 12. Im

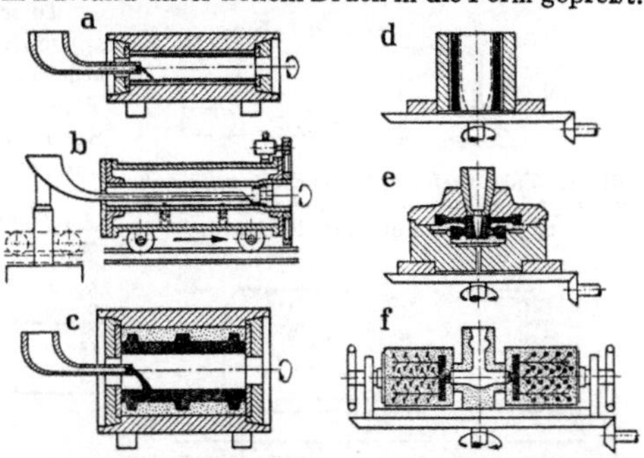

Bild 12. Rohr- und Formschleuderverfahren (nach *Pölzguter*: Gießerei (1955) S. 493). a Horizontal-Schleuderverfahren mit festem Einguß in ungekühlte dickwandige Gußkokille, b Eingußrinne oder wassergekühlte Kokille ist verschiebbar, c Vergießen in eine mit Formstoff ausgekleidete Kokille, d Senkrechtschleudern. Durchmesser der Kokille ≦ Höhe. Sonst Innenform parabelförmig, e Senkrechtschleudern in Kokille unter Verwendung von Sandkernen; auch statischer Nachguß des Innenhohlraums (Halbschleuderguß), f Einguß in senkrechte Achse. Gußteile sind um Drehachse angeordnet (Druckschleuderguß).

Schleuderguß tritt zusätzlich zur normalen Seigerung, wie bei gewöhnlichem Guß, leicht ein Entmischen einer Legierungskomponente auf, das jedoch bei den vor allem geeigneten reinen Mischkristall- und rein eutektischen Legierungen nicht beobachtet wird.

Für Messing z. B. wurde gegenüber Sandguß durch Schleudern σ_B von 40 auf 49 kg/mm², δ von 22 auf 29% und HB von 115 auf 138 kg/mm² gesteigert. Für Graugußrohre liegt Festigkeit σ_B bei Schleuderguß um etwa 55% höher als bei Sandguß.

4. Putzerei

In *Putzerei* wird Gußstück von Steigern, Angüssen, verlorenen Köpfen usw. (Vorbereitungsarbeiten) und von Sandkruste befreit, auch mattiert (Vollendungsarbeiten). Für Oberflächensäubern vor allem Sandstrahlgebläse, das mit Drücken von 1 bis 4 kg/cm² Quarzsand mit Körnungen von 1 bis 3 mm auf Gußstück schleudert. Rein mechanisch arbeiten „Sandfunker", bei denen Sand von kreisender Flügelscheibe herausgeschleudert wird. Durch Wasserstrahlputzen mit Drücken bis etwa 100 kg/cm² können auch Kerne ohne Staubentwicklung herausgespült werden.

5. Gestalten von Gußteilen

Infolge des Schwindens bilden sich Lunker und Gußspannungen. Lunker insbesondere an Stellen mit Stoffanhäufungen, Bild 13. Da Stahlguß und Temperguß stärker schwinden, ist dort Gefahr der Lunkerbildung besonders groß. Lunker bekämpft man durch Anbringen von verlorenen Köpfen, sie können aber durch zweckmäßige Konstruktion vermieden werden. Gußspannungen zeigen sich äußerlich durch Werfen, Krummziehen oder Rißbildung, Bild 14. Oft werden Spannungen erst bei nachfolgender abspanender Bearbeitung frei.

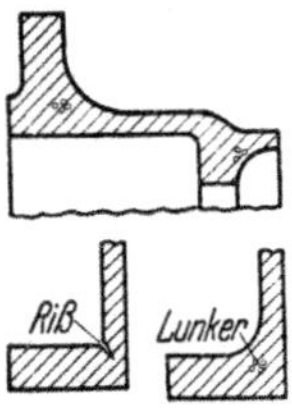

Bild 13. Lunkerbildung infolge Werkstoffanhäufung

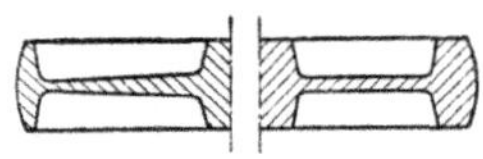

Bild 14. Da zu dicke Wände erst fest werden, wenn Scheibe schon abgekühlt, sind Spannungen und Risse unvermeidlich; daher Kranz und Nabe möglichst schwach

Unterschneidungen und Kerne sind möglichst zu vermeiden, da sie den Guß verteuern, Bild 15, desgl. Ansteckteile, Bild 16. Man bestimmt zweckmäßig bei Konstruktion die Teilebenen für das Einformen; Teilfugen beeinträchtigen Maßhaltigkeit und Aussehen. Zum Ausheben des Modells sieht der Modellbauer Formschrägen vor; ihre Größe hängt von der Art des Modells, Kerns ab, Bild 16, 17.

Druckguß[1]. Reicht an hoch beanspruchten Teilen von Druckgußwerkstücken Festigkeit nicht aus, so können Teile aus anderen Werkstoffen, z. B. Stahl eingespritzt werden (Gewindebuchsen, Stifte u. ä.), Bild 18.

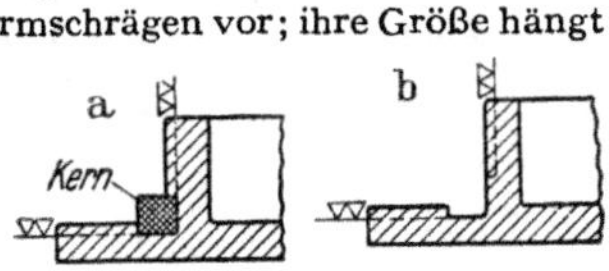

Bild 15. Falsch geforderte Bearbeitungszugabe verlangt Kern (a), der vermieden wird, wenn man (b) ins Volle arbeiten läßt.

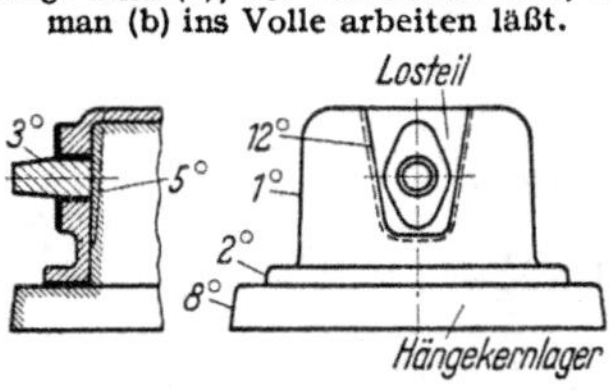

Bild 16. Losteil mit Schwalbenschwanzführung und Schrägen an einer Haube (*Hagedorn*: Gießerei 1955 S. 17)

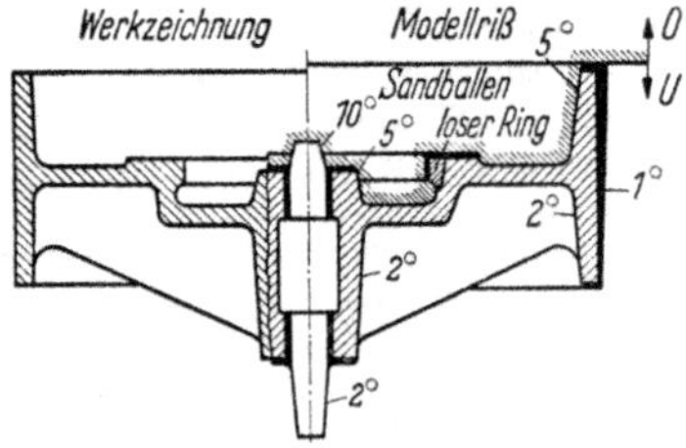

Bild 17. Modellschrägen an einem Kolben (*Hagedorn*: Gießerei 1955 S. 17)

Als *Werkstoffzugaben* für zu bearbeitende Flächen rechnet man bei Grauguß etwa 2 bis 5 mm für Drehen, Hobeln, Fräsen, bei Temperguß 2 bis 3 mm, Stahlguß 3 bis 8 mm je nach Größe des Werkstücks.

[1] VDI-Richtlinien für Druckguß (VDI 2501). Düsseldorf: VDI-Verlag 1950.

Abmaße verschieden je nach Einformverfahren und Ausführung der Form. Für Wanddicken kann man bei Maschinenformguß mit vollständigem Modell und kleinen bis mittleren Gußstücken (wenn nicht engere Toleranzen vorgeschrieben) rechnen: Kokillenguß $\pm {}^1/_2$ IT 17 (ISA-Toleranz); Grau-, Temper- und Nichteisenguß $\pm {}^1/_2$ IT 18, Stahlguß $\pm {}^1/_2$ IT 19. Für Längen-, Breiten- und Höhenmaße solcher Werkstücke, im Sandguß geformt, gibt Zahlentafel 4 zul. Abweichungen von Freimaßen an. Bild 19 zeigt Gegenüberstellung der Toleranzfelder bei Sandguß-, Formmaskenverfahren und Feinguß.

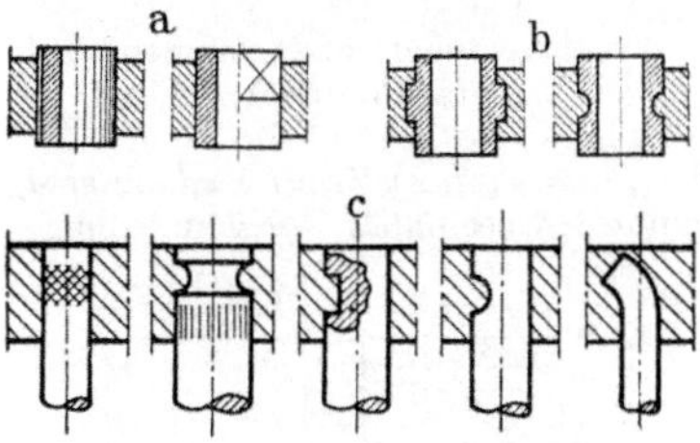

Bild 18. Formgebung eingespritzter Buchsen und Stifte. Gerändelte oder mit Vierkant versehene Buchsen bei a sind nur gegen Verdrehen, die bei b nur gegen Herausziehen gesichert, während Teile bei c sich weder herausziehen noch verdrehen lassen.

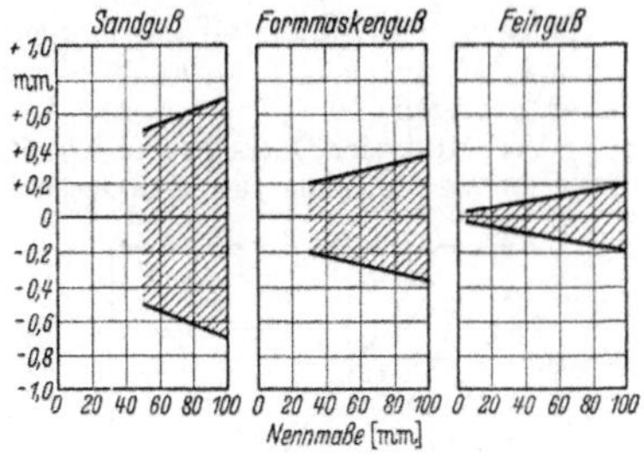

Bild 19. Gegenüberstellung der Toleranzfelder (nach *Pölzguter*: Wt. u. Mb. 1956, Nr. 8 S. 390)

Zahlentafel 4: *Freimaßtoleranzen für metallische Gußstücke*

(Längen-, Breiten- und Höhenmaße). Maße in mm

(Auszug aus Vorschlag des GINA: Gießerei 1955, S. 64; s. a. DIN E 1683, 1684, 1686, 1687, 1688)

H = Handgeformt M = Masch. geformt	GG H	 M	GT H	 M	Schwermetall H	 M	GS	 H	 M
von 120 bis 250	+3 −2	+2,5 −1,5	+5 −4	±4	±3,5	±3	von 120 bis 180	+7 −4	+5 −3
250 400	+4 −3	+3 −2	+6 −5	+5 −4	±4	±3,5	180 250	+8 −4	+7 −4
400 630	+6 −4	+4,5 −2,5	+8 −6	+6 −5	±5	±4	250 315	+9 −4	+7 −4
630 1000	+7 −5	+5 −3			±6	±5	315 500	+10 −5	+8 −4
1000 1600	+10 −7	+6 −4			±9		500 800	+12 −6	+9 −5
1600 2500	+13 −9	+8 −5			±11		800 1250	+15 −8	+11 −6

Anm. Für Leichtmetallguß entsprechen die Toleranzen bei Kokillenguß IT 13, bei Sandguß handgeformt IT 15, maschinengeformt ${}^1/_2$ IT 16 als Plus-Minus-Toleranz. Wird das Maß durch Form- oder Kokillenteilung durchschnitten, dann erhöhen sich die Toleranzen bei Kokillenguß auf IT 14, bei Sandguß auf IT 16 bzw. IT 15.

B. Massivumformen

1. Grundlagen des Massivumformens

Bei den Massivumform-Verfahren wird dem Werkstoff durch Anwenden starken Druckes eine andere Form gegeben. Bei verlustlosem Umformen ist reine *Formänderungsarbeit* A_f aufzuwenden, deren Höhe von der Formänderungsfestigkeit k_f abhängt, die für Warmverformung ungefähr konstant eingesetzt werden kann, während sie bei Kaltverformung aus Kegelstauchversuch ermittelt wird. Zur reinen Formänderungsarbeit tritt beim praktischen Verformen noch Reibungsarbeit A_r und Schiebungsarbeit A_s (innere Reibung) hinzu, so daß Verformungswirkungsgrad $\eta = A_f/A$, worin $A = A_f + A_r + A_s$. Daraus ergibt sich der praktisch zu überwindende mittlere Formänderungswiderstand $k_{wm} = k_f/\eta$, der durch Versuche bestimmt wird, Bild 20. Mit $k_{wm} = P/F$ wird beim Stauchen $A = V\int_{h_1}^{h_0}(k_{wm}/h)\,dh$, wenn h_0 und h_1 Höhen des Körpers vor und nach dem Stauchen, V Rauminhalt des Körpers, der als unverändert angenommen wird, d.h. $b_0 h_0 l_0 = b_1 h_1 l_1$. $\ln(h_1/h_0)$ ist der *Stauchgrad*, $\ln(b_1/b_0)$ *Breitungsgrad*, $\ln(l_1/l_0)$ *Längungsgrad*.

Verhältnis der Querschnitte f_0/f_1 ($f_0 = h_0 b_0$, $f_1 = h_1 b_1$) ist *Verschmiedungsgrad*, der die Verfeinerung des Gefüges beim Schmieden beeinflußt. Verschmiedungs-

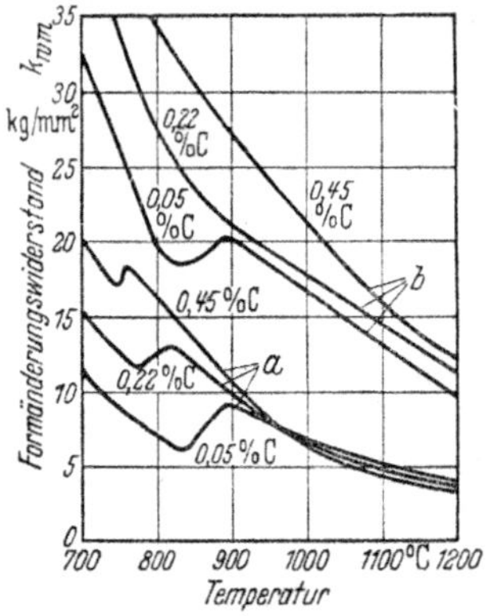

Bild 20. Mittlerer Formänderungswiderstand k_{wm} bei Warmverformung von Kohlenstoffstählen. *a* statische Verformung unter Pressen; *b* dynamische Verformung unter Hämmern, Stauchung 30% (nach *Hennecke*, Bericht 94 VDEh)

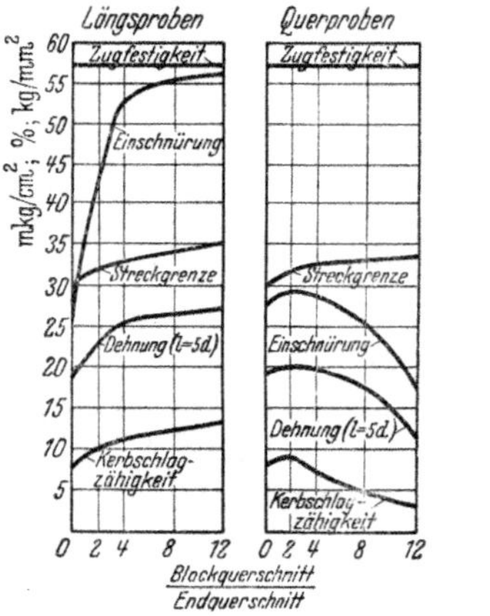

Bild 21. Mechanische Eigenschaften beim Schmieden von unlegiertem Stahl (0,35% C, Querschnitt des Gußblockes 0,2 m²)

grad wird bei Baustählen 2 bis 4. Verschmiedungsgrad darf nicht zu hoch getrieben werden, da Festigkeitseigenschaften zwar in Längsrichtung verbessert, in Querrichtung jedoch verschlechtert werden, Bild 21.

Werkstoff fließt beim Stauchen in Symmetrielinien, Bild 22. Im Gebiet *I* ist Stoffbewegung behindert, im Gebiet *II* am größten, während Randgebiete *III* etwa gleichmäßig gestaucht werden.

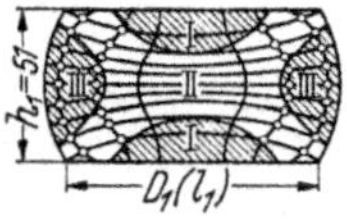

Bild 22. Werkstofffluß in Symmetrieebenen eines gestauchten Zylinders (n. *Duesing-Stodt*, WB 11)

Beim *Warmumformen* von Stahl wählt man Werkstofftemperatur von 1300 bis 950 °C bei C-Gehalt 0,1 bis 0,3, 1200 bis 850 °C bei 0,5 bis 0,9% C, schließlich 1050 bis 800°C bei 1% C; CrNi- und andere legierte Stähle werden bis 1250° erhitzt. Umformen muß kurz oberhalb Umwandlungstemperatur von 720° beendet sein, weil Stahl feinkörniges (perlitisches) Gefüge aufweisen soll.

Wegen unregelmäßigen Abkühlens behalten Werkstücke Spannungen und auch ungleichmäßiges Gefüge. Durch *Nachglühen* bei 600° werden Spannungen beseitigt, Glühen bei 700° macht Stahl zum Abspanen weich. Bei ≈ 850° bildet sich neues Gefüge. Festigkeitseigenschaften können durch Vergüten noch weiter gesteigert werden; sie sind quer und längs zur Faser sehr verschieden (bis zu 20%). Alle genormten Stähle sind umformbar, und zwar um so besser, je höher die Dehnung und je geringer der C-Gehalt.

Beim *Kaltumformen* werden Werkstoffe über Streckgrenze hinaus beansprucht, Zugfestigkeit wächst, Dehnung fällt. Kaltgeformte Metallteile können mit sehr engen Toleranzen hergestellt werden, so daß man auch warm vorgearbeitete Werkstücke kalt nachformt. Kaltumformverfahren sind aber nur dann anwendbar, wenn Festigkeit des Werkstoffes nicht zu hoch liegt.

Nach Art der Kraftübertragung unterscheidet man *Schmiede*verfahren, bei denen dynamische Kräfte der Hämmer wirken, und *Preß*verfahren, bei denen statische Kräfte mit länger anhaltendem nachhaltigen Druck erzielt werden. Beim *Walzen* wird Werkstoff zwischen zwei umlaufenden, glatten oder profilierten Zylindern (Walzen) gepreßt, beim *Ziehen* durch ein rundes oder profiliertes Loch hindurchgezogen. Beide Verfahren werden warm und kalt ausgeführt, der Werkstoff wird meist gestreckt (Vergrößern der Länge) und in seinem Querschnitt verringert und verändert. Beim Freiformschmieden kann Werkstoff quer zur Schlagrichtung frei ausweichen, bei den anderen Umformverfahren wird er in oder durch Formen gepreßt.

2. Schmieden von Stahl

Literatur: 1. *Duesing, F.W.*, u. *A. Stodt:* Freiformschmiede. 1. Teil. WB 11. 4. Aufl. 1954. – 2. *Stodt, A.:* Freiformschmiede. 2. Teil. WB 12. 3. Aufl. 1950. – 3. *Kaessberg, H.:* Gesenkschmieden von Stahl. 1. Teil. WB 31, 3. Aufl. 1950. 2. Teil. WB 58, 2. Aufl. 1951. 3. Teil. WB 108, 1952. – 4. *Lange, K.:* Fertigungsbelange des Gesenkschmiedens. Berlin: Springer 1957. – 5. *Lange, K.:* Gesenkschmieden. Berlin: Springer 1958.

Durch Schmieden wird Werkstoff verbessert, Korn wird verfeinert, Porosität wird kleiner, Material dichter.

Ausgangswerkstoff wird zunächst vorgewärmt (bis 650 °C), dann auf Schmiedetemperatur aufgeheizt, schließlich Ausgleichzeit zum Durchwärmen. Durch Oxydation entsteht beim Schmieden Hammerschlag (Zunder oder Abbrand), der aus Eisenoxydul-Oxyd besteht.

a) Freiformschmieden. Arbeitsverfahren beim Freiformschmieden sind:

Strecken (Recken), Bild 23. Länge wird vergrößert ($l_1 > l_0$), Höhe verkleinert ($h_1 < h_0$); häufigstes und günstigstes Verfahren, da Faserverlauf z. T. erhalten bleibt und Gefüge verdichtet wird.

Breiten. Breite wird vergrößert ($b_1 > b_0$, $h_1 < h_0$). Dieses Strecken quer zur Faserachse ist zu vermeiden, da Faserverlauf gestört wird.

Stauchen. Querschnitt wird vergrößert ($f_1 > f_0$, $h_1 < h_0$). Staucharbeiten sind beim Freiformschmieden zu vermeiden. Angestauchter Durchmesser $d_1 < 1{,}5\ d_0$.

Nebenverfahren sind weiterhin: Absetzen (Bilden eines scharfen Absatzes), Schroten (Abtrennen von Stange), Schlitzen, Lochen, Biegen und Aneinanderschweißen (Feuerschweißen).

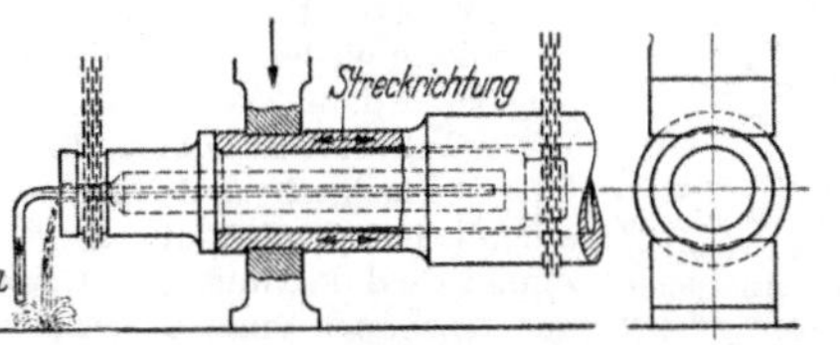

Bild 23. Strecken über einen Dorn zum Herstellen längerer Hohlkörper. *a* Kühlung

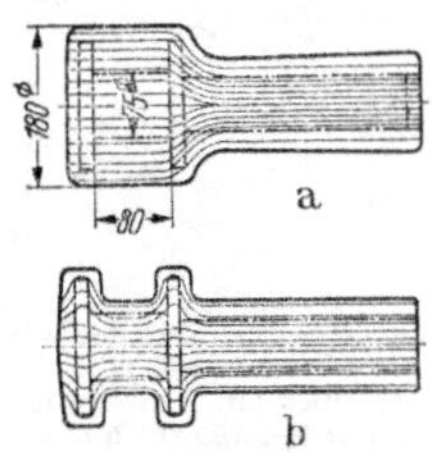

Bild 24. Faserverlauf beim Recken vom Stab (a) und beim Stauchen im Gesenk (b); (DIN 7522)

Wahl des Grundverfahrens ist auch durch Anwendungszweck des Schmiedewerkstücks bestimmt. So wäre beim Schmieden von Zahnkränzen das Recken weniger angebracht, da die Fasern nun schlecht verlaufen. Günstiger wäre hier das Stauchen, wobei sich die Fasern im Kopf der Form besser anpassen, so daß damit höhere Festigkeit gewährleistet ist, Bild 24.

Werkzeuge sind mit einer Hand zu schlagende Handhämmer (1 bis 2 kg), mit zwei Händen zu schlagende Zuschlaghämmer (5 bis 10 kg). Bahn etwas gewölbt, Finne quer zum Stiel;

bei Kreuzschlaghämmern Finne parallel zum Stiel. Auf das Werkstück gesetzt werden Setzhämmer (mit größerer rechteckiger gerader Bahn zum Herstellen ebener Flächen); Amboß 10 bis 400 kg, meist auf Holzblock, dem „Amboßstock" stehend. Für schwerere Werkstücke Schmiedehämmer und Pressen (vgl. Abschn. V, B).

Nachschmieden ist Schlichten und Glätten vorgeschmiedeter Formen und Richten der Werkstücke.

Wärmebehandlung nach dem Schmieden besonders für große Werkstücke wesentlich, Glühen über oder unter A_1 und langsames Abkühlen. S. a. DIN 7528, Wärmebehandlung von Schmiedestücken.

Materialfehler sind z. B.: Nichtmetallische Einschlüsse (Schlacke), Seigerungen im Block, Risse, Sandadern.

Blaubrüchigkeit ist Sprödigkeit des Stahls im Bereich von 300 bis 500 °C, in dem nicht geschmiedet werden darf; Kaltbrüchigkeit bei hohem P-Gehalt, Stahl ist im kalten Zustande spröde; Rotbrüchigkeit entsteht bei Rotglut und hohem S- und O-Gehalt; Schwarzbrüchigkeit: beim Schmieden bei niedriger Temperatur scheidet sich C in Form von Temperkohle aus.

Arbeitsfehler sind z. B.: Grobkorn durch zu langes Ablegen oder Überhitzen, zu starke Verzunderung, Spannungsrisse, Verbrennungen, falscher Faserverlauf, Risse bei Biegungen usw.

Erreichbare Maßgenauigkeit beim Freiformschmieden gering. DIN 7168 schlägt Maßtoleranzen vor, die als Richtlinien dienen können, Zahlentafel 5. Engere Toleranz steigert Schmiedekosten erheblich.

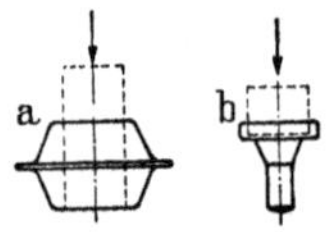

Bild 25. a Stauchen, b Spritzen im Gesenk; gestrichelt: Rohstück

Zahlentafel 5. *Zulässige Maßabweichungen bei Freiformschmiedestücken* (DIN 7168)

Maße mm	über bis	120	120 250	250 500	500 1000
zulässige Abweichungen mm		+5 −2,5	+6 −3	+10 −5	+15 −5

b) Beim **Gesenkschmieden** oder -pressen wird der Werkstoff in einer Hohlform, dem Gesenk, in Richtung der Kraft gestaucht, Bild 25a, oder gespritzt, Bild 25b, so daß er die Hohlform ausfüllt. Stauchen verringert die Höhe des Rohlings und vergrößert die Breite; Spritzen verkleinert den Querschnitt quer zur Kraftrichtung und vergrößert die Höhe.

Gesenke bestehen aus Ober- und Untergesenk, Bild 26, die sich beim Schmieden schließen, wobei aber Möglichkeit für Gratabfluß vorzusehen ist. Vorteil des Gesenkschmiedens ist dadurch gegeben, daß Werkstücke mit engen Toleranzen gleichmäßig anfallen. Nachteil sind die recht erheblichen Kosten für die Gesenke. Gesenkschmieden ist daher nur bei Serien- und Massenfertigung anzuwenden.

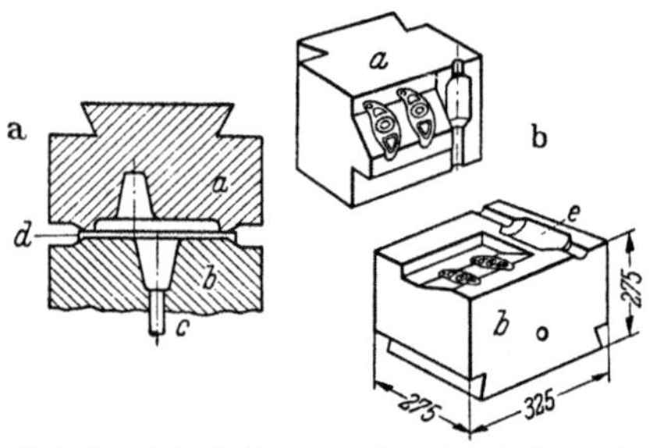

Bild 26. a Schnitt durch ein Gesenk mit Oberteil *a*, Unterteil *b*, Ausstoßer *c*, Grat *d*. b Gesenk für Schwinghebel mit Vorschmiede bei *e*: Oberteil *a*, Unterteil *b* (Gewichte: $a = b = 193$ kg). Aufschlagfläche wird als Führung benutzt. Lebensdauer 4000 Stück (n. *Anter*: Wt. u. Mb. 1949, S. 43)

Beim Gesenkschmieden wird meist Rohstück von Stange abgetrennt, Werkstoff angewärmt im Gesenk geschmiedet und entgratet, anschließend Wärmebehandlung und Nacharbeit durch Beizen oder Sandstrahl. Schmiedegänge von der Ausgangsform über Zwischenformen zur Endform sollen möglichst in einer Hitze ausgeführt werden, Verformungsarbeit soll zum größten Teil in Zwischenformen und im Vorgesenk geleistet werden, während im Fertiggesenk nur nachgeschlagen werden soll. Bild 27 zeigt Aufteilung von Umformvorgängen auf die Zwischenformen an einem Hebel. In Zwischenform b werden die Massen verteilt, in c gebogen; bei d wird der Querschnitt vorgebildet. Dadurch, daß man die Fertiggravur wenig beansprucht, kann man höhere Genauigkeit erzielen. Oft wird Werkstück noch im Kalibriergesenk geprägt, um so enge Toleranzen zu erhalten, daß es nicht mehr durch Abspanen nachgearbeitet werden muß. Maschinen zum Gesenkschmieden sind Hämmer, Pressen, Stauchmaschinen und Schmiedewalzen, von denen jede ihren wirtschaftlichen Anwendungsbereich besitzt (vgl. V, B).

Ausführung der Gesenke ist durch Richtlinien festgelegt; für das Gestalten der Gesenkschmiedeteile sind Richtlinien in DIN 7520 bis 7529 zu finden. Obere und untere Gesenkhälfte werden je ein- oder zweiteilig ausgeführt. Bei zweiteiliger Ausführung der Gesenkhälfte sitzt eigentliches Gesenk aus hochwertigem Werkstoff in einem Halter aus gehärtetem Stahl mit 80 bis 100 kg/mm².* Werkstoffe für Gesenke sind Cr-Ni-Mo-Stähle. Bei flachen Gravuren C-Stähle mit ≈ 0,9% C (Wasserhärter). Da Gesenke nach einer gewissen Stückzahl verschleißen (bei gefrästen Gesenken nach etwa 6000 Stück) und die Maßgenauigkeit dann nicht mehr ausreicht, so müssen bei Massenfertigung Gesenke laufend ersetzt werden. Man geht dann dazu über, Arbeitsgesenke von einem Meistergesenk zu schmieden.

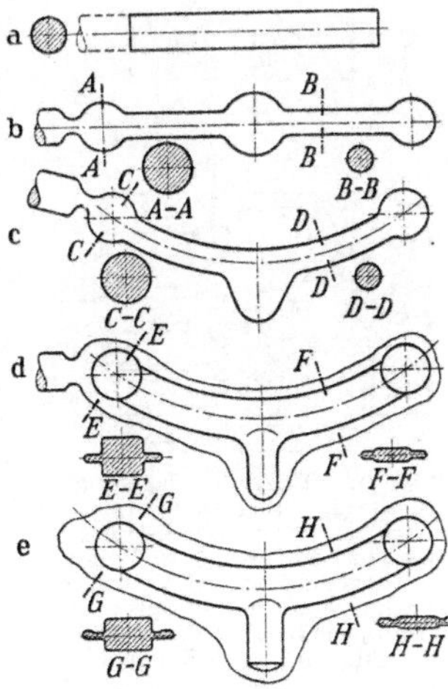

Bild 27. Aufteilung der Umformungsvorgänge auf mehrere Zwischenformen beim Gesenkschmieden eines Hebels; a Ausgangsform, b, c, d Zwischenformen, e Endform mit Grat (*Kienzle, O.*, u. *K. Spies*: Gestaltung der Zwischenformen für Gesenkschmiedestücke. Wt. u. Mb. (1957) Nr. 4 S. 176/81)

Befestigung der *Hammergesenke* mit Keilen besser als mit Schrauben, da zuverlässiger und einfacher, Gesenkfugen und Gesenkfuß nach Bild 28a bei Schlagarbeit bis 16000 kgm, für größere Schlagarbeit nach Art der Schwalbenschwänze, Bild 28c, mit $\alpha = \beta \approx 5°$, wobei Keile einseitig oder besser zweiseitig angebracht werden, am Gesenkfuß möglichst ohne Schwalbe, Bild 28b. Keilanzug etwa 1 : 100; ungehärtete Keile aus Vergütungsstahl. Haltevorrichtungen sollen Wandern der Gesenke verhindern (seitliche oder zentrisch sitzende Zapfen). Befestigung der *Pressengesenke* mit Keilen oder Schrauben, da hier Stoßbeanspruchung geringer. Verschiedene Ausführungen (s. Wt. u. Mb. 1956 S. 484).

Wenn möglich, werden Ausstoßer angeordnet, um Schmiedestück aus Gesenk herauszudrücken, entweder von Hand oder von Maschinenausstoßer betätigt. In ein Gesenk werden oft mehrere Gravuren eingearbeitet. In Bild 29 wird in Gravur a die Rohstange mit 31 mm Dmr. zunächst gereckt und auf 32 mm Dmr. gestaucht. In Gravur b wird Rohling mit einem Schlage gebogen, in c vor- und in d fertiggeschmiedet. Schließlich in e mit Messer abgeschlagen (Ausbringen 90 Stück je Stunde; Fertiggewicht des Stückes 0,4 kg, Gesenkhammer mit Bärgewicht 250 kg). Durch Gesenkteilungen können auch Unterschneidungen an Werkstücken geschmiedet werden, Bild 30.

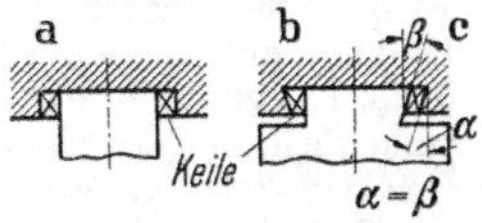

Bild 28. Befestigung von Hammergesenken mit Keilen

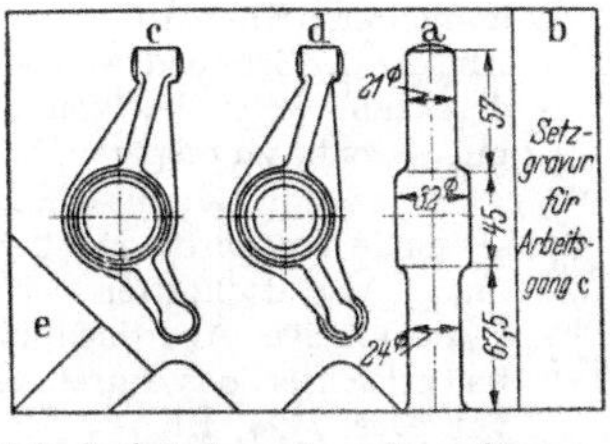

Bild 29. Schwinghebelgesenk mit mehreren Gravuren (*Wunder*, W.-T. 1943, S. 223)

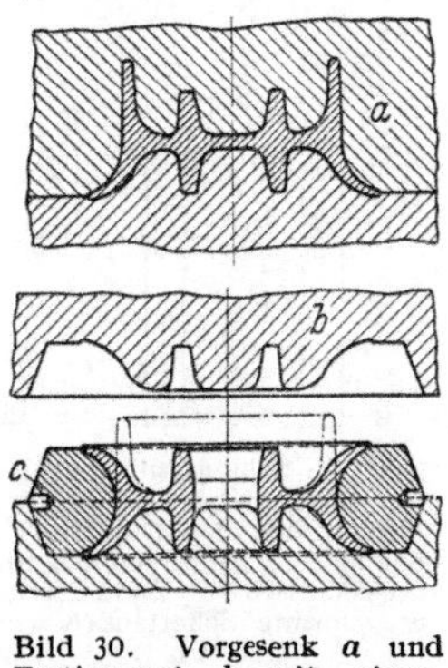

Bild 30. Vorgesenk *a* und Fertiggesenk *b* mit eingesetztem geteilten Ring *c* zum Schmieden einer Seilrolle

* *Spies, K.:* Gesenkeinsätze. Wt. u. Mb. Bd. 44 (1954) Nr. 12 S. 643/47.

Wirtschaftlicher arbeiten oft *Stauchmaschinen*, die den Werkstoff stauchen. Meist wird von der Stange gearbeitet, Bild 31, aber auch Blockstahlabschnitte können bearbeitet werden, wobei man in Abschnitt einen Haltestab einführt, um Werkstück beim Schmieden zu fassen, Bild 32.

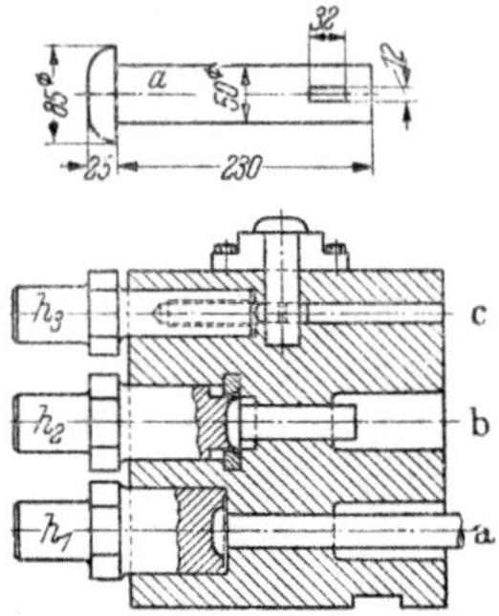

Bild 31. Beispiel (Baggerbolzen *a*) für Arbeit auf Stauchmaschine 900 t (Poldi-Hütte). Werkstückgewicht 3,9 kg. Bolzen wird angestaucht a, auf Warmsäge von Stange getrennt, Preßgrat entfernt b, und Bolzen seitlich durchlocht c. h_1, h_2, h_3 Stempel

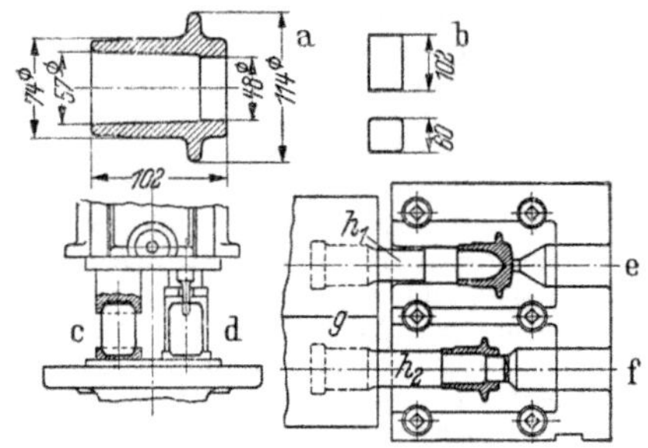

Bild 32. Schmieden eines Nabenkörpers (2,4 kg) auf Stauchmaschine 600 t (Gedore-Werke, Remscheid-Lüttinghausen). a Fertigschmiedestück, b Rohstückabschnitt, c Vorpressen, d Andornen für Haltestab unter Exzenterpresse, e Vordornen, f Lochen auf Stauchmaschine

In Stauchmaschinen (S. 721) werden die beiden Gesenkbacken gegeneinander geführt und klemmen dann die Werkstückstange fest, während die im Stauchschlitten *g* sitzenden Stempel *h* die Stange stauchen, Bild 32. Die Stange wird in einer Hitze nacheinander in die Backen gelegt. Stoffverluste durch Abbrand und Nacharbeit (da keine Anzüge) sind auf Stauchmaschinen geringer als beim Gesenkschmieden, so daß Fertigung möglichst auf Stauchmaschinen verlegt werden sollte; vgl. DIN 9890.

In *Elektro-Stauchmaschine* wird Stange eingespannt, durch Widerstandserhitzung auf Schmiedetemperatur gebracht und gleichzeitig hydraulisch oder pneumatisch gestaucht. Einsatz des Elektrostauchers oft zweckmäßig in Zusammenarbeit mit Schmiedepressen, s. Arbeitsbeispiel in Bild 33.

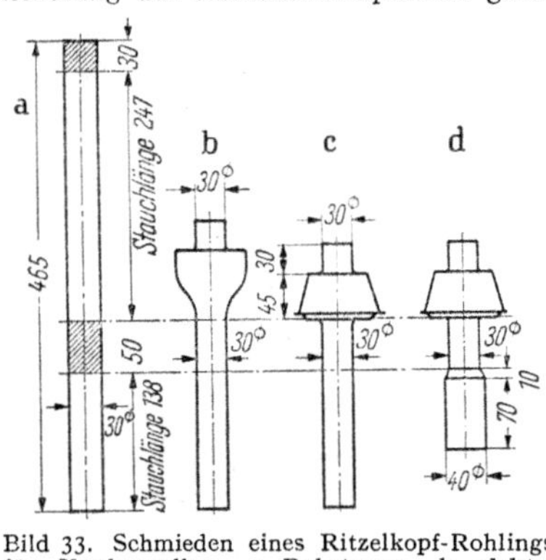

Bild 33. Schmieden eines Ritzelkopf-Rohlings für Kardanwellen. a Rohstange, b elektr. Vorstauchen des Kopfes, c Fertigpressen auf Schmiedepresse, d elektr. Stauchen des zylindrischen Schafts. Schraffiert gezeichnet: nicht umgeformte Schaftenden (nach *Aeckersberg:* Ind.-Anz. 1955 Nr. 24 S. 10)

Beim *Schmiedewalzen* sind die Walzen bis höchstens zum halben Umfang mit Gesenk (Walzsegment) beaufschlagt. Walze arbeitet nicht kontinuierlich, sondern macht jeweils nur eine Umdrehung, wobei Werkstück aus Spalt auf Schmied zu geschoben wird. Für Vor- und Fertigschmieden in mehreren Stichen (s. a. Abschn. V B). Einsatz der Schmiedewalzen insbesondere zum Herstellen von Vorformen, um Gesenke zu ersparen, Bild 34.

Der beim Gesenkschmieden entstehende *Grat* wird von Abgratpressen mit Abgratschnitten abgetrennt. Zweckmäßiges Anordnen im Gesenkbau erleichtert das Abtrennen, Bild 35; vgl. DIN 7524, Bl. 3.

Beim Gesenkschmieden notwendige Seitenschräge (Schmiedekonus, Anzug) wird bei Innenflächen mit 1 : 5 oder 11° (in Sonderfällen mit 1 : 7,5), bei Außenflächen mit 1 : 10 oder 6° (in Sonderfällen mit 1 : 15) vorgesehen (vgl. DIN 7523,

Bl. 3). An Werkstücken, die auf Stauchmaschinen gestaucht werden, brauchen keine Schrägen vorgesehen zu werden, so daß sich oft Nachbearbeiten erübrigt.

In den durch DIN 7524 festgelegten *Toleranzen* unterscheidet man handelsübliche und Genau-Schmiedestücke, deren Toleranzen etwa halb so groß sind wie die der handelsüblichen. Auch Genau-Toleranzen können noch unterschritten werden, wenn Stücke im Gesenk kalt und warm kalibriert werden. Solche geringen Toleranzen von $\approx$ 0,2 mm können aber nur an kleinen Flächen eingehalten werden, Bild 36.

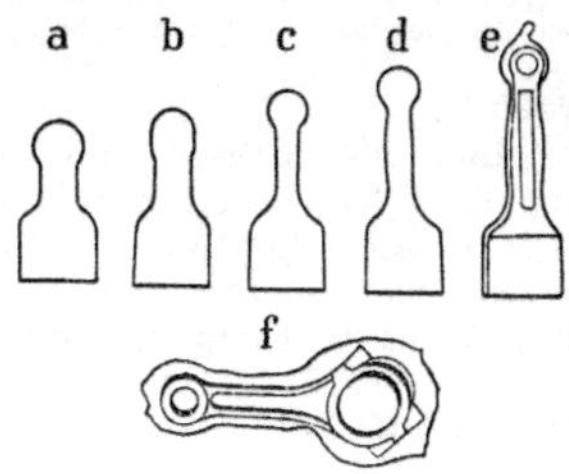

Bild 34. Herstellgang einer Pleuelstange
a bis e gewalzte Vorformen, f Gesenkschmiedestück ohne Nachwärmen fertiggeschmiedet

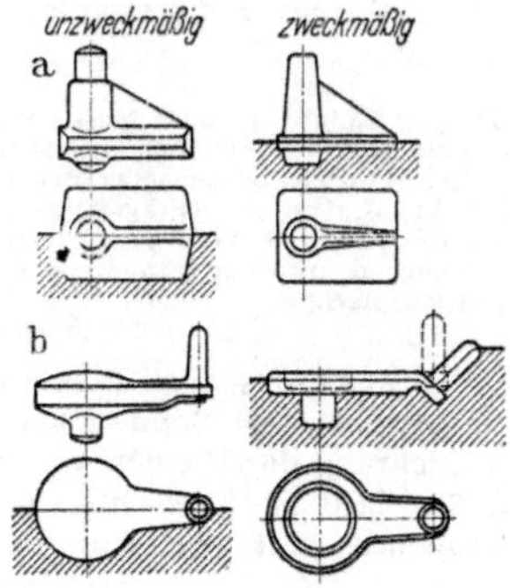

Bild 35. Werkstoffersparnis durch zweckmäßige Gesenkform. In Beispiel b wird Nacharbeit wesentlich erleichtert, da auch die Vertiefung in der Kurbel fertiggeschmiedet werden kann (*Martini*, W.-T. 1944, S. 61).

3. Pressen von NE-Metallen

a) Für das **Warmpressen** von Nichteisenmetallen gelten entsprechende Grundsätze wie beim Gesenkschmieden. Als Maschinen werden Reibtrieb-, Spindel-, hydraulische, Kurven-, Exzenter- und Kniehebelpressen verwendet, seltener Gesenkschmiedehämmer. Verarbeitet werden insbesondere Kupferlegierungen (Messing), Aluminium-, Magnesium- und Zinklegierungen.

Gestalten von Gesenkschmiedeteilen aus Leichtmetallen s. DIN 9005. Da Al-Legierungen im Gesenk schwer fließen, sind mehr als bei Stahl scharfe Übergänge zu vermeiden; die Schrägen sollen größer als bei Stahl (> 1 : 4) sein, Bild 37.

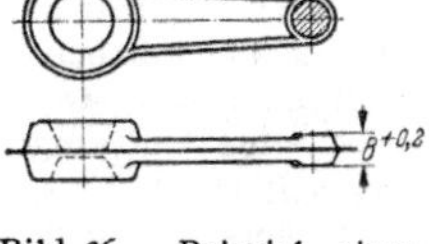

Bild 36. Beispiel einer Sonderausführung, bei der für schraffierte Fläche Toleranz von 0,2 mm eingehalten wird.

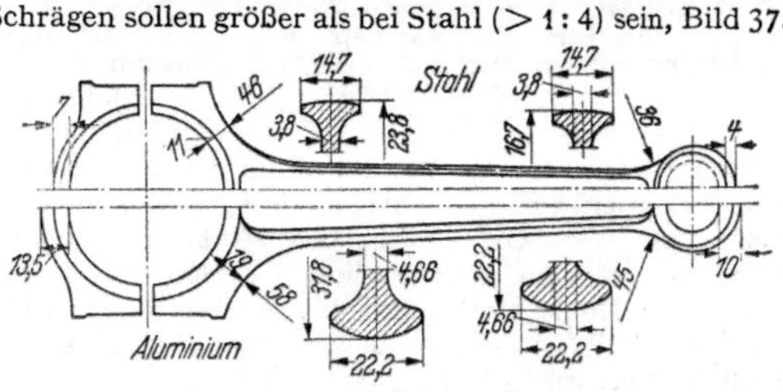

Bild 37. Gegenüberstellung einer Pleuelstangenkonstruktion aus Stahl u. Aluminiumlegierung (n. *v. Zeerleder*, Technologie d. Aluminiums. Leipzig: 5. Aufl. Akad. Verlagsges. Geest u. Portig 1947)

b) Für das **Kaltpressen** von NE-Metallen sind solche Werkstoffe geeignet, die größeres Formänderungsvermögen und niedrigen Formänderungswiderstand k_{wm} besitzen. Es sind dies die kubisch raum- und flächenzentrierten Metalle mit niedriger Schmelztemperatur wie Blei, Zinn, Aluminium, Kupfer und ihre Legierungen und einige weiche Stähle. Weichgeglühte Werkstoffe werden bei Raumtemperatur oder mäßig angewärmt verpreßt. Preßgesenke zeigen grundsätzlich den gleichen Aufbau wie Schmiedegesenke.

Beim Kaltpressen und Kalibrieren vorgepreßter Teile in Werkzeugen mit Distanzplatten sind Toleranzen von $\pm$ 0,02 mm erreichbar (IT 8). Da durch

Pressen Werkstoff bei zweckmäßigem Faserverlauf bis zu 80% verfestigt werden kann, ist Kaltpressen in Reihen- und Massenfertigung ein wirtschaftliches Arbeitsverfahren.

Geeignete Maschinen sind insbesondere Kniehebelpressen, dann Doppelständer-, Kurbel- und Exzenterpressen.

4. Prägen

Prägen kann Voll- oder Massivprägen sein, wobei der Werkstoff zum Fließen gebracht wird (Pressen im Gesenk, auch als Nacharbeit vorgepreßter Teile); oder Hohlprägen von Teilen aus Blech (Platten), wobei jeder Erhebung eine Vertiefung an der gegenüberliegenden Stelle entspricht; Glattprägen (Prägepolieren) ist Glätten vorbearbeiteter Flächen unter starkem Druck mit polierten Werkzeugen (Rollieren, Kalibrieren). Prägbar sind alle Werkstoffe, die kalt genügend große bildsame Formbarkeit besitzen. Erreichbare Genauigkeit beim Maßprägen sehr hoch [1].

5. Kaltfließpressen [2]

Beim Fließpressen wird der kalte Werkstoff durch hohen Druck zum Fließen gebracht und fließt dann je nach Ausführung des Werkzeuges gegen oder in Druckrichtung durch einen von Stempel und Matrize gebildeten Spalt, Bild 38 und 39. Mit Fließpressen, auch Spritzpressen oder Kaltspritzen genannt, ursprünglich zum Fertigen von Hülsen und Tuben entwickelt, kann man Hohlkörper verschiedenster Form herstellen, Bild 40.

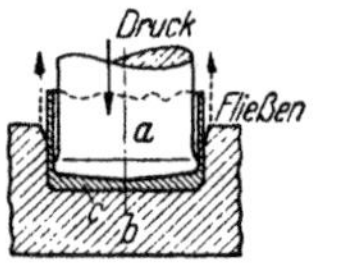

Bild 38. Fließpressen eines Hohlkörpers. *a* Stempel, *b* Matrize, *c* Werkstück. Stempel des Bodens um 0 bis 3° abgeschrägt. Druck- und Fließrichtung entgegengesetzt

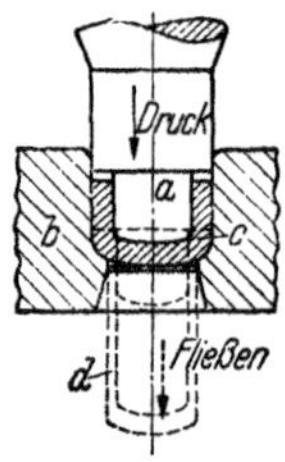

Bild 39. Fließpressen nach Neumeyer-Verfahren. Gleiche Druck- und Fließrichtung. *a* Stempel, *b* Matrize, *c* Werkstoff als Näpfchen eingelegt, *d* Werkstück im Endzustand (gestrichelt)

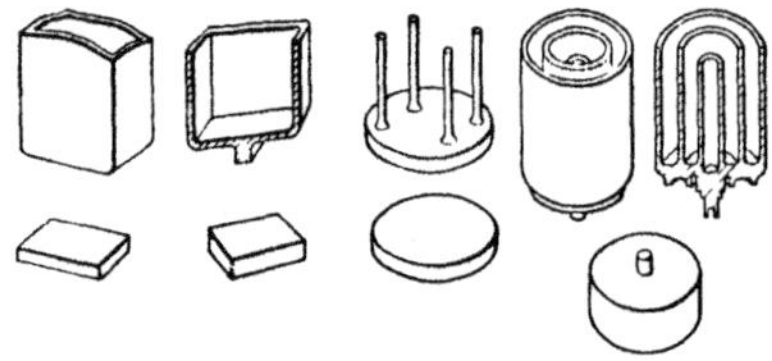

Bild 40. Durch Fließpressen hergestellte Formen von Geräteteilen aus NE-Metallen mit Rohlingen

Werkstoffe sind Al, Blei, Zink. Magnesium und seine Legierungen lassen sich infolge ihres hexagonalen Gefügeaufbaues nicht fließpressen.

Stahl kann, wenn er für Kaltumformen geeignet ist, auch durch Kaltfließpressen verarbeitet werden. Grenzen sind gegeben durch auftretende hohe Flächenpressung am Werkzeug, die 200 bis 250 kg/mm^2 nicht überschreiten soll. Geeignete Stähle sollen weichgeglüht niedrige Streckgrenze und hohe Dehnung haben, z. B. Kohlenstoffstähle MbK 6, Edelstähle CK 10 bis CK 35, 15 Cr 3, 16 Mn Cr 5 (DIN 17006). Stückgewichte bis 35 kg. Beispiel eines kaltfließgepreßten Werkstücks in Bild 41.

Beim Fließpressen treten sehr hohe Drücke auf[3]. Für Al (rein) und $\delta < 1$ mm wird $p = p_0 \sqrt[2,8]{\delta}$, wenn $p_0 = 63$ kg/mm^2, spez. Druck bei Wanddicke $\delta = 1$ mm. An Gefäßen mit 2 mm Wanddicke aus Al-Cu-Mg wurde $p = 180$ bis 220 festgestellt. Die infolgedessen hohe Beanspruchung der Werkzeuge begrenzt das Verfahren auf die genannten Werkstoffe. Auch die Preßhöhe H ist bei Zink damit wegen der Knickbelastung auf einen Betrag von etwa 6 × Dmr. des Werkstücks beschränkt; es wird H und Wanddicke δ_1:

bei Al (99,5%)	$H \leqq 10\,D$,	$\delta_1 \geqq 0{,}08$ mm;
bei Al Cu Mg	$H \leqq 3\,D$,	$\delta_1 \geqq 2$ mm;
bei Al Mg Si	$H \leqq 4\,D$,	$\delta_1 \geqq 1$ mm.

[1] *Gempe:* Genauprägen. Wt. u. Wb. (1954) Nr. 3 S. 111. — *Meier, R.:* Maßprägen von Stanzteilen u. Gesenkschmiedestücken. Wt Bd. 49 (1959) S. 35.

[2] *Gabler, P.* in Betriebshütte. — *Feldmann:* Eigenschaften und Verwendungsmöglichkeiten kaltfließgepresster Stahlteile. Wt. u. Mb. Bd. 46 (1956) S. 10/19 (dort weiteres Schrifttum) — ders. Wt. Bd. 49 (1959) S. 2/9.

[3] *Kohl, E.:* Kaltfließpressen von Nichteisenmetallen. Wt. u. Mb. Bd. 40 (1950) S. 241/44.

Für das Pressen von Hohlteilen mit rundem oder rechtwinkligem Querschnitt wird eine gefettete Platte entsprechend der Form des Rohlings eingelegt. Der fertige Hohlkörper hat dann saubere Oberfläche, der Werkstoff wird verfestigt. Die Toleranzen für Wanddicke liegen bei $0{,}2\,\delta_1$ (δ_1 = Wanddicke) und $0{,}2\,\delta_2$ (δ_2 = Bodendicke). Für den Dmr. kann Toleranz IT 9 erreicht werden. Aus der Form der Werkzeuge ergibt sich für die Gestalt der Preßteile, daß die Innenfläche des Bodens nicht plan sein kann; die Werkstücke sind außen mit $r \geqq 0{,}8$, innen mit $r \geqq 0{,}3$ mm abzurunden.

Fließpressen ist wirtschaftlicher als Tiefziehen, da meist weniger Werkzeuge benötigt werden und weniger Werkstoff verloren geht (Rohlinge werden verlustlos von Stange abgeschnitten). Beim Kaltfließpressen verfestigt sich z. B. Stahl von 34 kg/mm² auf 70 kg/mm².

Die Matrize wird meist zweiteilig angefertigt und – ähnlich wie bei Stanzwerkzeugen – in ein Gestell eingespannt.

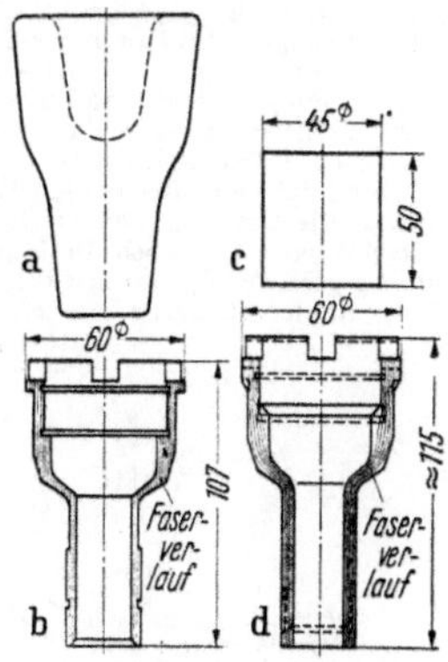

Bild 41. Spannbuchse aus 16 MnCr 5. Bei a vorgeschmiedet, b abspanend bearbeitet, Werkstoffbedarf 2,2 kg, Fertigungszeit 57,1 min. c Rohling, d kaltfließgepreßt und nachgedreht; Rohling gewalzt, Werkstoffbedarf 0,6 kg, Fertigungszeit 19 min (Pressen 1,8 min, Drehen 17,2 min.) (*Feldmann* a. a. O.)

6. Strangpressen

Strangpressen ist ein Warmfließpressen, bei dem auf Preßtemperatur erwärmter Metallblock vom Druckstempel der Strangpresse aus dem geheiztem Aufnehmer durch die Öffnung der Matrize zu Voll- oder Hohlstangen gepreßt wird, Bild 42. Hoch beanspruchte Matrizen haben auf Ein- und Auslaufseite größere Öffnungswinkel, dazwischen kurzes (1 bis 5 mm langes) Stück mit paralleler und profilierter Begrenzung zum Kalibrieren des Stranges. Hergestellt werden Vollstangen mit Rund-, Quadrat- Sechskant- und anderen Profilen sowie Rohre in Längen von 5 bis 6 m. Vorwiegend werden Cu- (Messing), Al-, Mg-, Sn-, Pb-Legierungen verarbeitet. Preßdruck bei Messing rd. 30 kg/mm², bei Al-Leg. bis rd. 50 kg/mm²; Preßtemperatur bei Messing zwischen 500 und 800 °C, bei Al-Leg. zwischen 450 und 550 °C. Auch Stahl (Baustähle, CrNi-Stähle) kann warm im Strang gepreßt werden.

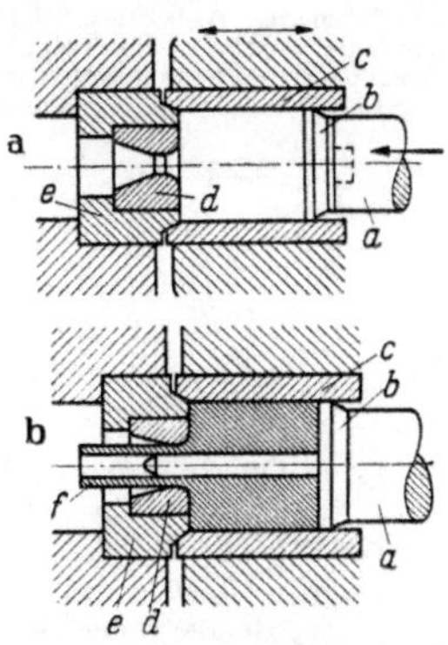

Bild 42. Schematische Darstellung des Strangpressens. Bei a Pressen von Vollprofil, bei b von Rohr. *a* Druckstempel, *b* Preßscheibe, *c* Aufnehmerbuchse, *d* Matrize, *e* Rundringhalter, *f* Werkstoff

7. Walzen[1]

Walzen ist ein kontinuierliches Pressen, bei dem der erhitzte oder kalte Werkstoff durch zwei, mit entgegengesetztem Drehsinn umlaufende Walzen hindurch bewegt und dabei gestreckt, also verlängert wird, Bild 43. Gleichzeitig ändert sich auch die Querschnittsform, der Werkstoff wird verdichtet. Bis zum Fertigwalzen muß der Werkstoff mehrere Durchgänge (*Stiche*) durch die Walzen ausführen. Für das Auswalzen von Blechen sind die Walzen etwa zylindrisch, für das Walzen von Formstählen dagegen mit *Kalibern* versehen. Auf einer Walze werden mehrere Kaliber eingearbeitet, deren Querschnitte immer kleiner werden. Bei dem offenen Kaliber, Bild 44a, bildet sich ein Grat in dem Walzspalt *c*, beim geschlossenen Kaliber, Bild 44b, kann ein Grat nur senkrecht zur Walzachse entstehen. Der Querschnitt durch die Walzebene senkrecht zur Walzrichtung wird als *Profil* bezeichnet.

[1] *Sedlaczek, H.:* Walzwerke. Berlin: Göschen 1958

Damit das Walzgut beim Einführen von den Walzen erfaßt und hereingezogen wird, muß Reibungswinkel $\varrho \geqq$ Angriffswinkel α sein. Im Bild 43 ist die radial wirkende Kraft P_r zu zerlegen in die Komponenten $P_r \sin \alpha$ und $P_r \cos \alpha$. Die Reibkraft zum Hereinziehen $\mu P_r \cos \alpha = \operatorname{tg} \varrho P_r \cos \alpha$ muß demnach größer sein als $P_r \sin \alpha$. Das Ergreifen ist also auch abhängig vom Durchmesser der Walzen; je größer der Walzen-Dmr., desto höhere Blöcke können von den Walzen ergriffen werden. Oft sind *Hauer* (breite Kerben) im Kalibergrund der Walzen eingefräst, die das Ergreifen erleichtern; zweckmäßiger ist es, den Walzen-Dmr. zu vergrößern, beim Fassen des Blocks langsam anzufahren und nach Ergreifen die Walzgeschwindigkeit zu steigern.

Sind die Dmr. der beiden Walzen gleich groß, so tritt in dem Walzgut keine Schubkraft auf, da die Umfangsgeschwindigkeit am Walzengrund auch gleich ist. Sind die Dmr. dagegen verschieden, so ist auch die Umfangsgeschwindigkeit verschieden und das Walzgut will dann an der größeren Walze mit erhöhter Geschwindigkeit heraustreten und drückt somit auf die Führung der kleineren Walze.

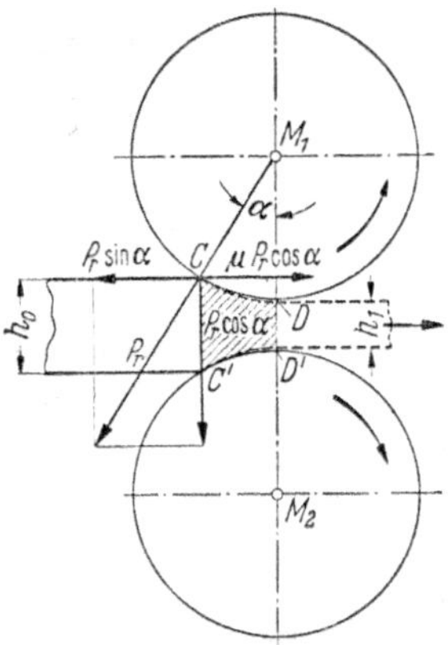

Bild 43. Bezeichnungen und Kräfte beim Einführen des Walzgutes. Walzspalt ist der Raum = schraffierte Fläche · Breite b; Walzebene = Ebene durch M_1M_2; CD = = Kontaktbogen; DD' = Walzenöffnung

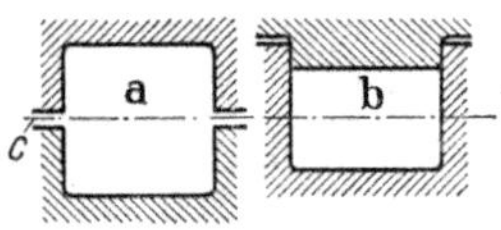

Bild 44. a offenes, b geschlossenes Kaliber; *c* Walzspalt

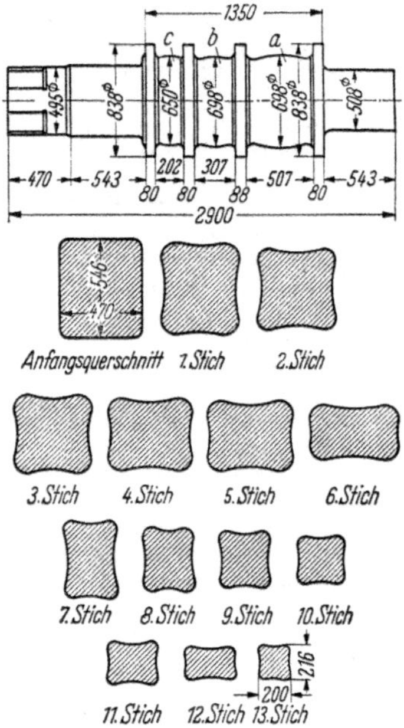

Bild 45. Stichfolge eines kalibrierten Walzenpaares und zugehörige Walze (*Grüner:* Industr.-Anz. 1952 S. 1237)

Ist F_0 Querschnitt des Profils vor dem Stich, F_1 der nach dem Stich, so ist $F_0 - F_1 = \Delta F$ = absolute Stichabnahme. Prozentuale Abnahme ist $A_1 = 100\,(F_0 - F_1)/F_0$; die prozentuale Höhenabnahme (proz. „Druck“) wird $A_2 = 100\,(h_0 - h_1)/h_0$ (Bild 43) $= \Delta h/h_0$. Streckgrad wird $\lambda = l_1/l_0$; Stauchgrad $\gamma = h_1/h_0$. Bei der Folge der Stiche müssen die Walzen so kalibriert werden, daß die verfügbare Walzkraft ausgenutzt wird. So ergibt sich für die Abnahme A_1 eine Folge, bei der A_1 für das Walzen von z. B. Blöcken und Brammen von etwa 10 auf 30% anwächst. Bei den letzten Stichen (Schlicht- und Polierstichen) wird A_1 wieder kleiner bis 0. Bild 45 zeigt die Stichfolge eines kalibrierten Walzenpaares mit der dazu gehörigen Walze (Ober- und Unterwalze haben gleiche Abmessungen). Im Kaliber *a* werden Stiche 1 bis 6 gewalzt, in *b* Stiche 7 bis 12 und in *c* der Fertigstich 13. Nach jedem Stich im gleichen Kaliber werden die Walzenabstände verkleinert. Der Block wird mehrmals (nach dem 2., 6., 10. und 12. Stich) gekantet.

Aufbau und Ausführung der Walzwerke (s. Abschn. V, C) ist verschieden nach Zahl und Anordnung der Walzen und nach dem zu verarbeitenden Walzgut:

Walzen für schweres Halbzeug wie Blöcke, Brammen, Vorprofile; für leichtes Halbzeug wie Knüppel, Platinen; für schwere Formstähle, Breitflanschträger usw.; für Draht, Bandstahl, Blech; schließlich Sonderwalzwerke für Rohre usw.

Kaltwalzen. Warmgewalzte Bänder werden zum Teil auf Kaltwalzstraßen weiter verarbeitet, wobei zunächst auf Knickwalzen — drei oder mehr versetzt angeordnete und mit Rillen versehene Walzen — der Zunder entfernt wird. Anschließend werden Ringe in Schwefel- oder Salzsäure gebeizt. Walzvorgang dann wie beim Warmwalzen. Kalt gewalztes Band hat blanke zunder- und porenfreie Oberfläche bei höherer Maßgenauigkeit. Verfestigung des Werkstoffs muß nach jedem zweiten oder dritten Walzstich durch Zwischenglühen aufgehoben werden. Fertigerzeugnis wird in Ringen oder Stäben geliefert. Härtestaffel ist von Werk zu Werk verschieden. Durch nachfolgendes Anlassen können geschliffene oder polierte Oberflächen gefärbt werden (blau-, braun- oder gelbangelassen). Kaltgewalzte Bänder sind geeignet zur Weiterverarbeitung auf Stanzautomaten.

8. Ziehen

Beim Ziehen wird der Werkstoff — Stahl, der meist vorgewalzt ist, oder NE-Metall — durch eine Matrize gezogen.

a) Drahtziehen. Walzdraht von 5 bis 16 mm Dmr. wird in Ringen angeliefert, durch Beizen vom Walzzunder befreit, am Ende auf kalibrierten Walzen oder auf Spitzmaschinen angespitzt, dann durch Ziehwerkzeug gezogen, wobei Drahtdmr. bei weichem Stahl um etwa 10%, bei härterem Stahl um etwa 5% abnimmt. Ziehwerkzeuge sind *Zieheisen* (Stahlplatte mit Bohrungen verschiedener Dmr.) und *Ziehsteine* aus Diamant oder Hartmetall, Sorten G1 bis G4, Bild 46. Durch Ziehen wird Festigkeit des Stahles gesteigert, Zähigkeit nimmt ab. Stahldraht wird nach dem Ziehen geglüht. Drähte aus NE-Metallen werden ähnlich hergestellt. Kleinster im Ziehverfahren hergestellter Drahtdmr. aus NE-Metall etwa 0,007 mm. Deutsche Millimeter-Drahtlehre in DIN 177 geht für Stahldraht von 0,1 bis 10 mm Dmr.

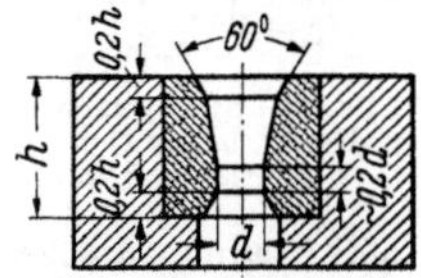

Bild 46. Ziehstein mit Hartmetallmatrize

b) Profilstangen aus Stahl, nicht nur mit Flachkant-, Sechskant- und Quadratprofil, sondern auch mit unregelmäßigen Profilen, Bild 47, können nach Warmwalzen durch Kaltziehen mit großer Genauigkeit (Abmaße ±0,05 mm und kleiner) blank gezogen werden. NE-Metalle werden durch Pressen vorbearbeitet, Verfahren dadurch einfacher. Profilstangen können in großer Gebrauchslänge eingebaut werden (Fahrzeugbau, Führungsschienen usf.) oder auch als Sägeabschnitte. Hierdurch häufig sehr große Ersparnis an Material und spangebender Bearbeitung.

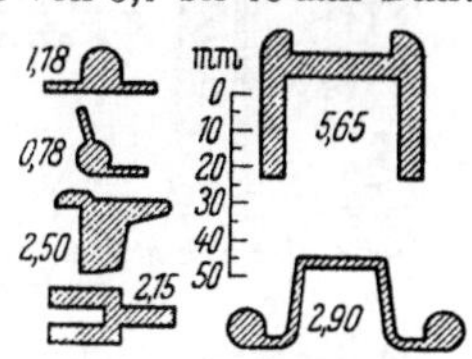

Bild 47. Beispiele blank gezogener Stahl-Profilstangen. Eingeschriebene Zahlen sind Metergewichte (kg/m).

9. Herstellen von Rohren durch Umformen

a) Stumpfgeschweißte Rohre werden aus einem Rohband gefertigt, dessen Breite dem Umfang des Rohrquerschnittes entspricht. Das Band läuft kontinuierlich durch einen Durchlaufofen, wird erhitzt, geht dann durch eine Schweißmaschine mit Rollen, die das Band zum Rohr umformen und gleichzeitig die Schweißkraft ausüben. Widerstandsschweißverfahren mit großer Ausbringung (*Fretz-Moon*-Verfahren). Geeignet für Gas- und Wasserrohre von 25 bis 75 mm Durchmesser.

Bei den weiter entwickelten Reduzierverfahren wird das Rohr mit drei Walzen unter Zug im Durchmesser und in der Wanddicke reduziert, so daß jede beliebige Abmessung aus einem Einheitsrohr (etwa 75 mm Dmr.) gefertigt werden kann. Die Rohre werden gas- oder elektrisch geschweißt (Widerstands- oder Induktionserhitzung).

Für Großrohre hat sich die Lichtbogenschweißung (Ellira-Verfahren, Bd. I, S. 614) durchgesetzt. Das Verfahren arbeitet auch stetig und automatisch.

b) Nahtlose Rohre. α) *Lochwalzwerke.* Beim Mannesmann-Verfahren wird durch Schrägwalzen aus dem glühenden zylindrischen Stahlblock ein kurzes dickwandiges Rohr gewalzt. Walzen laufen beide im gleichen Drehsinn, Bild 48, und sind ballig-kegelförmig. Block macht daher Schraubbewegung, äußere Fasern werden gestreckt

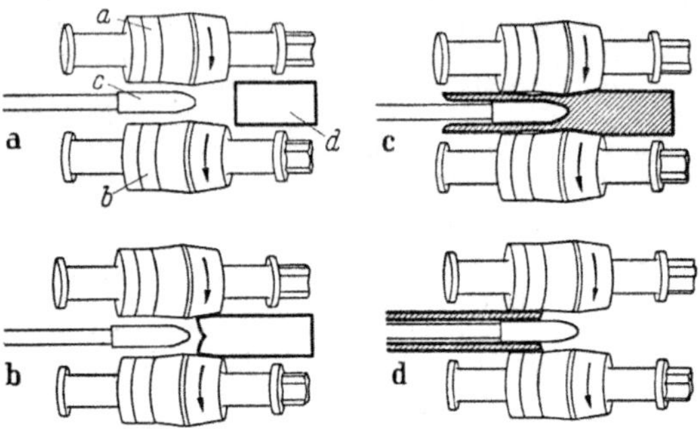

Bild 48. Schrägwalzverfahren nach Mannesmann mit Schrägwalzen *a*, *b* und Dorn *c*. a Zuführen des Blocks *d*, b Beginn des Aufreißens, c Lochwalzen, d Rohr wandert heraus.

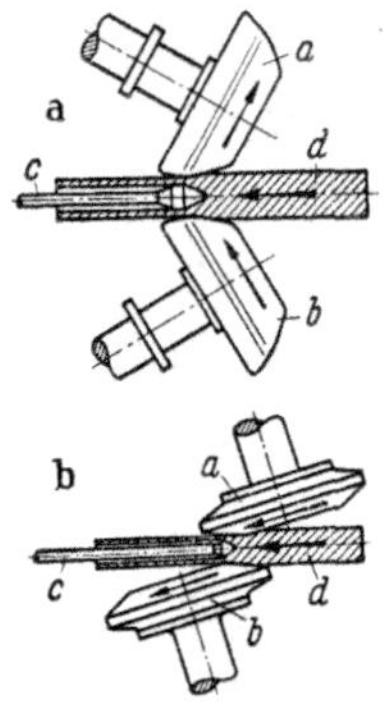

Bild 49. Stiefel-Verfahren zum Lochwalzen. a Kegelwalzen, b Scheibenwalzen; Bezeichnungen wie in Bild 48

und über die zurückbleibende innere Faser gezogen. Dadurch entsteht Hohlraum, dessen Bildung durch Dorn unterstützt wird. Weiteres Auswalzen gemäß δ).

Stiefel-Verfahren wendet grundsätzlich das gleiche Prinzip zum Lochen an. Beim Kegelwalzwerk, Bild 49a, drehen sich zwei Kegelwalzen im gleichen Drehsinn und zwängen so den Rundblock über den Lochdorn; beim Scheibenwalzwerk, Bild 49b, walzen zwei Doppelkegel, deren Achsen schräg zur Durchlaufrichtung stehen, den etwas oberhalb der Achsenmitte eintretenden Block über den Dorn.

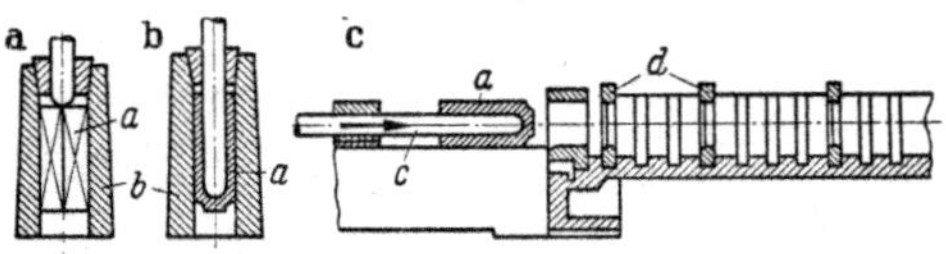

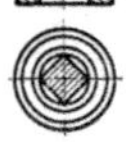

Bild 50. Ehrhardt-Verfahren. a Vierkantblock *a* in Preßform *b*, b Block wird durch Dorn zu dicker Hülse gepreßt, c Hülse *a* wird von Stange *c* auf Stoßbank durch die Kaliberringe *d* gepreßt.

β) *Lochverfahren* nach Ehrhardt, Bild 50. Ein glühender Block wird auf der Lochpresse in einer Preßform durch einen Dorn zu einer Rohrhülse fließgepreßt. Die glühende Hülse wird dann auf der Stoßbank durch immer enger werdende Kaliberringe zum Rohr ausgestreckt. Der Boden wird abgesägt.

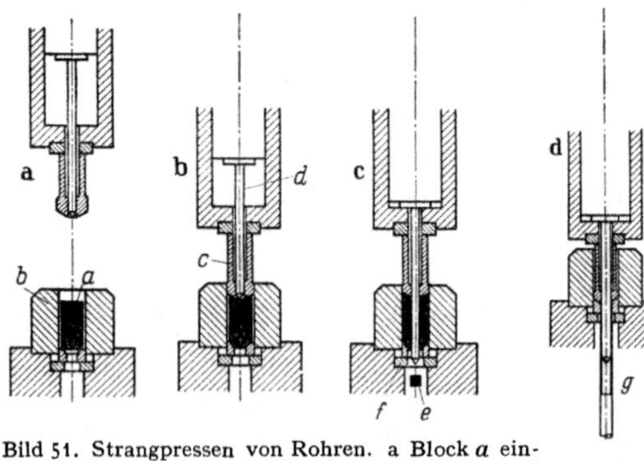

Bild 51. Strangpressen von Rohren. a Block *a* eingelegt in Aufnehmer *b*, b Preßstempel *c* mit Dorn *d* setzt auf, c Lochen mit *d*, Preßbutzen *e* fällt heraus, d Block wird durch Matrize *f* gepreßt, Rohr *g* schiebt sich heraus.

γ) Beim *Strangpressen* von Rohren wird der Block zunächst mit dem Dorn gelocht, Bild 51, dann preßt der Stempel den Werkstoff als Rohr heraus. Der Preßrest des Werkstoffes wird abgeschert. Anschließend Weiterbearbeitung auf Streckwalzwerken.

δ) *Streckwalzwerke* walzen die aus dem Lochwalzwerk kommenden Rohre auf genügend dünne Wanddicken herunter. Beim *Pilgerschrittwalzwerk*, Bild 52, wird zunächst durch das Pilgermaul ein Stück des Werkstoffes gefaßt, dann ausgestreckt und schließlich freigegeben, wobei der Dorn eine hin- und hergehende Bewegung ausführt.

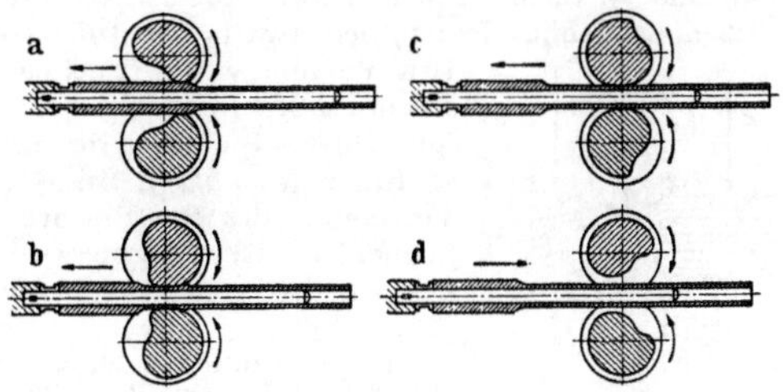

Bild 52. Pilgerwalzverfahren. a Angriff, b Walzen, c Auslauf, d Werkstück vorholen

In den *stetig* arbeitenden *Streckwalzwerken* sind mehrere, geformte Walzenpaare (auch mit drei Walzen) hintereinander, abwechselnd mit waagerechter und senkrechter Achse angeordnet, die das Rohr über eine Dornstange herunterwalzen. Es wurden verschiedene Verfahren entwickelt, denen dann noch Maß- und Glättwalzwerke nachgeschaltet werden, um enge Toleranzen und gute Oberflächen zu erzielen.

Große Rohrdurchmesser werden auf dem Trommelwalzwerk nach Ehrhardt oder nach dem *Roeckner*-Verfahren aufgeweitet. Der gewalzte (oder gegossene) hohle Rohling wird durch mehrere, am Umfang angeordnete Walzenpaare, Bild 53, in der Wanddicke verringert. Die Rollen sind etwas versetzt und liegen auf einer Schraubenlinie, so daß das Walzgut durchgeschraubt wird.

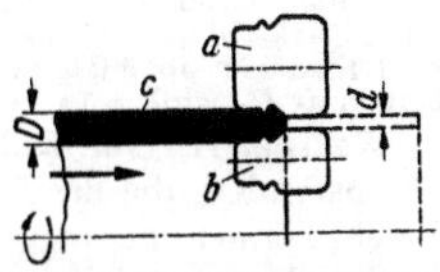

Bild 53. Roeckner-Verfahren zum Weiterverarbeiten großer Rohre. *D* ursprüngliche Dicke, *d* heruntergewalzte Dicke, *a* äußere, *b* innere Walze, *c* Hohlblock

ε) *Kaltziehen* der warm hergestellten Rohrluppen auf mechanisch angetriebenen Kettenziehbänken, um eine glatte, maßgerechte Oberfläche zu erzielen. Der durch die vorangehende Warmumformung entstandene Zunder wird vorher durch Beizen in Säuren entfernt.

C. Stanzen

Literatur: 1. *Hilbert, H.:* Stanzereitechnik. 2 Bde. 4. u. 5. Aufl. München: C. Hanser 1954/56. — 2. *Kaczmarek, E.:* Praktische Stanzerei. 4. Aufl. Berlin: Springer 1954. — 3. *Oehler, G.,* u. *F. Kaiser:* Schnitt-, Stanz- und Ziehwerkzeuge. 3. Aufl. Berlin: Springer 1957. — 4. *Sellin, W.:* Stanztechnik. 4. Teil: Formstanzen. 2. Aufl. WB 60, 1949; Tiefziehtechnik. 4. Aufl. WB 25, 1955.

1. Begriffe

Unter Stanzereitechnik[1] werden alle Arbeitsverfahren zusammengefaßt, bei denen Werkstücke aus Blechtafeln oder Bändern gefertigt werden. Verfahren lassen sich gliedern in:

Schneiden (Ausschneiden = vollständiges Trennen längs einer in sich geschlossenen Linie, auch Lochen; Abschneiden = vollständiges Trennen längs eines offenen Linienzuges; Einschneiden = teilweises Trennen; Ausklinken = Unterbrechen der Umgrenzung durch vollständiges Trennen);

Stanzen ist Umformen durch Stempel und Gegenstempel (Stanzen im engeren Sinn), also Biegen, Flachstanzen oder Planieren, Formstanzen, Rollen, auch Prägen;

[1] Vgl. DIN E 9870.

Tiefziehen (Umformen in Hohlteile, wobei Werkstoff wandert);
Drücken (Umformen in Hohlteile mit Drückfutter und Drückwerkzeugen, Werkstücke werden gestaucht oder gestreckt).

Bezeichn. der Werkzeuge werden aus Verfahren abgeleitet; „Schnitt“, „Stanze“, „Zug“.

2. Schneiden auf Scheren

Fläche liegt zwischen zwei Messern, die unter Winkel $\gamma = 0$ bis 6° abgeschrägt sind, Bild 54. Beim Schneiden wird zunächst Werkstoff zusammengedrückt, dann Fließen, schließlich Bruch, der etwa in Richtung von Linie k verläuft. Sauberer Bruch dann, wenn Bruchfläche in Ebene größter Spannung liegt. Hierfür richtiges Einstellen des Schneidspaltes s ($s \approx \delta/25$), Bild 55. Zum Verringern des Kraftbedarfs beim Schneiden ist Obermesser unter $\lambda = 2$ bis 10° geneigt (vgl. Bild 327, 329, S. 733).

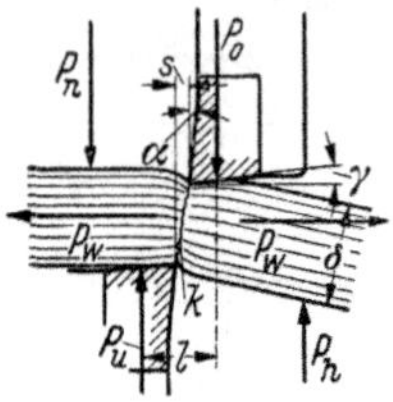

Bild 54. Kräfte beim Schneiden auf Scheren

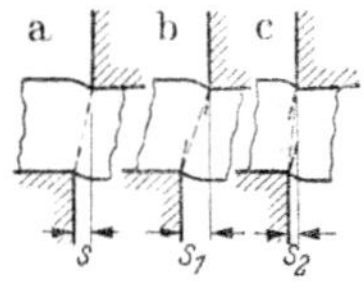

Bild 55. Verlauf der Anrisse (---) bei verschieden großem Schneidspalt. a richtig, b zu weit, c zu eng

Höchste Kräfte an Messerschneide. Mittelkräfte P_o und P_u, Bild 54, am Ober- und Untermesser bilden Kräftepaar mit Hebel l und versuchen Blech zu biegen. Aufnahme der Biegekräfte an Tafel durch Niederhaltekraft P_n und Hochhaltekraft P_h. Außerdem entstehen durch Zusammendrücken des Werkstoffs auch Kräfte P_w, die Abschnitt waagerecht verschieben. Schnittkraft P errechnet sich bei Messern mit geneigtem Obermesser $P \approx 0{,}4\,\delta^2\,\sigma_B \operatorname{ctg} \lambda$ in kg (δ Blechdicke mm, λ Neigungswinkel, σ_B Bruchspannung kg/mm²). Gleichung gilt nur für $\delta \leqq 5$ mm. Größere Übereinstimmung mit Versuchsergebnissen liefert die Gleichung[1] $P = 0{,}135\,(34 + \sigma_B)\,(\beta - 6)\,(1 + 5{,}5 r/\delta)\,(\delta^3/\lambda)^{0{,}5}$ in kg (Keilwinkel $\beta = 90 - \alpha - \gamma \approx 85°$, Schneidkantenradius r abhängig von Blechdicke δ zwischen 0 bis 1 mm, Grenzwert $r/\delta = 0{,}1$). Niederhaltekraft P_n wird $\approx 0{,}1$ bis $0{,}2\,P$.

Rollenmesser für Rollscheren zum Ausschneiden von Streifen. Messer sitzen in Abständen, die der Streifenbreite entsprechen, auf parallelen Wellen, Bild 56. Tafeln können in einem Durchlauf aufgeteilt werden. Für Kreis-, Kurvenscheren auch Rollenmesser, die parallel angeordnet werden, wenn gerade Schnitte ausgeführt werden sollen, Bild 57a, oder geneigt (Winkel λ) zum Ausschneiden von Kurven (Ronden), Bild 57b.

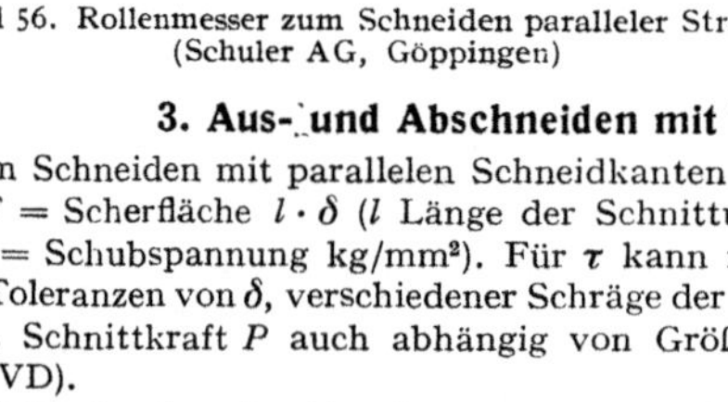

Bild 56. Rollenmesser zum Schneiden paralleler Streifen (Schuler AG, Göppingen)

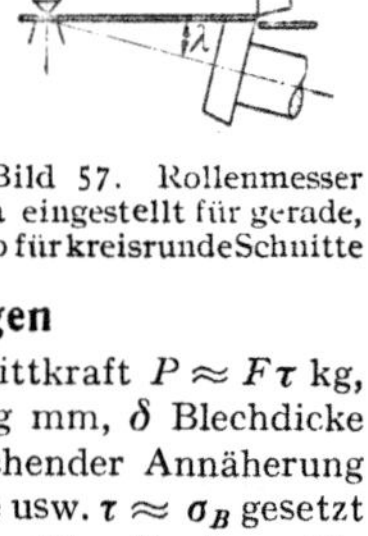

Bild 57. Rollenmesser a eingestellt für gerade, b für kreisrunde Schnitte

3. Aus- und Abschneiden mit Werkzeugen

Beim Schneiden mit parallelen Schneidkanten wird Schnittkraft $P \approx F\tau$ kg, wenn F = Scherfläche $l \cdot \delta$ (l Länge der Schnittumgrenzung mm, δ Blechdicke mm, τ = Schubspannung kg/mm²). Für τ kann mit ausreichender Annäherung wegen Toleranzen von δ, verschiedener Schräge der Werkzeuge usw. $\tau \approx \sigma_B$ gesetzt werden. Schnittkraft P auch abhängig von Größe des Schneidspalts (s. a. Abschnitt VD).

a) Arten der Ausschneidwerkzeuge.

Freischnitte für einfachere Fälle und beim Ausschneiden aus Blechtafeln, Bild 58; Schnittstempel a durch Zapfen b in Maschine festgespannt und nur durch

[1] *Reichel:* Neue Grundlagen für die Kraft- und Leistungsermittlung von Tafelscheren. Industrie-Anzeiger Bd. 74 (Nov. 1952) Nr. 90 S. 1118 (170).

Maschine geführt. Schnittplatte *c* wird durch Spannring *d* auf Grundplatte *e* festgehalten, die nach A oder B ausgeführt wird; auch mit Federabstreifer ausgestattet, Bild 59.

Führungsschnitte, bei denen Schneidstempel *d* in Führungsplatte, Bild 60, oder durch Säulen geführt wird. Führungsschnitte werden beim Schneiden aus Streifen eingesetzt und als Folge-, Verbund und Gesamtschnitte gebaut.

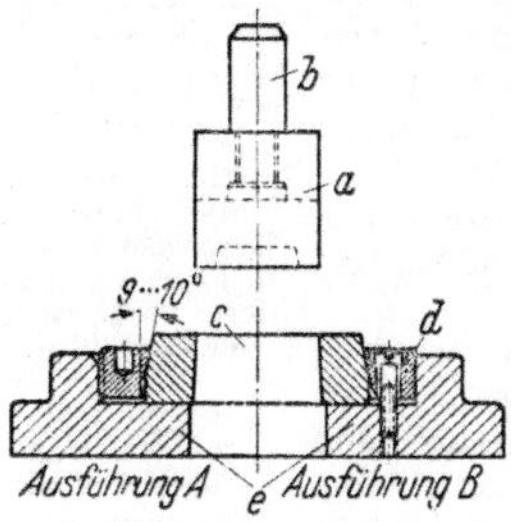

Bild 58. Freischnitt nach AWF 5006. Gewindesteigung im Halter bis 2 mm

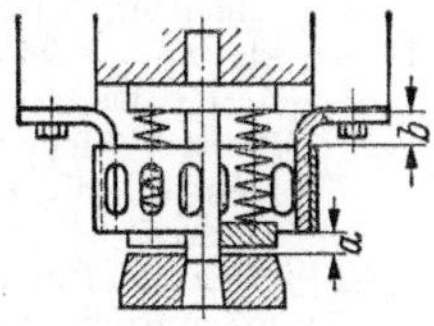

Bild 59. Federabstreifer für Freischnitt, anwendbar für dünne Bleche; mit $a \leqq 8$ mm, $b \leqq 12$ mm (AWF)

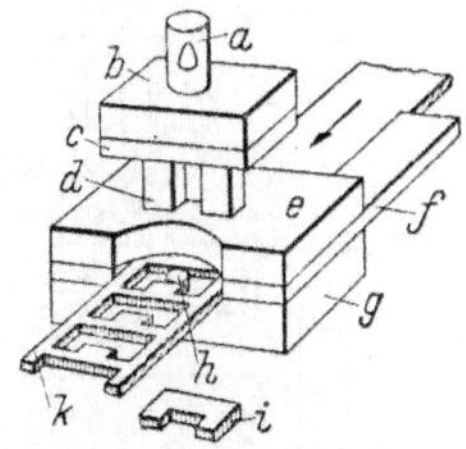

Bild 60. Plattenführungsschnitt. *a* Einspannzapfen, *b* Stempelkopfplatte, *c* Stempel-Aufnahmeplatte, *d* Schneidstempel, *e* Führungsplatte, *f* Zwischenlage, *g* Schnittplatte, *h* Einhängestift, *i* Ausschnitt, *k* Abfall der Streifen

Folgeschnitte, als Führungsschnitte gebaut, Bild 61 u. 62, arbeiten in mehreren Arbeitsstufen. So wird in Bild 61 erst vorgelocht, dann ausgeschnitten; in Bild 62 sind drei Arbeitsfolgen vorgesehen.

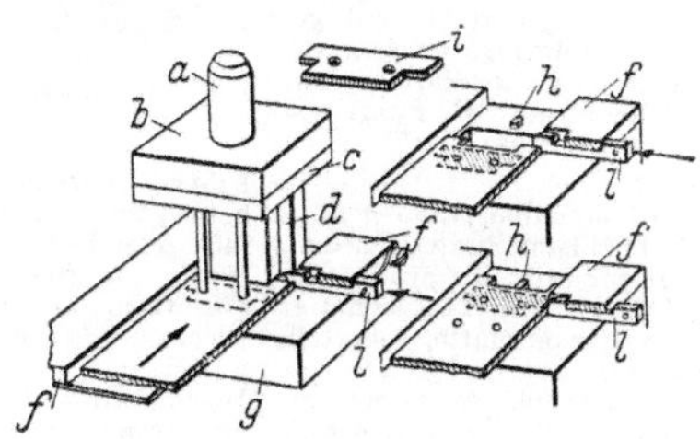

Bild 61. Folgeschnitt für Ausschneiden. Anstich *l* (Anschneide-Anschlag) und Einhängestift *h*, sonstige Bezeichnung wie in Bild 60

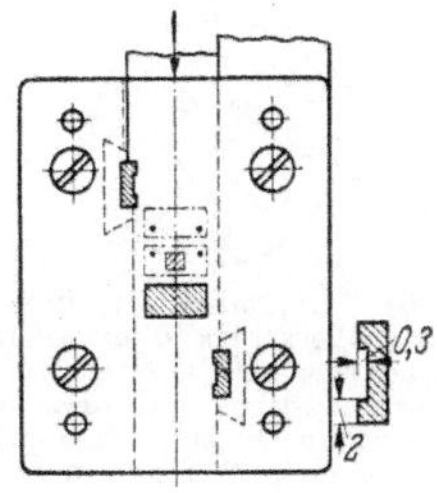

Bild 62. Folgeschnitt mit diagonal versetzten Seitenschneidern, um Streifenende auszunutzen

Im *Gesamtschnitt,* Bild 63, werden Lochung und Umgrenzung gleichzeitig erzeugt. Da Ungenauigkeiten durch Vorschub fortfallen, ist Lage der Lochung nur von Werkzeuggenauigkeit abhängig. Gesamtschnitt ist am teuersten und kann daher nur in Massenfertigung angewendet werden.

Durch Stechen erzeugt man einseitig ausgeschnittene Lappen. Stempel wird hierzu auf Biegeseite gerundet, Bild 64.

Beim Schneiden von Blechen auf elastischen Kissen (*Gummischneiden*) können Werkzeugkosten gesenkt werden, da nun keine Gegenschneide notwendig. Im Oberstempel (oder auch unten) ist elastisches Kissen *a* (Gummi), Bild 65, in Rahmen *b* eingelegt. Werkstoff *c* liegt auf Schneidschablone *d*, die mit Unterlage auf Grundplatte *e* befestigt ist. Bild 66 zeigt Vorgang beim Trennen. Blech *c* wird eigentlich abgerissen. Breiter Rand *f* (10 bis 20 mm) notwendig, sonst kein Trennen, sondern Umbiegen des überstehenden Werkstoffs. Verfahren setzt schwere Maschinen voraus, da große Kräfte notwendig. Anwendung in Flugzeugbau, Feinmechanik, Karosseriebau zum Schneiden von Leichtmetallblechen bis 3 mm und Stahl-Tiefziehblechen bis 1,5 mm Dicke.

b) Ausführung der Ausschneidwerkzeuge. Vorschub des Werkstoffs von Hand oder — insbesondere bei schnellaufenden Maschinen — selbsttätig. Den Handvorschub kann man durch Anschläge (Einhängestifte), Bild 61, oder durch Seitenschneider unter Verbrauch von Werkstoff begrenzen, wobei ein oder zwei Stempel Rand beschneiden und Anschlagecken erzeugen, Bild 62. Seitenschneider, bei großen Stückzahlen bevorzugt, begrenzen Vorschub genauer als einfache Anschläge, die in den erzeugten Durchbruch reichen. Außerdem verlangsamen Einhängestifte das Fertigen. Glatte Seitenschneider mit rechteckigem Querschnitt bei Vorschublängen bis 12 mm, darüber abgesetzte Seitenschneider, Bild 62, da bei glatten Seitenschneidern durch lässiges Anschlagen leicht Streifenansätze stehenbleiben, die Vorschub behindern.

Lochung und Ausschnittsumgrenzung versetzen sich je nach der Herstell- und Vorschubgenauigkeit. Zum Ausgleich können Suchstifte angeordnet werden, Bild 67, die ein vorgeschnittenes Loch zentrieren.

Einspannen der Werkzeuge in Maschinen zweckmäßig mit Kupplungszapfen *a*, Bild 60. Bei Ausführung mit Stempelkopf aus St 42 sind gehärtete und geschliffene Führungsbuchsen vorgesehen; bei Ausführung mit Stempelkopf aus GG, Führungssäule aus Einsatzstahl nach DIN 1661.

Im Schnittbau werden Bau- und Schneidstoffe unterschieden. Erstere für Teile, die nur mittelbar für die Funktion benötigt werden (Grundplatte, Oberteil, Auswerfer usw.), letztere für eigentlich schneidende oder umformende Teile. Als Baustoffe werden gewählt: Einsatz- und Vergütungsstähle DIN 1666/67, Grauguß DIN 1691, Stahlguß DIN 1681. Als Schneidstoffe dienen Kaltarbeitsstähle DIN 17006, aus dem Vollen gearbeitet oder freiform-vorgeschmiedet, und Edelstahl-Formguß. Hierdurch im Großwerkzeugbau wesentliche Ersparnisse. Für Auswahl s. AWF-Blätter 50020/00 bis 04.

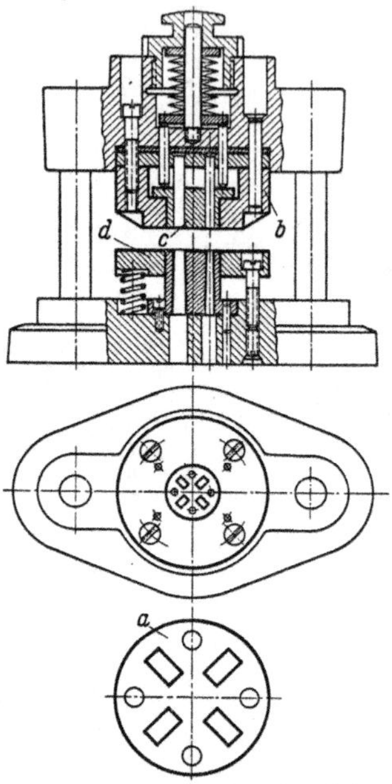

Bild 63. Gesamtschnitt für Ankerscheibe. Werkstück *a* erfordert hohe Rundlaufgenauigkeit der Außenform zu den Ausschnitten; außerdem müssen Werkstücke deckungsgleich sein. *b* fester Oberstempel, *c* oberer, *d* unterer Abstreifer (Feinprüf GmbH, Göttingen)

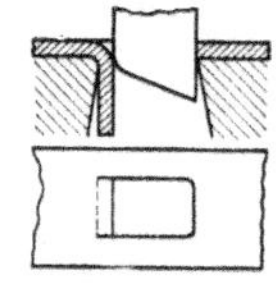

Bild 64. Stechen eines Lappens. Bei größeren Aufbiegungen verhindert Freistechen das Einreißen.

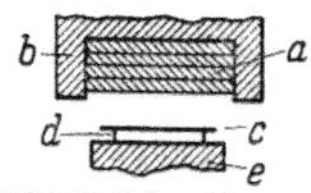

Bild 65. Schneiden ohne Gegenschnitt

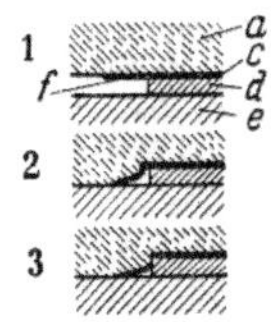

Bild 66. Vorgang beim Schneiden mit elastischem Kissen *a*. Bei 1 aufsetzen, bei 2 Blechrand *f* wird umgebogen, bei 3 Blech wird abgetrennt.

Schnittwerkzeuge aus Hartmetall weisen größere Standzeit auf. Hartmetall mittlerer Zähigkeit, für kombiniertes Schneiden und Ziehen etwa G 2, wird zweckmäßig im Stahlwerkzeug festgeklemmt, Bild 68.

Schneidspalt zwischen Stempel und Schnittplatte so wählen, daß bei größeren Blechdicken der Dmr. in Schnittplatte etwa 10%, bei kleineren Blechdicken etwa 5% größer wird, als Stempeldmr.

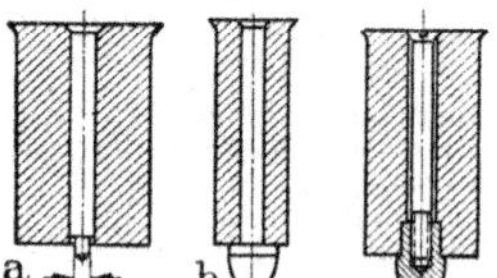

Bild 67. Ausführung von Suchstiften. a abgesetzter Suchstift, Zentrierdurchmesser ≦ 3 mm; b Suchstift mit Nietkopf; c angeschraubter Kopf (*Wage:* Wt. u. Mb. 1949 S. 238)

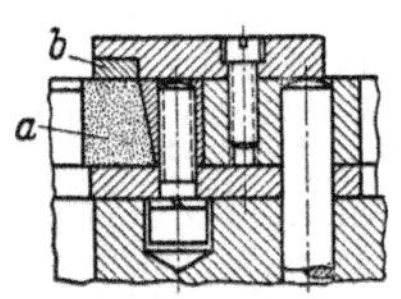

Bild 68 Befestigung der Hartmetallschneide *a* im Schnittwerkzeug durch Klemmen über Spannstück *b*

Plattenführungsschnitte sollte man nur für kleinere Teile anfertigen, sonst *Säulengestelle* (s. u.) mit zwei oder vier Führungssäulen, im Unterteil befestigt, die man von kleinsten bis größten Abmessungen gegossen oder geschweißt mit höchster Genauigkeit herstellt. Zweckmäßige Führung gestattet auch weitgehendes Normen der Einzelteile.

Bild 69 zeigt die genormten Grundformen der Säulengestelle. Bild 69a einfaches Säulengestell (DIN 9812) mit rechteckiger oder runder Arbeitsfläche; Bild 69b Säulengestell mit beweglicher Führungsplatte (DIN 9814), bei dem

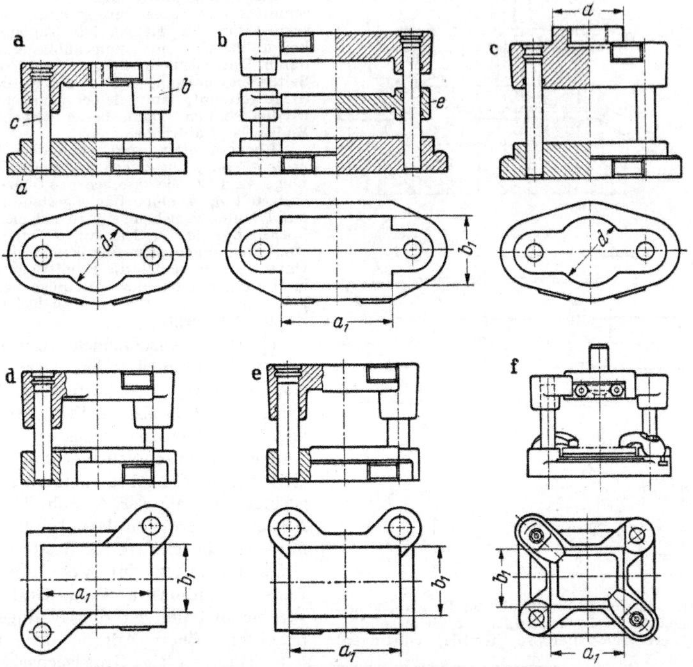

Bild 69. Ausführungsformen von Säulengestellen nach DIN und Firmenangaben. *a* Grundplatte, *b* Oberteil, *c* Führungssäule, *e* Führungsplatte. Arbeitsflächen etwa bei a für d = 50 bis 550; b für $a_1 \cdot b_1$ = 63 · 50 bis 315 · 250; c für d = 50 bis 315; d für 63 · 50 bis 500 · 400; e für 63 · 50 bis 315 · 250. Auswechselgestell f nicht genormt (Feinprüf GmbH, Göttingen)

Stempelaufnahmeplatte *e* und Grundplatte wieder mit runder oder rechteckiger Arbeitsfläche ausgeführt werden können. Gesamtschnitte, Bild 69c, werden mit dickerem Oberteil versehen (DIN 9816). Bild 69d zeigt das Säulengestell mit übereck angeordneten Säulen (DIN 9819), Bild 69e das Säulengestell mit hintenliegenden Säulen (DIN 9822). Führungssäulen und Halteringe sind in DIN 9825, Einspannzapfen in DIN 9826/27 genormt.

Bei *Auswechselgestellen*, Bild 69f, können Stempel und Schnittplatten ein- und ausgebaut werden, ohne daß das Gestell von der Maschine genommen werden muß. Dadurch Einsparen von Werkzeug- und Einrichtekosten; günstig bei kleineren Stückzahlen.

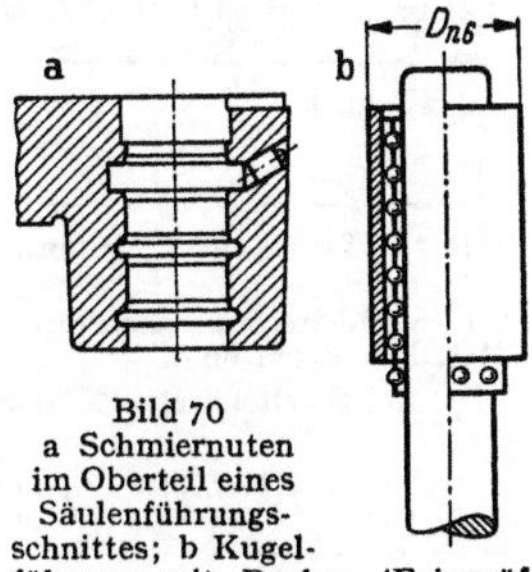

Bild 70
a Schmiernuten im Oberteil eines Säulenführungsschnittes; b Kugelführung mit Buchse (Feinprüf GmbH, Göttingen)

Führungssäulen aus Stahl mit hohem Verschleißwiderstand fertigen; gehärtet, geschliffen, auch geläppt (h 3). Bei Gleitführung für gute Schmierung Sorge tragen, Bild 70a. Kleineres Spiel oder praktisch Spielfreiheit wird durch Kugelführung erreicht, Bild 70b, bei der Führungselemente unter kleiner Vorspannung stehen. Kugeln liegen in einem Käfig und sind wendelförmig angeordnet.

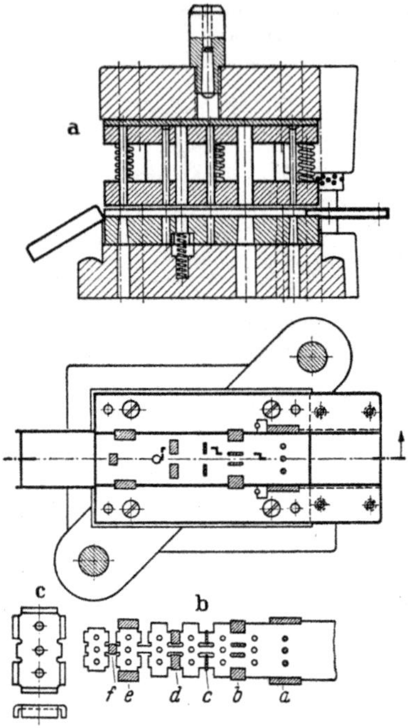

Bild 71. Folgeschnitt als Säulenschnitt mit Kugelführung. a Schnitt, b Streifenfolge, c Werkstück (Feinprüf GmbH, Göttingen)

Kugelführungen sind besonders bei Präzisionsschnitten einzubauen; sie sind den Gleitführungen auch wegen des leichteren Laufes überlegen.

Bild 71 zeigt als Beispiel eines Führungsschnittes mit Kugelführung einen Folgeschnitt für eine Kappe. Die Kappe wird bei *a* gelocht mit Vorschubbegrenzung durch Seitenschneider. Bei *b* werden die Seiten beschnitten, bei *c* die seitlichen Stege getrennt, damit sie bei *d* umgebogen werden können. Dann bei *e* Biegen der Enden, bei *f* abtrennen.

Locheinheiten sind nach dem Baukasten-Prinzip zusammenzusetzende Werkzeuge, Bild 72. Sie bestehen aus Ober- und Unterteil *a*, *b* eines Säulengestelles, die mit T-Nuten versehen sind, so daß mehrere Lochstempel *c* in Haltern *d* mit Abstreifern *e* angebaut werden können. In der Unterplatte *b* werden die Schnittbuchsen *f* in Haltern *g* eingesetzt. Mit Begrenzungshalter *h* wird die Lage des zu lochenden Bleches festgelegt.

c) Beim **Abschneiden** verwendet man Streifen und Bänder, die so breit wie der fertige Abschnitt sind. Man kann verlustlos abschneiden, Bild 73, oder mit kleinen Verlusten, wenn Enden der Abschnitte geformt sind. Genauigkeit der Abschnitte ist etwas geringer als die der Ausschnitte, da Abweichungen von Bandbreite und ungleiche Zuschnitte die Breite sowie Ungenauigkeiten im Vorschub die Länge beeinflussen. Beim Gestalten von Schnitteilen ist die Gratlage zu beachten. Beim Abschneiden nach Bild 73a liegt Grat wechselseitig (a'), in Bild 73d einseitig (d').

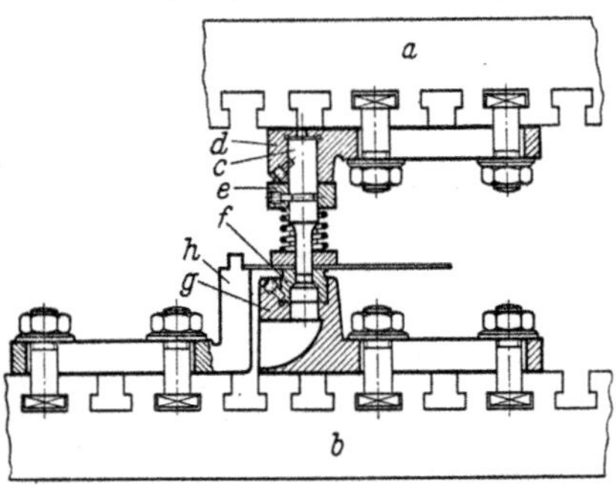

Bild 72. Locheinheit (Feinprüf GmbH, Göttingen)

d) Nach *Eysen*[1] **Mindesttoleranzen** für Freischnitte ±150 bis 200 μ, Folgeschnitte mit Einhängestift ±100 bis 150 μ, Folgeschnitte mit Seitenschneider ±80 bis 120 μ und Gesamtschnitte ±30 bis 50 μ. Durch Werkzeugverschleiß vergrößern sich bei Formschnitten die Ausschnitte, während Lochung kleiner wird.

e) Für den **Werkstoffverbrauch** ist das Festlegen der Streifenbreite und Verteilen der Ausschnitte wesentlich. Beim Ausschneiden wählt man für Abfallstreifen Stegbreite b_s = Randbreite b_r = Seitenbeschnitt. Richtwerte bei Metallschneiden sind

Streifenbreite ≦ 70 mm und	$\delta \geqq 0{,}5$ mm;	$b_r = b_s = 0{,}4\delta + 0{,}8$ mm
	$\delta < 0{,}5$	$b_r = b_s = 2 - 2\delta$ mm
Streifenbreite > 70 mm	$\delta \geqq 0{,}5$	$b_r = b_s = 1{,}5\,(0{,}4\delta + 0{,}8)$ mm
	$\delta < 0{,}5$	$b_r = b_s = 1{,}5\,(2 - 2\delta)$ mm.

[1] *Eysen:* Die stanzgerechte Werkform. In *Rögnitz-Köhler:* Fertigungsgerechtes Gestalten, 2. Aufl. Stuttgart: Teubner 1959.

Teile müssen so geformt werden, daß sie sich gut im Streifen unterbringen lassen. Oft wird durch Zwei- oder Mehrfachschnitte eine bessere Ausnutzung des Werkstoffs erreicht, Bild 74.

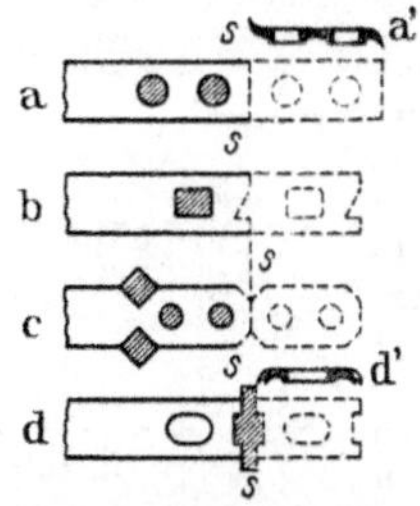

Bild 73. Arbeitsbeispiel für Abschneiden. Gestricheltes Stück = Abschnitt, s ··· s Schnittkante; schraffiert = Vorlocher. Bei a, b, c verlustloses Abschneiden, bei d Abschneiden mit Verlust. Bei a' wechselseitig, bei d' einseitig liegender Grat

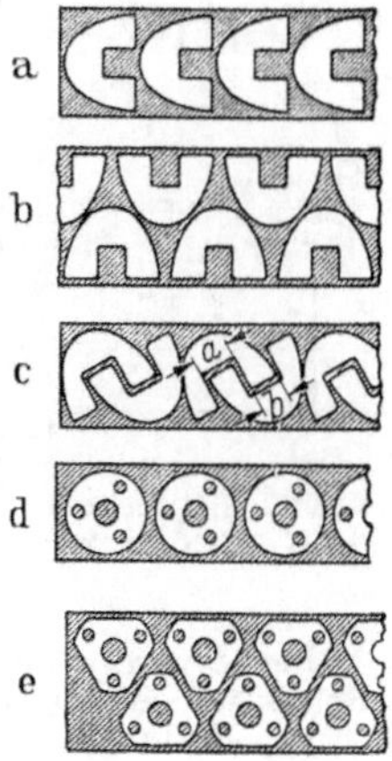

Bild 74. Werkstoffersparnis bei Schnitt- und Stanzteilen. a Werkzeug: Führungsschnitt, Werkstoffverbrauch 744 mm² je Teil; b Werkzeug: Schnitt für Wendestreifen, Werkstoffverbrauch 700 mm² je Teil; c Werkzeug: Schnitt für Wendestreifen oder Doppelschnitt, Werkstoffverbrauch 590 mm² je Teil; geringster Verbrauch durch Änderung bei *a* und *b*; d Werkzeug: mit Vorlocher, Werkstoffverbrauch 814 mm² je Teil; e Werkzeug: Schnitt mit Vorlocher, Werkstoffverbrauch 612 mm² je Teil. Vergleich von d mit e zeigt, daß runde Form viel Werkstoff erfordert (nach AWF 5971).

4. Formstanzen

a) Mit **Biegestanzen** werden beliebig geformte Teile aus Blechstreifen hergestellt. Mit Schnittbiegestanzen als Verbundwerkzeugen werden Teile abgeschnitten und gebogen. Bei Zuschnitten für Biegeteile ist darauf zu achten, daß Biegekanten im rechten Winkel zur Walzrichtung des Werkstoffes liegen. Die Winkel müssen im Ober- und Unterstempel spitzer sein als die Sollwinkel am Werkstück. Bild 75 zeigt einfache Biegestanze (Biegen im Gesenk). Werkstück ist zwischen Auflagen *b* eingelegt und durch Gegenhalter *c* gestützt, bis Oberstempel *a* herunterkommt und Werkstück in Unterstempel *d* drückt. Gegenhalter werden durch Auswurfvorrichtung betätigt; Biegekanten, über die Werkstoff läuft, sind abzurunden und abzuschrägen, Bild 76. Kleinster zulässiger Halbmesser wird nach *Oehler* $r_{\min} = k\delta$ (δ Blechdicke, k Werkstoff-Faktor, für Kupfer etwa 0,25, Messing hart 0,4, Messing weich 0,3, Stahl weich 0,5, Stahl mittelhart 0,55). Bei mehreren Biegungen sind außenliegende Halbmesser größer zu wählen. Höhe der Aufnahmen mindestens gleich Werkstoffdicke, aber größer als 1,5 mm, Bild 77.

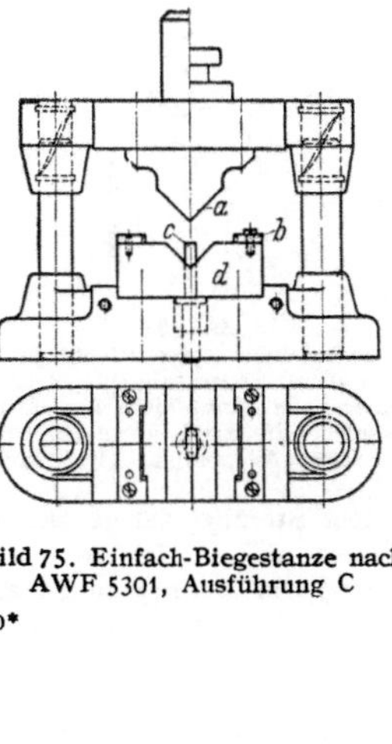

Bild 75. Einfach-Biegestanze nach AWF 5301, Ausführung C

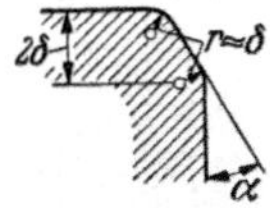

Bild 76 Zweckmäßige Ausführung der Biegekante: Abschrägung $\alpha = 30$ bis $45°$, Kante abrunden mit $r \approx \delta$

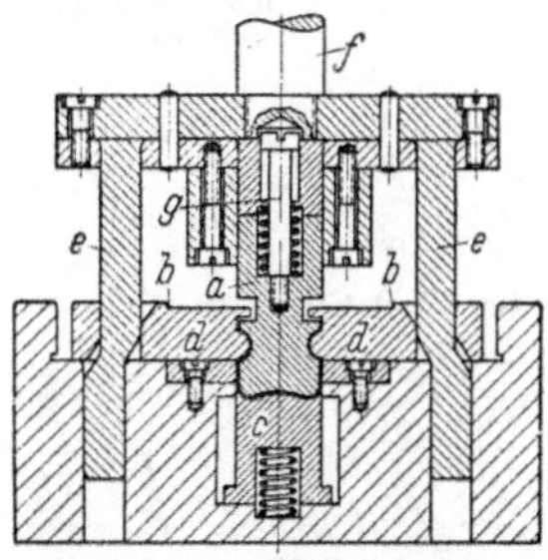

Bild 77. Biegewerkzeug für Formleisten. Formstempel *a* drückt das zwischen Führungen *b* liegende Werkstück gegen Matrize *c*. Zwei Schieber *d* werden durch 4 Keile *e* vorgeschoben. Infolge des Auffederns läßt sich Werkstück leicht von *a* abziehen. Beim Hochgehen des Stempels *f* bleibt *a*, durch Federn gehalten, zurück, bis Schraube *g* anschlägt und ihn mitnimmt. Inzwischen sind Schieber *d* zurückgezogen.

Beim Fertigen der Stempel beachten, daß V-förmige Biegeteile auffedern. Größe der Auffederung abhängig von Art und Dicke des Werkstoffs sowie von Biegehalbmesser.

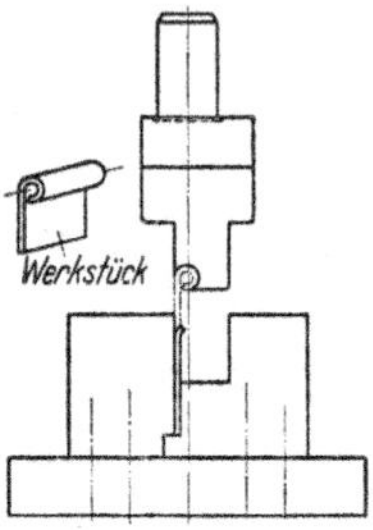

Bild 78. Einfache Rollstanze nach AWF 5401

b) Auf **Rollstanzen** werden Rollränder hergestellt, wozu der Teil angekippt sein muß. Ankippen beim Ausschneiden der Teile oder auf besonderen Biegestanzen; ohne Rolldorn s. Bild 78. Bei dünnen Blechen und großen Durchmessern benötigt man Rolldorn ($d \leqq 15\,\delta$).

c) Durchziehen ist ein Aufweiten eines vorgestanzten Loches, wodurch Kragen erzeugt wird, Bild 79 a. Es kann auch in einem Arbeitsgang gelocht und durchgezogen werden, Bild 79 b.

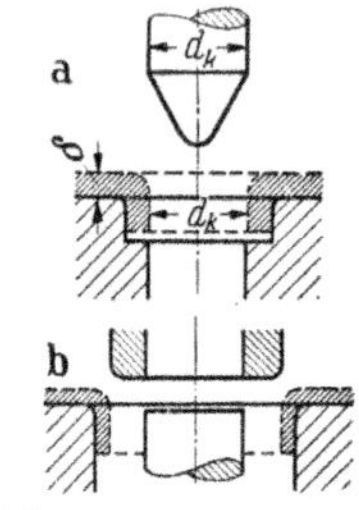

Bild 79. a Durchziehen; b Lochen und gleichzeitig Durchziehen

5. Verformen von Blechen

Bleche werden meist auf Maschinen gerichtet, wobei Blech durch mehrere Rollen läuft, Bild 80. *Walken* verläuft ähnlich wie Biegen; Bleche werden jedoch noch gestreckt und ergeben dann in Weiterverarbeitung Ziehteile, die von Fließfiguren frei sind. Zylinder werden auf Drei- und Vierwalzenmaschinen *gerollt*, Bild 81. Gebogen und abgekantet werden Bleche auf *Abkant*maschinen und Abkantpressen (vgl. Abschn. V), auf denen die verschiedensten Formen hergestellt werden können, Bild 82. Durch *Falzen*, Bild 83, werden Bleche verbunden; *Sicken* sollen Bleche bis 1,5 mm Dicke versteifen, Bild 84.

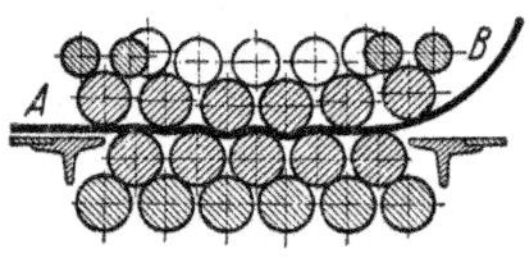

Bild 80. Anordnung von Richtrollen in Richtmaschinen. Stellung der Richtrollen bei A liefert geraden, bei B gebogenen Auslauf. Doppelte Anordnung der Stützrollen verhindert seitliches Ausweichen der Richtrollen.

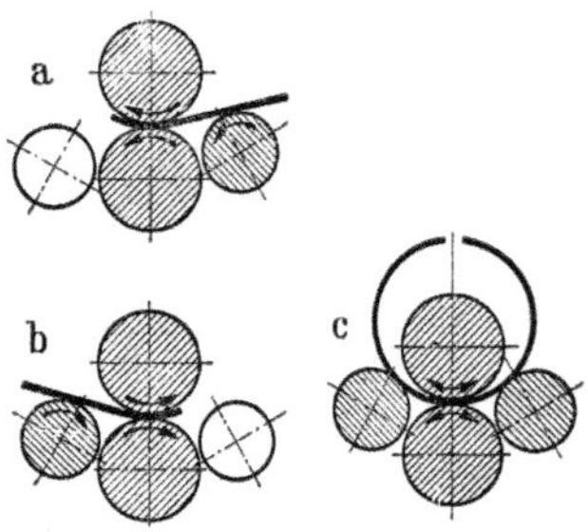

Bild 81. Runden eines Bleches auf Vier-Walzen-Maschinen. a Anbiegen links b Anbiegen rechts, c Fertigrunden

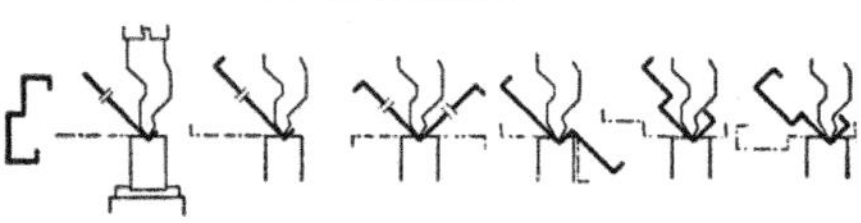

Bild 82. Arbeitsstufen beim Herstellen einer Türzarge

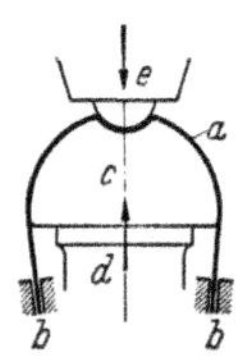

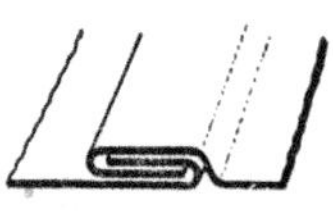

Bild 83. Längsfalz

Bild 84. Sicken

Bild 85
Streckziehen einer Blechtafel a, bei b in Spannzangen gehalten, über Form c auf Tisch d, und anschließendes Eindrücken einer Gegenform e (Gegendrückeinrichtung)

Beim *Streckziehen* (Reckformen) werden Bleche über Stempel gelegt und an zwei Seiten befestigt. Hochgehender Stempel beult Blech in gewünschter Form aus, Bild 85. Werkzeugkosten beim Streckziehen gering, da Stempel auch aus

Holz gefertigt werden kann. Tiefziehstahlbleche und legierte Bleche lassen sich von 0,5 bis 2 mm streckziehen. Anwendungsgebiete vor allem im Fahrzeugbau.

6. Tiefziehen

Beim Ziehen wird Werkstoff umgeformt und der Durchmesser der Scheibe bzw. des Ziehteils oder die Wanddicke oder beides verringert. Man kann ohne Niederhalter, Bild 86 u. 87, ziehen (Näpfchenzug, Formstanzen) oder mit Niederhalter, Bild 88. Niederhalter verhindert Entstehen von Falten und zentriert die Teile beim Nachziehen. Niederhalterdruck ist so einzustellen, daß gerade noch faltenfrei gezogen werden kann. Geht Ziehstempel weiter abwärts, so wird Blech aus dem Niederhalter herausgezogen; vgl. a. Bild 89.

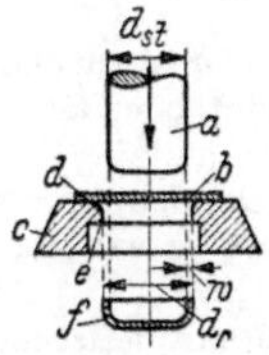

Bild 86. *Ziehen* ohne Niederhalter (Formstanzen). *a* Stempel, *b* Blechausschnitt, *c* Ziehring, *d* Ziehradius, *e* Abstreifer, *f* fertiges Werkstück, *w* Ziehweite, $w = \delta + z$, wobei $z = 0{,}05$ bis 0,2 mm bei $\delta = 0{,}2$ bis 1 mm

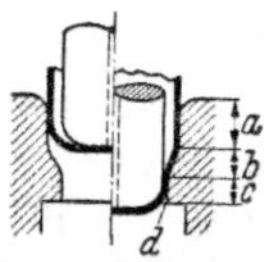

Bild 87. Weiterziehen ohne Niederhalter vor und nach dem Zug. *a* Einlagehöhe, *b* Ziehkante, *c* Ziehfläche, *d* scharfe Abstreifkante

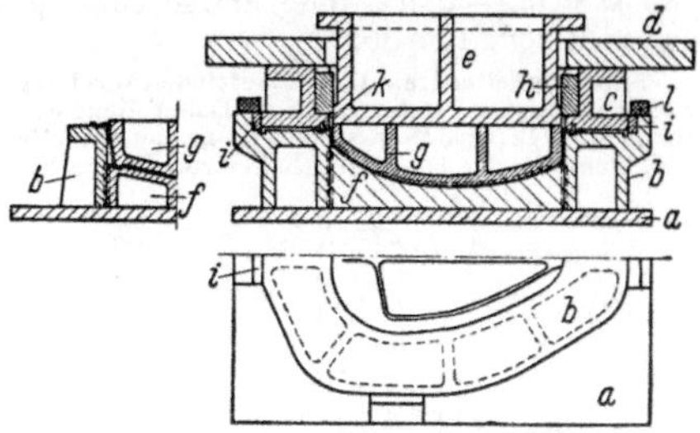

Bild 88. Großziehwerkzeug auf doppeltwirkender Presse für Kühlerverkleidung. *a* Grundplatte, *b* Ziehring, *c* Niederhalter, *d* Zwischenplatte, *e* Stempelverlängerung, *f* Formeinlage, *g* Ziehstempel, *h* Führung für Ziehstempel, *i* Führung für Niederhalter, *k* Ziehleiste, *l* Gummiauflage, um Verkratzen des Werkstoffs beim Ein- und Auslegen zu vermeiden (n. *Hilbert*, Lit. 1)

Durchmesser d_z des Zuschnitts kann man bei einfachen Umdrehungshohlkörpern errechnen, da Oberfläche des Zuschnitts gleich Oberfläche des Gefäßes sein muß. Tabellen finden sich in Betriebs-Taschenbüchern[1]. In Beispiel Bild 90 besteht die Oberfläche aus Kreisfläche $\pi d_3^2/4$ und Zylindermänteln $\pi\, d_2\, h_2$ und $\pi\, d_1 h_1$. Demnach wird $\pi d_z^2/4 = \pi d_3^2/4 + \pi d_2 h_2 + \pi d_1 h_1$

oder $$d_z^2 = d_3^2 + 4\,d_2 h_2 + 4\,d_1 h_1.$$

Läßt sich der Teil nicht in einem Arbeitsgang ziehen, so müssen die erforderlichen Zwischenstufen, d. h. die Durchmesser der Zwischenstufen d_1, d_2 bis d_n festgelegt werden. Es wird

$$d_1 = m d_z,$$
$$d_2 = m_1 d_1,$$
$$d_n = m_1 d_{n-1}.$$

Bestimmung des Ziehverhältnisses durch den Einbeulversuch[2].

Abstufungswerte beim Ziehen mit pneum. Niederhalter (Schuler) in Zahlentafel 6. Werte bei starrem Blechhalter 5 bis 10% höher.

Zahlentafel 6. *Werte für Ziehverhältnisse (Anschlagverhältnis m und Weiterschlagverhältnis m_1)*

Werkstoff	m	m_1
Ziehblech	0,6 bis 0,65	0,8
Tiefziehblech	0,55 bis 0,6	0,75 bis 0,8
Karosserieblech	0,52 bis 0,58	0,75 bis 0,8
Stahlblech $\sigma_B = 55$	0,55 bis 0,6	—
Stahlblech, nicht rostend . .	0,5 bis 0,55	0,8 bis 0,85
Weißblech	0,58 bis 0,65	0,88
Kupfer	0,55 bis 0,6	0,85
Messing	0,5 bis 0,55	0,75 bis 0,8
Zink	0,65 bis 0,7	0,85 bis 0,9
Aluminium, weich	0,53 bis 0,6	0,8
Dural 681 B	0,55 bis 0,6	0,9
Hydronalium 7 W u. 9 W . .	0,55 bis 0,6	—

[1] Betriebshütte, 5. Aufl. — Schuler-Taschenbuch für Blechbearbeitung usw.
[2] *Oehler, G.:* Wt. u. Mb. Bd. 39 (1949) S. 72/74.

Kraft P_n zum Niederhalten: $P_n \approx F p$, wenn F die tatsächlich gedrückte Fläche (cm²) und p spez. Flächendruck (kg/cm²). Bei St wird $p \approx 25$, bei Ms wird $p \approx 20$ bis 24, bei Al und Al-Leg. wird $p \approx 10$ bis 15.

Ziehkraft $P_z \approx \alpha L \delta \sigma_B$, worin L Umfang des Ziehteils (bei Kreisscheiben also $L = d\pi$), δ Blechdicke, σ_B Zugfestigkeit, α ein vom Ziehverhältnis abhängiger Beiwert ($\alpha = 1$ bei $m = 0{,}5$; $\alpha = 0{,}8$ bei $m = 0{,}6$; $\alpha = 0{,}6$, $m = 0{,}7$; $\alpha = 0{,}4$, $m = 0{,}8$; $\alpha = 0{,}2$, $m = 0{,}9$).

Ziehstempel ist mit $r \approx 2$ bis 5δ, Ziehring mit $r \approx 10\delta$ abzurunden. Ziehstempel aus härtbarem Stahl, z. B. St 50 im Einsatz gehärtet, oder GG. Ziehringe müssen sehr hart sein, daher aus Sonderstahl oder Hartmetall. Ziehweite w, d. h. Zwischenraum zwischen Ziehringweite d_r und Stempelaußendurchmesser d_{st}, also $w = (d_r - d_{st})/2$, muß um so enger gehalten werden, je sauberer Ziehteil aussehen soll, Bild 86.

Schwierigkeiten treten beim Tiefziehen kegeliger Gefäße auf, da beim Aufsetzen des Stempels Blech auf großer Fläche freiliegt. Daher Kegelwinkel < 60° ausführen. Beim Ziehen rechteckiger Gefäße wird Werkstoff teils gestaucht, teils gezogen. Ziehverhältnis $m = r_e/R$, worin r_e Halbmesser des Hohlteils, R der zugehörige Halbmesser der Abwicklung ist, Bild 91.

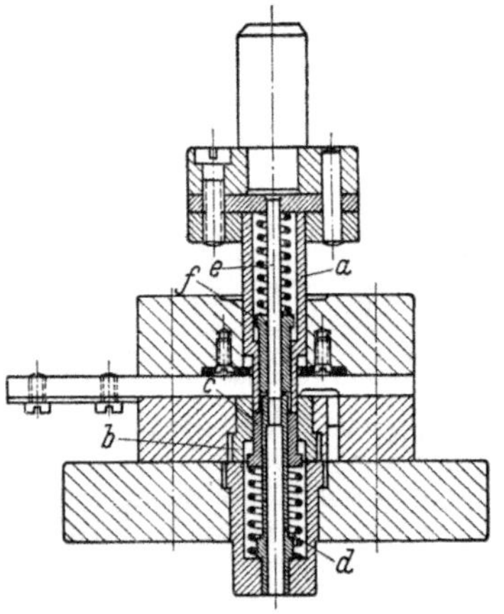

Bild 89. Schnitt-Zug-Schnitt nach AWF 5824. *a* oberer Stempel, *b* Schnittring, *c* unterer Auswerfer, *d* unterer Schnittziehstempel, *e* Lochstempel, *f* oberer Auswerfer

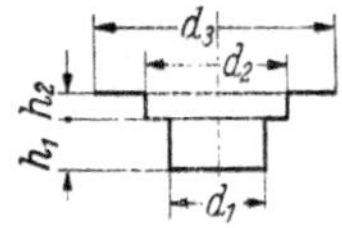

Bild 90. Ermitteln des Zuschnitts

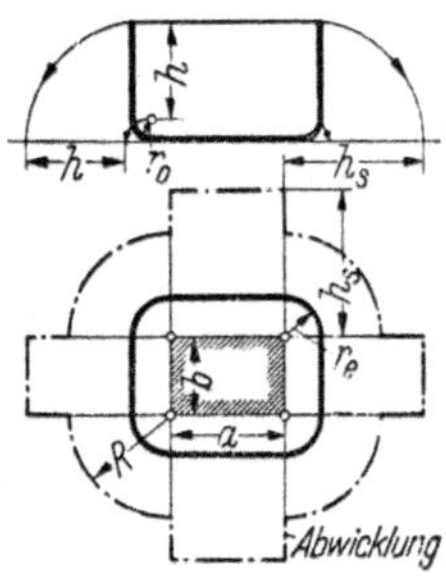

Bild 91. Ermitteln des Zuschnitts durch Abwicklung nach AWF 5791; dort Nomogramm zum Festlegen der einzelnen Größen gegeben

Für Ziehen von Hohlkugeln schlägt *Hilbert*[1] Ziehverhältnis $m = 0{,}45$ vor, wobei von Schwerpunktslage ausgegangen wird.

Beim Ziehen mit Wandschwächung verfestigt sich Werkstoff, so daß Werkstoff nach jedem Zug geglüht werden muß. Beim Näpfchenzug ohne Niederhalter erreicht man faltenfreie Werkstücke, wenn Durchmesser des Teils $d < 20$ bis $25\,\delta$.

Beim *Ausbauchen* wird ein in das Gefäß gefüllter Stoff (Wasser, Öl, Sand, Gummi) so unter Druck gesetzt, daß sich das Gefäß erweitert und in die durch Werkzeug gegebene Form schmiegt. Werkstoff muß vorher ausgeglüht sein.

Beim Ziehen muß *geschmiert* werden, um das Fließen des Werkstoffs zu erleichtern und dadurch Halterflächen und Ziehkanten zu schonen. Da Arbeitsdrücke ziemlich hoch liegen, müssen zähflüssige und besonders haftfähige Schmiermittel gewählt werden. Wesentlich für die Auswahl geeigneter Schmiermittel ist auch Forderung, daß beim Glühen der Werkstücke das Öl keine Rückstände auf Werkstück hinterläßt.

Bei allen Stanzarbeiten sind Werkzeuge so anzuordnen oder zu kapseln, daß Unfälle vermieden werden.

---

[1] Betriebshütte 5. Aufl. S. 243.

7. Drücken

Blechscheibe wird mit Drückrolle an umlaufendes Drückfutter aus Holz oder Stahl gepreßt. Drückgeschwindigkeit bis 40 m/sek. Zum Tiefziehen geeignete Bleche lassen sich auch drücken. Für einfache Blechformen genügen einfach dekapierte Stahlbleche. Infolge starker Verfestigung müssen bei tiefen Töpfen Arbeitsgänge unterteilt werden, wobei Messing- und Kupferbleche zwischenzuglühen sind, Bild 92. Bei ausreichender Stückzahl wird Fertigen auf Ziehpressen vorgezogen. Bis etwa 1 bis 2 mm Blechdicke kann Drücker frei drücken, dickere Bleche werden auf Planierbänken mit Support gedrückt. Drückvorrichtung von Schuler, Bild 93, erweitert Drückbereich wesentlich.

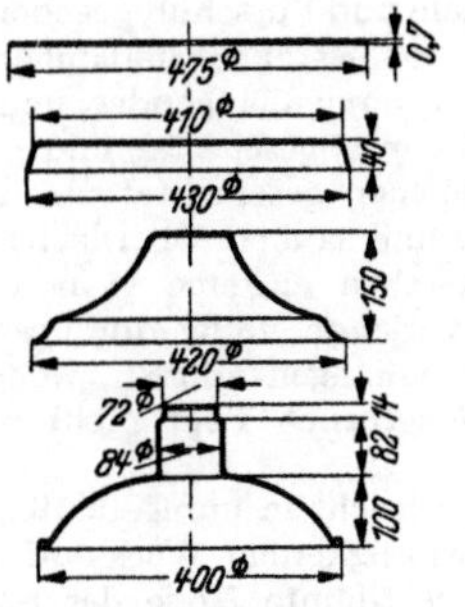

Bild 92. Arbeitsstufen beim Drücken eines Reflektors (Betriebshütte 5. Aufl.)

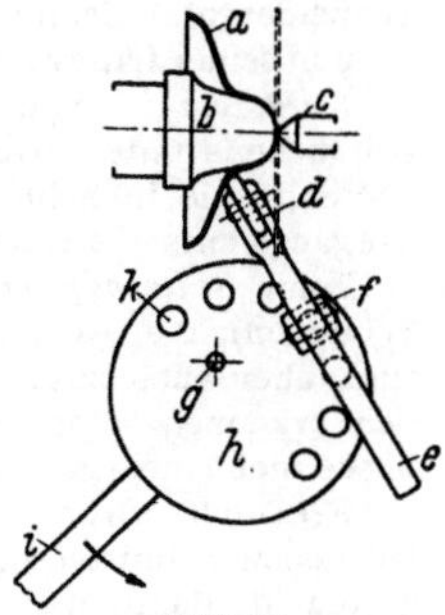

Bild 93 Drückvorrichtung nach Schuler-A. G., Göppingen

Blech *a* wird durch Reitstock *c* gegen Drückfutter *b* gehalten. Drückrolle *d* liegt mit Führungshebel *e* in Drückwerkhalter *f*, der in einer um *g* schwenkbaren Scheibe *h* sitzt. Mit Hebel *i* wird Scheibe *h* um *g* geschwenkt. Je nach Form wird Halter *f* in eines der Löcher *k* der Scheibe *h* umgesteckt.

III. Verfahren und Werkzeuge der abspanenden Formung

A. Abspantechnik

Literatur: 1. *Schallbroch, H.*, u. *H. Bethmann:* Kurzprüfverfahren der Zerspanbarkeit. Leipzig: Teubner 1950. — 2. *Brödner, E.:* Zerspanung u. Werkstoff. 2. Aufl. Essen: Girardet 1950. — 3. *Krekeler, K:* Zerspanbarkeit d. metallischen u. nichtmetallischen Werkstoffe. Berlin: Springer 1951. — 4. *Leyensetter, W.:* Wirtschaftlich zerspanen (Schriftenreihe des AWF), 2. Aufl. Braunschweig: Westermann 1953. — 5. *Kronenberg, M.:* Grundzüge der Zerspanungslehre, 2. Aufl. Berlin: Springer 1954.

1. Bewegungen zum Abspanen

a) Schnittbewegung. Beim Spanen auf Werkzeugmaschinen, Bild 94, bewegen sich Werkzeug oder Werkstück in der Haupt- oder Schnittbewegungsrichtung mit der *Schnittgeschwindigkeit* v (m/min oder m/sek). Die Schnittbewegung kann kreisend oder geradlinig verlaufen. Die Höhe der einzustellenden Schnittgeschwindigkeit v ist vor allem durch den abzuspanenden Werkstoff, den Baustoff des Werkzeugs, Schnittverhältnisse, wie die Lebensdauer (Standzeit) T des Werkzeugs und damit auch durch wirtschaftliche Gesichtspunkte bestimmt. Angaben über die Höhe der Schnittgeschwindigkeit s. bei den Arbeitsverfahren.

b) Durch die **Vorschubbewegung** wird der Werkstoff der Schneide zugeführt. Hierbei kann sich das Werkstück oder das Werkzeug vorschieben. Die *Vorschubgeschwindigkeit* wird durch s' in mm/min oder — bei kreisender Hauptbewegung — durch s in mm/Umdr. der Hauptschnittbewegung, schließlich bei geradliniger Hauptbewegung in mm/Hub der Hauptbewegung angegeben. Der Vorschub wird stetig oder ruckweise geschaltet.

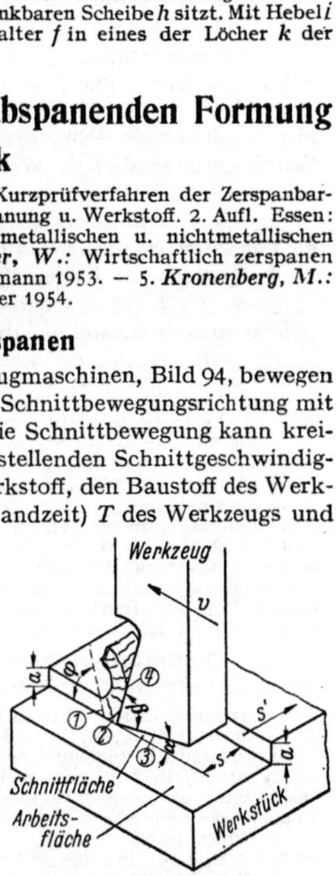

Bild 94. Keilförmiges Werkzeug dringt beim Abspanen in das Werkstück.

c) Durch **Nebenbewegungen** werden Werkzeug oder Werkstück in Arbeitsstellung gebracht und die Spantiefe a, Bild 94, eingestellt.

2. Abspanvorgang

a) Spanbildung. Keilförmiges Werkzeug mit dem Schneidkeil (Keilwinkel β) dringt in den Werkstoff, Bild 94, wobei ein Span abgeschert wird, der über Spanfläche abfließt. Abgenommener Span hat andere Abmessungen als sie durch Schneidenform, Schnittiefe und Vorschub gegeben sind, da er durch den Schervorgang in seiner Längsrichtung gestaucht und daher im Querschnitt vergrößert wird.

Fließspan ist von zusammenhängender und regelmäßiger Form. Stetig in Schubebene unter Winkel φ abgescherter und gestauchter Werkstoff gleitet vor der Schneide in Schubebenen geschichtet ab. Infolge der Gleichmäßigkeit des Vorgangs entsteht glatte und saubere Oberfläche am Werkstück.

Beim *Scherspan* entstehen einzelne größere Schichtstücke (Spanelemente, Schuppen), die, wenn Werkstoff völlig durchgeschert ist, voneinander getrennt sind, aber auch zusammenhängen können, wobei man aber Scherflächen deutlich erkennen kann. Scherbruch liegt nicht regelmäßig, daher erzielte Oberfläche nicht mehr so gut.

Reiß- oder *Bruchspan* bricht in unregelmäßigen Bildungen ab oder zerstäubt bei hohen Schnittgeschwindigkeiten. Werkstoff vor der Schneide wird zunächst gestaucht, dann, wenn bestimmte Höhe der Spannung erreicht ist, platzt der Werkstoff ab. Bruchlinien verlaufen unregelmäßig und gehen oft unter die Spur des Werkzeugs, erzielte Oberflächen daher rauh.

Einfluß auf Spanart haben:

1. *Werkstoff*: Bei sprödem Werkstoff bilden sich Reißspäne, bei zähem Werkstoff Fließ- (oder Scher-) späne.

2. *Schnittgeschwindigkeit v*: Bei zähen Werkstoffen geht mit zunehmender Schnittgeschwindigkeit Scherspan in immer gleichmäßiger werdenden Fließspan über; damit wird Oberfläche besser. Bei spröden Werkstoffen bilden sich mit zunehmender Schnittgeschwindigkeit kleine und lose Brocken, bis bei hoher Schnittgeschwindigkeit Werkstoff zerstäubt; auch hier verbessert sich mit zunehmender Schnittgeschwindigkeit die Gestalt der Oberfläche.

3. *Spanwinkel* γ (Bild 105): Größeres γ begünstigt Bilden des Fließspanes, da Werkstoff weniger gestaucht wird und leichter abläuft, schwächt aber Meißel.

4. *Spantiefe a*: Kleine Spantiefe begünstigt Bilden des Fließspanes.

5. *Steifheit* von Maschine und Werkzeug: Fließspan nur möglich, wenn keine Schwingungen entstehen, die die Gleichmäßigkeit des Spanablaufes stören.

Daß mit zunehmender Schnittgeschwindigkeit Güte der Oberfläche sowohl zäher, wie auch spröder Werkstoffe verbessert wird, ist dadurch begründet, daß bei Verformungsvorgängen die Zeit großen Einfluß besitzt. Wenn Schnittgeschwindigkeit sehr hoch, dann Zeit für Verformung nicht vorhanden, außerdem Durchschlagkraft groß, so daß Bruchspannung unmittelbar an Schneide erreicht wird. Trennfuge setzt sich in Schnittrichtung fort und geht dann durch Gefügekörner, ohne sie herauszureißen (gefügeerhaltendes Abspanen).

Schneidenansatz (Aufbauschneide) entsteht bei zähen Werkstoffen an Schneide des Werkzeugs, wenn kleine Teilchen beim Abtrennen des Werkstoffs unter Einwirken der Schnittkraft und der Schnittemperatur mit der Schneide verschweißt werden. Es lagern sich weitere Teilchen ab, Ansatz wächst, bis dann infolge angreifender Kräfte ein Stück abgerissen wird und mit Werkstück oder Span abwandert. Statt Werkzeugschneide trennt hier Aufbauschneide Werkstoff ab, damit wird Werkzeug geschont. Nachteil: Ungleichmäßigkeit und Unregelmäßigkeit der erzielten Oberfläche am Werkstück. Durch Hinaufsetzen der Schnittgeschwindigkeit kann man das Bilden einer Aufbauschneide verhindern.

b) Schnittkraft ist Summe aller auftretenden Verformungs- und Reibkräfte. Sie ist hauptsächlich abhängig von

1. zu bearbeitendem *Werkstoff* (Festigkeit) und Spanquerschnitt; mit f = Querschnitt mm², P = Schnittkraft kg, ist $k_s = P/f$ kg/mm² die spez. Schnittkraft. Da k_s mit zunehmendem Spanquerschnitt kleiner (und auch abhängig vom Verhältnis $a:s$), entnimmt man k_s zweckmäßig unmittelbar den Versuchswerten, s. bei den Arbeitsverfahren. Da Festigkeit des Werkstoffs bei höherer Temperatur abnimmt, können Schnittkräfte herabgesetzt werden, wenn Werkstoff erwärmt wird: Warmabspanung.

2. *Form* des Werkzeugs, insbesondere Größe der Werkzeugwinkel: Bei kleinem Keilwinkel β, Bild 94, sind Schnittkräfte kleiner.

3. *Schnittgeschwindigkeit.* Hauptschnittkraft nimmt mit zunehmender Schnittgeschwindigkeit wenig ab, um dann bei hohen Schnittgeschwindigkeiten gleichzubleiben. Art des Spanbildens, insbesondere Übergang vom Scher- zum Fließspan, beeinflußt hierbei Kräfte und Schwingungen.

c) Wärme. Beim Abspanen aufgewendete Energie wird zum größten Teil in Wärme umgewandelt. Umwandlungsstellen, Bild 94, sind: 1. Scherebene (Span wird verformt); 2. Trennzone (Trennen des Spanes vom Werkstoff durch zusätzliches Verformen); 3. Reibungszone Freifläche; 4. Reibungszone Spanfläche. Scherebenentemperatur hängt abgesehen von Scherarbeit von spez. Wärme des Werkstoffs ab, die Reibungstemperatur an den Flächen von Geschwindigkeit, Reibwert und Spandruck. Während im Span und Werkstück stets neuer Werkstoff aufgeheizt wird, muß im Werkzeug stetig zufließende Wärme abgeführt werden. Es stellt sich Temperaturfeld ein, Bild 95. Warmfestigkeit des Schneidenbaustoffs muß höher liegen als höchste Temperatur im Schneidenbereich, sonst erweicht Werkzeug und verschleißt. Bild 96 gibt Überblick über auftretende Temperaturen beim Drehen.

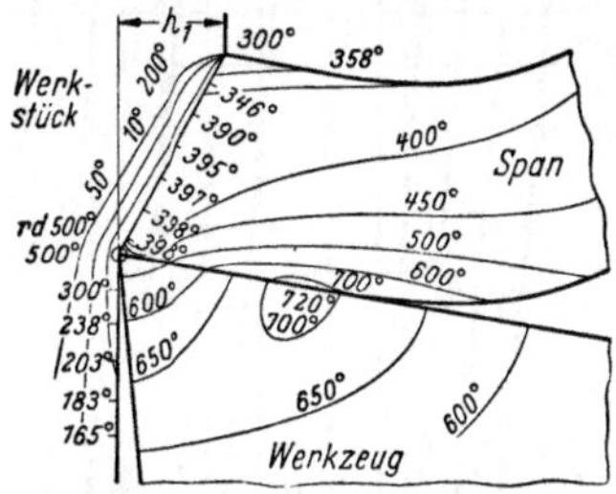

Bild 95. Temperaturfelder im Werkstück, Span und Werkzeug beim Zerspanen von Stahl mit $v = 60$ m/min, $h_1 = 0{,}32$ mm, $k_s = 230$ kg/mm², Druckfestigkeit des Spanes 85 kg/mm² (*Vieregge*, Ind.-Anzeiger 7.6.1955, S. 615)

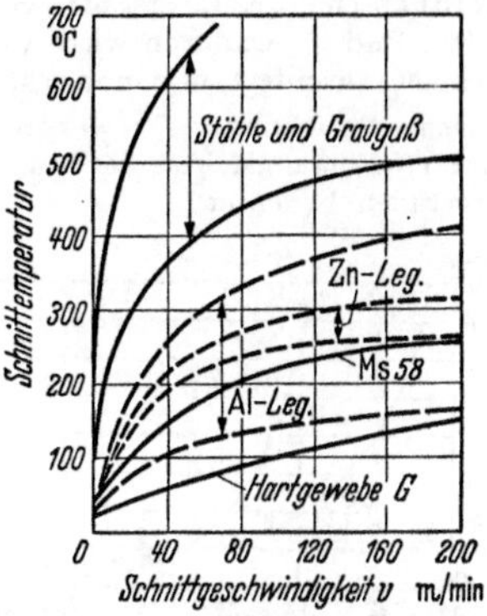

Bild 96. Schnittemperaturbereiche verschiedener Werkstoffe (*Schallbroch-Hielscher*, VDI-Z. Bd. 88 (1944) S. 321), trockener Schnitt, $a = 1$, $s = 0{,}2$ mm/U

d) Verschleiß. Schneide wird unbrauchbar durch Ausbruch (Zerstörung der Schneide oder Ausbrechen einzelner Teile); durch Erweichen „Blankbremsung" (Abschmelzen der Schneide unter Verlust des Härtgefüges); durch allmählichen Verschleiß, wenn Schnittkräfte und Temperatur unterhalb der Bruch- und Warmfestigkeit liegen.

Infolge des Verschleißes versetzt sich die Schneidkante und damit ändert sich das Maß der Arbeitsfläche am Werkstück. Freiflächenverschleiß, gekennzeichnet durch Breite B der Verschleißmarke, Bild 97, hat sich für Meßzwecke als geeignet erwiesen, ferner die Kolktiefe K_t und auch der Kolkmittenabstand K_m.

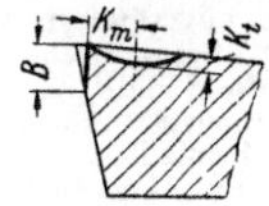

Bild 97. Verschleißmarken an der Werkzeugschneide. B Verschleißmarkenbreite, K_t Kolktiefe, K_m Kolkmittenabstand

3. Abspanbarkeit und ihre Prüfung (s. Lit. S. 631, Nr. 1, 2, 3, 4)

Abspanbarkeit eines Werkstoffs ist sein Verhalten unter Schnitt der Werkzeuge; sie kann bei verschiedenen Abspanarten verschieden sein und ist daher weder durch *einen* Wert noch durch *ein* Prüfverfahren eindeutig zu bestimmen. Werkstoff ist gut abspanbar, wenn

Schnittgeschwindigkeit hoch gewählt werden kann, ohne daß Werkzeugverschleiß übliches Maß überschreitet,
Oberfläche gut und maßhaltig wird,
Späne so anfallen, daß sie Arbeit nicht behindern,
Schnittkräfte und damit aufzuwendende Leistung gering werden,
mit üblichen *Kühlmitteln* Schnittgeschwindigkeit gesteigert, Oberflächengüte verbessert, Werkzeugverschleiß verringert werden kann.

Zur Kennzeichnung werden Abspanbarkeitsprüfungen[1] herangezogen.

[1] *Rögnitz, H.:* Archiv techn. Messen (1943) T 31.

a) Standzeitvergleiche. *Standzeit T* ist die Zeit zwischen zwei Nachschliffen, während der das Werkzeug tatsächlich unter Schnitt steht. Beim Drehen (Schruppen) wählt man z. B. v_{60}-, v_{240}- oder v_{480}-Werte, d. h. erreichbare Schnittgeschwindigkeit bei 60, 240, 480 min Standzeit. Beim Bohren wird statt der Standzeit auch Standlänge angegeben (Summe der Bohrtiefen). Standzeit kann durch Messen der Blankbremsung ermittelt werden, wobei sich insbesondere bei Schnellstählen der Zeitpunkt des Erliegens der Schneide eindeutig durch einen blanken glänzenden Ring auf dem Werkstück erkennen läßt. Standzeit wird abhängig von Schnittgeschwindigkeit in Standzeitkurven, Bild 98, dargestellt, die im doppeltlogarithmischen Netz gerade verlaufen, Bild 99. Dadurch wird Aufzeichnen erleichtert, und man erhält einfache Beziehung $v\,T^{1/f} = \text{const}$, worin $1/f$ Neigungsfaktor der Standzeitgeraden bedeutet.

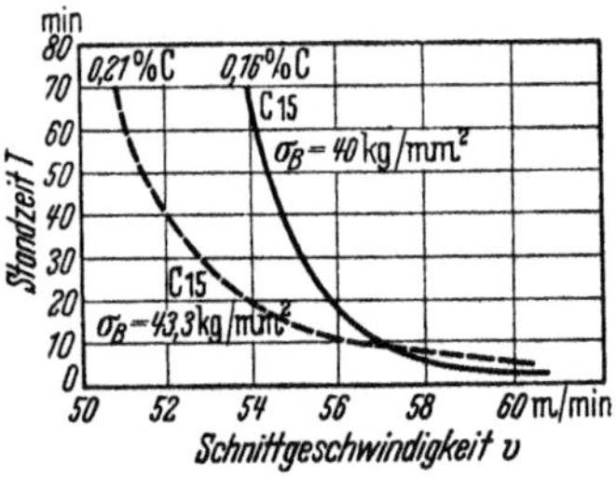

Bild 98. Einfluß des C-Gehalts auf Standzeit beim Drehen von C 15 (C = 0,16 und 0,21%) (aus Lit. S. 631, Nr. 1)

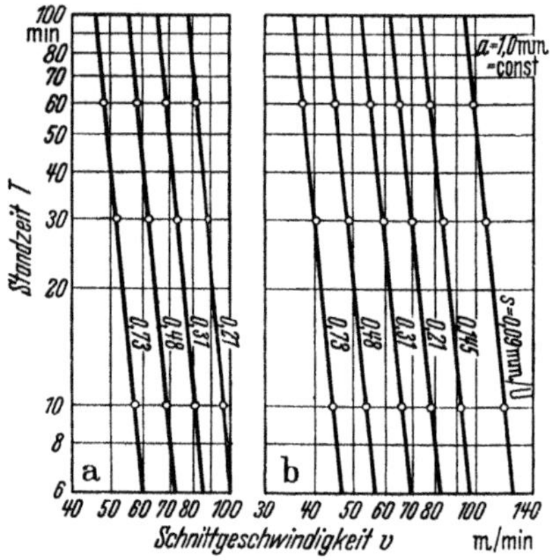

Bild 99. Standzeitkurven für St 50 (a) und St 60 (b); Werkzeug: Schnellstahl. Aus Schnitttemperatur-Kurven ermittelt (*Schallbroch-Schaumann*[1])

Wird Abspanbarkeit verschiedener Werkstoffe verglichen, so müssen die anderen Einflußgrößen unverändert gehalten werden, insbesondere auch Spanquerschnitt und seine Aufteilung. Beim Drehen z. B. kennzeichnet man Form des Spanquerschnitts durch Bogenspandicke (Bild 100) $m = a\,s/l$ mm. Bogenspandicke ist die auf den gestreckt gedachten Schnittbogen bezogene Spandicke und der Kehrwert der von *Leyensetter* eingeführten Schnittkennziffer.

Standzeitkurven können auch durch *Temperatur*messung ermittelt werden, wenn durch einige Blankbremsungen verschiedene Standzeiten festgestellt wurden und Zusammenhang mit Temperatur nach Zwei-Meißel-Verfahren[1] ermittelt wurde, Bild 102.

Temperatur wird gemessen mit Hilfe des Ein-Meißel-Verfahrens, Bild 101, bei dem die zwischen Werkzeug und Werkstoff erzeugte EMK durch Thermoelemente in mV gemessen wird. Bei niedrigen Schnittgeschwindigkeiten wählt man Anordnung A, bei $v \geqq 60$ m/min

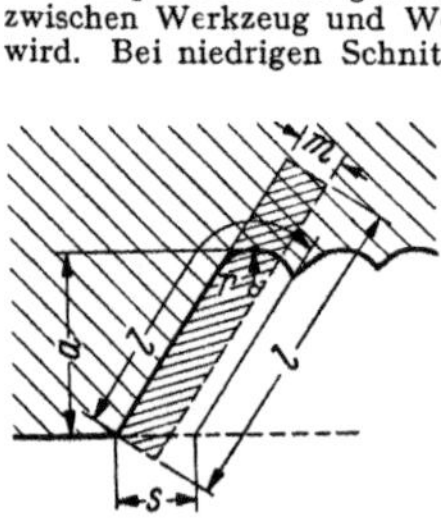

Bild 100
Bogenspandicke *m*
a Spantiefe, *s* Vorschub, *l* Bogenlänge

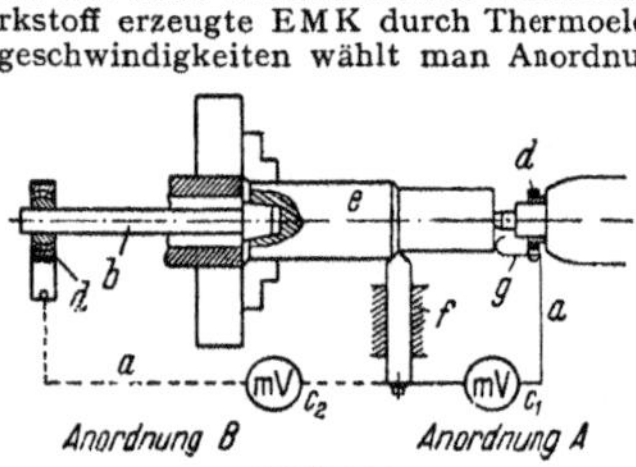

Bild 101
Ein-Meißel-Verfahren nach *Gottwein*. *a* Draht, *b* Leiter, *c* Spannungsmesser, *d* Schelle, *e* Werkstück, *f* isoliert eingespannter Meißel, *g* Schleiffeder

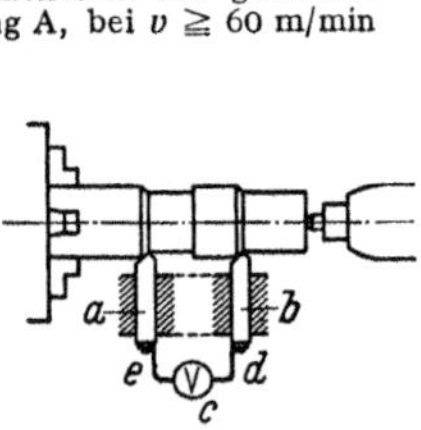

Bild 102. Zwei-Meißel-Verfahren nach *Gottwein-Reichel*. *a, b* isoliert eingespannte Meißel, *c* Spannungsmesser, *d, e* Leitungen

[1] *Schallbroch, H.*, u. *H. Schaumann:* Schnitt-Temp. b. Drehvorgang u. ihre Anwendung als Zerspanbarkeitskennziffer. VDI-Z. Bd. 81 (1937) S. 325/30.

besser Anordnung B. Da Ein-Meißel-Verfahren bei einigen Schnellstahlsorten versagt und die bei Werkzeugstählen angezeigte EMK gering ist, so wird Zwei-Meißel-Verfahren für Messungen vorgezogen, Bild 102. Hier sind zwei Meißel mit verschiedenen thermo-elektrischen Eigenschaften (z. B. Schnellstahl und Hartmetall), die beide unter gleichen Bedingungen zerspanen, miteinander durch Leitungen über Spannungsmesser verbunden. Da nun EMK nur noch von Höhe der Temperatur an Schnittstelle und thermo-elektrischen Eigenschaften des Werkzeugs abhängt, so kennzeichnet gemessene Temperatur oder mV die Zerspanbarkeit des Werkstoffs.

b) Verschleißmessungen werden dann gewählt, wenn infolge zu leichter Abspanbarkeit Schnittgeschwindigkeit sehr hoch liegt (Leichtmetalle), so daß Blankbremsungen schwer möglich sind; ferner wenn Werkzeugbaustoff Bestimmen des Erliegens nicht zuläßt (Hartmetalle). Verschleiß der Schneide begrenzt die Standzeit. Gemessen wird Verschleißmarkenbreite B, Bild 97, an Freifläche. Zum Vergleich werden Kurven aufgestellt, in denen B in Abhängigkeit vom Arbeitsweg oder von der Zeit bei verschiedenem v dargestellt wird. Aus dieser Darstellung ist für einen festgelegten Verschleiß die Standzeit abhängig von v zu entnehmen.

c) Schnittkraftmessungen werden mit Geräten ausgeführt, in denen Komponenten der Schnittkräfte mechanisch (durch Durchbiegung), hydraulisch oder elektrisch gemessen und auf Anzeige- oder Schreibgerät übertragen werden[1]. In hydraulischen Meßgeräten sind Meßdosen untergebracht, die erzeugte Schnittkraft über Kolbendruck auf Flüssigkeit (Glyzerin) übertragen, den dann ein Anzeigegerät mit Hilfe von Bourdonschen Röhren aufschreibt. Bei elektrischen Verfahren haben sich die Induktionsmeßdosen bewährt.

Werkstoff erscheint als gut abspanbar, wenn Schnittkraft gering ist und stetig verläuft.

d) Prüfgeräte. Statisches Verfahren, von *Krystof*[2] entwickelt, benutzt Breithobelstahl, der in einem Gerät eingespannt, am Werkstoff langsam einen Span abhebt, wobei gemessene Schnittkraft, Oberfläche und Spanaussehen bedingtes Urteil über Abspanbarkeit zulassen. Beim Leyensetter-Pendel[3] dringt fallendes Pendel mit Werkzeug in Werkstoff ein, Aushebung des Pendels ist meßbar; sie ergibt Kennwert für Abspanbarkeit.

e) Untersuchungen am Werkstück und Span. Als Maß für die Spanverformung wurden von *Leyensetter* Verformungszahlen λ eingeführt. Hohes λ weist auf schlechte Oberfläche und damit schlechte Abspanbarkeit hin.

Oberflächen, Spanformen, schließlich auch Festigkeitseigenschaften wie Härte, Zugfestigkeit, Streckgrenze, Dehnung und Einschnürung, Kalthärteerscheinungen zeigen Zusammenhang mit der Abspanbarkeit.

4. Kühlen und Schmieren

Schneidflüssigkeiten sollen die Werkzeugschneide kühlen[4] (Erhöhung der Standzeit oder Schnittgeschwindigkeit), die Spanelemente schmieren (Verbesserung der Oberflächengestalt), die abgetrennten Späne fortspülen.

a) Die **Kühlwirkung** kann mit dem Thermopaar (Bild 101) bestimmt werden, während die Schmierfähigkeit durch Ermitteln des spezifischen Schnittwiderstandes beurteilt werden kann. Da sich aber beim praktischen Gebrauch die Kühl-

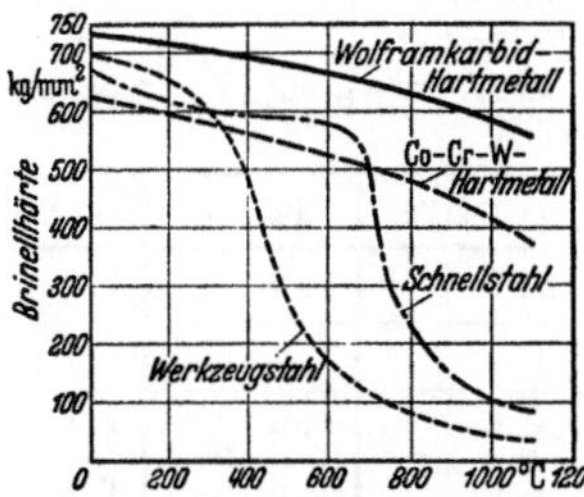

Bild 103. Warmhärte von Baustoffen für Schneidwerkzeuge (*Pölzguter*, Schweizer Vbd. f. Materialprfg. Bericht 65, Zürich 1932)

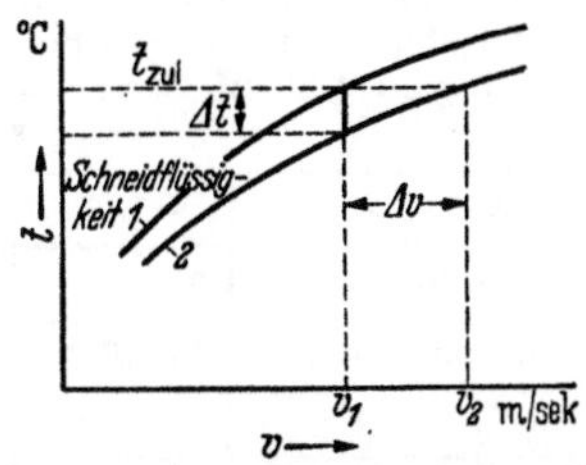

Bild 104. Ist t_{zul} die für Baustoff des Werkzeugs zulässige Temperatur, so entspricht der Temperaturdifferenz Δt eine Vergrößerung der Schnittgeschwindigkeit um Δv.

[1] *Schallbroch-Balzer:* Schnittkraft- u. Drehmomentmesser. Berlin: Springer 1943; *Mintrop, H.*: Messen von Kräften in der Fertigung. Wt. u. Mb. Bd. 42 (1952) S. 38/43.
[2] *Krystof, I.*, u. *H. Schallbroch:* Grundlagen der Zerspanung. Berlin: VDI-Verlag 1938.
[3] *Leyensetter:* Grundlagen u. Prüfverfahren der Zerspanung. Leipzig: Teubner 1938.
[4] *Gottwein-Reichel:* Kühlschmieren, München: Hanser 1953.

und Schmierwirkung einer Schneidflüssigkeit nicht voneinander trennen lassen, so vergleicht man die Wirkungen der Schneidflüssigkeiten am besten durch Standzeitversuche (s. S. 634).

Temperatur t an der Werkzeugschneide zerstört die Schneide, wenn bei Werkzeugen aus Werkzeugstahl $t > 250$ bis 300°, bei Schnellstahl ≈ 600° und bei Hartmetallen > 1000° C wird, da bei diesen Temperaturen die Baustoffe der Werkzeuge erweichen, Bild 103. Durch Kühlen kann nun entweder bei gleichbleibender Schnittgeschwindigkeit die Standzeit des Werkzeuges verlängert oder bei gleicher Standzeit die Schnittgeschwindigkeit erhöht werden, Bild 104. Im Durchschnitt kann man bei Schnellstahl v bis 40% vergrößern.

Versuche mit gasförmigen Kühlmitteln verlängerten insbesondere bei Verwenden von Preßluft (2 kg/cm²) mit Ölnebel die Standzeit bis zu 150%, wenn die Preßluft auf etwa −20 °C gekühlt wird.

b) Die **Schmierwirkung** der Schneidflüssigkeit verringert die durch Reibung entwickelte Wärmemenge, den Kraftverbrauch und Verschleiß der Schneide. Werkzeug arbeitet ruhiger und ratterfrei, Werkstückoberfläche wird glatter, da die Schneidflüssigkeit von oben her in Rutschfläche der Spanelemente eindringt.

c) Auswahl. Von guten Schneidflüssigkeiten wird gefordert, daß sie neben hoher Schmierwirkung und Kühlfähigkeit niedrige Viskosität besitzen, sich während des Verbrauches nicht verändern, also nicht verharzen oder eindicken oder sonst in ihrer Leistung nachlassen, daß sie gegen Rost schützen, nicht schäumen, möglichst durchsichtig sind, um den Schneidvorgang beobachten zu können, und schließlich keine schädliche Wirkung auf die menschliche Haut ausüben.

Je nach Art des Verfahrens und des zu bearbeitenden Werkstoffs wird eine Schneidflüssigkeit benutzt, die entweder mehr kühlen oder mehr schmieren soll. Am besten kühlen Sodawasser, dann die Seifenwasser (Bohrölemulsionen); das sind Emulsionen aus wasserlöslichen Kühlmittelölen mit 3 bis 10% Ölgehalt. Schneidöle (Mineralöle mit Zusätzen von Schwefel) kühlen weniger, schmieren aber besser. Am geringsten kühlen die früher benutzten tierischen und pflanzlichen fetten Öle, die auch leicht verharzen.

Schneidöle werden insbesondere bei Arbeiten auf Automaten, Revolverdrehbänken, beim Räumen, Fräsen und bei der Zahnradfertigung verwendet. Die billigeren Emulsionen benutzt man als Bohröle immer dann, wenn mit hoher Geschwindigkeit und einfachen Werkzeugen abgespant wird, wobei die Anforderungen an die erreichte Oberfläche und die Standzeit des Werkzeugs nicht zu hoch sein dürfen. Das zum Ansetzen der Emulsion benutzte Wasser darf nicht über 10 bis 15° dH (deutsche Härtegrade) besitzen, sonst ist es mit Soda zu enthärten. Der Ölanteil der Emulsion haftet stärker als der Wasseranteil an den Spänen; daher wird die Emulsion im Betrieb ölärmer. Zahlentafel 7 gibt Hinweise für die Auswahl der Schneidflüssigkeit.

Schneidflüssigkeit soll Schnittstelle reichlich bei mäßiger Geschwindigkeit und geringem Druck (rd. 0,5 kg/m²) in ruhigem Strahl überfluten. Mittlere Werkzeugmaschinen benötigen etwa 6 bis 8 lit/min, größere bis 30 lit/min, beim Schleifen jedoch etwa das 5fache.

Zahlentafel 7. *Richtlinien für die Auswahl der Schneidflüssigkeit*[1]

S = Schneidöl nach DIN 6575, E = Bohrölemulsion nach DIN 6558, B2 = Erzeugnisse ohne Fett, B3 = Erzeugnisse mit Fettgehalt bis 3%, B4 mit Fettgehalt von 3 bis 25 Gew.-%, mit Wasser nicht mischbar, T = trocken (s. a. AWF 37)

Werkstoff	St, GSt	Leg. St	GG, GT	Ms, Cu	Al-Leg.
Schruppdrehen	E, T	E, T	T, E	T, E	T, E
Schlichtdrehen	E, S(B 2,3)	S (B 2,3)	T	T, E	T, E
Bohren	E	E, S(B 2)	T, E	T, E	T, E
Räumen, Reiben	S (B 2,3)	S (B 3,4)	T, E	T, E	T, E, S (B2)
Fräsen, Sägen	E, S(B 2)	E, S(B 2)	T, E	T, E	T, E
Schleifen	E	E	Sodalösg.	E, Wasser	E, S (B 2)
Gewinde-, Zahnradfräsen u. -schneiden	S (B 2,3)	S (B 3,4)	T	T, S (B 2)	—

[1] Auszug aus *Gottwein-Reichel*, s. Anm. 4, S. 635.

B. Grundlagen des Werkzeugbaues

Literatur: 1. Stahl-Eisen-Liste. Düsseldorf: Stahleisen 1948. – 2. Werkstoff-Handbuch Stahl und Eisen. 3. Aufl. Düsseldorf: Stahleisen 1953. – 3. *Dawihl* u. *Dinglinger:* Handbuch der Hartmetallwerkzeuge. Berlin: Springer 1953 u. 1956. – 4. Betriebshütte.

1. Werkzeugform

Die Grundform der Schneide an abspanenden Werkzeugen ist der Keil, für dessen Winkel und Flächen in DIN 768 die Begriffe festgelegt wurden, die für alle Werkzeuge gelten (s. a. DIN E 6581, Okt. 1960.

Winkel und Flächen seien hier am Drehmeißel gezeigt, Bild 105.

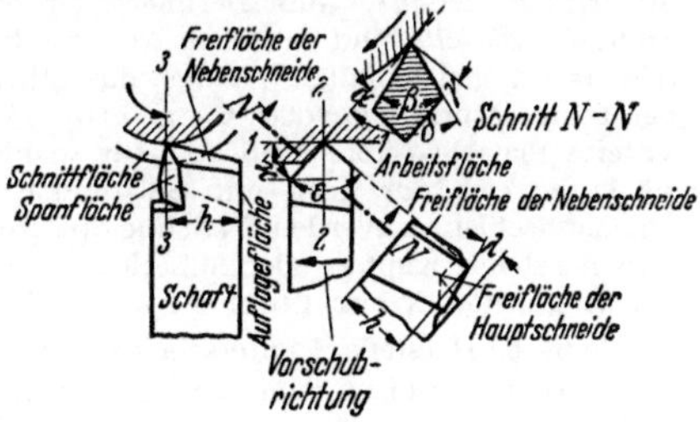

Bild 105
Winkel und Flächen am Werkzeug (DIN 768)

Schnittfläche: die am Werkstück unmittelbar unter der Schneide entstehende Fläche, s. a. Bild 94.
Arbeitsfläche: die durch den Schneidvorgang erzielte Oberfläche des Werkstücks, s. a. Bild 94.
Hauptschneide: die der Vorschubrichtung zugekehrte Schneidkante.
Nebenschneide: die an der Hauptschneide anschließende Schneidkante (Formstähle und Schlichtstähle haben meist keine Nebenschneide).
Spanfläche: die Fläche des Schneidenkopfes, über die der Span abrollt.
Freifläche: die gegen die Schnittfläche gerichtete Fläche des Schneidenkopfes.
Freiwinkel α: Winkel zwischen Schnitt- und Freifläche.
Keilwinkel β: Winkel zwischen Frei- und Spanfläche.
Spanwinkel γ: Winkel zwischen der Normalen auf die Schnittfläche und der Spanfläche. Freiwinkel, Keilwinkel und Spanwinkel ergänzen sich zu 90°.
Schnittwinkel δ: Winkel zwischen Schnitt- und Spanfläche; $\delta = \alpha + \beta$.
Spitzenwinkel ε: Winkel zwischen Haupt- und Nebenschneide in der Projektion auf die Hauptebene III, s. Bild 109.
Einstellwinkel $\varkappa$: Winkel zwischen der Hauptebene I und der Projektion der Schneidkante auf die Hauptebene III, s. Bild 109.
Neigungswinkel λ: Winkel der Schneidkante gegen die Hauptebene III. Bei ansteigender Schneide, d. h. wenn die Schneide von der Spitze ansteigt, ist der Winkel + (positive Überhöhung), andernfalls, wenn er abfällt, – (negative Überhöhung).
Hinterschleifwinkel (für Stechstähle) τ: Winkel zwischen Hauptebene II und der Projektion der Nebenschneide auf die Hauptebene III (vgl. S. 644 Bild 118d, dort 2°).
Schneidenhöhe h: Höhe von der Spitze des Werkzeugs bis zur Auflage; bei gekröpftem Werkzeug kann h auch negativ werden (nach AWF 100).
Bei rechteckigem Schaft noch: Auflagefläche und senkrecht hierzu Seitenflächen.

In angelsächsischen Ländern werden Winkel zum Teil abweichend bestimmt. h ist „side relief angle" und entspricht α; S_n (true rake) $\triangleq \gamma$; **s** (side rake) wird gemessen in Ebene parallel *1–1*; **b** (back rake) in Ebene *2–2* (Bild 105).

2. Baustoffe der Werkzeuge (vgl. Bd. I, Abschn. Werkstoffkunde, S. 543 f.)

a) Unlegierte Werkzeugstähle haben größte kritische Abkühlungsgeschwindigkeit, sind also Wasserhärter.

Ihre Eigenschaften sind durch den C-Gehalt bestimmt; sie enthalten sonst nur noch geringe Mengen anderer Legierungselemente (Si < 0,5%, Mn < 0,8%). Sehr zähe (C = 0,65 bis 0,75%) und zähe Stähle (C = 0,75 bis 0,86%) für Matrizen, Schnitte und Gesenke usw. Zähharte (1% C) und mittelharte (1,15% C) für Fräser, Gewinde- und Spiralbohrer; harte (1,3% C) für Stichel, Schaber; hochharte für Schneidwerkzeuge höchster Härte.

Infolge des scharfen Abschreckens sind unlegierte Stähle rißempfindlich, verziehen sich stark und härten über 12 mm Dicke nicht mehr durch. Keine große Bedeutung für Herstellen abspanender Werkzeuge, da sie nur geringe Warmhärte besitzen, vgl. auch Bild 103.

b) Legierte Werkzeugstähle. Bei leichtlegierten Werkzeugstählen wirken Legierungszusätze auf Härtbarkeit ein, insbesondere auf kritische Abkühlungsgeschwindigkeit (Cr-Stahl, Mn-Stahl und W-Stahl) und machen sie damit für Sonderzwecke geeignet.

*Schnellarbeits*stähle (SS-Stähle) sind hochlegierte Cr-W-Stähle, die ihre Härte bis 600 °C behalten und damit höhere Schnittgeschwindigkeiten ertragen. Der höheren Kosten wegen werden sie als Plättchen auf unlegierte Stähle unter Verwenden von Schweißpulver oder stumpf aufgeschweißt.

In Schnellarbeitsstählen beträgt Gehalt an W ≈ 10%, ≈ 4% Cr, 1,5 bis 4% V, ≈ 1% C. Für höheres Ausbringen wird auch Co (2,7%) zugefügt. Die Abkühlungsgeschwindigkeit ist bei Schnellarbeitsstählen geringer (Öl- und Lufthärter). Härtetemperaturen liegen bei 1250 bis 1300 °C, Anlaßtemperaturen bei ≈ 550 °C.

c) Hartmetalle sind Sinter- oder Gußlegierungen der Karbide des W, Ti, Ta, Mo, Nb, V und Cr. Gußlegierungen (spröde) heute weniger von Bedeutung. *Sinter-Hartmetalle* sind in einem keramischen Verfahren hergestellt und zeigen sehr hartes, gleichmäßiges Gefüge, das zäher ist als das der Gußhartmetalle und bei Temperaturen bis 1000 °C nur etwa 15% der Härte verliert, Bild 103. Gesinterte Plättchen können nicht mehr spanlos oder spangebend geformt werden, sie lassen sich nur noch mit Siliziumkarbid (SiC)-Scheiben (Grünkorn) oder Diamant schleifen. Werden als Schneidplatten oder Formstücke geliefert und dann hart meist mit Kupfer- oder Silberlot auf Schaft oder Körper aus St aufgelötet. Die zahlreichen Erzeugnisse sind nach AWF und DIN 4990 gruppiert.

Deutsche Hersteller[1] unterscheiden drei Gruppen:

1. G—H Legierungen zum Bearbeiten von Grauguß oder Hartguß;
2. L—FL Legierungen zum Bearbeiten von Stahl (L = langspanend, F = fein);
3. M Mehrzwecklegierungen.

Sortenbezeichnungen der Firmen stimmen mit obigen Buchstaben meist nicht überein. Innerhalb der Gruppen kennzeichnen Ziffern die Zusammensetzung und Verwendung der Hartmetallsorten. In der Zusammenstellung (Zahlentafel 8) ist die Verschleißfestigkeit bei Sorte H2 am größten und fällt ab bis M2, wo sie am geringsten ist. Umgekehrt ist Zähigkeit bei H2 am kleinsten und nimmt zu bis M2. Genauere Angaben über die Verwendung s. in Abschn. über Verfahren.

Zahlentafel 8. *Einteilung und Verwendung deutscher gesinterter Hartmetalle* (nach Angaben von Krupp, Essen)

Bezeichnung	Bestandteile %			*HV* kg/mm²	Wichtigste Anwendung								Kennfarbe
					zum Abspanen von					Werkzeuge f. Umformen	Schnittwerkzeuge	Verschleißteile	
	WC	TiC TaC	Co		St	GG	HG	Al, Cu	Kunststoff Glas				
H 2	93	1,5*	7	1800		×	×	×	×				gelb-schwarz
H 1	94	—	6	1600	×	×	×	×	×				gelb
G 1	94	—	6	1500		×		×	×	×		×	blau
G 2	89	—	11	1300					×	×		×	braun
G 3	85	—	15	1200					×	×	×	×	blau-schwarz
G 4	80	—	20	1100						×	×	×	
G 5	75	—	25	1050						×	×	×	
G 6	70	—	30	950						×	×	×	
FL 1	51	43	6	1850	×								grau
L 1	70	21	9	1600	×								schwarz
L 2	76	14	10	1550	×								weiß
L 3	83	7	10	1500	×	×							rot
L 4	76	9	15	1300	×	×							orange
M 1	84	10	6	1750	×	×		×	×				violett
M 2	**	**	**	1550	×	×	×						violett-rot

* TaC + VC ** Werte noch nicht veröffentlicht

[1] Nach Vorschlag des ISO-Komitees TC 29 (Juli 1958) werden Hauptgruppen wie folgt durch Buchstaben und Farben gekennzeichnet: 1 = K, rot; 2 = P, blau und 3 = M, gelb.

Titankarbide nur in Gruppen L und M. Bild 106 zeigt, daß oberhalb einer Grenzgeschwindigkeit Sorte L 1 sowohl bei St- wie bei GG-Bearbeitung überlegen ist, während bei niedrigen Schnittgeschwindigkeiten Sorte G_1 größere Standzeit zeigt. Überlegenheit von L 1 kann aber nur bei St-Bearbeitung ausgenutzt werden, da bei GG-Bearbeitung Überlegenheit erst bei zu hohen Schnittgeschwindigkeiten mit zu kleinen Standzeiten erscheint. Grund: L 1 neigt weniger zum Verschweißen. Bei hohem v verschweißen sich Bestandteile des Werkstoffs und Werkzeugs dauernd, bröckeln und reißen ab. Bei geringem v dagegen ist G 1 infolge der günstigeren mechanischen Eigenschaften überlegen (z. B. Biegefestigkeit bei G 1 = 160, bei S 1 = 130 kg/mm², Wärmeleitfähigkeit bei G 1 = 0,19, bei S 1 = 0,09 cal/cm sek grd).

d) Hartlegierungen sind Gußlegierungen auf Co-Cr-W-Basis mit 0 bis 5% C. Sie werden als Zusatzstoffe für Auftragschweißungen benutzt. Als Schneidwerkstoffe (Stellite) heute kaum noch Bedeutung.

e) Diamanten bewähren sich als Feinbearbeitungswerkzeuge, da sie sehr hohe Temperaturen und damit auch sehr hohe Schnittgeschwindigkeiten ertragen können. Scharfkantige Industrie-Qualitäten werden als Schneidwerkzeuge von Sonderfirmen hergerichtet und gefaßt (vgl. Abschn. H, S. 658).

f) Oxydkeramische Stoffe[1] können als Schneidwerkzeuge angewendet werden, da sie sehr hart sind und hohe Warmhärte besitzen; werden als Plättchen in Sondermeißelhalter, Bild 107, eingespannt.

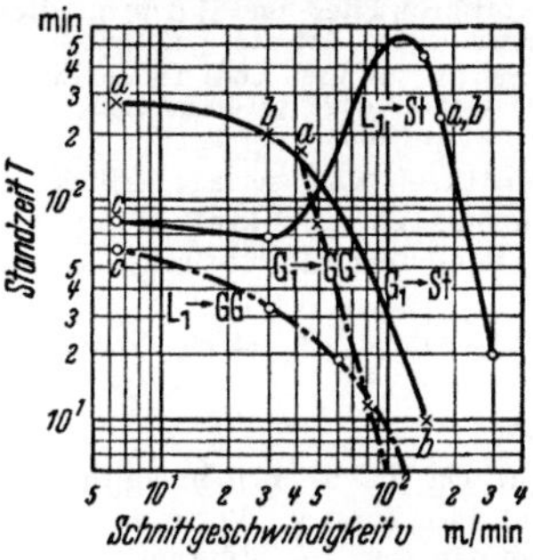

Bild 106. Standzeitkurven der Hartmetalle G1 und L1 bei Bearbeitung von St (55 kg/mm², $s = 0{,}63$, $a = 2$) und GG ($HB = 200$ kg/mm², $s = 0{,}77$, $a = 2$). a = Stumpfung, b = Kolkung, c = Ausbröckelung (*Dawihl*, Zeitschr. f. Metallkd. Bd. 32 (1940) S. 320)

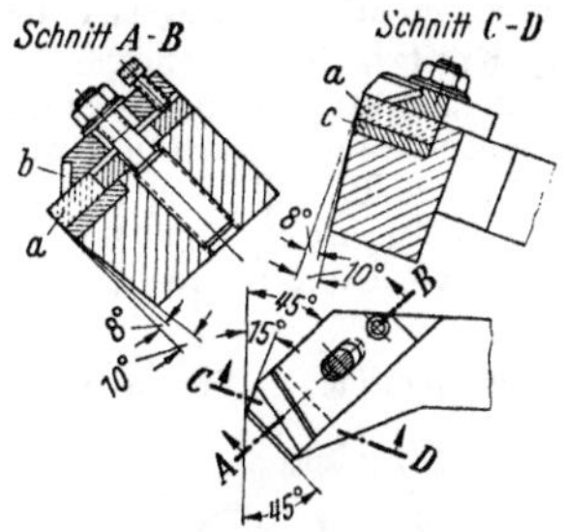

Bild 107. Klemmhalter für oxydkeramische Platten. a Keramikplättchen, b Hartmetall-Spanbrecher, c Unterlage aus Schnellstahl (*Hinnüber*, Ind.-Anz. Sept. 1957 S. 1082)

C. Drehen und Hobeln

Literatur: Spiller, Pühler, Bellmann, Wirtschaftlich Drehen, AWF, Berlin: Westermann-Verlag 1952.

1. Arbeitsverfahren, Schnittvorgang und Kräfte

a) Arbeitsverfahren. Spanabnahme beim Drehen und Hobeln gleichartig. Bewegung beim Hobeln s. Bild 94. Beim Drehen kreist Werkstück und führt Hauptbewegung mit Schnittgeschwindigkeit v [m/min] aus, das Werkzeug die Vorschub- und Einstellbewegung; Vorschubgeschwindigkeit $s' = s \cdot n$ [mm/min]. Span läuft meist auf obenliegender Spanfläche ab. Erzeugter Spanquerschnitt $q = a \cdot s$ (Bild 108).

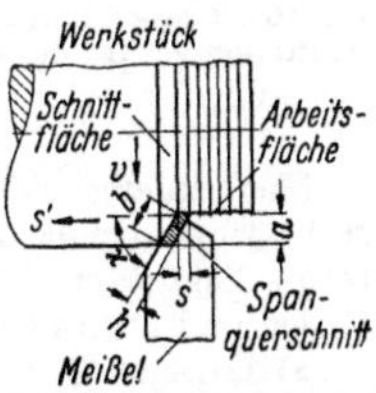

Bild 108. Meißel und Werkstück beim Drehen

Bei Vielmeißel- und Revolverdrehbänken wie Automaten auch umgekehrte Stellung mit untenliegender Spanfläche üblich. Beim Schälen wird Werkzeug tangential am Mantel des zu bearbeitenden Zylinders angestellt, oder (wie bei Schälmaschinen) Werkzeug, als Messerkopf ausgebildet, kreist und Werkstück schiebt sich vor.

Gedreht werden können Voll- und Hohlzylinder, Mantel- und Grundflächen, auch Kegelmäntel, wobei Werkzeug parallel (Längsdrehen), senkrecht (Plandrehen) oder schräg (Kegeldrehen) zur Drehachse verschoben wird; Voll- und Hohlkugelflächen und Globoide, wenn sich Meißel auf einem Kreis bewegt, in dessen Ebene Drehachse des Körpers liegt; schließlich können Umdrehungskörper beliebiger Form erzeugt werden, wozu der Meißel durch eine Meisterkurve

[1] Oxydkeramische Schneidstoffe, Berichte in „Industrie-Anzeiger" Essen 1957 S. 271/90.

(Schablone, Musterstück) mechanisch, hydraulisch oder elektrisch gesteuert wird (Nachformdrehen). Mit *Formdrehen* bezeichnet man die Arbeitsverfahren, bei denen im Werkzeug Form der zu erzeugenden Drehfläche eingearbeitet ist; zu verwenden bei kleineren Schnittflächen. Sonderdrehverfahren sind das Hinterdrehen mit zwangläufiger vor- und rücklaufender Bewegung des Meißels senkrecht, schräg oder parallel zur Drehachse; Gewindeschneiden (vgl. VII, A); Vierkantdrehen, Ovaldrehen, wozu besondere Einrichtungen auf Maschinen erforderlich sind.

Drehen, als am einfachsten erfaßbarer Abspanvorgang, wurde ausgiebig erforscht. Gewonnene Erkenntnisse sind grundlegend für den Abspanvorgang auch bei anderen Arbeitsverfahren.

b) Spanformen. Man unterscheidet beim Drehen:

Kurzspan. Bei spröden Werkstoffen bis zur Staubform, bei zähen und sonst langspanenden Werkstoffen erzeugt durch Absätze in der Spanfläche oder bei mit Schwefel, Phosphor, Mangan, Blei legierten Stählen (Automatenstähle).

Wendel- oder konisch aufgewickelten *Spiralspan,* wenn Schneide unter Einstellwinkel von $\varkappa = 45^\circ$ geneigt.

Bandspan, insbesondere mit scharfer Kante, wie oft beim Fließ- und *Wirrspan,* die sich um Werkstück und Werkzeug wickeln, Arbeit erschweren und Arbeiter gefährden.

Da Raumbedarf der Späne, insbesondere der Wirrspäne, ein Vielfaches des unzerspanten Werkstoffs, müssen Formen der Drehmaschinen und Werkzeuge so ausgebildet werden, daß Späne gut abfließen, aufgefangen und gebrochen werden können.

c) Kräfte[1]**.** Beim Drehen auftretende Schnittkraft wird zerlegt, Bild 109, in Hauptschnittkraft $\mathfrak{P}_h$ in der Hauptschnittrichtung, Vorschubkraft $\mathfrak{P}_v$ in Seitenvorschubrichtung, Abdrängkraft $\mathfrak{P}_a$ in Tiefenvorschubrichtung, Gesamtresultierende $\mathfrak{P} = \mathfrak{P}_h + \mathfrak{P}_v + \mathfrak{P}_a$.

Vorschubkraft P_v und Abdrängkraft P_a sind klein gegenüber P_h. Schnittkraft P_h kann angenähert berechnet werden aus

$$P_h = q \cdot k_s \text{ kg},$$

worin q Spanquerschnitt in mm² und k_s *spezifische Schnittkraft* in kg/mm². Aus Bild 110 können Werte für k_s entnommen werden, abhängig von Vorschub s in mm/U.

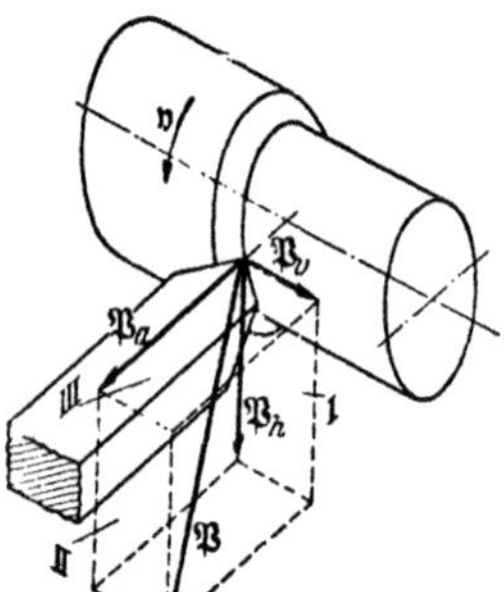

Bild 109. Achsenkreuz der Bezugsebenen für die Kräfte, gezeigt für das Drehen (nach DIN 768)

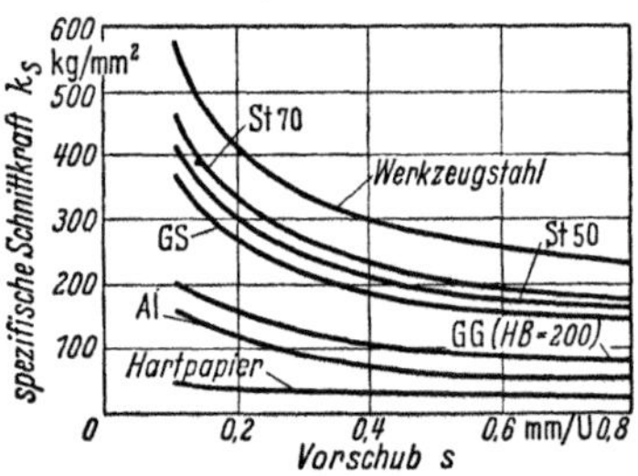

Bild 110. Spezifische Schnittkraft beim Drehen (nach AWF 158)

2. Ausbildung der Meißelschneide

Man unterscheidet rechts- und linksschneidende Werkzeuge. Bild 105 zeigt rechtsschneidenden Meißel, weil bei Blick von vorn auf Schneide die Hauptschneide rechts liegt. Gerade Schneidkanten haben den Vorteil, daß sie sich leicht herstellen und nachschleifen lassen. Sie werden daher meist benutzt.

a) Lage der Schneidkanten und Flächen wird durch die **Winkel** bestimmt. Für Verhältnis Hauptschnittkraft P_h : Vorschubkraft P_v : Abdrängkraft P_a ist die Größe des *Einstellwinkels* $\varkappa$ maßgebend, Bild 111. Man wählt meist $\varkappa \approx 45^\circ$. Wird $\varkappa < 30^\circ$, so wächst P_a und damit Gefahr des Durchbiegens längerer dünner Werkstücke; wird $\varkappa > 75^\circ$, so fließt Span schlechter ab, es entstehen leichter Schwingungen, Vorschubkraft wächst an, schließlich fällt auch Stand-

[1] *Kienzle, O.* u. *H. Victor:* Spezif. Schnittkräfte. Wt. u. Mb. Bd. 47 (1957) S. 224/25 u. S. 541.

zeit ab, da Wärmeabfuhr zwischen Spänen und Werkzeug schlecht infolge beengter Spanbildung und kleiner Bearbeitungsfläche.

Spitzenwinkel ε meist 90°. $\varepsilon < 90°$ unzweckmäßig, da Meißelquerschnitt unnötig verkleinert wird. $\varepsilon > 90°$ wählt man, wenn Nebenschneide auch abspanen soll, um Rauhtiefe der Werkstückoberfläche zu verkleinern (s. u.).

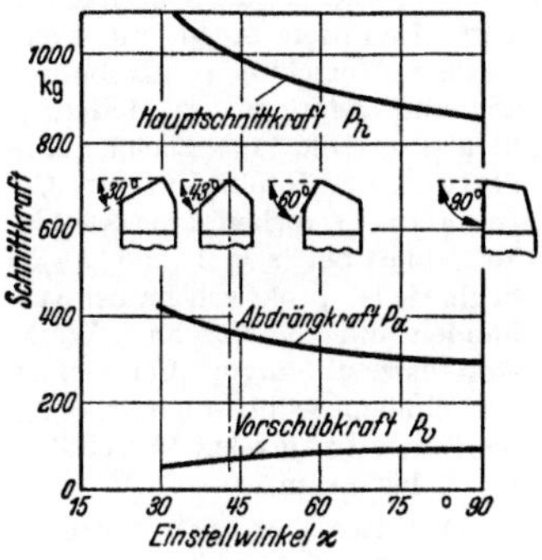

Bild 111. Einfluß des Einstellwinkels auf Schnittkräfte (Werkstoff St mit $\sigma_B = 85$ kg/mm²). $v = 16$ m/min, $a \times s = 4 \times 1$, $\alpha = 5°$, $\gamma = 20°$ (nach *Schlesinger*)

Freiwinkel α nur so groß, daß Reibung verringert wird. Bei Hartmetallen ist α kleiner als bei Schnellstahlwerkzeugen.

Spanwinkel γ wird abhängig von zu bearbeitendem Werkstoff gewählt und ist bei Schnellstahlmeißeln etwas größer als bei Hartmetallschneiden. Wenn auch großer Spanwinkel γ die Schnittkraft herabsetzt, so wird durch große Spanwinkel γ doch Schneide geschwächt und ihre Standzeit verkürzt. Demnach: je härter, fester und spröder der zu bearbeitende Werkstoff, um so kleiner wird γ gewählt. Für Hartmetalle wird sogar bei sehr harten Werkstoffen negatives γ empfohlen. Zum Erleichtern des Schleifens können Span- und Freiflächen bei Hartmetallmeißeln mit Fase abgesetzt werden, Bild 112. Fasen-Spanwinkel γ_f wird damit kleiner als γ ausgeführt, für schwierigere Dreharbeiten wird meist $\gamma_f = 0$. Fasen-Freiwinkel α_f etwa 2° kleiner als α.

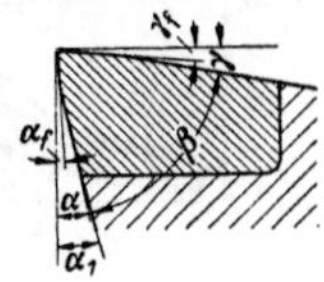

Bild 112. Winkel und Fasen an einer Hartmetallschneide

Übliche Richtwerte nach AWF und Firmenangaben s. Zahlentafel 9.

Zahlentafel 9. *Richtwerte für Schneidenwinkel beim Drehen mit Werkzeugen aus Schnellstahl und Hartmetall* (bei mittleren Schnitten $a > 6$ mm, $s > 0{,}6$ mm/U)

Werkstoff	Schnellstahl		Hartmetall	
	$\alpha°$	$\gamma°$	$\alpha°$	$\gamma°$
St 34 bis St 60	8	14	6	12
St 70, St 85	8	12	6	10
Leg. Stähle $\sigma_B < 85$	8	14	6	10
Leg. Stähle σ_B 100···140 . .	8	10	6	6
Leg. Stähle σ_B 140···180 . .	8	6	6	4
Stahlguß $\sigma_B < 50$	8	10	6	8
Stahlguß $\sigma_B > 50$	8	10	6	6
Stahlguß $\sigma_B > 70$	8	0	6	6
GG nach DIN 1691	8	0	6	6
Hartguß	8	6	6	0
Temperguß	8	10	7	3
Kupfer	8	18	8	15
Messing, Rotguß, Gußbronze	8	0	5	10
Reinaluminium	12	30	12	25
Al-Leg. (Guß- u. Knet-) . . .	12	14	12	15
Al-Leg. mit hohem Si-Gehalt	12	18	12	10
Kunststoffe (Duroplaste) . .	12	14	12	20
Hartgummi, Hartpapier . .	12	10	12	10
Glas			5	3

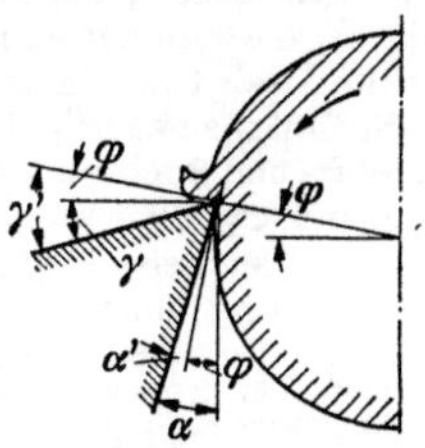

Bild 113. Einfluß der Stellung über Mitte auf Span- und Freiwinkel. Wirksamer Spanwinkel $\gamma' = \gamma + \varphi$ und wirksamer Freiwinkel $\alpha' = \alpha - \varphi$. Bei Unter-Mitte-Stellung wäre $\gamma' = \gamma - \varphi$ und $\alpha' = \alpha + \varphi$.

Die wirksamen Schneidenwinkel werden gegenüber Bild 105 andere, wenn Meißelschneide über oder unter Mitte steht oder auch gekippt wird, s. Bild 113. Meist wird Schneide um 1 bis $2d/100$ über Mitte gestellt, dadurch γ um 1 bis 2° vergrößert, α um 1 bis 2° verkleinert. Bei über Mitte stehender Schneide zieht sich *unstarres* Werkzeug in Werkstück hinein, Spantiefe a wird größer. Beim Ein- und Abstechen steht Schneide auf Mitte.

Neigungswinkel λ wird meist 0°. Mit λ kann man Abfluß des Spanes steuern. Bei Hartmetallmeißeln, insbesondere für Hobelarbeiten, wird z. T. positive Überhöhung vorgeschlagen, für Schnellstahlmeißel auch negativer Neigungswinkel.

b) Die von Haupt- und Nebenschneide gebildete **Spitze** wird mit Radius r abgerundet. Das „Schnittverhältnis" r/s beeinflußt wesentlich die Oberflächengüte. Rauhtiefe steigt mit wachsendem Vorschub s parabolisch an, und zwar um so steiler, je kleiner r, Bild 114. Kleiner Mindestwert der Rauhigkeit (im Gegensatz zur errechenbaren Rauhigkeit, die bei $s = 0$ und $h = 0$ beginnt) ist praktisch immer vorhanden und von Maschine, Werkstoff usw. abhängig. Bei kleinen Vorschüben wählt man $r = 0{,}5$ bis 1 mm, bei großen Vorschüben $r = 1$ bis 2 mm.

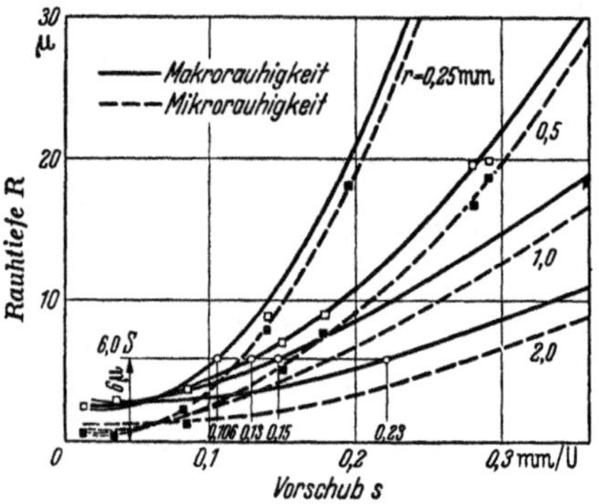

Bild 114. Einfluß des Vorschubs s und der Schneidenabrundung r auf die Rauhigkeit der Werkstückoberfläche ($v = 200$ m/min); Werkstoff: legierter Baustahl, $\sigma_B = 60$ kg/mm²; Makro-Rauhigkeit H, gemessen auf Basis von 5 mm, Mikro-Rauhigkeit gemessen als Höhe einer Vorschubrille, nach *Schmalz*

c) Unter dem auf **Spanfläche** ablaufenden Span bildet sich auf vorderer Schneide oft eine Aufbauschneide a (vgl. Abschn. III, A, 2, S. 632) und an Auflaufstelle eine Auskolkung b, Bild 115. Daher wurden Spanflächen auch vorher ausgekolkt, wodurch wohl bei kleineren Schnittkräften (etwa beim Drehen von Leichtmetall) Span leichter abfließt; bei der erhöhten Beanspruchung der Werkzeugschneide, wie sie beim Drehen von Stahl und Grauguß auftritt, ist diese Schneidenschwächung ungünstig. Am zweckmäßigsten für den Betrieb ist ebene Spanfläche, die man nur verlassen soll, wenn sich Vorteile (wie bessere Oberfläche, höhere Standzeit usw.) tatsächlich nachweisen lassen. Zu beachten ist, daß ausgekolkte Spanflächen auch viel Schneidenwerkstoff beim Nachschleifen verbrauchen.

Da Wirr- und Bandspäne Dreharbeit stören, bricht man den Span durch Absätze in der Spanfläche, Bild 116, zu Kurzspänen. Nach Untersuchungen von *Hemscheid* muß Spanstufenbreite b und -tiefe t abhängig von Vorschub s und Spantiefe a verschieden ausgeführt werden, Bild 117; $\varphi \approx 8$ bis 15° erleichtert Spanablauf. Einarbeiten solcher Spanstufen verbraucht Schneidenwerkstoff, der besonders bei Hartmetallen zu beachtlichen Verlusten führt. Man kann auch Spanleitplatten aufsetzen, um den gleichen Erfolg zu erzielen, muß aber diese Leitplatten aus hartem Werkstoff fertigen und gut abrunden, da besonders die vordere Kante durch Umbrechen des Spanes verschleißt.

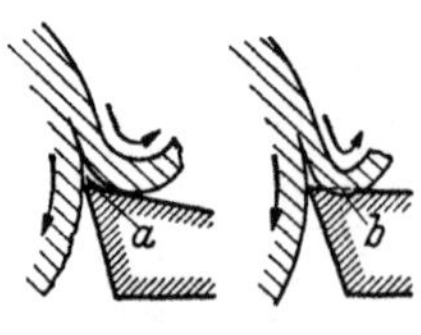

Bild 115
Aufbauschneide a und Auskolkung b

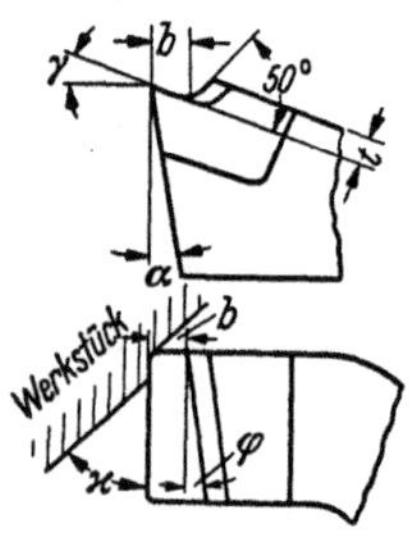

Bild 116. Spanstufe mit Breite b und Tiefe t zum Erzeugen von Kurzspänen

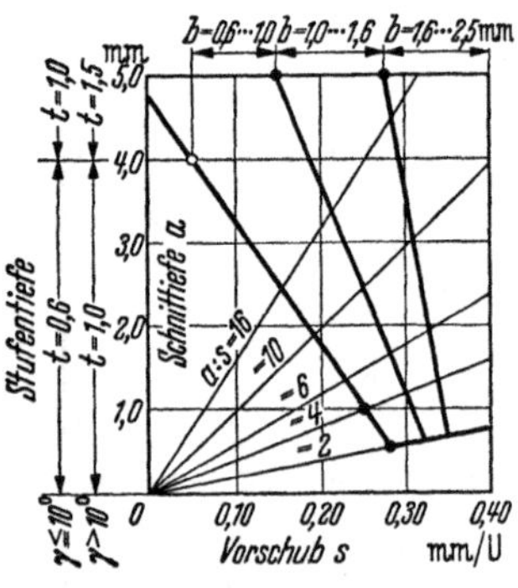

Bild 117. Ermitteln der Spanstufenbreite b und Spanstufentiefe t bei gegebenem Vorschub s und Verhältnis Span-(Schnitt-)tiefe a / Vorschub s

3. Richtwerte für Schnittgeschwindigkeit

Beim Arbeiten auf Drehbänken wird Schnittgeschwindigkeit meist so hoch gewählt, daß *Standzeit* bei Einsatz von Schnellstahlmeißel 60 min, bei Einsatz von Hartmetallmeißeln 240 min beträgt, vgl. Abschn. A 3, S. 634. Beim Drehen auf Revolver- und Vielmeißelbänken wie Automaten erniedrigt man v, um Standzeiten von 240 oder 480 min zu erhalten, die für diese Maschinen wegen größerer Zeit beim Nachschleifen und Rüsten wirtschaftlicher sind; bei Fertigungsstraßen sollen Standzeiten noch höher liegen.

Allgemein gilt etwa: Nie zu hohe *Schnittgeschwindigkeit* wählen. *Spantiefe* groß einstellen, insbesondere immer unter Guß-, Schmiede- und Walzhaut gehen. *Vorschub* so groß, wie es Arbeitsbedingungen zulassen. Standzeit nimmt bei größerem s weniger ab, als bei vergrößertem v. Zahlentafeln 10, 11 geben einen Auszug aus AWF-Blättern und Refa-Arbeitsring-Schrift. Es sind Mittelwerte (keine Bestwerte) beim Drehen ohne Kühlung. Da Zahlentafeln für Einstellwinkel $\varkappa = 45°$ aufgestellt sind, müssen für andere Einstellwinkel die Werte umgerechnet werden.

Einstellwinkel $\varkappa$	45°	60°	90°	
Umrechnungszahl	1	0,8	0,66	Zerspanen von St oder GS mit Schnellstahlmeißel
	1	0,9	0,7	Zerspanen von GG mit Schnellstahlmeißel
	1	0,96	0,9	Zerspanen aller Werkstoffe mit Hartmetallmeißel.

Durch Kühlen und Schmieren kann Schnittgeschwindigkeit um ≈20% gesteigert werden (vgl. S. 635).

Zahlentafel 10. *Richtwerte*[1] *für Schnittgeschwindigkeit* v m/min *beim Drehen von Baustahl und Stahlguß mit Schnellstahl und Hartmetallwerkzeugen*

Vorschub s in mm/U; Spantiefe a in mm

Werkstoff	Schnellstahlwerkzeug v_{60} $\varkappa = 45°$, $\varepsilon = 90°$, $\alpha = 8°$						Hartmetallwerkzeug v_{240} S 1			S 2			S 3		
$s =$	0,1	0,16	0,25	0,4	0,63	1,0	0,1	0,16	0,25	0,25	0,4	0,63	0,4	0,63	1,0
$a =$	0,8	0,8	1,5	1,5	3	5	0,8	1,5	3	1,5	3	5	3	5	8
St 34, 37, 42	60	57	52	45	38	33	310	270	240	170	150	132	95	85	75
St 50	48	45	41	36	30	25	270	235	210	142	124	109	79	72	63
St 60	40	39	34	30	25	21	240	205	182	122	107	95	66	60	52
St 70	32	30	27	24	20	16	200	170	148	98	85	75	51	46	40
St 85	25	24	21	19	16	11	175	150	130	84	73	64	44	40	35
GS 38—45	50	49	45	40	33	26	150	128	115	77	68	61	44	39	33
GS 52—60	38	36	31	27	23	17	118	103	93	61	54	49	35	30	24

Zahlentafel 11a. *Richtwerte*[1] *für Schnittgeschwindigkeit* v m/min *beim Drehen von Grauguß mit Schnellstahl- und Hartmetallwerkzeugen*

Vorschub s in mm/U; Spantiefe a in mm

Werkstoff	Werkzeug	$s =$ 0,1 $a =$ 0,8	0,1 1,5	0,16 1,5	0,16 3	0,25 1,5	0,25 3	0,4 1,5	0,4 3	0,63 3	0,63 5	1 5	1 8
GG 18	Schnellstahl v_{60}	34	33	31	28	27	26	22	22	19	17	14	13
GG 26		21	21	19	19	17	17	16	15	13	13	10	10
GG 18	Hartmetall v_{60}	150	148	128	127	119	117	108	106	98	96	87	86
GG 26	H 1 v_{60}	100	98	86	85	79	78	72	71	65	64	59	58
GG 18	G 1 v_{240}	100	98	86	85	80	78	72	71	66	65	58	57
GG 26	H 1 v_{240}	66	65	56	55	52	51	48	47	43	41	37	36

[1] Auszug aus AWF-Schrift AR 3 (Arbeitsring Berlin ADB, REFA, AWF) Einflußgrößen für die Ermittlung der Vorgabezeiten; Teil 1, Drehen. Berlin 1956.

Zahlentafel 11b. *Richtwerte*[1] *für Schnittgeschwindigkeit* v m/min *beim Drehen von NE-Metallen*

Werkstoff	Standzeit min	Schnellstahlwerkzeuge Vorschub s in mm/U 0,2	0,4	0,8	1,6	3,2	Hartmetallwerkzeuge, Sorte G 1 Vorschub s in mm/U 0,1	0,2	0,4	0,8	1,6
		Schnittgeschwindigkeit v in m/min									
Messing HB 80 bis 120	60	125	85	56	36		—	—	—	—	—
	240	95	63	43	27		600	530	450	400	355
Al-Leg. (σ_B = 8 bis 30)	60	132	85	56	38		—	—	—	—	—
	240	75	48	32	21		300	250	212	180	160
Al-Leg. (σ_B = 42 bis 58)	60	118	75	50	34		—	—	—	—	—
	240	67	43	28	19		265	224	190	160	140
Magnesium-Legierungen	60	1000	900	800	750	710	—	—	—	—	—
	240	560	500	450	425	400	1800	1500	1250	1060	900
Rotguß	60	85	65	50	34	24	—	—	—	—	—
	240	63	48	36	25	18	500	450	375	355	300
Gußbronze	60	65	53	42	35	28	—	—	—	—	—
	240	48	40	32	27	21	355	280	236	200	180

[1] Auszug aus AWF-Schrift AR 3 (Arbeitsring Berlin ADB, REFA, AWF) Einflußgrößen für die Ermittlung der Vorgabezeiten, Teil 1, Drehen Berlin 1956.

4. Meißel

a) Drehmeißel werden gerade, gebogen oder gekröpft ausgeführt und sind in ihren Hauptformen für Schnellstahlmeißel, Bild 118, durch DIN 4951 bis 63 und für Hartmetallwerkzeuge durch DIN 4971 bis 4981 festgelegt. Werkzeuge aus

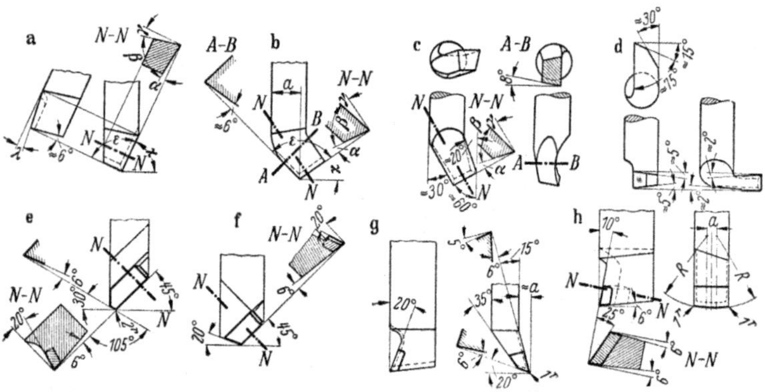

Bild 118. Dreh- und Hobelmeißel. Auszug aus DIN. Untere Reihe als Meißel mit Hartmetallplatten. a DIN 4951 gerader rechter Schruppmeißel, b DIN 4952 gebogener rechter Schruppmeißel, c DIN 4953 Innenschruppmeißel, d DIN 4963 rechtwinklig gebogener rechter Seitenmeißel, e rechter Schrupphobelmeißel für Waag.-Stoßmaschinen, f rechter Schruppmeißel für Langhobelmaschinen, g gebogener rechter Seitenhobelmeißel (für kleinere Spanquerschnitte), h Breitschlichthobelmeißel

Schnellstahl und *Hartmetall* tragen nur Schneiden aus diesem Werkstoff, während Schäfte aus Baustahl mit $\approx$0,5 bis 0,7% C, z. B. St 70 oder Mn-Stahl gefertigt sind. Für die Gestaltung der Hartmetallplättchen ist maßgebend, daß die Sparformplättchen einfach gefertigt werden können, daß sie die beim Drehen auftretenden Beanspruchungen ertragen und gut nachgeschliffen werden können, wobei der wertvolle Werkstoff weitgehend eingespart werden soll. Hartmetalle werden im Gasmuffelofen bei $\approx 1100°$ hart aufgelötet, Nachschleifen der Hartmetallschneide mit Silizium-Karbidscheibe, keramisch gebunden (S. 657). Mit Klemmwerkzeugen, bei denen das Hartmetall mechanisch festgeklemmt wird, Bild 119, können höhere Standzeiten erzielt werden, wenn die Schneidplatten sorgfältig abgestützt sind. In Bild 119a umsetzbarer Hartmetall-Einsatz. Einfacher Nachschliff, aber negativer Spanwinkel; in Bild 119b Einsätze, deren Spanwinkel beliebig nachgeschliffen werden kann. Nachschliffvolumen ist hier geringer.

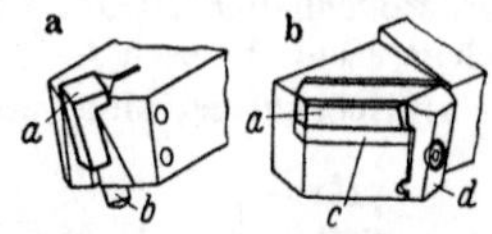

Bild 119. Klemmhalter für Hartmetall-Einsätze; a tangentiales Nachstellen, b Einsatz für beliebigen Spanwinkel. *a* Einsatz, *b* Stützschraube zum Nachstellen, *c* Stützplatte aus SS-Stahl, *d* Halter. Bei b Nachstellen durch Hinterlegen

Statt der aufgeschweißten Schnellstahlplättchen nach DIN 771 werden auch volle Drehlinge aus Schnellstahl benutzt, die in Schaft aus Baustahl eingespannt sind, Bild 120; bei diesen ist Nachschleifen durch entsprechendes Formgeben erleichtert.

Werden *Formmeißel* nach Bild 121 ausgeführt, so können sie tangential im Meißelhalter nachgestellt werden. Auf Revolverbänken und Automaten verwendet man meist runde Formmeißel. Mitte Formscheibenmeißel muß um h mm höher stehen als Mitte Werkstück. Profil nunmehr verzerrt, bei Herstellung berücksichtigen.

Bild 120. Halter für Abstechmeißel

Sind in Bild 122 R_1 und R_2 gegeben, α_1, r_1 und γ gewählt, so folgt $h = r_1 \sin \alpha_1$ usf., und es läßt sich r_2 ermitteln über $y = a_1 - a_2 = R_2 \sin \varphi / \sin \gamma$ und $\sin(\gamma - \varphi) = R_1 \sin \gamma / R_2$. Besteht Gefahr, daß Formschneide an Nebenschneide reibt, so wird sie schräggestellt, oder, falls die dadurch entstehende Profilverzerrung nicht zulässig, axial hinterdreht, Bild 123.

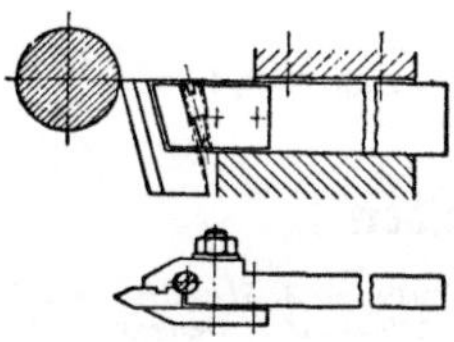

Bild 121. Beispiel für einen geraden Formmeißel

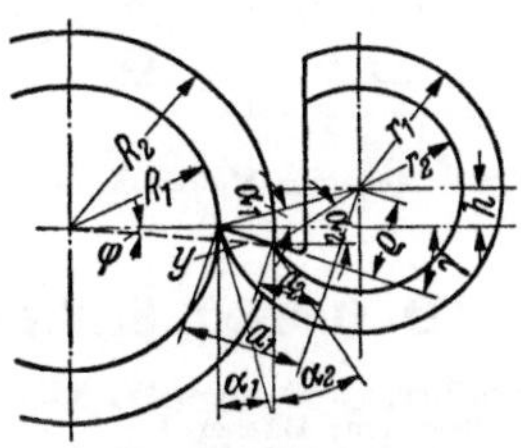

Bild 122. Formscheibenmeißel mit Spanwinkel γ

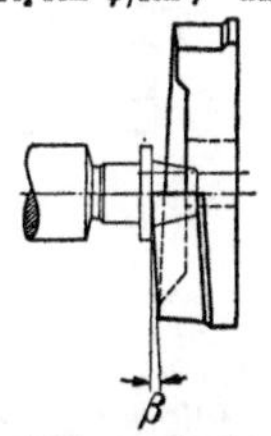

Bild 123. Axial hinterdrehter Formscheibenmeißel

Für *Revolverdrehbänke, Automaten* sind je nach Bauart des Revolverkopfes verschiedene Sonderwerkzeuge und Sonderhalter entwickelt. Auf Viellochrevolvern sitzen einzelne oder mehrere Meißel gerade oder schräg im Halter, Bild 124. Auch Meißelhalter für schwenkbare Meißel, Bild 125, sind üblich. Dmr. D der Schäfte passen in Bohrungen des Revolverkopfes.

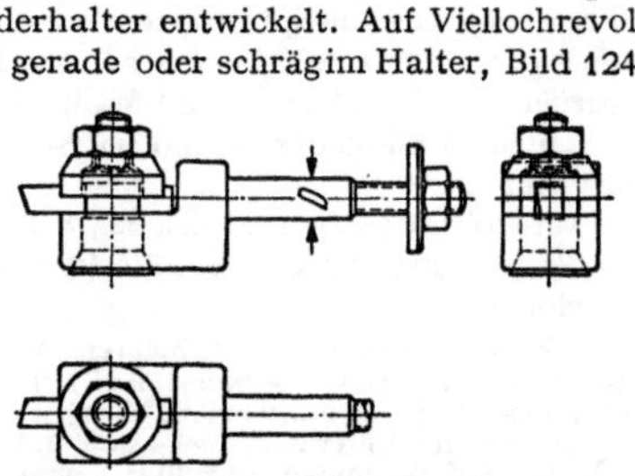

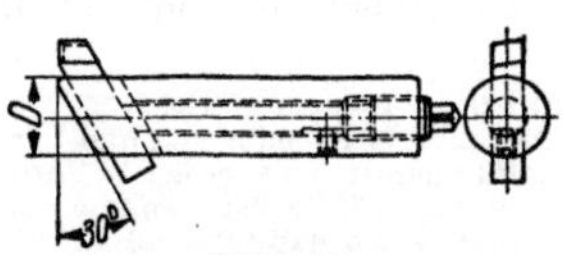

Bild 124
Meißelhalter für Viellochrevolver

Bild 125. Meißelhalter mit schwenkbarem Meißel für Viellochrevolver

Für Sechskant-Revolverkopf zeigt Bild 126 einen Halter mit tangential schneidendem Meißel *a* und zwei Gegenrollen *b* zum Abstützen des Werkstücks.

Schaft *c* sitzt in Bohrung des Revolverkopfes, an dem Meißelhalter noch durch Flansch *d* befestigt. Im Mehrfachmeißelhalter nach Bild 127 sitzen drei Meißel *a*, *b*, *c* (*c* nicht sichtbar), die radial schneiden, in zwei T-förmigen Nuten verstellbar. Rollenhalter *d* trägt zwei Rollen zum Abstützen; Einspannen in Kopf mit Schaft *e* und Flansch *f*.

b) Hobelmeißel sind wie Drehmeißel aufgebaut. Sonderformen s. Bild 118.

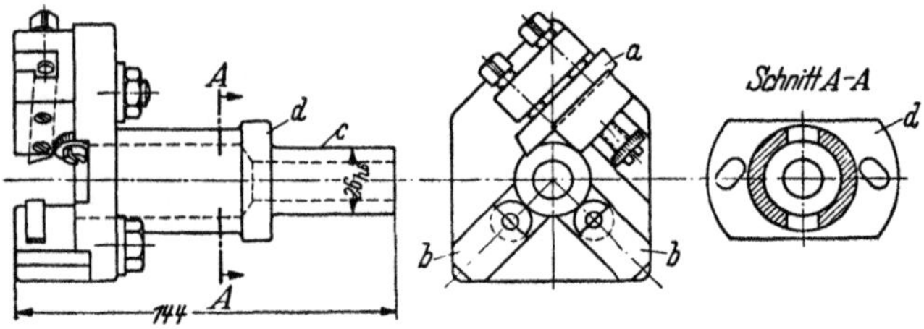

Bild 126. Halter für Stern-Revolver mit tangential schneidendem Meißel

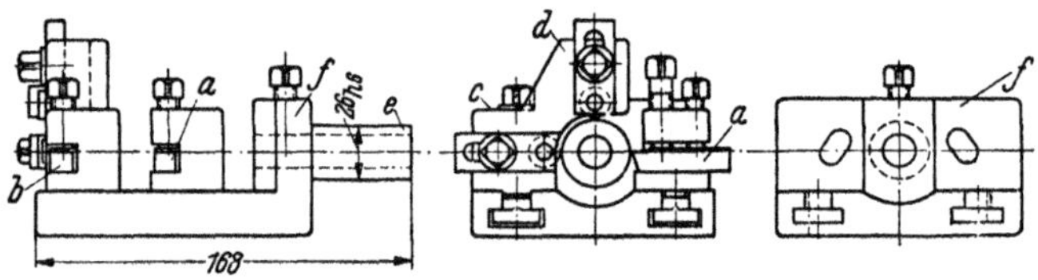

Bild 127. Mehrfach-Meißelhalter für Stern-Revolverkopf

D. Bohren, Senken, Reiben

Literatur: 1. *Dinnebier, J.:* Bohren. WB 15, 4. Aufl. 1949. — 2. *Martini, H.:* Waagrechtbohren. 2. Aufl. München: Hanser 1949. — 3. *Dinnebier, J.:* Senken u. Reiben. WB 16, 4. Aufl. 1950. — 4. *Popendicker, P.:* Bohren, Reiben, Senken. 5. Aufl. München: Hanser 1955. — 5. *Stephan, E.:* Das Radialbohren. Berlin: Springer 1940.

1. Arbeitsverfahren und Schnittvorgang

Beim Ausbohren werden Löcher in den vollen Werkstoff getrieben, beim Aufbohren werden vorgebohrte Löcher aufgeweitet oder geformt. Für beide Verfahren benutzt man Spiralbohrer oder Senkwerkzeuge. Mit Senkern werden auch ebene oder geformte Flächen an Augen usw. bearbeitet. Reiben verfeinert die Oberfläche der Lochwand und Maßgenauigkeit der Bohrung. Den gleichen Zweck erreicht man meist besser und wirtschaftlicher durch Feinbohren, Innenschleifen oder Räumen.

Auf Bohrmaschinen kreist das Werkzeug; stehendes oder nur vorschiebendes Werkzeug und kreisendes Werkstück beim Tieflochbohren und auf Drehmaschinen[1].

Genaues Bohren erfordert mehrere Arbeitsgänge; bei Gebrauch von Bohrern, Senkern und Reibahlen, z. B. für Bohrung 30 H 7, Toleranz $\pm$ 0,02 mm für Lochabstand und Parallelität (gemessen an 300 mm langem Dorn) mit Werkzeugführung ist notwendig: 1. Vorbohren mit Spiralbohrer, Untermaße $U = 4$ mm; 2. Vorsenken $U = 2$ mm; 3. Nachsenken $U = 0,3$ mm; 4. Reiben auf Fertigmaß. Für 30 H 7 ohne Werkzeugführung, Lochabstandstoleranz jedoch $\pm 0,3$. 1. Vorbohren mit Spiralbohrer $U = 2$; 2. Senken $U = 0,3$; 3. Reiben auf Fertigmaß. Bei vorgebohrten, vorgegossenen und vorgesenkten Bohrungen Senker statt Spiralbohrer für 1. Arbeitsgang wählen.

[1] Ausschuß für Feinbearbeitung (ADB) bezeichnet das Bohren als „das Spanen mit mehrschneidigem Werkzeug . . ." (Wt. 1957 S. 570).

Beim Bohren und Senken beschreibt Schneide Schraubenfläche mit Steigungswinkel ϱ ($\text{tg}\,\varrho = s/\pi d$, Bild 128); Freiwinkel α verkleinert sich auf α_1 oder α_2 beim Arbeiten mit Vorschub s, wenn d_2 Außendurchmesser und d_1 ein innerer Durchmesser des Bohrwerkzeuges. Umgekehrt bei γ: sollen bei allen Durchmessern $\alpha_1 = \alpha_2$ und $\gamma_1 = \gamma_2$ bleiben, so muß Hinterschliffwinkel an Freifläche zur Mitte zu größer, Winkel an Spanfläche kleiner ausgeführt werden.

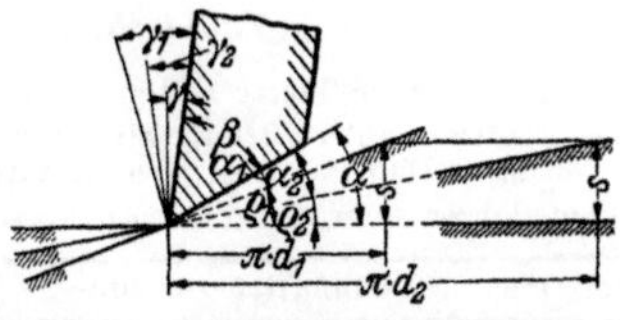

Bild 128. Senkerschneide (Messer). Größe des Spanwinkels γ und des Freiwinkels α bei verschiedenen Dmr. d_1 und d_2. ϱ Steigungswinkel der Schnittfläche

2. Kräfte[1] und Leistungen

Beim Bohren wirkt Vorschubkraft P_v dem Vorschub entgegen, Bild 129; etwa $0{,}4 P_v$ entfallen beim Spiralbohrer auf Querschneide. Anteil der Span- und Fasenreibung gering ($\approx 0{,}05\,P_v$). Schnittkraft P_s, senkrecht auf Schneiden wirkend, erzeugt Drehmoment M, Bild 130. Je nach Vorschub Anteil der Hauptschneide am Drehmoment $\approx 80\%$, Anteil der Querschneide 7%, Rest Span- und Fasenreibung, die bei steigender Bohrtiefe stark zunimmt. Bei Tiefe $t \approx 10d$ steigern Spanklemmungen Drehmoment auf doppelten bis dreifachen Wert. Aus Drehmoment ergibt sich Schnittleistung $N_s = Mn/97400$ kW; ihr gegenüber ist Vorschubleistung so klein, daß sie vernachlässigt werden kann.

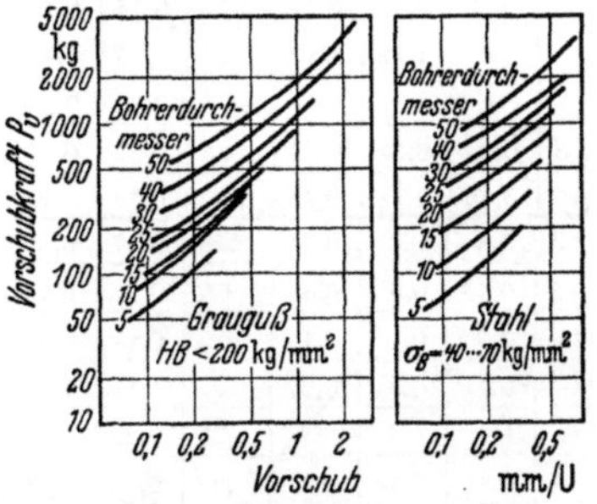

Bild 129. Vorschubkräfte P_v beim Bohren mit Spiralbohrern ins Volle (*Dinnebier-Stoewer*)

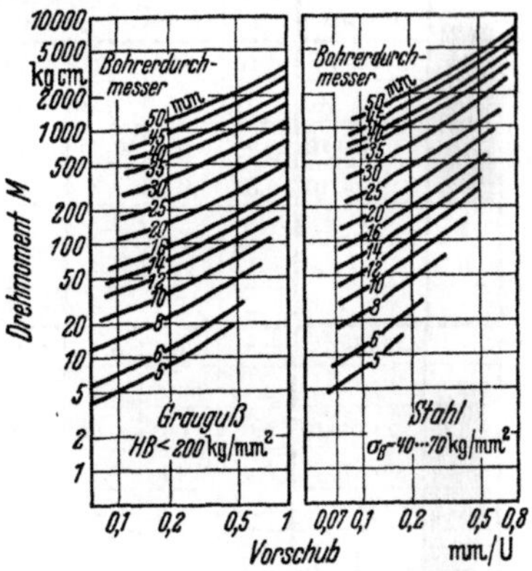

Bild 130. Drehmomente M beim Bohren mit Spiralbohrern (*Dinnebier-Stoewer*)

Auf Grund der Versuche und praktischen Erfahrungen können die in Zahlentafel 12 angegebenen mittleren Werte als *Richtwerte* empfohlen werden. Als Bewertungskennziffer eines Werkstoffs wird auch Schnittgeschwindigkeit v_{L2000} benutzt, bei welcher der Bohrer über Länge von 2000 mm steht, bis sich Abstumpfung zeigt.

3. Spiralbohrer, Bild 131, DIN 329 u. w.

Drall mit Nutsteigung h beeinflußt Spanwinkel γ, vgl. Bild 128. Steigungs-(Drall-)Winkel der Nut $\zeta = 90 - \gamma'$. Da $\text{tg}\,\gamma' = \pi d/h$, wird Spanwinkel zur Mitte zu kleiner. Bohrer mit langem Drall $\gamma' = 10$ bis $15°$ für spröde Werkstoffe (Kunststoff, Messing), kurzer Drall $\gamma' = 35$ bis $45°$ für zähe Werkstoffe (Al-Legierungen, Cu). Für St, GG normaler Drall $\gamma' = 25$ bis $30°$. Hinterschliff-fläche ist Teil des Kegelmantels, Bild 132. Hinterschliffwinkel α' zur Mitte zu größer, außen $\alpha' = 6$ bis $8°$, innen $\alpha' = 20$ bis $25°$. Spitzenwinkel beim Bohren

[1] *Victor, H.:* Wt. u. Mb. Bd. 47 (1957) S. 541/46.

Zahlentafel 12. *Richtwerte für Bohrarbeiten*

Die angegebenen Werte gelten für Werkzeuge aus Schnellstahl.

Bei der Drehzahlermittlung sind für die kleinen Bohrer-Dmr. die hohen, für die großen Bohrer-Dmr. die niedrigen Schnittgeschwindigkeiten zugrunde zu legen.

Beim Bohren tiefer Löcher sind die Vorschübe gemäß nachstehender Aufstellung herabzusetzen:

Bohrer-Dmr.	Bohrtiefe bis zum	Bohrtiefe vom	Bohrtiefe über
bis 20 mm	≈ 5fachen Bohrer-Dmr.	5 bis 8fachen Bohrer-Dmr.	8fachen Bohrer-Dmr.
„ 32 „	≈ 4 „ „	4 bis 6,3 „ „	6,3 „ „
„ 50 „	≈ 3,15 „ „	3,15 bis 5 „ „	5 „ „
„ 80 „	≈ 2,5 „ „	2,5 bis 4 „ „	4 „ „
	1facher Vorschub	0,8facher Vorschubwert	0,5facher Vorschubwert

Die Arbeits-Stufen werden ausgeführt:

1 Bohren ins Volle mit Spiralbohrer
2 Senken mit Senker
3 Abflächen mit Abflächmesser bzw. Zapfensenker
4 Reiben mit Reibahle

5 Ausbohren, Schruppen
6 Ausbohren, Schlichten
7 Feinbohren
} mit Bohrstange mit eingesetzten Messern

Werkstoff	Arb.-Stufe	Schnittgeschw.-keit m/min	Vorschub *s* in mm/U — Werkzeug-Dmr. in mm: 5	6,3	8	10	12,5	16	20	25	31,5	40	50	63
Grauguß bis GG 22	1	28 bis 18	0,16	0,18	0,2	0,22	0,25	0,28	0,32	0,36	0,4	0,45	0,5	0,56
	2	20 bis 16	0,25	0,28	0,28	0,32	0,32	0,36	0,36	0,4	0,4	0,45	0,45	0,5
	3	12,5 bis 10	0,05	0,06	0,06	0,07	0,08	0,09	0,1	0,11	0,12	0,14	0,16	0,18
	4	12,5 bis 10	0,8	0,8	0,9	0,9	1,0	1,0	1,12	1,12	1,25	1,25	1,4	1,4
	5	20	—	—	—	—	—	—	—	—	0,28	0,32	0,32	0,36
	6	25	—	—	—	—	0,18	0,2	0,22	0,25	0,28	0,32	0,36	0,4
	7	31,5	—	—	—	—	0,16	0,18	0,18	0,2	0,2	0,22	0,22	0,25
St 60	1	28 bis 25	0,11	0,12	0,14	0,16	0,18	0,2	0,22	0,25	0,28	0,32	0,36	0,4
	2	22,4	0,36	0,36	0,4	0,4	0,45	0,45	0,5	0,5	0,56	0,56	0,63	0,63
	3	12,5 bis 10	0,05	0,06	0,06	0,07	0,08	0,09	0,1	0,11	0,12	0,14	0,16	0,18
	4	8 bis 6,3	0,4	0,45	0,5	0,56	0,63	0,71	0,8	0,9	1,0	1,1	1,25	1,4
	5	31,5	—	—	—	—	—	—	—	—	0,28	0,32	0,32	0,36
	6	40	—	—	—	—	0,14	0,16	0,18	0,2	0,22	0,25	0,28	0,32
	7	50	—	—	—	—	0,12	0,14	0,16	0,18	0,2	0,22	0,22	0,25
Messing, Rotguß, Kupfer, Bronze	1	56 bis 35,5	0,12	0,14	0,16	0,18	0,2	0,22	0,25	0,28	0,32	0,36	0,40	0,45
	2	31,5	0,36	0,36	0,4	0,4	0,45	0,45	0,5	0,5	0,56	0,56	0,63	0,63
	3	25 bis 20	0,05	0,06	0,06	0,07	0,08	0,09	0,1	0,11	0,12	0,14	0,16	0,18
	4	14	0,8	0,8	0,9	0,9	1,0	1,0	1,12	1,12	1,25	1,25	1,4	1,4
	5	50	—	—	—	—	—	—	—	0,28	0,28	0,32	0,32	0,36
	6	63	—	—	—	—	0,14	0,16	0,18	0,2	0,22	0,25	0,28	0,32
	7	71	—	—	—	—	0,12	0,14	0,16	0,18	0,2	0,20	0,22	0,22
Leichtmetall, Al-Leg.	1	160 bis 125	0,16	0,18	0,2	0,22	0,25	0,28	0,32	0,36	0,4	0,45	0,5	0,56
	2	80 bis 63	0,25	0,28	0,28	0,32	0,32	0,36	0,36	0,4	0,4	0,45	0,45	0,5
	3	50 bis 28	0,05	0,06	0,06	0,07	0,08	0,09	0,1	0,11	0,12	0,14	0,16	0,18
	4	25	0,8	0,8	0,9	0,9	1,0	1,0	1,12	1,12	1,25	1,25	1,4	1,4
	5	140 bis 125	—	—	—	—	—	—	0,25	0,25	0,28	0,28	0,32	0,32
	6	80 bis 63	—	—	—	—	0,14	0,16	0,18	0,2	0,22	0,25	0,28	0,32
	7	140 bis 125	—	—	—	—	0,12	0,14	0,16	0,18	0,20	0,20	0,22	0,22

von St und GG wird $\varphi = 115$ bis $120°$; von Al, Cu, Mg, Bz und Preßstoffen $\varphi \approx 140°$, von Hartgummi $\varphi \approx 50°$. Seelendicke $\approx 0{,}15\,d$, zum Schaft zu um 40 % dicker werdend. $\psi \approx 55°$. Zuspitzung verringert die nicht schneidende Querschneidenbreite b, Bild 133.

Spiralbohrer mit Hartmetallschneiden, wenn Schnellstahlbohrer versagen (Hartguß, Marmor, Glas).

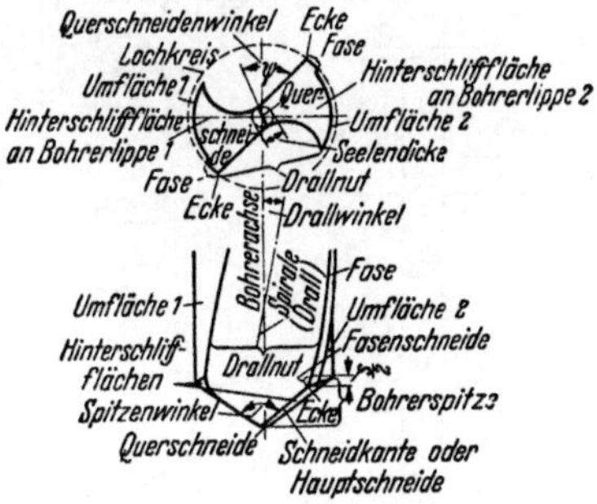

Bild 131. Spiralbohrerbenennungen (*Wallichs*)

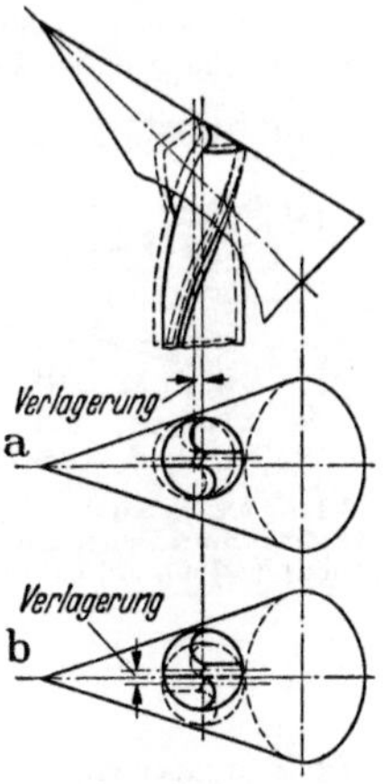

Bild 132. Hinterschliffläche als Teil eines Kegelmantels. Hinterschliffwinkel wird vergrößert, wenn Bohrer a) zur Kegelspitze, b) seitlich verlagert wird.

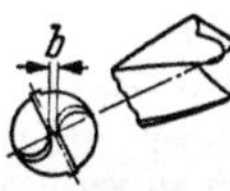

Bild 133 Zuspitzen des Spiralbohrers, um Querschneidenbreite b zu verkürzen

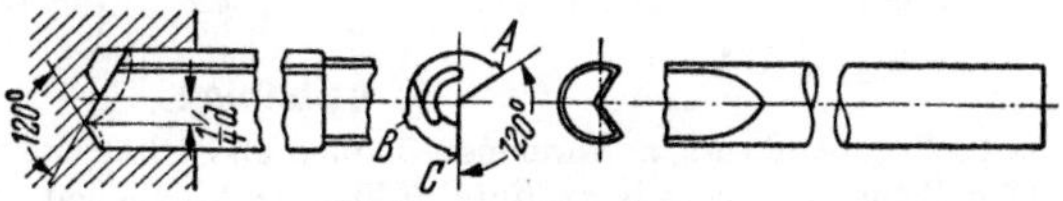

Bild 134. Spindelbohrer

Spindelbohrer (Tiefbohrer) zum Bohren tiefer Löcher. Querschnitt so, daß Werkzeug bei A, B, C, Bild 134, geführt. Durch Schmierloch Kühlflüssigkeit unter hohem Druck (bis 30 kg/cm²) zugeführt.

4. Senker und Bohrstangen

Zum Aufbohren vorgebohrter oder vorgegossener Löcher, zum Ansenken von Flächen in verschiedensten Formen ausgeführt und durch Normen fest-

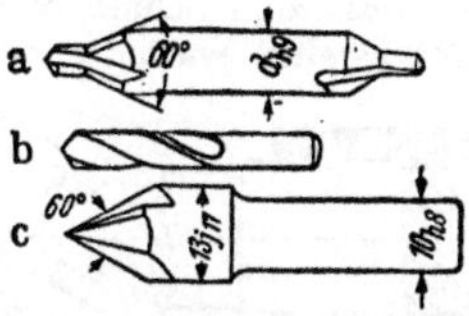

Bild 135. Spitzsenker. a = DIN 333, b = DIN 331 (Anbohrer), c = DIN 334

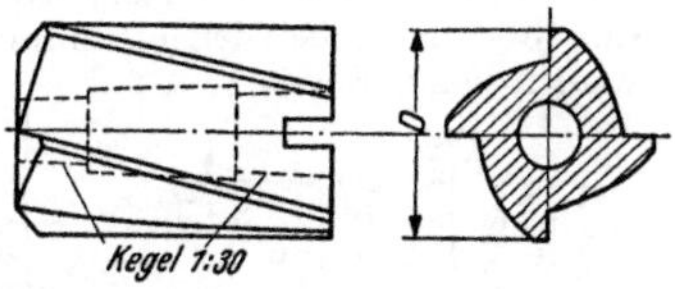

Bild 136. Aufstecksenker (Vierschneider)

gelegt, Bild 135. Aufstecksenker oder Vierschneider (Bild 136) und Dreischneider (Spiralsenker) dienen zum Aufbohren; da sie drei- oder vierfach geführt, verlaufen sie sich nicht so leicht wie Spiralbohrer. Zapfensenker, Bild 137, für Einsenken von Schraubenköpfen und ähnliche Arbeiten; Führungszapfen möglichst auswechselbar. Senker für Drehmaschinen s. Bild 138 und 139.

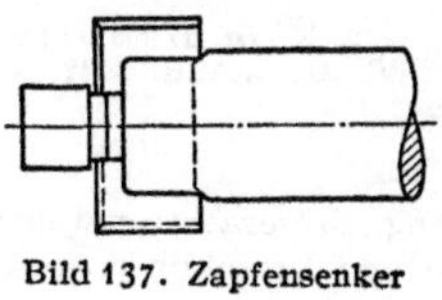

Bild 137. Zapfensenker

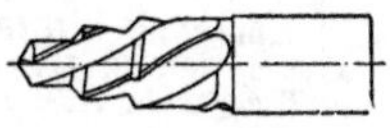

Bild 138. Schraubnutiger Form- und Stufensenker zum Vorbohren langspanender Werkstoffe

Bohrstangen, insbesondere in Bohrwerken und Radialbohrmaschinen zum Bohren fluchtender Löcher, Bild 140 u. 141.

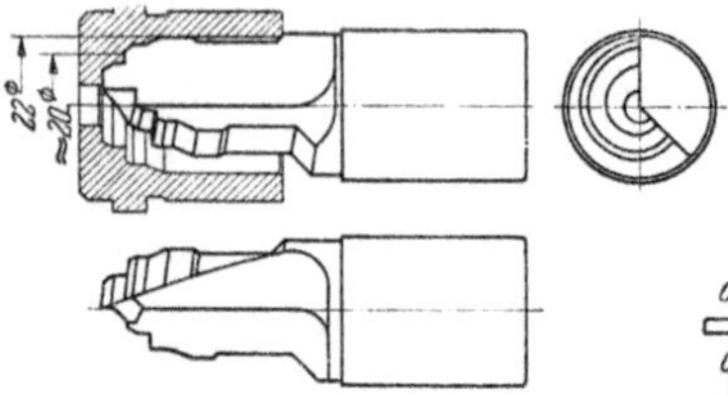

Bild 139. Schraubnutiger axial und radial schneidender Formsenker, axial und radial hinterdreht, für Automatenarbeit

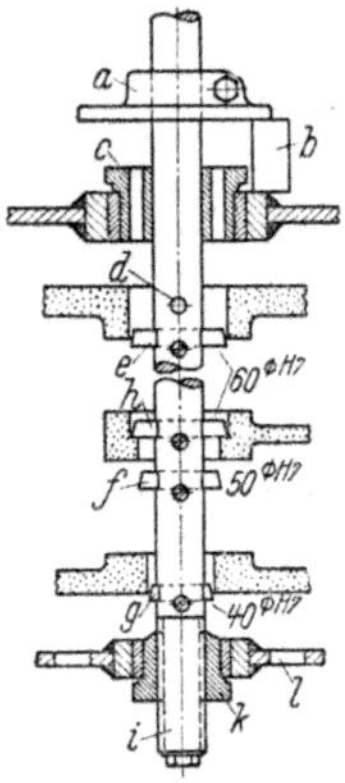

Bild 140. Arbeit mit Bohrstange (S. 646, Lit. 4). *a* Tiefenanschlag, *b* Meßklotz, *c*, *k* Bohrbuchsen, *d* Stift zum Herausziehen der Bohrbuchse *c*; *e*, *f*, *g*, *h* Messer (*h* muß eingesetzt werden, wenn Bohrstange schon durch Bohrbuchse gesteckt ist), *i* Schiebebuchse, dreht sich nicht mit, *l* Bohrvorrichtung

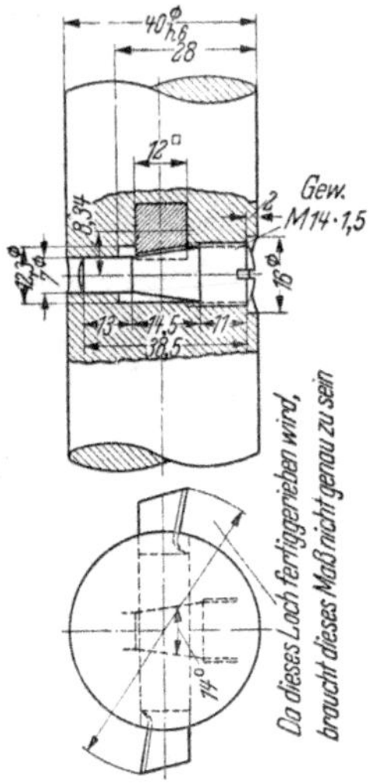

Bild 141. Befestigung des Messers in Bohrstange (Raboma)

5. Reibahlen

mit schraubenförmig gewundenen Zähnen und schälendem Schnitt erzielen bessere Oberfläche als geradverzahnte Ahlen, ermöglichen auch Reiben genuteter Bohrungen, bedingen aber Wetzgerät zum Schärfen. Um Rattern zu vermeiden, wählt man bei geraden achsenparallelen Zähnen ungleiche Zahnteilung, aber so, daß zum Messen und Einstellen immer zwei Zähne gegenüber. Untermaße für nachzureibende Bohrungen sind

Durchmesser mm	2	2,5 bis 5	6 bis 12	16 bis 32	40 bis 80	bis 100
Untermaße mm	0,05	0,1	0,2	0,3	0,4	0,5

Zähne der Reibahlen, Bild 142, werden nach Schleifen von Hand oder mit Wetzgerät gewetzt. Bei Handreibahlen Anschnitt etwa $^1/_4$ der Gesamtlänge, bei Maschinenreibahlen kurzer Anschliff ($\approx 45°$ für zähe, $\approx 30°$ für spröde Werkstoffe); zylindrischer Führungsteil verjüngt sich etwas zum Schaft. Vorteilhaft sind Reibahlen, bei denen Abnutzung durch Nachstellen wieder ausgeglichen werden kann, Bild 143.

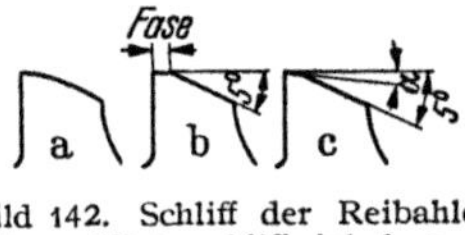

Bild 142. Schliff der Reibahlenzähne. Hinterschliffwinkel $\alpha = 1$ bis 3°; a zunächst rundgeschliffen, b dann scharfgeschliffen, c gewetzt

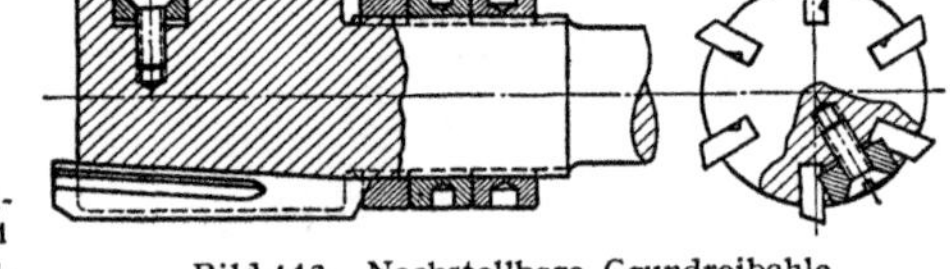

Bild 143. Nachstellbare Grundreibahle

E. Fräsen

Literatur: 1. REFA: Fräsen. Berlin: Beuth-Vertrieb 1940. — 2. *Klein, H. H.:* Das Fräsen. WB 88, 3. Aufl. 1955. — 3. *Brödner, E.:* Die Fräser. WB 22, 4. Aufl. 1948. — 4. *Theegarten, A.* u. *M. Geyer:* Fräsen. 6. Aufl. München: Hanser 1949.

1. Arbeitsverfahren, Kräfte, Leistung

Beim *Walzen* schneiden Fräser mit Zähnen am Umfang. Fräserachse parallel zur Arbeitsfläche. Schnittbewegung (Drehen des Fräsers) und Vorschub (Längsbewegung des Tisches) können gegenläufig sein (übliches Gegenlauffräsen) oder gleichgerichtet (Gleichlauffräsen), Bild 144. Beim *Stirnen* benutzt man Fräser mit Zähnen am Umfang und Stirnseite. Fräserachse senkrecht zur Arbeitsfläche. Umfangszähne schneiden auch hier, während Stirnschneiden glätten, Bild 145.

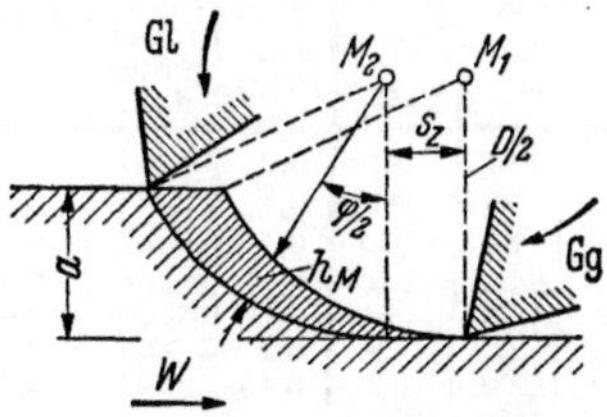

Bild 144. Walzfräsen. Beim Durchgang eines Zahnes Vorschub $s_z = M_1 M_2$ und Eingriffwinkel φ. Richtung beim Gegenlauffräsen Gg, beim Gleichlauffräsen Gl; Werkstück W, Spantiefe a, Mittenspandicke h_M

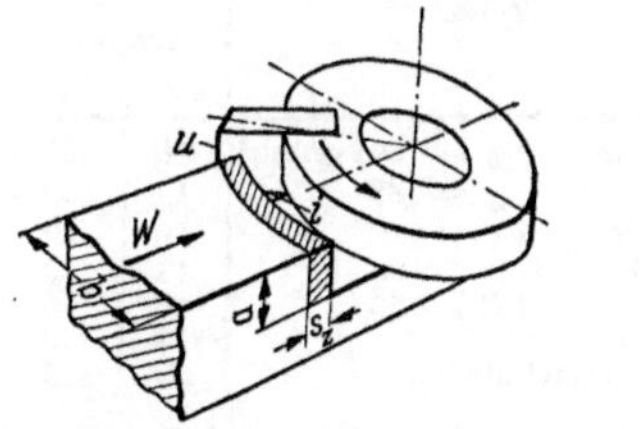

Bild 145. Stirnfräsen. Vorschub s_z je Zahn entspricht Mittenspandicke h_M; u spanende Umfangsschneide, i reibende und glättende Stirnschneide

Beim Walzen kommaförmige Späne, daher Belastung des Fräserzahnes ungleichförmig (gegenläufiges Walzfräsen erzeugt zuerst Spitze des Kommas, gleichläufiges Walzfräsen schneidet am dicken Ende ein). Beim Stirnfräsen Spanquerschnitt Parallelogramm, daher gleichmäßigere Belastung.

Umfangskraft $\mathfrak{U}$, Bild 146, wird in Schnittkraft $\mathfrak{P}$ und zur Fräsermitte wirkende Kraft $\mathfrak{M}$ zerlegt; Schnittkraft $\mathfrak{P}$ weiterhin in Vorschubkomponente $\mathfrak{P}_v$ und Normalkomponente $\mathfrak{P}_n$. Beim gegenläufigen Fräsen wirkt Vorschubkomponente $\mathfrak{P}_v$ gegen Vorschubrichtung, beim Gleichlauffräsen in Vorschubrichtung; $\mathfrak{P}_n$ ist beim gegenläufigen Fräsen nach oben, beim Gleichlauffräsen immer nach unten gerichtet. Da $\mathfrak{P}_v$ beim Gleichlauffräsen Werkstück zieht, ist spielfreier Tischantrieb Bedingung.

Bei Fräsern mit schraubenförmigen Zähnen tritt noch Achsschub auf, der zur Frässpindel gerichtet sein soll.

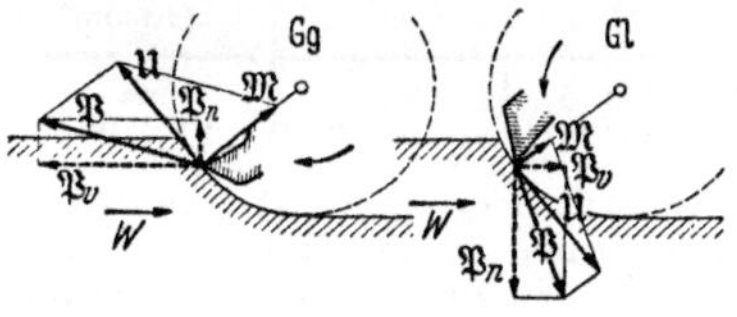

Bild 146. Kräfte beim gegenläufigen Gg und Gleichlauffräsen Gl

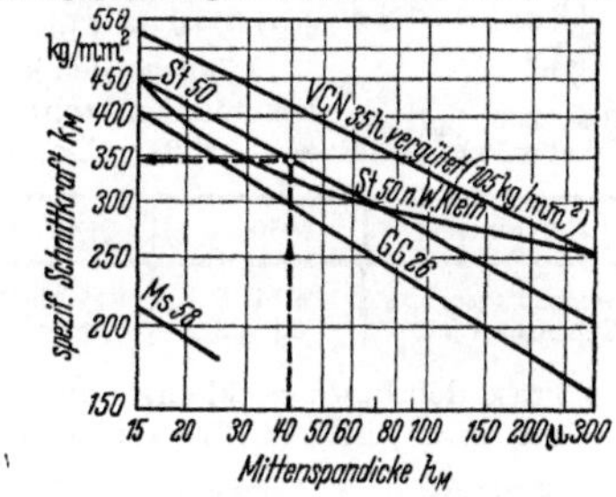

Bild 147. Spez. Schnittkraft k_M (kg/mm²) abhängig von Mittenspandicke h_M (μ)

Mittlere Umfangskraft U_m ergibt sich für Gegenlauffräsen aus Drehmoment oder aus $U_m \approx 6100 \cdot N_e/v$ kg, worin N_e Abspanleistung in kW, v Schnittgeschwindigkeit in m/min. Aus spez. Schnittkraft k_M, Bild 147, abhängig von der Mittenspandicke $h_M = s_z \sqrt{a/D}$, Bild 144, kann man errechnen $N_e \approx k_M\, a\, b\, s'/(6{,}1 \cdot 10^6)$ kW, Spantiefe a [mm], Fräserdurchmesser D [mm], Fräsbreite b [mm], Vorschubgeschwindigkeit s' [mm/min] und zuzuführende Leistung $N = N_e/\eta = N_e/0{,}7$. Aus Richtwerten für spez. Spanmenge V_s [cm³/kW min] erhält man $N = a\, b\, s'/(1000\, V_s)$. V_s-Werte sind z. B.

unlegierter Stahl	(σ_B = 60 kg/mm²)	V_s = 12 bis 15	GG (HB = 220)	V_s = 20 bis 28
	(σ_B = 80)	V_s = 10 bis 13	GG (HB = 250)	V_s = 15 bis 20
legierter Stahl	(σ_B = 95)	V_s = 9 bis 12	Messing, Rotguß	V_s = 30 bis 45
	(σ_B = 110)	V_s = 7 bis 9	Leichtmetall	V_s = 40 bis 80

Beim Stirnfräsen und bei Messerköpfen können V_s-Werte bis zu 30% höher eingesetzt werden.

2. Schnittgeschwindigkeit und Vorschub

Bei kleinerer *Schnittgeschwindigkeit* längere Standzeit, geringe Oberflächengüte und größere Kräfte; daher Schruppen auf leistungsfähigen Maschinen. Steigert man beim Schlichten Schnittgeschwindigkeit, so verringert sich Standzeit. Richtwerte s. Zahlentafel 13.

Zahlentafel 13. *Richtwerte für Schnittgeschwindigkeit v* m/min, *Vorschub s_z* mm *je Fräserzahn*

Werkstoff	Schnittgeschwindigkeit v						Vorschub s_z			
	Fräser aus Schnellstahl			Messerköpfe aus Hartmetall			Walzenfräser	Formfräser hinterdreht	Messerköpfe Hartmetall	
	▽	▽▽	▽▽▽	▽	▽▽	▽▽▽			▽	▽▽
St unleg. $\sigma_B \approx$ 60 kg/mm²	16	25	32	150	180	200	0,2	0,04	0,4	0,08
St „ $\sigma_B \approx$ 85 „	13	20	25	100	120	160	0,16	0,03	0,3	0,08
St verg. $\sigma_B \approx$ 110 „	10	16	20	50	80	100	0,1	0,02	0,2	0,08
GG $HB \leqq$ 180 „	13	20	25	50	63	80	0,25	0,04	0,5	0,1
GG $HB \geqq$ 180 „	10	16	20	40	50	63	0,16	0,02	0,4	0,1
Messing	32	40	50	80	100	125	0,2	0,04	0,5	0,07
Leichtmetalle	200	315	400	400	500	630	0,13	0,03	0,7	0,1

Vorschubgeschwindigkeit beim Vorschruppen so hoch, wie Maschinenleistung zuläßt, beim Schlichten so niedrig, wie es Oberflächengüte erfordert, jedoch $h_M > 10\,\mu$. Richtwerte s. Zahlentafel 13.

3. Fräswerkzeuge

a) Spitzgezahnte Fräser. Da Schnittkräfte kleiner, wenn Spanwinkel γ, Bild 148, groß, so Fräser mit nicht radialen Brustflächen. Freiwinkel α gerade so groß, daß Fräser freischneidet. Daher $\gamma = 10$ bis $15°$, $\alpha = 5$ bis $10°$ für Werkstücke aus St, GG, GS, GT, Ms und Bz; bei Leichtmetall $\gamma = 30$ bis $40°$, $\alpha = 10$ bis $15°$. Für Gleichlauffräsen wählt man Winkel etwas größer. Bei Hartmetallfräsern auch $\gamma = -5$ bis $-10°$.

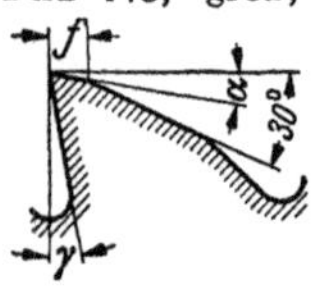

Bild 148. Spitzgezahnter Fräserzahn

Zähnezahlen klein, damit Spanmenge je Zahn groß und dicker Span entsteht, dann werden Leistungsbedarf kleiner, Standzeit größer. Damit ergeben sich etwa folgende Zähnezahlen:

Durchmesser	50	60	75	90	110 mm
Walzenfräser . .	4 bis 6	5 bis 7	6 bis 8	7 bis 9	7 bis 10
Stirnfräser . . .	6 bis 8	7 bis 9	8 bis 10	9 bis 10	10 bis 12

Fräserdurchmesser klein, damit Drehmoment klein, auch Anschnittwege kleiner, Fräser billiger. Fräserbohrung dagegen groß, um möglichst dicken Frässdorn wählen zu können. Walzenfräser mit Zähnen in Form von Schraubenlinien ausführen, da bei geradverzahnten Fräsern Größe der Schnittkräfte schwankt, auch wenn mehrere Zähne gleichzeitig schneiden. Gleichförmige Schnittkraft erreicht man, wenn Zähne in gleichem Maß aus Werkstück ein- wie austreten. Ungleichförmigkeitsgrad (kleinste : größte Schnittkraft) nähert sich 1, je größer der Drall, daher Neigungswinkel gegen Achse 40 bis 50°. Ausführungen s. Bild 149 und 150.

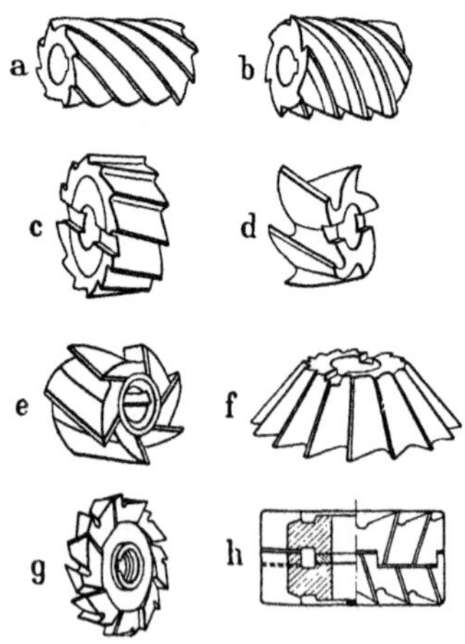

Bild 149. Formen spitzgezahnter Fräser für Stahl (St)- und Leichtmetall (Al)-Bearbeitung. Walzenfräser, a für St, b für Al; Stirnfräser, c für St, d für Al; e Walzenstirnfräser (St); f Winkelfräser (St); g Scheibenfräser (St); h Scheibenfräser geteilt (Nutenfräser)

Nach DIN 857 werden „Linksdrall“ und „Rechtsdrall“ wie bei links- bzw. rechtsgängigem Gewinde bezeichnet. Linksschneidend bzw. rechtsschneidend: Fräser dreht sich vom Antrieb aus gesehen links bzw. rechts. In Bild 149 haben Fräser a, c Rechtsdrall und sind rechtsschneidend, da Frässpindel im Uhrzeigersinn umläuft.

b) Hinterdrehte Fräser wegen ungünstiger Schneidenwinkel (γ meist $0°$, $\alpha \approx 10°$) nur für solche Formflächen, die mit spitzgezahnten nicht bearbeitet werden können; auch teurer. Hinterdrehkurve = logarithmische Spirale, erzeugt auf Hinterdrehbank, wobei Werkzeug W radial vorgeht, Bild 151. Tiefe $h \approx D\pi\,\mathrm{tg}\alpha/z$. Ferner $\alpha = \alpha_1$. Wichtigste hinterdrehte Fräser sind: Zahnformfräser, Wälzfräser, Gewindefräser, Radiusfräser. Beim radialen Nachschleifen an Spanfläche bleibt Profil erhalten.

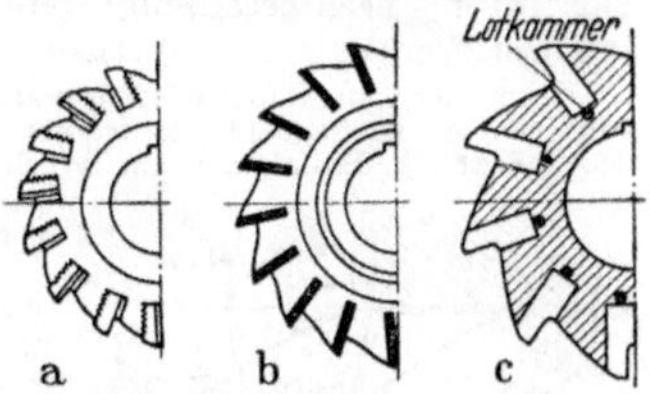

Bild 150. Spitzgezahnte Fräser, Tragkörper aus St 60 bis 70. Bei a Schnellstahlschneiden auf dem Rücken verzahnt; bei b Schnellstahlschneiden eingepreßt; bei c Schneiden eingelötet

c) Messerköpfe sind Fräser mit eingesetzten Messern. Vorteil: Fräserkörper aus St, GS oder bei großen Köpfen aus Al-Legierungen und Messer aus Schnellstahl oder mit Hartmetallschneiden. Ausführungen Bild 152 u. 153.

d) Fräsersätze bestehen aus mehreren Einzelfräsern, wobei jedoch zu große Durchmesserunterschiede zu vermeiden sind. Drall gegenläufig wählen, damit Achskräfte sich aufheben. Hat Fräsersatz seitlich Zähne, Bild 154, so soll kleinerer Fräser in größeren hineinreichen.

e) Fräserbefestigung siehe Abschn. VI, D, S. 767, Bild 399.

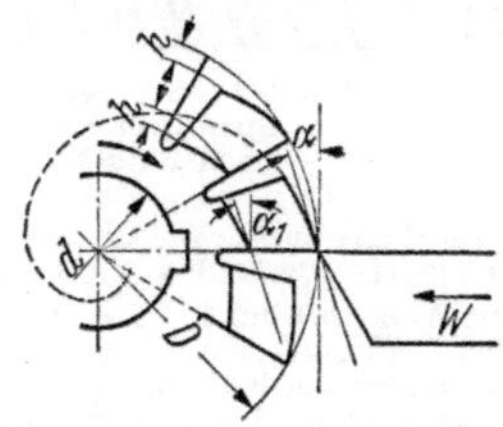

Bild 151. Hinterdrehter Fräser

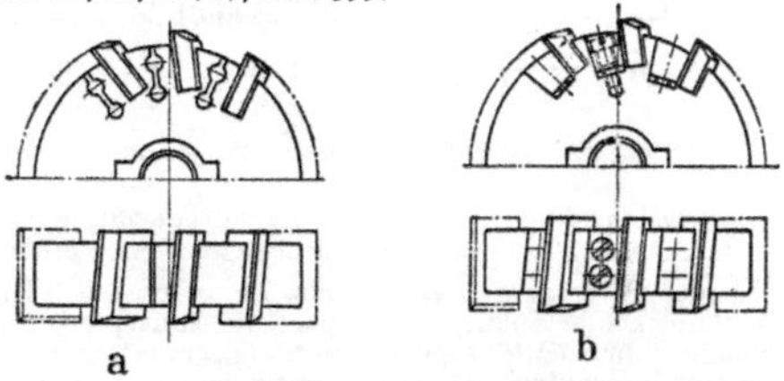

Bild 152. Messerköpfe. Befestigung der Messer a für leichte, b für schwere Schnitte

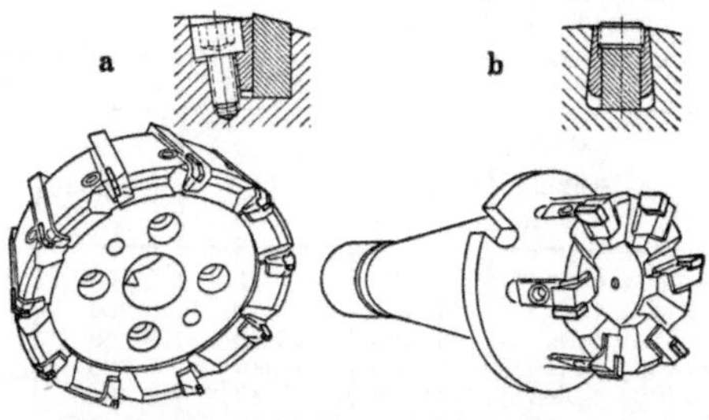

Bild 153. a Planmesserkopf mit Hartmetallschneiden; Messer festgespannt durch Keil und Schraube. b Schaftmesserkopf mit Hartmetallschneiden; Messer gespannt durch Doppelkeil (Montanwerk Walter)

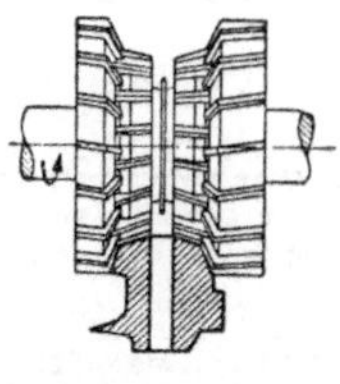

Bild 154. Fräsersatz zum Fräsen von Eisenbahnweichen

F. Räumen

Literatur: 1. *Schatz, A.:* Innenräumen. WB 26, 3. Aufl. 1951. — 2. Ders.: Außenräumen. WB 80, 2. Aufl. 1952.

1. Arbeitsverfahren und Schnittkräfte

a) Arbeitsverfahren. Beim Räumen wird Werkzeug durch eine Bohrung (Innenräum-Werkzeug- oder Räumnadel) oder an Außenfläche eines Werkstücks

(Außenräum-Werkzeug) vorbeigezogen oder gestoßen, wobei die vom Anschnitt nach hinten ansteigenden Zähne eine Profilfläche herausschneiden. Profile in Zugrichtung meist geradlinig; wenn schraubenförmig (Steigungswinkel 45 bis 90°), so kreist Werkzeug oder Werkstück beim Durchziehen.

Zähne der Räumnadel wie Fräserzähne ausgebildet, Bild 155 u. 156. Teilung t = Abstand von Schneide zu Schneide so wählen, daß mindestens 2 Zähne gleichzeitig angreifen, so daß $l = zt$ (l Räumlänge am Werkstück, z Zahl der Zähne). Nach Erfahrung ist $t \approx 1{,}7$ bis $1{,}8\,\sqrt{l}$. Teilung beim Schruppen gleichmäßig, beim Schlichten um ±20% schwankend.

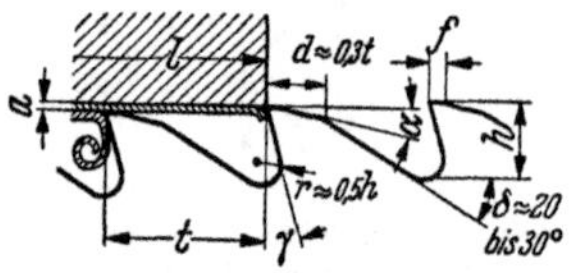

Bild 155. Zähne der Räumnadel. f = Fase = 0,2 bis 0,1 mm, h = = Zahnhöhe = 0,25 bis 0,4 t

Wird l sehr klein und damit $t < 5$ mm, so mehrere Werkstücke hintereinander einspannen oder Zähne schraubenförmig anordnen. Räumtiefe = Überhöhung von Zahn zu Zahn, also Spantiefe a, s. Zahlentafel 14. Ist H abzunehmende Höhe am Werkstück, so ergibt sich Zahl der Zähne für Schneidenteil zu $z_s = H/a$ und die Länge $L = t\,(z_s + z_k) + l_e + l_f$, wenn z_k Zahl der Kalibrierzähne, l_e Räumerlänge ohne Zähne zum Einführen und Aufnahme, l_f Führungs- und Endstück. Ist Maschinenhub $< L$, so muß Arbeit auf zwei Züge aufgeteilt werden.

b) Räumkraft wird $P = f z k_s$ (f = Spanquerschnitt je Zahn, z = Anzahl der gleichzeitig schneidenden Zähne, k_s = spez. Schnittkraft, Zahlentafel 14). Festigkeit des Räumers ist für gefährdeten Querschnitt F nachzuprüfen, wobei als zulässige Belastung $\sigma_{z\,zul}$ einzusetzen; damit wird $t = k_s f l/(F \sigma_{z\,zul})$.

Bild 156. Räumnadel mit festen Zähnen (DIN 1415)

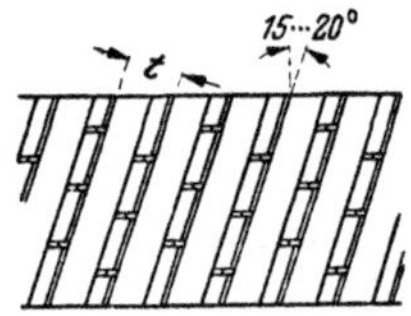

Bild 157. Schrägzähne mit Spanbrechernuten (nach *Knoll*)

t und h (Bild 155) müssen so groß gewählt werden, daß Zahnlücke ausreicht, um Späne aufzunehmen. Raumbedarf des abgespanten Werkstoffs ist mindestens dreimal so groß wie der des unzerspanten Werkstoffs. Demnach $t \approx 3\sqrt{l a w}$, worin Werkstoff-Faktor w = 3 bis 5 für bröckelige Späne, w = 5 bis 8 für langspanige Werkstoffe. Schräg zur Zugrichtung liegende Zähne (Bild 157) arbeiten ruhiger als geradverzahnte. Bei breiten Flächen versetzte Spanbrechernuten anbringen, wenn langspanende Werkstoffe geräumt werden; Nuten teilen Späne auf.

Zahlentafel 14. *Mittelwerte für Räumen*

a Spantiefe je Zahn; γ Spanwinkel; k_s spez. Schnittkraft; v Schnittgeschwindigkeit für Werkzeuge aus Werkzeugstahl. Freiwinkel α beim Schruppen 2 bis 3°, beim Schlichten 0,5°

Werkstoff	a [μ] Räumen	Schlicht- Räumen	Schrupp- Räumen	γ	k_s kg/mm²	v m/min
St (σ_B = 60 bis 85) .	30 bis 65	4 bis 15	bis 120	12 bis 15°	500	3 bis 6
St (σ_B = 40 bis 60) .	25 bis 60	4 bis 15	bis 100	15 bis 20°	400	4 bis 8
GS	30 bis 65	4 bis 15	bis 120	12 bis 15	300	3 bis 7
GG	50 bis 120	4 bis 15	bis 250	4 bis 8°	300	4 bis 8
Al-Leg., Ms weich .	25 bis 100	4 bis 15	bis 200	15 bis 25°	160	8 bis 14

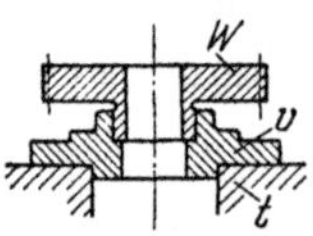

Bild 158. Räumvorlage v für Werkstück w mit symmetrischem Räumprofil auf Senkrechtmaschinentisch t

c) Schnittgeschwindigkeit abhängig vom Werkstoff des Räumwerkzeuges und des Werkstückes (Zahlentafel 14).

Vorzüge des Räumens sind: Profile werden mit *einem* Hub erzeugt, saubere Oberfläche und hohe Genauigkeit; erzielbare Toleranz Qualität 7. Räumarbeit fällt um so genauer aus, je genauer Vorbearbeitung ist. Werkstücke werden beim Außenräumen in Vorrichtungen gespannt, beim Innenräumen mit symmetrischen Profilen genügt einfache Räumvorlage, Bild 158.

2. Werkzeuge

a) Innen-Räumwerkzeug zeigt Bild 156. Schaft und Endstück zum Einspannen bzw. Anheben der Nadel sind genormt. An Schneidenteil schließt sich Kalibrierteil an, zylindrisch, mit 4 bis 6 Zähnen, die beim Nachschleifen nach und nach Schneidenzähne werden. Verdichtende oder glättende Nadeln tragen Schabezähne zur Verbesserung der Oberfläche mit $\gamma = 1^\circ$. Glättzähne sind rechteckige abgerundete Kuppen, die auf Hochglanz poliert werden. Arbeitsbeispiele für Innenräumen zeigt Bild 159.

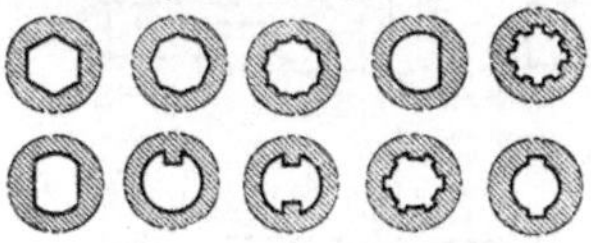

Bild 159. Arbeitsbeispiele für Innenräumen

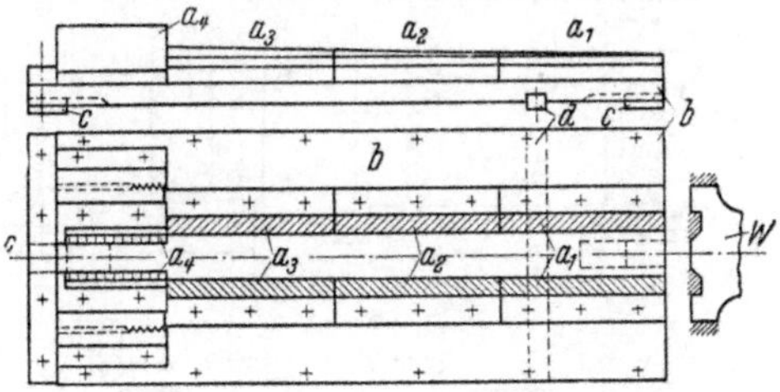

Bild 160. Schema eines Räumwerkzeuges mit Werkstück *w*; zu räumende Flächen sind anschraffiert

b) Außen-Räumwerkzeuge. Tiefen- und Seitenstaffelung der Zähne möglichst so verteilen, daß sich Kräfte aufheben, Bild 160.

Schneideneinsatz *a*, bei längeren Räumwerkzeugen unterteilt, sitzt auf Schneidenhalter *b*, der auf Maschinenschlitten angeschraubt, wobei Paßleisten c Lage sichern und Federn *d* Zugkräfte übertragen. Schneideneinsätze *a* können auch nachstellbar auf Schneidenhalter *b* befestigt werden. In Bild 161 stellt man durch Unterlegen von Blechen nach. Andere Ausführungen sehen Keilleisten vor. Bei nachstellbaren Schneidenformen rechnet *Schatz* mit Maßtoleranzen der Zahnhöhe von 20 bis 50 μ, bei nichtnachstellbaren Schneidenführungen wie bei Profilzähnen, die Nachstellbarkeit ausschließen, erreicht man für Kalibrierzähne Toleranzen von 2 bis 12 μ und entsprechende Toleranz an Werkstück.

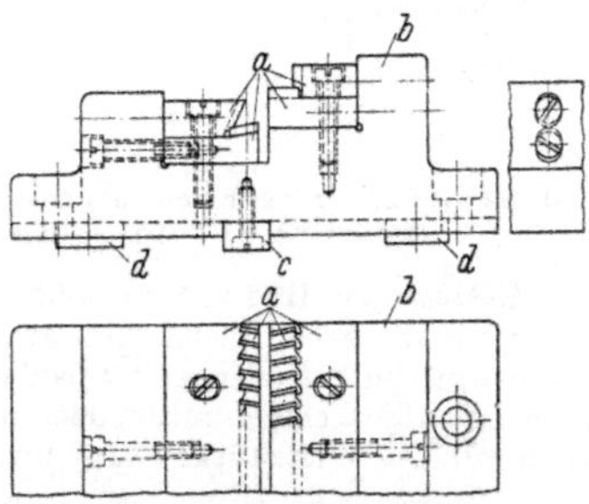

Bild 161. Befestigung der Schneideneinsätze in einem Räumwerkzeug

G. Schleifen

Literatur: 1. *Staudinger, H.:* Das Schleifen u. Polieren der Metalle. WB 5, 5. Aufl. 1955. — 2. *Brüheim, G.:* Schleifen. 4. Aufl. München: Hanser 1949. — 3. *Kleinschmidt, B.:* Schleif- u. Poliertechnik. Bd. 1. D. Schleifen in d. Metallbearbeitung. 3. Aufl. Berlin: Cram 1950. — 4. *Hofmann, W.:* Spitzenloses Schleifen. 1. Teil: WB 97, 1950; 2. Teil: WB 107, 1952.

1. Arbeitsverfahren

Rundschleifen, Bild 162, umfaßt *Außenrund*schleifen durch Längsschliff mit kreisender Scheibe (Hauptbewegung), kreisendem (Rundvorschub) und hin- und hergehendem (Längsvorschub) Werkstück (oder Scheibe), Zustellung der Schleifscheibe; *Einstech*schleifen, bei dem das Werkstück kreist, sich aber nicht hin- und herbewegt (evtl. kleine oszillierende Bewegung zum Verbessern der Oberfläche und zu gleichmäßigerer Abnutzung der Scheibe). Bei längeren Werkstücken auch mehrmaliges Einstechen nebeneinander. Schließlich Einstechschleifen mit Profilscheibe (*Form*schleifen) oder auch mit Scheibensatz.

Beim *spitzenlosen* Schleifen wird das Werkstück ohne Einspannung auf einer Schiene an der Schleifscheibe (hohe Umfangsgeschwindigkeit v_s) durch die Regelscheibe (niedrige Umfangsgeschwindigkeit v_r) längs vorbeigeführt, wobei die Achse der Regelscheibe um Winkel α geneigt ist. Regelscheibe mit Kunstharz- oder Gummibindung bremst hierbei das Werkstück auf die gewünschte Drehzahl n_w ab ($n_w \approx 1{,}02 d_r n_r / d_w$). Drehzahl n_w und Dmr. d_r der Regelscheibe bestimmen mit α die Größe des Vorschubes: $s' = \pi d_r n_r \sin \alpha$ [mm/min]. Beim spitzenlosen Einstechschleifen wird das Werkstück durch Regelscheibe gegen einen festen Anschlag gedrückt.

Beim *Innenschleifen* arbeitet man entsprechend nach dem Längsschleif- oder Einstechverfahren, Bild 162, f, g.

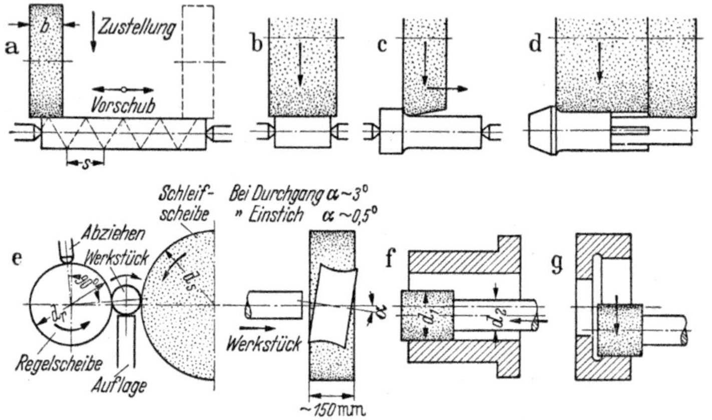

Bild 162. Rundschleifverfahren. a Langschleifen, b, c Einstechschleifen, d Formschleifen, e spitzenloses Schleifen, f Innenlangschleifen, g Inneneinstechschleifen ·

Flachschleifen, Bild 163. Scheibe schleift mit Umfang (a, d), wobei theoretisch eine Linie die Arbeitsfläche berührt, oder mit der Stirnseite (b, c, e). Umfangsschleifen, wenn bei geringerer Spanleistung genau geschliffen werden soll; Stirnschleifen auf Maschinen mit größeren Spanleistungen. In beiden Fällen kann der Tisch mit den Werkstücken hin- und hergehen oder kreisen.

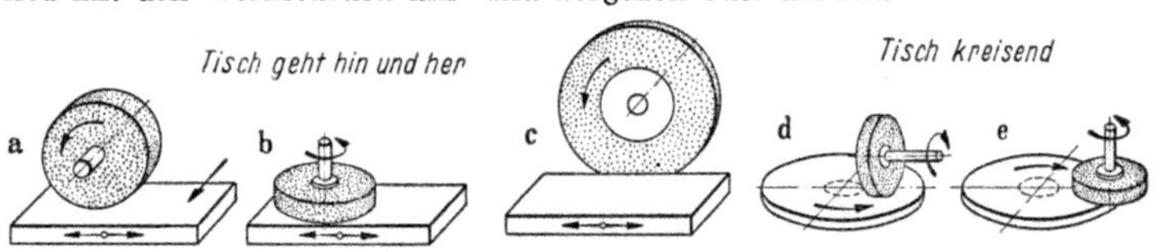

Bild 163. Flachschleifverfahren; a, d Umfangsschleifen mit Mantel und Linienberührung b, c, e Schleifen mit Stirnseite und Flächenberührung; bei b und c auch Scheiben nach Bild 164

Sonderschleifen: Verfahren zum Nocken-, Kurbelwellenschleifen, Abwälzschleifen von Zahnrädern, Gewindeschleifen, Trennschleifen. ***Scharfschleifen*** der Werkzeuge durch Rund- oder Flachschliff.

Die beim Schleifen erreichbare ***Oberflächengestalt*** liegt bei einer Rauhtiefe $R \approx 2\,\mu$. Bestwerte für einzuhaltende Toleranzen liegen bei entsprechender Vorbereitung und neuzeitlichen Maschinen um $\pm 1\,\mu$, die übliche Toleranz um $\pm 3\,\mu$. Demnach können ISA-Toleranzen immer eingehalten werden.

Naßschliff. Beim Schleifen entwickeln sich sehr hohe Temperaturen, so daß abgetrennte Stahlspäne glühen. Am Werkstück liegen die Temperaturen tiefer, können aber bis 400 °C ansteigen. Man führt daher reichlich Kühlmittel zu (3 bis 5%ige Sodalösung oder Schleifemulsion, s. S. 635), etwa 50 bis 150 lit/min. Das Kühlmittel reinigt auch die Schleifscheibe, außerdem wird die Oberflächengestalt verbessert.

2. Schnittvorgang

Die in der Bindung der Scheibe gelagerten Schleifkörner trennen mit ihren Schneidkanten kleine kommaförmige Späne vom Werkstück ab, wobei das Schleifkorn verschleißt und abstumpft. Die auf das Korn wirkenden Kräfte werden dann größer, brechen entweder Teile aus dem Korn heraus oder reißen das Korn aus der Bindung der Scheibe, wenn Haltekräfte gegenüber den auftretenden Beanspruchungen nicht ausreichen; Schleifscheibe schärft sich dadurch selbst. Abnutzung und Schleifkräfte sind in mäßigen Grenzen zu halten. Nutzt sich die Scheibe zu stark ab, so steigt der spez. Schleifmittelverbrauch zu stark an (Verhältnis von verbrauchtem Schleifscheibengewicht zu zerspantem Werkstoffgewicht, Bestwert 1 kg abgenutzte Schleifscheibe auf 10 bis 20 kg Stahl oder 15 bis 50 kg Grauguß, meist wird ein Verhältnis 1:3 bis 1:10 erzielt); man erreicht nur geringe Maß- und Formgenauigkeit, die Oberflächengestalt verschlechtert sich. Nutzt sich die Scheibe zu wenig ab, so wird sie nach kurzer Zeit stumpf. Schnittkräfte und damit Leistungsbedarf nehmen zu, Wärme entwickelt sich, Scheibe drückt gegen Werkstück, Scheibe muß häufig abgerichtet werden. Bei der zu starken Abnutzung sind die Haltekräfte am Schleifkorn zu gering, die Scheibe ist zu „weich". Bei zu geringer Abnutzung sind Haltekräfte zu groß, Scheibe ist zu „hart".

3. Schnittgeschwindigkeit und Vorschub

a) Gebräuchliche **Schnittgeschwindigkeit** v ist der Zahlentafel 15 zu entnehmen. Sie wird möglichst hoch gewählt, da dann bei gleicher Abschleifmenge mehr Schleifkörner zum Eingriff gelangen und jedes Korn weniger belastet wird. Die Umfangsgeschwindigkeit des Schleifkörpers ist aber nach den Richtlinien des Deutschen Schleifausschusses (DSA) begrenzt (Unfallgefahr).

Zahlentafel 15. *Auswahl der Schleifscheibe*

Es bedeuten: *I* = Rundschliff, außen *III* = Flächenschliff am Umfang
II = Rundschliff, innen *IV* = Flächenschliff an Stirnfläche

Schleifen von / mit	Stahl, weich Korund				Stahl, hart Korund				Grauguß Siliziumkarbid				Leichtmetall Siliziumkarbid			
	I	*II*	*III*	*IV*	*I*	*II*	*III*	*IV*	*I*	*II*	*III*	*IV*	*I*	*II*	*III*	*IV*
Körnung	50	36	36	24	60	46	36	24	50	36	36	24	60	46	36	24
Härte	*M*	*L*	*L*	*K*	*K*	*I*	*K*	*I*	*L*	*K*	*L*	*I*	*I*	*H*	*I*	*H*
v m/sek	32	25	32	32	32	25	32	32	25	20	25	25	16	12	16	16
$\frac{1}{q} = \frac{v_w}{v}$	$\frac{1}{125}$	$\frac{1}{80}$	$\frac{1}{80}$	$\frac{1}{50}$	$\frac{1}{125}$	$\frac{1}{80}$	$\frac{1}{80}$	$\frac{1}{50}$	$\frac{1}{100}$	$\frac{1}{63}$	$\frac{1}{63}$	$\frac{1}{40}$	$\frac{1}{50}$	$\frac{1}{32}$	$\frac{1}{32}$	$\frac{1}{20}$

b) Vorschübe. *Längsvorschub* beim Rundschleifen beträgt beim Schruppen $^2/_3$ bis $^3/_4\,b$, beim Schlichten $^1/_4$ bis $^1/_2\,b$ (b = Scheibenbreite). Die Zustelltiefe a wählt man beim Schruppen $a = 10$ bis $30\,\mu$, beim Schlichten 5 bis $25\,\mu$. Durch Ausfeuern ohne Zustellen verbessert man Genauigkeit und Oberflächengestalt. Beim Einstechschleifen ist die Zustellung geringer und beträgt 2 bis $8\,\mu$ für Werkstücke von 20 bis 150 mm Dmr. Der *Rundvorschub* (Umfangsgeschwindigkeit des Werkstücks) beträgt für Außenrundschleifen von Stahl weich $v_w \approx 10$ bis 16 m/min, Innenschliff 16 bis 24 m/min. Wesentlich ist das Geschwindigkeitsverhältnis $1/q = v_w/v$, da hiervon die größte Spandicke h_g abhängt. *Brüheim* (S. 655, Lit. 2) gibt die in Zahlentafel 15 angeführten Werte für q.

4. Schleifkörper

Schleifkörper sind durch DIN in Form und Abmessungen genormt. Schleifkörper werden auch aus einzelnen Segmenten zusammengesetzt, Bild 164.

Größe der einzelnen Schleifkörner – die *Körnung* – wird durch eine Zahl gekennzeichnet, die die Maschenzahl des Siebes auf 1" Länge angibt, durch das die Schleifkörner beim Aussieben gerade noch durchfallen (s. a. DIN 4188 über Prüfsiebe und Zahlentafel 16).

Gebräuchlichste *Schleifmittel* sind Siliziumkarbid (SiC), das eine Härte $H \approx 8{,}5$ (nach Mohs-Skala) besitzt, aus Kies- und Quarzsand im Elektroofen hergestellt, zwar verhältnismäßig spröde ist, aber sich im Bruch scharf absplittert und Wärme gut ableitet. Ferner das Elektrokorund (Al-Oxyd, Al_2O_3), Härte $H \approx 9$, zäh, und das Kunstkorund, weniger rein mit etwas geringerer Schleifwirkung. Zum Schleifen von Hartmetallen auch Diamant-Schleifscheiben.

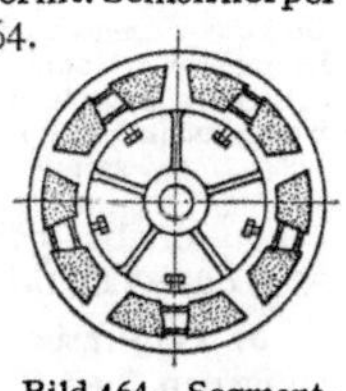

Bild 164. Segment-Schleifscheibe

Die *Bindung* hält die unregelmäßig angeordneten Schleifkörner. Mehrzahl der Scheiben sind keramisch gebunden, wozu die porzellanähnliche Bindungsmasse mit den Körnern bei etwa 1400° im Ofen gebrannt wird. Beim Sintern entstehen dann Hohlräume, da die Masse schwindet; die Scheiben werden porös. Elastische Bindungen (Kunstharz, Gummi) sind gegen Stoß unempfindlicher.

Härte der Scheibe bedeutet das Haftvermögen der Körner in der Bindung und wird durch Buchstaben angegeben, Zahlentafel 16.

Das *Gefüge* kennzeichnet Verteilung der Schleifkörner in der Bindungsmasse und damit Größe des Porenraums, Zahlentafel 16.

Zahlentafel 16. *Bezeichnung der Schleifscheiben* nach DIN 69100

Körnung						Härtegrad					Gefüge	
Sehr grob	8	10	12			Sehr weich	E	F	G		Sehr dicht	0 bis 1
Grob	14	16	20	24		Weich	H	I	J	K	Dicht	2 bis 3
Mittel	30	36	46	50	60	Mittel	L	M	N	O	Mittel	4 bis 5
Fein	70	80	90	100	120	Hart	P	Q	R	S	Offen	6 bis 7
Sehr fein	150	180	200	220	240	Sehr hart	T	Ü	V	W	Sehr offen	8 bis 9
Staubfein	280	320	400	500	600	Äußerst hart	X	Y	Z			

Bezeichnung bei Bestellung, Körper nach DIN 69100, Schleifmittel nach DIN 69112. Beispiel: Dmr. *D*, Breite *B*, Bohrung *d*, Schleifmittel (z. B. Normalkorund), Bindung (keramisch Ke), Körnung, Härte, mittleres Gefüge; also: „Gerade Schleifscheibe $D \times b \times d$ DIN 69120 NK Ke 50 N 4"; in USA ähnlich nach ASA B S. 17–1949.

Bei der *Auswahl* der Schleifkörper müssen Scheibenaufbau und Schleifbedingungen so aufeinander abgestimmt werden, daß die Scheibe im Bereich der Selbstschärfung arbeitet; Zahlentafel 15 gibt einige Hinweise. Grundlegend ist: Je härter der Werkstoff, je größer der Werkstückdmr. und je breiter und größer die Schleifscheibe, um so weicher muß die Scheibe gewählt werden. Langer Spanweg, also größere Anlage zwischen Werkstück und Scheibe verlangt gröberes Korn. Zum Schruppen gröberes und Mittelkorn (30 bis 60), zum Schlichten feine Körnung (70 bis 120), zum Feinschlichten sehr feines oder staubfeines Korn (150 bis 400).

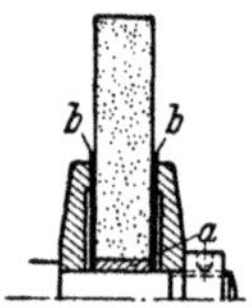

Bild 165. Richtig eingespannte Schleifscheibe mit Bleieinlage *a* zwischen Welle und Scheibe, elastischer Zwischenlage *b*

Vor dem Aufspannen sind Schleifscheiben sorgfältig auszuwuchten. Festspannen nach Bild 165. Nach einiger Betriebszeit zieht man Scheibe mit Diamant oder Abziehwerkzeug ab, um sie zu profilieren, zu schärfen und von Spänen zu säubern.

H. Feinbearbeitung

Literatur: 1. Schriftenreihe Feinbearbeitung. Essen: Industrieblatt (z. Zt. 27 Hefte), – 2. *Finkelnburg, H.*: Läppen. WB 105. 1951. – 3. *ADB*: Gliederung und Begriffsbestimmungen der Fertigungsverfahren für die Feinbearbeitung, Wt. u. Mb. Bd. 47 (1957) Nr. 10 S. 570, 76.

Man unterscheidet Verfahren, die ohne Anspruch an Form- oder Maßgenauigkeit glatte und meist glänzende Oberfläche liefern, und solche, die hohe Ansprüche auf Maß-ISA-Qualität, teilweise auch Formgenauigkeit erfüllen.

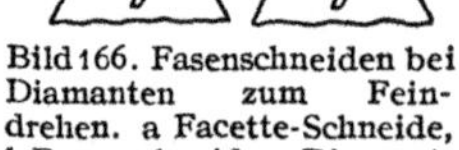

Bild 166. Fasenschneiden bei Diamanten zum Feindrehen. a Facette-Schneide, b Bogenschneide, *a* Diamant, *b* Fassung

a) Feindrehen und **Feinbohren.** Vorbearbeitung bis IT 6 oder 7 bei Werkstoffzugabe von 40 bis 300 μ, dann erzielt man IT 3. Werkzeuge aus Hartmetall oder Diamant, Bild 166. Diamant erzielt meist bessere Oberfläche, Rauhtiefenbereich 1 bis 2,5 μ; beim Drehen mit Hartmetall 2,5 bis 10 μ. Hohe Schnittgeschwindigkeiten, oft begrenzt durch Maschine (Hartmetall 120 bis 300 m/min, Diamant bis 2000 oder 3000 m/min). Vorschübe sehr klein, 5 bis 100 μ; Schnittiefe 20 bis 150 μ.

b) Feinfräsen setzt voraus, daß Messerkopf an Spindelnase mit hoher Planlaufgenauigkeit (DIN 2079) genau zentriert aufgespannt ist. Vorschub je Zahn und Schnittgeschwindigkeit s. S. 652. Rauhtiefe ≈ 4 μ.

c) Läppen verbessert Oberfläche und Maßgenauigkeit (bis IT 2 und 1), nicht die Form. In Massenfertigung nur maschinelles Läppen auf Sondermaschinen.

Läppscheiben aus feinkörnigem Grauguß nehmen von zwischenliegenden Werkstücken Werkstoff ab, Bild 167, wobei ein Läppmittel (Elektrokorund, Siliziumkarbid, Polierrot) und eine Läppflüssigkeit (Petroleum und Gleitöl, 1 : 1), zugegeben werden. Oft Vor- und Fertigläppen getrennt auf zwei Maschinen. Ebene, Zylinder- und Kugelflächen lassen sich einwandfrei läppen.

Bohrungen werden mit nachstellbaren Läppdornen, Bild 168, bearbeitet, zylindrische Außenmäntel mit nachstellbaren Kluppen, in die geschlitzte Läpphülsen eingesetzt werden. Neben Grauguß verwendet man zum Läppen von Werkstoffen geringer Härte auch Zinnaufguß für Läppwerkzeuge.

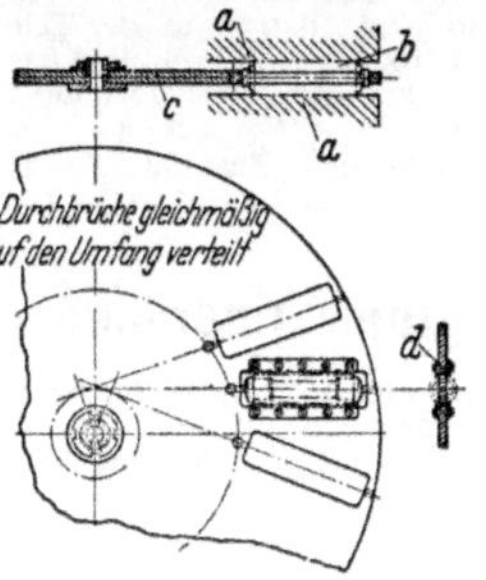

Bild 167. Kolbenbolzen *b* zwischen Läppscheiben *a* eingelagert in Durchbrüche des Werkstückhalters *c* aus Hartgewebe. Durchbrüche mit Lederfutter *d* ausgekleidet

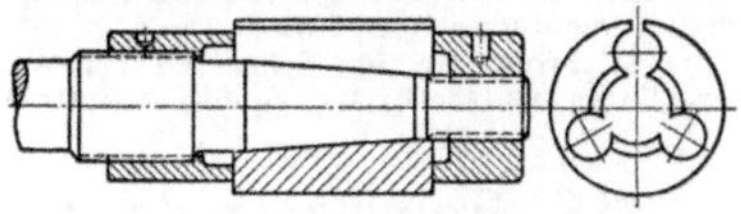

Bild 168. Nachstellbarer Läppdorn

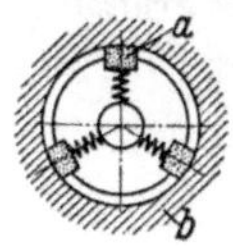

Bild 169. Langhonen. *a* Schleifkörper, *b* Werkstückbohrung

d) Honen ist ein Spanen mit einem vielschneidigen Werkzeug aus gebundenem Korn. Beim *Lang*(hub)*honen* (Innenhonen oder Ziehschleifen) arbeitet man mit Honahlen, das sind Werkzeuge ähnlich Reibahlen, jedoch sind statt Messer Schleifkörper aus Elektrokorund oder Siliziumkarbid eingesetzt; Schleifkörper sind nicht fest, sondern nachgiebig eingestellt, Bild 169. Erzielbare Genauigkeit auf Sondermaschinen IT 3. Honahle kreist und führt dabei oszillierende Bewegungen aus, die senkrecht zu Drehriefen der vorhergegangenen Bearbeitung verlaufen. Beim *Kurzhonen* (Superfinish, Feinziehschleifen) von Wellen wird Stein mit geringem Druck an umlaufendes Werkstück gepreßt und führt oszillierende Bewegung (bis 10 mm) aus. Rauhtiefen unter 1 μ (bis 0,05 μ).

e) Feinschleifen s. Abschn. III, G, S. 655.

f) Erodieren[1] (Abtragen kleiner Werkstoffteilchen durch periodische Entladungen mittels Lichtbogen oder Funken) und *Schwingläppen*[1] (Ultraschall-Verfahren, ein Spanen mit losem, in Paste oder Flüssigkeit verteilten Korn, das durch ein hochfrequent schwingendes Formstück Impulse erhält) insbesondere zum Bearbeiten sehr harter Metalle (Hartmetalle).

J. Trennen

Literatur: Hollaender, J.: Das Sägen der Metalle. WB 40, 2. Aufl. 1951.

a) Bügelsägen arbeiten bei 160 mm Hublänge mit Hubzahlen zwischen 100 und 50 Hübe/min für Werkstoffe mit $\sigma_B = 60$ bis 120 kg/mm². Der Vorschub stellt sich meist selbsttätig durch den Auflagedruck des Sägebügels ein. Sägeblätter tragen gröbere (8 bis 2,5 mm) oder feinere (2,5 bis 1 mm) Zahnteilung und sind bei gröberer Teilung geschränkt, bei feinerer gewellt, damit sie sich freischneiden; vgl. DIN 6495.

b) Bei Kaltkreissägen mit gezahntem Sägeblatt erzielt man höhere Leistungen. Die Sägeblätter –

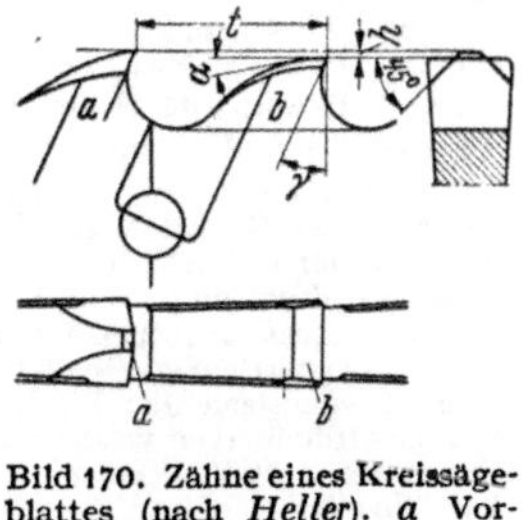

Bild 170. Zähne eines Kreissägeblattes (nach *Heller*). *a* Vorschneider, *b* Nachschneider. Für das Sägen von Stahl $\gamma = 25°$, $\alpha = 8°$, *t* Teilung

[1] Schrifttum s. Betriebshütte I.

größere mit eingesetzten Zähnen aus Schnellstahl — besitzen Vorschneid- und um h niedrigere Nachschneidzähne, Bild 170, wodurch der Span aufgeteilt wird. Räumräder entfernen während des Sägens die Späne aus den Lücken. Schnittgeschwindigkeit und Vorschub s. Fräsen, S. 652.

c) Mit **Bandsägen** kann man neben den üblichen Trennarbeiten auch Kurven und Löcher aus Platten schneiden, wenn man schmale Sägebänder benutzt. Das Schmelzverfahren arbeitet ähnlich wie das Reibsägen, jedoch wird als Werkzeug ein gezahntes Sägeband benutzt, das mit $v \approx 25$ bis 50 m/sek läuft.

d) Beim **Reibtrennen** wird mit Trennscheiben ohne Schneidzähne gearbeitet. Hier erhitzt die Reibung zwischen Scheibe und Werkstoff diesen so stark, daß er an der Schnittstelle verbrennt oder schmilzt. Die hohe Schnittgeschwindigkeit (100 bis 120 m/sek) und das schnelle Vordringen der Scheibe lassen es nicht zu Gefügeänderungen kommen, wenn auch der Werkstoff um die Trennfuge erwärmt wird.

e) **Warmsägen** zum Schneiden von Walzgut in glühendem Zustand. $v \approx 100$ m/sek. Sägeblätter aus federhartem Stahl mit Spitzzähnen (Dreieckform).

IV. Grundlagen des Werkzeugmaschinenbaues

Literatur: 1. *Schlesinger, G.:* Die Werkzeugmaschinen. Berlin: Springer 1936. — 2. *Schwerd, F.:* Spanende Werkzeugmaschinen. Berlin: Springer 1956. — 3. *Betriebshütte*, Bd. I. — 4. *Rögnitz, H.:* Abspanende Werkzeugmaschinen. Stuttgart: Teubner 1961.

A. Allgemeines

1. Übersicht

Werkzeugmaschinen werden nach den *Arbeitsverfahren* eingeteilt, die auf ihnen durchgeführt werden können. Spanlose und abspanende Verfahren bestimmen die Grundformen und die notwendigen Bewegungen. Der Gruppe der Maschinen mit kreisender Hauptbewegung wie Dreh-, Bohr-, Fräs-, Schleif-, Drückmaschinen stehen die Maschinen mit gradliniger Hauptbewegung, wie Hobel-, Räum-, Stanz- und Schneidmaschinen gegenüber. Auf allen Maschinen können die verschiedensten Formen und Flächen hergestellt oder bearbeitet werden.

Konstruktion der Maschine ergibt sich aus ihrer Aufgabe, Werkstücke bestimmter Form und Güte wirtschaftlich herzustellen.

Damit werden folgende Forderungen umrissen:

Werkzeug und (oder) Werkstück mit gewünschter Geschwindigkeit und Richtung zu bewegen (Einbau von Haupt-, Vorschub-, Schaltgetrieben, Führungen).

Beim Formen auftretende Kräfte zu übertragen und aufzunehmen (steife, schwingungsfreie Ausbildung der Maschine und Gestelle).

Genaue Werkstücke (Steifheit und Genauigkeit der Maschine, insbesondere der Führungen, spielfreier Lauf).

Gute Bedienbarkeit (zugängliche, übersichtliche, griffige Bedienungselemente, ausreichende Möglichkeit zum Abführen der Späne und Abfälle. Unfallsicherheit).

Normgerechte Ausführung (besonders der Anschlußmaße, Austauschbarkeit für Werk- und Spannzeuge).

Wirtschaftliches Arbeiten (kurze Nebenzeiten, niedrige Beschaffungs- und Unterhaltungskosten).

Gutes Aussehen, zweckmäßig in Anstrich und Form, auch mit Rücksicht auf Transport und Aufstellen der Maschine.

Die *Ausrüstung* wird bestimmt durch die beabsichtigte wirtschaftliche Verwendung der Maschine.

*Vielzweck*maschinen (Universalmaschinen) für verschiedene Arbeiten an Werkstücken verschiedener Gestalt. Meist für Einzelfertigung. Vielseitigkeit erfordert weitgehende Entwicklung der Getriebe und Zusatzeinrichtungen (Beispiel: Universalfräsmaschine, Leit- und Zugspindeldrehbank).

*Mehrzweck*maschinen für ähnliche Arbeiten an Werkstücken ähnlicher Art in Mengen- und Massenfertigung. Getriebe beschränkt durch Schalten einstellbar oder durch Auswechseln von Elementen. Wenn möglich, arbeiten mehrere Werkzeuge gleichzeitig. Schaltungen werden oft halb- oder vollautomatisch ausgeführt. Steuerungen mechanisch (Kurven), hydraulisch oder elektrisch (Beispiel: Drehautomaten, Räummaschinen, Stanzautomaten, Stauchmaschinen).

*Einzweck*maschinen für gleiche Arbeitsgänge an gleichartigen Werkstücken in großer Mengen- und Massenfertigung. Meist nur eine Drehzahl und eine Vorschubgeschwindigkeit, aber auch durch Umsteckräder einstellbar. Gleichzeitiges Arbeiten mehrerer Werkzeuge. Schaltungen und Steuerungen oft automatisch (Beispiel: Kurbelwellendrehbank, Dosenverschlußmaschine).

*Sonder*maschinen für einen oder mehrere Arbeitsgänge, die nacheinander oder gleichzeitig an einem bestimmten Werkstück auszuführen sind; meist keine Verstellbarkeit im Antrieb, sehr geringe Anpassungsfähigkeit an Änderungen der Werkstück-Konstruktion oder der Planung, daher weitgehend ersetzt durch

Aufbaueinheiten, bei denen Bohr-, Dreh-, Fräs-, Schleif- und Gewindeschneid- und andere Einheiten durch Hilfseinheiten (Tisch, Vorschubeinheiten) zu Sondermaschinen nach Bedarf zusammengesetzt werden. Vorteil: Durch Umbau anpassungsfähig.

Die *Auswahl* der jeweils zweckmäßigsten Maschine wird durch Wirtschaftlichkeitsvergleiche bestimmt (Kosten gegen Kapazität). Mit geringsten Kosten soll ein Höchstmaß an Kapazität (vgl. Abschn. VIII) bereitgestellt werden. Vielzweckmaschinen in ihren oft übersteigerten Einbauten sind nur für Einzelfertigung und solche Fälle zu wählen, wo Vielseitigkeit der Maschine und ihrer Einrichtungen auch ausgenutzt werden kann (Beispiel: Werkzeugmacherei). In Mengenfertigung dagegen Mehr- oder Einzweckmaschinen oder Aufbaueinheiten, auch zu Straßen zusammengestellt.

2. Bewegungen in der Werkzeugmaschine

a) Kreisende Bewegungen treten vorwiegend beim Formen auf abspanenden Maschinen auf. Da auf diesen Werkzeug- oder Werkstück-Durchmesser d verschiedener Größe arbeiten oder bearbeitet werden, ferner Baustoffe der Werkzeuge und Werkstücke verschiedene Schnittgeschwindigkeiten v erfordern, so folgt aus Beziehung

$$v = \pi d\; n/1000 \quad \text{oder} \quad n = 1000 \cdot v/\pi d \tag{1}$$

(v in m/min, n in U/min, d in mm), daß Drehzahlen n einstellbar sein müssen, damit immer unter den geforderten Bedingungen abgespant werden kann. Ist größter Durchmesser $d_{\max}$, kleinster $d_{\min}$, größte Schnittgeschwindigkeit $v_{\max}$, kleinste $v_{\min}$, so wird

$$\text{die größte Drehzahl} \quad n_g = 1000\, v_{\max}/\pi\, d_{\min},$$

$$\text{die kleinste Drehzahl} \quad n_k = 1000\, v_{\min}/\pi\, d_{\max}.$$

Aus Grenzdrehzahlen ergibt sich Drehzahlbereich

$$B = n_g/n_k = (v_{\max}/v_{\min}) \cdot (d_{\max}/d_{\min}) = B_v \cdot B_d. \tag{2}$$

Es müssen also Getriebe eingebaut werden, die sämtliche Drehzahlen innerhalb des Bereiches B (stufenloses Getriebe) oder nur eine Reihe von Drehzahlen (Stufengetriebe) liefern.

Zur Ausnutzung der Maschine wird größter Drehzahlbereich B gefordert, wenn großer Schnittgeschwindigkeitsbereich B_v und großer Durchmesserbereich B_d verlangt werden (z. B. Bohrwerke, auch Drehbänke). Werden B_d klein (Fräsmaschinen, Bohrmaschinen) oder B_v (Schnelldrehbänke) oder beide (Sondermaschinen), so kleines B und damit einfaches Getriebe kleiner Abmessungen.

Zum Wandeln der Drehzahlen in Haupt- sowie Vorschubgetrieben werden elektrische, hydraulische, Reib- und Zugmittelgetriebe als stufenlose Getriebe und Stufenräder-, Stufenscheiben- oder elektrische Getriebe als Stufengetriebe eingebaut. Ergibt sich bei diesen eine Reihe von Drehzahlen, so werden Drehzahlen geometrisch nach DIN gestuft.

Geometrische Reihe entsteht durch Multiplikation eines Gliedes mit einem Stufensprung φ. Ist n_1 niedrigste Drehzahl der Reihe, so ist $n_2 = n_1\varphi$, $n_3 = n_2\varphi = n_1\varphi^2$ ... und schließlich größte Drehzahl $n_g = n_{g-1}\varphi = n_1\varphi^{g-1}$; damit errechnet sich für Anfangsdrehzahl n_1, Höchstdrehzahl n_g und Anzahl der Gänge g des Getriebes der Stufensprung φ zu

$$\varphi = \sqrt[g-1]{n_g/n_1}. \tag{3}$$

Mit $n_g = n_1\varphi^{g-1}$ wird nach Gl. (2) auch $B = \varphi^{g-1}$.

Geometrische Reihe hat gegenüber allen anderen Reihen zwei Vorteile:

Drehzahlen lassen sich beim Aufbau der Getriebe durch Hintereinanderschalten von Grundgetrieben erzeugen, vgl. S. 670. Beim Übergang von einer Drehzahl zur nächst niedrigeren ist Abfall A, Bild 171, stets gleich.

Gl. (1) kann durch Sägenschaubild dargestellt werden, Bild 171. Setzt man zur Vereinfachung der Rechenarbeit $v = 10\pi$, so wird $d = 10000/n$. Man findet nun Lage der n-Geraden, indem man in diese Gleichung gegebene Werte für n einsetzt und den zu $v = 10\pi$ gehörenden Wert für d errechnet. Geht man vom Schnittpunkt einer Drehzahlgeraden mit Schnittgeschwindigkeit z. B. $v = 40$ senkrecht zur nächsten Drehzahlgeraden, so ist senkrechter Abstand = Schnittgeschwindigkeitsabfall $A = (v_2 - v_1)/v_2 = (\varphi v_1 - v_1)/(\varphi v_1) = (\varphi - 1)/\varphi$. Alle Fußpunkte liegen auf einer Geraden, Abfall ist gleich.

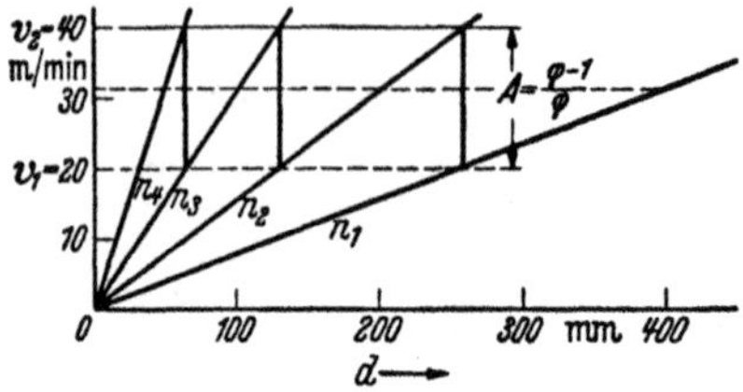

Bild 171. Sägenschaubild mit Stufung nach geometrischer Reihe. Schnittgeschwindigkeitsabfall $A = (\varphi - 1)/\varphi$

Für praktischen Gebrauch zeichnet man Sägenschaubild zweckmäßig im doppeltlogarithmischen Netz, Bild 172. Auf einer logarithmischen Leiter haben geometrisch gestufte Drehzahlen gleiche Abstände, nämlich $\lg \varphi$.

Zu einem Durchmesser d_a kann man nur dann wirtschaftliche Geschwindigkeit v_a einstellen, wenn sich Waagerechte durch v_a und Senkrechte durch d_a auf Drehzahlgeraden treffen, Bild 172. Liegt P zwischen Drehzahlgeraden, so muß man zur nächsten Drehzahl übergehen: Höhere Drehzahl liefert zu hohe Schnittgeschwindigkeit, damit geringere Standzeit, bei niedrigerer Drehzahl höhere Standzeit, aber Schnittgeschwindigkeitsverlust. Liegt Schnittpunkt P in geometrischer Mitte z. B. von n_3 und n_2, so wird Verlust $(\varphi^{0,5} - 1)/\varphi^{0,5}$. Je dichter Drehzahlen liegen, je näher also $\varphi \approx 1$ kommt, desto geringer wird Verlust. Bei stufenlosen Getrieben trifft man innerhalb des Arbeitsfeldes immer auf gewünschte Drehzahl. Die damit begründete theoretische Überlegenheit der stufenlosen Getriebe ist jedoch praktisch eingeschränkt aus wirtschaftlichen (Preis, Schaltzeiten, Unterhaltungskosten) und technischen Gründen (Drehzahlbereich, Leistung), die von Fall zu Fall abzuwägen sind. Stufenlose Getriebe können praktisch nur kleineres Drehmoment übertragen. Daher häufig hinter stufenlosem Getriebe, das mit hoher Antriebdrehzahl läuft, Nachordnung eines Rädergetriebes, mit dem dann auch Drehzahlbereich des stufenlosen Getriebes erweitert wird. Vor allem ist aber „wirtschaftliche Schnittgeschwindigkeit" kein Festwert, sondern ein Wertebereich. Daher erfordert Arbeitsverfahren zur wirtschaftlichen Ausnutzung nicht immer so reichhaltige Drehzahlauswahl, so daß Einbau von stufenlosen Getrieben oft überflüssig oder unwirtschaftlich; auch ist durch Ändern der Vorschubgrößen eine weitere Möglichkeit gegeben, die wirtschaftliche Schnittgeschwindigkeit und kurze Hauptzeiten zu erreichen.

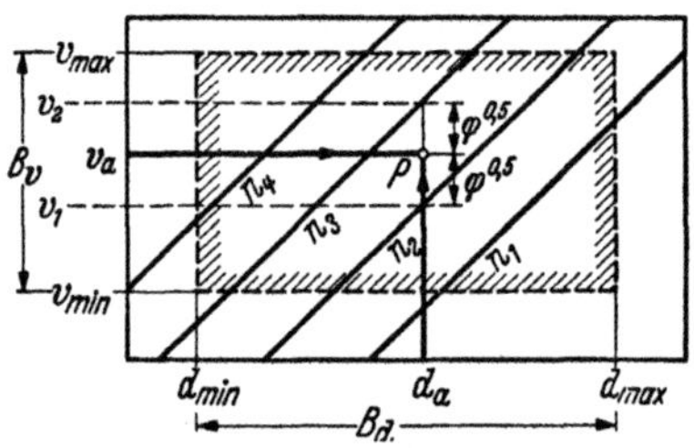

Bild 172. Sägenschaubild im doppeltlogarithmischen Netz. B_d = Durchmesserbereich, B_v = = Schnittgeschwindigkeitsbereich

b) Drehzahlnormung. Drehzahlen sind durch ISA-Vorschlag (DIN 804, Zahlentafel 17) festgelegt. Normdrehzahlen sind Vollastdrehzahlen und gerundete Werte aus den geometrisch gestuften Grundreihen (DIN 323). Die an Werkzeugmaschinen erreichten Ist-Werte sollen innerhalb einer Toleranz von $\pm 2\%$ möglichst oberhalb der Nennwerte liegen. Reihe R20 mit $\varphi = 1{,}12$ ist Grundreihe, aus der übrige Reihen durch Auswahl jedes zweiten (R 20/2), dritten (R 20/3), vierten (R 20/4) oder sechsten (R 20/6) Gliedes ausgehend von einem Gliede oder Drehzahl (1400 oder 2800) aufgebaut sind. Stufensprünge $\varphi = 1{,}25$ mit R 20/2 und $\varphi = 1{,}4$ mit R20/3 sind am häufigsten vertreten. Reihen R20/4 ($\varphi = 1{,}6$) und vor allem R20/6 ($\varphi = 2$) sind meist zu grob gestuft. — Vgl. hierzu auch Bd. I, S. 593/94.

Frühere, vom VDW (Verband Deutscher Werkzeugmaschinenfabrikanten) vorgeschlagene Richtwerte waren mit gleichen Stufensprüngen gestuft, aber Leerlaufdrehzahlen. Da im Betrieb

Drehzahlen unter Last um 3 bis 6% abfallen, so laufen ältere, nach VDW-Richtwerten gestufte Getriebe praktisch mit gleichen Drehzahlen.

Zahlentafel 17. *Stufensprünge und Lastdrehzahlen* nach DIN 804

Nennwerte U/min										Grenzwerte in U/min der Grundreihe R 20 mit Toleranz[1]		
Grundreihe R 20	Abgeleitete Reihen: R 20/2	R 20/3 (..2800..)			R 20/4 (..1400..) und (..2800..)		R 20/6 (..2800..)					
$\varphi = 1{,}12$	$\varphi = 1{,}25$	$\varphi = 1{,}4$			$\varphi = 1{,}6$	$\varphi = 1{,}6$	$\varphi = 2$			−2%	+2%	+4,5%
1	2	3			4	5	6			7	8	10
100										98	102	105
112	112	11,2				112	11,2			110	114	117
125			125							123	128	132
140	140			1400	140				1400	138	144	148
160		16								155	162	166
180	180		180			180		180		174	181	186
200				2000						196	204	209
224	224	22,4			224		22,4			219	228	234
250			250							246	256	262
280	280			2800		280			2800	276	287	294
315		31,5								310	323	330
355	355		355		355			355		348	362	371
400				4000						390	406	416
450	450	45				450	45			438	456	467
500			500							491	511	524
560	560			5600	560				5600	551	574	588
630		63								618	643	659
710	710		710			710		710		694	722	740
800				8000						778	810	830
900	900	90			900		90			873	909	931
1000			1000							980	1020	1050

Die Reihen R 20, R 20/2 und R 20/4 können nach unten und oben durch Teilen oder Vervielfachen mit 10, 100 usw. fortgesetzt werden. Die Reihen R 20/3 und R 20/6 sind für drei Dezimalbereiche angegeben, weil sich ihre Zahlen erst in jedem vierten Dezimalb. wiederholen.

c) Geradlinige Bewegung. Bei geradliniger Hauptbewegung läuft Werkzeug, Schlitten oder Werkzeugtisch hin und her. Arbeitsweg (oder Arbeitshub) l_A und Rückweg l_R ergeben Doppelhub $l = l_A + l_R$. Zeit t_R für Rückweg muß kleiner sein als t_A für Arbeitsweg bzw. Arbeitsgeschwindigkeit $v_A < v_R$ (v_R = Rückgeschwindigkeit). Je größer Verhältnis $m = v_R/v_A$, um so geringer ist Anteil der Leerzeit an Gesamtzeit, um so geringer also Zeitverlust.

Ist $v_A \neq v_R$, so wird mittlere Geschwindigkeit

$$v_m = 2 v_A v_R/(v_A + v_R) \tag{4}$$

und Zeit für einen Doppelhub $t = t_A + t_R = l/v_m$.

Schlitten muß möglichst stoßfrei umgesteuert und doch schnell auf seine Geschwindigkeit beschleunigt werden. Bei abspanenden Maschinen wird konstante Schnittgeschwindigkeit während des Arbeitshubes angestrebt. Bei spanlos formenden Maschinen liegen je nach Arbeitsverfahren andere Bedingungen vor. Konstante Geschwindigkeit erreicht man nach Anlauf bei Zahnstangen-, Schrauben-, Kurven- und Flüssigkeitsgetrieben. Bei Kurbelgetrieben ungleichförmige Geschwindigkeiten, aber einfacher Aufbau, da keine besonderen Umschalteinrichtungen.

[1] Bei mechanischen Getrieben ist für die Abtriebdrehzahl eine Toleranz ± 2% zulässig; bei mechanischen Getrieben einschl. elektrischem Antrieb erhöht sich zulässige Toleranz auf − 2% + 4,5%.

d) Geradlinige **Vorschubbewegungen** verlaufen bei kreisender Hauptbewegung stetig, bei geradliniger Hauptbewegung absatzweise. Vorschübe sind nach DIN 803 genormt, Zahlentafel 18.

Zahlentafel 18. *Vorschübe für Werkzeugmaschinen* nach DIN 803

Nennwerte[1]										Grenzwerte[2] der Grundreihe R 20 und Toleranzen		
Grundreihe R 20	Grundreihe R 10	Abgeleitete Reihe R 20/3 (...1...)			Grundreihe R 5	Abgeleitete Reihe R 10/3 (...1...)						
φ=1,12	φ=1,25	φ=1,4			φ=1,6	φ=2				−2%	+2%	+4,5%
1	1		1		1		1			0,98	1,02	1,05
1,12				11,2						1,10	1,14	1,17
1,25	1,25	0,125				0,125				1,23	1,28	1,32
1,4			1,4							1,38	1,44	1,48
1,6	1,6			16	1,6			16		1,55	1,62	1,66
1,8		0,18								1,74	1,81	1,86
2	2		2				2			1,96	2,04	2,09
2,24				22,4						2,19	2,28	2,34
2,5	2,5	0,25			2,5	0,25				2,46	2,56	2,62
2,8			2,8							2,76	2,87	2,94
3,15	3,15			31,5				31,5		3,10	3,23	3,30
3,55		0,355								3,48	3,62	3,71
4	4		4		4		4			3,90	4,06	4,16
4,5				45						4,38	4,56	4,67
5	5	0,5				0,5				4,91	5,11	5,24
5,6			5,6							5,51	5,74	5,88
6,3	6,3			63	6,3			63		6,18	6,43	6,59
7,1		0,71								6,94	7,22	7,40
8	8		8				8			7,78	8,10	8,30
9				90						8,73	9,09	9,31
10	10				10					9,80	10,20	10,50

Die Reihen R 20, R 10 und R 5 können nach unten und oben durch Teilen und Vervielfachen mit 10, 100 usw. fortgesetzt werden. Die Reihen R 20/3 und R 10/3 sind für drei Dezimalbereiche angegeben, da sich ihre Zahlen erst in jedem vierten Dezimalbereich wiederholen.

3. Energie in der Werkzeugmaschine

Zum Formen benötigte Energie wird der Werkzeugmaschine über mechanische Energieleitungen (Riemen-, Kettentriebe), Flüssigkeits-, Preßluft- oder elektrische Leitungen zugeführt.

Gruppen- oder Gesamtantrieb, bei dem ein Motor eine Gruppe gleichartiger Maschinen über Riemen und Vorgelege antreibt, ist infolge der Beschränkung in der Maschinenaufstellung, Unübersichtlichkeit der Anlage, schlechten Wirkungsgrads durch die vielen Übertragungen, begrenzter Leistungsfähigkeit der Riemen und insbesondere der Stufenscheibentriebe, hoher Nebenzeiten beim Schalten trotz auch vorhandener Vorzüge verdrängt, zumal nach Verschmelzung des Elektromotors mit der Werkzeugmaschine zu einer konstruktiven Einheit die Vorteile des ***Einzelantriebs*** voll ausgeschöpft werden können.

Jede Leitung und Umformung bringt Verlust. Antriebleistung N_a wird beim Durchgang zur Arbeitsstelle auf Formungsleistung $N_f = \eta N_a$ verringert, vgl.

[1] Die Nennwerte gelten für Vorschübe in mm U und mm/Hub sowie für vom Hauptantrieb unabhängige Vorschübe in mm/min.

[2] Die Grenzwerte enthalten die zulässigen Abweichungen der Nennwerte unter Berücksichtigung der mechanischen und elektrischen Toleranz. Die mechanische Toleranz von ±2% begrenzt die zulässigen Abweichungen der Übersetzungen von den Sollwerten, die bei der Getriebegestaltung meist nicht genau einzuhalten sind. Die elektrische Toleranz von —2% und +4,5% gilt nur für Vorschübe mit elektrischem Einzelantrieb und berücksichtigt den unterschiedlichen Vollastschlupf von Motoren verschiedener Herkunft und Leistung, der in den Grenzen von 3,5 bis 6% schwankt.

Abschn. VIII, S. 794. Daher möglichst kurze Leitungen und Umformen erst dort, wo Bewegung eingesetzt wird. Das läßt sich oft vorteilhaft durch *elektrische Antriebe* erreichen und führt zu einfacheren mechanischen Antrieb- und Schaltorganen.

Wird konstante Antriebsleistung N_a kW zugeführt, so werden Momente an Arbeitsspindel verschieden von $M_k = c\eta N_a/n_g$ bis $M_g = c\eta N_a/n_k$; ($c = 97400$, wenn M in kgcm). Demnach ist auch nach Gl. (2) der Bereich

$$B = n_g/n_k = M_g/M_k. \tag{5}$$

Antriebe mit konstanter Leistung liefern an Arbeitsstelle bei hohen Geschwindigkeiten oft zu kleine Durchzugkräfte; Werkzeuge, insbesondere Hartmetalle, können daher nicht ausgenutzt werden. Höhere Zerspanungsleistungen werden dann bei Antrieb mit konstantem Moment erzielt. Hier steigt nun Leistung an. Ist volles Ausnutzen des Momentes wegen beschränkter Werkzeug- und Maschinensteifheit bei kleiner Geschwindigkeit nicht mehr möglich, so Antriebe auslegen für konstantes Moment bei den kleinen und für konstante Leistung bei hohen Geschwindigkeiten, Bild 173c, z. B. dadurch, daß Überlastungsschutz nur bestimmte Leistung zuläßt oder das Moment bei niedriger Geschwindigkeit begrenzt.

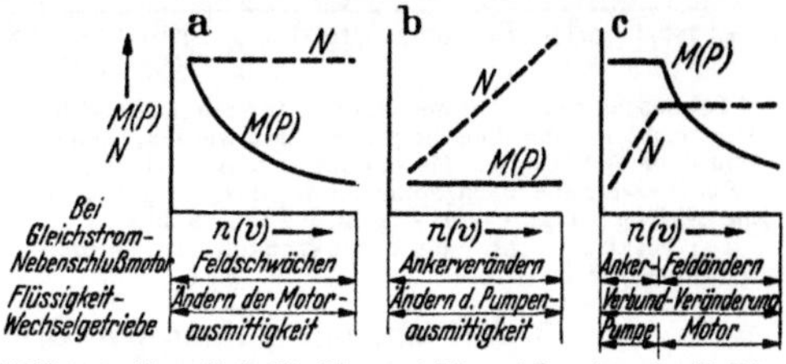

Bild 173. Kennlinie für Moment M und Durchzugkraft P im Abtrieb bei a) Antrieb mit konst. Leistung N; b) Antrieb mit konst. Moment M; c) N oder M begrenzt, bei kleinem v dann M = const, bei größerem v nun N = const

B. Elektrische Antriebe

Literatur: 1. *Birett, H.:* Der elektrische Antrieb von Werkzeugmaschinen. WB 54. 2. Aufl. 1951. — 2. *Lehmann, W.:* Die Elektrotechnik u. d. elektrischen Antriebe, 5. Aufl. Berlin: Springer 1959. — S. a. Abschn. Elektrotechnik, S. 846 f.

1. Antriebe mit *einer* Drehzahl

Drehstromkäfig-Läufer-Motor am häufigsten eingebaut (Kurzschlußläufer). Hoher Einschaltstrom, klingt mit steigender Drehzahl auf Belastungshöhe ab. Im stabilen Bereich zeigt Motor Nebenschlußverhalten (vgl. S. 897).

Durch verschiedene Käfigbauarten kann man Motor der Eigenart der Werkzeugmaschinen anpassen. Stromverdrängungsläufer (Wirbelstromläufer) hat höchstes Anzugsmoment bei niedrigem Einschaltstrom, daher für direktes Einschalten. Widerstandläufer hat höchstes Anzugsmoment (so groß wie Kippmoment), niedrigen Einschaltstrom und verhältnismäßig großen Schlupf (≈10%). Besonders geeignet, wenn häufig geschaltet wird (Revolverbänke, Automaten und bei kleinen Schwungradantrieben).

*Drehstromschleifring*läufer werden bei Werkzeugmaschinen mit größerer Antriebsleistung und solchen mit Schwungradantrieben eingebaut, da (vgl. IV F) bei Abfall der Motordrehzahl die im Schwungrad gespeicherte Energie während des Arbeitshubes wirksam werden kann.

Kurzschlußläufer und Schleifringläufer können ihre Drehrichtung ändern. Bei Normalmotoren 20 (bei größeren) bis 80 (bei kleineren) Richtungswechsel je Stunde. Bei höheren Wechselzahlen s. Abschn. 4, S. 666.

Gleichstrom-Nebenschlußmotoren, wenn nur Gleichstrom vorhanden. Drehzahl bleibt praktisch bei allen Belastungen gleich; für Schwungradantriebe mit Sonderwicklungen. Drehsinn kann durch Vertauschen der Ankeranschlüsse gewechselt werden, s. Abschnitt Elektrotechnik S. 890.

2. Antriebe mit *mehreren* Drehzahlen

In Drehstrommotoren kann man Drehzahl n (U/min) durch Ändern der Polzahl p wechseln, da nach $n = 2 \cdot 60 \cdot f/p$ Drehzahl von Polzahl p und Frequenz f

(= 50 Hz) abhängig ist, s. Abschn. Elektrotechnik, S. 893. Gebräuchliche Leerlaufdrehzahlen der Käfigläufer-Motoren mit 2 oder 3 Drehzahlen, die unter Last um 3 bis 6% abfallen, mit den Motorstufensprüngen φ_m in Zahlentafel 19.

Zahlentafel 19. *Leerlaufdrehzahlen polumschaltbarer Motoren*

Mit *zwei* Drehzahlen:

$\varphi_m =$	1,3	1,5	2	3	4
$n =$	750/1000	500/750 1000/1500	500/1000 750/1500 1500/3000	500/1500 1000/3000	750/3000

Mit *drei* Drehzahlen:

$\varphi_m =$	1,3—1,5	1,5—1,3	1,5—2	2—1,5	3—2
$n =$	750/1000/1500	500/750/1000	1000/1500/3000 500/750/1500	500/1000/1500	500/1500/3000

Polumschaltbare Motoren können für alle Drehzahlen mit gleichbleibendem Moment oder mit gleichbleibender Leistung ausgelegt werden. Reichen Drehzahlen und damit gegebener Drehzahlbereich B_m des Motors für den Antrieb der Werkzeugmaschine nicht aus, so muß Stufenrädergetriebe nachgeschaltet werden, so daß sich ein erweiterter Drehzahlbereich mit Stufensprung φ ergibt (vgl. Abschn. IV C 7, S. 673).

Bei Elektro-Hochfrequenz-Werkzeugen wendet man auch Drehzahlwechsel durch Frequenzänderung an [1].

3. Antriebe mit stufenlosem Drehzahlbereich

In *Gleichstrom-Nebenschlußmotoren* können Drehzahlen durch Schwächen der Feldspannung erhöht und durch Feldstärkung vermindert werden. Größter erreichbarer Drehzahlbereich $B_m \approx 3$ bis 4, wobei höchstes Moment nur bei niedrigster Drehzahl auftritt (konstante Leistung). Wird Gleichstrom-Nebenschlußmotor in Leonardschaltung eingebaut, so kann bei konstantem Moment ein Drehzahlbereich $B_m \approx 10$ bis 20 erzielt werden. Durch Spannungsändern in Leonardschaltung und Feldänderung am Motor läßt sich Drehzahlwechsel nach Art von Bild 173c mit $B \leqq 20$ erzielen, der durch Einbau von Regelanlagen auf $B \approx 40$ erweitert werden kann.

Ähnlich wie die Maschinenumformer (Leonardsätze) arbeiten die *Stromtor-* (Röhren- oder Elektronen-) *Steuerungen*. Die Thyratrons richten die dem Netz entnommene Wechselspannung gleich und steuern die Größe der Gleichspannung bzw. des Gleichstroms für den Nebenschlußmotor. Mit Stromtorsteuerungen kann bei kleinen bis mittleren Leistungen (etwa von 0,4 bis 15 kW) durch Verändern des Ankerstroms bei gleichbleibendem Drehmoment (Bild 173b) ein Drehzahlbereich bis $B_{mA} \approx 50$ bis zur Höhe der Nenndrehzahl ($n = 1000$) und durch Verändern des Feldes $B_{mF} \approx 3$ (Bild 173a) erzielt werden. Bei Verändern der Anker- und Feldspannung ergeben sich Verhältnisse des Bildes 173c. Man wird jedoch den Drehzahlbereich möglichst klein wählen. Ohne zusätzliche Maßnahme zur Kühlung des Motors bei niedrigen Drehzahlen erreicht man im Dauerbetrieb $B \approx 15$. Die trägheitslose Steuerung kann leicht für selbsttätiges Schalten, Programmsteuerungen usw. auch ferngesteuert ausgebaut werden.

Schließlich kann Drehzahl beim läufergespeisten Drehstrom-Nebenschlußmotor bei konstantem Moment verändert werden.

4. Drehrichtungswechsel — Abbremsen

Verlangt Betriebsweise der Maschine über 800 Umschaltungen/h, so müssen Sonderausführungen der Drehstromkäfigläufer (4polig mit $n = 1500$) eingebaut werden (Stromdämpfungsläufer und Widerstandsläufer). Zahl der möglichen Umschaltungen, die bei über 1200/Std. liegen können, hängt ab von Betriebsart, Bremsung, Belastung beim Anlaufen und Umsteuern, Schwungmassen usw.

[1] *Beinert, F.*, u. *H. Birett:* Hohe Drehzahlen durch Schnellfrequenzantrieb WB 84, 2. Aufl. 1954.

Bei schnell umlaufenden Spindelmotor-Läufern wird Auslaufzeit durch elektrisches *Bremsen* verringert.

Mechanische (Band-, Backen-) Bremsen werden durch Zugmagnete angezogen. Zweckmäßiger bremst man Drehstrommotoren durch Gegenstrombremsen ab, bei denen zwei Anschlüsse vertauscht und auf Gegenstrom geschaltet werden. Hochlaufen in entgegengesetzter Richtung wird durch Bremswächterschaltung vermieden. Man kann Drehstrommotoren auch mit Gleichstrom abbremsen, wenn man Ständerwicklung des Motors mit Gleichstrom erregt. Gleichstrombremse wirkt weich und doch schnell, Anlage erfordert aber größeren Aufwand.

Gleichstrom-Nebenschlußmotoren werden durch Anker-Kurzschlußbremsen schnell und weich abgebremst, wenn man Motoranker abschaltet und über Widerstand kurzschließt.

5. Schaltgeräte (s. a. Abschnitt G 5, S. 691)

Schaltgeräte. VDE-Prüfvorschriften 0660/44 verlangen für Drehstrom-Motorenschalter

Einschaltvermögen $= 16\, I_N$ bei $\cos\varphi = 1$,
Ausschaltvermögen $= 8\, I_N$ bei $\cos\varphi = 0{,}4$ (I_N = Motor-Nennstrom).

Walzenschalter und Paketschalter nur für kleine Schalthäufigkeit, Lebensdauer infolge der Reibkontakte beschränkt. Als Motorschalter mit Silberschaltstücken, Gesamtschaltzahlen von höchstens 100 – 200000 erreicht, als Steuerschalter bis $4 \cdot 10^6$. Vielseitige Schaltungsmöglichkeiten.

Nockenschalter für höhere Schalthäufigkeit (bis rd. 800 Schaltungen/h). Lassen sich leichter schalten und auch für viele Schaltkombinationen ausbauen (Wende-, Stern-Dreieck-, Polumschalter).

Schütze = ferngesteuerte Motorenschalter.

Luftschütze für große Schalthäufigkeit; Gesamtschaltzahlen bei Edelmetallschaltstücken bis $20 \cdot 10^6$ bei entsprechender Leistungsanpassung ohne Auswechslung und ohne Wartung erreicht. Luftschütz daher für Werkzeugmaschinenschalter besonders geeignet.

Ölschütze (mit Kupferkontakten) wegen starken Schaltstückverschleißes nur für geringe Schalthäufigkeit, daher für Werkzeugmaschinen selten verwendbar.

Handbetätigter Motorschutzschalter, für max. 50 Schaltungen/h verwendbar, besonders für Werkzeugmaschinen kleinerer Antriebsleistung ohne Wendebetrieb (Scheren, Pressen, Bohrmaschinen). Mit Überlastungsschutz, teilweise mit Kurzschlußschnellauslösung.

Überstromrelais, thermisch (Bimetall, Dehnungsband) oder elektromagnetisch (Schmelzart unverzögert, Stromwächter, für stromabhängige Schaltungen). Volle Schutzwirkung thermischer Relais nur vorhanden, wenn auf Motornennstrom oder bei Aussetzbetrieb auf zulässigen Mittelwertstrom eingestellt. Bei größerer Schalthäufigkeit nur bedingter Schutz des Motors.

Sicherungen. Nur Kurzschlußschutz, kein Überlastungsschutz. Mehrere Motoren einer Werkzeugmaschine an gemeinsame Sicherung, dabei jedoch max. zulässige Sicherungsnennstromstärke für therm. Überstromrelais beachten. Hauptsicherung für Werkzeugmaschinen selbst nur ausnahmsweise erforderlich, im allgemeinen in speisender Verteilung vorhanden (vgl. DIN 57113, § 11, Abs. f).

6. Auswahl und Einbau

a) Auswahl. Planmäßiges Auswechseln von Schaltstücken und laufende Wartung von Schaltgeräten in Praxis undurchführbar, daher nur solche mit Maschinenlebensdauer verwenden. Auswahl nicht nach Stromstärke, sondern nach Leistung (kW), Schalthäufigkeit (S/h), Spannung (V) und Betriebsart (z. B. Sterndreiecklauf, Gegenstrombremsung usw.). Nähere Angaben siehe Listen der Schaltgerätefirmen.

Erfahrungswerte für Schalthäufigkeiten (nach Klöckner)

Werkzeugmaschine	S/h	Gesamtschaltzahl innerhalb von 10 Jahren bei 300 Arbeitstagen, 8 Arbeitsstunden/Tag, 50% Masch.-Benutzungsdauer
Normale Drehbänke	bis 100	bis 1,2 Mill.
Sonderdrehbänke bis 2 kW Antriebsleistung	bis 1000	bis 12 Mill.
Fräsmaschinen	bis 100	bis 1,2 Mill.
in Sonderfällen	bis 200	bis 2,4 Mill.
Hobelmaschinen	bis 1500	bis 18 Mill.

b) Ausführung und Einbau. Bevorzugte Spannungen in Klein-, Mittel- und Großbetrieben mit Anschlußwerten von 1000 kW sind für Kraft Drehstrom 380/220 V, für Licht und Steuerströme 220 V Wechselstrom, bei Gleichstrom-Regelantrieben 440 (2 × 220) V, für Magnet-Spanngeräte 220 V Gleichstrom.

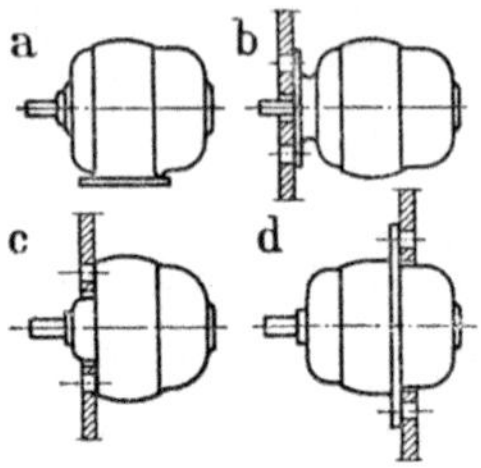

Bild 174. Wichtigste Bauformen der Elektromotoren für Einbau in Werkzeugmaschinen. a Fußmotor mit zwei Schildlagern (B 3), b Flanschmotor mit zwei Schildlagern (B 5), c Flanschmotor auf Antriebseite ohne Lagerschild und ohne Lager (B 9), d Befestigungsflansch auf Abtriebseite (B 10) oder, wie gezeichnet, auf Bürstenseite mit zwei Schildlagern

Aus angeführten Grundformen der Motoren in Bild 174 können Vertikalanordnungen abgeleitet werden. Fußmotor mit Schildlagern als Normalmotor am einfachsten auswechselbar und leicht zu beschaffen. Aufsteckmotoren besitzen Läufer ohne Welle, sonst Form wie Bild 174c. Einbau der Fuß- oder Flanschmotoren und Übertragen der Drehung auf Getriebe oder Spindel über Flach- oder Keilriemen wird dem unmittelbaren Einbau und Kupplung mit Getriebewelle bei Klein- und Mittelmaschinen oft vorgezogen, da keine Erschütterungen auf Spindel übertragen werden und elastisches und nachgebendes Glied zwischen Motor und Getriebe zur Dämpfung von Stößen eingeschaltet ist. Einbaubeispiel s. Bild 175.

Grundsatz bei Ausrüstung der Werkzeugmaschinen, den Kraftweg vom Elektromotor zum letzten Arbeitselement möglichst klein auszuführen, veranlaßt weitgehende Aufteilung des zentralen Antriebs in Anzahl kleiner Einheiten.

Beispiel: Kombinierte Hobel- und Fräsmaschine, Bild 175, angeschlossen an Drehstromnetz 380 V. Beim *Hobeln* läuft Umformersatz *LU* in reiner Leonardschaltung, Bild 176, wobei eine durch Feldregelung zwischen 40 und 400 V veränderliche Spannung dem Anker des Antriebsmotors *TH* zugeführt wird. Dieser gibt bei $B_m = 10$ gleichbleibendes Drehmoment ab, vgl. Abschn. 3. Vorschubmotoren *VH*, durch Bremswächter mit Gegenstrom abgebremst, und Klappenabhebemotoren *KH* sind an 380 V angeschlossen.

Beim *Fräsen* läuft Umformer mit gleichbleibender Spannung von 440 V, Bild 177. Jeder der vier Frässupporte ist mit je einem feldgeregelten Antriebsmotor *SPF* ($B_m = 3$) und Vorschubmotor ($B_m = 4$) angetrieben, die gemeinsam am 440 V-Netz des Umformers hängen. Tischantrieb beim Fräsen

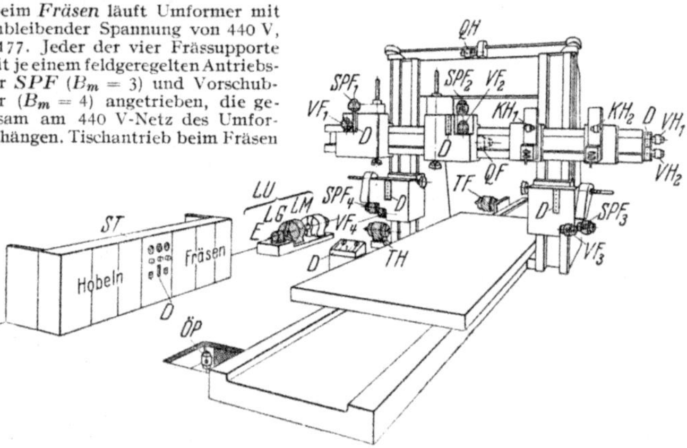

Bild 175. Kombinierte Hobel- und Fräsmaschine mit Gleichstrom- und Drehstromausrüstung (*Becker, H.:* VDI-Z. Bd. 86 (1942) S. 481)

durch feldgeregelten Motor *TF*. Im Steuerschrank *ST* wird 220 V ∼-Strom aus Steuerumspanner 380/220 entnommen und zu Druckknopfstationen *D* geleitet. Ölpumpenmotor *ÖP*, Querbalkenfestspannmotor *QF* und Querbalkenhubmotor *QH* sind an 380 V-Netz angeschlossen.

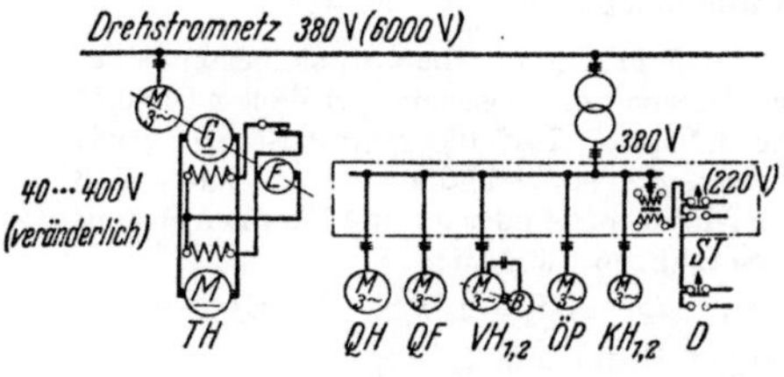

Bild 176. Schaltbild für Hobeln auf Maschine in Bild 175

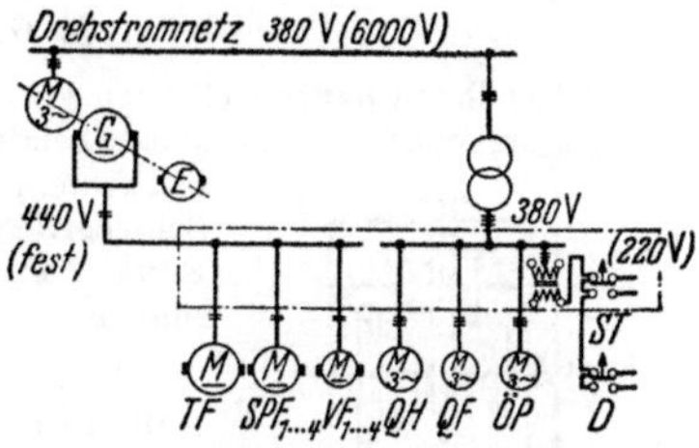

Bild 177. Schaltbild für Fräsen auf Maschine in Bild 175

C. Rädergetriebe

Literatur: 1. *Germar, R.:* Getriebe für Normdrehzahlen. Berlin: Springer 1932. — 2. *Rögnitz, H.:* Stufengetriebe an Werkzeugmaschinen. WB 55, 3. Aufl. 1953 (dort ausführliches Schrifttum). — 3. *Stephan, E.:* Stufenrädergetriebe für Werkzeugmaschinen. Berlin: Springer 1958.

Stufenrädergetriebe werden mit Sinnbildern nach Bild 178 dargestellt[1].

Übersetzung $i = n_{\text{an}}/n_{\text{ab}}$ = Antriebdrehzahl/Abtriebdrehzahl. (6)

Zähneverhältnis $u = 1/i = z_1/z_2$ = Antriebzähnezahl/Abtriebzähnezahl. (7)

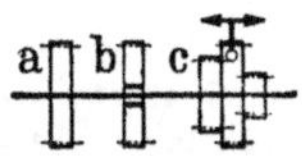

Bild 178. Sinnbilder für die Darstellung von Stirnrädern: a Stirnrad sitzt fest, b Stirnrad lose, c Block mit drei Stirnrädern, verschiebbar, Welle mitnehmend

1. Umsteckräder

Ein Rad mit Zähnezahl z_1 überträgt von Welle *I* Moment auf Rad z_2 auf Welle *II*. Räder können vertauscht oder auch gegen anderes Paar ausgewechselt werden. Da Wellenabstand *A* nicht zu verändern, besteht Bedingung $z_1 + z_2 = z_3 + z_4 = \cdots = S$, wenn gleicher Modul angenommen wird. Umsteckräder werden in Einzweck- und Sondermaschinen eingebaut und ersetzen hier teures Stufenrädergetriebe. Auch in Vorwellen größerer Stufenrädergetriebe, um Drehzahlbereich des Getriebes höher oder tiefer zu legen.

2. Wechselräder[2]

Sie verbinden zwei mit festem Abstand gelagerte Wellen über eine Zwischenwelle mit veränderlicher Achslage (Wechselräderschere, Bild 179). Gesamtübersetzung bei Antrieb von Welle *I*

$$i = (z_2 \cdot z_4)/(z_1 \cdot z_3) = n_I/n_{III}. \quad (8)$$

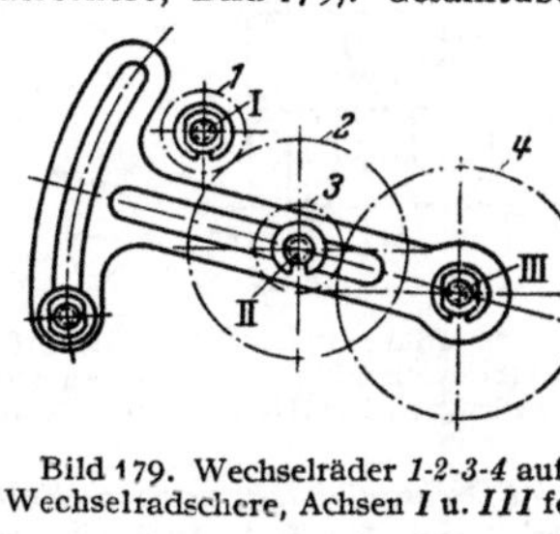

Bild 179. Wechselräder *1-2-3-4* auf Wechselradschere, Achsen *I* u. *III* fest

Zur Darstellung der Übersetzungen steht Wechselrädersatz zur Verfügung, aus dem geeignete Räder ausgewählt werden können, z. B. „5er Satz“ mit Rädern von 20 bis 125 Zähnen, steigend um fünf. Einbau bei Vorschubgetrieben in Drehbänken, in Getrieben zum Teilen (Teilköpfe, Zahnbearbeitungsmaschinen usw.). Bei genügend großem Rädersatz lassen sich praktisch benötigte Übersetzungen in ausreichender Zahl darstellen (Zähnezahlen für Wechselräder s. DIN 781. — Zum Berechnen s. Primzahlen bzw. Faktoren, Tafel G Bd. I S. 34/35).

[1] *Rögnitz, H.:* AWF-Nachr. (1943) S. 45. — Vgl. DIN E 37 Bl. 1 (1960).

[2] *Riegel, F.:* Rechnen an spanenden Werkzeugmaschinen, 1. Bd., 8. Aufl. Berlin: Springer 1958. — 2. *Mayer, E.:* Wechselräderberechnung für Drehbänke. WB 4., 6. Aufl. 1950.

3. Grundgetriebe

Aus ihnen bauen sich auch größere Stufenrädergetriebe auf; sie bestehen aus zwei, drei oder mehr in Reihe liegenden Räderpaaren zwischen zwei Wellen *I* und *II* mit festem Achsabstand. Bild 180 zeigt Ausführung mit Schieberäderblock, der so geschoben werden kann, daß Räder *1* mit *2* oder *3* mit *4* oder *5* mit *6* kämmen. Damit sind drei Übersetzungen möglich:

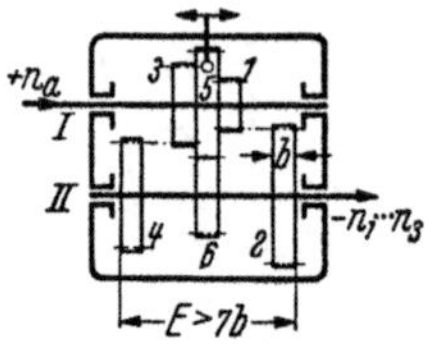

Bild 180. Dreistufiges Grundgetriebe mit Schieberäderblock

$$i_1 = z_2/z_1 = n_a/n_1, \quad i_2 = z_4/z_3 = n_a/n_2, \quad i_3 = z_6/z_5 = n_a/n_3.$$

Außerdem besteht Bedingung

$$\text{Zahnsumme } S = z_1 + z_2 = z_3 + z_4 = z_5 + z_6, \quad (9)$$

wenn, wie üblich, alle sechs Räder mit gleichem Modul ausgeführt werden.

Meist werden Antriebdrehzahl n_a und Enddrehzahlen n_1, n_2 und n_3 gegeben sein. Zum Berechnen der Zähnezahlen ist dann Zähnezahl eines Rades anzunehmen, zweckmäßig die des kleinsten. Zahnsumme S wird so gewählt, daß sich Übersetzungen gut darstellen lassen.

Beispiel: Es seien $u_1 = z_1/z_2 = 1:2$, $u_2 = z_3/z_4 = 1:1{,}4$, $u_3 = z_5/z_6 = 1:1$. Um Zähnezahlen zu finden, nimmt man geeignete Zahnsumme so an, daß sie durch Summe je aus Zähler und Nenner teilbar ist. Hier muß S durch 3, 2,4 und 2 teilbar sein. Wird $S = 72$ gewählt, so ist $z_1 = 72:3 = 24$, $z_3 = 72:2{,}4 = 30$, $z_5 = 72:2 = 36$; Gegenräder $z_2 = 72 - 24 = 48$, $z_4 = 72 - 30 = 42$ und $z_6 = 72 - 36 = 36$ Zähne.

4. Dreiwellengetriebe

bestehen aus zwei hintereinandergeschalteten Grundgetrieben. Zwei zweistufige Getriebe, Bild 181, ergeben $2 \cdot 2 = 4$ Drehzahlen, also ein vierstufiges Dreiwellengetriebe, Bezeichnung III-4. Dreiwellengetriebe mit sechs Stufen (III-6) erhält man aus $3 \cdot 2$ oder $2 \cdot 3$, d. h. durch Hintereinanderschalten eines drei- und zweistufigen Getriebes. Schließlich neunstufige Getriebe aus $3 \cdot 3$.

a) Bei **vierstufigen** Dreiwellengetrieben nach Bild 181 bestehen zwei Möglichkeiten für getrieblichen Aufbau mit folgenden Schaltgängen:

Aufbau α (III–4 α) (Bild 182)	Aufbau β (III–4 β) (Bild 183)
n_1 über *1–2–5–6* $\triangleq i_1 \cdot i_3$	n_1 über *1–2–5–6* $\triangleq i_1 \cdot i_3$
n_2 „ *3–4–5–6* $\triangleq i_2 \cdot i_3$	n_2 „ *1–2–7–8* $\triangleq i_1 \cdot i_4$
n_3 „ *1–2–7–8* $\triangleq i_1 \cdot i_4$	n_3 „ *3–4–5–6* $\triangleq i_2 \cdot i_3$
n_4 „ *3–4–7–8* $\triangleq i_2 \cdot i_4$	n_4 „ *3–4–7–8* $\triangleq i_2 \cdot i_4$

wenn $i_1 = z_2/z_1$, $i_2 = z_4/z_3$, $i_3 = z_6/z_5$, $i_4 = z_8/z_7$.

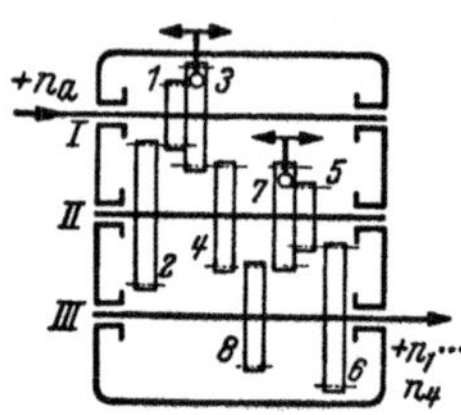

Bild 181
Plan eines vierstufigen Dreiwellengetriebes (III-4)

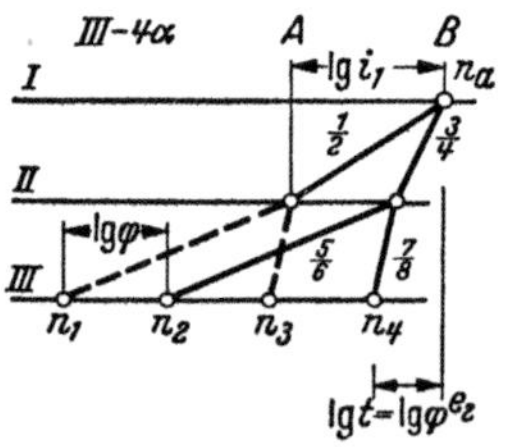

Bild 182. Drehzahlbild zum Plan nach Bild 181, Aufbau α mit Spanne φ zwischen i_1 und i_2

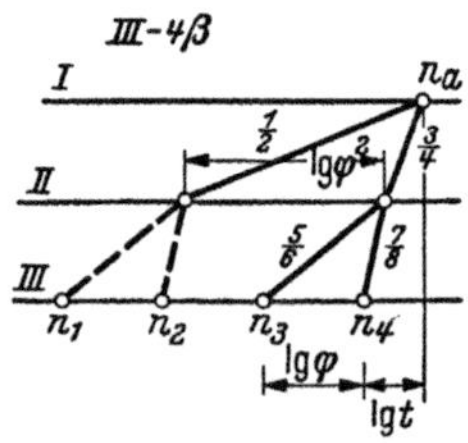

Bild 183. Drehzahlbild zum Plan nach Bild 181, Aufbau β mit Spanne φ^2 zwischen i_1 und i_2

In *Drehzahlbildern* werden Wellen *I*, *II* und *III* durch logarithmische Leitern ersetzt (vgl. Bd. I, S. 171), auf denen erzielte Drehzahlen abgetragen werden. Verbindet man Drehzahlen in der Weise, wie sie durch Gänge erzeugt werden, so stellen Verbindungsstrecken im Eingriff befindliche Räderpaare dar. Zahlenwert der Übersetzung ergibt sich aus waagerechtem Abstand von treibender zu getriebener Drehzahl. In Bild 182 ist z. B. $i_1 = z_2/z_1$ dargestellt durch Strecke $AB = \lg i_1$.

Eine Gesamtübersetzung i_g, die aus den Teilübersetzungen i_1, i_2, i_3 besteht, erhält man durch Addition der Logarithmen, wobei Übersetzungen ins Langsame positiv, die ins Schnelle negativ einzusetzen sind. In Bild 184 wird $i_g = i_1 \cdot i_2 \cdot i_3 = = \frac{2}{1} \cdot \frac{1}{1,4} \cdot \frac{2,8}{1} = \frac{4}{1}$ oder $\lg i_g \approx 0,3 - 0,15 + 0,45 = 0,6$; $i_g = 4$.

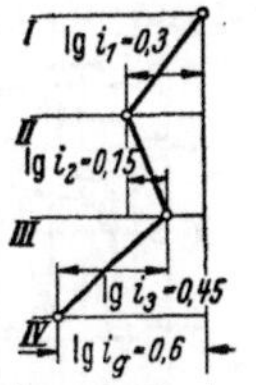

Bild 184. Ermittlung der Gesamtübersetzung i_g

Zum Berechnen der Getriebe wird Triebübersetzung $t = n_a/n_g$ eingeführt (n_a = Antriebsdrehzahl, n_g = größte Abtriebsdrehzahl). Sind Abtriebsdrehzahlen geometrisch mit Stufensprung φ gestuft, so erhält man im Dreiwellengetriebe (Bild 182):

$$n_a/n_4 = i_2 \cdot i_4 = t \qquad n_a/n_2 = i_2 \cdot i_3 = t\varphi^2$$
$$n_a/n_3 = i_1 \cdot i_4 = t\varphi \qquad n_a/n_1 = i_1 \cdot i_3 = t\varphi^3$$

Übersetzung $t = n_a/n_4$ ist nun auf Teilübersetzungen i_2 und i_4 aufzuteilen. Hierzu ist eine Übersetzung zu wählen. Wird z. B. i_2 gewählt, so sind i_1, i_3 und i_4 durch obige Gleichungen bestimmt. Mit Zahnsummengleichungen $z_1 + z_2 = z_3 + z_4$ und $z_5 + z_6 = z_7 + z_8$ sowie Wahl einer Zähnezahl (am zweckmäßigsten der kleinsten) werden dann die Zähnezahlen ermittelt.

Um Getriebe mit *kleinster Zähnezahlensumme* zu berechnen, setzt man $t = \varphi^{e_2}$ (Bild 182) und $i_2 = \varphi^{e_1}$. Dann wird $i_4 = t/i_2 = \varphi^{e_2}/\varphi^{e_1} = \varphi^{e_2 - e_1}$. Entsprechend wird $i_1 = t \cdot \varphi/i_4 = \varphi^{e_2+1}/\varphi^{e_2 - e_1} = = \varphi^{e_1+1}$, $i_3 = t \cdot \varphi^2/i_2 = \varphi^{e_2 - e_1 + 2}$. Schaubild 185, dem $\lg \varphi^1$, also Exponent 1 als Zeicheneinheit für die Leitern zugrunde liegt, zeigt diesen Aufbau für III–4 α-Getriebe. Von den im Exponentenschaubild aufgestellten Größen sind φ, n_a und n_4 und damit t und e_2 gegeben. Einzige Veränderliche ist e_1. Damit ist Möglichkeit vorhanden, den Getriebeaufbau zu bestimmen, dessen Übersetzungen bei gegebener Zähnezahl des kleinsten Rades die geringste Zähnezahlensumme aus sämtlichen Rädern liefern. Es ist bei gleichem Modul

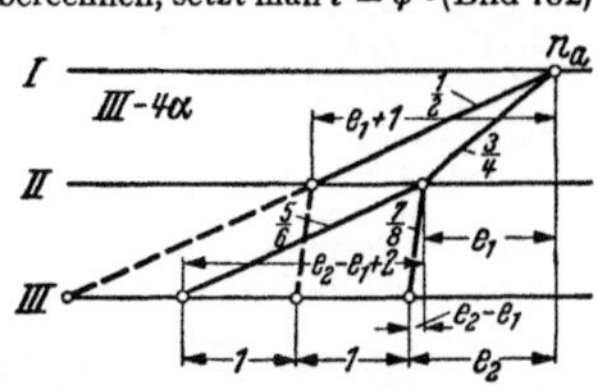

Bild 185. Exponentenschaubild zu einem Getriebe nach Planbild

$$z_1 + z_2 = z_3 + z_4 \quad \text{und} \quad z_5 + z_6 = z_7 + z_8$$

und damit $\sum z = 2(z_1 + z_2) + 2(z_5 + z_6) = 2z_1(1 + i_1) + 2z_5(1 + i_3) =$
$$= 2z_1(1 + \varphi^{e_1+1}) + 2z_5(1 + \varphi^{e_2 - e_1 + 2}).$$

Nach e_1 differentiiert

$$(\Sigma z) = 2z_1 \cdot \varphi^{e_1+1} \cdot \ln\varphi - 2z_5 \cdot \varphi^{e_2 - e_1 + 2} \cdot \ln\varphi.$$

Zum Bestimmen des Minimums wird $(\Sigma z) = 0$ gesetzt. Gleichung vereinfacht und logarithmiert ergibt mit $\lg(z_5/z_1)/\lg\varphi = k_z$

$$e_1 = (e_2 + 1 + k_z)/2. \tag{10}$$

Wählt man $z_1 = z_5$, so wird $e_1 = (e_2 + 1)/2$.

Gleichung für e_1 gilt nur, wenn $i_1 > i_2$ und $i_3 > i_4$, d. h. für Triebe ins Langsame. Es muß sein

$$e_1 \geqq -0,5 \quad \text{und} \quad e_2 \geqq -1 + k_z \geqq -2 - k_z, \tag{11}$$

wenn Übersetzungen ins Langsame positiv, solche ins Schnelle negativ benannt sind.

b) Sechsstufige Dreiwellengetriebe entstehen durch Hintereinanderschalten eines drei- und eines zweistufigen Grundgetriebes. Bei Anordnungen $2 \cdot 3$ und $3 \cdot 2$ ergeben sich je zwei, also insgesamt vier verschiedene Aufbauten, Bild 186. Gleichungen für Übersetzungen ähnlich wie bei vierstufigen Getrieben.

Führt man wieder $t = \varphi^{e_2}$ ein, so ergibt sich für Aufbau α

$$e_1 = (e_2 + 1 + k_g + k_z)/2, \tag{12}$$

wenn Zähnezahlkorrektur $k_z = (\lg z_{k2} - \lg z_{k1})/\lg\varphi$ und Gangzahlkorrektur $k_g = (\lg 2 - \lg 3)/\lg\varphi$.

(z_{k1} ist das kleinste Rad des ersten, z_{k2} das des zweiten Grundgetriebes.) Für $\varphi = 1,25$ wird $k_g = -1,8$, für 1,4 wird $k_g = -1,2$ und für 1,6 wird $k_g = -0,9$.

Gleichung für e_1 gilt, wenn

$$e_2 \geqq -3 - k_g - k_z \geqq -2 + k_g + k_z \quad \text{und} \quad e_1 \geqq -1. \tag{13}$$

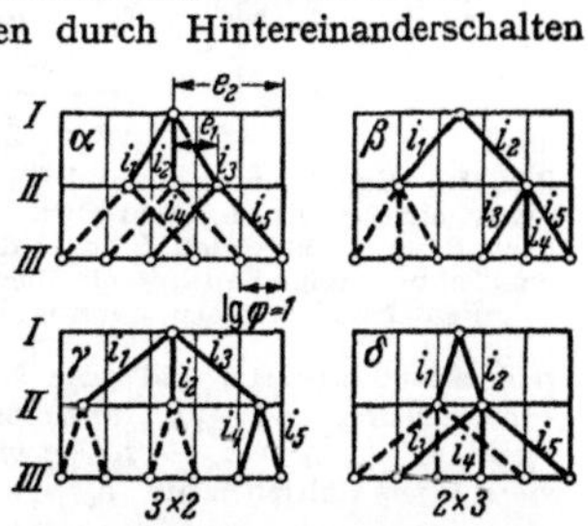

Bild 186. Sechsstufiges Dreiwellengetriebe (III-6). Bei Aufbau α und β dreistufiges Grundgetriebe, bei γ und δ zweistufiges Grundgetriebe mit Stufensprungspanne φ^1

c) Neunstufige Dreiwellengetriebe bestehen aus zwei dreistufigen Grundgetrieben. Sie lassen sich in zwei Aufbauten darstellen. Werden seltener eingebaut, da sie größere Übersetzungen im zweiten Grundgetriebe fordern und dann zu ungünstigen Konstruktionen führen.

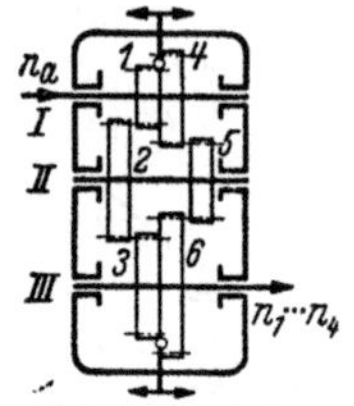

Bild 187. Vierstufiges, doppelt gebundenes Dreiwellengetriebe

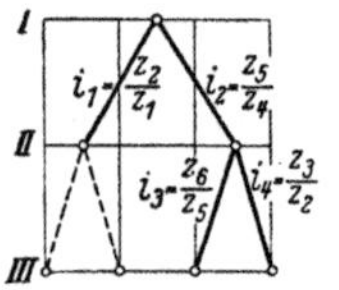

Bild 188. Aufbaunetz des doppelt gebundenen Dreiwellengetriebes in Bild 187

d) Gebundene Ausführungen. Man kann beim Bau von Dreiwellengetrieben Räder sparen, wenn man auf Mittelwelle getriebene Räder auch als Antriebsräder des zweiten Grundgetriebes ausführt. Beim einfach gebundenen Getriebe ist ein Rad, beim doppelt gebundenen Getriebe sind zwei Räder auf Mittelwelle getrieben und treibend, Bild 187. Vorteil: Ersparnis an Rädern, geringe Baubreite; Nachteil: Oft große Abmessungen der Zahnräder, welche die Getriebe unausführbar machen.

Sollen Getriebe geometrisch gestuft sein, so berechnet man für doppelt gebundenes vierstufiges Getriebe mit Aufbau nach Bild 188

$$i_2 = z_5/z_4 = t\varphi/(t\varphi^2 - \varphi - 1). \qquad (14)$$

Übrige Zähneverhältnisse ergeben sich dann aus Übersetzungsgleichungen ähnlich wie bei ungebundenen Getrieben, also

$$i_1 = z_2/z_1 = i_2 \cdot \varphi^2; \quad i_4 = z_3/z_2 = t/i_2 \quad \text{und} \quad i_3 = z_6/z_5 = i_4 \cdot \varphi. \qquad (15)$$

Beispiel: $n_a = 1000$, $n_4 = 400$, $\varphi = 1{,}4$. Demnach $t = 1000/400 = 2{,}5$ und nach (14) $i_2 \approx 1{,}37$; $i_1 = 1{,}37 \cdot 2 \approx 2{,}74$; $i_4 = 2{,}5/1{,}37 \approx 1{,}83$; $i_3 = 1{,}83 \cdot 1{,}4 \approx 2{,}58$. Zähnezahl des kleinsten Rades wählen. Hier $z_1 = 20$ gewählt, ergibt $z_2 = 55$; $z_1 + z_2 = 75 = z_4 + z_5$. Da $z_5 = 1{,}37\, z_4$ wird $z_4 = 32$ und $z_5 = 43$. Schließlich $z_3 = 1{,}83\, z_2 = 100$. Aus $z_2 + z_3 = 155 = z_5 + z_6$ folgt $z_6 = 155 - 43 = 112$.

5. Mehrwellengetriebe

gestatten acht, zwölf und mehr Abtriebsdrehzahlen zu erzielen, indem hinter Dreiwellengetriebe weiteres zweistufiges Grundgetriebe nachgeschaltet wird. Achtstufige Getriebe können nach sechs verschiedenen Aufbauten dargestellt werden, zweckmäßigste zeigt Bild 189. Von achtzehn Aufbauten bei zwölfstufigen Getrieben ergibt Anordnung entwickelt aus Bild 186 α mit $3 \cdot 2 \cdot 2$ günstigste Lösung.

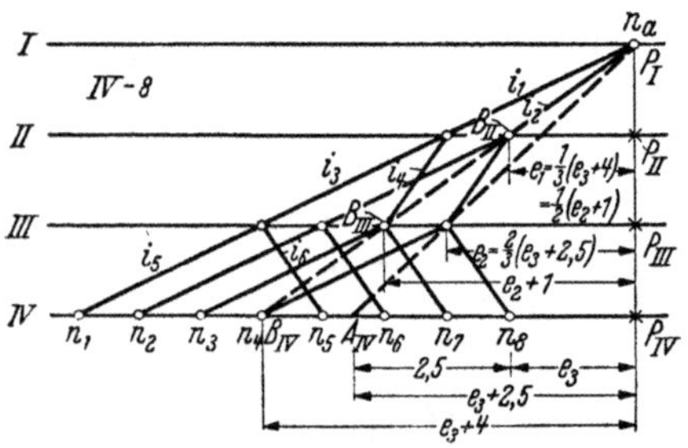

Bild 189. Exponentenschaubild für achtstufiges Vierwellengetriebe mit eingeschriebenen Gleichungen zur Ermittlung der kleinsten Zähnezahlsumme. Exponentenschaubild zeigt Fall mit gleichen Kleinsträdern in den Grundgetrieben, dann ist $\overline{n_1 n_a}$ Gerade.

Mehrwellengetriebe werden in gleicher Art wie Dreiwellengetriebe berechnet. Man führt wieder Triebübersetzung t ein, stellt Übersetzungsgleichungen und Zähnesummengleichung zwischen je zwei Wellen auf, wählt eine Übersetzung und kann dann die übrigen berechnen.

Getriebeaufbau mit Übersetzungen für kleinste Zähnezahlsumme ergibt sich für achtstufige Getriebe aus

$$e_2 = (e_3 + 5/2 + k_{z_1}/2 + k_{z_2}) \cdot 2/3, \qquad (16)$$

worin e_3 aus $t = \varphi^{e_3}$ gegeben; $k_{z_1} = (\lg z_{k_2} - \lg z_{k_1})/\lg \varphi$ und $k_{z_2} = (\lg z_{k_3} - \lg z_{k_2})/\lg \varphi$ sind Zähnezahlenkorrekturwerte, und zwar k_{z_1} für das erste und zweite Grundgetriebe mit kleinsten Zähnezahlen z_{k_1} und z_{k_2}, k_{z_2} für das zweite und dritte Grundgetriebe mit kleinsten Zähnezahlen z_{k_2} und z_{k_3}. Ist $z_{k_1} = z_{k_2} = z_{k_3}$, so wird $e_2 = (e_3 + 5/2) \cdot 2/3$. Exponent e_1 errechnet sich wie bei vierstufigen Getrieben aus $e_1 = (e_2 + 1 + k_1)/2$ oder bei

$$z_{k_1} = z_{k_2} = z_{k_3} \quad \text{aus} \quad e_1 = (e_2 + 1)/2 = (e_3 + 4)/3.$$

Entsprechende Gleichungen für zwölfstufiges Vierwellengetriebe mit $3 \cdot 2 \cdot 2$ Gängen und Aufbau α nach Bild 186 für das erste und zweite Grundgetriebe lauten

$$e_2 = (e_3 + 7/2 + {}^1/_2 k_g + {}^1/_2 k_{z_1} + k_{z_2}) \cdot 2/3. \qquad (17)$$

Ferner e_1 und k_g wie bei sechsstufigem Getriebe, s. Gl. (12).

6. Zeichnerisches Ermitteln der Getriebeabmessungen

geht vom Exponentenschaubild aus. Man wählt $\lg\varphi^1$, also Exponent 1 als Zeicheneinheit, wie es Bild 189 mit $1 \mathrel{\hat{=}} 5$ mm für achtstufiges Vierwellengetriebe zeigt, trägt gegebene Antriebsdrehzahl n_a auf Leiter I und gewünschte geometrisch gestufte Abtriebsdrehzahlen auf Leiter IV auf. Hier ist $t = \overline{n_a/n_8} = \varphi^2$ ($e_3 = 2 \mathrel{\hat{=}} 10$ mm) angenommen und $z_{k_1} = z_{k_2} = z_{k_3}$ gewählt. Man zieht dann Verbindungsgerade $n_1 n_a$ und trägt auf Leiter II und III im Abstand $\lg\varphi \mathrel{\hat{=}} 5$ mm Drehzahlen ab. Verbindungslinien der Drehzahlen kennzeichnen Übersetzung i_1 bis i_6, deren Zahlengrößen durch ihre Projektionen auf Leitern abgegriffen werden können (so wird in Bild 189 $i_1 = i_3 = i_5 = \lg\varphi^3$). Exponentenschaubild zeigt, daß Getriebe mit kleinster Zähnezahlsumme nur erreicht werden kann, wenn i_6 ins Schnelle übersetzt. Wird $z_{k_1} \neq z_{k_2} \neq z_{k_3}$ gewählt, so verschieben sich Zwischendrehzahlen auf Welle II um Betrag $(2k_{z_1} + k_{z_2})/3$ und auf Welle III um $(^1/_2 k_{z_1} + k_{z_2})2/3$ nach links, wenn dieser Betrag positiv, nach rechts, wenn negativ. Da meist $z_{k_1} > z_{k_2}$ und $z_{k_2} > z_{k_3}$, so kann man durch Wahl geeigneter kleinster Zähnezahlen erreichen, daß $i_6 \geqq 1$ wird, und damit Übersetzungen ins Schnelle vermeiden.

Beispiel: Sechsstufiges Getriebe für $n_a = 1420$, $n_6 = 710$, $\varphi = 1{,}4$ zu berechnen, Bild 190.

Durchführung: Triebübersetzung $t = 1420/710 = 2$. Da $\varphi = 1{,}4$ und auch $t = \varphi^2$, wird $e_2 = 2$. Nun ist $e_1 = (e_2 + 1 + k_g + k_z)/2$ mit $k_g = (\lg 2 - \lg 3)/\lg\varphi = -1{,}2$. Wählt man z. B. $z_{k_1} = 24$ und $z_{k_2} = 19$, dann ist $k_z = (\lg z_{k_2} - \lg z_{k_1})/\lg\varphi = -0{,}673$. Schließlich $e_1 = 0{,}56$. Hieraus folgt $i_3 = \varphi^{e_1} = 1{,}212$; $i_2 = \varphi^{e_1+1} = i_3 \cdot \varphi = 1{,}72$; $i_1 = i_3 \cdot \varphi^2 = 2{,}424$. Schließlich $i_5 = \varphi^{e_2}/\varphi^{e_1} = t/i_3 = 1{,}648$ und $i_4 = i_5 \cdot \varphi^3 = 4{,}65$. Ist dieser Wert für i_4 unerwünscht, weil hier Übersetzung $i_4 > 4$ ist, so kann umgekehrt $i_4 = 4$ angenommen werden. Dann wird jedoch $i_5 = i_4/\varphi^3 = 1{,}4$. Dann müßte $i_3 = t/i_5 = 1{,}4$ und $i_2 = i_3 \cdot \varphi = 2$ und $i_1 = i_3 \cdot \varphi^2 = 2{,}82$ ausgeführt werden. Damit wäre $\varphi^{e_1} = i_3 = 1{,}4$ und $e_1 = 1$. Jetzt ergibt sich $k_z = 2e_1 - e_2 - 1 - k_g$, und entsprechend wären z_{k_1} und z_{k_2} zu wählen.

Zeichnerisch ergibt sich Getriebe durch Darstellen des Exponentenschaubildes. Man zieht $\overline{n_1 n_a}$, trägt auf Welle II Betrag $^1/_2\, k_g$ und $^1/_2\, k_{z_1}$ nach rechts ab, da negativ, und findet so Drehzahl n_{II-1} und damit alle übrigen Werte; Zeicheneinheit in Bild 190: $1 \mathrel{\hat{=}} 5$ mm, $e_2 = 2 \mathrel{\hat{=}} 10$ mm.

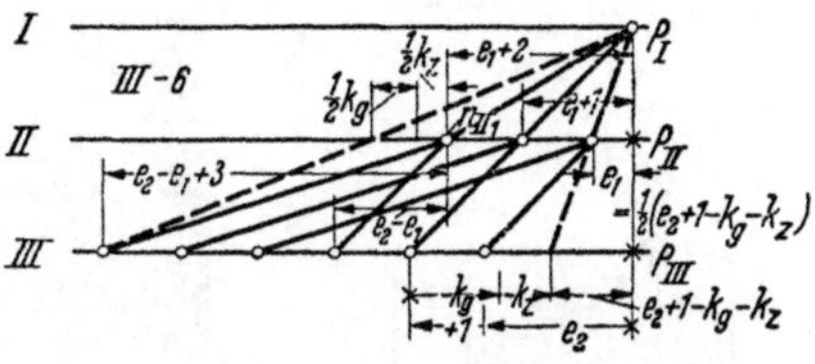

Bild 190. Exponentenschaubild für sechsstufiges Dreiwellengetriebe (siehe Beispiel)

7. Getriebe für mehrere Antriebdrehzahlen

sollen z. B. bei Antrieben durch polumschaltbare Motoren Abtriebdrehzahlen in geometrischer Reihe liefern. Bild 191 zeigt Drehzahlbilder sechsstufiger Getriebe, die bei Antriebdrehzahl n_{a1} und n_{a2} mit Stufensprung φ_m insgesamt zwölf Abtriebdrehzahlen mit Stufensprung φ liefern. Bei üblichen Antrieben durch Motor mit 710/1420 Umdrehungen, also $\varphi_m = 2$, sind demnach Stufensprung $\varphi = \sqrt{2}$ oder $\varphi = \sqrt[3]{2}$ möglich, die entsprechenden Aufbau des Getriebes erfordern. Berechnung in gleicher Art wie oben durch Aufstellen der Übersetzungsgleichungen für die verschiedenen Gänge.

Auch stufenlosen Getrieben werden Stufenrädergetriebe nachgeschaltet, um den oft zu kleinen Drehzahlbereich des stufenlosen Getriebes zu vergrößern. Meist wird Vorgelegeform gewählt.

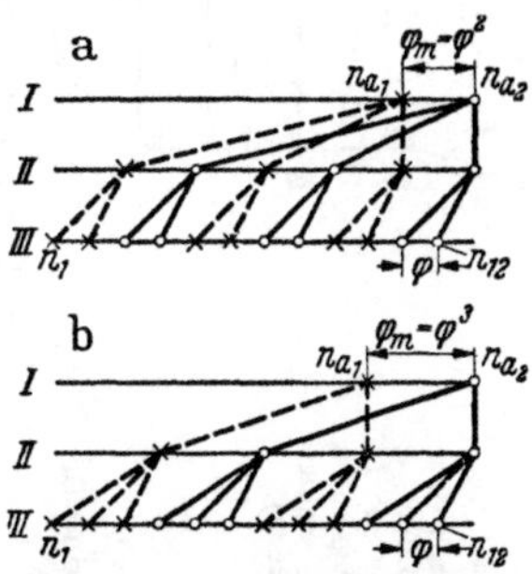

Bild 191. Drehzahlbilder für zwölfstufiges Getriebe mit zwei Antriebdrehzahlen (elektrisches Getriebe mit 2, Rädergetriebe mit 6 Drehzahlen); in a) Stufensprung $\varphi = \sqrt{\varphi_m}$, in b) $\varphi = \sqrt[3]{\varphi_m}$

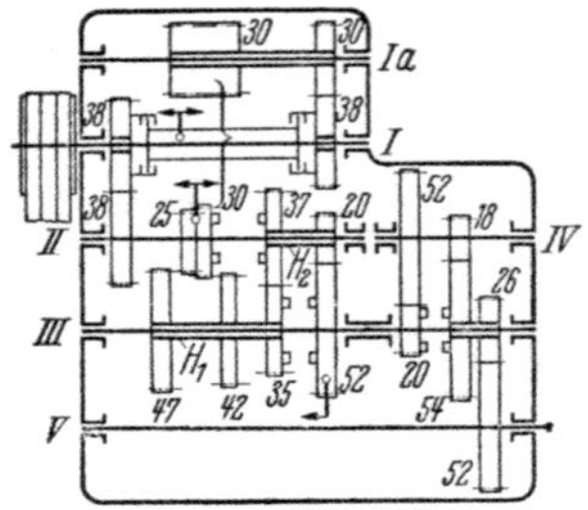

← Bild 192a

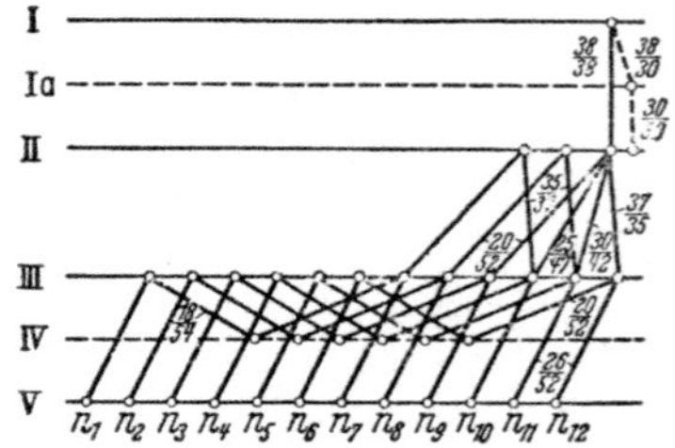

Bild 192b →

Bild 192a

Zwölfstufiges Drehbankgetriebe (Ludw. Loewe & Co.). Zwischen Welle *II* und *III* Windungsstufen (eingeschriebene Zahlen sind Zähnezahlen)

Bild 192b

Drehzahlschaubild des Getriebes

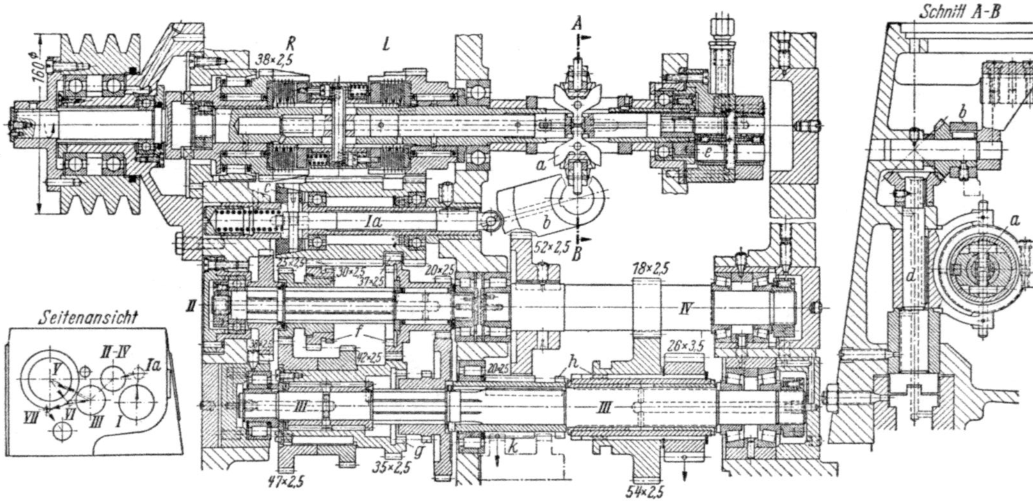

Bild 193

Bild 193

Ausführung des Getriebes nach Planbild 192a ohne Hauptspindel (Ludw. Loewe & Co.). Lamellenkupplung R = Rechts-, L = Linksgang. a Schaltsicheln für Lamellenkupplung (vgl. Schnitt $A-B$), b Bremshebel bremst mit federbelasteter Kegelbremse c Getriebe beim Stillsetzen oder Schalten, wenn Stange in Raste von b fällt; d Schaltwelle, e Ölpumpe (Zahnradpumpe), f, g, h Zahnkupplungen; Abnahme des Vorschubes von Spindel oder bei k von Vorwelle *III*

8. Vorgelege und Windungen

Größere Übersetzungen werden oft durch Vorgelege oder Windungen überbrückt, die dadurch gekennzeichnet, daß Bewegung auf Ausgangsachse zurückkehrt. Bild 192a zeigt Drehbankgetriebe mit Windungsstufen zwischen Wellen *II* und *III*. Hiermit ergeben sich folgende Gänge zwischen Wellen *II* und *IV*:

a) $II-37-35-H_1-52-III$ d) $II-20-52-III$

b) $II-30-42-H_1-52-III$ e) $II-30-42-H_1-35-37-H_2-20-52-III$

c) $II-25-47-H_1-52-III$ f) $II-25-47-H_1-35-37-H_2-20-52-III$

Bild 192b zeigt Drehzahlbild des Getriebes, Bild 193 die Ausführung.

9. Ausführung der Stufenrädergetriebe

als Schieberädergetriebe, Bild 193, mit Blöcken von zwei und drei Rädern oder als Kupplungsgetriebe. Übersetzungen liegen zwischen 4 und 0,5. Verfolgt man Getriebe im Kraftfluß, so ergeben sich günstige Lösungen, wenn Anzahl der Räderpaare zwischen je zwei Wellen abnimmt und Spanne wächst (bei sechsstufigen Dreiwellengetrieben wird nach Bild 186 daher Aufbau α am günstigsten).

Wellen als Vielkeilwellen (s. Bd. I, S. 649). Vorwiegend Lamellenkupplungen (s. Bd. I, S. 713), die auch hydraulisch oder elektrisch betätigt werden können. Bremsen verkürzen Schaltzeiten; auch als Lamellenbremsen, wenn nicht elektrische Bremsen eingebaut. Schalthebel (mit Kugelgriffen) wirken über Hebel und Gestänge. Schaltgabeln werden bei kleinen Verschiebekräften einseitig, Bild 194a, sonst besser zweiseitig wirkend, Bild 194b, c, eingebaut. Schiebegabeln werden geradlinig verschoben. Gleitsteine wie Schiebegabeln aus GG22 bis GG26; Gleitsteine auch aus Bronze; Gabeln aus GG14 bis GG22. In räumlich zu bewegenden Hebeln können mehrere Schaltungen vereinigt werden, Bild 195. Handradschalter, bei denen nacheinander Drehzahlen durchgeschaltet werden können, arbeiten über Kurven, Bild 196, mit einem oder mehreren Hebeln und Kurven.

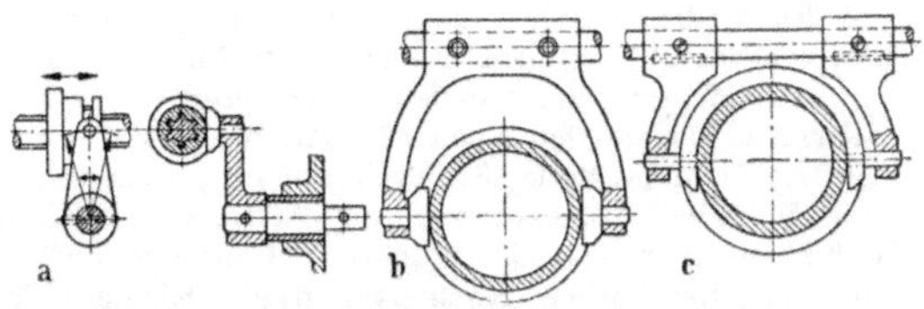

Bild 194. Schaltgabeln (*Irtenkauf*, Wt. u. Mb. 1951 Nr. 8 S. 329)

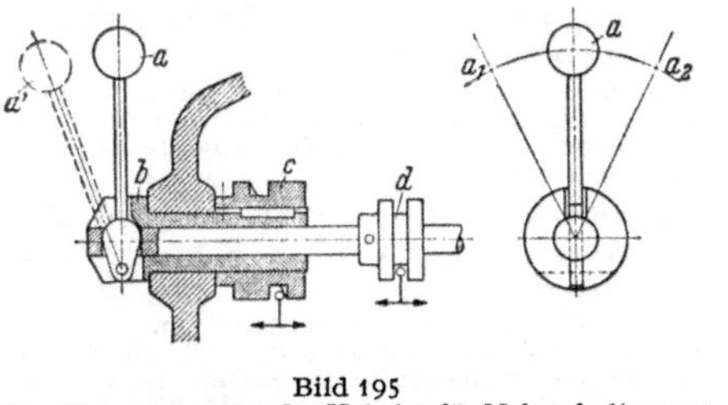

Bild 195
Räumlich zu bewegender Hebel *a* für Mehrschaltungen, *b* Buchse mit Kurve *c*; *d* fest auf Stange

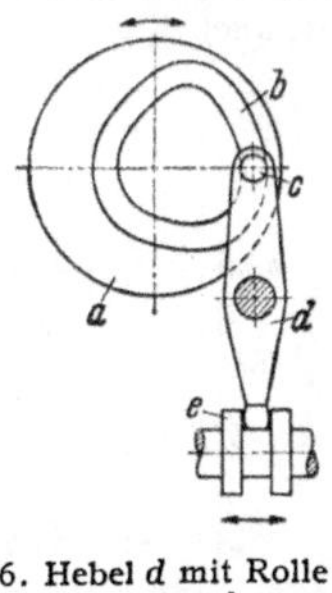

Bild 196. Hebel *d* mit Rolle *c* und Kurvensteuerung *a*, *b* zum Verschieben der Räderblöcke über Stange *e*

Mit *Vorwähl*einrichtungen, mechanisch, elektrisch oder hydraulisch, können neue Drehzahlen vorgewählt werden, während Maschine noch mit anderer Drehzahl läuft. Ausführung solcher Getriebe mit elektrisch oder hydraulisch betätigten Kupplungen zweckmäßig mit Aufbau als vier- oder achtstufige Getriebe und Antrieb durch polumschaltbaren Motor. Auch beim Einbau von *Programm*schaltungen ergeben vier- und achtstufige Getriebe günstige Lösungen mit wenigen Kupplungen.

Magnetkupplungen mit Schleifring, Betriebsspannung meist 24 oder 12 V, Umfangsgeschwindigkeit am Schleifring >15 bis 20 m/sek bei Lauf in Luft, bei Lauf in Öl niedriger; Einbau so, daß mit Schleifringen versehener Teil ständig umläuft. Magnetkupplungen ohne Schleifring haben bei gleichgroßem Moment etwas größere Abmessungen.

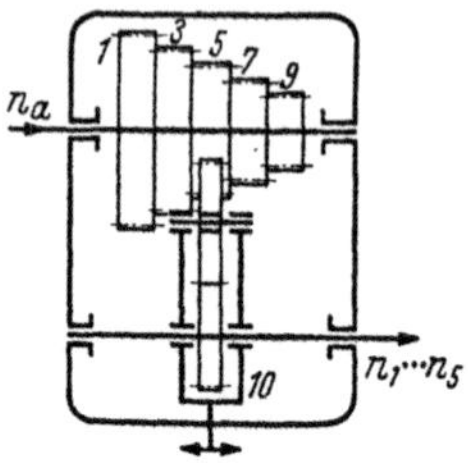

Bild 197. Schwenkradgetriebe (Norton-Getriebe)

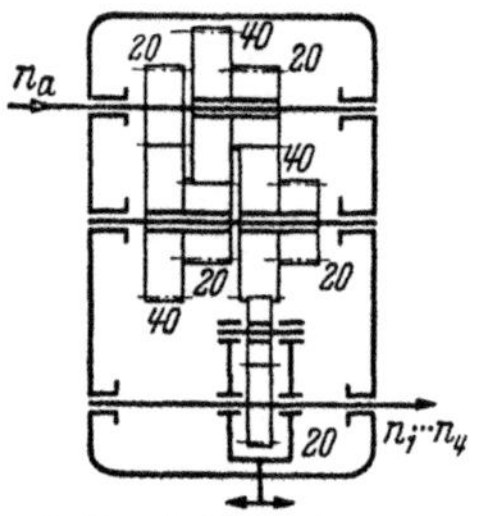

Bild 198. Vervielfachungsgetriebe liefert hier Übersetzungen 1, 2, 4 (gezeichnete Stellung) und 8.

In *Vorschubgetrieben* findet man Sonderformen der Zweiwellengetriebe. Bei Schwenkradgetrieben, Bild 197, wird ein Rad durch Schwenken in Gegenrad eingelegt. Mit Vervielfachungsgetriebe, Bild 198, kann Reihe hoher Übersetzungen eingeschaltet werden. Solche Schwenkradgetriebe übertragen nur geringe Kräfte. Wegen Ungenauigkeit des Eingriffs, Geräusche, schlechter Schmierung für höhere Drehzahlen ungeeignet, daher möglichst durch Schieberadgetriebe ersetzen.

D. Zugmittel- und Reibgetriebe

a) Riementriebe (Grundlagen, Berechnung und Ausführung der Riementriebe vgl. Bd. I, S. 753). Im Werkzeugmaschinenbau übertragen Riemen Leistung vom Elektromotor zum Getriebe oder unmittelbar zur Spindel der Maschine. Vorteile des Riementriebes sind: Elastisches Glied zwischen Motor und Maschine (auch Überlastungsschutz, Stöße dämpfend); weniger gebunden bei Auswahl des Motors bezüglich Abmessungen und Größe; Motor läßt sich im oder am Fuß der Maschine unterbringen. Endlose und Keilriementriebe bevorzugt, da sie erschütterungsfrei laufen. Nachspannen des Riemens durch Motorverschiebung, auch durch Schwenken, Spannrollen lassen sich nicht immer vermeiden, insbes. wenn Spindel beweglich.

Bei Riemenantrieb von Spindeln, die genau und ruhig laufen sollen, auch besondere Lagerung der Riemenscheibe, die dann über Kupplung Spindel mitnimmt; auch Einbau von Vorgelegen und Aufteilung so, daß schnelle Drehzahlen unmittelbar über Riemen auf Spindel, langsame Drehzahlen beim Schruppen über Vorgelege auf Spindel übertragen werden.

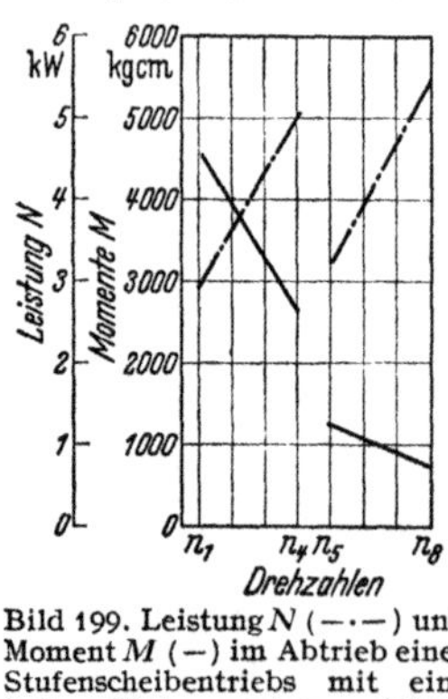

Bild 199. Leistung N (—·—) und Moment M (—) im Abtrieb eines Stufenscheibentriebs mit einfachem Rädervorgelege nach Zahlentafel 20; große Sprünge in Momenten und Leistungen. (*Rögnitz:* Stufengetriebe. Berlin: Springer 1952.)

Für Kurzgetriebe, besonders solche mit großen Übersetzungen, Belagriemen; an schnellaufenden Spindeln kleiner Leistungen, z. B. an Schleifspindeln, bewähren sich Seidenriemen, endlos gewebt.

b) Stufenscheiben besitzen mehrere verschieden große Durchmesser, auf die der Riemen umgelegt werden kann.

Man erreicht bei allen Lagen gleiche Spannung des Riemens, sofern Achsabstand $A \geqq 10\,(d_g - d_k)$, (d_g = größter, d_k = kleinster Scheibendmr.) und Summe der gegenüberliegenden Scheibendmr. immer gleich, also $S = d_1 + d_2 = d_3 + d_4$ usw. Meist baut man Scheibe und Gegenscheibe mit gleichen Abmessungen. Bei geometrischer Stufung der Abtriebsdrehzahlen ergeben sich Übersetzungen nach Zahlentafel 20, wo auch Erweiterung der Stufenreihe durch Vorgelege gezeigt ist. $d_g/d_k \leqq 2$, damit Unterschied in der übertragenen Leistung wegen veränderter Riemengeschwindigkeit nicht zu groß wird, Bild 199. Da Stufenscheibentriebe älterer Maschinen oft mit niedriger Riemengeschwindigkeit laufen, so ist auch nur kleine Riemenkraft $P = pb$ übertragbar, worin Belastungszahl $p \approx 1$ kg/mm Riemenbreite.

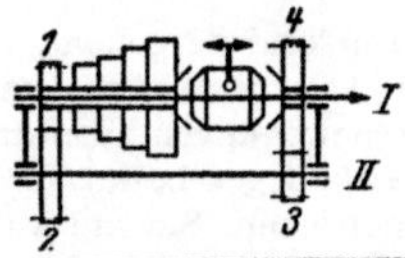

Zahlentafel 20. *Dmr.-Verhältnisse an Stufenscheiben gleicher Abmessungen und Übersetzungen der Rädervorgelege bei geometrischer Stufung der Drehzahlen*

treibend n_a	d_1	d_2	d_1	d_2	d_3	d_1	d_2	d_3	d_4
getrieben n_g (Spindel)	d_2	d_1	d_3	d_2	d_1	d_4	d_3	d_2	d_1
Riemenlage	$\frac{d_1}{d_2}$	$\frac{d_2}{d_1}$	$\frac{d_1}{d_3}$	$\frac{d_2}{d_2}$	$\frac{d_3}{d_1}$	$\frac{d_1}{d_4}$	$\frac{d_2}{d_3}$	$\frac{d_3}{d_2}$	$\frac{d_4}{d_1}$
Dmr.-Verhältnis	$\frac{\sqrt{\varphi}}{1}$	$\frac{1}{\sqrt{\varphi}}$	$\frac{\varphi}{1}$	1	$\frac{1}{\varphi}$	$\frac{\sqrt{\varphi^3}}{1}$	$\frac{\sqrt{\varphi}}{1}$	$\frac{1}{\sqrt{\varphi}}$	$\frac{1}{\sqrt{\varphi^3}}$
n_a	$n_2/\sqrt{\varphi}$		n_3/φ			$n_1/\sqrt{\varphi^3}$			
Vorgelege i_v (Räder 1–2–3–4)	φ^2		φ^3			φ^4			

Stufenscheiben sollten nur eingebaut werden bei schnellaufenden Spindeln und kleineren Leistungen, z.B. Kleinbohrmaschinen und kleinen Schnelldrehbänken; beim Umschalten der Drehzahlen hohe Nebenzeiten.

c) Kettengetriebe (Grundlagen, Berechnung s. Bd. I, S. 750). Einbau von Rollenketten nur für langsam laufende Nebengetriebe, z. B. Aufhängen von Gegengewichten und ähnliches. Geräuscharme Zahnketten auch im Hauptantriebbei kleineren Leistungen, z. B. Spindelantrieb von Automaten.

Kettengetriebe mit stufenlos veränderlicher Abtriebdrehzahl (P.I.V.-Getriebe; s. Bd. I, S. 751) in Hauptantrieben Formschluß durch Lamellenkette, Drehzahlbereich B bis 6; bei Ausführung mit Rollenkette B bis 10. Nicht formschlüssige Rollenkette auch für höhere Drehzahlen geeignet.

In Bild 200 wird P.I.V.-Getriebe mit Rädergetrieben eingebaut, um Drehzahlbereich zu erweitern. Bei $n_a \approx 1430$ und $B = 5$ liefert Weg I–1–2–v–III–3–4–IV Drehzahlen 60 bis 300 und Weg I–5–III–v–II–6–7–IV Drehzahlen 300 bis 1500. Gesamter Drehzahlbereich $B_g = 25$.

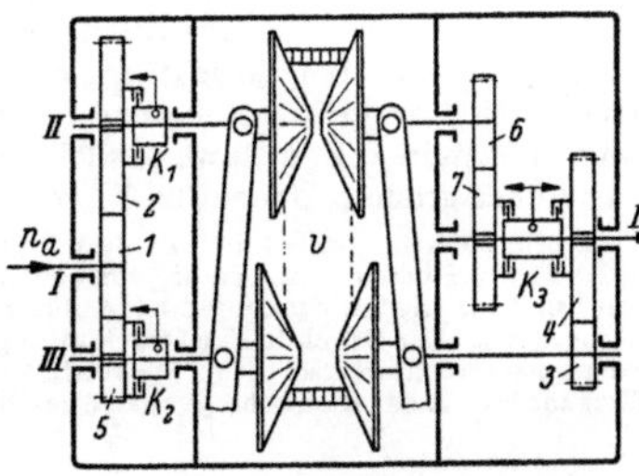

Bild 200. P.I.V.-Getriebe mit angebautem Rädergetriebe

d) Reibgetriebe (Grundlagen, Berechnung s. Bd. I, S. 751). Stufenlos einstellbare Reibgetriebe werden dort eingebaut, wo im Haupt- oder Nebengetriebe bei hohen Drehzahlen begrenzter Drehzahlbereich ($B < 5$) genügt, z. B. Hauptantrieb kleiner und mittlerer Bohrmaschinen. Einbau von Reibgetrieben empfiehlt sich nicht bei Mehrzweckmaschinen, die längere Zeit mit der gleichen Drehzahl laufen, da sich dann Laufbahnen der Rollen auf Gegenscheibe abzeichnen und sich Rillen bilden, wodurch einwandfreier Lauf des Getriebes gestört und Schalten behindert.

E. Flüssigkeitsgetriebe

Literatur: 1. *Krug, H.:* Flüssigkeitsgetriebe bei Werkzeugmaschinen. 2. Aufl. Berlin: Springer 1959. — 2. *Rögnitz, H.:* Hydraulische u. mechanische Triebe f. Geradwege an Werkzeugmasch. WB 101. 1951. — 3. *Dürr, A.*, u. *O. Wachter:* Hydraul. Antriebe u. Druckmittelsteuerungen an Werkzeugmasch. 4. Aufl. München: Hanser 1958.

Die Flüssigkeitsgetriebe im Werkzeugmaschinenbau sind *statische* Getriebe, die die Leistung durch Druck übertragen, wobei als Flüssigkeit Öl benutzt wird (Sonderöle mit Viskosität von $\approx$ 4,5 °E bei 50 °C oder gutes Marken-Schmieröl; bei erhöhter Betriebstemperatur und Dauerbeanspruchung auch Öle mit etwa 9 °E bei 50 °C). Mit Flüssigkeitsgetrieben kann die Abtriebgeschwindigkeit der kreisenden oder geradlinigen Bewegung stufenlos in weiten Grenzen verändert werden. Mit den Getrieben für hin- und hergehende Bewegungen erreicht man gleichbleibende Arbeitsgeschwindigkeit, stoßfreies Umsteuern und kann den Öldruck auch für Spann- und Steuerbewegungen ausnutzen.

Die Getriebeteile sind im Kreislauf geschaltet. Die *Pumpe* wird von außen, zumeist durch Elektromotor, angetrieben. Sie saugt Öl an und drückt es durch Leitungen und Schaltorgane zum Flüssigkeitsmotor, der die Nutzleistung abgibt. Das Öl fließt von hier entweder unmittelbar oder über einen Behälter wieder zur Pumpe zurück.

Die Pumpen und Motoren sind umlaufende Räder- oder Zellenpumpen mit gleichbleibender oder verstellbarer Liefermenge oder Kolbenpumpen mit geradem Hub; Pumpe und Motor können gleichartig oder auch andersartig ausgebildet sein. Je nach Zusammensetzung erhält man dann kreisende An- und Abtriebsbewegungen oder kreisenden Antrieb mit geradlinig hin- und hergehendem Abtrieb, auch über mechanische Zwischenglieder wie Schraubenspindeln (hydromechanische Getriebe); schließlich geradlinige Hin- und Herbewegung im An- und Abtrieb (wie bei Bügelsägen). Im Werkzeugmaschinenbau überwiegend kreisender Antrieb und geradliniger Abtrieb.

1. Zahnradpumpen

werden als Einfachpumpen mit zwei Rädern (vgl. S. 251), mit drei Rädern (Mittelrad wird angetrieben, zwei Parallelleitungen) oder als Mehrfachpumpen ausgeführt. Sie arbeiten normal im Drücken bis 60 kg/cm² und fördern innerhalb des zulässigen Druckbereiches praktisch gleichbleibende Ölmenge: Wirkungsgrade bis $\eta_f \approx 0{,}85$ (η_f = Füllungsgrad); $\eta_{ges} \approx 0{,}8$. Hochdruck-Zahnradpumpen werden im Dauerbetrieb bis etwa 160 kg/cm² belastet und in Wälzlagern gelagert. Mehrfachpumpen fördern z. B. wahlweise kleinere Ölmenge für Arbeitsvorschub bei höherem Druck oder größere Menge für Eilvorschub bei niedrigem Druck.

In Bild 201a ist ein Schnitt, in Bild 201b die Wirkungsweise einer solchen Pumpe gezeigt. Im Niederdruckbereich fördern die von gemeinsamer Welle angetriebene Hochdruckpumpe P_H direkt und die Niederdruckpumpe P_N über das Rückschlagventil *e* in die gemeinsame Druckleitung. Steigt der Druck in der Druckleitung an, so wird der Schieber in *b* gegen die Kraft der Feder *c* nach rechts verschoben. P_N fördert nun das Öl unmittelbar über Leitung *f* in den Behälter zurück, da das Rückschlagventil *e* geschlossen wird. Kraft der Feder *c* ist mit *d* einstellbar.

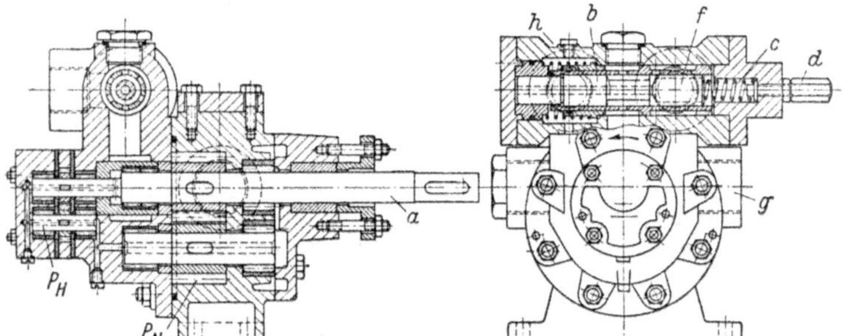

a

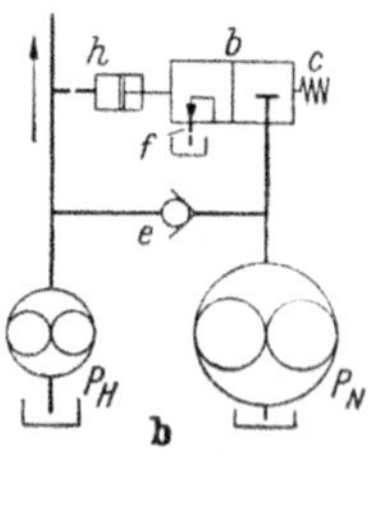

b

Bild 201. Zahnrad-Doppelpumpe mit Hoch- und Niederdruckteil und automatischer Umschaltvorrichtung (Kracht-Hydraulik, Werdohl). a Längs- und Querschnitt, b Wirkungsschema. Bei *g* gemeinsame Saugleitung, *h* gemeinsame Druckleitung. Erklärung der Sinnbilder s. Bild 208, 210, 214

Bei Pumpen mit zwei gleichen Stirnrädern ist der Förderraum

$$V \approx \pi d_0 \cdot 2{,}2\, m \cdot b, \tag{18}$$

d_0 = Teilkreisdmr., m = Modul, b = Zahnbreite, meist = $10\,m$.

Die geförderte Flüssigkeitsmenge wird $Q = V n \eta_f$, n = Drehzahl, η_f = Füllungsgrad; Q meist in dm³/min oder in cm³/sek.

2. Verstellpumpen

sind so gebaut, daß man den durch Zellen gebildeten Förderraum verstellen und damit die Fördermenge bei gleichbleibender Antriebdrehzahl verändern kann.

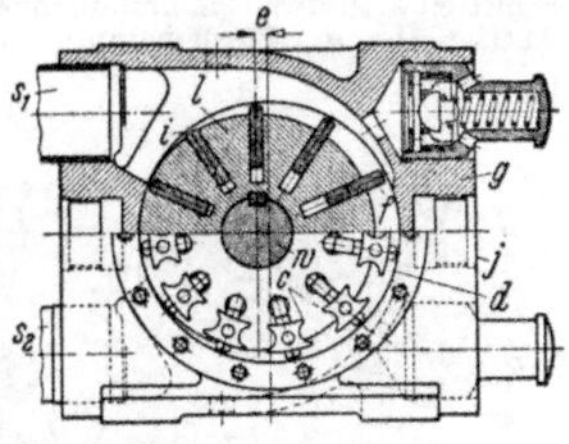

Bild 202
Außen beaufschlagte Flügelzellenpumpe (Bauart Enor-Forst)

a) Flügelzellenpumpen. Auf Welle *w*, Bild 202, sitzt Läufer *l*, der sieben, neun oder elf Schlitze trägt, in denen die Flügel *f* geführt werden. Die Flügel *f* werden durch Gleitsteine *c* in einer nicht gezeichneten Kreisbahn geführt. Gegen die Führung *d* des Gehäuses *g* werden die Zellen durch dünne Bänder *i* unter Druck von Blattfedern abgedichtet. Dreht sich das Getriebe im Uhrzeigersinn, so wird Öl durch Stutzen s_1 angesaugt und durch s_2 fortgedrückt. Wellenmitte und Mitte der Führung *d* haben Abstand *e* (Exzentrizität), der verändert werden kann, wenn man das Gehäuse *g* in einem nicht gezeichneten Gestell mit der bei *j* angreifenden Spindel verschiebt. Bei Flüssigkeitsgetrieben mit kreisendem Abtrieb wird der Motor gleichartig ausgeführt und über Kanäle s_1 und s_2 mit Pumpe verbunden. Förderraum

$$V = 2e\,(\pi b d_1 + 4\pi b_2 d_2 - b z s) = g_k e, \tag{19}$$

b = Breite, d_1 = Durchmesser der Flügelbahn, b_2 = Breite der Führungsrollen, d_2 = Durchmesser der Führungsrollen, z = Flügelzahl, s = Flügeldicke, g_k durch die gegebenen Abmessungen festliegende Getriebekonstante.

Bei dem Flügelzellengetriebe in Bild 203 fließt das Öl durch die feststehende Achse *f* und Bohrungen *b* des Läufers l_1 in die Zellen. Die Flügel *d* werden gegen die mitlaufende Bahn *g*

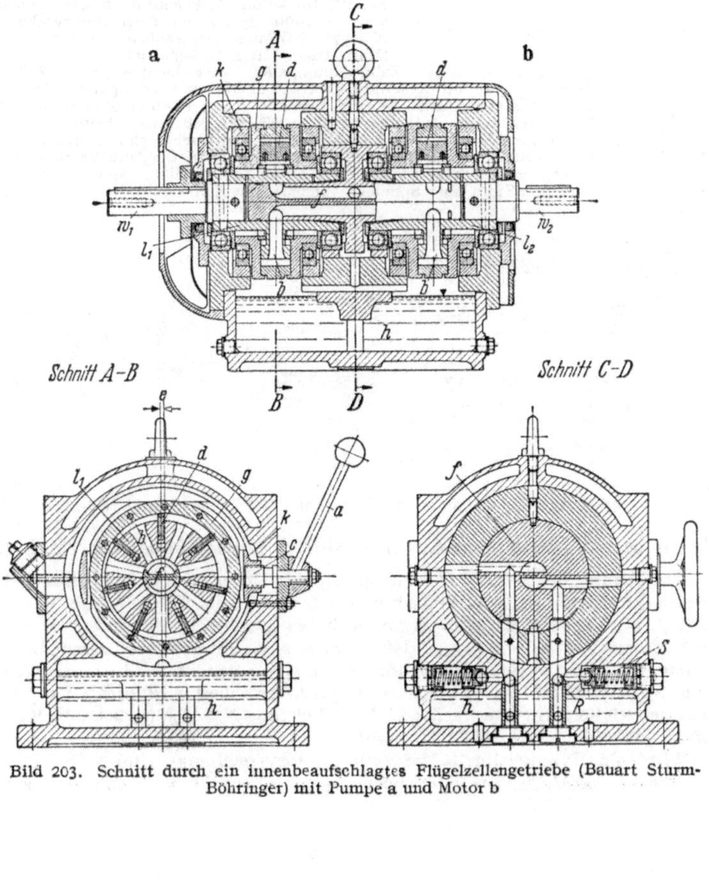

Bild 203. Schnitt durch ein innenbeaufschlagtes Flügelzellengetriebe (Bauart Sturm-Böhringer) mit Pumpe a und Motor b

gedrückt. Man verstellt die Exzentrizität e über Hebel a, Spindel c, dadurch, daß man den Schlitten k, in dem das umlaufende Gehäuse g gelagert ist, verschiebt. Antrieb von Welle w_1, Abtrieb über w_2. Förderraum ist hier

$$V = 2eb\,(\pi d_1 - zs) = g_k e; \qquad (20)$$

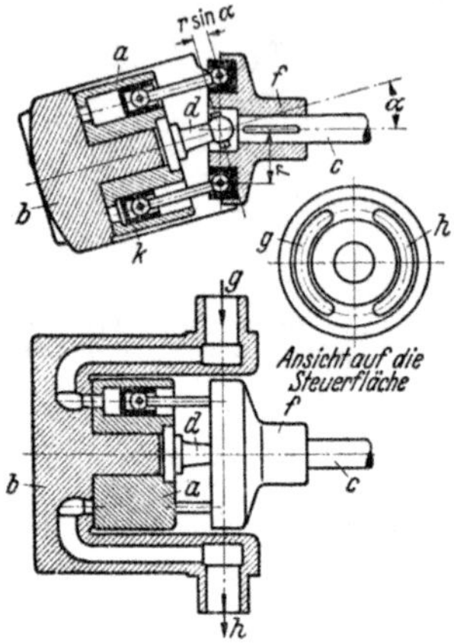

Bild 204. Axialkolbenzellenpumpe

e = Exzentrizität, b = Breite, d_1 = Durchmesser der Führungsbahn, z = Zahl der Flügel, s = Dicke der Flügel. Flügelzellengetriebe arbeiten normal mit Betriebsdrücken bis 15 kg/cm².

b) Kolbenzellenpumpen arbeiten mit höheren Betriebsdrücken (≈ 80 kg/cm²), als Hochdruckgetriebe auch bis ≈ 300 kg/cm² und höher. Die Zylinderbohrungen sind entweder radial (Sternbauart) oder axial (Trommelbauart) angeordnet.

Bei den *Axialkolben*-Pumpen (Bild 204) verändert man die Fördermenge durch Schwenken des Steuerkörpers b um den Winkel α gegen die Antriebswelle c, die über die Gelenkwelle d die Trommel a auf Steuerkörper b antreibt. Auf Welle c sitzt ein Flansch f, an dem die Kolben k angelenkt sind, die beim Drehen der Trommel a hin- und hergehen. Zu- und Abfluß des Öles durch die Kanäle g und h. Förderraum

$$V = z\frac{\pi}{2}\,d_z^2\,r\sin\alpha = g_k \sin\alpha; \qquad (21)$$

r = Radius des Kreises, an dem die Kolben angelenkt sind. Für Antriebe hydraulischer Pressen werden diese Pumpen in Trommelbauart bei einem Betriebsdruck von 200 kg/cm² bis zu Fördermengen von ≈ 2000 lit/min bei einer Antriebsleistung N = 715 kW und Drehzahl n = 375 ausgeführt (Mannesmann-Meer, M. Gladbach).

Die Pumpe in Bild 205 besteht aus Zahnradpumpe PF und Kolbenpumpe PV. Zahnradpumpe drückt Öl unmittelbar zum Arbeitszylinder und über a zur Verstellpumpe PV, deren Körper t feststeht. Das Öl steuert hier die neun Kolben k, indem es durch die Bohrung f und Kanal i den Kolben k_1 gegen Anschlagbolzen b drückt. Hierbei preßt andere Seite des Kolbens k_1 das Öl aus Raum d über Ringräume g, Kanäle h zum Motor. Dreht sich f um 180°, so fließt Öl aus f über l nach d, drückt k_1 nach links und Öl über i-m nach h. Der Hub des Kolbens und damit die Fördermenge ist durch Verschieben der Kurve c einzustellen, gegen die die Rolle r drückt. Rolle r wird mit Stern über Spindel s verstellt. Die Kolbenpumpe arbeitet somit als Meßpumpe.

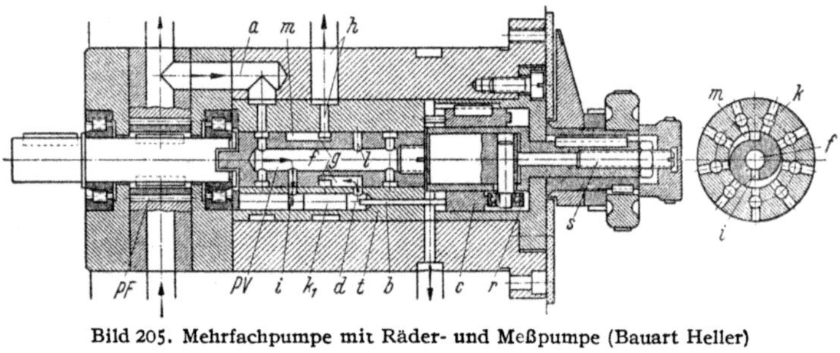

Bild 205. Mehrfachpumpe mit Räder- und Meßpumpe (Bauart Heller)

3. Triebe mit kreisendem An- und Abtrieb (Flüssigkeitswechselgetriebe)

Die Pumpe liefert die Liefermenge Q_1, der Motor schluckt die Flüssigkeitsmenge Q_2. Bei verlustlosem Betrieb müßte $Q_1 = Q_2$ sein. Da $Q_1 = V_1 n_1 = g_{k1} n_1 e_1$ und $Q_2 = V_2 n_2 = g_{k2} n_2 e_2$, so ergibt sich bei gleicher Ausführung von Pumpe und Motor, also bei $g_{k1} = g_{k2}$, daß $n_2/n_1 = e_1/e_2$. Ist nur die Exzentrizität e_1 verstellbar (Pumpenverstellung) und bleibt e_2 = const, so wird $n_2 = e_1 n_1/\text{const}$, d. h. Abtriebdrehzahl steigt linear an, wenn e_1 vergrößert wird, Bild 206a. Mit der wachsenden Fördermenge wächst auch die Leistung $N = Q_1 p$ (Druck p bleibt konstant), das Moment M_2 bleibt konstant.

Wird nur Exzentrizität e_2 verstellt (Motorverstellung), Bild 206b, während e_1 = const, bleibt, so ist $n_2 = \text{const} \cdot n_1/e_2$. Drehzahl n_2 steigt mit kleiner werdender Exzentrizität e_2 hyperbolisch an. Leistung N bleibt konstant, Moment M_2 fällt ab. Einen größeren Drehzahlbereich im Abtrieb erhält man durch Verbinden der Pumpen- und Motorverstellung zur Verbundverstellung. Schaubilder 206a und b werden aneinandergesetzt. Vgl. Abb. 173, S. 665.

Theoretisch unendlich großer Drehzahlbereich B im Abtrieb beim Verbundbetrieb ist praktisch nur beschränkt ausnutzbar bei Motor wegen steilen Anwachsens der Drehzahl, bei Pumpe wegen zu starken Absinkens der Fördermenge bei zu kleinem e. Insgesamt ist $B \approx 10$ bis 16 nutzbar. Wirkungsgrad fällt nach den Grenzwerten zu stark ab, Bild 207.

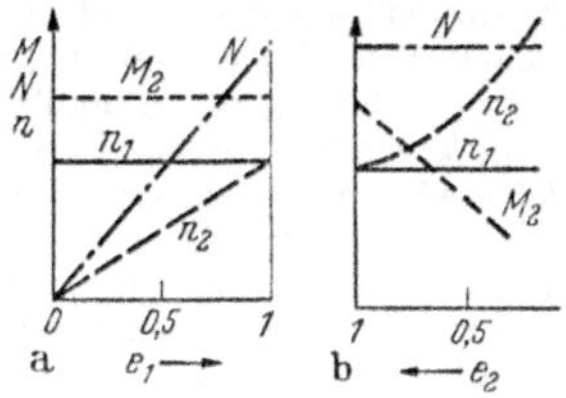

Bild 206. Kennlinien bei a Pumpenverstellung, e_2 = const; b Motorverstellung, e_1 = const. Schema für konstanten Druck

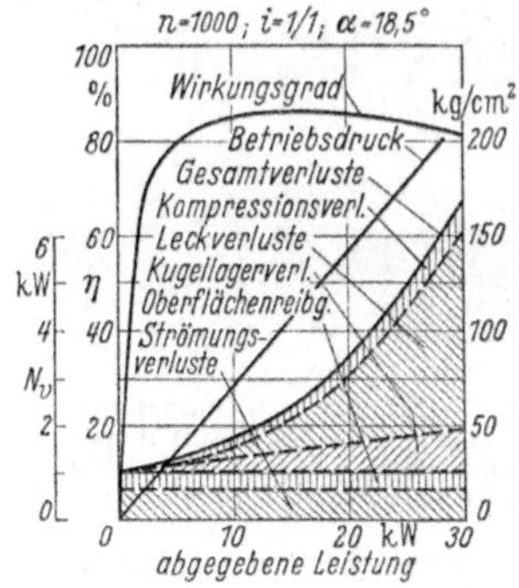

Bild 207. Verluste N_v in einem Axialkolben-Getriebe für 30 kW nach Bild 204 (*Thoma:* Merkmale der hydrostatischen Kraftübertragung. Techn. Mitt. (Zürich), Bd. 50 (1957) H. 3)

Für Enor-Getriebe gibt *Kühn* für die Füllungsverluste q_s die Gl. $q_s \approx s\,(p + 0{,}5)$ [cm³/sek], wonach q_s abhängig ist vom Druck p (kg/cm²) und der Schlupfzahl s, die durch Versuche ermittelt wird (s = 10 bis 30). Für Getriebe größerer Leistung wird Schlupf auch mit $\eta_s = 0{,}95$ bis 0,85, bei kleineren bis $\eta_s = 0{,}9$ bis 0,75 angegeben, abfallend mit dem Druck.

4. Triebe mit kreisendem An- und schiebendem Abtrieb

a) Bauelemente der Kreisläufe. In den folgenden Bildern sind neben den schematischen Darstellungen auch die Sinnbilder angeführt, die beim Zeichnen der Schaltungen benutzt werden, Bild 208, 210.

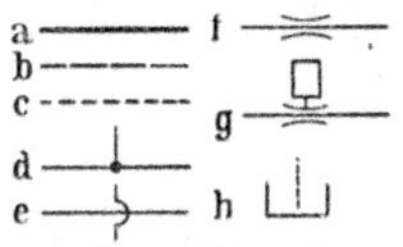

Bild 208. Sinnbilder für Hydraulik-Leitungen. a Hauptleitung, b Steuer-, c Abflußleitung, d Anschluß, e Kreuzung, f Drossel, g verstellbare Drossel, h Mündung der Leitung im Behälter

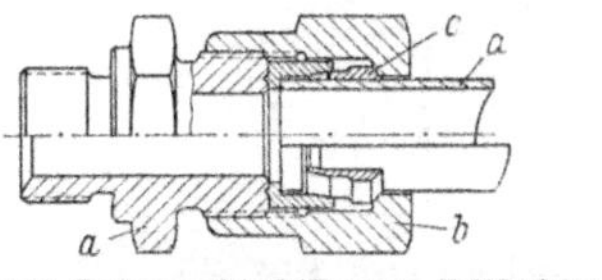

Bild 209. Rohranschluß (Ermeto, DIN 3861). *a* Einschraubstutzen, *b* Überwurfmutter, *c* Dichtung mit Schneidkante, *d* Stahlrohr DIN 2385

Ölleitungen meist aus nahtlosem Stahlrohr nach DIN 2385 oder 2391. Rohrverbindungen und Anschlüsse z. B. nach Bild 209. Biegehalbmesser der Mittelachse $>2{,}5\,d$ (d Außendmr. d. Rohres). Ölgeschwindigkeit $v_ö$ in Druckleitungen bis 25 kg/cm² $v_ö \leqq 3$, bis 50 kg/cm² $v_ö \leqq 4$ m/sek; bei Abflußleitungen $v_ö \leqq 2$, bei Saugleitungen $v_ö \leqq 1{,}5$ m/sek. Ölsäule wird um $55\,pl\,10^{-6}$ mm zusammengedrückt (p in kg/cm², Länge l der Säule in mm). (Vgl. S. 677, Lit. 3.)

Ventile. Wichtigste Bauformen sind: *Kugelventile*, die den Ölstrom in einer *Richtung* abschließen sollen (Richtventile, Rückschlagventile). Statt Kugeln auch Teller- oder Kolbenventile, Bild 210a, b. *Druckventile* sollen den *Druck* in einer Leitung begrenzen. Meist unter Ausnützung einer Federkraft, die auch einstellbar ist. Ausführung mit Kugeln, Kegeln oder Kolben. Dienen auch als Überlastungsschutz (Sicherheitsventile) mit Abfluß in den Behälter, Bild 210c, d. *Gegendruck-*

ventile halten in einer Leitung – meist Abflußleitung – den Druck auf einer einstellbaren Höhe. *Differenzdruck*ventile und ähnlich auch Ausgleichventile teilen den Druck zweier Leitungen in einem bestimmten Verhältnis oder gleichen als Ausgleichventile den Druck in zwei Leitungen so aus, daß er gleich groß bleibt. *Reduzier*ventile werden eingebaut, wenn Öl aus einer Leitung mit hohem Druck in eine andere fließen soll, in der ein niedrigerer, konstanter Druck benötigt wird oder, wenn Öl mit konstantem Druckgefälle ausfließen soll, Bild 210 e, f. *Abschaltventile* von Hand, magnetisch, mechanisch oder durch Öldruck gesteuert, schalten den Ölstrom einer Leitung ab oder öffnen gleichzeitig eine Abflußleitung.

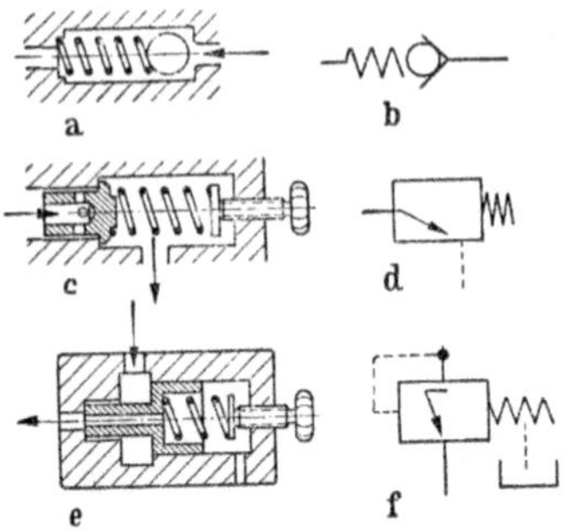

Bild 210. Schematische Darstellung und Sinnbilder von Kreislauf-Bauteilen. a Kugelventil, c Druckventil, e Druckminderventil, b, d, f Sinnbilder dazu

Drosselventile werden vorgesehen, um den Ölstrom feinstufig zu verringern. Hierbei steigt der Druck vor der Drossel an. Soll eine Flüssigkeitsmenge unabhängig vom Druck vermindert werden, so muß ein Mengenventil vorgesehen werden, in dem zur Drossel ein Regelkolben zugeschaltet ist. Sinnbild der verstellbaren Drossel in Bild 208 g, Ausführung in Bild 211. Mit Handgriff *a* wird Zylinder *b* gedreht, so daß Querschnitt des Spaltes *c* zu Abflußbohrung *d* verändert wird. Stift *e* begrenzt die Drehung. Zufluß bei *f* in innere Bohrung *g* von *b*. Bei h_1 und h_2 Abfluß des Lecköles.

Wegeventile werden als Längs- oder als Drehschieber gebaut und meist nach der Anzahl der Wege eingeteilt. Bild 212 zeigt ein Vierwegeventil als Längsschieber in Mittelstellung, das durch einen

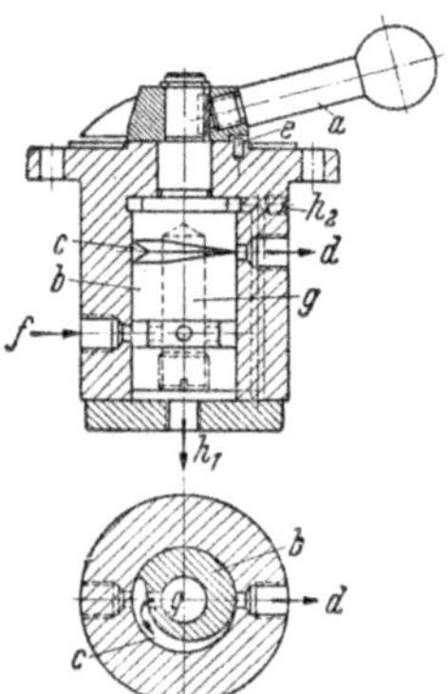

Bild 211. Drosselventil (Gebr. Heller, Nürtingen)

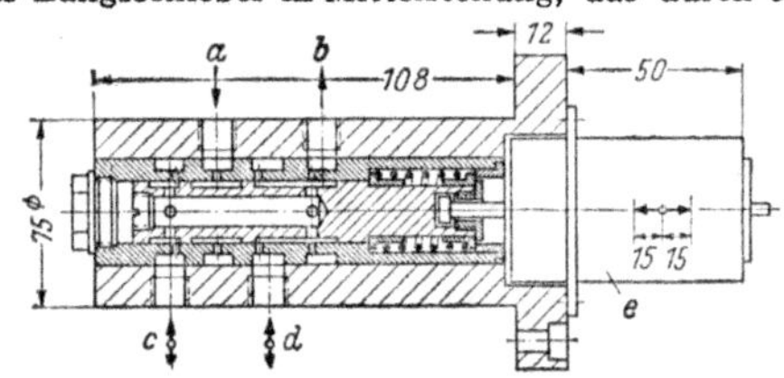

Bild 212. Wegeventil (Längsschieber), elektromagnetisch gesteuert (Gebr. Heller, Nürtingen)

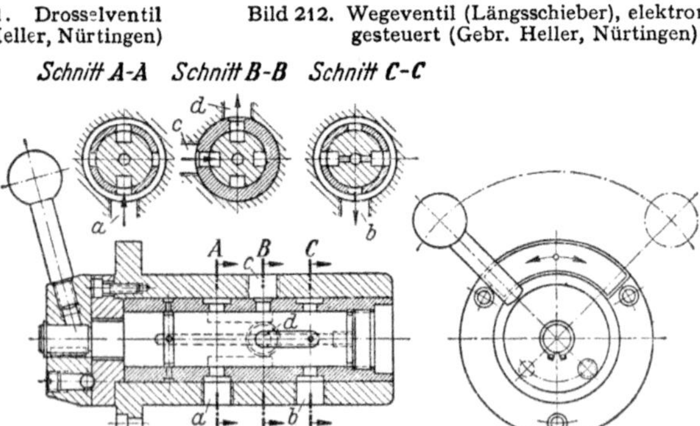

Bild 213. Drehschieber, handbetätigt (Gebr. Heller, Nürtingen)

Magneten *e* betätigt wird. Das Öl fließt von *a* (Pumpe) je nach Stellung des Schiebers durch *c* oder *d* zu einer Kolbenseite im Zylinder und fließt von der anderen Kolbenseite aus dem Zylinder über *b* ab. Eingeschriebene Maße gelten für eine Flüssigkeitsmenge bis 15 lit/min. Bild 213 zeigt einen Drehschieber für vier Wege. Zufuhr bei *a*, Abfluß zum Behälter bei *b*, zum Arbeitszylinder bei *c*. Gezeichnete Stellung für *a*—*c*; nach Drehen von Hand um 90° Weg *d*—*b*. In Bild 214 ist das Sinnbild für ein Wegeventil, Bild 212, dargestellt mit Stellungen 1 und 2, für die Wege zum und vom Zylinder; Mittelstellung 0 sperrt die Anschlüsse zum Zylinder, das Öl fließt von der Pumpe zum Behälter zurück. Für Drehschieber werden die gleichen Sinnbilder benutzt.

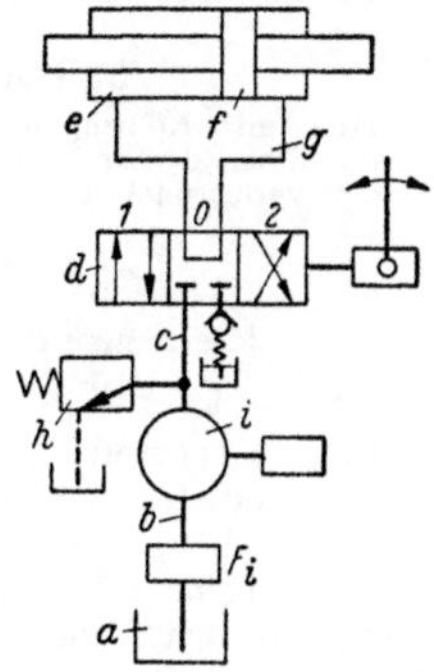

Bild 215. Offener Kreislauf mit Verstellpumpe und 4/3 Wegeventil, das in der Null-Stellung beide Zylinderhälften verbindet

b) Kreisläufe. Bei *offenem* Wechselkreislauf mit Verstellpumpe, Bild 215, wird von der durch Elektromotor angetriebenen Verstellpumpe *i* Öl aus Behälter *a* über Saugleitung *b* angesaugt und durch Triebleitung *c*, Umsteuerung *d* zu Zylinder *e* mit Kolben *f* gedrückt, während von anderer Seite des Zylinders Öl über drucklose Triebleitung *g* zumBehälter *a* zurückfließt. In der Druckleitung *c* liegt Sicherheitsventil *h*, in *b* Filter *Fi*, im Abfluß ein Sperrventil. Leitet man das Öl nicht dem Behälter, sondern unmittelbar wieder der Pumpe zu, so erhält man den *geschlossenen* Kreislauf. Bei dem offenen Kreislauf kann sich Öl im Sammler gut abkühlen, Fremdkörper können sich absetzen. Der geschlossene Kreislauf erfordert etwas geringere Leistung, Öl kann sich nicht so gut abkühlen. Daher geschlossener Kreislauf bei größeren Maschinen mit unterbrochenem Betrieb.

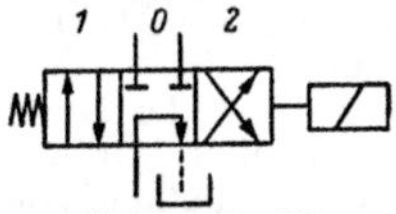

Bild 214. Sinnbild für Wegeventil mit 4 Anschlüssen (Anschlußleitungen sind bei Null-Stellung zu zeichnen) und 3 Stellungen, daher „4/3 Wegeventil"

Wirkt eine Kraft $P = P_S + P_R + P_B + P_G$ (P_S = Schnittkräfte, P_R = Reibkräfte, P_B = Beschleunigungskräfte, P_G = Gegenkräfte zum Hinausdrücken des Öls) der Kolbenbewegung entgegen, so wird $P = F_w p$ (F_w = wirksame Kolbenfläche, p = Flüssigkeitsdruck).

Der Öldruck stellt sich demnach sowohl beim offenen wie auch beim geschlossenen Wechselkreislauf nur nach P ein und kann nicht durch andere Mittel verändert werden. Diese Kreisläufe eignen sich daher insbesondere für Maschinen, bei denen sich Tischgeschwindigkeit dem Druck anpassen darf (Hobelmaschinen, Räummaschinen, Pressen).

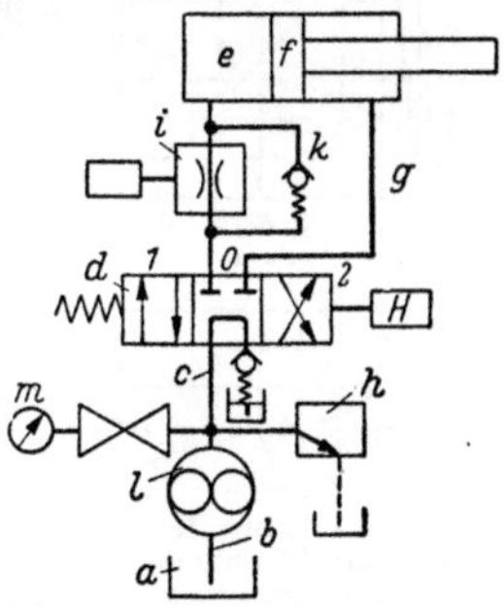

Bild 216. Drosselkreislauf mit 4/3 Wegeventil und Druckmeßstelle *m*

Der *Drosselkreislauf*, Bild 216, ist mit Pumpe *l* ausgerüstet, die immer gleiche Ölmenge liefert. Mit Drossel *i* kann man jedoch Zufluß zum Zylinder fein einstellen und damit Tischgeschwindigkeit im Arbeitsbereich verändern. Für freien Abfluß bei Rücklauf (Stellung 2) ist Richtventil *k* eingebaut. Umsteuerung *d* wird hier von Hand geschaltet. Drosselkreislauf ist billiger, einfach gebaut und sehr betriebssicher, hat aber schlechteren Wirkungsgrad. Druck p zwischen Pumpe und Drossel wird durch Ventil *h* eingestellt, ist daher nicht nur von Tischkräften P abhängig. Drosselkreislauf bei kleineren Leistungen, z. B. bei Tischantrieben von Rund- und Flachschleifmaschinen.

Gegendruckhaltung ist immer notwendig, wenn Tischkräfte P schwanken und daher die Gefahr besteht, daß Tisch infolge des veränderlichen P „springt",

weil bei kleinem Druck p Leckverluste und Pressung der Luft im Öl geringer. Gegendruck (d. h. das abfließende Öl wird unter einen Druck gesetzt, der kleiner ist als Druck des zufließenden Öles) kann einfach dadurch erzeugt werden, daß in Rückleitung Gegendruckventil oder Drossel eingebaut wird, Bild 215, 216. Bewährt haben sich auch Kreisläufe, bei denen zweite Pumpe angeordnet ist.

5. Triebe mit schiebendem An- und Abtrieb

arbeiten mit Kolbenpumpen und werden nur in besonderen Fällen eingebaut, da die Umwandlung der kreisenden Antriebsbewegung vom Elektromotor in eine geradlinige der Pumpe verlustreich. Beispiel für Anwendung: Bügelsägen (vgl. Abschn. VI, G, S. 776).

6. Berechnung der Flüssigkeitsgetriebe

Die Liefermenge der Pumpe wird

$$Q_1 = V_1 n_1 \eta_{f1} = Q_{\text{th}} \eta_{f1}, \text{ meist in lit/min oder cm}^3\text{/sek} \tag{22}$$

mit Q_{th} = theoretische Fördermenge, n_1 = Drehzahl, η_f = Füllungs- oder Spaltverlustgrad. Hierbei ist Leistung aufzuwenden $N_1 = Q_{\text{th}}\, p_1/\eta_{m1} = Q_1\, p_1/(\eta_{f1}\, \eta_{m1})$; p_1 = Druck, η_{m1} = mechanischer Wirkungsgrad der Pumpe.

Der Motor schluckt die Menge $Q_1\, \eta_l$ (η_l = Leckverlustgrad der Leitungen, Mengenverlust), die wirksame Menge ist $Q_2 = Q_1 \cdot \eta_l \cdot \eta_{f2}$ und gibt dort die Leistung $N_2 = Q_2 \cdot p_2 \cdot \eta_{m2} = Q_1 \cdot \eta_l \cdot \eta_{f2} \cdot p_2 \cdot \eta_{m2}$ ab (η_{f2} = Füllungsgrad im Motor, p_2 = Druck im Motor, η_{m2} = mechanischer Wirkungsgrad des Motors).

Für $Q_1 = N_1\, \eta_{f1}\, \eta_{m1}/p_1$, wird mit $\eta_p = p_2/p_1$

$$N_2 = N_1\, \eta_{f1}\, \eta_{m1}\, \eta_l\, \eta_{m2}\, \eta_{f2}\, \eta_p = \eta_{\text{ges}}\, N_1 \tag{23}$$

Für Getriebe mit *kreisendem An- und Abtrieb* (Wechselgetriebe) ergibt sich nunmehr für die Drehzahl n_1 der Pumpe und n_2 des Motors $n_2 = \eta_s n_1 \cdot e_1/e_2$, wenn η_s die Füll- und Leckverluste, also den Schlupf berücksichtigt. Die Drehzahl oder Geschwindigkeit wird demnach nur durch den Schlupf gemindert, die Leistung und das Drehmoment durch Schlupf- und mechanische einschl. Druckverluste ($\eta_{m1}\, \eta_{m2}\, \eta_s = \eta_{\text{ges}}$). Bei (im Mittel) $\eta_s \approx \eta_m \eta_p \approx 0{,}8$ bis $0{,}9$ ergibt sich für Flüssigkeitswechselgetriebe $\eta_{\text{ges}} \approx 0{,}6$ bis $0{,}7$.

Bei Getrieben mit *schiebendem Abtrieb* wird

$$N_2 = Q_2 p_2 = F_w v_2 p_2. \tag{24}$$

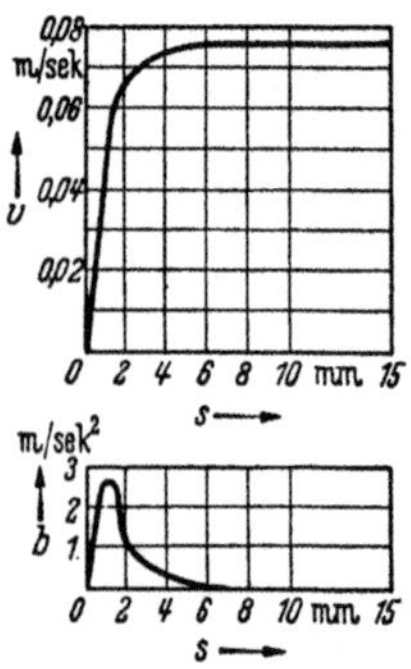

Bild 217. Geschwindigkeit v und Beschleunigung b beim Anfahren eines hydraulisch angetriebenen Schleifmaschinentisches in Abhängigkeit vom Weg (*Oertli*, Maschb. (1944) S. 117)

Ist F_w konstant, so müssen p_2 und v_2 in weiten Grenzen den jeweiligen Erfordernissen der Arbeit angepaßt werden. Man kann jedoch auch F_w verändern, dann können Grenzen für p_2 und Q_2 enger gezogen werden, und es wird der Bereich mit dem günstigsten Wirkungsgrad größer.

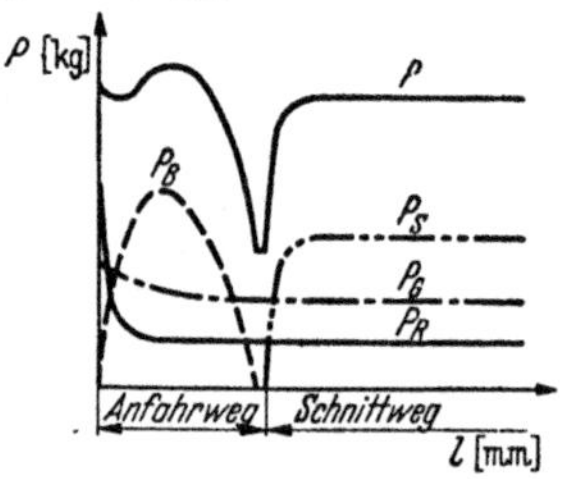

Bild 218. Schematische Darstellung der Kräfte zum Verschieben des Tisches. P_R = Reib-, P_B = Beschleunigungs-, P_S = Schnitt-, P_G = Gegendruckkräfte

Der Tisch soll möglichst stoßfrei anfahren, das bedingt stetiges Anwachsen der Beschleunigung und damit der Beschleunigungskräfte. Bild 217 zeigt den Beginn der Schiebung eines Schleifmaschinentisches mit Dämpfungskolben. Kraft $P = P_R + P_B + P_S + P_G$ zum Verschieben des Tisches bleibt bei Hub nicht konstant, da Summanden ihre Größe ändern, Bild 218. Reibkraft P_R zunächst wegen Haftreibung größer, P_G annähernd konstant, erfordert zunächst auch Kraft zum Beschleunigen des Öls auf der anderen Kolbenseite, P_B wird null, wenn Tischgeschwindigkeit konstant, Schnittkraft P_S setzt erst nach Anfahrweg ein und wird dann etwa gleichbleiben. Druck p stellt sich nun nach P ein. Da Anfahrkraft P_A in ihrer Größe schwankt, erreicht man am sichersten stoßfreies Anfahren, wenn man Kraft P und Druck p durch entsprechendes Füllen zwar schnell aber gleichmäßig steigert, wie es mit der hydraulischen Vorsteuerung erreicht wird.

Für Berechnen der Pumpenleistung vom Höchstdruck und diesem entsprechender Geschwindigkeit ausgehen. Mit $\eta_s \approx 0{,}8$, $\eta_m = 0{,}85$, $\eta_p = 0{,}9$ wird für Triebe mit schiebendem Abtrieb $\eta_{ges} \approx 0{,}6$.

F. Kurbelgetriebe

(vgl. Bd. I, S. 760, dort auch Ermittlung der Geschw. usw.)

1. Aufbau der Triebe

Kurbelgetriebe[1] werden in Werkzeugmaschinen eingebaut, wenn geradlinige, hin- und hergehende Bewegungen erzielt werden sollen. Kennzeichnend für alle Kurbelgetriebe ist, daß sie bei gleichförmiger Drehung der Antriebkurbel ungleichförmige Geschwindigkeiten im Abtrieb liefern. Bei *Geradschubkurbel* ist Hin- und Rücklaufzeit gleich. Da aber nur auf Hinweg Arbeit verrichtet wird, ist demnach tote Zeit beim Rücklauf ebenso groß. Geradschubkurbeln werden daher bei spangebenden Maschinen nur wenig eingebaut, zumal in Geradschubkurbel Geschwindigkeit sehr ungleichförmig verläuft. In spanlos formenden Maschinen findet man dagegen die Geradschubkurbel häufig.

Bei Umform-Maschinen mit kleinem Hub ist Kurbelzapfen zu einem Exzenter erweitert, s. S. 725. Die Koppel b (Pleuelstange) wird auf Knickung beansprucht und daher kurz und gedrungen ausgeführt. Drehgelenk (Pleuelzapfen) wird durch Kugel in Kugelpfanne gebildet.

Bei der *Kurbelschwinge*, Bild 219, ist die Schwinge c verlängert und trägt am anderen Ende ein Zahnsegment, das in die Zahnstange b' des auf- und abwärtsgehenden Stößels f eingreift. In Vorschubgetrieben der Waagerecht-Stoßmaschinen ist Kurbelschwinge mit einem Sperrad eingebaut, Bild 220.

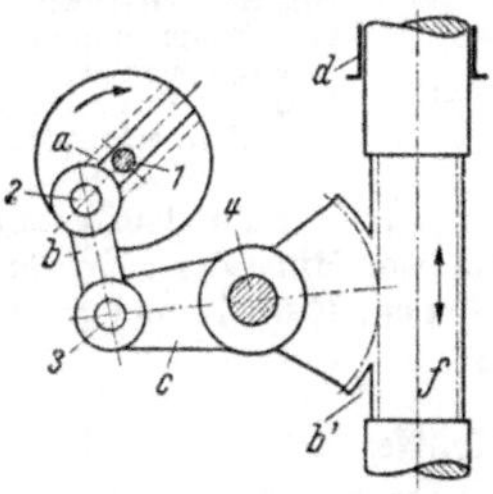

Bild 219. Kurbelschwinge zum Antrieb des Stößels f einer Zahnradstoßmaschine (Lorenz AG, Ettlingen). a Kurbel, b Koppel, c Schwinge, bei b' Zahnkranz und Zahnstange (zylindrisch)

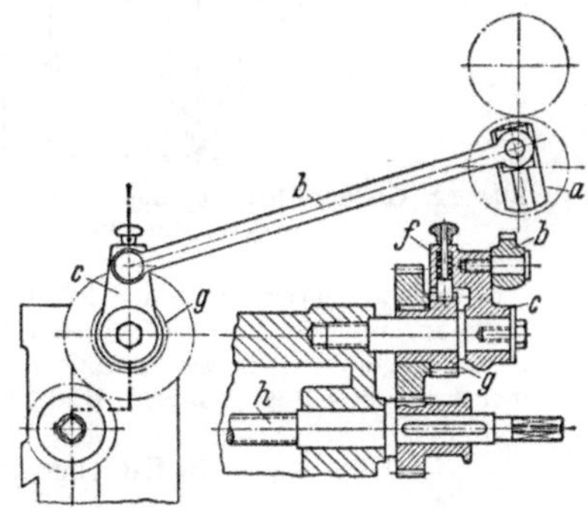

Bild 220. Vorschubgetriebe an Waagerecht-Stoßmaschinen. Kurbel a treibt über Koppel b hin- und hergehende Schwinge c an, die über Ratsche f das Sperrad g in einer Richtung ruckweise mitnimmt und damit über Spindel h Tisch verschiebt.

Bei Waagerecht-Stoßmaschinen findet man verschiedene Ausführungen, Bild 221, welche die Schwinge c der *Kurbelschleife* mit dem geradlinig laufenden Schlitten c' verbinden.

In schwingenden und umlaufenden Kurbelschleifen ist die Zeit t_A für den Arbeitshub größer als die Zeit t_R für den Rücklauf. Läuft Kurbel a mit gleichförmiger Geschwindigkeit (Drehzahl n) um und bestreicht beim Arbeitsgang den Winkel 2α, Bild 222, beim Rückgang 2β, so wird $t_A : t_R = \alpha : \beta$; da

[1] Siehe S. 677, Lit. 2.

$t_A + t_R = 1/n = t$, so wird auch $t_A = \alpha \cdot t/180$ und $t_R = \beta \cdot t/180$. Die Geschwindigkeit der Schwinge ist ungleichförmig. Ist l der Hub des Punktes 5, Bild 222, so wird die mittlere Arbeitsgeschwindigkeit $v_{Am} = l/t_A = l \cdot n\ 180/\alpha$ und die mittlere Rücklaufgeschwindigkeit $v_{Rm} = l/t_R = l \cdot n\ 180/\beta$. Die Höchstgeschwindigkeit der Schwinge in der Mittellage ist $\max v_{5A} = v_2 c/(m+a)$ und $\max v_{5R} = v_2 c/(m-a)$; m nach Bild 222 Abstand $\overline{14}$, c Länge der Schwinge. In Bild 223 ist der Verlauf der Geschwindigkeit v und der Beschleunigung b über dem Weg l abgetragen.

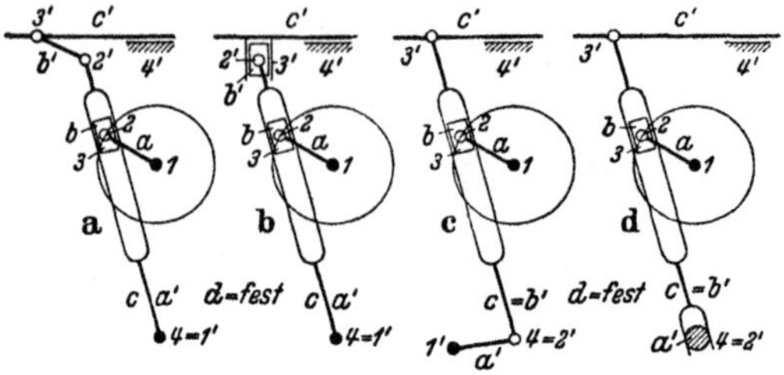

Bild 221. Schwingende Kurbelschleifen (Glieder a, b, c, d) zum Antrieb des Werkzeugschlittens von Waagerecht-Stoßmaschinen. Glieder der Zusatzgetriebe zur Umwandlung der kreisförmigen Schwingbewegung von c sind mit a', b', c' bezeichnet.

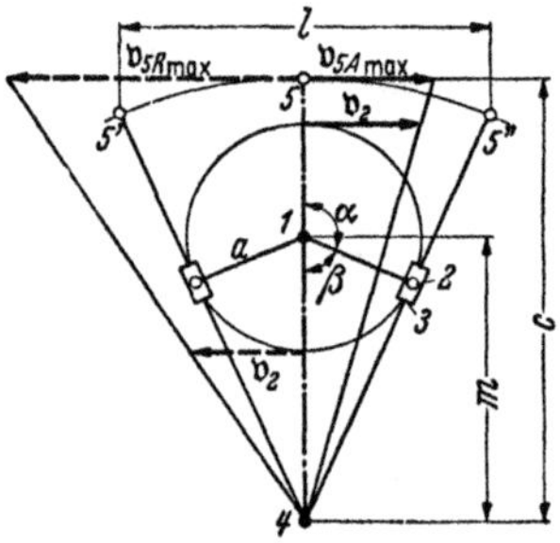

Bild 222. Größte Arbeits- v_A und Rücklaufgeschwindigkeiten v_R an Kurbelschleife

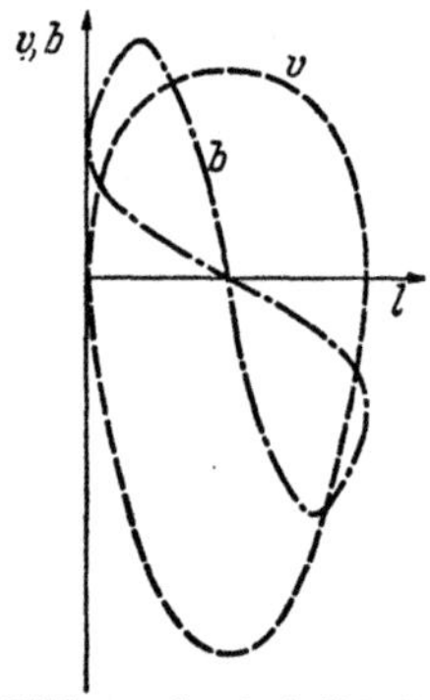

Bild 223. Geschwindigkeit v und Beschleunigung b abhängig vom Weg des Schlittens bei einer schwingenden Kurbelschleife nach Bild 222

In Vorschubgetrieben von Hobelmaschinen wendet man Kurbelschleifengetriebe an, um Vorschub stufenlos ändern zu können. Hübe der Kurbelgetriebe meist so ausgeführt, daß sie verändert werden können; Kurbel- oder Schwingenzapfen dann verstellbar gelagert, Bild 376, S. 755.

2. Gleichgang und Kräfte

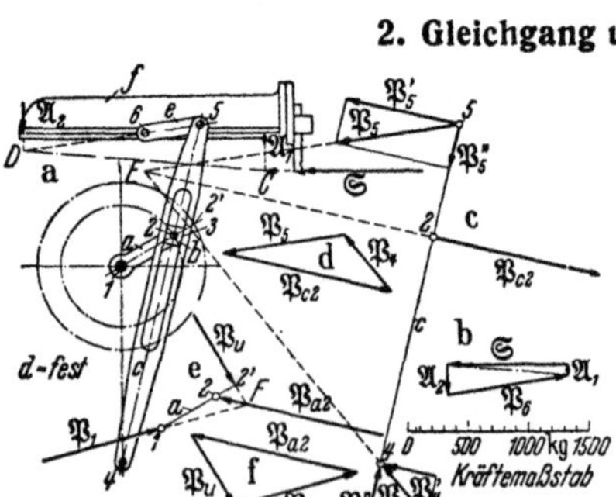

Bild 224
Statische Kräfte in schwingender Kurbelschleife

a) Gleichgang. Die *statischen Kräfte* in Getrieben der formenden Maschinen treten meist nur sehr kurze Zeit auf, sind dann aber oft sehr hoch, so daß der *Gleichgang* der Maschine gestört wird.

Auf Grund des Drehkraftschaubildes (vgl. S. 255) muß daher Schwungrad so bemessen werden, daß Ungleichförmigkeitsgrad $\delta = (n_g - n_k)/n_m$ bei Maschinen im Dauerbetrieb, d. h. wenn bei jedem Hub Arbeit ausgeführt wird, $\delta = 0{,}2$ bis $0{,}1$, bei aussetzendem Betrieb $\delta = 0{,}3$ bis $0{,}2$ nicht überschreitet (n_g = größte, n_k = kleinste, $n_m = (n_g + n_k)/2$ = mittlere Drehzahl der Kurbelwelle). Berechnung des Arbeitsüberschusses E_D (mkg), der vom Schwungrad ausgeglichen werden muß, vgl. Abschn. V, D 3 Pressen, S. 723, 724.

b) Kräfte. Ermittlung der *dynamischen* Kräfte meist nur für Umkehrpunkte notwendig. Dazu Beschleunigung im Umkehrpunkt konstruieren (vgl. Bd. I, S. 761) oder Beschleunigung aus Beschleunigungs-Zeit-Schaubild entnehmen. $P_T = mb$ (m = Masse, b = Beschleunigung) ist dann Trägheitskraft.

Statische Kräfte zweckmäßig zeichnerisch ermitteln. In Bild 224 ist in schwingender Kurbelschleife Schnittkraft $\mathfrak{S}$ (= 1000 kg) gegeben, Umfangskraft $\mathfrak{P}_u$ gesucht.

Schnittkraft $\mathfrak{S}$ greift am Werkzeug an, ruft Moment hervor. Schlitten im Gleichgewicht durch Auflagerkräfte $\mathfrak{A}_1$ und $\mathfrak{A}_2$, ferner, in 6 angreifend, Kraft der Schwinge $\mathfrak{P}_6$. In Teilbild *b* werden aus gegebenem $\mathfrak{S}$ Kräfte $\mathfrak{A}_1$, $\mathfrak{A}_2$ und $\mathfrak{P}_6$ nach *Culmann* (Bd. I, S. 196) ermittelt. In Teilbild c ist dann Schwinge gezeichnet, gegebene Kraft $\mathfrak{P}_5$. Mit Kraft $\mathfrak{P}_{c_2}$ drückt Stein *b* auf Führung. $\mathfrak{P}_5$ und $\mathfrak{P}_{c_2}$ schneiden sich in *E*, damit Richtung $\mathfrak{P}_4$ bestimmt, dessen Größe in Teilbild d ermittelt wird. Oder durch Zerlegen von $\mathfrak{P}_5$ in $\mathfrak{P}_5'$ und $\mathfrak{P}_5''$ und $\mathfrak{P}_4$ in $\mathfrak{P}_4''$ (= P_5'') und $\mathfrak{P}_4'$. Es greife nun Zahnkraft $\mathfrak{P}_u$ in 2′ an, dann findet man in Teilbild e Richtung von Lagerkraft $\mathfrak{P}_1$, da $P_{a_2} = P_{c_2}$. In Teilbild f schließlich wird Größe von $\mathfrak{P}_1$ und $\mathfrak{P}_u$ gefunden.

G. Steuerungstechnik

1. Grundlagen, Begriffe[1]

Die Steuerung beeinflußt, wenn sie von Hand oder von der Maschine in Tätigkeit gesetzt wird, selbsttätig nach einem vorher festgelegtem Plan den Arbeitsablauf der Maschine. Im Werkzeugmaschinenbau ist ihre wesentliche Aufgabe, die Richtung oder Geschwindigkeit der Bewegung eines Maschinenteils zu ändern.

Die Steuerung unterscheidet sich demnach von der *Regelung* dadurch, daß durch sie die Aufgabe nicht auf Grund der Messung der zu beeinflussenden Größe gelöst wird. Regelungen sind im Werkzeugmaschinenbau seltener anzutreffen. Beispiel: Wird auf einer Drehmaschine ein Durchmesser gedreht, so liegt eine Regelung vor, wenn der Meißel auf Grund einer Messung des Werkstückdurchmessers selbsttätig beigestellt wird, dagegen eine Steuerung, wenn die Beistellung durch Anschläge oder eine Schablone begrenzt ist (s. a. DIN 19226).

Steuerungen arbeiten mit Bauelementen, die mechanisch, pneumatisch, hydraulisch oder elektrisch betätigt werden. Auch Kopplungen dieser Arbeitselemente sind häufig. Während früher die Steuerungen fast ausschließlich mechanisch arbeiteten, werden jetzt vorwiegend Steuerungen eingebaut, die elektrisch, hydraulich oder mit Druckluft betätigt werden, da diese Ausführungen gegenüber, den mechanischen viele Vorteile besitzen: sanftes Arbeiten; geräuschloser; leichtere Übertragung des Impulses, auch über größere Entfernungen; Möglichkeit auch komplizierte Pläne zu verwirklichen.

Auf Grund ihrer Funktionsweise können unterschieden werden:

Zentralsteuerungen, bei denen mehrere verschiedenartige und miteinander verkettete Vorgänge von einer Steuereinrichtung zentral gesteuert werden (z. B. Steuerwelle eines mechanisch gesteuerten Drehautomaten);

Folgesteuerungen, bei denen ein Vorgang den nächsten durch ein besonderes Glied der Steuereinrichtung auslöst. Folgesteuerungen können „funktionsbetätigt" ablaufen (z. B. Greifer gehen vor, wenn sich Spannvorrichtung öffnet), oder „erfolgsbetätigt" (z. B. Greifer gehen vor, wenn das herausrollende Werkstück einen Impuls gibt). Bei der funktionsbetätigten Folgesteuerung ist nicht sichergestellt, daß der gewollte Erfolg eingetreten ist (z. B. Greifer geht vor und schließt sich, greift aber kein Werkstück, da dieses etwa in Spannvorrichtung verklemmt ist).

Die Glieder einer Steuerung sind (als Beispiel in Bild 225 an einer mech. wirkenden Steuerung dargestellt):

Befehlsgeber a (Programmgeber) ist das Eingangsglied. Es bestimmt die Arbeitsweise eines Maschinengliedes unmittelbar oder speichert den Plan für die Arbeits-

---

[1] *Oppelt, W.:* Über Normung und Symbolik in der Regelungstechnik. VDI-Z. Bd. 100 (1958) Nr. 33 S. 1553/58; dort weiteres Schrifttum. — *Feist, W.:* Beitrag zur Systematik der Elemente der Steuer- und Regelungstechnik von Werkzeugmaschinen. Ebenda S. 1559/66.

weise eines oder mehrerer Maschinenglieder (Zeitplanspeicher, Folgespeicher, wie z. B. Lochkarte usw.).

Stellglied b ändert die Arbeitsweise des Maschinengliedes in der vom Befehlsgeber vorgeschriebenen Weise.

Stellmotor c (Servomotor, Steuermotor, Hilfsmotor) wird eingebaut, wenn zum Betätigen des Stellgliedes eine Kraft aufzuwenden ist.

Übertrager d (Leitungen) sind Glieder der Steuereinrichtung zwischen dem Befehlsgeber und dem Stellglied. Sie verbinden das Befehlsglied mit dem Stellglied und übertragen die Befehle. Hierzu gehören auch alle zum Betrieb der Steuereinrichtung notwendigen Glieder, die umformend oder steuernd eingreifen.

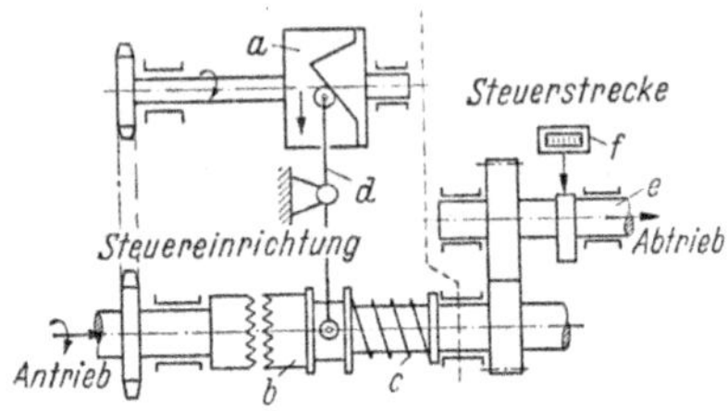

Bild 225. Bauteile einer Steuerung

Steuerstrecke wird von den Umformern und Gliedern gebildet, die hinter dem Stellglied zum *Zielglied e* führen und die Ausgangsgröße beeinflussen.

Melder f zeigen die Ausführung der Befehle an und erleichtern so die Kontrolle der Steuerung.

2. Mechanische Steuerungen

Befehlsgeber sind: von Hand bediente Hebel, Schalter, Kupplungen und für selbsttätige Arbeitsweise: Anschläge mit Ausrücker z. B. für Wegbegrenzungen Nocken, als Befehlsspeicher: Kurven.

Flachkurven sind ebene Kurventriebe und steuern über einen sich geradlinig bewegenden Kurvenabnehmer oder meist über einen schwenkbaren Hebel b, der an der Laufstelle eine Rolle trägt, Bild 226. Bei Arbeitsvorschüben muß das Werkzeug und damit der Hebel mit gleichbleibender Geschwindigkeit bewegt werden.

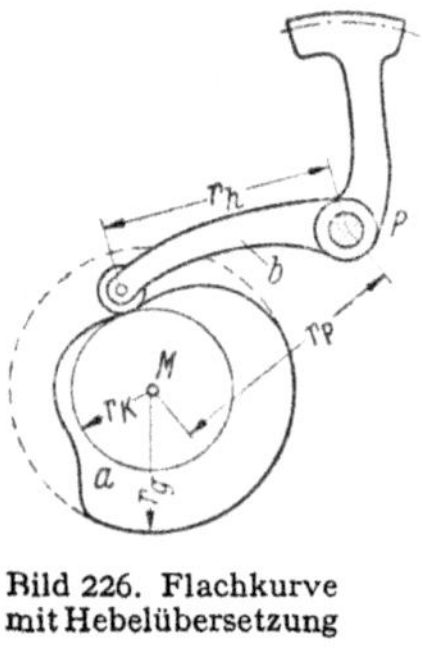

Bild 226. Flachkurve mit Hebelübersetzung

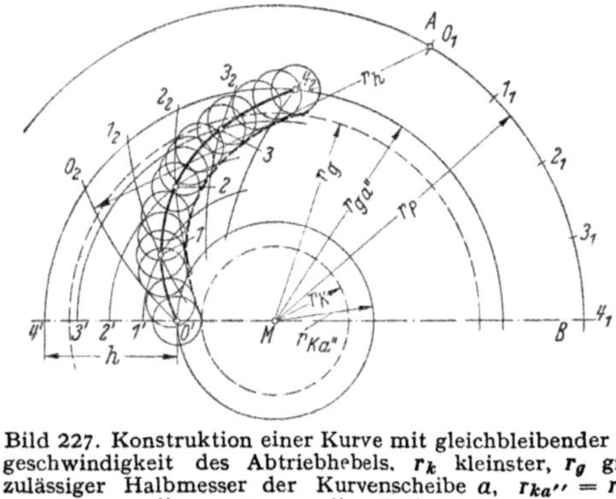

Bild 227. Konstruktion einer Kurve mit gleichbleibender Drehgeschwindigkeit des Abtriebhebels. r_k kleinster, r_g größter zulässiger Halbmesser der Kurvenscheibe a, $r_{ka''} = r_k + r$, $r_{ga}'' = r_g + r$, r_{ka}'' = Rollenhalbmesser

Zum Zeichnen einer Kurve werden die Bewegungen vertauscht, Bild 226 u. 227: die Kurvenscheibe a wird als feststehend betrachtet, während sich der Drehpunkt P des Hebels um M bewegt. Man konstruiert zunächst die Bahn der Mittelpunkte der Rolle. Ist $\sphericalangle AMB$ der festgelegte Drehwinkel von a, h der geforderte Hub, so werden $\widehat{AB}$ und h in n gleiche Teile geteilt (hier 4) und es werden um M Kreise durch 0′, 1′, 2′, 3′, 4′ gezogen. Mit r_h als Länge des Hebels von P bis Mittelpunkt der Rolle schlägt man dann Kreise um 0_1, 1_1, 2_1, 3_1, 4_1, die auf den Kreisen um M 0′, 1′, 2′, ... die Punkte 0, 1, 2, 3, 4 ergeben. Der Umriß der Kurve wird dann als Äquidistante mit dem Abstand r (Rollenhalbmesser) ermittelt, indem man Kreise mit r schlägt. Für Anstiege soll ein Winkel von 45°, für Abstiege ein solcher von 60°, gemessen auf dem abgewickelten Umfang, nicht überschritten werden. Dem entspricht bei einem Scheibendmr. von 120 mm ein Anstieg von ≈ 1 mm je 1° und ein Abstieg von ≈ 2 mm je 1° Kurvenwinkel. Angaben gelten für niedrige Drehzahlen der Kurven (etwa bis 6 U/min), wie sie in den Drehautomaten üblich sind.

Bei Schaltkurven, die also keinen Arbeitsvorschub steuern, wähle man Formen des An- und Abstieges, die stoßfrei arbeiten, also z. B. Sinoiden oder Parabeläste (s. Bd. I, S. 123).

Beispiele für mechanische Steuerungen s. S. 749f.

3. Hydraulische Steuerungen[1]

a) Bauteile der hydraulischen Steuerungen s. S. 681. *Befehlsgeber* sind mechanisch wirkende Anschläge oder elektrische Bauteile wie Magnete, dann auch durch Druckluft oder hydraulisch betätigte Elemente. Bild 228 zeigt ein durch Flüssigkeitsdruck betätigtes Abschaltventil. Zunächst fördern zwei Pumpen über *a* und *b* über *d* zum Zylinder. Steigt der Druck im Zylinder an, so wird Schieber *e* nach rechts gegen die Feder verschoben, und Richtventil *f* sperrt. Nun kann das Öl der Druckpumpe nur von *a* nach *d* fließen, während die andere Pumpe über *b*—*c* in den Behälter fördert.

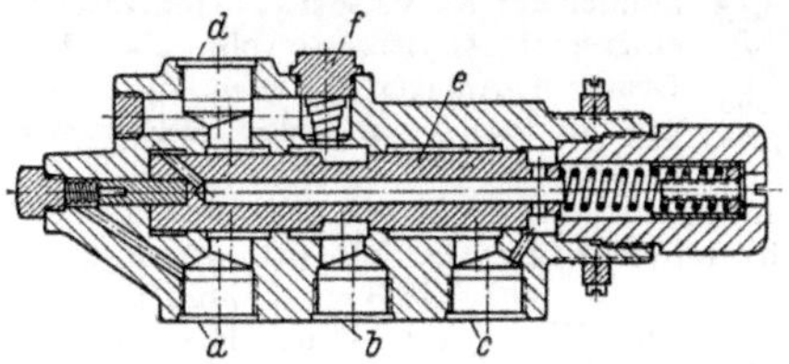

Bild 228. Durch Flüssigkeitsdruck gesteuertes Abschaltventil[1]

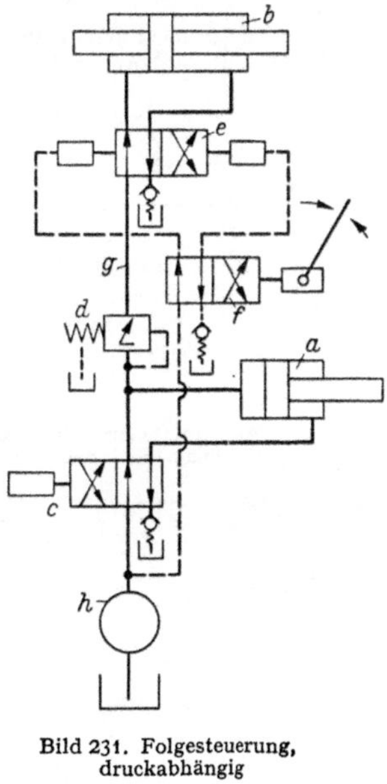

Bild 231. Folgesteuerung, druckabhängig

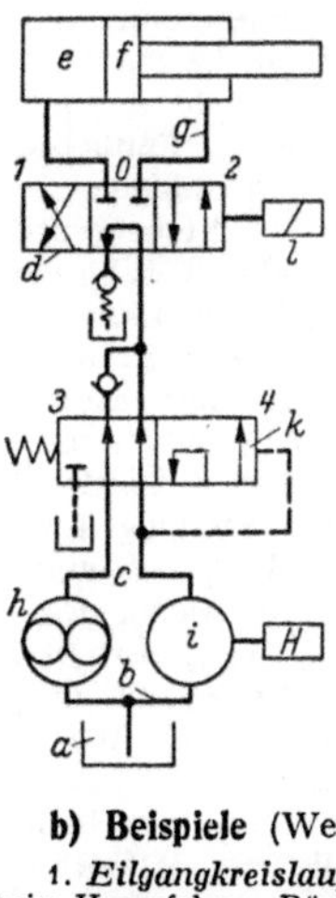

← Bild 229. Eilgangschaltung mit einer Zahnradpumpe *h* und einer Verstellpumpe *i*, 4/3 Wegeventil *d* gesteuert durch Elektromagnet *l*

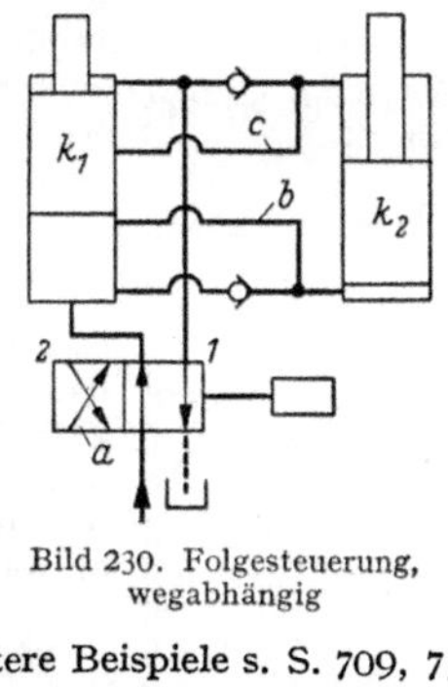

Bild 230. Folgesteuerung, wegabhängig

b) Beispiele (Weitere Beispiele s. S. 709, 751, 759, 770, 773).

1. *Eilgangkreislauf*[1]. Im Werkzeugmaschinenbau soll häufig die Hubgeschwindigkeit beim Heranfahren, Rücklauf usf. erhöht werden, um mit Hilfe des „Eilganges" die Leerlaufzeiten zu verkürzen. Von den verschiedenen Eilgangschaltungen zeigt Bild 229 eine Ausführung mit zwei Pumpen, einer Eilgangpumpe *h* und einer verstellbaren Druckpumpe *i*. Beim Eilgang fördern beide Pumpen über das Abschaltventil *k* (Stellung *3*) und das Umsteuerventil *d* (Stellung *1* oder *2*). Steigt jedoch der Arbeitsdruck an und übersteigt die Federkraft des Abschaltventils *k* (vgl. Bild 228), so schaltet Ventil *k* um (Stellung *4*) und verbindet Pumpe *h* mit dem Abfluß. Jetzt fördert nur die Druckpumpe *i* in den Zylinder, und die Antriebleistung braucht nur nach deren Leistung bemessen zu werden.

2. *Folgesteuerung, wegabhängig*, Bild 230. Das von der Pumpe kommende Öl verschiebt über den Umsteuerschieber *a* (Stellung *1*) Kolben k_1. In gezeichneter Stellung gibt k_1 die Leitung *b* frei und Kolben k_2 wird verschoben. Wird von Hand oder selbsttätig Ventil *a* nach Stellung *2* geschaltet, so wird zunächst k_1, dann über Leitung *c* auch k_2 zurückgeholt.

3. *Folgesteuerung, druckabhängig*, Bild 231. Häufig ist die Aufgabe, daß das Werkstück durch Spannzylinder *a* gespannt sein muß, bevor durch Vorschubzylinder *b* der Maschinentisch

[1] Ölhydraulik u. Pneumatik (1957) Nr. 2 S. 85.

verschoben werden darf. Pumpe h drückt das Öl über Umschaltventil c zunächst in Spannzylinder a. Hat hier der Kolben die Endstellung erreicht, so steigt der Druck in der Leitung so weit an, daß Zuschaltventil d den Weg zur Hauptsteuerung e und damit zum Vorschubzylinder b freigibt. Der Tisch wird nun hin- und herbewegt, gesteuert durch Tischanschläge über Vorsteuerung f, die Ventil e umstellt. Ist der Arbeitsgang beendet, so wird (von Hand oder selbsttätig) Ventil c geschaltet, der Spannkolben geht zurück, die Vorschubleitung g wird drucklos, der Tisch bleibt stehen.

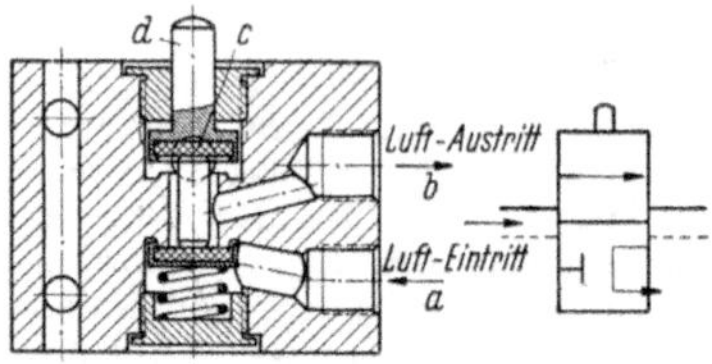

Bild 232. Nockenventil für Druckluftsteuerung (Drumag, Säckingen). a Lufteintritt, b Luftaustritt, c Entlüftung (seitlich); beim Niederdrücken des Schiebers d wird a, b geöffnet und c geschlossen. Daneben Sinnbild für Schaltplan

4. Druckluftsteuerungen

a) Bauteile. Druckluftsteuerungen können für die verschiedensten Zwecke eingesetzt werden, sowohl als reine Druckluft-Anlagen wie auch kombiniert mit hydraulischen oder elektrischen Elementen.

Druckluftsteuerungen arbeiten meist mit einem Druck von ≈ 6 kg/cm². Druckluft hat höhere Arbeitsgeschwindigkeit als Drucköl (rd. 200 m/min). Die Bauteile ähneln denen der Druckölsteuerungen. Bild 232 zeigt die Grundausführung und das Sinnbild eines Nockenventils, das in Ruhestellung geschlossen ist. Es kann zusätzlich auch durch einen Rollenhebel, Fußhebel, Druckluft oder Magnet betätigt werden. Steuerventil mit Sinnbild in Bild 233 wird durch Druckluft betätigt, die entweder bei a oder bei b einen kurzen Druck ausübt und dadurch den Schieber c verstellt. Gezeichnete Stellung: Luft fließt durch f_1 zu einer Zylinderseite, deren Entlüftung e_1 geschlossen ist. Andere Zylinderseite, an f_2 angeschlossen wird über e_2 entlüftet.

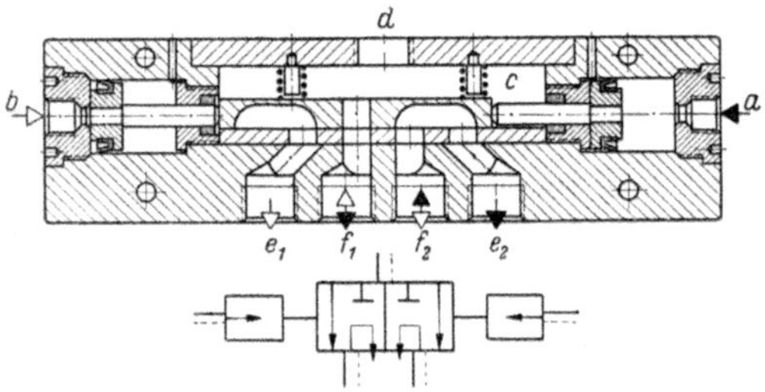

Bild 233. Druckluftsteuerventil, durch Druckluft betätigt (Drumag, Säckingen); d Lufteintritt

Weiterhin werden Regulierventile, Schnellentlüfter, Doppelsteuerventile (2 Einlässe, 1 Auslaß) und andere Elemente eingebaut.

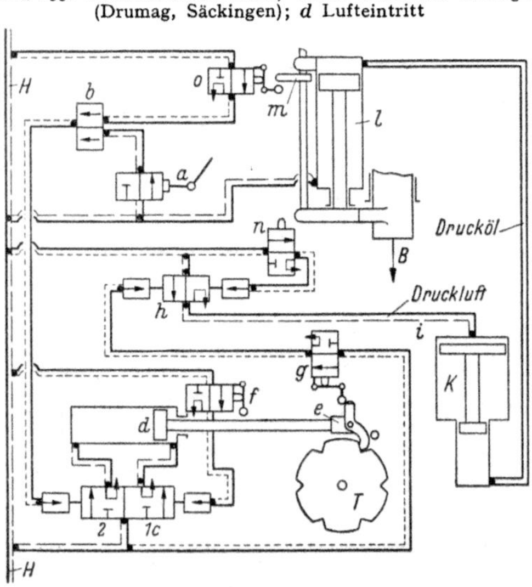

Bild 234. Druckluftsteuerung für eine Bohrmaschine mit Bohrspindel B, Revolvertisch T und hydraulischem Vorschubantrieb

b) Beispiel einer vollselbsttätigen Steuerung, Bild 234. Zufuhr der Druckluft durch Hauptleitung H. Durch Drücken des Ventils a erhält Schalter c über Doppelsteuerventil b einen Impuls (nach Stellung 1), so daß Kolben d zurückgeht. In linker Endstellung schaltet der Anschlag e an der Kolbenstange das Ventil *f*, das nun Schieber *c* nach Stellung 2 zieht. Kolben *d* geht wieder vor und betätigt mit *e* kurz vor Hubende das Impulsventil *g*, das Ventil *h* öffnet. Dadurch wird über Leitung *i* Druckübersetzer *k* angetrieben, der nun das Öl aus dem unteren Teil in den Vorschubkolben *l* drückt. In der unteren Lage öffnet Anschlag *m* das Ventil *n*; *h* wird geschlossen und *k* entlüftet. Infolge des ständigen Luftdrucks unter dem Vorschubkolben geht die Bohrspindel wieder nach oben und drückt hierbei das Öl in den Druckübersetzer zurück. In der oberen Stellung betätigt dann Anschlag *m* das Ventil *o*, das wieder *c* verschiebt; das nächste Arbeitsspiel beginnt.

5. Elektrische Steuerungen[1]

a) Befehlsgeber. *Schließer* (Arbeitskontakt) sind Schaltgeräte, durch die beim Betätigen der Stromkreis geschlossen wird, während *Öffner* (Ruhekontakt) beim Betätigen den Stromkreis öffnen, Bild 235.

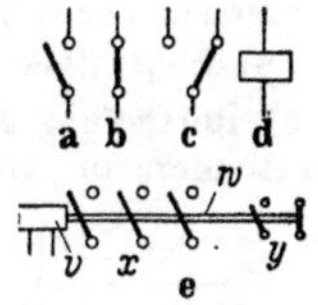

Bild 235. Sinnbilder für elektrische Schaltgeräte. a Schließer (Arbeitskontakt), b Öffner (Ruhekontakt), c Wechsler, d Magnet, e Schütz mit Hauptkontakten *x*, zwei Hilfskontakten *y*; *v* Magnet, *w* mechanisches Verbindungsglied

α) von *Hand betätigt. Hebelschalter* mit Messerkontakten werden als Hauptschalter (Eingangs- oder Netzschalter) eingebaut, mit denen der elektrische Antrieb der Maschine zentral eingeschaltet und stillgesetzt werden kann. Ein-, zwei-, oder dreipolig. Schalthäufigkeit gering. *Motorschutzschalter* schützen Motor gleichzeitig gegen Überlastung, da mit Kurzschlußschnellauslöser ausgerüstet. Schnellauslösung bei etwa 10fachem Nennstrom. Ausschaltzeit wächst bei abnehmender Überlast (z. B. Überlast 10fach, Ausschaltzeit 0,02 sek; Überlast 2fach, Ausschaltzeit 1 min).

Walzenschalter werden als Einbau-, Aufbau- und als Einsatzgeräte geliefert. *Nockenschalter* geeignet für Schalthäufigkeit bis 200 Schaltungen/Std. Zum Ein- und Ausschalten des Motors, Stern-Dreieck-, Drehrichtungswechsel und Polumschalten. Da hier eine größere Zahl von Kontakten angebracht werden kann, für Steuerungen besonders dann geeignet, wenn mehrere Schaltvorgänge gleichzeitig einzuleiten sind. *Taster* (Druckknopf-, Schwenk-, Fußdruckknopftaster) halten ihre Arbeitsstellung nur solange, wie sie betätigt werden.

β) *mittelbar betätigte Geräte. Schützen*, ferngesteuerte Schalter mit eingebautem Elektromagnet, der den Schalter in Arbeitsstellung hält. Beim Ausschalten des Elektromagneten gehen Schalter in Ruhestellung zurück. Wegen der hohen Schalthäufigkeit im Werkzeugmaschinenbau fast nur Luftschütze. Sehr häufig eingebaut, Bild 235e.

Hilfsrelais bestehen aus Magnetsystem, durch das Schaltstücke geschlossen oder geöffnet werden. In Steuerungen eingebaut, um Befehle an weitere Steuerkreise zu übertragen. Bei Einbau eines Zeitrelais wird Befehl verzögert ausgeführt.

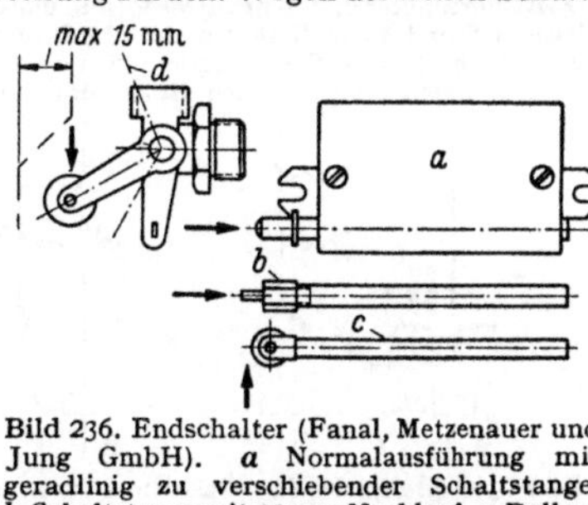

Bild 236. Endschalter (Fanal, Metzenauer und Jung GmbH). *a* Normalausführung mit geradlinig zu verschiebender Schaltstange, *b* Schaltstange mit 10 mm Nachlauf, *c* Rollenstange für Verschiebung bis max. 6 mm, *d* aufschraubbarer Rollenhebel

γ) *selbsttätig arbeitende Geräte. Endschalter* sind Taster, die von sich bewegenden Maschinenteilen geschaltet werden. Ein-, zwei- oder dreipolige Ausführungen, oft so, daß sie als Öffner oder Schließer oder als Wischkontakt arbeiten können. Mit Schaltstangen, wenn der Anschlag senkrecht auf Endtaster fährt, sonst mit Rollenhebel, Bild 236. Normale Ausführungen benötigen Schaltweg von 6 mm bzw. 10° (bei Nachlaufweg bis 10 mm bzw. 15°). Nur einzubauen bei Auslösegeschwindigkeiten über 200 mm/min. Für kleinere Geschwindigkeiten Endschalter mit Sprungschaltung, in denen gespannte Feder plötzlich schaltet. Mit Präzisions-

[1] *Volk, P.* in *Schwerd:* Spanende Werkzeugmaschinen, s. S. 660, Lit. 2.

endtastern können Strecken genauer begrenzt werden, da Schaltwege an solchen Tastern nur etwa 0,1 mm.

Fühler, wenn Befehlsgeber für hohe Maßgenauigkeit verlangt werden (s. S. 696). Auch als Istmaß (Festmaß)-Geräte gebaut.

Thermische Geräte. Bimetallrelais insbesondere für Motorschutz. Im Wechselstromkreis als Öffner, im Gleichstromkreis als Schließer, so daß Hilfsrelais zum Unterbrechen des Stromkreises notwendig.

Magnetische Geräte als Schutzgeräte gegen Überlastung.

Lichtzellen, Steuerung auf Grund von Helligkeitswerten; für Schutzschaltungen an Pressen. Verstärkung durch Röhrenschaltung.

Druckluft (Solex) für Messungen und von ihnen abhängige Schaltungen.

b) Darstellung durch Stromlaufpläne, Ein- und Ausschalten. Da Schaltpläne, insbesondere bei größeren Anlagen unübersichtlich, werden elektrische Steueranlagen zweckmäßig durch Stromlaufpläne dargestellt. Bild 237 zeigt bei a das Schaltbild für das Einschalten eines Motors, bei b Stromlaufplan. Durch Drucktaster *b 2* wird Stromkreis zum Magneten *v* und damit Schütz mit Hilfskontakt *y* geschlossen. Hilfskontakt *y* liegt parallel zum Drucktaster, so daß nach Loslassen des Drucktasters der Stromkreis zum Magneten geschlossen bleibt. Ausschalten durch Drucktaster *b 1*. Im Stromlaufplan, Bild 237 b, ist *1* der Erreger-, *2* der Selbsthaltekreis. Bezeichnung *c1* bei *2* deutet an, daß Stromkreis *2* vom Einschaltschütz *c1* geschlossen wird. Für das Ein-Aus-Schalten ist eine Platte mit zwei Drucktastern eingebaut; sie fernsteuern das Schütz. Der Umfang der Geräte ist durch — · — · — angedeutet.

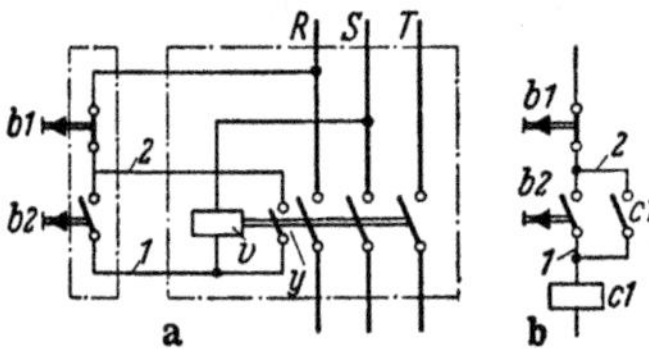

Bild 237. Schaltbild und Stromlaufplan für Einschalten mit Drucktaster und Schütz. *1* Erreger-, *2* Selbsthaltekreis

Bild 238 zeigt Beispiele für die Schaltung von Ein-Aus-Befehlsgebern. Lage des Ausschalters *b1* in Bild 238 b verhindert Einschalten, solange Aus-Befehl gegeben; in Bild 238 c wird nur die Selbsthaltung unterbrochen.

In dem Steuerkreis können auch beliebig viele Verriegler *c 2* eingefügt werden, Bild 239, die z. B. im Erregerkreis anderer Schützen *c 2* liegen und sich so gegenseitig verriegeln (z. B. Vorschubmotor beim Fräsen nur einschaltbar, wenn Hauptmotor läuft). In Bild 239 a liegen *c 2* und *b 1* in Reihe; in Bild 239 b liegt *c 2* nur in Reihe mit *b 2*; in Bild 239 c liegt *c 2* im Selbsthaltekreis. Schaltung in a, wenn unbedingt Gefahren auszuschließen sind; in Bild 239 b wenn abhängig vom Anlassen. Statt der Öffner können auch Schließer angeordnet werden.

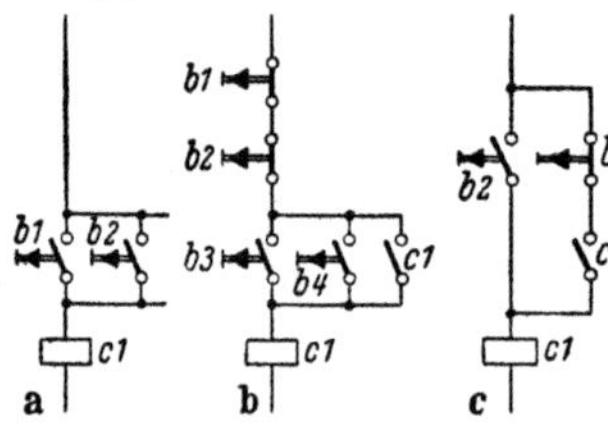

Bild 238. Beispiele für Schaltung von Tastern. a Tippschaltung mit beliebig vielen Tastern *b 1*, *b 2*; b mit Selbsthaltung durch *c 1*, Erregerkreis wird mit Drucktastern *b 3*, *b 4* ... geschlossen; *b 1*, *b 2* ... zum Ausschalten; c Ausschalter *b1* nur im Selbsthaltekreis

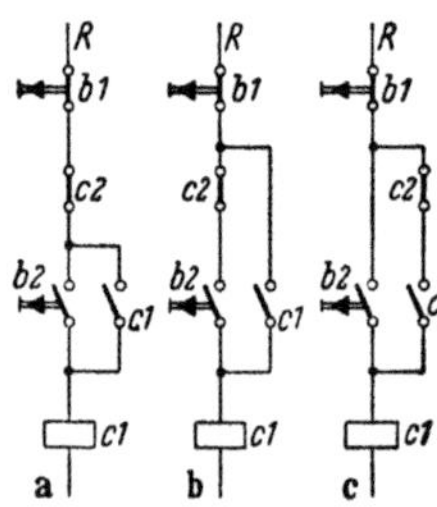

Bild 239
Einbau von Verrieglern *c 2*

c) Anlaß- und Bremssteuerungen. Einfachste *Anlaßschaltung* in Bild 237; Schaltung für Anlassen und Wenden S. 915, Bild 190, für Stern-Dreieckschaltung S. 916 Bild 191.

Im Werkzeugmaschinenbau ist oft erwünscht, daß zum Räderwechsel des Stufengetriebes oder beim Einrichten Antrieb nur kurzzeitig eingeschaltet wird. In Bild 240 wird beim Niederdrücken des Tipptasters *b 3* nur der Einschaltschütz *c 2* ohne Selbsthaltung eingeschaltet, da Schließer $c\,1''$ in Stromkreis *4* offenbleibt. Beim Niederdrücken des Einschalters $b\,2$ wird jedoch Hilfsschütz $c\,1$ erregt und damit durch $c\,1'$ der Selbsthaltekreis *2* für $c\,1$ und durch $c\,1''$ Schütz $c\,2$ eingeschaltet.

Zum schnellen Stillsetzen werden Motoren abgebremst. Bei Drehstrommotoren wird durch *Gegenstrom* gebremst. Um nun zu verhindern, daß Motor nach anderer Richtung wieder hochläuft, wird Bremswächter vorgesehen.

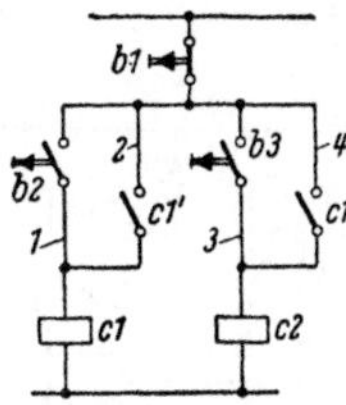

Bild 240. Stromlaufplan für kurzzeitiges Einschalten (Tipp-Schalten) und Einschalten mit Selbsthaltung

In Bild 241 wird durch $b\,2$ Einschaltschütz $c\,1$ eingeschaltet und damit Selbsthaltekreis über $c\,1'$; gleichzeitig wird Öffner $c\,1''$ durch $c\,1$ geöffnet. Sobald Normaldrehzahl erreicht wird, schließt der Bremswächter den Schließer $e\,2$. Dadurch kann aber nicht Bremsschütz $c\,2$ eingeschaltet werden, da doch $c\,1''$ geöffnet ist. Wird mit $b\,1$ ausgeschaltet, so wird $c\,1$ stromlos und Öffner $c\,1''$ schließt sich wieder, womit nun Bremsstromkreis geschlossen. Bremsschütz $c\,2$ öffnet den Öffner $c\,2'$, so daß Motor nicht mehr eingeschaltet werden kann. Fällt die Drehzahl ab, so öffnet etwa bei Stillstand der Bremswächter den Schließer $e\,2$, $c\,2$ wird stromlos, $c\,2'$ schließt sich.

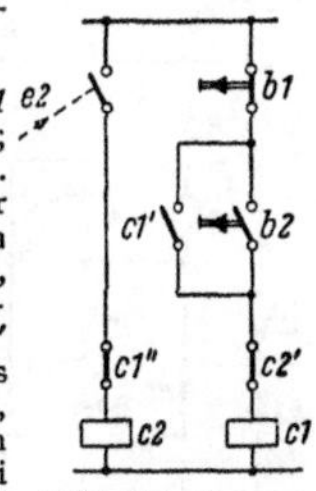

Bild 241. Bremswächterschaltung zum Stillsetzen durch Gegenstrombremsung

d) Abschaltsteuerung. Durch die Abschaltsteuerung wird der Lauf eines Schlittens mit einem Endschalter begrenzt. Die Strecke kann meist für verschiedene Längen oder Lagen dadurch eingestellt werden, daß Anschläge versetzt werden.

Soll z. B., Bild 242a, ein Motor M durch Umkehren über Getriebe C, Spindel D einen Schlitten B nach links (l) oder rechts (r) antreiben, so wird der Weg durch Anschläge A_l und A_r begrenzt, die über Endschalter $b\,5_l$ und $b\,4_r$ den Haltbefehl an Motor geben. In Bild 242b ist Übersichtsschaltplan und in Bild 242c Stromlaufplan dargestellt. Einschalten des Rechtsganges durch Drucktaster $b\,2_r$, wodurch Schütz $c\,1_r$ eingeschaltet, Selbsthaltekreis über $c\,1'$ geschlossen und Öffner $c\,1''$ geöffnet wird, so daß der Linkslauf verriegelt ist. Wird rechter Anschlag erreicht, schaltet Endtaster $b\,4_r$ aus. Linksgang entsprechend.

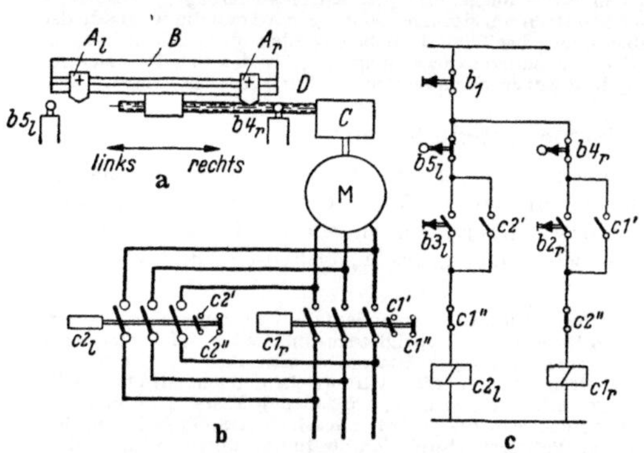

Bild 242. Abschaltsteuerung. Antrieb durch Umkehrmotor M. Endtaster $b\,4_r$ und $b\,5_l$

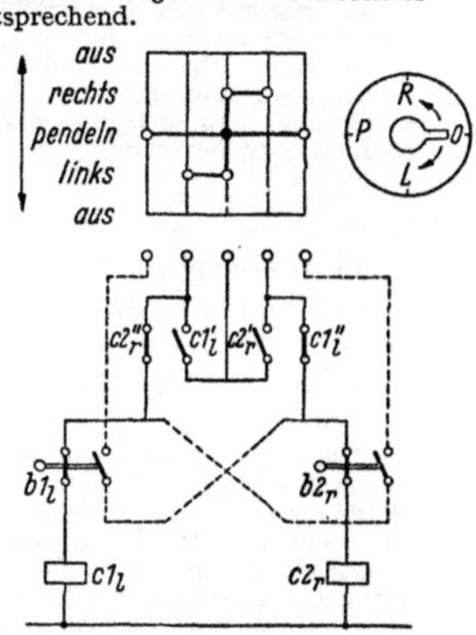

Bild 243. Abschaltsteuerung mit Pendelschaltung über Wahlschalter

In Bild 243 ist die einfache Abschaltsteuerung zu einer (vereinfachten) *Pendelsteuerung* erweitert. Der Walzenschalter hat die Stellungen O (aus), L (links) oder R (rechts) — also Tisch läuft nach links oder rechts — und P (Pendeln). Soll Pendeln eingestellt werden, dann muß zunächst entweder L oder R geschaltet werden. Wird z. B. L geschaltet, so wird Einschaltschütz $c\,1_l$ über $c\,2_r''$ und $b\,1_l$ eingeschaltet. Selbsthaltekreis über $c\,1_l'$ schließt sich, Verriegler $c\,1_l''$ öffnet sich. Beim Weiterdrehen des Walzenschalters bleibt Schütz $c\,1_l$ eingeschaltet. Läuft nun der Tisch gegen Endtaster $b\,1_l$, so wird Stromkreis zu $c\,1_l$ unterbrochen, dagegen $c\,2_r$ eingeschaltet und es öffnen sich $c\,1_l'$ und $c\,2_r''$, es schließen sich $c\,2_r'$ und $c\,1_l''$.

e) Folge- und Mehrfachsteuerungen. *Folgesteuerungen* werden eingebaut wenn eine bestimmte Reihenfolge beim Einschalten eingehalten werden muß.

In Bild 244 wird erst nach Einschalten von *b2* der Weg über *c1'* nach *b3* frei und dann über *c2'*. In den Stromkreisen liegen hier noch Bimetallrelais *e1*, *e2*, *e3* und Signallampen *h1*, *h2*, *h3*. Öffnet sich z. B. wegen Überlastung *e1*, so öffnet sich Schütze *c1* und damit *c1'*, so daß dann auch die übrigen Schütze stromlos werden.

Bei der Folgesteuerung in Bild 245 kann *c1* oder *c2* durch *b1* oder *b2* zuerst eingeschaltet werden. *c3* jedoch läßt sich erst einschalten, wenn *c1* oder *c2* vorher eingeschaltet wurden.

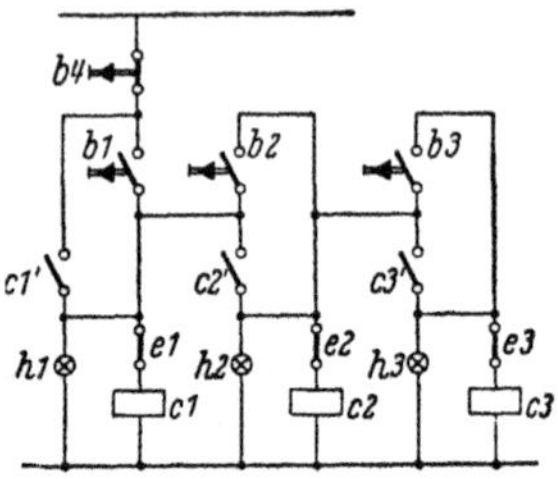

Bild 244
Folgesteuerung, Reihenfolge 1—2—3 ...

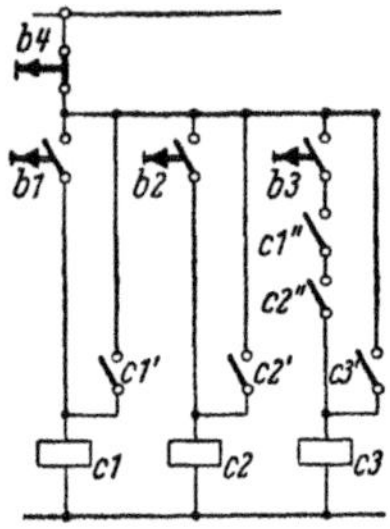

Bild 245
Folgesteuerung, Reihenfolge 1 oder 2, dann 3

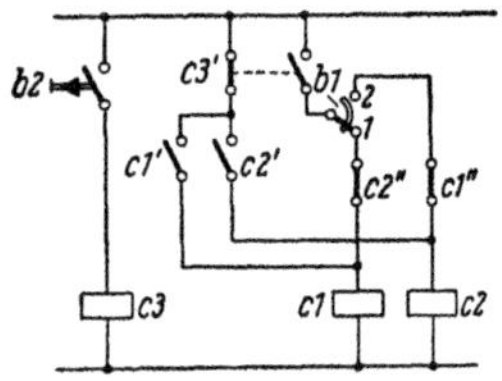

Bild 246. Vereinfachter Stromlaufplan einer Vorwählsteuerung für zwei Schaltwege

Vorwählsteuerungen ermöglichen es, die nächste Einstellung schon vorzuwählen, wenn der vorhergehende Arbeitsgang noch läuft.

Wird in Bild 246 mit Wahlschalter *b1* z. B. Stellung 1 gewählt, so wird Schütz *c1* erst eingeschaltet, wenn Taster *b2* gedrückt wird, der das Hilfsschütz *c3* einschaltet. Über den Schließer *c3'* wird dann *c1* geschlossen, beim Loslassen von *b2* schaltet sich der Selbsthaltekreis für *c1* über den Öffner von *c3'* und *c1'* ein. Nun kann der Wahlschalter *b1* schon auf die nächste Stellung z. B. 2 gestellt werden. Wird dann wieder *b2* angetippt, so schaltet *c1* ab und *c2* ein.

f) Spannnngen. Elektrische Steuerungen werden nach VDE 0113 meist als Wechselstromsteuerungen mit einer Spannung von 220 V ausgeführt (Starkstromsteuerungen). Bei dieser Spannung benötigen die Spulen der Schützen nur geringe Leistungen, so daß die Kontakte der Steuerungen eine sehr große Lebensdauer besitzen. Daneben werden auch Schwachstromsteuerungen betrieben mit 24 V Gleichstrom, da diese Spannung für das Schalten elektromagnetischer Kupplungen und hydraulischer Steuerelemente durch Gleichstrommagneten ausreicht.

6. Nachformsteuerungen[1]

a) Grundlagen. Nachformsteuerungen haben die Aufgabe, selbsttätig die Umrisse eines Modells abzutasten und auf ein Werkstück zu übertragen. Nach der Energieart, die zum Abtasten und Übertragen eingesetzt wird, werden unterschieden: mechanische, hydraulische, pneumatische, elektrische und gemischte Verfahren.

Die mechanischen Steuerungen arbeiten unmittelbar, indem die Bewegungen des Tasters, der an dem Modell entlangfährt, durch Hebel oder Koppelglieder unmittelbar auf das formende Werkzeug übertragen werden. Steigen die Formungskräfte an, so wird auch die Anpreßkraft des Tasters größer. Im Gegensatz hierzu arbeiten die hydraulischen, pneumatischen, elektrischen und gemischten Steuerungen mit Stellmotoren, so daß der Taster feinfühlig mit geringer Anpreßkraft am Modell liegt, während die größeren Kräfte am Stellglied (hier dem Werkzeugschlitten mit dem formenden Werkzeug) durch den Stellmotor überwunden werden. Die Empfindlichkeit des Tasters und damit zum Teil die Genauigkeit der Steuerung wird um so größer sein, je geringer die zum Verstellen des Tasters erforderlichen Kräfte sind, je kleiner der Weg ist, bis die Steuerung anspricht und das Werkzeug die Ausgleichsbewegung vollzieht. (Beim Drehen werden durch Steuerungen mit Stellmotor Toleranzen plan bis $\pm 5\mu$, längs bis $\pm 25\mu$ erreicht.)

Durch die Nachformeinrichtung können eine oder mehrere Bewegungen des Werkzeugs gesteuert werden (Tastvorschübe), während die anderen Vorschubbewegungen durchlaufen (Leitvorschübe).

---

[1] Firmenschriften, ferner: *Stau, C. H.:* Nachformeinrichtungen für Drehbänke W. B. 113 (1954). — *Goldsche, J.:* Genauigkeits-Nachformen. Stuttgart: Das Industrieblatt 1956. — Ders.: Das Problem der gesteuerten dreidimensionalen Bewegung. Ind. Anz. (1957) H. 2. — *Blaum, O. H.:* Das Nachformproblem in der Werkzeugmaschinentechnik. ETZ (1955) H. 9 S. 305/12.

Nachformsteuerungen mit *einem* Tastvorschub werden z. B. beim Drehen und Hobeln eingebaut, Bild 247. Die beim Drehen gesteuerte Tastbewegung t läuft in Bild 247a senkrecht, in b unter 45° zur Drehachse, der Leitvorschub l parallel zur Drehachse. Sind in Bild 247a die Geschwindigkeiten von t und l im Höchstfall $v_t = v_l$, könnten Winkel von 45° zur Drehachse hergestellt werden. Bei b können in Richtung von l Winkel bis zu 90°, in Gegenrichtung bis $\approx 30°$ gedreht werden, wenn $v_t \geqq v_l \sqrt{2}$. Für Plandrehen gilt Entsprechendes. Beim Hobeln läuft der Quervorschub durch (Bild 247 d), während der Tiefenvorschub gesteuert wird.

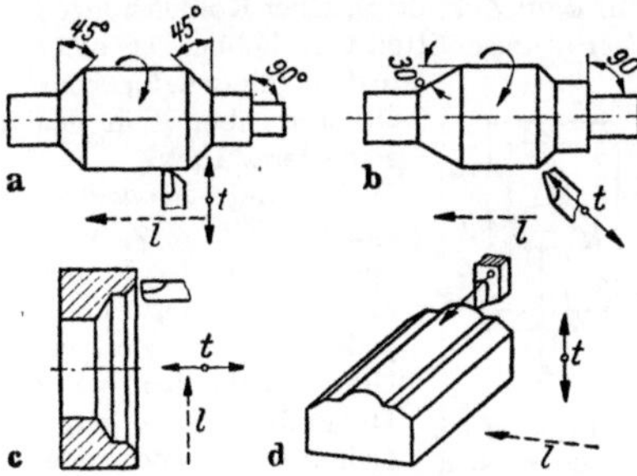

Bild 247. Nachformsteuerungen mit Tastvorschub t in einer Achse und Leitvorschub l in einer zweiten; a, b, c Drehen; d Hobeln

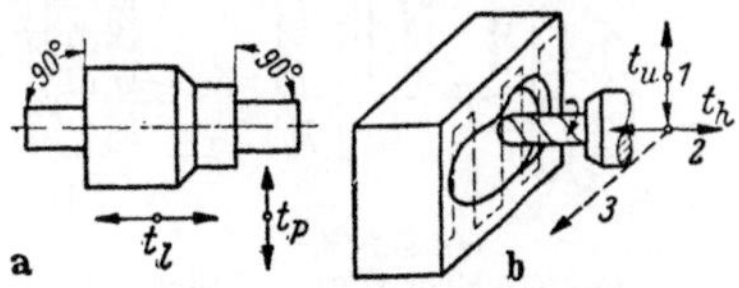

Bild 248. Nachformsteuerungen mit a zwei Tastvorschüben beim Drehen, b zwei Tastvorschüben t_h und t_u und einem Leitvorschub längs der dritten Achse beim Raumfräsen

Zwei gesteuerte Vorschubbewegungen, längs und plan, beim Drehen zeigt Bild 248a. Auch beim „Raumfräsen" kann man mit zwei Tastvorschüben arbeiten, wenn die Bewegung längs der dritten Achse als Leitvorschub arbeitet. In Bild 248b übernimmt der gleichmäßige Zeilensprung den waagerechten Leitvorschub (Achse 3), während die Schlittenbewegung in Achsen 1 und 2 durch den Taster über Zwischenglieder gesteuert wird. Ist in Richtung 1 der Weg durch Anschläge begrenzt, die während der Arbeit nicht verstellt werden können, so entstehen Zeitverluste durch die Überlaufwege, Bild 249a, die verkleinert werden, wenn die Zeilenwege verschieden zu begrenzen sind, Bild 249b. Für schwierigere Formen ist eine Steuerung erwünscht, durch die das Werkzeug längs der drei Achsen bewegt werden kann, Bild 249c, da hier das Auspendeln mit Zeilen nicht wirtschaftlich arbeitet. Diese Aufgabe wird von Mehrstellungsfühlern und von Tasteinrichtungen gelöst, bei denen die Schablone durch einen sich ständig auf einem kleinen Kreis bewegenden Fühler abgetastet wird.

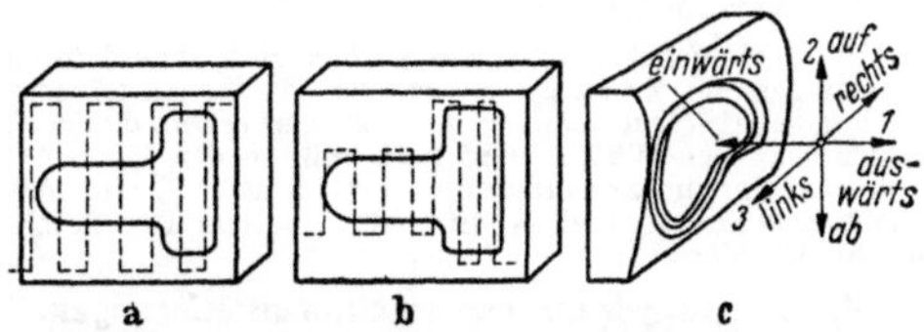

Bild 249. Nachformfräsen bei a Anschläge zur Zeilenlänge, Begrenzung nicht verstellbar während der Arbeit; b verstellbar; c Raumfräsen mit Tastvorschüben längs der drei Achsen

b) Mechanische Nachformsteuerungen wurden zuerst entwickelt. Die unmittelbare Übertragung ist nachteilig und beeinflußt das Arbeitsergebnis. Taster und Übertrager müssen entsprechend kräftig ausgeführt werden.

Bei der *Hinterdreheinrichtung* zum Beispiel, Bild 250, ist der Befehlsgeber die Kurvenscheibe a, die die Form der Hinterdrehkurve trägt. Der Taster — hier als Rolle ausgebildet — sitzt im Planschlitten c und zieht so den Hinterdrehschlitten gegen das Werkstück d. Rückholfeder b wird hierbei zusammengepreßt und schiebt c wieder zurück. Zwischen der Hinterdrehspindel f und der Drehspindel muß eine Übersetzung durch Wechselräder eingestellt werden, die der Zähnezahl des zu hinterdrehenden Werkstücks entspricht.

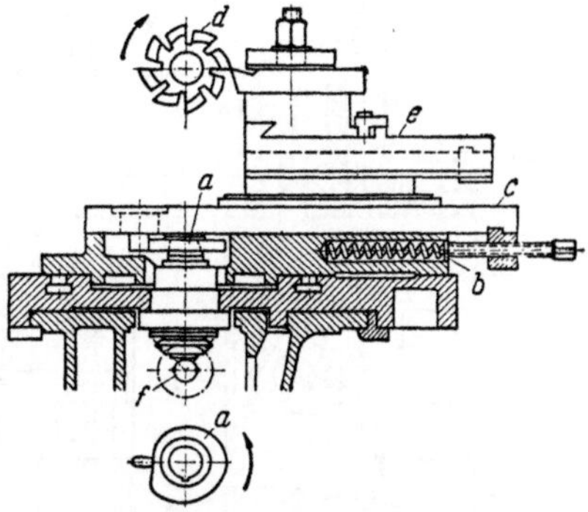

Bild 250. Beispiel einer mechanischen Nachformsteuerung: Hinterdreh-Schlitten

c) Hydraulische Nachformsteuerungen werden insbesondere bei den Nachformdrehbänken eingebaut. Hier ist die Tasterkraft gering, da die beim Formen zum Verschieben des Werkzeuges aufzuwendenden Kräfte von einem Stellmotor aufgebracht werden.

Bei dem *Mehrkanten-* (Vierkanten-)System nach Bild 251 bewegt der Taster *a* einen Steuerschieber *b*, der durch eine Feder gegen das Modell gedrückt wird. Das bei *c* zufließende Öl läuft je nach Stellung von *b* nach der einen oder anderen Seite des Kolbens *d* im Zylinder *e*. Über Kolbenstange *f* wird dann der Werkzeugschlitten verschoben. Das nicht in den Zylinder *e* fließende Öl läuft über *g* in den Behälter zurück.

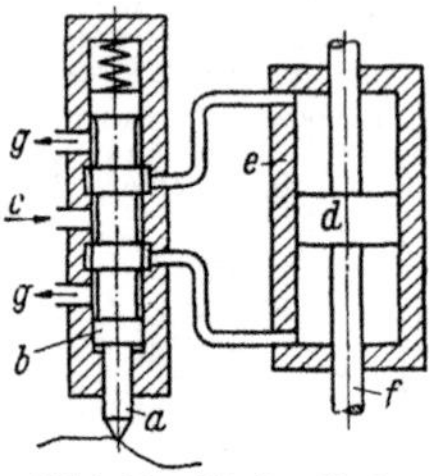

Bild 251. Hydraulische Nachformsteuerung, Mehrkantensystem

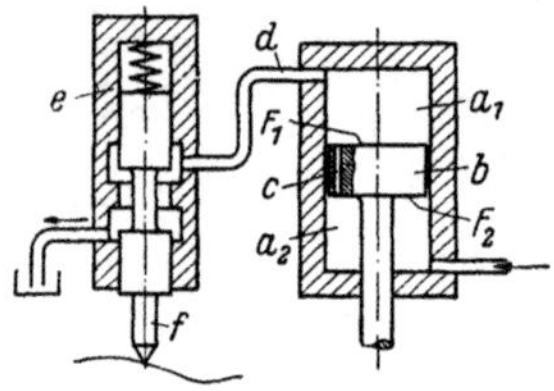

Bild 252. Hydraulische Nachformsteuerung, Einkantensystem

Bei dem *Einkantensystem*, Bild 252, wird das Öl von der Pumpe in den Zylinderraum a_2 gedrückt, in dem ein Differentialkolben *b* mit Drosselbohrung *c* angeordnet ist. Von der anderen Seite des Kolbens führt eine Ölleitung *d* zu einem Steuerventil *e*, das durch den Taster *f* verstellt wird. F_1 ist größer als F_2. Das Öl fließt dauernd durch den Arbeitszylinder und das geöffnete Ventil. Wird der Querschnitt der Öffnung im Ventil dadurch geändert, daß sich der Taster bewegt, so ist der Gleichgewichtszustand gestört. Kann z. B. mehr Öl abfließen, so fällt der Druck im Zylinderteil a_1 ab und der Kolben verschiebt sich.

Bei dem Mehrkantensystem wirken vier Steuerkanten. Die Schieber mit ihren Kanten müssen genauestens hergestellt werden, da für ein feines Ansprechen der Steuerung die Veränderungen des Querschnittes nur sehr gering sein dürfen. Das Öl haftet aber in einer „Grenzschicht" an den Wänden und beeinflußt so den Durchflußquerschnitt. Bei dem Einkantensystem bleibt die Steuerkante immer etwas geöffnet, um den Gleichgewichtszustand in den Zylinderräumen a_1 und a_2 aufrechtzuerhalten. Der durch die Grenzschicht bedingte Fehler macht sich hier nicht bemerkbar.

d) Elektrohydraulische Nachformsteuerungen. Das „Unicop"-System (VDF) mit zwei Tastvorschüben wird bei Drehbänken eingebaut. Im hydraulischen Teil arbeitet eine Mehrkantensteuerung. Der Schieber der Mehrkantensteuerung wird aber von dem Taster elektrisch gesteuert, sodaß er sich schnell öffnet und dadurch die Nachteile der Mehrkantensteuerung vermieden werden. Die empfindlichen elektrischen Kontakte sprechen schon bei kleinsten Veränderungen (Abstände von etwa 3 μ) an.

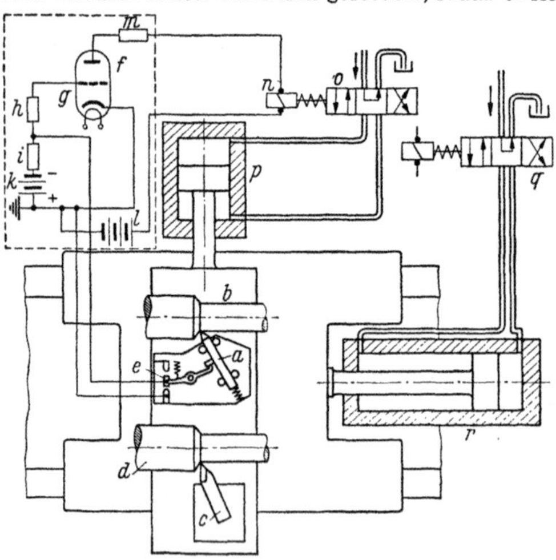

Bild 253. Schema einer elektrisch-hydraulischen Nachformsteuerung (Unicop-System der VDF)

Taster *a*, Bild 253, läuft an dem Modell *b*, Werkzeug *c* an dem Werkstück *d*. Bewegt sich *a*, so öffnet er einen Kontakt *e*, der an dem elektrischen Teil (hier gestrichelt umrandet) angeschlossen ist. Im Stromkreis liegt eine Mehrpolröhre *f*, deren Steuergitter *g* über Schützwiderstand *h* und Hochohmwiderstand *i* an der negativen Seite eine Spannungsquelle *k* angeschlossen ist. Die positive Seite von *k* wie die Kathode der Röhre *f* liegen an der Masse; auch die eine Seite des Kontaktes *e* liegt an der Masse, während die andere Seite von *e* zwischen *h* und *i* angeschlossen ist. Die Anode von *f* liegt an einer zweiten Spannungsquelle l, in dieser Leitung liegen auch der Schutzwiderstand m und der Magnet n. Ist der Kontakt offen, so ist das Gitter g durch k aufgeladen, die Röhre ist gesperrt. Wird jedoch Kontakt e geschlossen, so ist das Gitter g mit der Masse verbunden, der Weg für den Anodenstrom ist frei, Magnet n erhält Strom und betätigt den Steuerschieber o, durch den Öl zum Planvorschubzylinder p fließt. Es sind vier solcher Steuerkreise vorgesehen (von denen hier nur einer dargestellt ist), für Plan-vor, Plan-zurück, Längs-vor, Längs-zurück. Letztere wirken über das Ventil q auf den Zylinder r für den Längsvorschub.

Der hydraulische — hier nicht dargestellte weitere — Teil ist mit Vorschub- und Eilgangpumpen ausgestattet, so daß die Vorschübe stufenlos eingestellt werden können.

7. Elektro-hydraulische Steuerung einer Stoßmaschine

Bild 254. Beim Arbeitsgang zieht Elektromotor M_2, über Ritzel, Zahnstange den Steuerschieber U_2 nach oben. Pumpe P_1 drückt Öl nach Z_2, wodurch Verstellstange b in Richtung A verschoben wird. Dadurch wird Gehäuse der Verstellpumpe V auf eine durch Handrad-Spindel c zu begrenzende Exzentrizität eingestellt, b verstellt gleichzeitig über d Zahnstange e, die die Hauptumsteuerung U_1 so verschiebt, daß Öl über Triebleitung T_p nach Arbeitszylinder Z_1 fließen und Arbeitskolben K_1 abwärts drücken kann. Von anderer Seite von K_1 fließt Öl über T_0 nach V zurück. In T_0 liegen Richtventile R_1, R_2, die Absinken des Stößelschlittens

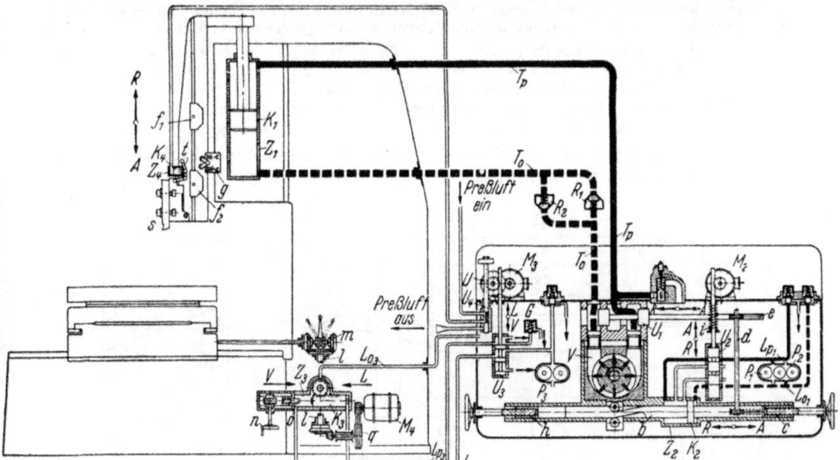

Bild 254. Steuerung einer Senkrechtstoßmaschine (Waldrich, Coburg); Stromlaufplan nicht gezeichnet

verhindern. R_1 ist beim Arbeitsgang geöffnet, bis am Schlitten einstellbare Knaggen f_1, f_2 über Endschalter g, Wendeschütz, Steuermotor M_2 umpolen, der nun U_2 auf Rückwärtsgang R schaltet. P_2 drückt K_2 in Z_2 mit b nach links (Hub begrenzt durch h), dadurch wird Exzentrizität in V nach anderer Seite verlagert, wodurch bei gleichem Drehsinn des Läufers Förderrichtung so geändert wird, daß über T_0 und R_2 Kolben K_1 gehoben wird, da auch U_1 umgesteuert wurde. Zum Stillsetzen der Maschine wird M_2 abgeschaltet, Feder i stellt U_2, U_1, K_2 in Mittellage.

Vorschub: Öl von Pumpe P_3 über U_3 nach Z_3. K_3 dreht Welle l und über Reibgesperre Kegelräder m, die über Spindel auf Tisch wirken. Kommando kommt von Knaggen f_1, f_2 auf M_3, der über Ritzel-Zahnstange U_3 schaltet. Vorschubgröße wird über Handrad n und Wegbegrenzung o für K_3 bemessen. Rückfluß des Vorschuböls über L_{03}. Mit G wird Druckhöhe in Vorschubleitung eingestellt. Schnellverstellung des Tisches von Motor M_4 über Keilriemen q, Welle l, Kegelräder m.

Meißel s wird über Hebelsystem t, das an K_4 im Preßluftzylinder Z_4 angelenkt ist, beim Arbeitshub festgeklemmt und kippt durch Eigengewicht, wenn K_4 nicht von Preßluft beaufschlagt. Steuerung der Preßluft von M_3 auf U_4 über Stangen U.

H. Bauelemente

1. Betten und Gestelle

Auf oder an den Betten und Gestellen werden Werkzeug- und Werkstückträger sowie Getriebe befestigt, bewegliche Teile geführt. Alle einmalig oder periodisch auftretenden Kräfte müssen von Betten und Gestellen so aufgenommen werden, daß Verformung und Schwingungen in zulässigen Grenzen bleiben. Aus konstruktiven Bedingungen ergibt sich meist so verwickelte Form, daß Abmessungen und Verformungen nur angenähert im voraus berechnet werden können. Trotzdem zweckmäßig, Durchbiegung oder Verdrehung und Verhalten gegen Schwingungen durch Rechnung nachzuprüfen.

Statische und dynamische *Steifheit* der Betten und Gestelle mit ihren Aufbauten kennzeichnen die Brauchbarkeit der Konstruktion.

a) Statische Steifheit[1] einer Werkzeugmaschine wird nach *Krug* gekennzeichnet durch die Kraft P (kg), die eine Verformung $h = 1\ \mu$ hervorbringt. Demnach wird Federzahl

$$c = P/h \quad \text{kg}/\mu.$$

Man unterscheidet Zug- oder Drucksteifheit, worin h Längung oder Kürzung; Biegesteifheit, worin h Durchbiegung; Verdrehsteifheit $= M_d/\psi$ (ψ = Verdrehbogen in μ bei Radius $r = 1$ m, bezogen auf Länge $l = 1$ m, M_d = Moment in kgm).

Zug- oder Drucksteifheit ist im Werkzeugmaschinenbau seltener zu beachten; wichtiger ist Biegebeanspruchung, vorwiegend nach Belastungsfällen 1, 2, 4, 6 der Zahlentafel Bd. I, S. 365, ferner Verdrehbeanspruchung. Als Beispiel seien folgende ermittelten Werte gegeben:

Einständer-Exzenterpresse	$c_B = 100$ kg/μ,	$h = 400\ \mu$,
Bohrmaschine mit Rundsäule	$c_B = 1{,}9$ kg/μ,	$h = 1200\ \mu$,
Bohrmaschine mit Kastenständer	$c_B = 5$ kg/μ,	$h = 450\ \mu$,

Senkrecht-Fräsmaschine, Aufbäumung $c_B \approx 5$ kg/μ (Gußgestell)

Drehbankbett $c_B = 33$ kg/μ, $h = 23\ \mu$, $c_V = 0{,}65$ kgm/μ, $\psi = 192\ \mu$.

Verformung h muß sich in solchen Grenzen halten, daß Maßhaltigkeit des Werkstücks nicht unzulässig beeinflußt wird, Bild 255.

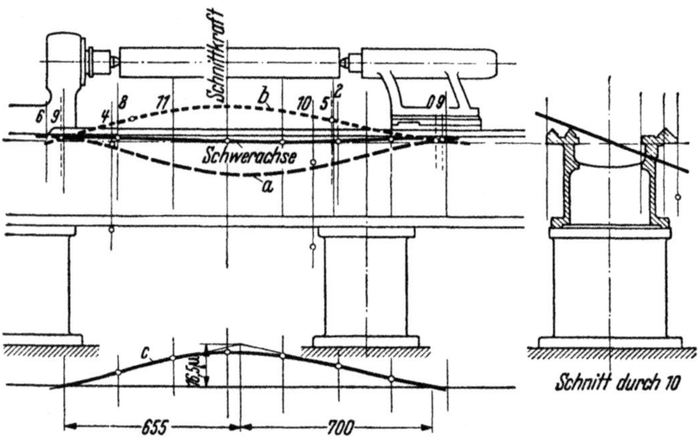

Bild 255. Formänderung eines untergossenen Bettes (offener Querschnitt, vgl. Bild 256), unter Schnittkraft von 1275 kg; Bett wird verdreht: vordere Bettwange senkt sich (Kurve a), hintere hebt sich (b). Kurve c Verdrehungsbild. Die an Kurve b angetragenen Zahlen sind Meßpunkte (nach *Kiekebusch*, VDI-Forschungsheft 360).

b) Dynamische Steifheit[2] wird durch vektorielle *kinetische Federzahl* $\mathfrak{k} = \mathfrak{c} \cdot \mathfrak{z}$ gekennzeichnet, worin $\mathfrak{c}$ statische Federzahl und $\mathfrak{z}$ „reduzierte kinetische Feder-

[1] *Krug, H.:* W.-T. Bd. 35 (1941) S. 189 und Mabau Bd. 6 (1927) S. 140. — *Kienzle-Kellner:* W.-T. Bd. 33 (1939) S. 229 (Diss. Techn. Hochschule Berlin 1938). — *Heiß, A.:* Schwingungsverhalten von Werkzeugmasch.-Gestellen. VDI-Forsch.-H. 429. Düsseldorf 1949/50. — W.-T. Bd. 29 (1935) S. 446.

[2] *Schmidt, W.:* Zur Dynamik d. Werkzeugmasch. VDI-Z. Bd. 85 (1941) S. 249/58 m. 97 Schrifttumsstellen. — *Eisele, F.:* Erregerquellen von Schwingungserscheinungen an Werkzeugmasch. VDI-Z. Bd. 94 (1952) S. 843/48. — *Piekenbrink, R.:* Wechselkräfte und Schwingungen beim Fräsvorgang. Ind.-Anz. (1957) S. 383 (73). — *Hölken, W. H.:* Untersuchung von Ratterschwingungen an Drehbänken. Diss. TH Aachen 1957. — *Shaw, C.*, u. *W. Hölken:* Über selbsterregte Schwingungen bei der spanenden Bearbeitung. Ind.-Anz. (1957), Nr. 63 S. 959 (185).

zahl", die abhängig von Frequenzverhältnis η (Erregerfrequenz f_1/Eigenfrequenz f_0) und Dämpfung und damit auch von Masse m ist.

Dynamische Steifheit wird um so größer, je kleiner Schwingungsweite. Kleiner Schwingungsweite entspricht hohe Frequenz.

Um Resonanz zwischen aufgezwungener und Eigenschwingung zu vermeiden, muß man f_0 der wirksamen schwingenden Masse m entweder hoch oder sehr tief halten. Jenen Weg wählt der Stahlleichtbau, indem bei größtmöglicher Steifheit möglichst kleine Masse m eingebaut wird, anderen Weg der Schwerbau, mit großer Masse m.

Bei Versuchen wurde an einem Drehbankbett die Frequenz der Eigenschwingung mit $f_0 = 33$ Hz festgestellt; Schwingungsfrequenzen des Gesamtaufbaues lagen zwischen 50 und 500 Hz. An Gestellen von Senkrecht-Fräsmaschinen ergaben sich Werte ≈ 20 bis 60 Hz. Wesentlich sind ferner Dämpfungseigenschaften der Konstruktion. Dämpfung wächst mit der an der Schwingung teilnehmenden Masse und mit der Schwingungszahl; ferner hängt sie ab von der Dämpfungszahl des Stoffes, der Konstruktionsform und der Verbindung der Teile. Die Dämpfung ist demnach ein Kennwert der Konstruktion und nicht des Werkstoffs allein.

c) Ausführung der Betten und Gestelle. Wahl des Werkstoffs. Sind nur *statische* Belastungen zu berücksichtigen, so kann man zwar Bauteile stärker und damit schwerer bemessen, um Verformung kleinzuhalten. Zweckmäßiger baut man aber starr und leicht, indem man das Trägheitsmoment durch geeignetes Ausbilden des Querschnitts vergrößert, offene Querschnitte und Durchbrüche vermeidet, da diese die Steifheit wesentlich verringern, Bild 256; außerdem möglichst gedrungen konstruieren, da bei allen Biegebeanspruchungen Stützweite großen Einfluß hat. Ferner: Bei gleicher Steifheit verhält sich Werkstoffaufwand wie Dehnungszahlen der Werkstoffe.

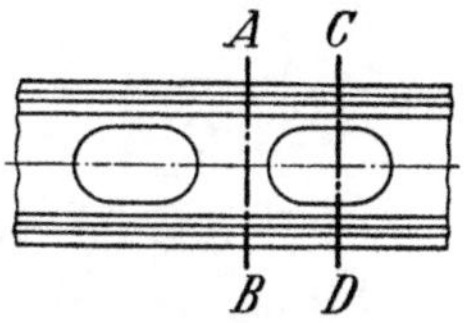

Bild 256
Aufsicht auf durchbrochenes Drehbankbett. Rechnerisches Trägheitsmoment im Querschnitt AB $J_1 = 85\,000$ cm⁴. Aus Messungen gefundenes durchschnittliches Trägheitsmoment des durchbrochenen Bettes (CD) $J_w = 21\,250$ cm⁴ $\approx 0{,}25\, J_1$

Für *dynamische* Steifheit ist zu beachten, daß Vergrößern der Masse die Frequenz erniedrigt. Ein Bauteil ist aber dynamisch steif, wenn seine Eigenfrequenz hoch liegt; daher Masse klein halten. Dynamische Steifheit wächst mit dem Quadrat der Frequenz. Ein ausreichend steifes Gestell geringen Gewichts besitzt höhere Eigenfrequenz als ein gleich steifes aber schwereres Gestell. Andererseits wächst Dämpfungsfaktor mit Zunahme der Masse. Trotzdem können Anhäufungen der Masse vermieden werden, wenn der Dämpfungsfaktor durch geeignetes Verbinden der Bauteile und zweckmäßige Form vergrößert wird.

Somit ist Möglichkeit gegeben, bei Werkzeugmaschinen neben Schwerbau auch den Leichtbau (in Stahl oder Grauguß) weitgehend anzuwenden. Für Stahlbau spricht hierbei: Werkstoffersparnis, daher geringes Gewicht; keine Modellkosten, daher vorteilhaft bei Einzelausführungen (für Serienfertigung sind jedoch Schweißvorrichtungen notwendig). Verwickelte Gestellformen werden jedoch aus Guß preiswerter hergestellt. Während die Schweißkonstruktion mit Stahl beim Bau von spanlos arbeitenden Maschinen Eingang gefunden hat, wird beim Bau der Maschinen für spangebendes Formen fast ausschließlich Grauguß als Werkstoff vorgezogen, da die Vorteile überwiegen: leichte, fast unbeschränkte Möglichkeiten für das Gestalten, hohe Dämpfungsfähigkeit, hohe Verschleißfestigkeit und Gleitfähigkeit, gute Bearbeitungsmöglichkeiten, hohe Formbeständigkeit. Die Vorteile werden gesteigert durch Verwenden von Sondergußeisen (z. B. BE 30-Buderus-Guß, Wetzlar) mit hoher Wanddickenunempfindlichkeit und hoher Festigkeit ($\sigma_{zB} = 30$ kg/mm² und mehr), ferner durch Sphäro-Guß (s. Abschn. II, 3a, S. 603).

d) Form der Betten und Gestelle ist weitgehend durch die Arbeitsweise der Maschinen bedingt. Ausführungen s. Abschn. V u. VI. Schlittenführungen sollen nahe am Werkzeug und gegen Verschmutzung und Beschädigungen geschützt liegen. Immer ist für gutes Abführen der Späne und des Kühlmittels zu sorgen, ohne daß dabei der anzustrebende geschlossene Querschnitt zu weit geöffnet wird, Bild 257. (Späne rutschen von gestrichenen Bettflächen einwandfrei ab, wenn der Neigungswinkel $\geqq 40°$ ist.) Bild 258 zeigt spangerechtes Bett einer Nachformdrehbank, bei dem Späne beim Naßdrehen in die leicht zu entfernende Wanne, beim Trockendrehen auf den Boden fallen. Gegen Verdrehbeanspruchung sind diagonal verrippte Gestelle besonders steif. Grundfläche muß so ausgebildet werden, daß man das Bett fest mit Fundament verbinden kann, ohne dabei Form des Bettes zu verziehen.

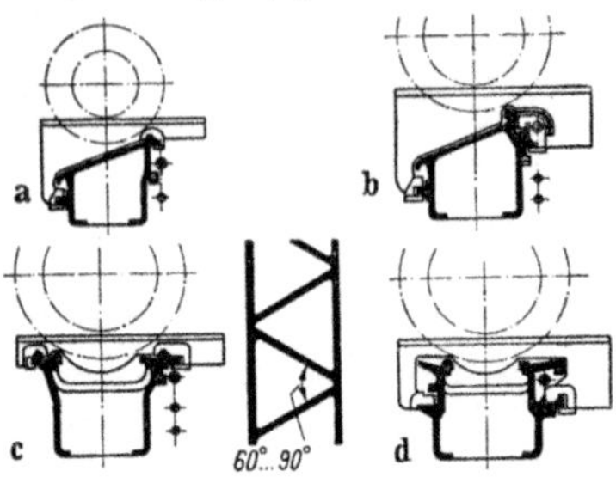

Bild 257. Drehbank-Bettquerschnitte mit Diagonalverrippung; a, b oben geschlossen, c, d oben und unten offen [Möbius, W.: Ind. Anz. (1956) Nr. 80 S. 1210 (248)]

Man unterscheidet beim Stahlbau *Stahlplattenbau*, der sich an gußeiserne Ausführungsformen anlehnt. Platten oder Formstücke aus Walzblechen erheblicher Dicke werden unter Einfügung von Rippen zu Gestellen zusammengeschweißt. Häufig zu finden bei Pressen, Scheren und ähnlichen Maschinen, wenn Festigkeit des Graugusses nicht mehr ausreicht, Bild 332.

Bei der *Zellenbauweise* besteht Rahmen aus einer Vielzahl einzelner, aus dünnen Blechen gebildeter aneinandergeschweißter Zellen, Bild 306. Man erzielt bei wesentlicher Ersparnis an Gewicht große Starrheit, wenn man hier von den beim Grauguß üblichen Formen abgeht.

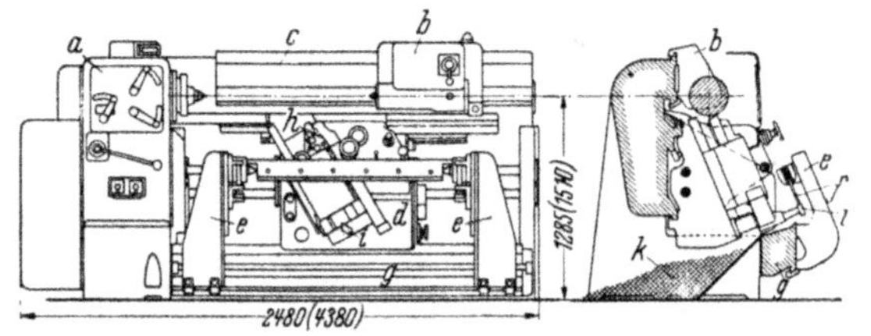

Bild 258. Bett einer Nachformdrehbank (G. Fischer, Schaffhausen). *a* Spindelkasten, *b* Reitstock, *c* Träger für Reitstock *b* und Schlitten *d*, *e* Halter für Meisterstück oder Schablone *f*, *g* unterer Träger für Halter *e*, *d* Schlitten mit Meißel *h*, Taster *i* mit hydraulischer Nachformeinrichtung, *k* Späne

Berechnen der Betten und Gestelle ist nur bei einfachen Formen möglich.

2. Führungen

a) Bei **Flachführungen** sind Eigenlast des Schlittens und Kraft $\mathfrak{P}$ senkrecht auf die Bahn gerichtet, Bild 259. Zur Führung des bewegten Maschinenteils sind seitlich Flächen anzuordnen. Bei einseitiger Kraft $\mathfrak{P}_s$ nutzt sich die Seitenführung ab, Ausgleich an der anderen Seite durch Nachstelleisten *a*. Besteht die Gefahr, daß sich geführter Teil abhebt, dann sind Unterleisten *b* anzuordnen. Leiste *a* zweckmäßig als Keilleiste ausführen, die auf der ganzen Länge anliegt. Neigung $\approx 1:40$ bis $1:100$. Werkstoff der Keilleiste etwas weicher als der der Bettführung, damit sich Leiste und nicht Führung abnutzt, Bild 260, 261.

b) Bei **Schwalbenschwanzführungen**[1], Bild 262, 263, wird Abheben durch Abschrägen der Seitenflächen unter $\alpha = 55°$ verhindert. Schlitten soll bei *a* und *b* aufliegen. Vorteil gegenüber Flachführung geringe Bauhöhe, Nachteil Keilwirkung. Außerdem ist Führung gegen Abheben empfindlicher, insbesondere wenn etwas abgenutzt. Daher auch Ausführungen, Bild 264, mit Abschrägung auf der einen, Flachführung auf der anderen Seite. Anordnung der Nachstelleisten in Bild 265.

c) Dach- oder **V-Führungen** mit gleichseitigem Prisma (Bild 266) stellen sich bei Abnutzung selbst nach. Ist der Winkel der Dachführung 2α, so wird $2\,\mathfrak{P}_n =$

[1] *Leinweber, P.:* Austauschbare Schwalbenschwanzführg. W.-T. Bd. 34 (1940) S. 57.

$= \mathfrak{P}/\sin \alpha$. Bei Flachführung wäre $\alpha = 90°$, also $2\,\mathfrak{P}_n = \mathfrak{P}$. Demnach sind bei senkrechten Kräften Flachführungen am günstigsten. Man verwendet daher Flachführungen vor allem bei größeren Maschinen mit größeren Kräften und Gewichten der geführten Teile, Dachführungen an mittleren und kleinen Drehbänken für die Führung des Hauptschlittens, Schwalbenschwanzführungen für Schlitten mit Neben- und Einstellbewegungen.

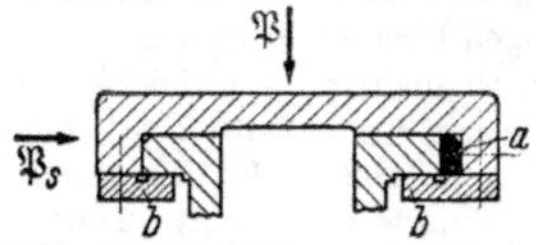

Bild 259. Flachführung mit Nachstelleiste *a* und Leisten *b* gegen Abheben

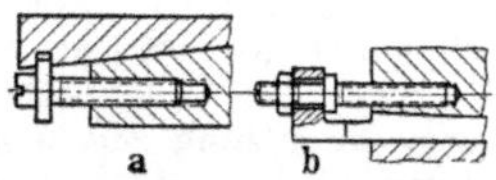

Bild 260. Anordnung der Nachstellschrauben für Keilleisten

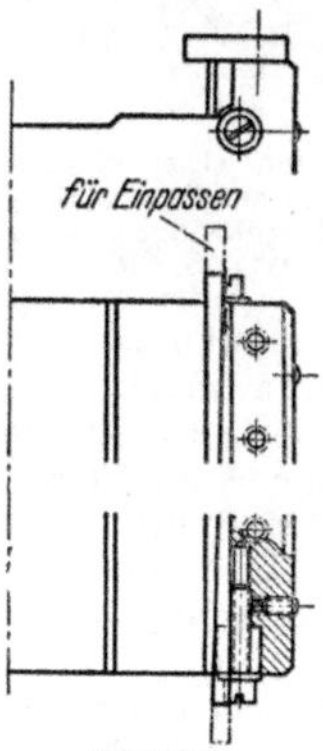

Bild 261 Doppelte Keilleiste

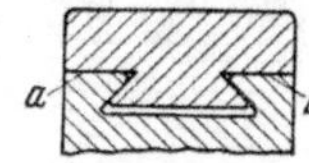

Bild 262 Schwalbenschwanzführung

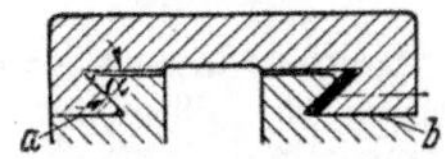

Bild 263. Schwalbenschwanzführung mit Nachstelleiste

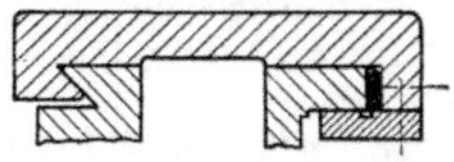

Bild 264. Flachführung mit Schwalbenschwanz

Dachführungen nehmen seitliche Kräfte schlecht auf. Ist zu erwarten, daß seitliche Kräfte groß werden gegenüber der senkrechten Kraft $\mathfrak{P}$, dann Prismen mit verschiedenen Schrägen, Bild 267.

Sicherung gegen Abheben bei Prismenführungen nach Bild 268.

d) Zylindrische Führungen werden als Richtführungen (z. B. Bohrspindelhülse) oder auch als Gleitführungen eingebaut, Bild 269. Vorteil: Leichte Herstellung, geeignet, wenn Kräfte nicht zu groß.

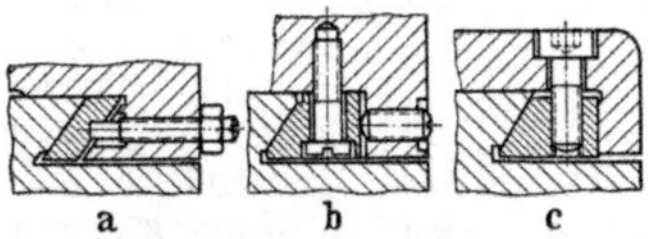

Bild 265. Ausführung der Nachstelleisten bei Schwalbenschwanzführungen

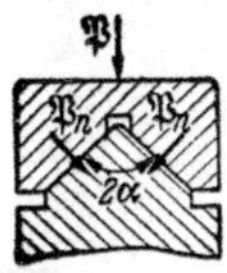

Bild 266. Dach- oder Prismenführung

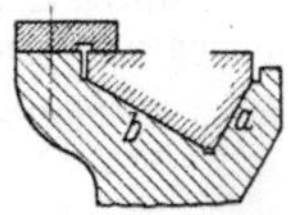

Bild 267. Dach- oder V-Führung mit steiler Schräge *a* für waagerechte und flacher Schräge *b* für senkrechte Kräfte

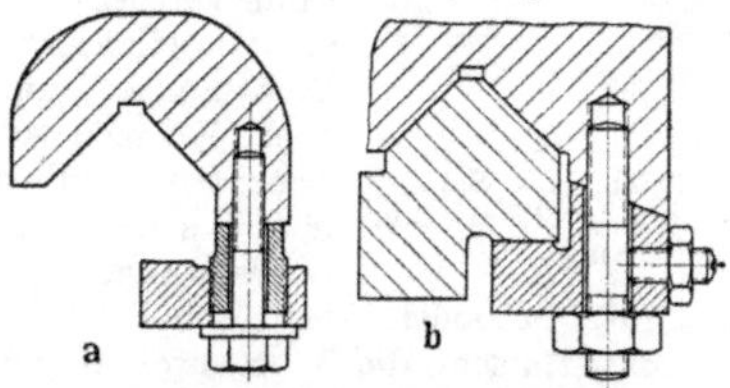

Bild 268. Anordnung nachstellbarer Abhebeleisten bei Prismenführungen
a Ausführung Pittler AG
b Ausführung Gildemeister AG

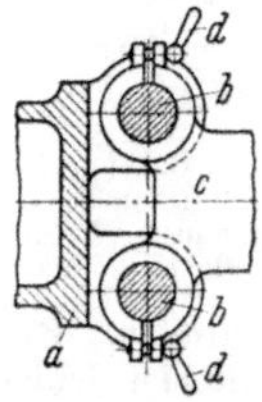

Bild 269. Zylinderführungen für senkrechte Verschiebung des Spindelschlittens an einem Bohrwerk. *a* Gestell, *b* am Gestell gelagerte Führungen, *c* Schlitten, *d* Klemmvorrichtung

e) Durch **Rollen- oder Kugelführungen** soll die Reibung gemindert werden. Sowohl bei Großmaschinen, Bild 270, wie auch bei Präzisionsmaschinen eingebaut. Kugeln und kleine Rollen auch in Käfigen. Bild 270 zeigt einen Vorschubschlitten einer spitzenlosen Schleifmaschine (Schlittengewicht 700 kg), der spielfrei verschoben werden muß.

f) Ausbildung der Führungen. Ein Kanten und Schiefstellen des Schlittens vermeidet man vor allem durch lange Führungsbahnen. Verhältnis $l/b \geqq 1{,}5$ ausführen. Bei breiten Tischen wird daher eine besondere Schmalführung angeordnet, die den Tisch nur führen soll, Bild 395.

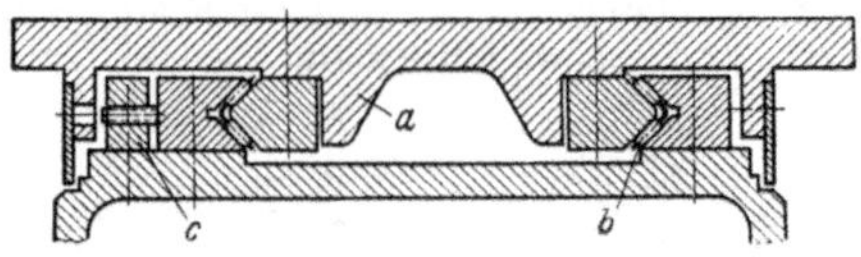

Bild 270. Vorschub-Scheibenschlitten einer spitzenlosen Schleifmaschine (Herminghausen-Werke, Hannover-Wülfel); *a* Schlitten, *b* Rollenführung, *c* Nachstellschrauben [Wt. u. Wb. (1957) S. 646]

Wesentlich für die Güte einer Führung ist neben der Genauigkeit ihr Verschleißverhalten[1]. Voraussetzungen für einen geringen *Verschleiß* und damit der Erhaltung der Genauigkeit sind:

Mittlere Flächenpressung ist gering zu halten, da der Verschleiß mit der Erhöhung der Flächenpressung ansteigt. Werte für mittlere Flächenpressung (Grauguß auf Grauguß), d. h. bei gleichmäßiger Verteilung der Kräfte über die ganze Führung, sind: ≈ 12 kg/cm² für Führungen von Schlitten mit Vorschubgeschwindigkeit, ≈ 5 kg/cm² bei Führungen mit Gleitgeschwindigkeit in Höhe der Schnittgeschwindigkeiten; bei schweren Werkzeugmaschinen ist etwa die Hälfte der Werte, für Schleifmaschinenführungen noch weniger (0,5 bis 1 kg/cm²) anzusetzen.

Ausreichende Härte der Führungsbahnen. Geringste Abnutzung zeigen gehärtete Bettführungen gegen gehärtete Schlittenführungen.

Bei Betten aus Grauguß erzielt man harte Führungen durch *Abschrecken*, wobei Führungsbahn gegen Abschreckleiste gegossen wird. Billig, jedoch Härte nicht gleichmäßig über Führungsfläche. *Oberflächenhärtung*[2] durch Brenn- oder Induktionshärtung. Beide Verfahren sind geeignet zum Härten von Führungen jeder Größe und Form. Erreichte Härte $HB = 450$ bis 600 kg/mm². Brennhärten erfordert geringere Anlagenkosten.

Stahlführungen, gehärtet, die auf Bett befestigt werden. Werkstoff des Bettes kann dann von minderer Güte sein. Stahl zementiert bis 2 mm Tiefe, $HRC \approx 60$. Sie neigen weniger zum Fressen.

(Kunststoff kann u. U. bei Drücken bis ≈ 10 kg/cm² eingebaut werden. Quellmöglichkeit.)

Verschiedene Härte der Führung und des Schlittens, da unter sonst gleichen Bedingungen Führungen bei gleicher Härte leichter fressen. Meist wird das Bett mit größerer Härte ausgeführt, da sich die Bettführungen langsamer abnutzen sollen.

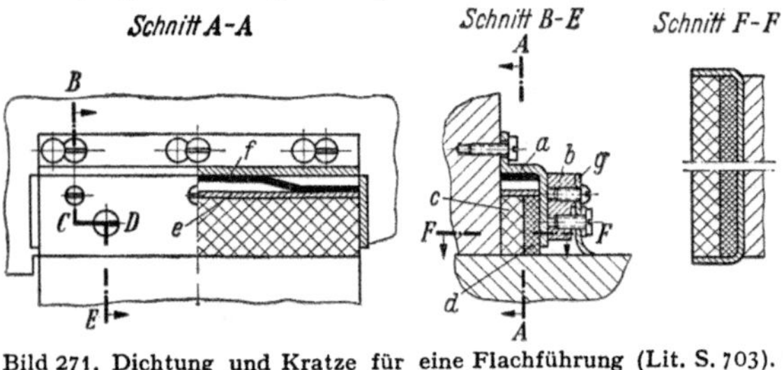

Bild 271. Dichtung und Kratze für eine Flachführung (Lit. S. 703). *a* Dichtungsgehäuse, *b* Auflage, *c* Filz, *d* Gummi, ölbeständig, *e* Platte, *f* Blattfeder, *g* Kratze aus Messing

Schutz gegen *Verschmutzung*. Wenn Abdecken der Bahn nicht möglich, dann Dichtungen und auch Kratzen am Schlitten (bedingt aber selbsttätige Schmierung, da diese Öl abstreifen), Bild 271. Führungsschutz besonders wichtig bei Schleifmaschinen, da hier Schleifstaub mit Schmieröl vermischt, die Bahn abschmirgelt.

Schmierung muß ausreichend sein, bei höher belasteten Führungen und hohen Gleitgeschwindigkeiten unbedingt Pumpenschmierung. Bewährt hat sich auch Schmieren mit Molykote.

Die *Reibungszahl* ist sehr verschieden nach Bauart der Führung. Man kann für die Rechnung bei Reibung in Ruhe $\mu = 0{,}2$ bis 0,3 einsetzen. Reibung erreicht trotz guter Schmierung oft hohe Werte, wenn die Vorspannung durch die Nachstelleiste groß ist. Beim Lauf liegt μ_P für Prismenführungen etwas höher als μ_F bei Flachführungen ($\mu_P \approx 0{,}2$, $\mu_F \approx 0{,}15$).

[1] *Lapidus, A.:* Wahl des Werkstoffes und der Konstruktion von Wzm.-Führungen. Ind. Anz. (1956) Nr. 87, 88 S. 1299, 1309.

[2] *Grönegreß, H. W.:* Gehärtete Führungsbahnen. Ind. Anz. (1953) Nr. 54 S. 691 (153).

Führungsbahnen werden gehobelt, anschließend geschabt oder geschliffen, auch feingefräst. Werkstoffzugabe bei beiden Verfahren etwa 0,1 bis 0,2 mm. Voraussetzung für genaue Bahnen sind vorgearbeitete Flächen hoher Güte. Von *Iwascheff*[1] wurde Glättverfahren entwickelt (auch für lange Bahnen), durch das Oberflächenhärte um $\approx$ 20% gesteigert und Höhenunterschiede ($\approx$ Rauhtiefe) von nur 3 μ erreicht wurden.

g) Beispiel: Kräfte an einem Drehbankschlitten. Der Schlitten wird durch eine Kraft $\mathfrak{P}$ verschoben, Bild 272, es wirke auf ihn eine Gegenkraft $\mathfrak{W}$. $\mathfrak{P}$ und $\mathfrak{W}$ liegen meist nicht in einer Ebene, und $\mathfrak{W}$ auch selten mit $\mathfrak{P}$ parallel. $\mathfrak{W}$ ist dann in seine Komponenten zu zerlegen. Die waagerechte Komponente $\mathfrak{W}_h$ bildet mit $\mathfrak{P}$ Momente in der waagerechten und senkrechten Ebene. Die Kräftepaare $\mathfrak{F}_h \cdot l_1$ in der waagerechten und $\mathfrak{F}_v \cdot l_1$ in der senkrechten Ebene stellen das Gleichgewicht her. Die senkrechte Komponente $\mathfrak{W}_v$ ruft die Auflagerkräfte $\mathfrak{A}_1$ und $\mathfrak{A}_2$ hervor. Schließlich kippt seitliche Komponente $\mathfrak{W}_s$ den Schlitten, versucht ihn auf der einen Seite von der Führung abzuheben und drückt ihn auf der anderen Seite auf die Führungsbahn. Gegenkräfte $\mathfrak{S}_1$ und $\mathfrak{S}_2$. Eigengewicht $\mathfrak{G}$ des Schlittens wirkt senkrecht nach unten und wird von Gegenkräften $\mathfrak{G}_1$ und $\mathfrak{G}_2$ aufgenommen.

Der Bewegung des Schlittens wirken dann neben den $\mathfrak{W}$-Komponenten die Reibungskräfte entgegen, die sich aus den angeführten Normalkräften ergeben.

Führungskräfte $\mathfrak{F}$ greifen nicht in einem Punkt an, sondern verteilen sich auf die anschraffierte Fläche, Bild 272; Länge dieser Fläche und damit auch Länge l_1 hängt vom Spiel zwischen Schlitten und Führungsbahn ab. Je enger Spiel, um so länger die Anlagefläche, um so geringer aber auch die Flächenpressung, die wieder die Abnutzung bestimmt. Da die Enden der Führungsflächen am Schlitten besonders abgenutzt werden, spart man oft Führungen in der Mitte auf etwa $^1/_3$ der Länge aus.

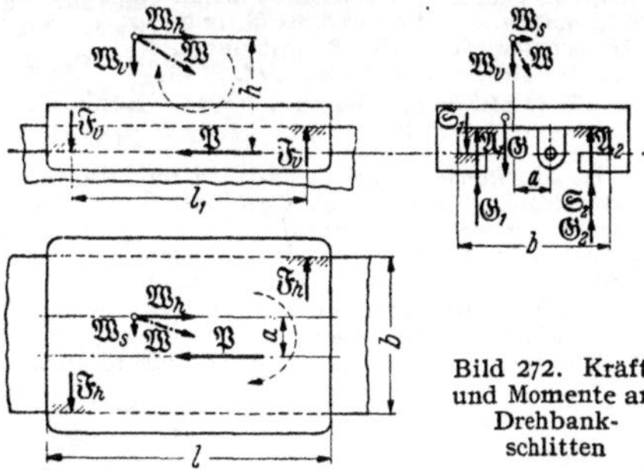

Bild 272. Kräfte und Momente am Drehbankschlitten

3. Lager

a) Allgemeines (vgl. a. Abschn. Lagerungen, Bd. I, S. 678). Lager in Werkzeugmaschinen können unterteilt werden in

Spindellager, in denen Arbeitsspindel gelagert, mit höchster Anforderung an Genauigkeit, daher geringes Lagerspiel; Schmierung meist selbsttätig, d. h. regelmäßig; oft großer Drehzahlbereich der Spindel.

Getriebelager, in denen Wellen der Stufenrädergetriebe usw. laufen. Meist höhere Drehzahlen mit kleinem Drehzahlbereich. Lagerspiel wie bei Rädergetrieben üblich.

Nebenlager für nicht maschinell angetriebene Wellen, Spindeln usw. Übliches Lagerspiel, geringe Gleitgeschwindigkeit und niedrige Beanspruchung; gelegentliche Schmierung.

Spindellager werden als Gleit- und Wälzlager ausgeführt; Getriebelager meist als Wälz-, Nebenlager meist als Gleitlager.

Für Nebenlager einfache Lagerbuchsen nach DIN 146, 147 aus GG oder Kunstharzpreßstoffen nach DIN 7702 und 7703 mit $l/d \approx 1$ bis 1,5.

b) Spindellager. α) *Gleitlager*. Um geringes Lagerspiel einzuhalten, meist nachstellbar. Übliche Ausführung mit kegeligen Schalen oder Buchsen.

Grundsätzlich drei Arten der Ausführung: zylindrische Spindel, Lagerschalen außen kegelig, in kegeliger Bohrung des Spindelstockes liegend, meist gebräuchlich (Bild 407); kegelige Spindel, Lagerschale außen zylindrisch; schließlich Spindelbohrung im Spindelstock zylindrisch, zwei Schalen, innen oder außen kegelig, werden gegeneinander verschoben. Bei kegeliger Spindel besteht zwar Vorteil, daß Bohrung im Spindelstock zylindrisch, jedoch Nachteil, daß Spindel bei Achsschub leicht klemmt, besonders wenn nach längerer Betriebszeit Längsdrucklager nicht mehr genau eingestellt.

Empfehlenswert ist immer bei geschlitzten Buchsen Einbau einer Sprengschraube (vgl. Bild 407), welche die Buchse spreizt und damit eingestelltes Spiel

[1] Wt. u. Mb. Bd. 39 (1949) S. 233/36.

sichert. Bild 273 zeigt ausgefütterte Stützschale für Hauptlager einer Drehbank. Spindeln müssen an Lagerstellen gleichmäßig gehärtet sein und beste Oberflächengestalt zeigen (Hochglanz); Toleranz für die Unrundheit nur 0,5 bis 1 μ; Toleranz für Dmr. etwa h 7, auch h 8. Lagerspiel möglichst gering ($\approx$ 5 μ).

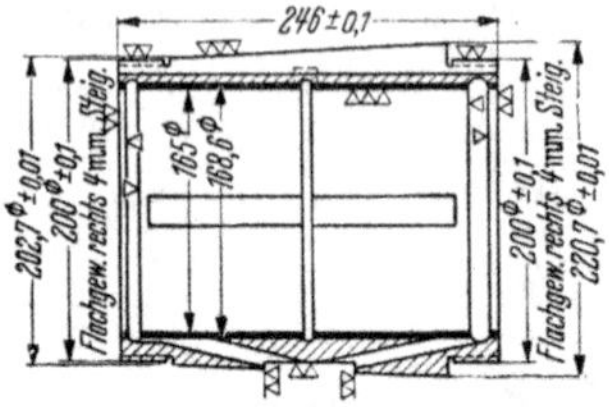

Bild 273. Stützschale für vorderes Hauptlager einer Drehbank mit 450 mm Spitzenhöhe. Verbundausführung, Stützschalen aus GG 18 mit aufgespritzter Bronzeauskleidung, $HB = 55$ bis 60 [*Rotenberg:* Maschb. (1941) S. 528 Bild 2]

Man verwendet Stützschalen aus GG für langsam laufende, schwer belastete Lager (z. B. große Drehbänke, Kurbelwellendrehbänke usw.), ausgefüttert mit WM nach DIN 1703; für Lagerungen mittlerer Belastung Lager aus Bz und Rotguß oder Verbundausführung mit Stützschalen aus St, ausgefüttert mit Bleibronze; für Lagerung höchster Genauigkeit Bz nach DIN 1705 oder Verbundausführung, ausgefüttert mit Zinnbronze, oder Zwei- und Mehrstoffbronze nach DIN 1716.

Sonderausführungen bei Lagerung von Schleifspindeln, vgl. Bild 411, S. 776, und Präzisionsmaschinen:

Im *Mackensen-Lager*, s. Bd. I S. 692, tragen keilige Schmierschichten. Lager ist an drei verschiedenen Stellen durch Kegel mit Gewinde fein nachstellbar. Spalt an Verspannstellen $\approx 1\mu$, Lagerspiel $\approx 4\mu$. Bei $d = 50$, $l = 60$ mm Belastbarkeit bis 200 bis 300 kg möglich. Ähnlichen Aufbau zeigt das *Mehrflächengleitlager*[1] in einer Walzenschleifmaschine, Bild 274; wird hier für Dmr. von 70 bis 150 mm ausgeführt.

Das *Filmatic*-Lager, Bild 275, hat bei kleinem Wellendmr. drei, bei größerem Dmr. vier oder fünf Gleitschuhe. Wie Schnitt *A—B* zeigt, können Gleitschuhe sich auch der Achslage der Welle anpassen, so daß keine Kantenpressung auftritt.

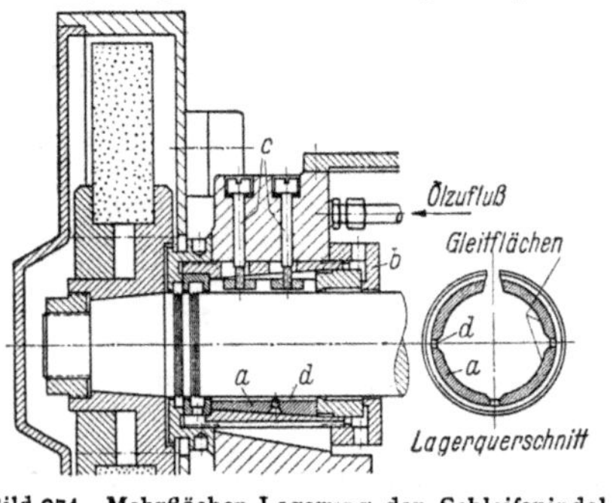

Bild 274. Mehrflächen-Lagerung der Schleifspindel einer Walzenschleifmaschine mit Ölumlaufschmierung (Herkules Siegen)[1]; Wellendmr. 70 bis 150 mm; Drehzahlen 700 bis 1500 U/min. Lagerschale *a* mit vier Gleitflächen, Einstellmutter *b*, Feststellschrauben *c* mit Keilmuttern, Ölnuten *d* in axialer Richtung, Ölumlaufschmierung; axiale Führung der Spindel durch nicht gezeichnete Anlaufscheiben

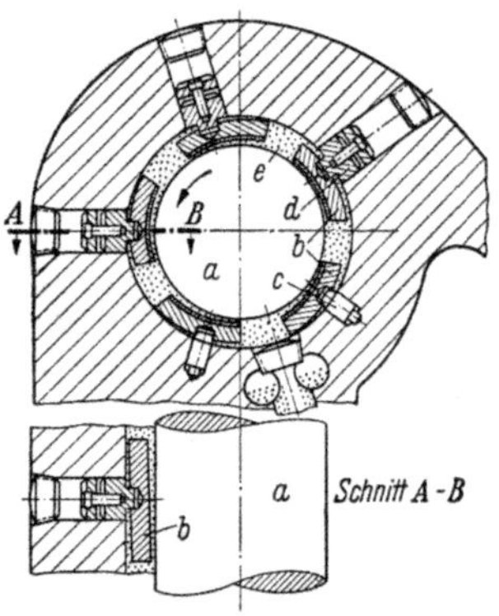

Bild 275. Filmatic-Lager mit 5 Gleitschuhen *b*, *a* Spindel, *c* feste Stützbolzen, *d* einstellbare, radial geführte Stützbolzen, *e* Ölraum [Cincinnati Grinders Incorp., s. a. *Reuthe, W.*, Ind. Anz. (1956) S. 1251]

β) Wälzlager. Steigerung der Spindeldrehzahlen begünstigt Einbau von Wälzlagern insbesondere bei Vielzweckmaschinen, zumal Toleranzen der normalen Wälzlager so verringert werden konnten, daß sie Ansprüchen an höchste Genauigkeit genügen, wie sie bei Spindellagerungen gefordert werden.

Nach der C-Klassifikation, DIN 620, genügen folgende Genauigkeitsgrade:

Getriebelager:	mittlere Drehzahlen	normal	Daher sind folgende Klassen bevorzugt einzubauen:
	hohe Drehzahlen	C 10	
Spindellager:	Dreh-, Revolverbänke	C 12	Rillenkugellager, einr. Schrägkugellager, Zylinder- und Kegelrollenlager C 10, C 11, C 12, C 15, C 18;
	Werkzeugmacherbänke, Mehrsp.-Automaten, Schleifmaschinen	C 18.	Axial-Kugellager C 11, C 13, C 15.

[1] *Frössel, W.:* Mehrflächen-Gleitlager im Werkzeugmaschinenb. Ind.-Anz. (1955) S. 19 (9).

Wird bei Zylinderrollenlagern die Innenlauffläche nachträglich auf Spindel fertiggeschliffen, kann Schlag sogar auf 3 bis 5μ verringert werden. Axialverschiebung der Spindeln wurde nach Abnahmebedingungen DIN 8605 auf folgende Werte begrenzt: Drehbänke, Schleifmaschinen, Revolverbankspindeln bis 80 mm Dmr. und Fräsmaschinenspindeln bis 50 mm Dmr. auf 10μ; bei Revolverbankspindeln über 80 mm Dmr. und Fräsmaschinenspindeln über 50 mm Dmr. auf 20μ.

Weiterhin muß Bedingung eingehalten werden, daß auch bei längerer Betriebszeit und hohen Drehzahlen Grenztemperatur von ≈40°C nicht überschritten wird. Demnach Wälzlagerbauart mit niedrigster Temperatur am günstigsten, weil dann auch im kalten Zustand enge Toleranz eingehalten werden kann. Diese Bedingungen werden gut von Zylinderrollenlagern und Pendelkugellagern erfüllt, während in Kegelrollenlagern Temperaturen bei hohen Drehzahlen stärker ansteigen, da seitliche Flächen der Kegelrollen gegen Bund anlaufen. Demnach erfordert Kegelrollenlager höheres Anfangsspiel, wenn Spindel mit hohen Drehzahlen bei großem Bereich laufen soll, Bild 276; je enger Lagerspiel, um so stärker steigt Temperatur bei hohen Drehzahlen an. Bei Spiel 5 μ bleibt Temperatur auch bei $n = 3000$ noch in zulässigen Grenzen.

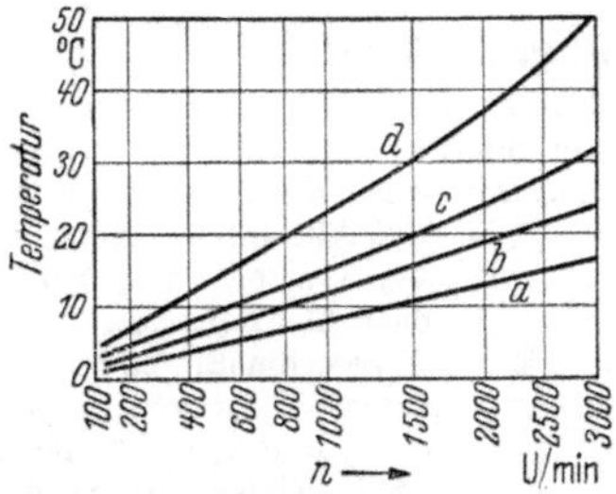

Bild 276. Abhängigkeit der Lagertemperatur von der Drehzahl der Arbeitsspindel. *a* Zylinderrollenlager 80 mm Dmr., *b* dsgl. 120 mm Dmr., *c* Kegelrollenlager 80 mm Dmr., *d* dsgl. 120 mm Dmr. [*Schenk:* WT (1942) S. 2, Bild 2]

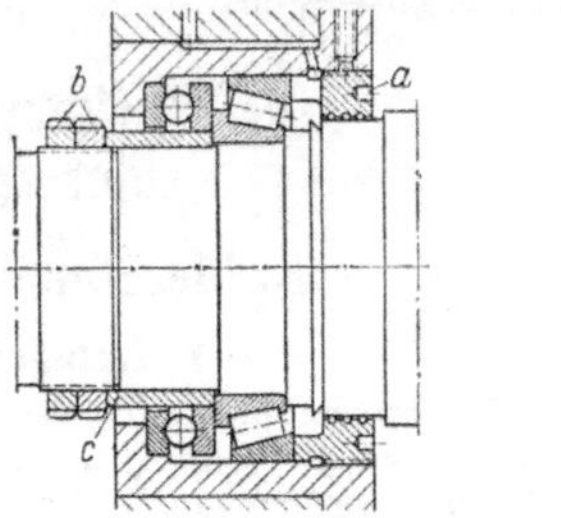

Bild 277. Lagerung einer schweren Drehbankspindel mit Kegelrollenlager (Kugelfischer, Schweinfurt)

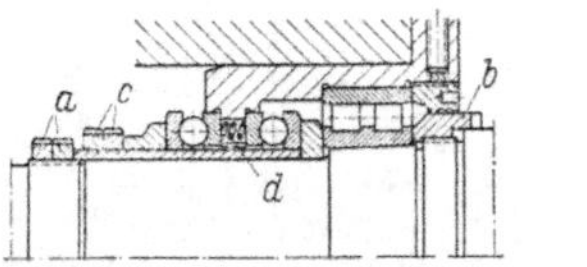

Bild 278. Lagerung einer Drehbankspindel mit nachstellbarem doppelten Zylinderrollenlager (Kugelfischer, Schweinfurt)

Als nachstellbare Lager an Hauptspindeln haben sich folgende Bauarten bewährt: *Kegelrollenlager*, Bild 277. Im Vorlager wird Längskraft durch Axial-Rillenkugellager aufgenommen. Geringe in Gegenrichtung auftretende Kräfte werden vom Kegelrollenlager abgefangen. Dieses kann genau ein- und nachgestellt werden, wenn man mit Mutter *a* Außenring verschiebt; hierbei wird auch das Spiel des Axiallagers eingestellt. Mit Mutter *b* wird über Buchse *c* der Innenring des Kegelrollenlagers gegen den Absatz gedrückt.

Zylinderrollenlager, deren Innenring eine kegelige Bohrung hat, so daß er durch Mutter *a* (Bild 278) auf den Kegel der Spindel geschoben werden kann, wodurch dann das Lagerspiel verringert wird. Mit Mutter *b* ist der Ring wieder abzudrücken. Das Spiel der Axiallager wird hier unabhängig von der Einstellung des Rollenlagers mit Mutter *c* reguliert. Federn *d* halten das von Arbeitskräften jeweils entlastete Lager unter einer mäßigen Vorspannung.

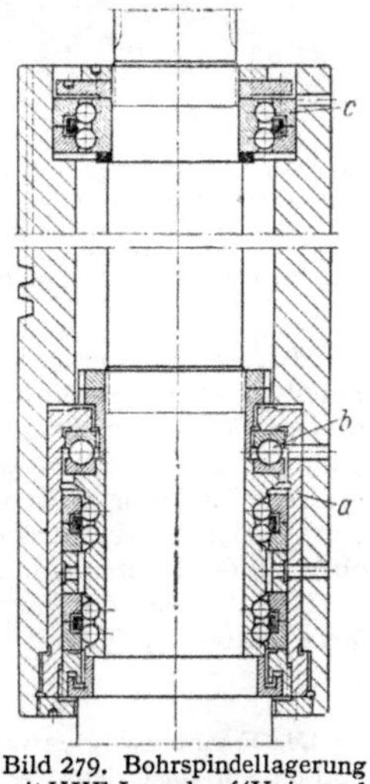

Bild 279. Bohrspindellagerung mit UKF-Lagerkopf (Universal Kugellagerfabrik GmbH, Berlin-Charlottenburg)

In Bild 279 (Bohrspindellagerung) übernehmen UKF-Lager die genaue Spindelführung. Bei diesen Lagern schaltet sich die natürliche Abnutzung durch die besondere Konstruktion, s. Bd. I. S. 697, in gewissen Grenzen von selbst aus. *a* einbaufertiger UKF-*Lagerkopf*, der zur Aufnahme der großen Längskräfte ein Axiallager *b* trägt; *c* normales UKF-Lager.

Längskugellager (Axial-Rillenkugell.) genügen bei üblichen Spindeldrehzahlen zur Aufnahme von Längskräften, wenn Schub nicht unzulässig groß. Höchstzulässige Drehzahl $n \approx 14 \cdot 10^4/(D_g - 10)$ in U/min; D_g = Manteldmr. der Gehäusescheibe in mm. Wird Grenze überschritten, so müssen Kugellager eingebaut werden, die paarweise vorgespannt anzuordnen sind, damit sie spielfrei laufen, Bild 278. Bei Spindeln bis 60 mm Dmr. haben sich auch zweireihige Schrägkugellager bewährt.

V. Werkzeugmaschinen und Geräte der spanlosen Formung

A. Maschinen der Formerei und Gießerei

1. Anlagen für die Sandaufbereitung

In Formerei benutzter *Sand* ist, nach dem Guß ausgetrocknet, in seiner chemischen Zusammensetzung und seinem Gefüge verändert und verunreinigt. Vor dem Wiederverwenden muß er daher aufbereitet und mit Neusand vermischt werden. Aufbereitetes Alt-Neusandgemisch enthält etwa 75 bis 80% Altsand, 5% Neusand, 5% Wasser, 1% Kohle, dazu Abstreifsand.

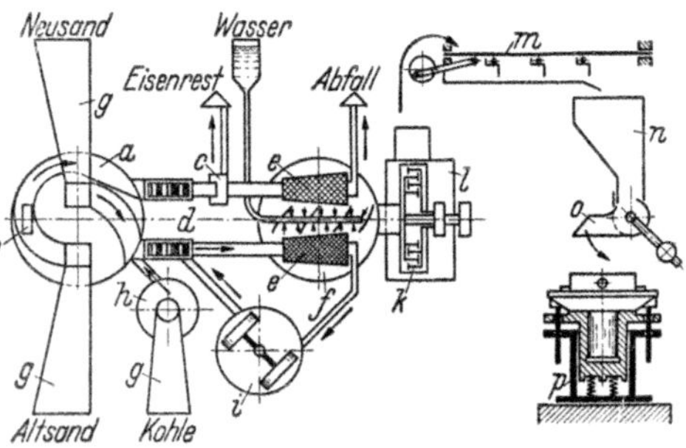

Bild 280. Schema einer selbsttätigen Sandaufbereitungsanlage. *a* Zerteilteller, *b* Kollerwalze, *c* Magnetwalze, *d* Becherwerk, *e* Sieb, *f* Tischtrog, *g* Silo, *h* Kohlenzerteiler, *i* Kollergang, *k* Schleudermühle, *l* Sammler, *m* Schieberförderer, *n* Behälter, *o* Zuteiler, *p* Formmaschine (nach *Lohse*)

Zweckmäßig sind selbsttätige *Sandaufbereitungsanlagen*, Bild 280. Arbeitsgänge bei der Aufbereitung sind meist:

Abscheiden, oft verbunden mit Magnetabscheidern, um über Roste usw. große Verunreinigungen wie Eingüsse, Holz, Papier, Metallreste zu entfernen,

Sieben zum Nachreinigen, aber auch Lüften und Kühlen des Altsandes in Siebtrommeln (Polygonsieb mit sechseckigem Querschnitt der Siebtrommel),

Lagern im Altsandsilo,

Mischen mit Neusand, Kohlenstaub und Wasser in Mischvorrichtungen. Über Zuteilvorrichtungen können entsprechende Mengen aus den Behältern entnommen werden. Mischvorrichtungen oft mit Kollergang ausgestattet, durch den die Klumpen zerkleinert werden. Der Weg der Koller läuft exzentrisch in entgegengesetzter Richtung zu dem mit der Masse umlaufenden Tisch. Von Mischanlagen läuft der nun gebrauchsfertige Formsand über Förderbänder zu den Silos, die oberhalb der Formmaschinen angebracht sind.

Bild 281 zeigt die Anordnung einer Sandaufbereitungsanlage, wie sie auch bei Verwendung synthetischer Formsande aufgebaut wird.

2. Formmaschinen

Die Formmaschinen unterscheiden sich nach der Art des Trennens von Form und Modell, nach dem Verfahren zum Befestigen des Sandes, schließlich nach dem Verwendungszweck (Herstellen von Gußkörperformen oder Kernformen). Danach ergibt sich folgende Aufstellung:

Sandbefestigung	Trennung
a) Handstampfmaschinen	e) Abhebeformmaschinen
b) Preßformmaschinen	f) Wendeformmaschinen
c) Rüttelformmaschinen	g) Wendeplattenformmaschinen
d) Schleuderformmaschinen	h) Durchziehformmaschinen

Außerdem werden Kombinationen dieser Verfahren ausgeführt, also z. B. Rüttel-Preßformmaschinen usw.

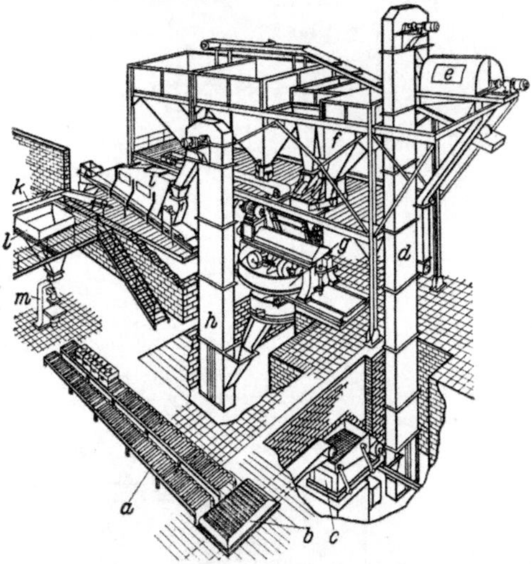

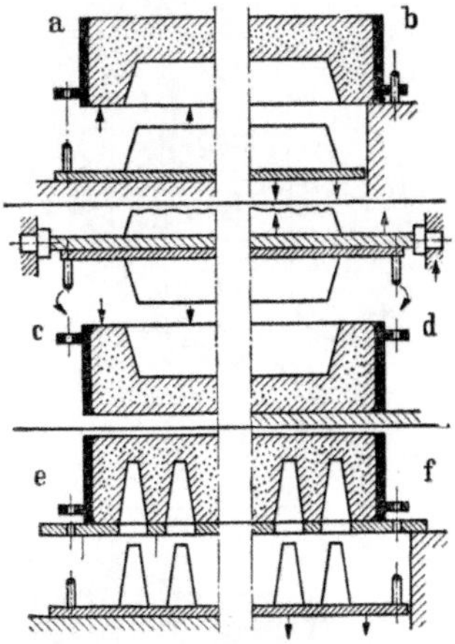

Bild 282. Arbeitsweise von Formmaschinen

Bild 281. Sandaufbereitungsanlage (Ulbrich und Roser, Stuttgart). *a* Rollgang für Formkästen mit gebrauchtem Formsand, *b* Entleeren der Formkästen, *c* Sandsiebmagnetabscheider, *d* Förderer, *e* Polygonsieb (Lüften, Sieben, Kühlen des Altsandes), *f* Bunker für Altsand, *g* Gegenstrom-Schnellmischer (Mischbottich mit Kollern), *h* Förderer, *i* Sandschleuder, Befeuchter, *k* Förderband mit Abstreifer, *l* Bunker für Neusand, *m* Formmaschine

Arbeitsweise der *Handstampfmaschinen*, Bild 282: a) Modellplatte bleibt liegen; Kasten wird nach oben abgezogen (Stiftabhebemaschine, einfachstes Verfahren, bei flachen Modellen gebraucht); b) Kasten bleibt liegen, Modellplatte nach unten abgezogen; Absenkverfahren, auch für mittelgroße niedrige Modelle; c, d) Wendeplattenformmaschine mit Wendeplatten, die auf beiden Seiten je eine Modellhälfte tragen. Auf oberer Seite der Wendeplatte wird Kasten aufgesetzt, Modell geformt, dann wird Platte mit Kasten um 180° geschwenkt und Kasten abgesetzt. Nun wird auf der zweiten, jetzt oben liegenden Platte andere Hälfte abgenommen, geschwenkt, abgesetzt usw. Trennung von Modell und Form wieder durch Absenken (c) oder Abheben (d). Beim Abziehverfahren wird Modell durch eine Platte (Abziehkamm) gezogen, indem Kasten gehoben (e) oder Platte gesenkt (f) wird. Geeignet für hohe steilwandige Formen, die sich schwer trennen lassen.

Bei *Preßform*maschinen wird in Form geschütteter Sand von Hand mit Hebel oder mit Druckluft oder Druckwasser über Stempel festgepreßt, wodurch Stampfarbeit entfällt. Hierzu werden Füllrahmen mit losem Sand auf Formkasten aufgesetzt. Modell und Form werden dann wieder wie bei den Handstampfmaschinen getrennt. Durch Pressen wird der Formsand unmittelbar unter der Preßfläche stark verdichtet, jedoch nach dem Boden zu lockerer; daher Sandpressen nur bei flachen Modellen.

In *Rüttelform*maschinen wird Formsand durch kräftiges Aufstoßen gegen Stoßfläche festgerüttelt, wobei etwa 200 bis 300 Hübe/min ausgeführt werden. Rüttel-Preßformmaschinen haben dann noch Einrichtung, um nach dem Rütteln den Sand festzupressen.

In *Schleuderform*maschinen wird der Sand durch eine schnell umlaufende Schaufel in die Form geschleudert. Schleuderformmaschinen werden ortfest, aber auch beweglich gebaut, so daß man sie an große Formen hinführen kann.

Bild 283 zeigt *Einständer-Rüttel-Preßformmaschine* mit Handabhebung und seitlich ausschwenkbarer Preßbrücke. Die Maschine wird mit Druckluft betrieben und eignet sich auch als Durchzugsmaschine mit Abstreifkamm, so daß sich auch höhere Modelle auf ihr abformen lassen. Fällt Druckluft aus, so kann Maschine auch als Stiftabhebeformmaschine für Handstampfen eingesetzt werden. Steuerung der Maschine bei Betrieb durch Handhebel *c*, mit dem die Steuerwelle *n* verschoben (Auspuff-Pressen) oder geschwenkt wird (vibrieren-rütteln). Mit einem Druckventil in der Zuleitung zum Preßzylinder kann bei allen Kastengrößen der Druck so eingestellt werden, daß der Sand gleichmäßig verdichtet wird.

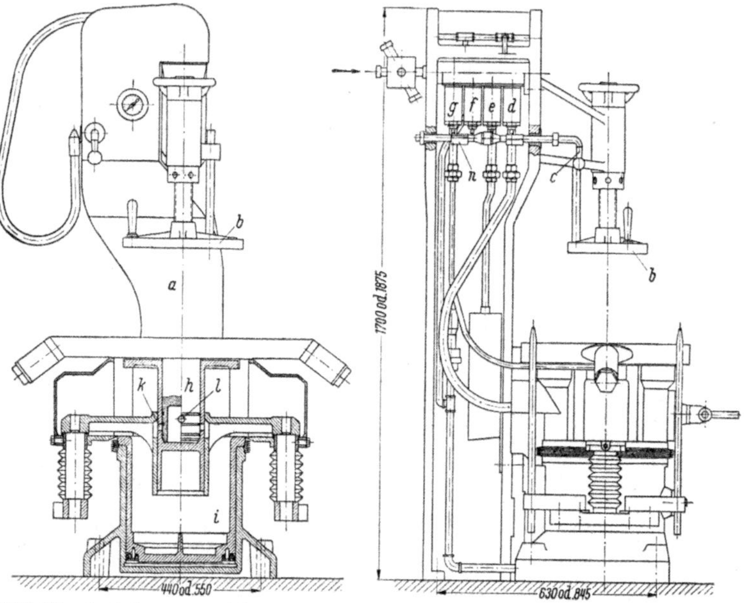

Bild 283. Zentralgesteuerte Einständer-Rüttel-Preßformmaschine (H. Wagner, Laasphe in Westfalen). *a* Ständer, *b* Preßplatte, *c* Steuerhebel, *d* Ventile für Rütteln, *e* für Auspuff, *f* für Pressen, *g* für Vibrieren, *h* Druckluftkolben für Rütteln (Tisch mit Federn nicht gezeichnet), *i* Kolben, *k* Auspuff, *l* Lufteinlaß, *n* Steuerwelle

3. Druckgießmaschinen

Die Druckgießmaschinen werden gebaut als

Warmkammermaschinen, bei denen das flüssige Gießmetall (Zinn-, Zink- und Magnesium- Legierungen) durch Kolben oder Druckluft in die Form gepreßt wird. Kolbenpumpengießmaschinen sind meist kleinere Maschinen; größtes Werkstückgewicht in Magnesium bis 0,5 kg. In Druckluftgießmaschinen können Werkstückgewichte bei Magnesium bis etwa 5 kg, bei Zink bis etwa 20 kg verarbeitet werden, Bild 284c, d.

Kaltkammermaschinen (*Preßgießmaschinen*), bei denen das flüssige Metall (Aluminium- und Kupfer-Legierungen) aus Schmelzofen, der getrennt von der Gießmaschine steht, mit Schöpfkelle in den Füllraum gebracht wird. Größtes Werkstückgewicht in Aluminium etwa 8 kg. Die Maschinen werden mit senkrechter und waagerechter Anordnung der Druckkammer ausgeführt.

Bild 284a zeigt im Schema den Schnitt durch eine *senkrecht* angeordnete *Druckkammer* *a* einer Preßgießmaschine. Der federnd angeordnete Unterkolben *c* schließt zunächst beim Einfüllen des Werkstoffs den waagerechten Eingußkanal *d* der Gießform *e* ab. Erst beim Abwärtsgang des Preßkolbens *b* wird *c* soweit nach unten gedrückt, daß der Eingußkanal *d* freigegeben wird. Die verbleibenden Metallreste werden anschließend durch den Unterkolben *c* nach oben ausgestoßen, wobei dieser hydraulisch hochgeschoben wird. Die Geschwindigkeit des Kolbens *b* ist stufenlos einstellbar, die Druckkammer *a* ist auswechselbar. Preßdruck und Schußzahl können somit der Art des Metalls angepaßt werden.

Die *waagerechte Druckkammer* ***a*** (Bild 284b) hat oben eine Öffnung ***i***, bei der das Metall eingefüllt wird. Der überschüssige Werkstoff wird nach dem Schuß mit dem Gußteil ausgestoßen und verbleibt am Werkstück. Dieses Verfahren ist etwas einfacher und liefert etwas höhere Schußzahlen.

Beim *Warmkammerverfahren* (Kolbengießverfahren, Bild 284c) wird das Metall im Ofen ***h*** der Maschine geschmolzen oder gießfertig eingefüllt. Das Metall wird dann aus der Druckkammer ***a***, die in das Metallbad taucht, durch einen Kolben ***b*** oder durch Druckluft aus Düse ***f*** (Druckluftgießmaschine, Bild 284d) über die Einspritzdüse ***d*** in die Form ***e*** gespritzt. Bild 284c zeigt die Form ***e*** geschlossen vor dem Einguß, der Kolben ***b*** gibt in seiner gezeichneten oberen Totlage den Schlitz für den Einlauf des Metalls frei. In Bild 284d ist die Form ***e*** schon geöffnet und von der Düse ***d*** abgehoben, das Gußteil wird ausgestoßen, während das Ventil ***g*** für den Einlauf des Metalls schon wieder geöffnet ist.

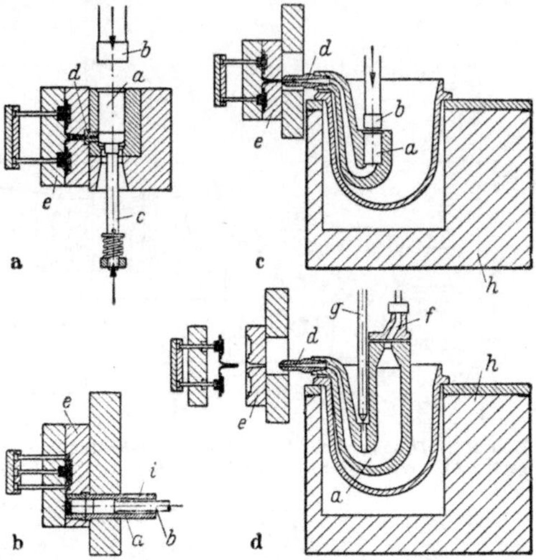

Bild 284. Arbeitsverfahren der Druckgießmaschinen. a Kaltkammerverfahren mit senkrechter Kammer ***a***; b Kaltkammerverfahren mit waagerechter Druckkammer ***a***; c, d Warmkammerverfahren, c mit Kolben, d mit Druckluft arbeitend. c Stellung vor dem Einspritzen, d nach dem Spritzen. (Vereinigte Werkzeugm. Fabriken AG, Frankfurt a. M.)

Druckgießmaschinen nach dem Hochdruck-Kaltkammer-Einspritzverfahren arbeiten mit einstellbarer Einspritzgeschwindigkeit und sehr hohem Enddruck auf das Metall, so daß ein dichtes Gefüge erzielt werden kann. In Bild 285 ist die Arbeitsweise des Vorfüll-Einspritzsystem dargestellt, bei dem zunächst von dem Drucköl in Leitung ***a*** die kleine Kolbenfläche ***b*** beaufschlagt wird, wodurch die Stange ***c*** und damit der — nicht gezeichnete — Einspritzkolben verschoben wird. Der Raum ***d*** hinter dem großen Preßkolben ***e*** füllt sich mit Öl, das aus dem Akkumulator ***f*** über Umschaltventil ***g*** (Stellung *1*) nachfließt. Steigt nun beim Einspritzen der Druck an, so schließt Druckventil ***h*** den Schließer ***i***, Magnet ***k*** erhält Strom, zieht an und öffnet in dem Ventil ***l*** Stellung *2* so daß das Drucköl aus ***a*** nun über ***l*** nach dem Ventil ***m*** fließt, dieses öffnet und so in den Raum ***d*** strömt, um den Kolben ***e*** mit großer Kolbenfläche zu beaufschlagen. Gleichzeitig steuert ***m*** das Umschaltventil ***g*** nach Stellung *2*, wodurch der Zufluß aus dem Akkumulator ***f*** gesperrt wird. Beim Rückwärtsgang wird durch die elektrische Zeitsteuerung Magnet ***n*** eingeschaltet, der Ventil ***o*** nach Stellung *2* schiebt. Das Drucköl fließt nun in den Raum ***p*** und schiebt den Kolben ***e*** nach rechts. Aus ***d*** wird das Öl über ***g*** (Stellung *1*) wieder in den Akkumulator ***f*** zurückgedrückt. Da in Leitung ***a*** kein Druck, öffnet sich ***i*** und ***l*** geht in Stellung *1* zurück.

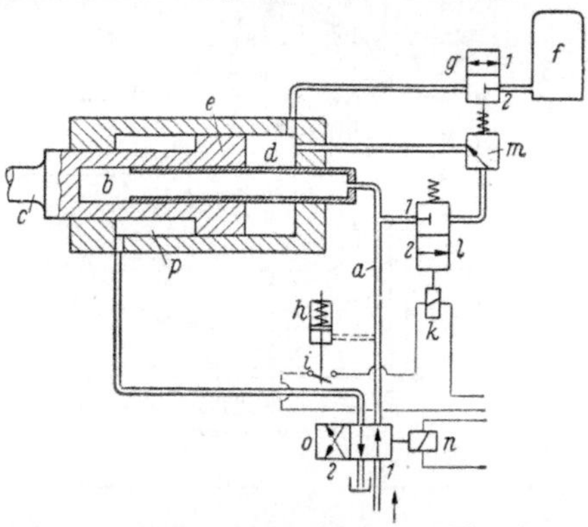

Bild 285. Vereinfachte Darstellung des Einspritzvorganges mit Kolben bei dem Hochdruck-Kaltkammer-Verfahren nach Lester-Weingarten (Maschinenfabrik Weingarten AG, Weingarten/Württ.)

Die mit diesem Einspritzverfahren ausgerüstete Druckgießmaschine ist in Bild 286 gezeigt. Motor ***a*** treibt die Einspritzkolbenpumpe ***b*** und die Flügelpumpen ***c*** und ***d***, die das Drucköl für Schließzylinder ***e***, Auswerferzylinder, Stickstoff-Akkumulator und für Kernzugvorrichtungen liefern. Der Fuß ***f*** ist als Öltank mit Ölkühler ***g*** ausgebildet. Auf dem Maschinenständer ***h*** ruht der Kastenrahmen ***i***, in dem der doppelte Kniehebeltrieb ***k*** zum Öffnen und Schließen der Formen angeordnet ist. Um die bewegliche Maschinenplatte ***l*** und damit die Werkzeughöhe genau einstellen zu können, ist *l* über eine in der Mitte angeordnete, große Schraubenspindel gegen die Mutterplatte *m* abgestützt. In der festen Maschinenplatte *n* liegt der

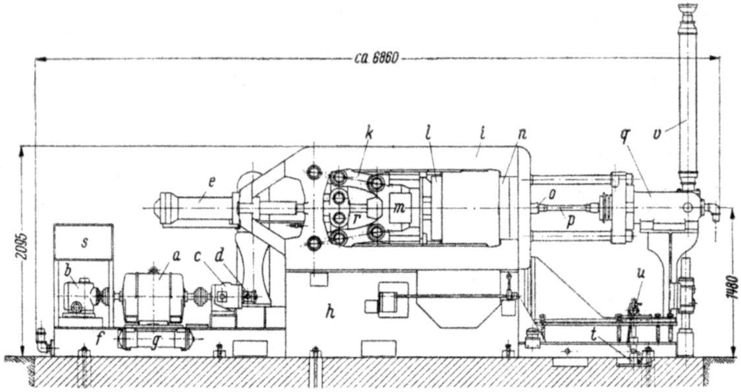

Bild 286. Druckgießmaschine nach Lester-Kaltkammer-Verfahren. (Maschinenfabrik Weingarten AG, Weingarten) Schließdruck 600 t. Größtes Einspritzgewicht für Aluminium 7,6 kg

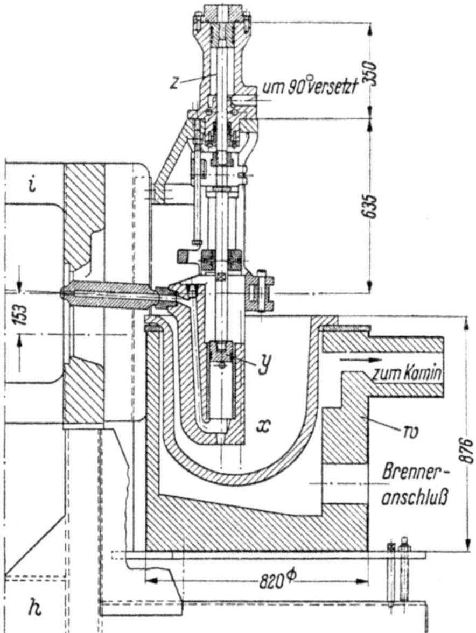

Einspritzzylinder *o*, dessen Kolbenstange *p* vom Kolben in Gehäuse *q* (s. a. Bild 284) vorgeschoben wird. Auswerfer *r* liegt in der Mitte der beweglichen Platte. Das ganze Einspritzsystem mit Vorfülltank *v* kann durch hydraulischen Heber *t* mittels Pumpe *u* in der Höhe verstellt werden. Die Maschine ist elektrisch-hydraulisch gesteuert, die Zeituhren und Relais sind in der Schalttafel mit Kasten *s* untergebracht.

Diese Druckgießmaschine kann auf das Warmkammerverfahren umgestellt werden. Dann wird, Bild 287, am Maschinenständer *h* mit dem Kastenrahmen *i* der Schmelz- und Wärmeofen *w* angesetzt. Im Wärmeofen liegt der Schmelztiegel *x* und oberhalb das Kolbeneinspritzsystem mit Kolben *y* und Einspritzölzylinder *z*. Der Ofen kann mit Gas- oder Ölfeuerung ausgerüstet werden.

←Bild 287. Warmkammereinrichtung zu der Druckgießmaschine nach Art von Bild 286 mit Tauchkolbenaggregat, elektrisch-hydraulisch gesteuert. (Maschinenfabrik Weingarten AG, Weingarten)

B. Walzwerke

Literatur: Handbuch des Eisenhüttenwesens: *Puppe, J.*, u. *G. Stauber:* Walzwerkwesen Bd. II. Berlin: Springer 1934. – *Sedlaczek, H.*: Walzwerke. Göschen Bd. 580/580a. Berlin: De Gruyter u. Co. 1958.

1. Übersicht

Im *Duo-Walzwerk*, Bild 288a, arbeiten zwei, im *Trio-Walzwerk* (Bild 288d) drei Walzen. Beim Trio-Walzwerk läuft der erste Stich zwischen Unter- und

Mittelwalze, der zweite Stich zurück zwischen Mittel- und Oberwalze. Duo-Walzwerke laufen kontinuierlich (immer im gleichen Drehsinn) oder als Umkehr-Duo-Walzwerke (Reversier-Walzwerk), Bild 288b, wenn schweres Gut mehrmals durchlaufen soll. Meist liegt die Drehachse der Walzen waagerecht, in Universal-Walzwerken, Bild 288i, und in kontinuierlichen Straßen liegt die Drehachse der Walzen zum Teil auch senkrecht.

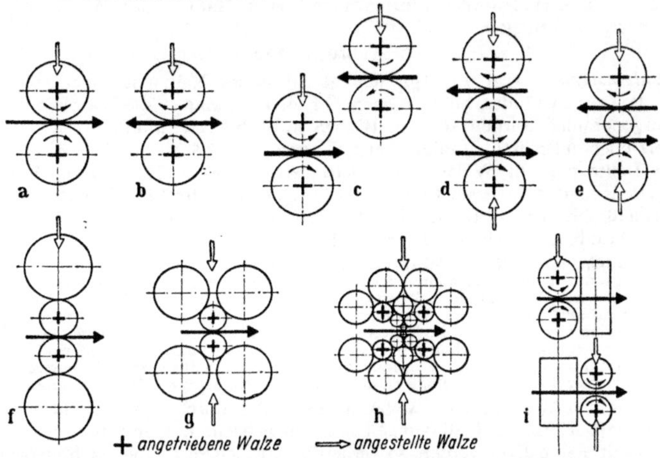

Bild 288. Anordnung der Walzen bei den verschiedenen Walzwerk-Bauarten
a Duo-Walzwerk, b Duo-Umkehr(Reversier)-Walzwerk, c Doppel-Duo, d Trio-Walzwerk, e Lauthsches Trio, f Quarto-Walzwerk, g Sexto-Walzwerk, h Vielwalzen-Kalt-Walzwerk, i Universal-Walzwerk, oben Ansicht, unten Aufsicht; Bauarten a, b, c, d, e, f und i für Warmwalzen; a, b, e, f, g, h für Kaltwalzen. Bei e auch Antrieb der Mittelwalze, dann läuft Oberwalze als Schleppwalze; g auch als Umkehrwalzwerk gebaut, i ohne waagerechte Walzen als Stehwalzwerk insbesondere in kontinuierlichen Straßen

Die Walzwerke können einzeln angeordnet stehen (*offene Walzenstraße*), so daß das Walzgut hin und her durch die Walzen läuft, bei Formstählen nacheinander durch die verschiedenen Profile, bei Flach- und Blechmaterial immer durch den gleichen Spalt der zylindrischen Walzen, dessen Höhe aber nach jedem Durchgang verkleinert wird. In *kontinuierlichen Walzenstraßen* stehen mehrere Gerüste in nur wenigen Metern Abstand hintereinander, so daß das Walzgut nach einmaligem Durchlauf durch die Straße den gewünschten Endquerschnitt besitzt. Soll hierbei in Halbzeug-Straßen das Drallen der Stäbe vermieden werden, so müssen hinter den Walzwerken mit waagerechter Drehachse solche mit senkrechter Achse aufgestellt werden.

Nach dem zu walzenden Gut werden die Walzwerke verschieden ausgeführt:

a) Block- und Brammen-Walzwerke; Vorgerüste formen schweres Halbzeug. Ihre Aufgabe ist neben der Herstellung von Blöcken und Brammen, den Rohblock in seinem Querschnitt dem nachfolgenden Formwalzen anzupassen. Erzeugnisse sind daher einmal vorgewaltze Blöcke (Querschnitt quadratisch mit Längen von 700 bis 4000 mm) und vorgewalzte Brammen (Querschnitt rechteckig, Mindestbreite 115, Mindesthöhe 75 mm), Quadrat- und Flachknüppel, dann Platinen oder Breitstähle (für das spätere Auswalzen von Blechen, Streifen, Bändern), schließlich Rundblöcke, Rundknüppel und Vorprofile.

b) Grobstraßen sind Walzwerke für schwere Form-, Stab-Stähle. Walzen-Dmr. von rd. 650 bis 950 mm. Erzeugnisse sind schwere ⊔-, I-Träger, Eisenbahnoberbaumaterial, schwere Stabstähle (z. B. Rundstähle mit Dmr. $\approx$100 mm, Quadratstahl $\approx$90 mm u. ä.)

c) Mittelstraßen, Walzwerke für mittelschwere Form- und Stabstähle. Walzen-Dmr. etwa von 400 bis 650 mm. Erzeugnisse: Formstähle und Stabstähle (z. B. Rundstähle mit Dmr. zwischen 30 und 120 mm usw.).

d) Feinstraßen, Walzwerke für Feinstähle, Draht, Bänder und Bandbleche. Walzen-Dmr. etwa von 240 bis 400 mm. Erzeugnisse: Formstähle unter 700 mm^2 Querschnitt, Drähte, Bänder, auch Vorprofile zum Weiterverarbeiten durch Ziehen, Pressen usw.

e) **Walzwerke für Sonderzwecke** wie Rohrwalzwerke, Walzwerke für Bandagen, Räder usw.

Kaltwalzwerke zeigen grundsätzlich den gleichen Aufbau wie die Warmwalzwerke. Sonderausführungen Bild 288 g, h.

Hilfseinrichtungen sind die Rollgänge zum Heranführen des Walzgutes, bei denen jede Rolle von einem E-Motor angetrieben wird; ferner Hebe- und Wipptische für Trio-Walzwerke, Einrichtungen zum Kanten des Walzgutes sowie Transporteinrichtungen.

2. Ausführungen

Walzenständer wird aus Guß als geschlossener Rahmenständer ausgeführt oder als Kappenständer, bei dem nach Abheben der Kappe die Walzen nach oben herausgenommen werden können. *Walzen* je nach Verwendungszweck aus Stahl (legiert oder unlegiert), Stahlguß oder Grauguß mit 2,5 bis 3,5% C. Sie sind mit ihren Laufzapfen in Wälz- oder Gleitlagern (Kunststoffe, Bronze, Preßholz) gelagert. Kunststofflager aber nur, wenn Temperatur unter 120 °C, dann geringerer Verschleiß und kleinere Reibzahl als bei Bronzelager. Anstellung der Walzen über Druckschrauben von Hand oder durch E-Motor.

Die *Maßgenauigkeit* des Walzgutes hängt wesentlich von der Gesamtfederung ab, deren Größe durch die Walzendurchbiegung, Federung in den Lagern und Einbaustücken, Durchbiegung der Druckspindeln, Verformung des Querhauptes und Dehnung der Ständerschenkel bestimmt wird. Durch vorgespannte Gerüste, wie sie für kleinere Walzwerke entwickelt wurden, versucht man die Federung dadurch zu verringern, daß Querhaupt, Lagerstücke und Schenkel zu einem Lagerstück vereinigt werden und oberes und unteres Lagerstück durch hydraulisch vorgespannte Zugstangen zusammengezogen werden. Außerdem werden bei dieser Konstruktion Abmessungen und Gewicht des Gerüstes erheblich vermindert.

Da für den Walzprozeß das Verhältnis Walzendurchmesser D zur Walzguthöhe h die Verformungsbedingungen wesentlich beeinflußt und diese bei dünnen Arbeitswalzen günstiger werden, so werden bei Straßen für dünne Flachquerschnitte und Bänder, insbesondere im Kaltwalzbetrieb, die Arbeitswalzen mit kleinem D_a ausgeführt; Stützwalzen mit D_s müssen dann verhindern, daß die dünnen Arbeitswalzen sich nicht unzulässig durchbiegen; Verhältnis $D_s : D_a \approx 2:1$ bis $1{,}6:1$ beim Quarto (Vierwalzengerüst, Bild 289), wie es im Warmbetrieb üblich ist. Im Kaltwalzbetrieb dagegen Quartos, Sextos und auch Vielwalzengerüste, Bild 288 f, g, h, mit bis zu 20 Walzen in einem Gerüst, bei Sonderbändern mit $D_s : D_a$ bis $100:1$ (dann $D_a \geqq 5$ mm).

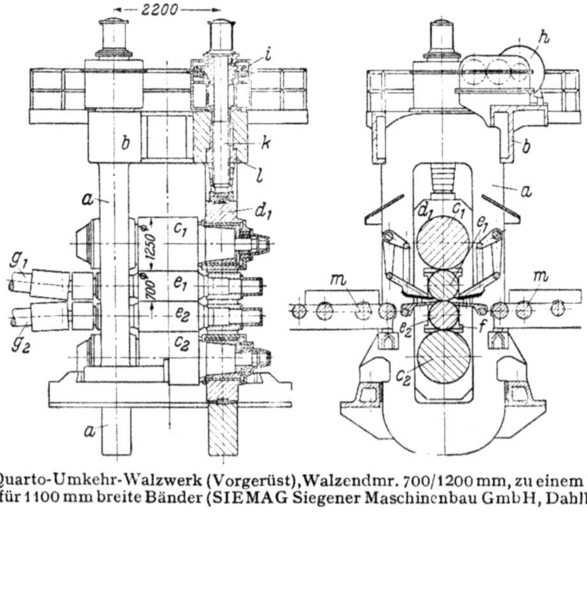

Bild 289. Quarto-Umkehr-Walzwerk (Vorgerüst), Walzendmr. 700/1200 mm, zu einem Breitbandwalzwerk für 1100 mm breite Bänder (SIEMAG Siegener Maschinenbau GmbH, Dahlbruch i. W.)

Antrieb der Walzen nur von Elektromotoren, mit oder ohne Schwungrad über schrägverzahnte Stirnräder und in Gelenken beweglichen Antriebsspindeln (s. g_1 u. g_2 in Bild 289) auf den Kuppelzapfen. Kammwalzen sind in einem Kammwalzengerüst gelagert. Beim Zwillingsantrieb für schwere Brammen- und Grobblechstraßen werden Ober- und Unterwalze von je einem Motor angetrieben. Bei kontinuierlichen Straßen besitzt jedes Gerüst einen eigenen Motor; die Drehzahlen dieser Motoren müssen genau gegeneinander abgestimmt sein.

Geschwindigkeit des Walzgutes beträgt bei kontinuierlichen Straßen für Halbzeug ($F \approx 50\,\text{mm}^2$) ≈ 5 m/sek; bei Warmbreitbändern bis 10 m/sek, Schmalband bis 16 m/sek, Draht bis 32 m/sek, bei offenen Drahtstraßen dagegen nur etwa 10 m/sek.

Bild 289 zeigt die Ausführung eines Quarto-Umkehr-Vorgerüstes zum Walzen von Breitband bis 1100 mm Breite. Ständer a sind durch Querhaupt b verbunden. Die Stützwalzen c_1 und c_2 laufen in Gleitlagern (hier in Morgoil-Walzenzapfenlagern), die in den Einbaustücken d_1 angeordnet sind, während die Arbeitswalzen e_1, e_2 in Wälzlagern gelagert sind, die in Einbaustücken f liegen. Antrieb der Arbeitswalzen über Spindeln g_1, g_2. Die obere Stützwalze c_1 und die obere Arbeitswalze e_1 werden in der Höhe eingestellt durch Motor h über Zwischengetriebe, Schneckengetriebe i und Druckspindeln k, die in Muttern l laufen. Zugeführt wird das Walzgut durch die angetriebenen Rollen m.

C. Maschinen zum Warmumformen

Literatur: 1. *Lange, K.:* Fertigungsbelange des Gesenkschmiedens. Berlin: Springer 1957 (dort ausführliches Schrifttum). — 2. *Müller, E.:* Hydraulische Schmiedepressen 2. Aufl. Berlin: Springer 1952.

Normen über Baugrößen: DIN 55150—55152, 55157—55160. s. a. *Hansen, P.:* Normung d. Maschinen f. d. Gesenkschmiedeindustrie Wt. u. Mb. (1956) S. 193. — *Kienzle, O.:* Kenngrößen an Pressen und Hämmern. Wt. u. Mb. (1953) S. 1.

1. Übersicht über Hämmer und Pressen

a) Bei **Hämmern** wird die Energie E auf das Werkstück bei großer Geschwindigkeit übertragen. Mit $E = m v^2/2$ ist Arbeitsvermögen des Hammers von Masse m des Bären und seiner Geschwindigkeit v abhängig. Beim *Fallhammer* fällt Bär im freien Fall Höhe h abwärts und trifft mit $v = 5$ bis 8 m/sek auf. Hier ist das Arbeitsvermögen $E = G_b \cdot h$; G_b Gewicht des Bären.

Beim *Oberdruckhammer* wird Bär noch zusätzlich durch Dampf oder Druckluft, die auf Kolben wirkt, bis auf $v = 5$ bis 7 m/sek beschleunigt. Bei dem Lufthammer steht der mit Bär verbundene Kolben beiderseitig wechselnd unter Über- und Unterdruck. Arbeitsvermögen $E = (G_b + p \cdot F)\,h$, wenn p der Druck, F die wirksame Kolbenfläche.

Gegenschlaghämmer besitzen Unterbär, der durch Bänder, Hebel oder hydraulisch mit Oberbär verbunden ist, so daß sich beim Schlag beide Bären gegeneinander je mit $v = 3$ bis 4 m/sek bewegen. Vorteil gegenüber Schabottehammer: am Stoß beteiligte Massen viel geringer (etwa nur $^1/_4$).

b) Pressen übertragen die Verformungsenergie bei kleiner Geschwindigkeit; Antrieb durch Spindel, Kurbel, Kniehebel oder hydraulisch.

Bei dampfhydraulischen Pressen ist mit Dampf angetriebene Kolbenpumpe mit Presse unmittelbar verbunden, während bei rein hydraulischen Pressen Druckflüssigkeit von einer Zentralpumpe über Akkumulatoren geliefert wird.

c) Verwendung der Hämmer u. Pressen ist durch ihre Arbeitsweise bestimmt. *Hämmer* verformen durch Schlag. Hierbei größte Pressung auf Bär- und Amboßflächen, jedoch Wirkung in die tieferen Schichten gering. *Presse* verschmiedet tiefwirkend; drückt mit bedeutend kleinerer Geschwindigkeit auf Werkstück, das nun Zeit zum Verformen findet.

Hammer wird daher gewählt, wenn hoher Druck und plötzliche Wirkung in Richtung des Schlages gefordert wird, also beim Freiformschmieden kleinerer und mittlerer Werkstücke mit scharfen Absätzen, zum Recken; dann beim Gesenkschmieden, wo hohe Flächenpressung erforderlich. Mit Pressen werden in der Freiformschmiede große und größte Werkstücke verschmiedet; beim Gesenkschmieden Pressen — und zwar mechanische — dann, wenn bei nicht zu hohen Flächendrücken Stoff seitlich verschoben werden soll. Presse knetet Werkstoff gründlich durch und liefert spannungsfreie Stücke.

Anlagekosten bei Pressen meist höher als bei Hämmern gleicher Leistung. Presse steht jedoch ruhig auf Fundament, während bei Hammer erheblicher Teil (bis 30%) der Energie in das Fundament geht, dessen Schwingungen auch die benachbarten Gebäude stören und damit Arbeit in Werkstätten beeinflussen können.

2. Schmiedehämmer

a) Allgemeines. Antrieb der Hämmer elektrisch oder durch Dampf oder Preßluft. Elektrischer Antrieb am wirtschaftlichsten, da er dem Betrieb am besten angepaßt werden kann. Dampf und Preßluft mit etwa 6 kg/cm² Betriebsdruck. Ob Dampf oder Preßluft gewählt werden, entscheiden örtliche Verhältnisse. Vorteil der Preßluft sind Fortfall der Kondenswasserleitungen und- töpfe, Verringerung der Rostgefahr usw.

Unter Annahme des elastischen Stoßes trifft bei Hammerarbeiten die stoßende Masse m_1 des Bären mit Geschwindigkeit v_1 auf gestoßene Masse m_2 des Werkstückes + Amboß + Schabotte. Von der kinetischen Energie $E_1 = m_1 v_1^2/2$ wird dann der Anteil $E_2 = \frac{1}{2} m_1 m_2 v_1^2/(m_1 + m_2)$ zum Verformen genutzt (vgl. Bd. I, S. 264).

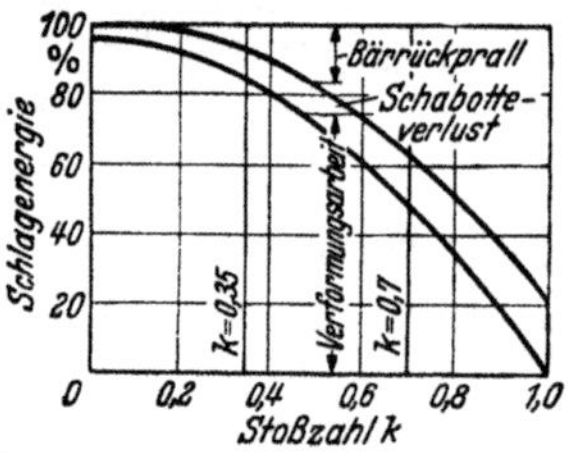

Bild 290. Aufteilung der Schlagenergie des Schabottehammers in Abhängigkeit von Stoßzahl k für $m_2/m_1 = 20$

Wirkungsgrad des Hammers $\eta_{th} = E_2/E_1 = m_2/(m_1 + m_2)$ wird um so günstiger, je größer m_2, daher wird $m_2/m_1 \approx 20$ bis 25 ausgeführt.

Theoretischer Vorgang des unelastischen Stoßes wird praktisch nicht erreicht (Bd. I, S. 264, Abs. b). Stoßzahl k kennzeichnet Art des Stoßes: $k = 0$ bei vollkommen unelastischem Stoß, $k = 1$ bei vollkommen elastischem Stoß; z. B. wird $k \approx 0{,}35$ beim Schmieden von Stahl von 1100°, dagegen $k \approx 0{,}7$ bei erkaltetem ausgeschlagenem Werkstück. Bild 290 zeigt Anteil der Verformungsarbeit und Verluste an Schlagenergie und kennzeichnet den Schlagwirkungsgrad. Maschinenwirkungsgrad, d. h. Verhältnis der Bär-Energie zu der dem Hammer zugeführten Energie je Schlag, beträgt bei Dampfhämmern nur etwa 10%.

Entscheidend für Beurteilung der Hämmer sind weiterhin Steuerfähigkeit und Schlagzahl. Niedrigste Schlagzahl/min bei Fallhämmern (nur rd. 40), höher bei Oberdampfhämmern (rd. 60 bis 80), noch höher bei Lufthämmern (25 bis 200 und darüber). Dampfhämmer lassen sich gut steuern, da sich sowohl leichte und schwere Einzelschläge wie schnell aufeinanderfolgende Schläge jeder Stärke durch Verändern des Dampfein- und -auslasses einstellen lassen.

Bei Einständer-Hämmern Bild 293, wird Amboß und Schabotte vom Fuß umschlossen. Bei Doppelständer-Hämmern mit Guß- oder Stahlrahmen Ausladung so groß wählen, daß allseitig genügend freier Raum für das Arbeiten zur Verfügung steht. Gründung der Hämmer wird so ausgeführt, daß der große Anteil der Schlagenergie aufgenommen werden kann, ohne daß Erschütterungen in unzulässiger Größe auf Gebäude übertragen werden. Getrennte Fundamente für Schabotte und Hammer führen zu Verschiebung und Schiefstellen. Daher setzt man beide auf Schabottefundamente aus Beton, wobei Hammerfundament mit elastischer Zwischenlage auf Schabottefundament ruht. Federnd aufgehängte Fundamente, bei denen Gesamtfundament an Federelementen hängt, dämpfen weitgehend Erschütterungen, sind aber teuer.

Bei Hämmern, die für Gesenkschmiedearbeiten benutzt werden, muß Obergesenk genau auf Untergesenk passen. Das bedingt gute Führung des Bären und Verbindung zwischen Hammer und Schabotte, am zweckmäßigsten erreicht durch geschlossenes Gestell.

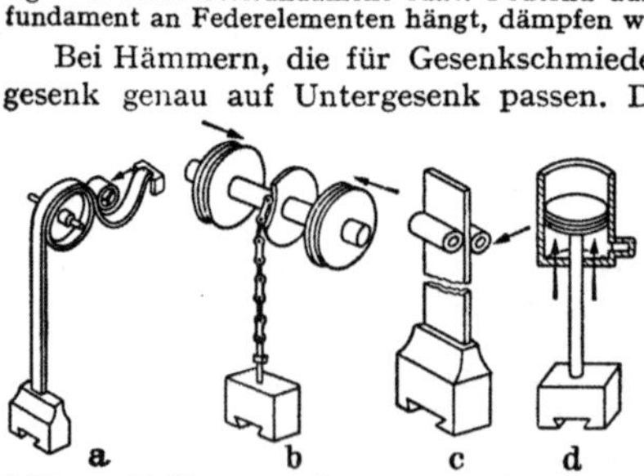

Bild 291. Fallhämmer, Übersicht. a Riemenfallhammer, b Kettenfallhammer, c Brettfallhammer, d Aufzughammer (nach *Kienzle*)

b) Fallhämmer, als Gesenkschmiedehämmer mechanisch betätigt, Bild 291, besitzen zum Hochziehen des Bären ein biegsames Huborgan (Riemen, Kette) oder ein starres (Brett) oder es wird Druckluft oder Drucköl zum Heben benutzt. Schlagenergie ist nur durch das Gewicht des Bären und die Fallhöhe gegeben.

Riemenfallhämmer werden in Deutschland bis zu Bärgewichten von $G_b = 3$ t und Fallhöhen h bis 3 m ausgeführt. Hubkräfte im Textilriemen je nach Beschleunigung größer. Bei Berechnungen setzt man $P \approx 5G_b$ ein. Schlagzahlen bis 40/min. Hubwirkungsgrad etwa 0,5, Fallwirkungsgrad 0,8.

Kettenfallhammer besitzt Gelenkkette, die auf einer Rolle aufgewickelt wird. Steuerung durch Reibkupplung, die mit Druckluft betätigt wird (Eumuco, Leverkusen). Etwa 50 Schläge/min.

Brettfallhämmer arbeiten mit geringerer Fallhöhe; man erreicht 80 bis 90 Schläge/min. Zum Heben werden zwei angetriebene Rollen gegen das Brett gepreßt.

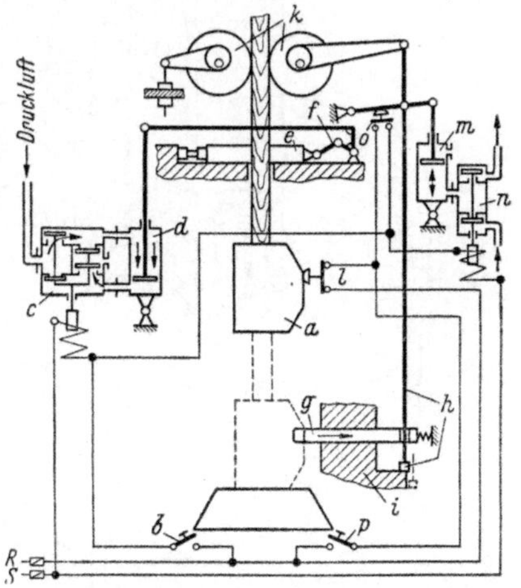

Bild 292. Steuerung eines Brettfallhammers (Gack, Mühlacker; s. a. W.T. 1957, H. 8 S. 431)

In Bild 292 ist das Schema einer elektrisch-pneumatischen Steuerung eines Brettfallhammers gezeigt. Bär *a* wird durch Betätigen des Fußschalters *b* von den Fangbacken *e* gelöst, da über den magnetisch betätigten Steuerschieber *c* Druckluft in den Zylinder *d* fließt und der Kolben über Gestänge und Kniehebel *f* auf *e* wirkt. Beim Niederfallen drückt *a* über Schieber *g* Steuerstange *h* von der Rast *i*. Die rechte exzentrisch gelagerte Hubrolle *k* preßt sich an das Hubbrett und zieht Bär *a* wieder hoch. Bär *a* betätigt Endschalter *l*, Magnetventil *n* öffnet, Druckluft fließt nach Zylinder *m*. Der Kolben setzt Steuerstange *h* wieder auf Rast *i*, hebt Rolle *k* ab, Öffner *o* schaltet Ventil *n* und damit Druckluftstrom ab. Wird der Fußschalter *b* freigegeben, so hält *e* das Brett wieder fest, sonst erfolgt der nächste Schlag. Schalter *p* wird betätigt, wenn der Bär beim Hochfahren unterhalb von *l* halten soll.

Pneumatische und hydraulische Fallhämmer noch wenig in Anwendung. Ausführungen bis zu einem Bärgewicht von etwa 4 t.

c) Oberdruckhämmer. Lufthammer, Bild 293: Von Elektromotor *a* wird über Keilriemen *b*, Stirnräder *c* die Kurbelwelle *d* angetrieben. Arbeitskolben *e* erzeugt in Zylinderräumen f_1 und f_2 Über- oder Unterdruck, der durch Steuerungen *g* über oder unter den Schlagbärkolben *h* geleitet wird; Hammerständer zweiteilig aus Ober- und Unterteil *i* und *k*. Bär *h* aus einem Stück geschmiedet, wobei unterer Abschluß im warmen Zustand

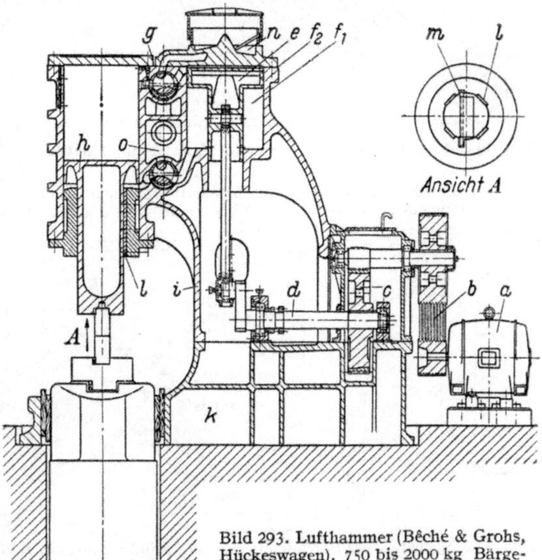

Bild 293. Lufthammer (Bêché & Grohs, Hückeswagen). 750 bis 2000 kg Bärgewicht, entspricht Schlagenergie ≈ 2000 bis 5000 mkg/Schlag bei 50 bis 130 kW

zusammengepreßt wurde; hierdurch hohe Sicherheit gegen Bruch. Gehärtete eingelegte und nachstellbare Paßleisten *l* verhindern Drehung. Keil *m* für Obergesenk steht beiderseitig vor und bewegt sich in Nuten der Bärführung. Auspuffluft geht durch Ölabscheider *n* (Zyklon) ins Freie. Wasserkühlung in Kühlräumen *o*, wenn Dauerbetrieb. Bei Luftgesenkhämmern wird Bär besonders am Ständer geführt, Bild 295 u. 296.

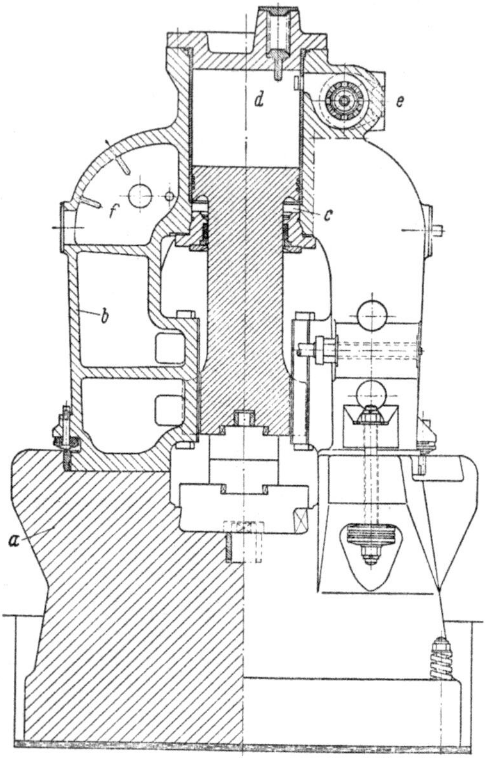

Bild 294. Kurzhubgesenkhammer (Bêché & Grohs, Hückeswagen)

Kurzhubgesenkhammer in Bild 294 besitzt ein Unterteil *a* (bei kleineren Hämmern aus GG, bei größeren aus GS), auf dem das Hammergestell *b* befestigt ist. Während der untere Zylinderraum *c* dauernd mit Druckluft (1,5 bis 1,9 kg/cm²) gefüllt ist, wird der Ein- und Auslaß der Luft zum oberen Zylinderraum *d* über nicht gezeichnete Ventile bei *e* gesteuert. Der geringe Druck im Raum *c* genügt, um den Schlagbären hochzuhalten. Bei der Schlagbewegung wird die Luft aus *c* in die Druckkammern *f* geleitet, die so bemessen sind, daß der Druck nun auf 2 bis 2,5 kg/cm² ansteigt, der dann ausreicht, um den Bären schnell zu heben. Infolge des geringen Druckes beim Hochhalten des Bären und durch den Einbau einer Ventilsteuerung statt der Schiebersteuerung wird der Wirkungsgrad verbessert, da nunmehr die Leckverluste geringer werden. Außerdem ist eine Hilfssteuerung eingebaut, die die Luft so steuert, daß im letzten Teil des Hubes keine Luft mehr zugeführt wird und somit die erwärmte Druckluft fast vollkommen expandieren kann. Der Luftverbrauch bei einem Betriebsdruck von 7 kg/cm² beträgt in einem Hammer[1] etwa 60 bis 70 lit je 10000 mkg Schlagarbeit, wenn vorgewärmte

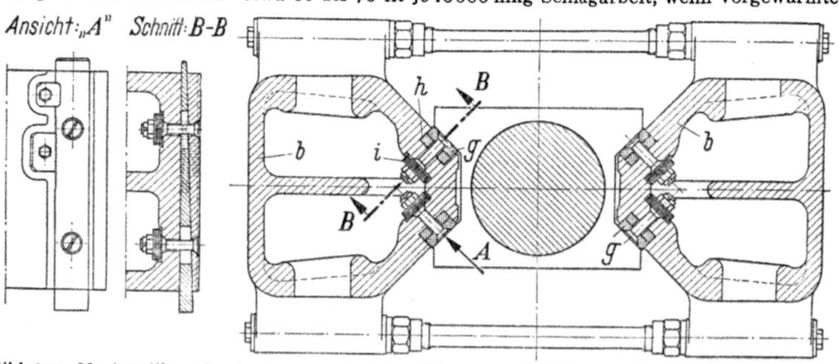

Bild 295. Nachstellbare Bärführungen des Gesenkhammers in Bild 294. *b* Gestell; *g* Führungsleiste aus Sphäroguß, Oberfläche gehärtet; *h* Stellkeil (C 45); *i* Tellerfederpaket

[1] *Lange*, Wt. u. Mb. Bd. 45 (1955) Nr. 6 S. 297.

Luft von 250 °C angesaugt wird. In Bild 295 ist die Bärführung des Hammers gezeigt. An dem Gestell *b* sind je zwei Führungsleisten *g* federnd gelagert und nachstellbar. In der gezeigten Bauart werden die Hämmer mit Schlagarbeit von 1250 bis 10000 kgm bis rd. 100 Schläge/min bei 12 bis 60 kW ausgeführt. Betriebsdruck 7 kg/cm², Preßlufttemperatur 250 °C.

Bild 296 zeigt Bär*führungen*, wie sie in anderen Gesenkhämmern ausgeführt wurden. In Bild 296a werden die Führungen durch Verschieben des Längskeiles *c*, in Bild 296b durch Verschieben von Querkeilen *d* nachgestellt.

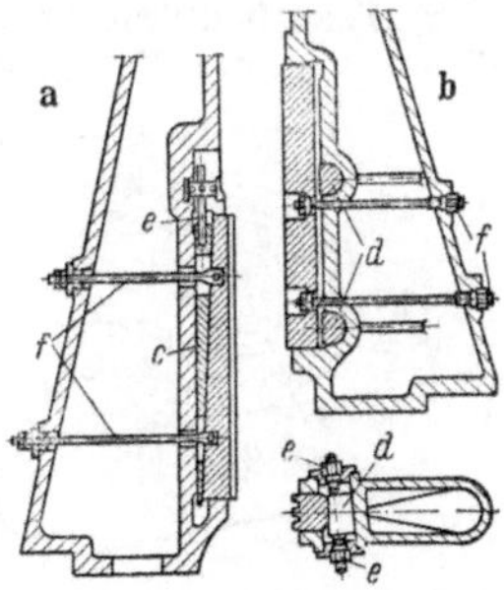

Bild 296. Nachstellbare Bärführungen von Oberdruck-Gesenkhämmern. a mit Längskeil *c*; b mit Querkeil *d*; *e* Nachstellschrauben; *f* Halteschrauben

Bei Gegenschlaghammer, Bild 297, zum Gesenkschmieden werden Oberbär *a* und Unterbär *b* durch Bänder c_1 und c_2, die aus mehreren Stahlbändern bestehen, und Gummipuffer *d* gekoppelt, so daß Stöße abgefangen werden. Da Schabotte fortfällt, wiegt Gegenschlaghammer etwa nur $^1/_3$ eines Schabottehammers gleicher Leistung. Auch Fundament wird leichter und benötigt nur $^1/_8$ eines Hammerfundamentes mit Schabotte. Bei „A“ in Bild 297 Ansicht der Stopfbuchse *e* mit Packungen. Der Hammerständer ist aus Stahlplatten geschweißt. Etwa 80 Schläge/min.

Andere Gegenschlaghämmer besitzen hydraulische Kupplung der Bären; der Oberbär drückt über Kuppelstange auf Kolben, der dann Öl in einen unter dem Unterbären sitzenden

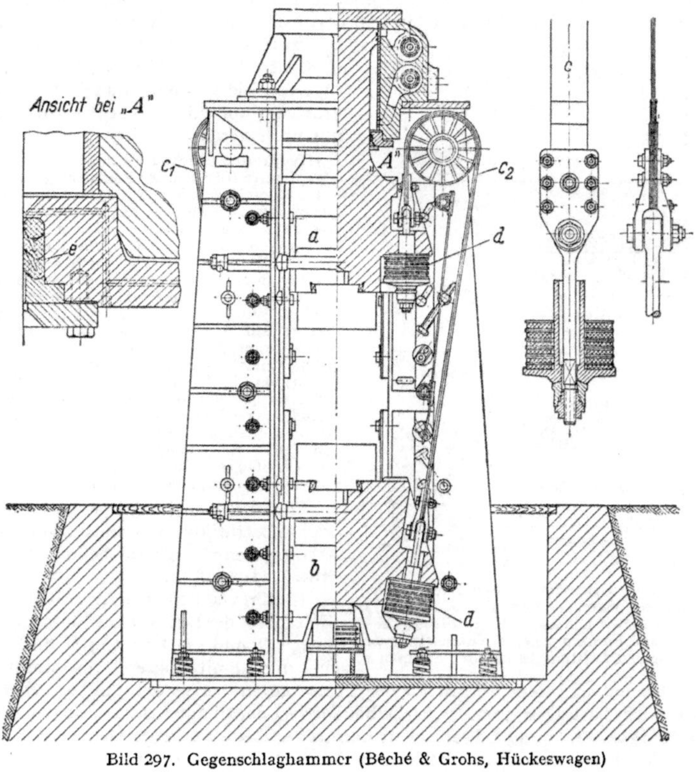

Bild 297. Gegenschlaghammer (Bêché & Grohs, Hückeswagen)

Zylinder preßt; dadurch wird Unterbär mit gleicher Geschwindigkeit gehoben. Bei allen Gegenschlaghämmern wird immer nur oberer Bär angetrieben.

d) Feinschmiedehämmer werden besonders zum Schmieden abgesetzter Wellen eingesetzt. Drei geführte Hämmer *a*, Bild 298, werden durch drei gleichlaufende Exzenterwellen *b* angetrieben und hämmern gleichzeitig auf Werkstück, das in einem durch Druckluft betätigten Spannkopf senkrecht hängt. Der Spannkopf senkt sich beim Schmieden und läuft um. Die Exzenterwellen *b* laufen in Verstellgehäusen, die durch *c* verstellt werden können, wodurch der gewünschte Werkstückdurchmesser eingestellt wird. Erreichbare Maßabweichungen ± 0,2 mm. Die Maschine wird selbsttätig hydraulisch gesteuert. Zur Zeit größter Schmiededmr. 90 mm und größte Schmiedelänge 1000 mm.

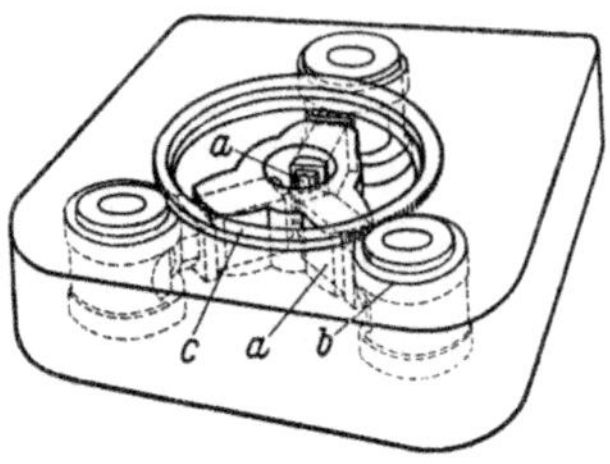

Bild 298. Anordnung der Hämmer in einer Feinschmiedemaschine

3. Schmiedepressen

Mechanische Pressen, wie Kurbel- und Exzenterpressen, Kniehebelpressen und Reibspindelpressen werden vorwiegend beim Gesenkschmieden eingesetzt. Ausführungen ähnlich den Bauformen Bild 311 u. 323 für das Kaltumformen.

Hydraulische Schmiedepressen in Einständer- oder Viersäulenausführung meist für das Freiformschmieden. Einständerpressen sind auch für sperrige Werkstücke gut zugänglich: Ausführung bis etwa 1200 t Preßkraft, Bild 300; Viersäulenpressen, Bild 301, bis etwa 15000 t Preßkraft. Dampfhydraulische Pressen heute nur noch selten.

Hydraulische Pressen werden über Speicher oder unmittelbar von der Pumpe angetrieben. Beim ***Speicherbetrieb*** wird meist Wasser mit 1,5 bis 3% Korrosionsschutzöl benutzt, das von einer oder mehreren Pumpen (Tauchkolbenpumpen) in Hochdruckbehälter gepreßt wird. Betriebsdruck zwischen 200 und 315 kg/cm². Von einer Druckwasseranlage können eine oder mehrere Pressen gespeist werden. Wird (seltener) Öl als Druckflüssigkeit gewählt, dann Stickstoff statt Luft als Druckpolster. Beim ***unmittelbaren Pumpenantrieb*** meist Hydrauliköl (2,5 bis 5,5 °E bei 50 °C), das in Vielkolbenpumpen, Bild 204, auf etwa 300 kg/cm² Druck gebracht wird. Strömungsgeschwindigkeit für Wasser in den Hochdruckleitungen etwa 8 bis 12 m/sek, in den Füll- und Abflußleitungen etwa 3 bis 4 m/sek; Ölgeschwindigkeiten etwa halb so groß (s. a. S. 681, Abschn. 4, a).

Steuerung der Pressen von Hand oder selbsttätig (elektrisch, hydraulisch). Arbeitsgeschwindigkeit beim Pressen etwa bis 0,5 m/sek.

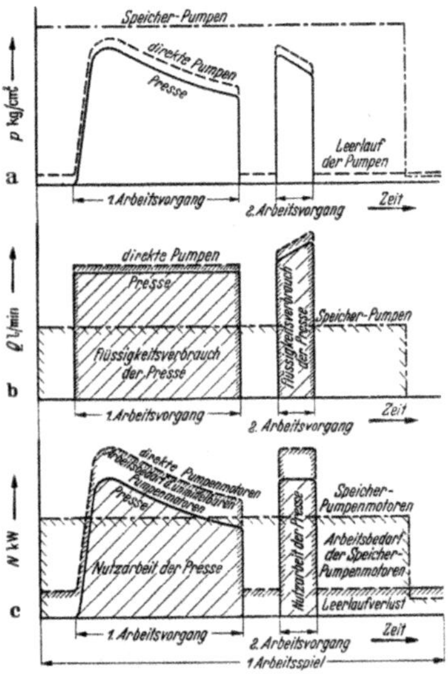

Bild 299. Vergleich der Antriebsarten für hydraulische Pressen (**Dohrn**, Wt. u. Mb. (1955) S. 519) a Flüssigkeitsdruck, b Flüssigkeitsbedarf- und Fördermenge, c Nutzleistung der Presse und Leistungsbedarf der Pumpen

In Bild 299 ist bei einem Arbeitsspiel (Zeitachse) der Druck p, die Flüssigkeitsmenge Q und die Leistung N für Speicher und unmittelbaren Pumpenantrieb eingezeichnet und dem Verbrauch der Presse gegenübergestellt. Anlage arbeitet um so wirtschaftlicher, je mehr der Arbeitsbedarf der Pumpen dem Arbeitsvermögen der Presse entspricht. Nutzarbeit und Arbeitsbedarf ergeben sich als Flächen unter den Leistungskurven. Verhältnis der Nutzarbeit der Presse zum Arbeits-

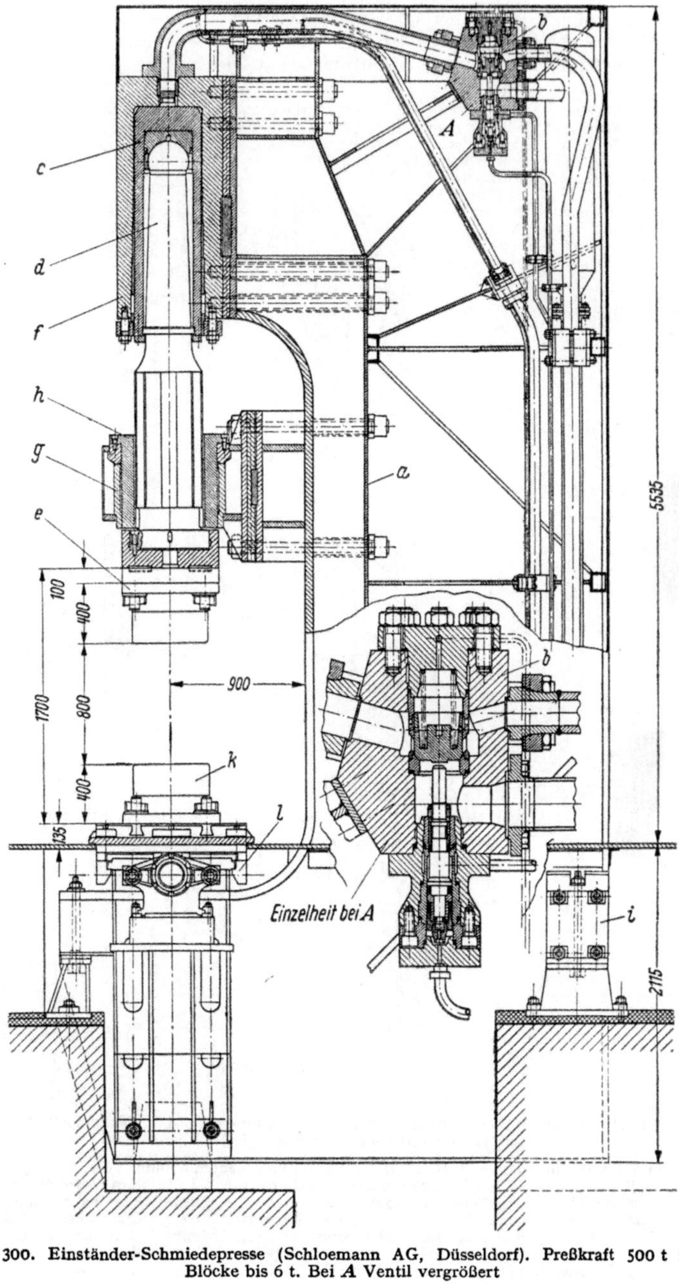

Bild 300. Einständer-Schmiedepresse (Schloemann AG, Düsseldorf). Preßkraft 500 t für Blöcke bis 6 t. Bei *A* Ventil vergrößert

bedarf der Pumpen je Arbeitsspiel ergibt Ausnutzungsgrad der Anlage. Speicherbetrieb mit Wasser meist für Großanlagen und bei Pressen mit hoher Arbeitsgeschwindigkeit; unmittelbarer Pumpenantrieb mit Öl bei Pressen kleinerer bis mittlerer Größe.

Die *Einständer-Schmiedepresse*, Bild 300, wird elektrohydraulisch gesteuert und besitzt einen geschweißten Ständer, in dem das Hauptventil *b* und die Zuflußleitungen untergebracht sind. In dem Hauptkolben *c* ist der Druckstempel *d* kugelig abgestützt und überträgt die Preßkraft auf oberen Schmiedesattel *e*. Preßzylinder *f* und Stempelführung *g* mit der Verschleißbuchse *h* sind am Ständer *a* angeschraubt. Die vierkantige Führung des Stempels sichert das Oberwerkzeug gegen Verdrehen. Rückzug durch zwei — nicht gezeichnete — Zylinder mit Kolben. Ständer *a* ruht auf vier Stützböcken *i*. Für den unteren Schmiedesattel kann ein beiderseitig ausfahrbarer, hydraulisch arbeitender Verschiebetisch *l* vorgesehen werden.

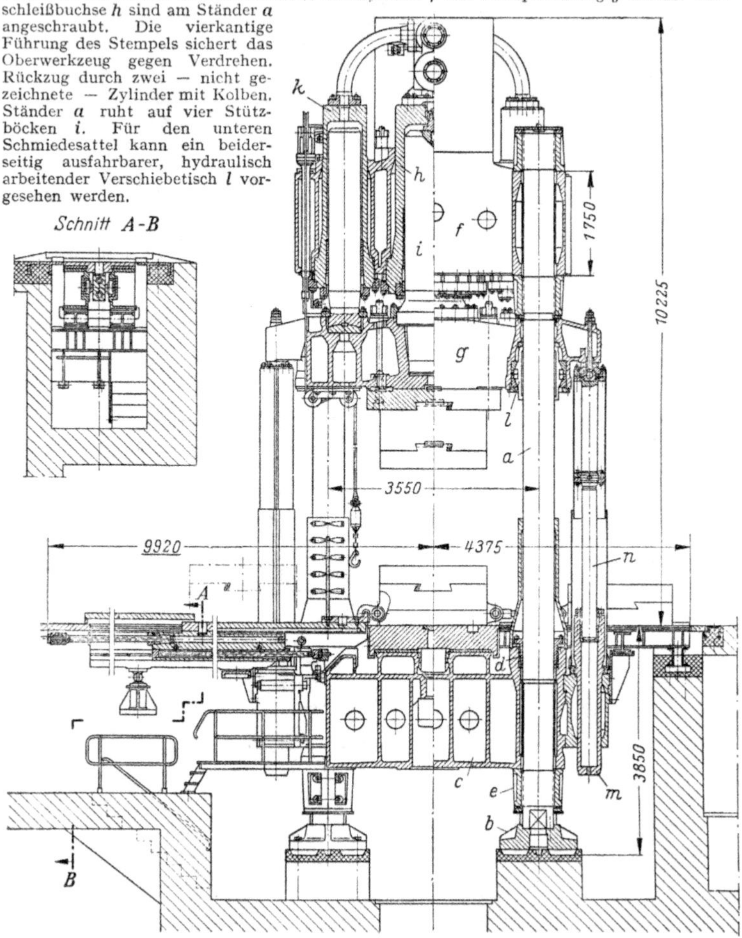

Bild 301. Hydraulische Viersäulen-Schmiedepresse (Schloemann AG, Düsseldorf). Preßkraft 1600/2500/4100 t. Flüssigkeitsdruck 315 kg/cm²

Bei der Viersäulenpresse in Bild 301 ruhen die vier Säulen *a* ohne Verankerung auf den Säulenfüßen *b* und werden im Unterholm *c* in Buchse *d* geführt. Unterholm *c* wird durch Buchsen *e* gehalten. Der Säulenabstand ist so bemessen, daß auch schwere Schmiedemanipulatoren eingesetzt werden können und gestattet auch das Schmieden kurzer Werkstücke, da Zylinderholm *f* und Laufholm *g* schmal ausgeführt sind. Im Zylinderholm *f* sind der Hauptzylinder *h* mit Kolben *i* und die beiden Seitenzylinder *k* angeordnet. Durch Einschalten der beiden Seitenzylinder oder des Hauptzylinders oder aller Zylinder können drei Druckstufen gewählt werden. Laufholm g wird auf den Säulen in balligen Buchsen l geführt und durch die Rückzugzylinder m mit den Plungerkolben n wieder angehoben. Die Presse ist mit einer hydraulisch angetriebenen Sattelverschiebung ausgestattet. Beim Herabsenken werden die Zylinder zunächst vorgefüllt und erst beim Pressen mit vollem Druck beaufschlagt.

4. Stauchmaschinen

a) Mechanische Stauchmaschinen sind Kurbelpressen in liegender Bauart (auch als Schmiedemaschinen bezeichnet), bei denen das Werkstück – meist eine Stange – zwischen eine feste und eine bewegliche Backe geklemmt wird, Bild 302. Stauch- und Klemmkräfte je nach Baugröße zwischen 50 u. 3150 t für Stangen von 25 bis 225 mm Dmr. und Stauchhöhen von 80 bis 380 mm (Angaben nach Eumuco). Hubzahl bei kleinen Stauchmaschinen bis 85/min, bei großen herab bis 15/min. Antrieb der Kurbelwelle durch Elektromotor über Schwungrad. Klemmbacken sind waagerecht oder senkrecht geteilt. Vorteil der waagerechten Teilung sind leichtere Werkstückhandhabung, gute Zugänglichkeit und leichteres Gestell, da Kräfte nach unten gerichtet sind. Maschinen mit waagerechter Klemmbackenteilung lassen sich auch leichter mit automatischen Zuführungseinrichtungen ausstatten. Steuerung elektrisch-pneumatisch über Reibkupplung.

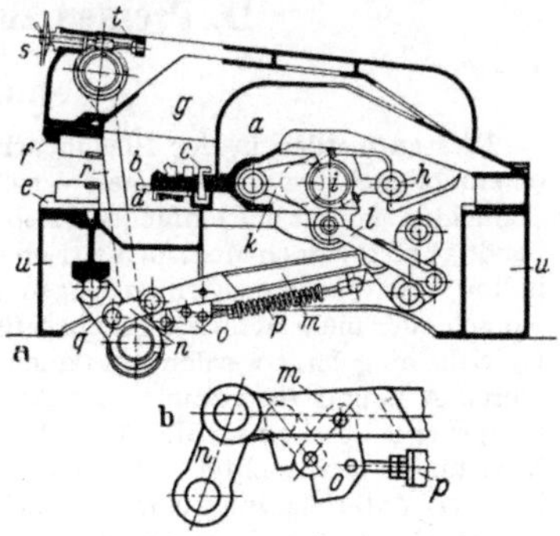

Bild 302. Waagerecht Stauchmaschine (Eumuco, Leverkusen). a Stauchschlitten, b Stempel im Stempelhalter; Keile zum Verstellen der Stempel c in Längs-, d in Höhenrichtung, e feste, f bewegliche Klemmbacke, g Klemmbügel, h Lager des Klemmbügels, i Kurbelwelle, k Druckstange für Stauchschlitten, l Hebel zum Übertragen der Klemmbewegung, m Druckstange für Klemmantrieb, n Ausklinkhebel der Druckstange m, o Überlastungsschutz mit Feder p (bei b in ausgeklinkter Stellung gezeichnet), q Kniehebel für Zugstange r, s Handrad zum Verstellen der Klemmkraft durch Verlagern des Angriffspunktes von r über Schneckentrieb t, u Maschinenrahmen

b) In **Elektro-Stauchmaschinen** werden Stangen durch Widerstandserhitzung auf Arbeitstemperatur erwärmt und dann frei oder im Gesenk hydraulisch gestaucht. Werden mit waagerechter oder senkrechter Stauchrichtung gebaut. Da nicht umgeformte Teile der Stange kalt bleiben, kann auch gezogener Werkstoff verarbeitet werden, so daß Nacharbeit eingespart wird.

5. Schmiedewalzen

Schmiedewalzen oder Reckwalzen werden zum Fertigwalzen und zum Vorrecken eingesetzt, da Reckwalze etwa zwei- bis dreimal soviel wie ein Reckhammer leistet und Werkstück in einer Hitze vorgewalzt und fertiggeschlagen werden kann. Die Walzsegmente b (Gesenke) werden auf dem Umfang (bis 175°) des Walzzylinders befestigt, Bild 303. Gesenke enthalten nebeneinander mehrere Gravuren zum Strecken und Formen. Schmied legt Werkstück mit Zange als Anschlag ein, Walze dreht sich so, daß Stange auf Schmied zu herausgeschoben wird. Antrieb durch Elektromotor über Schwungrad und Reibungskupplung mit Bremse, weiter mit Zahnräder auf die obere Walze, die wieder über Zahnräder mit der unteren Walze gekuppelt ist. Steuerung elektrisch-pneumatisch. Durchmesser der Walzsegmente von 240 bis 800 mm bei Drehzahlen von 140 bis 50 U/min,

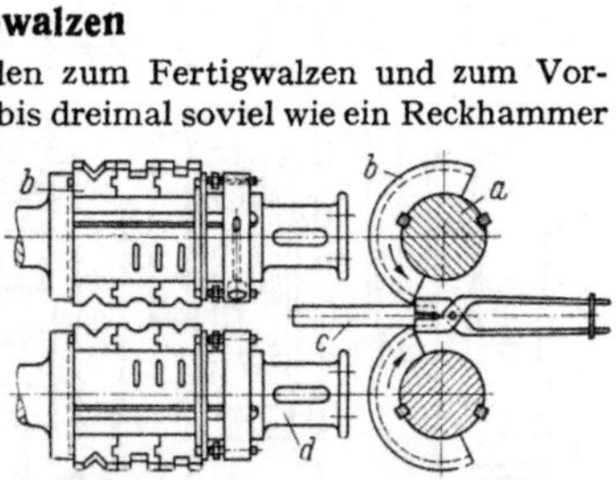

Bild 303. Reckwalze. a Walzzylinder, b Walzsegmente, c Werkstück, d Außenwalzenzapfen

Leistung 10 bis 40kW; es können Stangen von 25 bis 150 mm Dicke bearbeitet werden. Sind Werkstücke kurz, so können je zwei Segmente auf den Walzen befestigt werden. Während bei einem Segment die Walze sich einmal dreht, machen die Walzen dann bei jedem Stich nur eine halbe Umdrehung. Zum Auswalzen langer Werkstücke können auf den Außenzapfen *d* auch volle Walzscheiben aufgesetzt werden.

D. Pressen zum Kaltumformen

1. Übersicht

Pressen werden in der Blechbearbeitung für Arbeitsverfahren eingesetzt, die eine oder mehrere Bewegungen verschiedener Maschinenteile erfordern. Für das Schneiden genügt ein einfacher Trieb, dessen Hub klein ist. Für Tiefzieharbeiten benötigt man jedoch Mehrfachgetriebe zum Ziehen (größerer Hub) und und Niederhalten, teils auch noch einen Gegenzug. Demnach wird der Antrieb der Pressen einfach oder mehrfachwirkend ausgeführt, wobei Kurbelgetriebe und hydraulische Getriebe eingebaut werden, und auch andere mechanische Getriebe wie Spindeln. Durch Art und Anordnung des Antriebs wird die Konstruktion der Maschine weitgehend bestimmt, Bild 304. Die Ausführung des Gestells, ob Einständer, Zweiständer usw. richtet sich nach Größe der auftretenden Kräfte, nach Möglichkeit der Materialzufuhr usw. Besondere Bauformen wurden für das Fließpressen entwickelt. Durch Zusatzeinrichtungen wie Ziehkissen, Preßlufteinrichtungen, Auswerfer, Materialzuführungen kann dann der Arbeitsbereich der Pressen erweitert werden. Pressen sind um so vielseitiger zu verwenden, je größer lichte Höhe des Arbeitsraumes und je größer einstellbarer Hub, da dann hohe Werkzeuge und Zieheinrichtungen eingebaut werden können.

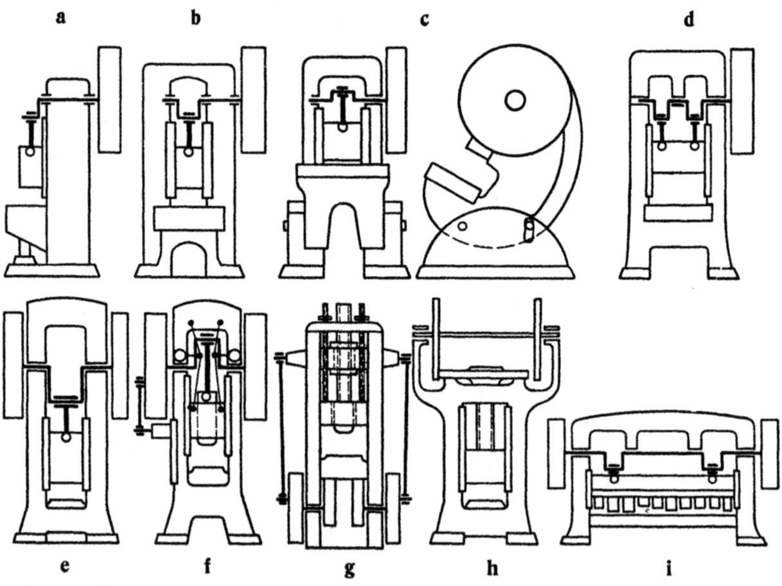

Bild 304. Übersicht über Pressenbauarten. a Einständer-Exzenterpresse (Stirnkurbelpresse), b Doppelständer-Exzenterpresse, c neigbare Exzenterpresse, d Doppelständer-Doppelexzenterpresse, e Kurbelpresse, f Kniehebel-Ziehpresse, g Räder-Ziehpresse mit beweglichem Tisch, h Reibspindelpresse, i Stufenpresse

2. Gestelle

Die Ständer sind Einständer-(Bügel-)gestelle (C-Gestelle), Bild 304c, oder Zweiständer-(Tor-)gestelle, Bild 304b. C-Gestelle sind an drei, Zweiständergestelle an zwei Seiten zugänglich. Ausführung der Gestelle in Grauguß, Stahlguß oder geschweißt, auch durch Zuganker aus Stahl verstärkt.

Besonders die C-Gestelle federn unter Einwirkung der Kräfte auf. In Bild 305 ist f_z die Auffederung in der senkrechten z-Achse, f_y die für das Rückwärtsfedern, α die Drehung um die x-Achse (x-Achse liegt senkrecht zur y-Achse). Zum Vergleich werden die Federzahlen c (S. 698) auf die Stößelachse bezogen. Dann ist $c_z = P_z/f_z$ [kg/μ oder t/mm], $c_y = P_z/f_y$ [kg/μ oder t/mm] und $c_\alpha = P/\alpha$ [t/(μ/m)]; α in μ/m ist der in μ gemessene Bogen zum Halbmesser der Länge 1 m. Zu der Auffederung des Gestelles kommt noch die Federung des Getriebes. Der Federwinkel α wird überlagert durch den aus Spiel und Führungsfederung herrührenden Winkel[1]. Durch die Federung versetzen sich das Ober- gegen das Unterwerkzeug. Als Wegfederzahl wird im Mittel 100 kg/μ bei Pressen von 60 bis 100 t Nennkraft gemessen. Kleine Pressen haben eine geringere, größere eine höhere Federzahl.

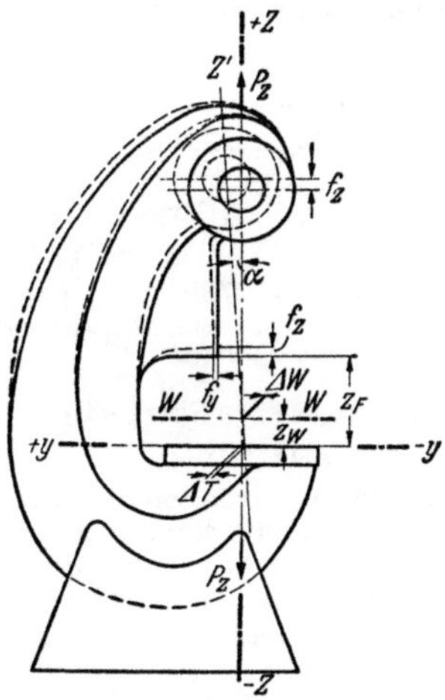

Bild 305. Verformung eines C-Gestelles unter der Arbeitskraft (*Münnich*, Wt. u. Mb. (1954) S. 503) W—W Werkzeugebene, ΔW der Versatz in der Werkzeugebene, ΔT der in der Tischebene

Bei den Zweiständer-Gestellen dehnen sich die beiden Ständer nur in Längsrichtung, so daß die senkrechte Führung des Stößels zum Tisch nicht verändert wird. Hier wird $c_z \approx 1000$ kg/μ.

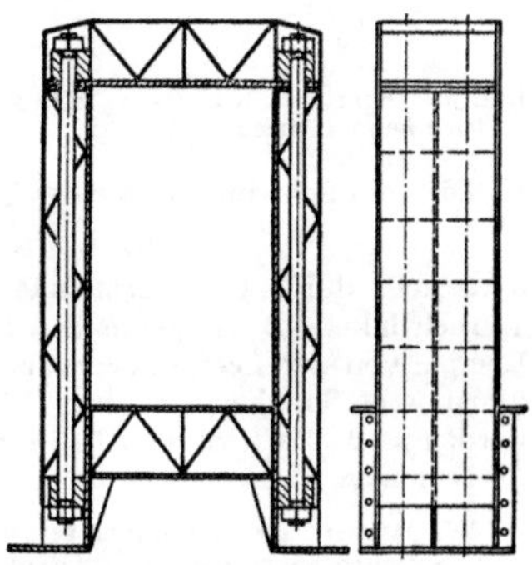

Bild 306. Geschweißter Doppelständer einer Presse mit vier Zugankern (*Krug*)

Zur Aufnahme der großen Zugkräfte werden Stahlanker eingebaut, Bild 306. Große Pressen mit geteiltem Gußkörper aus Tisch, Querhaupt und Ständer zusammengesetzt und durch warm eingezogenen Stahlanker zu einem starren Rahmen verbunden. Solche Körper sind gegen Bruch widerstandsfähiger als einteilige Konstruktion, bei der am Übergang vom Ständer zum Querhaupt hohe Spannungsspitzen auftreten können. Wesentlich ist ausreichende Steifheit des Pressenkörpers, da Schnitthaltigkeit und Lebensdauer der Werkzeuge gefährdet sind, falls Werkzeuge infolge der Rahmenfederung kanten.

3. Antriebsverhältnisse der Kurbelpressen[2]

Die zum Umformen des Werkstücks aufzuwendende Arbeit wird

$$E_w = P_{mi} l,$$

worin l der genutzte Hub [m] und P_{mi} [kg] die mittlere Stößelkraft ist. Für m, das Verhältnis der mittleren zur größten Stößelkraft P_g, also $m = P_{mi}/P_g$ kann man annehmen:

---

[1] *Mäkelt, H.:* Elektronische Kraftkontrolle an Umformmaschinen Wt. u. Mb. (1954) Nr. 7 S. 317. [2] s. a. *Mäkelt.* Wt. u. Mb. 1953 S. 356.

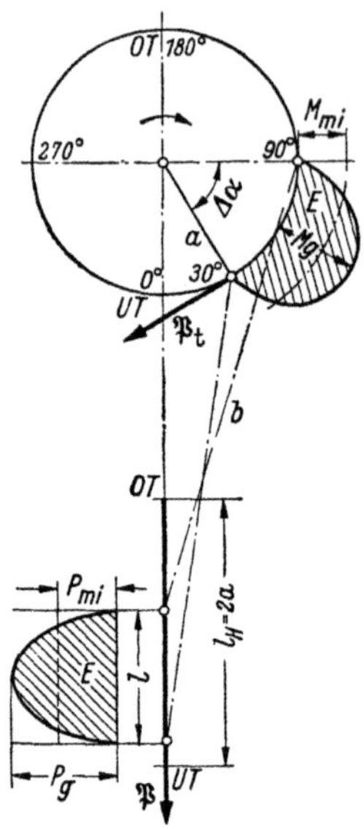

Bild 307. Kräfte im Kurbeltrieb beim Tiefziehen

$m \approx 0{,}63$ beim Schneiden und Tiefziehen,
$m \approx 0{,}32$ beim Biegen mit Endkraft zum Kalibrieren des Biegewinkels,
$m \approx 0{,}5$ beim Prägen, $m \approx 1{,}0$ beim Fließpressen.
P_{mi} wirkt über einen Kurbelweg maximal von Kurbelwinkel $\alpha = 90°$ bis $\alpha = 30°$ vor dem unteren Totpunkt, Bild 307.

Wird das Schubstangenverhältnis a/b vernachlässigt, so wird

$$M = P_t \cdot a \quad \text{und} \quad P = P_t/\sin\alpha,$$

wenn M das Drehmoment an der Kurbel a, P_t die Tangentialkraft und P die Stößelkraft. Beim Weg $\alpha = 30°$ bis $\alpha = 0°$, d. h. bis zum unteren Totpunkt (UT) würde die Kraft P unendlich groß werden. Da dies nicht zulässig, wird die Presse für die Pressenennkraft P_{Nenn} ausgelegt, die dann bei dem Weg von $\alpha = 30°$ bis $\alpha = 0°$ wirken kann, Bild 308.

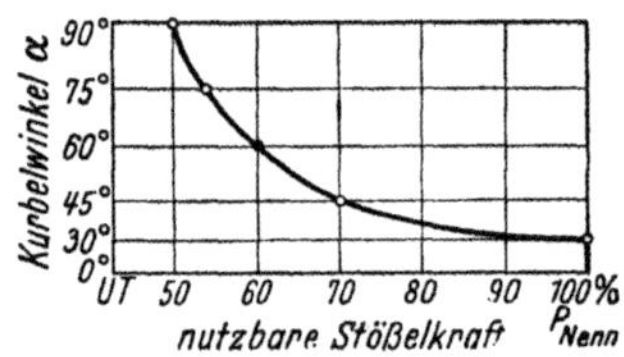

Bild 308. Nutzbare Stößelkraft beim Tiefziehen bezogen auf die Nennkraft

Die vom Schwungrad für das Umformen abzugebende Energie ist

$$E_s = M_{mi} \cdot \Delta\alpha = m\, M_g \cdot \Delta\alpha,$$

dargestellt durch die schraffierte Fläche, Bild 307, wenn $\Delta\alpha$ der durchlaufene Kurbelwinkel ist (Bogenmaß). Das Schwungrad erleidet bei Abgabe dieser Energie von der Leerlaufdrehzahl n_0 auf n_1 einen Drehzahlabfall, der durch das dynamische Trägheitsmoment J des Schwungrades $= G D^2/4\, g$ kgmsek² gedeckt werden muß. Es wird $\nu = (n_0 - n_1)/n_0 = (\omega_0 - \omega_1)/\omega_0$.

Demnach wird $$E_s = J\,(\omega_0^2 - \omega_1^2)/2 \text{ mkg}.$$

Für das Berechnen kann man setzen:

- G Schwungradgewicht kg, etwa gleich dem Gewicht des Kranzes, da bei gedrungenen Rädern mindestens 0,9 des Gesamtgewichts auf den Kranz entfällt;
- $D^2 \approx D_a \cdot D_i$, d. h. rd. das Produkt aus Außen- und Innendmr. des Kranzes;
- g Fallbeschleunigung ≈ 10 m/sek²;
- $\omega_0 - \omega_1$ gleich dem Abfall der Winkelgeschwindigkeit bei α_0 auf die bei α_1, etwa mit linearem Verlauf, so daß $\omega_{mi} = (\omega_0 + \omega_1)/2$;
- t Zeit der Übertragung $= \Delta\alpha/\omega_{mi}$ sek;
- ν Drehzahlabfall, bei Dauerbetrieb etwa $\nu \approx 0{,}13 = 13\%$, bei unterbrochenem Betrieb $\nu \approx 0{,}29 = 29\%$.

Damit wird der Ungleichförmigkeitsgrad $\delta = (\omega_0 - \omega_1)/\omega_{mi} = 2\,\nu/(2 - \nu)$ und beträgt bei Dauerbetrieb etwa 0,15, bei unterbrochenem Betrieb $\approx 0{,}34$.

Der Drehzahlabfall muß durch die Winkelbeschleunigung ε des Schwungrades wieder ausgeglichen werden. Das hierzu notwendige Moment wird $M_{bmi} = J \cdot \varepsilon$ mkg, worin $\varepsilon = (\omega_0 - \omega_1)/t = \omega_0 \cdot \nu/t$ sek⁻². Die zum Beschleunigen zur Verfügung stehende Zeit t_b enspricht bei Dauerbetrieb etwa $^3/_4$ der Umlaufzeit des Schwungrades, bei unterbrochenem Betrieb, wenn z. B. noch eine volle Umdrehung Leerlauf folgt, $^7/_4$ der Umlaufzeit usw. Die Beschleunigungszeit wird dann $t_b = \beta/\omega_{mi}$, wenn β der beim Beschleunigen durchlaufene Winkel ist, bei Dauerlauf also $\beta = 1{,}5\,\pi$. Das mittlere Beschleunigungsmoment wird dann $M_{bmi} = J \cdot \varepsilon = J\,(\omega_0 - \omega_1)/t_b = J\,\omega_0 \cdot \nu/t_b$, das vom Antriebsmotor aufgebracht werden muß. Ist η der Wirkungsgrad der Presse ($\eta \approx 0{,}75$), so wird die erforderliche Motorleistung bei Dauerbetrieb (wenn bei jedem Stößelhub Arbeit E_D geleistet wird) $N_m = E_D \cdot n_k/(\eta \cdot 60 \cdot 102)$ kW, n_k Drehzahl der Kurbel *a* U/min. In der Praxis wird $E_D \approx \approx {}^1/_4\, W = {}^1/_4\,(J\omega_0^2/2)$ und bei unterbrochenem Betrieb $E_U \approx {}^1/_2\, W$ (W = Schwungradwucht $= J\omega_0^2/2$).

In Bild 309 ist für Exzenterpressen der Zusammenhang von Arbeitsvermögen A (kgm), Hubzahlen n (min^{-1}), Hüben H (mm), e Entfernung Tisch-Stößel (mm) und Blechdicke s (mm) angegeben.

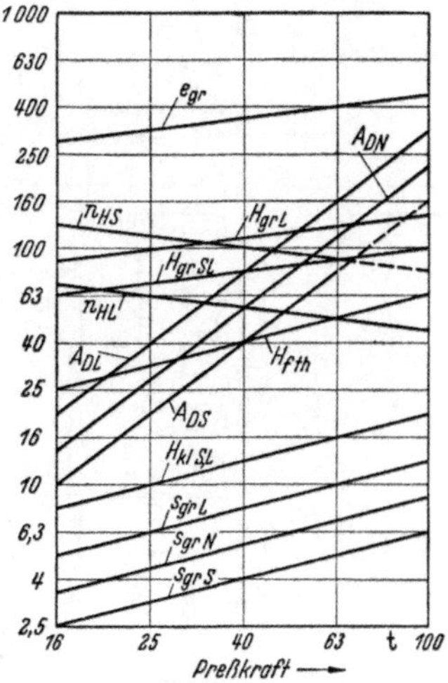

Bild 309. Typnormen von Pressen (VEB Pressenwerk Salzungen, s. Wt. u. Mb. 1957 Nr. 6 S. 286). Indizes: L Langsam-, N Normal-, S Schnelläufer; D Dauerhub, f fest, gr größt, kl kleinst, th theoretisch

4. Pressen mit einfachem Kurbeltrieb

Zum Schneiden dienen einfachwirkende *Exzenter-* und *Kurbel*pressen, ausgeführt als Stirnkurbelpressen, Bild 304a, oder Doppelständer-Exzenterpressen, Bild 304b.

a) Stirnkurbelpressen. In Bild 310 wird die im Gestell *d* dreifach gelagerte Kurbelwelle mit Exzenter *a* vom Motor über Schwungrad angetrieben. Koppel *b* ist zweiteilig mit Spindel ausgeführt, um die Lage des Stößelhubes von *c* über Schneckentrieb *m* einstellen zu können. Durch Klemmfutter *n* wird die Lage zwischen *b* und der Spindel gesichert. Die Größe des Hubes verändert man durch Drehen der Exzenterbuchse *f*. Hierzu muß Mutter *g*, die durch Riegel *h* mit Schraube gesichert ist, gelöst

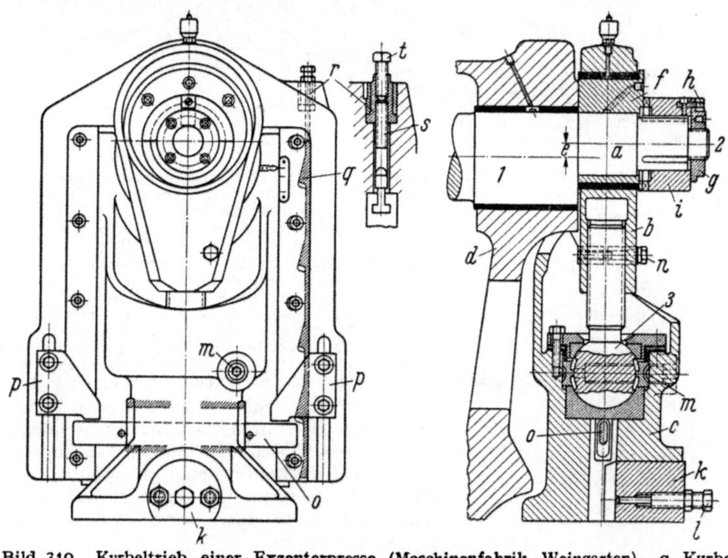

Bild 310. Kurbeltrieb einer Exzenterpresse (Maschinenfabrik Weingarten). *a* Kurbel, *b* Koppel, *c* Stößel, *d* Maschinenrahmen. Mitte des Drehgelenkes *2* um *e* exzentrisch zur Achse des Drehgelenkes *1*. Hubverstellung durch Drehen der Exzenterbuchsen *f*, nachdem Mutter *g* gelöst und Kupplungsmuffe *i* aus Klauen herausgezogen. Führung von *c* durch mehrfach abgesetzte Keilleiste *q*, nachstellbar durch Mutter *r* und Bolzen *s*, *t*

werden. Dann kann Kupplungsbuchse *i* aus der Kupplungsklaue von *f* herausgezogen und *f* geschwenkt werden. Paarung 3 zwischen Koppel und Stößel wird als Kugelpfanne ausgeführt. Im unteren Teil des Stößels *c* sitzt der Klemmdeckel *k* mit der Klemmschraube *l* zum Halten des Werkzeugschaftes, sowie in einem Schlitz die Auswerferstange *o*, die gegen die verstellbaren Anschläge *p* anläuft. Stößel *c* läuft in Führungen, die mit Keilleiste *q* nachgestellt werden können. Hierzu wird durch Drehen der Einstellmutter *r* die Einstellschraube *s* verschoben, Sicherung durch Schraube *t*.

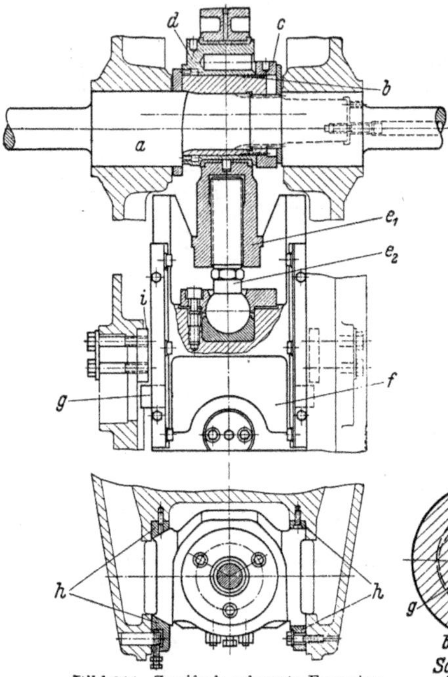

Bild 311. Zweifach gelagerte Exzenterwelle. e_2 Kugelschraube zum Verstellen des Stößels *f*, *g* Ausstoßerleiste, *i* Anschlag für Ausstoßerleiste (*Püschmann* u. *Auerswald*, Wt. u. Mb. (1957) S. 288)

b) Kurbeltrieb einer **doppelwangigen Kurbelpresse,** bei welcher Kurbelwelle *a* zweiseitig gelagert ist, Bild 311, wegen Zusammenbaues zweiteilig ausgeführt ist und von beiden Seiten angetrieben wird. Zum Verstellen des Hubes wird die innere Buchse *b* mit Hilfe der Mutter *c* aus der Kupplung der Exzenterbuchse *d* herausgezogen; dann kann *d* gedreht werden. Stößel *f* läuft in einer Vierfachführung *h*, deren vordere Führungsleisten nachstellbar sind.

c) Einrücken des Kurbeltriebs. Bei niedrigen Drehzahlen baut man Drehkeilkupplung, Bild 312, oder Bolzenkupplungen ein, um Antrieb (Schwungscheibe) mit Kurbelwelle zu koppeln.

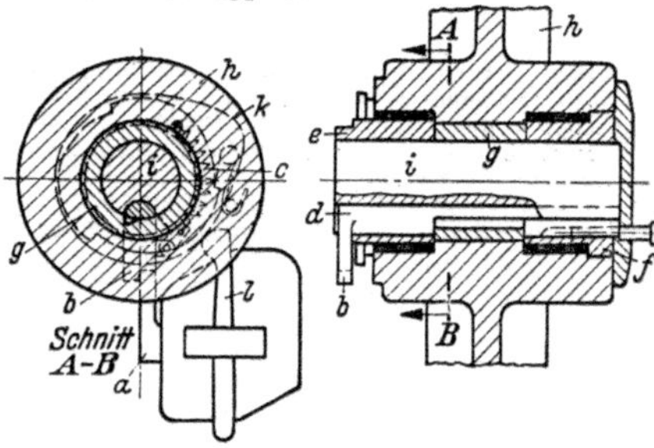

Bild 312. Drehkeilkupplung

Wird in Bild 312 durch Fußhebel (nicht gezeichnete) Zugstange gesenkt und damit Daumen *a* ausgeschwenkt, so wird Drehkeilmitnehmer *b* freigegeben, und Feder *c* kann Mitnehmer *b* und damit Drehkeil *d* einschwenken. Drehkeil *d* ist ein Bolzen mit kreisrundem Querschnitt, links und rechts in Laufringen *e* und *f* gelagert, in der Mitte ausgefräst, so daß halbkreisförmiger Querschnitt stehenbleibt, der beim Drehen in eine Raste der Rastbuchse *g* einschnappt. Stirnrad oder Schwungscheibe *h* ist nun mit Kurbelwellenzapfen *i* gekuppelt, und Kurbelwelle läuft um, bis Kurve *k*, die an *e* sitzt, Hebel *l* schwenkt, wodurch dann durch nicht gezeichneten Mechanismus Daumen *a* wieder vorgeht. Nase *b* stößt dann bei Weiterdrehen gegen *a*, *b* wird geschwenkt und Kurbelwelle ist entkuppelt.

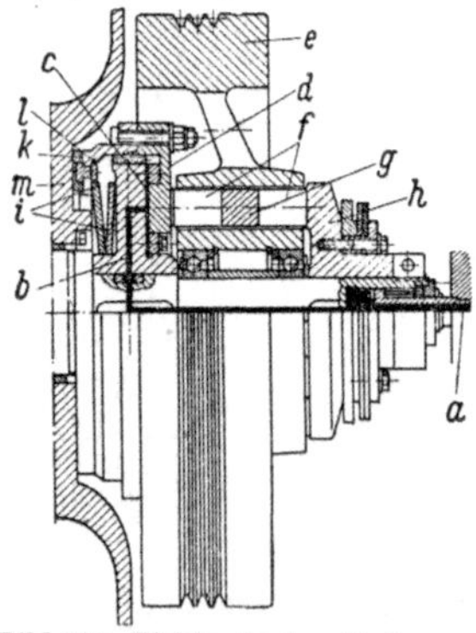

Bild 313. Elektro-hydraulisch gesteuerte Reibungskupplung (Kieserling u. Albrecht, Solingen; s. *Mäkelt*. W. u. B. (1957) S. 714)

Bei Pressen mit erhöhter Geschwindigkeit und größeren Kräften statt der formschlüssigen Kupplungen (Drehkeil- und Bolzenkupplung) meist kraftschlüssige Reibungskupplungen, bei denen die Anpreßkräfte durch Elektromagnet, durch Druckluft oder Druckflüssigkeit aufgebracht werden.

Kupplung in Bild 313 wird elektro-hydraulisch gesteuert. Drucköl läuft durch Bohrung *a* der Welle und Kanal *b* in der Nabe zur Kunststoff-Ringmembran *c*. Bei Druck werden Kupplungsscheibe *d* gegen die in Schwungscheibe *e* gelagerten Reibklötze *f* mit Zwischenstück *g* und diese gegen die Kupplungsscheibe h gepreßt, die auf Welle festsitzt. Welle wird von Schwungrad mitgenommen. Beim Verschieben von d wird gleichzeitig Bremsscheibe l vom Maschinenkörper m gelüftet. Bremsscheibe l ist durch Tellerfedern i abgestützt und mit Reibbelag k versehen. Sobald Öldruck nicht mehr wirkt, tritt Bremse in Tätigkeit.

Die Steuerung zu diesem Antrieb ist in Bild 314 gezeigt. Die von Elektromotor a angetriebene Pumpe b drückt das Öl aus Behälter c über Rückschlagventil d, Absperrventil e

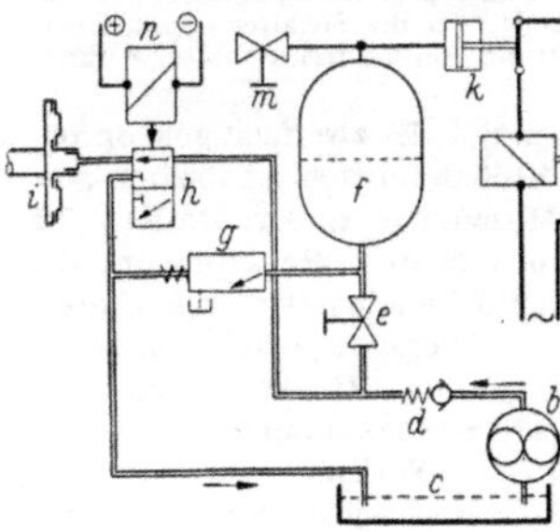

Bild 314. Steuerung zum Betätigen der Kupplung in Bild 313 (Lit. s. Bild 313)

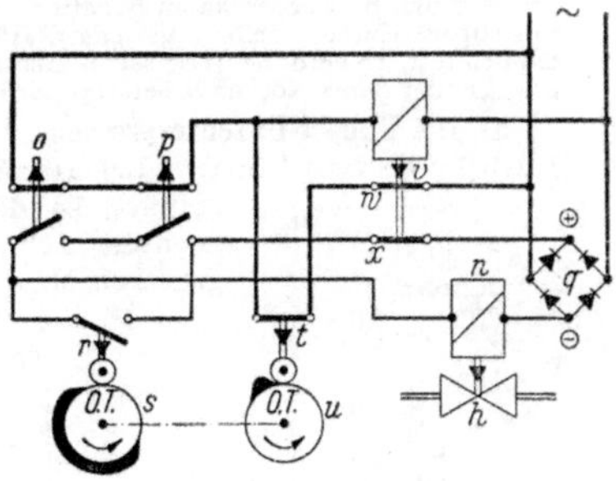

Bild 315. Sicherheitsschaltung zu Bild 314 (Lit. s. Bild 313)

in Sammler f gegen das Druckluftpolster, das über Ventil m eingelassen wurde. Sobald in f der am Druckwächter k eingestellte Druck erreicht ist, wird der Pumpenmotor a über Schütz l abgestellt. Unabhängig vom Arbeiten der Pumpe wird Öl aus f zum Einschalten der Kupplung i entnommen, wenn über Magnet n Steuerventil h geschaltet wird. Der Einbau des Sammlers f gestattet bei größeren Kupplungen mit einem höheren Flüssigkeitsbedarf den Einbau kleinerer Pumpen, die dann wirtschaftlicher arbeiten. Für kleinere Kupplungen wird die Steuerung ohne Sammler ausgelegt. Im stromlosen Zustand sperrt Ventil h den Zutritt von Drucköl und gibt die Abflußleitung zum Behälter c frei. Damit ist bei Stromunterbrechung die Kupp-

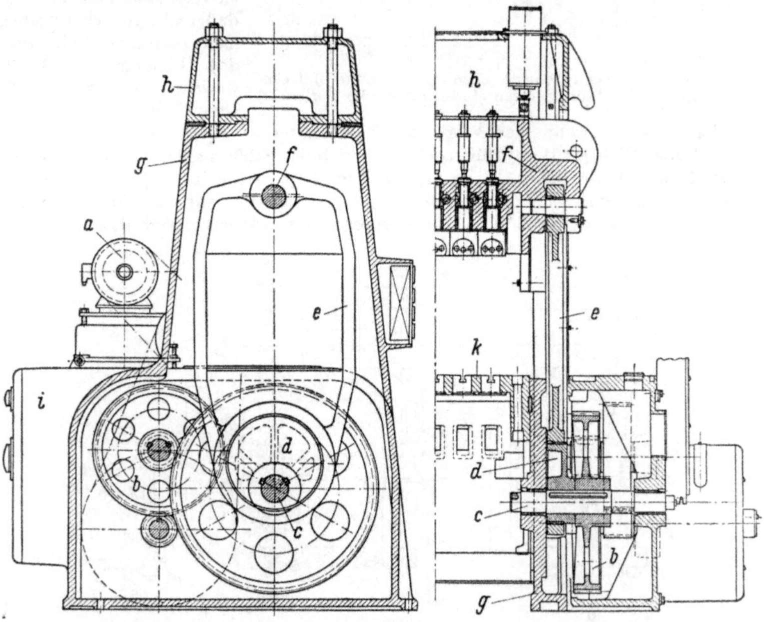

Bild 316. Unterantrieb einer Stufenpresse (Industrie-Werke Karlsruhe). a Elektromotor, b Rädervorgelege, c Kurbelwelle, d Exzenter, e Koppel, f Stößelschlitten, g Gestell, h Querbalken, i Schaltschrank, k Tisch

lung sofort ausgerückt. Magnet *n* des Steuerventils *h* kann nur über eine ***Sicherheits-Zweihandschaltung*** eingerückt werden, Bild 315. Linkshandschalter *o* wie Rechtshandschalter *p*, die im Wechselstromkreis liegen, müssen gleichzeitig niedergedrückt werden und während des Abwärtsganges des Stößels in dieser Stellung gehalten werden, sonst wird der Gleichstromkreis von Gleichrichter *q* über *n* sofort unterbrochen. Beim Hochgang des Stößels läuft der Strom über den parallel geschalteten Überbrückungsschalter *r*, so daß jetzt der Bedienende die Tasten *o* und *p* loslassen kann. Schalter *r* wird über eine vom Kurbeltrieb angetriebene und einstellbare Kurvenscheibe *s* gesteuert. Hält der Bedienende aber die Schalter *o* und *p* irrtümlich fest, so wird der Wechselstromkreis zur Selbsthaltung von *v* durch Schalter *t* unterbrochen, der durch Nocken *u* betätigt wird.

d) Bei **Doppel-Exzenterpressen,** Bild 304 d, sitzen auf der zweifach gekröpften Kurbelwelle zwischen den Lagern zwei Koppeln. Stößelschlitten ist breiter ausgeführt, so daß kleinere Maschinen dieser Bauart für leichtere Schnittarbeiten an größeren Werkstücken, die größeren Maschinen auch für nebeneinander angeordnete Werkzeuge zum Schneiden und Ziehen verwendet werden können.

Stufenpressen, Bild 304 i, besitzen auch zweifach gekröpfte Kurbelwellen und einen noch größeren Abstand zwischen den Ständern. Es können etwa bis zu 12 Werkzeuge nebeneinander eingespannt werden. Werkstück wird dann selbsttätig von Werkzeug zu Werkzeug gefördert, so daß mehrere Arbeitsgänge nacheinander erledigt werden können. Maschinen werden selbsttätig gesteuert und arbeiten als Vollautomaten, wenn der Werkstoff (Bandmaterial) durch Walzen-Vorschub-Gerät über Richtgerät zugeführt wird. Antrieb des Stößels auch von unten liegender Kurbelwelle *c*, Bild 316, wodurch eine lange, ziehende Koppel *e* eingebaut werden kann und sich die Seitenkräfte P_s, Bild 317, auf die Führungen des Stößels verringern. Bauhöhe h_1 bei obenliegendem Antrieb größer als h_2.

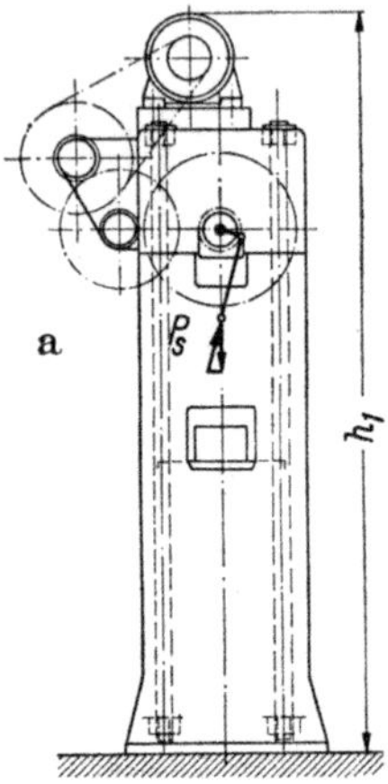

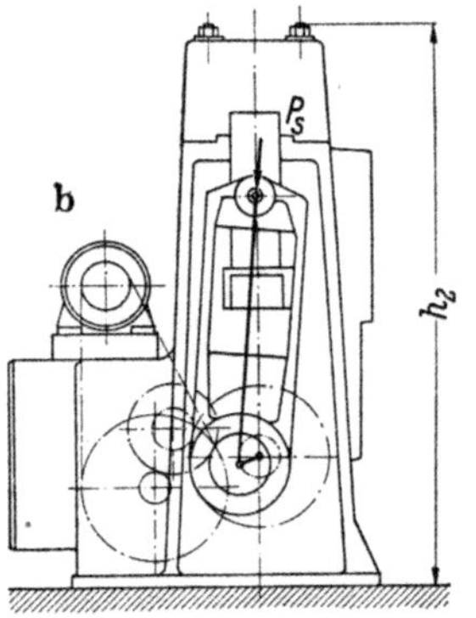

Bild 317. Gegenüberstellung des oben (a) und unten (b) liegenden Antriebs bei Stufenpressen (Industrie-Werke Karlsruhe)

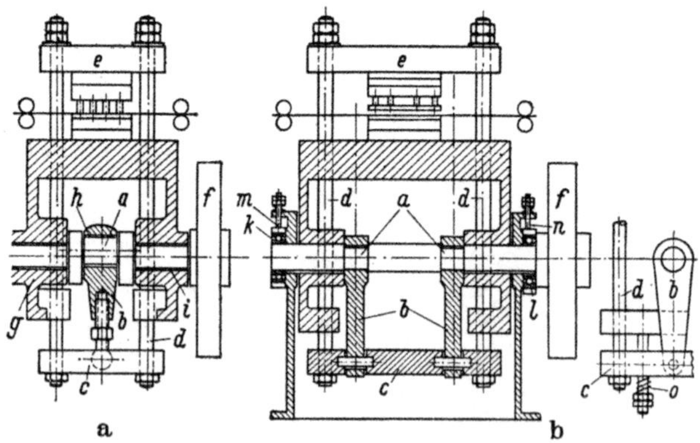

Bild 318. Unterantrieb bei Schnelläufer-Pressen (*Sulger, I.:* Unterantrieb bei kleinen Pressen Wt. u. Mb. (1954) S. 271)

e) Kleinpressen mit Unterantrieb. Bei schnellaufenden Kurbelpressen wird der Antrieb meist unterhalb des Tisches eingebaut, wobei Stößelschlitten nach unten gezogen wird.

Beweglicher Stößel *e*, Bild 318, ist an vier Säulen *d* befestigt, die von Kurbeltrieb *a*—*b*—*c* nach unten gezogen werden. Die tiefe Lage des Antriebs mit dem Schwungrad *f* ergibt tiefe Lage des Gesamtschwerpunkts und ermöglicht höhere Hubzahlen, die oft stufenlos verstellbar sind (bei Pressen bis 25 t etwa 100 bis 500 U/min, bei größeren bis 50 t etwa 80 bis 400 U/min). Da auf diesen Pressen häufig Folgewerkzeuge eingebaut werden, liegt resultierende Schnittkraft oft nicht in der Stößelmitte, und es besteht die Gefahr des Verkantens von *c* und damit von *e*. Daher ist es zweckmäßig, zwei Pleuel *b* anzuordnen, die in *c* außerhalb der Schnittkraftzone angreifen wie bei Presse b. Unter Einwirkung der Schnittkräfte verlagert sich das Spiel in den Lagern *g*—*h*—*i* einseitig und wechselnd beim Hoch- und Niedergang, wodurch der Stempelweg vergrößert wird. Bei der Presse (b) sind neben den Gleitlagern noch Wälzlager *k* und *l* angeordnet, die in Hängebolzen *m*—*n* aufgehängt sind, wobei unter den Muttern federnde Scheiben liegen. Die Spiele im Pleuellager und Gelenk werden außerdem durch Federn o ausgeglichen. Eine andere Möglichkeit zum Ausgleichen des Lagerspiels ist eine Anordnung, bei der der Tisch beweglich ist und beim Stanzen nach oben geschoben wird.

f) Vierpunktpressen. Große Pressen mit Stößeltiefen über 1500 mm werden als Vierpunktpressen ausgeführt, bei denen der Pressenstößel *c* an seinen vier Ecken von Koppeln verschoben wird, Bild 319. Die Antriebswellen sind parallel in Richtung des Pressendurchgangs gelagert. Drehrichtung der Kurbeln *a* ist entgegengesetzt gerichtet, so daß sich die Seitenkräfte aufheben und keine Kräfte auf die Führungen abgegeben werden. Bei oben liegendem Antrieb werden solche Pressen für Kräfte von 400 bis zu 2000 t ausgeführt mit Ständerweiten bis zu 6000 mm und Stößelhüben bis 900 mm; bei Unterflurantrieb bis zu 1600 t, Ständerweiten bis 4500 mm und Stößelhübe bis 900 mm.

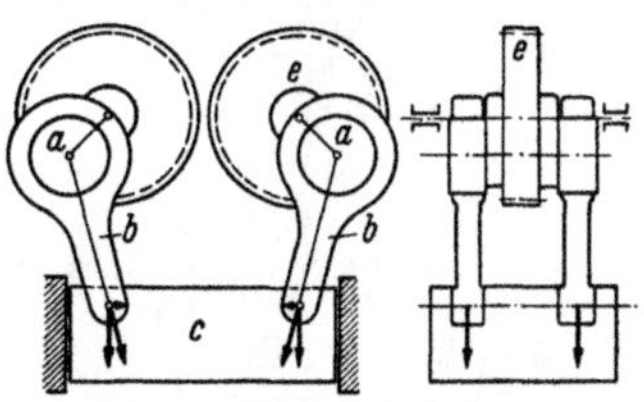

Bild 319. Antrieb einer Vierpunkt-Presse

5. Maschinen mit mehrfachen Kurbeltrieben (*doppelt*-wirkende Pressen)

Bei diesen Maschinen, die für Zieharbeiten gebaut werden, bewegen sich abhängig oder unabhängig voneinander ein Schlitten für Befestigung des Ziehwerkzeuges und ein zweiter als Blechhalter für Festhalten des zu ziehenden Bleches durch mehrere aneinander angelenkte Kurbeltriebe. Für Zieharbeiten an großen Teilen die einen großen Enddruck erfordern, wählt man Kniehebel-Breit-Ziehpressen, die bis zu einer Ziehkraft von $\approx$ 700 t ausgeführt werden. Sie sind geeignet zum Ziehen von Karosserieteilen, die bei großen Stückzahlen mit einem Minimum an Zieharbeitsgängen gefertigt werden sollen (Kotflügel, Türen, Motorhauben).

Bild 320 zeigt den Antrieb der Schuler-Ziehpresse mit Kniehebelniederhalter. Ziehstößel *c* wird angetrieben von Kurbel *a* über Koppel *b*. Auf der gleichen Welle sitzt Kurbel *a'*, die über Koppel *b'* den Steuerschieber *c'* verschiebt, an welchem Hebel *e* angelenkt sind, die eine Kurbel *a''* mit Koppel *b''* und Niederhalter *c''* bewegen. Im Schaubild 321 a sind die Wege der Schlitten dargestellt. Man erkennt, daß der Blechhalter *c''* bei 90° bis etwa 200° aufsetzt, während der Ziehstempel *c* bei etwa 180° schon seine tiefste Stellung erreicht hat.

Zum Erlangen eines einwandfreien Ziehteils ist eine ganz bestimmte, von der Form des Ziehteils, der Stärke und Qualität des Bleches abhängige Ziehgeschwindigkeit notwendig. Bei gleichförmigem Lauf der Zahnräder ergibt sich daher eine verhältnismäßig geringe Hubzahl der Presse nach Bild 320. Um die Arbeitszeit zu verkürzen, hat man neben den Pressen mit Kurbeltrieben auch Schnellgangziehpressen mit Schleppkurbelantrieb und Schnellgangziehpressen mit automatischem Geschwindigkeitswechsel gebaut, dadurch erhält der Stößel auf dem Ziehweg die günstigste Ziehgeschwindigkeit, während die Leerwege mit wesentlich höherer Geschwindigkeit durchfahren werden. Eingesparte Zeit zeigt Zeit-Weg-Diagramm Bild 321 b. Sofern höhere Ziehgeschwindigkeiten zulässig sind, kann man die Presse im Schnellgang laufen lassen, wodurch weitere Zeitersparnis erzielt wird, Bild 321 c.

Eine andere Bauart einer Universal-mehrfachwirkenden Tiefziehpresse zeigt Bild 322. Diese Presse besitzt besondere Getriebe für Ziehstößel *a* und Blechniederhalter *b*, nur Elektromotor *c* und Schwungrad *d* sind gemeinsam. Damit können Ziehstempel und Blechhalter in beliebiger Reihenfolge allein oder gemeinsam bewegt werden, so daß diese Presse zum Schneiden und zum Ziehen eingesetzt werden kann. Durch Einbau einer Preßlufteinrichtung *e* im Pressentisch *f* kann schließlich noch eine dreifache Wirkung erzielt werden.

Blechhalter *b* wird durch vier Koppeln *g* über vier Stirnräder *h* angetrieben, Ziehstößel *a* hier über zwei Koppeln *i*. Stirnräder und Excenter *k* und *l* sitzen auf gemeinsamen Achsen. Für den Blechhalter ist eine hydraulische Druckeinstellung im Kasten *n* und für den Ziehstempel eine hydraulische Überlastungssicherung mit Ölpolstern bei *m* eingebaut.

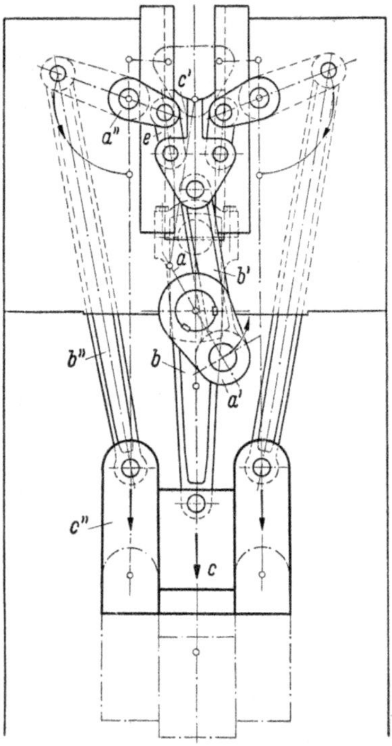

Bild 320. Getriebe einer Kniehebel-Ziehpresse (L. Schuler AG, Göppingen)

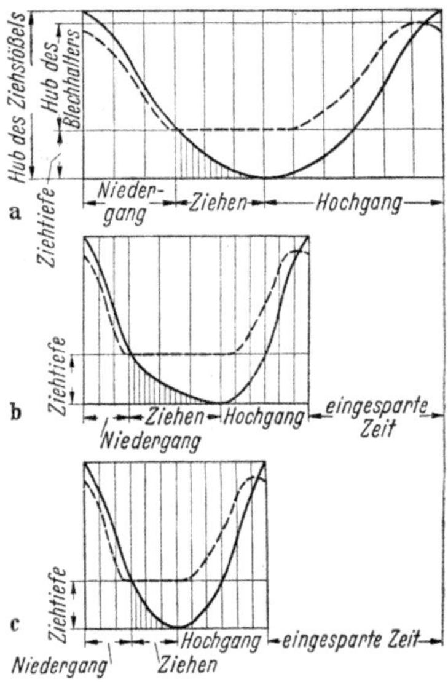

Bild 321. Zeit-Weg-Diagramme für zweifachwirkende Pressen mit verschiedenem Antrieb. a mit Mehrkurbeltrieb nach Bild 320, b mit Mehrkurbeltrieb nach Bild 320 und automatischem Geschwindigkeitswechsel (niedrige Ziehgeschwindigkeit und hohe Leerlaufgeschwindigkeit), c Zeit-Weg-Schaubild der gleichen Presse im Schnellgang (L. Schuler AG, Göppingen)

6. Spindel- und Räderpressen

Reibspindelpressen dienen für Zieharbeiten mit großem Hub, wenn diese mit geringer Geschwindigkeit ausgeführt werden sollen. Andere Typen für Preß- und Schmiedearbeiten, also für Warmverformung und Hartschlagarbeiten.

Antrieb durch Reibscheibe oder Reibrolle, Bild 304 h (vgl. Bd. I, S. 751). Bei den Vincent-Pressen dreht sich Reibscheibe mit Mutter, Spindel mit Stößel läuft abwärts; meist jedoch bewegt sich Reibscheibe *r*, Bild 323, mit Spindel *a* abwärts; Mutter *b* fest in Gestell *c*. Vorteil dieses Antriebs mit zwei Reibscheiben, s_1 für Abwärts-, s_2 für Aufwärtsgang, ist das Ansteigen der Geschwindigkeit beim Arbeitshub, so daß Stößel mit großer Wucht auf Werkstück trifft. Nachteil: Beim Hochgehen muß Stößel sofort auf höchste Geschwindigkeit beschleunigt werden: daher Gleiten der Reibräder und Verschleiß. Verschiedene Lösungen entwickelt, um diese Nachteile zu vermindern, so z. B. mit Reibrollen und daher mit konstanter Fall- und Ziehgeschwindigkeit. Reibspindelpressen werden für Kräfte bis ≈ 350 t gebaut.

Für hohe Züge auch *Räderziehpressen*, Bild 304g. Meist so gebaut, daß Motor und Rädergetriebe unter Flur liegen. Tisch ist Werkzeugträger und beweglich und wird durch unten an ihm angreifende Kurvenscheibe gehoben. Ziehstempel wird von untenliegender Kurbel über Koppel niedergehalten. Blechhalter, an vier Spindeln aufgehängt, steht fest.

Räderziehpressen besitzen also neben Räder- und Kurventrieb zum Heben des Tisches noch einen Kurbeltrieb für den Ziehstempel. Ohne Kurbeltrieb arbeiten *Zahnstangenziehpressen*, die für tiefe Züge besonders geeignet sind. In senkrechter Bauart für Züge bis 1,4 m, in waagerechter Bauart bis über 2 m. Antrieb des Stößels durch schrägverzahnte Zahnstangen mit konstant bleibender Ziehgeschwindigkeit. Einstellbar für etwa 4 bis 8 m/min; elektrischer Antrieb und elektrische Steuerung. Rücklauf- und Anfahrhübe im Eilgang durch zweiten Motor.

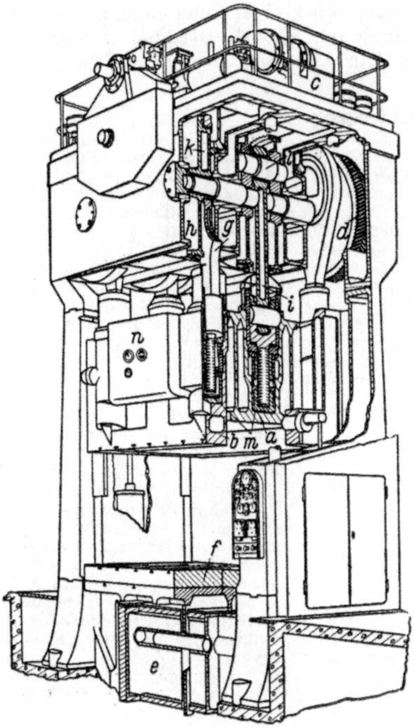

Bild 322. Antrieb einer Universal-mehrfachwirkenden Tiefziehpresse (Maschinenfabrik Weingarten AG)

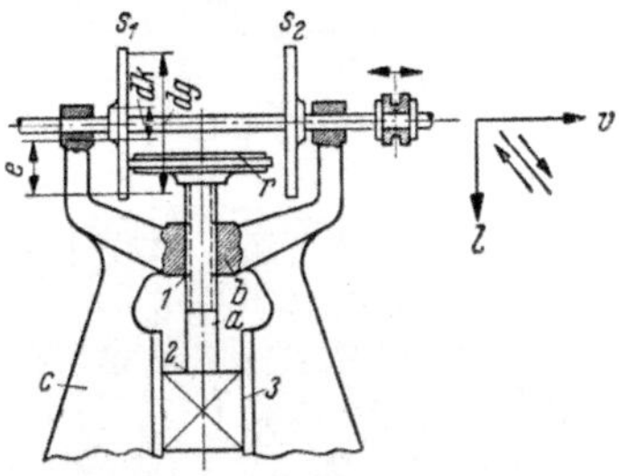

Bild 323. Reibspindelpresse; rechts Schaubild der Geschwindigkeit v abhängig vom Weg l; *1, 2, 3* Elementenpaare. Hub $e = (d_g - d_k)/2$; d_g = größter, d_k = kleinster Dmr.

7. Hydraulische Pressen

werden in verschiedenen Bauarten ausgeführt: Als einfachwirkende Pressen für Preß-, Gesenk- auch Kunststoffpreßarbeiten, für Zieharbeiten mit hydraulischer Gegendruckvorrichtung ausgerüstet. Dann als doppeltwirkende Pressen für

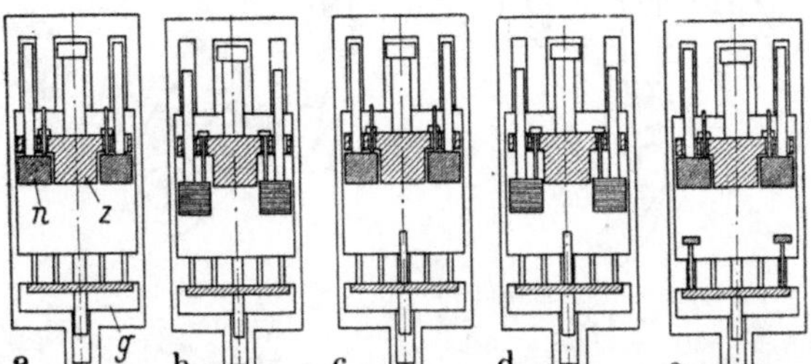

Bild 324. Kombinationsmöglichkeiten einer schweren dreifachwirkenden hydraulischen Ziehpresse (Becker u. Hüllen, Krefeld). z Ziehstößel, n Blechhalter, g Gegenhalter; a Ziehstößel und Blechhalter gekuppelt, Gegenhalter außer Betrieb, b Ziehstößel und Blechhalter wirken getrennt von oben, Gegenhalter außer Betrieb, c Ziehstößel und Blechhalter gekuppelt, Gegenhalter als Ausstoßer, d Ziehstößel und Blechhalter wirken getrennt von oben, Gegenhalter als Ausstoßer, e Ziehstößel und Blechhalter gekuppelt, Gegenhalter als Ziehkissen

Zieharbeiten mit zwei ineinandergleitenden Kolben entweder von unten oder oben arbeitend. Über hydraulische Triebe, s. Abschn. IV, E, S. 681. Vorteile der hydraulischen Pressen sind gleichbleibende, von Hublage unabhängige Preßkraft und voneinander unabhängige Einstellung der Stößel, Blechhalter oder Ziehvorrichtungen, da diese nicht wie bei Kurbelpressen zwangläufig miteinander gekoppelt sind, Bild 324.

8. Ausrüstung

Einfachwirkende Pressen können als Ziehpressen verwendet werden, wenn sie mit einem Ziehkissen ausgerüstet sind, das als Blechhalter wirkt. Bauarten sind *Federziehgeräte*, bei denen der Druck durch Schrauben- oder Tellerfedern erzeugt wird (für schwächere Bleche und geringere Ziehtiefe; Druckanstieg bei Schraubenfedern schneller als bei Tellerfedern). Ferner *pneumatische Ziehkissen*, die ölfrei und *hydropneumatische Ziehgeräte*, die mit Öl gefüllt sind, das bei Belastung gegen ein unter Luftdruck stehendes Ventil herausgepreßt wird. Bei beiden Bauarten bleibt Druck oder Ziehtiefe gleich, sie eignen sich für Tiefziehpressen besser als die Federziehapparate, benötigen aber Aufstellung eines Verdichters mit Windkessel, Ventilen usw.; daher möglichst mehrere Geräte an eine Druckanlage anschließen. Bei Pressen mit breitem Tisch werden mehrere Kissen am Tisch oder am Stößel untergebracht, Bild 325.

Durch *Zuführungseinrichtungen* kann das Arbeiten der Pressen automatisiert werden, Bild 326. Für vorgearbeitete und ausgestanzte Teile werden Rundteller- (Bild 326a), für das Verarbeiten von Bändern und Streifen Walzen- oder Zangenzuführungsgeräte (Bild 326 b, c) angebaut. Die Geräte werden mechanisch vom Kurbeltrieb oder — wie hier — hydraulisch über

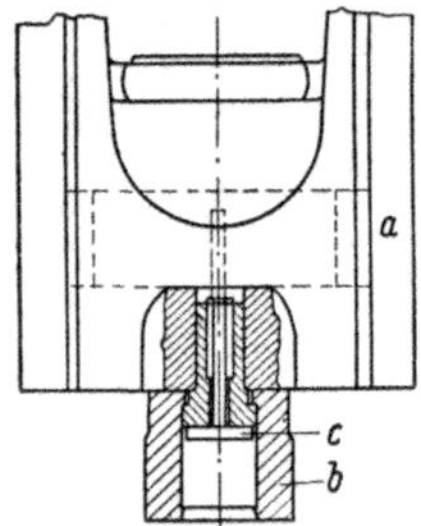

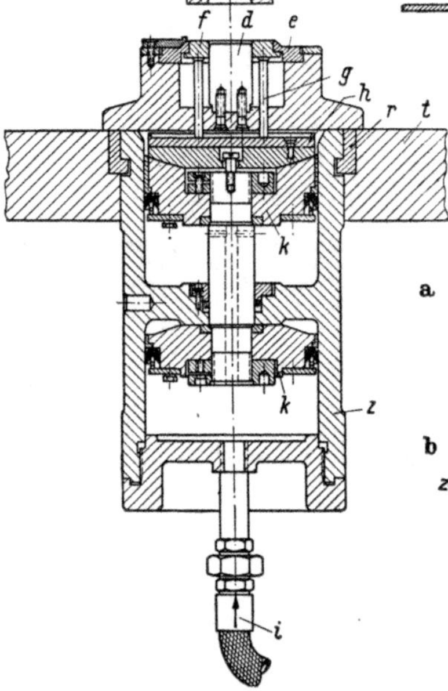

Bild 325. Verwendung einer Druckluft-einrichtung für ein Schnitt-Zug-Werkzeug in einer einfach wirkenden Presse (L. Schuler AG, Göppingen). *a* Stößel, *b* Schnittstempel und Ziehring, *c* Auswerfer, *d* Stempel, *e* Schnittring, *f* Blechhalter abgestützt durch Stifte *g*, die auf Platte *h* ruhen, *i* Drucklufteintritt; Platte *h* geht mit dem Kolben *k* beim Ziehen abwärts, während Zylinder *l*, der mit zweiteiligem Ring *r* am Pressentisch *t* eingehängt ist, stehen bleibt.

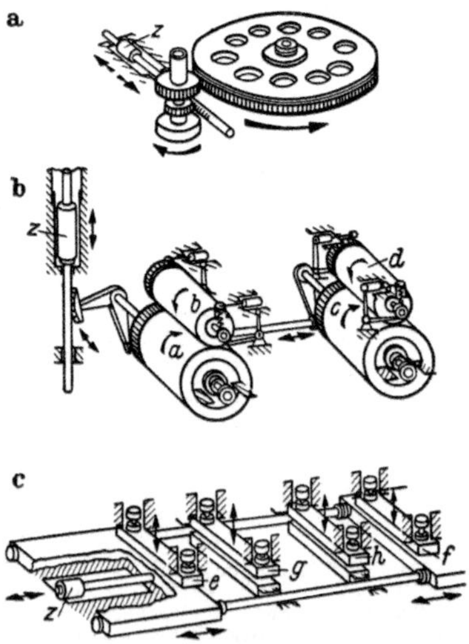

Bild 326. Zuführungsgeräte für Pressen; a Rundteller-, b Walzen-, c Zangengerät (Lit. s. Bild 309)

Zylinder *z* betätigt und durch einstellbare Kurven gesteuert. Beim *Rundteller* ist der Stößelhub mit der Einrastung des Tellers elektrisch verriegelt. Das *Walzenzuführungsgerät* besitzt zwei Walzenpaare für Zuführung *a*–*b* und Abführung *c*–*d*; *a* ist mit *b*, *c* mit *d* über Zahnräder gekoppelt. Die Zwischenlüftung der Förderwalzen kann wahlweise eingestellt werden, außerdem kann man die Walzen zum Einführen des Streifens von Hand lüften. Für dickere Blche ist das *Zangengerät* geeignet, bei dem zwei Transportzangen *e* und *f* und zwei Haltezangen *g* und *h* vorgesehen sind; letztere halten den Streifen, wenn *e* und *f* zurückgehen. An den Walzen- wie an den Zangen-Zuführungsgeräten können Richtwalzen vor- und Trennscheren nachgeschaltet werden.

E. Scheren und Abkantmaschinen

a) Scheren: für Schneiden von dünnen Blechen (Dicke $\leqq 1$ mm), *Hebelscheren* mit Handantrieb. Damit Neigungswinkel λ, Bild 327, konstant bleibt, wird Schnittkante als logarithmische Spirale ausgebildet. Ungünstig ist das Ansteigen der Kräfte bei sich ändernder Hebelübersetzung.

*Durchschiebe*scheren tragen kürzere Messer (200 bis 600 mm) mit Neigungswinkel $\lambda = 10$ bis 12°, Bild 327. Längere Bleche können nachgeschoben werden. Geeignet zum Schneiden von Knotenblechen, Flachstahl (bis 30 mm dick). Üblicher Antrieb des Obermessers durch Kurbelgetriebe vom Elektromotor über Schwungrad und Zahnradvorgelege.

*Kreis*scheren mit parallelen Messerwellen für gerade und mit nicht parallelen Messerwellen besonders für Kreis- und Kurvenschnitte. Blechdicken bis rd. 25 mm. Schnittgeschwindigkeit bei geraden Schnitten für Grobbleche bis 0,1 und für Feinbleche bis 0,5 m/sek; bei Kurvenschnitten bis 0,04 m/sek.

Bei *Parallel*scheren wird Obermesser durch Kurbeltrieb nach unten gezogen. Schnittlängen von etwa 30 bis 2500 mm bei Blechdicken bis 5 mm; auch mit Ausladung des Ständers, um größere Bleche seitlich verschieben zu können.

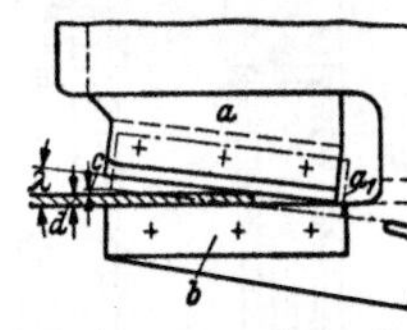

Bild 327. Messeranordnung bei Durchschiebescheren. *a* Obermesser, *b* Untermesser, a_1 tiefste Stellung des Obermessers, *c* Abstand der Ecke bei tiefster Stellung

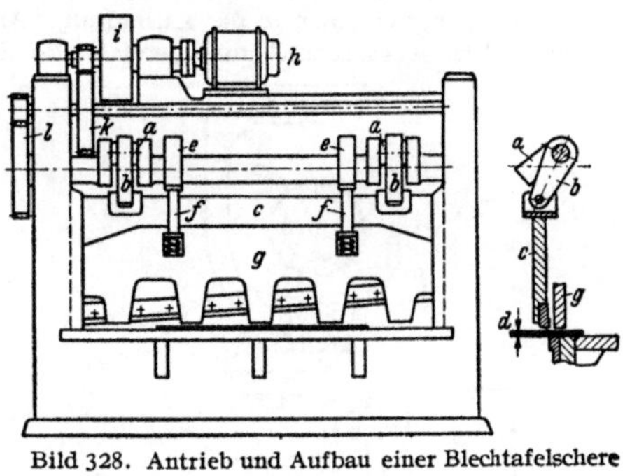

Bild 328. Antrieb und Aufbau einer Blechtafelschere

*Blechtafel*scheren tragen den Antrieb oben (Bild 328) und werden mit Schnittlängen bis 4000 mm und Ausladungen bis 630 mm gebaut.

Bei üblichen Ausführungen treibt Motor *h* über Schwungrad *i* doppeltes Rädervorgelege *k*, *l* auf Kurbelwelle mit zwei Kröpfungen (Exzenter) *a*. Zwei Koppeln *b* drücken Obermesserschlitten *c* nach unten, nachdem vorher zwei Kurven *e* über Hebel *f* den Niederhalterbalken *g* auf die Tafel aufsetzen ließen. Da Niederhalterbalken nachgebend aufgehängt, braucht man beim Ändern der Blechdicke Niederhalter nicht neu einzustellen. Einrücken der Schere durch Kupplung, die sich nach einem Hub wieder ausrückt (Klauen-, Reibungs-, Lamellen-, auch Drehkeilkupplungen). Kupplung läßt sich auch für „dauerndes Schneiden" einstellen, so daß die Schere bei jedem Hub schneidet.

Durch Kniehebeltrieb, Bild 329, kann man Leistungs-

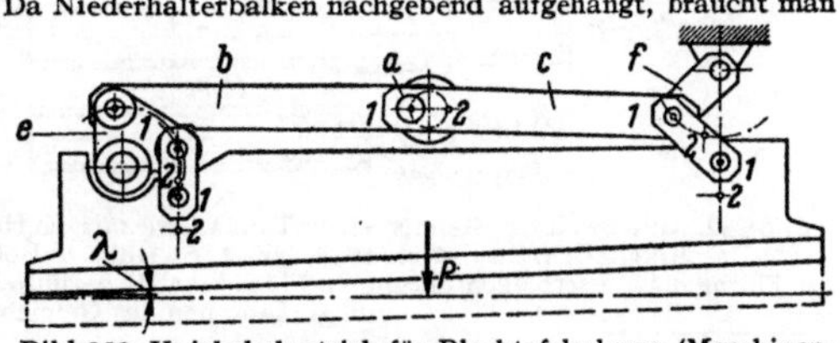

Bild 329. Kniehebelantrieb für Blechtafelscheren (Maschinenfabrik Weingarten AG). Stellung *1* oben, Stellung *2* unten

bedarf herabsetzen. Kurbel *a* treibt über Zugstange *b* und Druckstange *c* den Druckhebel *e* und Kniehebel *f* an. Kniehebel so angeordnet, daß sich Neigungswinkel während des Schneidens verringert.

Saubere Schnitte erzielt man durch kleine Neigungswinkel λ, wodurch aber Kraftbedarf steigt, und durch „schiebenden Schnitt", bei dem der Messerbalken etwa senkrecht zum Neigungswinkel abwärts geführt wird[1].

Bei richtiger Schnittspalteinstellung entsteht ein fast senkrechter Keilriß zwischen den Schnittkanten, wenn das Obermesser schräg geführt wird, Bild 330.

Zum Anschneiden schräger Schweißkanten kann Schneidhebel *c*, Bild 331, bei Schere mit bogenförmiger Werkzeugbewegung verstellt werden. Antrieb von Kurbel *a*, Koppel *b* auf Schwinge *c*. Festpunkt 4 auf *d* ist jedoch in Führung *e* verstellbar, so daß Schneide *f* gegen feste Schneide *g* verschieden gerichtet ist.

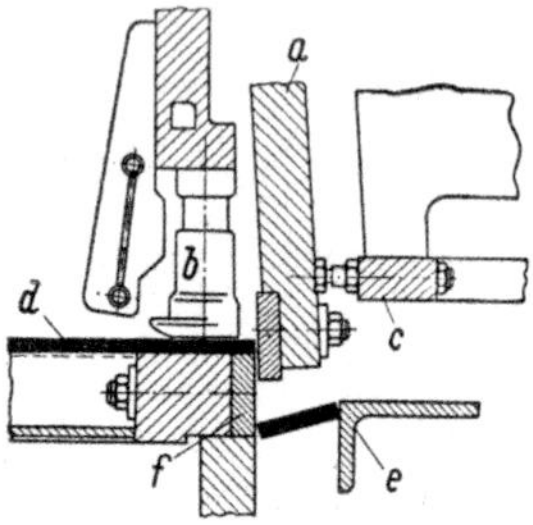

Bild 330. Schräg geführtes Obermesser *a*, *b* ein Stempel des hydraulischen Blechniederhalters, *c* Schnittspalteinstellung, *d* Blech, *e* Anschlag am Messerschlitten befestigt, *f* Untermesser (Pels-Industriewerke Karlsruhe AG)

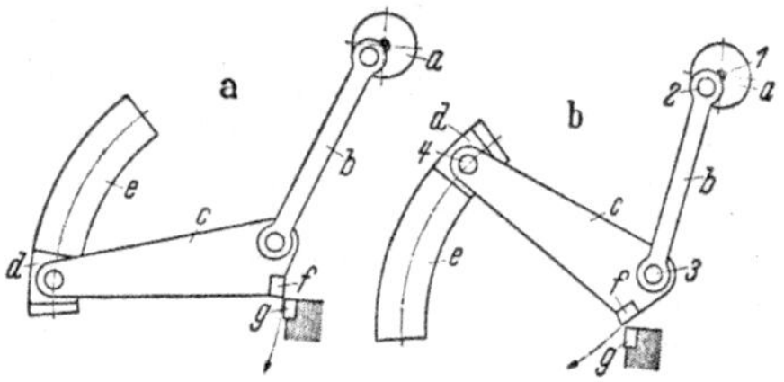

Bild 331. Schwenkkurbel der Eumuco-Tafelschere. a Einstellung für senkrechte Kante. b für schräge Schweißkante

Gestelle häufig geschweißt. Bild 332 zeigt den Ständer einer Kurbeltafelschere mit Versteifungslamellen in der Ausladung. An den Enden sind in den Lamellen Längsschlitze vorgesehen, um ausreichende Schweißnahtlänge zu erhalten, da

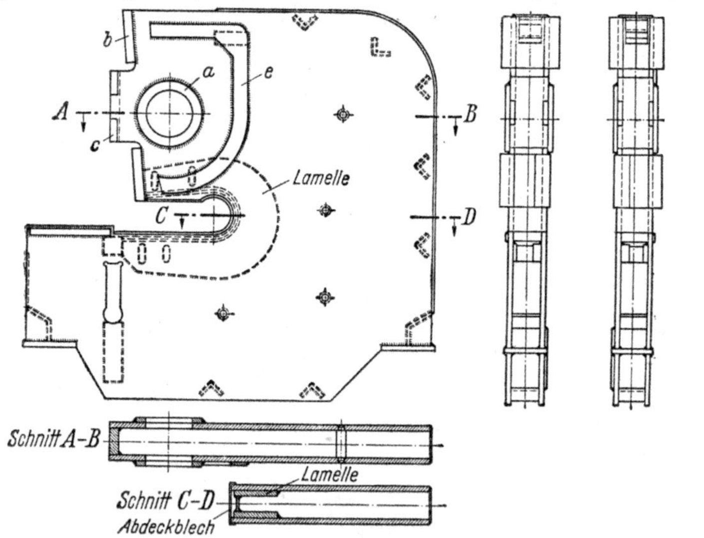

Bild 332. Geschweißter Ständer einer Tafelschere mit Kurbelantrieb (Industriewerke Karlsruhe, s. *Reichel*, Wt. u. Mb. 1955 Nr. 7 S. 318). *a* Bohrung für Kurbelwellenlagerung, *b* Fläche für Messerbalkenführung, *c* Fläche für Niederhalterbefestigung, *e* Aufschweißfläche zum Anflanschen des Getriebes

[1] *Wütherich, A.:* Neue Erkenntnisse über den ziehenden Schnitt. W. u. B. (1957) Nr. 8 S. 490.

hier von den Lamellen die Kräfte aufzunehmen sind. In den Ausladungsbögen sind dagegen die Lamellen nur angeheftet; hier können die Schweißnähte den Ständer kaum am Aufbiegen hindern.

Schnittgeschwindigkeit beträgt bei Blechtafelscheren 0,1 bis 0,13 m/sek für Bleche bis rd. 30 mm Dicke. Berechnung der Leistung geht von der Schnittkraft aus, die über den Schnittweg l aufzuwenden ist. Arbeit $E = P \cdot l$ muß vom Schwungrad der Presse abgegeben werden, dessen Drehzahl hierbei abfällt (vgl. Rechnungsgang auf S. 724). In Bild 333 Angaben über ausgeführte Maschinen.

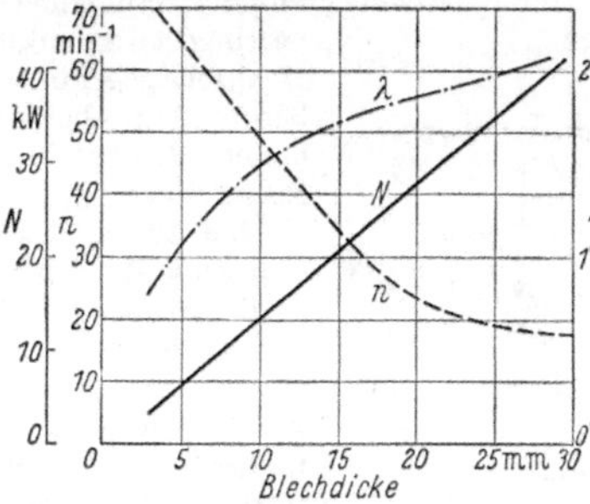

Bild 333. Leistung N (kW), Hubzahl n ($\min^{-1}$) und Schnittwinkel λ. Mittelwerte ausgeführter Tafelscheren mit Kurbelantrieb für Schnittbreite von 3100 mm

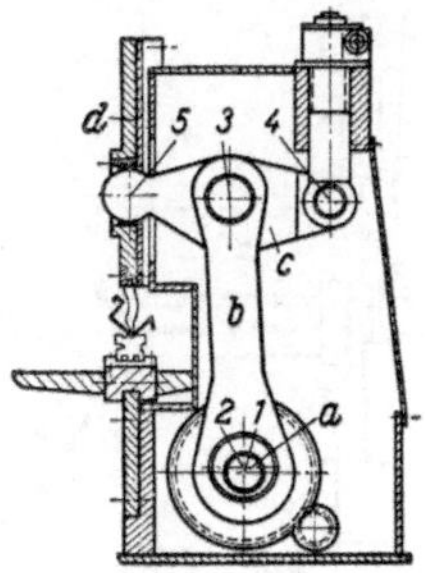

Bild 334. Unterantrieb einer Abkantpresse (Weber-Werke, Siegen)

b) Maschinen zum Abkanten. *Abkantpressen*[1] zeigen ähnlichen Aufbau wie Blechtafelscheren. Oberbalken wird durch Kurbeltrieb über Druckstelzen an zwei Seitenständern in nachstellbaren Führungen abwärtsgeführt. Seitenständer und Bett aus Stahlblechen verschweißt. Antrieb von oben sitzendem Elektromotor über Schwungradwelle, mehrere Zahnradvorgelege auf Kurbeltrieb. Ein- und

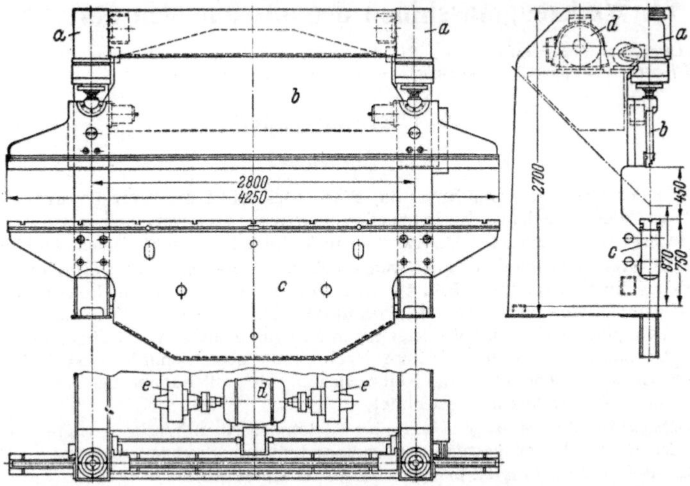

Bild 335. Hydraulisch angetriebene Abkantpresse (Wt. u. Mb. 1957 Nr. 6 S. 291). *a* Hydraulikzylinder, *b* Oberwange, *c* angeschraubte Unterwange, *d* Antriebsmotor, *e* Pumpen. Preßkraft 100 t, $p = 355$ kg/cm², Hub 250 mm, $N = 15$ kW, $n = 8$ bis 30 $\min^{-1}$ bei $l = 250$ bis 80 mm

[1] *Oehler*, Abkantpressen, Ind.-Anz. (1956) S. 607 (89).

Ausrücken mit Reibkupplung durch Hand- oder Fußhebel. Je nach Größe 12 bis 15 Hübe je Minute mit Kräften bis ≈ 300 t.

Bild 334 zeigt Unterantrieb einer Abkantpresse, bei dem von der Exzenterwelle *a* Koppel *b* nach unten gezogen wird. Koppel *b* zieht Hebel (Schwinge) *c* um Punkt *4* und damit Oberwange *d* über Gelenk *5* abwärts.

Bei hydraulisch angetriebenen Abkantpressen, Bild 335, liegen Zylinder *a* oben. Den Vorteilen des hydraulischen Antriebs (Stößelgeschwindigkeit einstellbar und über den Weg gleichbleibend, so daß sich Kraft nach Formänderungswiderstand einstellt; Überlastungssicherung durch Druckbegrenzung; Hublänge kann verringert werden) stehen Nachteile gegenüber (größere Antriebsleistung, höhere Kosten, schwierigere Wartung).

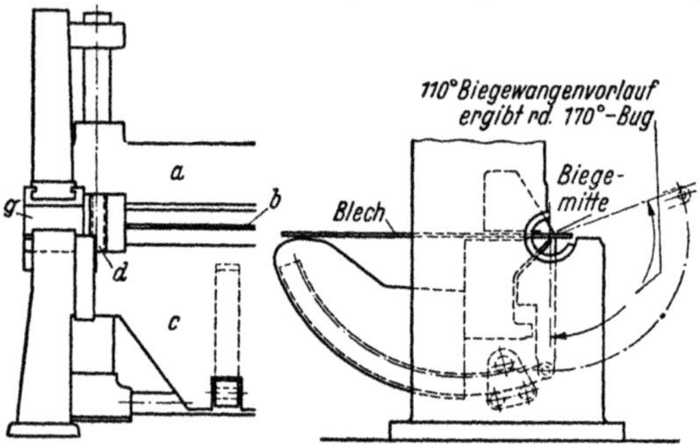

Bild 336. Universal-Abkantmaschine

Bei *Abkantmaschinen* (Universal-), Bild 336, wird Oberwange *a* abwärts bewegt; nach Aufsetzen der Oberwange auf Blech *b* wird dann Biegewange *c* geschwenkt. Antrieb für senkrechte Bewegungen über Spindeln *d*. Biegewange *c* ist an beiden Seiten in Lagern *g* drehbar gelagert. Unter- und Biegewange sind senkrecht verstellbar, wie dies zur Fertigung kegeliger Rohre notwendig.

Selbsttätige Universal-Abkantmaschinen werden mit einer elektrisch-hydraulischen Steuerung ausgeführt.

VI. Werkzeugmaschinen der abspanenden Formung

Literatur: 1. *Schlesinger, G.:* Die Werkzeugmaschinen. Berlin: Springer 1936. — 2. *Schwerd, F.:* Spanende Werkzeugmaschinen. Berlin: Springer 1956. — 3. Betriebshütte.

A. Drehmaschinen

1. Übersicht

Bei den Drehmaschinen kreist das Werkstück und führt Hauptbewegung aus, während Werkzeug längs der Drehachse oder quer (plan) verschoben wird. Drehachse liegt waagerecht, bei Drehwerken und einigen Automaten auch senkrecht.

Auf *Spitzen*drehbänken mit waagerechter Drehachse läßt sich Werkstück zwischen Spitzen spannen, Bild 337. Als Universalmaschinen mit Leit- und Zugspindelantrieb für Schlitten, als Produktionsdrehbänke und Schnelldrehbänke ohne Leitspindel, aber mit Werkzeugspannern für mehrere Werkzeuge, als Nachformdrehbänke mit Steuerung zum Nachdrehen nach Schablone oder Musterstück. Größere Drehbänke ohne Reitstock und mit großer Planscheibe werden als Plan- oder Kopfdrehbänke bezeichnet.

*Revolver*drehbänke tragen statt des Reitstocks einen Werkzeugträger — Revolverkopf —, der es gestattet, nacheinander und gleichzeitig mehrere Werkzeuge in Arbeitsstellung zu bringen. Mehrzweckmaschinen.

Automaten sind selbständig arbeitende Drehmaschinen mit einer oder mehreren Arbeitsspindeln, bei denen Schaltung und Vorschub von Kurven oder anderen mechanischen, pneumatischen, hydraulischen, elektrischen Elementen gesteuert werden.

Drehwerke mit waagerechter, um eine senkrechte Achse kreisender Planscheibe dienen zum Bearbeiten großer und größter Werkstücke.

Sonderdrehbänke für verschiedene Zwecke: Hinterdrehbänke, Radsatzdrehbänke, Kurbelwellendrehbänke usw.; auch Dreheinheiten für Massenfertigung.

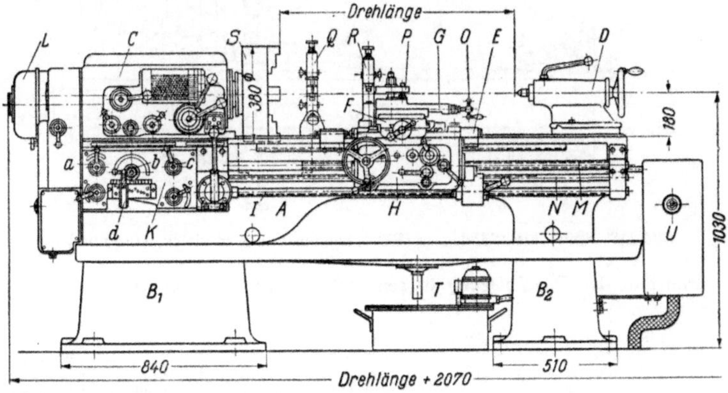

Bild 337. Spitzendrehbank (Vereinigte Drehbank-Fabriken VDF, Heidenreich & Harbeck, Hamburg). Spitzenhöhe 180 mm. *A* Bett mit Kastenfüßen B_1, B_2; *C* Spindelstock, *D* Reitstock, *E* Bettschlitten, *F* Planschlitten, *G* Oberschlitten, *H* Schloßkasten, *I* Schaltspindel, *K* Vorschubgetriebe, *L* Motor für Spindel, *M* Leitspindel, *N* Zugspindel, *O* Spindel für Oberschlitten, *P* Werkzeughalter, *Q* feststehender Setzstock (Lünette), *R* mitlaufender Setzstock, *S* Planscheibe, *T* Pumpe für Kühlflüssigkeit, *U* Schaltschrank. *a*, *b*, *c*, *d* Schalthebel des Vorschubgetriebes (s. Text zu Bild 339)

2. Spitzendrehbänke

a) Hauptantrieb. Elektromotoren meist nur mit einer Drehzahl oder als polumschaltbare Motoren mit zwei oder — selten — drei Drehzahlen. Mittlere Universaldrehbänke besitzen im Hauptantrieb 12 bis 18 Drehzahlen, mit $\varphi = 1{,}4$ oder $\varphi = 1{,}25$ gestuft, $B \approx 50$. Durch Einbau polumschaltbarer Motoren wird Stufenrädergetriebe vereinfacht. Stufenlose Getriebe (Flüssigkeitswechselgetriebe oder P.I.V.-Getriebe) seltener. Elektrische stufenlose Drehzahländerung durch Einbau von Leonardsätzen bei Großdrehbänken, bei mittelgroßen Drehbänken auch Stromtorsteuerungen (S. 666). Bei den oft nur kurzen Hauptzeiten, dagegen sehr häufigen Schaltungen sind für Drehbank- und vor allem für Revolverbankgetriebe kurze Nebenzeiten beim Drehzahlwechsel wesentlich. Um große Spanquerschnitte auch bei höheren Drehzahlen zwecks Ausnutzung der Hartmetallwerkzeuge abnehmen zu können, muß man große Motorleistung vorsehen, die bei niedrigen Drehzahlen nicht mehr voll ausgenutzt werden kann. Damit ist an Spindel nicht Leistung, sondern Drehmoment bei den niedrigen Drehzahlen angenähert konstant. Größe des Momentes durch Ausführung des Getriebes (Sicherheitskupplung) und des Bettes (Steifheit) begrenzt (vgl. Abschn. IV, S. 665 u. 697).

Stufenrädergetriebe mittlerer Drehbänke entweder im Spindelkasten eingebaut — Elektromotor dann hinten am Bett oder links im Fuß des Bettes untergebracht oder angeflanscht — oder auf Fuß- und Spindelstockgetriebe aufgeteilt.

Hauptspindel durchbohrt, möglichst starr, Bild 338. Steifheit (vgl. S. 697) für Spindeln an Feinbearbeitungsbänken $c_B \geqq 25$ kg/μ*. Für Produktionsbänke (Schnelldrehbänke, Revolverbänke, Automaten) $c_B \geqq 12$ kg/μ. c_B als Federkonstante bestimmt auch Eigenschwingungszahl f_{sp}; sie wird bei mittleren Produktionsdrehbänken $f_{sp} \approx 160$ Hz. Werkstoff der Spindel: langsamlaufende, große

* *Schenk:* W.-T. Bd. 33 (1939) S. 185.

Spindeln ungehärtet, sonst C- oder Einsatzstahl; auch Spindel aus C-Stahl und aufgeschrumpfte Buchse, jedoch schwierig herzustellen. Spindelbohrung vorn mit Kegel (1:20) für Aufnahme einer Buchse (innen Morsekegel) mit Spitze.

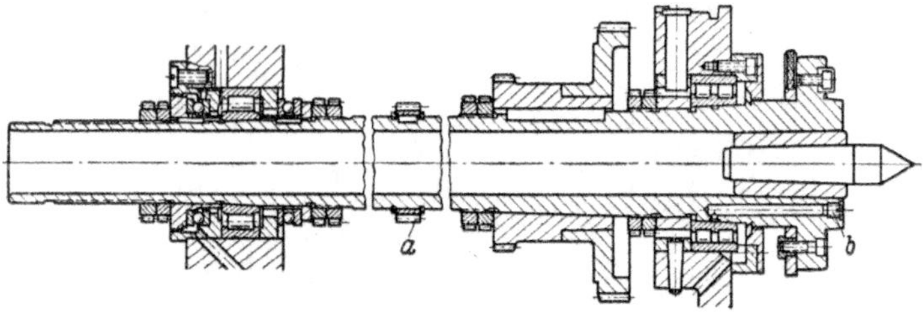

Bild 338. Spindel in Wälzlagern (VDF, Heidenreich & Harbeck, Hamburg)

Ermitteln der ***Durchbiegung*** in senkrechter oder waagerechter Ebene zeichnerisch[1].

Angreifende Kräfte beim Drehen zwischen Spitzen: Kraft des Werkstücks auf Spitze, Kraft im Mitnehmer, Zahnkräfte. Übliche Ermittlung, als ob Spindel punktförmig auf Lager als Stütze ohne Einspannung aufläge, ergibt zu große Werte für Durchbiegung. Wenn Lagerlänge l groß ($l : d \approx 1{,}6$ bis 2) und Spiel sehr eng, betrachte man Spindel auf vier Spitzen ruhend, je zwei Punkte im Vorder- und Hinterlager mit Abstand $l/6$ von Lagerkanten. Lagerpunkte liegen nicht immer in einer Ebene; Verfahren daher nur durchführbar, wenn man Überhöhung der Stützpunkte kennt. Als brauchbare Annäherung findet man Durchbiegungskurve der Spindel als Mittelkurve aus Fall „Schneidenauflagerung auf zwei Punkten" und „Feste Einspannung" (vgl. Bd. I, S. 362 u. f.).

Lagerung der Spindeln: Gleitlager und meist Wälzlager, Bild 338, erforderliche Genauigkeit von 2 bis 5 μ Rundlauf, gemessen am fliegend gespannten Dorn.

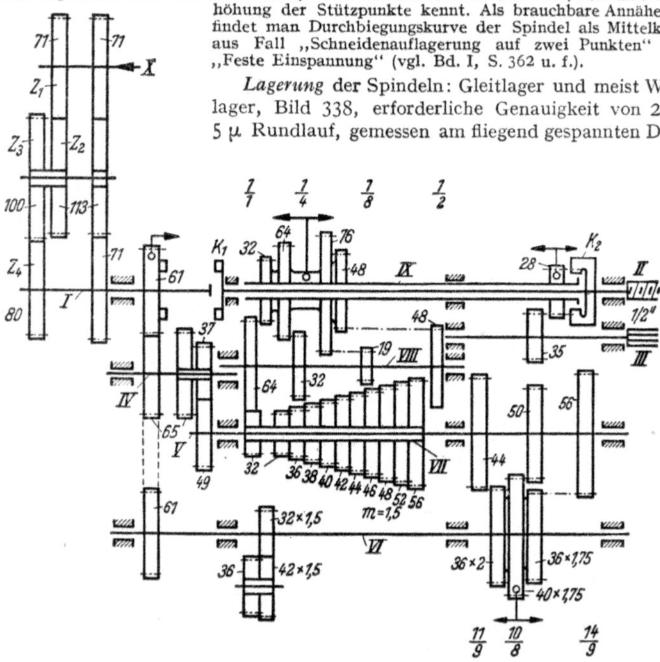

Bild 339. Getriebeplan zur Drehbank Bild 337 für ein Vorschubgetriebe mit Schwenkrad (VDF) (eingeschriebene Zahlen sind Zähnezahlen)

[1] *Kiekebusch, H.:* Werkzeugmaschinen unter Last. VDI-Forschungsheft 360. Berlin: VDI-Verlag 1933.

Axialschub soll 10 μ bei Dreh- und Revolverbänken nicht überschreiten. Prüfen der Lagerung durch Messungen an umlaufender Spindel mit Last in einer Richtung und an ruhender Spindel bei umlaufender Lastrichtung.

Ausführung nachstellbarer Gleitlager ähnlich wie in Bild 407. Bei Wälzlagern (vgl. Abschn. IV, H 3) haben sich Zylinderollenlager, Bild 278 und 338, und Kegelrollenlager, Bild 277 bewährt. Längskräfte werden durch Längsdrucklager aufgenommen. Höchstzulässige Drehzahl ergibt sich aus $d \cdot n_{\max} = 2 \cdot 10^5$ (d = Spindeldmr. in mm, n = U/min).

b) Vorschubantrieb. Vorschub (mm/U) wird von Hauptspindel bei *a*, Bild 338, abgenommen und geht mit 1 : 1 über ein Wendegetriebe auf eine Vorwelle (*X* in Bild 339 bzw. *IX* in Bild 340). Für Vorschubvergrößerung oft ein zweiter Weg vorgesehen, der von einer Vorwelle des Hauptgetriebes ausgeht und — da diese Welle schneller als die Hauptspindel läuft — die Vorschubwelle mit zwei- oder vier- oder achtfacher Drehzahl antreibt.

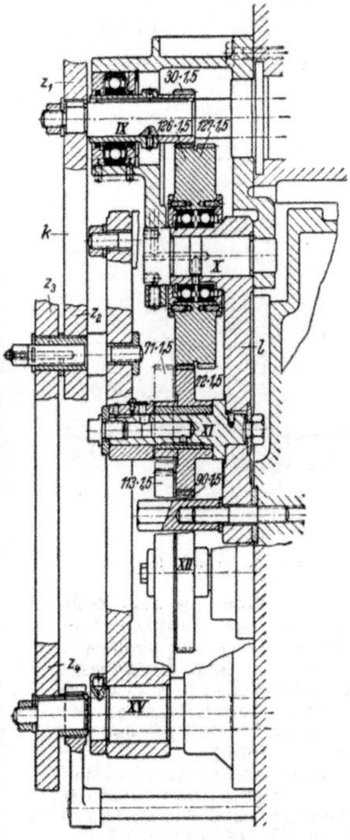

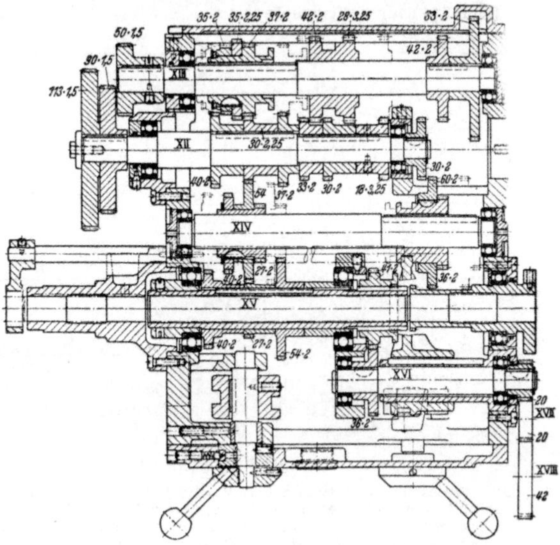

Bild 341. Vorschubgetriebe für Spitzendrehbank (Ludw. Loewe & Co.)

←Bild 340. (Vorschub-)Räderplatte für Spitzendrehbank (Ludw. Loewe & Co.). (Hier und in folgenden Bildern sind Zähnezahl und Modul angegeben durch z. B. 30 · 3.)

Bei Produktionsdrehbänken nur Zugspindel vorgesehen, die über ein Räder- oder auch P.I.V.-Getriebe angetrieben wird. In Leit- und Zugspindeldrehbänken umfangreiches Rädergetriebe, das so ausgestattet ist, daß alle normalen Gewindesteigungen einzustellen sind; für ungebräuchliche Steigungen sind zudem Wechselräder vorgesehen. Leitspindel dient nur zum Gewindeschneiden und trägt Trapezgewinde mit 3, 6, 12 oder 24 mm (DIN 113) oder mit $^1/_4''$ oder $^1/_2''$ Steigung.

Aufbau des Vorschubräderkastens nach Bild 339 mit Schwenkrad- und nachgeschaltetem Schieberrädergetriebe. Mit Schwenkradgetriebe wird Grundreihe erzeugt, die dann durch Schieberäder erweitert wird. Schalten auf Metrisch- oder Zoll- oder Modul-Gewinde durch verschiedene Zuführungswege.

Wege durch das Getriebe in Bild 339:
Gewindeschneiden mit Wechselrädern: X-z_1-z_2-z_3-z_4-I-k_1-Leitspindel II;
Metrisch-Gewinde über Getriebe: *X-71-113-71-I-61-65-37-49-V-50-40-VI*-Schwenkräder-*32-64-VIII*-Schieberäder- IX-28-k_2-II (es ist $61 \cdot 37/(65 \cdot 49) \approx 9/12{,}7$);

Zoll-Gewinde über Getriebe: *X-71-113-71-61-65-61-VI*, dann wie bei metrisch. Gewinde; Modul-Gewinde über *X-71-113-100-80-I-* usw. (da 71 · 5/113 ≈ π).

Die in Bild 337 eingezeichneten Hebel des Vorschubgetriebes schalten: *a* Rad *61* auf *I*, *b* Schieberäderblock auf *IX*, *c* Rad *28* auf *IX*, *d* Schwenkräder *32—42—36* auf *VI*.

In Bildern 340, 341 u. 342 ist der Aufbau eines Schieberädergetriebes gezeigt, mit dem alle normalen Gewindesteigungen eingestellt werden können. Hier sind folgende Wege von der Vorwelle IX vorgesehen:

1. Wechselräder z_1-z_2-z_3-z_4 auf Leitspindelschaft *XV*, Bild 340,
2. von Rad *30* (Bild 340) auf *IX* über *126-72* nach Rad *90* auf *XII* (vgl. Bild 341) für *metrisches* Gewinde,
3. von Rad *30* auf *IX* über *126-72* auf *XI* und von *71* auf *XI* nach *113* auf *XII* für *Modul*gewinde,
4. von Rad *30* auf *IX* nach *126* auf *X*, von *127* auf *X* nach *50* auf *XIII* (Bild 341) für *Zoll*gewinde.

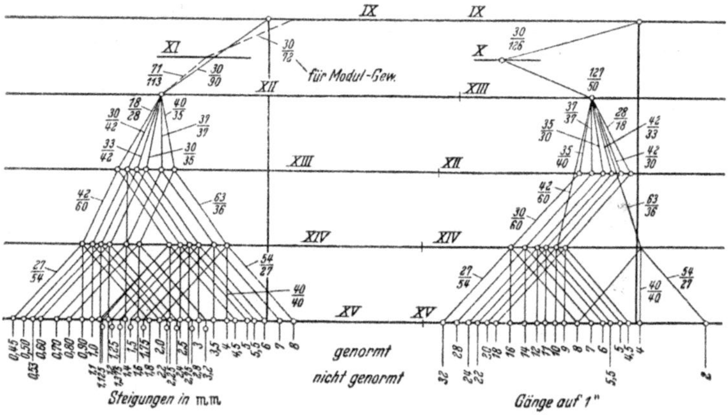

Bild 342. Drehzahlbild des Vorschubgetriebes, Übersetzung maßstäblich

Wechselräder sitzen in Schere *k*, Bild 340. Schaltwege und erreichte Vorschübe zeigt Drehzahlbild des Getriebes, Bild 342. Schieberädergetriebe hat gegenüber den bekannten Ausführungen mit Schwenkrad und Vervielfachungsgetriebe (Abschn. IV, C, S. 676) große Vorzüge: genauer Zahneingriff sichert auch bei hohen Drehzahlen ruhigen Lauf; Getriebe geschlossen, daher kein Verschmutzen, und gut zu schmieren; sämtliche Wellen in Wälzlagern.

Zugspindel *XVIII*, genutete Welle, wird über *XVI-XVII* von Vorschubgetriebe angetrieben und läuft beim Gewindeschneiden nicht mit. In Schloßkasten *H* (Bild 337 und 343) werden kreisende Bewegungen der Spindeln in geradlinige gewandelt, Bild 343.

Über Leitspindel *XV* (Bild 343, Schnitt *G—H*) greift Leitspindelmutter *m*, aus zwei Hälften, die von Handhebel *n* durch Schwenken der Welle mit zwei Exzentern *o* geöffnet werden.

Zugspindel *XVIII* (s. Abwicklung in Bild 343) treibt über Wendegetriebe, von Rad *23* auf *XVIII* über *23* auf *XX* nach *22* auf *XXI* oder über Räder *23* auf *XVIII*, *18* auf *XIX*, *23* auf *XX* nach *22* auf *XXI*, von *22* auf *XXI* nach *20* auf Fallschneckenwelle *XXII*, weiter zu Schnecke 1 Gg nach Schneckenrad *50* auf *XXIII* mit Plangang über *49-56-18* auf *XXV* und Längsgang von *18* auf *XXIII* über *58* nach Ritzel *18* auf *XXVI*. Ritzel *18* greift in Zahnstange *p*. Handvorschub von Handrad *q* mit Rad *16* nach *58* auf *XXVI*.

Fallschneckengehäuse *r* schwenkt um Punkt s_1 und liegt mit Nase t_1 auf w_1. Beim Drehen gegen Anschlag schraubt sich Schnecke 1 Gg aus Schneckenrad, indem sich Punkt s_1 um s_2 dreht, wobei durch Spannen der Feder s_3 leichteres oder schwereres Ausfallen eingestellt werden kann. Stift t_2 am Gehäuse *r* dreht hierbei w_2 und damit Winkelhebel w_1 unter t_1 fort. w_1, w_2, w_3 sitzen fest auf Welle *w*. Beim Einrücken schwenkt *w* Hebel w_1 und w_2, weil Stift in w_3 unter w_2 und Nase an *r* faßt. Genauigkeit der Vorschubbegrenzung 10 μ.

Sicherung gegen gleichzeitiges Einrücken der Leit- und Zugspindel durch Stift u_1, der bei eingerückter Fallschnecke durch Hebel w_2 hochgedrückt, bei ausgelöster Fallschnecke jedoch durch Stift in w_3 niedergeholt wird.

Hebel *x* für Wendegetriebe, Kugelgriff *y* für Längs- und Planzug. Ölpumpe ö (bei $ö_1$ im Saug-, bei $ö_2$ im Druckpunkt gezeichnet), saugt Öl durch Bohrung der Frontplatte vom Boden des vollkommen gekapselten Schloßkastens und drückt es über Kugelventil nach oben auf Deckel, der durch Planschlitten abgedeckt ist. Von Deckel verteilt sich dann Öl durch Bohrungen zu Schmierstellen.

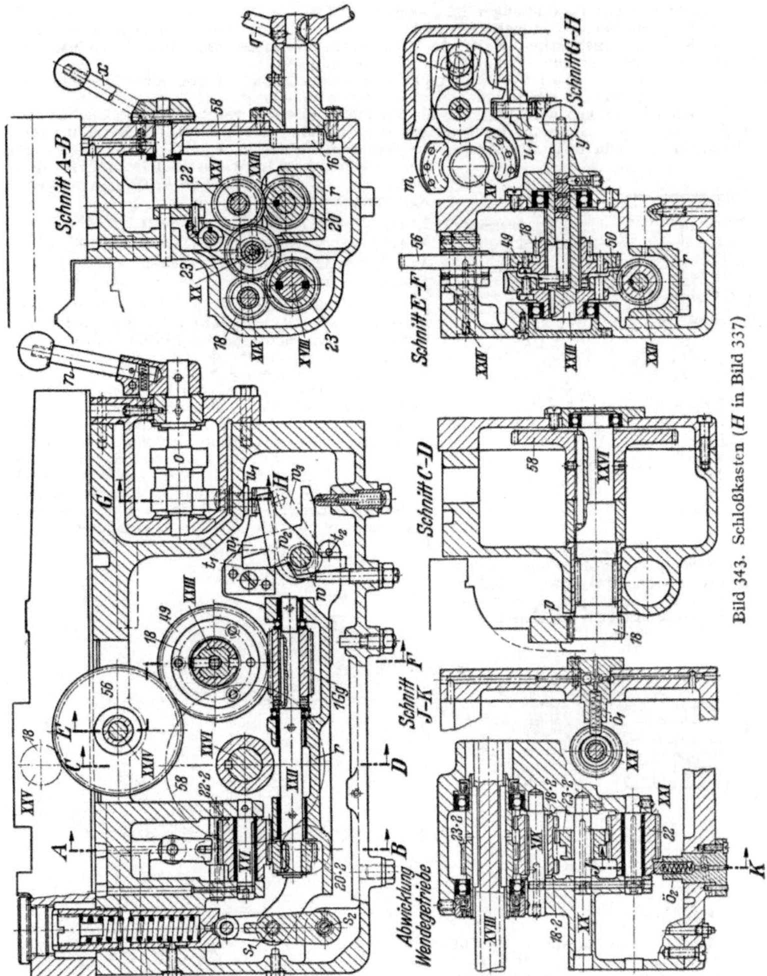

Bild 343. Schloßkasten (*H* in Bild 337)

Wechselräderberechnung[1]. Ist S_L Steigung der Leitspindel und S_G Steigung des zu schneidenden Gewindes, so folgen Wechselräder aus $(z_1 \cdot z_3)/(z_2 \cdot z_4) = S_G/S_L$ (Bild 340), wenn bei Zwischenrädern $i = 1$ (vgl. a. IV, C, S. 669). Ist eine Steigung in Zoll, die andere in mm gegeben, so verwandelt man die Zoll in mm durch 1'' = 25,4 mm = 127/5. Daher ist meist im Wechselrädersatz 127er Rad vorhanden. Ist es nicht verfügbar, so kann man Näherungswerte für das Umrechnen benutzen:

$$25{,}396825 = 40 \cdot 40/(7 \cdot 9) \quad (\text{Fehler } -0{,}125\,^0/_{00})$$
$$25{,}411765 = 18 \cdot 24/17 \quad (\text{Fehler } +0{,}463\,^0/_{00})$$
$$25{,}384615 = 11 \cdot 30/13 \quad (\text{Fehler } -0{,}606\,^0/_{00})$$

Fehler $+0{,}463\,^0/_{00}$ bedeutet, auf 1000 mm Länge ist Steigung um 0,463 mm zu groß.

[1] *Riegel, F.:* Rechnen an spanabhebenden Maschinen. Bd. 1, 3. Aufl. Berlin: Springer 1951. — *Mayer, E.:* Wechselräderberechnung f. Drehbänke. WB 4, 6. Aufl. 1950. — *Busch, E.:* Der Dreher als Rechner WB 63, 5. Aufl. 1957.

Bei sehr genauen Berechnungen ist zu setzen 1″ (englisch) = 25,399956 mm, 1″ (amerik.) = 25,400051 mm bei 20°C, sonst 1″ = 25,400000 mm nach DIN 4890/93, da sowohl die BSI (British Standards Institution) wie die ASA (American Standards Association) für i ndustrielle Zwecke bei Umrechnungen 1″ = 25,4 mm zugelassen haben.

Für *Steilgewinde* wird Vorschub nicht von Spindel, sondern von einer Vorwelle abgeleitet; dadurch werden die Steigungen meist vier- oder achtfach.

Bei *Modul*schnecken wird Steigung als Vielfaches von π angegeben. Schneckensteigung ist $S_g = \pi g m$ (g = Gangzahl der Schnecke, m = Modul, d.h. wie oft π in Zahnteilung enthalten). Damit erscheint in Gleichungen für Wechselräderberechnung Zahl π, die dargestellt werden kann, wenn im Wechselrädersatz *157*er Rad enthalten, *157/50* (Fehler $-0{,}507\,^0/_{00}$). Andere Näherungswerte sind:

3,141592 = 5 · 71/113		(Fehler 0,00⁰/₀₀)
3,141732 = 19 · 21/127		(Fehler +0,044⁰/₀₀)
3,141818 = 32 · 27/(25 · 11)		(Fehler +0,072⁰/₀₀)
3,142857 = 22/7		(Fehler +0,402⁰/₀₀).

Zugspindelantrieb: Ist m_r = Modul, z_r = Zähnezahl d. Ritzels, n_r = Drehzahl d. Ritzels bei *einer* Umdrehung der Hauptspindel (in Bild 343 $m_r = 2{,}5$, $z_r = 18$), so errechnet sich Längsvorschub aus $s_l = d_{0r}\pi n_r = m_r z_r \pi n_r = m_r z_r \pi u_f u_v u_s$ (u_f = festes Zahnverhältnis — treibende durch getriebene Zähnezahl — vor dem Vorschubräderkasten, u_v = veränderliches Zahnverhältnis im Vorschubräderkasten, u_s = festes Zahnverhältnis im Schloßkasten). Durch Einsetzen der verschiedenen u_v errechnet sich dann Vorschub; Planvorschub s_p wird von Planspindel mit Steigung S_p abgeleitet, damit wird $s_p = n_p S_p$, worin n_p = Drehzahl der Planspindel je Drehung der Hauptspindel, die sich wie n_r errechnet.

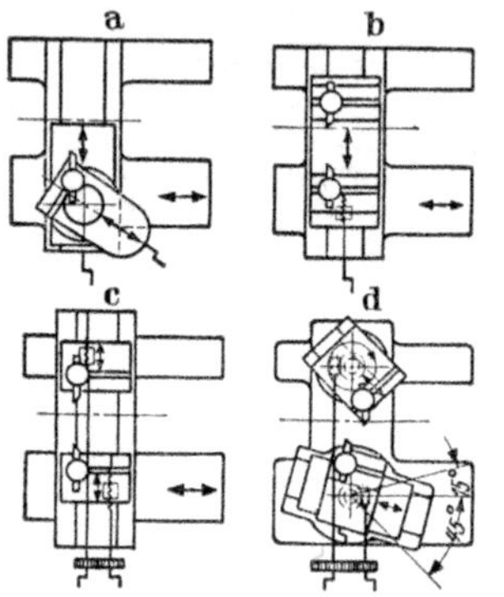

Bild 344. a Normaler Kreuzsupport, b Doppelsupport, c Vorder- und Hintersupport getrennt, d wie c, jedoch schwenkbar. Bei c und d Vorschub durch Wechselräder verschieden einstellbar

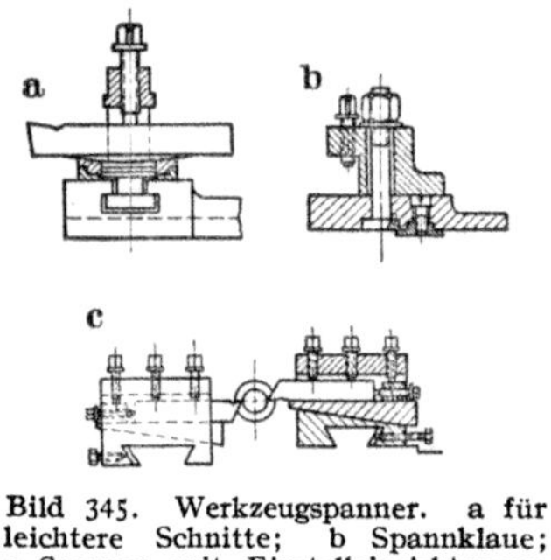

Bild 345. Werkzeugspanner. a für leichtere Schnitte; b Spannklaue; c Spanner mit Einstelleinrichtungen

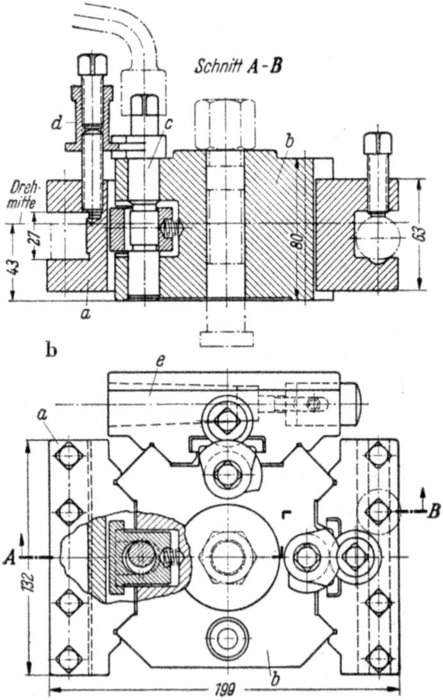

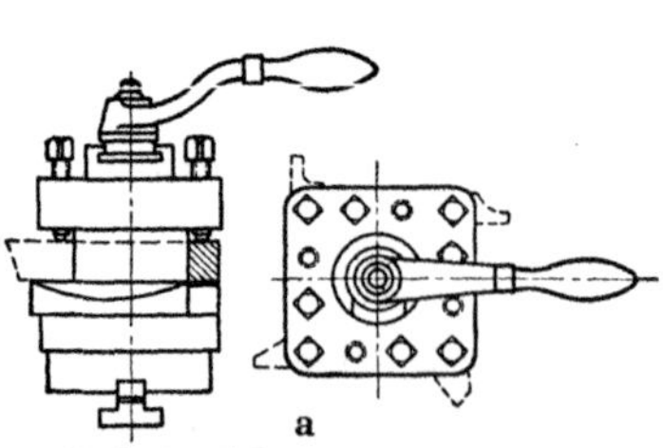

Bild 346. Schwenkbare Stahlhalter für 4 Werkzeuge, a aufzusetzen auf Querschlitten, b Schnellwechsel-Meißelhalter (VDF Gebr. Böhringer, Göppingen)

c) Werkzeugträger. Schloßkasten *H* hängt an Bettschlitten *E*, Bild 337, der auf Bettführung gleitet und Planschlitten *F* trägt. Auf diesem wieder ist Oberschlitten schwenkbar gelagert, der zweiteilig ausgeführt ist, so daß sich Oberteil mit Werkzeug durch Kurbel *O* und Spindel verschieben läßt. Bild 344 zeigt verschiedene Ausführungen von einfachen und Doppel-Supporten.

Werkzeuge können nach Bild 345 eingespannt werden oder auch in schwenkbaren Meißelhaltern, Bild 346. Bei dem Schnellwechsel-Meißelhalter nach Bild 346 b sind die Werkzeughalter *a* einzeln an drei Seiten des schwenkbaren Grundkörpers *b* über Klemmbolzen *c* befestigt und können in der Höhe durch Einstellmutter *d* eingestellt werden. Bei *e* Halter für Bohrwerkzeug.

d) Werkstückträger. Zum Befestigen der Werkstückspanner trägt Hauptspindel am Spindelkopf entweder Gewinde nach DIN 800 oder einen Flansch nach DIN 55021 oder mit Bajonettscheibe nach DIN 55022, Bild 347. Spindelflansch für größere Abspanungsleistungen und bei höheren Drehzahlen. Nach DIN 800 ist ein Zentrierzylinder und beim Flansch ein Zentrierkegel vorgesehen, da einwandfreies Bestimmen bei kreisenden Werkstücken neben der Genauigkeit vor allem einen zentrischen Sitz des Spannzeuges erfordert.

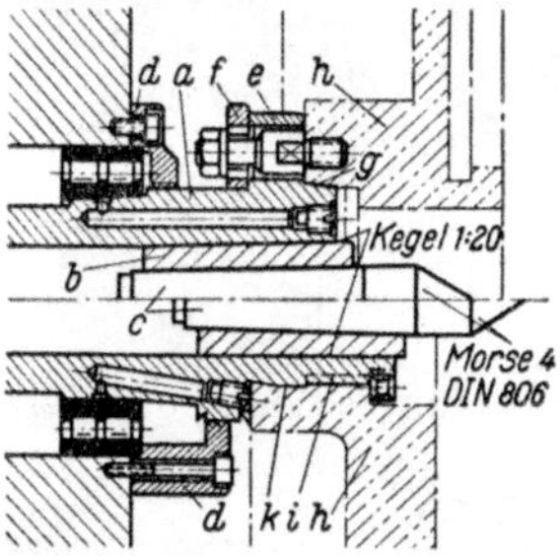

Bild 347. Ausführung des Spindelkopfes (VDF); unten nach DIN 800, oben nach DIN 55022. *a* Spindel, *b* Einsatzbuchse für Spitze *c*, *d* Dichtungsring, *e* Spindelflansch, *f* Bajonettscheibe, *g* Zentrierkegel, *h* Futter oder Planscheibe, *i* Spindelgewinde, *k* Zentrierzylinder

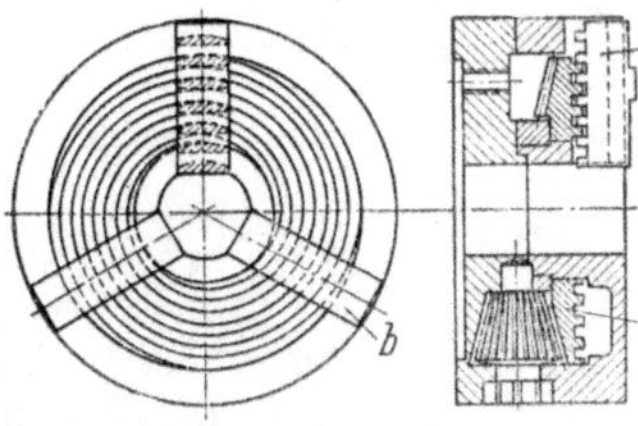

Bild 348. Drehfutter mit Spirale (Bauart Cushman). *a* Spirale, *b* Spannbacke

Bauarten handbetätigter Drehfutter mit drei Backen in Bild 348 u. 349. Futter mit Spirale (Bild 348) ist ältestes und vielgebrauchtes Futter. Infolge der verschieden großen Krümmungen der Spirale nur begrenzte Anlage der Spannbacken, daher bei hohem Druck schneller Verschleiß und ungenügende Zentrierung. Im Keilstangenfutter, Bild 349, breite und ebene Flächen zur Kraftübertragung auf Backen; dadurch geringerer Druck, bessere Anlage, höhere Genauigkeit. Zweibackenfutter, Bild 350, eignen sich zum Spannen von Stangenwerkstoff und Formteilen, wenn entsprechend geformte Spannbacken aufgesetzt werden. Da Backen durch Gewindespindeln — Links- und Rechtsgewinde — bewegt werden, höhere Genauigkeit.

Schnelles Spannen durch Mitnehmer, mit zwei Klemmbacken, Bild 351, oder drei, die durch Drehen eines Kurvenringes zur Anlage kommen.

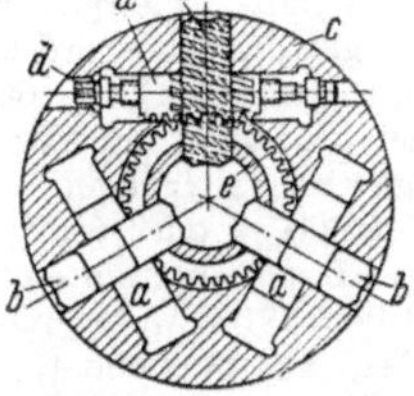

Bild 349. Drehfutter mit Keilzahnstange (Bauart Forkardt). *a* Keilzahnstange, *b* Spannbakken, *c* Futterkörper, *d* Spanntrieb mit Ritzel *e* zum Antrieb der anderen Keilzahnstangen

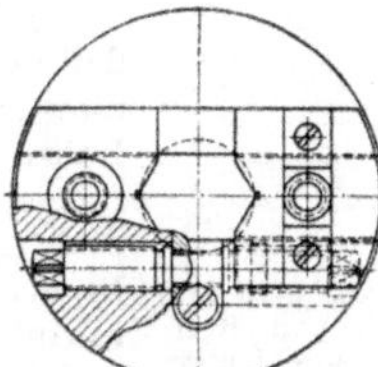

Bild 350 Zweibackenfutter (Ludw. Loewe & Co.)

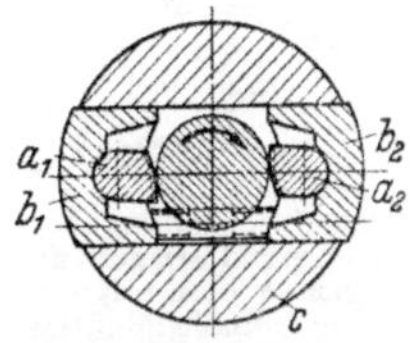

Bild 351. Mitnehmer mit zwei Klemmbacken a_1, a_2, die in Schlitten b_1, b_2 — durch Spindel einstellbar — sitzen, *c* Futterkörper

Gleichmäßiges Spannen mit *Preßluft*einrichtungen dann, wenn im Betrieb Preßluft mit etwa 6 kg/cm² vorhanden, Bild 352.

Von der Leitung *a* kommt Preßluft über Druckminderventil *b* und Manometer *c*, Handsteuerhahn *d*, „Zu"- und „Auf"-Leitungen *e* zur Luftzuführung *f*, zum umlaufenden Preßzylinder *g*, der an Verbindungsstange *h* sitzt. *h* ist durch Spindelbohrung der Bank mit Zwischenstück *i* verbunden, das über Keiltrieb, wie gezeichnet, oder über Hebel auf Backen *j* wirkt. Statt des Futters kann auch Spanndorn, Bild 353, aufgesetzt werden, bei dem Stange *h* geschlitzte Buchse *l* auf Kegel *k* zieht und dadurch Werkstück innen spannt.

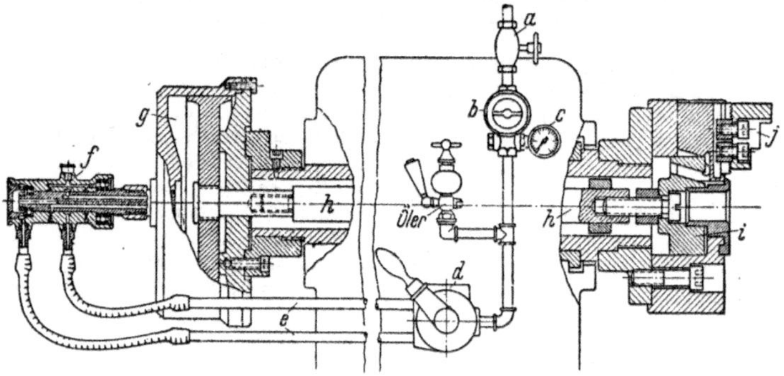

Bild 352. Preßluftspannvorrichtung an einer Revolverbank (P. Forkardt KG, Düsseldorf)

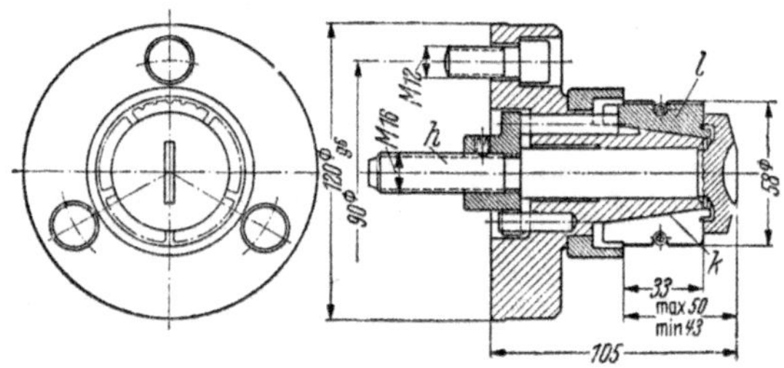

Bild 353. Spanndorn (P. Forkardt KG, Düsseldorf) für Anschluß an Spindelflansch Maße in Spannstellung

Reitstock D in Bild 337 soll lange Werkstücke abstützen. Feststehender Reitnagel oft durch mitlaufende Reitstockspitze ersetzt, wodurch Gefahr des Fressens vermieden wird, Bild 354.

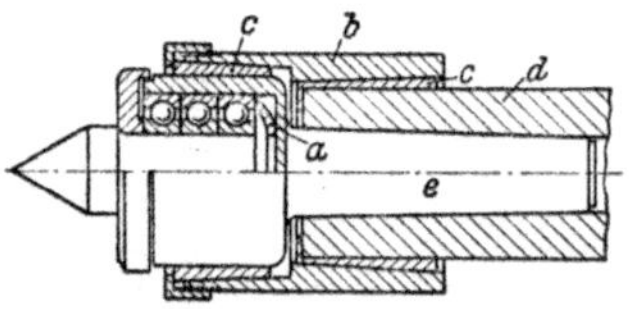

Bild 354. Mitlaufende Reitstockspitze mit 3 Hochschulterlagern und Druckfeder *a*. Keilringmuffe *b* mit Keilringen *c*, festgeklemmt auf Pinole *d*, entlasten den Kegel *e*.

Bild 355. Bettführungen

e) Bett. Querschnitt so ausgebildet, daß Verdrehung gut ertragen wird und Späne abfließen können (IV, H, 1, S. 697). Führungsbahnen verschieden als Dachführung mit gleichen Neigungen vorn und hinten (Bild 355a) oder (sehr gebräuchlich) vorn Dach- und hinten Geradführung, Bild 355b, wobei Dach gleichseitig oder, wie gezeichnet, mit verschiedenen Neigungen ausgeführt wird, so daß die Kräfte besser aufgenommen werden. Reitstock auf dazwischen liegenden Sonderführungen (eine Dach- und eine Flachführung).

Für schwere Drehbänke Flachführungen mit rechteckigem Querschnitt, da breite Tragflächen.

f) Bauformen. α) *Vielmeißelbänke*: ausgerüstet mit je einem vorderen und hinteren Werkzeugschlitten, die unabhängig voneinander arbeiten. Antrieb über Spindeln so, daß vorderer Schlitten mit mehreren Meißeln längs, hinterer plan dreht. Schnellspanneinrichtung, Selbstauslösung der Bewegungen und Schnellrücklauf, auch selbsttätig wirkende Steuerung des Arbeitsablaufs wie bei Halbautomaten kennzeichnen Vielmeißelbänke als Maschinen für Massenfertigung, Arbeitsbeispiel in Bild 356. Weiter entwickelt zu *Frontautomaten* (Halbautomaten mit Bedienung von Stirnseite).

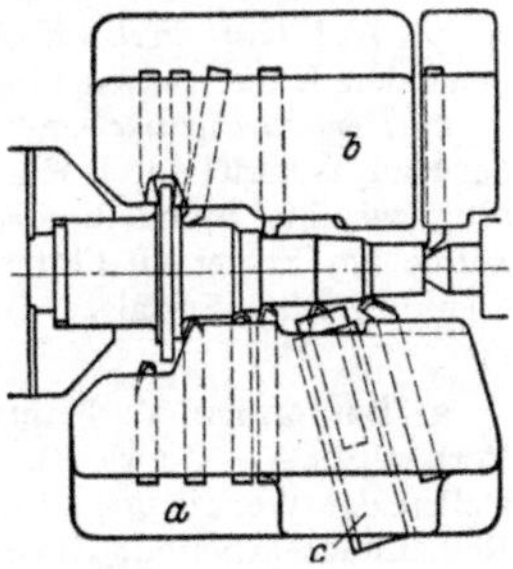

Bild 356. Werkzeugschlitten einer Vielmeißelbank (Ludw. Loewe & Co.). *a* vorderer, *b* hinterer Schlitten. Bei c wird Werkzeug durch Kegeldrehlineal gleichzeitig plan verschoben.

β) *Nachformdrehbänke* besitzen Steuerung, bei der ein Taster an Meisterstück (Schablone oder fertiggedrehtes Werkstück) entlangfährt und die Bewegung des Tasters auf den Schlitten mit Drehmeißeln überträgt. Bild 357 zeigt elektrohydraulisch gesteuerte Nachformdrehbank, die zusätzlich mit hydraulisch oder von Hand betätigtem Einstechsupport und anderen Zusatzeinrichtungen versehen werden kann. Ausrüstung mit Heller-Nockensteuerung als Weg-Steuerung (Schwachstrom), mit Programmsteuerung für Drehzahlen und Bewegungen (Vorschübe, Zustellungen), vgl. S. 700, Bild 258. Steuerungen s. S. 694.

Für das Nachformen senkrechter Absätze an Wellen müssen Längs- und Planzug gesteuert werden, oder Planzug muß schräg zur Drehbankachse gerichtet sein und seine Geschwindigkeit so verändert werden, daß Resultierende aus Planzug- und Längszuggeschwindigkeit senkrecht zur Werkstückachse gerichtet ist.

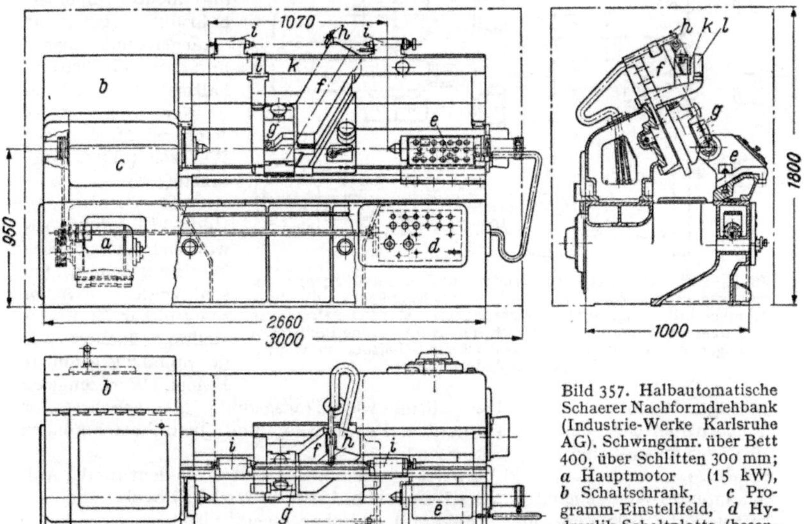

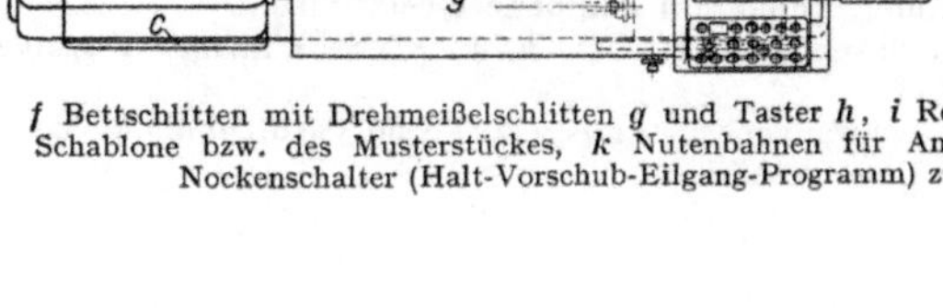

Bild 357. Halbautomatische Schaerer Nachformdrehbank (Industrie-Werke Karlsruhe AG). Schwingdmr. über Bett 400, über Schlitten 300 mm; *a* Hauptmotor (15 kW), *b* Schaltschrank, *c* Programm-Einstellfeld, *d* Hydraulik-Schaltplatte (besonderer Antrieb mit 2,5 kW), *e* Reitstock mit Schalttafel, *f* Bettschlitten mit Drehmeißelschlitten *g* und Taster *h*, *i* Reitstöcke zum Einspannen der Schablone bzw. des Musterstückes, *k* Nutenbahnen für Anschläge, *l* sechsfach Mikro-Nockenschalter (Halt-Vorschub-Eilgang-Programm) zur Heller-Steuerung

Nachformsteuerungen werden als Zusatzeinrichtungen zu normalen Spitzendrehbänken geliefert oder in Sondermaschinen eingebaut (Bild 357). Nachformbänke arbeiten auch schon bei geringen Stückzahlen (oft unter 10 Stück) wirtschaftlich, da Nebenzeiten weitgehend verringert. Mit hochwertigen Maschinen wird eine Nachfahrgenauigkeit (Toleranz der Abweichung von der Parallelität des Meißelweges gegenüber der des Taststiftes) erreicht von $\pm 25\,\mu$ für Längs- und $\pm 5\,\mu$ für Planzug.

γ) Auf *Kurbelwellendrehbänken* werden Kurbelwellen mit den exzentrisch liegenden Kurbelzapfen in einer Aufspannung bearbeitet.

δ) *Hinterdrehbänke* sind mit Schlitten ausgerüstet, der in Abhängigkeit von der Hauptspindel durch Kurve (S. 695, Bild 250) so gesteuert wird, daß das Werkzeug bei einer Spindelumdrehung plan so oft vor- und zurückgeholt wird, wie Zähne am Fräser zu hinterdrehen sind. Erzeugung einer logarithmischen oder archimedischen Spirale.

3. Revolverdrehbänke

a) Bauformen. Vorbereitung (Rüsten) und Ausführung der Arbeit getrennt. Vorbereitung = Einrichtung nach Werkzeugplan umfaßt Einspannen und Einstellen der Werkzeuge, so daß sie in der durch Werkzeugplan vorgeschriebenen Reihenfolge arbeiten; Einstellen der Anschläge zum Begrenzen der Längs- und Planwege der Werkzeuge wie der Schnitt- und Vorschubgeschwindigkeiten, auch nach Programmsteuerung. Werkstücke fallen unabhängig von Geschicklichkeit der Bedienenden in Abmessungen und Güte gleich aus, so daß Angelernte an der Revolverdrehbank arbeiten können.

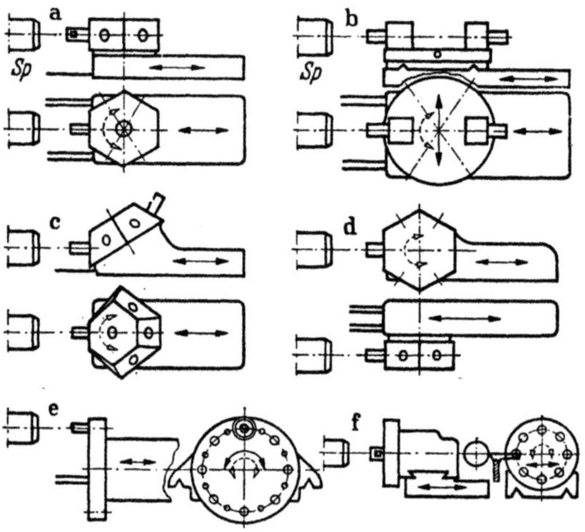

Bild 358. Bauarten der Revolverköpfe; a) Sternrevolver, b) Tischrevolver, c) Sternrevolver mit schräger Schwenkachse, d) Sternrevolver mit waagerechter Schwenkachse, e) Trommelrevolver, f) Seitenrevolverkopf mit Stützschiene. Ausgezogene Pfeilstriche zeigen Arbeitsbewegungen, gestrichelte Schaltbewegungen; *Sp* Hauptspindelachse

Antrieb und Bett ähnlich wie bei Drehbänken. Hauptspindel durchbohrt. Spindelbohrung bestimmt Stangenabmessungen und damit Größenverhältnis der Maschine.

Kennzeichnend ist *Revolverkopf*, d. h. der Werkzeugträger. Ausführung als

α) *Sternrevolverkopf*, Bild 358a. Kopf, gewöhnlich mit sechs Werkzeuglöchern, um senkrechte Achse schwenkbar. Bei Sperrstellung fluchtet das der Spindel gegenüberliegende Werkzeugloch mit Spindelachse. Mit Revolverschlitten wird längsgedreht und gebohrt. Für Planarbeiten Querschlitten erforderlich. Revolverkopf und Querschlitten können gleichzeitig und unabhängig arbeiten.

β) *Tischrevolverkopf*, Bild 358b, Abart des Sternrevolvers, bei dem auf der Aufspannplatte Werkzeughalter je nach Bedarf aufgestellt werden. Revolverschlitten mit und ohne Planbewegung; Bänke mit und ohne Querschlitten.

γ) *Sternrevolverkopf*, Schwenkachse geneigt; insbesondere für kleinere Revolverdrehbänke, Bild 358c.

δ) *Sternrevolverkopf*, Schwenkachse waagerecht, Bild 358d, ähnlich wie bei Automaten, für kleinere Revolverbänke.

ε) *Trommelrevolverkopf*, Bild 358e u. 359. Kopf meist mit 16 Werkzeuglöchern, schwenkbar um waagerechte tiefliegende Achse. Planarbeiten durch Drehen des Revolverkopfes um seine Achse. Oberstes Werkzeugloch fluchtet in Sperrstellung mit Spindelachse. Größere Trommelrevolverdrehbänke auch mit Querschlitten ausgerüstet, der unabhängig vom Revolverkopf bedient wird (Bild 360), dann fluchtet bei einigen Baugrößen eine seitlich gelegene Bohrung mit Spindelachse.

η) *Seitenrevolverkopf*, Bild 358f. Der Revolverkopf mit 6 bis 8 Werkzeuglöchern um waagerechte Achse schwenkbar, die etwa in Höhe und parallel der Spindelachse gelagert ist. Werkzeuge liegen auf Stützschiene.

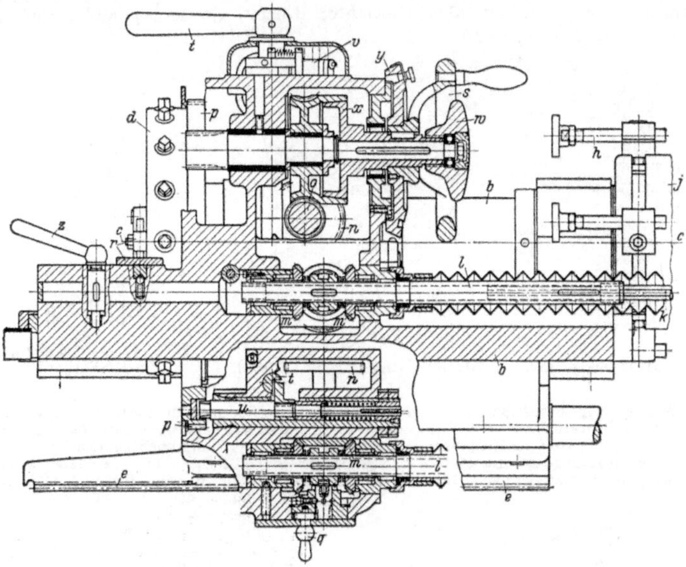

Bild 359. Trommelrevolverkopf (Gildemeister AG, Bielefeld) mit Antrieb des Planvorschubes Spindeldurchlaß 50 mm. Antriebleistung 5 bis 8 kW

Anwendungsbereiche der Bauarten überdecken sich. Stern- und Tischrevolver auch für größere sperrige Werkstücke mit Planflächen, Trommelrevolver für Stangen- und Futterarbeiten an mittleren Werkstücken, Seiten- sowohl wie Sternrevolver mit geneigter oder senkrechter Schwenkachse nur für kleinere leichtere Arbeiten (bis 25 mm Spindelbohrung).

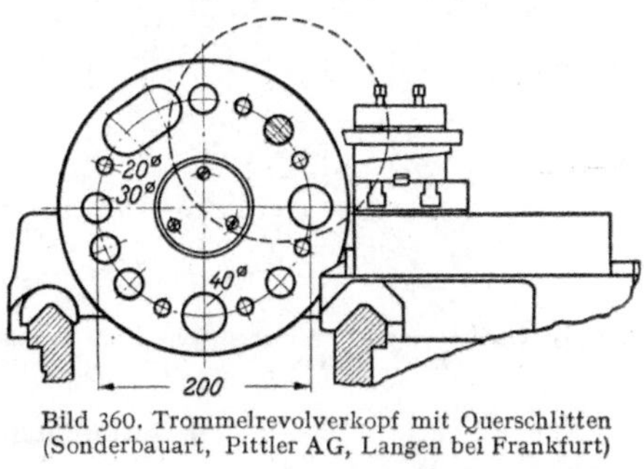

Bild 360. Trommelrevolverkopf mit Querschlitten (Sonderbauart, Pittler AG, Langen bei Frankfurt)

Für die Ausführungen diene als Beispiel der *Trommelrevolver*, Bild 359. Auf Führungen des Bettes liegt Revolverkopfgehäuse *b*, in dem lange Spindel mit Achse *c* gelagert, die vorn die Trommel *d* mit Werkzeuglöchern trägt. Schlitten *b* trägt unten Zahnstange *e*, in die das von Vorschubspindel über Fallschnecke angetriebene Ritzel eingreift. Längsvorschub wird durch Anschläge *h* begrenzt, die hinten auf Anschlagtrommel *j* sitzen. Selbstauslösung des Vorschubes, wenn Anschlag *h* über Gestänge Fallschnecke auslöst. Handvorschub und Rückholen mit Handkreuz.

Zum Plandrehen treibt Planvorschubspindel *k* über Hülse *l*, über Kegelradwendegetriebe *m* Zwischenräder *n*, Schneckentrieb *o* und ein Ritzel an, das in Zahnkranz *p* der Revolverscheibe *d* eingreift. Einrücken des Vorschubselbstganges bei *q*, Anschläge für Plandrehen bei *r*; *s* Handrad für Planvorschub grob, für Planvorschub fein von vorn über *o*. *t* Auslösehebel für Indexbolzen *u*, *t* gleichzeitig Kipphebel zum Auslösen der Schaltautomatik und Kommandogeber für vorgewählte Vorschübe (bei *v* Schaltelement). Mit Sterngriff *w* wird Reibkupplung *x* bedient. *y* Skalenscheibe mit Reiter für Planvorschub. Beim Plandrehen wird Revolverschlitten *b* mit Knebelgriff *z* festgeklemmt.

b) Werkstückspanner. Für Stangenarbeiten werden die Hauptspindeln der Revolverdrehbänke mit Spanneinrichtungen ausgeführt, die während des Laufs der Spindel betätigt werden können. Mit Stangenspannung wird häufig der Stangenvorschub gekoppelt, der über Gewichte, Ketten, Gewindespindeln, Reibrollen oder Preßluft betätigt wird.

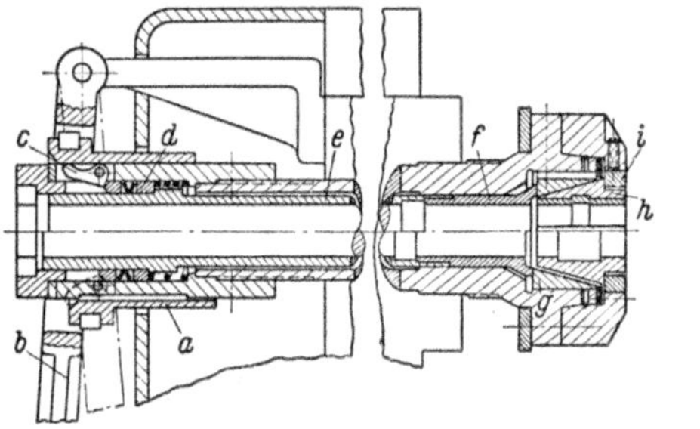

Bild 361. Druckspannung (Pittler AG, Langen bei Frankfurt)

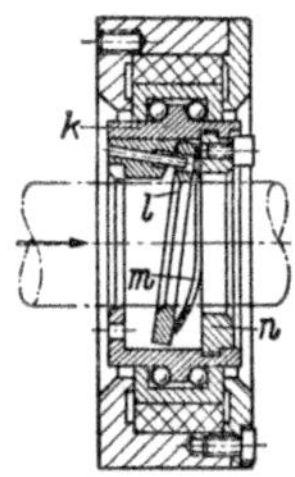

Bild 362. Vorschubkopf (Pittler-Forkardt)

Bild 361 zeigt Druckspannung, bei der zum Spannen Spannmuffe *a* mit Hebel *b* von Hand oder durch Druckluft nach links geschoben wird, so daß Wirbel *c* über Tellerfeder *d*, Druckrohr *e*, Druckbuchse *f* die Kegelbuchse *g* gegen die dreiteilige Spannbuchse *h* drückt und damit die Werkstückstange spannt. Es läßt sich gezogener, geschälter und auch gewalzter Werkstoff spannen, wenn letzterer nach Durchmessertoleranzen sortiert wurde. Mit Mutter *i* kann die Spannung dem Werkstückdurchmesser angepaßt werden.

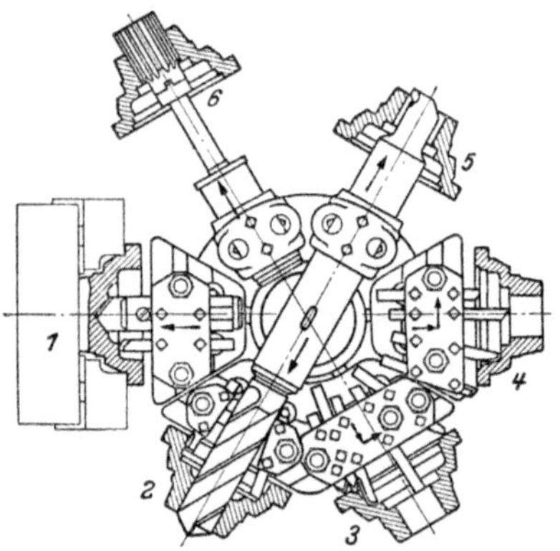

Bild 363. Tischrevolver (F. A. Scheu-Schwartzkopff, Berlin)

Zum Vorschieben wird die Stange durch einen Vorschubkopf, Bild 362, mitgenommen. Während des Laufs der Spindel wird beim Schalten des Spannhebels (*b* in Bild 361) zum Spannen zunächst der Vorschubkopf nach links um die Länge zurückbewegt, um die die Stange nachher vorgeschoben werden soll. Beim Schalten des Spannhebels nach rechts wird der Werkstoff bis zum Anschlag im Revolverkopf vorgeschoben und dann gespannt. Im Vorschubkopf sitzt in der umlaufenden Buchse *k* die Vorschubscheibe *l*, die durch Feder *m* in die schiefe Lage gedrückt wird, so daß sie beim Vorschieben die Stange mitnimmt, beim Rückholen aber auf der gespannten Stange gleitet. Für Vierkant- oder Sechskant-Stangen werden Vorschubscheiben eingesetzt, die entsprechend ausgearbeitet sind. Zum Auswechseln der Vorschubscheibe wird Ring *n* herausgenommen.

c) Arbeitsbeispiel. Bild 363 zeigt Bestückung eines Tischrevolvers zum Bearbeiten einer Gehäuse-Hälfte.

4. Automaten

Literatur: 1. *Kelle, Ph.:* Automaten. 2. Aufl. Berlin: Springer 1927. — 2. *Schaumjan, G. A.:* Automaten. 2. Aufl. Berlin: VEB Technik 1956. — 3. *Petzoldt, F.:* Werkzeugeinrichtungen auf Einspindelautomaten. WB 83, 2. Aufl. 1953; desgl. auf Mehrspindelautomaten WB 95 1953. — 4. *Karpinski, F.:* Einspindelautomaten, Berlin: Springer 1958.

a) Bauformen. Automaten sind selbsttätig arbeitende Revolverdrehbänke.

*Voll*automaten verarbeiten Stangenmaterial oder nehmen vorgearbeitete Werkstücke aus einem Magazin. Bedienen beschränkt sich auf Einführen der Stangen oder Füllen des Magazins.

*Halb*automaten bearbeiten Einzelteile (Guß-, Schmiedeteile usw.), die vom Bedienenden eingespannt werden. Alle anderen Arbeiten laufen nach Einrücken der Maschine selbsttätig ab.

Wirtschaftlicher Vorteil der Automaten liegt demnach darin, daß nach Einrichten der Maschine durch Facharbeiter mehrere Automaten von angelernten Arbeitern bedient werden können. Ausbringen wird erhöht, wenn Automaten nicht als einspindelige, sondern als mehrspindelige Maschinen gebaut werden.

Hauptantrieb der Automaten einfach, da Ein- oder Mehrzweckmaschinen; Drehzahl durch Umsteckräder einstellbar. Selbsttätiges Wechseln der eingestellten Drehzahl für Drehen auf niedrige Drehzahl für Gewindeschneiden oder Rechts- auf Linksdrehzahl meist möglich. Drehsinn der Spindel beim Drehen auf Automaten im Uhrzeigersinn. Revolverkopf, wenn vorhanden, ähnlich aufgebaut wie bei Revolverdrehbänken.

Wesentliches Merkmal der Automaten ist Aufbau der *Steuerung*. Durch Steuerung wird eingeleitet: Zuführen und Spannen des Werkstoffs, Schalten und Vorschieben des Revolverkopfes, desgl. der Querschlitten, Verändern der Spindel- und Steuerwellendrehzahlen. Steuerung durch Kurven, die auf einer Steuerwelle liegen, oder hydraulisch oder elektrisch.

b) Mechanische Steuerungen. Bei mechanisch gesteuerten Automaten sind Kurven vorgesehen, die als Trommel- oder Scheibenkurven (s. S. 688), auch als Nocken ausgebildet sind. Kurven sitzen auf einer *Steuerwelle*, deren Drehzahl beim Einrichten so eingestellt wird, daß sie bei der Herstellung eines Werkstücks eine volle Umdrehung macht. Von hier werden dann die Schalt- und Vorschubbewegungen der Schlitten und Übertragungselemente eingeleitet.

Nach der Anordnung der Vorschubkurven für den Revolverkopf unterscheidet man:

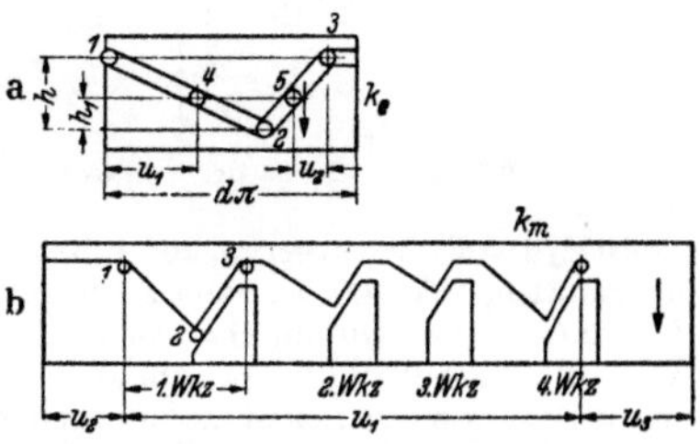

Bild 364. Abgewickelte Kurventrommel. a für Einkurven-, b für Mehrkurvensystem mit vier Werkzeugen (Wkz)

α) *Einkurven*system: Kurve k_e, Bild 364a, trägt nur einen An- und Ablauf. Bei z Werkzeugen im Revolverkopf muß daher zur Fertigstellung eines Werkstücks k_e z mal gedreht werden. Da aber Steuerwelle bei der Fertigung eines Werkstücks nur eine Umdrehung macht, sitzt Kurve auf besonderer Welle.

β) *Mehrkurven*system. Kurventrommel für Steuerung des Revolverkopfes liegt auf Steuerwelle. Da nun k_m, Bild 364b, mit Steuerwelle bei Fertigung eines Werkstücks nur einmal umläuft, so müssen auf der Trommel so viele Kurven aufgelegt werden, wie Werkstückbohrungen im Revolver sitzen.

Vorteile des Einkurvensystems: Kurven brauchen nicht jedesmal ausgelegt zu werden. Nachteil: s. Abwicklung k_e. Bild 364a, h ist größter Vorschubweg des Revolvers; ist h_1 zu durchlaufen, so sind Teile u_1 und u_2 des Umfanges Zeitverlust, der dadurch verringert wird, daß u_1 und u_2 im Schnellgang durchlaufen werden. Da nur eine Kurve vorhanden, werden verschiedene Vorschübe durch Verändern der Kurvendrehzahl erreicht. Einkurvensystem auch eingebaut bei mehrspindeligen Automaten.

Auch bei *Mehrkurven*system Zeitverlust, weil nicht alle Kurven größten vorgesehenen Teil des Trommelumfangs beanspruchen. In Abwicklung k_m, Bild 364b, benötigen Kurven für Werkzeuge (Wkz. 2 bis 4) nur kleinen Umfang. Somit bleibt u_3 = Leerlauf, während u_1 = Arbeitsgang und u_2 = Materialvorschieben und -spannen. u_3 wird wieder im Schnellgang durchlaufen. Zeitverluste beim Mehrkurvensystem geringer, Einrichten langwieriger.

Hilfskurvensystem, Bild 365. Vom Hauptantrieb wird über Riemenscheibe a Hilfssteuerwelle b angetrieben, die über Wechselräder z_1 bis z_4 und Zwischenräder, Schneckenantriebe c, Steuerwelle d treibt, deren beide Teile d_1 und d_2 durch Kegelräder e ($i = 1$) verbunden sind. Auf d sitzen Scheiben f_1 für Einrücken der Kupplung g_1 zum Materialvorschieben und Spannen, f_2 für g_2 zum Wechseln der Hauptspindeldrehzahl, f_3 für g_3 zum Einleiten der Revolverkopfschaltung. Wenn Schaltung ausgeführt, rücken Nockenscheiben f Kupplungen g

wieder aus. Außerdem sitzen auf d die Kurvenscheiben k_1 für Vorschub des Revolverkopfes, Kurvenscheiben k_2 und k_3 für vorderen Querschlitten i und hinteren j. Steuerwelle d dreht sich bei Herstellung eines Werkstücks einmal. Entsprechend werden Wechselräder z_1 bis z_4 eingestellt. Kurvenscheibe k_1 zeigt daher für jedes Werkzeug An- und Ablauf (s. Nebenbild und Bild 226, 227, S. 688), so daß h über Hebel l mit Zahnkranz u. Zahnstange m so oft vor- und zurückgeschoben wird, wie Zahl der Werkzeuge im Revolverkopf beträgt (normal 6). Wird g_3 zum Schalten des Kopfes eingerückt, so dreht sich Schaltwelle n über Räder r_1 bis r_3, Kegelräder r_4. Eine auf n sitzende Kurve entsichert über Hebel o den Revolverkopf, Maltesergetriebe p dreht Kopf um 60°; Kurbeltrieb q, der am festen Zapfen s des Schlittens h angreift, zieht Oberschlitten am Kopf zurück (dadurch kommen beim Schwenken des Kopfes Werkzeuge weit zurück, ohne daß auf Kurve k_1 ein großer Ablauf erforderlich ist). Vorteil des Hilfskurvensystems: Verkürzung der Totzeiten.

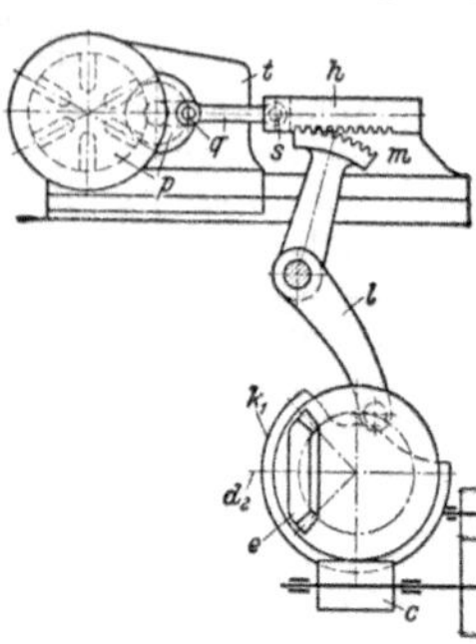

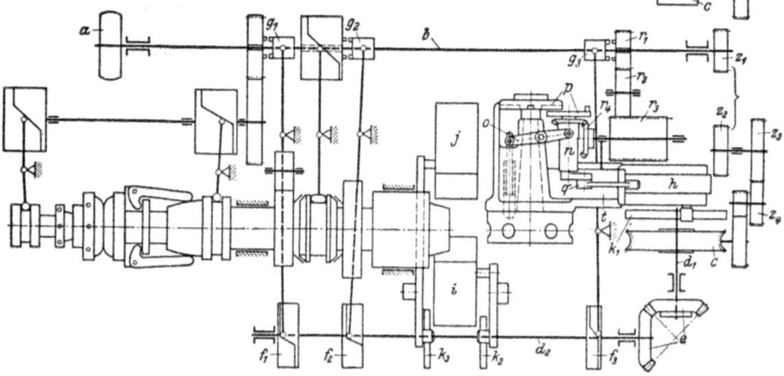

Bild 365. Schema des Hilfskurvensystems (Index-Werke KG, Eßlingen)

c) Hydraulische Steuerungen[1] arbeiten bis auf den Spindelantrieb vollkommen hydraulisch, Bild 366. Für sternförmigen Revolverkopf a und zwei Querschlitten b, c sind je eine hydraulische Vorschubeinheit f (Gebr. Heller) eingebaut. Soweit Vorschub-, Schalt- und Spannbewegungen nicht hydraulisch eingeleitet werden, werden sie von einstellbaren Knaggen auf Steuertrommel d gesteuert. Da man beim Rüsten nur Anschlagknaggen zu verstellen hat, Kurven oder Leitschienen aber entfallen, so wird Rüstzeit verringert.

Steuertrommel d sitzt auf Steuerwelle e, die parallel zur Arbeitsspindel III liegt und mit Revolverkopf a durch auf ihr sitzenden Kolben g im Zylinder h längs verschoben wird. Auf Fläche i des Vierkants wird Meißelhalter und in Bohrung k des Führungskreuzes Bohrwerkzeug eingespannt. Bei f Pumpen (Abschn. IV, E, 3, S. 680). Antrieb der Hauptspindel von hinten angebrachtem Motor auf Keilriemenscheibe l auf Welle I, über P. I. V.-Getriebe auf die darüber liegende Welle II und von hier wahlweise über Räderzug m oder n auf Spindel III. Selbsttätige Schaltung der Räderzüge m–n durch Kolben o und selbsttätiges Ändern der Drehzahlen im P. I. V.-Getriebe durch hydr. Schaltelement r.

d) Langdrehautomaten sind besonders geeignet für kleine Teile mit geringem Durchmesser (bis 20 mm) bei größerer Länge (bis 200 mm). Werkzeuge bewegen sich hier nur plan, während Spindelstock mit der Werkstückstange vorgeht und die Stange durch eine feststehende Führungsbuchse schiebt. Dadurch, daß Werkzeuge dicht vor der Führungsbuchse schneiden, wird Werkstück nicht abgebogen, Bild 367. Maßgebend für erzielte Genauigkeit sind Führungsbuchsen. Bei feststehender Führungsbuchse Verschleiß, außerdem werden sämtliche Ungenauigkeiten und Unrundheiten der Stangen auf Drehteil übertragen; daher meist

[1] *Dürr, A.*, u. *O. Wachter:* Hydraulische Antriebe, 3. Aufl. München: Hanser 1954.

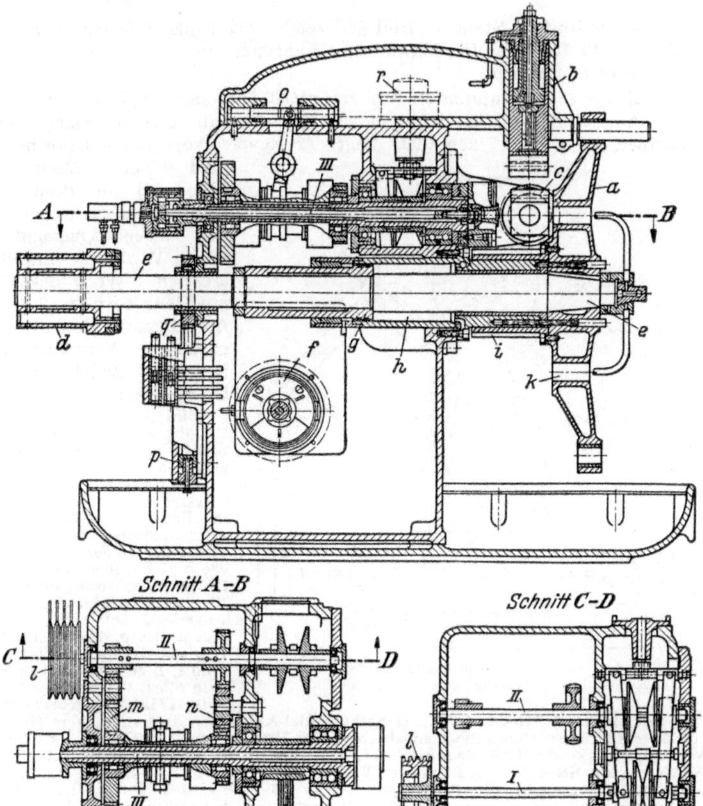

Bild 366. Automat mit Flüssigkeitssteuerung (A. Monforts, M.-Gladbach). Drehdurchmesser 200 mm. Hauptantrieb 6,5 kW, Antrieb für Hydraulik 4 kW

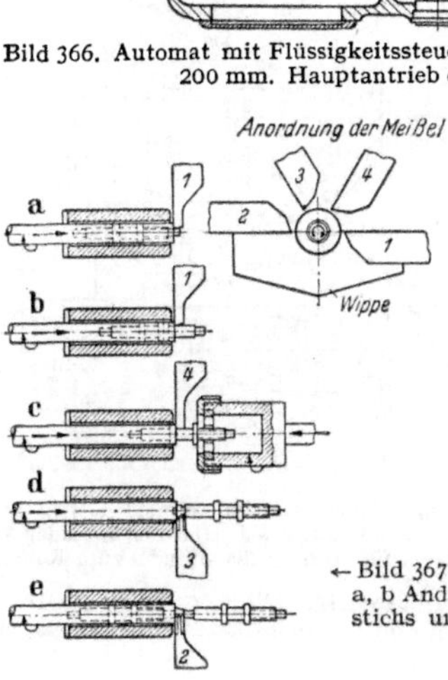

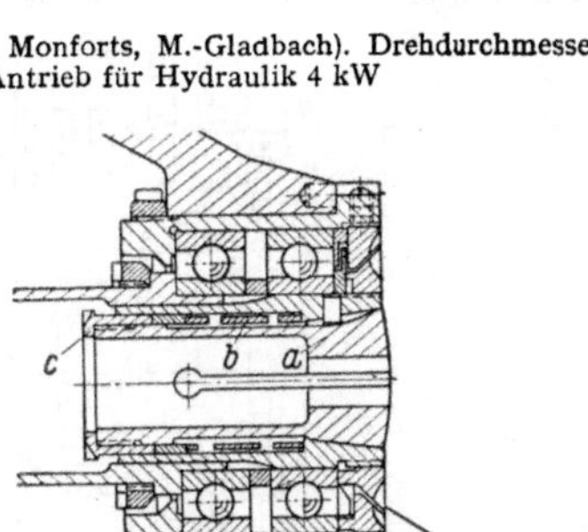

Bild 368. Umlaufende Führungsbuchse mit selbsttätiger Einstellung (Automatenwerk Steinhäuser, Stuttgart-Feuerbach)

← Bild 367. Arbeitsplan einer Arbeit auf Langdrehautomaten. a, b Andrehen der ersten beiden Zapfen, c Drehen des Einstichs und gleichzeitig Gewindeschneiden, d Andrehen der letzten beiden Zapfen, e Abstechen

spitzenlos geschliffene Stangen. Bild 368 zeigt umlaufende Führungsbuchse für Rund- oder Profilwerkstoffe, bei welcher Führungszange a unter Federdruck b steht; c Einstellmutter.

e) Mehrspindelige Automaten besitzen meist 4, 6 oder 8 Spindeln in waagerechter Anordnung, die um eine zentral liegende Antriebsachse gelagert sind. Gegenüber den Werkstückspindeln liegt der Revolverkopf mit entsprechender Zahl von Werkzeugen (Bild 369) für Bohr- und Längsdreharbeiten. Seitliche und hängende Querschlitten tragen Werkzeuge für Planarbeiten. Werkstückträger mit Stangen wird nach jedem Arbeitsgang gedreht, so daß nächstes Werkzeug den folgenden Arbeitsgang erledigen kann.

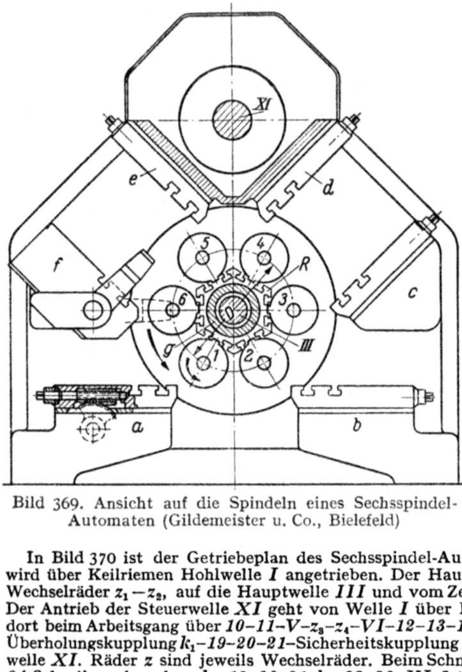

Bild 369. Ansicht auf die Spindeln eines Sechsspindel-Automaten (Gildemeister u. Co., Bielefeld)

Bild 369 zeigt Ansicht auf Hauptspindeln *1* bis *6* eines Sechsspindel-Automaten (Stangenautomat). Zu jeder Spindel ist ein Seitenschlitten a bis f vorgesehen. In der Mitte liegt der Revolverkopf R mit sechs Aufspannflächen für die Werkzeugträger. In den Querschlitten wie im Revolverkopf sind T-Nuten zum Aufspannen der Werkzeuge vorgesehen. Der Revolverkopf läuft auf der hohlen Hauptachse g, durch deren Bohrung die Hauptwelle III (s. a. Bild 370) zum Antrieb der Spindeln führt. Oberhalb der Hauptwelle *III* liegt die Steuerwelle *XI*.

In Bild 370 ist der Getriebeplan des Sechsspindel-Automaten dargestellt. Vom Motor M wird über Keilriemen Hohlwelle *I* angetrieben. Der Hauptantrieb läuft dann über Welle *II*, Wechselräder $z_1 - z_2$, auf die Hauptwelle *III* und vom Zentralrad *7* auf die Spindeln *1* bis *6*. Der Antrieb der Steuerwelle *XI* geht von Welle *I* über Kegelräder *8 – 9* auf Welle *IV*. Von dort beim Arbeitsgang über *10–11–V–*z_3–z_4*–VI–12–13–14–15–16–VII–*z_5–z_6*–VIII–17–18-* Überholungskupplung k_1*–19–20–21–*Sicherheitskupplung k_2–Schneckentrieb *22–23* auf Steuerwelle *XI*. Räder z sind jeweils Wechselräder. Beim Schnellgang geht der Weg von *10-* über *24-*Schnellgangkupplung k_3*–19–20–21–*k_2*–22–23–XI*. Ist eine Schnellbohrspindel vorgesehen,

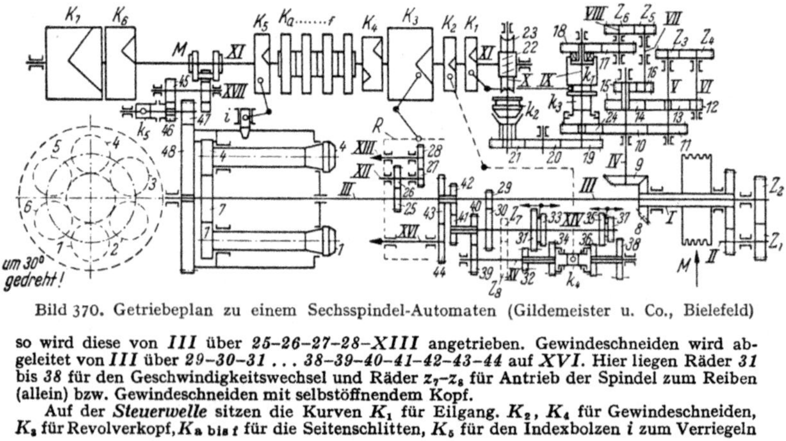

Bild 370. Getriebeplan zu einem Sechsspindel-Automaten (Gildemeister u. Co., Bielefeld)

so wird diese von *III* über *25–26–27–28–XIII* angetrieben. Gewindeschneiden wird abgeleitet von *III* über *29–30–31 . . . 38–39–40–41–42–43–44* auf *XVI*. Hier liegen Räder *31* bis *38* für den Geschwindigkeitswechsel und Räder z_7–z_8 für Antrieb der Spindel zum Reiben (allein) bzw. Gewindeschneiden mit selbstöffnendem Kopf.

Auf der *Steuerwelle* sitzen die Kurven K_1 für Eilgang. K_2, K_4 für Gewindeschneiden, K_3 für Revolverkopf, $K_{a\ \text{bis}\ f}$ für die Seitenschlitten, K_5 für den Indexbolzen i zum Verriegeln der Spindeltrommel K_6 und K_7 für das Material-Vorschieben und -Spannen; schließlich das Malteserkreuzgetriebe M zum Schalten der Spindeltrommel über XVII-45-46-47 auf 48.

Bild 371 zeigt ein Arbeitsbeispiel zu dem beschriebenen Automaten, bei dem dieser mit einer Querbohreinrichtung ausgerüstet ist. Beim Querbohren steht die Spindel still.

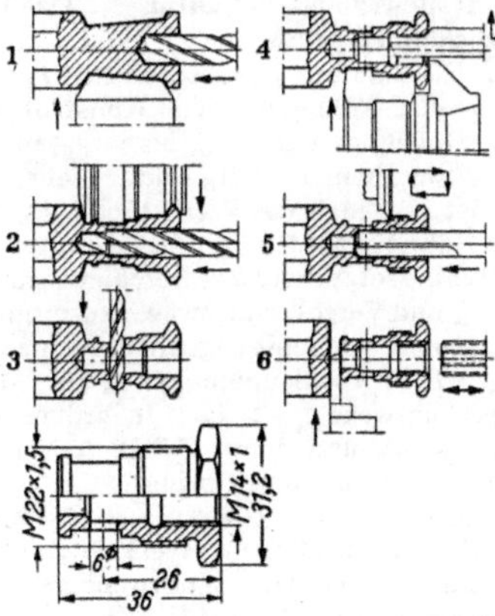

Bild 371. Arbeitsplan auf einem Sechsspindel-Automaten (Gildemeister u. Co., Bielefeld). Ventilmutter aus St 50. Mittl. Schnittgeschwindigkeit 34 m/min. 1. Station: Vorschieben — Anbohren — Einstechen; 2. St.: Fertigbohren — Formstechen; 3. St.: Querbohren; 4. St.: Einstechen — Nachformen; 5. St.: Schlichtbohren — Gewindestrählen; 6. St.: Innengewindebohren — Abstechen

5. Drehwerke

Drehwerke besitzen Planscheibe, die sich um senkrechte Achse dreht. Kleinere Drehwerke mit Planscheibendurchmesser von 600 bis 1500 mm werden als Einständerdreh- und Bohrwerke, größere von 1300 bis 20000 mm als Zweiständerdrehwerke hergestellt. Bei den größeren Drehwerken Planscheibe oft geteilt ausgeführt, eine innenliegende Scheibe umlagert von einem Kreisring, so daß bei kleineren Werkstücken Innenscheibe mit höheren Drehzahlen allein kreisen kann. Werkzeugträger mit Mehrfachmeißelhalter oder Revolverkopf ausgerüstet. Da Werkzeuge am Querbalken von oben das Werkstück angreifen, können sie auch zum Bohren angesetzt werden, Bild 372.

Auf Drehwerken läßt sich Werkstück einfacher spannen und ausrichten als auf *Plandrehbänken*. Planscheibe ist in breiten Führungen sicher gelagert, daher lassen sich auch von Drehwerken größere Spanleistungen und höhere Genauigkeit erzielen. Drehwerke sind aber teurer als Plandrehbänke, Drehspäne lassen sich auf Drehwerken nicht so leicht entfernen. Trotzdem haben Drehwerke die Plandrehbänke weitgehend verdrängt.

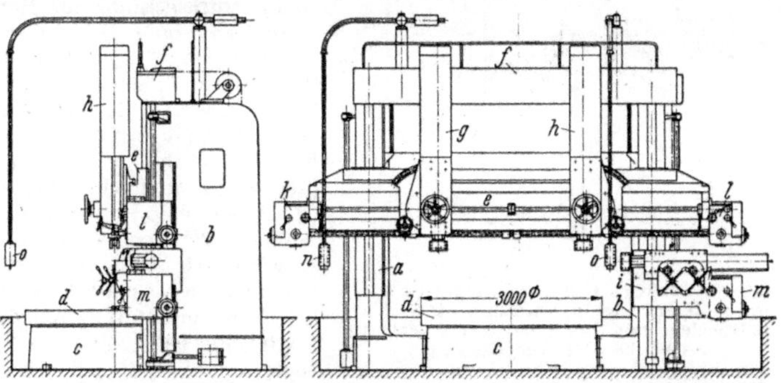

Bild 372. Drehwerk (Schiess AG, Düsseldorf). *a*, *b* Hohlgußständer; *c* Planscheibenuntersatz mit nachstellbarer Hauptspindellagerung für Planscheibe *d*; *e* Querbalken durch Motor auf Querhaupt *f* verstellbar; *g*, *h* Querbalkenschlitten mit achtkantigen Meißelschlitten und getrennten Vorschüben senkrecht, waagerecht und schräg; *i* Seitenschlitten; *k*, *l*, *m* Vorschubkästen für Schlitten; *n*, *o* Pendeldruckknopfschalter

B. Hobel- und Stoßmaschinen

Bei Hobelmaschinen bewegt sich der Tisch mit Werkstück geradlinig hin und her, bei Stoßmaschinen der Stößelschlitten mit Werkzeug. Nach jedem Arbeitshub wird bei Hobelmaschine das Werkzeug, bei Stoßmaschine das Werkstück quer zur Hauptschnittrichtung verschoben.

1. Hobelmaschinen

a) Bewegungs-Verhältnisse. Da Hobelmaschinentisch nach Arbeitshub leer zurücklaufen muß, hängt Wirtschaftlichkeit der Arbeit wesentlich davon ab, daß Rücklaufzeit $t_R <$ Arbeitszeit t_A oder daß $v_R > v_A$. Erreichbares Verhältnis $m = v_R/v_A$ ist abhängig von Konstruktion des Antriebs und der Maschine, Bild 373. Bei Hobelmaschinen v_R bis ≈ 63 m/min und $m \approx 2$ bis 3. Zu großes m bringt praktisch keinen Zeitgewinn mehr, da Umsteuerzeiten zu stark anwachsen.

Ist l_w Länge des Werkstücks, l_{an} Anlauf-, $l_ü$ Überlaufweg, so ist Gesamtweg des Hobeltisches $l = l_w + l_{an} + l_ü$. Im Weg-Zeit-Schaubild (Bild 373) einer Hobelmaschine setzt sich l aus Beschleunigungsweg l_b, Weg mit konstanter Geschwindigkeit l_k und Verzögerungsweg l_v zusammen. Wird im theoretischen Schaubild gleichförmige Beschleunigung angenommen, so ist Beschleunigungsweg für Rücklauf $l_{bR} > l_{bA}$ (Beschleunigungsweg für Arbeitshub), und entsprechend gilt für Verzögerungswege $l_{vR} > l_{vA}$. Je größer Verhältnis $m = v_R/v_A$, um so größer auch l_{bR} und l_{vR} und damit Zeiten t_{bR} und t_{vR}. Daraus folgt, daß großes m nur bei langen Hüben Vorteil bringt.

Während der *Umsteuerzeit* t_u muß Klemmung am Werkzeugkopf gelöst, Werkzeug abgehoben, Werkzeugkopf um Vorschub verstellt und wieder geklemmt werden. Hierzu notwendige Zeit beträgt ≈ 1 bis 2 sek. Bei einer mittleren Beschleunigung von 1 m/sek² ergeben sich somit Anlaufwege von ≈ 150 mm und mehr, abhängig von Antriebsart und Tischgeschwindigkeit.

Zum Beschleunigen des Tisches muß Arbeit E_b, zum Verzögern E_v zu- bzw. abgeführt werden, Bild 373. Zu leistende Arbeit steigt wesentlich an, wenn bei kurzem Anlaufweg hohe Geschwindigkeit erreicht werden soll. E_v hängt vor allem von der lebendigen Kraft der umlaufenden Massen ab ($E_r = I\omega^2/2$), da diese z.T. mit hoher Winkelgeschwindigkeit laufen, während lebendige Kraft der hin- und hergehenden Massen ($E_h = m v^2/2$) demgegenüber klein (je nach Antrieb $E_h \approx 0{,}1$ bis $0{,}2\, E_r$).

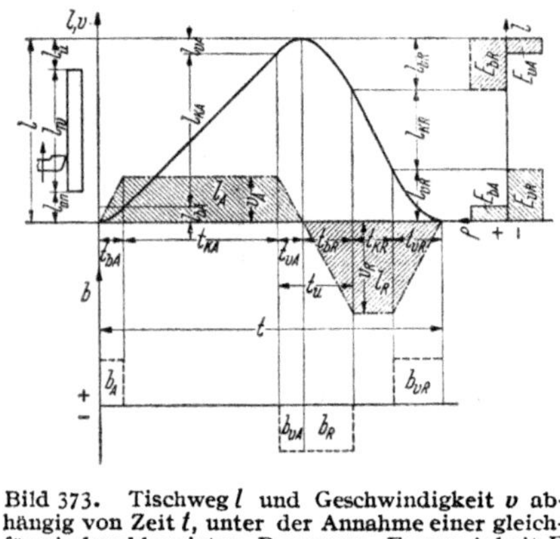

Bild 373. Tischweg l und Geschwindigkeit v abhängig von Zeit t, unter der Annahme einer gleichförmig beschleunigten Bewegung. Ferner Arbeit E als Fläche $P \cdot l$ über Weg l.

b) Antriebleistung für Hobelmaschinen ergibt sich aus $N = [P_s + \mu(G_t + G_w)]\, v_A/(\eta \cdot 102)$ [kW], worin P_s Schnittkraft [kg], G_t Tischgewicht, G_w Werkstückgewicht [kg], v_A Arbeitsgeschwindigkeit [m/sek], η = Wirkungsgrad $\approx 0{,}6$, μ Tischreibungszahl (Flachbahn $\approx 0{,}15$, V-Bahn $\approx 0{,}3$). Bei hoher Rücklaufgeschwindigkeit muß Rücklaufleistung nachgerechnet werden, wobei $P_s = 0$ und statt v_A Rücklaufgeschwindigkeit v_R einzusetzen sind.

c) Tischantrieb[1]. Hobelmaschine muß möglichst weich umgesteuert werden, trotzdem sollen Umsteuerzeiten gering bleiben. Man verwendet vorwiegend folgende Tischantriebe:

α) *Räderkasten* und *Magnetkupplung*, bei dem für Arbeitshub etwa 4 bis 9 und für Rücklauf 1 bis 3 Geschwindigkeiten vorgesehen sind ($\varphi_A = 1{,}25$ oder 1,4; $\varphi_R = 1{,}6$; Bild 374). Antrieb durch Dreh- oder Gleichstrommotor mit *einer* Drehzahl und konstanter Leistung, daher abnehmende Durchzugskraft bei höheren Geschwindigkeiten. Umsteuerzeit kurz, für kleinere und mittlere Maschinen geeignet.

[1] *Scharll, R.:* Entwicklung d. elektr. Antriebs v. Hobelmaschinen i. d. letzten 50 Jahren. Wt. u. Mb. Bd. 42 (1952) S. 158/60. — *Dornhöfer, E.:* Ölhydraulischer Antrieb von Hobelmaschinen. Wt. u. Wb. Bd. 42 (1952) S. 423/27. — *Römer, K.:* Auswahl von Leonard-Antrieben für Hobelmaschinen. VDI-Z. Bd. 97 (1955) S. 885/88. — VDF-Mitteilungen Nr. 5, Mai 1953 (Böhringer AG, Göppingen).

β) Umkehrbarer *Gleichstromregelmotor* in *Leonard*-Schaltung für gleichbleibendes Drehmoment, also konstante Durchzugskraft; hohe Rücklaufgeschwindigkeit bis 70 m/min, stufenloser Drehzahlbereich, $B \approx 15$. Als Antriebsmotor für Leonard-Satz Dreh- oder Gleichstrommotor mit *einer* Drehzahl, welcher Generator antreibt; dessen Anker mit Anker des Hobelmotors verbunden. Leonard-Antrieb erfordert etwas höheren Anschlußwert als α), Leistungsverbrauch dagegen kaum größer, weil die durch Abbremsen des Tisches freiwerdende Energie zurückgewonnen wird. Ausführung des Leonard-Antriebs auch mit elektronischer Steuerung; dann $B \approx 20$ (Böhringer AG, Göppingen).

γ) Flüssigkeitsantrieb mit *Flüssigkeitspumpe*, die von Elektromotor angetrieben wird und Kolben im Zylinder und damit Tisch der Hobelmaschine bewegt. Sanftes Umsteuern ohne hohen Aufwand, da hier keine rotierenden Massen. Schaltung des Flüssigkeitsgetriebes im Wechselkreislauf, Umkehrung durch Pumpenverstellung (siehe S. 697, Bild 254). Ausführung des Kolbens nach Bild 375.

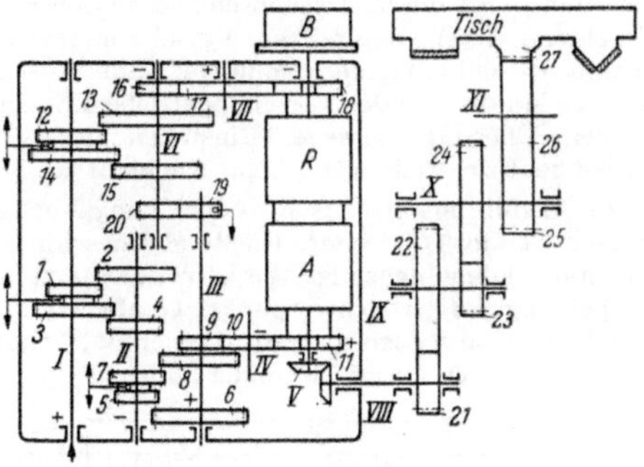

Bild 374. Schema eines Tischantriebs einer Langhobelmaschine mit vier Arbeits- und zwei Rücklaufgeschwindigkeiten

Bei Antrieben nach α) und β) wird der Tisch über Ritzel und Zahnstange (gerad- oder schrägverzahnt) angetrieben, wozu die Antriebsdrehzahl durch das Bettgetriebe in Zwischenübersetzungen vermindert werden muß, Bild 374.

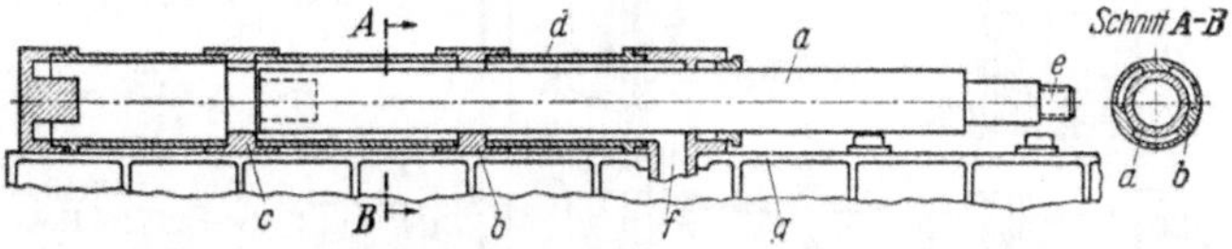

Bild 375. Plungerkolben *a* einer Hobelmaschine mit hydraulischem Antrieb (A. Waldrich, Coburg). Zwei solcher Hohlkolben sind über Gewindezapfen *e* am Tisch befestigt und laufen in Führungen *b*, *c* des mehrteiligen Zylinders *d*. *f* Ölzufluß, *g* Bett. Hydraulik s. S. 681

In Bild 374 läuft der Antrieb für den Arbeitsgang *I–II–III–IV* auf *V*, wobei mit Rädern *1* bis *8* vier Hubzahlen ($n_4 = 45$, $\varphi = 1{,}4$) eingestellt werden können. Für den Rücklauf sind zwei Hubzahlen vorgesehen (56 oder 28 min^{-1}), außerdem können aber auch über *19–20* die gleichen Hubzahlen wie für den Arbeitshub eingestellt werden. Die schleifringlose Elektrolamellenkupplung als Umkehrkupplung mit *A* für den Arbeits- und *R* für den Rücklaufhub ist mit Federdruckbremse *B* ausgestattet.

Für Beurteilung der Antriebe ist wesentlich, ob Antrieb mit konstanter Leistung oder mit konstantem Drehmoment arbeitet. Bei konstanter Leistung fällt nach $N = Pv$ die Schnittkraft P_s bei zunehmender Geschwindigkeit ab. Bei konstantem Moment bleibt dagegen Durchzugskraft auch bei hohen Geschwindigkeiten bestehen. Um zu hohes Ansteigen der Leistung zu vermeiden,

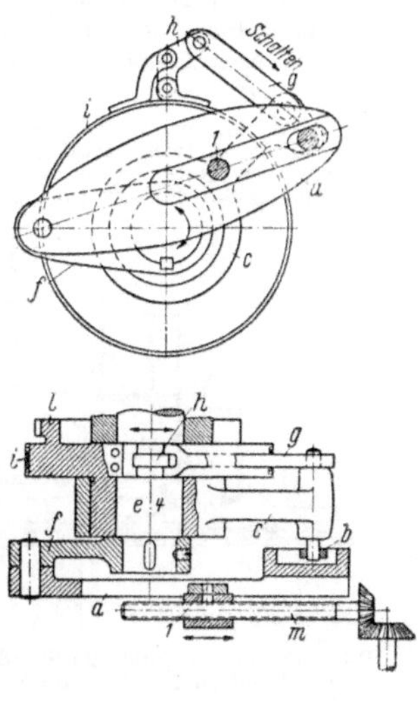

Bild 376. Stufenlos einstellbares Vorschubgetriebe an einer Hobelmaschine mit Kurbelschleife [*Kienzle*: W.-T. (1940) S. 267]. Welle *e* pendelt hin und her und nimmt über Arm *f* Kurbel *a* mit, die um *1* schwenkt und über *b*, Schwinge *c*, Stange *g*, Bremshebel *h*, Bremsband *i* Zahnkranz *l* bewegt. Durch Verschieben des Drehgelenkes mit Spindel *m* kann Ausschlag des Zahnkranzes *l* und damit Vorschub stufenlos verstellt werden.

auch Antriebe, die bei niedrigen Geschwindigkeiten mit konstantem Moment, bei hohen mit konstanter Leistung arbeiten.

d) Vorschubantrieb. Schalten des Vorschubs und damit Verschieben des Schlittens wird durch Tischanschläge ausgelöst, aber bei mittleren und großen Maschinen durch besonderen Vorschubmotor ausgeführt; Übertragung durch Senkrecht- und Waagerechtspindeln, wenn Vorschubmotor am Ständer sitzt. Einbau des Motors und der Vorschubgetriebe am Schlittenträger verkürzt die mechanischen Übertragungswege. Einstellen der Vorschubgrößen nach Bild 376. Meißel hebt sich selbsttätig beim Rücklauf ab.

e) Ausführungen. Tisch- oder Langhobelmaschinen werden als Doppelständer- (Bild 377) oder Einständermaschinen ausgeführt. Bei Einständermaschinen können sperrige Werkstücke seitlich über den Tisch hinausragen, wenn sie bei ungünstiger Schwerpunktlage abgestützt sind, Bild 378. Doppelständermaschinen sind jedoch stabiler, da hier Bett, Ständer und Querbalken bzw. auch Querhaupt einen starren Rahmen bilden.

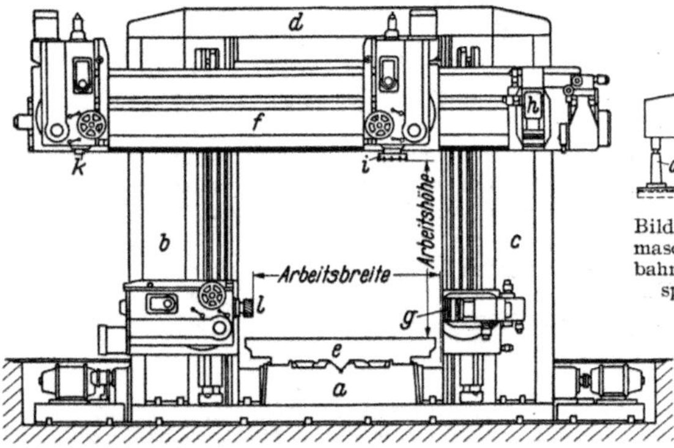

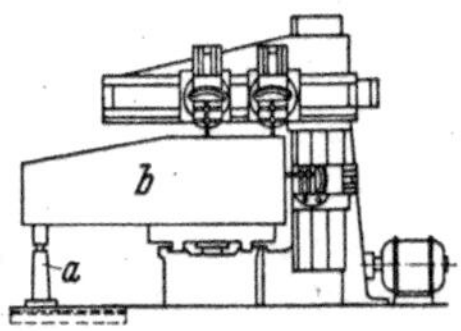

Bild 378. Einständer-Hobelmaschine mit Seitenstützbahn *a* zum Abstützen sperriger Werkstücke *b*

←Bild 377. Kombinierte Zweiständer-Hobel- und Fräsmaschine (H. A. Waldrich GmbH, Siegen)

Bei großen Hobelmaschinen hat sich eine Kombination als Hobel- und Fräsmaschine (Plano-Miller) bewährt, in der die Maschinen besser ausgenutzt werden können. Allerdings bedingt diese Ausführung zwei Antriebe für den Tisch: einen Hobel- und einen Fräsantrieb.

Bett *a* ist in Bild 377 von zwei Ständern *b* und *c* flankiert, die oben durch das Querhaupt *d* verbunden sind. Tisch *e* läuft auf *a* in drei Führungen, außen Flach-, innen Prismenführung. Andere Ausführung der Tischführung in Bild 374 angedeutet. Preßstoffbelag verringert die Reibung, erhöht die Lebensdauer und verhindert beim Notlauf das Anfressen. Tischantrieb in Bild 377 über zwei Zahnstangen. Die Maschine ist zum Hobeln und Fräsen und auch Schleifen ausgerüstet und besitzt daher einen Hobelsupport *g* am Ständer *c* und einen kombinierten Hobel-Schleifsupport *h* auf Querbalken *f*, ferner Frässupporte *i*, *k* am Querbalken und *l* am Ständer *b*. Hobelsupporte besitzen Vorschub- und Schnellverstellung in waagerechter und senkrechter Richtung. Der Meißel wird senkrecht

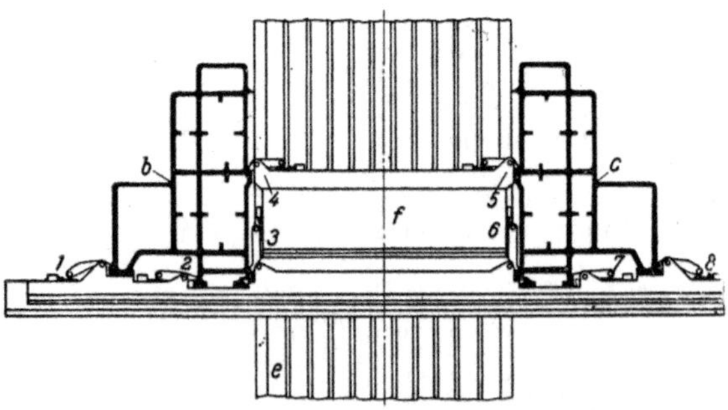

Bild 379. Schnitt durch die Ständer *b* und *c* der Maschine Bild 377 mit Klemmstellen *1* bis *8* des Querbalkens *f* an den Ständern

abgehoben. Bei großen Maschinen besitzen Querbalkensupporte Eigenantrieb über Schneckenzahnstange.

Bei den großen auftretenden Kräften und dem hohen Eigengewicht der Schlitten ist eine kräftige Ausführung der Ständer und des Querbalkens für genaues Arbeiten wesentlich. In Bild 379 wird der Querbalken *f* an acht Stellen beim Hobeln an den Ständern *b* und *c* hydraulisch festgeklemmt. Bild 380 zeigt den Querbalken im Schnitt mit einem Hobelsupport, der auf der Schmalführung bei *m* geführt und bei *n* abgestützt ist, obere Führung *o* dient der Abstützung des Frässupports.

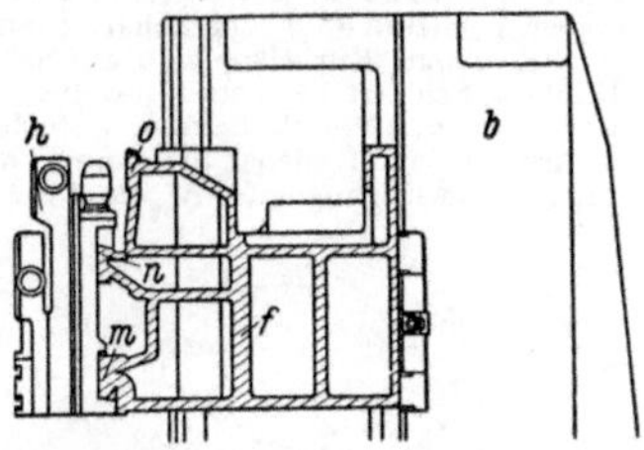

Bild 380. Schnitt durch Querbalken *f* der Maschine Bild 377 mit Ständer *b* und Hobelsupport *h* →

2. Waagerecht-Stoßmaschinen

a) Mechanischer Schlittenantrieb durch schwingende Kurbelschleife (vgl. Bd. I, S. 236), die verschieden ausgeführt wird (Bild 221, S. 686). Schaubilder für Geschwindigkeiten, Beschleunigungen, s. Bd. I, S. 235 sowie Kräfteermittlung, Bild 224, S. 686. Antrieb der Kurbelschleife durch Elektromotor über Riementrieb und Stufenräderwechselgetriebe auf Kurbel *a* der Schwinge *c*, Bild 381. Vorschubantrieb vgl. Bild 220, S. 685.

b) Hydraulischer Schlittenantrieb weist gegenüber mechanischem Antrieb Vorteile auf: konstante, stufenlos einstellbare Geschwindigkeit, stoßfreies Umsteuern u. a. m.

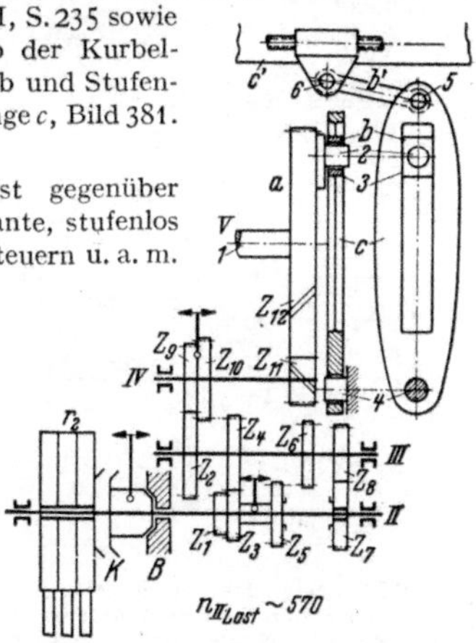

Bild 381. Antriebsschema zu einer Waagerecht-Stoßmaschine

Bild 382 zeigt Schnitt durch eine Maschine mit hydraulischem Antrieb und zwei Geschwindigkeitsbereichen. Hauptmotor *M* treibt Verstellpumpe *VP*, die Öl aus Behälter *B* ansaugt und über Steuerung *St* in den Zylinder *Z* drückt. Kolben *K* ist über Kolbenstange mit Stößelschlitten *a* verbunden. Auf *a* sitzt schwenkbarer Kopf *b*. Mit Spindel *c* kann Werkzeugschlitten *d* mit Werkzeugklappe *e* von Hand oder selbsttätig verschoben werden. Selbsttätiges Verschieben von Anschlägen über Sperrhebel *f*, Sperrad *g*, *I*, Kegelräder, *II*, Kegelräder auf *c*; Ein- und Ausrücken mit Exzenterbolzen *h*.

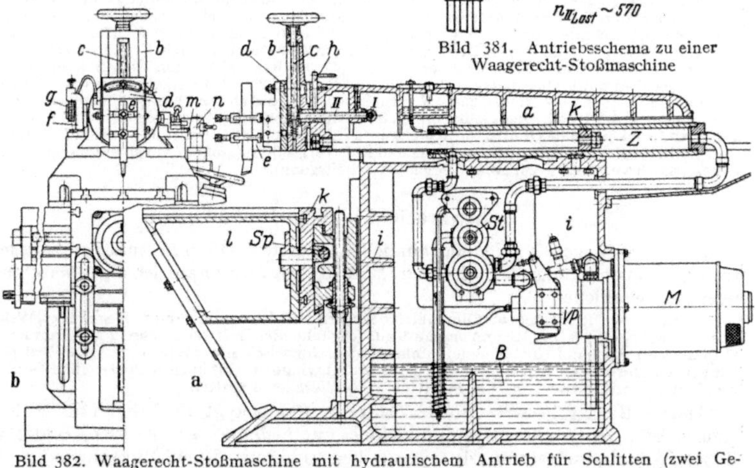

Bild 382. Waagerecht-Stoßmaschine mit hydraulischem Antrieb für Schlitten (zwei Geschwindigkeitsbereiche) und stufenlosem Vorschubantrieb sowie Eilgang für Tischbewegung (Klopp-Werke, Solingen-Wald)

Vorn am Ständer *i* sitzt senkrecht verstellbarer Vortisch *k* und an diesem querverschiebbarer und drehbarer Tisch *l*. Tischvorschub, Bild 383, wird abgenommen von Hauptsteuerkolben V_H (Bild 384), der Schalt-Zahnstange *m* hin- und herbewegt. Von hier über Ritzel-Kurbelwelle *n*, Kurbelzapfen *o* auf Schwinge *p*, die um Zapfen *q* schwingt und über Stein *r*, Klinke *s*, Schaltrad *t*, Vorschubwelle *u* und über Zwischenräder die Vorschubspindel *Sp* treibt. Verstellen der Vorschubgröße stufenlos durch Drehen der Welle *v*, die über Ritzel mit Zahnstange auf Schieber *w* kämmt, an dem Zapfen *q* befestigt ist. Schnellbewegung des Tisches von Eilgangmotor M_e über Schneckentrieb *x* mit Mitnehmerplatte *y* auf *u*.

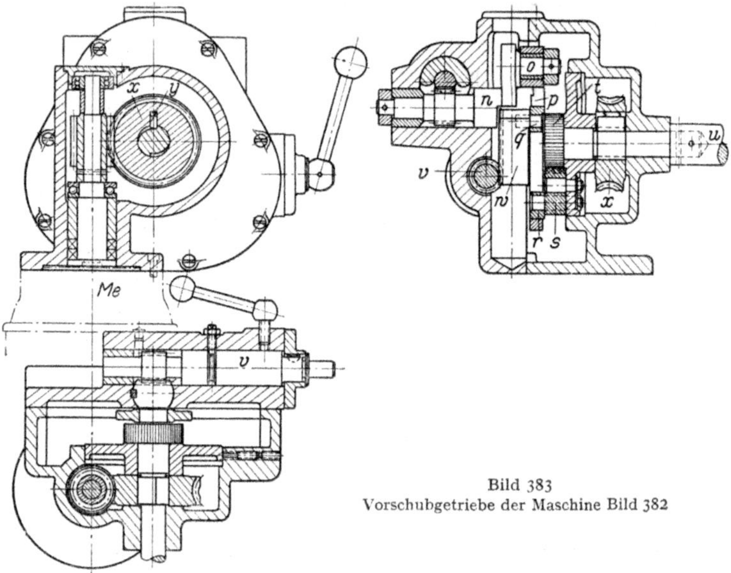

Bild 383
Vorschubgetriebe der Maschine Bild 382

Bild 384 zeigt das Getriebeschema der Maschine. Das aus dem Ölbehälter *B* angesaugte Öl wird von *VP* durch *1* zum Vorsteuerventil V_v, gedrückt, das durch Tischanschläge und Umsteuerwelle *n* geschaltet wird. Von V_v gelangt das Öl über Ringleitung *3* um Hahnzylinder *2* zum Hauptventil V_H und über Differentialdruckventil *4* durch *5* nach *Z* (Rückwärtsgang). Von anderer Kolbenseite fließt Öl über *6*–V_H–*2*–*7*– nach *B*. Mit Hahn *8* in *2* kann durch Schwenken Hydraulik abgestellt werden, da dann Öffnung *9* in *2* freigegeben wird und Öl aus Druckleitung *1* über *2*—*7* wieder nach *B* zurückfließt. Wird dagegen Hahn *8* hineingeschoben, so wird ein zweiter Geschwindigkeitsbereich eingestellt. Jetzt fließt nämlich das beim Arbeitshub über *5* rückfließende Öl über *10*, Ringkanal *11*, Nute *12* (in *8*), Bohrung *9* mit in Leitung *6* zum Zylinder *Z*. Die Zuflußmenge wird dadurch vergrößert (größere Geschwindigkeit), der Druck jedoch verringert (zulässig, da Schlichtarbeitsgang).

3. Senkrecht-Stoßmaschinen

Zum Stoßen von Nuten und ähnlichen Arbeiten. Oft mit Rundtisch ausgerüstet, der auch mechanisch schaltbar. Bild 385 zeigt Hauptantrieb einer Maschine über Kurbelschleife.

Antrieb von Elektromotor über Getriebekasten mit Umlenkung durch Kegelräder, Welle *w* auf Ritzel r_1, das mit r_2 kämmt. r_2 läuft auf feststehender Hülse mit Achse *1* am Rahmen *d* u. bildet mit Zapfen *2* Kurbel *a* der umlaufenden Kurbelschleife. Stein *b* gleitet in Nut der Schwinge *c*, die exzentrisch auf Achse *1'* gelagert. Schwinge *c* treibt auch Kurbel *a'* einer Geradschubkurbel mit Koppel *b'* und Schlitten *c'* = Werkzeugschlitten.

Andere Bauart besitzt *Leonard*-Antrieb und bewegt Schlitten über Zahnstange, Bild 386. Senkrecht-Stoßmaschine mit *hydraulischem* Antrieb, Bild 254, S. 697. Arbeitsgeschwindigkeit $v_A = 6$ bis 30 m/min, Rücklaufgeschwindigkeit $v_R = 6$ bis 45 m/min. Stößelkraft von 2000 bis 7500 kg bei Maschinen mit 350 bis 1500 mm Nutzhub (Waldrich-Coburg).

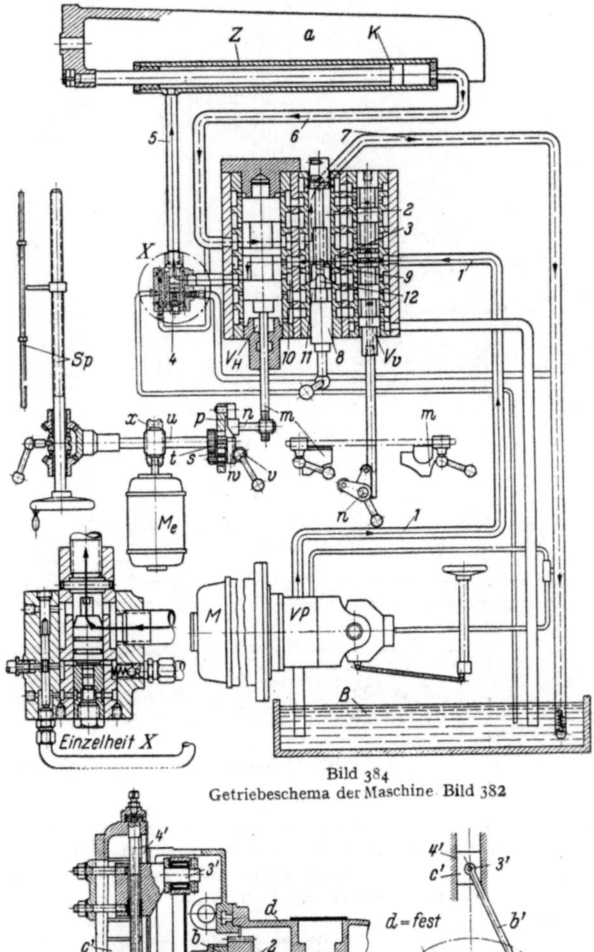

Bild 384
Getriebeschema der Maschine Bild 382

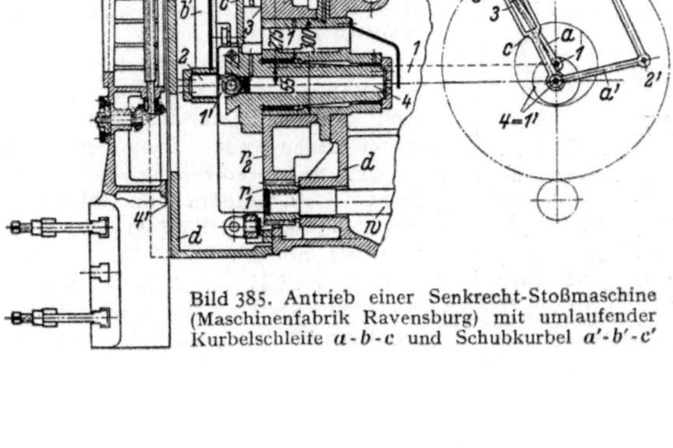

Bild 385. Antrieb einer Senkrecht-Stoßmaschine (Maschinenfabrik Ravensburg) mit umlaufender Kurbelschleife a-b-c und Schubkurbel a'-b'-c'

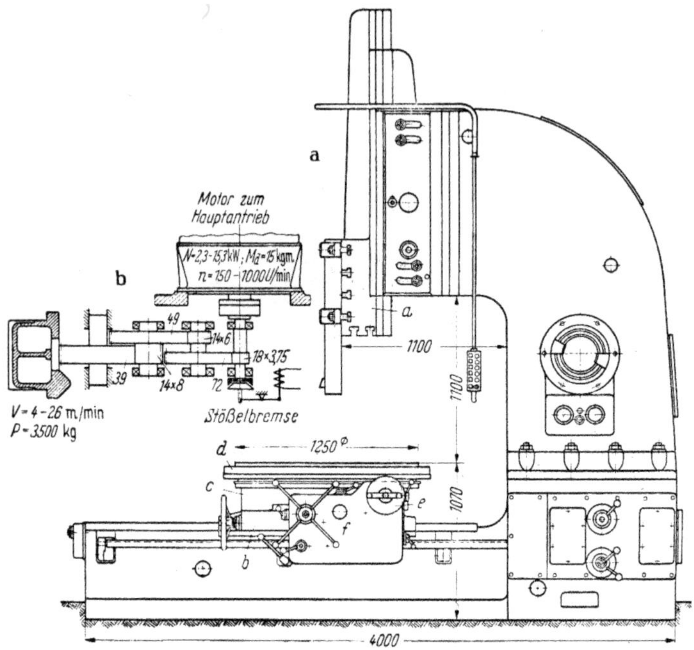

Bild 386. Senkrecht-Stoßmaschine mit Leonard-Antrieb (Maschinenfabrik Ravensburg AG, Ravensburg i. Württ.). a Ansicht der Maschine, b Plan des Hauptgetriebes. *a* Stößel mit Hub bis 1500 mm, Stößelführung bis 12° schwenkbar, *b* Bettschlitten, *c* Querschlitten, *d* Rundtisch, *e* Teilgerät für Rundtisch, *f* Handvorschub für Längs und Quer. Für Schnellverstellung der Tische ist besonderer Eilgangmotor eingebaut.

C. Bohrmaschinen

1. Bauformen

Senkrecht-Bohrmaschinen werden als Tisch-, Säulen- und Ständerbohrmaschinen ausgeführt. Durch DIN 55050 sind Hauptabmessungen und Leistungen mit größtem Bohrdmr. von 6 bis 80 mm für St 60 festgelegt, Bild 387.

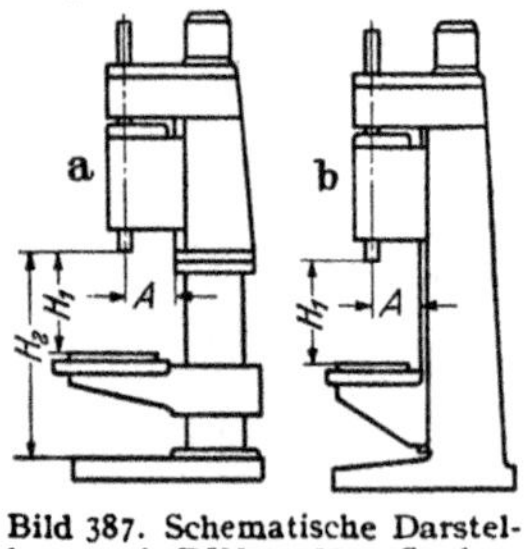

Bild 387. Schematische Darstellung nach DIN 55050. a Säulenbohrmaschine mit schwenkbarem Rundtisch und Grundplatte. b Ständerbohrmaschine mit Kastentisch und Rechtecktisch. *A* Ausladung, H_1 größte Höhe der Spindel über Tisch, H_2 über Grundplatte

Bei *Säulen*bohrmaschinen als Gestell Rundsäule, Bild 387a, an der schwenkbarer Rundtisch in Höhe verstellbar angeordnet. Bei *Ständer*bohrmaschinen, Bild 387 b, rechteckiger Querschnitt des Gestells und Führungen für in Höhe verstellbaren, meist rechteckigen, auch quer verschiebbaren Tisch.

*Mehrspindel*bohrmaschinen bestehen als *Reihen*bohrmaschinen aus mehreren, an einem Grundgestell angebrachten einspindeligen Senkrechtbohrmaschinen; auf diesen werden Arbeiten an einer bzw. mehreren Bohrungen nacheinander ausgeführt. Auf *Gelenk*bohrmaschinen mit einstellbaren Spindeln (Bild 390 und 391) und bei Maschinen mit in Spindellagerplatten liegenden Spindeln (Bild 415, S. 779) werden mehrere Bohrungen gleichzeitig bearbeitet, desgl. bei mehrspindeligen Bohrköpfen, die auf einspindeligen

Maschinen zusätzlich angebracht werden, Bild 388. Als Sonderbohrmaschinen werden mehrspindelige Maschinen auch horizontal ausgeführt (Bild 417, S. 779).

*Schwenk*bohrmaschinen (Radialbohrmaschinen) besitzen um festen Ständer schwenkbaren Ausleger, auf dem Spindelschlitten verstellbar. Besonders vorteilhaft für Bearbeiten von Bohrungen an sperrigen Werkstücken, die nun nur einmal aufgespannt und ausgerichtet werden, da Bohrspindel zu jeder Bohrung geführt werden kann. Ausladung *A* (Bild 392) von 1000 bis 4500 mm; auch als Wandbohrmaschinen gebaut.

Waagerecht-Bohr- und *-Fräswerke*, Bild 393 bis 395, vielseitig verwendbar. Kleine bis mittlere Maschinen mit festem Ständer und senkrecht verschiebbarer Spindel mit Spindelkasten; Tisch längs, quer und rund verstellbar, Bohrstangenführung an Gegenständer; zum Bearbeiten von Zylindern, Getriebekästen und ähnlichen Werkstücken. Große Maschinen besitzen feste Aufspannplatte und waagerecht verschiebbaren Ständer, an welchem Spindelkasten in der Höhe und schräg verstellt werden kann; zum Bearbeiten von Maschinenständern u. ä.

*Tiefloch*bohrmaschinen zum Herstellen kleinerer, aber tiefer Bohrungen; Werkzeug wird periodisch schnell für Spanabfuhr und Schneidmittelzufuhr zurückgezogen und wieder vor-

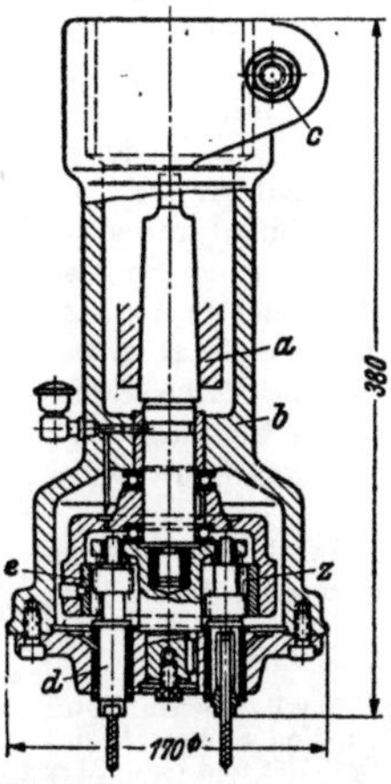

Bild 388. Achtspindeliger Bohrkopf. *a* Bohrspindel mit Kegel, *b* Gehäuse festgeklemmt durch *c*. Antrieb der 8 Bohrspindeln *d* von Innenzahnrad *z* auf Stirnräder *e*

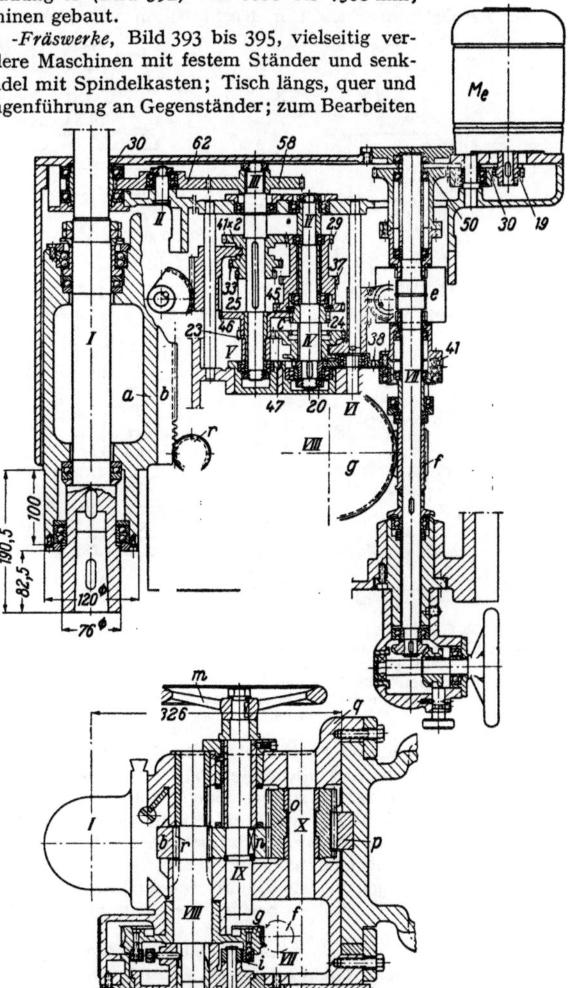

Bild 389. Vorschubantrieb einer Ständerbohrmaschine (H. Kolb, Köln-Ehrenfeld)

geschoben. Andere Bauarten mit senkrechter oder waagerechter Spindellage zum Hohlbohren von Wellen; Werkstück läuft hier um und wird vorgeschoben. Bohrspindel auch von unten bohrend, dann guter Spanabfluß. Waagerechte Tieflochbohrwerke ähnlich wie Drehbänke aufgebaut, statt Support nunmehr Bohrschlitten.

*Lehren*bohrwerke (Koordinaten-Bohrmaschinen) ermöglichen genaues Einstellen von Lochabständen mit Hilfe eines genau einstellbaren Kreuztisches. Hier wie bei *Feinbohr*maschinen (für Nacharbeiten von Bohrungen) sind Bohrspindeln besonders gut und lang gelagert.

Bohreinheiten werden je nach Bedarf zusammengestellt (S. 788f.) und sind auf Vorschubeinheiten befestigt. Für große Serien- und Massenfertigung. Meist mit mehreren Spindeln.

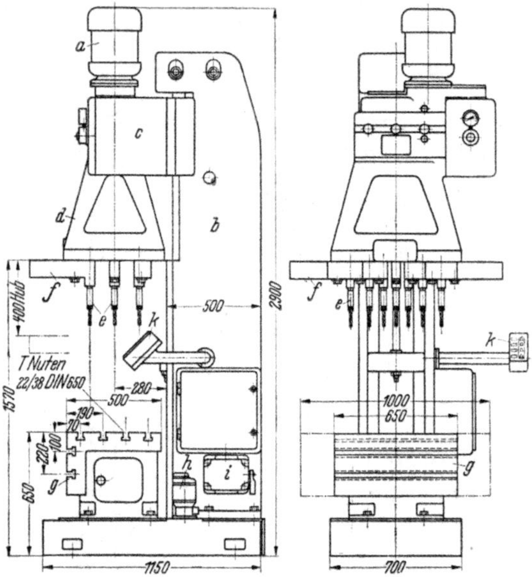

Bild 390. Gelenkbohrmaschine (Burkhardt & Weber KG, Reutlingen). Abgebildete Type mit $N = 4$ kW, $n = 1420$ U/min; größtes Bohrrechteck 280 × 450 mm; bei 12 Spindeln kleinster Spindelabstand 43 mm, Ausgleich der Werkzeuglängen bis 25 mm; größter Bohrdmr. rd. 8 mm je Spindel beim Bohren von St 50 mit $s = 25$ mm/min; Gewicht 3200 kg

2. Antrieb

Bei allen Bauformen mit Ausnahme der Tieflochbohrmaschine läuft Werkzeugspindel um und führt gleichzeitig Vorschubbewegung aus. Da Durchmesserbereich B_d bei Bohrmaschinen klein, ist auch Drehzahlbereich beschränkt. Tischbohrmaschinen laufen mit einer oder zwei verschiedenen Drehzahlen, mittlere Maschinen mit sechs und nur große Maschinen mit neun bis zwölf Drehzahlen. Nur bei Maschinen mit größerem Arbeitsbereich (Reiben, Gewindeherstellung) auch größerer Drehzahlbereich, z. B. bei Bohrwerken, Schwenkbohrmaschinen. Daher bei kleinen und mittleren Bohrmaschinen auch Reibgetriebe eingebaut, deren Drehzahlbereich hier ausreicht und die auch für höhere Drehzahlen geeignet sind. Elektromotoren mit senkrechter Achse angeflanscht bevorzugt.

Vorschub abgeleitet von Hauptspindel (Bild 389) oder von Hand. Leistung für Vorschub so klein, daß sie bei der Berechnung vernachlässigt werden kann.

3. Ausführungen

a) Ständerbohrmaschine. Spindel *I* (Bild 389) erhält von polumschaltbarem Motor ($n = 1440/2880$) über sechsstufiges Stufenrädergetriebe 12 Drehzahlen. Von Spindel *I* wird über Räder ***30, 62, 58*** Bewegung für Vorschub zum Vorschubgetriebe geleitet und dann über Zwischenräder und Magnetkupplung ***e*** auf Welle ***VII*** und Schnecke ***f***. Eilvorschub von Motor M_e über Zwischenräder auf Kupplung ***e***. Schneckenrad ***g*** wiederum kann durch Handhebel ***y*** und Kupplung ***i*** mit Welle ***VIII*** gekuppelt werden (s. Bild 389, unten). Dann kämmt Ritzel ***r*** mit Zahnstange ***b*** und bewegt Bohrspindel. Mit Handrad ***m*** kann Rad ***n*** wie gezeichnet in Rad ***r*** eingeschoben werden und treibt dann Rad ***o*** auf Achse ***X***, das in Zahnstange ***p*** am Ständer eingreift; damit verschiebt sich der Spindelschlitten ***q***.

b) Gelenkspindel-Bohrmaschine, Bild 390 und 391, wird serienmäßig mit 8 bis 36 Spindeln ausgeführt, die vom Hauptmotor *a* über Umsteckräder (24 Drehzahlen einstellbar) angetrieben werden. Am Kastenständer *b* Bohrschlitten *c* mit Bohrglocke *d*, in der Bohrspindeln *e* mit Bohrspindelträger *f* einstellbar sitzen. Vorschub hydraulisch, stufenlos einstellbar, mit 10 bis 200 mm/min, Eilgang mit 5 m/min. Für jeden Arbeitshub stehen zwei verschiedene Vorschübe zur Verfügung. Zum Anflächen und genauen Einhalten der Bohrtiefen ist eine Verharrungszeit von 5 bis 40 sek einstellbar. Bei Betriebsdrücken von 40 oder 60 kg/cm² wird Bohrkraft von 960 oder 1440 kg erreicht. Bohrtisch *g* als Kasten-, Konsol- oder Rundtisch ausgeführt; Kühlmittelpumpe *h*, Hauptschalter *i*, Druckknopfschalter bei *k*.

Bohrspindeln, im Bohrspindelträger *f* sitzend, Bild 391, werden von Hauptspindel *I* über Räder *l–m–n* oder *l–o–n* angetrieben; dadurch zwei Drehzahlen im Verhältnis 1:2, so daß mit einer Spindelgruppe gebohrt, mit der anderen gerieben werden kann. Schieberad *n* wird von Ritzel *p* über Gabel mit Zahnstange *q* verstellt; zwei Kreuzgelenke *r* mit Hohlwelle *s* und Schaftwelle *t*; Werkzeughalter *u* wird in *e* durch Einstellmutter *v* und Schraube *w* gehalten; Bohrglocke mit Gelenkspindeln und hydraulischem Antrieb bildet Einheit, von denen mehrere auch zu Mehrwegemaschinen zusammengesetzt werden können.

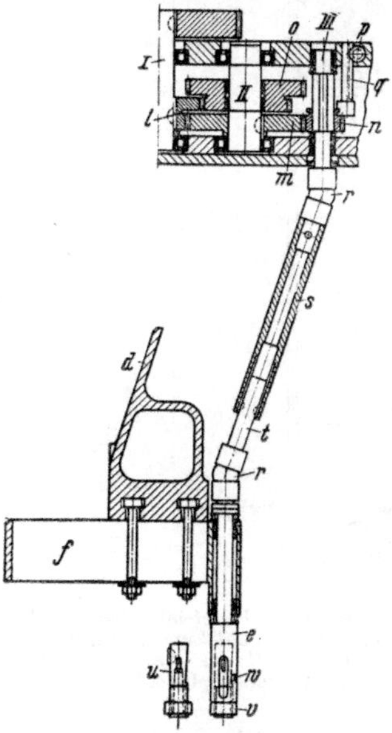

Bild 391. Gelenkspindel zu Bild 390

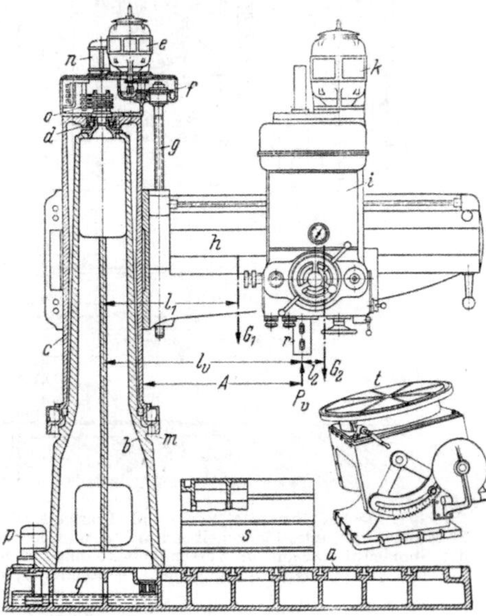

Bild 392. Schwenkbohrmaschine (Raboma, Berlin-Wittenau)

c) Schwenkbohrmaschine, Bild 392. Auf Grundplatte *a* steht Säule *b*, auf der Mantel *c* drehbar bei *d* aufgehängt. Motor *e* treibt über Vorgelege *f* Spindel *g* an und hebt dadurch den Ausleger *h*, auf welchem Spindelschlitten *i* verschiebbar. Bohrmotor *k* treibt über Stufenrädergetriebe Spindel *r* an, von welcher Vorschub abgenommen wird. Hydraulisch gesteuerter Wechsel mit Vorwählung der 18 Bohr- und Vorschubdrehzahlen. Zum Feststellen des Schwenkarmes für das Bohren wird Mantel *c* durch elektrohydraulisches Spannwerk auf Innensäule *b* festgeklemmt. Mit gleicher Einrichtung wird Bohrschlitten *i* über Exzenter und Klemmstelze an Auslegerführung festgespannt – Elektromotor *n* treibt Zahnradpumpe, die einen (nicht gezeichneten) Spannkolben verschiebt. Auslegerschelle löst vor Verschiebebeginn der Hubbewegung die Spannung und spannt sich in selbsttätig ablaufendem Zyklus nach dem Verschieben selbsttätig. Ist G_1 Gewicht des Auslegers, G_2 Gewicht des Schlittens, P_v Vorschubkraft, so entsteht beim Bohren Moment $M_b = P_v l_v - G_1 l_1 - G_2 (l_v + l_2)$, welches Kräftepaar am Mantel erzeugt. Kräfte bei *d* und *m* um so kleiner, je größer Abstand $d - m$. Daneben tritt weiteres Moment in senkrechter Ebene auf, die senkrecht zur Auslegerachse liegt. Aufbäumen des Auslegers je 1 m Bohrradius von 1,5 mm zulässig, bezieht sich auf höchste Schrupp-Bohrleistung. Soll genauer gebohrt werden, muß Vorschub verringert werden.

Stromzuführung zu Motoren über Schleifringe *o* im Kopf des Mantels *c*. Motor *p* pumpt Kühlflüssigkeit aus Becken *q* in Grundplatte. Statt des Würfeltisches *s* mit waagerechter und senkrechter Spannfläche kann auch schrägstellbarer Winkeltisch *t* zum Bohren schräger Löcher aufgesetzt werden. Man erspart so Universalschwenkmaschine, bei der zusätzlich der Ausleger um seine Innenachse und die Spindel um Waagerechtachse schwenkbar sein müßte.

d) Waagerecht-Bohr- und -Fräsmaschine, Bild 393. Auf Grundplatte a verschiebbarer Ständer b mit auf- und abwärts bewegbarem Schlitten d, auf welchem Getriebekasten e mit Hauptmotor f und Bohrspindel g gelagert sind. Bohrspindel g und Planscheibe h können getrennt, einzeln oder zusammen angetrieben werden. Planscheibe h mit Planschieber i zum

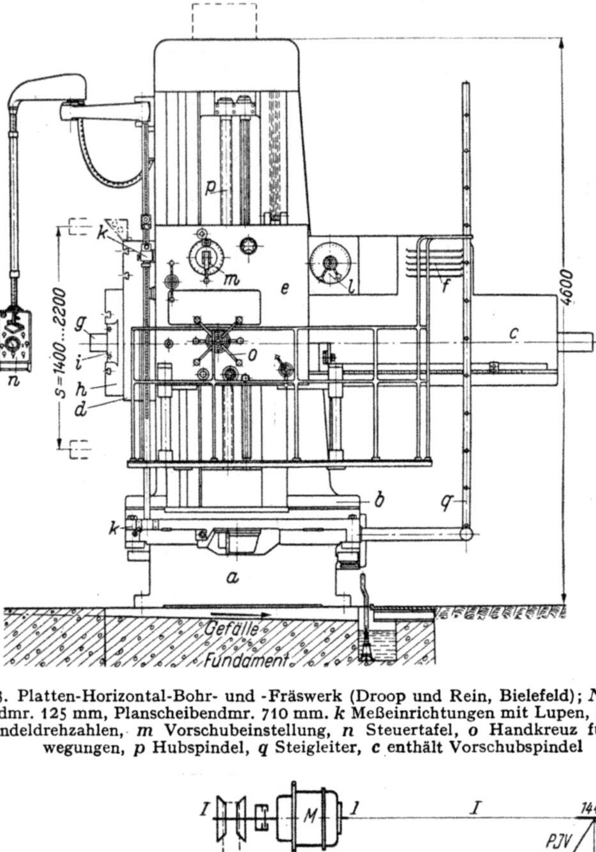

Bild 393. Platten-Horizontal-Bohr- und -Fräswerk (Droop und Rein, Bielefeld); $N = 15$ kW. Spindeldmr. 125 mm, Planscheibendmr. 710 mm. k Meßeinrichtungen mit Lupen, l Einstellen der Spindeldrehzahlen, m Vorschubeinstellung, n Steuertafel, o Handkreuz für alle Bewegungen, p Hubspindel, q Steigleiter, c enthält Vorschubspindel

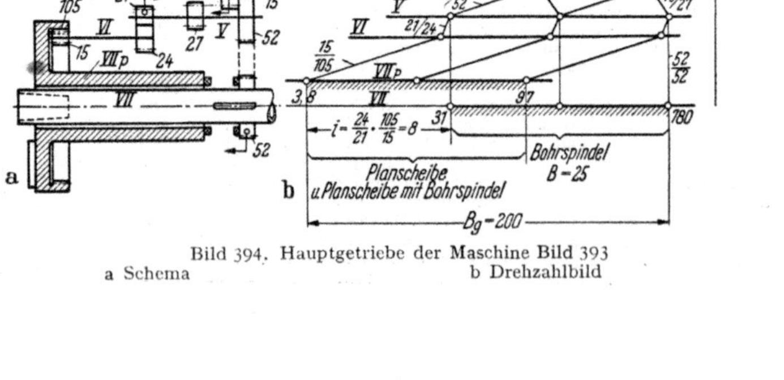

Bild 394. Hauptgetriebe der Maschine Bild 393
a Schema b Drehzahlbild

Plandrehen. Vorschub über Gewindespindel. Räderkasten zum Gewindeschneiden. Bild 394 zeigt bei a den Getriebeplan und bei b das Drehzahlbild für den Hauptantrieb. Der Antrieb geht von Motor *M–I–* über P.I.V.-Getriebe (mit Bereich $B = 5$), Zwischenräder *23–53–III–15–40* auf *IV*. Von hier

1. bei Antrieb von Planscheibe und Spindel getrennt (gezeichnet): auf Spindel *VII* über *15–52–52–VII* und auf Planscheibe über *15–52–21–24–15–105–VII*$_p$. Drehzahlverhältnis zwischen Planscheibe und Spindel $i = 8$.
2. bei Antrieb Planscheibe mit Spindel gemeinsam: *15/52* oder *40/27–21–24–15–105*; Rad *52* auf *VII* ist gekuppelt mit Planscheibenhülse.
3. bei Antrieb Planscheibe allein: wie bei 2., jedoch *52* angekuppelt;
4. bei Antrieb Bohrspindel allein: wie bei 1., jedoch Rad *21* auf *V* ausgekuppelt.

Gesamter stufenlos einstellbarer Drehzahlbereich $B_g = 200$, Bereich der Bohrspindel und der Planscheibe je 25.

Ausführung der Spindel nach Bild 395. Auf Spindelachse *VII* sitzt Antriebsrad *52* und Planscheibe *h*. Planschlitten *i*, Bild 393, wird über *r–s* angetrieben, Bild 395. Vorschubabnahme bei *t* und *u*, dann über nicht gezeichnetes Getriebe, das auch zum Einschalten der Übersetzungen für normale Gewindesteigungen ausgerüstet ist, und *v–w* auf Gewindespindel *x* und über Mutter *y* auf den Spindelmitnehmer.

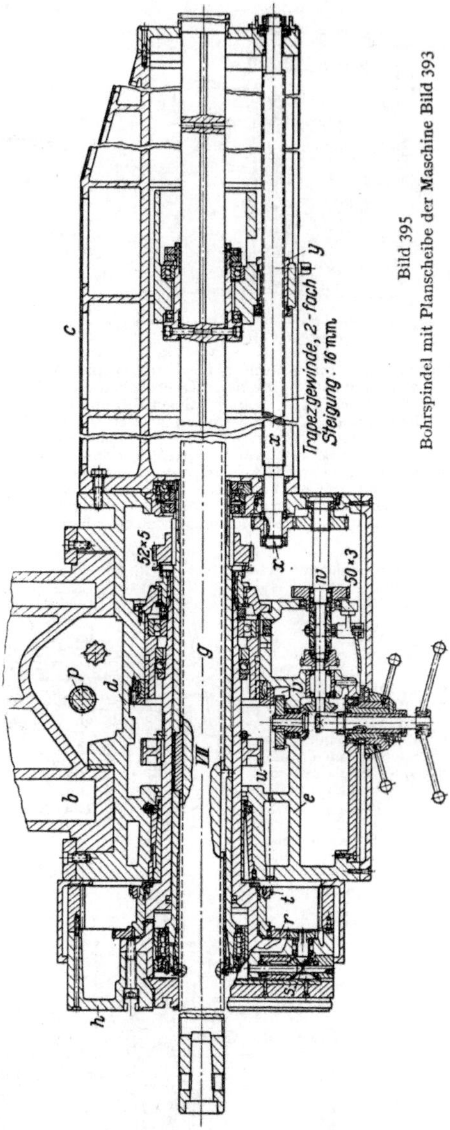

Bild 395
Bohrspindel mit Planscheibe der Maschine Bild 393

D. Fräsmaschinen

1. Bauformen

Waagerecht-Fräsmaschinen (Einfach- oder Konsolfräsmaschinen). Frässpindel liegt waagerecht im kastenförmigen Gestell *b*, wie in Bild 396; Tisch *c* ruht auf Konsol *d* am Ständer und ist mit Untertisch *e* in zwei Richtungen — längs und quer — zu verschieben. Konsol in Höhe verstellbar durch gekapselte Teleskopspindel *g*; Fräsdorn *h* im Gegenhalter *f* abgestützt.

Universal-Fräsmaschinen, Bild 396, zeigen gleichen Aufbau, jedoch ist Tisch auf Konsol nicht nur längs und quer zu verschieben, sondern auch um senkrechte Achse durch Einbau einer Rundführung zu schwenken; meist mit Teilkopf ausgerüstet.

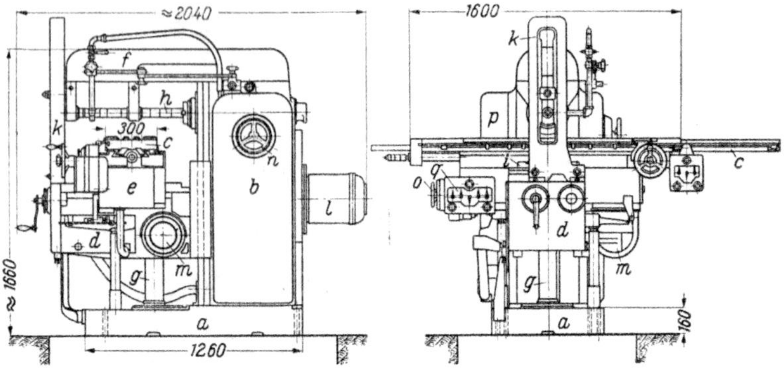

Bild 396. Universal-Fräsmaschine (Fritz Werner AG, Berlin-Marienfelde). Tischgröße 1600 × 300. ***a*** Grundplatte, ***b*** Ständer, ***c*** Obertisch, ***d*** Konsol, ***e*** Untertisch, ***f*** Gegenhalter, ***g*** Teleskopspindel, ***h*** Fräsdorn, ***k*** Schere (Gegenhalterstütze), ***l*** Hauptmotor ($N = 7{,}5$ kW, $n = 1450$), ***m*** Eilgangmotor ($N = 2{,}8$ kW, $n = 2860$ U/min). Tischbewegungen längs 950 mm, quer 280 mm, senkrecht 370 mm. 18 Spindeldrehzahlen (33,5 bis 1800, $\varphi = 1{,}25$), 16 Vorschübe längs und quer (4 bis 125 mm/min, $\varphi = 1{,}25$), 16 senkrecht (1,6 bis 50 mm/min). Schnellgang längs 2000 mm/min, senkrecht 800 mm/min. (Längsvorschübe auch 8 bis 250 oder 16 bis 500 mm/min, entsprechend größere Vorschübe für quer und senkrecht). Einstellen der Spindeldrehzahlen mechanisch am Handrad ***n***, der Vorschübe elektromagnetisch bei ***o*** und ***q***. An elektrischer Zentralsteuerung bei ***p*** kann jedes automatische oder halbautomatische Programm eingestellt werden.

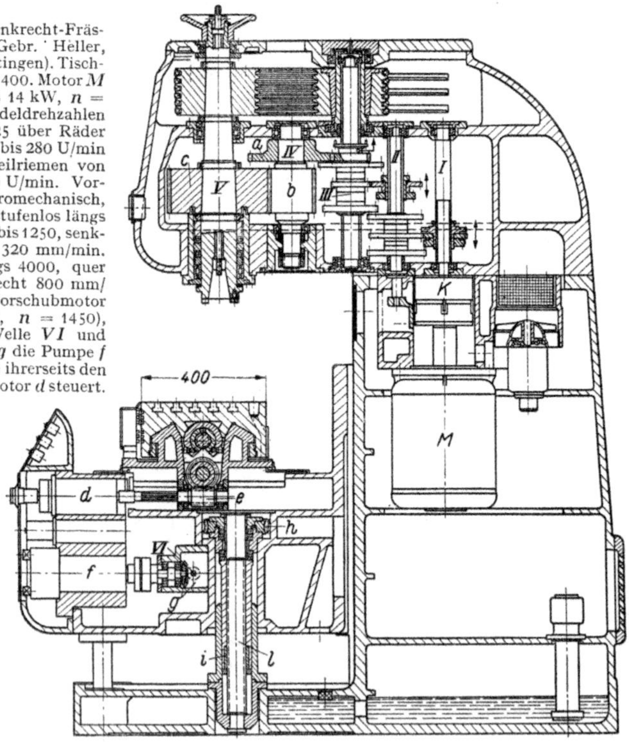

Bild 397. Senkrecht-Fräsmaschine (Gebr. Heller, GmbH, Nürtingen). Tischgröße 2000 × 400. Motor M ($N = 10$ bis 14 kW, $n = 1450$). Spindeldrehzahlen mit $\varphi = 1{,}25$ über Räder $b-c$ von 45 bis 280 U/min und über Keilriemen von 225 bis 1450 U/min. Vorschub: Hydromechanisch, Vorschübe stufenlos längs und quer 20 bis 1250, senkrecht 5 bis 320 mm/min. Eilgang längs 4000, quer 2500, senkrecht 800 mm/ /min von Vorschubmotor ($N = 3$ kW, $n = 1450$), der über Welle VI und Kegelräder g die Pumpe f antreibt, die ihrerseits den Hydraulikmotor d steuert.

Senkrecht-Fräsmaschinen, Bild 397: Tisch wie bei Waagerecht-Fräsmaschinen, jedoch Fräserachse senkrecht liegend; besonders geeignet für Messerkopfarbeiten.

*Bett-(Plan- oder Lang-)*Fräsmaschinen: Tisch ruht auf Bett mit langen Führungen und ist nur in einer Richtung zu verschieben. Bild 398 zeigt verschiedene Ausführungen. Frässpindelschlitten in Bildern 398b und d mit je einer Frässpindel und Antriebsmotor an Ständer oder Querbalken sitzend, sind teils auch schwenkbar, so daß schräge Flächen an Werkstücken gefräst werden können.

Bettfräsmaschinen sind Mehrzweckmaschinen; hohe Spanleistungen möglich, da Tisch schwingungsfrei auf Bett liegt; aber längere Einrichtezeiten; an Konsolfräsmaschinen läßt sich Tisch leichter verstellen; vielseitiger zu verwenden.

Nachformfräsmaschinen oder Kopierfräsmaschinen arbeiten nach Schablone oder Musterstück, elektrisch oder hydraulisch durch Taststift gesteuert (s. Abschn. IV, 6, S. 694).

Sonderfräsmaschinen für verschiedene Zwecke wie Nuten-, Kurven-, Gesenkfräsmaschinen, auch Graviermaschinen kennzeichnen die Vielseitigkeit im Fräsmaschinenbau.

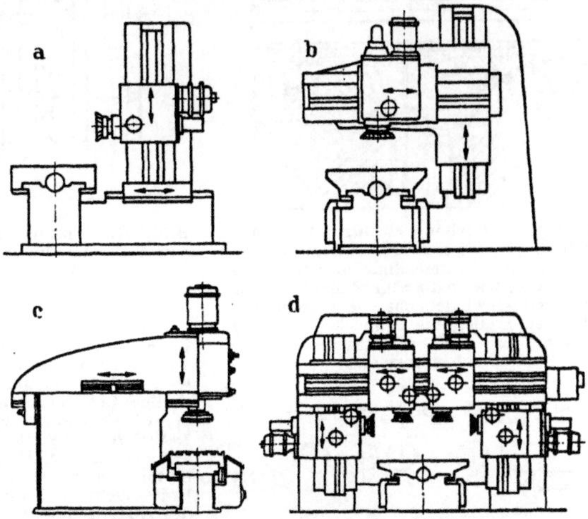

Bild 398. Beispiele für Lang- und Planfräsmaschinen Ausführung a mit waagerechter Spindel, Ständer verschiebbar; b als Auslegermaschine; c als Senkrechtmaschine; d als Portalfräsmaschine, hier mit 4 Spindelköpfen (nach Droop und Rein, Bielefeld, und Heller, Nürtingen)

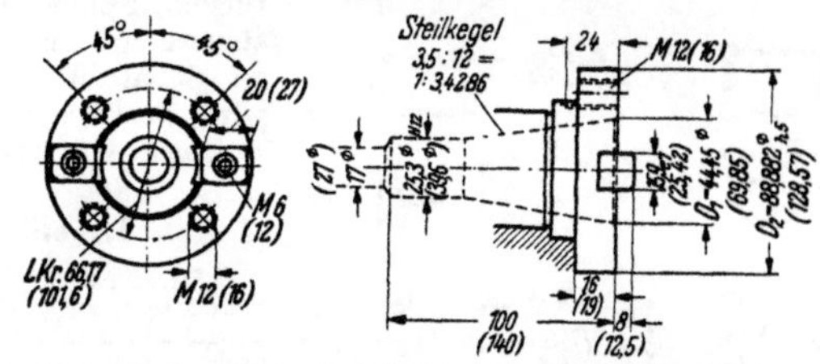

Bild 399. Frässpindelkopf mit Steilkegel nach DIN 2079, Größe 40. Eingeklammerte Maße für Größe 50 (kleinste Größe 30, $D_1 = 31{,}75$, $D_2 = 69{,}832$; größter Kopf 60 mit $D_1 = 107{,}95$, $D_2 = 221{,}44$)

2. Ausführungen

a) Hauptantrieb für Ausführung als Vielzweckmaschine mit Stufenrädergetriebe; Universalfräsmaschine in Bild 396 mit 18 Drehzahlen, Senkrechtfräsmaschine in Bild 397 mit 16 Drehzahlen. Werkzeugaufnahme an Spindel vorwiegend ISO-Steilkegel (DIN 2079), Bild 399.

Für Mehrzweckausführungen Getriebe mit Umsteckrädern.

b) Tischantrieb unabhängig durch besonderen Motor, der am Konsol angebracht oder über Kugelgelenkwelle, durch die Vorschub vom Hauptantrieb abgeleitet. In Bild 397 wird Tischspindel durch Flüssigkeitswechselgetriebe bei *d* angetrieben; hydro-mechanischer Antrieb über Schneckentrieb *e* auf Tischspindeln. Für Gleichlauffräsen muß Tischantrieb mit Ausgleichgetriebe ausgerüstet sein, das toten Gang der Spindel und Mutter vollkommen aufhebt, Bild 400. Bei mittleren und großen Waagerecht-Fräsmaschinen kann Tisch längs, quer und senkrecht selbsttätig verschoben werden. In Bild 396 dienen Hebel an Schaltplatte q zum Einstellen der verschiedenen Bewegungen (Halt und Eilvorschub).

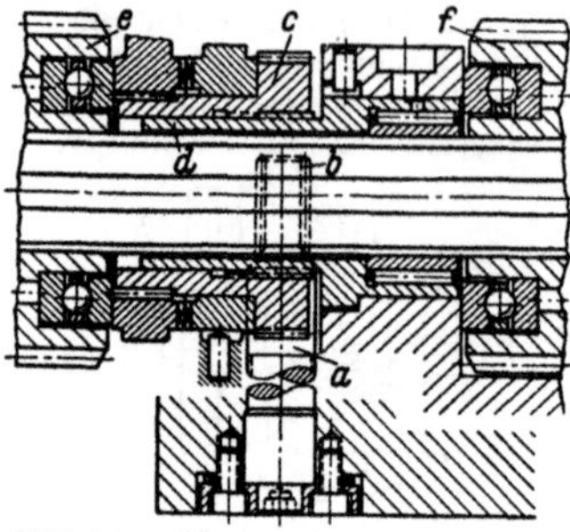

Bild 400. Tischantrieb für Gleichlauf-Fräsen (F. Werner AG, Berlin-Marienfelde). Mit Verstellspindel a wird über Schneckentrieb b die Schneckenradbuchse c gegen Gewindebuchse d verschoben; dadurch greifen die Schnecken e und f spielfrei in — nicht gezeichnete — Tischzahnstange ein.

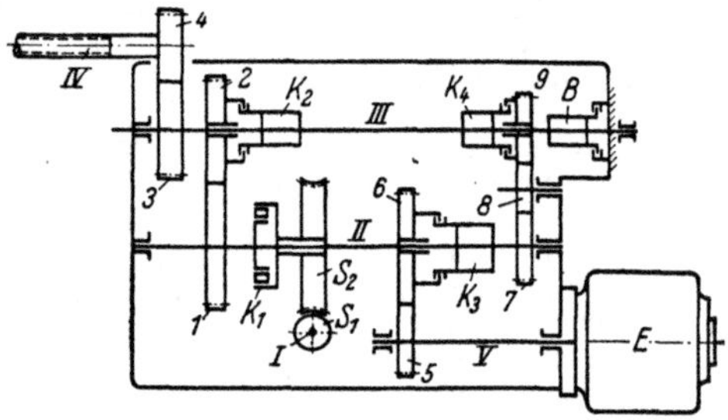

Bild 401. Konsolgetriebe (Schema nach F. Werner AG) zum Umschalten von Arbeits- in Eilvorschübe sowie für Richtungswechsel

Bild 401 zeigt Vorschubgetriebe (im Schema) im Konsol der Maschine nach Bild 396. Fräsvorschübe kommen, vom Hauptantrieb abgeleitet, über 16stufiges Vorschubgetriebe auf Welle I, Schneckentrieb S_1–S_2, Überholkupplung K_1–II, entweder über Räder 1–2–K_2 oder über 7–8–9–K_4 auf Welle III und von III über 3–4 auf Tischspindel IV. Eilvorschub von Eilgangmotor E über V–5–6–K_3 auf Welle II, dann wie Fräsvorschübe. Fräsvorschübe können während des Eilganges weiterfahren, da nun Überhohlkupplung K_1 das Schneckenrad S_2 nicht mit II kuppelt.

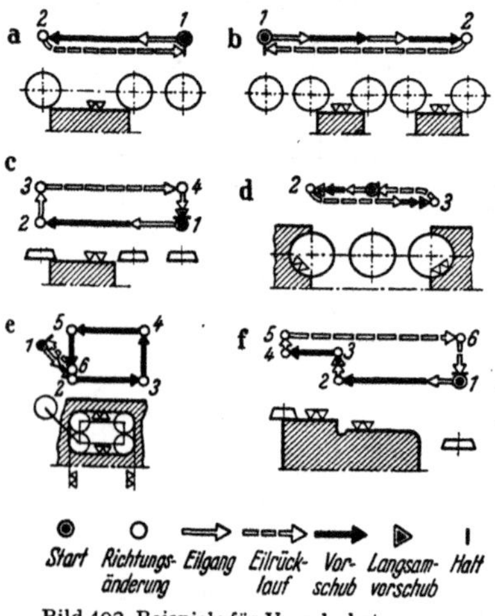

Bild 402. Beispiele für Vorschubsteuerungen an einer Fräsmaschine: e Fräsen eines Rechteckes mit Anlauf, f zweimaliges Abheben des Fräsers (nach Heller, Nürtingen)

Arbeitszeiten werden durch elektrische Steuerung, die Eilgang, Ein- und Ausrücken, Spindeldrehzahlen und Drehsinn steuert und für die das Programm vorher an Schalttafel p (Bild 396) festgelegt wird, wesentlich verkürzt; Bild 402 zeigt Beispiele von Tischbewegungen.

3. Teilkopf[1], Bild 403

Direktes Teilen: Mit Knebel e wird Schnecke z_8 ausgeschwenkt. Teilspindel s_p mit Teilscheibe a wird gegenüber Teilstift c frei gedreht. a trägt 24 Bohrungen gegenüber c.

Einfachteilen: Stift s_t liegt mit Zapfen in Lochscheibe l, so daß diese feststeht; Teilstift c wird aus a mit Knebel m herausgezogen. Mit Kurbel k wird über Zwischenräder r_5/r_6, Schneckentrieb z_8/z_r ($i = 40$) Spindel s_p gedreht. n_k = Kurbeldrehung, n_{sp} = Spindeldrehung, t = Teilzahl, also $n_{sp} = 1/t$; demnach $n_k = 40/t$. Mit drei auswechselbaren Lochscheiben I, II, III mit Lochkreisen $I = 15, 16, 17, 18, 19, 20$; $II = 21, 23, 27, 29, 31, 33$; $III = 37, 39, 41, 43, 47, 49$ lassen sich die meisten Teilungen ausführen.

Ausgleichteilen: Läßt sich Teilzahl t durch Einfachteilen nicht darstellen, so wählt man Hilfszahl x statt Teilzahl t, so daß jetzt $n'_k = 40/x$. Erreichte Drehung von s_p wäre nun gegenüber darzustellender Teilung n_t um $n'_t - n'_x$ zu klein (oder zu groß). „Fehler" ausgleichen, indem Spindel über Wechselräder $z_1 - z_2 - z_3 - z_4$ (z_2, z_3 nicht sichtbar), Welle I, Räder r_7, r_8, Kegelräder k_3, k_2 Lochscheibe l antreibt, die auf Buchse b sitzt und, da s_t herausgezogen ist, sich drehen kann. So ist $n'_t/(n'_t - n'_x) = 40\, z_2 z_4/(z_1 z_3)$ und damit

$$z_1 z_3/(z_2 z_4) = 40\,(x - t)/x.$$

[1] *Pockrandt, W.:* Teilkopfarbeiten. WB. 6, 4. Aufl. 1949.

Vorhandene Wechselräder (nach F. Werner AG): 24, 24, 28, 32, 40, 44, 48, 56, 64, 72, 86, 100. Zum Ändern des Drehsinnes kann außer z_1 bis z_4 noch ein weiteres Zwischenrad aufgesteckt werden.

Fräsen von schraubenförmigen Nuten: Hierbei wird Tischvorschubspindel mit Teilkopfspindel S_p durch Wechselräder z_1 bis z_4 (z_1 jetzt auf nichtgezeichneter Tischspindel, z_4 auf Welle *I*) und über *I*, r_7, r_8, k_3, k_2, r_5, r_6, z_s, z_r verbunden. Dann wird

$$z_1 z_3/(z_2 z_4) = 40\, s/h$$

(s = Steigung der Tischspindel, h = Steigung am Werkstück). Fräsmaschinentisch muß hierbei entsprechend dem Steigungswinkel der Schraubenlinie schräg zur Achse der Frässpindel eingestellt werden.

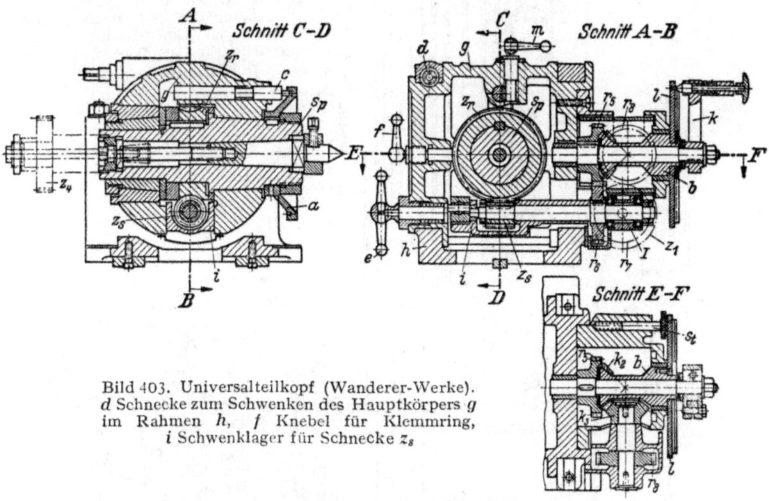

Bild 403. Universalteilkopf (Wanderer-Werke). *d* Schnecke zum Schwenken des Hauptkörpers *g* im Rahmen *h*, *f* Knebel für Klemmring, *i* Schwenklager für Schnecke z_s

E. Räummaschinen

Als Waagerecht- oder Senkrechträummaschinen gebaut, wobei Außen- und Innenräummaschinen ähnlich gestaltet sind. Antrieb für geradlinigen Arbeitshub bei waagerechten Maschinen über Gewindespindeln (auch Zahnstangen) oder hydraulisch, bei Senkrechträummaschinen für Außen und Innenräumen hydraulisch. Senkrechte Anordnung erspart Platz.

Bild 404 zeigt eine hydraulisch angetriebene Senkrecht-Innenräummaschine kurz vor Beginn des Zuges. Räumnadel *b* hängt noch in der Anhebevorrichtung *e*. Maschine wird bei *H* eingerückt. Von der Verstellpumpe *V* (Enor-Pumpe vgl. Abschn. IV E) wird jetzt Öl durch Triebleitung T_p zum Zylinder *Z* gedrückt, in dem Kolben *K* mit Kolbenstange feststeht. *Z* mit Spannkopf *a* senkt sich, Mitnehmer *g* des Spannkopfes *a* klinken Räumnadel *b* ein, und *b* wird durch das auf Tisch *c* liegende Werkstück *d* hindurchgezogen. Aus *Z* fließt auf anderer Kolbenseite Öl über Rückleitung T_0 nach *V* zurück. Rücköl steht durch Ventil *G* unter geringem Gegendruck; in T_p liegt Sicherheitsventil *S*.

Nach Beenden des Zuges und Entfernen des Werkstücks wird Räumnadel *b* durch Anhebekopf *e* gefaßt und so weit gehoben, daß neues Werkstück aufgelegt werden kann. Nach Einführen der Räumnadel in Spannkopf *a* beginnt neuer Zug. Zugkraft wird durch Druckmesser *f* angezeigt. Zum Heben wird Exzentrizität der Pumpe *V* hydraulisch umgesteuert. Vorsteuerpumpe *P* liefert Öl durch L_{p1} zu Wegehähnen W_1 und W_2. Von W_1 wird Kolben K_1 und damit Verstellpumpe *V* verschoben. In *U* Verbindung von T_p bzw. T_0 mit Ölbehältern geöffnet bzw. geschlossen. Von W_2 wird Anhebeschlitten mit Kopf *e* gesteuert.

F. Schleifmaschinen

1. Bauformen

*Rundschleif*maschinen für Außenschliff sind meist für Lang- und Einstechschleifarbeiten ausgerüstet (vgl. S. 656, Bild 162). Auf langem Bett wandert bei Langschliff Werkstücktisch hin und her, wobei Bett so lang, daß Tisch auch bei

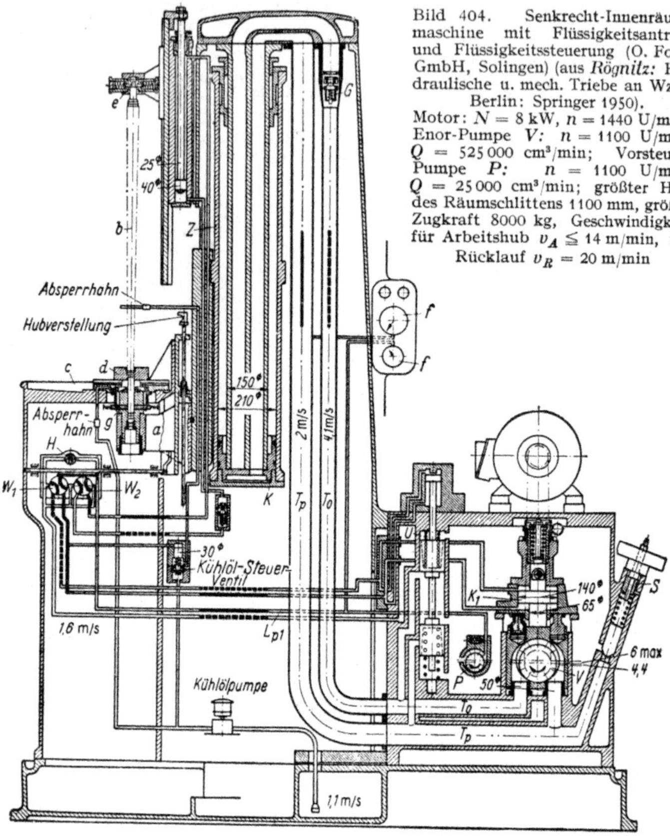

Bild 404. Senkrecht-Innenräummaschine mit Flüssigkeitsantrieb und Flüssigkeitssteuerung (O. Forst GmbH, Solingen) (aus *Rögnitz:* Hydraulische u. mech. Triebe an Wzm. Berlin: Springer 1950). Motor: $N = 8$ kW, $n = 1440$ U/min; Enor-Pumpe V: $n = 1100$ U/min, $Q = 525000$ cm³/min; Vorsteuer-Pumpe P: $n = 1100$ U/min, $Q = 25000$ cm³/min; größter Hub des Räumschlittens 1100 mm, größte Zugkraft 8000 kg, Geschwindigkeit für Arbeitshub $v_A \leqq 14$ m/min, für Rücklauf $v_R = 20$ m/min

äußerster Stellung möglichst wenig überragt. Bei Walzenschleifmaschinen wandert Schleifschlitten am Werkstück hin und her. Schleifschlitten mit umlaufender Schleifscheibe wird beim Langschleifen nach jedem Hub zugestellt. Drehbewegung des Werkstücks (Rundvorschub) von Werkstückspindelstock. Werkstück meist zwischen feststehenden Spitzen oder auf umlaufender Spindel eingespannt.

Bei Vielzweckmaschinen kann Scheibe und Obertisch zum Schleifen von Kegeln geschwenkt und Innenschleifgerät aufgesetzt werden.

Spitzenlose Schleifmaschinen arbeiten — vor allem in der Massenfertigung — nach Durchgang- oder Einstechverfahren.

*Innenschleif*maschine ähnlich der Rundschleifmaschine, oft als Universalschleifmaschine zum Innen- und Außenschleifen ausgebaut zum Schleifen von Bohrungen, wobei Werkstück umläuft. Da hier Durchmesser der Schleifscheibe besonders klein, wirtschaftliche Schnittgeschwindigkeit aber groß, ergeben sich für Innenschleifspindeln besonders hohe Drehzahlen (bis über 60000 U/min).

Bei Innenschleifmaschinen mit Planetenspindel steht Werkstück fest, Achse der Schleifspindel muß daher zum Schleifen von Bohrungen verschiedener Durchmesser auf einstellbarem Kreis umlaufen.

Bei *Flachschleif*maschinen mit senkrechter oder waagerechter Schleifspindelachse (vgl. Bild 163, S. 656) ist kreisender oder hin- und hergehender Tisch auf festem Bett gelagert. Zustellen durch Schleifspindelschlitten.

*Scharfschleif*maschinen zum Schleifen der Werkzeuge als Universalwerkzeugschleifmaschinen oder als Sonderschleifmaschinen (z. B. für Spiralbohrer) ausgeführt.

Mit anderen Schleifwerkzeugen sind Bandschleifmaschinen, Zylinderschleifmaschinen, Maschinen mit Schleifstiften usw., ausgerüstet, auf denen Werkstückoberflächen nachgearbeitet oder poliert werden.

2. Antrieb

a) Hauptbewegung: Achse der Schleifscheibe senkrecht oder waagerecht. Infolge der hohen Drehzahlen große Leistung zum Antrieb notwendig. Antrieb der Spindel von Elektromotor bei Rundschleifmaschinen vorwiegend über endlosen Flach- oder Keilriemen, Bild 405, bei Flachschleifmaschinen auch unmittelbar mit Elektromotor gekuppelt.

b) Vorschubbewegung bei Flachschleifmaschinen geradlinig durch hin- und hergehenden Tisch mit Werkstück oder kreisend durch umlaufenden Tisch. In Rundschleifmaschinen für Langschliff zum Erzielen der Schraubenlinie Langbewegung des Tisches (Längsvorschub) und Umlaufen des Werkstückes (Rundvorschub); für Einstechschleifen Vorschub von Schleifscheibe (Zustellung) und Werkstück (Drehbewegung). Geradlinige Tischbewegung fast immer hydraulisch, wobei Drosselkreislauf (Bild 216, S. 683) bevorzugt. Hydraulik wird dann für weitere Bewegungen ausgenutzt, Bild 408.

Zustellung der Schleifscheibe über Schraubenspindel, kleinste Zustellung von Hand etwa 2,5 μ, Bild 405.

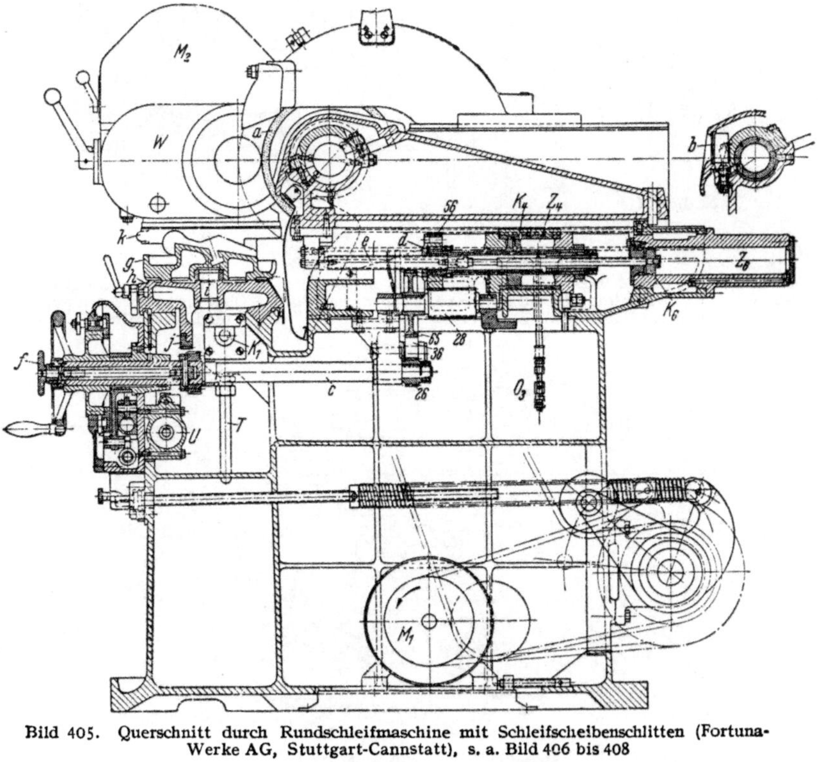

Bild 405. Querschnitt durch Rundschleifmaschine mit Schleifscheibenschlitten (Fortuna-Werke AG, Stuttgart-Cannstatt), s. a. Bild 406 bis 408

3. Ausführungen

a) Rundschleifmaschine (Fortuna-Werke AG, Stuttgart-Cannstatt), Bilder 405 bis 408. Schwingkreis 350 mm; Schleifscheibe *a* (bis 500 mm Dmr. und 150 mm Breite), mit 1220 oder 1600 U/min laufend, wird von 7,5 kW-Motor M_1 ($n = 1500$ U/min) über Keilriemen bei federbelasteter Spannrolle angetrieben. Lagerung der Schleifspindeln in Gleitlagern (Bild 406); in Bild 405 Öldruckanzeiger *b*; langer Schleifspindelschlitten läßt sich 190 mm zustellen, selbsttätig oder von Handrad über Spindel *c*; Stirnräder *26—36—65—28—56*; Mutter *d* auf Spindel *e* (Trapezgewinde 28 × 5); Schnellgang über 65 mm, hydraulisch durch Kolben K_4 in Zylinder Z_4; Spiel wird durch Kolben K_6 in Zylinder Z_6 beseitigt; Einkuppeln der selbsttätigen Einstechzustellung durch Knopf *f*.

Werkstückobertisch *g* ist auf Schlitten *h* um Zapfen *i* schwenkbar; Antrieb des Schlittens *h* hydraulisch über Kolbenstange K_1, Tischgeschwindigkeit von 0,1 bis 8 m/min stufenlos einstellbar, auf 0,01 mm genau und weich umzusteuern; kleinster selbsttätiger Tischweg etwa 2 mm; Handantrieb für Grob- und Feinbewegung über Zahnstange *j*.

Werkstückspindelstock *W* (Bild 405 bzw. 407) sitzt auf Unterteil *k* schwenkbar bis 90°; Antrieb der Werkstückspindel von eingekapseltem Elektromotor M_2 auf Keilriemenscheibe *l*, die auf Buchse *I* sitzt. Buchse *I* kann durch Klauenkupplung *m* unmittelbar mit Welle *II* oder

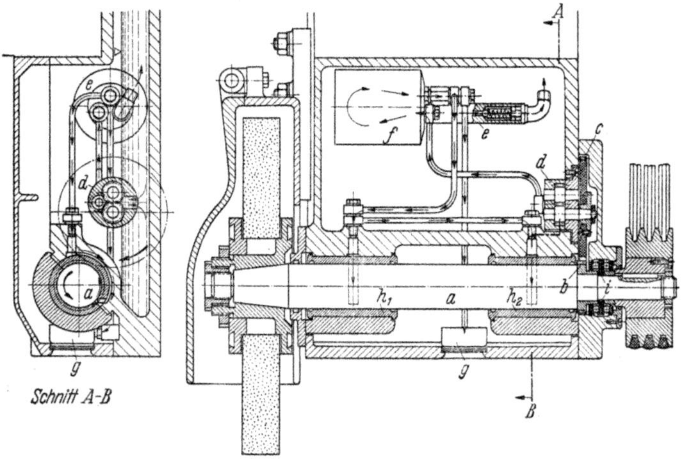

Bild 406. Schleifspindellager zur Rundschleifmaschine Bild 405. *a* Schleifspindel, *b* Stirnrad aus C 15, *c* Novotextrad, *d* Druckölpumpe, *e* Überdruckventil, *f* Ölfilter, *g* Druckanzeiger, h_1 und h_2 nicht nachstellbare geteilte Gleitlager, *i* Wälzlager für Längskräfte

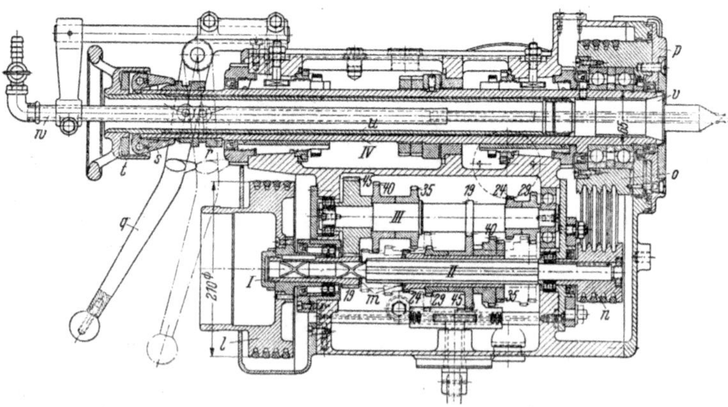

Bild 407. Werkstückspindelstock zur Rundschleifmaschine Bild 405

über *19–45*, Welle *III* mit Welle *II* verbunden werden; dadurch über Räderpaare *40/24*, *35/29*, *29/35*, *24/40*, *19/45* insgesamt sechs Drehzahlen, die von Scheibe n über Keilriemen auf Scheibe o übertragen werden, um entweder bei stillstehender Spindel *IV* über Mitnehmerscheibe p das Werkstück oder bei umlaufender Spindel *IV* diese unmittelbar anzutreiben. Keilriemenscheiben können vertauscht werden, dann wieder 6 Drehzahlen. Spindel *IV* läuft in nachstellbaren Gleitlagern und ist hier mit Patronenspannung ausgerüstet, die durch Hebel q über Muffe r, Hebel s, Muffe t, Spannrohr u Patrone v in 30°-Kegel zieht. Für Innenschleifarbeiten kann Kühlmittelleitung w durch Werkstückspindel geleitet werden.

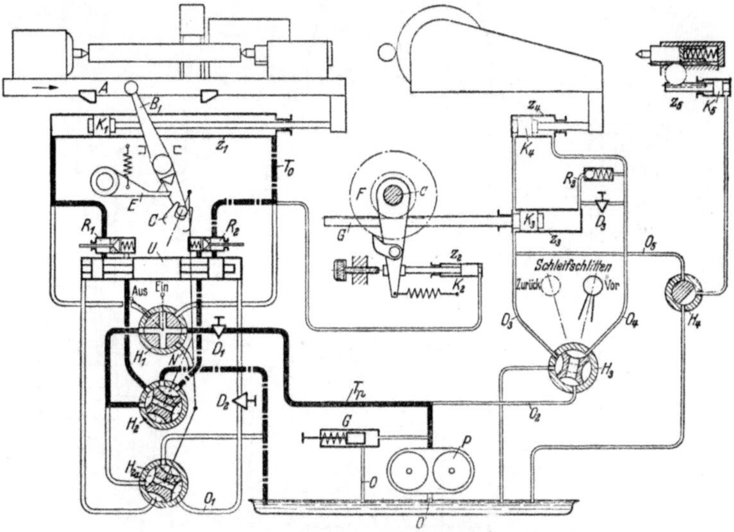

Bild 408. Antrieb des Werkstücktisches der Rundschleifmaschine Bild 405. Gezeichnete Stellung: Tisch läuft nach rechts. Tischhaltesteuerung eingeschaltet; tischabhängige Zustellung rechts; Einstechzustellung entkuppelt, Schleifschlitten vorn

Bild 408 zeigt den Plan für den Tischantrieb. Stirnradpumpe P drückt in gezeichneter Stellung Öl durch Leitung T_p, Drosselventil D_1, Umstellhahn H_1 und H_2, Umsteuerung U, Ventil R_1 auf linke Seite des Tischkolbens K_1. Aus rechtem Teil des Zylinders Z_1 läuft Öl durch T_0, R_2, U, H_2 zum Behälter zurück (offener Drosselkreislauf, vgl. Bild 216, S. 683. Zum Umsteuern fließt Öl durch H_2, O_1, D_2 auf rechte Seite der Umsteuerung U, wobei durch Drossel D_2 Zeit für Stillstand eingestellt wird. Tischhaltesteuerung kann ausgeschaltet werden, wenn man R anhebt, so daß Trieböl über U ungehindert nach Z_1 fließt. Selbsttätiges Umsteuern durch Tischanschläge A, Umsteuerhebel B_1, Hebel C, der mit Hähnen H_2 und H_{2a} gekoppelt. Schneidenhebel E drückt über Totpunkt. Bei Verschieben des Tisches von Hand wird H_1 auf „aus" gestellt, wodurch beide Zylinderseiten verbunden werden. Da Zylinderräume wegen einseitiger Kolbenstange ungleiches Volumen besitzen, muß für linke Seite von Z_1 Öl über H_1 durch Saugleitung N aus Behälter gesaugt werden.

Durch Öl werden außerdem gesteuert:

a) Zustellung der Schleifscheibe bei Tischumkehr durch K_2 in Z_2, Klink- und Sperrad F, Zahnräder und Spindel c (in Bild 405).

b) Schnelles Rückholen der Schleifspindel durch K_4 in Z_4 (s. K_4–Z_4 in Bild 405), wo P über O_2–H_3 füllt.

c) Beim Einstechen ohne Tischbewegung wird Schleifscheibe kontinuierlich durch K_3 in Z_3 mit gezahnter Stange G verschoben, die wieder auf Spindel c wirkt. Ändern der Einstechgeschwindigkeit durch Drossel D_3. Beim schnellen Rückgang fließt Öl über R_3 ab.

d) Rückziehen der Reitstockpinole durch K_5. Einschalten durch Fußhebel von H_4. Da O_3, O_5 nur unter Druck stehen, wenn Schleifschlitten zurückfährt, ist somit H_4 narrensicher.

b) Flachschleifmaschine mit *senkrechter* Schleifspindelachse, Bild 409 Schleifrad a (600 mm Dmr.) wird von Elektromotor b ($N = 19$ kW, $n = 1500$ U/min) über Flachriemen c angetrieben und läuft mit 800 U/min; Schleifspindel d ist unten durch Zylinder-Rollenlager, oben durch zwei Ringrillenlager in Hülse e gelagert. Selbsttätig über nicht gezeichnete hydraulische Feineinstellung oder von Handrad f, Schnecke und Schneckenrad g, das innen Gewinde trägt, wird Hülse e in Schleifkopf h verschoben und damit Schleifrad a um 0,01 bis 0,1 mm zugestellt. Schleifschlitten *i* wird über Kolbenstange *k*, Kolben *K* in Zylinder Z_1 hydraulisch schnell in Höhe verstellt. Tisch *l* wird hydraulisch verschoben (Zylinder Z_2), läuft auf Rollenbahn *m* und wird durch Rollen *n* geführt. Bahn abgedichtet durch Labyrinth *o*. Knaggen am Tisch steuern um und lösen Zustellung der Schleifspindel aus.

Maschine, Ständer, Bett, Schleifschlitten aus Stahl geschweißt, Schleifständer mit Fuß *p*, zwei Holmen *q* und Querhaupt *r* starr verschweißt. Auf Holmen *q* angeschweißte Führungsleisten *s* und *t*, zwischen denen Schleifschlitten *i* geführt wird. Flüssigkeitspumpe und Zubehör sind in besonderen, hier nicht gezeichneten Kästen untergebracht.

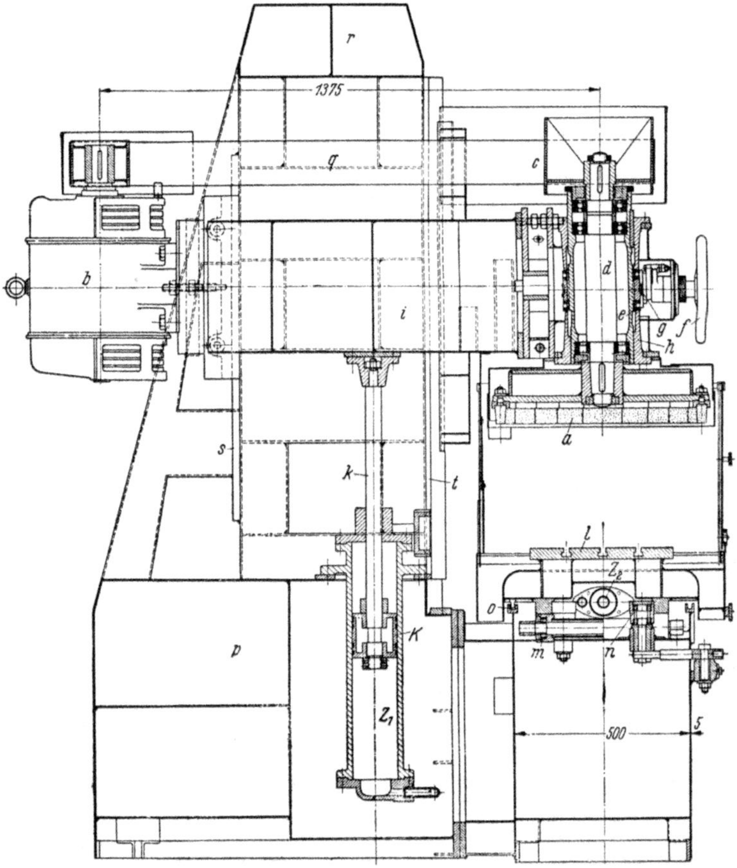

Bild 409. Querschnitt durch Flachschleifmaschine (Diskus-Werke AG)

Bild 410 zeigt eine Flachschleifmaschine mit zwei Schleifrädern a_1 und a_2 (bis 900 mm Dmr.), die von Elektromotoren *b* über Riemen *c* angetrieben werden. Schleifspindel *d* ist in Hülse *e* gelagert. Von Handrad *f*, Schnecke und Schneckenrad wird Hülse *e* im Schleifkopf *h* beigestellt. Kühlmittelzufuhr von oben über Rohrleitungen *p* durch Bohrung *g* der Spindel und der Schleifscheibe a_1.

Die Werkstücke werden gleichzeitig auf zwei Seiten geschliffen und zwischen zwei Führungsbändern *i* aus einem — nicht gezeichneten — Magazin von einem Transportband *k* und zwei elastisch gelagerten Rollen *l*, die auf die Werkstückdicke eingestellt werden, den Diskus-Vollscheiben a_1 und a_2 zugeführt. Geschwindigkeit des Vorschubes — von Vorschubmotor *m* über P.I.V.-Getriebe *n*, Gelenkwellen *o* — liegt zwischen 20 stufenlos bis 200 mm/sek, so daß beim kontinuierlichen Schleifen eine hohe Ausbringung an Werkstücken wie Kugellagerringen, Kolbenringen, Kupplungsbelegen und ähnlichen erzielt wird.

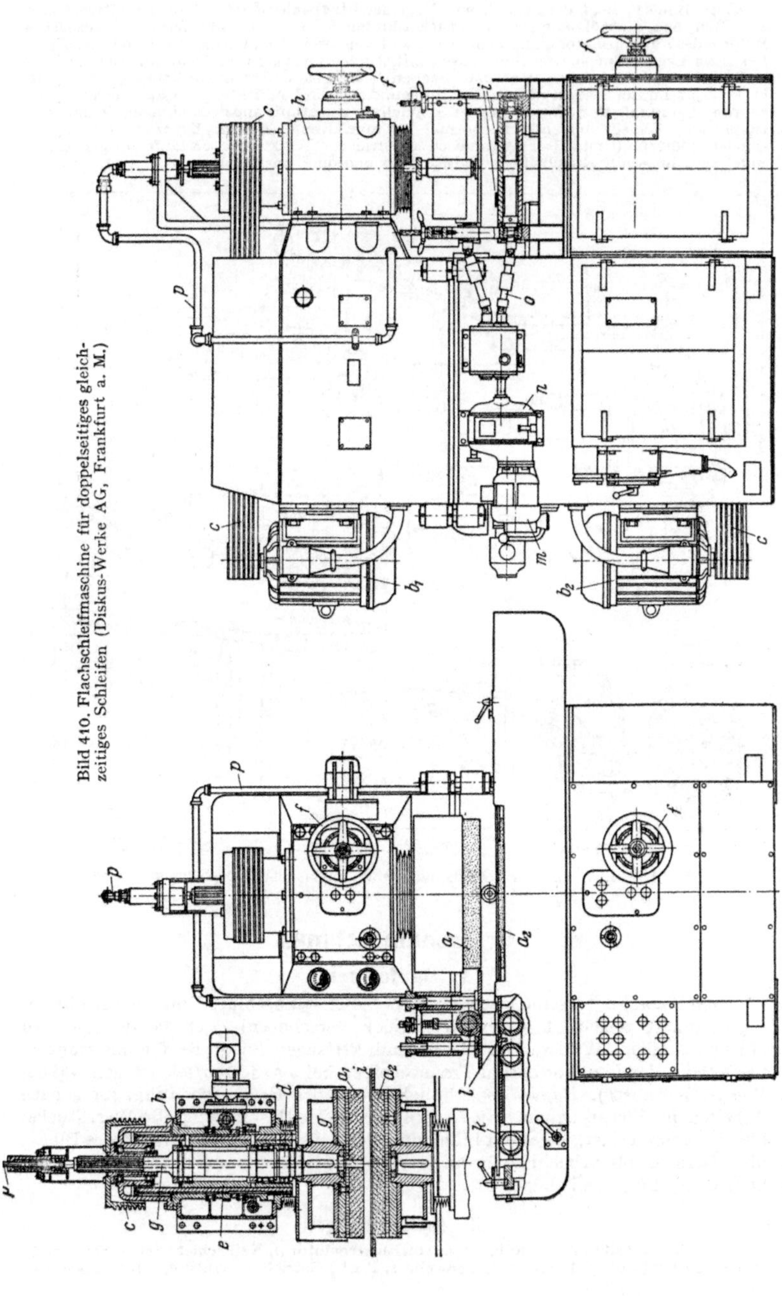

Bild 410. Flachschleifmaschine für doppelseitiges gleichzeitiges Schleifen (Diskus-Werke AG, Frankfurt a. M.)

c) In Bild 411 liegt die Schleifspindel *a* einer **Flachschleifmaschine** (Arbeitsverfahren nach Bild 163a, S. 656) *waagerecht* und trägt hinten den mit Klemmbuchsen *b* festgezogenen Rotor *c* des Antriebsmotors. Die Schleifspindel ist in zwei Precifilm-Lagern *d* und *e* gelagert. Bei diesen Lagern sind je drei Gleitbacken mit segmentförmiger Gleitfläche um 120° versetzt angeordnet, und zwar fest abgestützte Backen *f* und eine nachstellbare Backe *g*. Die Gleitbacken sind im Gehäuse in radialer Richtung und auch in Laufrichtung der Spindel an Kugelkappen abgestützt, so daß sie sich der Spindellage selbsttätig anpassen können. Schmierung zwangläufig. Schleifscheiben-Dmr. normal 300 mm, Breite 50 mm. Drehzahl der Schleifspindel 1400/2800 U/min. Der hydraulisch angetriebene Werkstücktisch läuft auf gehärteten Führungsbahnen mit Kugelkäfigen und ist längs und quer verschiebbar.

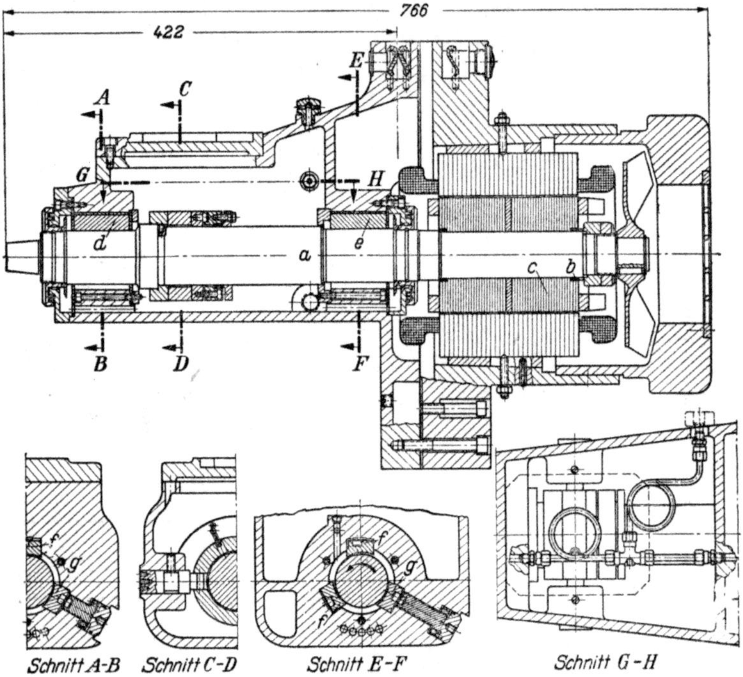

Bild 411. Lagerung der Schleifspindel einer Präzisions-Flach-Schleifmaschine (Rob. Blohm, Hamburg-Bergedorf)

G. Trennmaschinen

1. Bauformen

Kreissägen (in verschiedenen Größen bis 2 m Sägeblatt-Dmr.) als Schlittensägen (meist Sägeblatt gegen Werkstück verschoben) oder Pendelsägen. In Hüttenbetrieben, Walzwerken *Warm-* und *Reib*sägen für große Trennleistungen, die mit am Umfang kordierten Trennscheiben bei $v \approx 100$ m/sek arbeiten (Mars-Werke, Nürnberg). *Bandsägen*, ähnlich denen der Holzbearbeitung, für genaue Arbeiten im Werkzeugbau. *Bügelsägen* für kleine bis mittelgroße Werkstücke; kleiner Trennverlust, Sägeblatt billig und leicht auswechselbar. Antrieb des Bügels über Geradschubkurbel. Häufig mit Hydraulik (Kolbenpumpe) zum Heben und Senken des Bügels mit Sägeblatt.

2. Ausführungen

Kreissäge, Bild 412. Hauptantrieb von Elektromotor *a*, Keilriementrieb *b*, Sicherheitskupplung *c* (Rutschkupplung), Zwischenwelle *I*, P.I.V.-Getriebe *d*, Hülse *e*, mit Sägeschlitten verschiebbare Welle *II*, Kupplung *f*, Schneckentrieb *g*, Rädertriebe z_1–z_2–z_3–z_4 auf Sägeblattwelle *V*. Räder schräg verzahnt, Übersetzungsverhältnis $i \approx 7$.

Mit Welle *I* ist auch Welle *VI* gekuppelt, welche die Vorschubpumpe *h* antreibt. In *h* sind Verstell- und Zahnradpumpe vereinigt (vgl. Bild 205, S. 680), die Öl aus Behälter *i* ansaugen und in einer Folgesteuerung von Kolben *k*, Kolbenstange *l*, Hebel *m*, Werkstück *n* von oben spannen, dann Sägeblatt vorschieben und nach Rückzug wieder Spannung lösen. Vorschub stufenlos einstellbar, paßt sich Schnittkraft an, da Verstellpumpe mit zunehmendem Druck weniger Öl liefert. Schneidflüssigkeit von Pumpe *o* zur Schnittstelle, von wo Öl Späne in Tank *p* spült und über Becken *q* umläuft. *r* Spanndruckanzeiger, *s* Spannbacke, spannt beiderseitig des Sägeblattes, *t* Einhebel für alle Schaltungen.

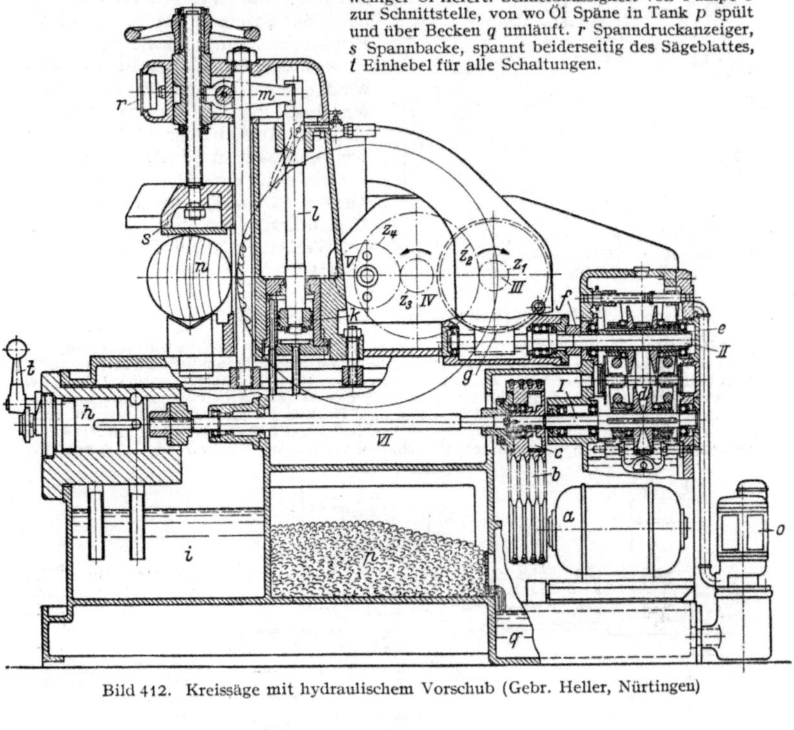

Bild 412. Kreissäge mit hydraulischem Vorschub (Gebr. Heller, Nürtingen)

H. Baueinheiten und Maschinen-Fließstraßen[1]

1. Baueinheiten

In mehreren Größen für die verschiedenen Arbeitsverfahren als Arbeits- und Bewegungseinheiten, Bild 413, so hergestellt, daß man aus ihnen für die Mengenfertigung Sonderfertigungsmittel zusammenbauen kann. Diese Fertigungsmittel können leicht auf andere Werkstücke umgerichtet werden und sind billiger als werkstückgebundene Sondermaschinen. Sie lassen sich infolge ihrer durch strenge Typung aufeinander abgestellten Abmessungen leicht zu — auch gesteuerten — Maschinenfließstraßen aneinanderreihen.

Als *Untergestell a*, Bild 413, dienen für kleine Einheiten aus Profilstahl geschweißte oder verschraubte Gerüste, mit Platten verkleidet und mit Tischplatten aus Grauguß, oder gegossene Ständer. Auf diesen Untergestellen werden kleine Tischeinheiten befestigt, während Betten großer Tischeinheiten unmittelbar auf Fußboden stehen, Bild 417.

---

[1] *Goebel, H.:* Die Bauformen der Sondermaschinen. München: Hanser-Verlag 1956; dort ausführliches Schrifttum

In *Tischeinheiten b* wird Schlitten über Spindel oder Kurve, angetrieben von Elektromotor über Zwischengetriebe, oder hydraulisch oder hydromechanisch vorgeschoben. Das Getriebe bildet die *Eilgang-* und *Vorschubeinheit c.* Oft mit *Steuereinheit d* ausgestattet, die mit Tischanschlägen verschiedene Geschwindigkeiten beim Vor- und Rückgehen schaltet, Bild 414. Kurvenvorschub nur für begrenzte Hübe möglich; Fernsteuerung hier schwierig.

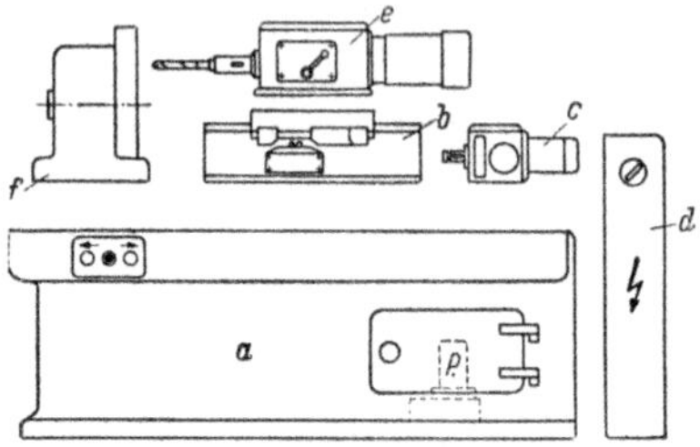

Bild 413. Baugruppen einer Baueinheit (*Maecker, K.*, u. *J. Wollenhaupt*, Wt. u. Mb. Bd. 46 (1956) Nr. 4 S. 145/53)

Arbeitseinheiten e für Bohren, Gewindebohren, Drehen, Fräsen, Schleifen sitzen auf Schlitten der Arbeitseinheit. Antrieb der Arbeitspindel von eingebautem Elektromotor über Riemen- oder Zwischengetriebe; meist nur eine Drehzahl, die jedoch durch Umsteckräder geändert werden kann.

Werkstück ist im *Zubringer f* befestigt.

2. Ausführung der Arbeitseinheiten

a) Bohreinheit einspindlig mit Bewegungseinheit. Elektrische Vorschubsteuerung mit je einem Vorschub- und Eilgangmotor, über Umlaufgetriebe arbeitend (Bild 414), sieht für Bohrarbeit vor: „Eilgang vor" E_v, „Bohrvorschub" V und „Eilgang zurück" E_r. Bei Selbstgang wird von Hand mit *b1* eingeschaltet; mit *c1* läuft Arbeitsspindel, *c2* zieht an. *c2* schließt Selbsthaltung für *c2* und über Strang *5* Haltung für *c1*, ferner Eilgangschütz *c4* und sperrt *c3*. Schlitten läuft im Eilgang, *b10* schließt. Mit *b11* Umschaltung auf Vorschub vor, weil Eilgang *c4* nun abgeschaltet. Umschalten auf Eilgang zurück E_r mit *b12*, weil nun

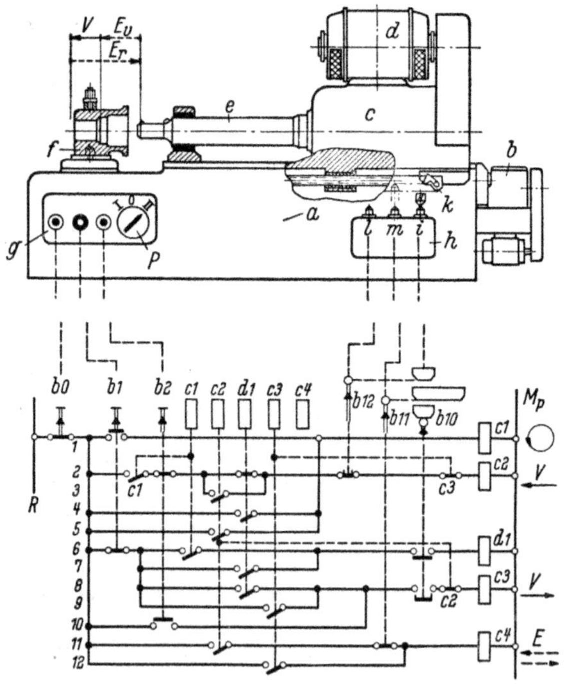

Bild 414. **Baueinheit mit elektromechanischer Steuerung und Stromlaufplan**
a Tischeinheit, *b* Eilgang- und Vorschubgetriebe, *c* Arbeitseinheit, *d* Motor für Bohrspindelantrieb, *e* Bohrspindel geführt, *f* Werkstück, *g* Kommandoschalter mit Druckknöpfen: *b 0* „halt", *b 1* „vor", *b 2* „zurück", *h* Endschalter: *b 10*, *b 11*, *b 12*, *P* Walzenschalter mit Stellung *0*, „Bohrspindel allein", *I* „Tisch allein", *II* „Selbstgang" (im Stromlaufplan nicht eingezeichnet), im Schaltschrank Schütze *c 1* für Spindelmotor, *c 2* Vorschub links, *c 3* Vorschub rechts, *c 4* Eilgang links und rechts, Hilfsschütz *d 1* (n. *Wollenhaupt*, Wt. u. Mb. Bd. 41 (1951) S. 385/91 u. Elan, K. Maecker, Düsseldorf)

c2 stromlos, damit auch *c1*; jetzt schließt *c3* an. Rücklauf endet durch *b10*. Stromlaufplan nur für Selbstgang gezeichnet, vereinfacht ohne Sicherheitsrelais und Sicherungen. Nocken für *b11* als Langnocken ausgeführt, der verstellt werden kann. Dadurch Ersparnis an Geräten.

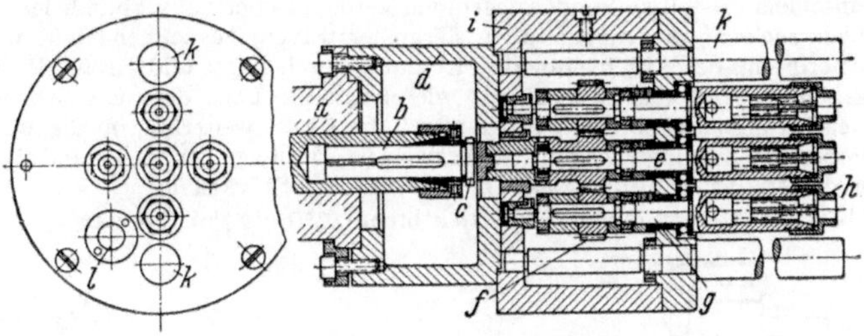

Bild 415. Schnitt durch Mehrspindel-Bohreinheit

b) Mehrspindel-Bohreinheit Bild 415. Antrieb von Antriebseinheit *a* über Spindel *b*, Kupplung *c* im Zwischenstück *d* auf Triebspindel *e*, von der über Räder *f* Bohrspindeln *g* angetrieben werden, die mit Patronenspannung *h* ausgerüstet. Im Gehäuse *i* sitzen fest Führungsstange *k*. Bei *l* Schauloch für Schmierung.

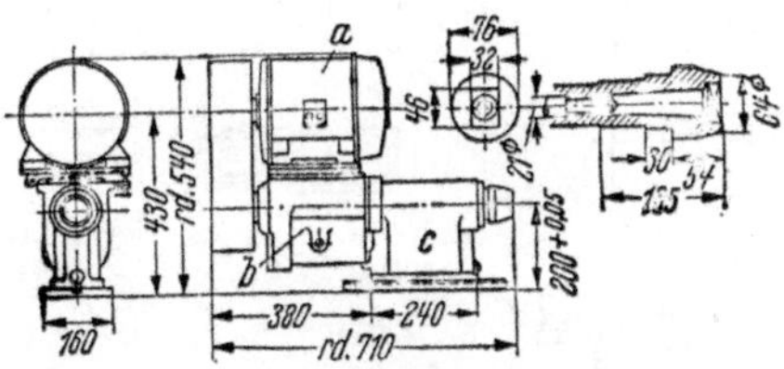

Bild 416
Kleine Fräseinheit (Becker & Co., Ladenburg a. N.)

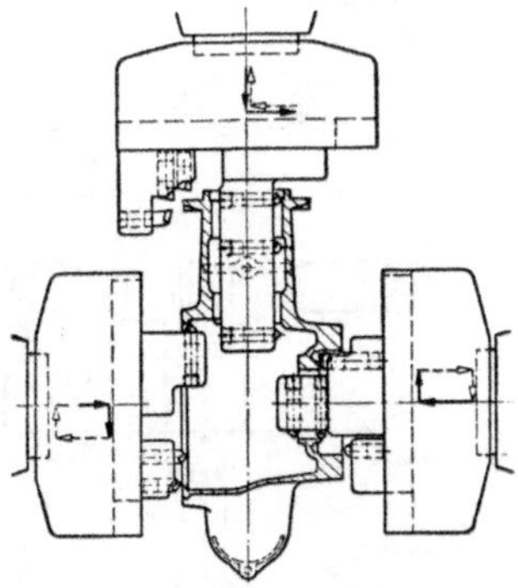

Bild 418. Bearbeitung eines Hinterachs-Gehäuses. Gleichzeitig gehen mit drei Bohreinheiten (nach Bild 417) 13 Meißel zum Schruppen vor. (Gebr. Heller, Nürtingen)

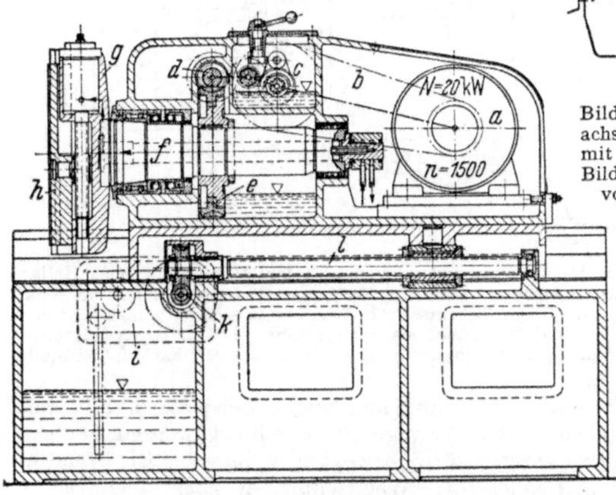

Bild 417. Schwere Bohreinheit für Planarbeiten (Gebr. Heller, Nürtingen)

c) Kleine Fräseinheit. Bild 416. Motor *a* ($N \approx \approx 1{,}6$ kW), Getriebe *b*, Spindelstock *c*; es kann bei St 60 mit Messerkopf bis 100 mm Dmr. gearbeitet werden.

d) In **schwerer Bohreinheit**, Bild 417, für Planarbeit treibt Motor *a* über Keilriemen *b*, Schaltgetriebe *c* (dreistufiges Zweiwellen-Getriebe), zwei Umsteckräder, Schnecke *d*, Schneckenrad *e*, Bohrspindel *f* (120 bzw. 200 mm Dmr. im vorderen Lager) an. Planscheibe *g* trägt Planschieber *h*, auf dem Werkzeuge für Planbearbeitung aufgespannt werden. Vorschub von hydraulischer Vorschubeinheit *i*, die stufenlos verstellbare Drehzahlen auf Schneckentrieb *k* und Spindel *l* liefert. Arbeitsbeispiel in Bild 418.

3. Zusammensetzen der Baueinheiten

a) Bauformen. Mehrere Baueinheiten können nach dem Baukastensystem auf gemeinsamem Gestell zu Sondermaschinen vereinigt oder auf verbundenen Untergestellen auch zu Maschinenstraßen (Transferstraßen) zusammengefaßt werden. Die Anordnung der Arbeitseinheiten ist dann durch Form und Größe des Werkstücks, durch Art der Bearbeitung wie durch die Lage der zu bearbeitenden Flächen bedingt. Bestimmend für die Ausführung ist weiterhin, ob die Maschine ohne oder mit Zubringbewegung auszulegen ist, die Lage der Lade- und Entladestelle, die Art der Zubringbewegung, die Höhe der Stückzahlen.

Als Maßrichtlinien dienen VDI-Richtlinien 3270 bis 75 u. weitere[1].

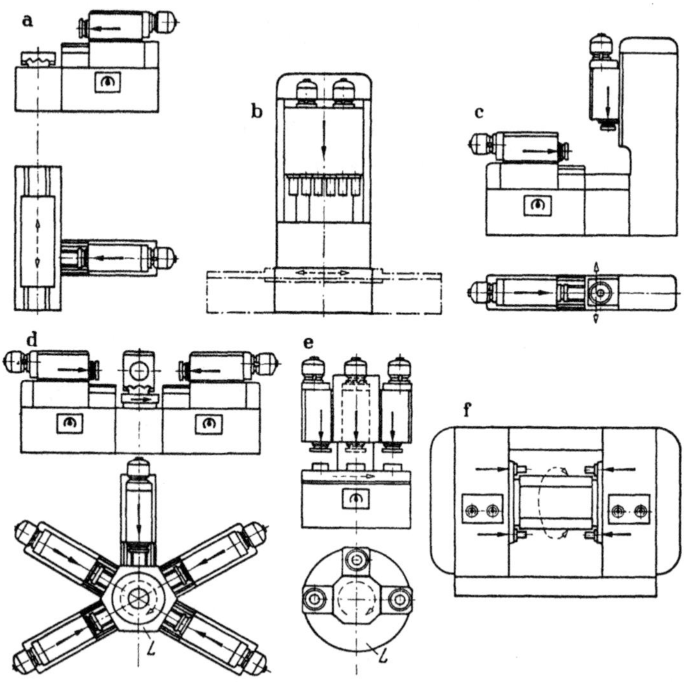

Bild 419. Bauformen (Beispiele) der Zusammensetzung von Arbeitseinheiten (Gebr. Heller, Nürtingen). a Einweg-Maschine, waagerechte Zubringbewegung; b Einweg-Maschine, senkrecht, mehrspindlig mit festem oder Verschiebetisch; c Zweiweg-Maschine, waagerecht und senkrecht mit festem Tisch; d Schalttisch-Maschine, waagerecht; e Schalttisch-Maschine, senkrecht; f Schalttrommel-Maschine (Trommeln um waagerechte Achse drehbar); *L* Ladestelle

Bild 419 zeigt Beispiele solcher Anordnungen, wobei Beispiele a, b, c mit festem Tisch oder geradliniger Zubringbewegung ausgeführt werden können, während bei d, e, f eine kreisförmige Zubringbewegung vorgesehen ist. Wenn es die Arbeitsaufgabe verlangt, können die Arbeitseinheiten auch oben schräg oder seitlich liegen. Neben den Bearbeitungsstationen müssen Lade- und Entladestationen *L* vorgesehen werden, damit Werkstückwechselzeiten eingespart werden und lediglich Zeiten für die Zubringbewegung als Nebenzeiten erscheinen.

Bild 420a zeigt den Grundriß einer Transferstraße, Bild 420b den Arbeitsplan.

---

[1] *Wollenhaupt, J.*: Baueinheiten für Werkzeugmaschinen. Wt Bd. 49 (1959) S. 132/36.

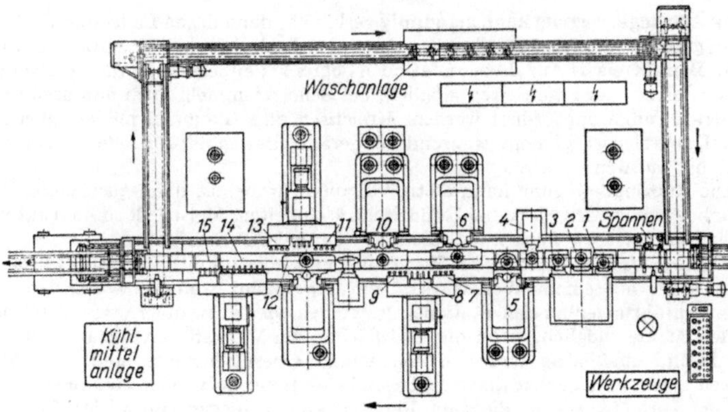

Bild 420a. Grundriß einer Transferstraße mit Vorrichtungs-Rückführung seitlich um die Maschinenstraße (K. Hüller GmbH, Ludwigsburg)
Stationen: 1 Bohren und Senken, 2 Bohren, 3 Gewindeschneiden, 4 Fräsen, 5 Plandrehen und Andrehen, 6 Bohren und Senken, 7 Bohren, Plan- und Andrehen, 8 Vorbohren, 9 Bohren, Senken, Plan- und Formdrehen, 10 Reiben, 11 Gewindeschneiden, Plan- und Andrehen, 12 Bohren und Gewindeschneiden, 13 Senken, Plan- und Formdrehen, 14 Feindrehen, 15 Reiben

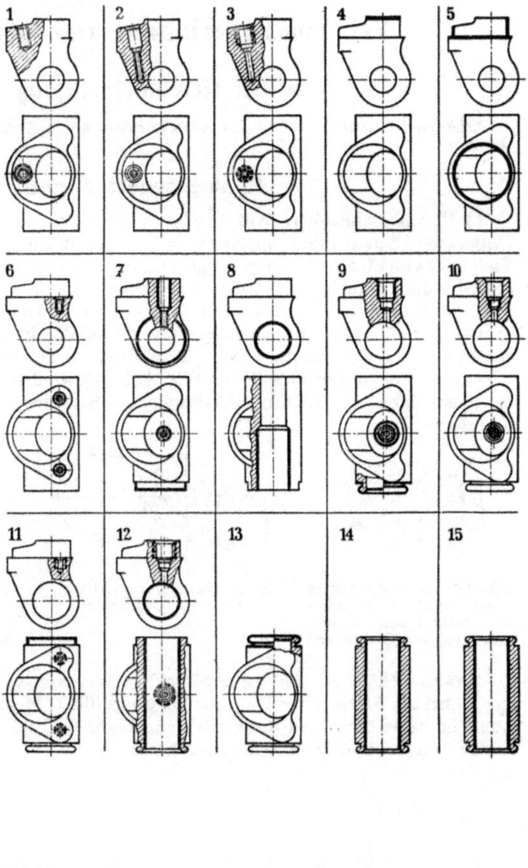

Bild 420b. Arbeitsplan zur Transferstraße in Bild 420a für die Bearbeitung von Radbremszylindern (4 Stück gleichzeitig in einer Vorrichtg.). Zusammenstellung der Arbeitszeit: (Reine Arbeitszeit t_h = = 33 sek) + (Schaltzeit t_n = 6 sek) + (Sicherheit rd. 10% t_v = 4 sek); Zeit für 4 Stück t_{st} = = 43 sek; Leistung der Maschine bei 80% Nutzeffekt rd. 260 Werkstücke/Stunde

b) Zubringbewegung kann geradlinig verlaufen, dann liegen Lade- und Entladestelle getrennt, oder kreisförmig, dann ist Ladestelle gleichzeitig Entladestelle. Beim Kreis ist Anzahl der Stationen begrenzt; außerdem ist die Bearbeitung nur von einer oder zwei Seiten möglich, bei Schalttrommeln auch von drei, wenn Einheiten radial angeordnet werden. Kreistisch oder Trommel müssen aber nur einmal abgesichert werden, während bei gerader Bewegung für jede Station eine Sicherung notwendig wird.

Die Zubringbewegung kann stetig verlaufen, wobei sie dann gleichzeitig Vorschubbewegung wird, z. B. bei Rundtischfräseinheiten. Meist jedoch im Takt verlaufende Schrittbewegung mit Stillstand während der Bearbeitung.

Bei *Transferstraßen* kann das Werkstück entweder unmittelbar auf Führungen gleiten oder auf einem Werkstückträger aufgespannt werden, wobei dann die Werkzeugführungen an den Stationen feststehen oder mitwandern. Unmittelbares Gleiten ist nur möglich, wenn die Gleitflächen am Werkstück vorgearbeitet, also ausreichend maßhaltig und von genügender Oberflächengüte sind. Außerdem müssen zwei — möglichst diagonal liegende — Bohrungen oder andere geeignete Flächen vorhanden sein, die zum Fixieren günstig liegen (Beispiele: Getriebegehäuse, Kurbelgehäuse). Auflageflächen der Straße dann gehärtete Stahlleisten. Transport der Werkstücke oder Vorrichtungen durch hydraulisch (oder pneumatisch oder mechanisch) angetriebenes Gestänge, bei dem Greifereinrichtung selbsttätig einschwenkt.

VII. Sonderverfahren und -maschinen

A. Gewindefertigung

Literatur: 1. *Müller, O.M.:* Gewindeschneiden. WB. 1, 5. Aufl. 1949. — 2. *Leinweber, P.:* Gewinde. Berlin: Springer 1951.

1. Abspanendes Formen

a) Gewindeschneiden. Auf Drehmaschinen werden Gewinde geschnitten mit *Einmeißel*; Spanwinkel meist $\gamma = 0°$, Spanfläche steht auf Mitte; wenn Steigungswinkel $> 4°$ (mehrgängige Trapezgewinde), wird Meißelschneide schräggestellt, damit auch an Flanken Freiwinkel von $3°$ entsteht (Bild 421, bei *a*); Profil muß jetzt korrigiert werden. Bei genaueren Gewinden werden zwei Meißel (*b* und *c* in Bild 421) zum Schneiden der Flanken eingesetzt. Nachschleifen wird erleichtert durch Benutzen von Profilmeißeln in Haltern (Bild 121 S. 645) oder von runden Formmeißeln, Bild 422. Gewindeschneiden auf Drehbänken ist teuer, daher nur in Einzelfertigung und Sonderverfahren.

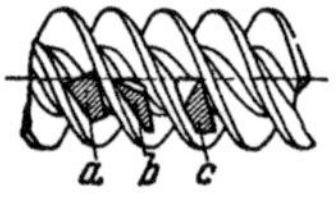

Bild 421. Schräggestelltes Werkzeug *a* und getrennte Meißel *b*, *c* beim Schneiden größerer Steigungen

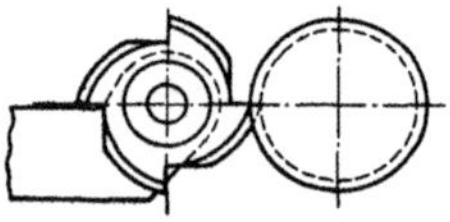

Bild 422. Hinterdrehter Gewinderundmeißel

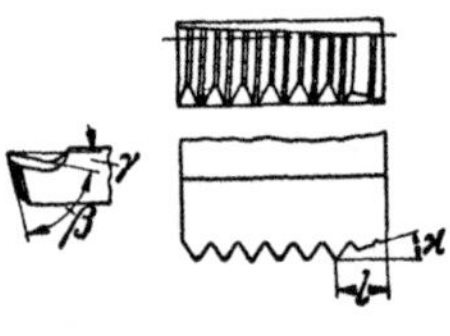

Bild 423. Radialschneidbacken zum Gewindeschneidkopf (Pittler-AG). Strähler auf Länge *l* unter $\varkappa°$ angeschliffen

Strähler, Bild 423, sind mehrschneidige Werkzeuge, meist in Meißelhalter eingespannt, als Flach- oder Rundmeißel ausgeführt. Mehrere solche Strähler sitzen auch in selbstöffnenden Gewinde*schneidköpfen*, Bild 424, mit denen man Gewinde von 1 bis 60 mm schneiden kann.

Im durchbohrten Einspannschaft *a* sitzt verschiebbarer Körper *b*. Mit Schließgriff *c* am äußeren Führungsring *d* werden Schneidbacken über (nicht gezeichnete) Kurven geschlossen, wobei sich *d* und innerer Führungsring *e* drehen, bis Haltestift *f* in Raste *g* auf *d* einschnappt. Kopf öffnet sich selbsttätig, wenn beim Auseinanderziehen *f*

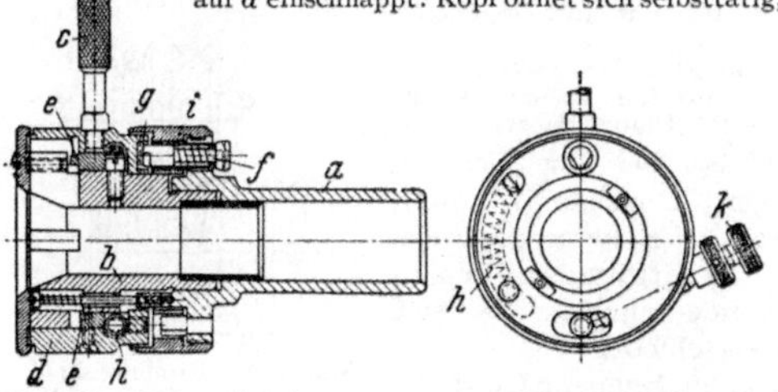

Bild 424. Selbstöffnender Gewindeschneidkopf (Pittler-AG)

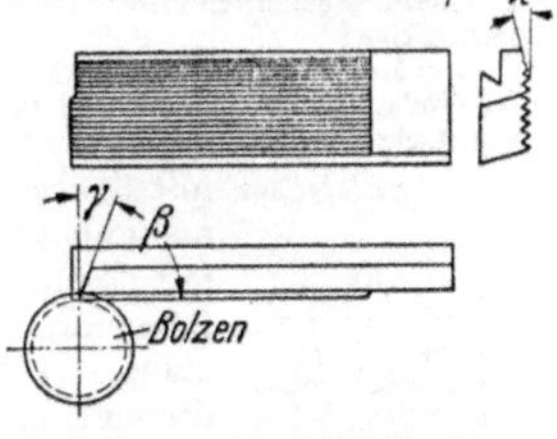

Bild 425. Tangential schneidende Backe für Schneidkopf

durch Öffnungsfeder *h* wieder freigegeben wird. Durch Einstellring *i* und Schraube *k* wird Gewindedicke bestimmt. Ähnliche Köpfe auch zum Schneiden von Innengewinden (von 26 bis 120 mm). Selbstöffnende Köpfe mit Radialbacken werden insbesondere auf Revolverdrehbänken und Automaten benutzt, während auf Gewindeschneidmaschinen Kopf mit vier tangential schneidenden Backen vorgezogen wird, Bild 425.

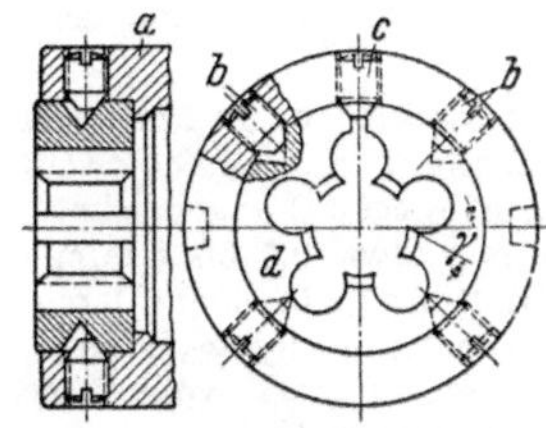

Bild 426. Schneideisen im Halter

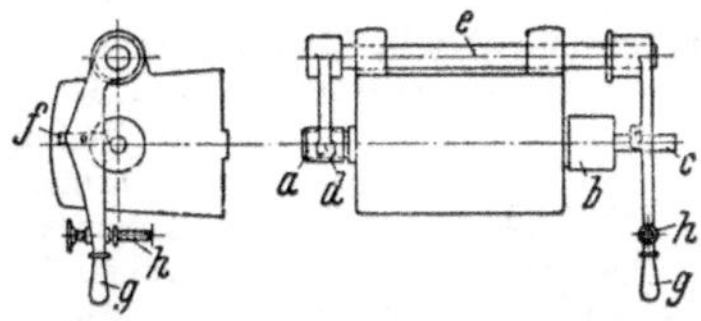

Bild 427
Schneiden von Gewinde mit Patronenvorschub

Auf Automaten zum Schneiden von Außengewinden auch *Schneideisen*, Bild 426, die in besonderem Halter *a* durch Druckschrauben *b* befestigt, während Schraube *c* Schneideisen *d* spreizt.

Vorschub beim Gewindeschneiden auf Drehbänken von Leitspindel (vgl. VI, A, S. 737), bei Revolverdrehbänken auch abgeleitet von Patrone *a*, Bild 427, die auf Spindel *b* sitzt. In Patrone *a*, die mit gleicher Steigung versehen ist wie das zu erzeugende Gewinde auf Werkstück *c*, greift Mutter *d*, die über Gestänge *e* Meißelhalter mit Meißel oder Strähler *f* vorschiebt. Einlegen mit Handgriff *g*, Gewindetiefe wird durch Anschlag *h* am Bett eingestellt.

b) Gewindebohrer schneiden kleinere Innengewinde am billigsten und genau. Für Fertigen einer Gewindebohrung benutzt man Gewindebohrer-Satz: Vor-, Mittel- und Fertigschneider, auch nur zwei oder einen Bohrer. Bei Handschneiden nach Bild 428 schneidet erst Fertigschneider vollen Durchmesser. Bei kegelig überdrehten Bohrern unterscheiden sich Bohrer durch Länge *l* des Anschnitts, Bild 429. Einzelschneider kann man verwenden bei St 42 oberhalb 20 mm Dmr., bei St 60 oberhalb 6 mm Dmr.; Spanwinkel $\gamma \approx 0$ bis 10° (Bild 430) beim Schneiden in St und GG, bei Al-Bearbeitung $\gamma \approx 20°$; Hinterschliffwinkel 4 bis 2°. Schnittgeschwindigkeit bei Schnellstahlbohrern etwa 15 m/min.

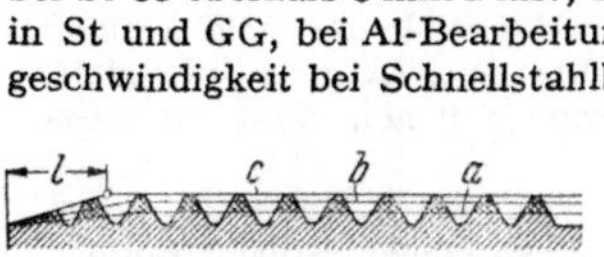

Bild 428. Satz von Handgewindebohrern. Profile: *a* Vor-, *b* Mittel-, *c* Fertigschneider

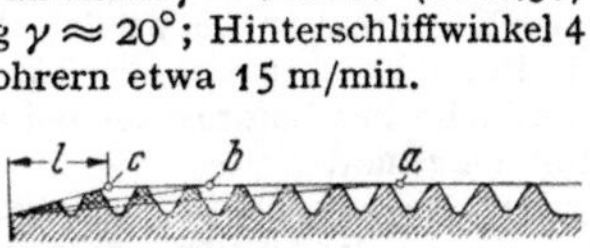

Bild 429
Überdrehter Gewindebohrer

Bild 430
Spanwinkel γ am Gewindebohrer

c) Gewindefräser für Innen- und Außengewinde. *Einformfräser* (gefräste Zähne) für Langgewinde (Bild 431) auf Langfräsmaschinen; *Mehrrillenfräser* für Kurzgewinde (Bild 432) auf Kurzgewinde-Fräsmaschinen.

Beim schräggestellten Einformfräser tritt Profilverzerrung auf; außerdem Gefahr, daß bei zu großer Steigung Fräser an den Seiten theoretisches Gewindeprofil zerstört. Langgewindefräser vorzugsweise für Fertigen von Trapez- und metrischen Gewinden auf längeren Spindeln. Maschinen ähnlich der Drehbank, nur statt Drehmeißel jetzt Fräser.

Bei Mehrrillenfräsern Werkzeug so lang wie das zu schneidende Gewinde. Fräserachse parallel zur Gewindeachse. Fräser auf Tiefe vorgeschoben, wird Gewinde bei etwa $1^1/_6$ Umdr. gefertigt.

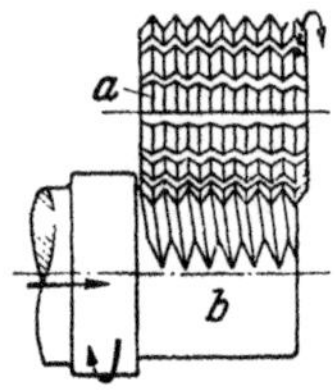

Bild 432. Rillenfräser a läuft beim Fräsen des Kurzgewindes auf b um; b dreht sich den Schneiden entgegen und schiebt sich bei einer Umdrehung um Steigung vor.

Abwälzfräsen mit Schraubenfräser bei Gewinden mit mehr als 4 Gängen (Schnecken, s. S. 792); mit Schneidrad (Fellowrad), wobei Schneidrad — als Stirnrad an Zahnstange = Gewinde-Schnecke — sich drehend axial verschiebt.

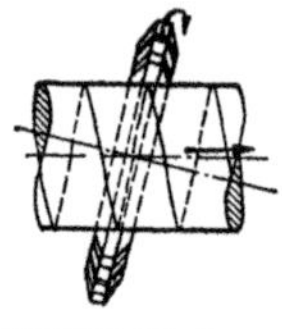
Bild 431. Einformfräser geneigt um Steigungswinkel

Schnittgeschwindigkeit beim Gewindefräsen von St und GG $v \approx 1000/\sigma_B$ m/min (σ_B in kg/mm²); bei Bronze und Leichtmetallen $v \approx 2000/\sigma_B$. Rundvorschub beim Schlichten ≈ 30 bis 40 mm/min, beim Schruppen ≈ 60 bis 120 mm/min.

Während beim Gewinde*schneiden* ein Auslauf vorzusehen ist, kann man beim *Fräsen* dicht an einen Bund arbeiten.

d) Gewindewirbeln (Gewindeschälen) arbeitet mit Messerköpfen, die mit einem oder vier (oder sechs) Hartmetallmeißeln bestückt sind, mit $v \approx 5$ m/sek (bei St 60) umlaufen und sich langbewegen (Langvorschub), während Werkstück mit etwa 0,5 bis 4 m/min kreist (Rundvorschub), Bild 433. In einem Durchgang wird bei Langgewinden mit Spitz-, Trapez-, Sägen-, auch mehrgängigem Profil volle Tiefe und hohe Oberflächengüte erreicht.

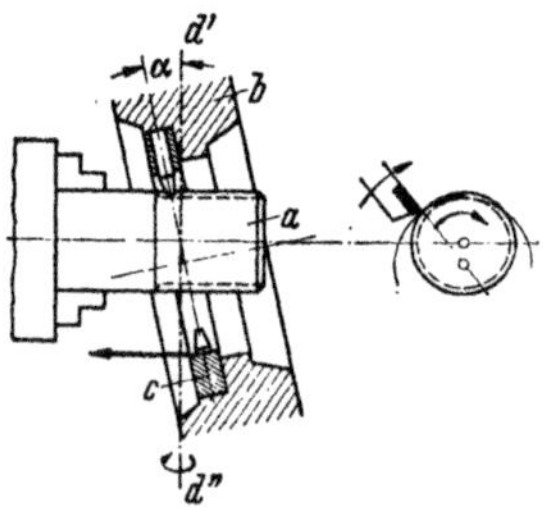

Bild 433. Gewindeschälen

e) Gewindeschleifen in ähnlicher Weise wie Gewindefräsen mit einrilliger oder mehrrilliger Schleifscheibe. Gewinde kann aus dem Vollen oder — bei großen Profilen — erst vorgeschnitten oder gefräst, dann gehärtet und nachgeschliffen werden. Anwendung bei Genauigkeitsgewinden z. B. an Meßgeräten.

2. Spanloses Formen

a) Gewindewalzen. Beim Walzen mit flachen Backen, Bild 434, liegt Werkstück a zwischen zwei Backen b, deren obere den Bolzen a unter starkem Druck durchrollt. Backen tragen abgewickeltes Gewinde. Beim Walzen mit Rundwerkzeugen, Bild 435, liegt Werkstück c auf Leitlineal d zwischen einer festen a und einer sich vorschiebenden Walze b. Vorschub wird abgeschaltet, wenn Profiltiefe erreicht. Walzdruck, Walzvorschub, Walzzeit und Walzgeschwindigkeit sind einstellbar. Es können Kurz- und Langgewinde in Werkstoffen bis $\sigma_B \approx 120$ kg/mm² auch bis an einen Bund gewalzt werden. Erreichte Oberfläche ist preßglatt, Genauigkeit hängt von Vorbearbeitung ab. Bei vorgeschliffenen Teilen wird Gewindetoleranz „fein" eingehalten.

Beim *Dreirollenverfahren* schieben sich Rollen, wenn kurze Gewinde gewalzt werden, radial vor; werden lange Gewinde gewalzt, so stehen Rollen fest und ziehen Bolzen längs hinein.

Selbstöffnende *Gewinde-Rollköpfe* haben drei Rollen, die auf den mit Gewinde zu versehenden Bolzen geschoben werden. Der Werkstoff wird demnach in Achsrichtung zum Fließen gebracht. Werkstück erhält am Einlaufende Kegel mit Neigung von 15°. Verwendet auf Revolverdrehbänken und Gewindeschneidmaschinen wie Gewinde-Schneidköpfe, Rollgeschwindigkeit ≈ 40 bis 70 m/min.

Wesentlicher Vorteil gewalzter Gewinde gegenüber abgespanten Gewinden, bei denen Kerbeinfluß Dauerfestigkeit herabsetzt, ist Verfestigung des Werkstoffs und Steigerung der Dauerfestigkeit durch Erhalten der Faser, Bild 436.

Warmwalzen bei groben Gewinden, z. B. Holzgewinden.

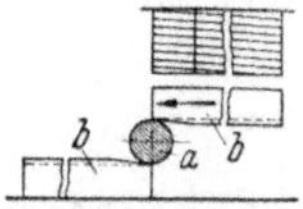

Bild 434. Gewindewalzen mit Flachbacken

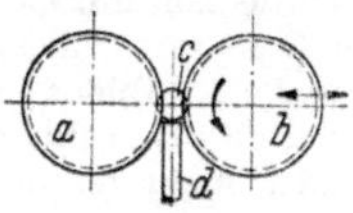

Bild 435. Gewindewalzen mit runden Walzen. *b* schiebt sich gegen *a*.

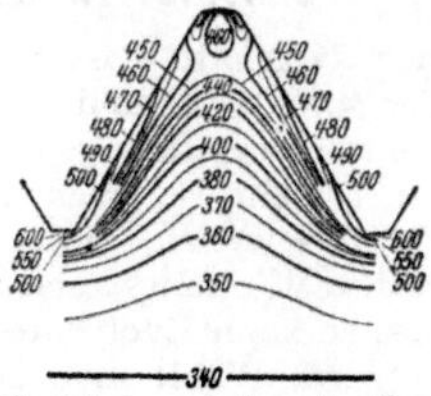

Bild 436. Härteverteilung im Gewindegang eines kaltgewalzten M 8-Gewindes aus Cr-V-Stahl nach *Schimz* (Masch.-Bau (1941) S. 106, Bild 6)

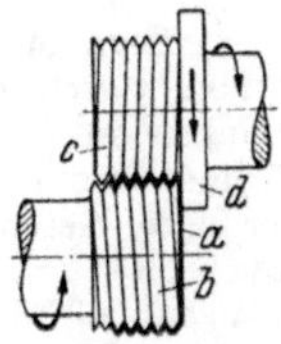

Bild 437 Gewindedrücken auf Drückbank

b) Gewindedrücken bei Blechhülsen *a*, Bild 437, üblich, die auf Gewindedorn *b* gesteckt werden, dessen Gewinde gleiche Steigung, aber etwas anderes Profil zeigt als das herzustellende. Umlaufende Druckrolle *c* wird gegen Hülse geführt und Gewinde in Werkstück eingedrückt. Flansch *d* sichert Hülse gegen axiales Verschieben. Auch Druckrollen mit Rillenprofil ohne Steigung üblich; Gewinderolle schiebt sich dann in Achsrichtung vor.

c) Gewindegießen, mit ausreichender Genauigkeit im Druckgußverfahren (S. 605) möglich.

B. Verzahnmaschinen für Stirnräder

Literatur: 1. *Buckingham, E.-G. Olah:* Stirnräder mit geraden Zähnen. Berlin: Springer 1932. — 2. *Keck, K. F.:* Zahnradpraxis. München: Oldenbourg 1956. — 3. *Krumme, W.:* Prakt. Verzahnungstechnik, 4. Aufl. München: Hanser 1952. — 4. *Trier, H.:* Die Zahnformen der Zahnräder. WB 47, 5. Aufl. 1958. — 5. *Schöpke, H.:* Neuere Maschinen zur Herstellung von Verzahnungen. Ind. Anzeiger (1954) S. 959 (173).

1. Formverfahren

Profil der Werkzeugschneide entspricht dem der Zahnlücke. Da bei Evolventenverzahnung Form der Lücke abhängig ist von Zähnezahl *z*, Modul *m* und Eingriffswinkel α (vgl. Bd. I, S. 719), so erfordert theoretisch jede Änderung einer dieser drei Größen besonderes Werkzeug.

a) Beim **Formfräsen** mit hinterdrehten Fräsern verwendet man für kleinere Moduln einen Satz von acht, bei Modul $m \geqq 8$ von fünfzehn Fräsern, so daß Fräser für Herstellen von Rädern mit verschiedenen Zähnezahlen brauchbar. Achtteiliger Satz umfaßt z. B.

Fräser Nr.	1	2	3	4	5	6	7	8
f. Zähnezahlen	12 bis 13	14 bis 16	17 bis 20	21 bis 25	26 bis 34	35 bis 54	55 bis 134	135 bis...

Zahnprofil entspricht dem der jeweils niedrigsten Zähnezahl.

Da man nach diesem Verfahren Räder auf gewöhnlichen Universalfräsmaschinen mit Teilkopf (vgl. VII, D, S. 768) herstellen kann, wird Formverfahren noch angewendet, trotz seiner Nachteile: Abweichungen von theoretisch richtiger Zahnform, Teilungs- und Einstellfehler, lange Arbeitszeit.

Fingerfräser dienen zum Fertigen von Schräg- und Profilverzahnungen mit größerem Modul. Gleiche Nachteile wie beim Fräsen mit Formfräsern.

b) Formschleifen zum Nacharbeiten vorgearbeiteter Zahnflanken benutzt Profilscheibe, die eine Flanke eines Zahnes schleift, Bild 438. Beim Formschleifen

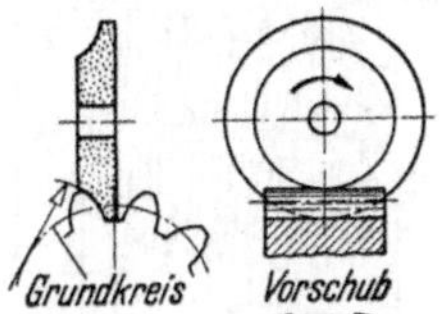

Bild 438. Formschleifen von geradverzahnten Stirnrädern

wird Maschine einfach, dagegen das Abrichtgerät verwickelt. Abrichtgerät besitzt mit Diamanten bestückten Abdreharm, der über Stahlbänder gewälzt wird. Auch mit zwei Scheiben ausgerüstet, von denen jede eine Flanke schleift. Formschleifverfahren auch für Innenverzahnung entwickelt[1].

2. Wälzverfahren

a) Grundlagen. Bei der Evolvente e ist Krümmungshalbmesser r_k in jedem Punkt verschieden, Bilder 439, 440, und zwar gleich dem Abstand dieses Punktes auf der Evolvente vom Berührungspunkt B der Erzeugenden mit dem Grundkreis. Tangente T in P steht senkrecht auf r_k und würde sich mit gleichförmiger Geschwindigkeit verschieben, wenn der Grundkreis einschließlich Evolvente mit gleichförmiger Umfangsgeschwindigkeit umliefe. Bildet man Tangente als Werkzeug aus, so kann Evolvente e als eine von der Tangente eingehüllte Kurve erzeugt werden. Wählt man auf Erzeugender mehrere solcher Tangenten im Abstand t_e, so erhält man Zahnstange, und es entsteht eine Schar von Evolventen, Bild 440.

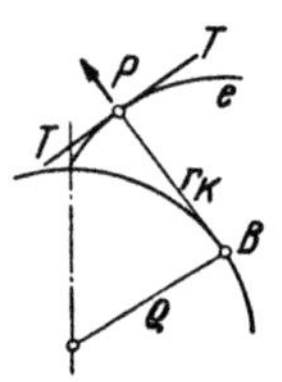

Bild 439. Punkt P auf Evolvente e mit Tangente T. ϱ Grundkreisradius; Pfeil = Schiebung von T

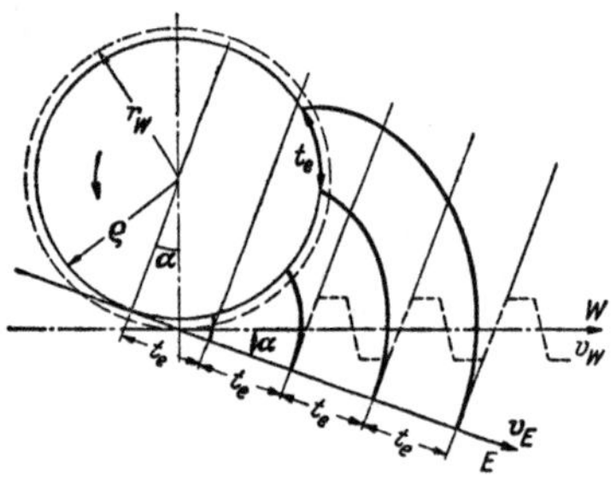

Bild 440. Entstehung der Evolvente durch Schar von Tangenten = Zahnstange. E Erzeugende

Zwischen Grundkreis (Werkrad) und Zahnstange (Werkzeug) tritt Wälzbewegung auf, die sich aus Drehung und Schiebung zusammensetzt. Zwischen Geschwindigkeit v_E in Richtung E (Erzeugende) und v_W in Richtung W (Wälzkreis) besteht Beziehung $v_E = v_W \cos\alpha$. Beim Fertigen nach dem Wälzverfahren werden diese Bewegungen auf Werkzeug und Werkstück verteilt.

Bezugsprofil der Verzahnwerkzeuge ist in DIN 3972 festgelegt. Zahnhöhe am Werkzeug wird $h_W = 2{,}367\,m$ bei Bezugsprofil I (fertigbearbeitet); $h_0 = 2{,}45\,m$ bei Bezugsprofil III zum Schaben oder Schleifen und bei Bezugsprofil IV zum Schlichten (m Modul).

b) Wälz(schraub)**fräsen** mit Wälzfräser (DIN 8000), der in Werkrad wie Schnecke (Fräser) in Schneckenrad (Werkrad) eingreift. Fräser entsteht aus Schraube durch Ausfräsen von Nuten senkrecht zu den Schraubengängen. Ist Fräser als Evolventenschnecke ausgeführt, so zeigen Fräserzähne im senkrechten Schnitt geradflankiges Zahnstangenprofil, das aber auch korrigiert ausgeführt wird. Abmessung der Fräser nach DIN 8002 festgelegt, Bild 441. Wälzfräsen im Gegen- oder Gleichlauf.

Wälzfräsmaschine arbeitet nach dem axialen Verfahren, d. h. Fräser wird parallel zur Achse des Werkrades vorgeschoben. Fräser und

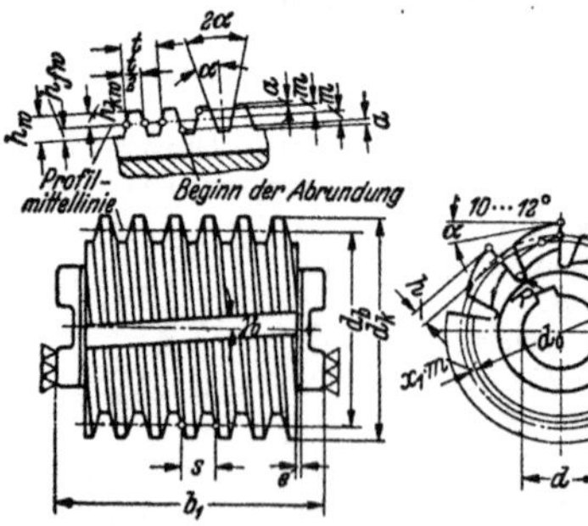

Bild 441. Aufbau des Wälzfräsers

[1] *Reclanus:* W.-T. Bd. 35 (1941) S. 378.

Werkrad kreisen. Beim Fräsen geradverzahnter Räder muß der Fräser um seinen Steigungswinkel γ_0 geschwenkt werden, beim Fräsen schrägverzahnter Stirnräder außerdem noch um den Schrägungswinkel β des Stirnrades, also im ganzen um $\beta \pm \gamma_0$, je nachdem ob Fräser und Werkrad verschiedenen oder gleichen Steigungssinn besitzen.

Bild 442. Getriebeplan einer Wälzfräsmaschine (H. Pfauter, Ludwigsburg). Hauptantrieb: von Motor M_1 mit Welle *I* über Keilriemen auf Welle *II*, Zwischenräder und Umsteckräder *1*, *2*, Welle *III*, Kegelräder *3*, *4* auf senkrechte Welle *IV*, über Kegelräder *5*, *6*, *V*, *7*, *8*, *VI*, *9*, *10* auf Frässpindel *VII* mit Fräser *a*. Teilbewegung: von Welle *IV*, Kegelräder *11*, *12*, *VIII*, mitlaufendes Differentialgehäuse *b* (Kupplung K_1 nach links), Welle *IX*, *13*, *14* auf Welle *X* (oder je nach Drehsinn des Fräsers über *15*, *14'*), Teilwechselräder z_1, z_2, z_3, z_4, *XI*, Teilschnecke *16* auf Schneckenrad *17* am Tisch *c*. Vorschub (senkrecht): von *17*, *16*, *XI*, *18*, *19*, *XII*, Vorschubgetriebe *d*, *XIII*, Vorschubwechselräder z_5, z_6, z_7, z_8, *XIV*, Kegelräder *20*, *21* (das folgende ist um 90° geschwenkt gezeichnet, s. Teilansicht b), *XV*, *22*, *23*, *24*, *25* auf Vorschubspindel *XVI*, die Frässchlitten *e* senkrecht bewegt.

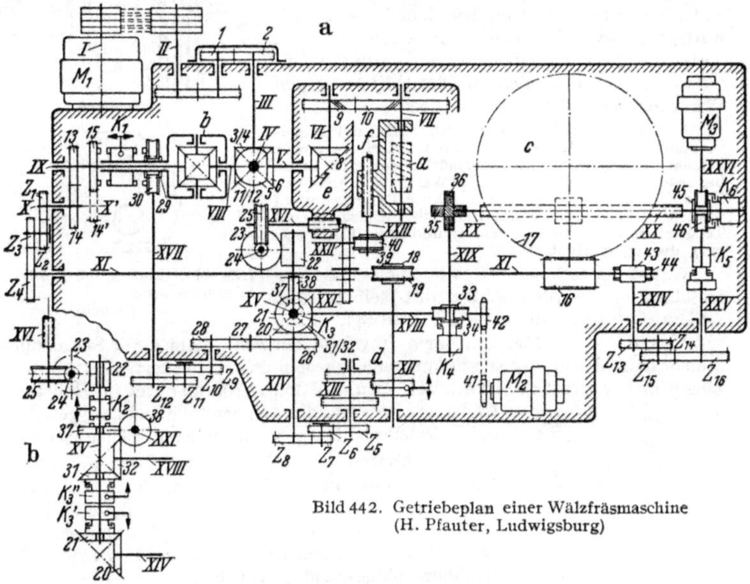

Bild 442. Getriebeplan einer Wälzfräsmaschine (H. Pfauter, Ludwigsburg)

Zusatzdrehung: beim Fräsen schrägverzahnter Stirnräder muß dem zu fräsenden Rad noch zusätzlich eine Drehung erteilt werden. Größe der Zusatzbewegung ist abhängig von Schrägungswinkel β des zu fräsenden Rades: von *XIV* über *26*, *27*, *28*, Zusatzwechselräder z_9, z_{10}, z_{11}, z_{12}, *XVII*, *29*, *30*, das über K_1 (nach rechts) mit Differentialgehäuse (Steg) *b* gekuppelt wird. Schneckenräderfräsen im Radialverfahren: Senkrecht-Vorschub steht still. Von *XII* über *XIII*, $z_5 \ldots z_8$, *XIV*, *XV*, *31*, *32*, *XVIII*, *33*, *34*, *XIX*, *35*, *36* auf Tischspindel *XX*, die Tisch *c* radial vorschiebt. Im Axialverfahren: von *XII* über *d*, *XIII*, $z_5 \ldots z_8$, *XIV*, *XV*, Schraubenräder *37*, *38*, *XXI*, Zwischenräder, *XXII*, *39*, *40* auf Spindel *XXIII* für Querschlitten *f*.

Für Eilgänge: Eilgangmotor M_2, Kettentrieb *41*, *42*, *XVIII*, *32*, *31*, K_3'', *XV* usw. oder von *XVIII*, Schneckentrieb *33*, *34*, K_4, *XIX*, *35*, *36* auf *XX*.

Beim Tauchlängsfräsen wird Werkstück auf Tisch *c* zunächst mit Radialvorschub angeschnitten (Wechselräder z_{13}, z_{14}, z_{15}, z_{16}). Nach Erreichen der Frästiefe schaltet Radialvorschub des Tisches aus (K_5) und senkrechter Vorschub des Schlittens *e* ein (K_3). Kupplungen $K_2 \ldots K_6$ sind Magnetkupplungen, die von Steuerung selbsttätig geschaltet werden. Einrichtung für Tauchlängsfräsen kann wahlweise angebaut werden. Hierzu Eilgangmotor M_3 mit *XXVI*. Vorteil: Durch Verkürzen der An- u. Auslaufwege wird Zeit verringert.

c) Wälzfräsen mit zwei Messerköpfen von großem Dmr. nach dem Tauchverfahren, Bild 452 S. 791, bei Kegelräder-Fertigung. Geradflankige Messer sind so gesetzt, daß Messer des einen Kopfes in Messerlücken des anderen Kopfes laufen.

d) Wälzstoßen (DIN 1825 bis 1829). benutzt Stirnrad als schneidendes Werkzeug, Bild 443. Flanken der Zähne sind so geschliffen, daß Spanwinkel $\gamma \approx 5°$ und Freiwinkel entstehen. Schneidräder sind in verschiedenen Ausführungen genormt. Beim Stoßen der Werkstücke führt Werkzeug ab- und aufwärtsgehende Schneid- und Rückbewegung aus und kreist um eigene Achse, während zu stoßendes Rad wie ein mit dem Schneidrad im Eingriff befindliches Stirnrad umläuft. Antrieb des Stößels, Bild 219 S. 685. Beim Aufwärtsgang wird Werkrad abgehoben. Bis die verlangte Zahntiefe erreicht ist, läuft Tiefenvorschub, so daß sich Stößelschlitten gegen Werkrad vorschiebt.

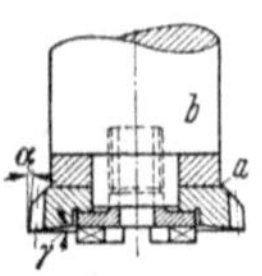

Bild 443. Schneidrad eingespannt. Gute Anlage bei *a*; γ Spanwinkel, α Freiwinkel, *b* Stößel

Vorteil des Stoßens liegt auch darin, daß innenverzahnte Räder im Wälzverfahren gefertigt werden können und man auch Stirnräderblöcke bearbeiten kann, bei denen nur geringer Auslauf für Werkzeug vorhanden. Es können gerad- und schrägverzahnte Räder gefertigt werden. Aufbau der Wälzstoßmaschine erfordert zwei Teilgetriebe (eines für Schneidrad und eines für Werkrad), die stetig arbeiten.

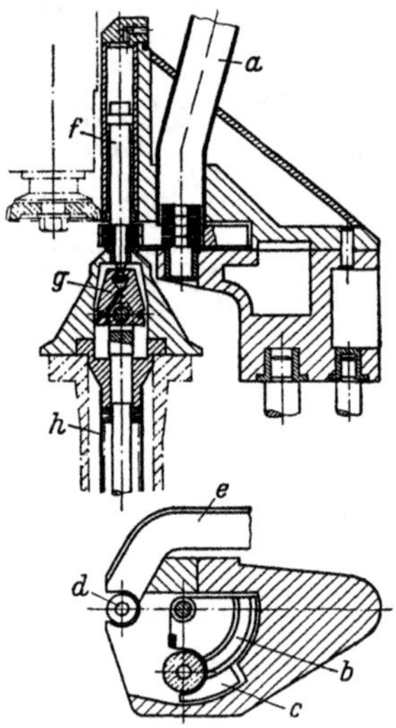

Bild 444. Ladeautomat für eine Wälzstoßmaschine (Lorenz AG, Ettlingen)

Wälzstoßmaschinen — wie auch Wälzfräsmaschinen — werden häufig mit selbsttätigen *Ladeeinrichtungen* ausgestattet, Bild 444. Stirnräder werden durch Magazinrohr *a* eingelegt. Schwenkplatte *b* mit Spannzange *c* schiebt dann Stirnräder zur Spannstelle *d*, wobei das vorher fertig verzahnte Rad über Rinne *e* abgeschoben wird. Von oben wird Zentrierdorn *f* durch die Bohrung der Räder geschoben und unten von Spannzange *g* gefaßt, wobei Tellerfedern *h* Zange *g* schließen und nach unten ziehen.

e) Wälzstoßen mit Kamm-Meißel (Maag). Kamm-Meißel ist eine kurze Zahnstange, deren Zahnflanken und Kopfflächen so hinterarbeitet sind, daß Schneidwinkel entstehen. Brustfläche wird plan nachgeschliffen; beim Bearbeiten härterer Werkstoffe werden Zähne nachher hohlgeschliffen, Bild 445.

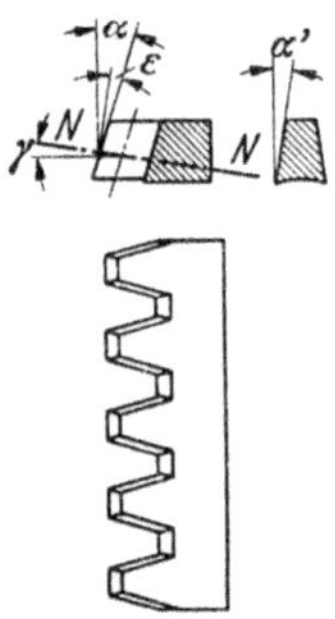

Bild 445 Kamm-Meißel (Maag) wird so eingespannt, daß *N*-*N* ⊥ Schneidfläche; dadurch verringert sich Freiwinkel auf *ε*.

In Maag-Hobelmaschine führt Kamm-Meißel Hauptbewegung aus und schneidet beim Abwärtshub. Werkstücktisch mit Werkrad bewegt sich längs der Zahnstange = Kamm-Meißel hin und her, wobei Ritzel = Werkrad um seine Achse kreist. Außerdem Vorschub des Längs- und Rundtisches auf Kamm-Meißel zu zwecks Einstellen der Zahntiefe. Nach Stoßen von mehreren (2–3 Zähnen) wird geteilt, d. h. Werkrad um diesen Betrag gedreht, und es beginnt Aushobeln der nächsten Zähne. Bei kleineren Rädern in Massenfertigung auch Hobeln sämtlicher Lücken in einem Arbeitsgang mit längerem Kamm-Meißel. Kamm-Meißel ist sehr einfaches Werkzeug, das sich gut schleifen und härten läßt. Maschine dagegen arbeitet ungleichförmig und ruckartig, da Schneiden, Wälzen und Teilen nicht kontinuierlich. Schrägverzahnte Räder mit schraubenförmigen Zähnen und Sonderverzahnungen (Profilverschiebungen) können hergestellt werden.

f) Wälzschleifen. Bei den Wälzschleifverfahren bilden Schleifscheiben eine oder zwei Flanken eines Zahnstangenzahnes. Es können gerad- und schräg verzahnte Räder geschliffen werden. Wichtigste Verfahren, die sich insbesondere durch Anordnung der Schleifscheiben, Verteilung der Bewegungen und Steuerung der Wälzbewegung unterscheiden, sind:

Bauart *Maag* arbeitet mit zwei Schleifscheiben *a*, Bild 446, die nur mit schmalem Rand (2 mm) trocken schleifen. Schleifscheiben nur Hauptbewegung. Wälzschlitten *b* trägt Werkstückspindel *c* und bewegt sich hin und her. Da auf *c* ein Rollbogen *d* und Stahlbänder *e* befestigt sind, die mit ihrem anderen Ende am feststehenden Rahmen *f* eingeklemmt, entsteht pendelnde Wälzung gegen Zahnstange (Schleifscheibe). Rollbogendurchmesser entspricht dem Durchmesser des Erzeugungswälzkreises am zu schleifenden Rad. Wälzschlitten *b* mit Bügel *f* sitzen auf Vorschubschlitten *g*, der das Rad unter der Scheibe hin- und herbewegt, damit es auf ganzer Breite geschliffen wird. Ist eine Zahnlücke durchwälzt, so wird nächste selbsttätig in Arbeitsstellung gebracht, wozu Vorschub aussetzt und Rad durch Teilgerät mit Zahnteilung geschaltet wird. Bei dem „0"-Schleifverfahren schleifen die beiden Scheiben, die hier auf der gleichen Achse sitzen, zwei Zahnflanken in zwei Lücken.

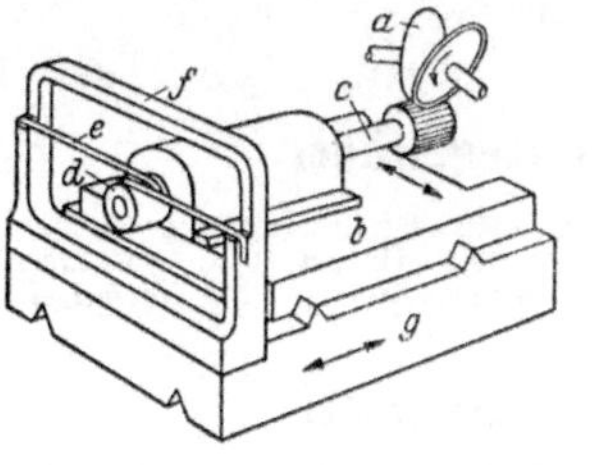

Bild 446. Wirkungsweise der Rollbänder für Wälzen bei Maag-Schleifmaschinen

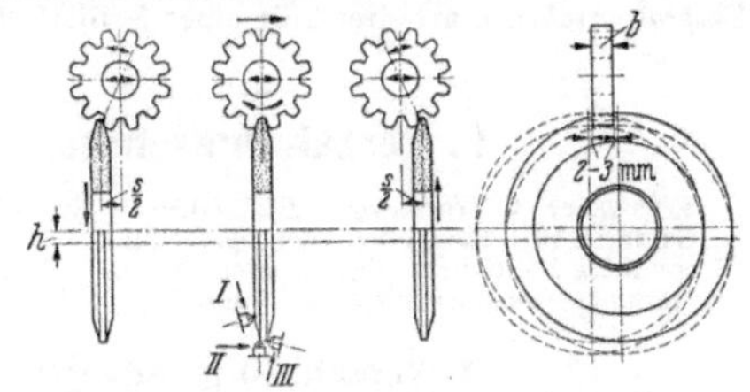

Bild 447. Schleifvorgang bei Schleifmaschinen mit abwälzendem Werkrad (H. Kolb, Köln-Ehrenfeld). *h* Hub der Scheibe beim Teilen, *s* Wälzweg, *b* Zahnbreite

Bauart *Kolb* arbeitet ähnlich, auch hier wird Wälzbewegung durch Rollbogen mit Rollbändern erzeugt. Schleifscheibendicke entspricht einem vollen Zahn der Zahnstange, Bild 447, wodurch sich Scheibe in Lücke spielfrei abwälzt. Nach beendetem Wälzen senkt sich Schleifscheibenschlitten um *h*, Rad wird um eine Zahnteilung geschaltet und Scheibe in nächste Lücke gehoben. Waagerechter Hub der Scheibe beträgt Zahnbreite *b* + 2 bis 3 mm Überlauf. Abzieheinrichtung ist im Stößelschlitten befestigt. Zwei einstellbare Halter tragen Diamanten *I* und *III* für die Flanken, im Schwenkarm *II* für Außendurchmesser der Scheibe. Ein anderes Verfahren von *Kolb* arbeitet mit zwei Schleifscheiben, deren innere Ränder zwei Flanken in zwei Zahnlücken schleifen.

Bei dem *Niles*-Verfahren (Volkseigene Betriebe Werkzeugmaschinenbau, WMW) bewegt sich Schleifschlitten senkrecht. Scheibe hat Zahnstangenprofil und schleift erst linke, dann rechte Zahnflanke, dazwischen wird die Abrollbewegung umgesteuert und das Spiel ausgeglichen, das dadurch bedingt ist, daß Schleifscheibe dünner ist als Zahnlückenbreite. Wälzbewegung hier dadurch, daß Untertisch sich vorschiebt, während gleichzeitig der hierauf sitzende Rundtisch mit Werkrad gedreht wird. Alle diese Bewegungen werden durch Wechselräder eingestellt.

g) Wälzschraub-Schleifen (Reishauer) arbeitet mit einer Schleifschnecke als Werkzeug. Verfahren entspricht grundsätzlich dem des Wälzschraubfräsens (s. b), Schleifschnecke jedoch mit größerem Dmr.

h) Schaben der Stirnräder mit Schabrad, Bild 448, einem Stirnrad, dessen Zahn mit kleinen Nuten versehen ist. Schabrad *a* ist mit Winkel β schrägverzahnt. Wird ein geradverzahntes Rad geschabt, so steht Achse des Schabrades um Winkel β geneigt gegen Werkradachse. Beim Durchlaufen gleiten Schabzähne längs der Zahnflanke. Werkstück geht beim Parallel-Schaben (etwa 4 bis 6mal) am Schabrad vorbei, Bild 448a.

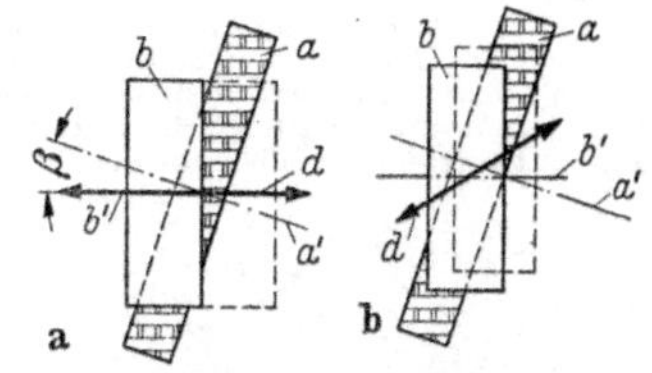

Bild 448. Stirnradschaben (Hurth, München). a Parallel-Schaben, b Diagonal-Schaben; *a* Schabrad, *b* Werkstück, *a'* und *b'* ihre Achsen, β Schrägungswinkel des Schabrades, *d* Richtung der Tischbewegung

Beim Diagonal-Schaben (für schmale Räder) geht Werkrad *b* nur einmal unter Schabrad *a* durch und zurück, und zwar in schräger Richtung zur Werkstückachse *b*, Bild 448b.

i) Läppen von Stirnrädern soll letzte Unebenheiten beseitigen und das Einlaufen der Räder ersetzen. In Zahnradläppmaschine werden daher die Räder eingespannt, die später im Getriebe zusammenarbeiten sollen. Die kämmenden Räder drehen sich und werden axial und radial verschoben, während sie gleichzeitig mit Läppflüssigkeit überströmt werden.

3. Nebenverfahren

Abrunden der Zähne an den Stirnseiten ist bei Verschieberädern notwendig, um das Eingreifen in das Gegenrad zu erleichtern. *Zahnkantenfräsmaschinen* führen diese Arbeit mit fingerartigen Scheibenfräsern aus oder nach dem Stoßfräsverfahren (C. Hurth, München) mit glockenförmigen Werkzeugen. Zahnrad-*Entgratmaschinen* arbeiten mit einer Schleifschnecke.

C. Verzahnmaschinen für Kegelräder

Literatur: 1. *Hofmann, F.:* Gleason-Spiralkegelräder. Berlin: Springer 1939. — 2. *Krumme, W.:* Prakt. Verzahnungstechnik. 4. Aufl. München: Hanser 1952. — 3. *Ders.:* Klingelnberg-Palloid-Spiralkegelräder. 2. Aufl. Berlin: Springer 1950. — 4. *Rochat, F.:* Verzahnungsmaschinen für Kegelräder. Zürich-Oerlikon 1954.

1. Verzahnen geradverzahnter Kegelräder

Da Profil des Kegelradzahnes längs der Flankenlinie verschieden, scheiden *Formverfahren* zum Fertigbearbeiten der Evolventen-Kegelräder aus. Dagegen sind *Formfräsverfahren* zum *Vorbearbeiten* der Zahnlücken üblich.

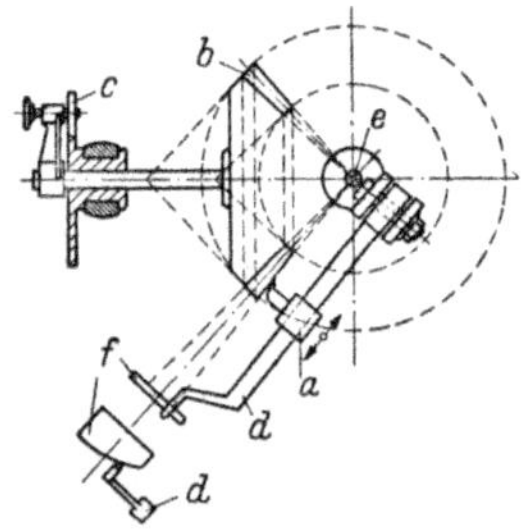

Bild 449. Schema des Schablonenverfahrens (n. *Rochat*, Lit. 4)

a) Schablonenverfahren ist ältestes Verfahren. Bild 449 zeigt das Prinzip. Beim Hobeln mit Meißel *a* steht Kegelrad *b* still und wird nach Fertigstellen der Zahnlücke mit Teilvorrichtung *c* um eine Lücke weiter geschaltet. Meißel *a* läuft auf Schlitten *d*, der um Achsenschnittpunkt *e* schwenkbar, an Schablone *f* vom Zahnkopf zum Zahnfuß entlanggeführt wird. Mit einfachem Werkzeug können beliebige Profile erzeugt werden, Arbeitsleistung jedoch gering. Heute nur noch vorteilhaft beim Herstellen größerer Räder, wenn Zahnflanken fast gerade verlaufen.

b) Bei **Wälzverfahren** geht man vom Planrad aus, dessen Zahnflanken gerade sind. Beim Kegelradhobeln führen dann geradflankige Hobelmeißel (Planrad) hin- und hergehende, nach der Kegelspitze gerichtete Schnittbewegung aus.

Beim Reinecker-Verfahren (Bilgram) arbeitet ein Meißel. Werkrad wälzt sich durch Rollenbogen mit Rollbändern ab. Rollbogen entspricht dem über die Spitze hinaus verlängerten Teilkegel.

Beim Verfahren von Heidenreich und Harbeck wird Wälzbewegung auf Werkrad und Hobelmeißel (Planrad) aufgeteilt, Bild 450, und jedes dreht sich nur um eigene Achse. Verfahren arbeitet mit zwei Meißeln, Bild 451, die einen Zahn nach dem anderen fertigstellen. Auch schrägverzahnte Kegelräder können gefertigt werden; hierzu Ausrüstung mit Werkzeugkopf mit verstellbarer Planscheibe.

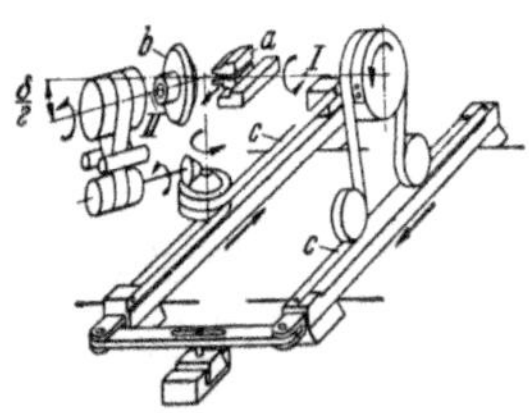

Bild 450. Zweimeißel-Kegelradhobler (Heidenreich & Harbeck, Hamburg). *a* Werkzeuge auf Scheibe um Achse *I* kreisend; *b* Werkstück um Achse *II* kreisend; *c* Stahlbänder; Achsen *I* und *II* schneiden sich unter $\delta/2$.

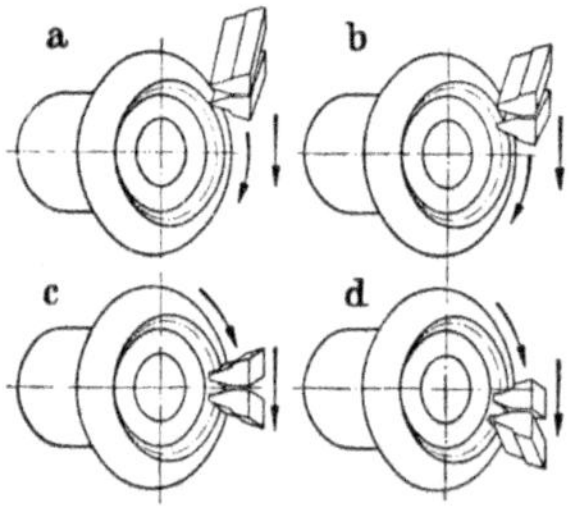

Bild 451. Arbeitsweise beim Zweimeißelverfahren nach Heidenreich & Harbeck. a erster Meißel schneidet an; b zweiter Meißel beginnt auszuschneiden; c unterer Meißel hat Grund erreicht; d zweiter Meißel hat bis zum Grund ausgeschnitten.

Beim *Tauchwälzfräsen* (Klingelnberg, Heidenreich & Harbeck, Gleason) bilden die Schneiden der Zähne zweier Messerköpfe den Zahn des ideellen Planrades, Bild 452. Achsen der Messerköpfe liegen um Eingriffswinkel geneigt beim Fräsen von geradverzahnten Stirnrädern; beim Fräsen von Kegelrädern werden sie dann noch zusätzlich entsprechend der Verbreiterung der Zahnlücke geschwenkt. Messerköpfe tauchen ein, während Werkstück abgewälzt wird. Nach Fräsen einer Lücke wird Werkstück geteilt. Nach gleichem Prinzip arbeiten auch Kegelradschleifmaschinen, bei denen dann statt der Messerköpfe zwei Schleifscheiben angeordnet sind (Heidenreich & Harbeck).

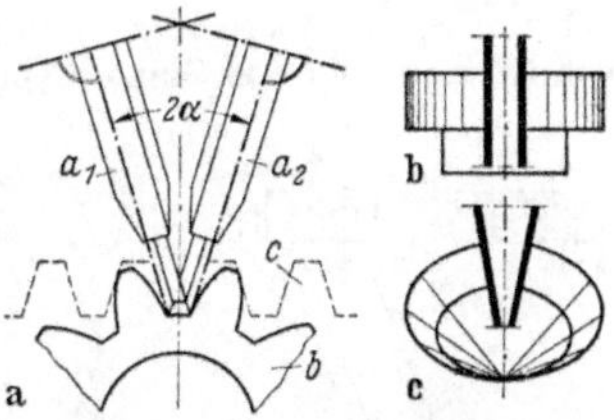

Bild 452. Tauchwälzfräsen (n. Klingelnberg, Hückeswagen). a Stellung der Messerköpfe a_1 und a_2 in Richtung der Zahnhöhe, *b* Stirnrad oder Kegelrad, *c* Zahnstangen- bzw. Planradprofil, α Eingriffwinkel; b Einstellung in Richtung Zahnflanke bei Stirnrädern; c Einstellung in Richtung Zahnflanke bei Kegelrädern

c) Das **Revacycle-Verfahren**[1] von Gleason ist ein Räumfräsen, entwickelt für die Massenherstellung von Kegelrädern, insbesondere von Kegelrad-Differentialgetrieben; arbeitet mit neuer Zahnform, die durch kreisförmige Schneidkanten gebildet werden. Scheibenförmiges Werkzeug trägt am Umfang Schrupp- und Schlichtzähne und räumt bei einer Drehung eine Zahnlücke fertig, wobei es etwas verschoben wird.

2. Verzahnen von Spiralkegelrädern

a) Beim **Hobeln** von Spiralverzahnungen nach *Gleason* (Bild 453) läuft Hobelmeißel *a* in Richtung *b* zur Planradachse *A*—*A*, während Werkrad ununterbrochen in Richtung *c* kreist. Hobelmeißel macht bei einer Umdrehung des Werkrades so viele Hübe wie Zähne am Werkrad. Abwälzen durch zusätzliches Drehen von Werkrad und Werkzeug. Werkstückvorschub in Richtung zur Zahntiefe. Um günstiges Tragbild zu erzielen, wird zusätzlich noch eine Drehung erzeugt, so daß Zähne von Rad und Gegenrad verschieden gekrümmt sind. Nur gebraucht zum Hobeln sehr großer Räder (Teilkreisdmr. über 0,5 bis 2,3 m).

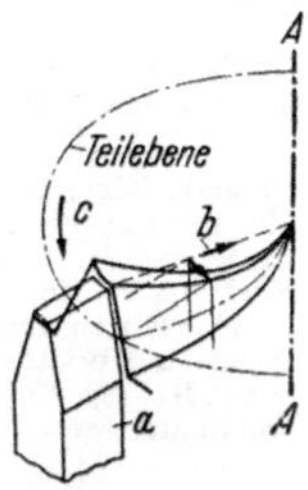

Bild 453. Hobeln von Spiralzähnen (Gleason)

b) Abwälzfräsverfahren gehen auch von Planrad aus. *Klingelnberg-Palloid*-Spiralkegelräder tragen Flankenlinien, die in Form einer Evolvente gekrümmt sind. Zu verzahnendes Werkrad kreist um seine Achse, Bild 454, während der kegelförmige Fräser zum Schneiden um seine Achse und zum Erzeugen der Wälzung um Planradachse läuft. Bild 455 zeigt Aufbau der Maschine.

Kegelradfräser *a* sitzt im Schwenkkopf *b*, der auf Planscheibe *c* befestigt, die in Maschinengestell drehbar gelagert. Mantellinie des Fräsers liegt in gedachter Planradebene *e*. Zu verzahnendes Rad *n* sitzt in Reitstock *f*, um Achse *g* schwenkbar. Antrieb von Motor *h* über Getriebe, Zwischenwelle *o* auf *i*, ein weiterer Trieb über *k* zur Werkstückspindel. Abzweigung über *m* und *l* dreht die Planscheibe *c* (Vorschub und Wälzbewegung). Ausgleichgetriebe *m* gleicht Einfluß der Schrägbewegung auf Verschiebung des Fräsers am Werkstück aus.

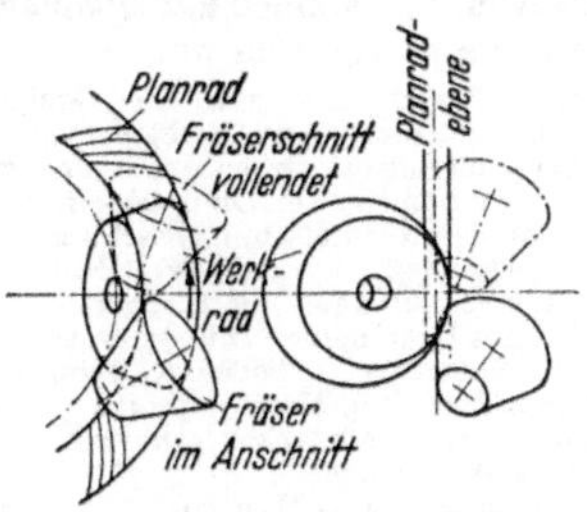

Bild 454. Arbeitsweise bei der Palloid-Verzahnung n. Klingelnberg

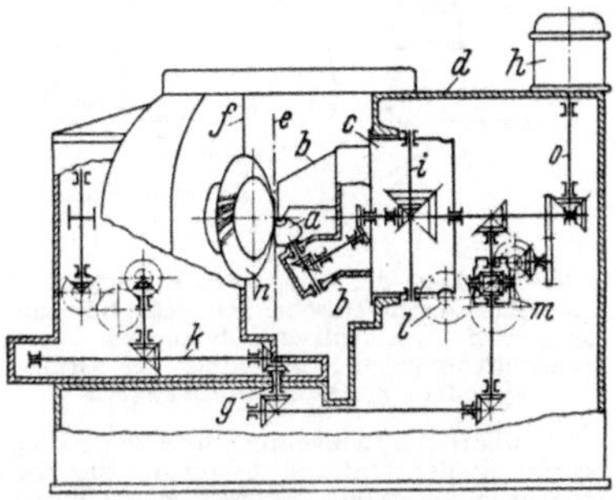

Bild 455. Wälzfräsmaschine für Palloid-Spiralkegelräder

[1] *Wildhaber*, American Machinist (1945) v. 7. 6.

Während des Arbeitsganges wird Drehzahl des Fräsers durch stufenloses Getriebe verändert, damit Fräser mit seinem großen und kleineren Durchmesser bei gleicher Schnittgeschwindigkeit arbeitet.

Bei dem *Gleason*-Verfahren dient ein Messerkopf *a* als Fräser, Bild 456, der sich um eigene Achse *A* — *A* und um Planradachse *O* dreht. Andere Verfahren von Gleason sind das Single-Cycle-Verfahren (Formate-Verzahnung) zum Kreisräumen von Tellerrädern und das Jobbing-Verfahren mit normierten Werkzeugen.

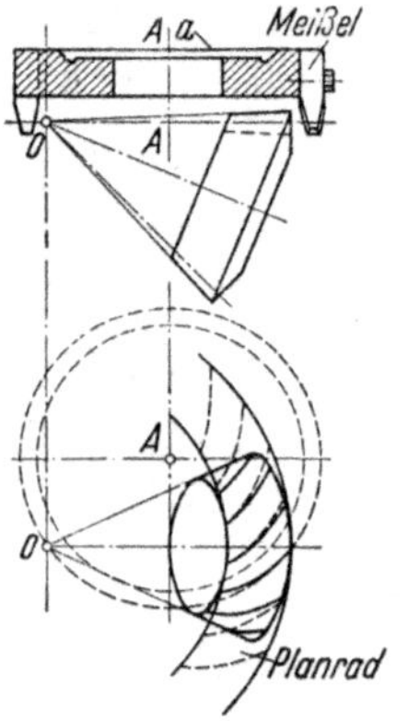

Bild 456. Arbeitsweise der Maschine der Gleason-Works

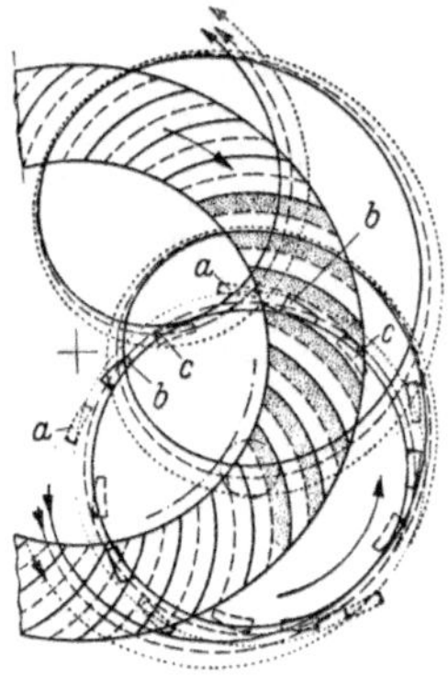

Bild 457. Arbeitsweise der Spiromatic-Maschine (Werkzeugmaschinenfabrik Oerlikon, Zürich). *a* Vorschneider, *b*, *c* Seitenschneider

Auf der *Spiromatic*-Maschine von *Oerlikon* wird die Eloid-Verzahnung mit konstanter Zahnhöhe gefräst, Bild 457.

Beim Verzahnen drehen sich ununterbrochen: Messerkopf zum Schneiden, Werkstück zum Teilen und Abwälzen, der Werkzeugträger, auf dem das Werkzeug excentrisch sitzt, zum Wälzen und Vorschieben. Die Messer auf Werkzeug bilden Gruppen mit Vorschneider, innenschneidendem Messer für konvexe Flanke und außenschneidenden für konkave Flanke eines Zahnes. In Bild 457 laufen Messer bei einer Drehung des Messerkopfes durch fünf aufeinanderfolgende Zahnlücken des Werkstücks; Messer stellen daher 5 aufeinderfolgende Zähne des gedachten Planrades dar. Teilpunkte der Innenschneider liegen auf ausgezogenem Kreis, die der Außenschneider auf gestricheltem, die der Vorschneider auf punktiertem Kreis. Dadurch verschiedene Krümmungsradien der Zahnflanken: Balligkeit.

Verfahren von *Fiat* benutzt Messerkopf ähnlich Gleason mit Messern, die trapezförmige Schneiden besitzen und auf spiralförmiger Kurve angeordnet sind. Messer bilden zwei aufeinanderfolgende Reihen zum Fräsen je der Innen- und Außenflanken mit Schrupp- und Schlichtmessern.

D. Verzahnen von Schnecken und Schneckenrädern

1. Verzahnen der Schnecken

a) Zylindrische, archimedische Schnecken (sog. Spiralschnecken, im Längs- oder Achsschnitt gerade Flanken, im Stirnschnitt archimedische Spirale, vgl. Bd. I, S. 737) — sie gleichen genau dem Trapezgewinde — können **auf Drehbank** wie Gewinde geschnitten werden.

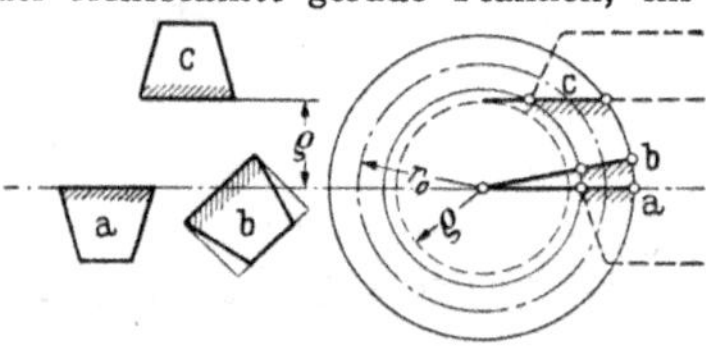

Bild 458. Lage der wirksamen Erzeugenden: a bei reiner archimedischer Schnecke, b bei angenäherter archimedischer Schnecke, c bei Evolventenschnecke. ϱ Radius des Grundzylinders, r_0 Radius im Teilkreis

Zweckmäßig jedoch nur bei kleinen Schnecken in Einzel- und Reihenfertigung. Bei großen Steigungen, insbes. mehrgängigen Schnecken muß mit zwei Drehmeißeln oder mit einem in den Normalschnitt geschwenkten Meißel geschnitten werden, vgl. Bild 421, S. 782. Verwendet man hierbei geradlinige Schneiden am Drehmeißel, Bild 458b, so entsteht jetzt ein schwach bauchiges Profil der Schneckenzähne im Normalschnitt, daher „angenäherte Spiralschnecke", sehr verbreitet, da einfache Werkzeuge.

Zylindrische Evolventenschnecken (Gänge zeigen im Längsschnitt Hyperbel-, im Querschnitt Evolventenform) besitzen bauchige Zähne. Sie können auch mit geradförmigem Werkzeug hergestellt werden, wobei Erzeugende, d. h. die wirksame Werkzeugschneide, tangential an einem Grundzylinder, Bild 458, mit Halbmesser $\varrho = {}^1/_2\, h\pi \operatorname{tg} \gamma'$ liegt; h Steigung der Schnecke, γ' Steigungswinkel im Grundzylinder, aus $\cos \gamma' = \cos \alpha \cdot \cos \gamma$ berechenbar, wobei γ Steigungswinkel am Teilzylinder und α Eingriffswinkel.

b) Fräsen der Schnecken durch

α) *Wälzfräser* auf Wälzfräsmaschine (vgl. S. 786), wobei Schnecke wie Schraubenrad bearbeitet wird.

β) *Schneiden* mit Schneidrad. Auf Wälzfräsmaschine wird zu schneidende Schnecke an Stelle des Schneckenfräsers *a* (Bild 442, S. 787) aufgespannt, während auf Tisch an Stelle des Werkrades das Schneidrad umläuft. Schnecke und Schneidrad drehen sich im Verhältnis ihrer Zähne- und Gangzahlen; Schnecke wird außerdem axial vorgeschoben (sog. Querschubeinrichtung, in Bild 442 durch Spindel *XXIII*). Dadurch notwendige Zusatzdrehung des Schneidrades über Differentialgetriebe. Bei Herstellung von Evolventenschnecken entspricht das Schneidrad genau den Schneidrädern beim Stirnradstoßverfahren, Bild 443, S. 788.

γ) *Fräsen* mit *Schneckenfräser* auf Schneckenfräsmaschine. Arbeitsweise wie beim Gewindefräsen mit Einrillenfräser. Achse des Einformfräsers gegen Achse der Schnecke um Steigungswinkel der Schnecke geschwenkt. In gleicher Art können Schnecken auch auf Universalfräsmaschinen unter Verwendung eines Teilkopfes gefräst werden.

Fräsen der Schnecken ist vorzuziehen bei großen Schnecken und bei Massenfertigung. Um Schnecken mit hoher Oberflächengüte zu erhalten, schleift man insbesondere gehärtete Schnecken nach; man verwendet hierbei Doppelkegel-Schleifscheiben ähnlich wie in Bild 447, deren Achse um Steigungswinkel schräg steht, so daß Erzeugende gerade wie beim Drehstahl *a* in Bild 421, also wie in Bild 458b liegt. Zahnlücken in Schnecke werden hierbei beiderseitig geschliffen. Auch Einstechschleifen mit Mehrprofilscheibe.

Zum Schleifen an Evolventenschnecken benutzt man ebene Verfahren wie beim Gewindeschleifen. Schleifscheiben, deren Achse so geschwenkt ist, daß Erzeugende wie in Bild 458c liegt. Schließlich wurde auch Verfahren mit kegeligen Topfscheiben zum Schleifen archimedischer Schnecken entwickelt, Lage der Erzeugenden wie in Bild 458a.

2. Verzahnen von Schneckenrädern

a) Auf der **Universalfräsmaschine** werden Schneckenräder mit Zahnformfräsern (Modulfräser) vorgefräst, wobei Aufspanntisch um Steigungswinkel der Schnecke aus Nullstellung geschwenkt und beim Fräsen senkrecht hochgekurbelt wird. Zum Nachfräsen benutzt man Schneckenfräser, der die Abmessungen der Getriebeschnecke besitzt. Der rechtwinklig zum Fräser stehende Tisch wird beim Fräsen hochgekurbelt, wobei Fräser, wie später die Getriebeschnecke, das Schneckenrad dreht, so daß Rad ohne Mitnehmer frei zwischen Spitzen des Teilkopfes und Reitstockes spielen kann.

b) Auf **Wälzfräsmaschine** werden Schneckenräder hergestellt, indem

α) das Werkstück (Schneckenrad) *radial* gegen den Wälzfräser durch Spindel *XX* in Bild 442 vorgeschoben wird (Bild 459a, Radialverfahren), üblich bei Schneckenrädern bis zu 6 bis 8° Schrägungswinkel.

Fräser muß auf beiden Seiten bis an das Ende des Eingriffsfeldes reichen. Bei 30 Zähnen des Schneckenrades etwa zwei Teilungen nach beiden Seiten. Beim Radialfräsen werden infolge Zunahme des Steigungswinkels vom Außen- zum Fußdurchmesser Flankenteile fortgeschnitten, die nun für den Eingriff verlorengehen.

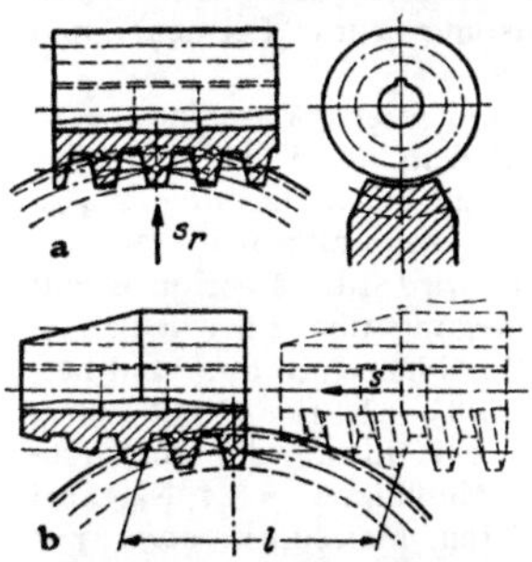

Bild 459. a Radialfräsen von Schneckenrädern; b Axialfräsen von Schneckenrädern, Fräser beim Beginn und Ende des Schnittes

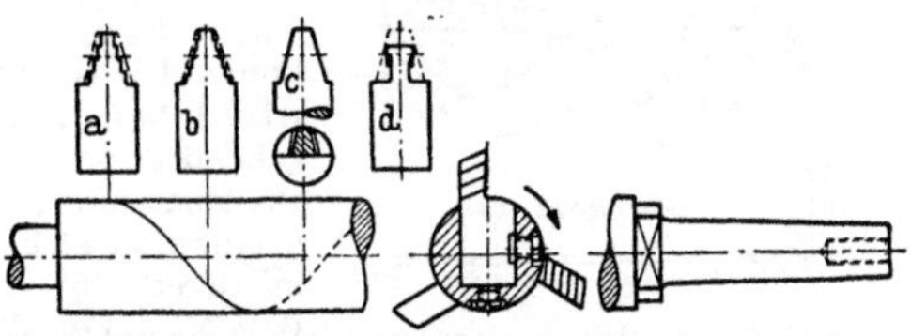

Bild 460. Schlagmesserdorn mit Schlagmessern a, b zum Schruppen, c zum Schlichten, d zum Radialvorstechen bei großen Teilungen

β) der Fräser mit Schlitten *f* von Spindel *XXIII* (Bild 442) *axial* um Weg *s* mit Vorschub *v* vorgeschoben wird, Bild 459b, wobei Fräser auf Betriebsachsenabstand eingestellt wird. Schneckenrad muß Zusatzdrehung erhalten. Statt des Fräsers kann auch Schlagmesser gewählt werden, Bild 460. Da Vorschub durch Wechselräder z_5 bis z_8 (Bild 442) in weiten Grenzen einstellbar, lassen sich mit diesem Verfahren Schneckenräder hoher Güte herstellen, ohne daß tragende Flankenteile z. T. fortgeschnitten werden.

γ) mit *radialem* Vorschub geschruppt und mit *axialem* Vorschub geschlichtet wird, um Vorteile jedes Verfahrens auszunutzen (Radial-Axial-Verfahren).

Da Schnecke und Schneckenrad genau formgleich sein müssen, passen lediglich Teile, die mit entsprechend geformten Werkzeugen hergestellt wurden. In Fertigung sucht man Gruppenaustauschbarkeit an, die dann erreicht wird, wenn sämtliche Schnecken und Räder, die zwischen zwei Scharfschliffen verzahnt sind, bei gleichem Achsabstand einwandfrei miteinander kämmen. Volle Austauschbarkeit verlangt je nach der geforderten Güte außerordentlichen Aufwand und Sonderwerkzeuge, so daß es zweckmäßig ist, in der Konstruktion des Getriebes nachstellbare Ausgleichelemente vorzusehen.

VIII. Betrieb der Werkzeugmaschinen

1. Ausnutzung der Kapazität

a) Allgemeines. Die Kapazität E der Werkzeugmaschine ist das Erzeugungsvermögen während einer Periode. Sie ist bestimmt durch die Leistung N und die Zeit T, während der die Maschine innerhalb der Periode bereitsteht.

Die Höchst*leistung* N_{max} (das ist die höchste, im Dauerbetrieb zuführbare Leistung am Eingang der Antriebswelle der Maschine) ergibt sich aus

$$N_{max} = \eta_{mü}\, \eta_{el}\, N_{el}.$$

N_{el} ist die aus dem Netz genommene elektrische Leistung (kW), η_{el} der Wirkungsgrad des Elektromotors (bei $^1/_4$ bis $^4/_4$ Belastung wird für Gleichstrommaschinen $\eta_{el} \approx 0{,}75$ bis 0,8, für Wechsel- und Drehstrom η_{el} 0,8 bis 0,85).

$\eta_{mü}$ ist der Wirkungsgrad der mechanischen Übertragungsorgane vom Elektromotor bis zur Eingangwelle in der Maschine (für Riementrieb s. Bd. 1, S. 757, bei Flanschmotor $\eta_{mü} = 1$).

Werkzeugmaschinen laufen meist nicht mit Vollast; dann bleibt ein Teil N_{nnu} der Leistung ungenutzt, so daß $N_{max} = N_{nu} + N_{nnu}$. Nutzleistung $N_{nu} = N_f + N_l$ teilt sich in N_f = Formungsleistung (das ist bei abspanenden Maschinen die Schnittleistung, bei spanlos arbeitenden Maschinen die Leistung zum Formen) und N_l = Leerlaufleistung.

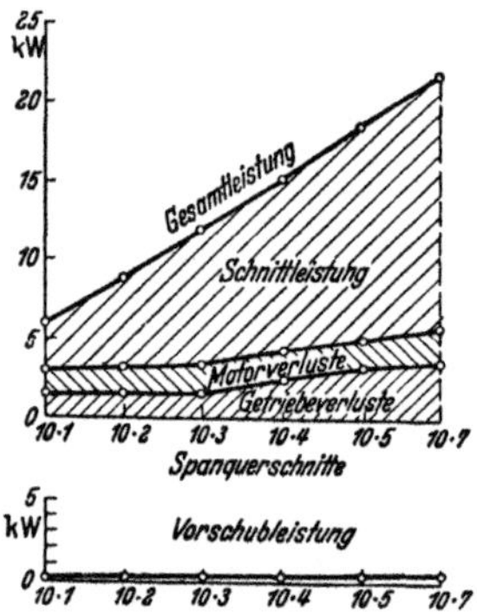

Bild 461. Anteil der in einer Drehbank genutzten Leistung N_{nu}

Gesamtwirkungsgrad der Maschine $\eta = N_f/N_{max}$ steigt mit dem Anteil der genutzten Leistung N_{nu} an der Höchstleistung N_{max}, Bild 461, man gibt ihn allgemein an für $N_{nu} = N_{max}$. Dann wird für Maschinen mit kreisender Hauptbewegung und Einscheibenantrieb $\eta \approx 0{,}7$, für Maschinen mit hin- und hergehender Bewegung $\eta \approx 0{,}3$. Bei Drehbänken, Bohrmaschinen u. ä. entfällt auf die Vorschubleistung an kleineren Maschinen $\approx 0{,}1\ N_{nu}$, bei mittleren bis größeren Maschinen etwa nur $0{,}05\ N_{nu}$. Der Wirkungsgrad eines Stufenrädergetriebes wird am ungünstigsten bei hohen Drehzahlen (größere Wärmeentwicklung).

Von der zur Verfügung stehenden *Zeit* T_{max} während einer Periode ist nur ein Teil nutzbar, Nutzungszeit T_{nu}, während der übrigen Zeit liegt die Maschine brach. Brachzeit ist Summe der Stillstandzeiten (Freischichten, Pausen, nichtplanmäßiger Ausfall) und der Leerlaufzeiten (Rüstzeiten, Verteilzeiten). Die Nutzungszeit T_{nu} wird in Nutzungshaupt- und -nebenzeit aufgeteilt. Nutzungshauptzeit ist Summe der Hauptzeiten (t_h nach REFA), Nutzungsnebenzeit = Summe der Nebenzeiten (t_n nach REFA); Anteil der Nebenzeiten an Nutzungszeit ist bei Maschinen mit vielen Schaltungen und kurzen Arbeitsgängen (z. B. auf Revolverdrehbänken) und solchen mit hin- und hergehender Bewegung groß (bis 50% und mehr). Daraus ergibt sich für Maschinenkonstruktion und Arbeitsplanung die dringende Aufgabe, Nebenzeiten einzusparen, Bild 462.

Sind T_i die Istzeit und N_i die Istleistung, d. h. die im Betrieb erreichten Größen, so ergeben sich für die Maschine

bei Zeitnutzung der *Beschäftigungsgrad* $b_{pl} = T_{nu}/T_{max}$ bzw. $b_i = T_i/T_{max}$,
bei Leistungsnutzung der *Belastungsgrad* $i_{pl} = N_{nu}/N_{max}$ bzw. $i_i = N_i/N_{max}$,
bei Kapazitätsnutzung der *Ausnutzungsgrad* $a = b \cdot i$,

worin b_{pl} und i_{pl} die geplanten, b_i und i_i die erreichten Werte darstellen.

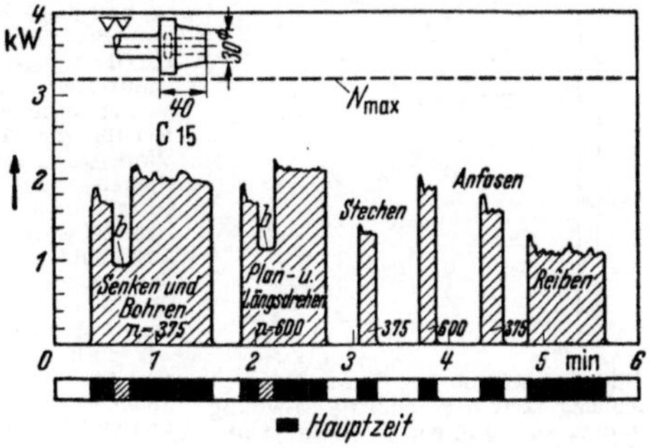

Bild 462. Ablauf einer Arbeit auf einer Revolverbank. Kapazität E ergibt sich aus Rechteck $N_{max} \cdot T_{nu}$; Summe aus den einzelnen Arbeitsflächen ergibt verbrauchte Arbeit. Während der Schaltungen ist Maschine stillgesetzt; bei b Leerlauf. In der dargestellten Periode ist $E = 0{,}32$ kWh; Zeitanteil zum Formen $3{,}2/6 \approx 0{,}5$.

b) Bestimmung der Leistung. Bei Werkzeugmaschinen errechnet sich die Leistung in kW aus $N_f = Pv/60 \cdot 102$ (P = Formungskraft in kg, v Arbeitsgeschwindigkeit in m/min), worin bei abspanenden Maschinen Schnittkraft $P = q\,k_s$ (q Spanquerschnitt, k_s spezifische Schnittkraft, Werte s. III, S. 640f.).

Zur Bestimmung der Leistung N_f und des Wirkungsgrades durch Versuch[1] kann man

α) Schnittkraft mit Schnittkraftmesser (vgl. Abschn. III, A), dann zugeführte elektrische Leistung messen. Maschine genügend lange einlaufen lassen, bis Beharrungszustand der Lagertemperatur erreicht ist. Bei zugeführter elektrischer Energie ist der elektrische Wirkungsgrad η_{el} zu berücksichtigen.

β) Maschine durch Bremszaum belasten und dann elektrische Leistung messen,

γ) Elektrische Leistung mit Wattmeter unter Last N_{La} und dann im Leerlauf N_{Le} messen. Formungsleistung $N_f \approx N_{La} - N_{Le}$. Hieraus $\eta = N_f/N_{La}$.

δ) Bei spanlos formenden Maschinen Weg-Geschwindigkeit und Kraft-Weg-Schaubilder aufstellen, hieraus Formungsarbeit und Formungsleistung bestimmen und sie der zugeführten Leistung gegenüberstellen.

c) Ausnutzen der Kapazität an abspanenden Maschinen. Damit Höchstleistung N_{max} möglichst weitgehend genutzt wird, also Anteil der Nutzleistung N_{nu} an N_{max} groß wird, müssen nach $N = Pv$ entweder Kraft P oder Geschwindigkeit v (bei spanenden Maschinen Schnittkraft P_s und Schnittgeschwindigkeit v) oder beide bis an die zulässige Grenze erhöht werden.

Erhöhen der Schnittkraft erfordert bei gegebenem Werkstoff und Werkzeug Vergrößern des Spanquerschnitts; nur bei Schrupparbeiten möglich und auch hier durch Stabilität des Werkstücks und durch abzunehmende Spantiefe begrenzt. Meist ist es wirtschaftlicher, die Schnittgeschwindigkeit zu erhöhen, wodurch bei gleichem Werkzeugbaustoff Standzeit verringert wird oder unter Umständen anderer Werkzeugbaustoff, z. B. Hartmetall statt Schnellstahl, gewählt werden muß.

Wirtschaftliche Schnittgeschwindigkeit v_w bei einem gegebenen Werkzeug wird dann erreicht, wenn zwischen Standzeit T des Werkzeugs und der durch das Nachschleifen und Spannen bedingten Rüstzeit t_r' ein günstiges Verhältnis erzielt wird, so daß in einer bestimmten Gesamtzeit T_s das größte Spanvolumen V_{max} abgenommen wird[2]. Anzahl der Standzeitperioden ist $p = T_s/(T + t_r')$.

[1] *Stute, H.*: Statistische Untersuchungen über die Ausnutzung von Werkzeugmaschinen in der Fertigung. Ind. Anz. Bd. 64 (1956) Nr. 47 S. 704/06.

[2] *Witthoff, I.*: Rechnerische Ermittlung der günstigsten Arbeitsbedingungen bei der spangebenden Formung. W. u. B. Bd. 80 (1947) S. 77/84. — Ders.: Stromverbrauch von Werkzeugmaschinen, Ind. Anz. Bd. 78 (1956) Nr. 28 S. 391/96.

Aus den durch Versuche ermittelten Standzeitkurven und gegebenen Rüstzeiten läßt sich dann wirtschaftlichste Schnittgeschwindigkeit errechnen, die um so tiefer liegt, je größer t_r' wird.

Somit ist für jeden Abspanvorgang eine durch das Werkzeug und die Wirtschaftlichkeit bedingte Schnittgeschwindigkeit v_w in Abhängigkeit vom Spanquerschnitt gegeben. Andererseits ist durch die Leistung der Maschine bei einer gegebenen Schnittkraft P_s die Höchstgeschwindigkeit v_{max} begrenzt. Trägt man nun v_w und v_{max} in Abhängigkeit vom Spanquerschnitt auf, Bild 463, so läßt sich der Punkt A ermitteln, bei dem $v_{max} = v_w$ und somit Maschine voll ausgenutzt ist [1]. Stellt man nach v_{w1} ein, so wäre links von A Maschine nicht ausgenutzt, da $v_{w1} < v_{max}$. Rechts von A Maschine überlastet, $v_{w1} > v_{max}$. Wäre v_{w2} eine zweite wirtschaftliche Schnittgeschwindigkeit, die z. B. einem Hartmetall zugeordnet ist, so ist schon bei B $v_{w2} = v_{max}$, d. h. Werkzeugbaustoff wäre nur bei geringeren Spanquerschnitten auszunutzen. Man erhält so bei gegebenem v_{max}, d. h. bei gegebener Antriebleistung für eine Maschine die Arbeitsbereiche, innerhalb deren die verschiedenen Werkzeugbaustoffe wirtschaftlich ausgenutzt werden können. Durch Einzeichnen mehrerer v_{max}-Geraden für verschiedene Werkzeugmaschinen gleicher Art, z. B. Drehbänke, oder Erweitern auf andere Werkstoffe können Hilfsmittel für die Wahl der geeigneten Maschine entwickelt werden.

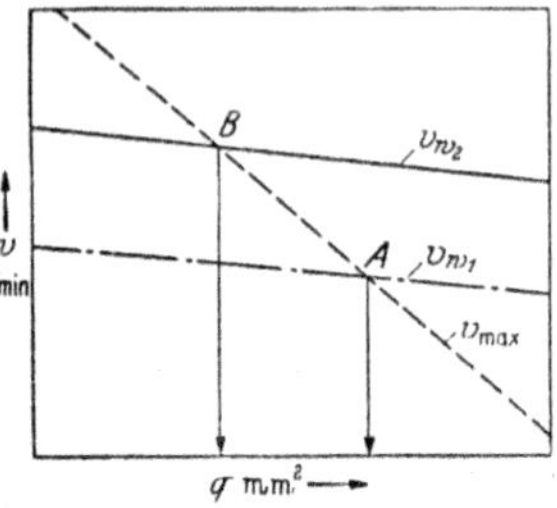

Bild 463. Schematische Darstellung der Abhängigkeit der Schnittgeschwindigkeit v_w und v_{max} von Querschnitt bzw. Schnittkraft im doppelt-logarithmischen Netz (Leistungskarte nach *Kronenberg*)

Bei Maschinen mit hin- und hergehender Bewegung kann die Schnittgeschwindigkeit nur beschränkt gesteigert werden, da mit wachsendem v auch die Umsteuerzeiten größer werden (vgl. VI, B, S. 753). Daraus ergibt sich für Hobelmaschinen ein Ausnutzungsschaubild [2], aus dem man bei Wahl von a, s, T, L und Werkzeugbaustoff die günstigste Hauptzeit ermitteln kann.

Bewährt haben sich auch Leiter- und Netztafeln [3] zur Ermittlung der Schnittgeschwindigkeit, Kräfte, Leistung usw.

Herabsetzen der *Nebenzeiten* ist möglich durch zweckmäßige Konstruktion der Schaltmittel (Vorwählereinrichtungen, Programmsteuerungen, Zusammenfassen aller häufig betätigten Schaltelemente am Standplatz des Arbeiters, Vereinigen mehrerer Schaltungen in einem Hebel, Sinnfälligkeit der Bewegungen) und Anbringen von übersichtlichen Anzeigevorrichtungen.

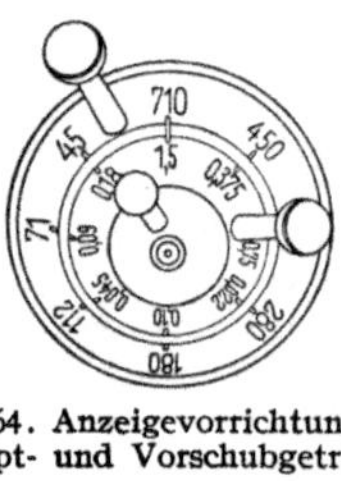

Bild 464. Anzeigevorrichtung für Haupt- und Vorschubgetriebe

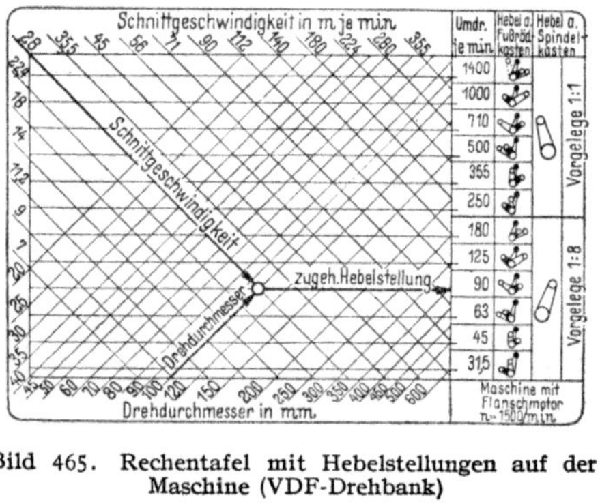

Bild 465. Rechentafel mit Hebelstellungen auf der Maschine (VDF-Drehbank)

An Maschinen für Reihen- u. Massenfertigung, bei denen dem Arbeitenden die Drehzahlen vorgeschrieben sind, genügen Vorrichtungen nach Bild 464. Wird dagegen die einzustellende Schnittgeschwindigkeit vorgeschrieben, so sind Tafeln nach Bild 465

[1] *Kronenberg:* Machinery, Lond. Bd. 49 (1937) S. 505 u. 765.

[2] *Kirchner, E.:* Ausnutzung elektrisch angetriebener Langtischhobelmaschinen. Berlin: Springer 1945.

[3] *Schallbroch, H.*, u. *H. Schaumann:* W. u. B. Bd. 69 (1936) S. 59. — *Kienzle, O.:* Kräfte und Leistungen an spanenden Maschinen. VDI-Z. Bd. 94 (1952) S. 299/305.

oder 466 vorzuziehen. Der Wähler in Bild 466 ist auf Grund eines Leistungsschaubildes[1] entwickelt und zeigt auch Vorschub und Spantiefe an.

Verringern der Spannzeiten durch Einsatz von zweckmäßigen Spannzeugen.

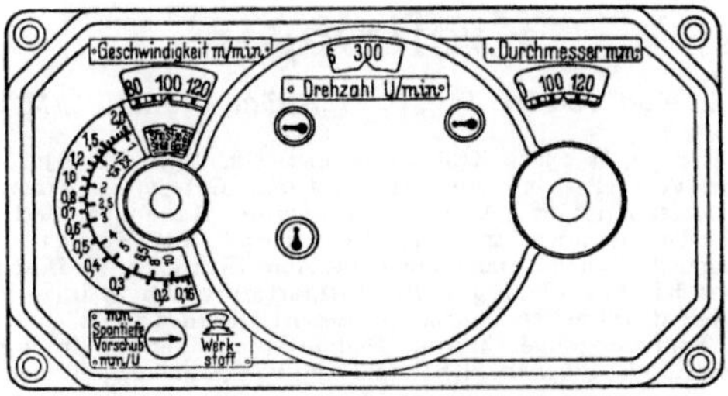

Bild 466. Drehzahlplan mit Leistungsbestimmung

d) Berechnen der **Zeit für das Abspanen.**

Bei *kreisender* Hauptbewegung wird Zeit t in min für das Abspanen $t = l/s'$, wenn l Länge des Vorschubweges in mm und s' Vorschubgeschwindigkeit in mm/min. Wird mit s, Vorschub je Umdrehung, gerechnet, also $s = s'/n$, so wird auch $t = l/(sn)$ und mit Gl. (1) (S. 661) wird

$$t = \frac{\pi}{1000} \frac{l d}{s v} \text{ min.}$$

Bei *geradliniger* hin- und hergehender Bewegung ist $t = L/v$, wenn L (gesamter Schnitt- und Rücklaufweg) $= l z$ (l Länge eines Doppelhubes in mm, also $l = l_A + l_R$ (S. 663); z Zahl der Doppelhübe $= b/s$ mit b Breite des Werkstücks in mm, s Vorschub je Doppelhub in mm/Hub). Da hier Arbeits- und Rücklaufgeschwindigkeit verschieden, muß nach Gl. 4 (S, 663) mit v_m in m/min gerechnet werden. Dann wird

$$t = \frac{l b}{1000\, s v_m} = \frac{(l_A + l_R)\, b}{1000\, s v_m} \text{ min.}$$

Beim Berechnen von Arbeitszeiten sind An- und Überlaufwege zu berücksichtigen.

2. Genauigkeit der Werkzeugmaschine

Literatur: Schlesinger, G: Prüfbuch für Werkzeugmaschinen. 5. Aufl., Middelburg (Holl.): den Boer 1951. — DIN-Normen.

a) Herstellgenauigkeit. Toleranzen der Werkzeugmaschine wurden auf Grund der Vorarbeiten von *Schlesinger* (s. o.) als Abnahmebedingungen durch DIN festgelegt (vgl. DIN 8601, 8605 bis 8630). An *unbelasteter* Maschine werden Form- und Lagefehler gemessen, durch Drehen der Spindeln, Verschieben der Schlitten Bewegungsfehler festgelegt. Meßgeräte sind Wasserwaagen, Meßuhren, Endmaße, Dorne, Winkel. Nur durch Zerlegen der Fehlerquellen kann man den Einfluß der Fehler auf das Werkstück erkennen.

b) Arbeitsgenauigkeit. Infolge der *unter Last* auftretenden Kräfte werden jedoch die Werkzeugmaschinen und auch die Werkzeuge und Werkstücke verformt, einzelne Elemente erwärmen sich. Die Steifheit (s. Abschn. IV, G) muß so groß sein, daß auch unter größten Kräften praktisch keine bleibenden Verformungen auftreten oder Teile der Maschine zu weit ausfedern. Prüfungen unter Last sind bisher noch nicht genormt.

Im Betrieb wird Genauigkeit infolge der Abnutzung nachlassen. Man beobachtet nach Inbetriebnahme zunächst eine stärkere Abnutzung der Teile (Einlauf), dann folgt über längere Zeit (mehrere Jahre) eine Periode stetiger Abnutzung, bis schließlich (meist progressiv) Genauigkeit so weit nachläßt, daß Maschine nur mehr zu Vorarbeiten verwendet werden kann.

---

[1] *Rühl, H.:* Werkstattgerechte Drehzahl- und Vorschubwähler. W.-T. Bd. 34 (1940) S. 371.

Kraftwagen

Bearbeitet von Dr.-Ing. **F. Wettstädt**, Frankfurt (Main)

Literatur: 1. *Kamm, W.:* Das Kraftfahrzeug. Berlin: Springer 1936. — 2. *Kamm, W.*, u. *C. Schmid:* Das Versuchs- und Meßwesen auf dem Gebiet des Kraftfahrzeugs. Berlin: Springer 1938. — 3. *Bussien, R.:* Automobiltechnisches Handbuch. Berlin: Cram 1953. — 4. *Buschmann, H.:* Taschenbuch für den Autoingenieur. 9. Aufl. Stuttgart: Franckh 1961. — 5. *Bosch:* Kraftfahrtechnisches Taschenbuch. 14. Aufl. Stuttgart: R. Bosch GmbH 1959. — 6. *Bürger, H.:* Das Kraftwagenfahrgestell. Stuttgart: Franckh 1950. — 7. *Marquard, E.:* Schwingungsdynamik d. schnellen Fahrzeugs. Essen: Girardet 1952. — 8. Ders.: Die Fahreigenschaften der Kraftfahrzeuge. 2. Aufl. Baden-Baden: Verlag für angewandte Wissenschaften 1954. — 9. *Reichenbächer, H.:* Gestaltung von Fahrzeuggetrieben. Berlin: Springer 1955.

A. Fahrmechanik

1. Motorleistung und Antriebverluste

a) Motornutzleistung N PS (Schwungradleistung) ist durch Motorkennlinie (s. S. 183) in Abhängigkeit von Motordrehzahl n U/min oder mit Übersetzung i zwischen Kurbelwelle und Triebrad und mit wirksamem Reifenhalbmesser R_w m (s. S. 829) in Abhängigkeit von Fahrgeschwindigkeit V km/h gegeben (Bild 1); $V = n/i \cdot 2\pi R_w \cdot 60/1000$.

b) Triebwerkverluste zwischen Schwungrad und Triebradnaben (*innere Verluste*) entstehen durch Lager- und Zahnreibung sowie Ölpanscharbeit (Kupplung, Schaltgetriebe, Achs- und Ausgleichgetriebe, Gelenk- und Achswellen) und werden zusammenfassend durch *Triebwerkwirkungsgrad* $\eta_t \approx 0{,}9$ im direkten bzw. $\approx 0{,}85$ in den übrigen Gängen erfaßt; Bild 1.

c) Triebkräfte P (Schub bei Hinter-, Zug bei Vorderradantrieb) greifen in den Aufstandsflächen am abgeplatteten Reifenumfang (wirksamer Reifenhalbmesser R_w) an. Mit Motordrehmoment M_m kgm ist $P = 716\, N/n \cdot i\eta_t/R_w = M_m i \eta_t/R_w$ kg. P kann durch Verkleinern von M_m (Drosseln des Motors) oder durch Vergrößern von i (Einschalten eines andern Ganges im Wechselgetriebe) den stark schwankenden Fahrwiderständen angepaßt werden; Bild 2.

2. Fahrwiderstände

a) Rollwiderstände[1] W_r sind abhängig von Beschaffenheit der Fahrbahn, Bauart und Durchmesser der Bereifung und nehmen bei niedrigerem Reifenluftdruck, höherer Fahrgeschwindigkeit und größerer Radlast stark zu. Vereinfacht ausgedrückt durch: W_r [kg] = Wagengesamtgewicht G [kg] $\times$ Rollwiderstandszahl f_r. Rollwiderstandsleistung $N_r = 1/270 \cdot W_r V$ PS.

Für luftbereifte Fahrzeuge mit V bis ≈ 60 km/h ist f_r etwa:

Asphaltstraße	0,013	Betonstraße	0,015	Steinpflaster	0,02
geteerte Schotterstraße	0,025	feste Erdwege	0,05	loser Sand	>0,15

f_r kennzeichnet die bei der fortlaufenden Verformung zu einer ebenen Aufstandsfläche entstehenden Widerstände: Rollreibung (s. Bd. I, S. 222), Walkreibung durch Formänderung des Reifenaufbaus (Hysterese-Verluste, Ursache der Reifenerhitzung, Grenze für die Beanspruchung des Reifens), Saugreibung und Gleiten in den Aufstandsflächen; Lagerreibung und Lüfterverluste des Rades.

Bei *Triebrädern* treten durch die in den Berührungsflächen angreifenden Triebkräfte zusätzliche tangentiale Verformungen auf; Laufdecke schrumpft beim Einlauf in Berührungsfläche und dehnt sich beim Auslauf wieder aus (Kriechen, Formänderungs- oder Dehnungsschlupf); Gesamtverluste an Triebrädern werden als *äußere Triebwerkverluste* bezeichnet.

[1] *Marquard, E.:* Über den Rollwiderstand von Luftreifen. ATZ Bd. 60 (1958) Nr. 2 S. 35/41.

b) Luftwiderstände W_l und Luftwiderstandsleistungen N_l s. Bd. I, S. 306:

$$W_l \approx 0{,}0048\, c_w F (V \pm V_0)^2 \text{ kg} \quad \text{und} \quad N_l = 1/270 \cdot W_l V \text{ PS}.$$

V = Fahrgeschwindigkeit km/h, V_0 = Windgeschwindigkeit km/h,
F = Fläche des Profilumrisses in Fahrtrichtung m², ≈ 0,9 × Spurweite × Höhe d. Wagens, ≈ 4 bis 8 m² für LKW und Omnibusse, ≈ 1,5 bis 4 m² für PKW,
c_w = ≈ 0,8 für LKW, ≈ 0,6 für Omnibusse, ≈ 0,4 für Gebrauchs-, ≈ 0,29 für Sport-PKW.

c) Steigwiderstände W_{st}, Bild 3, und erforderliche Steigleistungen N_{st}:

$$W_{st} = G \sin\alpha, \quad \text{für kleine Steigungen} \approx G s/100 \text{ kg}, \quad N_{st} = 1/270 \cdot W_{st} V \text{ PS}.$$

G = Wagengesamtgewicht kg, α = Steigungswinkel °, $\operatorname{tg}\alpha = s/100$,
s = Straßensteigung in % der waagerechten Länge der Steigungsstrecke.

d) Beschleunigungswiderstände W_b. Beschleunigung b m/sek² der Wagenmassen längs der Fahrbahn erfordert Anteil $W_{b1} = b\,G/g$ kg, Winkelbeschleunigung der umlaufenden Massen von Motor, Kraftübertragung und Rädern Anteil $W_{b2} = b\, m_{\text{red}}$ kg.

Auf wirksamen Reifenhalbmesser R_w *reduzierte Masse* (s. Bd. I, S. 256)

$$m_{\text{red}} \approx (J_1 + i^2 J_2) : R_w^2 \text{ kg sek}^2/\text{m}.$$

J_1 = Massenträgheitsmoment der vier Räder mit Bereifungen und Bremstrommeln; J_2 = Massenträgheitsmoment der mit Kurbelwellendrehzahl umlaufenden Teile von Motor, Kupplung und Getriebe; i = Gesamtübersetzung zwischen Kurbelwelle und Triebrad = Wechselgetriebeübersetzung i_G × Achsgetriebeübersetzung i_A. m_{red} ändert sich also mit dem eingeschalteten Gang. Wellen, kleinere Teile sowie die mit Gelenkwellendrehzahl umlaufenden Teile können vernachlässigt werden. Mit Verhältnis $\varphi = (G/g + m_{\text{red}}) : G/g \approx 1{,}1$ bis 1,6 bei PKW je nach eingeschaltetem Gang wird:

Beschleunigungskraft $W_b = W_{b1} + W_{b2} = b\varphi G/g$ kg;
Beschleunigungsleistung $N_b = 1/270 \cdot b\varphi V G/g$ PS.

3. Fahrleistungen

a) Überschußleistung $N_ü$, Bild 1. Zieht man von Schwungradleistung innere Triebwerkverluste, Verluste durch Trieb- und Laufräder sowie Luftwiderstandsverluste ab, so erhält man $N_ü$. Als *Fahrelastizität* steht sie zum Beschleunigen ($N_ü = N_b$) oder zum Überwinden von Steigungen ($N_ü = N_{st}$) zur Verfügung. Bei $N_ü = 0$ liegt Höchstgeschwindigkeit in der Ebene.

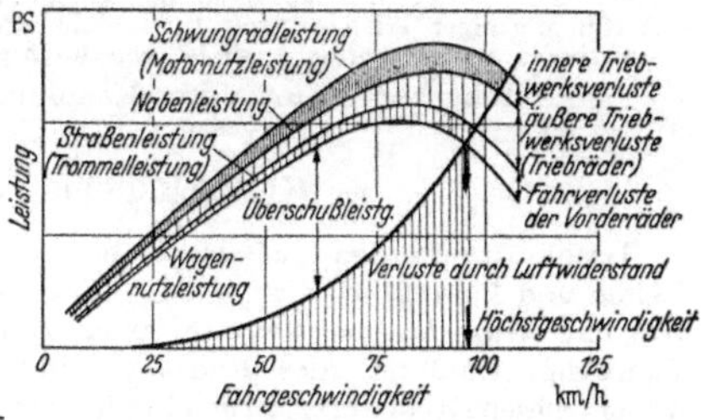

Bild 1. Fahrleistungsschaubild

b) Beschleunigungs- und Steigvermögen. Für jeden Fahrzustand sind die Triebkräfte P im Gleichgewicht mit Fahrwiderstands- und Massenkräften: $P = W_r + W_l + W_{st} + W_b$; vgl. Bild 2 u. 3.

Beschleunigungsvermögen $b = (P - W_r - W_l - W_{st})\, g/\varphi G = 270\, g N_b/\varphi G V$ m/sek²;
Steigvermögen $\sin\alpha \approx s\,\% \cdot 1/100 = (P - W_r - W_l - W_b)/G = 270\, N_{st}/GV$.

Bei gleicher Motorleistung, Übersetzung und Fahrgeschwindigkeit ist Beschleunigungskraft W_b in der Ebene gleich Steigkraft W_{st} am Berg. Größte Anfahrbeschleunigung $b_{\max}$ in Ebene mit 1. Gang folgt aus $P = P_{\max}$, $W_l \approx 0$, $W_{st} = 0$; größte befahrbare Steigung $\sin\alpha_{\max}$ aus $P = P_{\max}$, $W_l \approx 0$, $W_b = 0$; aus beiden mit s [%] und b m/sek² für *Überschlagsrechnungen* $s_{\max} \approx 11\, b_{\max}$. Begrenzung von b und α durch *Kraftschlußgrenze* für Triebkraft s. Abschn. 4.

Kennzeichen zum Vergleich verschiedener Fahrzeuge ist *Leistungsgewicht* G/N kg/PS. Hiermit nach Lit. 5 *Überschlagsformeln*: $b_{\text{möglich}}$ in Ebene $\approx 2410/V \cdot N/G$ und $s_{\text{möglich}}$ [%] $= 24\,500/V \cdot N/G$. Werte für G/N der einzelnen Typen s. Lit. 5; *Mittelwerte*: deutsche Kleinwagen 30 bis 24, deutsche PKW der Mittelklasse 20 bis 12, Sportwagen 10 bis 6, amerikanische PKW 11 bis 7 kg/PS.

Einfluß der *Motorelastizität*[1]; s. a. S. 810.

[1] *Flössel, W.:* Einfluß der Motorelastizität auf die Fahrleistungen. ATZ Bd. 59 (1957) S. 8/14.

c) Fahrdiagramm. Für einen bestimmten Wagen können alle Betriebsmöglichkeiten nach Fahrgeschwindigkeit, Kraftstoffverbrauch, Getriebegang, befahrbarer Steigung und erreichbarer Beschleunigung in einem Diagramm zusammengefaßt werden, s. Lit. 3. Bild 2 zeigt vereinfachtes Diagramm:

Als Abszissen sind Fahrgeschwindigkeiten V, als Ordinaten die auf R_w bezogenen Triebkräfte P und Fahrwiderstände W gewählt.

Triebkraftkurven P_1 bis P_4 des 1. bis 4. Ganges entsprechen Vollgasbetrieb und bilden obere Begrenzung für alle Betriebsmöglichkeiten in Ebene und Steigungen. Gestrichelte senkrechte Verbindungen von einem Gang zum anderen entsprechen Fahrzuständen, die bei Motorhöchstdrehzahl mit gedrosseltem Vergaser erreichbar sind. Feld unterhalb der Grenzkurven wird mit gedrosseltem Vergaser befahren.

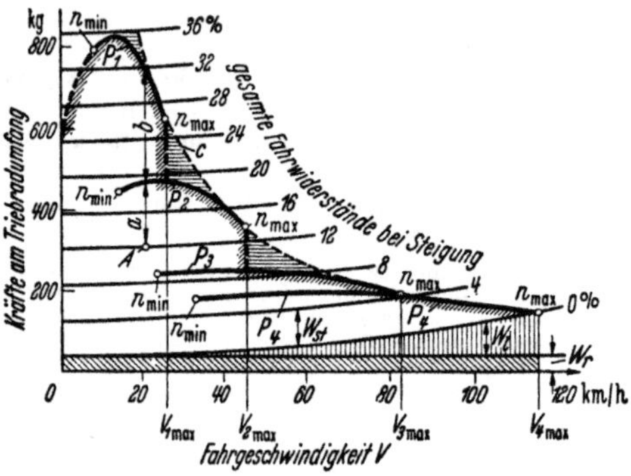

Bild 2. Fahrdiagramm (nach Lit. 6). Rollwiderstand W_r, Luftwiderstand W_l, Steigwiderstand W_{st}, Triebkraftkurven P_1 bis P_4

Anfahren aus dem Stillstand ist durch punktierte Verlängerung der Triebkraftkurve P_1 bis $V = 0$ gekennzeichnet und wird mit rutschender Kupplung erreicht, da Motor bei den erforderlichen kleinen Drehzahlen nicht mehr arbeitsfähig.

Beschleunigungskraft W_b für beliebigen Fahrzustandpunkt entspricht seinem senkrechten Abstand von der Vollgas-Triebkraftkurve P des betreffenden Ganges.

Beispiel: Im Fahrzustandpunkt A bei 12% Steigung und $V = 21$ km/h ist W_b im 2. Gang gleich Strecke a und im 1. Gang gleich Strecke $a + b$.

Kurve c zeigt Verlauf der Triebkräfte, wenn Motorhöchstleistung N_{max} bei jeder Fahrgeschwindigkeit ausgenutzt werden könnte; sie wird zur *Triebkrafthyperbel* $PV = \text{const} \cdot N_{max}$ bei gleichem Triebwerkwirkungsgrad aller Gänge. Horizontal schraffierte Flächen zwischen c und stufenförmiger Triebkraftgrenzlinie kennzeichnen die durch das Wechselgetriebe nicht ausnutzbaren Antriebsbereiche; sie können durch größere Gangzahl verringert werden.

Fahrleistungskurven im Motor-Kennlinienfeld bringt Bild 22 auf S. 183.

4. Kraftschluß als Triebkraftgrenze

Triebkräfte werden auf das Fahrzeug durch die Reibungskräfte zwischen Reifen und Fahrbahn (Kraftschluß) übertragen. Größte am Reifenumfang übertragbare Kraft R_{max} = Reibzahl oder Kraftschlußbeiwert $\mu \times$ augenblickliche Fahrbahnnormalkraft des Rades (Radlast) N. Überschreiten Triebkräfte des Motors diesen Grenzwert, so rutscht ein treibendes Rad gleitend durch („mahlen").

a) Kraftschlußbeiwert μ. Übertragen von Trieb- oder Bremskräften erfordert Vorspannen der Reifenteilchen, so daß Schlupf auftritt. In der Nähe des Höchstwerts dieses Formänderungsschlupfes (vgl. S. 798) hat μ Maximum (*Haftreibwert* μ_H bei nicht gleitendem Rad). Mit größerem Schlupf (Auftreten von zusätzlichem Gleitschlupf) nimmt μ schwach ab bis auf den *Gleitreibwert* μ_G bei 100% Schlupf (mahlendes oder blockiertes Rad).

Größerer Druck bewirkt bei gleichzeitig vergrößerter Berührungsfläche schwache Zunahme. Wasserschichten zwischen Reifen und Fahrbahn verursachen im Sinn der hydro dynamischen Eigenschaften bewegter keilförmiger Schichten stärkere Abnahme. μ nimmt ab mit größerer Fahrgeschwindigkeit und sinkt bei abgefahrenen Reifen beträchtlich. *Haftreibzahlen* bei $V = 60$ km/h:

Straße	trocken	naß	schmierig
Beton	0,6—0,8	0,5—0,6	0,4—0,5
Asphalt	0,5—0,7	0,4—0,5	0,3—0,4
Basaltpflaster . . .	0,4—0,6	0,3—0,4	0,2—0,3

b) Fahrbahnnormalkraft (Radlast) ändert sich mit Fahrbahnsteigung, durch Trieb- und Bremskräfte, durch Fahrwiderstands- und Massenkräfte, durch

Seitenkräfte (Wind- und Fliehkraft) sowie durch Federungs- und Schwingungseinflüsse.

Bild 3 zeigt in vereinfachter Darstellung die am *Fahrzeug wirkenden äußeren Kräfte* bei einer mit Beschleunigung ausgeführten Bergfahrt:

Im Schwerpunkt A in Höhe h über Fahrbahn: Wagengewicht G zerlegt in Steigwiderstand $W_{st} = G \sin\alpha$ und Normalkraft $G \cos\alpha$; Beschleunigungswiderstand $W_b = b\,G/g$ (umlaufende Massen vernachlässigt). Luftwiderstand W_l in Abstand h_l. Rollwiderstand der Lauf- und Triebräder $W_r' + W_r''$ in den Berührungsflächen von Reifen und Fahrbahn (wirksamer Reifenhmr. R_w). Hinterachsantrieb mit Triebkraft P. Radstand $a = m + n$.

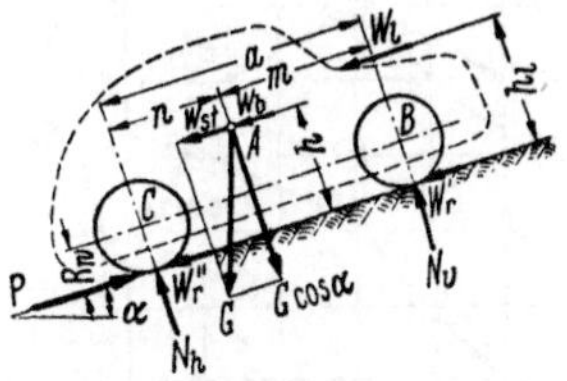

Bild 3. Kräfte am Fahrzeug bei beschleunigter Bergfahrt

Fahrbahnnormalkräfte (Achslasten) N_h, N_v der Hinter- bzw. Vorderachse mit Vereinfachung $h_l = h$, $m = \psi a$, $n = (1 - \psi)\,a$, $h = \chi a$:

$$N_h = \psi\, G \cos\alpha + \chi(W_{st} + W_l + W_b);$$

$$N_v = (1 - \psi)\, G \cos\alpha - \chi(W_{st} + W_l + W_b).$$

Einfluß der Schwerpunktlage ist durch ψ und χ gekennzeichnet. Zusätzliche Belastung der Hinter- und entsprechende Entlastung der Vorderachse durch Steig-, Luftwiderstand und Massenkraft zeigen die Vorteile des Hinterachsantriebs bei Bergfahrt.

Mittelwerte: $\psi = m/a = G_h/G$ für besetzte PKW mit Hinterradantrieb $\approx 0{,}55$ bis $0{,}6$; mit Vorderradantrieb $\approx 0{,}5$; für beladene LKW $\approx 0{,}65$ bis $0{,}75$. $\chi = h/a$ für PKW $\approx 0{,}2$ bis $0{,}35$.

c) Größte übertragbare Triebkraft R_{max} ergibt sich mit $R_{max} = W_{st} + W_l + W_b + W_r$ und $W_r = f_r G \cos\alpha$ bei

Hinterachsantrieb: $R_{h\,max} = \mu N_h = (\psi - \chi f_r)/(1 - \chi\mu) \cdot \mu G \cos\alpha;$

Vorderachsantrieb: $R_{v\,max} = \mu N_v = (1 - \psi + \chi f_r)/(1 + \chi\mu) \cdot \mu G \cos\alpha.$

Ob diese Kraftschluß-Grenzwerte R_{max} vom Fahrzeug tatsächlich als Triebkraft P ausgenutzt werden, hängt von der verfügbaren Motordrehkraft und ihrer Übersetzung bis zum Reifenumfang ab.

5. Bremsvorgänge

Bremsend wirken Luft- und Rollwiderstände, Widerstände des vom Fahrzeug angetriebenen Motors (Motorbremse) und ausschlaggebend die Reibungskräfte der Fahrzeugbremsen.

a) Ideelles Bremsvermögen bei Allradbremsen. Analog Abschn. 4 und mit Bild 4 (Bezeichnungen wie in Bild 3; Roll-, Luftwiderstände, umlaufende Massen vernachlässigt; keine Federungseinflüsse) ergeben sich Fahrbahnnormalkräfte der Vorder- bzw. Hinterachse:

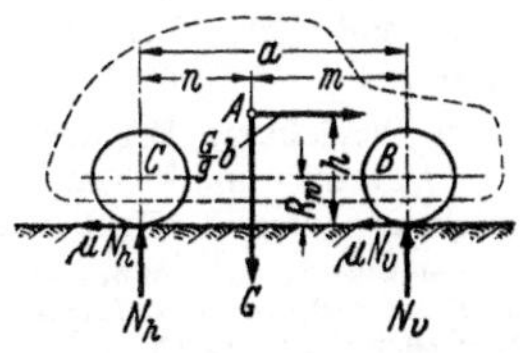

Bild 4. Kräfte bei Vierradbremsung

Vorderachslast $N_v = (1 - \psi + \chi\mu)G = (1 - \psi)G + \mu G(h - R_w)/a + \mu G R_w/a;$

Hinterachslast $N_h = (\psi - \chi\mu)G = \psi G - \mu G(h - R_w)/a - \mu G R_w/a.$

In den beiden Umformungen erscheint statische Achslast als 1. Glied, Be- bzw. Entlastung der Vorder- bzw. der Hinterachse durch Massenkraftmoment als 2. Glied und durch Reaktionsmoment der Bremskraft als 3. Glied.

Größte ideelle Bremskräfte an Vorder- bzw. Hinterachse:

$$B_{i\,v\,max} = \mu N_v = \mu G(1 - \psi + \mu\chi); \quad B_{i\,h\,max} = \mu N_h = \mu G(\psi - \mu\chi).$$

Ideelle Gesamtbremskraft bei Allradbremsung: $B_{i\,max} = B_{i\,v\,max} + B_{i\,h\,max} = \mu G$. *Größte ideelle Verzögerung* $b_{i\,max} = \mu g$ m/sek² und mit Ausgangsgeschwindigkeit v m/sek *kleinster ideeller Bremsweg* $s_{i\,min} = v^2/2b_{i\,max}$ m (s. Bd. I, S. 226).

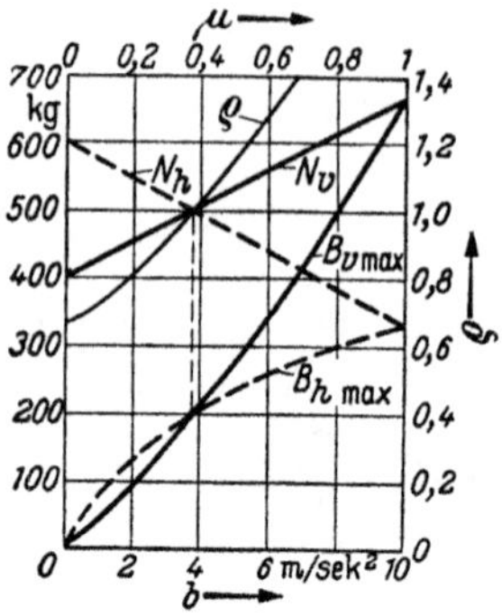

Bild 5. Ideelles Bremsvermögen

Diese Höchstwerte lassen sich nur erreichen, wenn die jeweiligen Lasten beider Achsen voll zum Bremsen ausgenutzt werden, also das Verteilungsverhältnis ϱ der Gesamtbremskraft auf Vorder- und Hinterachse gleich der Achslastverteilung ist:

$$\varrho = B_{iv\,\max} : B_{ih\,\max} = N_v : N_h =$$
$$= (1 - \psi + \chi\mu) : (\psi - \chi\mu).$$

Bild 5 [1] zeigt in Abhängigkeit von μ und b Zu- bzw. Abnahme von N_v und N_h, Verlauf der den Achslasten zugeordneten $B_{iv}\max$ und $B_{ih}\max$ und Verlauf von ϱ. Im Beispiel müssen für $b = 3{,}6$ m/sek² ($N_v = N_h$; $B_{iv}\max = B_{ih}\max$, $\varrho = 1$) Vorder- und Hinterräder gleich stark, bei kleineren Verzögerungen ($N_v < N_h$; $B_{iv}\max < B_{ih}\max$; $\varrho < 1$) Hinterräder stärker als Vorderräder, bei größeren Verzögerungen ($N_v > N_h$; $B_{iv}\max > B_{ih}\max$; $\varrho > 1$) Vorderräder stärker als Hinterräder gebremst werden.

b) Effektive Bremskraft der Allradbremse hängt von Bauart der Bremsanlage ab.

Festes Verteilungsverhältnis ϱ wird wegen baulicher Einfachheit vielfach gewählt und ist nur bei einer bestimmten Verzögerung richtig. Für alle andern Verzögerungen wird, je nachdem ob an Vorder- oder Hinterachse zuerst Blockiergrenze erreicht ist, Kraftschluß-Grenzkraft der anderen Achse nicht voll ausgenutzt. Diesen Verlust an Bremswirkung kennzeichnet „Ausnutzungsgrad" oder „Kraftschluß-Anstrengung" als Verhältnis zwischen effektiver und ideeller Bremskraft.

Stärkere Abbremsung der Vorderräder — im Sinn der mit größerer Verzögerung zunehmenden Gewichtsverlagerung — kann man durch größere Radzylinder in den Vorderradbremsen oder durch Duplex- bzw. Servobremsen (hinten Simplexbremsen) erreichen, vgl. Abschn. Bremsen S. 831. Mit Annahme eines „mittleren Ladezustandes" und einer „Auslegungsverzögerung" errechnet[1] man die *optimale Bremskraftverteilung* als Kompromiß für die verschiedenen Betriebsverhältnisse.

Praktisch werden einzelne Räder oder Achsen immer vorzeitig blockieren; daher lassen sich die auf S. 800 für die Paarung Fahrbahn—Reifen angegebenen Reibzahlen μ nur bei einem Teil der Räder ausnutzen. Für das Fahrzeug als Ganzes gilt der durch Versuch am Fahrzeug gefundene *Fahrbahn-Haftwert* f, der den Verlust an Bremswirkung durch die dynamischen Achslastverlagerungen und die tatsächlichen Kraftschlußverhältnisse berücksichtigt. $f < \mu$; für Berechnungen unter Berücksichtigung des Sicherheitsgrades der Spurhaltung $f_{zul} \approx 0{,}45$.

Veränderliches Verteilungsverhältnis durch Bremskraftverteiler[1; 2]. *Bremskraftregler*[3].

c) Erreichbare Bremswege und Verzögerungen hängen von Fahrbahn-Haftwert f, Bauart und Zustand der Bremsen sowie Bremsbedienung ab. Mit Ausgangsgeschwindigkeit v m/sek oder V km/h ist *Bremsweg* $s = v^2/2bx \approx V^2/26bx$ m.

b m/sek² ist die beim praktischen Bremsversuch mit Verzögerungsmeßgerät (z. B. Siemens-Bremsmesser) ermittelte *Höchstverzögerung* und gibt die äußerste Bremsfähigkeit unter den gegebenen Verhältnissen an: $b = fg$. b ist niemals über den ganzen Bremsweg gleichgroß wirksam. *Mittlere Verzögerung* über den Weg, $b_s = v^2/2s$, oder über die Zeit, $b_t = v/t$, ist stets $< b$; $b_s \neq b_t$.

$x = b_s/b$ ist *Gütegrad der Bremsen*. Er berücksichtigt mit b Bremskräfte und Haftwert, mit b_s Zustand und Ansprechzeit der Bremsen. Erfahrungswert für Öldruckbremsen $x = 0{,}85$ bis 0,65; die höheren Werte bei einwandfreier Ausführung und bestem Zustand der Bremsen. Werte für andere Bremsarten s. [1] und Lit. 3.

Reaktionszeit 0,5 bis 1,7 sek je nach persönlichen Bedingungen des Fahrers, *Ansprechzeit* zwischen Beginn der Bremshebelbetätigung und voller Bremswirkung bei Ölbremsen 0,1 bis 0,5 sek je nach Bremsbedienung und erreichter Verzögerung.

„Abbremsung"[4] a [%] $= 100\,B/G = 100\,b/g$ ermöglicht objektive Wertung der Bremsen. Fahrzeuggewicht G. Effektive Bremskraft B wird auf Prüfstand direkt (bzw. Ver-

---

[1] *Ate* Bremsen-Handbuch. Frankfurt (Main). Alfred Teves KG 1957.
[2] *Tönnies, Ch.:* Das Varia-Prinzip für die Bremsung von Kraftfahrzeugen. ATZ Bd. 60 (1958) Nr. 4 S. 99/105.
[3] Fachheft „Bremsen". ATZ Bd. 61 (1959) Nr. 8, Beitrag *Fritsche* S. 219 u. a.
[4] *Müller, G.:* Praktische Bremsprüfungen. ATZ Bd. 60 (1958) Nr. 4 S. 89/94.

zögerung *b* im Fahrversuch durch Bremsmesser) bei stufenweise gesteigerter Bremsenbetätigungskraft — gleichfalls durch Kraftmesser unmittelbar gemessen — bestimmt und ergibt im Schaubild die ***Bremscharakteristik***; s. Anm. 1, 3, 4 S. 802.

d) Motorbremsen dienen zur thermischen Entlastung der Radbremsen besonders bei längerer Talfahrt, wobei Bremswirkung des leerlaufenden Motors durch Getriebeübersetzung dem Gefälle angepaßt wird. Erhöhte Bremswirkung erreicht man durch Auspuffdrosselung mittels einschaltbarer Klappe oder Schieber in Auspuffleitung, ebenso durch Ändern der Auslaß-Steuerpunkte mittels verstellbarer Nockenwelle (s. S. 177, Anm. 1).

6. Einfache Spurhaltungsbeziehungen

a) Seitenführungskräfte. Beim einzelnen Rad mit Fahrbahnnormalkraft (Radlast) N können die zwischen Fahrbahn und Reifen möglichen Reibungskräfte $R_{\max}$ zerlegt werden in eine Komponente in Rollrichtung des Reifens, die zum Übertragen von Trieb- oder Bremskräften A in Anspruch genommen ist, und eine Komponente in axialer Richtung, die als *Seitenführungs- oder Bodenkraft* S zur Aufnahme von quer oder einseitig am Fahrzeug angreifenden *Störkräften* (z. B. Straßenneigung, Luft- und Fliehkräfte, durch ungleiche Fahrbahneinwirkungen oder Lenkungsbetätigung bedingte Massenkräfte) verfügbar bleibt. Mit Bild 6: $S = \sqrt{R_{\max}^2 - A^2}$; $R_{\max} = \mu N$.

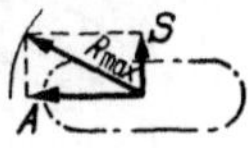

Bild 6. Seitenführungskräfte

Für $A = R_{\max}$ (mahlendes Rad bei Trieb- oder blockiertes bei Bremskräften) wird $S = 0$; Vorbedingungen für seitliches Ausbrechen oder Schleudern sind dann vorhanden. Für $A = 0$ (ohne Kraftübertragung rollendes Rad) wird $S = R_{\max}$. Sicherheitsgrad der Spurhaltung $\varepsilon = \sqrt{(\mu N)^2 - A^2} : A$.

b) Schleudern und Kippen in Kurven. Im Fahrzeugschwerpunkt angreifende Fliehkraft $C = GV^2/127\,R$ kg; Fahrgeschwindigkeit V km/h, Kurvenhmr. des Schwerpunkts R m; Spurweite o m, Schwerpunkthöhe über Fahrbahn h m. In ***nicht überhöhter Kurve*** schleudert Fahrzeug bei $C/G \geqq \mu$ und kippt um bei $C/G \geqq o/2h$; da meist $o/2h > \mu$, tritt vor Überschlagen Schleudern ein. In einer ***um*** $\beta°$ ***überhöhten Kurve*** schleudert Fahrzeug bei $C/G \geqq \text{tg}\,(\varrho + \beta)$ und kippt um bei $C/G \geqq \text{tg}\,(\text{arc tg}\, o/2h + \beta)$; Reibwinkel ϱ; $\text{tg}\,\varrho = \mu$.

c) Hinterrad- und Vorderradantrieb. Triebkraft wirkt bei ***Hinterradantrieb*** als Schubkraft ***hinter*** Angriffpunkt der resultierenden Fahrwiderstände („labiles Gleichgewicht") und bei ***Vorderradantrieb*** als Zugkraft ***vor*** ihm („stabiles Gleichgewicht"). Bei Gleichgewichtsstörungen und in Kurven wird Frontantrieb-Fahrzeug durch die Triebkräfte „richtungsstabil" im Sinn des Lenkeinschlags gestützt, während beim Hinterradantrieb unter gleichen Bedingungen bereits Abrutschen eintritt.

7. Richtungsstabilität[1]

a) Schräglauf der Räder. Luftbereifungen sind seitenelastisch. Daher bewirken die über die Felge angreifende Störkraft X, die als Gegenkraft in der Reifen-Aufstandsfläche sich bildende Seitenführungs- oder Bodenkraft S und die durch Rotation des Rades hervorgerufenen Fliehkräfte eine axiale Verschiebung und gleichzeitige Verdrehung der Aufstandsfläche; s. „nierenförmige" Verzerrung Bild 7. Radebene b steht je nach Größe von X in einem bestimmten *Schräglauf- oder Schwimmwinkel* β schräg zur Rollrichtung. Zusammenhang zwischen β und X bzw. S ist wichtig zur Bestimmung des Fahrwegs.

S als Resultierende der Bodenkräfte greift im rückwärtigen Teil der Aufstandsfläche mit Abstand n zur Achse (*Reifen*nachlauf — nicht zu verwechseln mit dem geometrisch bedingten *Rad*nachlauf auf S. 815) an und erzeugt ein

[1] ***Eberan von Eberhorst, R.:*** Kurven- und Rollstabilität. ATZ Bd. 55 (1953) Nr. 9 S. 246/53. — ***Gauß. F.:*** Fahrtrichtungshaltung und Lenkwilligkeit. ATZ Bd. 56 (1954) Nr. 8 S. 203/10. — ***Riekert, P.***, u. ***F. Gauß:*** Führungskräfte von Gummireifen. VDI-Berichte Bd. 16 (1956) Kraftfahrzeugtechnik. — ***French, T.***, u. ***V. E. Gough:*** Rolle des Reifens in Konstruktion und Betriebsverhalten des Kraftwagens. ATZ Bd. 57 (1955) Nr. 4 S. 91/99. — ***Kamm, W.:*** Fahrzeugbedingte Einflüsse auf die Fahrtrichtungshaltung. ATZ Bd. 60 (1958) Nr. 6 S. 149/52. — ***Zoeppritz, H. P.:*** Einfluß von Reifendruck und Geschwindigkeit auf die Fahrsicherheit. ATZ Bd. 60 (1958) Nr. 8 S. 213/18. — ***Barth, R.:*** Einfluß der Form und Umströmung von Kraftfahrzeugen auf Widerstand, Bodenhaftung und Fahrtrichtungshaltung. VDI-Z. Bd. 98 (1956) Nr. 22 S. 1265/75. — Ders.: ATZ Bd. 62 (1960) Nr. 3 S. 80/85 u. Nr. 4 S. 89/95. — ***Gauß, F.***, u. ***H. Wolff:*** Seitenführungskraft von PKW-Reifen. Düsseldorf: VDI-Verlag (Dt. Kraftfahrforschung Heft 133, 1959). — ***Mitschke, M.:*** Wirkung der Reifen auf Fahrzeug und Fahrbahn. ATZ Bd. 62 (1960) Nr. 5 S. 118/22.

Rückstell- oder Geradführungsmoment $M_s = S\,n$, welches das Rad in die Fahrtrichtung zurückdrehen will (Verkleinern von β). Zusammenhang zwischen S bzw. X, β, n und M_s (Radlast N als Parameter) zeigt Reifenkennfeld nach *Gough*, Bild 7.

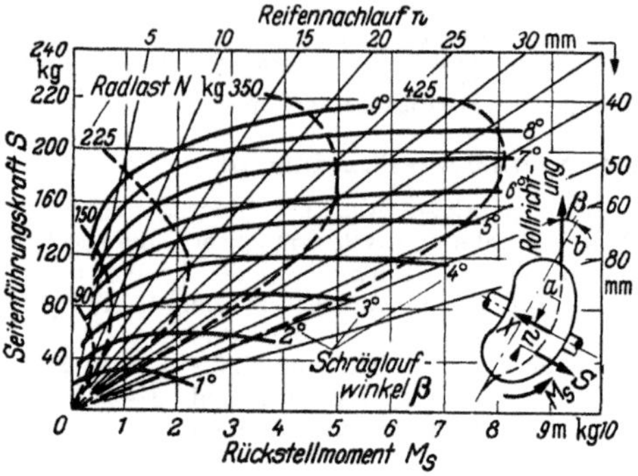

Bild 7. Reifenkennfeld
Schräglauf; Protektor-Mittellinie a, Radebene b

Bei kleinem β wird S im wesentlichen durch Vorspannungsvorgänge des Reifens und bei großem β durch Reibung, die sich uneinheitlich aus Gleit- und Haftreibung zusammensetzt, bestimmt. Für die Gesetzmäßigkeiten am Fahrzeug ist der nichtlineare Verlauf der Kräfte mit ausgeprägtem Maximum zu beachten; abweichend von den allgemeinen Reibungsgesetzen nimmt S nicht verhältnisgleich mit N, sondern geringer zu.

Reifenkennfeld gilt nur für einen bestimmten Reifen bei bestimmten Fahrbedingungen; Änderungen von Reifenluftdruck, Fahrgeschwindigkeit, Fahrbahnzustand, ferner von zu übertragenden Trieb- oder Bremskräften ergeben unterschiedliche Kennfelder. Bei höheren Luftdrücken wird S_{max} bereits bei kleinerem β erreicht.

Bei *Geradeauslauf* ($\beta = 0$) kann Reifen keine nennenswerten Seitenführungskräfte aufbringen; Fahrzeug „schwimmt" auf den Reifen. *Vorspur* (s. S. 815) ergibt Schräglauf (etwa dem Vorspurwinkel entsprechend) und verringert Schwimmneigung. *Radsturz* (s. S. 815) erzeugt eine stets nach der Seite der Radneigung gerichtete Sturz-Seitenkraft $S' = N \operatorname{tg} \gamma$ und addiert oder subtrahiert sich zu/von S je nach Wirkungsrichtung. *Vorderräder* können zur Erzeugung von Führungskräften eingeschlagen werden, z. B. „Gegenlenken" bei Geradeausfahrt mit Seitenwind. *Hinterräder* können Führungskräfte erst mit Schrägstellung des ganzen Fahrzeugs aufbringen; Verringerung der Führungskräfte durch gleichzeitig zu übertragende Trieb- oder Bremskraft s. Abschn. 6, S. 803.

b) Kurvenverhalten, Bild 8. Bei Fahrt im Kreis ist Störkraft X durch die im Schwerpunkt angreifende Fliehkraft gegeben. Verteilt man Last und Fliehkraft nach Schwerpunktlage und Federungsverhältnissen auf Achsen und Räder, so zeigt jedes Rad besonderen Schräglaufwinkel β_1 bis β_4; gemäß ihnen stellt sich Fahrzeug mit der Längsachse schräg zur Bahntangente des Schwerpunkts.

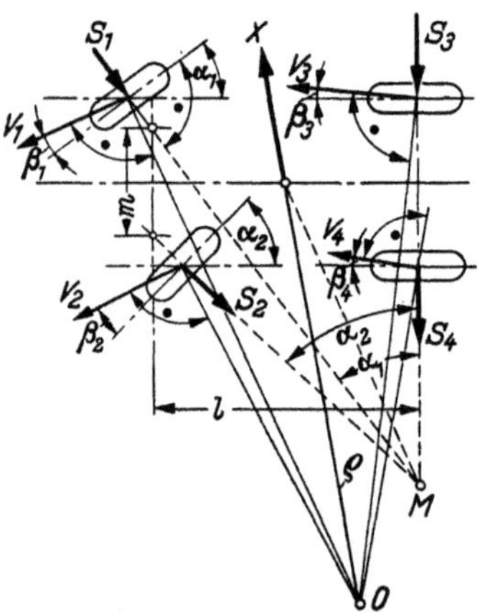

Bild 8. Kurvenfahrt. Radstand l; Achsschenkelbolzenabstand m

α) *Kurvenbahn.* Nach der Lenkgeometrie (vgl. S. 820) schneiden sich die Verlängerungen der Achsschenkel bei jedem Lenkeinschlag auf verlängerter Hinterachse im geometrischen Mittelpunkt M. Räder bewegen sich jedoch nicht in Richtung ihrer Radebenen auf den geometrischen Laufkreisen um M, sondern mit Schräglauf in Richtung der Geschwindigkeitspfeile V_1 bis V_4 auf Bahnen um Momentanzentrum O.

Bahnradius ϱ des Schwerpunkts ist bei *kleineren Störkräften* angenähert und vereinfacht für kleine Winkel: $\varrho \approx l : [\alpha_m - (\beta_{mv} - \beta_{mh})]$; Radstand l; Mittelwert der Lenkeinschläge $\alpha_m = (\alpha_1 + \alpha_2)/2$; Mittelwert der Schräglaufwinkel vorn $\beta_{mv} = (\beta_1 + \beta_2)/2$, hinten $\beta_{mh} = (\beta_3 + \beta_4)/2$; Winkel im Bogenmaß.

β) *Lenkwilligkeit* ist durch den auf einer Kreisbahn mit gleichbleibender Fahrgeschwindigkeit erforderlichen Lenkeinschlag gekennzeichnet.

Untersteuert heißt ein Fahrzeug, bei dem $\beta_{mv} > \beta_{mh}$. Dann wird Bahnradius $\varrho > \varrho_{geometr}$ und Kurvenbahn verflacht, Bild 8. Derartiges Fahrzeug hat „Geradeaus-Tendenz", ist „kurvenunwillig" und *richtungsstabil*. Befahren einer vorgeschriebenen Kurve mit $\varrho_{geometr}$ erfordert Lenkeinschlag $> \alpha_1$. Rutschgrenze wird zuerst an Vorderachse erreicht.

Übersteuert heißt ein Fahrzeug, bei dem $\beta_{mv} < \beta_{mh}$. Dann wird Bahnradius $\varrho < \varrho_{geometr}$ und Kurvenbahn stärker gekrümmt. Derartiges Fahrzeug ist „kurvenwillig" und *richtungsinstabil*. Kleiner Lenkeinschlag genügt, um Fahrzeug in Kurve hineinzudrehen; großer Einschlag kann Wegschleudern des Wagenhinterteils im Kurvendrehsinn einleiten, da Rutschgrenze zuerst an Hinterachse erreicht wird. Fahrzeug mit hintenliegendem Schwerpunkt („Hinterlastigkeit") neigt zur Übersteuerung.

Neutralsteuerung zeigt $\beta_{mv} = \beta_{mh}$ und indifferente Richtungshaltung.

Zunehmende *Fahrgeschwindigkeit* bei gleichbleibendem Bahnradius erfordert größere Führungskräfte, also bei Untersteuerung stärkeren Einschlag. Durch die zunehmende Fliehkraft werden kurvenäußere Räder stärker belastet und kurveninnere entlastet; Fahrspur wird zunehmend durch die äußeren Räder bestimmt.

γ) *Lenkkräfte und Lenkgefühl.* Rad mit Schräglauf erzeugt ein Rückstellmoment M_S, das der Fahrer beim Lenken fühlt. M_S nimmt nach Bild 7 mit β und N zu, so daß dem Fahrer der Kraftaufwand am Lenkrad zum Maßstab für die Größe des Lenkeinschlags und für die Fahrsicherheit wird.

Untersteuerung erfordert größere Schräglaufwinkel an der Vorderachse und damit größeren Kraftaufwand. Bei *Übersteuerung* ist Zunahme der Lenkkräfte in schärferen Kurven geringer und weniger fühlbar.

c) Richtungshaltung bei Geradeausfahrt. Entscheidend hierfür ist das Verhalten des Fahrzeugs, wenn bei kurzzeitig einwirkender Störkraft, z. B. seitlichem Windstoß, Lenkung nicht betätigt wird.

Richtungsstabiles Fahrzeug hat dann das Bestreben, von selbst in die gewünschte Fahrtrichtung zurückzukehren; es fährt nach Abklingen des Schräglaufwinkels in wenig veränderter Richtung weiter; Fahrer ist wesentlich entlastet. *Richtungsinstabiles Fahrzeug* hat das Bestreben, die ursprüngliche Fahrtrichtung zu verlassen; es beruhigt sich nicht von selbst und dreht ab; sofortige und stetige Lenkungskorrektur erforderlich.

Angriffpunkt und Größe der *seitlichen Windkraft* hängen von aerodynamischen Verhältnissen des Fahrzeugs ab. Greift Windkraft im Wagenschwerpunkt an, so sind — wie bei Kurvenfahrt — nur die Bodenkraftmomente um Fahrzeughochachse für die Stabilität entscheidend; da Seitenführungskräfte nicht verhältnisgleich mit der Radlast zunehmen (s. Abschn. a), wirkt Bodenkraftmoment „aus Fahrbahn abdrehend" bei vorn liegendem Schwerpunkt und „in Fahrbahn rückdrehend" bei hintenliegendem. Greift Windkraft nicht im Schwerpunkt an, so ergeben Wind- und Bodenkräfte resultierendes Seitenkraftmoment, das je nach Lage des Windangriffpunkts „abdrehend" oder „rückdrehend" wirkt. *Volle Richtungsstabilität* ist gegeben, wenn Windangriffpunkt bei vorn liegendem Schwerpunkt etwas dahinter und bei hinten liegendem etwas davor liegt.

Mittlerer Schräglaufwinkel an Vorderachse β_v kann $\gtreqless$ mittlerer Schräglaufwinkel an Hinterachse β_h werden:

Für $\beta_v < \beta_h$ dreht Fahrzeug hinten stärker von Störkraft weg, d. h. es dreht vorn in Störkraft hinein; für $\beta_v > \beta_h$ ist Verhalten umgekehrt. Im ersten Fall wird Störkraft durch Fliehkraft als Folge der entstehenden Kurvenfahrt verstärkt, im zweiten Fall abgeschwächt. Im ersten Fall ist Fahrzeug gegen Störkräfte empfindlich, *richtungsinstabil* und *übersteuert*; im zweiten Fall unempfindlich, *richtungsstabil* und *untersteuert*.

Vergrößerung der Stabilität durch die *Elastizität der Lenkung*[1].

d) Abstimmung der Seitenkräfte. Nach *Gauß*[2] sind auf langen Geraden und weiten Kurven bei schneller Fahrt Richtungsstabilität des untersteuerten Fahrzeugs und seine Unempfindlichkeit gegen Wind- und Fahrbahnstöße wichtig; auf kurvenreichen Straßen macht sich dann der größere Lenkwiderstand für den Fahrer ermüdend bemerkbar. In kritischen Grenzfällen kann bei mäßiger Übersteuerung beginnendes Wegrutschen der Hinterräder noch durch geschicktes Lenken abgefangen werden, da Abdrehbewegungen infolge Massenträgheit Zeit benötigen; untersteuertes Fahrzeug folgt bei beginnendem Rutschen der Vorderräder nicht mehr der Lenkung und wird aus der Kurve getragen. Diesen gegensätzlichen Forderungen kommt man durch Kompromiß in der Stabilitäts-Abstimmung nach, wobei der vorwiegende Straßencharakter und die hauptsächlich gefahrene Geschwindigkeit maßgebend sind; z. B. mäßige Untersteuerung auf langen Geraden und weiten Kurven, die sich bei stärkerem Lenkeinschlag für schärfere Kurven zunehmend zur Neutral- und Übersteuerung hin verschiebt.

Zur Abstimmung kann man Störkraftwirkung und Seitenführung an Achsen und Rädern durch *bauliche Maßnahmen* beeinflussen, z. B. Schwerpunktlage, Radaufhängung, Federung,

---

[1] *Fiala, E.:* Fahrdynamik unter Berücksichtigung der Lenkungselastizität. ATZ Bd. 62 (1960) Nr. 3 S. 71/79.

[2] Siehe Anm. 1, S. 803.

Stabilisator, Radsturz, Vorspur, Lenktrapez, Bauart und Größe der Reifen, Verlegen des Windangriffpunktes zur Verbesserung der „aerodynamischen Stabilität“. Höherer *Reifenluftdruck* ermöglicht größere Seitenführungskraft, allerdings auf Kosten der Federwirkung.

8. Querstabilität, s. hierzu Abschn. B 8, S. 814

In Kurven verursacht die im Schwerpunkt angreifende Fliehkraft neben Verlagerung der Radlasten von den kurveninneren auf die kurvenäußeren Räder *Quer- und Rollneigung* des Wagenaufbaus. Hierbei wirken die Radaufhängungen und Federungen an Vorder- und Hinterachse zusammen, so daß sich eine Untersuchung zunächst auf die Querneigung an der einzelnen Achse erstreckt[1].

a) Querneigung an der Achse hängt von baulichen Abmessungen, Abstand und Härte der Federn, von dem auf Achse entfallendem Fliehkraftanteil *C* mit wirksamem Hebelarm *h* ab, s. Bild 9 bis 15.

C wird bei Starr- und Pendelachsen durch die abgefederten Wagenteile und bei parallel geführten Rädern durch ganzes Wagengewicht hervorgerufen. *h* ist je nach Radaufhänge- und Federsystem verschieden und gleich Vertikalabstand der Schwerpunkthöhe von Höhe des Roll- oder Momentanpols, d. i. Punkt, um den sich Aufbau im Augenblick der beginnenden Neigung dreht (vgl. Bd. I S. 234); mit stärkerer Neigung verschiebt sich Rollzentrum. *h* rechnerisch aus Gleichgewichtsbedingungen oder anschaulich, indem man sich Angriffspunkt von *C* zur Fahrbahn hin verschoben denkt, bis *C* keine Neigung mehr hervorruft.

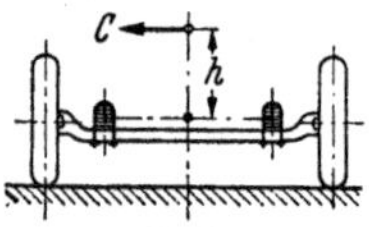

Bild 9 Vorder-Starrachse mit Längsfedern

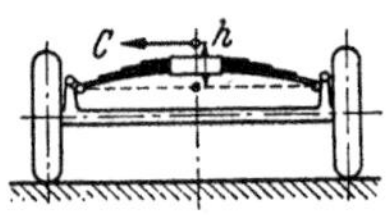

Bild 10. Hinter-Starrachse mit hochgelegtem Querfeder-Anschlag

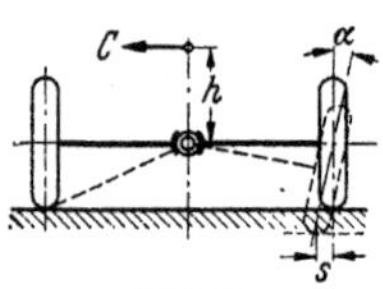

Bild 11 Mittenpendelachse

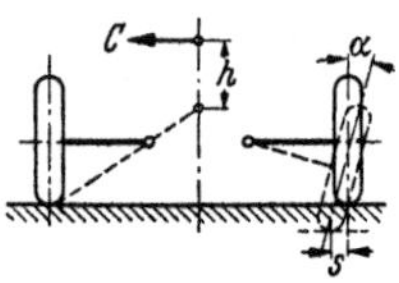

Bild 12 Verkürzte Pendelachse

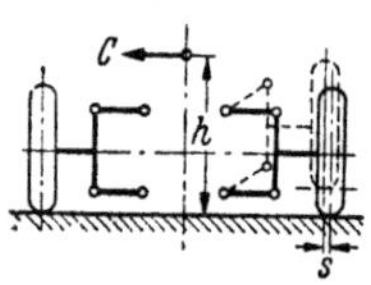

Bild 13 Doppelquerlenker in Parallelogrammform

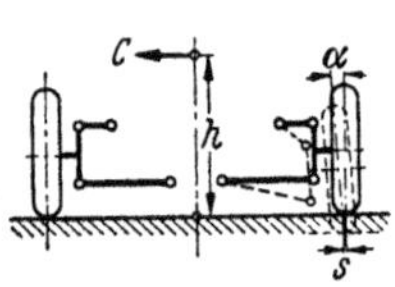

Bild 14 Doppelquerlenker mit ungleich langen Lenkern

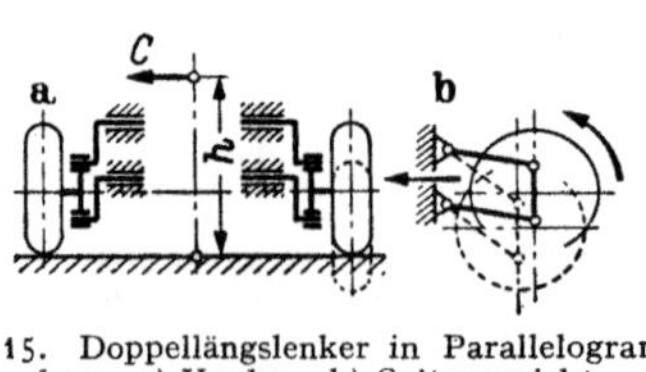

Bild 15. Doppellängslenker in Parallelogrammform. a) Vorder-, b) Seitenansicht

Je höher Rollzentrum liegt, um so kleiner wird Querneigung, aber um so größer eine durch Fahrbahnunebenheiten eingeleitete Querschwingung, die sich jedoch durch Querfederung der Achse oder Räder unterdrücken läßt.

α) ***Starrachse,*** Bild 9. *h* groß von Schwerpunkt bis Längsfederanschlag am Aufbau bei großer bzw. an der Achse bei kleiner Federseitensteifigkeit; geringe Querstabilität; geringe Neigung zu Querschwingungen. Höherlegen der Federanschläge bei Querfeder, Bild 10, verringert Kurvenneigung. ***Schwebeachse*** mit Anschlägen der Querfeder in Schwerpunkthöhe ($h = 0$) ist neigungs- und querschwingungsfrei; Anwendung DKW.

β) ***Pendelachse,*** Bild 11. *h* mittelgroß von Schwerpunkt bis Achsgelenk; gute Querstabilität; Neigung zu Querschwingungen. Eingelenkpendelachse mit tief gelegtem Drehpunkt s. S. 819.

γ) ***Verkürzte Pendelachse,*** Bild 12. *h* klein von Schwerpunkt bis Schnittpunkt der Verbindungslinie Bodenberührpunkt — Gelenkpunkt mit Mittellinie. Sehr gute Querstabilität; erhöhte Neigung zu Querschwingungen. Anwendung s. S. 818.

δ) ***Parallelgeführte Räder*** durch Doppelquerlenker in Parallelogrammform, Bild 13, mit ungleich langen Lenkern, Bild 14, durch Doppellängslenker, Bild 15, und durch Hülsenführungen. Als Nachteil aller Radführungen ohne oder mit nur geringer Sturzänderung ist *h* sehr groß von Schwerpunkt bis Fahrbahn oder Nähe Fahrbahn. Sehr geringe Querstabilität; geringe Neigung zu Querschwingungen. Anwendung s. S. 817/18.

ε) ***Stabilisator*** als Zusatzfeder zwischen linker und rechter Achsseite verbessert Neigungsstabilität und unterdrückt Kipp- und Trampelschwingungen. Vielfach für Vorder- und Hinterachsen bei Radführungen nach α) und δ), Bild 31, S. 816.

[1] Lit. 3, 5, 6 und *Eberhorst* s. Anm. 1 S. 803.

Ausführung z. B. als U-förmige Drehstabfeder; Mittelteil am Rahmen drehbar gelagert; Enden gelenkig abgestützt an jeder Achsseite. Bei einseitigem Anhub der Achse oder Querneigung des Aufbaus wird Drehstab gespannt und wirkt entgegen; bei gleichzeitigem Anhub beider Räder kann sich Stab in Lagerung frei drehen und bleibt wirkungslos.

b) Querstabilitätsachse (Rollachse) des Fahrzeugs ist Verbindungslinie $O_V O_H$ des Rollzentrums an Vorder- und Hinterachse, Bild 16. Da für gute Fahreigenschaften neben hoher Querstabilität leichte Lenkbarkeit mit einwandfreier Radführung gefordert wird, wählt man bei PKW für Vorder- und Hinterachse verschiedene Bauarten mit gegensätzlichen Eigenschaften. Beispiele:

Starrachse vorn und hinten: Querstabilitätsachse etwa in Höhe der Radmitten, ausreichende Stabilität. Üblich bei LKW.

Parallel geführte Räder vorn bei allen PKW. Kombiniert mit *Starrachse hinten:* übliche amerikanische Bauweise; ausreichende Querstabilität erzielt durch Stabilisatoren. Kombiniert mit *Schwebeachse hinten*: gute Querstabilität, DKW. Kombiniert mit *Pendelachse hinten:* bevorzugte europäische Bauweise; gute Querstabilität, Lage der Stabilitätsachse s. Bild 16.

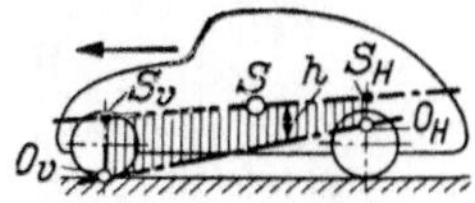

Bild 16. Querstabilitäts- und Hauptträgheitsachse

c) Hauptträgheitsachse (Verbindungslinie der Schwerpunkte $S_V S S_H$ in Bild 16) verläuft von vorn nach hinten leicht steigend bei vorn liegendem Motor, leicht fallend bei Heckmotor.

Gegenseitige Lage von Querstabilitäts- und Hauptträgheitsachse bestimmt Stabilität, Neigung zu Querschwingungen und Verwindungsbeanspruchungen des Fahrgestells. Wenn sich beide Achsen decken, bleibt Aufbau frei von Querkräften und Querschwingungen.

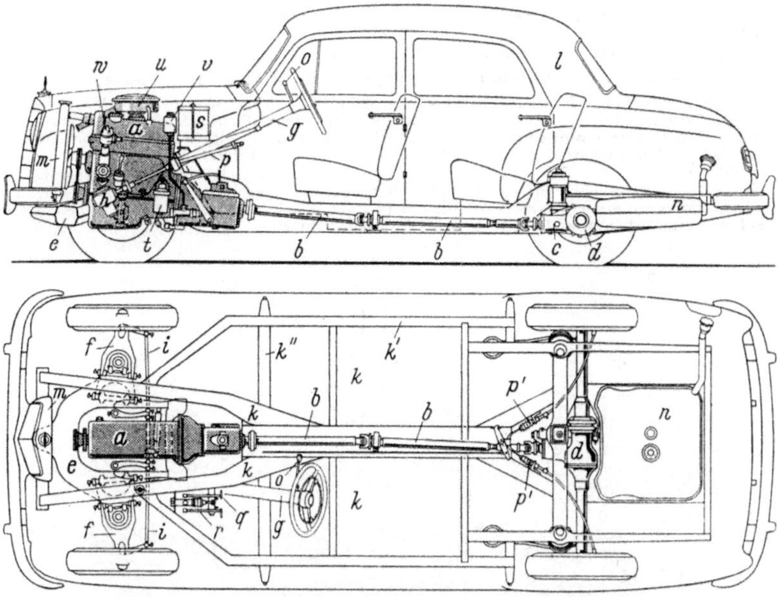

Bild 17. Gesamtaufbau eines PKW (Mercedes-Benz Typ 190). Radstand 2650 mm. Spurweite vorn 1430, hinten 1470 mm. Wendekreisdrm. 10,7 m. Leergewicht des fahrfertigen Fahrzeugs 1200 kg. Zulässige Achslast vorn 770, hinten 880 kg. Höchstgeschwindigkeit 140 km/h. Steigvermögen 58%. Angaben über Motor s. S. 187.

Motorgetriebeblock *a*, unterteilte Gelenkwelle *b*, Achsantrieb *c*, Eingelenk-Pendelachse *d*, Fahrschemel *e* mit Motorgetriebeblock *a*, Radaufhängung *f*, Lenksäule *g*, Lenkgetriebe *h*, Spurstangen *i*, Rahmenbodenanlage *k* mit kastenförmigen Längsträgern *k'* und Traversen *k''*, Ganzstahlkarosserie *l* verschweißt mit *k*, Kühler *m*, Kraftstoffbehälter *n*, Getriebeschalthebel *o*, Handbremse *p* mit Bremszügen *p'*, Bremsfußhebel *q*, Kupplungsfußhebel *r*, Batterie *s*, Ölfilter *t*, Luftfilter *u*, Bremsflüssigkeitsbehälter *v*, Zündverteiler *w*

Hierzu Einzelbilder 18, 22, 26, 31, 32, 34, 37, 38, 48; Motor S. 187, Bild 26

9. Schwingungen; s. hierzu Abschn. A 8 u. B 10, S. 806 bzw. 823

Schwingungen der abgefederten Wagenmasse (Lit. 2, 3, 7) werden durch fahrbahn- oder fahrzeugbedingte Kräfte angeregt. Sie beeinflussen den Kraftschluß zwischen Rad und Fahrbahn und damit die Fahrsicherheit.

Unter den verschiedenen Schwingungsmöglichkeiten sind die durch senkrechte Federwirkung bestimmten Schwingformen am wichtigsten: *Heben und Senken* (geradlinige Schwingungen in Richtung der Hochachse); *Nicken* (Drehschwingungen um eine Querachse); *Kippen* oder *Rollen* (Drehschwingungen um eine Längsachse); Überlagerung der verschiedenen Schwingformen ist möglich. *Schwingungsdämpfer* s. S. 824. ***Flattern*** s. S. 815.

B. Triebwerk und Fahrwerk

Gesamtaufbau eines PKW zeigt Bild 17, S. 807

1. Kraftwagenmotoren s. S. 169/208

2. Kupplungen, s. a. Bd. I, S. 711

Die im Betrieb ein- und ausrückbare Reibungskupplung ermöglicht:

Stoßfreies Anfahren des stillstehenden Fahrzeugs aus dem Leerlaufzustand des Motors (300 bis 600 U/min) mit schleifender Kupplung (*Drehzahlwandler*); übertragbares Drehmoment M gleich Summe des Motordrehmomentes M_{Mo} und des durch Drehzahlverzögerung des Motors freiwerdenden Massenmomentes: $M = (1{,}5 \text{ bis } 2)\, M_{Mo}$.

Lastfreies Schalten des Wechselgetriebes durch Unterbrechen des Kraftantriebs („*Trennkupplung*").

Triebwerksicherung („*Rutschkupplung*") gegen Stöße von der Fahrbahn.

Bauweise als *Einscheiben-Trockenkupplung* am Motorschwungrad *a*, Bild 18:

Mitnehmerscheibe b mit Nabenstück verschiebbar auf der genuteten Abtriebswelle; auf beiden Seiten Reibbeläge. Anpressen der mit dem Schwungrad umlaufenden Druckplatte *c* durch Kupplungsfedern *d*. Entkuppeln durch Abheben der Druckplatte mittels fußbetätigter Ausrückgabel *e*, Ausrückkörper *f*, Ausrückhebel *g*; Einstellmutter *h*.

Mitnehmerscheiben *b* aus Stahlblech, axial federnd durch Unterteilung in verschränkte Segmente oder durch Federzwischenlage zwischen Mitnehmerscheibe und Belag. *Federn i* und ***Reibungsdämpfer*** *k* zwischen Mitnehmerscheibe und Nabenstück dämpfen Belastungsspitzen beim Anfahren und Schalten sowie Drehschwingungen.

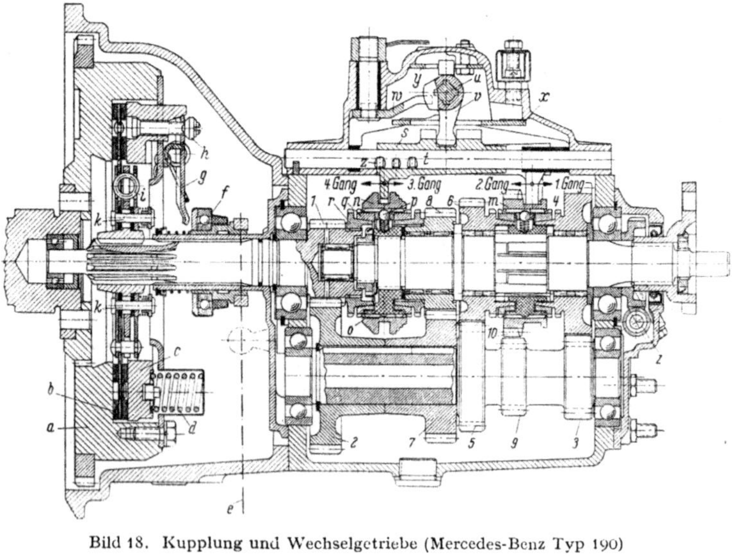

Bild 18. Kupplung und Wechselgetriebe (Mercedes-Benz Typ 190)

Zweischeiben-Ausführung mit hohlgegossener Zwischenplatte bei großen Drehmomenten.

Reibbeläge: Ringförmig. Mit weichen Rohrnieten befestigt oder aufgepreßt. Hitzebeständiges Asbestfasergewebe mit möglichst temperaturunabhängiger Reibzahl μ; μ niedrig angenommen mit 0,2, damit auch bei abgenützten Belägen und dadurch verringerter Federkraft Drehmoment noch übertragen werden kann; Flächenpressung $p \leqq 2$ kg/cm².

Kupplungsfedern als Einzelmittelfeder oder als Außenfedern *d* gleichmäßig am Kupplungsumfang verteilt. Gegen Reibungswärme bei rutschender Kupplung isoliert.

Ausrückweg des Kupplungsfußhebels 100 bis 150 mm; Leerweg $\approx$ 25 mm bei Spiel zwischen *f* und *g* von $\approx$ 2 mm. Ausrückkraft an Fußplatte bei PKW bis 15, LKW bis 25 kg.

3. Wechselgetriebe mit Vorgelege und Handschaltung

Gesamtübersetzung i zwischen Kurbelwelle und Triebrad ist aufgeteilt in die unveränderliche Achsgetriebeübersetzung i_A und die veränderliche Wechselgetriebeübersetzung i_G; $i = i_A i_G$. Wechselgetriebe wirkt als Drehmomentwandler, der das nur in engen Grenzen veränderliche Motordrehmoment den stark schwankenden Fahrwiderständen (s. S. 798) anpaßt. Vorwiegend werden in Deutschland *Vorgelege-Zahnradgetriebe* verwendet, deren Zahnräder zum Gangwechsel durch Unterbrechen des Kraftantriebs (Auskuppeln) erst lastfrei gemacht und dann wahlweise von Hand geschaltet werden. Nach Zahl der Übersetzungsmöglichkeiten für den Vorwärtslauf unterscheidet man Zwei-, Drei-, Vierganggetriebe usw.

a) Schieberäder mit Geradverzahnung heute bei PKW nur für ersten und Rückwärtsgang, bei LKW meist nur für die unteren Gänge verwendet. Schematischen Aufbau eines *Dreigang-Schieberäder-Wechselgetriebes* zeigt Bild 19:

Antriebswelle *a* von Kupplung, Vorgelegewelle *b*, Hauptwelle *c* zur Gelenkwelle, Antriebsrad *1* fest auf *a*, Vorgelegeräder *2* bis *5* fest auf *b*, Schieberäder *6* und *7* verschiebbar in Nuten auf *c*. Klauen an *1* und *6* zum Kuppeln von *a* und *c* im direkten Gang. Rücklaufrad *8* auf besonderer Welle.

Kraftfluß. 1. Gang: Zahnrad *1–2–4–7*; 2. Gang: *1–2–3–6*; 3. Gang: *1–6*, direkt durch Klauen gekuppelt, Vorgelegewelle *b* läuft leer mit. Rückwärtsgang: *1–2–5–8–7*.

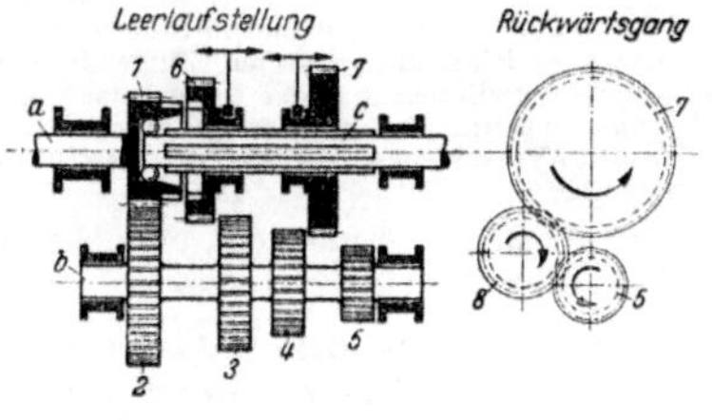

Bild 19. Dreigang-Schieberäder-Wechselgetriebe

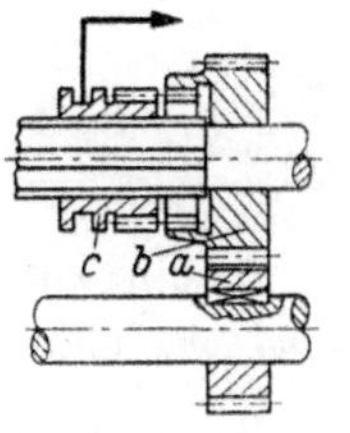

Bild 20. Klauen-Schiebemuffe (Lit. 3)

b) Klauen-Schiebemuffen, Schema Bild 20. Zahnradpaare sind dauernd im Eingriff. Zahnrad *a* fest auf Vorgelegewelle, *b* freilaufend auf Hauptwelle. In Nuten der Hauptwelle verschiebbare Muffe *c* wird beim Schalten mit ihren Klauen in Gegenklauen von *b* eingerückt.

Vorteile gegenüber a): Keine Beschädigung der Zahnflanken beim Schalten; kräftige Klauen. Schrägverzahnung mit feiner Zahnteilung ermöglicht gute Überdeckung. Verbesserter Zahneingriff, da — statt des Schiebesitzes bei Schieberädern — Achsabstand genauer festlegbar. Hierdurch große Laufruhe.

Ausführung s. Bild 18: Schiebemuffe *m* bedient 1. und 2. Gang, *n* den 3. und 4. Gang. Rückwärtsgang im Bild nicht ersichtlich.

Kraftfluß. 1. Gang: *1–2–3–4–m*; Übersetzung $i_G = 4{,}05$. 2. Gang: *1–2–5–6–m*; $i_G = 2{,}38$. 3. Gang: *1–2–7–8–n*; $i_G = 1{,}53$. 4. Gang: direkt *1–n*; $i_G = 1$. Rückwärtsgang: *1–2–9*–Umkehrrad–*10* an *m*; $i_G = 3{,}92$.

Übersetzungsverhältnis des Vorgeleges $i = 1{,}88$, des Achsantriebs $i_A = 4{,}10$ (Hypoid-Kegelräder).

Zähnezahlen: $z_1 = 17$, $z_2 = 32$, $z_3 = 13$, $z_4 = 28$, $z_5 = 19$, $z_6 = 24$, $z_7 = 27$, $z_8 = 22$, $z_9 = 12$, Umkehrrad $= 17$, $z_{10} = 25$: Achsantrieb Kegelrad 10, Tellerrad 41.

c) Gleichlauf (Synchrongetriebe). Für geräuschloses, stoßfreies Schalten müssen Schiebemuffe und Zahnrad vor dem Einrücken auf gleiche Drehzahl gebracht werden. Hierzu dient eine kleine Reibkupplung zwischen Muffe und Rad.

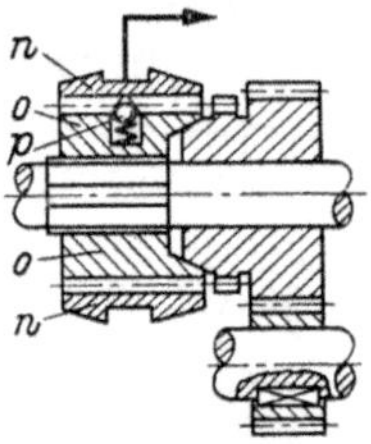

Bild 21. Gleichlaufschaltung (Lit. 3)

Einfache Synchronisierung, Bild 21. Gleichlaufkörper *o* ist in den Keilnuten der Hauptwelle und Schiebemuffe *n* in den äußeren Umfangsnuten von *o* verschiebbar; Verbindung zwischen *o* und *n* durch federbelastete Kugeln *p*. Beim Schalten nimmt *n* über *p* zunächst *o* mit und preßt Reibkegel von *o* gegen Kegel des Zahnrads (*1. Schaltteil*), bis beide Teile gleichlaufen (Reibschluß); dann werden durch stärkeren Druck auf *n* die Widerstände der Kugeln überwunden (*2. Schaltteil*) und Innenklauen von *n* in Klauenkranz des Zahnrads eingerückt (Formschluß).

Sperrsynchronisation, Bild 18, ermöglicht weitere Abkürzung der Schaltzeit und Bedienungserleichterung. Reibkegel des Gleichlaufkörpers *o* ist als Sperrzahnring *q* zwischen Muffenklauen *n* und Klauenkranz *r* des Zahnrads ausgebildet und unterbindet in Verbindung mit einem Anschlag Einrücken der Klauen, bevor Gleichlauf erreicht ist; Wirkungsweise s. Lit. 9.

d) Schaltbetätigung. Bei *Lenkradschaltung* liegt Schalthebel handlich unter dem Lenkrad und behindert Fahrer und Insassen nicht. Gestänge zeigt Bild 22.

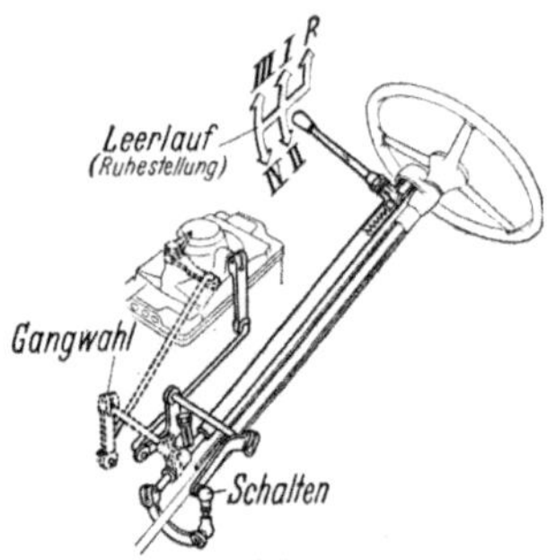

Bild 22
Lenkradschaltung (Mercedes-Benz Typ 190) Gestänge für Gangwahl ----, für Gangschalten ——

Innere Schaltorgane zeigt Bild 18. Jedes Schaltelement, z. B. Muffe *n*, hat eigene Schaltgabel *s*, die auf eigener Schaltschiene *t* geführt ist. Auf Schaltwelle *u* in Nuten gelagerter Schaltfinger *v* greift in Kopf von *s*; durch Drehen von *u* kann *s* aus Mittelstellung (Leerlauf) nach links oder rechts gelegt und *n* eingerückt werden: *Schalten*. Köpfe der Schaltgabeln liegen parallel zu *u* hintereinander und haben Schlitze, die in Leerlaufstellung nebeneinander stehen. Mittels Wählfinger *w* kann *v* auf *u* durch die Schlitzgasse längs verschoben und zum Eingriff mit den einzelnen Köpfen gebracht werden: *Gangwählen*.

Sperrplatte *y* und Führungsplatte *x* verhindern gleichzeitiges Einschalten zweier Gänge. Sperrvorrichtungen *z* zwischen *s* und *t* (federbelastete Kugeln mit Gegenkerben) sichern Schaltgabel gegen ungewolltes Verschieben. Antrieb *Z* für Geschwindigkeitsmesser.

Kugelschaltung ermöglicht einfache Bauweise, wenn Getriebe unter dem Fahrerraum liegt.

e) Anzahl und Übersetzung der Gänge. *Kleinste Gesamtübersetzung* $i_{\min}$ zwischen Kurbelwelle und Triebrad ergibt sich aus Höchstgeschwindigkeit $V_{\max}$ in Ebene (s. Bild 1) und wird im Achsantrieb als unveränderliche Achsgetriebeübersetzung i_A untergebracht.

Größte Gesamtübersetzung $i_{\max}$ ergibt sich meist aus geforderter größter Steigfähigkeit; Steigung von $\approx 35\%$ für durchschnittliche Ansprüche. $i_{\max} = i_A i_{G1}$; i_{G1} ist Übersetzung des 1. Ganges.

Für die *Zwischenstufen* ist die Motor-Elastizität[1] maßgebend:

Drehmomentenverlauf in Bild 20 S. 183 zeigt, daß sich Motor in gewissen Grenzen wechselnden Belastungen selbständig anpaßt. Vergrößert sich z. B. durch stärkere Steigung Fahrwiderstand, so fällt Wagengeschwindigkeit ab; mit sinkender Motordrehzahl nimmt Motordrehmoment aber gleichzeitig zu („stabiler" Betriebsbereich), so daß erhöhter Fahrwiderstand überwunden werden kann. Grenze der *Selbstregelung* des Motors ist erreicht, wenn mit steigendem Fahrwiderstand Motordrehzahl bis auf die dem größten Drehmoment zugehörige Drehzahl gesunken ist; bei weiter steigendem Fahrwiderstand käme Motor schnell zum Stillstand („Abwürgen"), da nunmehr mit Abnahme der Drehzahl auch Drehmoment kleiner wird („labiler" Betriebsbereich). Bevor Punkt des größten Drehmoments erreicht ist, muß Übersetzung im Getriebe vergrößert werden.

---

[1] Zahlenmäßige Bewertung, nach *Flössel* (s. Anm. 1, S. 799) durch Drehmoment-Elastizität $e_M = M_2/M_1$, Drehzahl-Elastizität $e_n = n_1/n_2$, Gesamtelastizität $E = e_M e_n$, Überdrehzahlverhältnis $\delta_{\ddot{u}} = n_3/n_1$. Hierin kennzeichnet Index *1* Werte bei Höchstleistung $N_{\max}$, *2* bei größtem Drehmoment $M_{\max}$, *3* bei Höchstgeschwindigkeit $V_{\max}$.

Neue Übersetzung wäre mindestens so zu bemessen, daß die Fahrwiderstände nunmehr durch die kleineren, aber im neuen Gang stärker übersetzten Triebkräfte im stabilen Bereich der Höchstleistungsdrehzahlen überwunden werden können, vgl. Bild 2.

Für die praktische Auslegung der Zwischenstufen ist vielfach Forderung nach größtmöglichem Beschleunigungsvermögen in der Ebene entscheidend. Auslegen von Getrieben sowie Berechnen von Einzelteilen s. Lit. 3 und 9.

Deutsche Personenwagen	Mittelwerte für Wechselgetriebeübersetzung i_G im					Achs-getriebe-übersetzg. i_A
	1. Gang	2. Gang	3. Gang	4. Gang	Rück-wärts-gang	
Dreiganggetriebe . .	3 – 3,8	1,6 – 2,0	1	—	3,5 – 5	3,9 – 6,0
Vierganggetriebe . .	3,5 – 4,5	2 – 2,5	1,4 – 1,6	1	3,0 – 4,5	3,6 – 4,5

4. Selbsttätige Kupplungen und Getriebe

a) Bauelemente. Neben den in Abschn. B 2 u. 3 besprochenen Elementen werden verwendet:

α) *Lamellenkupplung* (vgl. Bd. I, S. 713) wird bei Vorgelegegetrieben statt Klauen-Schiebemuffe als Kleinbau-Hochleistungskupplung an jedem Rädersatz, Bild 24, vorgesehen; sie gestattet Schalten und Drehzahlangleichen in einem Zug unter Last („Schaltkupplung") ohne Inanspruchnahme einer Hauptkupplung.

Die erheblichen Anpreßkräfte für den Kraftschluß können zur Fahrerentlastung durch Hilfskräfte verschiedener Art (hydraulisch, pneumatisch, elektrisch) aufgebracht werden.

β) *Überhol-* oder *Abweisklauen* an der Schiebemuffe verhindern durch schräge Stirnflächen Einrücken der Schiebemuffe so lange, bis Drehzahl des treibenden Teils auf die des angetriebenen gesunken ist.

γ) *Freilauf*[1] überträgt Antrieb nur in einer Richtung und löst beim Schalten eines schnelleren Ganges Antrieb vom alten Gang selbsttätig; Klemmrollenfreilauf mit Druckfeder s. Bild 23.

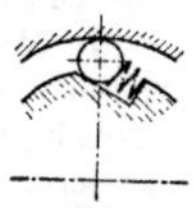

Bild 23 Klemmrollenfreilauf

δ) *Planetengetriebe*; Grundformen und Übersetzungen s. Bd. I, S. 747. Gestaltung und Berechnung s. Lit. 9 und [1].

Hintereinanderreihen mehrerer Planetensätze ergibt vielfache Übersetzungsmöglichkeiten bei kompakter, günstiger Bauweise. Schalten durch Festbremsen eines Teils mittels Bremsband oder Lamellenkupplung stoßfrei unter Last und ohne Triebkraftunterbrechung.

ε) *Strömungskupplung* (Föttinger-Kupplung, Wirkungsweise s. S. 414, Lit. 9 und [1]) ermöglicht als Anfahrkupplung (Drehzahlwandler) weiches, stoßfreies Anfahren aus dem Stillstand mit stetiger Zunahme der Fahrgeschwindigkeit.

Kein „Abwürgen" des Motors, kein Verschleiß, Schwingungstilgung; zum lastfreien Schalten von Vorgelege-Wechselgetrieben ohne eingebaute Lamellenkupplungen ist besondere Trennkupplung erforderlich.

ζ) *Strömungswandler* (Föttinger-Wandler, Wirkungsweise s. S. 415, Lit. 9 und [1]) ermöglicht stufenloses und selbsttätiges Ändern der Übersetzung.

Er unterscheidet sich in seiner einfachsten Form von der Strömungskupplung durch feststehendes Leitrad, das zwischen Turbinen- und Pumpenlaufrad eingeschaltet ist.

η) *Einkreislauf-Getriebe* nach dem *Trilokprinzip* vereinigt Wandler und Kupplung in einem hydraulischen Kreislauf, Bild 24.

Leitrad *d* stützt sich über Freilauf *e* nur in einer Drehrichtung am feststehenden Gehäuse ab. Solange Abtriebsmoment > Eingangsmoment, ist Leitrad fest (***Wandlerbetrieb***). Wenn Abtriebsmoment < Eingangsmoment, löst sich Leitrad, da es von hinten angeströmt wird, und beginnt im Drehsinn des Turbinenrades zu laufen (***Kupplungsbetrieb***). Auslegung und Kennlinien s. Lit. 9 und [1].

---

[1] *Kollmann, K.*, u. *H. J. Förster:* Amerik. Fahrzeuggetriebe mit automatischer Gangschaltung oder stufenloser Drehmomentwandlung. ATZ Bd. 52 (1950) Nr. 4 S. 89/111 u. Nr. 5 S. 129/51. — *Förster, H. J.:* Einfluß der Föttinger-Getriebe auf den Kraftstoffverbrauch. ATZ Bd. 59 (1957) Nr. 9 S. 239/46 u. Nr. 12 S. 359/65. — Ders.: Entwicklung des Dynaflow-Getriebes. ATZ Bd. 58 (1956) Nr. 9 S. 247/52. — *Thüngen, H.:* Der Freilauf. ATZ Bd. 59 (1957) Nr. 1 S. 1/7. — *Maier, A.:* Hydromechanische Antriebe. ATZ Bd. 62 (1960) Nr. 3 S. 62/70.

b) Automatische Kupplung[1] vereinfacht Bedienung, da Kupplungspedal wegfällt. Auskuppeln beim Anfassen des Getriebeschalthebels automatisch durch Hilfskräfte (elektrisch, pneumatisch oder hydraulisch). Beispiele:

α) *Fliehkraft-Kupplungsautomat Saxomat* von Fichtel & Sachs[1]. Einscheiben-Trockenkupplung hat die üblichen Kupplungsdruckfedern, die bei Stillstand durch Gegenfedern wirkungslos gemacht sind. Bei Überschreiten der Motor-Leerlaufdrehzahl werden die Gegenfedern durch Fliehgewichte zusammengedrückt und die Kupplungsdruckfedern freigegeben (Anfahren). Auskuppeln während der Fahrt durch Betätigen des Kupplungs-Ausrückhebels über elektrische Kontakte am Getriebeschalthebel, elektromagnetisches Steuerventil und Unterdruck-Servomotor (Unterdruck aus Motor-Saugrohr). Sperreinrichtung für Anschleppen bei Ausfall des Anlassers und für Benutzen des Motors als Parkbremse.

β) *Hydraulischer Kupplungsautomat Hydrak* von Daimler-Benz[1] hat Strömungskupplung als stoßfreie, elastische Anfahrkupplung und nachgeschaltete Einscheiben-Trockenkupplung als automatische Trennkupplung zum lastfreien Schalten. Ausrücken der Trennkupplung über Kontaktgeber an Schalthebel und Hinterachse, elektromagnetischen Steuermechanismus und Unterdruck-Servomotor. Klemmrollenfreilauf der Strömungskupplung sperrt, wenn im Schubbetrieb Turbine den Motor überholen will; Bremswirkung des Motors bei Talfahrt und Parken bleibt erhalten. Bezügl. des hydraulischen Teils s. S. 414.

c) Halbautomatische Getriebe[2]. Die einzelnen Gänge und Umschaltzeitpunkte werden vom Fahrer lediglich gewählt; die weiteren Schaltvorgänge spielen sich ohne sein Zutun ab. Beispiele:

α) *Schongang-Zusatzgetriebe Overdrive* der Adlerwerke ist ein dem normalen Wechselgetriebe nachschaltbares Einstufen-Planetengetriebe mit zwei automatischen Gängen: 1. Gang direkt, 2. Gang als Schon- oder Ferngang mit Übersetzung ins Schnelle 0,7 : 1.

Schongang ermöglicht, bei gleicher Fahrgeschwindigkeit Motordrehzahl und dadurch Motorverschleiß und Kraftstoffverbrauch herabzusetzen. Aus einem Dreigang-Wechselgetriebe wird praktisch ein Fünfgang-Getriebe mit zwei automatischen Gängen im häufigsten Fahrbereich.

β) *ZF-Media-Getriebe.* Hauptkupplung nur zum Anfahren. Vorgelege-Wechselgetriebe mit Lamellenkupplung für jeden Gang. Gangwechsel durch kleinen Handschalter für elektrischen Antrieb des Verstellwerks („Impulsschaltung").

d) Vollautomatische Getriebe (Lit. 9 und [3]) in amerikanischen PKW verwenden meist *Einkreislauf-Getriebe*, denen zur Verbesserung von Wandlungsbereich und Wirkungsgrad sowie für Rückwärtsgang mehrgängige Planetengetriebe nachgeschaltet sind; für direkten Gang vielfach besondere Einscheibenkupplung. Der gegenüber Zahnradgetrieben schlechtere Wirkungsgrad der Strö-

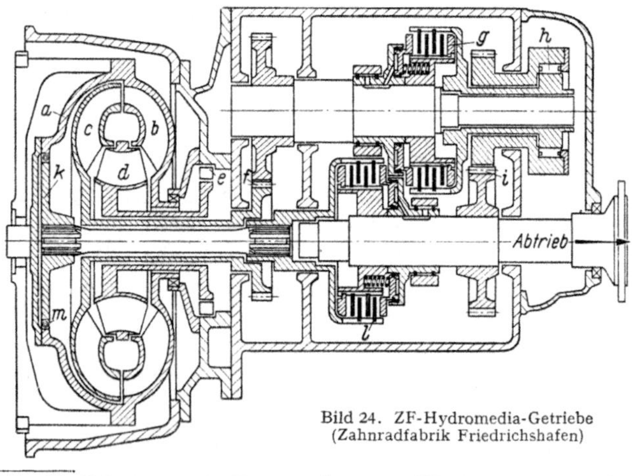

Bild 24. ZF-Hydromedia-Getriebe (Zahnradfabrik Friedrichshafen)

[1] *Keller, H.:* Vollautomatische Kupplung Saxomat. ATZ Bd. 59 (1957) Nr. 9 S. 272/74. – *Förster, H. J.:* Hydraulischer Kupplungsautomat Hydrak der Daimler-Benz AG. ATZ Bd. 59 (1957) Nr. 9 S. 269/72. — Ders.: Automatische Kupplungen. ATZ Bd. 61 (1959) Nr. 3 S. 57/68 u. Nr. 4 S. 91/102.

[2] Lit. 9 und Anm. 3.

[3] Siehe Anm. 1, S. 811.

mungsgetriebe ist bei dem großen Leistungsüberschuß amerikanischer Motoren bedeutungslos.

Fahrer bedient nur Gas- bzw. Bremspedal. Getriebe werden automatisch — meist durch Öldruck — betätigt. Umschaltpunkte ergeben sich aus Fahrgeschwindigkeit und Drosselklappenstellung (Motorbelastung) gleichfalls automatisch. Persönliche Einflußnahme möglich durch Wählhebel oder Knopfsteuerung für Ganggruppen (z. B. „Normalfahrt", „Langsamfahrt" für Steigungen, „Rückwärtsfahrt", „Leerlauf", „Parksperre") und vielfach auch für Abstellen des automatischen Ablaufs (z. B. beim Bremsen mit dem Motor im Gefälle).

Deutsches *ZF-Hydromedia-Getriebe* für Stadtomnibusse (Zwei- oder Dreiganggetriebe, voll- oder halbautomatische Schaltung) zeigt Bild 24:

Hydraulischer Teil: Einkreislauf-Getriebe von Klein, Schanzlin & Becker, mit Kreislaufgehäuse *a*, Pumpenrad *b*, Turbinenrad *c*, Leitrad *d*, Freilauf *e* für Leitrad. Wandler wirkt nur im 1. und im Rückwärtsgang. Hydraulische Übersetzung 2,5 bis 1,0. Ölkühler zur Ableitung der beim Anfahren und in Steigungen anfallenden Wärme.

Mechanischer Teil: Zweigang-Vorgelege-Getriebe der Zahnradfabrik Friedrichshafen. 1. Gang über hydraulischen Wandler, Zahnradpaar *f*, Lamellenkupplung *g*, Freilauf *h*, Zahnradpaar *i*; mechanische Übersetzung 1,56; stufenlose Gesamtübersetzung 3,9 bis 1,56. 2. Gang direkt über Scheibe *k*, Lamellenkupplung *l*; Schwingungsdämpfer *m*. Beim Schalten des 2. Ganges öffnet Freilauf *h*; stoßfreies Schalten ohne Zugkraftunterbrechung. Öldruckbedienung der Lamellenkupplungen automatisch über elektrische Schaltgeräte.

5. Achsgetriebe

a) Antrieb der Achswellen von Gelenkwelle aus durch Kegeltrieb, vielfach mit Gleason-Hypoidverzahnung (Bild 30c, längere Eingriffdauer, ruhiger Lauf, tiefer liegende Gelenkwelle). Übersetzung s. S. 811.

Doppelübersetzung mit Kegeltrieb und Stirnradvorgelege in jeder Achswelle bei Lastwagen mit großen Übersetzungen. ***Schneckentrieb*** ergibt kleine Abmessungen und — bei dreiachsigen Fahrzeugen — bequeme Durchführung der Antriebswelle.

b) Ausgleichgetriebe im Achsantrieb, Bild 30, verteilt Triebkraft auf beide Achswellen und gleicht Drehzahlunterschiede der Triebräder in Kurven aus. Arbeitsweise eines Kegelradausgleichgetriebes Bild 25:

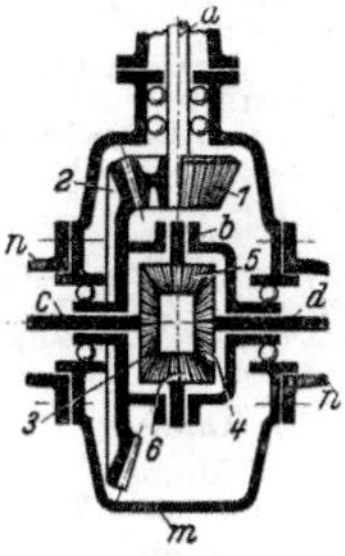

Bild 25
Kegelradausgleichgetriebe. Gelenkwelle *a*, Ausgleichgehäuse *b*, Achswellen *c* und *d*, Achsgehäuse *m*, Achsrohre *n*. Antriebritzel *1*. Tellerrad *2*. Achswellen-Kegelräder *3* und *4*. Ausgleich-Kegelräder *5* und *6*

Bei *Geradeausfahrt* haben beide Triebräder gleiche Drehzahl; Ausgleichräder *5* und *6* drehen sich nicht; $n_5 = 0$; $n_6 = 0$; $n_c = n_d = n_b$.

In *Kurven* bleibt inneres Triebrad infolge kürzeren Rollwegs und hemmender Bodenreibung gegenüber Umdrehung des Ausgleichgehäuses zurück; Ausgleichräder wälzen sich unter Drehung um ihre Achsen auf Achswellen-Kegelrad der zurückbleibenden Welle ab und treiben äußeres Achswellen-Kegelrad zusätzlich an. Drehzahlverminderung m des inneren Triebrades gleich Drehzahlvermehrung des äußeren: $n_c - n_d = 2m$; $n_c + n_d = 2n_b$.

Kraftverteilung. Mit der auf Halbmesser der Triebräder bezogenen Gesamttriebkraft P und der Getriebe-Eigenreibung R können bei gleicher Drehzahl der Achswellen **c** und **d** (Geradeausfahrt) Antriebkräfte P_c bzw. P_d zwischen $(P+R)/2$ und $(P-R)/2$ schwanken. Ausgleichbewegung setzt ein, wenn Unterschied der beiderseitigen Antriebkräfte den vollen Wert von R erreicht (Kurvenfahrt); dann überträgt die schnellere Achswelle $(P-R)/2$ und die langsamere $(P+R)/2$; $P_c + P_d = P$; $P_c - P_d = R$.

Für ***Grenzfall***, daß ein Triebrad still steht, nimmt das andere die doppelte Drehzahl des Ausgleichgehäuses an. Dieser Fall kann beim Anfahren eintreten, wenn ein Triebrad (z. B. das auf Achswelle **c**) auf trockener, rauher Fahrbahn und das andere (auf **d**) auf schlüpfrigem oder losem Untergrund steht. Triebrad auf d kann nur die sehr geringe Schubkraft S_d = Radlast $\times \mu$ (S. 800) ≈ 0 auf Fahrzeug übertragen; daher wird Achswelle d im Ausgleichgetriebe auch nur $P_d \approx 0$ und **c** nur die kleine Triebkraft $P_c \approx R$ aufnehmen. Dann genügen die Schubkräfte beider Räder nicht zum Anfahren. Triebrad auf d „mahlt", wobei die Motorarbeit in Reibungswärme umgesetzt wird; Triebrad auf c steht still (Getriebestütze).

Für schwieriges Gelände sieht man ***Sperre*** des Ausgleichgetriebes vor, z. B. von Hand oder Druckluft einzurückende Klauenkupplung zwischen Ausgleichgehäuse und einer Radwelle. ***Selbstsperrende Ausgleichgetriebe*** verwenden statt Ausgleichzahnräder Kurvenbahnen und Gleitsteine mit hoher Eigenreibung R.

6. Wellengelenke

Universalgelenke werden eingebaut in Wellenstränge mit festem oder veränderlichem Ablenkwinkel (Aufnahme von Federbewegungen) sowie in geradlinige Stränge als nachgiebige Kupplung (Aufnahme von elastischen Rahmenverformungen, Ausgleich von Montageungenauigkeiten). Längen- oder Abstandänderungen werden an einem Wellenende durch eine auf Keilwelle längsverschiebbare Keilnabe (s. Bd. I, S. 649) aufgenommen; Kreuz-Schiebegelenk s. S. 819.

a) Metall-Kreuzgelenke (s. Bd. I, S. 711), meist mit Nadellagern für die Sternzapfen, ermöglichen große Ablenkwinkel bis ≈30°. *Eingelenkanordnung* ergibt ungleichmäßige Winkelgeschwindigkeit der Abtriebwelle. Bei *symmetrischer Zweigelenk-Anordnung* gleicht Ungleichmäßigkeit des hinteren Gelenks die des vorderen wieder aus. Da Länge der Zwischenwelle für Gleichmäßigkeit der Bewegungsübertragung belanglos, werden für Vorderradantrieb beide Gelenke zu einem *Doppel-* oder *Gleichganggelenk* zusammengefaßt.

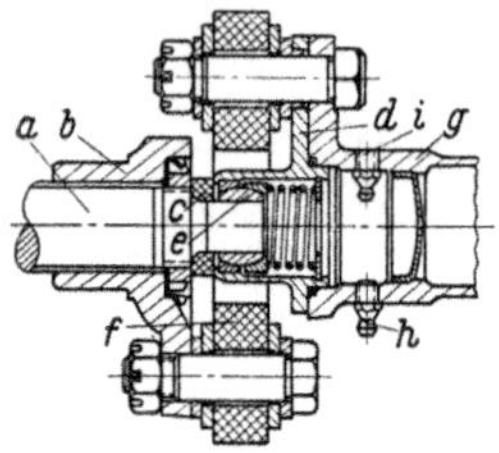

Bild 26. Scheibengelenk mit Kugelzentrierung (Mercedes-Benz Typ 190) Getriebehauptwelle *a*. Dreiarmflansch *b* in Keilnuten auf *a*. Dichtring *c*. Zentrierstern *d*. Zentrierkugel *e*. Gelenkscheibe *f*. Gelenkwelle *g*. Kegelwulstschmierkopf *h* zur Schmierung der Zentrierteile; innerer Schmierkopf *i* als Überdruckventil zum Entweichen der Luft beim Abschmieren

b) Scheibengelenke mit vulkanisierten Gummigewebescheiben bei kleinen Ablenkwinkeln (Dauerwinkel bis ≈3°, zeitweiliger Größtausschlag ±5°), Zentrieren der Wellenenden unerläßlich, Bild 26. *Laschengelenke* mit endlosen in Gummi gebetteten Drahtschlingen.

c) Gelenkwelle als dünnwandige Rohrwelle möglichst großen Durchmessers. Nachprüfung auf kritische Drehzahl für Biegeschwingungen $n_k \approx 1200 \sqrt{d_a^2 + d_i^2}/l^2 \geqq 1{,}5\, n_{\max}$; d_a, d_i cm; Abstand der Gelenkmitten l m. Bei großem l Unterteilung durch Mittelgelenk in Gummilagerung, Bild 17. Statisches und dynamisches Auswuchten der einbaufertigen Welle.

7. Rahmen und Aufbau

a) Herkömmliches Fahrgestell. Rahmen vereinigt alle Baugruppen des Trieb- und Fahrwerks zum Fahrgestell, auf welches der Aufbau als selbständiger Wagenteil aufgesetzt wird. *Rahmenformen*: *Zwei äußere Längsträger* mit kräftigen Querverstrebungen; Grundriß Rechteck mit vorderer Einziehung, Trapez oder geschlossenes X; verwindungssteife Profile in Kasten-, Kreis- oder Ellipsenform. *Tunnelförmiger Mittelträger* (Zentralrohrrahmen) mit Querträgern für Aufbau, auch vorn oder hinten gegabelt zur Aufnahme des Triebwerkblocks.

b) Rahmen-Aufbau-Kombination in teilweiser oder völliger Vereinigung:

α) *Plattformrahmen*. Rahmen in herkömmlicher Form und Boden des Aufbaus sind zum formsteifen Tragkörper vereinigt; der nicht mehr ganz geschlossene Aufbau wird auf Fahrgestell gesetzt; z. B. Volkswagen mit Mittelträgerrahmen und verschweißten Blechen als Bodenplatte.

β) *Rahmen-Bodenanlage*, z. B. Daimler-Benz, vgl. Bild 17. Bodengruppe als Hauptträger großer Formsteifigkeit aus kastenförmigen Mittel-, Längs- und Querträgern ist mit Ganzstahlaufbau zu einer Einheit verschweißt, so daß Aufbau mitträgt. Fahrgestell entfällt. Vollständige Vorderachse mit Federung, Lenkung und Motor-Getriebeblock sind zur Einheit *Fahrschemel* zusammengeschlossen, der bei Montage unter Bodengruppe gefahren und mit ihr durch drei Gummilager verbunden wird; vgl. Bild 17, 31 u. 32.

γ) *Selbsttragender Aufbau*, z. B. Opel. Verstärkte Unterseite, Wände und Oberseite sind zum formsteifen räumlichen Traggebilde entwickelt, das alle Kräfte aufnehmen kann; Verlängerungsstreben nach vorn zur Befestigung von Vorderachse und Motor-Getriebeblock. *Käfigbau* mit Stahlgerippe und nichttragenden Bekleidungen; *Schalenbau* aus verschweißten Blechteilen, die zugleich als Träger und Bekleidung dienen.

c) Anforderungen an Festigkeit und Steifigkeit der Aufbauten[1].

8. Radstellung und Radaufhängung, s. a. Abschn. A 7, S. 803 u. 8, S. 806

Berechnung der Bewegungs- und Kräfteverhältnisse s. Anm. 1 auf S. 803.

Für Straßenlage und Lenksicherheit sind Radstellung, Radaufhängung und Federung von großer Bedeutung.

---

[1] *Wilfert, K.*, u. *E. Fiala:* ATZ Bd. 61 (1959) Nr. 9 S. 237/46.

a) Radstellung zur Fahrbahn ändert sich mit Belastung und beim Überfahren von Bodenhindernissen (Radanhub einseitig oder zweiseitig).

α) *Radstand l* (in Bild 35) = Abstand der Radmitten zwischen Vorder- und Hinterrädern. Radstandsänderungen sind belanglos.

β) *Spur n* (in Bild 35) = Abstand der Reifenmitten der Räder derselben Achse, auf Standebene gemessen, bei Doppelbereifung zwischen den Mitten der beiden Doppelreifen.

Größere Spuränderungen und -verschiebungen (gegenüber dem zunächst unbeeinflußt gedachten Schwerpunkt des Aufbaus) ergeben seitliches Gleiten mit herabgesetzter Haftfähigkeit, erhöhtem Reifenverschleiß und verstärkter Schleuderneigung. Kleine Seitenbewegungen des Rades können durch die Reifen elastisch aufgenommen werden; die dadurch auftretende Walkarbeit wirkt schwingungsdämpfend.

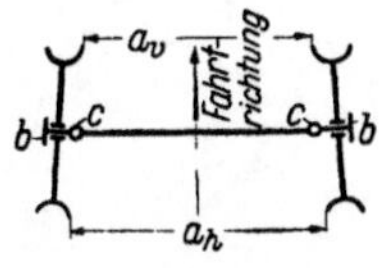

Bild 27
Vorspur. In Radmittenhöhe gemessener Abstand der Felgenränder vorn a_v, hinten a_h. Achsschenkel *b*, Achsschenkelbolzen *c*

γ) *Vorspur*, Bild 27: Beide Vorderräder in Geradeausstellung nicht parallel, sondern nach innen eingeschlagen. Vorspur $a_h - a_v =$ $= 0$ bis 3 mm. Durch Radsturz (s. δ) bedingte Neigung der Vorderräder auseinanderzulaufen wird aufgehoben. Lenktrapez und Bereifung werden vorgespannt; Seitenführung (s. S. 804) durch Verkleinern des Schwimmwinkels verbessert und Flatterneigung verringert. Zu große Vorspur erhöht Reifenverschleiß.

δ) *Sturz*, Bild 28: Schrägstellung der Radebene zu einer auf Fahrbahn errichteten Senkrechten um Sturzwinkel γ (durch Neigen des Achsschenkels *a*). Rad wird gegen Lagerbund gedrückt und Lagerspiel ausgeschaltet. Sturz positiv bei Neigung des Rades oben nach außen (Vorderräder $\gamma = 0$ bis $3°$), negativ bei Neigung nach innen.

Sturzänderung bei gelenkten Rädern kann durch die Kreiselwirkung der Räder (s. Bd. I, S. 262) schnelle Pendelschwingungen beider Vorderräder um die Achsschenkelbolzen (*Flattern*) erregen; unsicheres Fahren mit Schlängelspur, großer Reifenverschleiß.

Bild 28. Sturz und Spreizung

ε) *Spreizung*, Bild 28: Neigung des Achsschenkelbolzens *b* (oben nach innen) zu einer auf Fahrbahn errichteten Senkrechten um Spreizungswinkel $\delta = 5$ bis $8°$. Spreizung ermöglicht kleinen Hebelarm für die am Rad angreifenden Fahrbahnkräfte. Auch ergibt sich ein Rückstellmoment für die Lenkung, da bei jedem Rechts- oder Linkseinschlag Wagen vorn angehoben wird.

Sturz und Spreizung bestimmen zusammen den *Lenkroll-* oder *Rollkreishalbmesser e* (Abstand zwischen Schnittpunkt der Achse von *b* mit Fahrbahn und Berührungspunkt des Reifens auf Fahrbahn). Kleiner Wert von *e* (30 bis 70 mm je nach Wagengröße) ermöglicht leichte Lenkbetätigung und wendiges Einparken mit kleinem Kreisbogen. *e* darf nicht null werden; wegen der großen Aufstandfläche der Reifen würde Lenkeinschlag sehr hohe Kräfte erfordern, wenn sich beim Einparken Reifen ohne Rollen auf der Stelle drehen müßten.

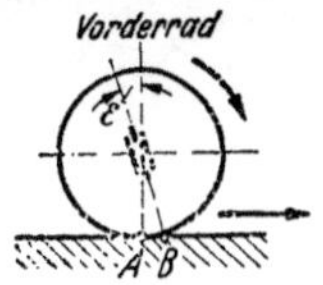

Bild 29. Nachlauf

ζ) *Nachlauf*, Bild 29: Neigung des Achsschenkelbolzens (oben nach hinten) zu einer auf Fahrbahn errichteten Senkrechten um Nachlaufwinkel $\varepsilon = 1$ bis $4°$. Reifenberührungspunkt *A* liegt hinter Schnittpunkt *B* der Achse des Achsschenkelbolzens mit Fahrbahn, so daß Rad gezogen wird und sich von selbst in die Fahrtrichtung einstellt (stabiles Gleichgewicht). Flatterneigung wird verringert. Außerdem ergibt sich ein Rückstellmoment für die Lenkung, da die den Fliehkräften entgegenwirkenden Seitenführungskräfte mit Hebelarm am Achsschenkelbolzen angreifen.

η) *Einstellung*. Nachlauf, Sturz, Spreizung und Vorspur werden nach Erfahrung aufeinander abgestimmt. Einstellungen am Fahrzeug in Reihenfolge Nachlauf, Sturz mit Spreizung, Vorspur, da durch Einstellen von Nachlauf und Sturz auch Vorspur verändert wird.

b) Starrachse hat gemeinsame Aufhängung und Federung beider Räder, Bild 9 u. 10.

Einseitiger Anhub ergibt Schrägstellung der ganzen Achse mit ungleicher Inanspruchnahme der Federn und erheblichen Sturzänderungen beider Räder um gleichen Kippwinkel.

α) *Starre Vorderachse* ungeeignet für PKW; Aufhängung bei LKW s. S. 820.

Übliche Ausführung für LKW als Faustachse (Achsschenkelbolzen fest im faustförmigen Achsende, Schema Bild 28), I-Profil, bei tief liegendem Motor Achsmitte nach unten gekröpft.

β) *Starre Hinterachse* (PKW amerikanischer Bauweise und LKW) in herkömmlicher Bauart als Gehäuse zur Aufnahme des Achsgetriebes sowie der Hinterachswellen ausgebildet, Bild 30.

Achsführung und Übertragung der Trieb-, Seitenführungs- und Bremskräfte von Hinterachse zum Rahmen meist durch Längsblattfedern. Vorderes Federauge fest am Rahmen; Gelenkwelle mit zwei Metall-Kreuzgelenken und Längenausgleich.

Besondere Tragachse der Räder und hinter ihr liegende Antriebsachsen mit seitlichen Stirnradvorgelegen bei schweren LKW. ***Leichte Starrachse*** (schwere PKW) mit Tragrohr für Räder und losgelöstem, am Rahmenquerträger aufgehängtem Achsgetriebe; Antriebswellen als Teleskop-Gelenkwellen. ***Schwebeachse*** (nur Laufachse) s. S. 806.

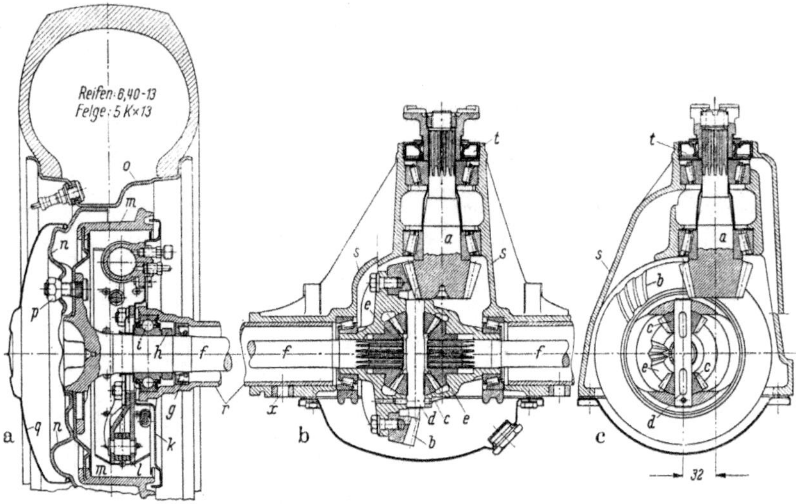

Bild 30. Starre Hinterachse (Opel Kapitän). a) Hinterrad, b) Achsgetriebe, c) Hypoidgetriebe Federbefestigung s. Bild 41, S. 826
Antriebritzel *a*, Tellerrad *b*, Ausgleichkegelräder *c*, Ausgleichkegelräderachse *d* mit Schmierfasen, Achswellenkegelräder *e*, Achswellen *f*, Simmerring *g*, Schrumpfring *h*, wartungsfreies Kugellager *i*, Bremsträgerplatte *k*, Bremsankerplatte *l*, Bremstrommel *m*, Radscheibe *n* mit verschweißter Felge *o*, Kegelbundmutter *p*, Zierkappe *q*, Achsrohr *r*, Achsgehäuse *s*, Simmerring *t*. Aufnahmebohrungen *x* (Warzen geschweißt nach Montage des Ausgleichgetriebes)

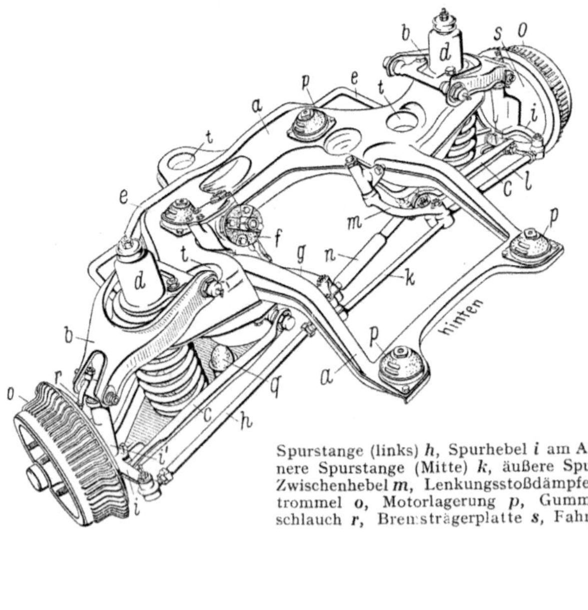

Bild 31. Gesamtanordnung einer Vorderachse mit Einzelrad-Aufhängung (Mercedes-Benz Typ 190). Träger *a*, oberer Querlenker *b*, unterer Querlenker *c*, Radstoßdämpfer *d*, Drehstab-Stabilisator *e*, Lenkgetriebe *f*, Lenkstockhebel *g*, äußere Spurstange (links) *h*, Spurhebel *i* am Achsschenkel *i'*, innere Spurstange (Mitte) *k*, äußere Spurstange (rechts) *l*, Zwischenhebel *m*, Lenkungsstoßdämpfer *n*, Turbo-Bremstrommel *o*, Motorlagerung *p*, Gummipuffer *q*, Bremsschlauch *r*, Bremsträgerplatte *s*, Fahrschemellagerung *t*

c) Einzelrad-Aufhängung und -Abfederung beschränkt beim Überfahren von Bodenunebenheiten Ausschläge auf angestoßenes Rad. Gegenüber Starrachse werden daher ungefederte Massen geringer, Stoßbeschleunigungen kleiner sowie Straßen- und Kurvenlage sicherer. Gelenkte Räder sollen beim Durchschwingen und bei Brems- und Triebkräften Sturz, Spur und Lenkeinschlag unverändert beibehalten; Vorderradantrieb erfordert für die Achswelle zusätzliches Doppelgelenk auf Mitte des Achsschenkelbolzens.

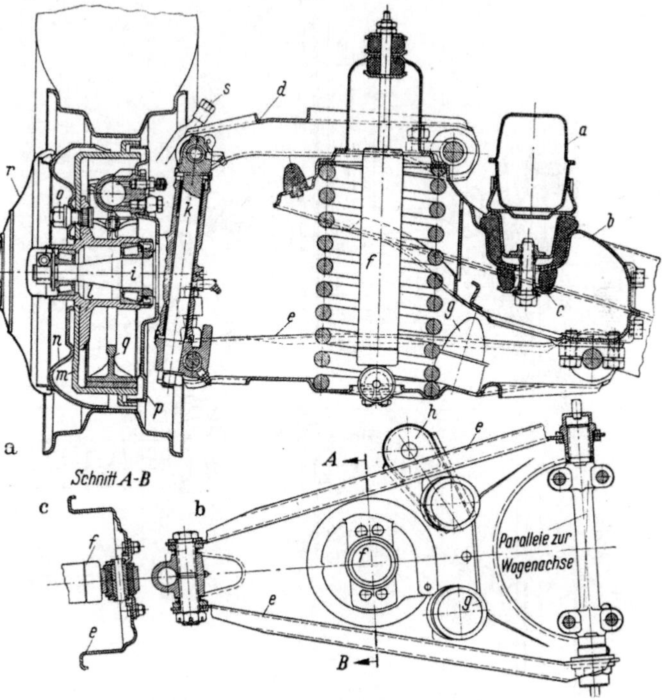

Bild 32. Vorderradaufhängung durch Doppelquerlenker (Mercedes-Benz Typ 190)
a) Hauptansicht, b) Draufsicht unterer Lenker, c) Schnitt unterer Lenker
Rahmenbodenanlage *a*, Fahrschemel-Träger *b*, Fahrschemel-Befestigung *c*, oberer Querlenker *d*, unterer Querlenker *e*, Radstoßdämpfer *f*, Gummipuffer *g*, Befestigung für Drehstab-Stabilisator *h*, Achsschenkel *i*, Achsschenkelbolzen *k*, Radnabe *l*, Bremstrommel *m*, Radscheibe *n*, Kugelbundmutter *o*, Bremsträgerplatte *p*, Bremsbacken *q*, Zierkappe *r*, Bremsschlauch *s*

α) *Doppelquerlenker* wegen guter Führungs- und Federungsmöglichkeiten vielfach bei PKW und vereinzelt bei LKW für Vorderräder verwendet.

Zur baulichen Vereinfachung bei Kleinwagen Ersatz eines oder beider Lenker durch Querfeder in Auslegerform, z. B. oben Querfeder und unten seitensteifer Dreieckslenker.

αα) *Gleichlange Lenker* in Parallelogrammform, Bild 13 (*Parallelschwingachse*): Keine Sturzänderung, flattersicher; beachtliche Spuränderung und -verschiebung. Doppelquerfeder bei Kleinstwagen; Radführung und Lenkung ungenau.

ββ) *Ungleich lange Lenker*, Bild 14 (*Doppelpendelachse*): Sehr geringe Sturz- und Spuränderung; Längenverhältnis und Drehpunktslagen der Lenker so bemessen, daß bei unbedeutender Einbuße an Flattersicherheit auch Spuränderung praktisch belanglos bleibt.

Gesamtanordnung einer Vorderachse mit Doppelquerlenkern zeigt Bild 31, zugehörige Schnitte Bild 32.

Lenker für erhöhte Seitensteifigkeit als *Dreieckslenker* mit breiter Basis für Drehachse ausgebildet. Drehachse schräg zur Wagenlängsachse: Schrägfederung, Bild 32, 36. Durch Verschränken beider Lenkerdrehachsen mit geneigter Stellung der oberen Lenkerachse wird „Tauchneigung" des Fahrzeugs gehemmt (Anti-Dive-System, Opel Kapitän).

β) *Doppellängslenker* in Parallelogrammform, Bild 15 (*Zwillings-Kurbelachse*): Sturz, Spur und Nachlauf unveränderlich.

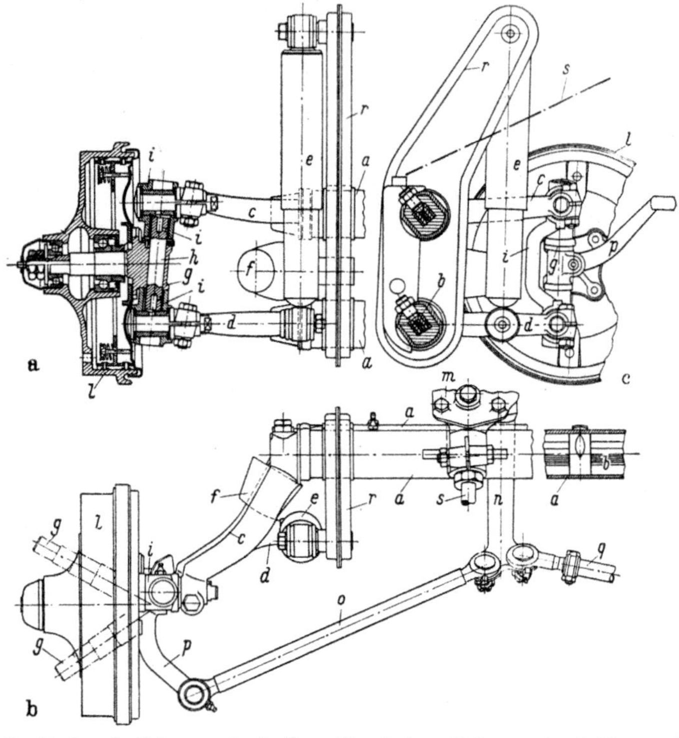

Bild 33. Vorderradaufhängung durch Doppellängslenker (Volkswagen). a) Hauptansicht, b) Draufsicht oberer Lenker und Lenkgestänge, c) Mittenschnitt durch Federbefestigung und Seitenansicht

Rahmen-Achsrohre *a*, Vierkant-Drehstäbe *b*, oberer Längslenker *c*, unterer Längslenker *d*, Stoßdämpfer *e*, Gummipuffer *f*, Achsschenkel *g*, Achsschenkelbolzen *h*, Achsschenkelhalter *i*, Radnabe mit Bremstrommel *l*, Lenkgetriebe *m*, Lenkstockhebel *n*, kurze Spurstange *o*, Spurhebel *p* an *g*, lange Spurstange *q*, Rahmenschild *r* für Befestigung von *a* und *e*, Lenkspindel *s*

Günstige Bauweise ergibt sich bei Verwendung von Drehstabfedern, Bild 33. In jedem der beiden parallelen, miteinander verbundenen Achsrohre *a* liegt ein durchgehender, aus Federblättern bestehender Vierkant-Drehstab *b*; *b* ist in Mitte von *a* befestigt und trägt am freien Ende je einen im Achsrohr gelagerten Längslenker.

γ) *Einfache Querlenker* (*Pendelachse*). Bauarten mit Lenkerlänge ⪌ halbe Spurweite (Mittenpendel Bild 11, Kurzpendel Bild 12) wegen guter Seitenführung und Stützwirkung durch die Pendelarme bei PKW in verschiedenen Bauarten für Antrieb-Hinterachse; wegen großer Sturz- und Spuränderung mit Flatterneigung für gelenkte Räder ungeeignet. *Vorderradführung* durch Langpendel (Länge > halbe Spurweite) bei Luftbalgfederung (lastunabhängige Pendellage s. S. 827) als Sonderbauart s. Anm. 1c, S. 826.

αα) *Eingelenk-Pendelachse* mit gemeinsamem *Drehpunkt auf Achsmitte* (Bild 11) wegen komplizierter Bauweise nicht mehr ausgeführt.

ββ) *Zweigelenk-Pendelachse* mit getrennten Anlenkungen der Kurzpendel (Bild 12) gestattet Verwendung üblicher Achsgetriebe und Kreuzgelenke.

Achsgehäuse und Achsgetriebe fest am Rahmen. Achsrohre als Rohrpendel durch einfaches Gelenk am Achsgehäuse, Achswellen durch Metall-Kreuzgelenk am Achsgetriebe angeschlossen. Übertragung der Schub- und Bremskräfte auf den Rahmen durch gerade oder schräge Schubstreben. Abfederung durch Schrauben-, Blattquer- oder Drehstabfedern. Beispiel Volkswagen-Hinterachse: quer liegende Drehstabfeder ähnlich Bild 33, an beiden Enden Längslenker der Rohrpendel; beim Durchfedern gibt dünner Lenker durch geringfügige Verwindung der Rohrpendelbewegung längs eines Kegelmantels nach.

γγ) *Eingelenk-Pendelachse* mit gemeinsamem, *tiefgelegtem Drehpunkt*, Bild 34a, b, c. Gegenüber Zweigelenk-Bauart wird durch längere Pendelarme und tieferen Drehpunkt geringere Spur- und Sturzänderung beim Durchfedern und geringere Radlastverschiebung vom Innen zum Außenrad in Kurven erreicht; daher Bodenhaftung, Straßenlage und Kurvenfestigkeit verbessert und Reifenverschleiß verringert.

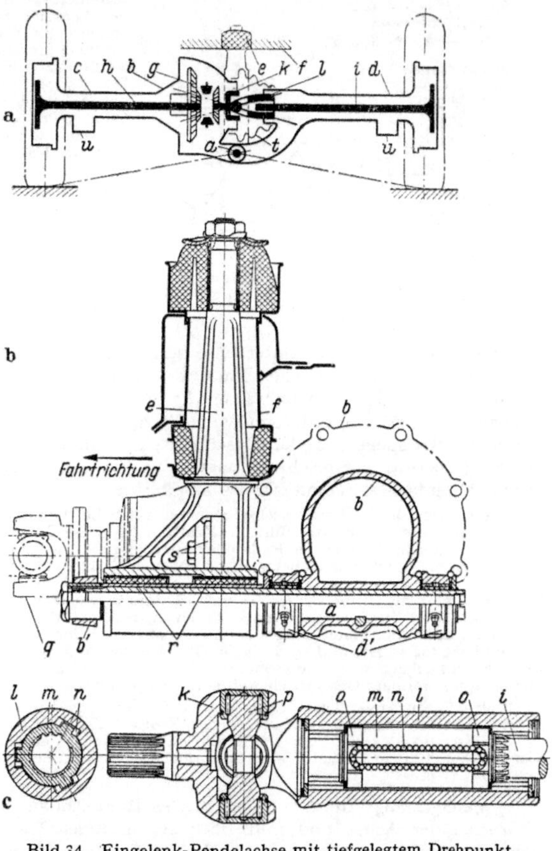

Bild 34. Eingelenk-Pendelachse mit tiefgelegtem Drehpunkt (Mercedes-Benz). a) Schema, b) Längsschnitt durch Verbindungsbolzen-Achse, c) Kreuz-Schiebegelenk

Schema Bild 34a: Verbindungsbolzen *a* bildet Drehachse der beiden Achshälften und verbindet Hinterachsgehäuse *b* (angeflanschtes linkes Tragrohr *c*), rechtes Tragrohr *d* und Träger *e* für die Hinterachsaufhängung an Rahmenbodenanlage *f*. Achs- und Ausgleichgetriebe *g* bildet Bestandteil der linken Achshälfte (Achswelle *h*). Achswelle *i* der rechten Achshälfte ist an Achsgetriebe durch Kreuzgelenk *k* mit Schiebestück *l* angeschlossen. Gummimanschette *t*. Lagerungen *u* der Längsschubstreben. Schraubenfedern mit Teleskop-Stoßdämpfer.

Bild 34b: Träger *e* in allseitig nachgiebigen Gummilagern am Rahmen *f* aufgehängt. Elastische Lagerungen *d'* für Tragrohr *d*. Achshälfte *b* fest auf Verbindungsbolzen *a* und elastisch gestützt durch Deckelauge *b'*. Silentblock *r* für *e*. Kreuzgelenk *q* der Gelenkwelle. Gummilager *s* der Querstrebe.

Bild 34c: Äußere Gelenkgabel des Kreuzgelenks *k* als Muffenstück *l* mit drei Innennuten ausgebildet, in denen Schiebehülse *m* mit Zylinderrollen *n* längsverschiebbar; Umlenkscheiben *o* für Zylinderrollen; Schiebehülse als Keilnabe auf Achswelle *i*.' Kreuzgelenkstern *p* in Nadellagern.

Sturz der Hinterräder: links unbelastet $\approx +1{,}5°$, normal belastet $-2{,}5°$ bis $-3{,}5°$; rechts unbelastet $\approx +1{,}75°$, normal belastet $-3°$ bis $-4°$. Unterschied links und rechts, da Verbindungsbolzen *a* außerhalb Wagenlängsachse liegt.

9. Lenkung

a) Achsschenkellenkung. Jeder Achsschenkel ist mit dem auf ihm laufenden Vorderrad um den am Achskörper festen Achsschenkelbolzen schwenkbar. Lenkschema für Starrachsen zeigt Bild 35:

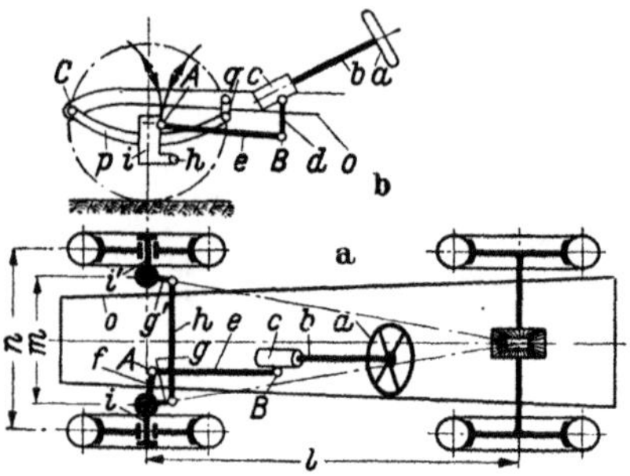

Bild 35
Lenkschema bei Starrachse; Achsführung durch Längsblatt-Feder mit vorderem festen Anschlag

Drehbewegung des Handrads *a* wird über Lenkspindel *b* in dem am Rahmen festen Lenkgetriebe *c* in Schwingbewegung des Lenkstockhebels *d* übersetzt. Lenkstange *e* führt von *d* zu dem am Achsschenkel *i* festen Lenkhebel *f*. An zweites Vorderrad wird Lenkbewegung durch Spurstange *h* übertragen, welche die an den Achsschenkeln *i* und *i'* festen Spurhebel *g* und *g'* verbindet. Radstand *l*, Achsschenkelbolzenabstand *m*, Spurweite *n*, Rahmen *o*, Längsblattfeder *p*, Lasche *q*.

b) Lenkgeometrie (Einfluß des Räderschräglaufs auf die Kurvenbahnen s. S. 804). Geometrisch einwandfreies Rollen aller Räder ohne Gleiten in den Kurven bedingt, daß sich bei jedem Lenkeinschlag die Verlängerungen der Achsschenkel in *einem* Punkt *M* auf der Hinterachse oder ihrer Verlängerung schneiden; *M* ist Mittelpunkt der geometrischen Laufkreise aller Räder; Bild 8. Hierzu muß Einschlagwinkel α_1 des kurvenäußeren Rades $<$ Einschlagwinkel α_2 des kurveninneren sein und „Spurdifferenzwinkel" $\alpha_2 - \alpha_1$ sich mit dem Radius des zu fahrenden Kreisbogens ändern; rechnerische Bedingung: $\operatorname{ctg}\alpha_1 - \operatorname{ctg}\alpha_2 = m/l$. Dieser Forderung entspricht je nach dem Einschlagwinkel mehr oder weniger genau ein einfaches, symmetrisches *Lenktrapez*.

Zum Entwurf des Lenktrapezes legt man vielfach Schnittpunkt der verlängerten Spurhebel *g* und *g'* auf Hinterachsmitte, Bild 35. Kräfte klein, wenn Radius der Spurhebel möglichst groß; meist konstruktiv durch Rad- oder Bremsenteile begrenzt. Dann ermittelt man im ganzen Einschlagbereich für beliebig angenommene Werte von α_2 aus einer genauen Zeichnung die zugehörigen Ist-Werte von α_1 und aus obiger Formel die zugehörigen Sollwerte; ihre Differenz ergibt die *Winkelfehler*. Genau richtige Werte ergibt Lenktrapez nur für einen Einschlagwinkel. Durch ausprobendes Verlegen des Schnittpunkts der Spurhebelverlängerungen auf der Fahrzeugmittelachse erreicht man, daß Winkelfehler bei mittleren Einschlagverhältnissen ($\alpha_2 \approx 20°$) null wird und im Bereich von $\alpha_2 = 0$ bis 25° höchstens $^1/_2°$ beträgt; bei größtem Lenkeinschlag sind größere Fehler bis $\approx 2°$ zulässig, da scharfe Kurven nur selten und dann mit geringer Geschwindigkeit gefahren werden.

Kleinster Spurkreis: Dmr. $D_{\min}$ des vom kurvenäußeren Vorderrad (Reifenmitte) bei größtem Lenkeinschlag $\alpha_{1\,\max}$ beschriebenen Kreises; $D_{\min} = 2\,l/\sin\alpha_{1\,\max}$ m.

Kleinster Wendekreis: Dmr. des durch die am weitesten nach außen vorstehenden Fahrzeugteile bei größtem Lenkeinschlag beschriebenen Kreises; deutsche PKW der Mittelklasse $\approx 10{,}5$ bis 11 m.

c) Lenkgestänge führt von *abgefederten* Bauteilen am Rahmen zu *ungefederten Teilen* an der Achse und muß ihre gegenseitigen Federungsbewegungen aufnehmen, ohne ungewollte Lenkeinschläge (*Federungsfehler*) zu verursachen.

α) *Starrachse* mit Achsführung durch längsliegende Halb-Blattfedern nach Bild 9 u. 35, verwendet für LKW. Die gemeinsame Radaufhängung und -abfederung macht gegenseitige Federungsbewegungen der Räder unmöglich; Lenktrapez schwingt als ungefedertes Ganzes mit der Achse. Dagegen kann die vom abgefederten Lenkstockhebel *d* zum ungefederten Lenkhebel *f* führende Lenkstange *e* (Bild 35) ungewollte Änderungen des Lenkeinschlags bewirken.

Sieht man beim Durchfedern Rahmen als stillstehend und Achse als beweglich an, so wird Lenkstangen-Anschlußpunkt A am Lenkhebel zwangläufig auf einem Kreisbogen um Lenkstangen-Anschlußpunkt B am Lenkstockhebel geführt. Andrerseits ist für Punkt A — als zur Achse gehöriger Teil — durch die Achsführung eine Bahn gegeben, die entsprechend der Federverformung ungefähr in Richtung der Tangente am Kreis um den festen Feder-Anschlagpunkt C am Rahmen verläuft. Bahnen um B und C decken sich meist nicht; um ihren jeweiligen Unterschiedbetrag verschiebt sich dann Punkt A relativ zur Achse und verursacht — als Endpunkt des Lenkhebels am Achsschenkel — während des Durchfederns pendelnde Änderungen der Einschlagwinkel.

Größe dieser Federungsfehler hängt von Aufhängung der Feder sowie Neigung und Länge der Lenkstange ab.

Gebräuchlichste Aufhängungsart, Bild 35: Halbfeder p vorn fest am Rahmenlängsträger o durch einfaches Gelenk C und hinten — zur Aufnahme der Längenänderung beim Durchfedern — nachgiebig durch Lasche q oder Wälzbock angeschlossen. Günstige Verhältnisse, wenn bei langer Lenkstange Tangenten im Punkt A am Kreis um B und um C zusammenfallen. Rechnerische und zeichnerische Untersuchung der besten Gestaltung s. Lit. 3.

β) *Schwingachse mit geteilter Spurstange*; allgemein bei PKW, vereinzelt auch bei LKW; Bild 13 bis 15. Die Einzelradaufhängung und -abfederung läßt voneinander unabhängige Federungsbewegungen der Räder zu, wobei sich Abstand zwischen den Achsschenkeln verändert; pendelnde Änderungen der Vorspur mit unsicherer Wagenführung und hohem Reifenverschleiß wären die Folge, wenn man die Spurhebel durch einfache Spurstange wie bei Starrachse verbinden würde. Daher führt man *Einzelradlenkung* aus:

Hierzu ist Lenktrapez teilweise in abgefederten Wagenteil verlegt. Lenkstange mit Anlenkung an ein Rad entfällt; statt dessen erhält *jedes Rad eigene Spurstange*, die vom Spurhebel unmittelbar oder über Zwischenteile, die am Rahmen gelagert sind, zum Lenkstockhebel führt; Bild 31, 33,36.

Rahmenseitiger Spurstangen-Anschlußpunkt B sinngemäß nach den Betrachtungen über Lenkstange in Abschn. α):

Für jedes Rad ermittelt man in Mittelstellung der Lenkung die durch die Radführung bestimmte Bewegungsbahn des Spurstangen-Anschlußpunkts A am Spurhebel, ersetzt Bahn durch einen möglichst ähnlichen Kreisbogen (*Ersatzkreis* mit Mittelpunkt M) und zieht durch M eine zur Ersatzkreisebene senkrechte Gerade. Auf ihr kann man den am Rahmen festen Gelenkpunkt B beliebig — ohne Federungsfehler — wählen; denn Spurstange schwingt als Mantellinie eines geraden Kegels, dessen Spitze durch B, Grundfläche durch Ersatzkreis als geometrischer Ort für A und Mantellinie durch Spurstangenlänge $A-B$ gebildet wird.

Bauarten geteilter Spurstangen:

Einmal in Mitte geteilte Spurstange möglich, wenn Ersatzkreis-Mittelpunkte M in Nähe Wagenmitte liegen; Bild 36. Wegen seitlicher Lage von Führersitz und Lenkstockhebel Anschluß der Spurstangen a an Winkelhebel b und weiter über Lenkstange c an Lenkstockhebel. Oberer Querlenker d, unterer e. Rahmen f. Spurhebel g. Einstellbarer Anschlag h für Begrenzung des Lenkeinschlags.

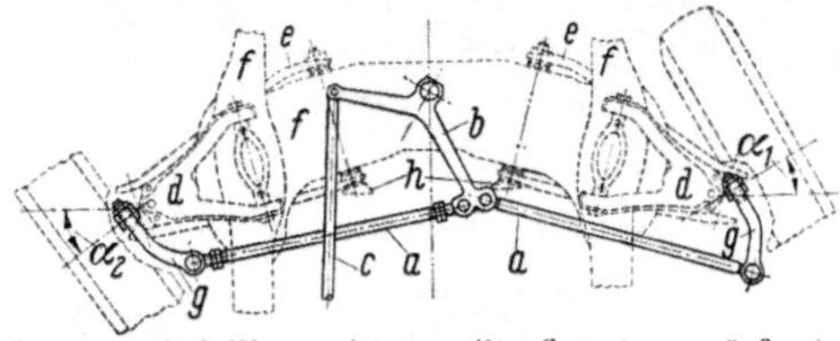

Bild 36. Auf Wagenmitte geteilte Spurstange; äußerster linker Radeinschlag (Opel Olympia Record)

Einmal seitlich geteilte Spurstange mit unmittelbarem Anschluß s. Bild 33. Da Spurstangen o und q ungleich lang (unsymmetrisches Gestänge), ist für jedes Rad Nachprüfung des Federungsfehlers auf zulässige Größe erforderlich.

Zweimal geteilte Spurstange, wenn Ersatzkreis-Mittelpunkte M von Wagenmitte weit entfernt liegen, Bild 31. Der eine Teilpunkt (äußere Spurstange h) liegt unmittelbar am Lenkstockhebel g, der andere symmetrisch dazu liegende (äußere Spurstange l) wird durch Zwischenhebel m (Länge und Form wie Lenkstockhebel) geführt; Verbindung der Teilpunkte durch innere Spurstange k.

Zahnstangenlenkung ermöglicht baulich einfaches und stets symmetrisches Gestänge. Zahnstange mit Kopfstück auf Wagenmitte zum Anschluß langer Spurstangen oder bei zweimal geteilter Spurstange Zahnstange selbst als innere Spurstange verwendet.

Radeinschlagwinkel und *Winkelfehler* (s. Abschn. b) werden nicht durch einfaches Lenktrapez wie bei Starrachse, sondern durch zwei oder drei zusammenwirkende Trapeze beeinflußt.

γ) *Bauliche Einzelheiten. Gelenk* nach allen Seiten beweglich als Kugelgelenk s. Bild 37; selbsttätige Nachstellung durch Druckpilz h und Feder bei Abnutzung. *Stangen* aus nahtlosem Präzisionsstahlrohr; sorgfältige Sicherung des Stangenkopfes; Spurstangenlänge einstellbar für Vorspur (Rechts- und Linksgewinde). Besonderer ***Lenkungsstoßdämpfer*** zum Abfangen von Fahrbahnstößen s. Bild 31.

Schmierung als Druckfettschmierung mit Kegelwulstschmierköpfen; auch ***automatische Zentralschmierung*** für Achsbolzen, Gestängegelenke, Federaufhängung.

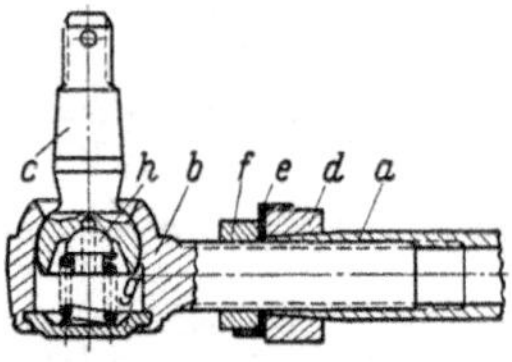

Bild 37. Kugelgelenk (Daimler-Benz). Spurstangenrohr a, Kugelpfannenkopf b, Kugelbolzen c, Spannring d, Sicherungsblech e, Sechskantmutter f, eingerollter Verschlußstopfen g, federbelasteter Druckpilz h

d) Lenkgetriebe. *Anforderungen*: große Übersetzung, hoher Wirkungsgrad, geringer Verschleiß, Nachstellbarkeit. Bemessung empirisch für Handraddrehmoment ≈ 5 mkg. Ausführungen: Schnekken- oder Schraubtrieb mit Sonderformen für Schneckenrad oder Mutter, Lenkspindel mit Ritzeleingriff in Zahnstange. Beispiele:

Kugelumlauflenkung. Bild 38: Lenkspindel a mit Kugelgewinde bewegt über zwei geschlossene Kugellaufbahnen Lenkmutter b, die mit Kugelzapfen c in Pfanne des Lenkwellenarms d eingreift; d fest auf Lenkwelle e, Lenkstockhebel bei f fest auf e (Kerbverzahnung). Kugelführungsrohre h, Halteschelle i für h. Lenkung spielfrei durch federbelastete Druckhülse l in Einstellschraube m mit Gegenmutter n.

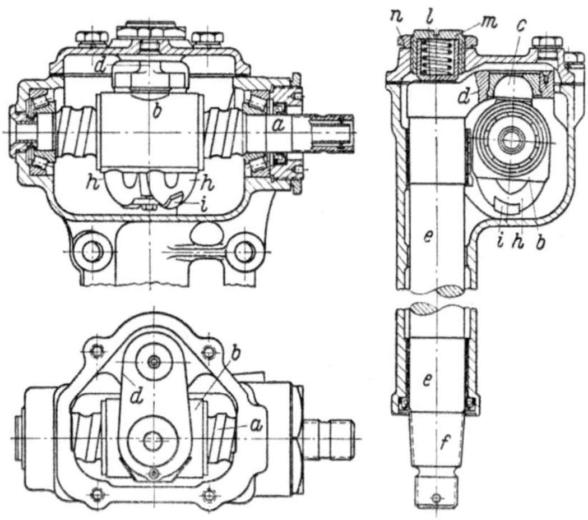

Bild 38. Kugelumlauf-Lenkgetriebe (Mercedes-Benz Typ 190)

Eine andere Ausführung, Bild 39, zeigt Kugelumlauf in Lenkmutter b und Übertragung der Bewegung von b auf Lenksegment g, das auf Lenkwelle e fest ist. Lenkstockhebel k fest auf e. Kugelführungsrohre h, Halteschelle i für h.

Gemmerlenkung (Zahnradfabrik Friedrichshafen), vielfach bei LKW, hat Schneckenspindel, in die ein dreifacher nadelgelagerter Rollenzahn des Lenksegments eingreift.

Roßlenkung (Zahnradfabrik Friedrichshafen) hat Spindelgewinde, in das ein Lenkfinger eingreift; Gewindesteigung von Mittelstellung aus veränderlich.

e) Leichtgängigkeit und Stabilität. Lenkeinschlag soll nur mäßigen Kraftaufwand am Handrad erfordern; Rücklauf soll in Geradeausstellung beim Loslassen des Handrads nach der Kurve von selbst erfolgen.

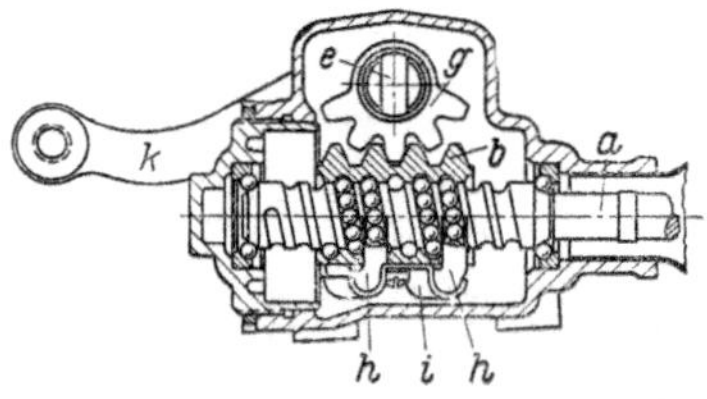

Bild 39
Kugelumlauf in Lenkmutter (Opel-Kapitän)

Winkelübersetzung i_{ges}: Vom größten Links- bis größten Rechtseinschlag 2 bis 2,5 Handradumdrehungen bei PKW und 4 bis 5 bei LKW; je schneller der Wagen, je kleiner soll Handradweg sein; möglichst gleicher Handradweg für größten Links- und Rechtseinschlag aus Mittellage. i_{ges} = Getriebeübersetzung $i_1 \times$ Gestängeübersetzung i_2. Bei Lenkstockhebel-Gesamtausschlag von $\approx 70°$ $i_1 \approx (15$ bis $20) : 1$ für PKW und bis $40 : 1$ für LKW. i_2 gegenüber der hohen Übersetzung i_1 von geringer Bedeutung.

Die aus Winkelübersetzung folgende ***Kraftübersetzung*** $i_p = 1/\eta \cdot 1/i_{ges} \cdot e/R$ (Handradhmr. $R \approx 200$ bis 275 mm, Wirkungsgrad η wegen Reibung in Getriebe, Gestänge und Radlagerung hoch) zeigt den großen Einfluß des Lenkrollhalbmessers e (s. S. 815), ermöglicht aber keine Berechnung der am Handrad aufzuwendenden Lenkkraft, da die aus Räderschräglauf (s. S. 803) und Radstellung (s. S. 815) herrührenden Kräfte und Momente in ihrem Einfluß auf Leichtgängigkeit und Stabilität nicht berücksichtigt sind.

Rückstellmomente durch Schräglauf, Nachlauf und Spreizung (s. S. 815) machen Lenkung stabil; in gleichem Sinn wirkt die höhere Radlast und damit der größere Rollwiderstand des kurvenäußeren Rades. Bei Frontantrieb wirken die Zugkräfte an den Vorderrädern rückstellend; daher Spreizung und Nachlauf kleiner als bei Hinterradantrieb.

Durch nahezu selbsthemmendes Getriebe (Steigungswinkel 8 bis 12°) hält man die den Fahrer ermüdenden Fahrbahnstöße vom Handrad fern und beläßt ihm andrerseits das nötige Lenk- und Fahrgefühl. Bei Zahnstangenlenkung ohne jede Selbsthemmung wird meist einstellbare Hemmungsbremse vorgesehen.

f) Durch **Hilfskraft-Lenkung** („Hydro-Servolenkung“)[1] bei schweren PKW und LKW kleinerer Kraftaufwand und kürzere Wege am Handrad. Gefühlsmäßige Beherrschung der Lenkung sowie Stabilität mit selbsttätigem Rücklauf muß auch bei Hilfskraft (Öldruck) gewahrt und Lenkung auch bei Ausfall der Hilfskraft noch durch größeren Kraftaufwand direkt möglich bleiben. Fahrbahnstöße und Auswirkungen plötzlichen Reifenplatzens werden hydraulisch gedämpft. Je nach Bauweise unterliegt Lenksystem als Ganzes oder nur Teile höheren Beanspruchungen. Beispiele:

Ate-Roß hydraulische Zusatzlenkung in aufgelöster Halbblock-Bauweise: Lenkgetriebe mit Steuermechanismus für Hilfskraft zur Einheit verblockt; Kolben des am Rahmen abgestützten Arbeitszylinders greift im Lensksytem an, z. B. Lenkstockhebel. Erforderlich: Hochdruck-Drehflügelölpumpe ($\approx$ 50 atü), Ölbehälter und Verbindungsleitungen. Verringerung des Kraftaufwands am Handrad auf $^1/_{10}$.

Bei *Gemmer-* und *Spindel-Hydrolenkungen* (Zahnradfabrik Friedrichshafen) sind Lenkgetriebe, hydraulische Steuerungs- und Kraftverstärkungsteile in einem raumsparenden Vollblock vereinigt, der an die Stelle des normalen mechanischen Lenkgetriebes tritt.

10. Federung[2, 3]

a) Aufgaben: Verbesserung des Fahrkomforts, Sicherung der Straßenlage, Schonung des Fahrzeugs.

Gute Federung verlangt allgemein möglichst kleine ungefederte Massen (Räder, Achsen, Federn), günstige Verteilung der gefederten Massen, richtige Abstimmung der Federung und Dämpfung.

Fahrkomfort verlangt Umwandlung der kurzen, harten Fahrbahnstöße in weiche, langsamere und gedämpfte Schwingungen mit kleinen Aufbaubeschleunigungen. Für die *physiologische Annehmlichkeit* der Aufbauschwingungen üblicher Frequenzen besteht zwischen der von den Insassen noch ertragbaren Frequenz n Schw/min und Amplitude a mm nach *Janeway*[2a)] die Beziehung: Beschleunigungsänderung $\lesseqgtr a n^3 \approx 11 \cdot 10^6$ mm/min³, d. h. je kleiner a, um so höher die ertragbare Frequenz. Allgemein ist Annehmlichkeitsgrad um so höher, je niedriger Frequenz bei gleicher Amplitude; Zahlenwerte s. Abschn. d).

Fahrsicherheit verlangt Kraftschluß und Spurhaltung auch auf unebener Fahrbahn; d. h. kleine dynamische Radlastschwankungen und vor allem möglichst ununterbrochene Bodenhaftung der Räder (kein *Springen*).

b) Federungssystem umfaßt Reifen-, Aufbau- und Sitzfederung; die Teilsysteme sind miteinander gekoppelt und besitzen unterschiedliche Federungs- und Schwingungseigenschaften.

Schwingungstechnische Betrachtungen gehen von Annahmen über Fahrbahnunebenheiten und Schwingungsersatzsysteme des Fahrzeugs aus. Wesentlich sind die gekoppelten Bewegungen der Achse (Teilsystem: Achsmasse-Reifenelastizität) und des Aufbaus (Teilsystem: anteilige Aufbaumasse-Federelastizität) unter Einfluß periodischer Fahrbahnunebenheiten; hierbei sind vor allem die erregten Schwingungen im Bereich der Eigenfrequenzen von Bedeutung. Schwingungstechnische Nachrechnungen s. Lit. 3,7 u. [2d)].

---

[1] *Portmann, E. E.:* Kraftlenkungen. ATZ Bd. 57 (1955) Nr. 7 S. 183/90 und *König, H. A.:* Hydraulische Lenkhilfen. ATZ Bd. 57 (1955) Nr. 1 S. 23/24.

[2] Fachheft „Federung und Stoßdämpfung“: ATZ Bd. 60 (1958) Nr. 10: a) *Stump, E.:* Entwicklungsstand der Omnibusfederung S. 261/64. b) *Hoffmann, H. I.:* Wirksamkeit von Stoßdämpfern S. 289/93. c) *Sontheimer, G.:* Berechnung von geschichteten Halbelliptik-Blattfedern S. 282/85 u. 318/21. d) *Mitschke, M.:* Luftfederung, schwingungstechnische Vorteile und Forderungen an die Dämpfung S. 275/80. e) *Rix, I.:* Gummihohlfeder als Federungselement S. 285/88. f) *Weber, G.*, u. *H. P. Zoeppritz:* Entwicklungsstand der Luftfederung unter besonderer Berücksichtigung der Rollbalg-Luftfederelemente S. 265/69. g) *Neuschaefer, W.:* Luftfederungen amerikanischer PKW S. 269/75. — Auf diese Aufsätze ist im Text mit [2a)], [2b)] usw. verwiesen.

[3] *Mitschke, M.:* Wirkung der Reifen s. Anm. 1 auf S. 803.

c) Federkennlinie zeigt Belastung P (zugleich Feder-Rückstellkraft) und zugehörigen Federweg f, ferner durch ihre Steilheit die Federcharakteristik $c = \mathrm{d}P/\mathrm{d}f$; vgl. Bd. I, S. 665. Reifen und Federn mit Ausnahme der Luftfeder weisen eine oder eine Kombination der dort erläuterten Kennlinien auf.

d) Eigenfrequenz s. Bd. I, S. 266. *Einfaches System* aus Masse und Feder kommt beim Fahrzeug nicht vor, ist jedoch für Vergleiche näherungsweise verwendbar:

Wird Gleichgewichtszustand (statische Last $P = mg$, statische Einsenkung f, c = konst.) durch Impuls (Fahrbahnstoß) gestört, so treten Schwingungen um die Gleichgewichtslage auf: Eigenfrequenz $n_e = 30/\pi \cdot \sqrt{c/m} = 30/\pi \cdot \sqrt{g/f} = 30/\pi \cdot \sqrt{cg/P}$ Schw./min und Eigenschwingungszeit $T = 60/n_e$ sek.

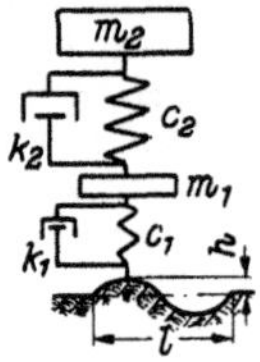

Bild 40
Schwingungsersatzsystem als federgekoppeltes Zweimassensystem
System Achse-Reifen: Achsmasse m_1, Reifenfederkonstante c_1, Dämpfungskonstante k_1. System Aufbau-Federn: anteilige Aufbaumasse m_2, Wagenfederkonstante c_2, Dämpfungskonstante k_2. Periodische Fahrbahnwelle mit Wellenlänge l und Hindernishöhe h

Als *federgekoppeltes Zweimassensystem* (Bild 40) hat Fahrzeug zwei Eigenfrequenzen:

$m_2 \gg m_1$, $c_1 \gg c_2$ und Teilfrequenz n_{e1} (Achseigenfrequenz) $\gg$ Teilfrequenz n_{e2} (Aufbaueigenfrequenz). Obere Eigenfrequenz des Fahrzeugs ist auf n_{e1}, untere Eigenfrequenz auf n_{e2} zurückzuführen.

Übliche Werte: Achseigenfrequenz („ungefederte Massen") $\approx$ 480 bis 720, Aufbaueigenfrequenz („gefederte Massen") $\approx$ 60 bis 100 Schw/min; Schwingungszeit der Achse $\approx 1/_8$ bis $1/_{12}$ und des Aufbaus $\approx$ 1 bis 0,6 sek.

e) Erregerfrequenz s. Bd. I, S. 267. Als Erreger (Störkräfte) unterlegt man periodische Fahrbahnunebenheiten mit praktisch ermittelten Wellenlängen l (Wellenstrecke), Bild 40:

Steinpflasterstraße mit l = 0,10 bis 0,15 m; Landstraße mit l = 1 bis 2 m (am häufigsten auftretende Querwellen und Schlaglöcher); Autobahn mit l = 10 bis 15 m (Dehnfugenabstand der Betonstraßen). Aus l m und Fahrgeschwindigkeit V km/h ergibt sich: Erregerfrequenz $n_s \approx 16{,}7\ V/l$ Schw/min; Zeit zum Überfahren einer Fahrbahnwelle $T = 60/n_s$ sek.

Übertragbarkeit der Störkräfte auf Aufbau und Größe der Schwingungsausschläge ist mit Verhältnis φ = Erregerfrequenz n_s : Eigenfrequenz n_e und bei ungedämpfter Schwingung gegeben durch Verstärkungsfaktor $e = 1/\sqrt{(1-\varphi^2)^2}$:

Für $\varphi = 1$ mit $n_s = n_e$ tritt Resonanz auf (Ausschlag ohne Dämpfung wird ∞). Im Bereich $\varphi < 1{,}4$ ist $e > 1$ (Ausschlag > Hindernishöhe); im Bereich $\varphi > 1{,}4$ ist $e < 1$ (Ausschlag < Hindernishöhe).

Durch Dämpfung werden Übertragbarkeit und Ausschlag im Bereich $\varphi < 1{,}4$ stark verringert und im Bereich $\varphi > 1{,}4$ schwach erhöht; Schaubild der Beziehungen[2a].

Beim Zweimassensystem mit zwei Eigenfrequenzen treten für periodische Erregung auch zwei Resonanzbereiche mit Maximalwerten für Ausschlag der Aufbaumasse auf; Erregerfrequenz des ersten Resonanzgebiets stimmt ungefähr mit Aufbaueigenfrequenz, die des zweiten Resonanzgebiets ungefähr mit Achseigenfrequenz überein.

Beispiel[2a]: Zur Fahrgeschwindigkeit V relativ lange Fahrbahnwellen ergeben Resonanz mit Aufbaueigenfrequenz: z. B. für angenommene $n_e \approx 80$ Schw./min bei V km/h $\approx$ 50 bis 70 auf Autobahn, $\approx$ 5 bis 10 auf Landstraße, $\approx$ 1 bis 2 auf Steinpflaster. Relativ kurze Fahrbahnwellen ergeben Resonanz mit Achseigenfrequenz: z. B. für angenommene $n_e \approx 650$ Schw/ /min bei $V \approx$ 40 bis 80 auf Landstraße, $\approx$ 4 bis 6 auf Steinpflaster.

f) Schwingungsdämpfung (Bewegungsgleichungen und Schwingungsbilder s. Lit. 3 u. 7, ferner [2b] u. [2d]; vgl. Bd. I, S. 267) ist einseitig bei Annäherung der Achse an Aufbau („Druckstufe") bzw. bei umgekehrter Bewegungsrichtung („Zugstufe") oder beidseitig mit gleicher oder ungleicher Wirkung bei Druck- und Zugstufe möglich durch:

α) *Dämpfungskraft konstant* bei mechanischen Reibungsstoßdämpfern mit konstanter Anpreßkraft der Reibflächen. Bei Kraftwagen nicht mehr üblich.

β) *Dämpfungskraft linear zunehmend mit Federweg* bzw. Belastung, z. B. Blattfedern mit Eigendämpfung durch Reibung zwischen den Federblättern als Verbindung von α) und β):

Anpreß- und Reibungskraft konstant durch Vorsprengung der Federblätter und zunehmend mit größerer Durchbiegung. Reibung je nach Blattzahl Vielfaches der Reibzahl μ; $\mu \approx 0{,}1$ bis 0,25 je nach Oberflächenausführung (gewalzt, blank, geschliffen) und -zustand (gefettet, trocken, verschmutzt); Einzelwerte [2c]. Eigendämpfung unsicher und bei kleinen, kurzen Schwingungen innerhalb der Reibungsgrenzen unwirksam.

γ) *Dämpfungskraft abhängig von Geschwindigkeit* der Relativbewegung zwischen Achse und Aufbau bei hydraulischen Stoßdämpfern. Ausführung als Teleskop-Stoßdämpfer in Ein- oder Zweirohrbauart; Einbau s. Bild 31, 32, 33.

Durch die Relativbewegung wird Verdrängerkolben im Stoßdämpferzylinder verschoben und Dämpfungsflüssigkeit durch konstante Durchflußöffnungen und veränderliche Ventilquerschnitte gepreßt.

Nach [2b] ist entstehende Dämpferkraft $P = kv^n$ mit Dämpfungsfaktor k kg · sek^n/m^n und Kolbengeschwindigkeit v m/sek. Je nach Exponent $n \gtreqless 1$ ist P von v degressiv, linear oder progressiv abhängig; die gewünschte Gesetzmäßigkeit (auch mit verschiedener Wirkung für Druck- und Zugstufe) läßt sich durch Abstimmen der Durchflußquerschnitte und Ventilfedern erreichen.

Schwingungsverhalten des Fahrzeugs bei verschiedener Straßenbeschaffenheit und Fahrgeschwindigkeit stellt an Federung und Dämpfung Anforderungen, die bezüglich Fahrkomfort und Fahrsicherheit teilweise gegensätzlich sind:

Beste Abstimmung wird als Kompromiß der verschiedenen Bedingungen mangels ausreichender rechnerischer Möglichkeiten durch Fahrversuche für jeden Fahrzeugtyp gefunden. Üblich sind z. Z. stark unsymmetrische Stoßdämpfer mit weicher Druck- und harter Zugstufe. Neuere Untersuchungen [2b] zeigen Vorteile von Stoßdämpfern, die in Zug- und Druckstufe gleich und proportional v^2 wirken.

g) Zusammenwirken von Reifen- und Aufbaufederung. Beide Schwingungssysteme mit stark verschiedenen Eigenfrequenzen beeinflussen sich wenig.

Größter Schwingungsausschlag des Aufbaus hängt überwiegend von Stoßdämpferkraft und nur wenig von der sehr schwachen Eigenreibungsdämpfung der Reifen ab. Starker Dämpfer bringt im Aufbaueigenfrequenzbereich (Überfahren relativ langer Fahrbahnwellen s. Abschn. e) Verbesserung, im Achseigenfrequenzgebiet (relativ kurze Wellen) Verschlechterung des Fahrkomforts [2d]. Weichere *Federn* wirken durch kleinere Aufbaubewegung bei relativ langen Wellen stärker als bei relativ kurzen [2d]. Durch weichere *Reifen* werden Erschütterungen des Aufbaus stark vermindert.

Bodenhaftung der Räder (kein Springen) hängt zunächst von Weichheit der Reifen ab; Luftreifen „verschluckt" kleinere Unebenheiten, fängt schnelle Stöße ab und ergänzt Aufbaufederung in einem andern Frequenzbereich. Bezüglich Fahrsicherheit bringt weiche Feder bei relativ kurzen Wellen geringe Verschlechterung, bei langen Wellen geringe Verbesserung, starker Stoßdämpfer in allen Fällen Verbesserung [2d].

h) Schräg- und Querfederung. Fahrbahnstöße wirken nicht senkrecht, sondern schräg von vorn oder seitlich.

Bei Radaufhängung durch Längslenker, Bild 33, oder durch Querlenker, deren Drehachsen schräg gestellt sind, Bild 32, 36, spricht Federung durch Ausweichbewegung der Räder auch auf Längskomponenten an. Allseitig nachgiebige Gummilager in Rad- oder Achsaufhängung, Bild 32, 34, sowie Reifen mildern Stoßkomponenten in jeder Richtung.

i) Aufbaufederung durch Blatt-, Schrauben- und Stabfeder. α) *Eigenfrequenz* n_e ist nach Abschn. d) reziprok von $\sqrt{m}$ – also von der Belastung – abhängig. Daher wird eine für Vollast befriedigend ausgelegte Stahlfeder mit c = const bei Teillast durch die höhere Eigenfrequenz zunehmend unangenehmer empfunden. Bei Fahrzeugen mit stärkeren Gewichtsunterschieden zwischen Voll- und Teillast erreicht man Annäherung der Eigenfrequenzen durch Federbauarten mit veränderlichem Federwert c:

Verändern von c: Bei *Blattfedern* durch Zusatzblätter, die sich bei einer bestimmten Hauptblätter-Durchbiegung anlegen (geknickte lineare Federkennlinie), oder durch Verkürzen der wirksamen Federlänge, indem sich die Federenden auf balligen Lagerplatten abwälzen (progressive Federkennlinie). Bei *Schrauben- und Stabfedern* gleichfalls durch zusätzliche Federelemente z. B. zur Schraubenhauptfeder elektrisch zugeschaltete Stabfeder, oder in beschränktem Maß durch Art der Radaufhängung, z. B. mit Änderung der Kraftrichtung zur Federachse. Ferner gewichtsparende Kombination von Blatt- oder Schraubenfeder mit Gummi-Hohlfeder [2e], die von ≈ 50 bis 60% der Höchstlast ab stark progressiv wirksam wird.

β) *Federweg.* Relativbewegung zwischen Achse und Aufbau benötigt Einbauraum für größten Federhub Δf:

$\Delta f = f_{\text{stat voll}} - f_{\text{stat leer}} + f_{\text{dyn voll}} + f_{\text{dyn leer}}$; hierin f_{stat} = statische Einfederung durch Gewichtsbelastung und f_{dyn} = Federweg durch Schwingungen bei vollem und leerem Fahrzeug. Berechnung von f_{dyn} aus Federlaststoßfaktor[2d] u. [2].

Überschläglich bei PKW läßt man im Aufwärtshub Achsteile bei 1,6- bis 1,8-facher Normallast an Rahmenteile anschlagen und abwärts gleichen oder größeren Federhub zu. Zur Stoßmilderung Gummipuffer, Bild 32, 33, 41.

Eine für Fahrkomfort erwünschte weiche Federung erfordert bei großen Lastunterschieden zwischen vollem und leerem Fahrzeug sehr großen Federhub Δf; seine Unterbringung wird aus Platzmangel schwierig und begrenzt mögliche Federweichheit.

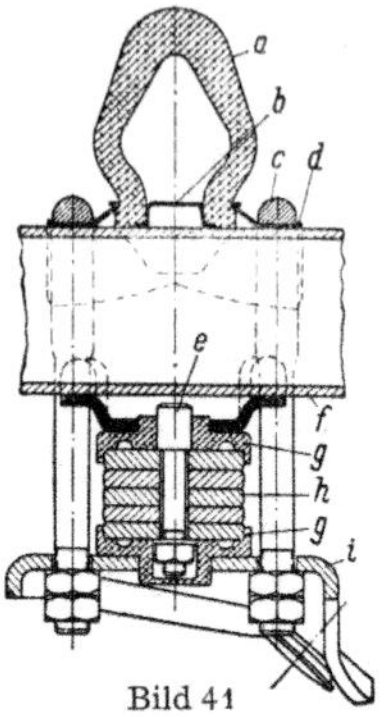

Bild 41
Hinterfederbefestigung an Starrachse (Opel Kapitän). Gummihohlpuffer *a*, Füllstück *b* für *a*, Federbügel *c*, Halter *d* für *a*, Federspannschraube *e*. Hinterachstragrohr *f*, Gummidämpfungsplatte *g*, Federblätter *h*, Abstandsstück *i*

γ) *Blattfeder* (s. Bd. I, S. 667) meist in Halbelliptik-Form ist häufigstes Federelement bei Starrachsen (s. S. 815).

Überträgt als Achsführungselement auch Antrieb-, Brems- und Spurhaltungskräfte und erübrigt durch beträchtliche Eigendämpfung in vielen Fällen bei LKW den Stoßdämpfer. Federung ist innerhalb der Reibungsgrenzen unwirksam und überträgt kurze, kleine Schwingungen hart; zur Dämpfung bei PKW und Omnibussen Gummilager für Federaufhängung und besonderer Stoßdämpfer. Federbefestigung an PKW-Hinterachse mit Gummidämpfung, Bild 41; Hinterfeder-Hängelasche mit Gummilagerbuchsen, Bild 42. Eingehende Federberechnung[2c].

δ) *Schrauben- und Stabfeder* (s. Bd. I, S. 403 u. 671) haben gegenüber Blattfeder bessere Federungs- und Schwingungseigenschaften (keine Eigenreibung, Stoßdämpfer erforderlich), geringeres Gewicht durch bessere Werkstoffausnutzung (2,6-faches Arbeitsvermögen); keine Aufnahme von Querkräften (für Radführung, Antrieb-, Brems- und Spurhaltungskräfte besondere Bauelemente erforderlich) und daher größerer Gesamt-Bauaufwand.

Schraubenfeder in Zylinderform häufigstes Federelement bei PKW. Ermöglicht große Federarbeit bei kleinem Raumbedarf. Federenden festgeklemmt oder lose in Federtellern. Feder mit innenliegendem Teleskop-Stoßdämpfer Bild 31, 32.

Stabfeder bedingt größere Baulänge für Stabkörper. Als querliegende ***Hauptfeder*** bei Längslenkern, Vierkantstab aus geschichteten Federblättern, leicht einstellbare Kerbzahnverbindung zwischen Stabende und Lenkernabe, s. Bild 33; längsliegender Rundstab bei starrer Hinterachse (BMW). Als ***Zusatzfeder***, z. B. Stabilisator s. Bild 31.

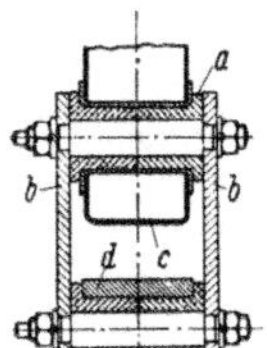

Bild 42. Hinterfederaufhängung (Opel Kapitän). Gummibuchse *a*, Gehängelasche *b*, Unterbauträger *c*, Federauge *d*

ε) ***Gummi*** (s. Bd. I, S. 674) allgemein verwendet zur elastischen Lagerung von Fahrwerks- und Karosserieteilen, als Zwischenlage bei Metallteilen zur Dämpfung mechanischer und akustischer Schwingungen und als Puffer zur Vermeidung harter Anschläge von Metall auf Metall. Ferner Entwicklung von ***Hohlfedern***, die durch besondere Formgebung auch große Federwege bei hochprogressiver Wirkung und guter Eigendämpfung ermöglichen; Wirkungsweise, Bauformen, Einbaubeispiele[2e].

k) Luftfederung mit Niveau-Regulierung ermöglicht weiche und der Belastung sich anpassende Aufbaufederung mit konstanter Eigenfrequenz, dadurch eine Verminderung von Aufbaubewegung, Kurvenneigung, ungefederten Massen, teilweise auch von dynamischen Radlastschwankungen und eine konstante Einstieghöhe — insgesamt eine Verbesserung von Fahrkomfort und Fahrsicherheit[2a), 2d)].

α) ***Arbeitsprinzip.*** Zwischen Achse a und Rahmen b mit Druckluft gefüllter Gummibalg c mit Federhöhe h, Bild 43. Seine Tragkraft („Rückstellkraft") $P = (p - 1) F_{\text{eff}}$; hierin p = Innenluftdruck, F_{eff} = wirksame Balgfläche, die auch den von Balgform abhängigen Tragkraftanteil der Wandungs-Zugkräfte berücksichtigt[1a)].

---

[1] a) *Johannsen, P.:* Der Luftfederbalg, ein lastregelbares Federelement. ATZ Bd. 59 (1957) Nr. 9 S. 246/50. — b) *Niehus, G.:* Entwicklung von Luftfederbälgen. ATZ Bd. 61 (1959) Nr. 9 S. 279/84. — c) *Rautenstrauss, W.:* Fliehkraftausgleich bei Luftfederung. ATZ Bd. 61 (1959) Nr. 9 S. 285/88.

[2] *Koeßler, P.*, u. *H. J. Beermann:* Reihenuntersuchungen über die dynamischen Lasten von Straßenfahrzeugen. ATZ Bd. 60 (1958) Nr. 1 S. 1/6.

Um P ohne Veränderung von h der jeweiligen statischen Belastung anzupassen, wird p durch Nachspeisen von Druckluft in Luftbalg (aus Vorratsbehälter) erhöht bzw. durch Abblasen erniedrigt. Hierzu dient Niveau-Regelventil („Ausgleichventil") mit gesteuerten Speise- und Abblaseventilen und Verzögerungs- oder Dämpfungseinrichtung für Speise- und Abblasevorgänge; Ventilgehäuse ist an Rahmenteilen und Ventilbetätigungshebel über Gestänge an Achsteilen angeschlossen.

Bei Zu- oder Abnahme der Radlast senkt oder hebt sich zunächst der Rahmen; Ventilbetätigungshebel folgt der Relativbewegung zwischen Achse und Rahmen und steuert — mit einer bestimmten Verzögerung für Beginn des Höhenausgleichs — die Druckluftkorrektur, die ihrerseits Rahmen und Ventilbetätigungshebel wieder in Ausgangsstellung („Null-Lage") zurückführt.

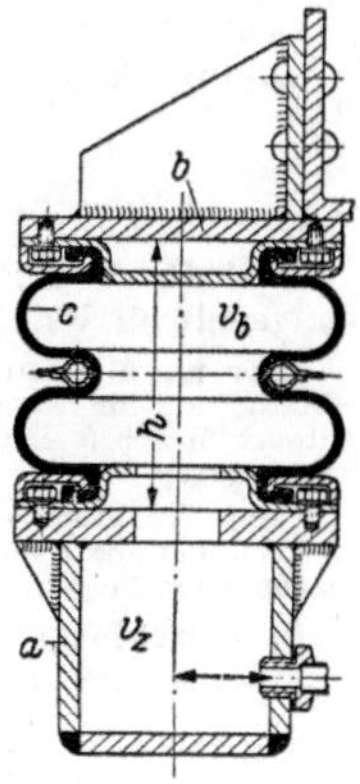

Bild 43. Wulstbalg-Luftfeder (Dunlop)

β) *Bemessung der Verzögerungszeit: Im Stillstand* soll bei statischen Laständerungen (Zustieg von Personen) Druckregelung schnell erfolgen (Einstellen der richtigen Niveauhöhe vor dem Anfahren), dagegen *während der Fahrt* bei kurzzeitigen dynamischen Laständerungen (Fahrbahnstöße, Achs- und Aufbauschwingungen, Achslastverschiebung bei kurzem Bremsen) noch nicht ansprechen; daher Kompromißlösung für Verzögerungsdauer oder verschiedene Zeiten für Stillstand und Fahrt (z. B. Umschalten auf ungedrosselte Regelluft durch elektrisches Relaisventil beim Türöffnen). Fliehkraftausgleich[1c].

Einstellbare Verzögerungseinrichtungen im Regelventil als Steuerungszwischenglied mit ölgedämpfter Bewegung oder in Regelluftleitungen als Drosselteil.

γ) *Konstante statische Federhöhe* — vom Federhersteller nach verschiedenen Gesichtspunkten festgelegt — besagt:

Gemäß Abschn. iβ) Federhubanteil $\Delta f_{\text{stat}} = f_{\text{stat voll}} - f_{\text{stat leer}} = 0$ und Rad bei allen Belastungen in gleicher Arbeitsstellung („Null-Lage") gegenüber Rahmen; für Radbewegung verfügbarer Raum kann daher ganz für Schwingbewegung f_{dyn} aus Null-Lage nach oben und unten ausgenutzt und Federung weicher als bei Stahlfeder ausgelegt werden.

Gemäß Abschn. d) *Eigenfrequenz* n_e bei allen Belastungen $\approx$ konst. und gleichmäßig niedrig; denn Balgfläche F_{eff} und Luftvolumen bleiben $\approx$ konst. bei allen Betriebsdrücken p, also Rückstellkraft $P \approx p \cdot C_1$ und Federwert $c \approx p \cdot C_2$, damit $c/P \approx$ konst. Kennzeichnend für *Luftfeder*: c stetig der Belastung angepaßt, $n_e \approx$ konst. und im Kleinstwert von Balgbauart abhängig, für *einfache Stahlfeder* (vgl. Abschn. i): $c =$ konst., n_e lastabhängig und im Kleinstwert durch Einbaumöglichkeit begrenzt.

Laufwerksgeometrie und Radstellung (Sturz, Vorspur, Nachlauf, Spreizung) bei allen Lastzuständen unverändert.

δ) *Federungs-Kennlinienfeld.* Für Schwingungsverhalten des geschlossenen Balgs gelten *Zustandsgleichung* $p = p_0(v_0/v)^n$ (Index 0 für Luftzustand in Null-Lage, $n \approx 1{,}38$) und *Kennliniengleichung* $P = (p_0 v_0^n / v^n - 1) F_{\text{eff}}$.

Je nachdem, ob Produkt $(v_0/v)^n F_{\text{eff}}$ mit Federweg proportional, stärker oder schwächer zunimmt, verläuft Federkennlinie linear, progressiv oder degressiv.

Bild 44 zeigt *Kennlinienfeld* einer Wulstbalg-Luftfeder nach Bild 43 im Ausschnitt des praktisch wichtigsten Arbeitsbereichs. Statischer Arbeitspunkt (Null-Lage) liegt auf Mittellinie des Diagramms und ist für Betriebsdruck 3, 4, 5, 6 und 7 atü mit zugehöriger Tragkraft eingetragen.

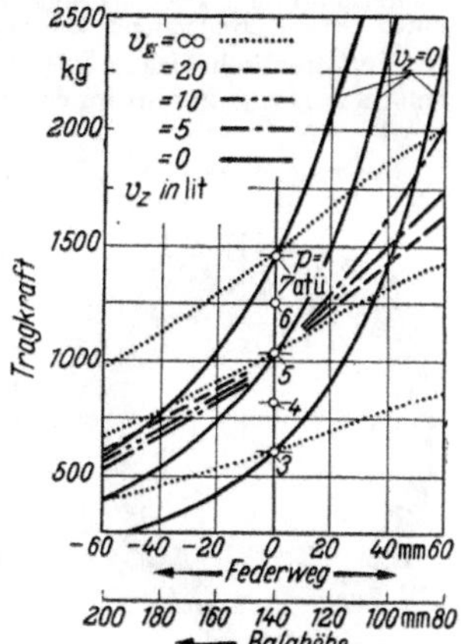

Bild 44. Ausschnitt aus Federungs-Kennlinienfeld einer Wulstbalg-Luftfeder (Dunlop)

Bei starker Volumenänderung v_0/v wird Druckanstieg p/p_0 sehr groß und Federung übermäßig progressiv. Durch Zuschalten eines Zusatzluftbehälters mit Zusatzvolumen v_z zum Balgvolumen v_b, Bild 43, wird Ausgangsvolumen v_0 vergrößert und Federkennung flacher gestaltet; Einfluß von v_z auf Progressivität zeigen die durch jeweiligen Arbeitspunkt gelegten Kurvenscharen. Die Kennlinien mit $v_z = 20$ lit ($\approx 5 \times v_b$) verlaufen bereits fast geradlinig mit Federwert $c \approx$ konst.; durch größeres v_z wird praktisch keine Verbesserung erzielt; Unterbringung so großer Zusatzbehälter schwierig. Bild 43 zeigt hohle Achse a als Zusatzbehälter.

ε) ***Wulstbalg-*** **und** ***Rollbalg-Luftfeder. Balgfläche F_{eff} des Wulstbalgs*** („Doppelringbalg") ändert sich $\approx$ verhältnisgleich zum Federweg und ist bei den Kennlinien mit $v_z = \infty$ (Isobaren mit $p = p_0$) aus Verhältnis Belastung : Betriebsdruck ersichtlich. Gesamtsystem,

Anordnung der Niveau-Regelventile, Trennventil[2a), 1a), 1c)], [1]. Wulstbalgluftfeder bei Omnibussen und Nutzfahrzeugen.

Balgfläche F_{eff} des Rollbalgs („Membranbalg") kann durch besonders gestaltete Führungselemente (Außenmantel, Mittenkolben) in beliebiger Weise vom Federweg abhängig gemacht werden; hierdurch große Freiheit in der Auslegung der Kennlinien und Möglichkeit, auch höheren Ansprüchen bei PKW zu genügen. Bauarten, Kennlinien, Gesamtsystem[2f), 2g), 1b)].

Luftfedern können keine Querkräfte aufnehmen, jedoch kleinere Seitenbewegungen ausführen; Gestaltungsbeispiele der Achs- oder Radführungselemente[2a), 2f), 2g), 1a), 1c)].

11. Räder und Luftreifen

a) Räderbauarten. Übliche Ausführung für PKW (Bild 30, 32) als *Scheibenrad*, geteilt für Reifenwechsel:

Nabe mit Bremstrommel bleibt an Achse; *Radschüssel* mit verschweißter Felge abnehmbar und am Nabenflansch durch Kugel- oder Flachbundmuttern (balliger Federring) zentriert und befestigt. Aus Stahlblech gepreßte Radschüssel gewölbt und mit Belüftungsdurchbrüchen.

Ferner Leichtmetallscheibenräder mit Zentralverschluß; Drahtspeichenräder mit Zentralverschluß bei Sportfahrzeugen. In Stahl oder Leichtmetall gegossener Speichen-Radstern mit abnehmbaren Felgen bei Schwerfahrzeugen mit Doppelbereifung.

b) Felgenformen. Für PKW-Räder *Tiefbettfelge*, einteilig mit Bettvertiefung in der Mitte am ganzen Umfang zum Einlegen des Reifens, Bild 30, 32, 46.

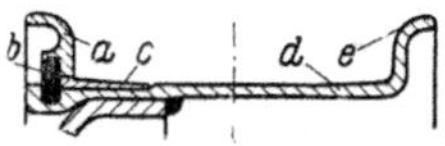

Bild 45. Flachbett-Schrägschulterfelge für LKW, System Lemmers

Für LKW-Räder Flachbett-Schrägschulterfelge, mehrteilig zum Aufschieben des Reifens, z. B. Lemmers-Felge, Bild 45: abnehmbarer Seitenring *a*, geschlitzter Verschlußring *b*, geschlitzter Schrägschulterring *c*, Schrägschulter *d*, Felgenhorn *e*. Trilex-Felge mit dreifach quergeteilter Felge und Radstern.

c) Luftreifen hat vielfältige Aufgaben mit z. T. gegensätzlichen Anforderungen an Werkstoff und Konstruktion und beeinflußt:

erforderliche Motorleistung durch Rollwiderstand, Abschn. A 2; Übertragbarkeit von Trieb-, Brems- und Seitenführungskräften durch Kraftschlußbeiwert, Abschn. A 4 bis 6; Richtungsstabilität, Kurvenhaltung und Lenkeigenschaften durch Schräglauf, Abschn. A 7; Fahrkomfort und Bodenhaftung durch Reifenfederung Abschn. B 10; Wirtschaftlichkeit durch Verschleißwiderstand. Hierzu *Zoeppritz* und *Mitschke* s. Anm. 1, S. 803.

Herkömmliche Bauart Bild 46: Besonderer Gummischlauch *a* als Druckluftbehälter; Decke nimmt innen die Druckluft- und außen die Trieb- und Fahrbahnkräfte auf.

Unterbau (Karkasse) *b* hat je nach Tragfähigkeit und Verwendung vier oder mehr kreuzweise übereinander gelegte Lagen eines vollständig gummierten schußlosen Cordgewebes aus Kunstseide oder Nylon. Gewebelagen sind im Reifenfuß um Stahlseilkern *c* geschlungen, der Umfangskräfte auf Felge *g* überträgt.

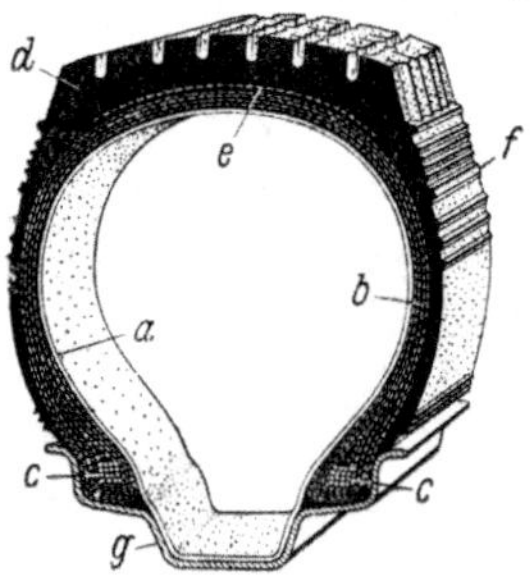

Bild 46. PKW-Reifen auf Tiefbettfelge (Dunlop)

Lauffläche (Protektor) *d* profiliert mit Rillen, Stollen und Lamellen; Querprofile zum Übertragen von Trieb- und Bremskräften; Längsprofile zur Spurhaltung; scharfe Lamellen durchstoßen Wasser- oder Schmierschichten und erhöhen Rutschsicherheit auf glatter Straße; feine Profile für glatte Straßen; „selbstreinigende" grobe Profile oder dicke Stollen für tiefen Eingriff auf weichem Boden. Natur- und Kunstkautschuk.

Gewebearmierte Polsterschicht *e* zwischen Unterbau und Protektor; Seitengummi *f* mit Scheuerrippen zum Schutz des Unterbaus.

Schlauchlose Reifen haben luftdichte Gummischicht als Innenseele und zur Felgenabdichtung weitere Gummischichten oder Gummirippen am Wulst oder Dichtringe. Hauptvorteile:

Größere Betriebssicherheit, da infolge der elastischen Innenseele der Reifenluftdruck bei kleineren Verletzungen überhaupt nicht und bei größeren nur allmählich absinkt; niedrigere Temperaturen durch Fortfall der Reibung zwischen Schlauch und Decke.

---

[1] *Gebauer, R.:* Englische Nutzfahrzeuge. ATZ Bd. 60 (1958) Nr. 11 S. 331/37.

Reifenkennlinie (*senkrechte Federkennung*) zeigt Tragkraft (Radlast) P [kg] bei Einsenkung e und Reifenluftdruck p, durch ihre Steilheit den Federwert $c = \mathrm{d}P/\mathrm{d}e$ Bild 47:

Radlast wird hauptsächlich von Innenluftdruck p mit der Aufstandfläche F als Preßlufttragkraft $P_l = pF$, restlich von Tragkraft des luftdrucklosen Reifens und von Vorspannungs-Zugkraft im Reifengewölbe (Rundhaltekraft der Preßluft) aufgenommen[1]. Volumen und p der eingeschlossenen Luft ändern sich bei Belastungsunterschieden nur unwesentlich; bei Zunahme der Radlast wird e größer, und Anteil P_l wächst durch entsprechend größeres F.

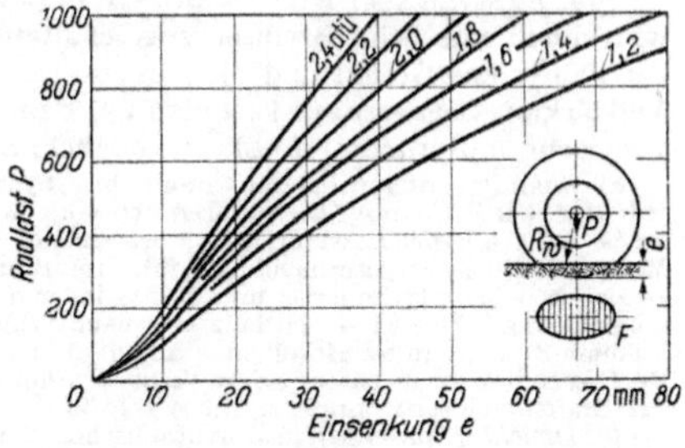

Bild 47
Reifenkennlinien eines PKW-Reifens (Dunlop)

Reifenkennfeld bei Seitenkräften s. Bild 7 und Abschn. A 7. Einfluß von Reifengröße, Luftvolumen, Luftdruck, Fadenwinkel, Felgenmaulweite, Werkstoff auf Tragkraft, Federungseigenschaften, Seitensteifigkeit, Rollwiderstand, Erwärmung[2].

Statisch wirksamer Halbmesser = Abstand von Radmitte bis Standebene im Stillstand. Dynamisch wirksamer Halbmesser R_w weicht infolge Fliehkraft und Schlupf vom stat. Hbmr. ab und wird aus Fahrgeschwindigkeit v und Radwinkelgeschwindigkeit ω errechnet: $R_w = v/\omega$; Zahlenwert in Reifenkatalogen gilt für $V = 60$ km/h.

12. Bremsen; vgl. a. Abschn. A, 5, S. 801

a) Bremsanlage für leichte und mittelschwere PKW zeigt Bild 48.

α) *Hydraulische Vierrad-Fußbremse* dient als Hauptfahrbremse:

Beim Niedertreten des Fußhebels a wird Druckkolben in Hauptzylinder b verschoben und Bremsflüssigkeit über Verteiler c, fest verlegte Stahlrohre und druckfeste Schläuche zu Radzylindern d gedrückt; ihre nach außen gehenden Kolben pressen — entsprechend der aufgewendeten Fußkraft — die mit Reibbelag versehenen Bremsbacken e gegen die mit dem Rad umlaufende Bremstrommel (progressives Bremsen); Leitungsdruck bis 100 at, Berstdruck der Schläuche ≈500 at. Beim Wegnehmen der Fußkraft bringen Rückzugfedern f Bremsbacken und Radzylinderkolben in Ausgangsstellung und drängen Bremsflüssigkeit in Hauptzylinder zurück; Restdruck von 0,4 bis 0,8 atü im Leitungssystem auch bei gelöster Bremse. Ausgleichbehälter g regelt Füllzustand; Entlüftungsventil h. Bremslichtschalter q. Motor r.

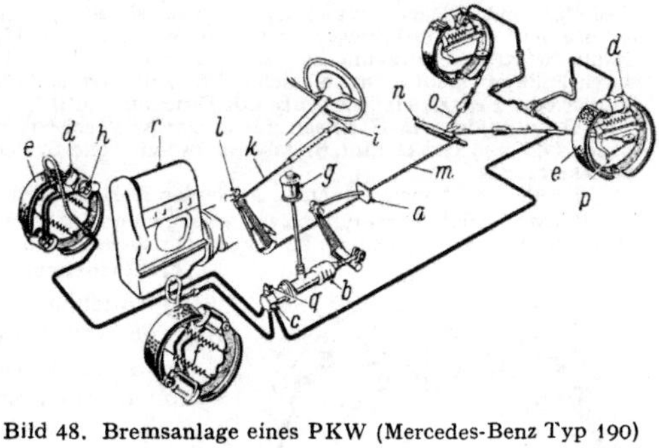

Bild 48. Bremsanlage eines PKW (Mercedes-Benz Typ 190)

Äußere Übersetzung = Fußkraft : Backenspannkraft = 1 : 5 bis 1 : 6, bestimmt durch Hebelverhältnis am Fußpedal und Kolbenflächenverhältnis von Haupt- und Radzylinder, Wirkungsgrad $\eta = \eta_{mech} \cdot \eta_{hydr} \approx 0{,}9 \cdot 0{,}95 \approx 0{,}85$. Abstimmen der Bremskräfte an Vorder- und Hinterachse durch verschieden große Radzylinder möglich.

Bauweisen von Haupt- und Radzylindern s. Literatur der Herstellerfirma[3].

β) *Handbremse* dient als Hilfsfahrbremse und als Feststellbremse bei Stillstand; sie wirkt meist über Seilzüge nur auf Hinterradbremsen:

Stockhandbremse i mit Klinkengesperre zum Festhalten in angezogener Stellung. Seilzug: vorn k, in Mitte m, hinten o. Bremshebel l mit Seilnachstellung durch Flügelmutter. Ausgleichhebel n. Backenbetätigungshebel p.

---

[1] *Weber, G.:* Theorie des Reifens. ATZ Bd. 56 (1954) Nr. 12 S. 325/30.
[2] *Zoeppritz, H. P.:* s. Anm. 1, S. 803.
[3] Alfred Teves Maschinen- u. Armaturenfabrik KG, Frankfurt/Main; Anm. 1 u. 3, S. 802.

b) Bremskraftverstärkung durch Hilfskraft entlastet Fahrer von größerem bzw. übermäßigem Kraftaufwand.

Von *Fußkraft* (bei PKW ≈40, LKW ≈60 kg) erzeugter hydraulischer Druck wird durch eine beim Bremsen zugeschaltete Hilfskraft verstärkt; hierbei behält der Fahrer das Gefühl und die Abstufmöglichkeit für die Stärke der Bremsung. Verstärkung begrenzt auf 1 : 2 bis 1 : 3, damit auch bei Ausfall der Hilfskraft noch Bremsung mit erhöhter Fußkraft möglich. *Systeme:*

α) ***Vakuum-unterstütztes*** hydraulisches System (Vakuum-Servobremse) benutzt als Hilfskraft bei PKW mit ***Ottomotoren*** den vom Motor in der Ansaugleitung erzeugten Unterdruck ≈0,5 atu bei Leerlauf, ≈0,1 bei Vollgas, und ≈0,8 atu, wenn Fahrer bei höheren Motordrehzahlen Vergaserhebel freigibt, um Bremsfußhebel niederzutreten. „Bremsgerät" — zwischen Hauptzylinder *b* und Radzylinder *d* geschaltet und durch Leitung an Motorsaugrohr angeschlossen — enthält Hilfshauptzylinder mit Hydraulikkolben, gleichachsigen Vakuum-Zylinder mit Luftkolben, hydraulisch betätigten Ventilmechanismus; Einzelheiten[1]. Bei ***Dieselmotoren*** meist besondere Vakuumpumpe, seltener Anschluß an Klappeneinrichtung der Kraftstoffeinspritzpumpe s. S. 204 Bild 46.

β) ***Druckluft-unterstütztes*** hydraulisches System (Druckluft-Servobremse) für LKW benutzt in besonderem Kompressor erzeugte Druckluft als Hilfskraft; s. Lit. 5.

γ) ***Rein hydraulisches*** System (hydraulische Servobremse, Pumpenbremse) für LKW hat besonderen hydraulischen Verstärkerkreis mit ständigem Flüssigkeitsstrom durch motorangetriebene Drehflügelpumpe. Einzelheiten[1].

Handbremsverstärker bei LKW und Omnibussen nutzt Löseweg der Handbremse zum Spannen eines Federspeichers aus, der sich stufenlos durch eine hydraulische Steuereinrichtung in jeder Handbremshebelstellung sperrt und beim Bremsen wieder Speicherkraft an Bremsgestänge abgibt; Einzelheiten[1].

c) Druckluftbremsen und Vollhydraulik-Bremsen für Schwerfahrzeuge. Fahrer-Fußkraft wirkt nicht mehr auf die Bremsbacken, sondern steuert lediglich die durch Druckluft oder hydraulisch erzeugten Bremskräfte.

Druckluft, erzeugt durch luftgekühlten Ein- oder Zweizylinder-Tauchkolben-Kompressor mit Vorratsbehälter und selbsttätigem Druckregler; von Fußhebel betätigtes Bremsventil mit Steuerkolben für Luftzufuhr zu Bremszylindern und mit federbelastetem Gegenkolben, um Fahrer Gefühl für jeweilige Bremsstärke zu geben. Von Bremszylindern aus mechanische Gestänge und Nockenzuspannung der Bremsbacken; statt dessen vielfach als ***Verbundbremse*** nur ein Luftbremszylinder mit Wirkung auf Hydraulik-Hauptzylinder und hydraulische Kraftübertragung zu den Radzylindern. Da bei Ausfall der Druckluft Bremsung durch Fußkraft nicht mehr möglich, wird ***Handbremse*** kräftiger ausgebildet, z. B. ***Getriebebremse*** oder ***Federspeicherbremse*** mit Druckluftventil.

Bei ***Vollhydraulik-Bremsen*** mit kurzer Ansprechzeit wird der im Pumpenkreis erzeugte Druck (vgl. b γ) direkt zum Bremsen verwendet und Speicher in Bremskreis eingebaut (Ate-Speicherbremse).

Einzelheiten, Anhängerbremsung[1], ferner Werkliteratur von Bosch u. Knorr.

d) Zweikreisbremsen mit zwei voneinander unabhängigen Bremskreisen bei schweren oder schnellen Fahrzeugen zur Erhöhung der Sicherheit bei Ausfall eines Kreises[1].

e) Motorbremsen s. S. 803.

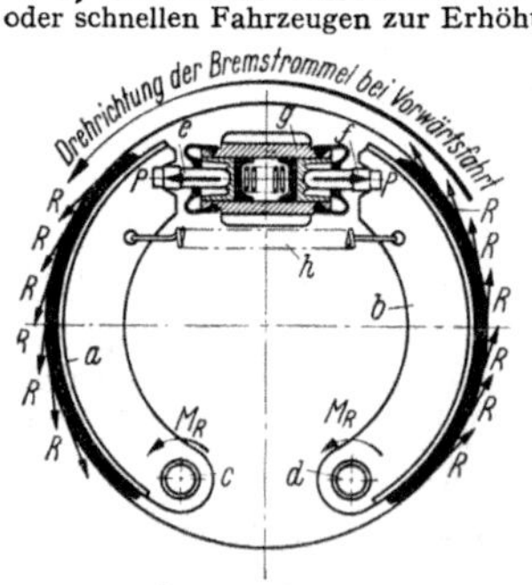

Bild 49. Öldruck-Simplexbremse mit Drehbacken (Ate)

f) Innenbackenbremsen[2] als Radbremsen mit den Hauptformen:

α) *Simplexbremse,* Bild 49, mit zwei gleichen, symmetrischen Bremsbacken *a* und *b,* drehbar auf den im feststehenden Bremsträger gelagerten Backenbolzen *c* und *d.* Gemeinsamer Radzylinder *g* mit Druckpilzen *e* und *f.* Rückholfeder *h.*

Neben Andrückmoment durch *P* wird durch Reibungskräfte *R* am Belagumfang Zusatzdrehmoment M_R erzeugt, das am Auflaufbacken *a* zusätzlich anpressend, also ***selbstverstärkend,*** und am Ablaufbacken *b* entlastend, also ***selbstschwächend,*** wirkt. Bremskraft von *a* > Bremskraft von *b*; Angleichen durch Stufen-Radzylinder mit zwei ungleichen Kolben möglich. Gesamtes Bremsmoment für Vor- und Rückwärtsfahrt gleich groß.

Statt hydraulischer Backenzuspannung Doppelnocken- oder Keilzuspannung bei Druckluftbremsen; Nockenformen[2]. Hebelzuspannung *p* für Handbremse s. Bild 48.

---

[1] Siehe Anm. 3, S. 829.

[2] *Koeßler, P.:* Berechnung von Innenbackenbremsen. Stuttgart: Franckh'sche Verlagshandlung 1957. Vorabdruck aus Lit. 4.

β) *Duplexbremse*, Bild 50. Backen *a* und *b* versetzt mit einseitig wirkenden Radzylindern *c* und *d* und Backenstützpunkten *e* und *f*, einstellbar durch Gewindestücke *g* und *h*; Rückholfedern *i*.

Beide Backen wirken bei ***Vorwärtsfahrt*** als Auflaufbacken mit Selbstverstärkung und bei ***Rückwärtsfahrt*** als Ablaufbacken mit Selbstschwächung und erheblich kleinerer Bremswirkung. Wegen hoher Bremswirkung als Vorderradbremse zur Ausnutzung der beim Bremsen erhöhten Achslasten angewendet; dann als Hinterradbremse feststellbare Simplexbremse mit ausreichender Bremskraft für Rückwärtsfahrt und gegen Abrollen, Bild 48.

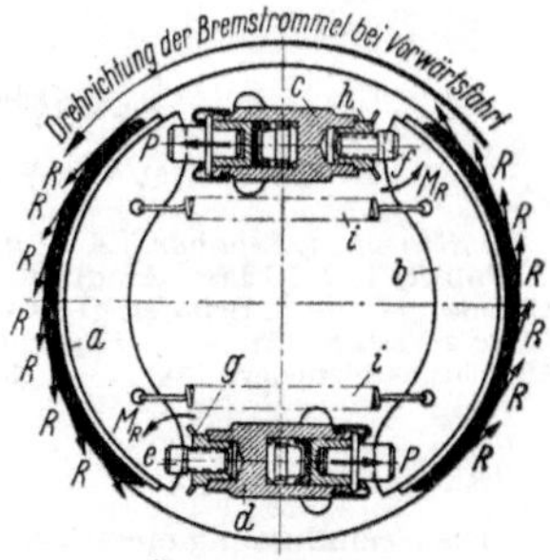

Bild 50. Öldruck-Duplexbremse mit Gleitbacken (Ate)

Duo-Duplexbremse hat gleiche Bremswirkung in beiden Drehrichtungen: doppeltwirkende Radzylinder, Abstützungen der Backen am Bremsschild.

γ) *Servobremse (Vollbremse)*, Bild 51, mit hintereinandergeschalteten Bremsbacken:

Zuspannkraft **P** eingeleitet durch Radzylinder *c* an Primärbacke *a*; Horizontalkomponente P_I der Stützkraft von *a* wirkt über die im Führungsstück *f* verschiebbaren Teile (Druckpilz *g*, Einstell-Gewindehülsen *d* und *e*, Druckpilz *h*) als Spannkraft für Sekundärbacke *b*. $P_I > P$ (Servowirkung); *a* und *b* als Auflaufbacken; daher sehr hohe Bremswirkung bei ***Vorwärtsfahrt***. Bei ***Rückwärtsfahrt*** stützt sich *b* an Bund der Hülse *e* ab, und Servobremse entspricht der Simplexbremse.

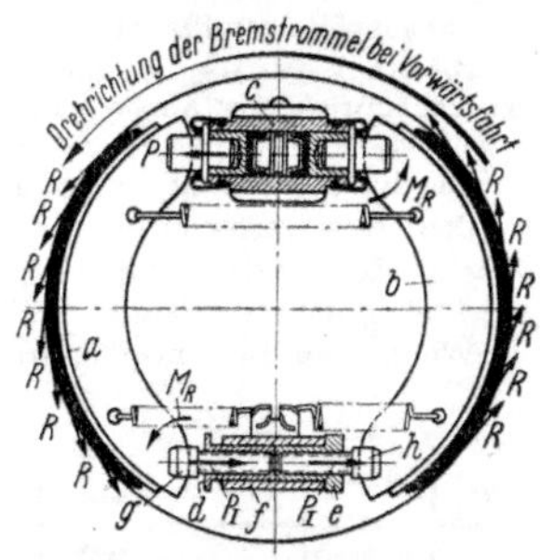

Bild 51. Öldruck-Servobremse mit Gleitbacken (Ate)

Duo-Servobremse mit gleicher Bremswirkung in beiden Drehrichtungen: besondere Abstützungen von *a* und *b* auf Radzylinderseite.

δ) ***Lagerung und Nachstellung*** der Backen. ***Drehbacke*** mit festem Anlenkpunkt, Bild 49, hat Bewegungsfreiheit nur in einer Richtung und wirkt als Auflaufbacke ***a selbsthemmend,*** wenn Resultante aus Radial- und Reibungskraft links vom Backenbolzen *c* angreift. ***Gleitbacke*** mit Parallel- oder Schrägabstützung, Bild 50, 51, hat Bewegungsfreiheit in zwei Richtungen, ist schwimmend in Schlitzstücken gelagert und selbstzentrierend in Bremstrommel; dadurch bessere Anlage und geringere Neigung zum Selbstklemmen. Schrägabstützung der Auflaufbacke ergibt gleichmäßigere Druckverteilung am Belagumfang; auch durch Lenkerführung läßt sich Verschleißbild beieinflussen.

Nachstellvorrichtung für konstantes Lüftspiel zwischen Bremsbelag und Trommel selbsttätig als stufenweises Zahngesperre zwischen Backe und Bremsschild oder als stufenlose Reib-Klemmvorrichtung[1].

g) Kenngrößen, Berechnung. Äußere Übersetzung s. Abschn. a). Innere Übersetzung der Radbremse wird nach ***Strien*** als Kennwert k = Trommelbremskraft B_{ges} beider Backen: Zuspannkraft P für verschiedene Belagreibwerte μ ermittelt; k kennzeichnet die Bremsenbauart; Differentialquotient $dk/d\mu$ ist ein direktes Maß für ihre Empfindlichkeit gegen die bei hohen Geschwindigkeiten und Temperaturen auftretenden Reibwertschwankungen.

Mit üblichen Reibwerten $\mu = 0{,}3$ bis 0,4 und Trommelbremskraft B_I bzw. B_{II} der Primär- bzw. Sekundärbacke ergibt sich für hydraulische Bremsen:

Bauform	$k = B_{ges}/P$	$B_I : B_{II}$
Simplexbremse . .	1,5—2,0	65 : 35
Duplexbremse . .	2,0—3,5	50 : 50
Servobremse . . .	3,0—5,5	35 : 65

Reibungsarbeit der Bremse wird in Wärme umgesetzt; Bremsleistungen sind daher durch die auftretenden Höchsttemperaturen in Reibbelag, Bremstrommel und ihrer Umgebung begrenzt. ***Wärmebeaufschlagung***[2]; rechnerische Kühlfläche[2], Temperaturverlauf[2]. ***Berechnung*** von Bremsanlagen[1], von Innenbackenbremsen[2].

h) Offene Scheibenbremse in Festsattel- oder Zangenbauform (Dunlop-Ate)[3]. Scheibenbremse besitzt keine Selbstverstärkung (Abschn. f): ihre konstant niedrige Empfindlichkeit (Abschn. g) vermindert die Wirkung von Reibwertschwankungen, die bei Innenbackenbremsen als „Temperatur-Fading" zum Verstimmen der Bremskraftverteilung (Abschn. A 5) und zum Schiefziehen des gebremsten Wagens führen. Dieser Vorteil wird durch die sehr kleine innere Übersetzung der Zuspannkraft (Kennwert $k = 2\mu \approx 0{,}64$) erkauft; Bremsverstärker (Abschn. b) erforderlich. Reibflächen unmittelbar durch Luftstrom gekühlt.

[1] Siehe Anm. 3, S. 829. [2] Siehe Anm. 2, S. 830. [3] ***Meier, E.:*** ATZ Bd. 59 (1957) Nr. 9 S. 250/55, und ***Strien, H.:*** ATZ Bd. 61 (1959) Nr. 9 S. 276/79.

Regelungstechnik

Bearbeitet von Prof. Dr. phil. nat. **O. Schäfer**, Aachen

Literatur: 1. *Leonhard, A.:* Die selbsttätige Regelung. 2. Aufl. Berlin: Springer 1957. — 2. *Oppelt, W.:* Kleines Handbuch technischer Regelvorgänge. 3. Aufl. Weinheim: Verlag Chemie 1960. — 3. *Schäfer, O.:* Grundlagen der selbsttätigen Regelung. 3. Aufl. München: Franzis-Verlag 1961. — 4. Regelungstechnik, Moderne Theorien und ihre Verwendbarkeit. München: Oldenbourg 1957. — 5. Normblatt DIN 19226 (Jan. 1954).

A. Begriffe

Die Beeinflussung einer Veränderlichen innerhalb einer technischen Apparatur durch eine andere wird als *Steuerung* bezeichnet. Oft liegen verschiedene Übertragungssysteme so in einer Kette, daß die Ausgangsgröße des ersten gleich der Eingangsgröße des zweiten usw. ist; eine solche Kette heißt sinngemäß *Steuerkette*.

Beispiele: Die Beeinflussung der Drehzahl einer Antriebsmaschine durch den Durchfluß des Treibmittels, der Ankerspannung eines Generators durch den Feldstrom, der Drehzahl eines Gleichstrommotors durch den Feldstrom des Leonard-Generators.

Die zur Steuerung des maßgebenden Vorgangs unmittelbar dienenden Organe werden, wenn erforderlich, durch den Wortstamm *Stell-* näher bezeichnet. Die Wörter Regelwiderstand, Regeltransformator sind also sinnwidrig; richtig muß es „Stellwiderstand“ und „Stelltransformator“ heißen.

Wenn man die Zwischengrößen außer acht läßt, so wird die Steuerkette nach Bild 1 a beschrieben durch den (einseitigen) Zusammenhang

$$X = f(Y, t).$$

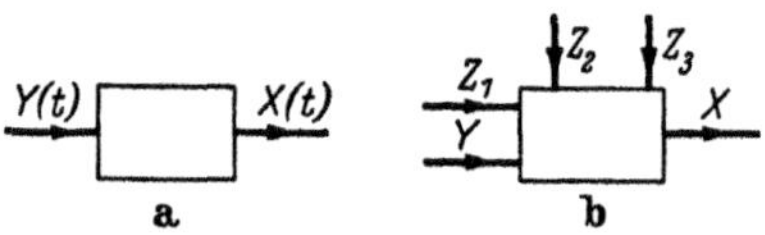

Bild 1. a) Rückwirkungsfreies Übertragungssystem; b) Dasselbe mit Störgrößen

X ist die Drehzahl einer Kraftmaschine, Y die Stellung des Stellgliedes (Düse, Ventil, Drosselklappe), t die Zeit. Für das folgende wird vorausgesetzt, daß eine Änderung von Y eine solche von X auslöst, daß aber umgekehrt eine Änderung von X keinen oder höchstens einen vernachlässigbaren Einfluß auf Y hat (gerichtetes oder *rückwirkungsfreies Übertragungssystem*).

Weil im allgemeinen die Größe X, die im folgenden als *Regelgröße* bezeichnet wird, nicht nur von Y, sondern auch von anderen, den Zustand der Anlage bestimmenden Größen abhängt, gilt nach Bild 1 b:

$$X = f(Y, Z_1, Z_2, Z_3, \dots Z_n, t); \quad (1)$$

$Z_1 \dots Z_n$ sind *Störgrößen*, sofern sie nicht konstant sind. Dann kann wenigstens näherungsweise die Regelgröße X auf einem bestimmten Wert gehalten werden, wenn die *Stellgröße* Y in geeigneter Weise zeitlich geändert wird. Das ist die Aufgabe der Regelung bzw. des Reglers. Das zu regelnde System heißt *Regelstrecke*.

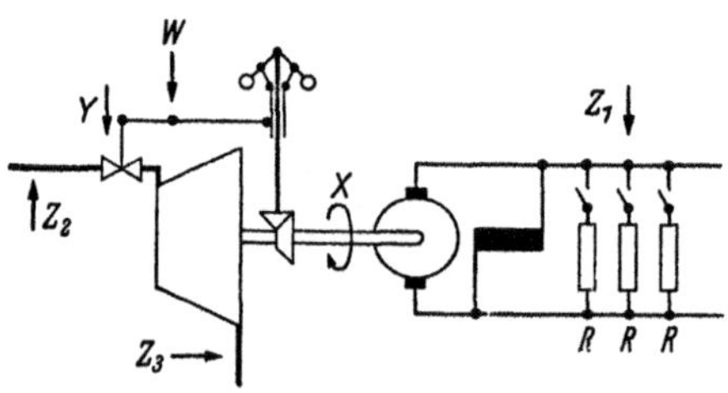

Bild 2. Drehzahl-Regelung einer Kraftmaschine

Bild 2 zeigt einen einfachen Regelkreis. Die Regelstrecke besteht aus einer Kraftmaschine (Turbine), die mit einem Gleichstrom-Nebenschlußgenerator belastet ist. Durch eine (nicht gezeichnete) Hauptschlußwicklung (Bd. II, S. 884 Bild 105) sei die Klemmenspannung bei fester Drehzahl zwischen Leerlauf und Vollast konstant. Die Drehzahl der Antriebsmaschine (X) hängt dagegen außer von der Stellung des Ventils (Y) von der Belastung (Störgröße Z_1), von dem Frischdampfdruck (Z_2) und dem Gegendruck (Z_3) ab. Geringfügige Änderungen der Belastung wirken, besonders in der Nähe des Leerlaufs, stark auf die Regelgröße X ein. Zur besseren Übersicht ist angenommen, daß die Belastung durch eine Anzahl gleichgroßer Widerstände R bewirkt wird, die nacheinander zugeschaltet werden. Dann stellen in Bild 3 die Kurven $X = \mathrm{f}(Y)$ das Verhalten der Turbine für den Fall dar, daß der Belastungsleitwert, also die Störgröße Z_1, gleich $(0, 1, 2, 3) \cdot 1/R$ ist. Für die letzte *Kennlinie* ist angenommen, daß bei der Nenndrehzahl (3000 U/min) gerade Vollast erreicht wird. Das Fliehkraftpendel, das auf die Drehzahl anspricht, ist der *Fühler* oder *Meßwert-Umformer*; es wirkt über einen Hebel auf das Ventil. Bei einer bestimmten Lage des Drehpunktes (W, Bild 2) wird etwa der *Sollwert* der Drehzahl $X_0 = 3000$ U/ /min im Leerlauf bei $Y = 2$ mm erreicht. Der Schnittpunkt einer Kennlinie der Strecke mit der Kennlinie *a* des Reglers gibt einen bestimmten Betriebszustand an; bei Vollast sinkt die Drehzahl auf 2900 U/min, wobei der Regler $Y = 16$ mm einstellt. Der Bereich der Regelgröße, der für das Durchlaufen des *Stellbereiches* $Y_h = 16$ mm gebraucht wird, heißt *Proportionalbereich*. Er beträgt hier $X_p = 3^1/_3\%$ des Sollwertes. Durch Verlegen des Drehpunktes W nach unten kann ein anderer, kleinerer Sollwert eingestellt werden. W ist die *Führungsgröße*. Für die Kennlinie *b* des Reglers ist $X_0 = 2500$ angenommen; hier ist $X_p = 4\%$ des neuen Sollwertes. Durch eine Änderung der Hebelübersetzung zwischen Fühler und Stellglied kommt die Kennlinie *c* zustande; der Regler ist unempfindlicher, so daß zwischen Leerlauf und der stärksten Belastung die Drehzahl von 2500 auf 2000 abfällt. Der Proportionalbereich, bezogen auf den neuen Sollwert, ist 20%.

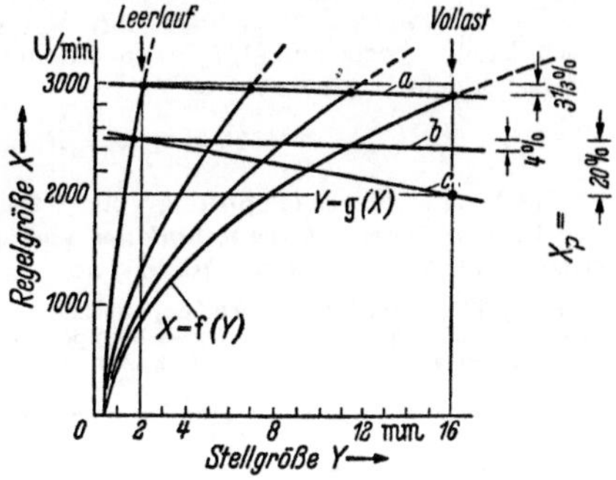

Bild 3
Kennlinien der Strecke und des Reglers nach Bild 2

Durch die Einstellung des Reglers kann also die Drehzahlcharakteristik des geregelten Maschinensatzes auf einen bestimmten Verwendungszweck — z. B. Parallelbetrieb — zugeschnitten werden.

Für die Mehrzahl der Regelungsprobleme muß das Zustandsdiagramm (Bild 3) durch eine Darstellung ersetzt werden, die den zeitlichen Zusammenhang zwischen den Veränderlichen ersichtlich macht. Zunächst wird im allgemeinen nur ein kleiner Bereich der Regelgröße um den jeweiligen Sollwert betrachtet, in welchem die gewöhnlich gekrümmten Kennlinien durch Geraden angenähert werden können (Linearisierung). Nur die Differenz zwischen einer Größe und ihrem Wert im normalen Betriebspunkt (Index 0) spielt dann eine Rolle, nämlich

$x = X - X_0$ Regelabweichung (oft kurz Regelgröße genannt)

$y = Y - Y_0$ Stellabweichung (Stellgröße)

$z = Z - Z_0$ Störabweichung (Störgröße) usw.

Im folgenden Text werden in den Formeln stets die Veränderlichen x, y und z, ferner überwiegend die Kurzbezeichnungen (z. B. Regelgröße für Regelabweichung) gebraucht.

B. Das Zeitverhalten von Regelstrecken

Das Verhalten einer Kraftmaschine wird im einfachsten Fall durch die Differentialgleichung beschrieben:

$$J\omega' + R(\omega) \cdot \omega = M_d \tag{2}$$

(J = Trägheitsmoment, R = Bremsmoment, M_d = Drehmoment, ω = Winkelgeschwindigkeit). Das Antriebsmoment hängt, z. B. über die Stellglied-Kennlinie, von Y ab; also ist $M_d = M_d(Y)$. Im Gleichgewicht ($\omega' = 0$) beschreibt Gl. (2) den Zusammenhang zwischen ω und Y (vgl. Bild 3). Für kleine Bereiche, in denen $R(\omega)$ = const und $\Delta M_d = c \cdot \Delta Y$ angenommen werden kann, vereinfacht sich die Beziehung (2) zu

$$T_S x' + x = V_S y = \frac{1}{q} y. \tag{3}$$

Die Lösung für einen Sprung von y zwischen den Grenzen Y_1 und Y_2 zeigt Bild 4a. An dieser *Übergangsfunktion* von x liest man die Bestimmungsstücke *Zeitkonstante* T_S und *Ausgleichswert* q ab.

Beispiele. Belastete Kolbendampfmaschine, Turbine, Verbrennungsmotor: x = Drehzahl, y = Stellung von Ventil, Drosselklappe. Druckregelstrecke: x = Druck, y = Ventilstellung. Leonard-Generator: x = Ankerspannung, y = Spannung an der Feldwicklung.

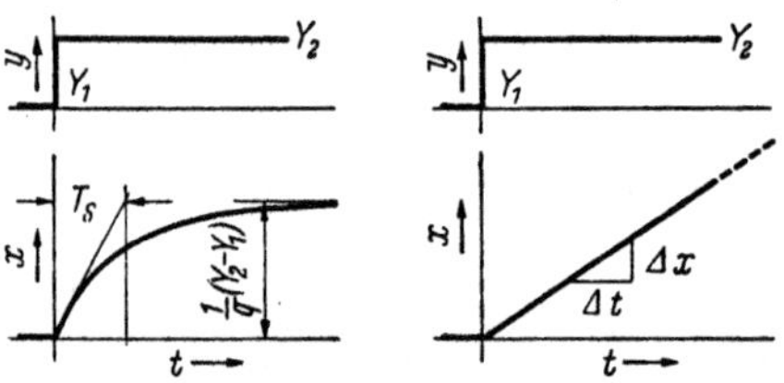

Bild 4

a) Übergangsfunktion einer Regelstrecke mit Ausgleich und Verzögerung 1. Ordnung; b) Übergangsfunktion einer Strecke ohne Ausgleich, ohne Verzögerung

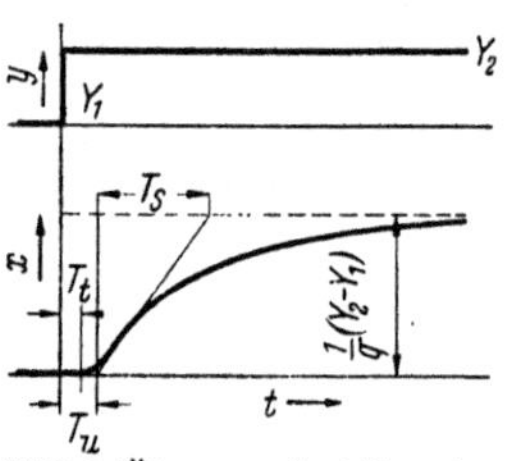

Bild 5. Übergangsfunktion einer Strecke mit Ausgleich und Verzögerung höherer Ordnung

Gelegentlich ist der Ausgleichswert so klein, daß eine Messung nach Bild 4a nicht möglich ist. In solchen Fällen (*Strecken ohne Ausgleich*) ergibt sich eine Übergangsfunktion nach Bild 4b; man entnimmt ihr den *Anlaufwert*

$$A = \Delta t \cdot (Y_2 - Y_1)/\Delta X \cdot Y_h.$$

Die *Anlaufzeit* T_a ist diejenige Zeit, die bei einer Verstellung gleich dem Stellbereich Y_h verstreicht, bis X von 0 aus den Sollwert X_0 erreicht; also ist $T_a = A \cdot X_0$.

Beispiele. Leerlaufende Turbine: x = Drehzahl, y = Ventilstellung. Hebezeug: x = Höhe, y = Bürstenstellung des Antriebsmotors (vgl. Bd. II, S. 905, Bild 164). Kessel mit Flüssigkeit: x = Stand (Niveau), y = Differenz zwischen Zufluß und Abfluß bzw. den zugehörigen Ventilstellungen.

Wenn außer dem einen Energiespeicher (Trägheitsmoment in Gl. (2)) in der Strecke noch weitere vorhanden sind, ändert sich die Übergangsfunktion vor allem in ihrem unteren Teil. Bei zwei Speichern, z. B. Leonard-Satz (S. 919/920, Bild 204), lautet die Differentialgleichung

$$T_1 T_2 x'' + (T_1 + T_2) x' + x = V_S y. \tag{4}$$

Bei Systemen mit vielen oder räumlich verteilten Energiespeichern (z. B. Maschinensatz, Kessel, Wärmeaustauscher, Reaktor) hat die Übergangsfunktion, von seltenen Sonderfällen abgesehen, das Aussehen nach Bild 5. Der Schnittpunkt der Tangente im Wendepunkt mit der Abszisse definiert die *Verzugszeit* T_u; die übrigen Kennwerte werden entsprechend Bild 4a bestimmt bzw. 4b, wenn die Strecke keinen Ausgleich hat.

Die Darstellung einer Übergangsfunktion durch die beiden Kennwerte T_S bzw. T_u ist sehr primitiv, reicht aber zur groben Bestimmung des für die Strecke günstigsten Reglers und seiner Einstellung aus (vgl. dazu Abschnitt E). Eine bessere Beschreibung erhält man durch Abspalten der *Totzeit* T_t, in welcher der Meßwert-Umformer nicht anspricht. Der Rest der Übergangsfunktion für $t > T_t$ entspricht meist recht genau einer Lösung der Gl. (4); die darin vorkommenden Zeitkonstanten T_1 und T_2 können durch ein einfaches Verfahren aus der Übergangsfunktion ermittelt werden[1]. Das Verfahren setzt voraus, daß die Übergangsfunktion sehr genau gemessen werden kann; das ist bei in Betrieb befindlichen Anlagen wegen der meist nicht zu unterdrückenden Störeinflüsse oft nicht möglich.

C. Regler

1. Einteilung

a) Regler ohne Hilfsenergie, bei denen der Meßwert-Umformer unmittelbar das Stellglied steuert (Bild 2), werden nur selten angewendet, weil

1. bei räumlich ausgedehnten Strecken die mechanische Verbindung zwischen Fühler und Stellglied schwer herzustellen ist,
2. die Mehrzahl der Meßwert-Umformer nur einen Bruchteil der zur Betätigung des Stellgliedes erforderlichen Leistung aufbringen kann,
3. die optimale Auslegung des Reglers für kompliziertere Aufgaben Organe erfordert, die am besten in einem Verstärker (zwischen Fühler und Stellglied) unterzubringen sind.

Unmittelbar wirkende Regler sind in Bd. I, S. 796, Bild 289 sowie in Bd. II, S. 285 bis 287 dargestellt.

b) Überwiegend findet man **Regler mit Hilfsenergie** oder **mittelbare Regler:** im einfachsten Fall steuert der Meßwert-Umformer einen Luftstrom (Bd. I, S. 796, Bild 288) oder einen Ölstrom (ebendort Bild 287) oder einen elektrischen Strom, der dann über einen geeigneten *Stellmotor* das *Stellglied* betätigt.

Tafel 1 enthält für eine Anzahl von Regelaufgaben, die mit Maschinen, ihrer Verwendung und Energieversorgung zusammenhängen, die Bausteine des Reglers und das — im allgemeinen zur Strecke gerechnete — Stellglied. In jeweils einer Zeile oder in den benachbarten Zeilen einer Gruppe steht die gebräuchlichste Kombination; häufig werden aber auch, besonders unter Benutzung hier nicht genannter Zwischenglieder, auch andere Zusammenstellungen angewendet.

c) Eine weitere wichtige Unterscheidung betrifft die Weitergabe des Korrektursignals vom Meßwert-Umformer nach dem Stellglied. Bei den meisten Reglern ändert sich die Stellgröße (abgesehen von Anschlägen, z. B. Hubbegrenzung eines Ventils) stetig, wenn die Regelabweichung ihren Bereich durchläuft. Diese Regler heißen **stetige Regler.** Die einfachsten sind die durch Bild 2 und 3 beschriebenen Regler, bei denen in jedem Augenblick y mit x durch einen Faktor verknüpft ist.

d) Im Gegensatz hierzu ordnen **unstetige Regler** bestimmten Bereichen der Regelabweichung Festwerte der Einstellung des Stellgliedes zu, so daß während des Regelvorganges die Stellgröße endliche Sprünge ausführt.

Das einfachste Beispiel eines unstetigen Reglers ohne Hilfsenergie ist ein elektrischer Temperaturregler, der oberhalb und unterhalb der Solltemperatur den Stromkreis des Ofens öffnet bzw. schließt (*Zweipunkt-Regler*). Ähnlich arbeitet ein Drehzahlregler für elektrische Kleinmotoren (*Dornig-Regler*). Die unvermeidbare Dauerschwingung der Regelabweichung um den Sollwert kann durch geeignete Maßnahmen klein oder (*Tirrill-Regler*) praktisch unmerklich gemacht werden. Die Hauptbedeutung der unstetigen Regler mit Hilfsenergie (z. B. Fallbügelregler) liegt auf dem Gebiet langsamer industrieller Prozesse; auch diese Regler werden durch bestimmte Zusätze zu einem *stetig-ähnlichen Verhalten* gebracht.

2. Zeitverhalten

Wie bei der Strecke wird auch bei dem Regler das Verhalten am besten durch die Übergangsfunktion beschrieben; sie ist der zeitliche Ablauf der Stellgröße y bei einer sprunghaften Änderung der Regelabweichung x. Während die Übergangsfunktionen der Regelstrecken im einzelnen sehr vielgestaltig sind und nur unter

[1] *Ormanns, G.:* In Lit. 4, dort S. 130.

Tafel 1

Regelung von	Regelstrecke	Meßwert-Umformer	Verstärker und Stellmotor	Stellglied	Verhalten[1]
Drehzahl	Wärmekraftmaschine Turbine Gleichstrommotor	Fliehkraftpendel Schrägloch-Welle (Ölkreisel) Tachogenerator	Steuerkolben u. hydraul. Motor Elektronenröhren Thyratron	Ventil Leitschaufeln Stromrichter	P, PI
Gleichlauf	Walzenstraße	Differential (mech. oder elektr.) Tänzerwalze	Magn. Verstärker (Transduktor) Amplidyne	Stromrichter Leonard-Generator	PI, PID
Lage (Kurs)	Kopierwerkzeugmaschine (Flugzeug)	Abtaster Induktiver Geber (Kreisel)	Elektronenröhren Tauchspulsystem Steuerkolben	Hydraul. Motor	I
Spannung (Leistung)	Drehstromgenerator	Elektromagn. od. elektrodynam. Meßwerk Transduktor	Tirrill-Regler Transduktor	Widerstand im Feldkreis Erregermaschine	PI PID, PID$_2$
Temperatur	Wärmeaustauscher Ofen	Thermoelement Widerstandsthermometer	Drehspulgerät mit Wandler (z. B. elektr.-pneumat.)	Ventil Transduktor	P bis PID
Durchfluß Druck Flüssigkeitsstand	Industrielle Anlagen	Transmitter mit pneumat. Ausgang Elektrischer Wandler	Pneumat. Verstärker u. Membranmotor Elektr. Verstärker u. Motor	Ventil Drosselklappe Pumpe Zuteiler	P bis PID

[1] Vgl. Abschn. 2, a bis d.

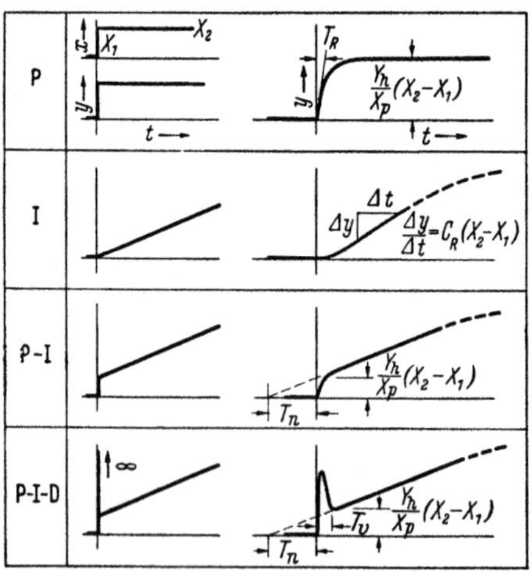

Bild 6. Übergangsfunktionen der gebräuchlichen stetig wirkenden Regler

beträchtlichen Vereinfachungen einige Haupttypen herausgeschält werden können, hat die fortschreitende Technik sechs wesentlich verschiedene Typen stetiger Regler entwickelt; selbst von diesen werden praktisch nur vier angewendet. In Bild 6 sind in der linken Spalte die Übergangsfunktionen der vier Haupttypen idealisiert dargestellt. In der rechten Spalte sind sie so gezeichnet, wie sie von modernen Reglern wirklich erreicht werden. Zugleich ist angegeben, wie man aus den gemessenen Kurven den oder die Kennwerte des Reglers bestimmt.

a) Proportional wirkender (P-) Regler. Das Stellglied ist mit dem Fühler durch einen im Stellbereich möglichst linear arbeitenden Leistungsverstärker verbunden, der so weit wie möglich von Verzögerungen frei ist. Für die Gesamtwirkung ist — bei allen Reglern — zu berücksichtigen, daß schon der Meßwert-Umformer selbst rasche Änderungen von x nicht formgetreu wiedergibt, sondern verschleift. Die Zeitkonstante gebräuchlicher Meßgeräte liegt in der Größenordnung von Bruchteilen von Sekunden (Manometer) bis zu vielen Sekunden (Stabthermometer). Im Idealfall lautet die Gleichung des Reglers

$$y = V_R x, \tag{5}$$

mit Eigenverzögerung

$$T_R y' + y = V_R x. \tag{6}$$

V_R ist ein Übertragungsfaktor, der auch Verstärkung genannt wird. Für die Praxis geeigneter ist der schon früher erwähnte *Proportionalbereich* X_p, weil dieser bei neuzeitlichen Reglern, die nicht für eine bestimmte Aufgabe ausgelegt sind, mittels eines Einstellknopfes auf den geeigneten Wert gebracht werden kann. Es gilt $V_R = Y_h/X_p$. Der Proportionalbereich wird gelegentlich in Einheiten der Regelgröße, überwiegend in Prozent angegeben. Im letzten Fall ist derjenige Bruchteil des *Gesamtbereiches des Meßwert-Umformers* gemeint, in welchem der volle Hub Y_h des Stellgliedes durchlaufen wird. Bei modernen pneumatischen Reglern, die als Fühler einen Transmitter (Meßwert-Umformer mit pneumatischem Ausgang), als Stellglied ein Membranventil haben, wird ebenfalls der Proportionalbereich in Prozent angegeben. Da der volle Hub des (genormten) Membranventils bei einer Steuerdruckänderung von 0,2 auf 1,0 kg/ /cm² durchlaufen wird, bedeutet demnach $X_p = 5\%$, daß der Transmitter eine Änderung von 0,04 kg/cm² liefern muß. Der kleinste Proportionalbereich, der mit solchen Reglern betriebssicher erzielbar ist, liegt bei 1%; gelegentlich wird ein Einstellbereich über 100% hinaus vorgesehen.

b) Integral wirkender (I-) Regler. In reiner Form, die auch verschiedentlich technisch ausgeführt ist, enthält dieser Regler als Kraftverstärker einen hydraulischen Motor oder einen elektrischen Motor mit Getriebe, dessen Geschwindigkeit (Drehzahl) der Regelabweichung verhältnisgleich ist. Danach wird er durch die Gleichung

$$y = C_R \int x \, dt \tag{7}$$

bzw.

$$T_R y' + y = C_R \int x \, dt \tag{8}$$

beschrieben. C_R ist die Geschwindigkeit, mit der sich die Stellgröße verschiebt, wenn die Regelabweichung gleich der Einheit ist. Aus Gründen der Konstruktion hat ein derartiger Regler (vgl. Bd. I, S. 796, Bild 287) eine maximale Stellgeschwindigkeit C_{max}, die ohne tiefgreifende Änderungen nicht überschritten werden kann. Zur Kennzeichnung wird daher diese oder anschaulicher die *Stellzeit* T_y angegeben. Es ist $T_y = Y_h/C_{max}$.

In allen Fällen, in denen der genannte Antrieb unzweckmäßig erscheint (z. B. für die zahlreichen industriellen Anwendungen, in denen sich das Membranventil bewährt hat), wird näherungsweise das eben beschriebene Verhalten auf der Grundlage des P-Reglers erreicht. Der Regler erhält eine nachgebende Rückführung (s. a. nächsten Abschnitt), die bei geeigneter Bemessung etwa einen Verlauf nach der gestrichelten Kurve in der 2. Zeile von Bild 6 ergibt. Während der reine I-Regler, sofern anwendbar, eine Regelabweichung vollständig zum Verschwinden bringt, hinterläßt diese Form eine Restabweichung, die dem kleinsten einstellbaren Proportionalbereich entspricht.

c) Proportional-integral wirkender (P-I-) Regler. Er vereinigt die Wirkung der beiden Grundtypen, wird aber fast nie durch einfache Kombination realisiert.

Durch Addition der Beziehungen (5) und (7) ergibt sich

$$y = V_R\left(x + \frac{1}{T_n}\int x\,\mathrm{d}t\right) \tag{9}$$

bzw.

$$T_R y' + y = V_R\left(x + \frac{1}{T_n}\int x\,\mathrm{d}t\right). \tag{10}$$

T_n ist die *Nachstellzeit*, die man durch Verlängern des geraden Teiles der Übergangsfunktion erhält. Ein einfaches Beispiel eines P-I-Reglers ist in Bd. II, S. 290, Bild 54 behandelt. Da die Wirkungsweise dort beschrieben ist, sei hier auf Bild 7 verwiesen, das einen elektropneumatischen Universalregler (AEG) zeigt.

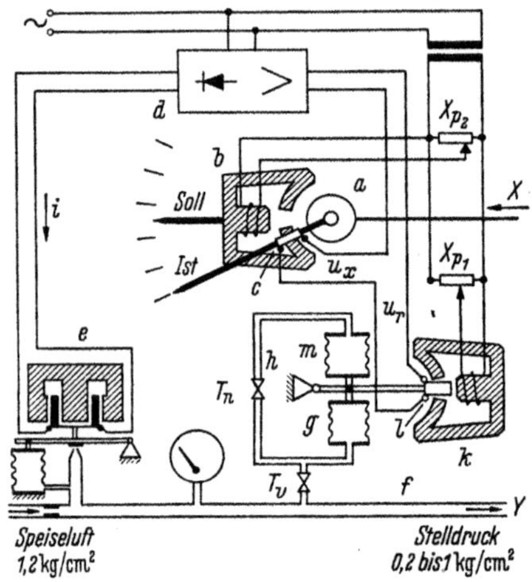

Bild 7. Elektropneumatischer Universalregler (AEG)

a ist ein dem Verwendungszweck angepaßtes Meßwerk (z. B. Drehspulinstrument), dessen Zeiger den Istwert angibt. *b* ist ein Eisenjoch mit einer vom Netz gespeisten Erregerspule, das um die Achse des Meßwerks gedreht werden kann und den Sollwertzeiger trägt. In der am Istwertzeiger befestigten Suchspule *c* wird je nach der Stellung gegenüber dem Joch eine Wechselspannung u_x induziert, die nach Größe und Vorzeichen der Differenz zwischen Ist- und Sollwert entspricht. Sie wird nach Überlagerung mit der Spannung u_r durch den Verstärker *d* verstärkt und phasenempfindlich gleichgerichtet. Der Ausgangsstrom *i* wirkt auf das Tauchspulsystem *e*, welches mit der Düsen-Prallplatten-Steuerung auf dem Weg des Kraftvergleichs einen der Eingangsspannung proportionalen Stelldruck erzeugt. Die Leitung *f* führt zu dem Stellmotor mit Stellglied (Ventil, Klappe, Leitschaufeln, stufenloses Getriebe). Der Stelldruck wirkt ferner auf den Faltenbalg *g* (Drossel *h* geschlossen) und bewegt im Luftspalt des Joches *k* die Spule *l*, welche die Rückführspannung u_r erzeugt. Bei verschwindender Erregung von *k* ist die Verstärkung V_R sehr groß, X_p minimal gleich 1%. Je stärker mittels des Spannungsteilers X_{p1} das Joch *k* erregt wird, desto größer ist u_r; damit kann X_p stetig auf 20% erhöht werden. Wird die Drossel *h* geöffnet, so beginnt bei einem plötzlichen Sprung von *X* der Stelldruck *Y* mit einem schnellen Anstieg; er führt um so weniger weit, je größer X_{p1} ist. Während sich über *h* der Faltenbalg *m* auffüllt, verschwindet u_r, und der Steuerdruck steigt allmählich auf einen Wert, der dem kleinsten X_p entspricht. Mit der Drossel *h* wird die Nachstellzeit T_n im Bereich 0,1 bis 60 min eingestellt. Durch eine Umschaltung läßt sich der Proportionalbereich bis 100 oder gar 300% erweitern. Die Zeitkonstante T_R in Gl. (10) ist durch das Meßgerät und den pneumatischen Umformer bedingt und hat die Größenordnung Sekunden.

d) P-I-Regler mit Vorhalt (P-I-D-Regler). Wird neben der Regelabweichung x auch ihre zeitliche Änderung $\mathrm{d}x/\mathrm{d}t$ zur Betätigung des Stellgliedes herangezogen, so wird der verschleifende Einfluß der Speicher in der Strecke um so mehr ausgeglichen, je weniger Speicher die Strecke enthält. Die Regelung wird also durch den *Vorhalt* schneller. Eine genaue Bildung des Differentialquotienten von x ist unmöglich, die ideale Übergangsfunktion von Bild 6, vierte Zeile nicht zu erreichen. Unter günstigsten Umständen läßt sich mit den bisher bekannten Mitteln ein Zusammenhang zwischen x und y nach der Beziehung

$$T_R y' + y = V_R\left(x + \frac{1}{T_n}\int x\,\mathrm{d}t + T_v x'\right) \tag{11}$$

erzielen. Bei den meisten technischen P-I-D-Reglern ergibt sich etwa die gezeichnete Übergangsfunktion, in der näherungsweise die *Vorhaltzeit* T_v abzulesen ist.

In dem Regler nach Bild 7 wird der Vorhalt dadurch bewirkt, daß in die gemeinsame Zuleitung zu g und h eine weitere Drossel gelegt wird. Bei einer plötzlich auftretenden Regelabweichung — im Versuch etwa durch die ruckartige Verstellung des Sollwertzeigers — tritt zunächst, da l noch in der Mittellage verharrt, ein großer Sprung von Y auf. Dann füllt sich zunächst g; Y geht zurück. Schließlich füllt sich langsam m auf, was den flach ansteigenden Rest der Übergangsfunktion ergibt. Unter normalen Bedingungen wird T_v, das zwischen 0,1 und 60 min wählbar ist, gleich einem Bruchteil von T_n gemacht.

In Sonderfällen, z. B. Spannungsregelung elektrischer Generatoren oder Drehzahlregelung von Turbinen, in denen der I-Anteil überflüssig oder unerwünscht ist, kann ein P-D-Regler verwendet werden. Ganz selten findet man den P-I-D_2-Regler, mit zweifacher Ableitung von x. Da schon die einfache Vorhaltbildung nicht streng möglich ist, kann höchstens bei rein elektronischen Reglern eine nennenswerte, den Aufwand lohnende Verbesserung erwartet werden.

D. Zusammenwirken von Strecke und Regler

Aus der Gleichung der Regelstrecke und der Gleichung des Reglers ergibt sich eine Beziehung, die den zeitlichen Ablauf aller Vorgänge im *geschlossenen Regelkreis* unter der Wirkung von Stör- und Führungsgrößen bestimmt. So erhält man nach Bild 8a für eine Störgröße z, die am Eingang der Strecke (etwa vor dem Stellglied) angreifen soll, unter Benutzung der Gln. (3) und (9)

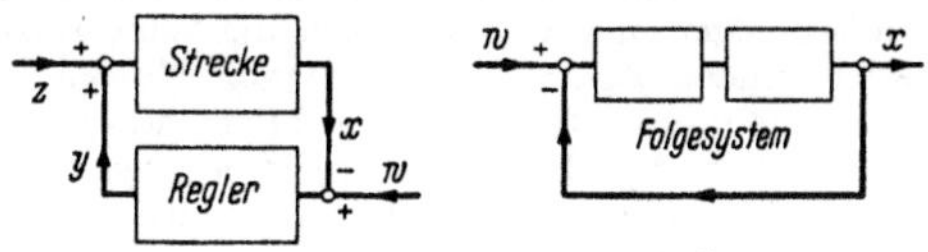

a b

Bild 8. a) Regelkreis allgemein; b) Folgesystem

$$T_S x' + x = V_S (y + z)$$

$$y = -V_R \left(x + \frac{1}{T_n} \int x \, dt \right)$$

die Gleichung
$$T_S x' + (1 + V_S V_R) x + \frac{V_S V_R}{T_n} \int x \, dt = V_S z. \tag{12}$$

Dabei ist z in Einheiten von y ausgedrückt und $w \equiv 0$ gesetzt (fester Sollwert). Gl. (12) beschreibt das *Störverhalten* des Kreises bei einer Störgröße am Streckeneingang. Ganz entsprechend ergibt sich für $z \equiv 0$ die Abhängigkeit zwischen x und w

$$T_S x'' + (1 + V_S V_R) x' + \frac{V_S V_R}{T_n} x = \frac{V_S V_R}{T_n} w + V_S V_R w'. \tag{13}$$

Gl. (13) liefert das *Führungsverhalten* des Kreises. Sie ist bei der Verfahrensregelung von geringerer Bedeutung — da im allgemeinen der Sollwert nicht dauernd verändert wird —, dagegen wichtig für ausgesprochene *Folgesysteme,* deren Blockschaltbild in Bild 8b gezeichnet ist. Dazu gehören Anordnungen zur Lage- und Kursregelung, Kopier-Werkzeugmaschinen und im weiteren Sinn selbstabgleichende Meßbrücken und Kompensatoren.

Schon bei Gl. (12) ist als Lösung ein Vorgang in Form einer schwach gedämpften Schwingung möglich. Ist die — homogene — Differentialgleichung des Kreises von höherer als der 2. Ordnung, so kann bei ungünstiger Wahl der Beiwerte des Reglers sogar eine anklingende Schwingung (Instabilität) auftreten. Aus den Koeffizienten der homogenen Gleichung des Kreises kann man, ohne eine Lösung auszurechnen, ermitteln, ob der Kreis stabil oder instabil ist. Für praktische Zwecke mit den oft sehr hohen Ansprüchen an die Qualität der Regelung genügt das nicht; vielmehr sind die frei wählbaren Beiwerte (im allgemeinen die des Reglers) so zu bestimmen, daß für den am häufigsten vorkommenden Typ der Störgröße der günstigste Regelvorgang zustande kommt.

So zeigt Bild 9 charakteristische Regelvorgänge an einer Strecke mit Verzögerung 2. Ordnung, etwa bei der Drehzahlregelung eines Gleichstrom-Nebenschluß-Motors. Störgröße sei die Spannung an der Feldwicklung, Stellgröße der Widerstand im Feldkreis. Die beiden Zeitkonstanten T_1 und T_2 (Gl. (4)) seien durch die Feldinduktivität und das Trägheitsmoment der Maschine bestimmt.

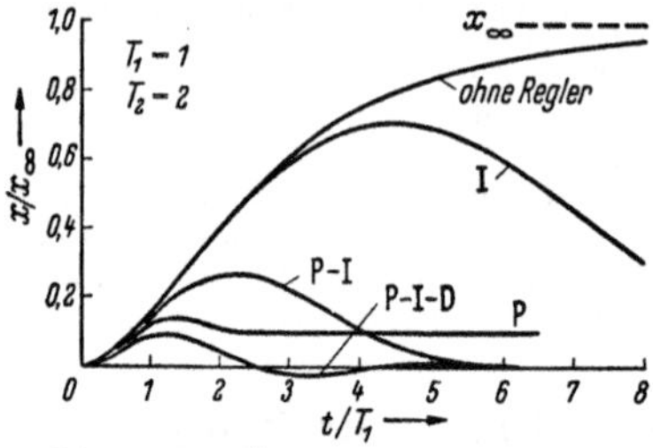

Bild 9. Stör-Übergangsfunktion einer Regelstrecke mit Verzögerung 2. Ordnung, ohne und mit Regler

Die Übergangsfunktion der Drehzahl bei einem Sprung der Erregerspannung ohne Regler wird durch die so bezeichnete Kurve dargestellt. Die anderen Kurven zeigen, was mit den verschiedenen Reglern erreicht werden kann, wenn der Vorgang ganz oder nahezu aperiodisch ablaufen soll. Die Kurve P-I-D ist für einen idealen Regler berechnet, der noch wesentlich schärfer eingestellt werden könnte; die Kennwerte wurden aber so gewählt, daß die Wirkung eines realen P-I-D-Reglers veranschaulicht wird.

Obwohl die Wahl des günstigsten Reglers durch den Versuch oder durch Berechnungen bei konkreten Aufgaben von Fall zu Fall unumgänglich ist, können gewisse allgemeine Aussagen über die Wirksamkeit verschiedener Regler wie in der folgenden Zusammenstellung von Nutzen sein. Der *Regelfaktor* R des P-Reglers gibt an, auf welchen Bruchteil eine von einer Störgröße verursachte Endabweichung (x_∞) durch den Regler herabgesetzt wird. Die *Überschwingweite* x_m ist die größte, bei dem Regelvorgang auftretende Differenz zwischen Momentan- und Endwert der Regelabweichung.

Strecke mit Verzögerung *erster Ordnung* (Bild 4a):

P-Regler: stets anwendbar; $R = \dfrac{1}{1 + V_S V_R} = \dfrac{1}{1 + Y_h/q X_p}$;

I-Regler: stets anwendbar; je größer C_R, desto kleiner ist x_m und die Ausregelzeit bis zum aperiodischen Grenzfall;

P-I-Regler: gibt unter vergleichbaren Bedingungen kleineres x_m.

Strecke ohne Ausgleich, ohne zusätzliche Verzögerung (Bild 4b):

P-Regler: stets anwendbar; bleibende Abweichung proportional $1/V_R$ bzw. X_p;

I-Regler: nicht anwendbar (instabil);

P-I-Regler: ratsam, wenn P-Regler zu große bleibende Abweichung ergibt.

Strecke ohne Ausgleich, aber mit Verzögerung 1. Ordnung:

P-Regler: nicht zu empfehlen;

I-Regler: nicht anwendbar;

P-I-D-Regler: am besten.

Strecke mit Verzögerung *zweiter Ordnung* (Bild 9):

P-Regler: mit fallendem X_p (besserer Regelfaktor) wird die Dämpfung der Regelschwingung kleiner;

I-Regler: mit wachsender Stellgeschwindigkeit tritt Instabilität auf; bei guter Dämpfung sind x_m und die Ausregelzeit sehr groß;

P-I-Regler: wesentliche Verbesserung;

P-I-D-Regler: weitere starke Verbesserung, sofern nicht der Vorhalt durch eigene Verzögerung verschlechtert wird.

Strecken mit Verzögerung höherer Ordnung, d. h. ausgesprochenem Totzeit-Charakter (Bild 5) sind besonders schwer zu regeln. Für diese sind in Bild 10a für verschiedene Verhältnisse T_S/T_u die Übergangsfunktionen ohne (dünne Kurven) und mit P-I-D-Regler (starke Kurven) zusammengestellt. Vorausgesetzt ist dabei eine Störgröße am Eingang (z in Bild 8a) und ein nahezu idealer, optimal eingestellter Regler. Praktisch kommen Übergangsfunktionen mit einem so ausgeprägten Knick kaum vor, eine solche nach Bild 5 würde mit demselben Regler einen günstigeren Verlauf zulassen; andererseits sind technische P-I-D-Regler nicht ideal, daher geben die Kurven einen brauchbaren Überblick, aber auch nicht mehr. Das wesentliche ist, daß bei einem ungünstigen Verhältnis T_S/T_u die Überschwingweite relativ groß wird; die Ausregelzeit beträgt etwa 6 bis 10 T_u.

Bild 10b sagt aus, wie der Kreis auf einen Sprung der Führungsgröße w reagiert, der im ersten Augenblick eine Regelabweichung x_0 hervorruft. Diese Führungs-Übergangsfunktion ist unabhängig von T_S/T_n, wenigstens unter den hier gemachten vereinfachenden Voraussetzungen. Wird nur ein P-I-Regler, wiederum in der bestmöglichen Einstellung, angewendet, so ergeben sich ähnliche Übergangsfunktionen; sie gehen aus denen von Bild 10a durch Dehnung in Ordinatenrichtung um 25 bis 30%, in Abszissenrichtung um etwa 50% hervor. Auch die Ausregelzeit bei Führung (Bild 10b) ist mit P-I-Regler etwa um die Hälfte größer. Der Unterschied zwischen P-I-D-Regler und P-I-Regler ist also bei Strecken mit Verzögerung höherer Ordnung nicht bedeutend.

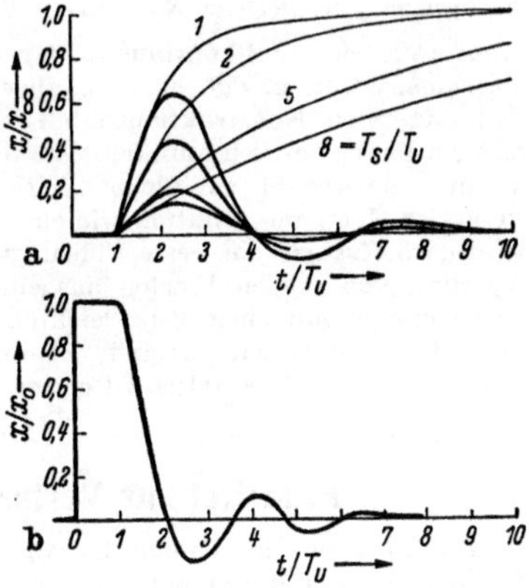

Bild 10. a) Störverhalten; b) Führungsverhalten einer Regelstrecke nach Bild 5 und optimalem P-I-D-Regler

E. Die optimale Anpassung des Reglers

Es gibt außer der Berechnung der Parameter des Reglers, die gerade bei Maschinen keine besonderen Schwierigkeiten verursacht, eine Reihe von Verfahren, wenigstens ungefähr die günstigste Einstellung des Reglers festzulegen, ohne alle möglichen Kombinationen durchprobieren zu müssen.

a) Durch Versuche mit dem geschlossenen Kreis. Das auch heute noch vielfach angewendete, von *Ziegler* und *Nichols* angegebene Verfahren besteht darin, den vorgesehenen Regler als reinen P-Regler zu schalten und dessen Proportionalbereich solange zu verkleinern, bis der Kreis gerade eine Dauerschwingung (Stabilitätsrand) ausführt. Eine gute Einstellung, von der aus leicht noch eine Verbesserung zu erzielen ist, erfordert den doppelten Wert des zum Schwingen führenden Proportionalbereichs; war T_0 die Periodendauer der Regelschwingung, so soll $T_n = 0{,}5\ T_0$, $T_v = 0{,}12\ T_0$ gemacht werden.

b) Aus der Übergangsfunktion der Strecke. Gelten für die gemessene Übergangsfunktion der Strecke die Bild 5 zugrunde liegenden Voraussetzungen, so ist die optimale Einstellung des P-I-D-Reglers für den Fall, daß ein günstiges Störverhalten gewünscht wird (Bild 10a),

$$X_p = \frac{Y_h}{q \cdot T_S/T_u}, \qquad T_n = 2\,T_u, \qquad T_v = 0{,}4\ T_u.$$

Wirken die Störgrößen im wesentlichen auf den unmittelbar vor dem Fühler liegenden Abschnitt der Strecke ein, oder soll der Kreis optimal raschen Änderungen der Sollwert-Einstellung folgen (Bild 10b), so ist zu setzen:

$$X_p = \frac{1{,}6\ Y_h}{q \cdot T_S/T_u}, \qquad T_n = 1{,}3\ T_S, \qquad T_v = 0{,}4\ T_u.$$

Ist kein Vorhalt vorhanden, so ist X_p etwa gleich dem Doppelten des angegebenen Wertes zu machen.

Beispiel: An einer Temperaturregelstrecke, die mit einem pneumatischen Regler ausgerüstet ist, sei nach Umschalten auf Handsteuerung durch plötzliches Ändern des Stelldruckes um 0,4 kg/cm² die Übergangsfunktion aufgenommen worden. Die Änderung bis zum neuen Gleichgewichtszustand der Temperatur sei 75 grd. Dann errechnet sich nach Bild 5 der Ausgleichswert zu $q = \Delta Y/\Delta X = 0{,}1$ kg/cm²: 75 grd $= 1{,}33 \cdot 10^{-3}$ kg/cm² · grd. Mit $T_S = 36$ min, $T_u = 4{,}5$ min und dem Stellbereich $Y_h = (1 - 0{,}2) = 0{,}8$ kg/cm² folgt die Einstellung des Reglers: $X_p = 60$ °C; $T_n = 9$ min; $T_v = 2$ min.

c) Aus den Zeitkonstanten der Strecke. In der Starkstromtechnik, bei Maschinensätzen u. dgl. sind im allgemeinen die Zeitkonstanten der einzelnen Teile aus den Konstruktionsdaten bekannt oder zumindest leicht einzeln zu messen. Erweist es sich nun, daß eine relativ große Zeitkonstante T_1, eine kleinere T_2 und eine Anzahl sehr kleiner Zeitkonstanten vorliegt, deren Summe T_t (weil sie in der Übergangsfunktion wie eine Totzeit wirkt) noch klein gegen T_2 ist, so wird nach *Kessler*[1] das beste Führungsverhalten erzielt für: $T_n = T_1$, $T_v = T_2$. X_p wird, von großen Werten ausgehend, langsam so weit verkleinert, bis ein Regelvorgang mit einer ganz leichten Überschwingung über den Endwert und kürzester Ausregelzeit zustande kommt. In diesem Fall ist $X_p = 2\, Y_h T_t / q\, T_1$. Für optimales Störverhalten ist ein etwas höherer Wert anzusetzen.

F. Mittel zur Verbesserung der Regelgüte

Die Übersicht in Abschn. D zeigt, daß Strecken mit Verzögerung höherer Ordnung nicht nur mit dem einfachen P-Regler schlecht zu beherrschen sind; auch der leistungsfähigste Regler genügt nicht mehr bei besonders strengen Forderungen hinsichtlich Überschwingweite und Dauer des Regelvorganges. Eine Abhilfe ist nur möglich durch Verkürzung der Signalwege innerhalb des Regelkreises.

1. Hilfsstellgröße

Nach Bild 11a wird „zwischen" dem eigentlichen Stellglied und dem Fühler noch ein zweites Stellglied angebracht, das von einem zweiten Stellmotor oder einfacher von einem kompletten zusätzlichen Regler angetrieben wird. Der Regler kann jetzt wesentlich schärfer eingestellt werden, da für ihn jetzt die Übergangsfunktion des Streckenabschnittes S_2 maßgebend ist. Die Anordnung nach Bd. II, S. 350, Bild 69 gehört im gewissen Sinn auch zu diesem Schema, obwohl die beiden Stellglieder an derselben Stelle angreifen. Die Hilfsregelgröße (Stellung des Ablenkers) wird gebraucht, um den aus Gründen der Strömungsdynamik langsamen Eingriff der Düsennadel zu ergänzen. Das Verfahren eignet sich besonders zur Verbesserung des Führungsverhaltens.

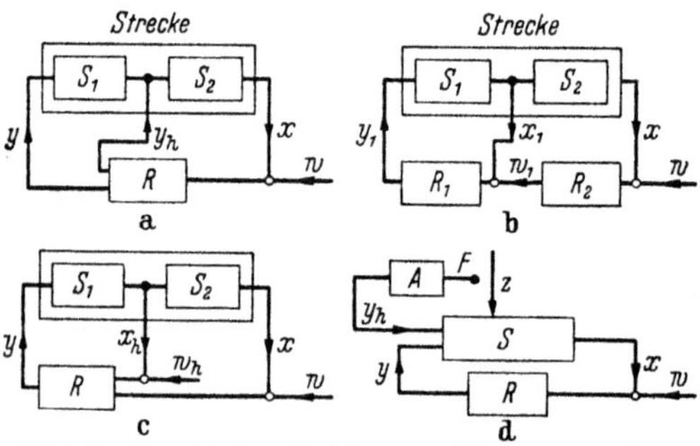

Bild 11. Verschiedene Verfahren zur Verbesserung des Regelverhaltens. a) Hilfsstellgröße; b) Kaskadenregelung; c) Hilfsregelgröße; d) Störgrößen-Aufschaltung

[1] *Kessler, C.:* Über die Vorausberechnung optimal abgestimmter Regelkreise. I. Das regeldynamische Verhalten der Gleichstrommaschine. Regelungstechnik Bd. 2 (1954) S. 274/81; II. Das Problem der Rückführung bei elektronischen Regelverstärkern, ebenda Bd. 3 (1955) Nr. 1 S. 16/22; III. Die optimale Einstellung des Reglers nach dem Betragsoptimum, Nr. 2 S. 40/49.

2. Kaskadenregelung[1]

Die Strecke (Bild 11 b) wird wiederum in zwei Teile aufgespalten, indem zwischen dem Eingang (Stellgröße y_1) und dem Ausgang (Regelgröße x) eine Zwischengröße x_1 durch einen zusätzlichen Fühler gemessen wird. Durch den Regler R_1 wird „auf kurzem Weg" der erste Abschnitt S_1 für sich geregelt, so daß die hier wirksamen Störgrößen gar nicht oder zum mindesten stark reduziert am Ausgang von S_2 bemerkbar werden. R_1 kann, da S_1 weniger Verzögerungsglieder als die ganze Strecke enthält, schneller regeln als ein Regler, der an $S_1 + S_2$ anzupassen ist. Auf den Abschnitt S_2 wirkende Störgrößen, sowie eine durch R_1 (P-Regler) verursachte bleibende Abweichung von x_1 und damit von x wird dadurch unschädlich gemacht, daß der Regler R_2 mit seiner Ausgangsgröße w_1 den Sollwert-Einsteller von R_1 betätigt. Wie üblich wird der Sollwert von x durch w vorgegeben. Ein Beispiel findet sich in Bd. II, S. 355, Bild 79.

3. Hilfsregelgröße[2]

Der zweite Regler kann entfallen (Bild 11 c), wenn dem Reglereingang nicht nur die Differenz $w - x$, sondern auch die Differenz $w_h - x_h$ (x_h = Hilfsregelgröße) zugeführt wird. Dieses Verfahren erfordert wie das des vorigen Abschnitts einen zusätzlichen Meßwert-Umformer mit einer Einrichtung, die Differenz zwischen Ist- und Sollwert von x_h zu bilden. Es ist besonders leicht mit elektrischen Reglern zu verwirklichen, doch sind neuerdings auch für pneumatische Regler die notwendigen Hilfsgeräte erhältlich. Das Verfahren ist nicht unbedenklich, weil, beste Einstellung vorausgesetzt, bei Ausfall von x_h der Regelkreis instabil werden kann.

4. Aufschaltung von Störgrößen[3]

Dieses wohl wichtigste Verfahren beruht nach Bild 11 d darauf, die Störgröße z, die durch Größe und Häufigkeit den stärksten Einfluß hat, durch einen Fühler (F) zu erfassen und über ein geeignetes Übertragungssystem A als y_h auf ein zweites Stellglied zu geben. Offenbar kann bei geeignetem Abgleich wenigstens für hinreichend langsame Änderungen von z die Wirkung auf x vollständig unterdrückt (kompensiert) werden, so daß für diese eine Störgröße der Regler R überflüssig ist. Ein Beispiel ist der Doppelschluß-Generator; der Belastungsstrom als Störgröße beeinflußt über die Hauptschlußwicklung das Feld so, daß ohne äußeren Regelkreis die Klemmenspannung konstant bleibt. Die Störgröße kann auch über das Hauptstellglied aufgeschaltet werden (Addition von y_h und y in den Steuerwicklungen eines Magnetverstärkers, in den Feldwicklungen eines Generators oder einer Verstärkermaschine, im Summenumformer oder Mischrelais eines pneumatischen Reglers). Bei richtiger Anwendung hat der Regler R nur noch weniger bedeutende Störgrößen zu bekämpfen und kann daher einfacher ausgelegt werden. Da die Störgrößen-Aufschaltung eine Steuerkette außerhalb des eigentlichen Regelkreises darstellt, kann sie ohne Einfluß auf die Stabilität nachträglich zugesetzt und sogar mehrfach ausgeführt werden. Schließlich besteht noch die Möglichkeit, das vom Fühler F kommende Signal auf den Eingang des Reglers — zusammen mit $(w - x)$ — zu schalten. Dann handelt es sich um eine Abwandlung des Schemas Bild 11 c; in diesem Fall empfiehlt es sich, neben z auch die zeitliche Abweichung („Störgrößen-Tendenz") aufzuschalten.

---

[1] *Ankel, Th.*, u. *K. Hengst:* Die Verbesserung der Regelfähigkeit eines Systems mit Hilfe der Kaskadenregelung. Regelungstechnik Bd. 6 (1958) Nr. 10 S. 361/66.

[2] *Samal, E.:* Verbesserung der Regelgüte durch Verwendung von Hilfsregelgrößen, Störgrößenbeeinflussung oder Reihenschaltung mehrerer Regler. Regelungstechnik Bd. 5 (1957 Nr. 6 S. 192/98.

[3] *Samal, E.:* Verbesserung der Regelgüte durch Störgrößenaufschaltung. Regelungstechnik Bd. 5 (1957) Nr. 2 S. 40/45 u. Nr. 5 S. 154/58.

5. Simultane Regelung von Strecken-Abschnitten

Liegen in einer Strecke, z. B. in einem Maschinensatz, mehrere Verzögerungsglieder 1. Ordnung in einer Kette, so kann[1] nach Bild 12 jedes Teilstück (Zeitkonstanten T_1 bzw. T_2 und T_3) mit einem P-Regler kombiniert werden, der einen (theoretisch beliebig) kleinen Proportionalbereich haben kann. Der Regler R_3, an dem der Sollwert der Regelgröße X eingestellt wird, liefert mit seinem Stellausgang y_3 die Führungsgröße für den Regler R_2, dieser die Führungsgröße für R_1. Insofern liegt eine mehrfache Kaskadenregelung vor. Wird dafür gesorgt, daß y_3 und y_2 nur Werte innerhalb eines vorgegebenen Bereiches annehmen können, so ist die Anlage als Ganzes und in ihren Teilen sehr wirksam gegen die Überschreitung von Toleranzgrenzen geschützt. Stör- und Führungsverhalten sind unter Umständen wesentlich besser als bei Verbindung der Strecke mit einem P-I-D-Regler.

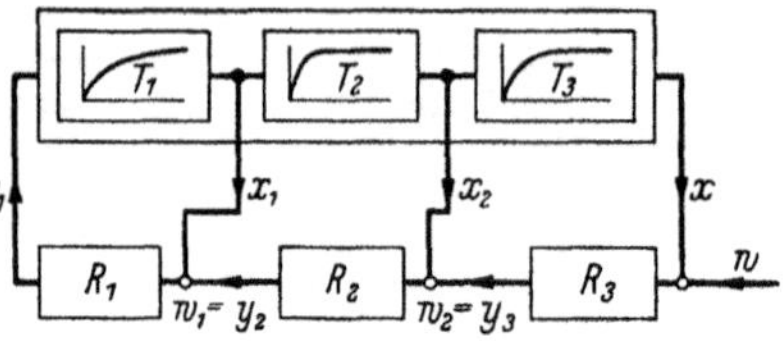

Bild 12
Mehrfache Kaskadenregelung mit P-Reglern

G. Folgesysteme (Nachlaufregler)

Nach Abschn. D und Bild 8 ist jeder Regelkreis ein Folgesystem, wenn die Regelgröße X gezwungen wird, sich einem zeitlich veränderlichen Sollwert X_0 so schnell und so gut wie möglich anzunähern. Die dort angeführten Beispiele stehen aber doch in einem gewissen Gegensatz zu der sog. Verfahrensregelung dadurch, daß die Unterscheidung in (gegebene) Regelstrecke und (anzupassenden) Regler entfällt; das eigentliche Folgesystem (amerik. Fachwort „servomechanism") wird als Ganzes entworfen. Auch für die Beurteilung der Güte haben sich etwas abweichende Kriterien eingebürgert.

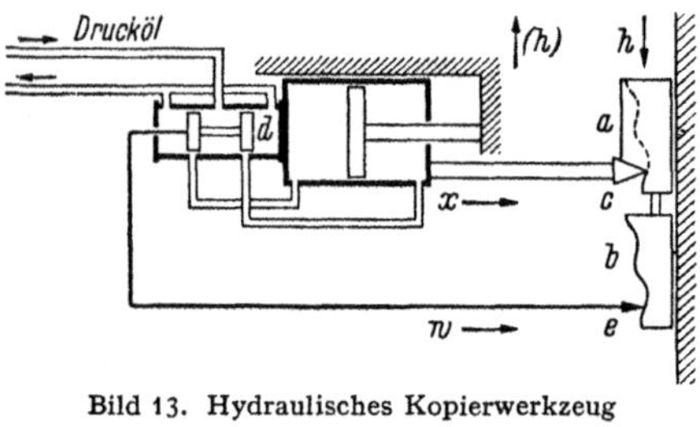

Bild 13. Hydraulisches Kopierwerkzeug

Bild 13 zeigt, stark schematisiert, eine hydraulische Kopiereinrichtung. *a* ist das Werkstück, das zusammen mit der Schablone *b* langsam in Richtung *h* und gegebenenfalls senkrecht dazu verschoben wird. Das Werkzeug *c* (Fräser, Schleifscheibe) ist am Arbeitszylinder eines hydraulischen Motors angebracht, dessen Kolben mit den Führungen der Maschine fest verbunden ist. Zur Herstellung von Rotationskörpern befindet sich das Werkstück im Spannfutter der Drehbank, während der übrige Teil der Anordnung durch die Leitspindel des Supports parallel oder in einem Winkel zur Drehachse bewegt wird[2]. Der Steuerkolben *d* wird durch den Taststift *e* betätigt. Ist die Auslenkung des Werkzeugs gleich der des Tasters (w), so sind beide Steuerschlitze abgedeckt, und das Werkzeug kann die bei der Bearbeitung auftretenden Kräfte aufnehmen. Ist $x \neq w$, so verschiebt sich der bewegliche Teil mit dem Werkzeug so lange, bis das Gleichgewicht wiederhergestellt ist.

Im Idealfall wird die unvergleichlich einfache und robuste Anordnung durch das Blockschema Bild 14a beschrieben. Die Differenz zwischen w und x, der

---

[1] *Syrbe, M.:* In Lit. 4, dort S. 78.

[2] Werkzeugmaschine und Fertigungstechnik Nr. VII. Sonderheft „Automatisierung". Essen: Verlag W. Girardet. 1956.

Kopierfehler ε, hängt vom zeitlichen Verlauf von w ab. Man unterscheidet drei Sonderfälle, die in Bild 15 der Reihe nach dargestellt sind:

a) w macht einen Sprung vom Betrag W. x beginnt, sofern W innerhalb des Linearitätsbereiches liegt, mit einer W proportionalen Geschwindigkeit anzusteigen und erreicht schließlich exakt die Führungsgröße. Die Zeit bis zum Verschwinden von ε ist um so kleiner, je größer die bezogene Stellgeschwindigkeit C_R — vgl. Gl. (17) — ist. Der *Lagefehler* ε_l ist Null.

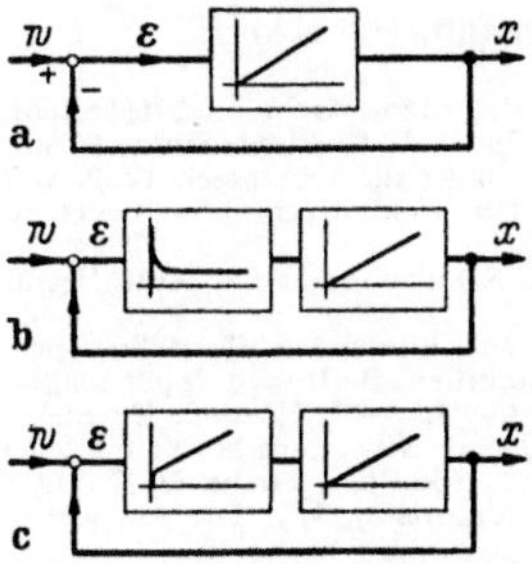

Bild 14. a) Folgesystem (Blockschema); b) und c) Verbesserung durch zusätzliche Übertragungsglieder

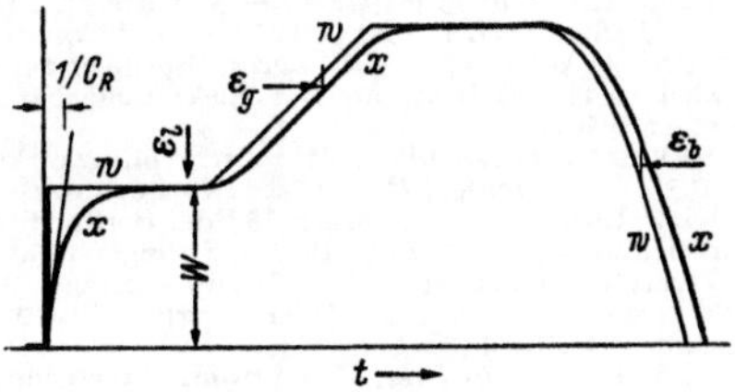

Bild 15. Lage-, Geschwindigkeits- und Beschleunigungsfehler eines Folgesystems

b) w steigt mit konstanter Geschwindigkeit A an ($w = At$). x hinkt nach dem Einschwingvorgang um eine gewisse Spanne nach. Die bleibende Differenz zwischen w und x ist der *Geschwindigkeitsfehler* ε_g. Er ist gleich A/C_R.

c) w steigt mit konstanter Beschleunigung B an ($w = Bt^2/2$). Der Abstand zwischen w und x, der *Beschleunigungsfehler* ε_b, nimmt monoton zu; er ist in jedem Augenblick proportional B/C_R^2.

Bei ausgeführten Folgesystemen kommen noch weitere Fehlerquellen durch Reibung, durch die Kennlinien des Steuerkolben (Ansprechgrenzen) und durch die konstruktionsbedingte maximale Verstellgeschwindigkeit hinzu; ferner wirken die zu beschleunigenden Massen um so stärker, je größer C_R gemacht wird.

Die Reaktion auf einen Sprung von w kann nach Bild 14b dadurch verbessert werden, daß dem Stellmotor neben dem Fehler ε auch seine zeitliche Ableitung $d\varepsilon/dt$ zugeführt wird, also durch Vorschalten eines Übertragungssystems mit P-D-Verhalten. Der Geschwindigkeitsfehler läßt sich dadurch nicht beeinflussen. Diesem Mangel hilft u. a. die Anordnung nach Bild 14c ab, die durch ein Übertragungssystem mit P-I-Verhalten vor dem Motor gekennzeichnet ist.

Nachlaufregler werden auch mit elektrischen Bauelelementen konstruiert. Von Vorteil ist dabei die größere Freizügigkeit im Aufbau der die Fehler korrigierenden Netzwerke, dagegen ist das Verhältnis von Leistung zu träger Masse des Stellmotors einschließlich Getriebe ungünstiger als bei dem hydraulischen Element.

Elektrotechnik

Bearbeitet von Prof. Dipl.-Ing. **W. Lehmann**, Hannover

Literatur: Zu I: 1. *Küpfmüller, K.:* Einführung in die theoretische Elektrotechnik, 5. Aufl. Berlin: Springer 1957. — 2. *Oberdorfer, G.:* Lehrbuch d. Elektrotechnik, 5. Aufl. München: R. Oldenbourg 1948/49. — 3. *Maier, G.:* Die Grundlagen d. Elektrotechnik, 2. Aufl. Berlin: Techn. Verl. H. Cram 1950. — 4. *Lehmann, W.:* Die Elektrotechnik u. d. elektromotorischen Antriebe, 5. Aufl. Berlin: Springer 1959 (Neudruck).

Zu II u III: 5. *Burstyn, W.:* Elektrische Kontakte u. Schaltvorgänge, 4. Aufl. Berlin: Springer 1956.

Zu V u. VI: 6. *Nürnberg, W.:* Die Prüfung elektrischer Maschinen, 3. Aufl. Berlin: Springer 1955. — 7. *Richter, R.:* Kurzes Lehrbuch d. elektr. Maschinen. Berlin: Springer 1949. — 8. *Ders.:* Elektrische Maschinen, 5 Bde. Berlin: Springer 1950/52. — 9. *Kosack, E.:* Elektr. Starkstromanlagen, 11. Aufl. Berlin, Springer 1950. — 10. *Ders.:* Schaltungsbuch für Gleich- u. Wechselstromanlagen, 7. Aufl. Berlin: Springer 1954. — 11. *Bödefeld, Th.*, u. *H. Sequenz:* Elektr. Maschinen, 5. Aufl. Wien: Springer 1952. — 12. *Nürnberg, W.:* Die Asynchronmaschine. Berlin: Springer 1952.

Zu VII: 13. *Schilling, W.:* Stromrichtertechnik. München: R. Oldenbourg 1950. — 14. *Anschütz, H.:* Stromrichteranlagen d. Starkstromtechnik. Berlin: Springer 1951. — 15. *Leonhard, A.:* Elektrische Antriebe, 2. Aufl. Stuttgart: F. Enke 1959. — 16. Ders.: Die selbsttätige Regelung, 2. Aufl. Berlin: Springer 1957. *Mohr, O.:* Steuerungen und Regelungen elektr. Antriebe, 1. Aufl. Berlin: VDE-Verlag 1959.

Zu VIII: 17. *Brödner-Wolf:* Elektrotechnik im Betrieb, 6. Aufl. Essen: W. Girardet 1952. — 18. *Kretzmann, R.:* Industrielle Elektrotechnik. Berlin: Verl. f. Radio-Foto-Kinotechnik 1952.

Zu IX: 19. *Schwaiger, A.:* Elektr. Leitungen, 2. Aufl. München: R. Oldenbourg 1948. — 20. *Carlé-Linse:* Berechnung elektr. Leitungen u. Netze, 2. Aufl. Stuttgart: F. Enke 1958.

Zu X u. XI: 21. *Pflier, P. M.:* Elektr. Meßgeräte u. Meßverfahren, 2. Aufl. Berlin: Springer 1957.

Zu XII: 22. *Weigel, R. G.:* Grundzüge d. Lichttechnik. Essen: W. Girardet 1952.

In diesem Abschnitt werden im allgemeinen *Größen*gleichungen verwendet.

I. Allgemeines

1. Elektrische Einheiten

Coulomb [C] ist die Einheit der Elektrizitätsmenge; 1 C scheidet aus einer Silbernitratlösung 1,118 mg Silber aus und entspricht der Ladung von $0{,}6242 \cdot 10^{19}$ Elektronen = 1 Asek (ein Elektron hat die Elementarladung $1{,}602 \cdot 10^{-19}$ C);

Ampere [A] ist die Einheit der elektrischen Stromstärke; 1 A scheidet aus einer Silbernitratlösung in einer Sekunde 1,118 mg Silber aus, also 1 A = 1 C/sek;

Ohm [Ω] ist die Einheit des elektrischen Widerstandes, dargestellt durch den Widerstand eines Quecksilberfadens von 1,063 m Länge und 1 mm² Querschnitt bei 0 °C;

Volt [V] ist die Einheit der elektromotorischen Kraft und der Spannung; 1 V treibt durch einen Leiter von 1 Ω Widerstand einen Strom von 1 A;

Joule [J] ist die Einheit der (elektrischen) Arbeit = 1 Wsek; 1 J = 10^7 erg (physikalische Arbeitseinheit);

Watt [W] ist die Einheit der elektrischen Leistung; 1 W = 1 J/sek = 1 V · 1 A;

Henry [H] ist die Einheit der Induktivität. Ein Stromleiter hat diese Induktivität, wenn durch eine gleichförmige Stromänderung von 1 A/sek eine Spannung von 1 V erzeugt wird;

Farad [F] ist die Einheit der Kapazität. Ein Kondensator hat diese Kapazität, wenn durch eine gleichförmige Spannungsänderung von 1 V/sek ein Strom von 1 A erzeugt wird.

2. Elektrotechnische Einheiten

Benennung	Formelzeichen	Beziehungsgleichung	Technische Einheit		Umrechnung
			Name	Zeichen	
Elektrizitätsmenge	Q	$Q = It$ (t = Zeit)	Coulomb = Amperesek	C Asek	1 C = 1 Asek = $0{,}6242 \cdot 10^{19}\, e$ (e = Ladung des Elektrons)
Stromstärke	I	$= Q/t$ $= U/R$	Ampere	A	1 A = 1 C/sek = $0{,}6242 \cdot 10^{19}\, e$/sek
Widerstand	R	$R = U/I$ $R = \varrho l/F$	Ohm	Ω	1 Ω = 1 V/1 A
Leitwert	G	$G = 1/R$	Siemens	S	1 S = 1 A/1 V = 1/1 Ω
Spannung, Elektromot. Kraft	U E	$U = RI$	Volt	V	1 V = 1 A · 1 Ω
Elektrische Arbeit	A	$A = UIt$ $A = RI^2t$ $A = U^2t/R$	Joule Wattsek	J Wsek	1 J = 1 Wsek = 10^7 erg 1 Wsek = 1 C · 1 V = 0,102 mkg 1 kWh = $3{,}6 \cdot 10^6$ J = 860 kcal 1 mkg = 9,81 Wsek 1 cal = 4,18 Wsek
Elektrische Leistung	N	$N = UI$ $N = RI^2$ $N = U^2/R$	Watt	W	1 W = 1 V · 1 A = 10^7 erg/sek 1 mkg/sek = 9,81 W 1 PS = 736 W 1 kW = 1,36 PS 1 kg = 0,0981 Wsek/cm
Elektrische Feldstärke	E	$E = U/s$ (s = Feldlinienlänge)	—	V/cm	
Magnetische Feldstärke	H	$H' = 1{,}256 \cdot Iw/l$ $H = Iw/l$	Oersted Durchflutung/cm	Oe A/cm	1 Oe = 0,796 A/cm 1 A/cm = 1,256 Oe
Magnetischer Kraftfluß	Φ	$\Phi = FB$	Maxwell	M	1 M = 1 Kraftlinie 1 M = 10^{-8} Vsek
Magnetische Induktion	B	$B = \mu_0 \mu H$	Gauß	G	1 G = 1 Kraftlinie/cm² 1 G = 10^{-8} Vsek/cm²
Verschiebungsdichte	D	$D = \varepsilon_0 \varepsilon \cdot E$ $= Q/F$	Ladung/cm²	Asek/cm²	
Induktionsfakt. (Vakuum)	μ_0	$\mu_0 = 1{,}256 \cdot 10^{-8}$ Ω sek/cm	—	—	$\mu_0 = 1{,}256 \cdot 10^{-8}$ H/cm $\mu_0 = 1{,}256 \cdot$ Gcm/A
Relative Permeabilität	μ	$\mu = \dfrac{B_{\text{Stoff}}}{B_{\text{Vakuum}}}$	—	—	
Dielektrizitätskonstante (Vakuum)	ε_0	$= 0{,}0886 \cdot 10^{-12}$ F/cm	—	—	$\varepsilon_0 = 0{,}0886 \cdot 10^{-12}$ sek/Ωcm $\varepsilon_0 = 0{,}0886 \cdot 10^{-12}$ Asek/Vcm
Induktivität	L	$E = -L \cdot di/dt$ $E = -w d\Phi/dt$	Henry	H	1 H = 10^9 cm 1 H = 1 Vsek/A = 1 Ωsek
Kapazität	C	$I = C du/dt$ $C = Q/U$ $C = \varepsilon_0 \varepsilon \cdot F/a$	Farad	F	1 F = 10^6 μF = 10^{12} pF = $9 \cdot 10^{11}$ cm 1 F = 1 Asek/V = 1 sek/Ω
Frequenz, Kreisfrequenz	f ω	$f = 1/T$ $\omega = 2\pi f$	Hertz	Hz	1 Hz = 1 sek^{-1}

II. Gleichstrom

1. Grundgesetze

a) Ohmsches Gesetz. Der Gleichstromgenerator G, Bild 1, erzeugt eine elektrische Spannung U und drückt sie dem Widerstand R auf. U treibt durch den Widerstand einen Strom I, der durch einen in Reihe geschalteten Strommesser gemessen werden kann. Ein dem Widerstand parallelgeschalteter Spannungsmesser zeigt die Größe der Spannung U an. Der Versuch lehrt, daß sich bei Änderung der Spannung U der Strom I verhältnisgleich ändert, während bei Änderung des Widerstandes der Strom I sich *umgekehrt* proportional mit dem Widerstand ändert. Gem. der Definition der Spannungseinheit müssen also die Beziehungen gelten:

$$I = U/R; \quad R = U/I; \quad U = RI.$$

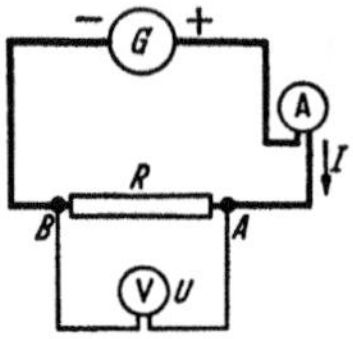

Bild 1. Generator G treibt einen Strom I durch den Widerstand R.

b) Ohmscher Widerstand. Seine Größe ist zunächst von dem Werkstoff abhängig. Als *spezifischer Widerstand* ϱ gilt der Widerstand von 1 m Länge und 1 mm² Querschnitt des jeweiligen Stoffs. Bei einer Leiterlänge von l Meter und F mm² ergibt sich daher ein Widerstand von $R = \varrho l/F$ in Ω.

Zahlentafel 1

Spezifischer Widerstand und Temperaturkoeffizient bei 20 °C

Stoff	ϱ_{20} Ω mm²/m	α_{20} 1/°C	Stoff	ϱ_{20} Ω mm²/m	α_{20} 1/°C
Aluminium . . .	0,0303	0,0038	Zink	0,065	0,0037
Blei	0,208	0,0040	Zinn	0,12	0,0044
Eisen	0,10 bis 0,15	0,0045	Konstantan . .	≈ 0,50	≈ 0
Kupfer.	0,0179	0,0039	Manganin . . .	≈ 0,40	≈ 0
Messing	0,07 bis 0,08	0,0016	Nickelin	≈ 0,42	0,0002
Nickel	0,1	0,0044	Chromnickel . .	≈ 1,0	0,0003
Platin	0,1	0,0039	Gaskohle . . .	≈ 100	−0,0003 bis −0,0008
Quecksilber . .	0,958	0,0009			
Silber	0,0165	0,0036			
Wismut	1,2	0,004	Bürstenkohle . .	40 bis 100	—
Wolfram	0,055	0,004	Kupferkohle . .	0,12 bis 4,5	—

Mit steigender Temperatur steigt im allgemeinen der spez. Widerstand je Grad um das α-fache:

$$\varrho_t = \varrho_{20}\,[1 + \alpha\,(t - 20)].$$

Der Widerstand von Kohle *sinkt* bei steigender Temperatur. Verunreinigungen erhöhen den spez. Widerstand, daher müssen Leitungsstoffe rein sein (Elektrolytkupfer). Statt mit dem spez. Widerstand rechnet man bequemer mit seinem Reziprokwert $\varkappa = 1/\varrho$, der *Leitfähigkeit.* Die Widerstandsformel lautet dann $R = l/(\varkappa F)$. Unter dem *Leitwert* versteht man den reziproken Wert des Widerstandes, $G = 1/R$.

Beispiel: Eine Kupferdrahtspule von 50 mm Innen- und 100 mm Außendmr. und 0,5 mm Drahtdmr. hat 6000 Windungen. Welcher Strom fließt bei 110 V Spannung hindurch? Der mittlere Windungsumfang ist $75\text{ mm} \cdot \pi = 238\text{ mm} = 0{,}238\text{ m}$, die gesamte Drahtlänge $6000 \cdot 0{,}238\text{ m} = 1425\text{ m}$. Der Drahtquerschnitt ist $0{,}5^2 \cdot \pi/4 = 0{,}196\text{ mm}^2$ und daher der Widerstand $R = 0{,}0179\ \Omega\text{ mm}^2 \cdot \text{m}^{-1} \cdot 1425/0{,}196\text{ mm}^2 = 130\ \Omega$. Die Stromstärke beträgt $I = 110\text{ V}/130\ \Omega = 0{,}846\text{ A}$.

Wenn sich die Spule im Betrieb von 20° auf 60 °C erwärmt, ist der spez. Widerstand um das $40° \cdot \alpha/\text{grd} = 40° \cdot 0{,}0039/\text{grd} = 0{,}156$fache, also um $0{,}156 \cdot 0{,}0179\ \Omega\text{ mm}^2/\text{m} = 0{,}00279\ \Omega\text{ mm}^2/\text{m}$ gestiegen, so daß er dann $0{,}0179\ \Omega\text{ mm}^2/\text{m} + 0{,}00279\ \Omega\text{ mm}^2/\text{m} = 0{,}02069\ \Omega \cdot \text{mm}^2/\text{m}$ beträgt. Der Spulenwiderstand errechnet sich hiermit zu 150 Ω und die Stromstärke zu 0,734 A.

Widerstandsbaustoffe sind genormt und durch das Zeichen WM mit einer Zahl gleich dem hundertfachen mittleren spez. Widerstand gekennzeichnet. Es wird unterschieden:

WM 13	$\varrho = 0{,}13$	Eisen, verzinnt oder verzinkt, von 0,5 mm Dmr. an.
WM 30	$= 0{,}30$	Kupfer-Nickellegierungen, auch zinkhaltig.
WM 50	$= 0{,}50$	Legierung aus Kupfer mit Nickel oder Mangan ohne Eisen oder Zink.
WM 100	$= 1{,}0$	Legierung aus Nickel und Eisen; Chrom und Nickel; Chrom.
MW 140	$= 1{,}4$	Legierung aus Chrom, Eisen, Aluminium (bis 1400 °C).

Halbleiter aus Selen, Germanium oder Silizium haben einen hohen Widerstand und leiten den Strom nur einseitig (elektr. Ventile)

c) Widerstandsschaltungen. Bei der *Reihenschaltung* oder Hintereinanderschaltung (Bild 2) ist die Stromstärke in allen Widerständen gleich. Die Spannungen an den Widerständen verhalten sich wie die Widerstände. Der Ersatzwiderstand R ist gleich der Summe der Einzelwiderstände $R_1 + R_2 + R_3$. Bei der *Parallelschaltung* oder Nebeneinanderschaltung (Bild 3) ist die Spannung an allen Widerständen gleich. Die Ströme in den einzelnen Widerständen verhalten sich umgekehrt wie die Widerstände. Der Ersatzwiderstand R, der ebensoviel Strom hindurchläßt wie alle parallelen Widerstände zusammen, ergibt sich aus $1/R = 1/R_1 + 1/R_2 + 1/R_3 + \cdots$ oder der Ersatzleitwert $G = G_1 + G_2 + G_3 \cdots$ Der Ersatzwiderstand ist stets kleiner als der kleinste der Parallelwiderstände.

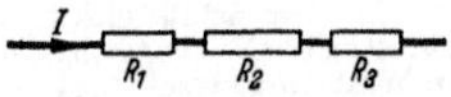

Bild 2. Reihenschaltung

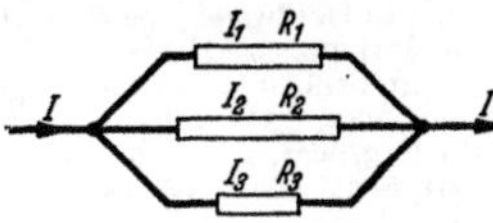

Bild 3. Parallelschaltung

d) Kirchhoffsche Regeln. *1. Regel:* Bei jeder Stromverzweigung ist die Summe der dem Verzweigungspunkt zufließenden Ströme gleich der Summe der abfließenden Ströme. In Bild 4 ist $I = I_1 + I_2$. Man kann auch $I - I_1 - I_2 = 0$ schreiben: Am Verzweigungspunkt ist die algebraische Summe aller Ströme null. *2. Regel:* In jeder Schaltung ist auf allen geschlossenen Stromwegen die Summe aller Spannungen (elektromotorischen Kräfte) gleich der Summe aller RI. Hierbei ist genau auf die Richtungen der Spannungen und Ströme zu achten. Zunächst können die Stromrichtungen beliebig eingetragen werden. Das positive Endergebnis zeigt, ob die Annahme richtig war. Aus Bild 4 folgt:

1. Regel: $I = I_1 + I_2$ 2. Regel: $U = R_1 I_1 + R_3 I$
$U_n = R_1 I_1 - R_2 I_2$

Hieraus errechnet sich $I_2 = (U R_1 - U_n R)/(R_1 R_3 + R_2 R)$. Der Zähler wird null, wenn $U R_1 - U_n R = 0$, also ist dann $U/U_n = R/R_1$. Da dann auch I_2 null ist, kann durch Einregeln auf Stromlosigkeit und Ablesen der Widerstände R und R_1 eine unbekannte Spannung U berechnet werden, wenn U_n als Spannung eines Normalelements bekannt ist (*Kompensationsschaltung*). Durch Fortlassen des Elements U_n geht die Schaltung, Bild 4, in die *Spannungsteilerschaltung* über. Dann ist $I_2 = U \cdot R_1/(R_1 \cdot R_3 + R_2 \cdot R)$ und am Widerstand (Verbraucher) R_2 die veränderliche Spannung $U_2 = R_2 \cdot I_2 = U \cdot R_1 \cdot R_2/(R_1 \cdot R_3 + R_2 \cdot R)$ von null bis U veränderbar.

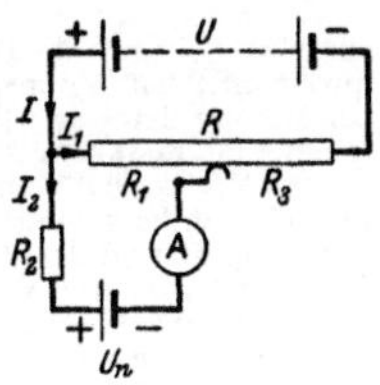

Bild 4. Kompensationsschaltung

e) Elektrische Arbeit und Leistung. Wenn ein elektrischer Strom I einen Ohmschen Widerstand R durchfließt, wird eine Wärmemenge Q entwickelt, die von Strom, Widerstand und Zeit t abhängt; hierfür muß eine elektrische Arbeit A aufgebracht werden. Die Einheit der elektrischen Arbeit wird dann aufgewendet, wenn durch einen Widerstand von 1 Ω ein Strom von 1 A in 1 sek fließt, an dem dann also eine Spannung von 1 V liegt. Diese Arbeitseinheit ist 1 *Joule* = 1 Wsek. Bei beliebigem Strom I, entsprechender Spannung U und während t sek ist die elektrische Arbeit

$$A = UIt \quad (\textit{Joule}\text{sches Gesetz})$$

oder

$$A = RI^2 t = U^2 t/R.$$

Für die Umrechnung in mechanische Arbeit und Wärme gilt:

$$1 \text{ mkg} = 9{,}81 \text{ J}; \qquad 1 \text{ kWh} = 860 \text{ kcal},$$

wobei 1 kWh = $3{,}6 \cdot 10^6$ J oder Wsek ist.

Elektrische Leistung N ist elektr. Arbeit je Zeiteinheit. $N = A/t$, $N = UI = RI^2 = U^2/R$. Die Einheit der elektr. Leistung ist das *Watt* W = 1 Voltampere; 1 PS = 736 W = 0,736 kW.

Beispiele: 1. Ein Widerstand von 440 Ω verträgt höchstens eine Leistung von 110 W. Welche Spannung darf man höchstens anlegen? Aus $N = U^2/R$ folgt $U = \sqrt{110 \text{ W} \cdot 440\,\Omega} = 220$ V.

2. Auf dem Schild eines Gleichstrommotors steht: 10 PS, 220 V, 38 A, n = 750 U/min. Wie groß ist der Wirkungsgrad des Motors? Die an der Welle abgegebene mechanische Leistung ist in Watt ausgedrückt N_2 = 10 PS · 736 W/PS = 7360 W. Die aufgenommene elektrische Leistung ist N_1 = 220 V · 38 A = 8360 W. Der Wirkungsgrad ist $\eta = N_2/N_1$ = 7360 W/ 8360 W = 0,88.

3. Ein Heißwasserspeicher für 60 Liter Wasser mit der elektrischen Leistung 6 kW habe einen Wirkungsgrad η = 0,8. In welcher Zeit vermag er das Wasser von 6 auf 90° C zu erwärmen? Benötigte Wärmemenge Q = 60 kg (90 − 6) = 5040 kcal. In elektrische Arbeit A_2 umgerechnet 5040 kcal/860 kcal · kWh^{-1} = 5,86 kWh. Die zugeführte Arbeit A_1 ist um die Verluste größer, nämlich A_2/η = 5,86 kWh/0,8 = 7,325 kWh = Nt, daher t = 7,325 kWh : : 6 kW = 1,22 h.

4. An ein Leitungsnetz mit der Spannung U_1 = 455 V ist ein Gleichstrommotor angeschlossen, der bei einem Wirkungsgrad η = 0,85 an seiner Welle N = 5 PS abgibt. Die Zuleitung zum Motor hat eine einfache Länge l = 180 m (Bild 5) und soll so bemessen werden, daß an dem Motor bei Abgabe seiner Nennleistung eine Spannung von mindestens U_2 = 440 V herrscht. Der Motor gibt an der Welle 5 PS · 736 W/PS = 3680 W ab, die aufgenommene Leistung ist 3680 W/0,85 = 4330 W und der Strom I = 4330 W/ 440 V = 9,85 A.

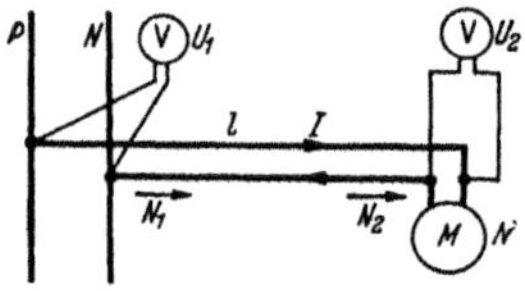

Bild 5. Spannungsabfall in einer Leitung

In der Zuleitung vom Abzweigpunkt bis zum Motor, also in der Leitungslänge 2 × 180 m, darf ein Spannungsabfall von $U_1 - U_2$ = 455 V − 440 V = 15 V auftreten; deren Widerstand darf daher nicht mehr als 15 V : 9,85 A = = 1,52 Ω betragen. Wählt man Kupfer mit einem spez. Widerstand $\varrho = {}^1/_{56}$ Ω mm²/m, also einer Leitfähigkeit $\varkappa$ = 56 m/Ωmm², so ergibt sich der Leitungsquerschnitt zu $F = l/(\varkappa R)$ = 2 · 180 m/(56 m/Ω mm²) 1,52 Ω = 4,25 mm². Der nächst höhere Normquerschnitt ist 6 mm², der nach den Vorschriften mit einer Dauerstromstärke von 35 A belastet werden darf. Der wirkliche Widerstand der Zuleitung ist $R = l/(\varkappa F)$ = 2 · 180 m/ [6 mm² (56 m/Ω mm²)] = 1,08 Ω, der Spannungsverlust in der Zuleitung also 1,08 · 9,85 = = 10,5 V, so daß am Motor tatsächlich eine Spannung von 455 V − 10,5 V = 444,5 V herrscht, d. h. Spannungsverlust 2,3% der Netzspannung U_1. Der Leistungsverlust der Zuleitung beträgt $R \cdot I^2$ = 1,08 Ω · 9,85² A² = 105 W, die am Abzweigpunkt abgenommene Leistung N_1 ist 455 V · 9,85 A = 4480 W, d. h. Leistungsverlust ebenfalls 2,3%. Wegen des kleinen Verlustes könnte man den nächst niederen Normquerschnitt 4 mm² zulassen, wobei die Motorspannung allerdings etwas unter 440 V sinken würde.

5. Mit welcher Stromstärke darf ein Kupferdraht von 1 mm² Querschnitt auf die Dauer von 1 sek höchstens belastet werden, wenn man eine Temperaturerhöhung von 100° C zulassen will? Nimmt man an, daß in einer so kurzen Belastungszeit kaum Wärme an die Umgebung abgegeben wird, so dient sie voll zur Erwärmung des Leitungskupfers. Für eine Leiterlänge von z. B. 1000 m ist das Kupfergewicht 8,9 kg und der Widerstand 17,9 Ω. Bei einer spez. Wärme des Kupfers von 0,1 kcal/kg grd sind Q = 8,9 kg · 0,1 · 100 = 89 kcal zur Drahterwärmung erforderlich, also 89 kcal/(860 kcal/kWh) = 0,1035 kWh = 373000 Wsek. Diese Arbeit ist gleich RI^2, also $I = \sqrt{373000 \text{ Wsek}/17{,}9\,\Omega}$ = 144 A.

f) Chemische Wirkungen des elektrischen Stroms. Der elektrische Strom ruft bei metallischer Leitung (Leiter 1. Klasse) keine stofflichen Veränderungen hervor. Die Stromleitung durch Elektrolyte (Leiter 2. Klasse), wie Säuren, Basen und Salzlösungen, ist hingegen immer mit einer Stoffabscheidung verbunden.

Bei der Lösung eines Salzes, einer Säure oder Base in Wasser verteilen sich nicht nur die Moleküle im Wasser, sondern die neutralen Moleküle zerfallen auch teilweise in zwei Ionen, in ein negativ elektrisch geladenes Anion und ein positiv geladenes Kation (*Dissoziation*). Kupfersulfatmoleküle zerfallen z. B. in ein positives Cu-Ion und ein negatives SO_4-Ion. Metalle und Wasserstoff tragen immer die positive Ladung, daher tritt bei Anlegen einer Spannung immer eine Wanderung dieser Ionen zum negativen Pol hin ein, während die negativen Ionen des Säurerestes oder der Hydroxylgruppe (OH) zum positiven Pol wandern. Die Ionen können verschiedene chemische Wertigkeiten haben. Ein Wasserstoff- oder Silber-Ion ist einwertig, ein Kupfer-Ion des Kupfersulfats zweiwertig und ein Aluminium-Ion dreiwertig. Einwertige

Ionen haben als Anion ein Elektron zuviel, als Kation mangelt ihnen ein Elektron im Vergleich zum neutralen Zustand. Zweiwertige Ionen haben entsprechend zwei Elektronen zuviel bzw. zuwenig.

Um die bei Stromdurchgang abgeschiedene Stoffmenge G zu bestimmen, geht man am besten vom einwertigen Wasserstoff mit dem Atomgewicht 1 aus. Von diesem wird durch 1 Coulomb (= 1 Amperesek.) $^1/_{96500}$ gr je Asek ausgeschieden. Bei einem Stoff mit dem Atomgewicht A ist die Abscheidung entsprechend A-mal so groß, während bei der Wertigkeit w nur $1/w$ der Stoffmenge abgeschieden werden kann, weil jede Stoffeinheit w Ladungseinheiten mit sich führt. Bei einer Elektrizitätsmenge Q Amperesek. ist also eine Stoffabscheidung von G gr

$$G = \frac{A\,Q}{96\,500\,w}$$

zu erwarten. Der Ausdruck A/w wird auch als *Äquivalentgewicht* bezeichnet. Zahlentafel 2 gibt einige Werte an.

Zahlentafel 2. *Elektrolytische Stoffabscheidung*

Stoff	Wertigkeit	Atomgewicht	1 A scheidet aus in 1 sek mgr	1 A scheidet aus in 1 h gr
Wasserstoff	1	1	0,0104	0,0376
Aluminium	3	27	0,0932	0,3354
Blei	2	207	1,0735	3,865
Kupfer	2	63,5	0,3294	1,1858
Nickel	2	59	0,3060	1,0946
Nickel	3	59	0,204	0,7297
Silber	1	108	1,118	4,0248
Zink	2	65	0,337	1,2193
Zinn	2	119	0,617	2,2142
Zinn	4	119	0,308	1,1071

2. Galvanische Elemente

Eine Platte (Leiter 1. Klasse), in einen Elektrolyten (Leiter 2. Klasse) getaucht, zeigt ein Lösungsbestreben. Da aber nur *Ionen* in Lösung gehen können, entsteht zwischen Platte und Elektrolyt eine elektrische Spannung, welche die Ablösung verhindert. Kupfer in verdünnter Schwefelsäure zeigt 0,34 V, während Zink in der gleichen Säure −0,76 V hervorruft. Taucht man beide Stoffe zugleich ein, dann ist eine Spannungsdifferenz 0,34 − (−0,76) = 1,1 V zu erwarten. Die *elektromotorische Kraft* dieses galvanischen Elementes hängt nur von den Baustoffen, nicht von der Plattengröße und dem Plattenabstand ab. Bei der Stromentnahme scheidet der Strom am Zink aus der Schwefelsäure SO_4 ab, welches sich mit dem Zink verbindet und dieses allmählich aufbraucht. Am Kupfer scheidet sich Wasserstoff ab, der die Platte überzieht und dadurch eine starke Verminderung der elektromotorischen Kraft (EMK) zur Folge hat (Polarisation). Um eine solche Änderung der EMK zu vermeiden, wendet man Depolarisationsmittel an.

a) Bei dem **Daniell-Element** befinden sich die Elektroden Kupfer und Zink in zwei verschiedenen Elektrolyten (Kupfersulfatlösung und verd. Schwefelsäure), die durch eine poröse Scheidewand voneinander getrennt sind. Bei Stromdurchgang trifft sich der aus der Schwefelsäure abgeschiedene Wasserstoff an der Scheidewand mit dem SO_4-Ion aus der Kupfersulfatlösung und bildet Schwefelsäure, während an der Kupferelektrode Kupfer abgeschieden wird. Dadurch bleiben die Elektroden unverändert und die EMK konstant.

b) Das gebräuchlichste nasse Element, das **Leclanché-Element,** hat als +-Elektrode einen Kohlestab in einem Beutel mit Kohlestückchen und Braunstein (MnO_2) und als −-Elektrode Zink. Als Elektrolyt dient eine Salmiaklösung (NH_4Cl). Wasserstoff scheidet sich in dem Beutel ab, wo er sich begierig mit dem Sauerstoff des Braunsteins zu Wasser verbindet. Ein solches Element behält seine EMK von etwa 1,4 V nur so lange, wie eine genügende Menge des Depolarisators Braunstein vorhanden ist.

Für Meßzwecke ist das sehr konstante Quecksilber-Kadmium-Element üblich (*Weston-Normalelement*).

c) Ortbewegliche Elemente müssen **Trockenelemente** sein; dem Elektrolyten ist Mehl beigemischt (Breiform). Damit durch den Gasabzug keine Flüssigkeit austritt, muß das Gas durch eine mit Sägemehl ausgefüllte Schleuse abziehen.

d) Zum **Messen der EMK** eines Elementes dient ein Spannungsmesser mit sehr hohem Widerstand, weil sonst die Spannung absinken würde. Bei einer Stromentnahme I durch den äußeren Widerstand R_a (Bild 6) zeigt der Spannungsmesser nicht mehr die EMK E, sondern eine verminderte *Klemmenspannung* U, weil das Element einen *inneren* Widerstand R_i hat, der bei kleinen Elementen groß ist. In diesem tritt bei Stromentnahme ein innerer Spannungsverlust $R_i I$ auf, so daß die Klemmenspannung auf den Wert $U = E - R_i I$ absinkt und beim *Kurzschlußstrom* I_k den Wert null erreicht. Da R_i mit wachsender Belastung etwas größer wird, sinkt die Klemmenspannung nicht linear, s. Bild 7.

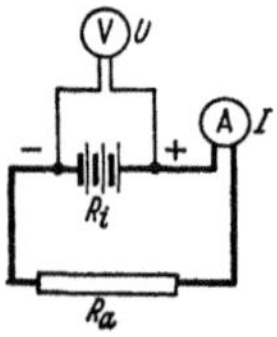

Bild 6
Spannungsabfall eines Elementes

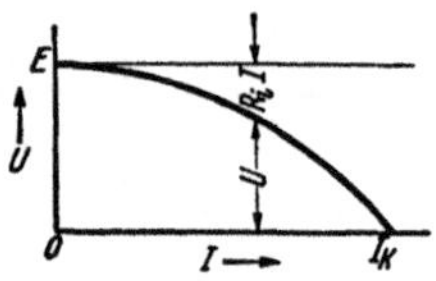

Bild 7
Abweichung vom linearen Spannungsabfall

Beispiel: Ein Element mit der EMK $E = 1{,}4$ V zeige bei Anschluß eines Widerstandes $R_a = 1{,}2\,\Omega$ eine Klemmenspannung $U = 1{,}1$ V. Es gehen dann 1,4 V − 1,1 V = 0,3 V in dem inneren Widerstand verloren. Da der Strom $I = U/R_a = 1{,}1\,\text{V}/1{,}2\,\Omega = 0{,}917$ A ist, muß der innere Widerstand

$$R_i = 0{,}3\ \text{V} : 0{,}917\ \text{A} = 0{,}328\ \Omega$$

sein. Wenn dieser unverändert bliebe, würde bei $R_a = 0$ der Kurzschlußstrom $I_k = 1{,}4\ \text{V}/0{,}328\ \Omega = 4{,}27$ A auftreten. Die abgegebene Leistung N_2 beträgt $UI = 1{,}1\,\text{V} \cdot 0{,}917\,\text{A} = 1{,}01$ W, die erzeugte Leistung hingegen $N_1 = EI = 1{,}4\ \text{V} \cdot 0{,}917\ \text{A} = 1{,}28$ W, so daß bei dieser Belastung der Wirkungsgrad $\eta = N_2/N_1 = 1{,}01\ \text{W} : 1{,}28\ \text{W} = 0{,}86$ ist. Die abgegebene Leistung N_2 erreicht ihren Höchstwert $N_{\text{max}} = 1{,}5$ W, wenn der äußere Widerstand gleich dem inneren ist. Der Wirkungsgrad ist dann 0,5.

3. Akkumulatoren

sind wiederaufladbare Elemente.

a) Blei-Akkumulatoren mit Blei in verdünnter Schwefelsäure. Bei der ersten *Ladung* wird durch den Strom am + - Pol Sauerstoff abgeschieden, der das Blei zu braunem Bleidioxyd (PbO_2) oxydiert, und am − - Pol Wasserstoff, der entweicht. Dadurch bilden sich zwei *verschiedene* Elektroden und damit ein Element, dessen Spannung etwa 2 V beträgt. Bei der folgenden *Entladung* geht der Zustand $PbO_2 + 2\,H_2SO_4 + Pb$ über in $PbSO_4 + 2\,H_2O + PbSO_4$. Die Polarität ist damit verschwunden, und zugleich wird durch die Wasserbildung die Säure weiter verdünnt. Bei der nächsten Ladung wird durch das Sulfat neue Schwefelsäure gebildet; durch ein eingetauchtes Aräometer läßt sich der Lade- bzw. Entladezustand erkennen. Am Anfang hat die Füllsäure das spez. Gew. 1,20 bis 1,28 kg/lit (dieses bei Starterbatterien).

Die Spannung einer Zelle ist nicht konstant. Bild 8 zeigt ihre Werte bei dreistündiger Entladezeit; als durchschnittliche Entladespannung kann etwa 1,95 V/Zelle angenommen werden. Bei der Ladung steigt die Spannung stark an; bei 2,7 V soll der Vorgang unterbrochen werden, weil dann die Zellen „kochen“, d. h. die entwickelten Gase verändern die Platten nicht weiter, sondern entweichen. Die Entladung darf nur bis zu einer Grenzspannung von 1,83 V/Zelle (bei Stromentnahme gemessen) ausgedehnt werden, weil sonst eine Schädigung eintritt. Ein Stehenlassen im entladenen Zustand auf längere Zeit ist unzulässig, weil dann

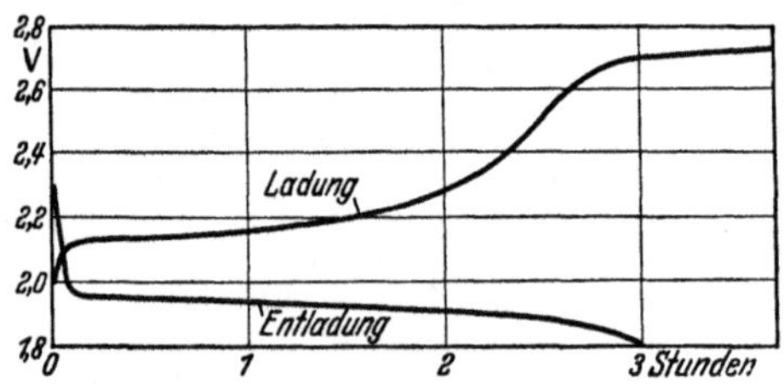

Bild 8. Spannungslinien einer Bleizelle

die Platten *sulfatieren*, d. h. das auf ihnen abgeschiedene Bleisulfat geht in eine harte unlösliche Form über. Ein schwaches Sulfatieren läßt sich zuweilen durch ein mehrmaliges Laden und Entladen wieder beseitigen. Die *Kapazität* (Abgabefähigkeit) eines Akkumulators ist die Elektrizitätsmenge, die er bei der Entladung abgeben kann. Eine Batterie mit einer Kapazität von 162 Ah kann 54 A während 3 Stunden abgeben, dabei hat jede Zelle dieselbe Kapazität, wenn sie hintereinandergeschaltet sind, während sich bei Parallelschaltung die Kapazität mit der Zellenzahl vervielfacht. Parallelschaltungen werden jedoch wegen der unsicheren Stromverteilung meist vermieden.

Die Kapazität ist von der Entladezeit abhängig. Der vorstehend erwähnte Akkumulator würde bei einstündiger Entladezeit nur eine Kapazität von 114 Ah und bei zehnstündiger Entladung von 216 Ah haben (geringerer Verlust durch Gasentwicklung). Es ist zu unterscheiden zwischen dem *Wirkungsgrad*, der das Verhältnis der Entladeleistung zur Ladeleistung darstellt ($\eta \approx 0{,}7$) und dem *Güteverhältnis*, das durch das Verhältnis der abgegebenen Elektrizitätsmenge zur aufgenommenen gegeben ist ($g \approx 0{,}9$).

Die Platten müssen dem Angriff des Elektrolyten eine große Oberfläche bieten. Bei *stationären* Batterien wird die am stärksten chemisch beanspruchte positive Platte als Großoberflächenplatte ausgeführt, bei welcher die Oberfläche durch zahlreiche feine Rippen vergrößert wird; für die negative Platte genügt eine gelochte Kastenplatte, deren Hohlraum mit Bleiglättepulver und einem Bindemittel ausgeschmiert ist. Die Bleiglätte wird bei der ersten Ladung zu schwammigem Blei reduziert, das dem Elektrolyten zugänglich ist. *Ortbewegliche* Batterien werden gewöhnlich mit Masse- oder Gitterplatten ausgerüstet, bei denen Bleirähmchen mit Feldern oder engeren Gittern mit der bereits erwähnten aktiven Masse ausgefüllt werden. Da diese Rähmchen sehr dünn gehalten werden können, zeichnen sich diese Platten durch geringes Gewicht aus. Allerdings besteht auch die Gefahr, daß starke Erschütterungen oder sehr große Ströme zu einem Herausfallen der Masse führen. Zur Aufspeicherung von 1 kWh braucht man bei Großoberflächenplatten etwa 100 kg, bei Gitterplatten nur etwa 35 kg; jene halten etwa 1000 Entladungen, diese nur etwa 250 aus.

Der innere Widerstand der Akkumulatoren ist viel niedriger als der galvanischer Elemente. Die Kurzschlußstromstärke ist daher sehr hoch und für die Platten gefährlich. Überschläglich kann man die Kurzschlußstromstärke gleich dem 10fachen Zahlenwert der Kapazität in Ah annehmen. Bleiakkumulatoren sind gegen Verunreinigungen sehr empfindlich. Die Füllsäure und das Nachfüllwasser müssen daher chemisch rein sein und in reinen Glasgefäßen aufbewahrt werden.

Beispiel: Ein Lichtnetz für 220 V soll durch eine Bleibatterie gespeist werden. Da in den Zuleitungen zu den Lampen ein Spannungsabfall von nicht mehr als etwa 3% auftreten soll, wird insgesamt eine Spannung von 220 V + 6,6 V = 226,6 V benötigt, und zwar auch noch am Ende der Entladezeit. Die benötigte Zellenzahl ist daher 226,6 V/1,83 V = 124. Im vollgeladenen Zustand hat eine Zelle anfangs etwa 2,1 V. Da auch dann selbst eine einzelne Lampe nicht mehr als 220 V erhalten darf, dürften dann nur 220 V/2,1 V = 105 Zellen benutzt werden. Es ist also ein einfacher Zellenschalter notwendig, durch den 124 − 105 = 19 Zellen stufenweise abschaltbar sind. Wenn die Forderung gestellt ist, daß während der Batterieladung auch Lampen eingeschaltet werden dürfen, ist mit der höchsten Ladespannung einer Zelle von ≈ 2,75 V zu rechnen. Die kleinste Zellenzahl ist dann 220 V/2,75 V = 80 Zellen, so daß 124 − 80 = 44 Zellen durch einen Doppelzellenschalter abschaltbar sein müßten.

b) Alkalische Akkumulatoren *(Stahlakkumulatoren).* Sie vermeiden das schwere Blei und benutzen als Elektrolyt Kalilauge (spez. Gew. 1,2 kg/lit). Die aktive Masse der +-Platte ist Nickelhydroxyd, der −-Platte Eisenschwamm oder Kadmium, beides in siebartig durchlöcherten Taschen. Die mittlere Entladespannung beträgt nur 1,2 V/Zelle (1,4 bis 1 V), daher bieten sie gewichtsmäßig gegenüber den Bleisammlern mit Gitterplatten keinen großen Vorteil. Der Wirkungsgrad (bezogen auf Wh) ist nur etwa $\eta = 0{,}5$ bis 0,6, das Güteverhältnis etwa $g = 0{,}7$. Diesen Nachteilen stehen praktische Vorteile gegenüber: Unempfindlichkeit gegen Erschütterungen, vorübergehend Überlastungen, schwache Verunreinigungen und völlige Entladung, auch ein längeres Stehenlassen im entladenen Zustand schädigt kaum.

Der *Nickel-Kadmium-Akkumulator* hat in der negativen Elektrode Kadmiumhydroxyd, seine Wirkungsgrade sind um ein geringes höher, und er zeigt besonders geringe Selbstentladung.

Bei der Ladung aller Akkumulatoren ist zu beachten, daß der +-Pol der Lade-Gleichspannung mit dem +-Pol des Akkumulators (braune Bleiplatte!) verbunden werden muß. Nur einschalten, wenn die Ladespannung gleich oder um ein geringes größer als die Batteriespannung ist.

4. Magnetismus

a) Dauermagnete. Magnete haben zwei Pole, mit denen sie Eisenteile, in geringerem Maß auch Nickelteile anziehen. Diamagnetische Stoffe, wie z. B. Wismut, werden schwach abgestoßen. Zwei Pole verschiedener Magnete wirken anziehend oder abstoßend aufeinander. Derjenige Pol eines frei beweglichen Magneten, der nach dem Nordpol der Erde weist, wird *Nordpol*, der andere *Südpol* genannt. Ungleichnamige Pole ziehen sich an, gleichnamige stoßen sich ab. Der Raum um die Pole, in dem eine magnetische Wirkung vorhanden ist, heißt das *magnetische Feld*. An der Stärke der Anziehung erkennt man, daß die Stärke des Feldes verschieden ist; am stärksten ist das Feld in der Nähe der Pole. Ein anschauliches Bild der Struktur des Feldes gibt ein Kraftlinienbild, das man dadurch erhält, daß man einen Magneten mit einem Karton überdeckt und diesen mit Eisenfeilspänen bestreut. Einen *einzelnen* Pol gibt es nicht, angenähert ist er bei einem *langen* Stabmagneten gegeben, dessen Pole an den Enden liegen. In der Polnähe verlaufen dann die *Feldlinien*, welche die Richtung der magnetischen Kraft angeben, radial, wie Bild 9 für einen Nordpol zeigt. Die umgekehrte Feldlinienrichtung ist für einen Südpol (Bild 10) angenommen worden.

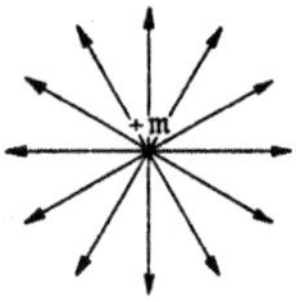

Bild 9. Nordpol

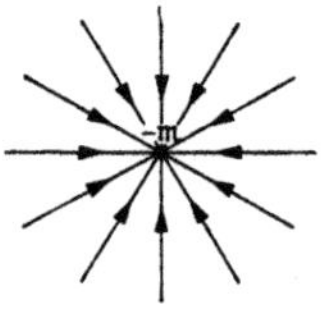

Bild 10. Südpol

Nach dem Coulombschen Gesetz ist die Feldstärke in einem Feldpunkt um so größer, je größer die Polstärke ist, und um so kleiner, je größer das Quadrat des Abstandes des Punktes vom Pol ist. Ein kleiner Nordpol *m* im Feld eines Stabmagneten, Bild 11, erfährt von dessen Nordpol N eine Abstoßkraft P_1 und von dessen Südpol S eine Anziehungskraft P_2. Beide Kräfte zusammen ergeben die Mittelkraft P, welche an dieser Stelle die Richtung der Feldlinie angibt. Mit einem gegebenen Magneten kann man durch Bestreichen von Stäben aus hartem Stahl neue Magnete herstellen, ohne daß der benutzte Magnet schwächer wird. Weiches Eisen verliert den Magnetismus sofort wieder. Dies erklärt sich dadurch, daß die Atome des unmagnetischen Eisens kleine Magnete sind, die durch die Magnetisierung lediglich gerichtet werden. Es ist damit verständlich, daß die Sättigung dann erreicht sein muß, wenn alle Elementarmagnete gerichtet sind, und daß Erschütterungen die Magnetstärke vermindert und Ausglühen den Magnetismus vernichtet. Besonders geeignet ist für Dauermagnete Wolfram- oder Kobaltstahl, noch besser Aluminium-Nickel-Kobaltstahl (Alnico).

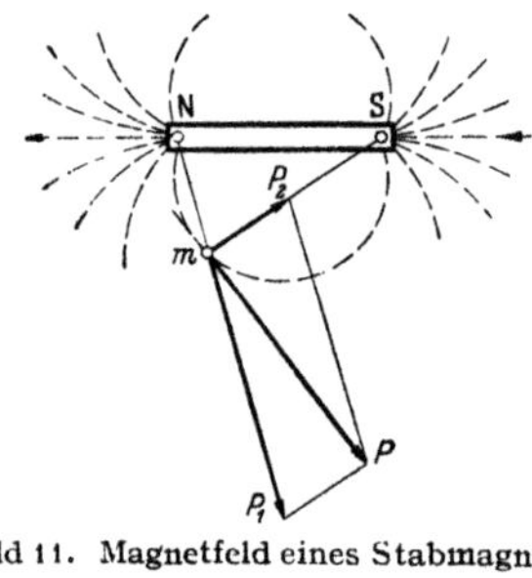

Bild 11. Magnetfeld eines Stabmagneten

Die durch die Kraft eines magnetischen Einheitspoles (2 Einheitspole üben in 1 cm Abstand eine Kraft von 1 dyn aus) festgesetzte Einheit der Feldstärke heißt 1 *Oersted* (Oe). Da alle magnetischen Felder durch Elektronenströmungen erregt werden, liegt es nahe, die elektrische Stromstärke unmittelbar bei der Bemessung der Felder zu benutzen.

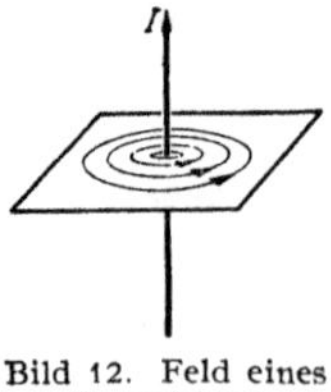

Bild 12. Feld eines Stromleiters

b) Elektromagnetismus. Die Feldlinien eines elektrischen Stromes gehen konzentrisch um den Leiter, Bild 12. Mit einer

Magnetnadel läßt sich feststellen, daß ihre Richtung im Uhrzeigersinn geht, wenn man in Richtung des elektrischen Stroms blickt. Schon das mit Eisenfeilspänen dargestellte Bild zeigt, daß die Feldstärke mit der Entfernung vom Leiter abnimmt.

α) Nach dem *Gesetz von Biot und Savart*, Bild 13, erzeugt ein vom Strom I durchflossener, unendlich kurzer Leiterteil dl im Punkt P einen Feldbeitrag $dH = I \cdot dl \cdot \sin\alpha/4\pi\varrho^2$, weil das Feld einerseits mit wachsender Kugeloberfläche $4\pi\varrho^2$ abnimmt und andererseits mit $\sin\alpha$ wächst. Strecke $\overline{ab}$ ist $dl \cdot \sin\alpha$, Strecke $\overline{cd}$ gleich $dl \cdot \sin^2\alpha$ und $\overline{ef}$ gleich $dl \cdot \sin^3\alpha$. Für alle Teile dl des unendlich langen Leiters sind alle Teile $\overline{ef}$ zu summieren. Die Summe ergibt $2r$ und damit die Feldstärke im Punkt P

$$H = I/2\pi r.$$

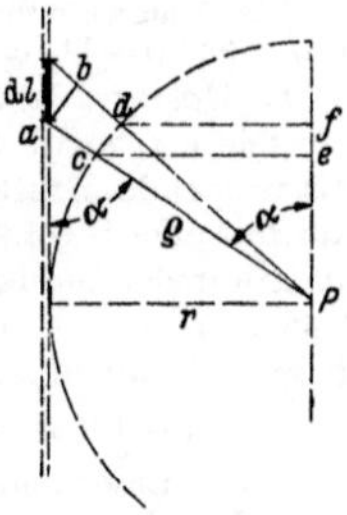

Bild 13
Feldbeitrag e–f des Leiterteilchens dl

In 10 cm Abstand von einem langen, geraden Leiter mit 100 A besteht demnach eine magnetische Feldstärke $H = 100$ A/2 π 10 cm = 1,59 A/cm. (Die Feldstärke der Erde in unseren Breitengraden beträgt etwa $^1/_4$ A/cm); 1 A/cm = 1,256 Oe.

Die obige Beziehung in der Form $H \cdot 2\pi r = I$ stellt das *Durchflutungsgesetz* dar: Die magnetische Spannung $H \cdot 2\pi r$ ist gleich der Durchflutung. Diese ist $\Theta = Iw$, wenn w Leiter vom Strom I durchflossen sind. Die Einheit ist das A.

β) *Magnetfeld der Kreisschleife.* Durch das Zusammenbiegen eines geraden Leiters zu einem Kreis wird das Feld bei gleichem Strom dichter, Bild 14. Ein Umfangsteil du liefert im Mittelpunkt der Schleife einen Feldbeitrag $dH = I \cdot du/4\pi r^2$. Die Summierung aller du über den Umfang $2\pi r$ ergibt

$$H = I/2r.$$

Eine Kreisspule von 20 cm Dmr. mit 100 Windungen und 2 A hat im Kreismittelpunkt hiernach eine Feldstärke $H = 100 \cdot 2$ A/2 · 10 cm = 10 A/cm.

γ) *Magnetfeld der Spule.* Eine gerade, unendlich lange Spule kann man sich aus schmalen Scheibenspulen zusammengesetzt denken, deren axiale Länge dl ist, Bild 15. Bei einem Strombelag von Θ_0 A/cm ist die Durchflutung einer Teilspule $\Theta_0 \cdot dl$, und diese ruft im Spulenpunkt P einen Feldbeitrag $dH = \Theta_0 \cdot dl \cdot \sin^3\alpha/2r$

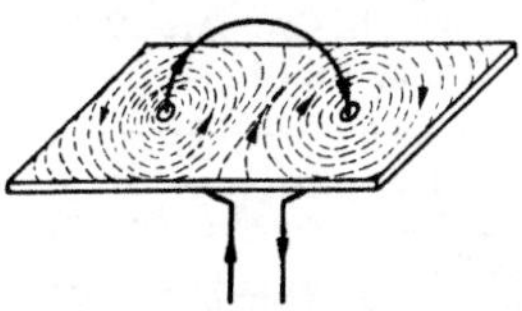

Bild 14
Feld einer Stromschleife

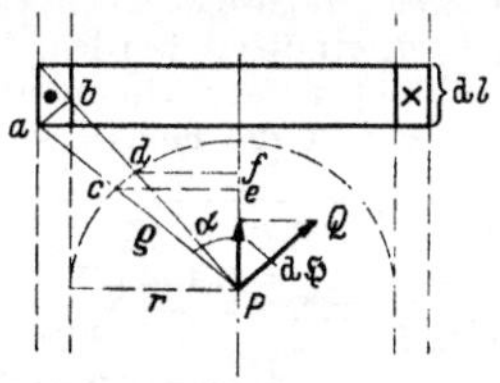

Bild 15. Feldbeitrag e–f eines Spulenteilchens dl

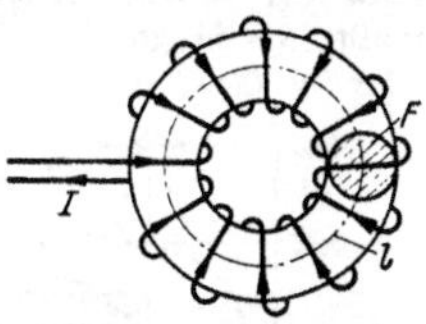

Bild 16. Ringspule

hervor, weil von diesem Beitrag nur die axiale Komponente als dH in Frage kommt. Auch hier ist die Strecke ab gleich $dl \cdot \sin\alpha$, cd gleich $dl \cdot \sin^2\alpha$ und $\overline{ef}$ gleich $dl \cdot \sin^3\alpha$. Die Summierung aller Strecken $\overline{ef}$ ergibt $2r$, und damit wird die Summe aller Teilfeldstärken in P

$$H = \Theta_0 \quad \text{A/cm}.$$

Die Feldstärke einer sehr langen Spule ist unabhängig vom Spulendmr. und gleich der Durchflutung je cm Länge.

Eine gerade Spule von 5 cm Dmr. und 25 cm Länge mit 1000 Windungen sei von 0,5 A durchflossen. Ihre gesamte Durchflutung ist dann $\Theta = Iw = 0{,}5 \cdot 1000 = 500$ A. Der Strombelag $\Theta_0 = \Theta/l = 500$ A/25 cm = 20 A/cm, und daher auch $H = 20$ A/cm.

δ) Die *Ringspule* (Toroidspule), Bild 16, hat ein Magnetfeld, das nur den Innenraum des Ringes (mit Querschnitt F) durchsetzt. Der Außenraum ist feldfrei, und daher gelten für diese Spule die Beziehungen der unendlich langen Spule. Bei w Windungen ist die gesamte Durchflutung $\Theta = Iw$ und damit die Feldstärke bei einer mittleren Spulenlänge l gleich $H = Iw/l$.

Eine Ringspule von 5 cm Windungsdmr. und 15 cm Ringdmr. hat 2000 Windungen mit 2 A. Dann herrscht im leeren Ringraum eine Feldstärke $H = 2\,\text{A} \cdot 2000/15\,\text{cm}\,\pi = 85\,\text{A/cm}$.

ε) *Magnetische Induktion.* Die als Feldstärke bezeichnete und in A/cm gemessene erregende Kraft verhält sich zum Magnetismus ähnlich wie die Spannung als treibende Kraft zum elektrischen Strom. Der Magnetismus steht aber nicht nur mit dem Strom in einer festen Beziehung, sondern über das Induktionsgesetz auch mit der Induktionsspannung. Daher wurde eine weitere Größe, die magnetische Induktion B eingeführt, die diesen Zusammenhang darstellt. Es ist $B = \mu_0 H$, worin μ_0 der *Induktionsfaktor* ist.

$$\mu_0 = 0{,}4\,\pi \cdot 10^{-8} = 1{,}256 \cdot 10^{-8}\,\Omega\text{sek/cm} = 1{,}256 \cdot 10^{-8}\,\text{Vsek/Acm}$$

ist eine dimensionsbehaftete Größe. Die Einheit ist das *Gauß* (G). $1\,\text{G} = 10^{-8}\,\text{Vsek/cm}^2$; der Faktor 10^{-8} ist eingeführt, weil Vsek/cm² eine viel zu große Einheit sein würde. Anschaulich wird die Größe B durch die Zahl der Kraftlinien gemacht, welche 1 cm² senkrecht durchdringen. 1 G ist also 1 Kraftlinie je cm². Eine Fläche F wird von dem *Kraftfluß* $\Phi = B \cdot F$ durchdrungen. Die Einheit des Kraftflusses ist 1 *Maxwell* (M) $= 10^{-8}$ Vsek.

Die betrachtete Ringspule hatte eine Feldstärke $H = 85\,\text{A/cm}$. Ihre magnetische Induktion ist $B = 1{,}256 \cdot 10^{-8}\,\Omega\,\text{sek/cm} \cdot 85\,\text{A/cm} = 107 \cdot 10^{-8}\,\text{Vsek/cm}^2 = 107\,\text{G}$. Da $F = 5^2\,\text{cm}^2\,\pi/4 = 19{,}6\,\text{cm}^2$, ist $\Phi = 107\,\text{G} \cdot 19{,}6\,\text{cm}^2 = 2100\,\text{G cm}^2 = 2100\,\text{M}$.

Nehmen wir in der Ringspule, Bild 16, statt des luftleeren Innenraums Luft oder einen anderen nichtmagnetischen Stoff an, so ändert sich an der Magnetisierung fast nichts. Ganz anders aber bei *ferromagnetischen* Stoffen (Eisen, Nickel); dann steigt B auf einen μ-fachen Betrag an, also

$$B = \mu_0 \mu H,$$

worin μ die relative Permeabilität, ein reiner, von dem Material und der Feldstärke abhängiger Zahlenwert ist. Der Vorgang erklärt sich durch die Gleichrichtung der Elementarmagnete der ferromagnetischen Stoffe im magnetischen Feld der Spule.

ζ) *Magnetischer Kreis und Magnetisierungslinie.* Die relative Permeabilität muß aus Stoffuntersuchungen ermittelt werden. Die Ergebnisse werden zweckmäßig als Magnetisierungslinien aufgezeichnet, und zwar als Ordinate B in G oder in Vsek/cm² und als Abszisse die Feldstärke in A/cm, Bild 17.

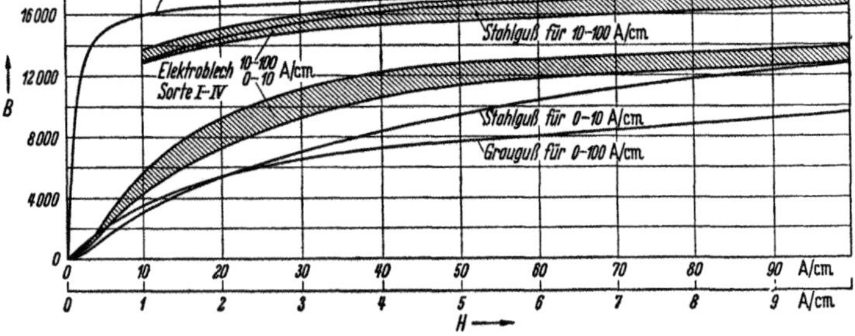

Bild 17. Magnetisierungslinien

Beispiel: Ein Ring aus weichem Stahl (Bild 18) trage eine Wicklung von 200 Windungen, die hier nicht auf den Ringumfang verteilt zu werden braucht, weil das Eisen als guter magnetischer Leiter den Fluß zusammenhält. Der mittlere Dmr. des Ringes ist 15 cm, der Eisenquerschnitt 20 cm². Welcher Strom ist durch die Spule zu schicken, damit ein magnetischer

Fluß von 320000 M entsteht? Die magnetische Induktion beträgt $B = \Phi/F = 320000\,\mathrm{M}/20\,\mathrm{cm}^2 = 16000$ G. Nach Bild 17 ist hierfür ein Strom von 42 A/cm nötig, für den Gesamtweg von $15\,\pi = 47$ cm, also 47 cm · 42 A/cm = 1970 A. Auf 200 Windungen verteilt demnach 1970 A/200 = 9,85 A je Windung.

In den Ring werde nun ein Luftspalt von 0,2 cm, wie gestrichelt angedeutet, eingesägt. Welcher Strom ist dann zur Erzeugung des gleichen Flusses nötig? An dem Luftspalt werden sich die Feldlinien etwas ausbreiten. Es sei daher eine Querschnittsvergrößerung von ≈ 5% angenommen, so daß der Luftquerschnitt des Flusses 21 cm² beträgt, B_l also 320 000 M/21 cm² = 15 240 G. Da sich der Eisenweg des Flusses nur um 0,2 cm verkürzt hat, kann die vorher für den Eisenweg berechnete Durchflutung beibehalten werden. Die magnetische Feldstärke im Luftspalt ist $H = B_l/\mu_0 = 15240/(1{,}256 \cdot 10^{-8})$ A/cm = 12150 A/cm. Bei einer Spaltlänge von 0,2 cm ist also eine Durchflutung $\Theta = 12\,150$ A/cm · 0,2 cm = 2430 A nötig. Die Gesamtdurchflutung ist daher $\Theta = 1970 + 2430 = 4400$ A und der Strom $I = \Theta/w = 4400$ A/200 = 22 A. Der große magnetische Widerstand der Luft verursacht also einen vergrößerten Magnetisierungsstrom.

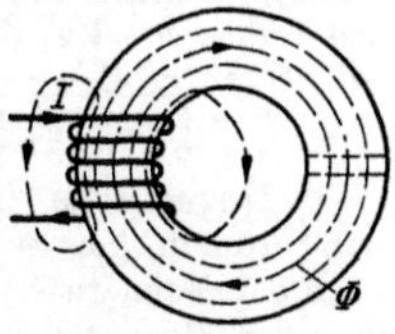

Bild 18. Ringmagnet

Bei gleich großem Luftspalt werde nun an beiden Polen durch eine aufgesetzte Eisenplatte der Querschnitt der Luft verdoppelt (Polschuhe). Dadurch sinkt bei gleichem Fluß die Feldliniendichte auf die Hälfte und damit auch der dafür notwendige Durchflutungsanteil auf 1215 A. Die gesamte Durchflutung ist dann nur noch 1970 + 1215 = 3185 A und der erforderliche Spulenstrom $I = 3185\,\mathrm{A}/200 = 15{,}9$ A.

Bei einem *Tragmagneten*, der eine möglichst große Tragkraft haben soll, ist diese der Polfläche und dem *Quadrat* der Feldstärke H verhältnisgleich. Man erhält also eine große Tragkraft durch eine mäßige Polzuschärfung.

Beispiel: Ein Lasthebemagnet von 800 mm Außendmr. in Glockenform, Bild 19, soll einen Stahlblock von $G = 4000$ kg tragen. Die Spule besteht aus Aluminiumdraht, mittlerer Windungsdmr. $d_w = 0{,}48$ m. Die magnetischen Induktionslinien laufen im mittleren Teil 1 nach oben, im Teil 2 strahlenförmig (radial) nach außen, im Teil 3 nach unten und schließen sich durch die Last 4. Die zugehörigen mittleren Induktionslinienwege werden aus der Zeichnung ermittelt und sind $l_1 = 18{,}5$ cm, $l_2 = 29$ cm, $l_3 = 17$ cm, $l_4 = 40$ cm (geschätzt). Wegen der nicht ebenen Oberfläche des Blockes liegt dieser nur in wenigen Punkten an, so daß ein Luftspalt im Mittel von $\delta = 0{,}5$ cm angenommen wurde, der sowohl innen wie außen vorhanden ist. Der magnetische Fluß Φ geht außen auf der Kreisringfläche $F' = 1230$ cm² in den Block über und von diesem auf der Kreisringfläche $F'' = 400$ cm² in den Magneten zurück. Der mittlere Querschnitt auf der Strecke l_1 ist $F_1 = 465$ cm², auf der Strecke l_2 ist $F_2 = 900$ cm², auf der Strecke l_3 ist $F_3 = 920$ cm². Im Block 4 steht den Induktionslinien ein sehr großer Querschnitt zur Verfügung; sie drängen sich aber außen auf $F' = 1230$ cm² und innen auf

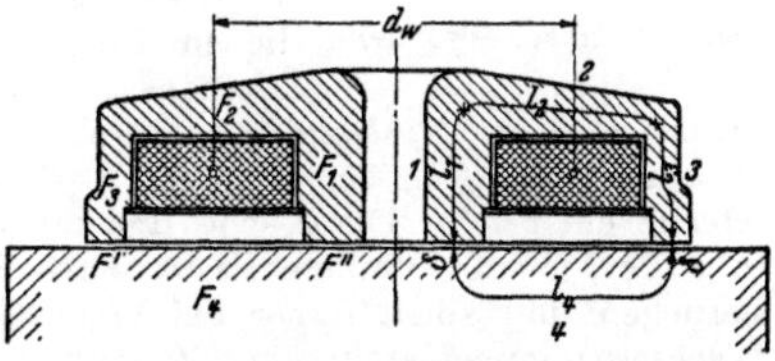

Bild 19. Lastmagnet

(Fortsetzung S. 858)

Für die einzelnen Teile des magnetischen Kreises ergibt sich:

	Teil des magnetischen Kreises					
	1	2	3	Luftspalt außen	4	Luftspalt innen
Fluß Φ . . . . . . M	$6{,}2 \cdot 10^6$	$6{,}2 \cdot 10^6$	$6{,}2 \cdot 10^6$	$6{,}2 \cdot 10^6$	$6{,}2 \cdot 10^6$	$6{,}2 \cdot 10^6$
Querschnitt F . . . cm²	465	900	920	1230	800	400
Werkstoff	Stahlguß	Stahlguß	Stahlguß	Luft	Stahlguß	Luft
Magnetische Induktion $B = \Phi/F$ . . . . . G	13350	6920	6750	5030	7750	15500
Durchflutung je cm . . . Θ/l[1] . . . . . . A/cm	12	3	2,9	4024	3,6	12400
Kraftlinienweg l oder δ cm	18,5	29	17	0,5	40	0,5
Gesamtdurchflutung Θ A	223	87	50	2012	144	6200

[1] Für die Teile 1 bis 4 aus Bild 17, für die Luftspalte aus $\Theta/l = B/\mu_0$.

Die gesamte erforderliche Durchflutung ist die Summe der Zahlen der letzten Zeile

$$\Theta = 8716\ \mathrm{A}.$$

Aus der Gesamtdurchflutung der Spule lassen sich deren Abmessungen ermitteln, s. unter d.)

$F'' = 400\ \text{cm}^2$ zusammen, so daß der mittlere Querschnitt auf der Strecke l_4 mit $F_4 = 800\ \text{cm}^2$ geschätzt werden kann. Die Zugkraft eines Magnetpoles mit dem Fluß Φ ist auf S. 863 allgemein zu $P = B^2 \cdot F/2\,\mu_0$ bestimmt worden. Da $B = \Phi/F$, gilt auch $P = \Phi^2/(F\,2\mu_0)$. Im Beispiel zerfällt F in die beiden Teilflächen F' und F'', daher ist $P = \Phi^2 \cdot (F' + F'')/(2\mu_0 \cdot F'F'')$ und hieraus $\Phi = \sqrt{2\,\mu_0 \cdot F'F'' \cdot P/(F' + F'')}$. Aus Sicherheitsgründen werde die Tragkraft auf 5000 kg = 491 Wsek/cm erhöht, dann ergibt sich

$$\Phi = \sqrt{2 \cdot 1{,}256 \cdot 10^{-8}\,[\Omega\text{sek/cm}]\ 400\,[\text{cm}^2]\ 1230\,[\text{cm}^2]\ 491\,[\text{Wsek/cm}]/1630\,[\text{cm}^2]}$$
$$\Phi = 6{,}2 \cdot 10^{-2}\ \text{Vsek} = 6{,}2 \cdot 10^6\ \text{M}.$$

c) Magnetische Hysteresis. Wenn man ein völlig unmagnetisches Eisen durch den Strom in einer Spule magnetisiert, Bild 20, steigt die magnetische Induktion B nach der Magnetisierungslinie Oa (anfängliche oder jungfräuliche Linie) an. Läßt man den Strom wieder auf den Nullwert absinken, nimmt der Magnetismus nicht nach der anfänglichen Linie, sondern nach der Linie ab ab, so daß bei stromloser Spule im Eisen eine *Remanenz* Ob verbleibt. Um diese zu vernichten, muß man eine umgekehrt gerichtete Durchflutung Oc in der Spule aufwenden: die *Koerzitivkraft*. Bei weiterer Steigerung des Stromes in negativer Richtung entsteht nach der Linie cd negativer Magnetismus, der beim Absinken dieses Stromes auf den Nullwert, dann eine negative Remanenz Oe zurückläßt. Durch einen positiven Strom läßt sich diese Remanenz wieder vernichten und bei weiterer Steigerung die positive Magnetisierung ha wiederherstellen. In der Darstellung durchläuft der Magnetismus eine Schleife (Hysteresisschleife), kehrt aber nie mehr zur anfänglichen Linie zurück. Die Erscheinung des Zurückbleibens des Magnetismus hinter dem magnetisierenden Strom wird als *Hysteresis* bezeichnet. Sie stellt einen Energieverlust dar, der in seiner Größe von der Art des Eisens abhängt und der *Fläche* der Hysteresisschleife entspricht. Die Fläche und mit ihr auch der Hysteresisverlust wird um so größer, je stärker magnetisiert wird. Er wächst mit der Zahl der Ummagnetisierungen und spielt daher bei Wechselstrom eine Rolle. Während man bei Wechselstrommagneten durch Weichheit des Eisens und geringe Magnetisierung die Schleifenfläche kleinzuhalten versucht, muß der Baustoff für Dauermagnete eine große Schleifenfläche haben.

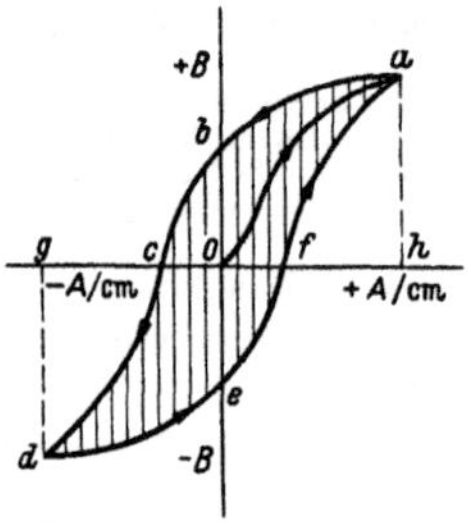

Bild 20. Hysteresisschleife

d) Berechnung von Magnetspulen. Die Kernfläche eines Elektromagneten wählt man zweckmäßig kreisförmig, weil diese Fläche den kleinsten Umfang hat (Kupferersparnis). Von den rechteckigen Querschnitten ist das Quadrat der günstigste. Nach dem Entwurf des Eisenkörpers (vorläufige Annahme 10 kg/cm² Polfläche) läßt sich die mittlere Windungslänge l_m der Spule (vorläufig) festlegen. Bei w Windungen hat die Spule einen Widerstand von $R = l_m w/(\varkappa F)$. Aus

$$RI = U = \frac{I\,l_m w}{\varkappa F} = \frac{l_m \Theta}{\varkappa F} \quad \text{folgt} \quad F = \frac{l_m \Theta}{\varkappa U}.$$

Für einen festgelegten Eisenkörper mit der benötigten Durchflutung Θ wird also ein Drahtquerschnitt F benötigt, der um so größer ist, je kleiner die Spannung U ist. Spulen für hohe Spannungen haben geringe Drahtquerschnitte und daher hohe Windungszahlen. Ferner ist der Drahtquerschnitt um so größer, je größer der Spulenumfang und der spez. Widerstand $1/\varkappa$ ist.

Bei vorstehender Formel ist zu beachten, daß $\varkappa$ mit Rücksicht auf die erhöhte Betriebstemperatur von Spulen (Übertemperatur 50° bzw. 60° bei getränkten Spulen, bei Silikonisolation sind erheblich höhere Temperaturen zulässig) geringer zu wählen ist (etwa 50 m/Ω mm² bei Kupfer, 29 bei Aluminium). Die Formel enthält nicht mehr die Windungszahl; sie könnte also beliebig gewählt werden, wenn die Erwärmung es zuließe. Man nimmt daher vorläufig eine ***Stromdichte*** S, die je nach Kühlung etwa zwischen 1 und 4 A/mm² (kleine Spulen) liegt, an. Dann ergibt sich der Strom $I = FS$ und die Windungszahl $w = \Theta/I$. Es ist zu prüfen, ob die Windungszahl unter Berücksichtigung der Isolation unterzubringen ist. Bei Annahme von doppelt mit Baumwolle umsponnenem Dynamodraht, wie er bei den normalen Netzspannungen üblich ist, kann mit einem Querschnittsverlust von 40% für Isolation und Hohlräume gerechnet werden.

Schließlich ist zu prüfen, ob die abkühlende Oberfläche der Spule ausreicht, d. i. die Oberfläche O, welche mit der Luft in Verbindung steht. Die im Dauerbetrieb zu erwartende Übertemperatur ist $t = N/(\alpha O)$, worin N die Leistung und α die Wärmeübergangszahl bedeutet; Werte für α zwischen 0,0025 und 0,0007 in W/cm²grd, je nachdem, ob völlig freiliegende oder stark abgedeckte Spule, gelten für Dauerbetrieb. Bei kurzzeitiger Einschaltung oder aussetzendem Betrieb sind höhere α-Werte möglich.

Wenn ein Elektromagnet auf eine andere Spannung ohne Änderung der magnetischen Leistungsfähigkeit *umgewickelt* werden soll, muß die Durchflutung $\Theta = Iw$ erhalten bleiben, ebenso wird bei gleicher Beanspruchung die Leistung $N = UI$ dieselbe bleiben. Daraus folgt, daß sich die Spannungen wie die Windungszahlen verhalten müssen. Ferner müssen sich die Ströme umgekehrt wie die Windungszahlen verhalten. Beim Umwickeln auf eine höhere Spannung ist zu beachten, daß der dann erforderliche dünnere Draht mehr Isolationsraum benötigt. Wenn ein Elektromagnet *mehrere* Spulen hat, läßt sich das Umwickeln durch Umschalten auf Reihen- bzw. Parallelschaltung vermeiden.

e) Kraftwirkungen im Magnetfeld. Wenn man nach Bild 21 einen stromdurchflossenen Leiter in ein Magnetfeld bringt, ist eine Kraftwirkung P zu erwarten, weil das Feld des Magneten auf das Magnetfeld des Stromes einwirkt. Bild 22 zeigt das Zustandekommen der Kraft und ihre Richtung. Die Überlagerung der beiden Felder ergibt ein resultierendes Feld, welches auf der einen Leiterseite eine Verstärkung, auf der anderen eine Feldschwächung aufweist. Die Feldverstärkung sucht den Leiter nach der Seite der *Feldschwächung* abzudrängen. Die Bewegungsrichtung steht also senkrecht auf der Feldrichtung des Magnetfeldes und senkrecht auf der Stromrichtung. *Linkehand-Regel:* Hält man die *linke* Hand so, daß die Feldlinien in die innere Handfläche *eintreten* und die Finger in die Stromrichtung zeigen, dann gibt der Daumen die Bewegungsrichtung an. Die Größe der Kraft ist der Stärke der beiden aufeinanderwirkenden Felder und der Länge l des Leiters, soweit er im Feld liegt, verhältnisgleich. Durch einen Versuch läßt sich feststellen, daß die Kraft P senkrecht zur Feld- und Stromrichtung

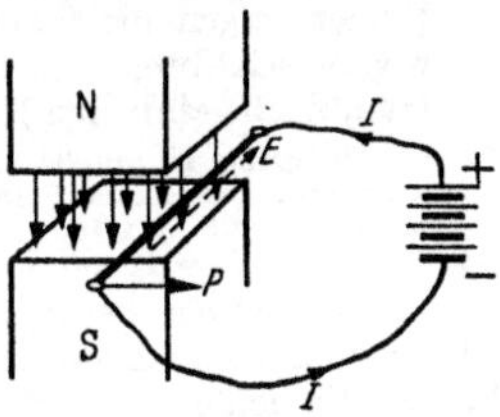

Bild 21
Stromleiter im Magnetfeld

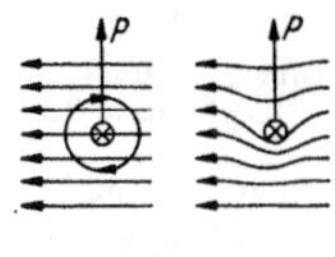

Bild 22
Stromleiter übt eine Kraft nach der geschwächten Feldseite aus

$$P = BIl$$

ist. Auf der betrachteten Kraftwirkung beruht die Wirkungsweise aller Elektromotoren. Sie benötigen ein Magnetfeld und stromdurchflossene Leiter (Anker). Um die Bewegungsrichtung umzukehren, muß man die Feld- *oder* die Stromrichtung wechseln.

Beispiel: Die Elektromotoren haben eine Kraftliniendichte B, die in der Größenordnung von $\approx$ 10000 G liegt. Ein Ankerleiter von 10 cm Länge, der von 100 A durchflossen ist, übt demnach eine Umfangskraft von $P = 10000\ \text{G} \cdot 100\ \text{A} \cdot 10\ \text{cm} = 10000 \cdot 10^{-8}\ \text{Vs/cm}^2 \cdot 100\ \text{A} \cdot \cdot 10\ \text{cm} = 0{,}1$ Wsek/cm aus. Da 1 kg gleich 0,0981 Wsek/cm, ist $P = 1{,}02$ kg.

Auch *stromdurchflossene, parallele Leiter* üben eine Kraft aufeinander aus, und zwar ziehen sie sich bei gleicher Stromrichtung an; bei entgegengesetzter Stromrichtung stoßen sie sich ab. Ein Leiter von der Länge l mit der Stromstärke I_1 hat in der Entfernung r die magnetische Induktion $B = \mu_0 H = \mu_0 I_1/2\pi r$ (s. S. 855). Liegt in diesem Feld ein Leiter gleicher Länge mit der Stromstärke I_2, so wirkt nach obiger Beziehung eine Kraft $P = \mu_0 I_1 I_2 l/2\pi r$.

Beispiel: Eine Akkumulatorenbatterie von 2000 Ah hat im Abstand $r = 125$ mm zwei Sammelschienen, die von Stützisolatoren mit 250 kg Umbruchfestigkeit getragen werden. In welchem Abstand müssen die Isolatoren angeordnet werden, wenn bei Kurzschluß doppelte Sicherheit gegen Bruch vorhanden sein soll? Die Kurzschlußstromstärke der Batterie wird etwa 20000 A sein. Nach obiger Beziehung ist, da $\mu_0 = 1{,}256 \cdot 10^{-8} \cdot \Omega\,\text{sek/cm} =$

$= 1{,}256 \cdot 10^{-8} \cdot$ Vsek/Acm und $P = 125$ kg $= 125$ kg $\cdot$ 0,0981 Wsek/cm $=$ 12,25 Wsek/cm ist, $l = 2\,\pi \cdot 12{,}5$ cm $\cdot$ 12,25 W sek cm^{-1}/(1,256 $\cdot$ 10^{-8} Vsek $\cdot$ A^{-1}cm^{-1} $\cdot$ 20000 A $\cdot$ 20000 A) $=$ $= 192$ cm.

5. Elektrische Induktion

a) Induktionsgesetz. Bei Bewegung eines Leiters (Länge l) mit der Geschwindigkeit $v = s/t$ durch ein Magnetfeld senkrecht zu den Feldlinien (so daß die Feldlinien geschnitten werden) entsteht eine EMK, Bild 23, die bei geschlossenem Stromkreis einen Strom I hervorruft. Die dabei entstehende elektrische Arbeit EIt muß gleich der zugeführten mechanischen Arbeit $Pvt = BIlvt$ sein. Hieraus:

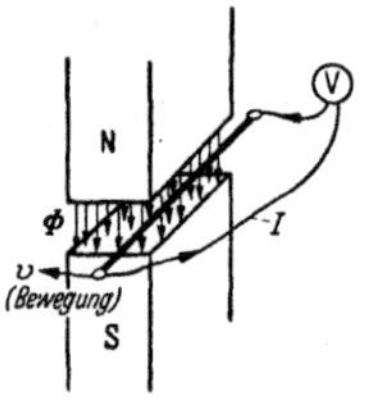

Bild 23. Magnetelektrische Induktion

$$E = Bvl.$$

Auf dieser Erscheinung beruhen alle elektrischen Generatoren. Die Richtung der EMK ist durch das *Lenzsche Gesetz* bzw. durch das Energiegesetz bestimmt: Erzeugter Strom sucht die Bewegung zu hemmen. (*Rechtehand-Regel:* Finger zeigen die Stromrichtung, wenn Daumen die Bewegungsrichtung weist und die Feldlinien in die innere Handfläche eintreten.)

Beispiel: In durchschnittlicher Größenordnung haben elektrische Generatoren eine Feldstärke von 10000 G und eine Leitergeschwindigkeit von 1000 cm/sek. Bei einer Leiterlänge von 10 cm ergibt sich dann je Leiter eine EMK $E = 10000$ G $\cdot$ 10^{-8} $\cdot$ 1000 cmsek^{-1} $\cdot$ 10 cm $= 1$ V.

Die Spule im Magnetfeld. Bei der Bewegung einer Leiterschleife (oder Spule) im magnetischen Feld (Bild 24) schneiden nur die Seiten ab und cd Feldlinien, nicht aber ac und bd. Da die beiden erzeugten EMK gleich und entgegengesetzt sind, heben sie sich auf, so daß *keine* Spannung verfügbar ist. Dasselbe trifft auch bei beliebiger Form der Schleife zu. Die Zahl der von der Spule umschlossenen Feldlinien bleibt bei dem homogen angenommenen Feld unverändert. Nehmen wir hingegen rechts vom Leiter cd ein stärkeres Feld an, dann würde in der Zeit dt eine Kraftflußzunahme dΦ in der Spulenfläche auftreten, die einer *Flußänderung* in der Drahtschleife, Bild 23, entspricht. Bei w Windungen wird daher eine EMK

$$e = -\frac{\mathrm{d}\Phi}{\mathrm{d}t}\,w$$

entstehen, wobei sich die Bedeutung des Minuszeichens im folgenden Beisp. 2 zeigen wird.

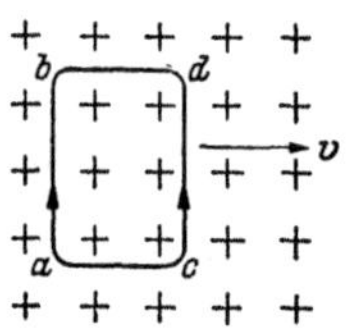

Bild 24. Leiterschleife im Magnetfeld

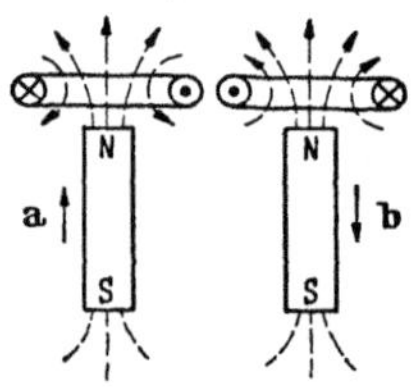

Bild 25. Induktion durch Magneten

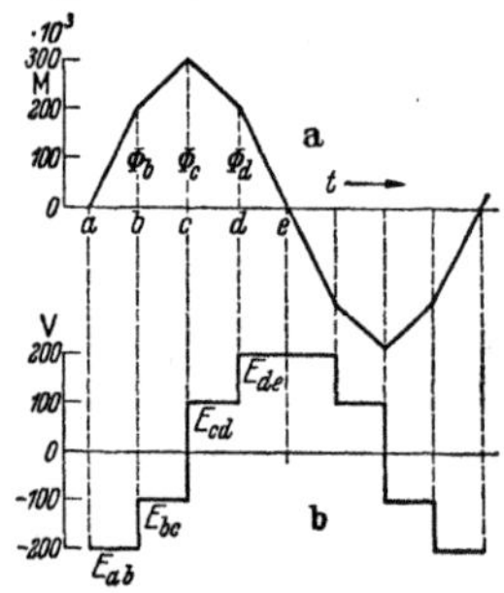

Bild 26 Induktion durch Wechselfluß

Beispiel: 1. In Bild 25 ist eine Leiterschleife und ein Magnet dargestellt. Im Teilbild a wird der Magnet mit dem Nordpol in die Schleife gesteckt; es handelt sich also um eine Flußzunahme. Der erzeugte Schleifenstrom will diese nach dem *Lenz*schen Gesetz verhindern und erzeugt daher entgegengerichtete Feldlinien, die der eingezeichneten Stromrichtung entsprechen. Im Teilbild b nimmt der umschlossene Fluß durch das Herausziehen des Magneten ab; um dies zu verhindern, erzeugt der Strom Feldlinien *gleicher* Richtung.

2. In einer Spule mit 200 Windungen werde der Kraftfluß gem. Bild 26a geändert, wobei $\Phi_b = 200000$ M, $\Phi c = 300000$ M und die Zeit ab sowie $bc = 2 \cdot 10^{-3}$ sek betragen. Die in der Spule erzeugten EMK sind in Bild b aufgetragen. In der Zeit ab steigt der Fluß gleichförmig von null auf 200000 M an. Es ist also d$\Phi = 200000$ M und d$t = 0{,}002$ sek. Während der ganzen Zeit tritt also die EMK $E_{ab} = -200000\,\mathrm{M} \cdot 10^{-8} \cdot 200 \cdot 0{,}002\,\mathrm{sek} = -200$ V auf. Da

diese Spannung bzw. der von ihr erzeugte Strom nach dem *Lenz*schen Gesetz das Bestreben hat, das Ansteigen des Flusses zu verhindern, muß die erzeugte Spannung *negativ* aufgetragen werden, und das ist auch der Grund, warum die Induktionsformel ein negatives Vorzeichen hat. In der gleichen Zeit 0,002 sek während bc steigt der Fluß um 100000 M, wodurch eine EMK $E_{bc} = -100$ V entsteht. Ebenso groß ist E_{cd}, jedoch wegen des abnehmenden Flusses umgekehrt gerichtet. Wesentlich ist, daß die entstehende EMK ihren Maximalwert hat, wenn der Fluß durch null geht und umgekehrt.

b) Selbstinduktion. Wenn man einem Elektromagneten für 110 V Spannung eine kleine Glühlampe für 220 V parallelschaltet, dann leuchtet sie bei der Betriebsspannung von 110 V kaum. Sobald man jedoch die Stromquelle abschaltet, blitzt für einen Augenblick die Lampe hell auf, d. h.: im Abschaltaugenblick tritt eine sehr viel höhere Spannung auf, die nur vom Magneten stammen kann. Die Erklärung ist einfach: Beim Abschalten des Stromes muß der Magnetismus verschwinden, und durch diese plötzliche Flußänderung in der Magnetspule muß eine große EMK induziert werden.

Diese *Selbstinduktionsspannung* berechnet sich nach der Induktionsformel S. 860; sie ist also besonders groß bei starker Flußänderung und großer Windungszahl. Ihre Richtung muß (*Lenz*sches Gesetz) beim Ausschalten gleich der des Magnetstromes sein, denn sie will ihn ja aufrechterhalten. Auch beim Einschalten muß eine Selbstinduktionsspannung auftreten, die das Entstehen des Magnetismus zu verhindern bestrebt ist, also dem Magnetisierungsstrom *entgegen*gerichtet sein muß. Sie kann aber nie größer als die Netzspannung sein. Im Gegensatz zu einem Widerstand wird durch sie der Strom in einer Spule nach dem Einschalten langsam auf seinen durch das Ohmsche Gesetz begrenzten Wert ansteigen.

Bei einer eisenerfüllten Spule läßt sich die Selbstinduktionsspannung nur aus der Flußänderung errechnen; bei einer *eisenlosen* Spule hingegen ist der Magnetfluß dem Strom verhältnisgleich. Statt der bisherigen Induktionsgleichung $e_s = -w(\mathrm{d}\Phi/\mathrm{d}t)$ kann man daher statt $\mathrm{d}\Phi/\mathrm{d}t$ auch $\mathrm{d}i/\mathrm{d}t$ setzen, wobei i der Augenblickswert des Stromes ist. Wenn man weiter alle Zahlenwerte zu einer einzigen Größe L zusammenfaßt, ergibt sich:

$$e_s = -L\mathrm{d}i/\mathrm{d}t.$$

L heißt die *Induktivität* der Spule, ein fester Zahlenwert, der durch deren Größe und Windungszahl bestimmt ist und mit einer geeigneten Widerstandsmeßbrücke gemessen werden kann. Die Einheit ist *Henry* [H]; sie ist dann vorhanden, wenn eine sekundliche Stromänderung von 1 A/sek eine Selbstinduktionsspannung von 1 V erzeugt. 1 H ist gleich 10^9 cm. Beim Einschalten einer Spule muß die angelegte Spannung U neben dem Ohmschen Widerstand noch die Selbstinduktionsspannung $e_s = -L\mathrm{d}i/\mathrm{d}t$ überwinden, die in diesem Fall entgegengerichtet ist. Es ist also $U = Ri + L\mathrm{d}i/\mathrm{d}t$. Die Auflösung dieser Differentialgleichung ergibt:

$$i = \frac{U}{R}\left(1 - e^{-Rt/L}\right) \quad \text{mit } e = 2{,}718.$$

Beim Ausschalten der Spule und gleichzeitigem Kurzschließen ist $U = 0$, also $Ri = L\mathrm{d}i/\mathrm{d}t$, woraus nach Auflösung folgt:

$$i = \frac{U}{R} e^{-Rt/L}.$$

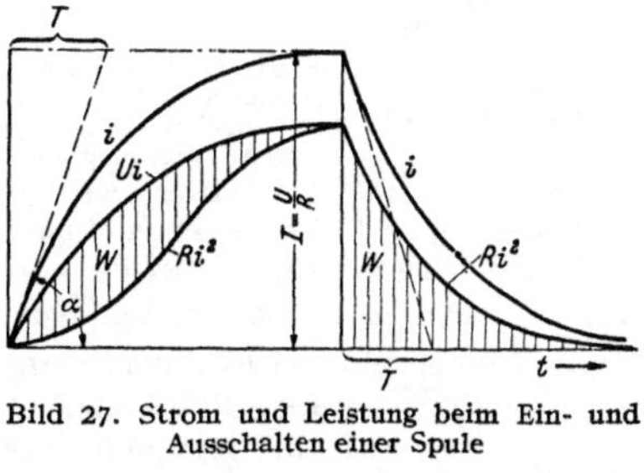

Bild 27. Strom und Leistung beim Ein- und Ausschalten einer Spule

Bild 27 stellt den Anstieg des Stromes beim Einschalten und den Abfall beim Ausschalten *und* Kurzschließen in Abhängigkeit von der Zeit t dar. Die Zeit T, welche die Tangente im Nullpunkt abschneidet, heißt *Zeitkonstante* und ist $T = L/R$. Nach dieser Zeit hat der Strom 63%, nach $2T$ 86,5% und nach $3T$ 95% des Grenzwertes $I = U/R$ erreicht. Der Anfangswinkel α ist durch T bestimmt.

Der Zusammenhang zwischen L und Φ ergibt sich aus den Beziehungen $e_s = -L\mathrm{d}i/\mathrm{d}t = -w\mathrm{d}\Phi/\mathrm{d}t$ zu $L = w\mathrm{d}\Phi/\mathrm{d}i$. Die Induktivität ist also durch $\mathrm{d}\Phi/\mathrm{d}i$, entsprechend der Neigung der Magnetisierungslinie, bestimmt. Nur bei der eisenlosen Spule ist L konstant. Bei der eisenerfüllten Spule ist L während des ersten steilen Anstiegs der Magnetisierung groß, in der Nähe der Sättigung hingegen sehr klein.

Beispiel: Eine eisenlose Ringspule nach Bild 16 habe einen mittleren Ringdmr. von 20 cm, einen Windungsquerschnitt von 5 cm² und eine Windungszahl $w = 10\,000$. Wie groß ist die Induktivität? Der Fluß ist (S. 857) berechnet worden zu $\Phi = \mu_0 H F = \mu_0 i w \cdot F/l$. $L = w\,\mathrm{d}\Phi/\mathrm{d}\,i = \mu_0 w^2 F/l = 1{,}256 \cdot 10^{-8} \cdot 10000^2 \cdot 5\ \mathrm{cm}^2/20\ \mathrm{cm} \cdot \pi = 0{,}1\ \Omega\ \mathrm{sek} = 0{,}1\ \mathrm{H}$.

Die beim Ausschalten von Spulen, insbesondere solcher mit hoher Windungszahl (w^2) auftretende hohe Selbstinduktionsspannung ist gefährlich, weil die Isolation der Spule zerstört werden kann. Schutzmaßnahmen:

1. Langsames Ausschalten. Durch Ziehen eines Ausschaltlichtbogens wird zwar die Selbstinduktionsspannung herabgesetzt, aber die Schaltkontakte verbrennen. Besser schaltet man einen Widerstand stufenweise vor und verlängert damit die Ausschaltzeit.
2. Kurzschließen der Spule im Ausschaltaugenblick. In diesem Fall kann die Selbstinduktionsspannung nicht größer als die Netzspannung werden. Es ist jedoch schwer, eine solche Umschaltung ohne Kurzschluß der Netzspannung durchzuführen. Es ist daher besser, die Spule auf einen Widerstand umzuschalten.
3. Dauerndes Parallelschalten eines Widerstandes zur Magnetspule. Die Selbstinduktionsspannung, die dann entsteht, ist um so größer, je größer der Parallelwiderstand ist.
4. Durch Parallelschalten eines Kondensators zur Magnetspule.

Beispiel: Ein Elektromagnet für 220 V, 2000 W, soll durch dauerndes Parallelschalten eines Widerstandes gegen eine zu hohe Selbstinduktionsspannung geschützt werden. Wie groß muß dieser Widerstand sein, wenn man beim Ausschalten nicht mehr als die dreifache Betriebsspannung am Magneten zulassen will? Der Magnetstrom ist $I = N/U = 2000\ \mathrm{W}/220\ \mathrm{V} = 9{,}1\ \mathrm{A}$. Bei plötzlichem Abschalten der Netzspannung muß dieser Strom zuerst in voller Stärke seinen Weg durch den Parallelwiderstand nehmen, an dem ebenso wie am Magneten höchstens $3 \cdot 220\ \mathrm{V} = 660\ \mathrm{V}$ auftreten sollen. Der Parallelwiderstand muß demnach $R = 660\ \mathrm{V}/9{,}1\ \mathrm{A} = 72{,}5\ \Omega$ sein. Nach diesem Anfangsstrom klingt der Wert schnell ab.

Die *Selbstinduktion* spielt auch bei der Bemessung elektrischer Leitungen zur Fortleitung elektr. Wechselströme auf große Entfernungen eine Rolle. Hin- und Rückleiter können als *eine* Windung einer Spule aufgefaßt werden, durch deren Windungfläche ein um so größerer Magnetfluß induzierend hindurchwechselt, je länger bei einem gegebenen Strom die Leitungen sind und je weiter sie auseinander liegen. Es entsteht dadurch in der Leiterschleife mit dem induktiven Widerstand ωL eine Spannung $I\omega L$, die ebenso wie der Ohmsche Spannungsverlust RI einen Spannungsabfall in der Leitung zur Folge hat, s. Bild 5.

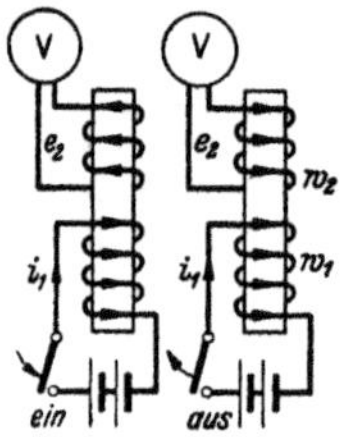

Bild 28
Gegeninduktion

c) Gegeninduktion. Ein Strom i_1 kann auf einen anderen Leiter durch Gegeninduktion wirken und in ihm eine Induktions-EMK e_2 und einen Strom i_2 erzeugen, Bild 28. Beim Schließen des Schalters muß nach dem *Lenz*schen Gesetz der induzierte Strom i_2 dem Strom i_1 entgegen-, beim Öffnen des Schalters jedoch gleichgerichtet sein. Bei eisenlosen Spulen läßt sich, der Selbstinduktion entsprechend, die induzierte Spannung schreiben:

$$e_2 = -M\,\mathrm{d}i_1/\mathrm{d}t;$$

hierin ist M die *Gegeninduktivität*, die ebenfalls in Henry ausgedrückt wird. Sie hängt einerseits von der Größe und Windungszahl der beiden Spulen, also deren Induktivität, und andererseits von deren Entfernung und Lage zueinander ab.

M erreicht einen Höchstwert, wenn beide Spulen so dicht zusammengewickelt sind, daß alle Feldlinien der ersten Spule auch die zweite durchdringen. In diesem Fall muß notwendig $e_2/e_1 = w_2/w_1$ sein. Setzt man $e_1 = L \cdot \mathrm{d}i_1/\mathrm{d}t$ und berücksichtigt, daß $w_2/w_1 = \sqrt{L_2 \cdot L_1}$ sein muß, weil die Induktivität mit dem Quadrat der Windungszahl wächst, dann ergibt sich $e_2 = \sqrt{L_1 L_2}\,\mathrm{d}i_1/\mathrm{d}t$, demnach $M_{\max} = \sqrt{L_1 L_2}$. Mit der Entfernung oder Drehung der Achsen der Spulen sinkt die Gegeninduktivität M und ist dann nur noch $k M_{\max}$, worin k der *Kopplungsfaktor* < 1 ist; $k = M/\sqrt{L_1 L_2}$. Auch zwei von demselben Strom durchflossene Spulen (Bild 29) können durch Gegeninduktion aufeinander wirken. Bei gleichsinniger Schaltung ist die Gesamtinduktivität des Stromkreises $L = L_1 + L_2 + 2M$, bei gegensinniger Schaltung $L = L_1 + L_2 - 2M$.

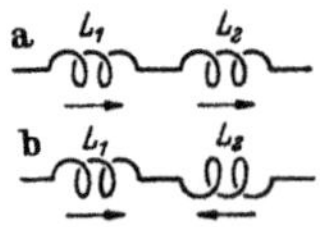

Bild 29. Gegeninduktion bei in Reihe liegenden Spulen. a) gleichsinnig, b) gegensinnig gewickelt

Unter Benutzung der magnetischen Flüsse geht von dem in der ersten Spule erzeugten Fluß Φ_1 ein Streufluß $\Phi_s = \tau \Phi_1$

verloren, so daß die zweite Spule nur noch ein Fluß $\Phi_2 = \Phi_1(1 - \tau)$ durchdringt. In ihr wird daher erzeugt $e_2 = w_2(1 - \tau) \cdot \mathrm{d}\Phi_1/\mathrm{d}t$.

6. Elektromagnetische Energie

a) Magnetische Energie. Wenn man gem. Bild 27 den Spulenstrom i mit der unveränderlichen Spannung U multipliziert, erhält man die Kurve der *zugeführten* Leistung Ui. Bildet man hingegen das Produkt Ri^2, also die im *Spulenwiderstand verbrauchte* Leistung, so ergibt sich ein Differenzbetrag, dessen Verbleib zu erkennen ist, wenn man die Spannungsgleichung $U = Ri + L\mathrm{d}i/\mathrm{d}t$ mit i multipliziert. Dadurch entsteht die Leistungsgleichung $Ui = Ri^2 + iL\mathrm{d}i/\mathrm{d}t$. Der zweite Summand ist der Differenzbetrag zwischen den beiden Leistungslinien und entspricht der *magnetischen* Leistung, die zum Aufbau des magnetischen Feldes erforderlich ist. Die schraffierte Fläche stellt die magnetische Energie W dar, die in dem Spulenfeld aufgespeichert ist. In dem Zeitelement $\mathrm{d}t$ beträgt der Zuwachs an Energie $\mathrm{d}W = \mathrm{d}t \cdot iL\mathrm{d}i/\mathrm{d}t = iL\mathrm{d}i$. Dieser Ausdruck, über die ganze Fläche integriert, ergibt:

$$W = LI^2/2.$$

Für eine Ringspule wurde S. 862 die Induktivität zu $L = \mu_0 w^2 F/l$ berechnet. Zusammen mit der früheren Beziehung $H = Iw/l$ ergibt sich für diese Spule $W = {}^1/_2 \mu_0 H^2 F l$. Dividiert man diese Spulenenergie durch das Volumen lF des Spulenhohlraums, dann erhält man die *Energiedichte* W_0 des magnetischen Feldes $W_0 = {}^1/_2 \mu_0 H^2$ oder, da $H = B/\mu_0$, auch $W_0 = B^2/2\mu_0$.

Beispiel: Ein Magnetpol mit der Fläche F cm² (Bild 30) ziehe Eisen mit der Kraft P an. Bei der Bewegung $\mathrm{d}s$ verschwindet die Feldenergie $W_0 F \cdot \mathrm{d}s$, die in mechanische Arbeit $P\mathrm{d}s$ übergeht. Hieraus

$$P = F B^2/2\mu_0.$$

Ein Elektromagnet mit der tragenden Polfläche 1 cm² habe im Sättigungsbereich die Kraftliniendichte $B = 16000$ G. Er zieht dann Eisen mit

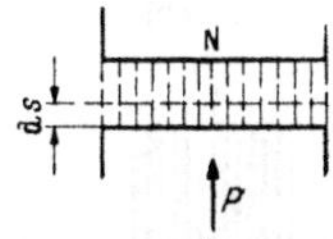

Bild 30. Anziehungskraft eines Magnetpols

$$P = 1\ \mathrm{cm^2} \cdot 16000^2 \cdot 10^{-16}\ \mathrm{V^2sek^2/cm^4}/(2 \cdot 1{,}256 \cdot 10^{-8}\ \Omega\ \mathrm{sek/cm});$$
$$P = 1\ \mathrm{Wsek/cm} \approx 10\ \mathrm{kg}\ \text{an.}$$

Die Leistungsgleichung zeigt eine magnetische Leistung Strom × Selbstinduktionsspannung, also $iw\mathrm{d}\Phi/\mathrm{d}t$, mit $\mathrm{d}t$ multipliziert demnach die Energie $iw\,\mathrm{d}\Phi$. Diesen Energiebetrag $\mathrm{d}W$ stellt in der Magnetisierungslinie, Bild 31, der schmale Flächenstreifen der schraffierten Fläche dar. Die gesamte Fläche ist demnach die im *Eisen* enthaltene magnetische Energie, wenn es bis zum Punkt P magnetisiert wird. Sie ist durch die Magnetisierungslinie bestimmt. Bild 32 stellt die magnetische Energie je cm³ in Abhängigkeit von der Liniendichte für einige Eisenarten und Luft dar.

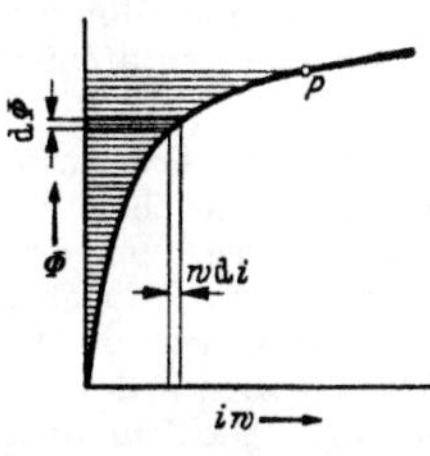

Bild 31. Magnetische Energie des Eisens

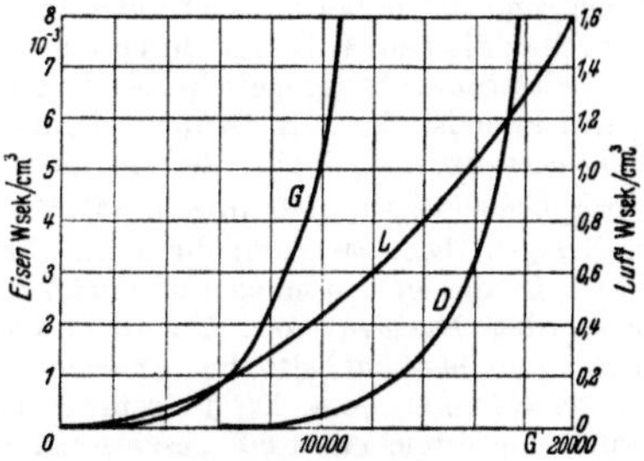

Bild 32
Magnetische Energie. G = Gußeisen, D = Dynamoblech, L = Luft

b) Kondensator und elektrisches Feld. Wenn man an zwei leitende Platten (Beläge), die in geringem Abstand gut voneinander isoliert sich gegenüberstehen,

Bild 33, eine elektrische Spannung U anlegt, so zeigt ein geeigneter Strommesser einen kurzen Stromstoß, weil auf die negative Platte Elektronen als negative Ladung Q strömen, während an der positiven Platte ebenso viele abgezogen werden.

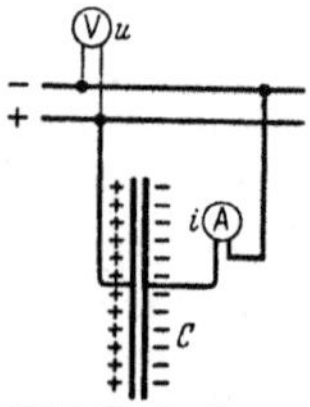

Bild 33. Ladung eines Kondensators

Ein Versuch bei verschiedenen Spannungen zeigt, daß die Ladung (Verschiebungsfluß) der angelegten Spannung verhältnisgleich ist, also $Q = C\,U$. Die Konstante C ist um so größer, je größer die Fläche der Platten und je geringer deren Abstand ist. Sie hängt auch von der Art des Isolierstoffs zwischen den Platten (Dielektrikum) ab. Eine solche Vorrichtung ist ein *Kondensator* und C seine *Kapazität*. Die Einheit der Kapazität ist dann vorhanden, wenn bei 1 Volt die Ladung 1 Asek aufgenommen wird; sie heißt 1 *Farad* [F]; für technische Zwecke passender ist 1 Mikrofarad ($1\,\mu F = 10^{-6}\,F$) oder das noch kleinere Picofarad ($1\,pF = 10^{-12}\,F$). Wenn an Stelle des Vakuums zwischen die Kondensatorplatten ein Isolierstoff gebracht wird, erhöht sich die Kapazität auf das ε fache. ε heißt die *Dielektrizitätskonstante*; sie beträgt bei

Glas und Glimmer . .	$\varepsilon = 5$ bis 8	Hartgummi .	$\varepsilon = 2{,}5$ bis 3,5
Porzellan	$\varepsilon = 4{,}5$ „ 5	Paraffin. . .	$\varepsilon = 2$ „ 2,3
Hartpapier	$\varepsilon = 3$ „ 5	Luft	$\varepsilon \approx 1$
Papier (ölgetränkt) .	$\varepsilon = 3$ „ 4,5		

Für technische Kondensatoren werden als Isolierstoff hauptsächlich paraffiniertes Papier, Kunststoffe oder Glimmer verwendet, jene in langen Streifen, die beiderseits mit Stanniol belegt sind und zusammengerollt werden, dieser in Platten sehr dünner Spaltung, die beiderseits mit Stanniol belegt und nach Bild 34 aufgeschichtet werden. Veränderliche Kondensatoren, z. B. Drehkondensatoren, haben meist Luft, seltener Öl als Dielektrikum.

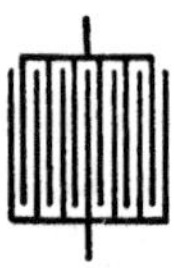
Bild 34 Schichtung eines Kondensators

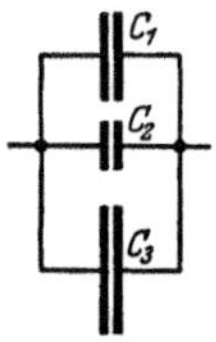

Bild 35. Parallelschaltung

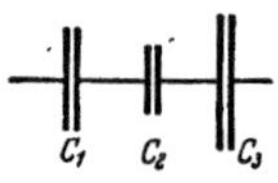

Bild 36. Reihenschaltung

Durch *Parallelschalten* von Kondensatoren (Bild 35) wird die Belegfläche erhöht, die Gesamtkapazität ist daher $C = C_1 + C_2 + C_3 + \ldots$ *Reihenschalten* (Bild 36) kommt einer Vergrößerung des Belegspaltes gleich, daher wird die Kapazität vermindert: entsprechend dem Parallelschalten von Widerständen ist C die Gesamtkapazität aus $1/C = 1/C_1 + 1/C_2 + 1/C_3 + \ldots$

Ein Kondensator behält auch nach Abschalten von der Stromquelle seine Ladung und daher bei ausreichender Isolation auch die Ladespannung U. Verbindet man die beiden Beläge durch einen Leiter, so zeigt der Strommesser einen dem Ladestrom entgegengerichteten Entladestrom an. Bei Luft und Glimmer als Dielektrikum ist diese Entladung ziemlich restlos, während bei paraffiniertem Papier usw. meist noch eine Restspannung bleibt.

Ein geladener Kondensator enthält Energie, die als *elektrisches Feld* zwischen den Belägen (Dielektrikum) ihren Sitz hat. Bei geringem und gleichem Belagabstand ist das Feld homogen und zeigt nur an den Plattenrändern eine geringe Ausbreitung. Die *Feldstärke* E wird in V/cm gemessen. Bei einem Belagabstand von 0,1 mm herrscht also bei Anlegen von 220 V eine Feldstärke von 220 V/ 0,01 cm = 22000 V/cm. Die Feldstärke darf die *Durchschlagfestigkeit* des Dielektrikums nie erreichen, weil dieses sonst durchschlagen wird. Die Durchschlagfestigkeit beträgt für Luft $\approx$30000 V/cm, für Glimmer $\approx$550000 V/cm, für Papier $\approx$100000 V/cm. Isolierschichten geringer Stärke zeigen indessen gegenüber stärkeren meist eine verhältnismäßig größere Durchschlagfestigkeit.

Wenn man einem Kondensator eine von null aus ansteigende Spannung zuführt, fließt während der gesamten Spannungssteigerung ein Ladestrom. Durch eine geringe Spannungssteigerung $\mathrm{d}u$ nimmt der Kondensator eine Ladung $\mathrm{d}q$ auf, wobei die Beziehung $\mathrm{d}q = C\,\mathrm{d}u$ besteht. Division mit $\mathrm{d}t$ ergibt (da $\mathrm{d}q/\mathrm{d}t = i$):

$$i = C\,\mathrm{d}u/\mathrm{d}t.$$

Diese Beziehung ist der für die Selbstinduktionsspannung ähnlich; sie besagt, daß der Kondensatorstrom der Spannungs*änderung* verhältnisgleich ist.

Beispiel: An einen Kondensator von 10 μF werde eine nach Bild 37 wechselnde Spannung angelegt, welche in der Zeit $t_{ab} = 0{,}002$ sek von 0 auf 150 V, dann in $t_{bc} = 0{,}002$ sek von 150 auf 220 V steigt usw. Der konstante Strom während der Zeit t_{ab} ist nach obiger Beziehung $i_{ab} = 10 \cdot 10^{-6}\,\mathrm{F} \cdot 150\,\mathrm{V}/0{,}002\,\mathrm{sek} = 0{,}75$ A. Entsprechend ist $i_{bc} = 10 \cdot 10^{-6}\,\mathrm{F} \cdot 70\,\mathrm{V}/0{,}002\,\mathrm{sec} = 0{,}35$ A. Bei steigender Spannung ist i ein im Sinn der Spannung gerichteter Ladestrom, bei sinkender Spannung hingegen ein umgekehrt gerichteter Entladestrom. Entsprechend Bild 26 ist hier die Stromwelle auf ihrem Höchstwert, wenn die Spannung durch null geht, und der Strom geht durch null, wenn die Spannung ihren Höchstwert durchschreitet. Im Gegensatz zu der Induktion in Bild 26 eilt aber hier die erzeugte Stromwelle der erzeugenden Spannung zeitlich voraus.

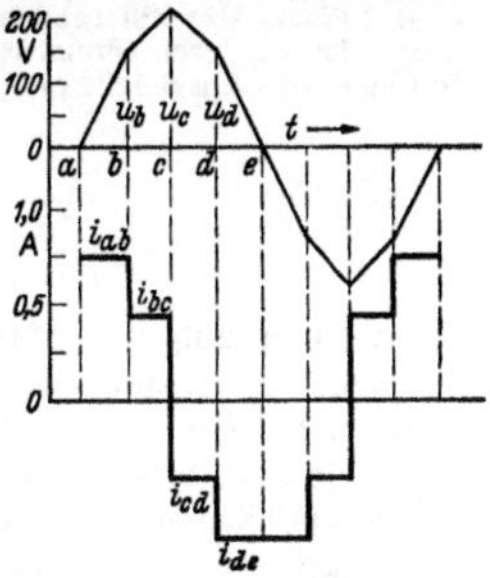

Bild 37. Wechselspannung am Kondensator

Wenn man eine konstante Batteriespannung U an einen ungeladenen Kondensator legt, hat dieser im ersten Augenblick weder Ladung noch Spannung. Der erste Ladestromwert muß daher $i_{\max} = U/R$ sein, worin R der unvermeidliche Leitungswiderstand ist. Durch diesen Strom erhält der Kondensator Ladung und damit eine Gegenspannung u, durch die der Strom langsam bis auf null absinkt, wie Bild 38 zeigt. Da die jeweils erreichte Kondensatorspannung durch die in diesem Augenblick vorhandene Ladung q bestimmt ist, muß sie $u = q/C$ sein. Für irgendeinen Augenblick des Ladevorgangs gilt $U = Ri + q/C$. Die Auflösung dieser Differentialgleichung ergibt

$$i = U/R \cdot \mathrm{e}^{-t/RC}.$$

Auch hieraus erkennt man, daß der erste Einschaltstromwert $(t = 0)$ $i_{\max} = U/R$ ist. Die Zeitkonstante ist hier $T = RC$.

In Bild 38 ist auch die Linie Ui der zugeführten Leistung und Ri^2, die Linie der im Widerstand der Leitungen in Wärme umgesetzten Leistung, aufgetragen. Die durch Schraffur hervorgehobene Fläche stellt daher die im Kondensator aufgespeicherte Energie dar. Aus der früheren Beziehung $\mathrm{d}q = i\,\mathrm{d}t = C\,\mathrm{d}u$ ergibt sich durch beiderseitige Multiplikation mit u die Leistungsgleichung $ui\,\mathrm{d}t = Cu\,\mathrm{d}u$; deren Integration über den Ladevorgang liefert die Kondensatorenenergie

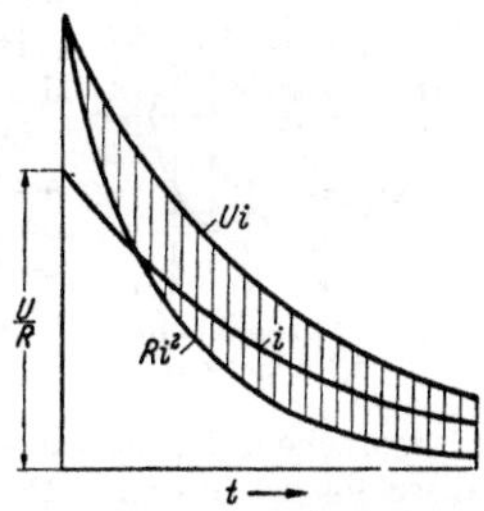

Bild 38. Ladestrom und Ladeleistung eines Kondensators

$$W = CU^2/2.$$

Betrachtet man von zwei Kondensatorplatten, die sich im Abstand 1 cm gegenüberstehen und unendlich groß sind, zwei gegenüberstehende Flächenstücke von je 1 cm² Größe, dann trägt jedes bei Anlegen der Spannung U eine Ladung $D = Q/F$, die *Verschiebungsdichte*. Für $U = 1$ V ist diese $1/(4\pi \cdot 9 \cdot 10^{11}) = 0{,}0886 \cdot 10^{-12}\,\mathrm{sek}/\Omega\mathrm{cm} = \varepsilon_0$. Befindet sich zwischen den Belägen mit den Flächen F und dem Abstand s ein Isolierstoff mit der Dielektrizitätskonstanten ε, so ist der Verschiebungsfluß $Q = \varepsilon_0 \varepsilon F\, U/s$. Man erkennt, daß ε_0 und ε den Größen μ_0 und μ des magnetischen Feldes entsprechen. Da $Q = CU$, ergibt sich

$$C = \varepsilon_0 \varepsilon F/s.$$

Dies gibt mit der berechneten Ladungsenergie W eine elektrische Feldenergiedichte

$$W_0 = {}^1/_2 \varepsilon_0 \varepsilon E^2.$$

Die beiden Platten ziehen sich mit einer Kraft P an. Bei sehr kleiner Annäherung ds wird die mechanische Arbeit $P ds$ verrichtet, die aus der dabei verschwindenden Feldenergie $F ds W_0$ entnommen wird. Hieraus folgt

$$P = F W_0 .$$

Diese Kraftwirkung wird in den statischen Spannungsmessern ausgenutzt.

Die *Entladung* eines Kondensators verläuft nach der gleichen Beziehung wie die Ladung, auch die Entladelinie, Bild 38, ist bei umgekehrtem Vorzeichen die gleiche.

Beispiel: Ein mit $U_1 = 1000$ V geladener Kondensator von $C_1 = 10\,\mu$F werde auf einen ungeladenen Kondensator von $C_2 = 5\,\mu$F teilweise entladen. Welche gemeinsame Spannung stellt sich dabei ein? Ladung kann bei guter Isolation nicht verschwinden, jedoch Energie als Wärme. Die Ladung vor dem Ausgleich muß daher mit derjenigen nachher übereinstimmen. Also $C_1 U_1 = C_1 U + C_2 U$. Hieraus $U = U_1 C_1 / (C_1 + C_2) = 667$ V. Vorher betrug die Energie $C_1 U_1^2/2 = 10 \cdot 10^{-6}\text{F} \cdot 1000^2\text{V}^2/2 = 5$ Wsek, nachher $(C_1 + C_2) U^2/2 = 15 \cdot 10^{-6}\text{F} \cdot 667^2\text{V}^2/2 = 3{,}33$ Wsek. Die Differenz ist in den Leitungen in Stromwärme umgesetzt worden, wobei es einerlei ist, ob deren Ohmscher Widerstand groß oder klein ist. Bei großem Widerstand ist die Zeitdauer des Ausgleichs entsprechend größer.

III. Wechselstrom

1. Grundgesetze

a) Erzeugung und Messung des Wechselstroms. Bei der Drehung einer Spule in einem homogenen Magnetfeld nach Bild 39 mit der Umfangsgeschwindigkeit v entsteht bei Durchgang durch Lage $a-c$ keine EMK, bei Durchgang durch Lage $b-d$ eine maximale EMK $\hat{e}$, weil nur die Schnittgeschwindigkeit $v \cdot \sin\alpha$ senkrecht zu den Feldlinien spannungserzeugend wirkt. Bei einer Winkelstellung α wird demnach eine EMK $e = \hat{e} \sin\alpha$ erzeugt (Sinuslinie). Nach einer Umdrehung (360°, entspr. 2π im Bogenmaß) ist eine Periode vollendet. Die Zahl der Perioden in der Sekunde ist die *Frequenz* f, ihre Einheit ist 1 Per/sek oder 1 Hertz [Hz]. Der technische Wechselstrom hat in Deutschland die Frequenz $f = 50$ Hz. Zwischen Frequenz f und Periodenzeit T besteht die Beziehung $f = 1/T$ oder $T = 1/f$. Der Drehwinkel der Spule ist bei einer Umdrehung 2π, nach f Perioden, also 1 sek, $2\pi f$ und in t Sekunden $\alpha = 2\pi f t = \omega t$, worin ω *Kreisfrequenz* genannt wird. Die obige Beziehung der EMK heißt also:

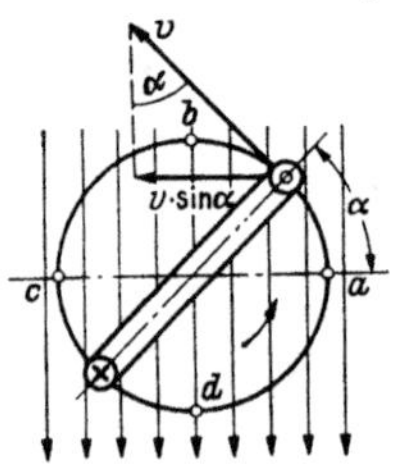

Bild 39. Drehende Spule im Magnetfeld

$$e = \hat{e} \sin(\omega t) .$$

Entsprechend ist die Beziehung für die Klemmenspannung u, und wenn man an diese einen Ohmschen Widerstand R anschließt, Bild 40, ist bei $u = 0$ auch der Strom $i = 0$, während bei $\hat{u}$ auch das Maximum $\hat{i}$ erreicht wird, Bild 41. Die beiden Wellen gehen also im gleichen Augenblick durch null, folglich

$$i = \hat{i} \sin(\omega t) = \frac{\hat{u}}{R} \sin(\omega t) .$$

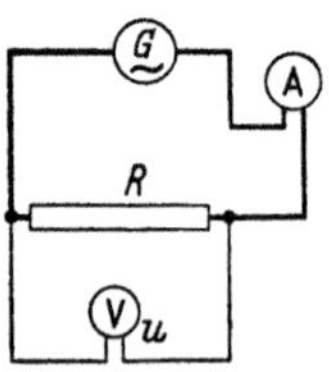

Bild 40 Wechselstrom-generator

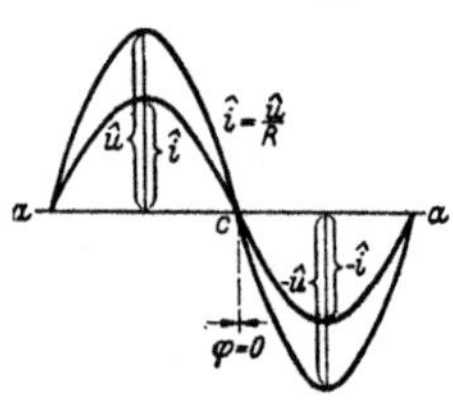

Bild 41 Strom- und Spannungs-welle in Phase

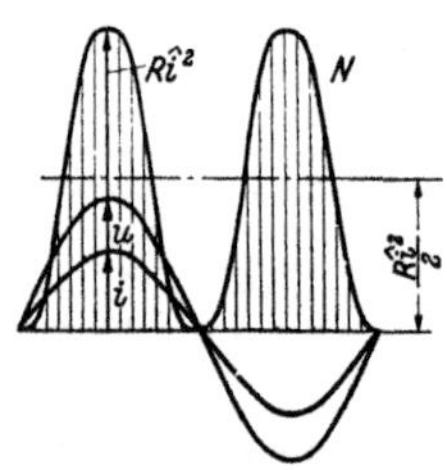

Bild 42. Leistungslinie eines Widerstandes

Der in den Stromkreis eingeschaltete Strommesser muß bei Wechselstrom derart wirken, daß er unabhängig von der Stromrichtung immer nach *einer* Seite ausschlägt, wie dies z. B. ein auf Wärmewirkung beruhendes Hitzdrahtmeßgerät tut; es zeigt *nicht* den Mittelwert eines Sinuswechsels, der $I_{\text{mittel}} = \hat{i} \cdot 2/\pi = 0{,}636\,\hat{i}$ ist. Um den von dem Wechselstrom verursachten Ausschlag zu finden, trägt man nach Bild 42 für jeden Augenblickswert des Stromes die Leistung Ri^2 auf. Diese Leistungslinie N bleibt auch bei den negativen Stromwerten positiv und hat als mittleren Leistungswert $R\hat{i}^2/2$. Wenn wir nun fragen, welcher konstante *Gleich*strom I ebensoviel Wärme entwickelt, dann ist $R\hat{i}^2/2 = RI^2$ zu setzen, woraus folgt:

$$I = \hat{i}/\sqrt{2} = 0{,}707\,\hat{i}.$$

Dieser von den Meßgeräten angezeigte Gleichstromwert I, der ebensoviel Arbeit verrichtet wie der veränderliche Wechselstrom, heißt der *Effektivwert*. Er stellt also nicht den einfachen, sondern den *quadratischen* Mittelwert des Wechselstroms dar, und daher berechnet er sich allgemein zu:

$$I = \sqrt{\int_0^T i^2\,dt/T}.$$

Der Effektivwert der Spannung errechnet sich genau so. Wenn man von Wechselspannungen und -strömen spricht, meint man immer diese von den Meßgeräten angezeigten Effektivwerte. Die in einem Widerstand R in Wärme umgesetzte elektrische Leistung ist daher unter Benutzung des Effektivwertes I:

$$N = RI^2 = UI \qquad \text{(wie bei Gleichstrom).}$$

b) Vektordiagramme. Sinuslinien lassen sich nach Bild 43 so zeichnen, daß man einen Vektor gleich dem Höchstwert der Sinuslinie gleichförmig dreht und die Vertikalprojektion ($\sin\alpha$) in Abhängigkeit vom Drehwinkel α bzw. der Zeit t aufträgt. Umgekehrt läßt sich aus Sinuslinien durch beliebige Vertikalschnitte NN und Herüberprojizieren der Schnittpunkte auf die mit der Amplitude der Sinuslinien geschlagenen Kreise der zugehörige Vektor ermitteln. Im vorliegenden Fall haben die Vektoren a und b gleiche Winkel α, weil die Sinuslinien a und b im gleichen Augenblick durch null gehen, also *in Phase liegen*.

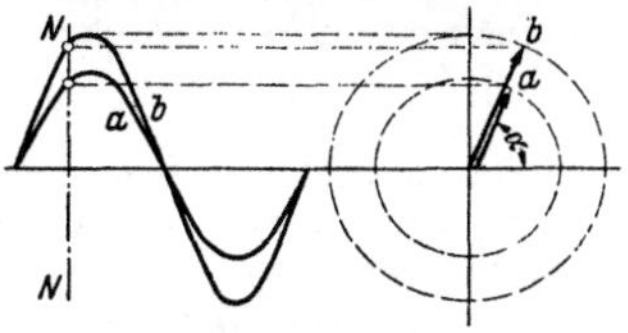

Bild 43. Sinuslinien mit Vektoren

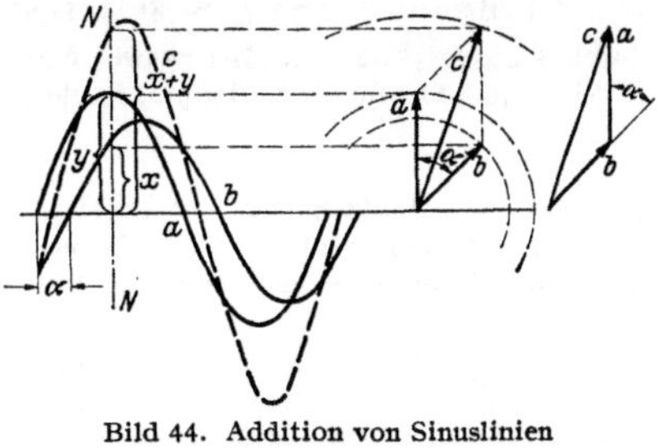

Bild 44. Addition von Sinuslinien

Bild 44 zeigt die gleiche Konstruktion für zwei um den Winkel α bzw. eine Zeit t in der Phase verschobene Sinuslinien a und b. Ihre Vektoren haben ebenfalls einen Winkel α gegeneinander. Addiert man die Sinuslinien a und b punktweise, so ergibt sich die Sinuslinie c, deren Höchstwert aber nicht gleich der algebraischen Summe der Höchstwerte von a und b ist, sondern geringer (geometrische Summe). Die häufig vorkommende Aufgabe, sinusförmige Ströme oder Spannungen zu addieren (vgl. Bd. I, S. 144), löst man entsprechend der geometrischen Kräfteaddition in der Mechanik so, daß man die zu addierenden Ströme in einem gewählten Maßstab nach Richtung und Sinn aneinanderreiht. Die Verbindungslinie zwischen Anfangs- und Endpunkt mit umgekehrtem Richtungspfeil stellt dann den Summenvektor dar. Da bei dieser Ermittlung die Sinuslinien nicht mehr gebraucht werden, empfiehlt es sich, statt der Höchstwerte der Vektoren gleich den Effektivwert zu wählen. Bei der Subtraktion der Vektoren a und b wird der Vektor $a-b$ durch die Parallelogrammdiagonale dargestellt, welche die Endpunkte der beiden Vektoren a und b miteinander verbindet. Nicht sinusförmige Wellen lassen sich nicht vektoriell addieren oder subtrahieren. Als Drehsinn gilt im folgenden immer der Linksdrehsinn.

2. Eisenlose Spule im Wechselstromkreis

Der in einer solchen Spule fließende Wechselstrom i erzeugt einen Wechselfluß Φ, der notwendig mit dem Strom in Phase liegen muß, Bild 45. Dieser Wechselfluß erzeugt infolge der Induktivität L (vgl. Bild 26) eine ebenfalls sinusförmige Selbstinduktionsspannung e_s, die ihren Höchstwert $\hat{e}_s$ dann haben muß, wenn der Strom i am stärksten ansteigt, also im Punkt 0. Nach dem *Lenz*schen Gesetz muß e_s bei ansteigendem Strom entgegen-, bei abnehmendem Strom gleichgerichtet sein. Die e_s-Welle eilt daher zeitlich der Strom- und Flußwelle um eine Viertelperiode, entsprechend 90°, nach. Die zuzuführende Spannung U hat zwei Aufgaben. Einerseits muß sie den Wechselstrom durch den Ohmschen Widerstand R treiben, andererseits die in der Spule erzeugte Selbstinduktionsspannung aufheben, damit diese nicht auch einen Strom erzeugt. Nimmt man zunächst an, daß es sich hier um eine Spule mit praktisch vernachlässigbarem Widerstand handle, dann muß die zuzuführende Spannung U gleich $-E_s$ gewählt werden. Man könnte einwenden, daß dann keine Spannung zur Erzeugung des Stromes I vorhanden sei. Da $R = 0$ sein soll, wird aber keine Spannung RI dafür benötigt. Bei der betrachteten *verlustlosen* Spule eilt der Strom der zugeführten Spannung U um eine Viertelperiode (90°) *nach*. Um den Höchstwert $\hat{e}_s$ zu finden, legt man in O eine Tangente an die Sinuslinie i. Man kann eine Sinuslinie als die Projektion einer Schraubenlinie ansehen, die dadurch entsteht, daß man das Dreieck OAB um den gestrichelt gezeichneten Zylinder mit dem Radius $\hat{\imath}$ wickelt. Dabei muß die Seite AB gleich $2\pi\hat{\imath}$ sein. Man kann also sagen, daß $\hat{e}_s$ durch den Stromanstieg $2\pi\hat{\imath}$ in der Zeit $T = 1/f$ erzeugt wird. Es ist $\hat{e}_s = -L\,\mathrm{d}i/\mathrm{d}t = -L\cdot 2\pi\hat{\imath}\cdot f$ (S. 861). Dividiert man beide Seiten der Gleichung durch $\sqrt{2}$, so gehen die Höchstwerte in die Effektivwerte über: da $2\pi f = \omega$ (Kreisfrequenz) und E_s zahlenmäßig gleich U ist, erhält man $U = \omega L I$ oder

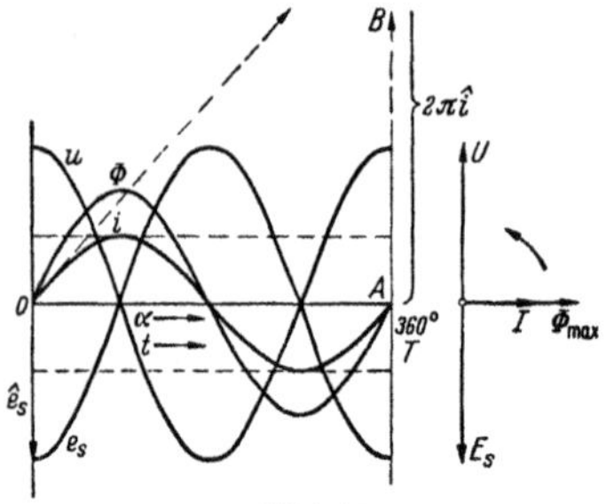

Bild 45
Diagramm einer verlustlosen Spule

$$I = U/\omega L.$$

In dieser dem Ohmschen Gesetz entsprechenden Formel erscheint im Nenner ein *scheinbarer* Widerstand ωL, der als induktiver Widerstand bezeichnet wird. Er hat keinen Energieverlust zur Folge und wächst mit der Frequenz.

Bei der *Spule mit Widerstand*, Bild 46, hat die zuzuführende Spannung U einerseits den Ohmschen Spannungsverlust Ri zu decken und andererseits e_s im Gleichgewicht zu halten. Man erhält also u, indem man $-e_s$ und Ri punktweise addiert oder besser im Vektordiagramm aus beiden das Parallelogramm bildet und die Diagonale zieht. In dem schraffierten rechtwinkligen Dreieck sind die Katheten RI und $E_s = \omega L I$. Es gilt also $U^2 = (RI)^2 + (\omega L I)^2$ und hieraus: $I = U/\sqrt{R^2 + (\omega L)^2}$.

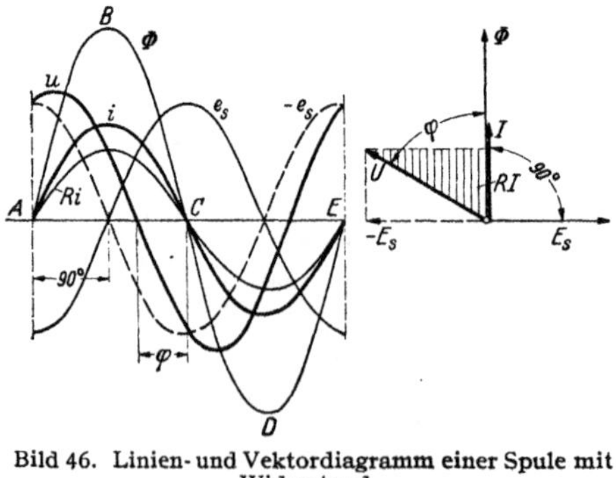

Bild 46. Linien- und Vektordiagramm einer Spule mit Widerstand

Der scheinbare Widerstand setzt sich hier aus dem Ohmschen Widerstand R und dem induktiven Widerstand ωL zusammen; da sie um 90° gegeneinander phasenverschoben sind, müssen sie geometrisch addiert werden und ergeben so $\sqrt{R^2 + (\omega L)^2}$. Der Strom I eilt hier nicht mehr der Spannung U um 90° nach, vielmehr liegt die Phasenverschiebung φ zwischen 0 und 90°. Je größer R ist gegenüber ωL, um so kleiner wird die Phasenverschiebung. Aus dem hervorgehobenen Dreieck ergibt sich $\operatorname{tg}\varphi = \omega L I/(R I)$ oder

$$\operatorname{tg}\varphi = \omega L/R.$$

3. Kondensator im Wechselstromkreis

Bei Anlegen einer Wechselspannung U an einen Kondensator fließt wegen der ständigen Spannungsänderungen *dauernd* ein Wechselstrom, der sich aus Lade- und Entladeströmen zusammensetzt, Bild 47. Auf S. 865 hatte sich der Kondensatorstrom allgemein zu $i = C\,\mathrm{d}u/\mathrm{d}t$ ergeben (vgl. Bild 37). Denkt man sich in Bild 47 wieder im Anfangspunkt von U eine Tangente gezogen, dann würde die Spannung in der Zeit $T = 1/f$ auf den Wert $2\pi\hat{u}$ ansteigen und dabei den Höchstwert $\hat{\imath} = C\,\mathrm{d}u/\mathrm{d}t = C\,2\pi\hat{u}/T = \omega C\hat{u}$ erreichen. Durch Division mit $\sqrt{2}$ gehen $\hat{\imath}$ und $\hat{u}$ in die Effektivwerte I und U über, so daß folgt

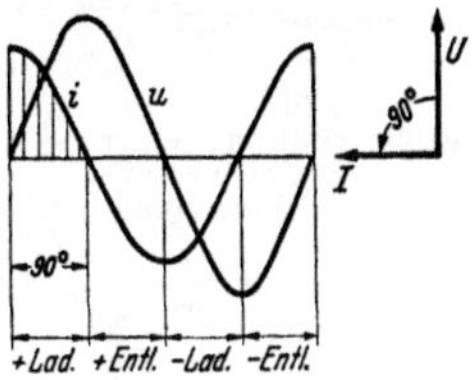

Bild 47. Diagramm eines Kondensators

$$I = \frac{U}{1/\omega C} = U\omega C.$$

Der Scheinwiderstand $1/\omega C$ ist der *kapazitive* Widerstand. Er ist frequenzabhängig, und zwar ist er um so geringer, je höher die Frequenz ist. Der Strom I eilt der Spannung um 90° *vor*. Die geringen Verluste eines Kondensators können meistens vernachlässigt werden. In Bild 47 stellt die schraffierte Fläche die bei $\hat{u}$ maximal aufgespeicherte Elektrizitätsmenge $Q = C\hat{u}$ dar.

Beispiel: Gegeben ein Kondensator 50 μF für 500 V ~ und ein Kondensator 30 μF für 250 V ~. Können beide in Reihenschaltung an 380 V betrieben werden? Die Ersatzkapazität C ergibt sich aus $1/C = 1/C_1 + 1/C_2$ zu $C = 50 \cdot 30/(50 + 30) = 18{,}8\ \mu$F. Bei 380 V, 50 Hz Wechselspannung fließt durch beide ein Strom $I = \omega C \cdot U = 314\ \text{sek}^{-1} \cdot 18{,}8 \cdot 10^{-6}$ Asek/V $\cdot$ $\cdot$ 380 V = 2,23 A. Auf den ersten Kondensator entfällt daher eine Spannung $U_1 = I/(\omega C_1) =$ $= 2{,}23$ A/(314 sek^{-1} $\cdot$ 50 $\cdot$ 10^{-6} Asek/V) = 142 V, auf den zweiten $U_2 = 2{,}23$ A/(314 sek^{-1} $\cdot$ 30 $\cdot$ $\cdot$ 10^{-6}Asek/V) = 238 V. Die Kondensatoren erhalten also keine gefährdende Spannung.

4. Gruppenschaltungen

a) Reihenschaltung. Drei Spulen seien nach Bild 48 an eine Wechselspannung U geschaltet. Es soll das Vektordiagramm dazu gezeichnet werden. Da bei der Reihenschaltung der Strom für alle Glieder derselbe ist, legt man zunächst seine Richtung irgendwie fest. Jede Spule benötigt eine Spannung, die sich aus zwei Teilen, dem Ohmschen Spannungsbetrag RI und dem induktiven Spannungsbetrag $\omega L I$, zusammensetzt. Jener muß in Phase mit dem Strom gezeichnet werden, dieser hat die dem Strom nacheilende Selbstinduktionsspannung aufzuheben, er muß also um 90° voreilend zum Strom gezeichnet werden. Durch gleichsinnige Aneinanderreihung dieser Werte für alle drei Spulen, Bild 49, ergeben sich die Spulenspannungen U_1, U_2 und U_3 sowie die

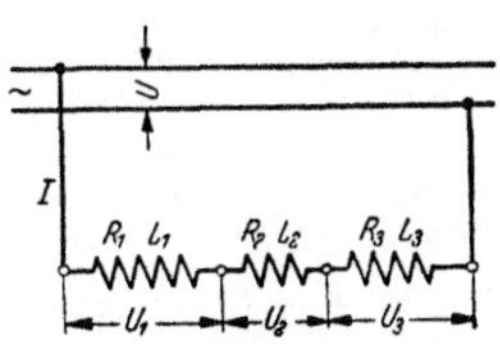

Bild 48
Reihenschaltung von Spulen

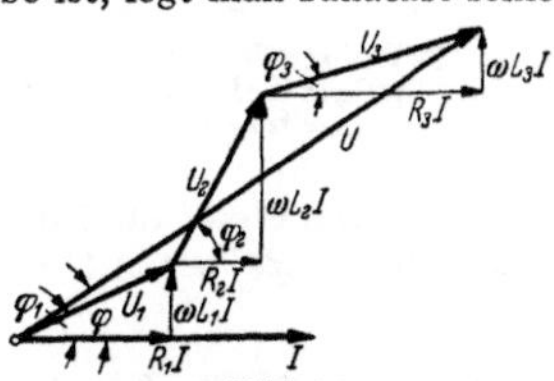

Bild 49
Vektordiagramm zu Bild 48

Phasenverschiebungen φ_1, φ_2 und φ_3 in den Spulen. Die Gesamtspannung U ist durch die Verbindungslinie zwischen Anfangs- und Endpunkt gegeben, und der Winkel zwischen ihr und I stellt die Gesamtphasenverschiebung φ des Stromkreises dar.

Bei gegebenen Werten R und L der Spulen und der Spannung U ist es zweckmäßig, einen beliebigen runden Zahlenwert für den Strom I anzunehmen. Mit diesem errechnet man die Einzelbeträge der Spannungen und vermag dann das Diagramm maßstäblich aufzuzeichnen. Die sich ergebende Spannung U' wird nun aber nicht mit der gegebenen Spannung U übereinstimmen, so daß man den Maßstab nachträglich im Verhältnis U/U' ändern muß. Diese Methode ist aber nur dann zulässig, wenn die Ströme den Spannungen verhältnisgleich sind. Bei eisenerfüllten Spulen trifft dies wegen der Eisensättigung nicht zu.

In Bild 50 seien eine *Spule* und ein veränderlicher *Widerstand* in Reihe geschaltet. Der Stromvektor werde zunächst in beliebiger Lage festgelegt, Bild 51. Die Teilspannung $\omega L I$ hebt die Selbstinduktionsspannung auf und ist um 90° voreilend zum Strom anzutragen, senkrecht zu ihr die beiden Ohmschen Spannungsbeträge RI und $R_0 I$, wodurch sich dann U zeichnen läßt.

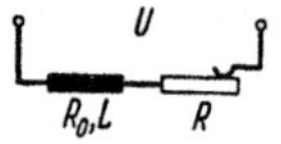

Bild 50
Reihenschaltung einer Spule mit einem veränderlichen Widerstand

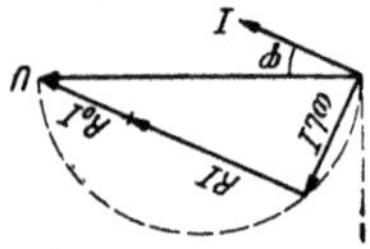

Bild 51. Vektordiagramm zu Bild 50

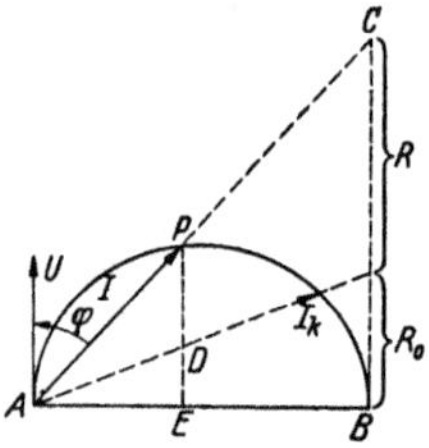

Bild 52
Betriebsdiagramm zu Bild 50

Der Scheitelpunkt des rechten Winkels im Spannungsdreieck muß sich auf einem Kreis bewegen, wenn man die Widerstandsgröße R ändert. Die Größe des Stromes und seine Phasenverschiebung kann man leichter ablesen, wenn man das Diagramm nach Bild 52 um 90° links dreht und die andere Kreishälfte benutzt. Da in der Größe $\omega L I$ der Faktor ωL unveränderlich ist, kann der $\omega L I$-Vektor als Vektor der Stromgröße dienen. Die Vertikale im Punkt A müßte dann die Spannungsrichtung sein, weil zwischen ihr und der neuen Stromrichtung der Winkel φ liegt. Es ist $\operatorname{tg}\varphi = \omega L/(R_0 + R)$ oder $R_0 + R = \omega L \operatorname{ctg}\varphi$. Im Dreieck ABC ist $\operatorname{ctg}\varphi = BC/AB$. Da hier AB (wegen konstanter Spannung U) unverändert bleibt, ist BC ein Maß für $\operatorname{ctg}\varphi$ und damit für die Widerstände $R_0 + R$. Den Widerstandsmaßstab kann man aus einem Belastungsfall leicht errechnen. Für einen eingeschalteten bestimmten Widerstand R trägt man R auf, kann dann AC ziehen und die Größe des auftretenden Stromes als AP und die zugehörige Phasenverschiebung φ abmessen. Der Strommaßstab ergibt sich leicht für R und R_0 je gleich null durch die größte Stromstärke $AB = U/\omega L$. Wenn R_0 unveränderlich ist, erhält man für $R = 0$ in I_k den maximalen Strom (s. *Heyland*-Diagramm, S. 898).

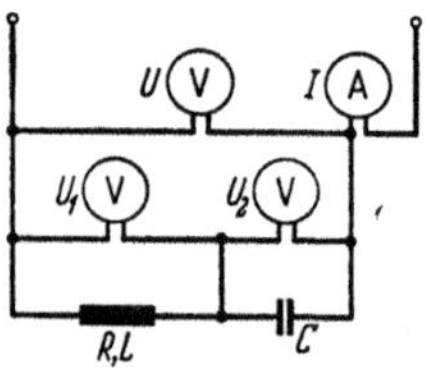

Bild 53. Reihenschaltung einer Spule mit einem Kondensator

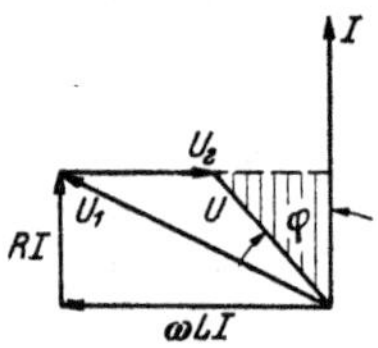

Bild 54
Vektordiagramm zu Bild 53

Die Reihenschaltung einer *Spule mit* einem *Kondensator* nach Bild 53 ergibt das Vektordiagramm Bild 54. $\omega L I$ und RI der Spule liefern, geometrisch addiert, deren Spannung U_1. Die Kondensatorspannung $U_2 = I/(\omega C)$ ist unter Nacheilung zum Strom anzutragen und ergibt die Netzspannung U mit der Gesamtphasenverschiebung φ. Aus dem schraffierten Dreieck folgt $(RI)^2 + (\omega L I - I/\omega C)^2 = U^2$. Hieraus:

$$I = U/\sqrt{R^2 + (\omega L - 1/\omega C)^2}$$

und $$\operatorname{tg}\varphi = (\omega L - 1/\omega C)/R.$$

Diese Beziehungen lassen den Sonderfall erkennen, daß der Klammerausdruck unter dem Wurzelzeichen bei $\omega L = 1/\omega C$ null wird, also der induktive Widerstand sich mit dem kapazitiven aufhebt. Der durch den Wurzelausdruck gegebene Scheinwiderstand der Reihenschaltung vereinfacht sich dann zu R, so daß $I = U/R$ bleibt. Zugleich wird $\operatorname{tg}\varphi = 0$, der Strom liegt dann also in Phase mit der Spannung. Bei Gleichheit des kapazitiven und induktiven Widerstandes ist nach vorstehender Beziehung $\omega^2 = 1/CL$ und mit $\omega = 2\pi f$

$$f = 1/2\pi\sqrt{CL}.$$

Diese Formel ist als *Thomsonsche Schwingungsgleichung* bekannt; sie besagt, daß ein aus einer Induktivität und einer Kapazität gebildeter Stromkreis nach einer Ladung des Kondensators in elektrische Schwingungen obiger Frequenz gerät. f heißt die Eigenfrequenz dieses Kreises und kennzeichnet für den obigen Sonderfall den *Resonanzfall*, d.h. die Frequenz des Netzes stimmt mit der Eigenfrequenz des Stromkreises überein. Werden einem solchen Schwingungskreis Wechselspannungen *verschiedener* Frequenz, aber konstanter Größe zugeführt, so ergeben sich aus obiger Beziehung Ströme, die in Abhängigkeit von der Frequenz die *Resonanzlinie* darstellen, Bild 55. Bei Resonanz (zugeführte Frequenz $(f_r) = f$ aus der *Thomson*schen Gleichung) erreicht der Strom seinen Höchstwert $I_{max} = U/R$, der bei kleinem R sehr hoch sein kann. Bei großem Widerstand wird die Resonanzlinie sehr flach (in Bild 55 gestrichelt). Der bei kleinem Widerstand im Resonanzfall auftretende große Strom durch Spule und Kondensator bedarf entsprechend hoher Spannungen. Die Teilspannungen U_1 und U_2 können daher die Betriebsspannung U um ein Vielfaches übersteigen, wodurch dann insbesondere der Kondensator gefährdet ist (*Spannungsresonanz*).

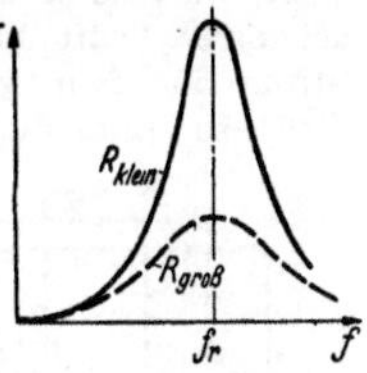

Bild 55. Resonanzlinie

b) Parallelschaltung. Beim Parallelschalten eines *Ohmschen Widerstandes mit* einem *Kondensator* fließt durch diesen ein Strom $I_c = \omega C U$, der nach Bild 56 der gemeinsamen Spannung U um 90° voreilt, während der Strom I_r im Widerstand in Phase mit der Spannung liegt. Die Gesamtphasenverschiebung φ ist voreilend. Kondensatoren haben im allgemeinen geringe Verluste; wenn sie in besonderen Fällen nicht vernachlässigbar sind, ersetzt man sie zur Darstellung im Vektordiagramm durch die Stromwärme in einem parallelgeschalteten Ohmschen Widerstand R. Hierfür würde also auch Bild 56 gelten. Da der Winkel φ dann im allgemeinen sehr groß wird, ist es üblich, den Kondensatorverlust durch den *Verlustwinkel* δ auszudrücken, wobei $\operatorname{tg} \delta = I_r/I_c$ ist. Er ist frequenzabhängig.

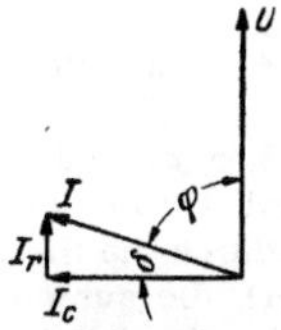

Bild 56 Vektordiagramm des verlustbehafteten Kondensators

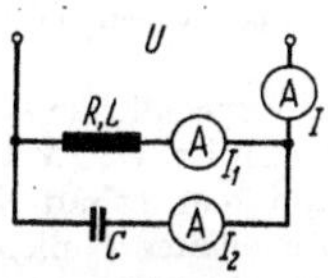

Bild 57 Parallelschaltung einer Spule mit einem Kondensator

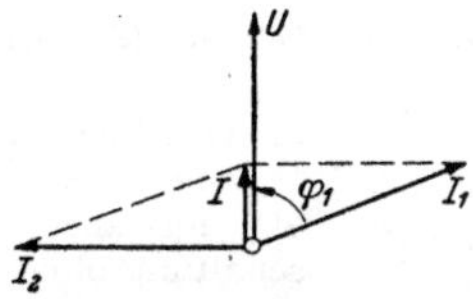

Bild 58 Vektordiagramm zu Bild 57

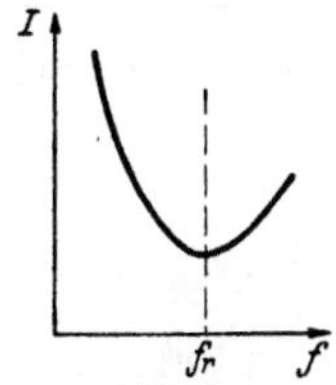

Bild 59 Resonanzlinie zu Bild 57

Bei Parallelschaltung einer *Spule mit* einem *Kondensator* (Bild 57) ist der Spulenstrom $I_1 = U/\sqrt{R^2 + (\omega L)^2}$ und $\operatorname{tg} \varphi_1 = \omega L/R$, wobei I_1 der Spannung U nacheilt, Bild 58. Der Kondensatorstrom $I_2 = U\omega C$ eilt um 90° vor. Auch bei dieser Schaltung tritt ein Resonanzfall (*Stromresonanz*) ein, wenn der gemeinsame Strom I in Phase mit der Spannung ist, wie Bild 58 zeigt. I ist dann wesentlich kleiner als die Teilströme, er würde sogar null werden, wenn die Spule und der Kondensator ohne Verluste hergestellt werden könnten. Die Resonanzlinie bei veränderlicher Frequenz zeigt Bild 59. Bei der Resonanzfrequenz f_r tritt ein Stromminimum auf, der Ersatzwiderstand der Parallelschaltung ist dann ein Maximum, nämlich L/RC (Sperrkreis).

5. Drehstrom

An der Wechselstromerzeugung nach Bild 39 würde sich nichts ändern, wenn die Induktionsspule ruhen würde, stattdessen aber das Magnetfeld gedreht würde.

Bild 60 zeigt diese praktisch einfachere Anordnung. Hier sind drei gleiche, um 120° versetzte Spulen dargestellt, in denen also auch dieselben Wechselspannungen, aber mit 120° Phasenverschiebung entstehen, Bild 61. Bei Anschluß von Widerständen an die Spulen fließen entsprechend auch phasenverschobene

Ströme. Ein solcher dreiphasiger Wechselstromgenerator benötigt zur Stromleitung zu den drei Verbrauchern R sechs Leitungen. Durch Verkettung der drei Stromkreise (gemeinsame Benutzung von Leitern) kann die Leiterzahl vermindert werden. Der dadurch entstehende mehrphasige Wechselstrom heißt *Drehstrom.*

a) Sternschaltung. Bei ihr werden die von den Spulenenden XYZ ausgehenden Leiter zusammengefaßt, so daß ein gemeinsamer *Mittelleiter* M_p entsteht, wie Bild 62 zeigt. An den Strömen hat sich durch diese Verkettung nichts geändert. Prüft man an Bild 61, welcher Strom in dem gemeinsamen Mittelleiter fließt, so ergibt die Addition der drei Ströme

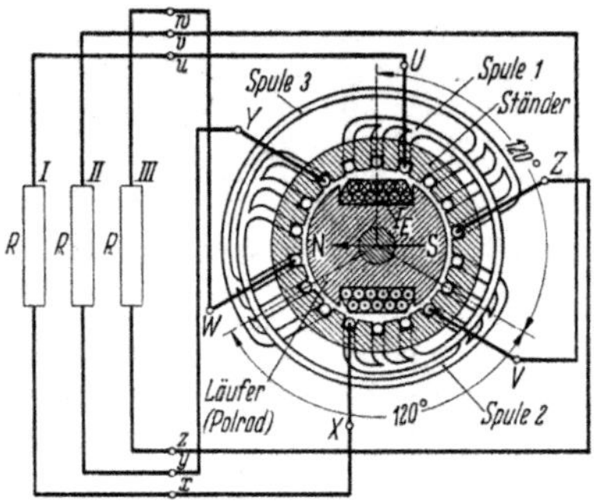

Bild 60. Drehstromgenerator mit Belastung (Schema)

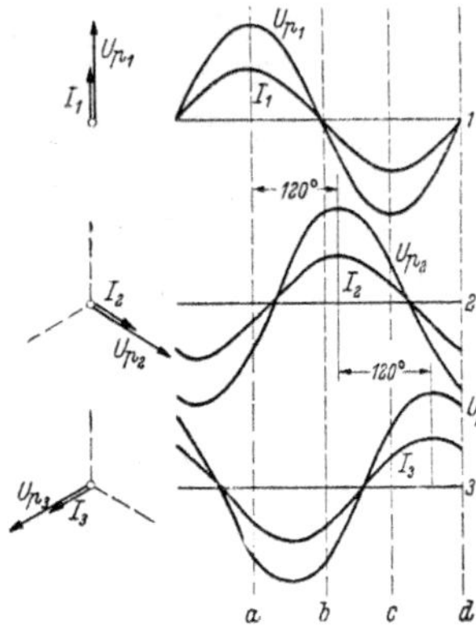

Bild 61
Spannungen und Ströme nach Bild 60

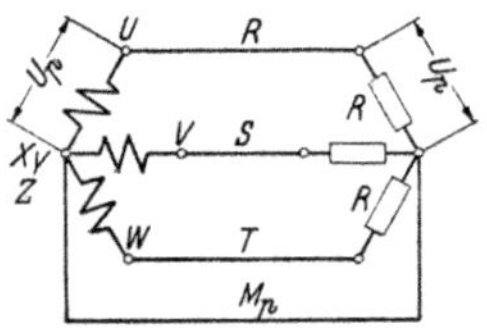

Bild 62. Sternschaltung mit Mittelleiter

zu verschiedenen Augenblicken a, b, c, d, daß die Summe jederzeit null ist. Der Mittelleiter M_p kann also fortfallen, und man erhält dadurch die Sternschaltung ohne Mittelleiter (Nulleiter), die nur noch die Hälfte der Kupfermenge für die Stromleitung benötigt. Der Mittelleiter darf *nicht* fehlen, wenn die eingeschalteten Widerstände verschieden groß oder verschiedenartig sind (Spulen, Kondensatoren); auch bei Lampen als Widerständen in einem Beleuchtungsnetz ist trotz gleicher Verteilung bei der Installation nicht mit einer gleichen Belastung zu rechnen. Der Mittelleiterstrom ergibt sich nach Größe und Phase aus der Addition der drei Phasenströme.

Die drei gleichen Spannungen U_p an den Spulen des Generators in Bild 62 und 63 werden als *Strang-* oder *Phasenspannung* bezeichnet. Durch die Verkettung in der Sternschaltung ist aber eine neue Spannung U zwischen den Außenleitern R, S und T entstanden, die man *Leiterspannung* oder *verkettete Spannung* nennt. Diese Spannung U (Bild 63) zwischen den Klemmen U und V setzt sich aus zwei Phasenspannungen U_p zusammen, die um 120° gegeneinander verschoben sind. Die in Bild 61 getrennt gezeichneten Vektoren sind in Bild 64 sternförmig zu-

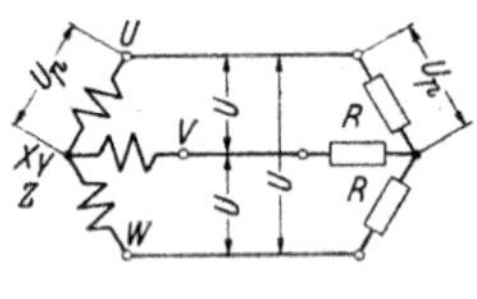

Bild 63. Sternschaltung ohne Mittelleiter

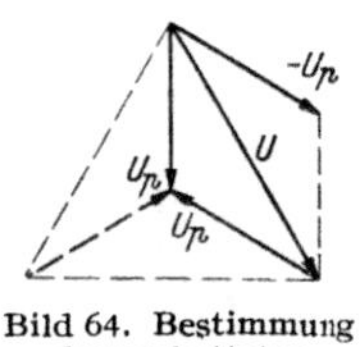

Bild 64. Bestimmung der verketteten Spannung U

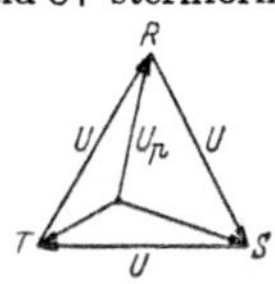

Bild 65
Ungleich belastete Sternschaltung ohne Mittelleiter

sammengefügt. Wenn in Bild 63 als positive Richtung $U \to X$, $V \to Y$ und $W \to Z$ angenommen wird, dann muß man, um von U nach V zu kommen, die erste Phasenspannung im positiven, die zweite im negativen Sinn durchlaufen. Man erhält also die verkettete Spannung durch eine Subtraktion zweier Phasenspannungen. Das ist in Bild 64 durch Umkehr *einer* Spannung und Addition der beiden geschehen. Die verkettete Spannung U ergibt sich aus dem Dreieck zu

$$U = \sqrt{3}\, U_p = 1{,}73\; U_p.$$

Da die höchst zulässige, genormte Beleuchtungsspannung 220 V ist, legt man die Lampen meistens in Sternschaltung zwischen je einen Außenleiter und den Mittelleiter. Zwischen den Außenleitern herrscht dann die verkettete Spannung $U = 380$ V, an welche gewöhnlich die Motoren angeschlossen werden. Ein *Stern*system *ohne* Mittelleiter hat bei *ungleicher* Strangbelastung (Bild 65) wohl feste verkettete Spannungen, die Phasenspannungen stellen sich jedoch ungleich ein.

Beispiel: An ein Drehstromnetz mit Mittelleiter und 380 V verketteter Spannung sei zwischen R und M_p ein Ohmscher Widerstand von 100 Ω, zwischen S und M_p eine Spule mit der Induktivität $L = 0{,}25$ H und 10 Ω und zwischen T und M_p ein Kondensator von 30 μF angeschlossen. Wie groß ist der Mittelleiterstrom? Zwischen den Außenleitern R, S und T und dem Mittelleiter M_p liegt die Strangspannung $U_p = 380\ \text{V}/1{,}73 = 220$ V. Die drei Leitungsströme sind also:

$$I_R = 220\ \text{V}/100\ \Omega = 2{,}2\ \text{A};\ I_S = 220\ \text{V}\Big/\sqrt{10^2 + (314 \cdot 0{,}25)^2\ \Omega^2} = 2{,}79\ \text{A};$$

dieser eilt um

$$\operatorname{tg} \varphi_s = \omega L/R = 314\ \text{sek}^{-1} \cdot 0{,}25\ \Omega\text{sek}/10\ \Omega = 7{,}85,$$

entsprechend 82° 45′ nach.

$$I_T = 220\ \text{V} \cdot 314\ \text{sek}^{-1} \cdot 0{,}000030\ \text{sek}/\Omega = 2{,}07\ \text{A}$$

bei 90° Voreilung. In Bild 66 sind im Sternpunkt die drei Ströme mit den Phasenverschiebungen zu ihren Spannungen U_p aneinandergereiht. Die Schlußlinie ergibt den Mittelleiterstrom $I_0 = 6$ A. — Wenn man die Leitungen T und S miteinander vertauscht, ergibt sich das gestrichelte Stromdiagramm. Der Mittelleiterstrom ist dann $I_0' = 2{,}4$ A. Umpolen bei Drehstrom kann eine andere Stromgröße zur Folge haben, was bei Gleich- und Wechselstrom nicht der Fall ist.

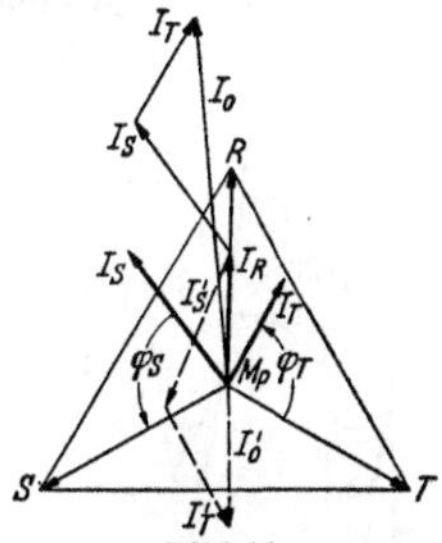

Bild 66
Bestimmung des Stroms I_0 im Mittelleiter

b) Dreieckschaltung. Die drei Stromkreise (Bild 60) können auch in Dreieckschaltung, Bild 67, verkettet werden. In diesem Fall ist die Phasenspannung der Spulen zugleich die Leitungsspannung U. Hingegen gibt es zwei Stromarten, den *Leiterstrom* und den *Strang*- oder *Phasenstrom*. Unter Annahme einer positiven Stromrichtung $U \to X$ und $V \to Y$ erkennt man den Leiterstrom als die Differenz der beiden Strangströme, so daß sich entsprechend den Sternspannungen $I = \sqrt{3}\, I_p = 1{,}73\, I_p$ ergibt, wenn man gleiche Belastung der Stränge voraussetzt. Die Dreieckschaltung hat keinen Mittelleiter, dennoch kann die Belastung der Stränge verschieden sein, ohne daß die Spannungen sich ändern.

Die Schaltart von Erzeuger und Verbraucher braucht nicht übereinzustimmen, vielmehr kann auch ein Generator in Dreieck und der Verbraucher in Stern oder umgekehrt geschaltet sein.

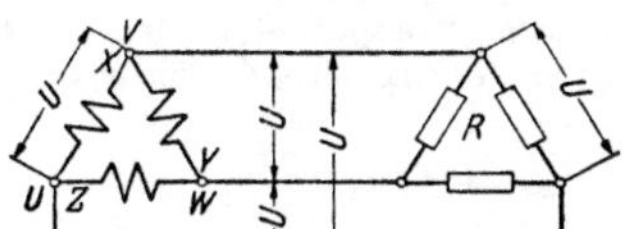

Bild 67. Dreieckschaltung

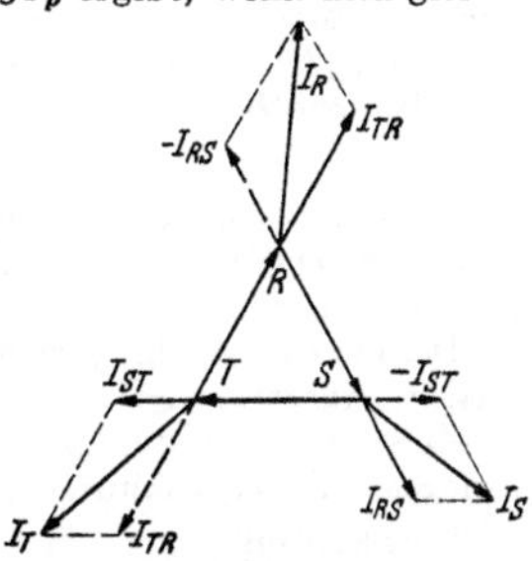

Bild 68
Bestimmung der Leiterströme bei Dreieckschaltung

Beispiel: In einem Drehstrom-Beleuchtungsnetz seien zwischen R und S 1500 W, zwischen S und T 1000 W und zwischen T und R 2000 W an 220 V geschaltet. Wie groß sind die Ströme in den Leitern R, S und T? Die drei Strangströme ergeben sich zu: $I_{RS} = 1500\ \text{W}/220\ \text{V} =$

$= 6{,}8$ A; $I_{ST} = 1000$ W/220 V $= 4{,}6$ A; $I_{TR} = 2000$ W/220 V $= 9{,}2$ A. In Bild 68 sind die Ströme in Phase mit ihren Spannnungen an den Ecken des Spannungsdreiecks angetragen. Der Leiterstrom I_R setzt sich aus der Differenz der Ströme I_{TR} und I_{RS} zusammen. Daher ist I_{RS} in negativer Richtung mit I_{TR} addiert worden, was $I_R = 14$ A ergibt. In entsprechender Weise findet man $I_S = 10{,}2$ A und $I_T = 12{,}2$ A, die geometrisch addiert wieder den Wert null ergeben müssen.

6. Leistung

a) Wechselstromleistung. Wenn eine Spule mit dem Ohmschen Widerstand R an eine Wechselspannung U gelegt wird und ein Strom I hindurchfließt, wird eine Leistung (Wirkleistung) $N = RI^2$ verbraucht, die sich in Wärmeentwicklung äußert. Das Produkt UI ist aber größer als RI^2 und wird die *Scheinleistung* genannt. *Leistungsfaktor* heißt das Verhältnis

$$\lambda = RI^2/UI.$$

Bild 69 stellt den Verlauf von u und i dar. Durch Multiplikation der Augenblickswerte (entsprechend Bild 42) erhält man die Leistungslinie N mit einem positiven und einem negativen Teil. Positiv ist die Leistung, die vom Netz der Spule zufließt, die negative Leistung fließt aus der Spule zum Netz zurück und entstammt der Feldenergie. Durch Subtraktion der negativen Leistungen von den positiven erhält man die wirklich verbrauchte Leistung (Wirkleistung) RI^2, die der Wärmeentwicklung dient. Bild 70 zeigt eine entsprechende Darstellung bei 90° Phasenverschiebung des Stromes ($R = 0$). In diesem Fall ist die positive Leistung gleich der negativen, so daß der Verbrauch null ist. Einen solchen Strom nennt man

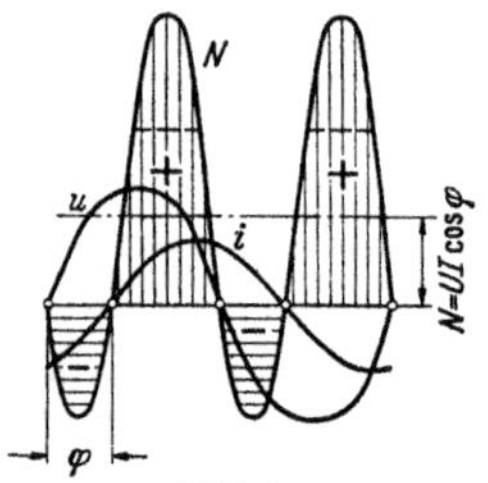

Bild 69
Leistungslinie einer Spule

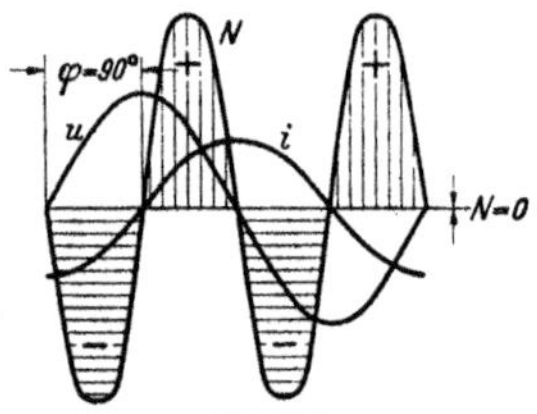

Bild 70
Leistungslinie einer verlustlosen Spule

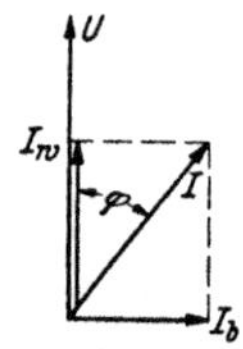

Bild 71
Zerlegung des Meßstromes I in Wirkstrom I_w und Blindstrom I_b

daher *Blindstrom*. Die durch die Schraffur dargestellte Energie ist Feldenergie, die ohne Verbrauch ständig zwischen Spule und Netz hin- und herfließt (Zähler zeigen sie nicht an). Aus dem Vektordreieck, Bild 46, läßt sich ablesen: $\cos\varphi = RI/U$, hieraus $R = U\cos\varphi/I$. Setzt man dies in $N = RI^2$ ein, dann erhält man die neue Beziehung für die Wirkleistung:

$$N = UI\cos\varphi;$$

man erkennt, daß der obengenannte Leistungsfaktor $\lambda = \cos\varphi$ ist, der ohne Phasenverschiebung (Ohmscher Widerstand) 1 und bei 90° Phasenverschiebung (Blindstrom) null ist.

Der um den Winkel φ gegen die Spannung U phasenverschobene, vom Strommesser angezeigte Strom I läßt sich in zwei Komponenten, den *Wirkstrom* I_w in Phase mit der Spannung und den *Blindstrom* I_b mit 90° Phasenverschiebung zerlegen, Bild 71. Dadurch ergibt sich:

Wirkleistung	$N = UI\lambda = UI_w = UI\cos\varphi$
Scheinleistung	$N_s = UI,$
Blindleistung	$N_b = UI\sqrt{1-\lambda^2} = UI_b = UI\sin\varphi.$

Alle Leistungen können in W gemessen werden. Zulässig ist auch für Scheinleistung VA und für Blindleistung Var (Volt-Amperereaktiv).

b) Drehstromleistung. Sie ist allgemein gleich der Summe der Wechselstromleistungen der Stränge. Bei *gleicher* Strangbelastung ist daher:

Sternschaltung (Bild 63)	Dreieckschaltung (Bild 67)
$N = 3\,U_p\,I\cos\varphi$	$N = 3\,U\,I_p\cos\varphi$
$U_p = U/\sqrt{3}$	$I_p = I/\sqrt{3}$
$N = \sqrt{3}\,U\,I\cos\varphi$	$N = \sqrt{3}\,U I\cos\varphi.$

Die Leistungsformel ist also für beide Schaltungen die gleiche. Die Phasenverschiebung φ ist nicht die zwischen U und I, sondern zwischen U_p und I bzw. U und I_p.

Beispiel: Ein Drehstrommotor von 300 kW Nennleistung für 5000 V Netzspannung, $\eta = 0{,}9$ und $\cos\varphi = 0{,}8$ soll durch in Stern parallelgeschaltete Kondensatoren derart kompensiert werden, daß der gemeinsame Strom bei Nennlast mit der Spannung in Phase liegt. Die drei Stränge eines Motors sind gleich und daher auch die Belastungen der drei Phasen. Auf jeden Strang entfallen 100 kW abgegebene Leistung. Da die Schaltung belanglos ist, sei Sternschaltung mit $U_p = 5000\,\text{V}/1{,}73 = 2890\,\text{V}$ vorausgesetzt. Die zugeführte Leistung je Strang ist $100\,\text{kW}/0{,}9 = 111\,\text{kW} = 111000\,\text{W} = 2890\,\text{V}\cdot I\cdot 0{,}8$. Hieraus $I = 48\,\text{A}$. Wirkstrom $I_w = I\cos\varphi = 48\,\text{A}\cdot 0{,}8 = 38{,}4\,\text{A}$. Blindstrom $I_b = I\sin\varphi = 48\,\text{A}\cdot 0{,}6 = 28{,}8\,\text{A}$. Dieser um 90° nacheilende Blindstrom soll durch einen um 90° voreilenden Kondensatorstrom zum Verschwinden gebracht werden, also $28{,}8\,\text{A} = \omega C U_p = 314\,\text{sek}^{-1}\cdot C\,\text{sek}\,\Omega^{-1}\cdot 2890\,\text{V}$. Hieraus $C = 28{,}8\,\text{A}/(314\,\text{sek}^{-1}\cdot 2890\,\text{V}) = 0{,}0000317\,\text{F} = 31{,}7\,\mu\text{F}/\text{Phase}$ in Sternschaltung.

7. Drosselspule

a) Verlustlose Spule. Eine Drosselspule, Bild 72, ist eine Spule hoher Induktivität mit ganz oder teilweise geschlossenem Eisenkreis. Sie dient an Stelle von Vorwiderständen zur Abdrosselung von Spannungen und bildet zugleich das Grundelement der Transformatoren und Motoren für Wechsel- und Drehstrom. Zur Erzeugung des Magnetflusses genügt bereits eine Spule mit geringer Windungszahl, also auch geringem Ohmschen Widerstand. Daher können solche Spulen in vielen Fällen als verlustlos behandelt werden. Da die Induktivität L wegen der Krümmung der Magnetisierungslinie des Eisens nicht konstant ist, wird die Selbstinduktionsspannung zweckmäßig mit der Flußänderung berechnet; sie ist nach dem allgemeinen Induktionsgesetz (S. 860) $e_s = w\,\mathrm{d}\Phi/\mathrm{d}t$. Um $\hat{e}_s$ (im Punkt O Bild 45) zu finden, denkt man sich wieder in diesem Punkt eine Tangente an die Φ-Linie gezogen, die nach der Zeit $T = 1/f$ auf einen Magnetfluß von $2\pi\hat{\Phi}$ angestiegen sein würde. Daher ergibt sich $\hat{e}_s = w\,2\pi\hat{\Phi}/T = 2\pi\hat{\Phi}\,f\,w$. Um den Effektivwert zu bekommen, muß man noch mit $\sqrt{2}$ dividieren und erhält, weil ein Ohmscher Widerstand hier nicht zu überwinden ist: $E_s = -U$, Bild 45,

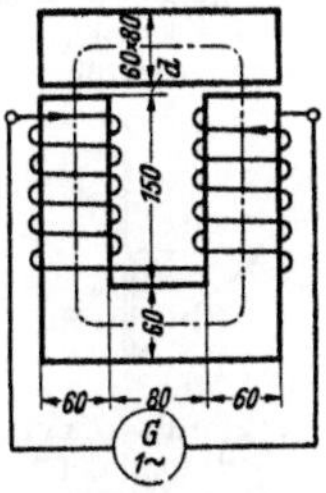

Bild 72. Drosselspule mit Luftspalt

$$U = \frac{1}{\sqrt{2}}\,\hat{\Phi}\,\omega\,w.$$

Während beim Anlegen einer *Gleich*spannung der Strom durch den Ohmschen Widerstand festgelegt ist und gemäß dem magnetischen Widerstand des Eisenkreises einen Kraftfluß hervorruft, bestimmt bei *Wechselstrom* allein die angelegte Spannung U den Kraftfluß. Die Größe des Stromes ergibt sich dann aus diesem Fluß und seinem magnetischen Widerstand. Daher wächst der Strom einer Drossel unterhalb der Sättigung verhältnisgleich mit der Spannung U. Sobald jedoch die Sättigung erreicht ist, wird jede Steigerung der Spannung zu einem kurzschlußartigen Strom führen. Das Einschalten eines *Luftspaltes* vergrößert den magnetischen Widerstand erheblich, so daß sich bei unveränderter Spannung ein entsprechend stärkerer Strom einstellen muß. Die oben gefundene Formel für U lehrt ferner, daß man für eine gegebene Spannung das Produkt Φw verschieden unterteilen kann, also die Drossel entweder mit großem Eisen- oder mit großem Kupferquerschnitt ausführen kann, je nachdem, wie es die Baustoffkosten als ratsam erscheinen lassen. Das Eisenvolumen kann nicht massiv ausgeführt werden, wie es bei Gleichstrommagneten üblich ist, vielmehr ist eine Unterteilung in Bleche notwendig, weil sonst durch den wechselnden Magnetfluß im Eisen unzulässig hohe *Wirbelströme* auftreten würden.

Wenn man die in Bild 72 dargestellten beiden Spulen *gegeneinander* schalten wollte, müßte der Magnetfluß seinen Weg durch die Luft nehmen. Der dadurch stark erhöhte magnetische Widerstand würde eine sehr große Stromaufnahme zur Folge haben. Im Abschnitt II 5 b (S. 862) wurde festgestellt, daß die Induktivität L einer Spule im Bereich des steilen Anstiegs der Magnetisierungslinie groß, im Sättigungsbereich aber sehr klein ist. Das ist für die Verwendung der Drosselspule als magnetischer Verstärker von Bedeutung.

Beispiele: 1. Die Drosselspule, Bild 72, habe in beiden Spulen zusammen $w = 150$ Windungen. Welcher Strom fließt bei Anlegen einer Wechselspannung von $U = 110$ V? Der Fluß ist $\hat{\Phi} = 110\,\text{V} \cdot \sqrt{2}/(314\,\text{sek}^{-1} \cdot 150) = 0{,}00330000$ Vsek $= 330000$ M. Da man annehmen kann, daß durch die Papierzwischenlagen zwischen den Blechen etwa 10% des Querschnitts verlorengehen, ist mit einem Eisenquerschnitt von $48\,\text{cm}^2 - 0{,}1 \cdot 48\,\text{cm}^2 = 43{,}2\,\text{cm}^2$ zu rechnen. Die magnetische Induktion ist daher $\hat{B} = 330000\,\text{M}/43{,}2\,\text{cm}^2 = 7650$ G. Die Durchflutung errechnet sich nun für die beiden folgenden Fälle:

a) *Ohne Luftspalt:* Die Länge des Kraftlinienwegs ist 65 cm. Nach Bild 17 werden für 7650 G benötigt 3,5 A/cm, insgesamt ist also die Durchflutung $\hat{\Theta} = 65\,\text{cm} \cdot 3{,}5\,\text{A/cm} = 227$ A. Der der maximalen Induktion entsprechende maximale Strom $\hat{i}$ ist daher $227\,\text{A}/150 = 1{,}51$ A und der Effektivwert $I = 1{,}51\,\text{A}/1{,}41 = 1{,}07$ A.

b) *Mit Luftspalt* 1 mm beiderseits. Im Eisen ist die gleiche Liniendichte wie bisher vorhanden, und es wird dafür dieselbe Durchflutung benötigt. Im Luftquerschnitt tritt eine geringe Feldausbreitung ein, die zu 5% angenommen wird. Es ist also mit $48\,\text{cm}^2 + 2{,}4\,\text{cm}^2 = 50{,}4\,\text{cm}^2$ zu rechnen. Im Luftspalt ist also $B_l = 330000\,\text{M}/50{,}4\,\text{cm}^2 = 6650$ G. Hierfür wird eine Durchflutung von $\hat{\Theta}_l = B \cdot l/\mu_0 = 6650\,\text{G} \cdot 0{,}2\,\text{cm}/1{,}256\,\text{G cmA}^{-1} = 1060$ A benötigt. Die gesamte Durchflutung beträgt $\hat{\Theta} = 227\,\text{A} + 1060\,\text{A} = 1287$ A und daher der Strom $I = 1287\,\text{A}/(150 \cdot \sqrt{2}) = 6$ A. Der Luftspalt ist mit unmagnetischen Stoffen (Preßspan, Holz) auszufüllen, nicht mit Metallen (wegen der Wirbelströme). Durch Schrauben preßt man das Joch fest an, um ein Brummen zu vermeiden.

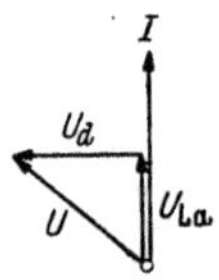

Bild 73 Vektordiagramm für Bogenlampe mit vorgeschalteter verlustloser Drosselspule

2. Eine Bogenlampe, die bei 35 V mit 20 A brennt, soll mit Vorschalten der verlustlosen Drossel, Bild 72, an eine Wechselspannung von 110 V angeschlossen werden. Welcher Luftspalt ist einzustellen, damit die Lampe ihre richtige Spannung erhält? Die Lampenspannung U_{La} liegt in Phase mit dem Strom, während die noch unbekannte Drosselspannung U_d um 90° voreilt. Man erhält sie nach Bild 73 zeichnerisch oder durch Rechnung, $U_d = \sqrt{110^2\text{V}^2 - 35^2\text{V}^2} = 104$ V. Wie bei dem vorigen Beispiel errechnet sich jetzt der Fluß zu $\hat{\Phi} = 312000$ M, also $\hat{B} = 312000\,\text{M}/43{,}2\,\text{cm}^2 = 7250$ G, wozu eine Durchflutung (Bild 17) von 3,2 A/cm gehört. Insgesamt benötigt das Eisen $65\,\text{cm} \cdot 3{,}2\,\text{A/cm} = 208$ A. Bei einem Lampenstrom von $\hat{i}_{La} = 20 \cdot 1{,}41 = 28{,}2$ A ist eine Gesamtdurchflutung von $28{,}2\,\text{GcmA}^{-1} \cdot 150 = 4230$ A verfügbar. Für den Luftspalt verbleiben also noch $4230 - 208\,\text{Gcm A}^{-1} = 4022$ A. Bei einer magnetischen Induktion von $312000\,\text{M}/50{,}4\,\text{cm}^2 = 6200$ G sind je cm $B/\mu_0 = 6200\,\text{G}/1{,}256\,\text{Gcm A}^{-1} = 4960$ A/cm nötig. Daher ist ein Luftspalt von insgesamt $4022\,\text{A}/4960\,\text{A/cm} = 0{,}81$ cm einzustellen, der mit je 4,05 mm beiderseits zu verteilen ist.

b) Die Drosselspule unter Berücksichtigung der Verluste. Man unterscheidet die *Stromwärmeverluste* (Kupferverluste) RI^2 und die *Eisenverluste*, die sich aus *Hysteresis*- und *Wirbelstrom*verlusten zusammensetzen. Die Berechnung der-

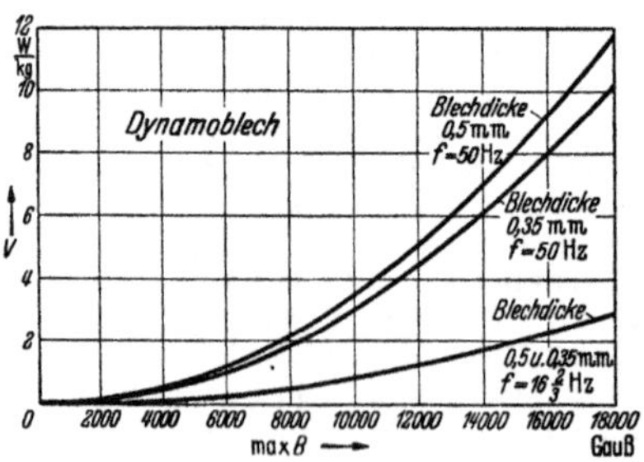

Bild 74
Verlustlinien für normales Dynamoblech

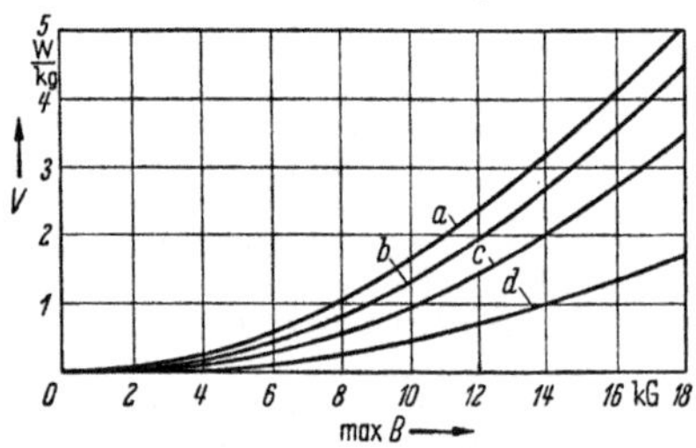

Bild 75. Verlustlinien für legiertes Transformatorenblech; $f = 50$ Hz.
a Sorte IV 1,7; 0,5 mm Blechdicke
b Sorte IV 1,3; 0,35 mm Blechdicke
c Sorte IV 1,0; 0,35 mm Blechdicke
d kaltgewalzt, kornorientiert, 3% Si, 0,35 mm Blechdicke, magn. in Walzrichtung beansprucht

selben ist unsicher, daher werden beide zusammen für die Blechsorten experimentell ermittelt, Bild 74 und 75. Zur Kennzeichnung der Bleche nennt man den bei $\hat{B} = 10000$ oder 15000 G auftretenden Verlust in W/kg die Verlustziffer V_{10} bzw. V_{15}.

Um die Eisenverluste im Vektordiagramm darstellen zu können, denkt man sich der verlustlosen Spule einen Ohmschen Widerstand parallelgeschaltet, der den gleichen Leistungsverbrauch hat, und die Stromwärmeverluste nimmt man in einem der Spule vorgeschalteten Widerstand an. Dadurch erhält man das in Bild 76 dargestellte Ersatzschaltbild der verlustbehafteten Drosselspule. Der Spulenstrom I_m errechnet sich in der unter a) angegebenen Weise, der Verluststrom I_v aus dem Eisengewicht und den Verlustkurven. Die Aufzeichnung des Vektordiagramms, Bild 77, ist jedoch schwierig, weil gewöhnlich U, aber nicht E gegeben ist. Man nimmt daher zweckmäßig zu der gegebenen Netzspannung U eine dem Widerstand R entsprechende verminderte Spannung E an, welche die entgegengerichtete Selbstinduktionsspannung E_s im Gleichgewicht zu halten hat, und berechnet mit ihr nach a) den Strom I_m. Bei Aufzeichnung des Diagramms wird man nicht genau auf die gegebene Spannung U kommen; gegebenenfalls Rechnung wiederholen. Eine verhältnisgleiche Umrechnung des Diagramms ist nicht zulässig, weil in der Rechnung die gekrümmte Magnetisierungslinie enthalten ist.

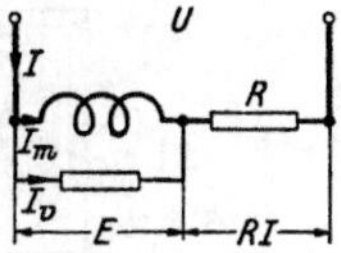

Bild 76. Ersatzschaltbild der verlustbehafteten Drosselspule

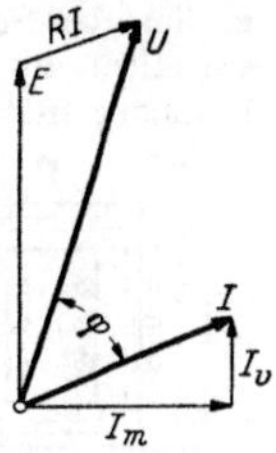

Bild 77. Vektordiagramm zu Bild 76

c) Drehstrom-Drosselspule. Bei Drehstrom kann man eine Induktivität in Form von drei einzelnen Drosselspulen herstellen. Diese lassen sich in ihrem Eisenkreis ebenso verketten wie Stromkreise. Bild 78 zeigt die einzelnen Spulen. Faßt man die zusammengestellten Eisenschenkel zu einem einzigen zusammen, so entsteht ein Sternsystem mit Mittelschenkel. Bei gleicher Belastung der drei Spulen ist in dem gemeinsamen Schenkel der Magnetfluß null, weil die Summe dreier um 120° verschobener gleicher Flüsse gleich null ist. Man kann daher diesen Mittelschenkel fortlassen. Um die Ausführung in Blechen leichter zu gestalten, kann man nach Bild 79 die drei Schenkel in eine Ebene legen. Dadurch entsteht allerdings eine kleine Unsymmetrie, weil der mittlere Eisenweg kürzer als die beiden äußeren ist. Die Spulen können je nach Bedarf in Stern oder in Dreieck geschaltet werden, sie können auch unverkettet bleiben.

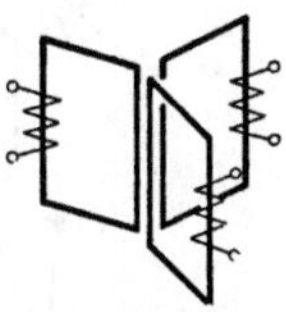
Bild 78. Drei Einphasenspulen

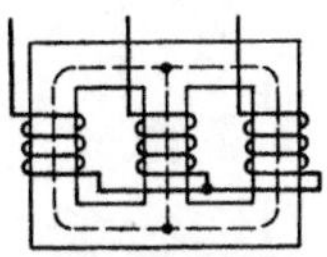
Bild 79. Verketteter Drehstromeisenkern

IV. Transformatoren (Umspanner)

a) Wirkungsweise. Der Einphasentransformator unterscheidet sich von der Drosselspule dadurch, daß er eine zweite Wicklung (Sekundärwicklung) trägt. Ein Luftspalt ist nicht vorhanden, Bild 80. Der von der Primärwicklung erzeugte Fluß Φ durchdringt beide Spulen und erzeugt in beiden EMKe, und zwar:

$$E_1 = \frac{1}{\sqrt{2}} \hat{\Phi} \omega w_1 \quad \text{und} \quad E_2 = \frac{1}{\sqrt{2}} \hat{\Phi} \omega w_2 .$$

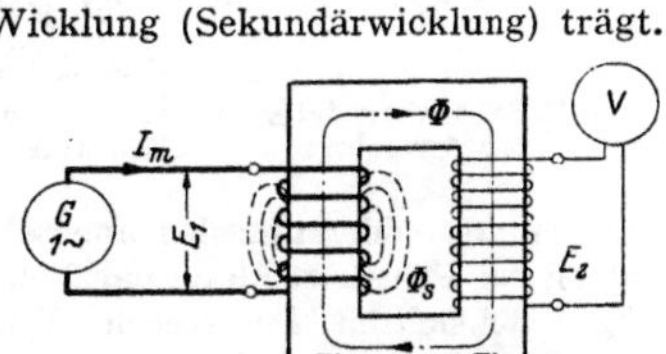

Bild 80. Transformator

α) Beim *verlustlosen Transformator* muß die dem Transformator primär zugeführte Spannung $U_1 = -E_1$ sein. Aus vorstehenden Gleichungen folgt: $E_1/E_2 = w_1/w_2$; die Spannungen des Transformators verhalten sich wie die Windungszahlen, und man kann durch entsprechende Wahl der Windungszahl auf jede Wechselspannung umspannen. Das Verhältnis $w_1/w_2 = ü$ heißt das

Übersetzungsverhältnis. Das Diagramm eines zunächst sekundär unbelasteten und verlustlosen Transformators ist in Bild 81 b dargestellt. Der primäre Magnetisierungsstrom I_m erzeugt in Phase den Fluß Φ, dessen Größe durch die zugeführte Spannung bestimmt ist. Da kein Luftspalt vorhanden ist, wird I_m sehr klein sein. Der Fluß erzeugt in beiden Spulen EMKe, nämlich E_1 und E_2 entsprechend deren Windungszahlen w_1 und w_2. Diese sind im Diagramm gleich groß eingezeichnet, weil man der Einfachheit halber gleiche Windungszahlen annimmt. Beim Abgreifen der Sekundärspannung im Diagramm ist also noch mit dem Windungsverhältnis zu multiplizieren. Wenn man an die Sekundärspannung einen Verbraucher anschließt, der bei der Phasenverschiebung φ_2 einen Strom I_2 aufnimmt (Bild 82b), dann tritt sekundär eine Durchflutung $w_2 I_2$ auf, die den Fluß Φ zu vernichten bestrebt ist. Dieser ist aber durch die zugeführte Spannung bestimmt. Daher muß die Primärwicklung einen zusätzlichen Strom I_1' aus dem Netz aufnehmen, dessen Durchflutung $I_1' w_1$ die sekundäre aufhebt, $I_1' w_1 = I_2 w_2$, folglich auch $I_1'/I_2 = w_2/w_1$. Wenn man von dem verhältnismäßig kleinen Magnetisierungsstrom I_m absieht, verhalten sich also die Ströme primär und sekundär umgekehrt wie die Windungszahlen. Der tatsächliche Primärstrom I_1 setzt sich daher aus dem Magnetisierungsstrom I_m und einem zusätzlichen Belastungsstrom I_1' zusammen, der bei der im Diagramm vorausgesetzten Gleichheit der Windungszahlen dem Sekundärstrom I_2 gleich und entgegengesetzt sein muß.

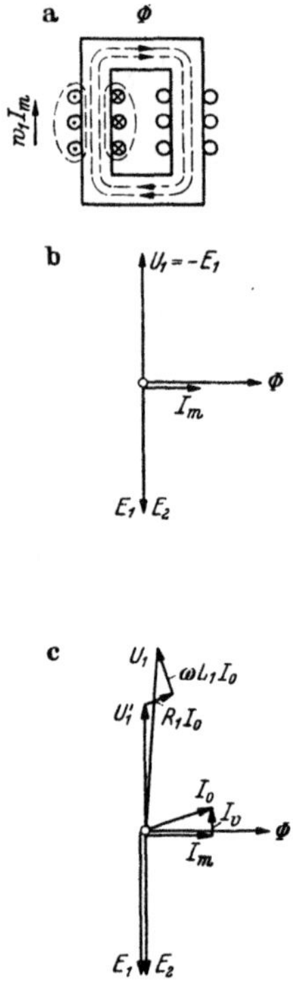

Bild 81. Unbelasteter Transformator

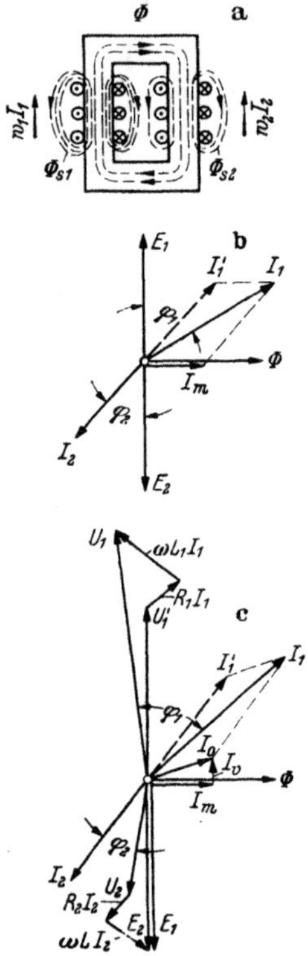

Bild 82 Belasteter Transformator

β) Der *wirkliche Transformator* hat Verluste. Wie bei der Drosselspule kann man sich die Stromwärmeverluste so erklären, daß der Primär- wie auch der Sekundärwicklung ein Widerstand R_1 bzw. R_2 vorgeschaltet ist und die Wicklungen als widerstandslos angesehen werden. Die Eisenverluste werden durch einen der Primärwicklung parallelgeschalteten Widerstand mit dem Verluststrom I_v berücksichtigt. Der von der Primärspule erzeugte Magnetfluß zeigt Streuung. Ein Teil Φ_{s1} folgt nicht dem Eisen, sondern schließt sich durch die Luft. Trotzdem wirken diese Feldlinien in der *Primär*spule induzierend. Man denkt sich daher, daß diese Feldlinien nicht von der Primärspule, sondern von einer gedachten primären Vorschaltspule L_1 erzeugt würden. Ebenso erzeugt auch die Sekundärspule einen Streufluß Φ_{s2}, der von einer Vorschaltspule L_2 erzeugt angenommen wird. So ergibt sich das Ersatzschaltbild 83 und das Vektordiagramm in Bild 81c für den unbelasteten Transformator. Die vom Fluß Φ erzeugte

Primärspannung E_1 wird durch eine entgegengerichtete Spannung U_1' aufgehoben, zu der ein Spannungsbetrag $R_1 I_0$ hinzuzufügen ist, der für den Ohmschen Widerstand benötigt wird, und ferner ein Spannungsbetrag $\omega L_1 I_0$, der die Selbstinduktionsspannung in der Vorschaltspule L_1 überwindet. Die geometrische Summe dieser Spannungen ergibt die zugeführte Spannung U_1. Das vollständige Diagramm des belasteten Transformators ist in Bild 82c dargestellt. Es lehrt: 1. Trotz der angenommenen gleichen Windungszahlen ist die Sekundärspannung U_2 kleiner als die Primärspannung U_1. Der Abfall beträgt allerdings bei voller induktionsfreier Belastung nicht mehr als 3%. Er ist größer bei induktiver Belastung, und bei Belastung durch Kapazitäten tritt sekundär eine Spannungserhöhung auf. 2. Bei Belastung verhalten sich Primär- und Sekundärstrom nicht genau umgekehrt wie die Windungszahlen, weil primär noch der Leerlaufstrom I_0 hinzukommt. 3. Die primäre Phasenverschiebung φ_1 ist größer als die sekundäre φ_2, weil durch den Magnetisierungsstrom I_m eine Verschiebung eintritt. Ferner wirken auch die induktiven Spannungsbeträge $\omega L I$ phasenverschiebend.

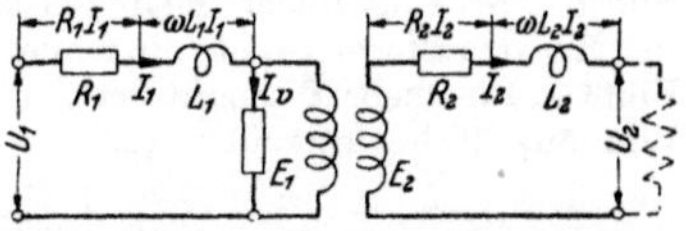

Bild 83. Ersatzschaltbild des Transformators

γ) *Drehstromtransformatoren* können mit drei Einphasenstromtransformatoren aufgebaut werden, Bild 84. Die Spulen sind hier beiderseits in Dreieck geschaltet. Bemerkenswert ist, daß einer der drei Transformatoren ausgebaut werden könnte (z. B. bei Beschädigung), ohne daß die Drehstromumspannung dadurch gestört wird, weil im Spannungsdreieck sich bereits zwei Spannungen zu einer ebenso großen dritten Spannung ergänzen. Die Leistung ist natürlich mit zwei Transformatoren geringer. Üblich ist die Ausführung der Drehstromtransformatoren mit verkettetem Eisenkreis, entsprechend der Drossel, Bild 79. Jeder der Schenkel trägt eine Primär- und eine Sekundärwicklung, die nach Bedarf in Stern oder in Dreieck geschaltet werden können und daher mehrere Übersetzungsverhältnisse ermöglichen. Das Vektordiagramm (Bild 82) gilt auch für den Drehstromtransformator, wenn man es auf *einen* Strang anwendet. Durch *einseitige* Belastungen können, besonders bei Sternschaltung, erhöhte Spannungsabfälle eintreten. Um sie zu vermeiden, kann man die *Zickzackschaltung* (Bild 85) anwenden. Bei ihr ist die Sekundärwicklung unterteilt und auf verschiedenen Eisenschenkeln untergebracht, wodurch eine einseitige Last auf zwei Schenkel, allerdings bei verminderter Spannung, verteilt wird.

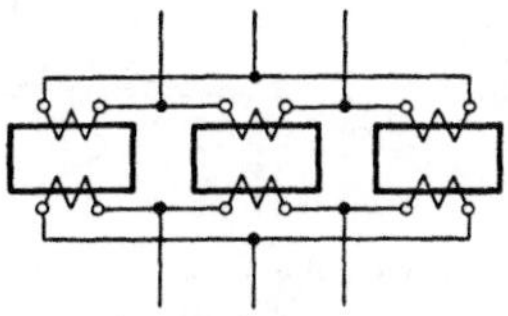

Bild 84 Drehstromtransformatoren in Dreieckschaltung

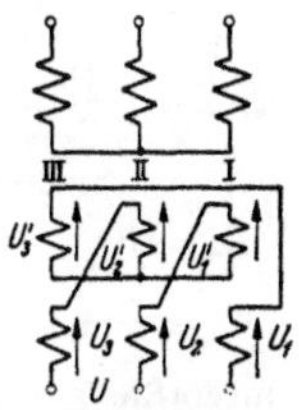

Bild 85 Zickzackschaltung

b) Bau der Transformatoren. Der Eisenkern wird zur Verminderung der Wirbelstromverluste aus Blechen (0,5 oder 0,35 mm) zusammengesetzt. Eine weitere Verminderung erreicht man durch legierte Bleche, bei denen durch einen Siliziumzusatz (bis 5%) die elektrische Leitfähigkeit herabgesetzt ist. Weichheit der Bleche setzt die Hysteresisverluste herab. Zur Verminderung des Magnetisierungsstroms ist der magnetische Widerstand gering zu halten. Ein Luftspalt darf nicht auftreten. Daher werden die Jochbleche häufig eingeschichtet (verblatteter Stoß). Bei den Wicklungen unterscheidet

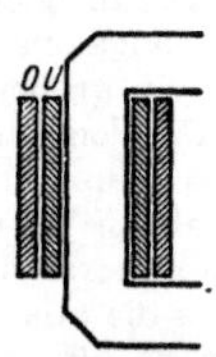

Bild 86. Zylinderwicklung (Röhrenwicklung).

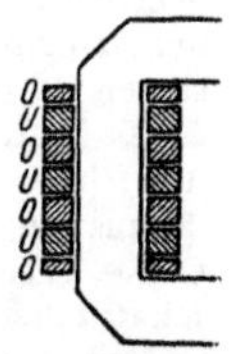

Bild 87 Scheibenwicklung

O = Oberspannung
U = Unterspannung

man zwischen *Zylinderwicklungen* (Röhrenwicklungen), Bild 86, und *Scheibenwicklungen*, Bild 87. Die Oberspannungsspule wird möglichst an der zugänglichsten Stelle angeordnet. Zylinderspulen werden überwiegend bei *Kerntransformatoren*, Bild 88, Scheibenspulen mehr bei *Manteltransformatoren*, Bild 89, angewendet. Bei Kerntransformatoren führt man häufig den Eisenquerschnitt abgesetzt aus, Bild 90, um mehr Eisen in der Windungsfläche unterzubringen.

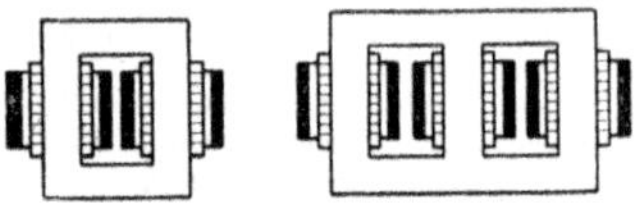

Bild 88. Kerntransformatoren mit Zylinderwicklungen

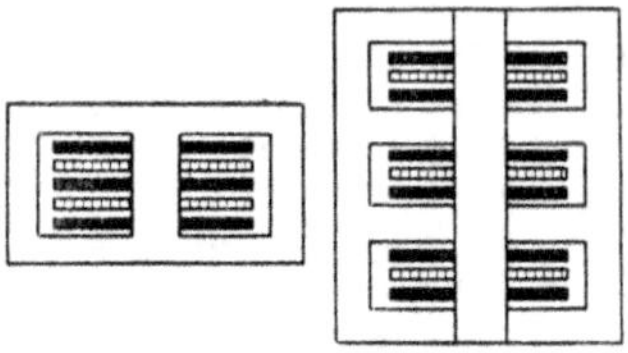

Bild 89. Manteltransformatoren mit Scheibenspulen

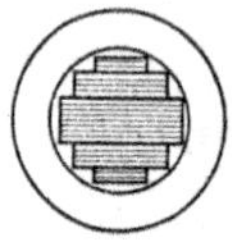

Bild 90 Abgestufter Kern

Da ein Transformator keine bewegten Teile hat, ist die Abfuhr der Verlustwärme bei großen Ausführungen schwierig. Man unterscheidet hinsichtlich der Kühlung die in Bild 91 dargestellten Möglichkeiten. Bei den *Trockentransformatoren*, Bild 91 a, wird die Wärme durch Selbstkühlung mittels der umgebenden Luft abgeführt. Schon bei mittleren Leistungen muß Ölkühlung angewendet werden, Bild 91 b, *Öltransformator*. Das Öl steht bis in das oberhalb angeordnete Ausdehnungsgefäß und überträgt im Umlauf die Wärme an das äußere Rippengefäß. Bei sehr großen Transformatoren muß man *Fremdlüftung* anwenden, Bild 91 c; eine Pumpe treibt in einer Kühlanlage gekühltes Öl durch das Transformatorengefäß.

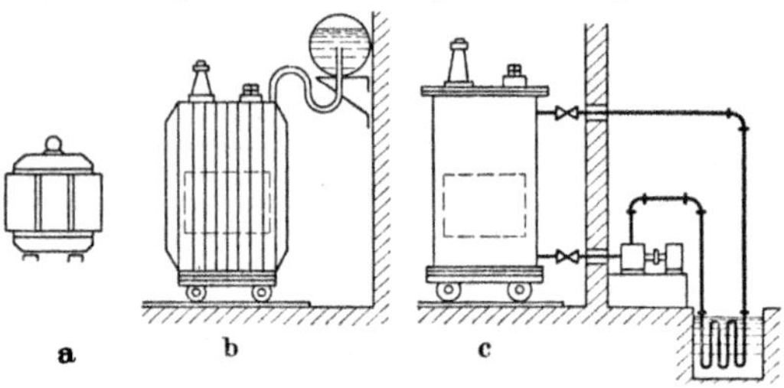

Bild 91. Kühlarten der Transformatoren

c) Leistung der Transformatoren. Wenn man in der Beziehung $U = (1/\sqrt{2}) \cdot \hat{\Phi}\, \omega\, w$ beiderseits mit I multipliziert, erhält man $N = (1/\sqrt{2}) \cdot \hat{\Phi}\, \omega\, \Theta$. Hieraus folgt zunächst, daß die Leistung mit der Frequenz wächst, wenn alles übrige unverändert bleibt. Da die Frequenz aber meist unveränderlich ist, kann man abgekürzt auch schreiben: $N = c\Phi\Theta$, d. h. ein Transformator kann entweder mit großem Fluß (viel Eisen) und geringer Durchflutung (wenig Kupfer) oder umgekehrt gebaut werden. Der Fluß ist bei gleicher magnetischer Belastung dem Eisenquerschnitt und die Durchflutung bei gleicher Stromdichte dem Spulenquerschnitt verhältnisgleich. Folglich ist die Leistung der *vierten* Potenz der linearen Abmessungen verhältnisgleich. Das Gewicht G wächst kubisch, also langsamer, so daß ein großer Transformator demnach mehr als zwei solche halber Größe leistet. Die Verluste wachsen bei gleicher Beanspruchung mit dem Gewicht des Eisens und Kupfers, also mit der dritten Potenz der Linearabmessungen; daraus folgt, daß der Wirkungsgrad mit steigenden Abmessungen zunehmen muß. Große Transformatoren sind daher nicht nur relativ billiger, sondern auch wirtschaftlicher. Da die abkühlende Oberfläche mit dem Quadrat der Abmessungen wächst, bleibt sie hinter den Verlusten zurück; daher brauchen große Transformatoren besondere Kühlung. Der Wirkungsgrad von Transformatoren ist wegen des Fehlens beweglicher Teile hoch. Bei einer Leistung von 1 kW ist er bereits etwa 0,92 und bei 1000 kW Leistung etwa 0,985. Die Verluste setzen sich aus Eisenverlusten V_e und Stromwärmeverlusten V_k zusammen. Da sie im Verhältnis zur Leistung sehr gering sind, ist eine Bestimmung des *Wirkungsgrades* durch Messen der zu- und abgeführten Leistung sehr ungenau. Daher mißt man die Verluste direkt und ermittelt den Wirkungsgrad aus $\eta = N_2/(N_2 + V_e + V_k)$.

N_2 ist die abgegebene Sekundärleistung. Da der Kraftfluß bei allen Belastungen ziemlich unverändert bleibt und im Leerlauf nur der sehr kleine Leerlaufstrom fließt, ist die meßbare Leerlaufleistung unmittelbar gleich dem Eisenverlust V_e. Die Stromwärmeverluste V_k gewinnt man aus einem Kurzschlußversuch. Man führt dem Transformator bei sekundärem Kurzschluß primär nur soviel Spannung zu, daß der primäre Nennstrom auftritt. Da bei dieser kleinen Spannung das Eisen praktisch fast nicht magnetisiert wird, sind die Eisenverluste null, und der Leistungsmesser gibt die gesamten Stromwärmeverluste V_k bei Nennstrom an.

Die Änderung der Verluste bei wechselnder Belastung N_2 zeigt Bild 92. Die Eisenverluste bleiben unverändert, die Stromwärmeverluste ändern sich quadratisch mit N_2. Der höchste Wirkungsgrad wird erreicht, wenn $V_e = V_k$ ist. Dies trifft bei Krafttransformatoren, die während des Betriebes angenähert voll belastet werden, bei dieser Nennlast zu. Lichttransformatoren sind nur stundenweise voll belastet und laufen den größten Teil des Tages fast leer; man baut sie daher mit viel Eisen und wenig Kupfer, so daß V_e kleiner als V_k bei Nennlast wird (in Bild 92 gestrichelt); das Verlustverhältnis $a = V_k/V_e$ ist bei ihnen etwa $a = 2$ bis 3,5.

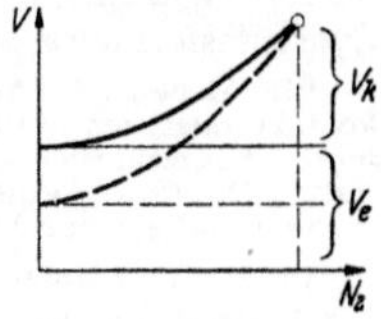

Bild 92. Transformatorenverluste ——— vorwiegend volle Belastung (Kraft-Transf.) – – – nur zeitweise vollbelastet (Licht-Transf.)

d) Parallelschalten von Transformatoren. Das primäre Parallelschalten ist immer möglich, bei dem beiderseitigen ist hingegen mancherlei zu beachten. In Bild 93 ist der Spannungsabfall zweier Transformatoren A und B gleicher Leistung in Abhängigkeit von der Belastung dargestellt. Bei beiderseitigem Parallelschalten müssen sie gleiche Spannungen haben. Da nun Transformator B einen stärkeren Abfall der Spannungslinie zeigt, erhält er einen geringeren Belastungsstrom als A. Um parallelgeschaltet werden zu können, müssen daher Transformatoren gleicher Leistung auch gleiche Spannungsabfälle aufweisen.

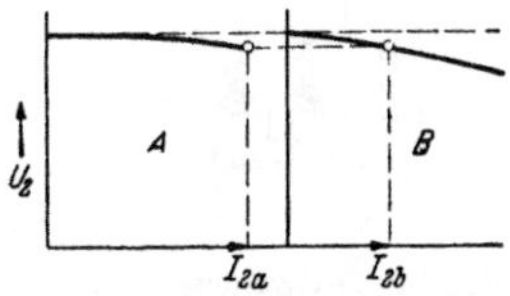

Bild 93. Ungleiche Lastverteilung bei parallelgeschalteten Transformatoren

Man prüft dies am einfachsten an der Gleichheit der *Kurzschlußspannung*, d. i. derjenigen Spannung, welche bei sekundärem Kurzschluß zugeführt werden muß, um den primären Nennstrom zu erzeugen. In Notfällen kann man den Spannungsabfall des einen Transformators durch Vorschalten einer kleinen Drossel künstlich erhöhen.

Bei Drehstromtransformatoren spielt ferner die Schaltart eine wesentliche Rolle. Ein primär und sekundär in Dreieck geschalteter Transformator kann mit einem beiderseits in Stern geschalteten parallelgeschaltet werden, nicht aber mit einem in Stern-Dreieck geschalteten, weil dann die sekundäre Phasenlage der Spannungen nicht übereinstimmt. Die Vorschriften über Transformatoren (RET) enthalten eine Tabelle der Schaltmöglichkeiten.

Die praktische Durchführung einer Parallelschaltung zeigt Bild 94. Transformator A ist unter- und oberspannungsseitig fertig angeschlossen, B kann ohne weiteres auf einer Seite voll angeschlossen werden, z. B. oberspannungsseitig. Auf der Unterspannungsseite kann ohne Gefahr *eine* Verbindung hergestellt werden. Nun ist mit Spannungsmesser zu prüfen, zwischen welchen Stellen *keine* Spannung herrscht. Nur diese dürfen miteinander verbunden werden. Ist bei Drehstromtransformatoren dies überhaupt nicht der Fall, dann kann nicht parallelgeschaltet werden. Selbstverständliche Bedingung für jedes Parallelschalten ist Gleichheit der Leerlaufspannungen (Spannungsangabe des Schildes). Man darf nicht annehmen, daß Gleichheit der Übersetzung genüge, da bei Anlegen einer überhöhten Spannung sehr große Ströme und Verluste auftreten können.

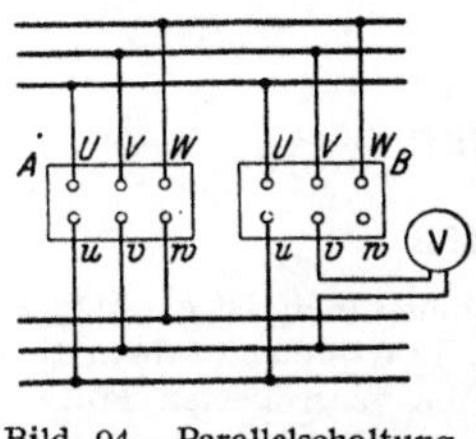

Bild 94. Parallelschaltung zweier Transformatoren

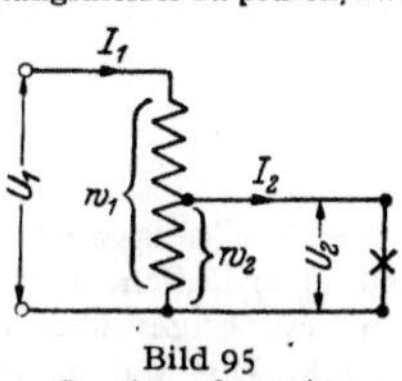

Bild 95 Spartransformator

e) Sonderbauarten. α) Der *Spartransformator* hat nur eine einzige Wicklung, die angezapft ist, Bild 95. Auch hier verhält sich $U_1/U_2 = w_1/w_2$. Da die beiden Ströme I_1 und I_2 nahezu entgegengerichtet sind, fließt in dem gemeinsamen Wicklungsteil die Stromdifferenz $I_2 - I_1$. Wenn $U_1 = 2U_2$, also $I_2 = 2I_1$, ist dieser Strom $2I_1 - I_1 = I_1$, es ist dann also die ganze Sekundärwicklung einschließlich der Stromwärmeverluste erspart. Der Vorteil ist um so geringer, je größer die Übersetzung ist. Ein Umspannen von Hochspannung in Niederspannung ist unzulässig, weil in solchen Fällen beide Netze nicht in leitender Verbindung miteinander stehen dürfen.

β) *Stelltransformatoren* dienen zum Erzeugen einer veränderlichen Wechsel- oder Drehstromspannung. Sie können als Zweiwicklungstransformator oder als Spartransformator ausgeführt werden.

Bild 96 zeigt die Schaltung eines regelbaren Drehstrom-Spartransformators. Der Gleitkontakt oder der Stufenschalter muß so eingerichtet sein, daß beim Schalten Windungen nicht kurzgeschlossen werden können. Eine stufenlose Einstellung der Sekundärspannung ist mittels *Drehtransformatoren* möglich, deren Aufbau einem Motor ähnelt, dessen Sekundärwicklung auf einem ruhenden, aber verstellbaren Anker untergebracht ist.

γ) *Meßtransformatoren.* Sie dienen zur Trennung der Meßgeräte von der Hochspannung. Der *Spannungswandler* (Bild 97a) spannt die Hochspannung gewöhnlich auf 100 V um. Da der Spannungsmesser einen verschwindend geringen Verbrauch hat, gilt der Wandler als unbelastet, die Spannungen verhalten sich also genau wie die Windungszahlen.

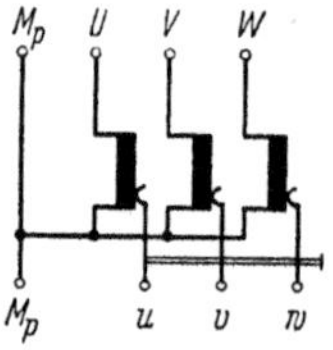

Bild 96. Drehstrom-Stelltransformator in Sparschaltung

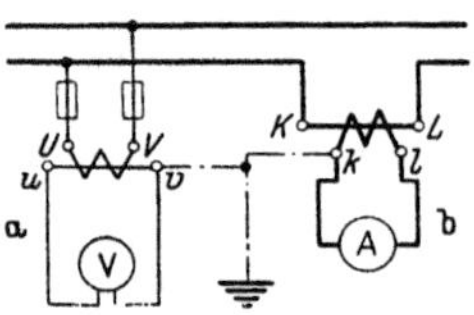

Bild 97. Spannungs- (a) und Stromwandler (b)

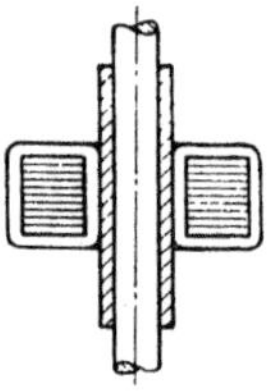
Bild 98. Stabstromwandler

Stromwandler dienen zum Anschluß von Strommessern, die gewöhnlich für 5 A ausgeführt werden, Bild 97b. Damit sich die Ströme umgekehrt wie die Windungszahlen verhalten, darf die sekundäre Belastung nur sehr gering sein (Strommesser mit kleinem Widerstand).

Damit ein Stromwandler bei Netzkurzschlüssen den großen mechanischen Kräften widersteht, die zwischen den Spulen wirken, muß er kurzschlußsicher gebaut sein. Dies trifft z. B. bei der symmetrischen Ausführung der Stabstromwandler (Bild 98) zu, bei denen die Primärwicklung als einfacher Stab zentral durch den Eisenring geführt ist, um den die Sekundärwicklung gewickelt ist. Wenn mehrere Meßgeräte anzuschließen sind, müssen die Spannungsmesser sekundär parallel-, die Strommesser in Reihe geschaltet werden. Stromwandler dürfen niemals bei ausgebautem Strommesser betrieben werden, weil sonst die Primärwicklung als Drosselspule wirkt, eine höhere Spannung als bei sekundärem Kurzschluß benötigt und infolge der höheren Eisenverluste verbrennen kann.

V. Gleichstrommaschinen

A. Gleichstromgeneratoren

a) Wirkungsweise und Aufbau. Nach dem Induktionsprinzip ist ein Magnetfeld erforderlich, durch welches Leiter bewegt werden. Bild 99 zeigt schematisch ein zweipoliges Magnetgestell mit den durch Polschuhe vergrößerten Polen N und S. Die Magnetwicklung wird von einer besonderen Gleichstromquelle gespeist. Die für die Stromerzeugung benötigten Leiter liegen in Nuten eines Ankers, der zur Vermeidung von Wirbelströmen aus Blechen zusammengesetzt ist. Die

Leiter bilden eine in sich geschlossene Wicklung, von der durch zwei Bürsten der Strom abgenommen und von diesen zugleich in zwei Hälften parallelgeschaltet wird. Die Maschinenspannung wird also von der Hälfte der Ankerleiter erzeugt. Gemäß Bild 100 hat ein unter dem Nordpol liegender Leiter *a* einen Rückleiter *d* unter dem Südpol, so daß sich die bei der Drehung erzeugten Spannungen addieren; dabei können zwischen *a* und *d* mehrere Windungen zu einer Ankerspule zusammengefaßt werden. Um die Unterbringung zu erleichtern, ordnet man diese Spulen gewöhnlich in zwei Schichten (Zweischichtenwicklung) derart, daß die Hinleiter auf einem Zylinder größeren Durchmessers liegen als die Rückleiter. Der Höchstwert der Spannung ergibt sich, wenn der Strom in der *neutralen Zone* der Maschine abgenommen wird, d. h. von denjenigen Leitern, welche gerade zwischen den Feldlinien des Nord- und Südpols liegen und daher keine Feldlinien schneiden.

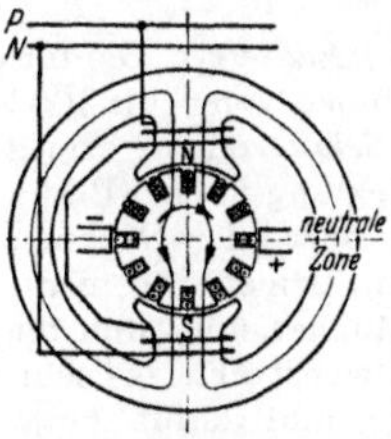

Bild 99
Gleichstromgenerator

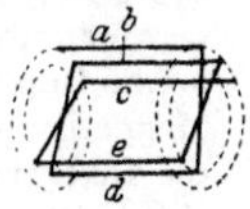

Bild 100
Trommelankerspulen

Praktisch wird der Strom nicht unmittelbar an den Ankerleitern, sondern an einem besonderen *Kommutator* (Stromwender) abgenommen, der aus zahlreichen voneinander isolierten Kupferlamellen besteht, die durch Ableiter mit der Ankerwicklung verbunden sind.

Die in Bild 101 unter den Polen liegenden Leiter sind durch die Bürstenabnahme parallelgeschaltet. Nennt man die *Gesamtzahl* der Ankerleiter z, dann sind also nur die unter *einem* Pol liegenden Leiter, nämlich $z\,b/D\,\pi$ an der Erzeugung der EMK E beteiligt. Bei einer Leiterlänge l ist $E = B\,v\,l\,z\,b/(D\,\pi)$, s. S. 860. Wenn man hierin die Umfangsgeschwindigkeit $v = D\pi\,n$ und statt $B\,l\,b$ den Kraftfluß Φ setzt, ergibt sich $E = \Phi\,n\,z$.

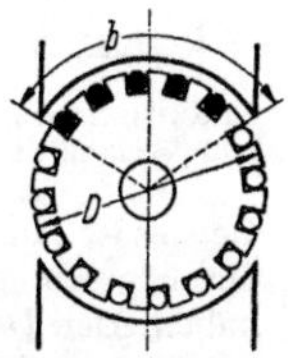

Bild 101. Trommelanker mit z Leitern

Die EMK läßt sich also durch Erhöhen des Magnetflusses oder der Drehzahl steigern. Sie wechselt die Richtung durch Umkehr von Φ (Umpolung der Erregerwicklung) oder durch Umkehr der Drehrichtung. Da die Ankerwicklung einen geringen Ohmschen Widerstand R hat, wird bei der Stromentnahme I ein Spannungsverlust RI auftreten. Die Klemmenspannung U ist daher um diesen Betrag kleiner als die EMK:

$$U = E - RI.$$

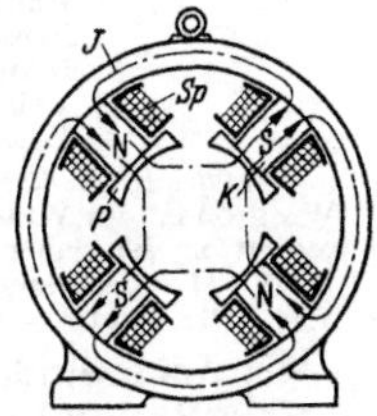

Bild 102. Vierpoliges Magnetgestell

Bei größeren Leistungen ist es zweckmäßig, mehr als zwei Magnetpole anzuwenden. Bild 102 zeigt das Magnetgestell einer vierpoligen Maschine, deren Pole wechselnd aufeinanderfolgen. Die Polschuhe P vermindern durch den großen Übertrittsquerschnitt den magnetischen Widerstand. Da in ihnen infolge der Ankernuten Wirbelströme auftreten können, werden sie meist aus Blechen zusammengesetzt. Bezeichnet man den Magnetfluß eines Pol*paares* mit Φ (ein Pol*paar* entspricht $p = 1$), dann ist der Gesamtmagnetfluß $p\,\Phi$. Bei der mehrpoligen Maschine können im Anker mehr als zwei Wicklungspaare parallelliegen (ein Wicklungspaar bedeutet $a = 1$), z. B. bei einer vierpoligen Wicklung $a = 2$ mit vier parallelliegenden Vierteln. Die EMK wird dann von jedem Viertel voll erzeugt, und die obige Beziehung geht für die mehrpolige Maschine über in:

$$E = \Phi\,p\,n\,z/a.$$

Durch beiderseitige Multiplikation mit I erhält man die Leistung

$$N = \Phi\,p\,n\,z\,I/a,$$

und man erkennt, daß die Leistung dem Magnetfluß Φp, der Ankerdurchflutung $\Theta = zI$ und der Drehzahl n verhältnisgleich ist.

Hieraus folgt einerseits, daß entsprechend den Transformatoren auch die Leistung dieser Maschinen mit der vierten Potenz der linearen Abmessungen wächst, und andererseits, daß die Maschinenleistung bei unveränderten Abmessungen mit der Drehzahl ansteigt. Bei gleicher Leistung ist also eine Maschine um so leichter und billiger, mit je höherer Drehzahl sie betrieben wird.

b) Erregung. Der in Bild 99 dargestellte Generator ist *fremderregt*. Die für die Magnetwicklung benötigte geringe Leistung, die bei Maschinen von 1 bis 100 kW etwa 5 bis 2% der Maschinenleistung beträgt, kann bei *Selbsterregung* vom Generator selbst geliefert werden. Wenn man die Magnetwicklung $C-D$ (Bild 103) an die Bürsten $A-B$ legt, wird bei richtiger Schaltung die durch den remanenten Magnetismus des Eisens erzeugte geringe Spannung einen kleinen Strom durch die Erregerwicklung treiben, der eine Verstärkung des Magnetfeldes und damit eine höhere Spannung zur Folge hat. Diese Verstärkung steigert sich, bis schließlich nach wenigen Augenblicken die volle Magnetisierung und damit die volle Spannung erreicht ist.

Bleibt die Spannung aus, so kann falsche Schaltung (Abhilfe: Umpolung der Magnetwicklung $C-D$), unmagnetisches Eisen (Abhilfe: kurzzeitiges Anlegen einer Stromquelle an die Wicklung) oder eingeschaltete Verbraucher (Abhilfe: Öffnung des Schalthebels) die Ursache sein.

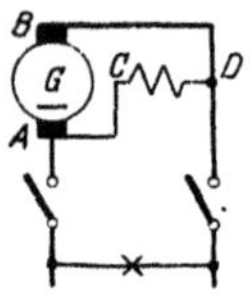

Bild 103. Nebenschlußgenerator

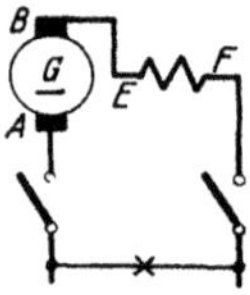

Bild 104 Reihenschlußgenerator

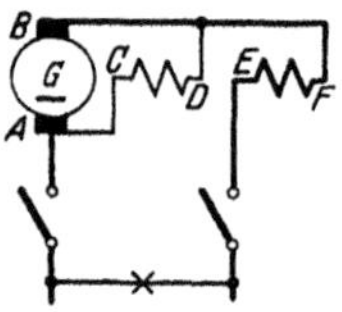

Bild 105. Doppelschlußgenerator

Ein solcher Generator, Bild 103, wird *Nebenschlußgenerator* genannt. Zum Einstellen der Spannung ist ein *Feldregler* im Erregerstromkreis nötig. Bei dem *Hauptschluß-* oder *Reihenschlußgenerator* liegt die Magnetwicklung in Reihe mit dem Anker, Bild 104. Da sie im Gegensatz zum Nebenschlußgenerator jetzt von dem vollen Maschinenstrom durchflossen ist, muß sie großen Drahtquerschnitt bei geringer Windungszahl haben. Der *Doppelschlußgenerator*, Bild 105, hat sowohl eine Nebenschlußwicklung (viele dünne Drähte) als auch eine Reihenschlußwicklung (wenige dicke Drähte), die gleichsinnig geschaltet sind.

Die *Klemmenbezeichnung* der Gleichstrommaschinen ist (VDE 0570):

Anker (Bürsten)	$A-B$
Erregerwicklung fremderregt	$I-K$
Nebenschlußwicklung	$C-D$
Reihenschlußwicklung	$E-F$
Wendepolwicklung (s. S. 886)	$G-H$

Beispiel: Ein 50 kW-Nebenschlußgenerator für 230 V habe einen Erregerverlust von 2,5%. Wie groß ist der Widerstand der Magnetwicklung? 2,5% von 50000 W sind 1250 W. Der Erregerstrom ist daher $I_e = 1250$ W/230 V = 5,44 A und der Widerstand 230 V/5,44 A = = 42,3 Ω. Bei einer Stromdichte von 1,5 A/mm² ergäbe sich ein Drahtquerschnitt von 5,44 A/1,5 A/mm² = 3,62 mm², entsprechend einem Drahtdurchmesser von 2,15 mm.

c) Ankerwicklungen. Sie müssen in sich geschlossen sein. Zu einem Hinleiter ist der Rückleiter unter einem ungleichnamigen Pol zu suchen. Das würde am besten erreicht, wenn die Ankerspulenweite gleich der Polteilung wäre. Da man dann aber keine den Ankerumfang gleichmäßig bedeckende Wicklung bekäme, wählt man die Spulenweite nur ungefähr gleich der Polteilung; das ist zulässig, weil die Polbreite nur etwa 70% der Polteilung ist. Es gibt verschiedene Wicklungsarten, deren Wicklungsschritte nach bestimmten Regeln vorausberechnet werden.

Bei der *Schleifen-* oder *Parallelwicklung*, Bild 106, ist die Spulenweite etwas größer als die Polteilung τ. Der unter einem Nordpol nach der Ankerrückseite führende Hinleiter hat seinen Rückleiter unter dem folgenden Südpol. Von hier aus geht es zu dem folgenden Hinleiter, der hier neben dem ersten Hinleiter, also auch unter demselben Nordpol gewählt ist usw. Durch diesen Gang scheint die Wicklung aus fortlaufenden Schleifen zu bestehen. In der Ausführung ist sie zweischichtig, d. h. die gestrichelt gezeichneten Leiter liegen in einer tieferen Schicht unter den ausgezogen gezeichneten Leitern. Von jeder Ankerspule führt ein Ableiter zu je einer Kommutatorlamelle. Vier Bürsten im genauen Abstand der Polteilung nehmen den Strom ab, wobei sie die Wicklung in vier parallelgeschaltete Zweige teilen. Die Bürstenstellung ist so, daß die in der Mitte zwischen den Polen liegenden Leiter (neutrale Zone) unmittelbar mit den Bürsten in Verbindung stehen.

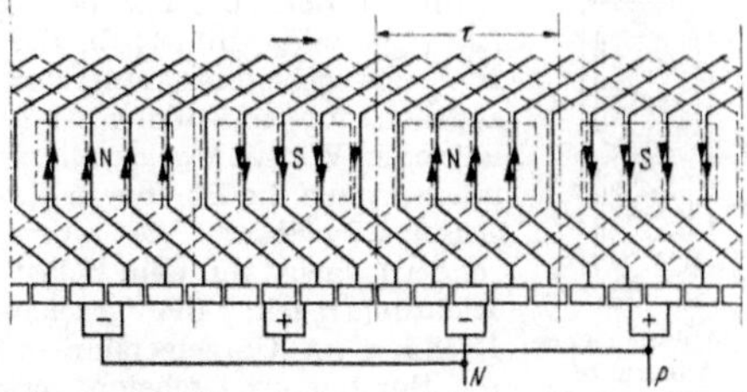

Bild 106. Schleifenwicklung (Pole liegen vor dem Anker)

Bei der *Wellenwicklung* (Reihenwicklung), Bild 107, ist ebenfalls zu einem Hinleiter der Rückleiter, angenähert um die Polteilung τ verschoben, unter dem nächsten Pol angenommen, aber dann geht der Weg nicht zum voraufgehenden Nordpol zurück, sondern zu dem dann folgenden Nordpol usw. Der Linienverlauf erscheint daher wellenartig, wobei ein Wicklungszug entsteht, der nur zwei parallele Ankerzweige ($a = 1$) aufweist. Es genügen daher auch nur zwei Bürsten; jedoch ist es zulässig, auch die weiteren Bürsten (gestrichelt eingezeichnet) hinzuzufügen, wenn die Größe des Stromes einen größeren Bürstenquerschnitt notwendig macht. Da bei der Wellenwicklung die größte Zahl von Leitern in Reihe liegt, wird sie bei höheren Spannungen zu verwenden sein, während die Schleifenwicklung, die stets soviel Ankerzweige wie Pole hat, für große Stromstärken bei kleinen Spannungen geeignet ist.

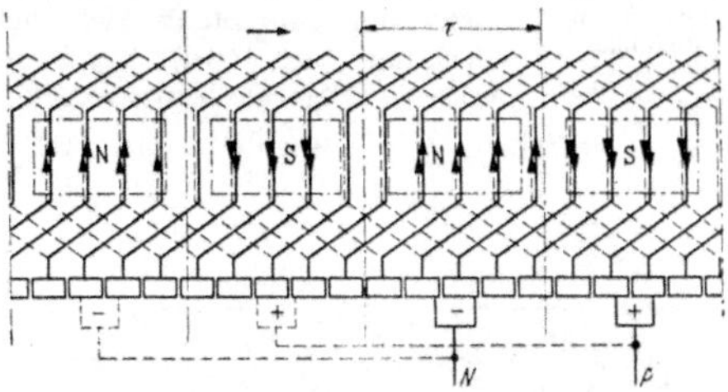

Bild 107. Wellenwicklung (Pole liegen vor dem Anker)

Bild 108 zeigt eine achtpolige *Reihenparallelwicklung* mit vier parallelen Ankerzweigen. Die 82 Ankerspulen sind in 41 Nuten untergebracht. Bild 109 stellt

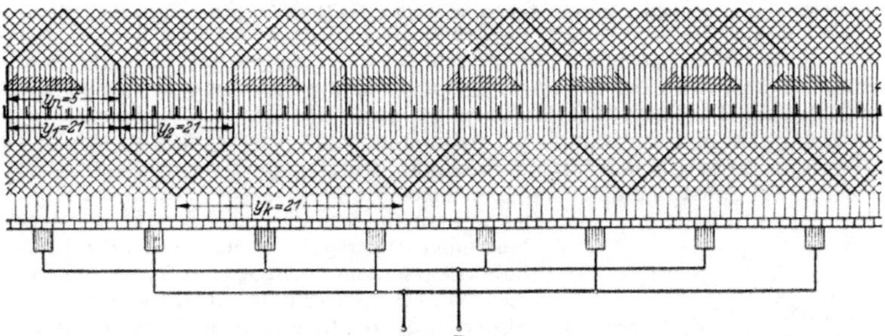

Bild 108. Achtpolige Reihenparallelwicklung mit 82 Ankerspulen

einen Schnitt durch eine Ankernut mit den beiden Spulenseiten dar. *a* sind Preßspanhüllen, *b* eine Bandbewicklung; ein Holzkeil *c* nimmt die Fliehkraft der Spulen auf. Für größere Leistungen reichen *Drahtwicklungen* nicht mehr aus. Man geht dann zu *Stabwicklungen* über, bei denen jede Spule aus einem gebogenen Stab besteht.

d) Ankerrückwirkung und Kommutierung (Stromwendung). Das von den Magnetwicklungen erzeugte Hauptfeld eines Generators geht in symmetrischem Verlauf durch den Anker, Bild 110a. Schickt man durch den Anker des unerregten Generators einen Strom, wie ihn die Maschine im Betrieb selbst erzeugen würde, so entsteht ein *Ankerfeld* (Querfeld), Bild 110b, das senkrecht zum Hauptfeld steht. In einem belasteten Generator (Bild 110c) treten beide Felder zugleich auf und bilden ein resultierendes Feld, dessen Achse um einen Winkel α gegen die neutrale Achse verdreht ist. Daher müssen auch die Bürsten in diese neue Lage verschoben werden: *Ankerrückwirkung.* Der Verdrehwinkel ist nicht konstant, sondern wächst mit dem Belastungsstrom. Da nach den früheren Richtungsregeln die gezeichnete Stromrichtung bei einer Drehung im Uhrzeigersinn entsteht, müssen bei Generatoren die Bürsten im Drehsinn verschoben werden. Würde die Maschine mit gleichem Drehsinn und gleicher Feldrichtung als *Motor* betrieben, dann ergäbe sich nach der Richtungsregel eine Linksdrehung (Bild 110d); bei Motoren müssen daher die Bürsten entgegen dem Drehsinn verschoben werden.

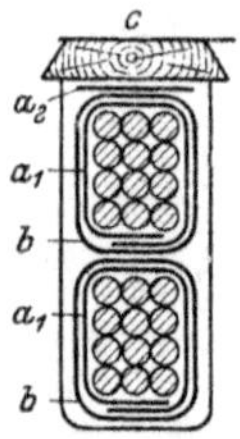

Bild 109. Offene Ankernute
a Preßspan 0,3 bis 0,4 mm, b Bandbewicklung, c Holzkeil

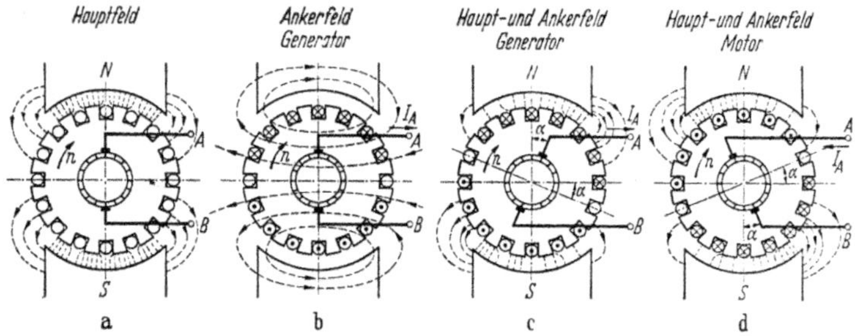

Bild 110. Ankerrückwirkung

Die Ankerrückwirkung hat noch weitere Folgen. Durch das Ankerfeld wird das Feld der einen Polseite geschwächt, das der anderen verstärkt. Die Schwächung kann erheblich sein, die Verstärkung wegen der Sättigung aber nicht. Daher muß der Gesamtfluß des Poles eine Schwächung erfahren, die um so größer ist, je stärker die Maschine belastet ist. Weiterhin bedeutet die starke Feldverzerrung erhöhte Schwierigkeit für die Kommutierung.

In jedem Ankerleiter muß beim Durchgang durch die neutrale Zone die Stromrichtung wechseln. Dies besorgt der *Kommutator* (Stromwender), und zwar während des Durchgangs seiner Lamellen unter der Bürste. Bei dieser Stromänderung tritt eine Selbstinduktionsspannung in der Ankerspule auf, welche die gleiche Richtung wie der anfangs fließende Strom hat und einen Lichtbogen an der von der Bürste ablaufenden Lamellenkante hervorruft. Um dieses Bürstenfeuer zu vermeiden, muß man eine weitere EMK in der unter der Bürste vorbeilaufenden Ankerspule erzeugen, die der Selbstinduktionsspannung entgegenwirkt. Am einfachsten verlegt man die Kommutation nicht wie bisher in die feldfreie neutrale Zone, sondern in das schwache Feld eines benachbarten Poles, also in ein Feld, das dem entgegengerichtet ist, welches die Spule gerade verlassen hat. Die Bürsten müssen daher bei einem Generator auch hier im Drehsinn um einen weiteren Winkel β, insgesamt also um $\alpha + \beta$ verschoben werden, wobei auch β nicht konstant ist, sondern mit dem Belastungsstrom wächst.

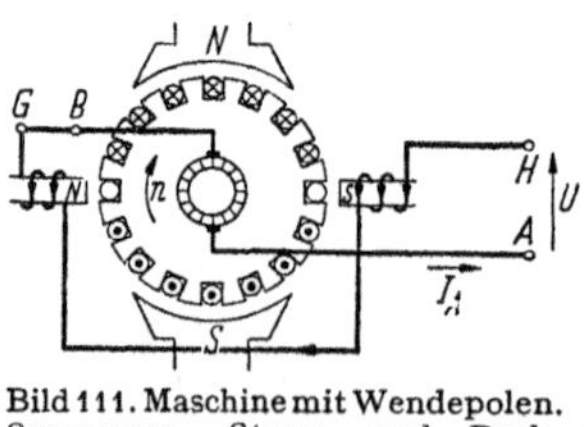

Bild 111. Maschine mit Wendepolen. Spannungs-, Strom- und Drehrichtungspfeile für Generatorbetrieb

Da eine von der Belastung abhängige Bürstenverschiebung unerwünscht ist, werden heute meistens in den Pollücken *Wendepole* angeordnet, Bild 111. Sie erzeugen in der bewegten Ankerspule eine Wende-EMK E_w, welche die Selbstinduktionsspannung E_s aufhebt, und, da sie mit dem Anker in Reihe geschaltet sind, also vom Belastungsstrom erregt werden, ändert sich E_w in gleichem Maß wie E_s. Die Bürsten bleiben jetzt unverändert in ihrer Leerlauflage. Wendepole sind vor allem notwendig bei Maschinen mit stark wechselnder Belastung (Bahngeneratoren) oder bei Motoren mit wechselnder Drehrichtung sowie auch bei Maschinen mit hoher Drehzahl. Je höher nämlich die Geschwindigkeit ist, um so weniger Zeit verbleibt dem Strom unter der Bürste für die Umkehr.

Das Bürstenfeuer läßt sich auch dadurch vermindern, daß man durch härtere Kohlenbürsten einen Widerstand in den kurzgeschlossenen Ankerspulenkreis bringt oder daß man die Bürstendicke vergrößert, wodurch die Kommutierungszeit vergrößert wird. In schwierigen Fällen muß für einen feuerfreien Lauf auch die Feldverzerrung bei Belastung beseitigt werden. Dies geschieht durch eine *Kompensationswicklung*, welche ebenfalls vom Ankerstrom erregt wird und so in die Polschuhe eingewickelt ist, daß sie das Ankerfeld aufhebt. Bild 112 zeigt schematisch diese Kompensationswicklung K.

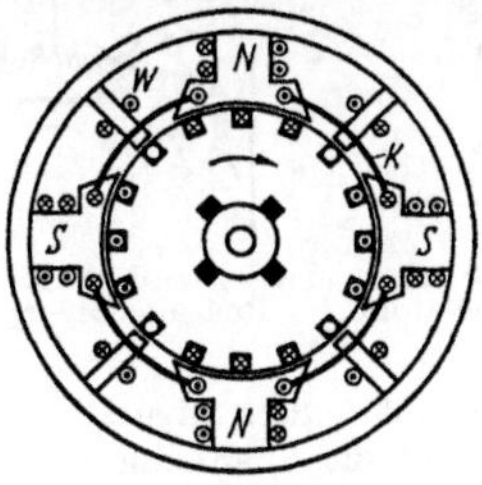

Bild 112. 4poliger Generator mit Stromlauf der Erregerwicklung, Ankerwicklung, Wendepolwicklung W und Kompensationswicklung K

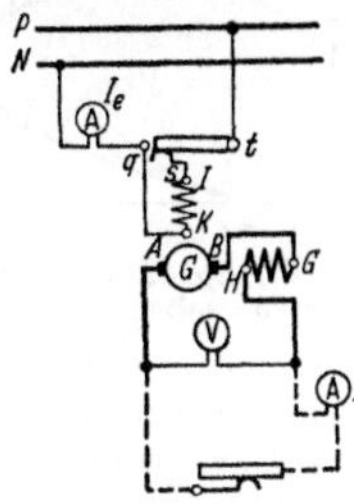

Bild 113 Fremderregter Gleichstromgenerator

e) Verhalten der Gleichstromgeneratoren. α) *Fremderregter Generator*, Bild 113. Für jeden Generator ist $E = C\Phi n$. Bei *Leerlauf* mit konstanter Drehzahl ist also die erzeugte EMK dem Magnetfluß Φ verhältnisgleich, der sich mit dem Erregerstrom nach der Magnetisierungslinie ändert, wie Bild 114 zeigt. E_r ist die durch den remanenten Magnetismus erzeugte EMK. Für eine andere Drehzahl erhält man die Leerlaufkennlinie durch Umrechnen der Ordinaten der Kurve im Verhältnis der Drehzahlen. Um einen besseren Spannungsregelbereich zu erhalten, kann man zwischen Polkerne und Joch Isthmusbleche aus unmagnetischem Stoff einlegen. Bei *Belastung* und konstantem Erregerstrom I_e wird an den Bürsten eine gegenüber der Leerlaufspannung E verminderte *Klemmenspannung* U gemessen, Bild 115. Der Spannungsabfall entsteht: 1. durch die Verminderung des Flusses Φ infolge der Ankerrückwirkung und 2. durch den Ankerkreiswiderstand (Ankerwicklung + Bürsten + Wendepolwicklung). Durch Verstärken des Erregerstroms I_e kann der Spannungsabfall ausgeglichen werden.

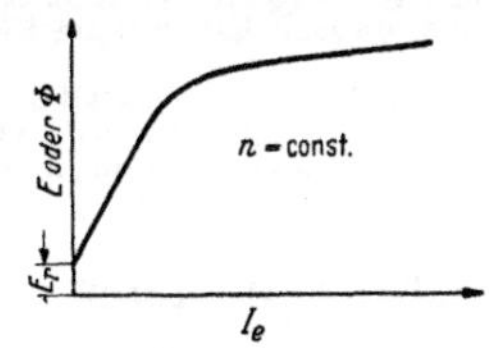

Bild 114. Leerlaufkennlinie

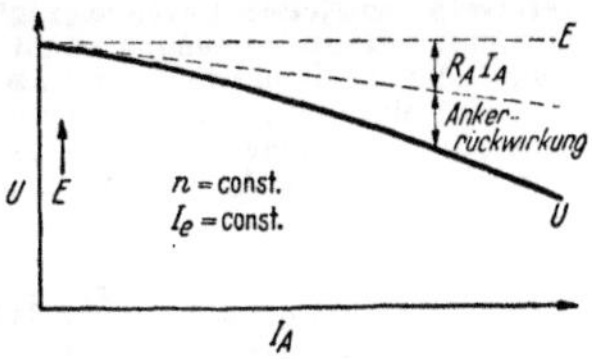

Bild 115. Spannungsabfall bei Belastung des fremderregten Generators

β) *Nebenschlußgenerator*, Bild 116. Da der Erregerstrom nur wenige Prozente des Maschinenstroms beträgt, wird durch ihn kein nennenswerter Spannungsabfall verursacht. Die Leerlaufkennlinie deckt sich also mit der in Bild 114. Bei *Belastung* muß ein

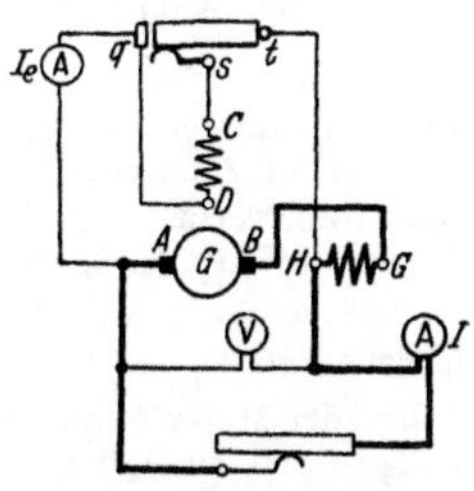

Bild 116. Selbsterregter Nebenschlußgenerator

größerer Spannungsabfall als bei der fremderregten Maschine eintreten, weil die Erregerspannung abfällt. Dadurch ergibt sich nach Erreichen eines maximalen Belastungsstroms ein rückläufiger Spannungsverlauf, Bild 117, der bei Kurzschluß des Generators den Spannungswert null und den Kurzschlußstrom I_k ergibt. Dieser kann hier kleiner als der normale Betriebsstrom sein.

γ) *Reihenschlußgenerator*, Bild 118. Er gibt im Leerlauf nur die Remanenzspannung E_r. Zur Aufnahme der Leerlaufkennlinie muß die Erregerwicklung abgetrennt und mit einer Stromquelle kleiner Spannung fremderregt werden. Bei *Belastung* (n = const) in normaler Schaltung erfolgt die Selbsterregung erst bei

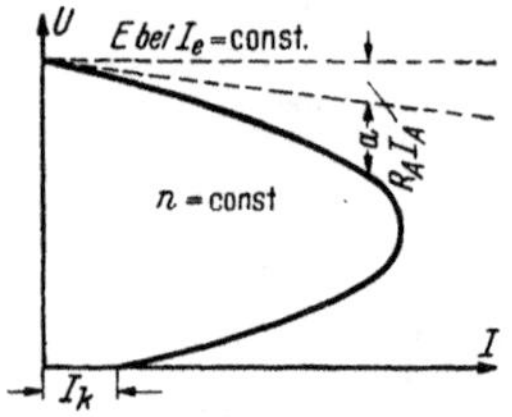

Bild 117. Spannungsabfall des belasteten Nebenschlußgenerators

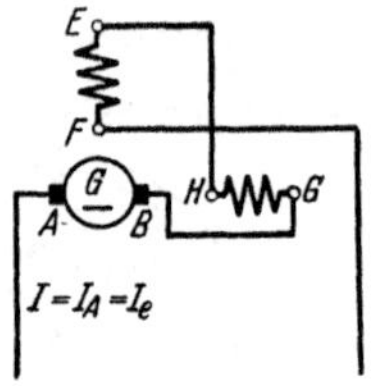

Bild 118 Reihenschlußgenerator

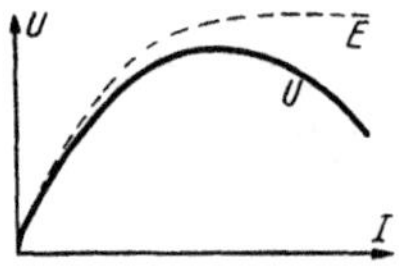

Bild 119 Spannungsverhalten des Reihenschlußgenerators

geringem Außenwiderstand und richtiger Polung. Da der Erregerstrom hier der Belastungsstrom ist, folgt die Spannung U zunächst der Magnetisierungslinie, Bild 119, um bei Überschreiten der Sättigungsgrenze infolge der immer weiter zunehmenden Spannungsabfälle wieder abzusinken.

δ) *Doppelschlußgenerator*. Die Nebenschlußwicklung ist stark überwiegend und mit der kleineren Reihenschlußwicklung gleichsinnig geschaltet. Man erreicht dadurch, daß der bei Nebenschlußgeneratoren auftretende Spannungsabfall bei Belastung durch die verstärkende Wirkung der Reihenschlußwicklung derart ausgeglichen wird, daß die Maschine bei allen Belastungen eine nahezu konstante Spannung liefert.

Es ist sogar durch weiteres Vergrößern dieser Wicklung möglich, auch den Spannungsverlust in den Netzleitungen auszugleichen, so daß die Verbraucher unabhängig von der Belastung konstante Spannung erhalten. In diesem Fall muß die Klemmenspannung mit zunehmender Belastung etwas ansteigen.

Für Anlagen mit schnell wechselnder Belastung (Bahnkraftanlagen) sind Doppelschlußgeneratoren notwendig, bei langsamen Belastungsänderungen genügt der Nebenschlußgenerator, weil im allgemeinen ohnehin eine selbsttätige Spannungsregelung vorgesehen wird.

B. Gleichstrommotoren

a) Wirkungsweise und Bau. Die vom Netzstrom I durchflossenen Ankerleiter liegen im Magnetfeld und üben am Ankerumfang eine Kraft aus, deren Drehmoment dem Ankerstrom I und dem Magnetfluß Φ verhältnisgleich ist (s. S. 859):

$$M = c\,\Phi\,I\,.$$

Zugleich entsteht in den Ankerleitern durch deren Bewegung eine EMK, die dem Strom I entgegengerichtet ist und notwendig immer um den Ohmschen Spannungsverlust $R_a I$ kleiner als die zugeführte Spannung U sein muß. Diese Gegen-EMK ist (s. S. 883)

$$E = C n \Phi = U - R_a I\,;$$

hieraus:

$$n = (U - R_a I)/(C\Phi),$$

d. h. jeder Motor nimmt *die* Drehzahl an, bei der die in seinem Anker entwickelte Gegen-EMK zuzüglich des geringen Spannungsverlustes im Anker sich mit der zugeführten Spannung im Gleichgewicht hält. Je nach der Schaltung der Erregerwicklung unterscheidet man: *Nebenschluß-*, *Reihenschluß-* oder *Doppelschluß-*

motoren. Baulich unterscheidet sich ein Gleichstrommotor nicht von einem Generator. Bild 120 stellt einen Gleichstrommotor der Siemens-Schuckertwerke von 23 kW Leistung, $n = 1450$ U/min mit Wendepolen dar. Im Augenblick des Einschaltens fehlt noch die Gegen-EMK; es würde dann ein sehr großer Strom fließen und den Stromwender gefährden. Daher ist ein Vorwiderstand, ein *Anlasser*, notwendig, der mit dem Anlauf des Motors allmählich abgeschaltet wird. Das Ausschalten des Motors kann schnell erfolgen.

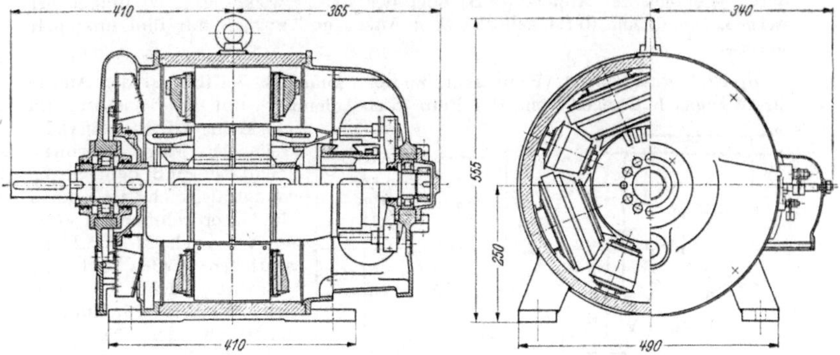

Bild 120. Geschützter Gleichstrommotor mit Wendepolen, Schutzart P 11, 23 kW, $n = 1450$ U/min (SSW)

b) Betriebsverhalten. α) Der *Nebenschlußmotor*, Bild 121, liegt mit seiner Erregerwicklung an einer konstanten Spannung; daher ist der magnetische Fluß Φ bis auf eine geringe Schwächung durch die Ankerrückwirkung auch konstant. Da auch der Anker im allgemeinen eine unveränderte Spannung U erhält, ergibt sich eine feste Leerlaufdrehzahl. Die Beziehung $n = (U - R_a I_a)/(C\Phi)$ zeigt zwei Möglichkeiten der Drehzahländerung, entweder durch U oder durch Φ (bzw. I_e). Mit einem zum Steuern ausgebildeten Anlasser läßt sich die Klemmenspannung U verändern und damit eine mit U ansteigende Drehzahl einstellen. Mit einem Feldregler kann der Erregerstrom I_e geschwächt werden. Dadurch sinkt der Fluß Φ, und die Drehzahl steigt (weil der Anker immer eine Gegen-EMK etwa gleich U erzeugen muß, die er bei geschwächtem Feld nur durch schnelleren Lauf erreichen kann). Bild 122 zeigt den Abfall der Drehzahl mit wachsendem Erregerstrom. Bei größerem I_e erreicht das Eisen seine Sättigung, Φ wächst dann nicht mehr wesentlich, und die Drehzahl bleibt ziemlich konstant. Mit zunehmender *Belastung* des Motors wächst der Ankerstrom I_a und mit ihm der Spannungs-

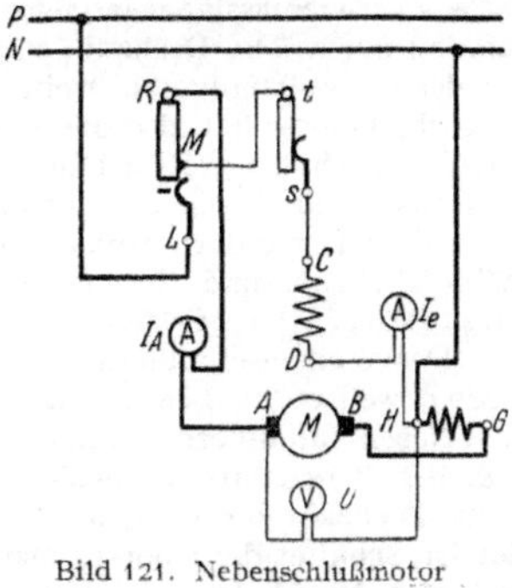

Bild 121. Nebenschlußmotor

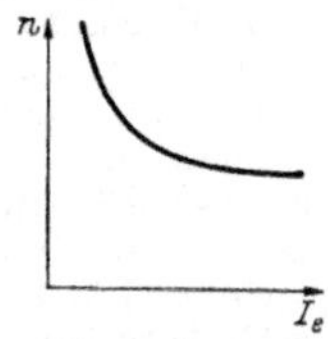

Bild 122. Drehzahlverhalten des Nebenschlußmotors bei Änderung des Erregerstroms

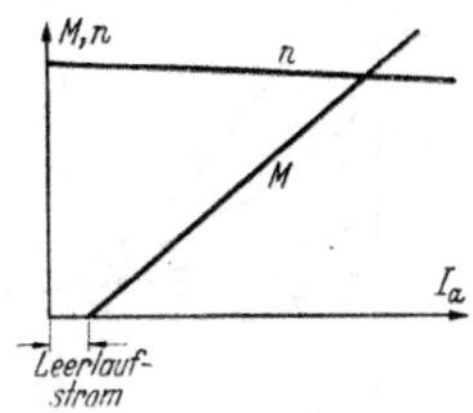

Bild 123. Verhalten des Nebenschlußmotors bei Belastung

verlust $R_a I_a$. Daher muß die Drehzahl etwas absinken. Da aber $R_a I_a$ gering ist, ist auch der Drehzahlabfall klein, Bild 123. Er wird zum Teil noch ausgeglichen, weil die Ankerrückwirkung eine Feldschwächung und damit eine Drehzahlsteigerung verursacht. Nebenschlußmotoren kommen wegen ihrer ziemlich *konstanten Drehzahl* zum Antrieb von Werkzeugmaschinen, Aufzügen usw. in Frage. Das Drehmoment dieses Motors ist wegen des konstanten Kraftflusses dem Ankerstrom verhältnisgleich, Bild 123. Die *Drehrichtung* kann entweder durch Umpolen des Ankers (AB) oder der Erregerwicklung (CD) umgekehrt werden. Wendepole (GH) gehören zum Anker und müssen mit ihm umgepolt werden.

β) *Reihenschlußmotor* (Hauptschlußmotor), Bild 124. Bei ihm ist der Ankerstrom zugleich Erregerstrom, der Fluß wächst demnach mit der Belastung. Da bei kleinem Strom (gerader Teil der Magnetisierungslinie) der Fluß dem Strom verhältnisgleich ist, kann das Motordrehmoment $M = c \Phi I$ auch $M = c_1 I^2$ geschrieben werden, d. h. das Moment wächst parabelartig, wie Bild 125, Kurve *a*, unterhalb der Nennbelastung (100%) zeigt. Bei Überlastung steigt die Kurve *a* aber weniger steil an, weil der Fluß Φ dann in das Sättigungsgebiet kommt und durch Ankerrückwirkung eine immer größer werdende Feldschwächung eintritt. Im Vergleich zu der gestrichelt gezeichneten Momentenlinie *b* des Nebenschlußmotors (Bild 125) zeigt sich der Reihenschlußmotor bei *Überlastungen* überlegen, d. h. für ein übernormales Moment braucht er einen kleineren Strom als der Nebenschlußmotor. Die Abhängigkeit der Drehzahl von der Belastung ergibt sich aus der Betrachtung der Drehzahlformel. Da $R_a I$ vernachlässigbar ist, ändert sich nur Φ, und zwar wächst es mit dem Belastungsstrom. Die Drehzahl sinkt also, wobei allerdings bei großen Strömen infolge der Eisensättigung ein weiterer Abfall der Drehzahl nicht möglich ist. Der Reihenschlußmotor hat also die wertvolle Eigenschaft, daß er sich bei großen Drehmomenten elastisch der Überlastung seiner selbst und des Netzes entzieht, während er unternormale Belastungen durch erhöhte Drehzahl und Geschwindigkeit schnell bewältigt. Daher ist er für Krane und Bahnen erwünscht. Der Reihenschlußmotor darf nicht entlastet werden, weil er im Leerlauf *durchgeht.* Auch bei einem Nebenschlußmotor kann durch Drahtbruch od. dgl. der Erregerstrom ausbleiben. Dann steigt auch die Drehzahl hoch an, aber ehe der Motor gefährdet ist, schaltet die Überstromauslösung ab, weil mit dem Ausschalten des Erregerstromes auch das Drehmoment schnell verschwindet. Die Drehrichtung des Reihenschlußmotors wird entweder durch Umpolen des Ankers (AB und GH) oder der Erregerwicklung (EF) umgekehrt.

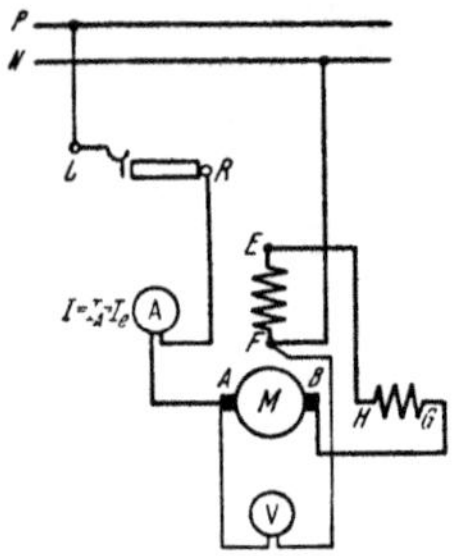

Bild 124. Reihenschlußmotor

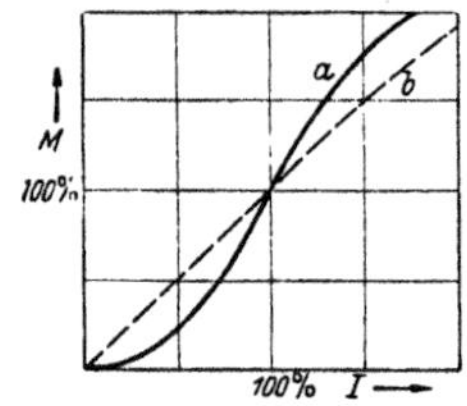

Bild 125. *a* = Drehmoment des Reihenschlußmotors, *b* = Drehmoment des Nebenschlußmotors

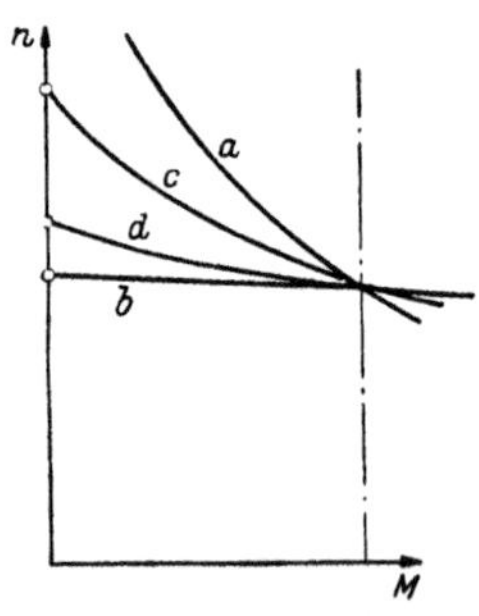

Bild 126. Drehzahlverhalten *a* = Reihenschlußmotor, *b* = Nebenschlußmotor, *c* = Doppelschlußmotor mit kleiner Nebenschlußwicklung, *d* = Doppelschlußmotor mit kleiner Reihenschlußwicklung

γ) Der *Doppelschlußmotor* hat wie der Doppelschlußgenerator zwei Erregerwicklungen, eine Reihen- und eine Nebenschlußwicklung, die sich gegenseitig unterstützen. Das Drehzahlverhalten liegt entsprechend zwischen dem eines Reihen- und eines Nebenschlußmotors, Bild 126. Die Drehzahlkurve *c* gilt für einen Motor mit stark überwiegender Hauptschlußwicklung und kleiner Nebenschlußwicklung, die Kurve *d* hingegen für überwiegende Nebenschluß- und kleine Hauptschlußwicklung. Durch die zusätzliche Nebenschlußwicklung soll verhütet werden, daß ein Motor, von dem man im allgemeinen das Verhalten eines Hauptschlußmotors verlangt (*a*), bei Eintritt des Leerlaufs durchgeht. Motorverhalten nach *d* ist erforderlich, wenn eine Maschine zum Ausgleich von Belastungsstößen mit einem Schwungrad ausgerüstet ist; dieses kann sich nur dann an der Stoßbelastung beteiligen, wenn der Motor elastisch nachgibt. Man erreicht das durch die zusätzliche Reihenschlußwicklung. Motoren nach *c* werden bei starker Erschütterung nicht gern angewendet, weil die zusätzliche Nebenschlußwicklung eine sehr geringe Drahtdicke hat, die leicht zu Drahtbrüchen Veranlassung gibt. Die Drehrichtung wird auch hier durch Umpolen des Ankers oder der Feldwicklungen, also *A B* und *G H* oder *C D* und *E F* umgekehrt.

c) Prüfung der Gleichstrommotoren. Verluste einer Gleichstrommaschine:

1. *Stromwärmeverluste* im Anker, einschließlich der in den Bürsten, in der Wendepolwicklung sowie in den Erregerwicklungen.

2. *Magnetische Verluste* (*Eisenverluste*), nämlich Wirbelstrom- und Hysteresisverluste infolge der Drehung des Ankers im Magnetfeld.

3. *Mechanische Verluste* durch Lager-, Bürsten- und Luftreibung. Bei modernen Motoren ist die Lagerreibung durch Kugel- oder Rollenlager sehr vermindert, während die Luftreibung infolge der künstlichen Belüftung beträchtlich sein kann.

4. *Zusätzliche Verluste* durch Wirbelströme im Kupfer oder in Eisenteilen außer dem Anker (schwer zu messen und daher mit 1% der Motorleistung geschätzt).

Der *Wirkungsgrad* eines Motors kann durch einen Bremsversuch ermittelt werden, wobei die zugeführte Leistung N_1 auf die Nennwerte von U, I bei der Drehzahl n eingestellt wird, während das Bremsmoment $M_2 = Pl$ durch Gewicht am Hebelarm erzeugt wird. Dann ist $\eta = N_2/N_1 = \omega M_2/N_1$.

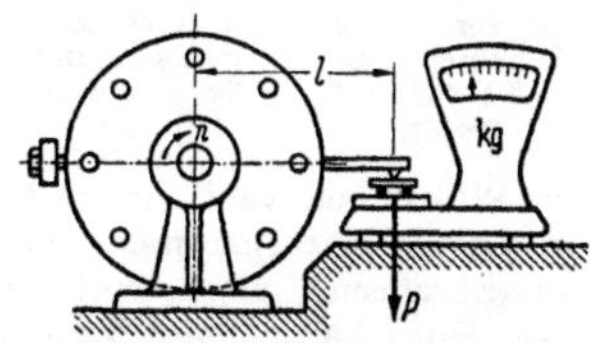

Bild 127
Bremsung mit Pendelmaschine

Eine einfachere Meßanordnung gibt die *Pendelmaschine*, Bild 127; sie besteht aus einem fast reibungslos gelagerten Magnetgehäuse mit einem Hebel *l*, dessen Kraft auf einer Waage gemessen wird. Der Anker ist im Ständer gelagert; Einstellung mit dem Erregerstrom.

Beispiel: Hebelkraft $P = 16$ kg, Hebelarm $l = 0{,}83$ m, Drehzahl $n = 850$ U/min; Spannung $U = 220$ V, Stromstärke $I = 60$ A. Da 1 kg = 0,0981 Wsek/cm (s. S. 847), wird

$$N_2 = P \cdot l \cdot 2\pi n = 1{,}57 \text{ Wsek} \cdot \text{cm}^{-1} \cdot 83 \text{ cm} \cdot 2\pi \cdot 850/60 \text{ sek} = 11\,560 \text{ W},$$
$$N_1 = U \cdot I = 220 \text{ V} \cdot 60 \text{ A} = 13\,200 \text{ W}. \quad \eta = N_2/N_1 = 11\,560 \text{ W}/13\,200 \text{ W} = 0{,}88.$$

Ein anderes Verfahren ist die Messung der abgegebenen Motorleistung mittels gekuppelten Generators mit genau bekannter Wirkungsgradlinie. Die Bremsenergie wird ebenso wie bei der Pendelmaschine in angeschlossenen Ankerwiderständen in Wärme umgesetzt oder im Dauerversuch nützlich einem Netz zugeführt.

Größere Motoren lassen sich schwer abbremsen. Die Verluste V werden daher im Leerlauf gemessen, der Wirkungsgrad nach $\eta = (UI - V)/(UI)$ errechnet. Die Stromwärmeverluste sind für die Betriebstemperatur zu bestimmen, die Eisenverluste bei einer Gegen-EMK, die gleich der bei Nennleistung ist. Die zusätzlichen Verluste sind wie oben angegeben einzusetzen. Die Verteilung der Verluste liegt in der Hand des Konstrukteurs. Ungefähr kann bei Nennlast das Verhältnis der Verluste Reibung : Erregung : Eisen : Stromwärme = 1 : 1 : 2 : 4 angenommen werden. Das Maximum des Wirkungsgrades soll möglichst bei der zeitlichen Durchschnittsleistung im wirklichen Betrieb liegen. Die Nennlastwirkungsgrade sind um so größer, je größer die Motorenleistung ist. Bei 1 kW-, 10 kW-, 100 kW-Motoren betragen sie bzw. etwa 0,75, 0,88 und 0,93.

d) Bremsung mit Gleichstrommotoren. Gleichstrommotoren unterscheiden sich baulich nicht von den Generatoren, sie können daher nach Belieben als Motor oder Generator betrieben werden. Ein Aufzugsmotor kann beim Senken des Fahrstuhls von diesem als Stromerzeuger angetrieben werden und somit bremsend wirken, weil nach dem *Lenz*schen Gesetz jeder Generator der Bewegung Widerstand entgegensetzt. Man unterscheidet *Nutzbremsung* und *Widerstandsbremsung*, je nachdem ob die in Generatorschaltung entwickelte elektrische Energie nützlich an das Netz zurückgeliefert oder in Widerständen in Wärme umgesetzt wird. Nach der Art der Bremsung unterscheidet man zwischen *Senkbremsung* (abwärts fahrender Aufzug oder Straßenbahnwagen) oder *Nachlaufbremsung* (Stillsetzen eines Fahrzeugs).

α) *Senkbremsung.* Wenn man einen Nebenschlußmotor im Senksinn einschaltet, Bild 128, wird mit der Drehzahl seine Gegen-EMK E_M sehr schnell ansteigen. Sobald sie aber die Netzspannung U übersteigt, kehrt sich der Ankerstrom um, und der Motor liefert als Generator Strom in das Netz zurück, wobei Bremswirkung eintritt. Die dann erzeugte EMK E_G kann auch nur um den geringen Spannungsverlust $R_a I_a$ die Netzspannung übersteigen, die Drehzahl ist also beim Senken nur um ein geringes größer als die Leerlaufdrehzahl des Motors. Beim Einschalten von Widerstand in den Ankerkreis würde sich die Senkgeschwindigkeit allerdings steigern, immer aber liegt die Senkdrehzahl oberhalb der Nenndrehzahl des Motors. Um mit kleineren Geschwindigkeiten zu senken, kann man die Widerstandsbremsung (Bild 129) benutzen. Der Motor ist vom Netz aus konstant erregt, der Anker aber abgetrennt auf einen Widerstand geschlossen. Je kleiner man den Widerstand wählt, um so geringer ist die Senkgeschwindigkeit. Ein Stillhalten der Last ist natürlich nicht möglich. Der *Reihenschlußmotor* kann nur in Widerstandsbremsung, abgetrennt vom Netz, betrieben werden. Bild 130a zeigt die normale Hubschaltung des Motors, Bild 130b die Abtrennung vom Netz und die Schließung über den Widerstand R.

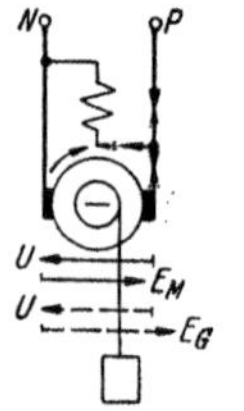

Bild 128 Nutzbremsung (Senkbremsung) mit Nebenschlußmotor

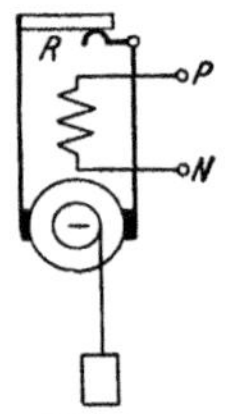

Bild 129 Widerstandsbremsung mit Nebenschlußmotor

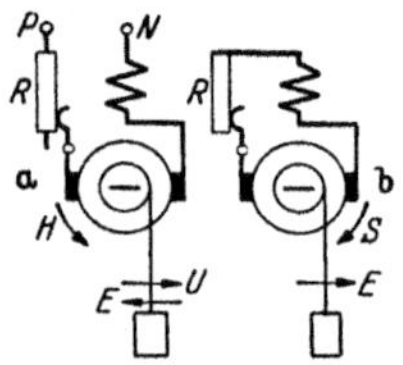

Bild 130. Senkbremsung mit Reihenschlußmotor. H = Heben, S = Senken

Es ist aber zu prüfen, ob der Motor sich in dieser Schaltung selbsterregt. Beim Heben ist der Motor durch einen im Sinn von U fließenden Strom erregt, es entsteht die nach links gerichtete EMK E. Beim Senken wird zunächst durch den remanenten Magnetismus eine kleine EMK erzeugt, die wegen der umgekehrten Drehrichtung nach rechts gerichtet sein muß. Sie erzeugt einen Strom, der in derselben Richtung wie beim Heben die Erregerwicklung durchfließt und daher zur Selbsterregung führt. Bei der Senkbremsung des Reihenschlußmotors bleiben also Magnetwicklung und Anker relativ zueinander wie beim Heben geschaltet.

β) *Nachlaufbremsung* immer mit einer Drehzahl *unterhalb* der normalen, und zwar bei unveränderter Drehrichtung. Mit dem Nebenschlußmotor kann nach Bild 129 mit Widerstandsbremsung eine wirksame Bremsung ausgeübt werden. Eine entsprechende Bremsung mit Selbsterregung wäre zwar möglich, aber wegen der absinkenden Erregung nicht kräftig genug.

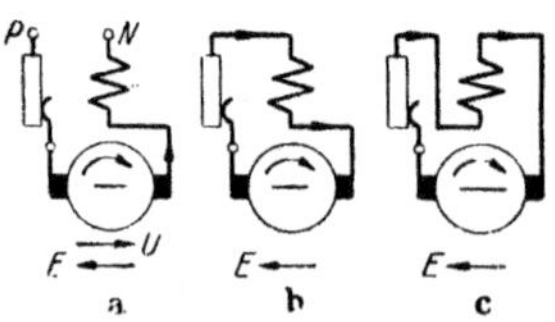

Bild 131. Nachlaufbremsung mit Reihenschlußmotor

In Bild 131 ist die Nachlaufbremsung mit Reihenschlußmotor dargestellt. In der Antriebsschaltung (a) wird durch den Erregerstrom eine nach links gerichtete EMK erzeugt. Nach Schließen des Motorkreises über den Widerstand (b) entsteht bei unveränderter Drehrichtung wiederum eine nach links gerichtete EMK, die einen Erregerstrom entgegen dem früheren erzeugt; der Motor erregt sich also nicht. Er muß daher umgepolt werden (c). Wendepole bleiben natürlich in unveränderter Schaltung zum Anker.

Die Vorteile der elektrischen Bremsung sind: leichte Steuerung, kein Verschleiß, leichte Abfuhr der Bremsenergie, zuweilen sogar teilweise Rückgewinnung (Nutzbremsung).

VI. Wechselstrommaschinen

A. Wechsel- und Drehstromgeneratoren

Klemmenbezeichnungen (VDE 0570):
Drehstromwicklung: $U-X$, $V-Y$, $W-Z$
Einphasenstromwicklung: $U-V$
Gleichstromerregerwicklung: $I-K$

a) Wirkungsweise und Bau. Wenn man einen Gleichstromgenerator ohne Stromwender betreibt, kann man von zwei gegenüberliegenden Stellen der geschlossenen Wicklung Einphasenstrom, oder von drei gleich weit auseinanderliegenden Anzapfpunkten Drehstrom abnehmen. Eine solche Bauart ist jedoch nicht üblich, weil die gesamte Wechselstromleistung über Schleifringe geführt werden müßte. Man zieht vielmehr vor, das Magnetsystem als drehenden Teil (Läufer) im Innern der Maschine und den Ständer (Anker) ruhend außen anzuordnen (s. a. Bild 60). Dem drehenden Polrad muß zwar auch über zwei Schleifringe der Erreger-Gleichstrom zugeführt werden, jedoch ist diese Leistung im Vergleich zur Maschinenleistung gering. Eine zweipolige Anordnung für Drehstrom zeigt Bild 132, eine vierpolige Bild 133. Die einzelnen Spulen, deren Weite im

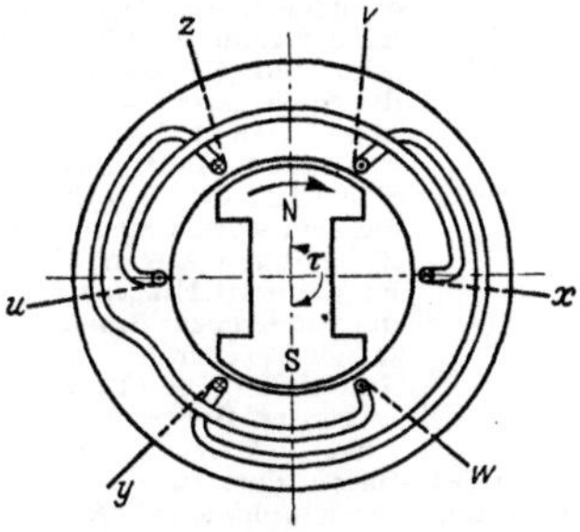

Bild 132
Zweipoliger Drehstromgenerator

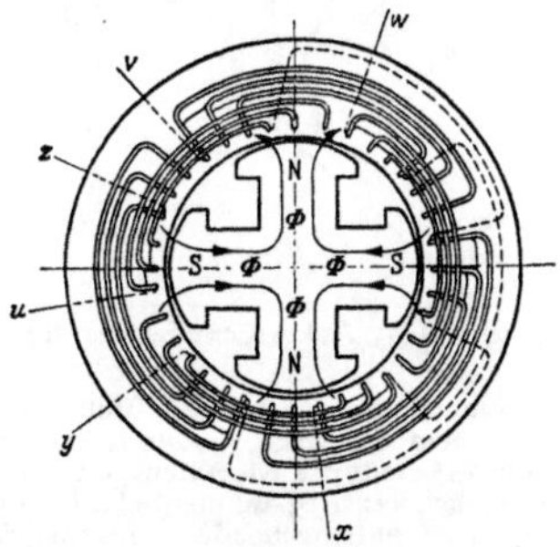

Bild 133
Vierpoliger Drehstromgenerator

Mittel mit der Polteilung übereinstimmt, sind in Bild 133 dargestellt. Damit sich die Wicklungsköpfe überkreuzen können, wechseln kurze und lange Spulen miteinander ab, die in Nuten des Ständers eingelegt sind und bei Drehstrom in Stern oder Dreieck geschaltet werden können. Bei einer Umdrehung der zweipoligen Maschine (Polpaar $p = 1$) entsteht *eine* Periode, bei vierpoliger Anordnung ($p = 2$) zwei Perioden, folglich ist die Frequenz bei der Drehzahl n in U/min

$$f = p\,n/60 \text{ Hz}.$$

Da in Deutschland allgemein 50 Hz, für Vollbahnen $16^2/_3$ Hz üblich sind, ergeben sich für die Generatoren bestimmte unabänderliche Drehzahlen.

	$f = 50$ Hz	$f = 16^2/_3$ Hz
Für 2 Pole: $p = 1$	$n = 3000$ U/min	$n = 1000$ U/min
„ 4 „ : $p = 2$	$n = 1500$	$n = 500$
„ 6 „ : $p = 3$	$n = 1000$	$n = 333^1/_3$
„ 8 „ : $p = 4$	$n = 750$	$n = 250$

Das Verhalten eines Wechsel- und Drehstromgenerators entspricht ungefähr dem eines fremderregten Gleichstromgenerators. Bei Belastung tritt allerdings ein bemerkenswerter Unterschied in den Spannungsverlusten auf. Die Streukraftlinien, die sich um die Wicklungsköpfe der Ankerspulen und durch die Nuten schließen, rufen durch ihren ständigen periodischen Wechsel eine Selbstinduktionsspannung $\omega L I$ hervor, die von der erzeugten EMK E überwunden werden muß. Zu diesem induktiven Spannungsabfall kommt noch der Ohmsche Verlust $R I$.

Die Vektordiagramme in Bild 134d bis f für gleichen Strom, jedoch für verschiedene Phasenverschiebung zeigen, daß bei phasengleichem Strom der Spannungsabfall von der EMK E auf die Klemmenspannung U nicht beträchtlich ist, er wird aber sehr groß, wenn der Maschinenstrom der Spannung um 90° nacheilt. Eine kapazitive Belastung mit 90° Voreilung des Stromes ruft jedoch eine Erhöhung der Klemmenspannung U gegenüber der EMK E hervor. Ganz ähnlich wirkt sich die Ankerrückwirkung aus. Bei $\varphi = 0$ und einer Leerlaufdurchflutung des Magnetflusses Θ wird eine Leerlauf-EMK E_0 induziert. Bei Belastung durch den Ankerstrom I tritt die Ankerdurchflutung Θ_a hinzu, so daß sich die resultierende Durchflutung Θ_r ergibt, welche die EMK bei Belastung erzeugt. Aus dem Feldschema, Bild 134a, erkennt man, daß der Ankerfluß wie bei den Gleichstrommaschinen das Hauptfeld auf der einen Polseite verstärkt, auf der anderen Seite schwächt. Da die Verstärkung wegen der Eisensättigung nicht groß sein kann, tritt eine Schwächung des Flusses und damit ein Abfall der EMK von E_0 auf E ein. Bei nacheilendem Strom (b), $\varphi = 90°$, ist der induzierende Strom schon um 90° weiter, wenn der Spulenstrom sein Maximum erreicht. Dann wirkt das Ankerfeld auf der ganzen Polfläche schwächend, so daß ein sehr starker Spannungsabfall durch Ankerrückwirkung auftritt. Hingegen steht bei voreilendem Blindstrom (c) der Pol noch 90° vor dem Ankerleiter, wenn dieser sein Strommaximum hat. Der Fluß wird in diesem Fall auf seiner ganzen Breite durch das Ankerfeld verstärkt, wodurch eine Spannungserhöhung durch Ankerrückwirkung auftritt. Bild 135 stellt die Klemmenspannung U bei verschiedenen Belastungen dar. Da die Generatoren konstante Spannung bei allen Belastungen halten müssen, wird gewöhnlich ein *Schnellregler* zur entsprechenden Änderung des Erregerstroms eingebaut.

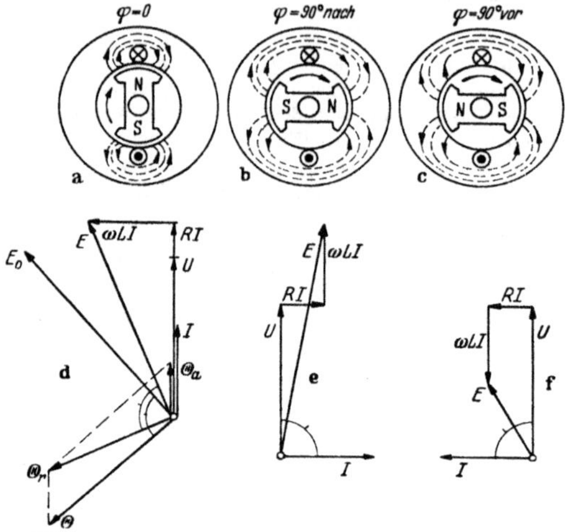

Bild 134. Ankerrückwirkung der Wechselstrommaschine

b) Parallelschalten. Wenn man einen Gleichstromgenerator einem bereits in Betrieb befindlichen parallelschalten will, ist auf richtige Polung (+ mit +, − mit −) und auf Gleichheit der beiden Spannungen zu achten. Bei der Parallelschaltung von Wechselstromgeneratoren muß außerdem Gleichheit der Frequenz und Phase vorhanden sein. Da diese Gleichheit genau sein muß, genügt nicht der Vergleich zweier Frequenzmesser, vielmehr ist eine Prüfschaltung nach Bild 136 erforderlich (für Einphasenstrom ist die Schaltung entsprechend).

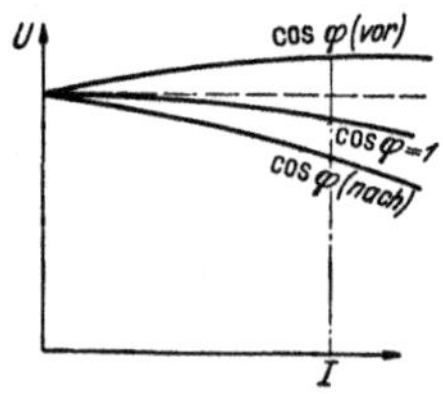

Bild 135. Spannungsabfall bei verschiedener Belastung

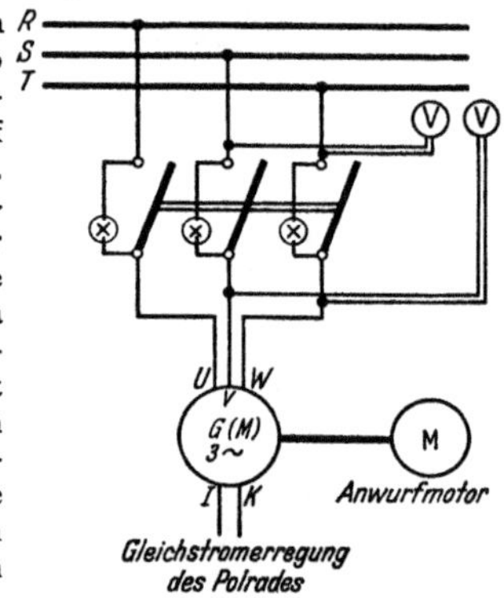

Bild 136. Parallelschaltung einer Synchronmaschine

Der Schalter, der das Zuschalten eines Generators auf eine bereits vorhandene Netzspannung RST bewirken soll, ist durch Lampen überbrückt. Deren Spannung ergibt sich als die Differenz der Spannung I des Netzes und II des zuzuschaltenden Generators, wobei der Erregerstrom nach den beiden Spannungsmessern eingestellt wird. Bild 137 zeigt die beiden noch in der Frequenz abweichenden Spannungen I und II und darunter die Differenzspannung.

Diese zeigt Schwebungen, deren Frequenz gleich jener der Differenz der oberen Spannungen ist und der die Prüflampen folgen können. Die Lampen werden also in den Zeitpunkten *A* dunkel sein und in *B* hell brennen. Durch Steuerung der Antriebsmaschine des Generators können die Frequenzen einander angenähert werden, wobei die Schwebungen langsamer werden, bis sie durch ihr Aufhören Übereinstimmen der beiden Frequenzen anzeigen. Der Schalthebel darf eingeschaltet werden, wenn die Lampen für einige Augenblicke *dunkel* bleiben. Bei der häufig benutzten Schaltung nach Bild 138 ist nur eine der Lampen in unmittelbarer Überbrückung eines Schalters geschaltet, während die beiden anderen über Kreuz

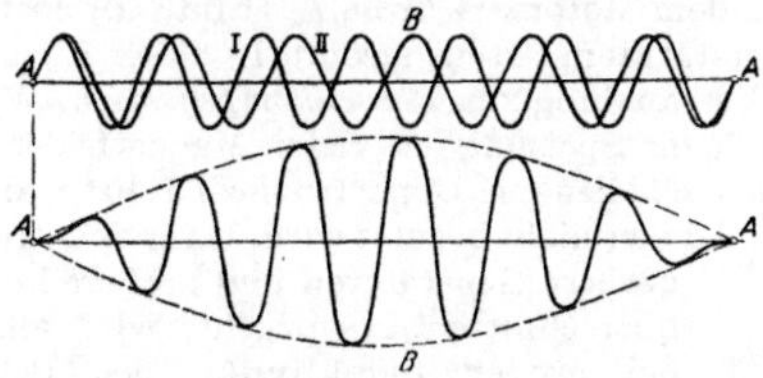

Bild 137. Schwebungen beim Parallelschalten zweier Wechselspannungen verschiedener Frequenz

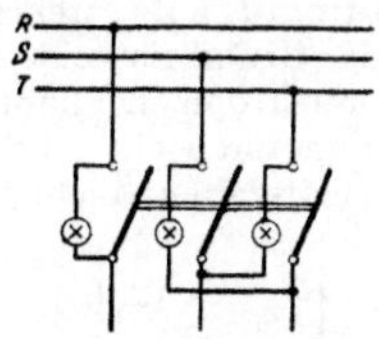

Bild 138. Phasenlampen für wechselndes Licht

liegen. Die drei Lampen leuchten und erlöschen jetzt nicht mehr gleichzeitig miteinander, sondern aufeinanderfolgend (Lampen in Kreisanordnung erzeugen ein drehendes Licht). Der Zeitpunkt des Einschaltens ist dann gekommen, wenn die Überbrückungslampe *dunkel* ist, während die Kreuzlampen *hell* brennen. Nacheinanderaufleuchten der Lampen bei Schaltung nach Bild 136 oder gleichzeitiges Aufleuchten bei Schaltung nach Bild 138 bedeutet, daß die Phasenfolge der beiden Spannungen nicht übereinstimmt. Zwei der Drehstromleitungen müssen dann miteinander vertauscht werden. Bei Einphasenstrom tritt dieser Fall natürlich nicht auf.

Um den zugeschalteten Generator an der Belastung teilnehmen zu lassen, kann man nicht wie bei Gleichstromgeneratoren die Erregung verstärken. Vielmehr ist — wie bei zwei Männern an einer elastischen Doppelkurbel — nur durch Verstärkung des *Antriebs* eine Belastungsübernahme erreichbar, wobei die Drehzahl sich nicht erhöht, sondern im Gleichlauf (Synchronismus) mit den übrigen Generatoren des Kraftwerks bleiben muß. Die Belastung erfolgt demnach durch Verstellen des Reglers der *Antriebsmaschine.*

B. Drehstrommotoren

1. Synchronmotor

Wenn man den Generator nach Bild 136 nach dem Einschalten von der Antriebsmaschine trennt, bleibt er nicht stehen, sondern läuft mit unveränderter Drehzahl weiter. Diese ist nach der früher ermittelten Beziehung zu $n = 60f/p$ bestimmt (p = Polpaarzahl). Bei einem Wechselstromgenerator z. B., dessen Ständerwicklung vom Netz gespeist und dessen Polrad durch Gleichstrom erregt wird, Bild 139, erfährt der Nordpol bei der gezeichneten Stromrichtung einen Antrieb in der Pfeilrichtung. Nach $^1/_{100}$ sek ist aber schon die Stromrichtung umgekehrt und mit ihr die Kraftrichtung. Es kommt also gar kein Anlaufen zustande. Wenn aber das Polrad durch einen Anwurfmotor bereits auf eine Drehzahl gebracht worden ist, die der obigen Beziehung entspricht, dann befindet sich nach $^1/_{100}$ sek der Nordpol an der gestrichelten Stelle und erfährt dort wiederum einen Antrieb in der Pfeilrichtung. Der Motor bleibt im Lauf und kann auch belastet werden. Hätte man den Motor in umgekehrtem Sinne angetrieben, dann würde er auch in dieser Richtung seinen Lauf fortsetzen. Zum Inbetriebsetzen eines Synchronmotors ist ein besonderer Anwurfmotor erforderlich; bei der synchronen Drehzahl wird parallelgeschaltet. Um den Anwurfmotor zu vermeiden, rüstet man das Polrad mit kurzgeschlossenen Leiterstäben aus, die ein Anlaufdreh-

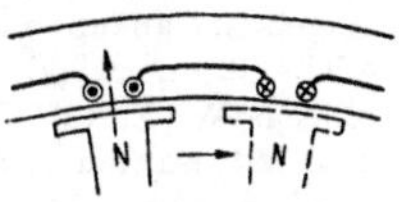

Bild 139. Synchronmotor

moment entsprechend dem des Drehstromkurzschlußmotors hervorbringen. Die Drehzahl ist bei allen Belastungen konstant, weil der Synchronmotor stets mit der Drehzahl der Kraftwerksmaschinen im Gleichlauf (Synchronismus) bleiben muß. Bei Belastungen, die das 1,8fache des Nennmoments übersteigen, kann er aus dem Tritt fallen und unter Kurzschluß stehenbleiben. Wenn der Erregergleichstrom des Synchronmotors geändert wird, ändert sich nicht etwa die Drehzahl, sondern er nimmt zu dem Motorwirkstrom I_w (Bild 140) noch einen Blindstrom I_b auf (voreilend bei verstärktem Erregerstrom). In dieser Eigenschaft liegt der Grund für seine häufige Verwendung zur *Phasenkompensation*. Wechsel- und Drehstromnetze haben nämlich zur Speisung der vielen Magnetfelder in den Elektromotoren einen erheblichen nacheilenden Blindstrom zu führen, der von den Arbeitszählern nicht gezählt und daher nicht bezahlt wird. Da er aber trotzdem größere Generatoren und größere Leitungsquerschnitte beansprucht, wird allgemein bei großer Induktivität der Belastung ($\cos\varphi < \approx 0{,}8$) ein Zuschlag zu den normalen Tarifsätzen gefordert. Um diesen zu vermeiden, versuchen die Verbraucher durch Entnahme voreilender Blindströme $+I_b$ eine Kompensation des nacheilenden Blindstroms $-I_b$ zu bewirken. Hierfür können auch Kondensatoren eingeschaltet werden.

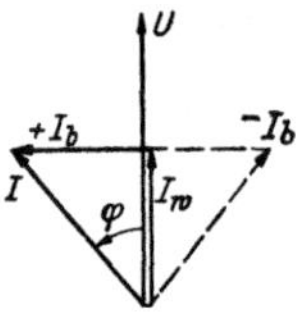

Bild 140 Synchronmotor

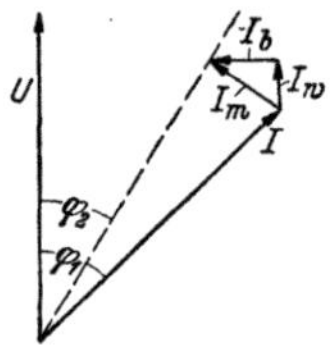

Bild 141. Phasenkompensation

Beispiel: Eine Fabrik entnimmt einem Drehstromnetz 800 kW mit $\cos\varphi = 0{,}7$ bei einer Netzspannung von 6000 V. Für einen neuen Antrieb, der 150 kW benötigt, soll ein Synchronmotor aufgestellt werden, dessen Wirkungsgrad zu 0,9 angenommen werde. Wie groß ist dieser Motor zu wählen, wenn man mit ihm gleichzeitig den Gesamtleistungsfaktor des Netzes auf 0,85 heben will? Der bisher von der Fabrik verbrauchte Strom beträgt $I = 800\,000\ \mathrm{W}/(\sqrt{3}\cdot 6000\ \mathrm{V}\cdot 0{,}7) = 110$ A. Der neue Motor gibt 150 kW ab und nimmt 150 kW/0,9 = 167 kW auf. Sein Wirkstrom ist $I_w = 167\,000\ \mathrm{W}/(6000\ \mathrm{V}\cdot 1{,}73) = 16$ A. In Bild 141 ist der Netzstrom I mit der Phasenverschiebung $\cos\varphi_1 = 0{,}7$ aufgezeichnet. Zu ihm wird der Wirkstrom $I_w = 16$ A des Motors addiert. Es ist nun weiter ein Blindstrom I_b voreilend anzureihen, der bis zu der gestrichelten Linie reicht, die dem Leistungsfaktor $\cos\varphi_2 = 0{,}85$ entspricht. Dieser Blindstrom wird zu 21 A abgemessen. Der wirkliche Motorstrom I_m setzt sich aus I_w und I_b zusammen und beträgt $I_m = 26$ A. Es ist daher ein Synchronmotor für $\sqrt{3}\cdot 26\ \mathrm{A}\cdot 6000\ \mathrm{V} = 270000\ \mathrm{VA} = 270$ kVA zu beschaffen. Die Rechnung würde sich vereinfachen, wenn man statt der Ströme das $\sqrt{3}\cdot U$ mal so große Leistungsdiagramm zeichnen würde. Man könnte auch durch die Beschaffung von Kondensatoren von $\sqrt{3}\cdot 21\ \mathrm{A}\cdot 6000\ \mathrm{V} = 218000\ \mathrm{VA} = 218$ kVA die Kompensation durchführen. Der neue Motor könnte dann ein normaler Drehstrommotor von 150 kW sein. — Betr. Blindstrom und Einheit VA s. S. 874 unten.

2. Asynchroner Drehstrommotor

a) Wirkungsweise des Asynchronmotors. Durch die Drehung eines Magnetfeldes in einer dreiphasigen Wicklung wurde Drehstrom erzeugt (Bild 60). Es ist umgekehrt anzunehmen, daß durch dreiphasigen Drehstrom, den man durch eine solche Ständerwicklung schickt, ein drehendes Feld entsteht. Wenn man in die dreiphasige Wicklung $U-X$, $V-Y$, $W-Z$ in Bild 142 die in den Zeitpunkten a, b, c, d auftretenden drei Ströme einträgt,

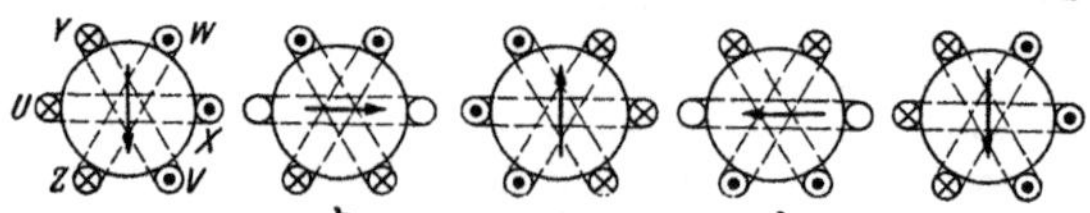

Bild 142. Entstehung eines Drehfeldes

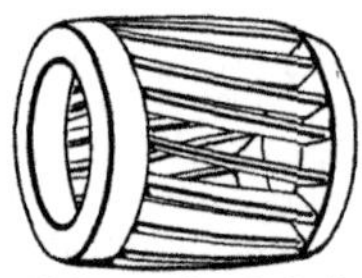
Bild 143. Läuferkäfig (Blechpaket entfernt)

erkennt man, daß das von diesen Strömen erzeugte resultierende Feld ein *Drehfeld* ist, welches bei dieser zweipoligen Anordnung nach Verlauf einer Periode gerade eine Umdrehung macht. Bei der üblichen Frequenz von 50 Hz ist also die minutliche Drehzahl eines solchen zweipoligen Drehfeldes 50 · 60 = 3000 U/min. Allgemein bei p Polpaaren

$$n_0 = 60f/p.$$

Bringt man in den Hohlraum eines solchen Ständers einen Anker aus Eisen, der auf dem ganzen Umfang Leiterstäbe trägt, die auf beiden Stirnseiten durch Ringe miteinander kurzgeschlossen sind (Bild 143, ohne Eisenkörper), so werden die Stäbe dieses *Kurzschluß-* oder *Käfigankers* von dem Drehfeld geschnitten, und es entsteht in den kurzgeschlossenen Leiterstäben ein kräftiger Strom, der nach dem *Lenz*schen Gesetz das Feldlinienschneiden verhindern will. Dies ist aber nur möglich, wenn er eine Kraft in der Drehrichtung des Feldes entwickelt. Der Anker wird daher dem Drehfeld nachlaufen und mit seiner Drehzahl n nur so viel hinter der Drehfelddrehzahl n_0 zurückbleiben, daß ein für die Überwindung der jeweiligen Last notwendiger Läuferstrom I_2 entsteht. Der *Schlupf* s des Läufers gegenüber dem Drehfeld ist ausgedrückt durch

$$s = (n_0 - n)/n_0.$$

Die im Läufer erzeugte EMK E_2 ist bei Stillstand ($n = 0$; $s = 1$) am größten ($= E_{2,0}$), sie nimmt mit Verringerung des Schlupfes ab ($E_2 = s\,E_{2,0}$); bei Lauf synchron mit dem Drehfeld ($n = n_0$; $s = 0$) wird $E_2 = 0$. Ihre Kreisfrequenz ist bei Stillstand ω_1, auch sie vermindert sich im Lauf auf $s\omega_1$, um im synchronen Lauf null zu werden. Außer dem geringen Läuferwiderstand R_2 entwickelt der Läufer in den Nuten Streufeldlinien, die man sich wie in einer getrennten Spule durch I_2 entstanden denkt. Sie rufen einen induktiven Widerstand $s\omega_1 L_2$ hervor, so daß der Läuferstrom $I_2 = sE_2/\sqrt{R_2^2 + (s\,\omega_1 L_2)^2}$ gesetzt werden kann (s. S. 868). Dividiert man Zähler und Nenner durch s, so ergibt sich

$$I_2 = E_2 \Big/ \sqrt{\left(\frac{R_2}{s}\right)^2 + (\omega_1 L_2)^2},$$

woraus sich errechnen läßt, wie mit steigendem Schlupf s (abnehmender Drehzahl n) der Läuferstrom ansteigt. Er hat bei $n = 0$ eine sehr starke Phasenverschiebung gegen seine Spannung E_2 und damit auch gegen das Feld, weil dann die Frequenz des Stromes (ω_1) groß ist. Nach dem Anlauf ist hingegen die Frequenz nur noch $s\omega_1$, so daß sich bei geringer Phasenverschiebung trotz des nunmehr geringeren Stromes I_2 ein kräftiges Drehmoment ergibt. Im Anlaufaugenblick jedoch ist trotz des großen Stromes nur ein kleines Anlaufmoment vorhanden. Man kann dieses vergrößern, wenn man den Widerstand der Läuferstäbe erhöht. Dadurch vermindert sich die Phasenverschiebung des Stromes gegenüber dem Feld. Da dieser Widerstand mit Rücksicht auf die Verluste nur im Anlauf vorhanden sein darf, kann ein Läufer mit hohem Anlaufmoment nur *gewickelt* sein; seine Leiter werden über Schleifringe nach außen geführt und über einen Anlaßwiderstand geschlossen. Der Anlasser liegt also nicht etwa vor der *Ständer*wicklung, sondern im Läuferkreis. Ein *Ständer*anlasser würde die zugeführte Spannung nnd mit ihr die Stärke des Drehfeldes herabsetzen, wodurch das Drehmoment *klein* werden müßte.

Der asynchrone Drehstrommotor ist ein *Induktionsmotor*. Sein Läuferstrom stammt nicht aus dem Netz, sondern der Motor erzeugt ihn sich selbst durch das mit unveränderter Drehzahl umlaufende Feld. Der Motor entspricht daher einem Drehstromtransformator, und sein Verhalten läßt sich auch im Vektordiagramm darstellen wie in Bild 82 für den Transformator; jedoch gibt der Motor mechanische und nicht elektrische Energie ab. Sein Sekundärteil (Läufer) ist im Betriebe kurzgeschlossen, daher ist $U_2 = 0$. E_2 ist außerdem nicht konstant, sondern sinkt mit der Drehzahl.

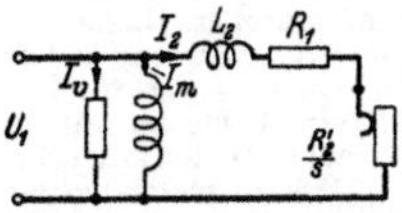

Bild 144. Ersatzschaltung des Asynchronmotors

Aus einem solchen Diagramm kann man das Betriebsverhalten der Motoren unmittelbar ablesen; es kommt hierbei nicht so sehr auf Genauigkeit an, so daß man das Ersatzschaltbild des Transformators noch vereinfachen kann, siehe Bild 144. Primär- und Sekundärwicklung, für die im Diagramm ohnehin gleiche Windungszahlen angenommen waren, sind jetzt zu einer einzigen Wicklung zusammengefaßt. Der primäre Spannungsabfall ist vernachlässigt, und die mechanische Belastung des Motors ist durch den äquivalenten Verbrauch des sekundären Widerstandes R_2 ersetzt, wobei dieser mit dem Windungsverhältnis $w_1^2 : w_2^2$ zu multiplizieren ist, damit man auf den in Bild 144 hinzuzufügenden Widerstand R_2' kommt. Das Ersatzschaltbild deckt sich damit ungefähr mit dem früheren nach Bild 50 und 52, wenn man noch den unveränderlichen Magnetisierungsstrom I_m und den Verluststrom I_v hinzufügt. Das sich dann ergebende Vektordiagramm ist das Kreisdiagramm nach *Heyland* (Bild 145). Der Primärstrom I_1 setzt sich wie bei dem Transformator aus dem Magnetisierungsstrom I_m, dem Verluststrom I_v und dem primären zusätzlichen Belastungsstrom I_1' zusammen, wobei dieser dem Läuferstrom $-I_2$ entspricht, da er dessen Amperewindungen auszugleichen hat. Mit der Belastung wandert der Endpunkt P der Stromvektoren über den Kreis, wobei Punkt A dem Leerlauf entspricht, um schließlich bei Stillstand des Motors unter voller Spannung den Punkt P_k zu erreichen. OP_k ist also der primäre Kurzschlußstrom des Motors, im allgemeinen etwa das 6- bis 7fache des Motornennstroms; er würde auftreten, wenn man den Motor bei kurzgeschlossenem Läufer ohne Anlasser einschalten wollte, wie es bei dem Kurzschlußmotor tatsächlich geschieht. Um den Leistungsfaktor $\cos\varphi_1$ zu erhalten, zeichnet man zweckmäßig den gestrichelten Kreis mit 1 dm Dmr.; er schneidet auf dem I_1-Vektor die Strecke OQ ab, die unmittelbar $\cos\varphi_1$ darstellt. Die zugeführte Leistung $N_1 = \sqrt{3}\cdot U_1 I_1 \cos\varphi_1$ ist durch eine Strecke $I_1 \cos\varphi_1$ verhältnisgleich darstellbar, z. B. für den Belastungspunkt P durch PB. Zieht man die Leerlaufsverluste BC, die primären Stromwärmeverluste CE und die sekundären Stromwärmeverluste DE ab, dann bleibt PD als mechanisch abgeführte Leistung N_2 übrig. Dies gilt auch für alle anderen Belastungspunkte, wenn man die Leistungslinie $\overline{AP_k}$ zieht. Das Motordrehmoment muß der vom Ständer auf den Läufer übertretenden Leistung verhältnisgleich sein. Das Drehmoment M kann also durch die Strecke PE gemessen werden. Man kann nun ablesen, wie das Motormoment vom Leerlaufpunkt A ansteigt, einen Höchstwert erreicht (wo die Parallele zu AK Kreistangente wird) und dann im Punkt P_k (festgehaltenem Läufer) das geringere Anlaufmoment M_a erreicht. Erhöht man den Läuferwiderstand R_2' durch Einschalten von Widerständen, so rückt der Punkt P_k auf dem Kreis mehr nach oben; man kann den Anlaßwiderstand so groß machen, daß das Anlaufmoment gleich dem Höchstmoment (*Kippmoment*) wird.

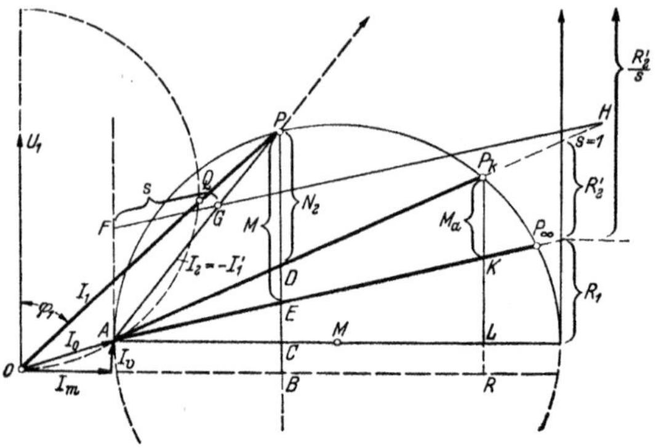

Bild 145. *Heyland*-Diagramm

Bild 146 veranschaulicht die Abhängigkeit des Momentes von der Drehzahl. Die ausgezogene Linie stellt den normalen Verlauf, die gestrichelten den bei Einschaltung von Läuferwiderstand dar. Das Kippmoment ist mindestens das 1,6fache des Nennmomentes M_n, meist sogar das 2- bis 3fache. Da sich durch Einschalten von Widerstand in den Läufer bei gegebenem Moment M_n verschiedene Drehzahlen n, n_1, n_2 einstellen, kann auf diese Weise ein Motor gesteuert werden.

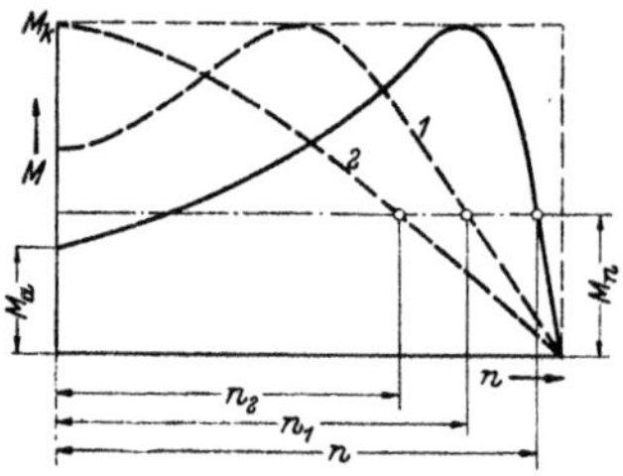

Bild 146. Drehmomentlinien bei verschiedenen Läuferwiderständen

Auf der Linie FH des *Heyland*-Diagramms, Bild 145, die in beliebiger Länge parallel zu $\overline{AP_\infty}$ gezeichnet wird, läßt sich in der Strecke GH auch die Drehzahl abmessen. Der Leistungsfaktor nimmt einen dem Drehmoment ähnlichen Verlauf. Im Leerlauf (Punkt A) hat der Motor einen geringen Leistungsfaktor, also große Phasenverschiebung; das rührt von dem Luftspalt und dem durch ihn bedingten verhältnismäßig großen Magnetisierungsstrom I_m her, der wesentlich *größer* als bei Transformatoren ist. Mit zunehmender Belastung (Wirklast!) wächst auch der Leistungsfaktor bis zu dem Punkt, in dem der I_1-Vektor Tangente an den Kreis wird. Von da nimmt der Leistungsfaktor wieder ab, eine Folge der mit verminderter Drehzahl abnehmenden Wirkleistung N_2 und der starken Streufelder der nun sehr großen Ströme.

Das *Aufzeichnen* eines Kreisdiagramms setzt zwei Versuche am Motor voraus: Einen *Leerlaufversuch* und einen *Kurzschlußversuch*. Jener besteht in einer Strom-, Spannungs- und Leistungsmessung bei leerlaufendem Motor; aus den Meßwerten ergibt sich Punkt A des Diagramms. Der Kurzschlußversuch wird bei festgehaltenem und kurzgeschlossenem Anker durchgeführt, wobei ebenfalls Spannung, Strom und Leistung gemessen werden. Damit der Strom nur den Nennwert erreicht, wird die Primärspannung herabgesetzt. Im Verhältnis der herabgesetzten Spannung zur Nennspannung wird dann der Primärstrom umgerechnet und liefert mit der aus der Leistung berechneten Phasenverschiebung den Punkt P_k des Kreises, der nun konstruiert werden kann. Wenn keine genauen Widerstandswerte vorliegen, kann Punkt K in der Mitte zwischen P_k und L angenommen werden. Für ein gewünschtes Anlaufmoment ergibt sich der zusätzliche Läuferwiderstand durch Verlängern des Vektors I_2 als Vertikalabschnitt auf der vertikalen Kreistangente, wobei aber noch das Übersetzungsverhältnis zu berücksichtigen ist. Der Wirkungsgrad des Motors wird dargestellt durch das Verhältnis der Strecken $PE : PB$ im Kreisdiagramm.

Beispiel: Bild 147 zeigt die Betriebskennlinien eines 4poligen Asynchronmotors mit Schleifringläufer von 50 kW, $n = 1433$ U/min, 380 V in Ständersternschaltung, $I_1 = 95$ A

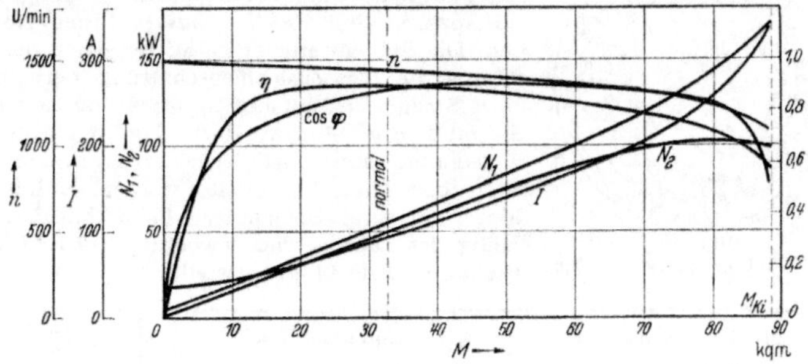

Bild 147
Betriebslinien eines Asynchronmotors 50 kW, $n = 1433$ U/min, 380 V, $\eta = 0{,}9$, $\cos\varphi = 0{,}89$

Nennstrom, $\cos\varphi = 0{,}89$. Bei offenem Läufer herrscht zwischen den Schleifringen eine Spannung von 220 V. Die Leistung eines Motors ist $N = Pv = P 2 r \pi n$, und da Pr gleich dem Drehmoment M ist, $N = 2\pi M n$. Hieraus:

$$M = \frac{1}{2\pi} \cdot \frac{N}{n}.$$

Diese Gleichung gilt als Größengleichung allgemein. Im vorliegenden Fall ist

$$M = 0{,}159 \cdot 50000 \text{ W}/1433 \text{ U/min} = 5{,}55 \text{ Wmin} = 5{,}55 \cdot 60 \text{ Wsek}.$$

Nun ist 1 Wsek = 1/9,81 mkg, folglich $M = 5{,}55 \cdot 60/9{,}81$ [mkg] = 33,9 kgm. Der Schlupf bei Nennlast ist $s = (n_0 - n)/n_0 = (1500 - 1433)/1500 = 4{,}5/100 = 4{,}5\%$. Der Wirkungsgrad ist $\eta = N_2/(\sqrt{3} \cdot UI \cos\varphi) = 50000 \text{ W}/(1{,}73 \cdot 380 \text{ V} \cdot 95 \text{ A} \cdot 0{,}89) = 0{,}9$. Das Übersetzungsverhältnis zwischen Ständer und Läufer, das beliebig sein kann, beträgt 380 V : 220 V = 1,73. Unter Vernachlässigung des Magnetisierungsstromes I_m ergäbe sich also der Läuferstrom I_2 zu 95 A · 380 V/220 V = 164 A. Dieser Wert ist für Installationszwecke hinreichend genau; aus dem Diagramm würde sich ein etwas kleinerer Wert ergeben.

b) Bau des asynchronen Drehstrommotors. Der Ständer besteht aus einem aus Blechen zusammengesetzten Eisenring, in dessen Nuten die dreiphasige

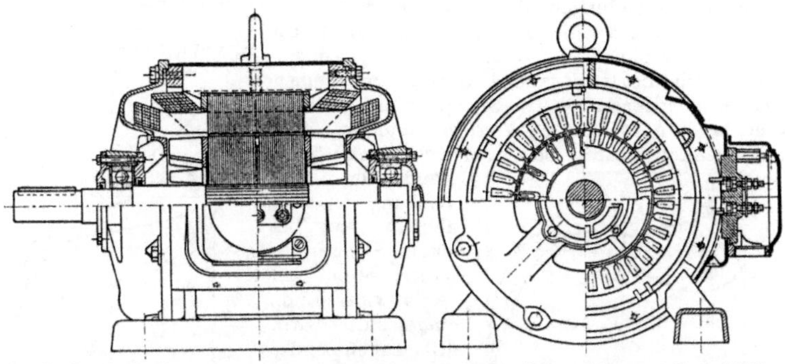

Bild 148. Drehstrom-Asynchronmotor (tropfwassergeschützt, Schutzart P 12, AEG)

Wicklung liegt. Auch der Eisenkörper des Ankers ist aus Blechen aufgebaut, obwohl dessen Frequenz bei normalem Betrieb gering ist. Bild 148 zeigt einen tropfwassergeschützten Kurzschlußmotor der AEG. Das tragende Gehäuse besteht ganz aus Stahlblech. Der Läufer ist zur guten Durchlüftung mit Flügeln versehen. Das Wicklungsbild einer 4poligen Dreiphasenwicklung stellt Bild 149 dar. Bei dieser Polzahl muß jeder Strang 2 Spulen haben, die ganze Wicklung besteht also aus 6 Spulen, die durch mehrere Nuten, hier $q = 3$ je Spulenseite, gewickelt sind. Bei allgemein m Strängen und p Polpaaren sind also $N = 2qmp$ Nuten erforderlich. Die Spulenweite ist im Mittel gleich der Polteilung. Bei der Zusammenschaltung der Spulen eines Stranges ist auf die Stromrichtung zu achten. Sie muß (Bild 149), wie durch Punkte und Kreuze angedeutet, abwechseln. Die Stränge können in Stern oder Dreieck geschaltet werden, so daß jeder Motor für zwei Spannungen benutzbar ist. Der Käfig des Läufers wird gewöhnlich im Druckgußverfahren (Bild 143) hergestellt.

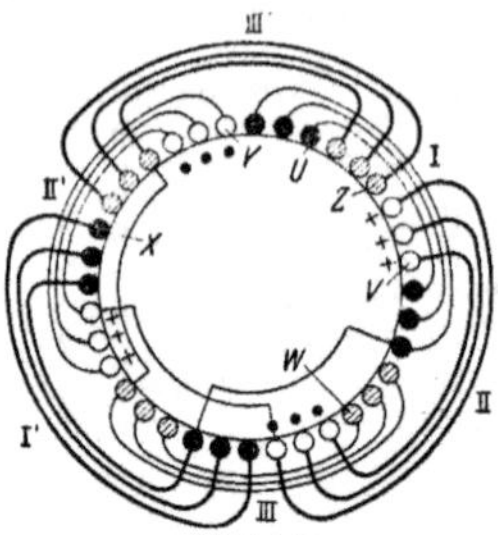

Bild 149
Vierpolige Dreiphasenwicklung

Polzahl $2p$	Spulenzahl für $m = 3$ Phasen	Nutenzahl N bei $q = 2$	3	4	5	Minutl. Drehzahl des Drehfeldes ($f_1 = 50$ Hz)
2	3	12	18	24	30	3000
4	6	24	36	48	60	1500
6	9	36	54	72	90	1000
8	12	48	72	96	120	750
10	15	60	90	120	150	600

Kurzschlußmotoren werden unmittelbar durch dreipoligen Schalthebel eingeschaltet. Dabei nehmen sie einen sehr großen Anlaufstrom auf, der ungünstig auf das Netz wirken kann. Man läßt daher häufig zweistufig mittels *Stern-Dreieckschalter* an, wobei der Ständer zuerst in Stern und kurz darauf in Dreieck an die Netzspannung gelegt wird. Der Anlaufstrom wird dadurch erheblich geringer, leider aber auch das Anlaufmoment. Um beide Größen günstiger zu gestalten, werden heute meistens *Stromverdrängungsläufer* gebaut, deren Nuten bei den Wirbelstromläufern eine große Tiefe haben (Tiefnutläufer). Wie Bild 150a erkennen läßt, wird der tiefliegende Teil eines solchen Läuferstabes von mehr Streulinien umschlungen als der obere, der untere Teil hat demnach eine größere Induktivität. Da im Anlaufaugenblick im Läufer die Netzfrequenz herrscht, wird der tiefliegende Leiterteil durch seinen hohen Scheinwiderstand den Strom an den äußeren Rand verdrängen. Der dadurch verminderte wirksame Leiterquerschnitt bietet einen erhöhten Widerstand dar. Die Wirkung ist also ähnlich wie bei einem Schleifringläufer, wenn ein Anlaßwiderstand eingeschaltet wird. Mit zunehmender Drehzahl vermindert sich die Läuferfrequenz und daher auch die Stromverdrängung, bis

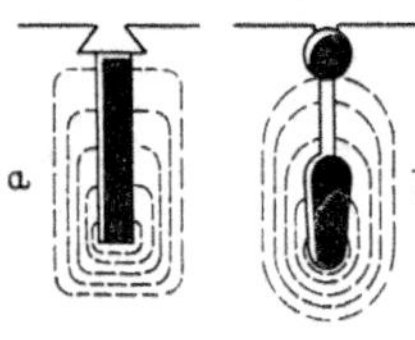

Bild 150. Nuten von Stromverdrängungsläufern

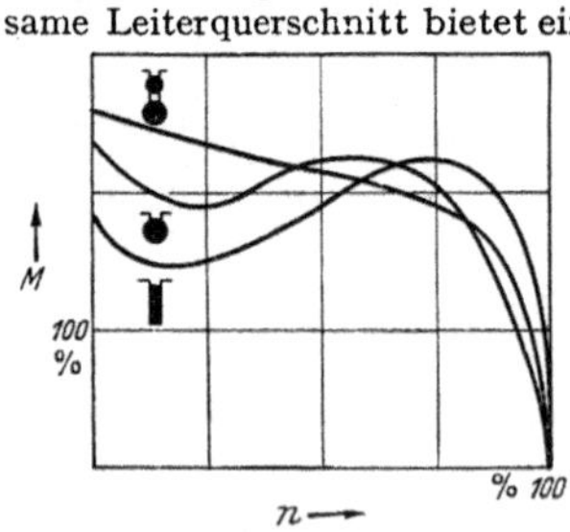

Bild 151. Drehmomente von Kurzschlußmotoren

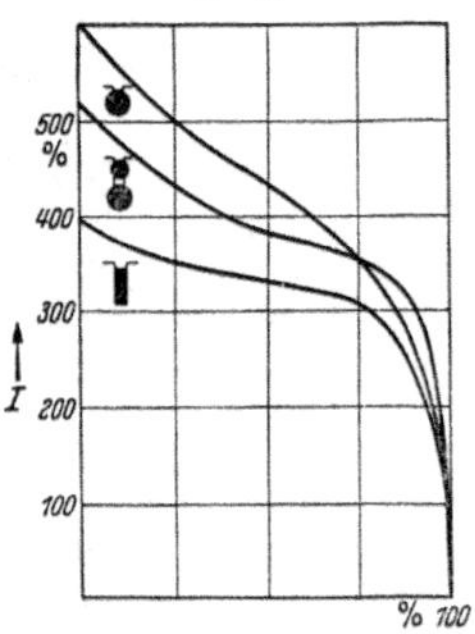

Bild 152. Anlaufströme von Kurzschlußmotoren

schließlich bei Nenndrehzahl der Strom sich gleichmäßig über den ganzen Leiterquerschnitt verteilt. Eine noch bessere Wirkung erzielt man durch einen doppelten Käfig (*Doppelstabläufer*), bei welchem unmittelbar unter der Peripherie ein Käfig mit dünnen Leiterstäben und in der Tiefe ein zweiter mit großem Querschnitt angeordnet ist, Bild 150b. Den Verlauf des Drehmomentes in Abhängigkeit von der Drehzahl zeigt Bild 151, den des Stromes Bild 152. Durch Einführung des Doppelstabläufers können selbst große Motoren noch unmittelbar oder mit Stern-Dreieckschalter eingeschaltet werden, ohne daß der Betriebswirkungsgrad und das Anlaufmoment zu gering und der Einschaltstrom zu groß wird.

Schleifringmotoren kommen wegen der größeren Herstellkosten auch bei größeren Leistungen nur noch in Frage, wenn ein langsamer und stetiger Anlauf mit großem Drehmoment und geringer Stromstärke verlangt wird oder eine gelegentliche Steuerung der Drehzahl nötig ist. Der Anker erhält in diesem Fall eine dreiphasige, zuweilen auch eine zweiphasige Wicklung, die bei kleineren Motoren als Drahtwicklung (Bild 153) oder bei großen Motoren ähnlich einer Gleichstromankerwicklung als Stabwicklung ausgeführt wird. Da nach dem Anlassen der Anlaßwiderstand ausgeschaltet ist, kann im Dauerbetrieb der Bürstenverschleiß und der Bürstenverlust dadurch vermieden werden, daß man

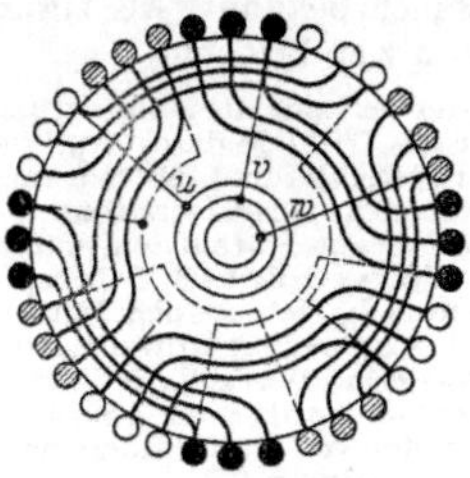

Bild 153
Vierpolige Läuferwicklung

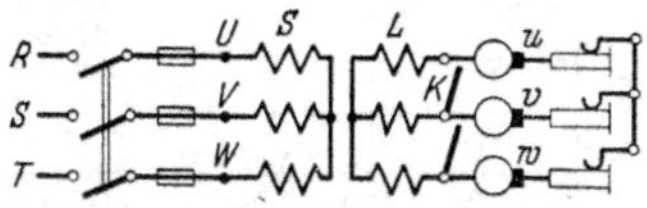

Bild 154
Anlaßschaltung des Schleifringmotors

eine Kurzschlußvorrichtung K (Bild 154) vor den Schleifringen anordnet, nach deren Schließen die Bürsten abgehoben werden können. Beim Anlassen wird bei aufliegenden Bürsten und Anlasser in Anfangsstellung der Netzschalter eingelegt; dann wird der Anlasser langsam eingerückt, und nach Erreichen der Endstellung werden die Ringe kurzgeschlossen und dann die Bürsten abgehoben. Bei Motoren

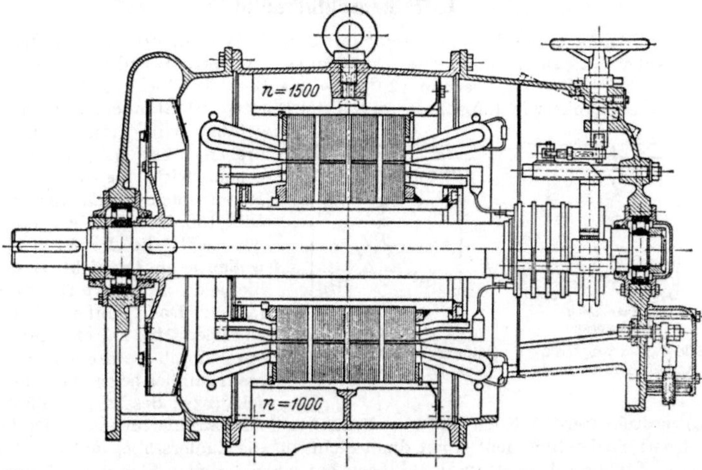

Bild 155. Asynchronmotor (geschützt) mit Schleifringen und Bürstenabhebevorrichtung 160/120 kW, n = 1500/1000 U/min (SSW)

für Dauerbetrieb sind die Bürsten im allgemeinen nicht für einen dauernden Betrieb bemessen. Stillgesetzt wird zweckmäßig in umgekehrter Reihenfolge; es ist jedoch auch möglich, den Motor durch Öffnen des Ständerschalters abzuschalten. Bild 155 zeigt einen geschützten Schleifringmotor für 160/120 kW, $n =$ 1500/1000 U/min mit durch Handrad betätigter Bürstenabhebevorrichtung.

Die *Drehrichtung* läßt sich bei allen Asynchronmotoren dadurch *umkehren*, daß man *zwei* der drei Ständerzuleitungen miteinander vertauscht (Drehfeldumkehr). Bei Verwenden eines Stern-Dreieckschalters muß die Umpolung vor dem Schalter vorgenommen werden.

Die *Leistungsmessung* und die Bestimmung des *Wirkungsgrades* wird entsprechend der Messung bei Gleichstrommotoren durch Abbremsen durchgeführt. Leichter ist eine Messung der Einzelverluste. Die Eisen- und Reibungsverluste sind von der Belastung unabhängig und können im Leerlaufversuch gemessen werden (die Leerlauf-Stromwärmeverluste lassen sich abziehen). Die Stromwärmeverluste bei Belastung sind durch den Kurzschlußversuch bekannt. Als zusätzlicher Verlust ist 0,5% der zugeführten Leistung in Ansatz zu bringen.

c) Asynchronmotor als Generator. Durch äußeren Antrieb läßt sich die Motordrehzahl über die Synchrondrehzahl n_0 steigern, wobei die Läuferstäbe das Drehfeld durch *negativen* Schlupf schneiden. Der dabei entstehende Strom ist umgekehrt gerichtet und führt zu einem ins Netz zurückfließenden Generatorstrom. Der Arbeitspunkt P liegt in diesem Fall auf dem unteren, gestrichelten Teil des Kreises (Bild 145). Zu beachten ist, daß der Erregerstrom I_m stets aus dem Netz entnommen werden muß. Angewendet wird dieser Generator bei kleinen Wasserkraftwerken, die nicht viel kosten dürfen. Er dient ferner als Bremse bei Hebezeugen. Durch Einschalten von Läuferwiderständen steigt die Drehzahl übersynchron.

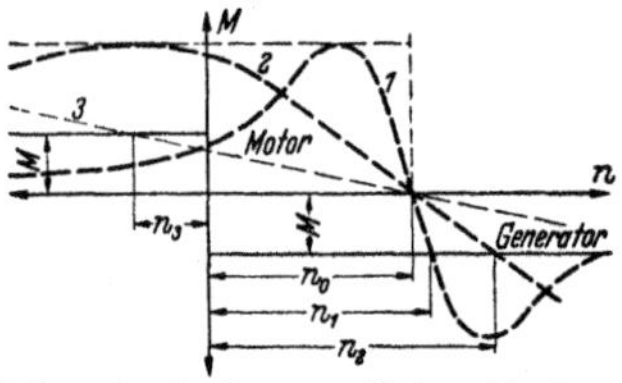

Bild 156. Drehmomentlinien (*1* ohne, *2* mit Läuferwiderstand, *3* Gegenstrombremsung)

Die *Gegenstrom-Bremsschaltung* entspricht nicht einer Generatorwirkung. Der Motor ist dann mit großem Läuferwiderstand im Hubsinn eingeschaltet und wird von der Last im Senksinn durchgezogen (n_3 in Bild 156).

C. Drehstrom-Kommutator-(Stromwender-)Motoren

1. Reihenschlußmotor

Der Ständer dieses Motors stimmt mit dem eines Asynchronmotors überein, der Läufer entspricht einem Gleichstromanker mit Stromwender, auf dem in zweipoliger Ausführung drei um 120° versetzte Bürsten schleifen, Bild 157. Die geschlossene Ankerwicklung *2*, der durch die Bürsten der Ständerdrehstrom zugeführt wird, kann sich zwar drehen, aber da die Bürsten ruhen, wirkt sie wie eine im Raum ruhende Dreieckwicklung, Bild 158. Sowohl die Ständer- wie auch die Läuferwicklung wollen je ein Drehfeld erzeugen, die beide mit $60 f/p$ U/min umlaufen. Das Läuferfeld (oder richtiger seine Durchflutung Θ_l) kann durch Verdrehen der Bürsten räumlich gegen das Ständerfeld (bzw. dessen Durchflutung Θ_s) verdreht werden. Nach Bild 159a kann man beide Durchflutungen zur Deckung bringen; ein Drehmoment wirkt dann nicht auf die Läuferstäbe, und die gleichsinnige Stellung der beiden Wicklungen hat einen geringen Strom zur Folge. In Bild 159c sind die Bürsten um 180° verdreht, so daß die Durchflutungen Θ_s

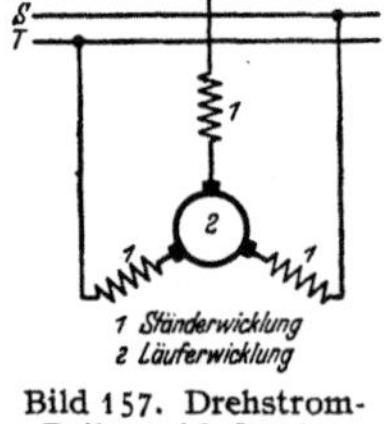

Bild 157. Drehstrom-Reihenschlußmotor

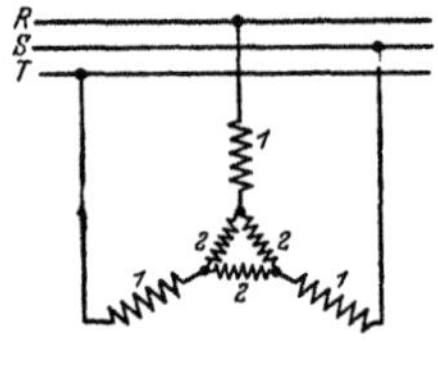

Bild 158. Drehstrom-Reihenschlußmotor, Läufer als Dreieckschaltung

und Θ_l der beiden Wicklungen einander entgegenwirken und sich fast aufheben; auch in diesem Fall tritt kein Drehmoment auf, und der sehr geringe Magnetfluß verursacht einen kurzschlußartigen Strom. In Bild 159b ruft die Bürstenverstellung um den Winkel α eine drehende Kraft hervor, welche die Leiter in die Stellung gem. 159a zu bringen, also die Durchflutungen gleichzurichten sucht. Trotz der Drehung der Ankerleiter bleibt diese Kraft bestehen, weil die Bürsten

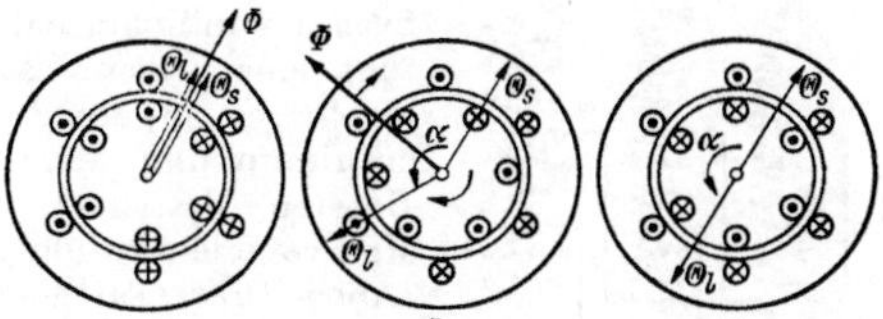

Bild 159. Wirkbild des Drehstrom-Reihenschlußmotors

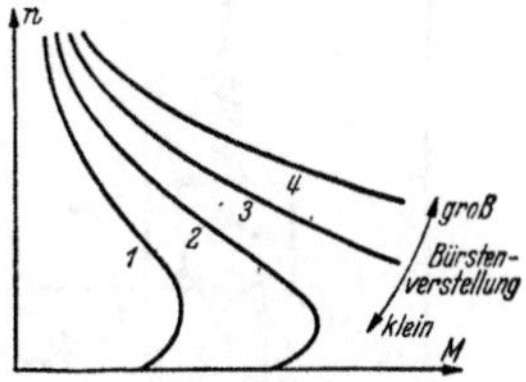

Bild 160. Drehzahlverhalten des Reihenschlußmotors

unverändert stehenbleiben. Wenn die Belastung des Motors klein ist, wird sich daher der Anker immer schneller bewegen und schließlich durchgehen. Der Drehstrom-Reihenschlußmotor hat also ein Drehzahlverhalten wie ein Gleichstrom-Reihenschlußmotor. Bild 160 zeigt die Drehzahlabhängigkeit vom Drehmoment. Die Drehrichtung eines solchen Motors läßt sich dadurch umkehren, daß man durch Umpolen zweier Zuleitungen die Drehfeldumlaufrichtung umkehrt und dann auch die Bürsten in entgegengesetzter Richtung verschiebt. Dieser Motor ist teurer als der Asynchronmotor. Er kommt daher nur für größere Leistungen in Betracht, wenn eine verlustlose Regelung gefordert wird.

Die Stromwendung ist bei Wechselstrom sehr viel schwieriger als bei Gleichstrommotoren. Während bei diesen in der kommutierenden Ankerspule nur die Selbstinduktionsspannung aufzuheben ist, kommt hier noch eine Spannung hinzu, die der wechselnde Kraftfluß hervorruft. Die Ankerspulen erhalten deshalb meist nur eine einzige Windung, wodurch viele schmale Lamellen bzw. große Stromwender nötig werden. Die Bürsten wählt man hart (hoher Widerstand) und schmal, damit die stromwendende Spule nicht lange dem Kurzschluß ausgesetzt ist. Für höhere Spannungen (etwa 150 V) lassen sich solche Anker nicht herstellen. Man muß daher die Spannung durch einen Transformator herabsetzen, den man zweckmäßig zwischen Ständer und Motor schaltet. Hierbei erhält man ein stabileres Verhalten, wenn der Stromwender mit einem doppelten Bürstensatz ausgerüstet wird, einem feststehenden und einem für die Steuerung.

2. Ständergespeister Drehstrom-Nebenschlußmotor

Wenn man einer mehrphasigen Ständerwicklung Drehstrom zuführt, entsteht ein Drehfeld. Dieses erzeugt in einer Läuferwicklung eine Spannung, deren Frequenz bei stillstehendem Läufer gleich der Netzfrequenz ist. Dreht man den Läufer im Drehfeldsinn, dann sinkt nicht nur die erzeugte Spannung, sondern auch die Frequenz. Beide sind bei synchronem Lauf null. Sei nun die Wicklung an einen Stromwender angeschlossen, auf dem drei um 120° versetzte Bürsten schleifen, so ändert sich Läuferspannung und Frequenz nicht, wenn man die Drehzahl vom Stillstand bis zum synchronen Lauf steigert. An einem an die Stromwenderbürsten angeschlossenen Meßgerät läßt sich zwar die Abnahme der Sekundärspannung bis auf null feststellen, die Frequenz dieser Spannung nimmt aber nicht ab, sondern bleibt konstant: der Stromwender formt die Läuferfrequenz nach außen hin immer auf die Netzfrequenz um. Es wäre daher möglich, auch vom Netz her eine Spannung über die Bürsten dem Läufer zuzuführen, wenn es einen Sinn hätte. Bei dem Asynchronmotor bewirkt das Einschalten eines Widerstandes in den Läufer eine Verminderung der Drehzahl, wodurch allerdings ein erheblicher Energieverlust eintritt. Der Grund für die Drehzahlverminderung ist, daß der durch die Belastung bestimmte Läuferstrom den Widerstand nur unter Aufwand einer größeren Spannung überwinden kann, die er sich durch Vergrößerung des Schlupfes schafft. Es wäre sehr viel wirtschaftlicher, wenn man diese Spannung nicht durch Einschalten von Widerstand, sondern durch Aufdrücken einer Fremdspannung hervorrufen würde. Der ständergespeiste Drehstrom-Kommutatormotor (Bild 161) macht dies dadurch möglich, daß man einem Netztransformator in Sparschaltung eine stufenweise regelbare Spannung entnimmt und sie den Bürsten des Motorstromwenders zuführt. (Auch *Drehregler* sind anwendbar.) Wenn man in Bild 161 den Stufenschalter zwischen die Stufen *4* und *5* stellt, wo der Sternpunkt des Transformators liegt, sind die drei Läuferbürsten kurzgeschlossen. Dann ist der Motor ein reiner Asynchronmotor, der, von geringem Schlupf abgesehen, mit synchroner Drehzahl läuft. Auf den Schaltstufen *5*, *6*, ... hingegen empfängt der Stromwender aus dem Transformator eine Spannung mit Netzfrequenz, die er auf die Läuferfrequenz umformt und dem Läufer aufdrückt. Dieser muß dann durch erhöhten Schlupf eine entsprechende Gegenspannung entwickeln. Der Motor wird also bei dieser Transformatorstufe eine verminderte Drehzahl haben, die er auch bei Belastung nahezu unverändert beibehält, wie Bild 162 für die 9 Stufen zeigt. Auf den Stellungen *4* bis *1* (Bild 161) wird dem Transformator eine entgegengerichtete Spannung entnommen, die sich zu der Läuferspannung addiert. Dadurch muß der Läufer seine Drehzahl über die synchrone hinaus steigern.

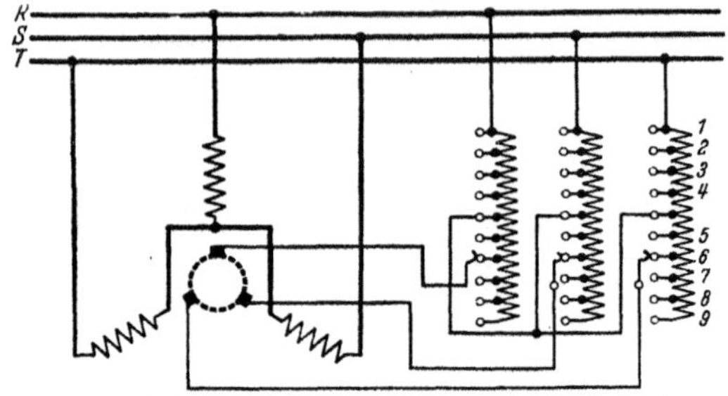

Bild 161. Drehstrom-Nebenschlußmotor mit Ständerspeisung

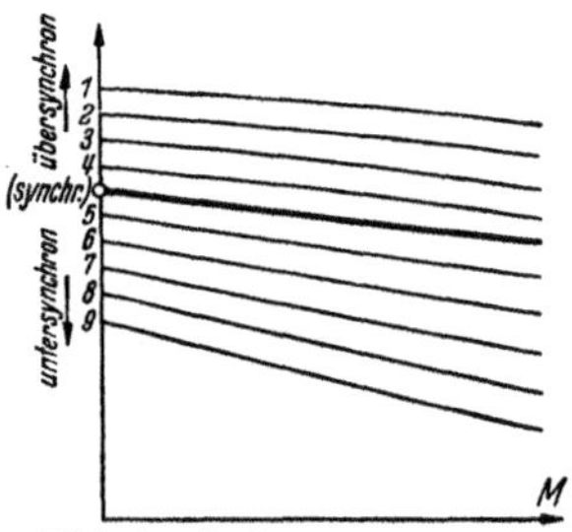

Bild 162. Drehzahlverhalten des Nebenschlußmotors

3. Läufergespeister Drehstrom-Nebenschlußmotor

Jeder Asynchronmotor mit Schleifringen läßt sich umgekehrt, also durch Anschluß der Schleifringe an das Netz, betreiben; in diesem Fall steht der Sekundärteil fest, und im Läufer entsteht das Drehfeld. Dieser dreht sich entgegengesetzt dem Drehfeld, so daß bei der synchronen Drehzahl $n_0 = 60f/p$ das Drehfeld im Raum stillsteht und keine Spannung im ruhenden Ständer erzeugt. Der läufergespeiste Stromwendermotor nach Bild 163 arbeitet entsprechend.

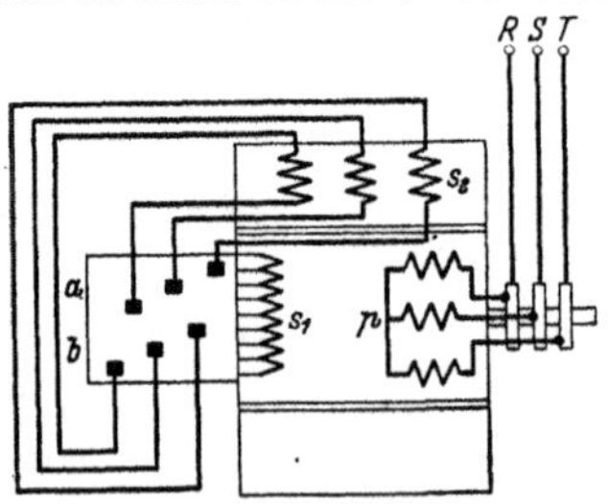

Bild 163. Läufergespeister Drehstrom-Nebenschlußmotor

Die geschlossene Läuferwicklung p erhält über die Schleifringe Netzspannung und erzeugt das Drehfeld. In der Läuferwicklung s_1 entsteht transformatorisch eine Spannung unveränderlicher Größe mit Netzfrequenz, die über Bürsten a und b und Kommutator jedem Strang des Ständers s_2 zugeführt wird. Stehen die Bürsten a und b auf derselben Stromwenderlamelle, dann ist die Ständerwicklung s_2 kurzgeschlossen, und der Motor arbeitet wie ein asynchroner Kurzschlußmotor, er läuft also mit fast synchroner Drehzahl, die bei Belastung um den geringen Schlupf absinkt. Durch Verschieben der beiden Bürsten wird zwischen a und b eine Spannung abgegriffen, die durch den Stromwender auf die Ständerfrequenz umgeformt und dem Ständer zugeführt wird, wo sie in gleicher Weise drehzahländernd wirkt wie bei dem ständergespeisten Motor. Ein Verschieben der Bürsten in entgegengesetzter Richtung ruft eine Erhöhung der Drehzahl über die synchrone hinaus hervor.

Bild 164 zeigt die Bürstenverstellung mittels eines kleinen Motors, der durch einen Steuerschalter auch ferngesteuert werden kann. Bei Drehzahlregelung werden Bürsten *a* und *b*, Bild 163, so bewegt, daß verbindende Sehne *a*—*b* parallel verschoben wird. Bild 162 gilt auch hier. Durch Verschieben je einer Bürste allein erzielt man eine Phasenverschiebung der abgegriffenen Spannung, wodurch der Leistungsfaktor des Motors auf 1 gebracht werden kann.

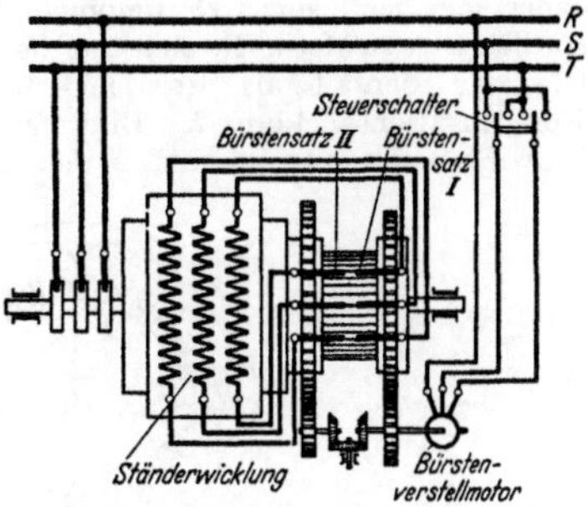

Bild 164. Läufergespeister Drehstrom-Nebenschlußmotor mit Fernsteuerung

Drehstrom-Nebenschlußmotoren eignen sich wegen der verlustlosen Drehzahlregelung besonders für Werkzeugmaschinenantriebe. Sie haben jedoch einen geringeren Wirkungsgrad und sind bei geringerer Betriebssicherheit teuerer als Asynchronmotoren. Jedoch fällt der Anlasser fort, und der Leistungsfaktor ist hoch.

D. Motoren für Einphasen-Wechselstrom

1. Wechselstrom-Synchronmotor

Wechselstrom-Synchronmotoren gleichen in ihrem Verhalten den Drehstrom-Synchronmotoren; sie können also angewendet werden, wenn eine genau konstante Drehzahl gefordert und Phasenkompensation gewünscht wird.

2. Asynchroner Wechselstrommotor

Asynchrone Wechselstrommotoren stimmen baulich bis auf die Phasenzahl mit den Drehstrom-Asynchronmotoren überein. Da die einphasige Ständerwicklung nur ein Wechselfeld entwickeln kann, ist ein Selbstanlauf unmöglich. Ein Wechselfeld läßt sich in zwei halb so große und entgegengesetzt rotierende *Drehfelder* zerlegen. Das rechtslaufende Drehfeld erzeugt wie in einem Drehstrommotor das Drehmoment *1*, Bild 165, und das linkslaufende Drehmoment *2* in entgegengesetzter Richtung. Im Stillstand heben sich die beiden Momente auf; wirft man aber den Läufer in der einen oder anderen Drehrichtung an, so zeigt die gestrichelte Differenzlinie der Momentenlinien *1* und *2* ein Moment im Sinn der Anwurfrichtung, d. h. der Läufer läuft bis zur synchronen Drehzahl hoch und kann dann wie ein Asynchronmotor belastet werden. Für einen Selbstanlauf ist eine Ständer-Hilfswicklung nötig, durch die man beim Einschalten einen mittels Widerstand oder Kondensator phasenverschobenen Strom hindurchschickt; dieser bildet zusammen mit dem Ständerstrom ein schwaches Anlauf-Drehfeld.

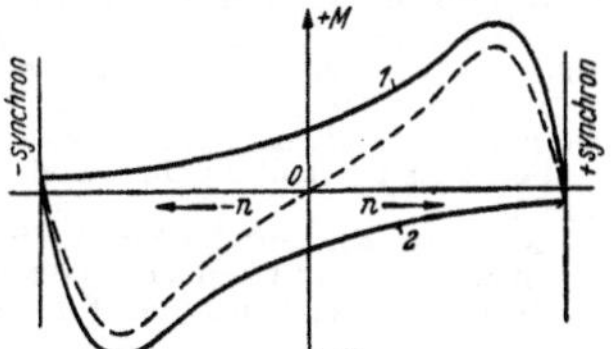

Bild 165. Drehmomente eines Wechselstrom-Asynchronmotors

3. Einphasen-Kommutator-Motor

Einphasen-Stromwendermotoren finden hauptsächlich als Reihenschlußmotoren in elektrischen Lokomotiven Anwendung. Die Frequenz des Bahnbetriebes wählt man gewöhnlich zu $16^2/_3$ Hz, um die Induktion der Fahrleitung auf Nachbarleitungen herabzusetzen und die induktiven Spannungsverluste in den Motoren kleinzuhalten. Grundsätzlich könnte ein Gleichstrom-Reihenschlußmotor auch mit Wechselstrom betrieben werden, denn bei einem Wechsel der Polarität ändert sich die Richtung des Drehmomentes nicht. Ein Versuch zeigt jedoch, daß er dann nur einen verhältnismäßig geringen Strom aufnimmt und daher kein genügendes Drehmoment entwickelt. Der Grund hierfür liegt in den starken Streufeldern, die sich um die ausgeprägten Pole bilden, und dem Ankerfeld, das ebenfalls als Streufeld wirkt. Daher muß das Ankerfeld durch eine Kompensationswicklung K (Bild 166) beseitigt und die Feldwicklung E durch Einwickeln in Nuten dicht an den Anker herangebracht werden. Bild 167 zeigt

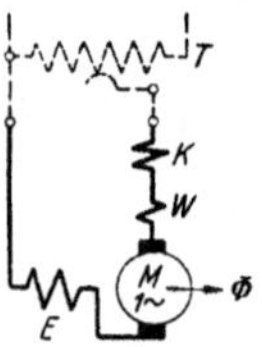

Bild 166. Einphasen-Reihenschlußmotor

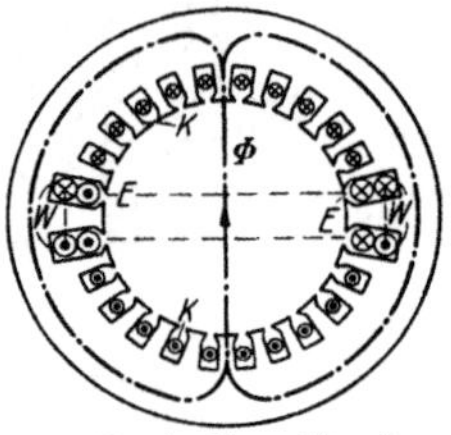

Bild 167. Zweipoliger Ständer eines Einphasenstrommotors. E Erreger-, W Wendepol-, K Kompensationswicklung

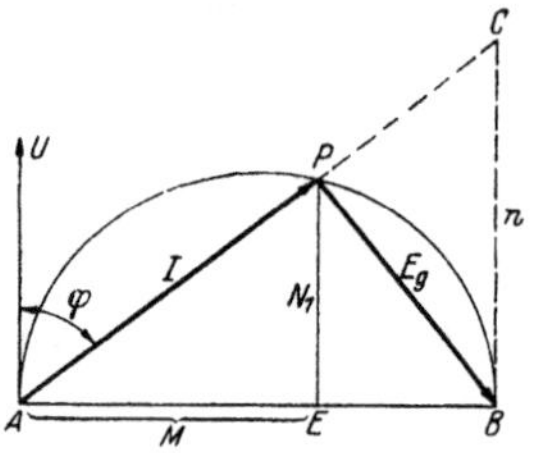

Bild 168. Betriebsdiagramm des Reihenschlußmotors

den zweipoligen Ständer mit den Stromrichtungen der klein gehaltenen Erregerwicklung E, der Kompensationswicklung K und der Wendepolwicklung W. Bei stillstehendem Anker erzeugt der Fluß Φ im Läufer transformatorisch eine Induktionsspannung E_i, die dem Strom und dem Fluß um 90° nacheilt. Bei Drehung des Ankers entsteht in ihm, wie bei den Gleichstrommotoren, eine weitere Spannung E_g, die als Gegenspannung gegenüber dem Strom um 180° verschoben ist. Die zuzuführende Spannung U muß diese beiden Spannungen im Gleichgewicht halten.

Das Diagramm deckt sich demnach vollständig mit dem durch Bild 50, 51 und 52 dargestellten Fall, wenn man RI durch die Gegenspannung $-E_i$ ersetzt. In dem Kreisdiagramm des Motors (Bild 168) ist also jetzt $\overline{PB}$ die dem Fluß und der Drehzahl verhältnisgleiche Gegenspannung E_g, also $E_g = c\,n\,I$, wenn man Fluß und Strom verhältnisgleich annimmt. Früher war diese Größe $R\,I$, so daß $c\,n$ im Diagramm als Widerstand erscheinen muß. Gemäß Bild 52 wird daher in Bild 168 die Strecke BC der Drehzahl entsprechen. Die zugeführte Leistung gibt PE an, während das Drehmoment, das dem Quadrat des Stromes verhältnisgleich gesetzt werden kann, AE entspricht. Der Motor steigert bei Entlastung seine Drehzahl und geht im Leerlauf durch, wobei der Leistungsfaktor steigt und Drehmoment und Strom sinken.

Mit Rücksicht auf die Stromwendeschwierigkeiten bei Wechselstrom kann der Reihenschlußmotor nur mit kleinen Spannungen betrieben werden. Er wird daher im allgemeinen mit einem Vorschalttransformator betrieben, der auch zum Anlassen und Steuern dient.

VII. Umformung

1. Umformer

a) Motorgeneratoren. Durch mechanische Kupplung eines Motors für die gegebene Stromart mit einem Generator der gewünschten Stromart läßt sich jede beliebige Umformung vornehmen. Auch Änderungen einer Gleichstromspannung sowie der Frequenz (Umrichtung) von Wechsel- und Drehstrom lassen sich so durchführen. In diesem Fall muß allerdings das Verhältnis f/p für beide Maschinen übereinstimmen, wenn man auf unmittelbare Kupplung Wert legt. Der große Vorteil eines Motorgenerators besteht darin, daß alle elektrischen Größen der beiden Seiten voneinander unabhängig und daher auch steuerbar sind. Ein Nachteil ist der geringe Wirkungsgrad $\eta_{\text{gesamt}} = \eta_{\text{Motor}} \cdot \eta_{\text{Generator}}$.

b) Einankerumformer. Ihr Bau stimmt mit dem der Gleichstrom-Nebenschlußgeneratoren überein, nur sind außer dem Stromwender noch Schleifringe an die Ankerwicklung angeschlossen. Bei einer zweipoligen Wicklung kann von zwei diametral gegenüberliegenden Anzapfpunkten Einphasenwechselstrom, bei drei um 120° versetzten Punkten dreiphasiger Drehstrom und bei sechs um 60° auseinanderliegenden Punkten sechsphasiger Drehstrom abgenommen werden. Da bei der Drehung des Ankers die beiden gegenüberliegenden Anzapfungen bei Wechselstrom einmal senkrecht zwischen den Gleichstrombürsten stehen und dort keine Spannung haben, während sie bei Deckung mit den Gleichstrombürsten Gleichstromspannung haben, muß notwendig die Gleichstromspannung U_g gleich der Wechselspannung $\hat{u}_w$ sein. Den Effektivwert erhält man durch Division mit $\sqrt{2}$, Bild 169. Entsprechend kann man auch die Höchstwerte des drei- und sechsphasigen Drehstroms abgreifen. Bild 170 zeigt den Schaltplan eines sechsphasigen Einankerumformers; die Drehstromseite ist an die aufgelösten Phasen eines Dreiphasen-Transformators T angeschlossen. Ein solcher Umformer kann entweder zur Umformung von Gleichstrom in Drehstrom oder auch umgekehrt betrieben werden.

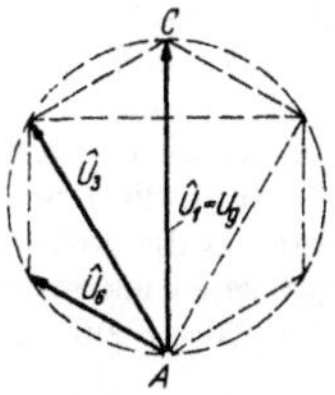

Bild 169. Spannungsdiagramm des Einankerumformers

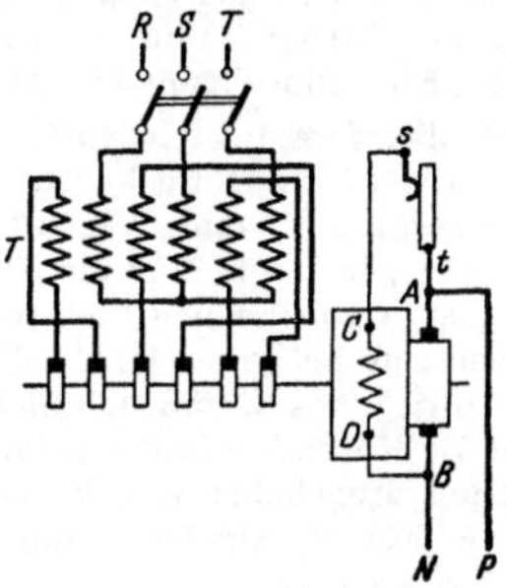

Bild 170. Sechsphasiger Einankerumformer

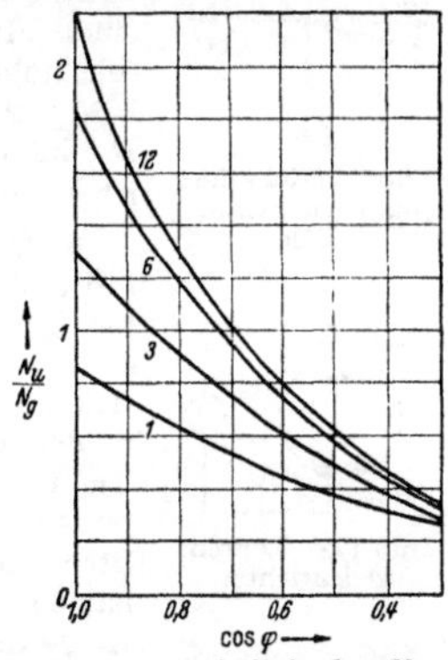

Bild 171. Verhältnis der Umformer- (N_u) zur Gleichstromleistung (N_g, Zahlen = Phasenzahl

In jenem Fall läuft der Motor als Gleichstrom-Nebenschlußmotor unter Benutzung eines Anlassers an und wird alsdann nach Synchronisierung dem Drehstromnetz parallelgeschaltet. Viel häufiger ist der umgekehrte Fall. Die Maschine arbeitet dann als Synchronmotor und gibt vom Stromwender Gleichstrom ab. Ist sonst kein Gleichstrom vorhanden, dann muß durch einen Anwurfmotor oder durch Einbau eines Käfigs in das Magnetgestell (asynchroner Anlauf) angenähert die synchrone Drehzahl hergestellt werden, worauf synchronisiert und parallelgeschaltet werden kann. Der notwendige Erreger-Gleichstrom muß von einer gekuppelten kleinen Erregermaschine geliefert werden. Am einfachsten kann der Umformer in Gang gesetzt werden, wenn von anderer Seite bereits Gleichstrom (Batterie) zur Verfügung steht, weil er als Gleichstrommotor anlaufen kann. Der Vorteil der Einankerumformer liegt nicht allein in der Baustoffersparnis (Umformung in einem einzigen Anker), sondern auch in einer Verringerung der Verluste. Wie bei einem Spartransformator der primäre und der sekundäre Strom, welche die gleiche Wicklung durchfließen, sich gegenseitig zum Teil aufheben, werden auch hier der Wechselstrom und der Gleichstrom, die zugleich in der Ankerwicklung fließen, sich teilweise aufheben. Die Stromwärmeverluste sind dann bedeutend geringer als bei einem Motorgenerator.

Dieser Vorteil besteht allerdings nur dann, wenn die Phasenverschiebung zwischen dem Wechsel- oder Drehstrom und der zugehörigen Spannung nicht groß ist, er verringert sich auch um so mehr, je kleiner man die Phasenzahl wählt. Große Umformer erhalten daher mindestens 6 Phasen im Anker. Bild 171 gibt das Verhältnis der Umformerleistung N_u zur Leistung N_g (Gleichstrommaschine) bei verschiedenen Leistungsfaktoren und Phasenzahlen an.

Durch die gemeinsame Ankerwicklung stehen Gleichstromspannung und Wechsel- bzw. Drehstromspannung in einem festen Verhältnis zueinander, es ist also immer ein Transformator vorzuschalten. Die kleinen Spannungsunterschiede, die durch den Wechsel der Belastung entstehen, können durch eine regelbare Drossel oder einen Drehtransformator ausgeglichen werden.

2. Stromrichter

Außer durch Maschinen kann auch durch ruhende Vorrichtungen verschiedener Art umgeformt werden. Derartige Stromrichter heißen *Gleichrichter*, wenn sie Wechsel- oder Drehstrom in Gleichstrom umwandeln, *Wechselrichter*, wenn sie Gleichstrom in Wechsel- oder Drehstrom, und *Umrichter*, wenn sie Wechsel- oder Drehstrom in solchen anderer Frequenz und Phase umformen. Der Strom kann durch *elektrische Ventile* oder durch *Schaltkontakte* gerichtet werden. Elektrische Ventile haben die Eigenschaft, dem elektrischen Strom in der einen Flußrichtung einen geringen, in der anderen aber einen sehr hohen Widerstand entgegenzusetzen. Ein Ventil läßt nach Bild 172 bereits bei Anlegen einer kleinen positiven Spannung U einen großen Strom hindurch, bei negativen Spannungen ist jedoch der Stromdurchgang fast gesperrt.

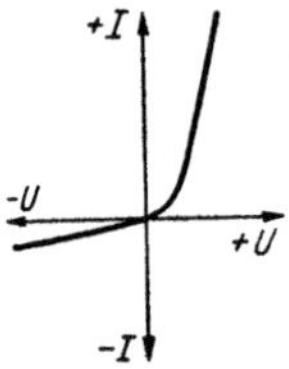

Bild 172. Kennlinie einer Gleichrichterzelle

a) Quecksilberdampfgleichrichter. In dem luftleeren Gefäß (Bild 173) werde an die gekühlte Anode (Graphit) und an die Quecksilberkathode eine Wechselspannung angelegt und ein Lichtbogen gezündet. Nur die Quecksilberkathode kann sich so erhitzen, daß sie einen Elektronenstrom aussendet. Es fließen daher nur bei *einer* Halbwelle der Wechselspannung Elektronen durch das Gefäß, nämlich dann, wenn die Anode positiv und die Kathode negativ geladen wird. Da die positive Stromrichtung umgekehrt wie die der negativen Elektronen ist, geht die positive Stromrichtung von der Anode zur Kathode durch das Gefäß.

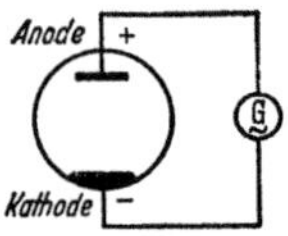

Bild 173. Röhrengleichrichter

Um mit diesem stoßartigen Gleichstrom eine Batterie zu laden, kann man nach Bild 174 die positive Quecksilberelektrode des Gefäßes mit dem positiven Pol der Batterie verbinden. Man kann den Ladevorgang auch über die Halbwelle hinaus ausdehnen; hierzu wird gewöhnlich eine Drossel D eingeschaltet, die bei abnehmendem Strom durch ihre Selbstinduktionsspannung auch in der folgenden negativen Halbwelle die Anodenspannung noch positiv erhält und damit den Strom bestehen läßt. Um auch die negative Halbwelle auszunutzen und damit von dem betrachteten *Einweggleichrichter* zu einem *Doppelweggleichrichter* zu kommen, braucht man zwei Ventile und zwei Spannungen. Diese erhält man nach Bild 175 am einfachsten durch eine Mittelanzapfung M_p an der Sekundärwicklung des Transformators. Wirksam ist von den beiden Spannungen 1 und 2 (Bild 176) nur die positive Halbwelle. Der Mittelwert der Gleichspannung ist $U = 0{,}636\,\hat{u}$. Die Glättungsdrossel vermag jetzt schon einen ziemlich gleichbleibenden Strom herzustellen. Der Lichtbogen springt jetzt nach jeder Halbwelle zur anderen Anode hinüber, wenn deren Spannung die der ersten übersteigt.

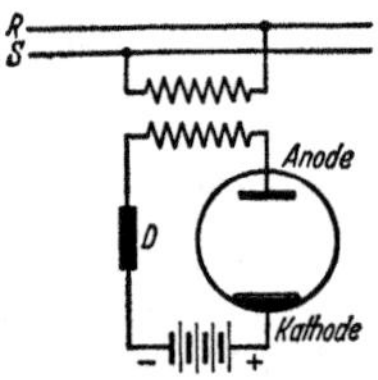

Bild 174. Laden einer Batterie mit Röhrengleichrichter

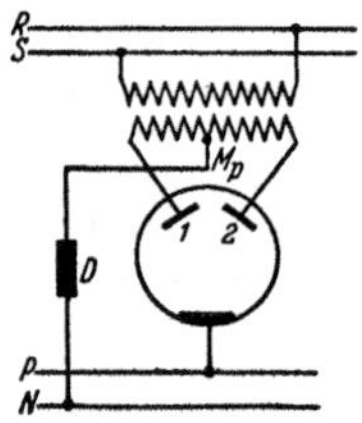

Bild 175. Doppelweggleichrichter

Drehstrom kann mit drei Ventilen nach Bild 177 gleichgerichtet werden. Den Vorgang der Gleichrichtung zeigt Bild 178. Die drei um 120° gegeneinander verschobenen Halbwellen überdecken sich jetzt derart, daß zusammen mit der Glättungsdrossel ein ziemlich konstanter Gleichstrom entsteht. Der Mittelwert der Gleichspannung beträgt jetzt $U = 0{,}83\,\hat{u}$. Da eine weitere Erhöhung der Phasenzahl zu noch gleichförmigerer Spannung führt, erhalten große Gleichrichter 6 oder 12 Anoden.

Bis 500 A werden Gleichrichter mit *Glas*gefäßen gebaut, wobei Einphasengleichrichter nach Bild 179a zwei Anodenarme, Drehstromgleichrichter 3 oder 6 Anodenarme erhalten. Da die Anoden kühl gehalten werden müssen, wird meist ein Ventilator unterhalb des Kolbens eingebaut. Die Zündung des Lichtbogens kann durch Kippen

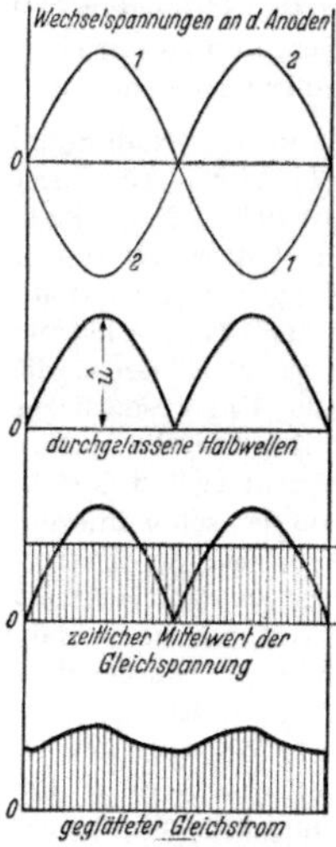

Bild 176. Wirkungsweise des Gleichrichters nach Bild 175

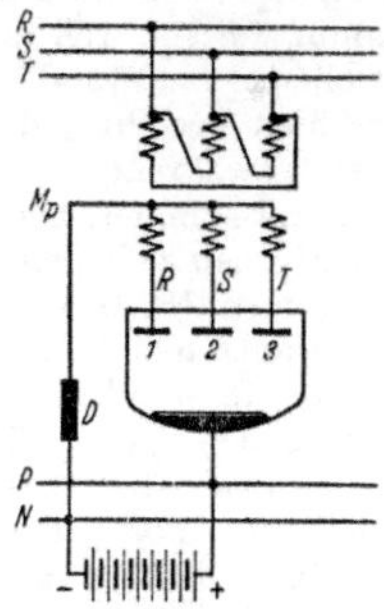

Bild 177. Dreiphasiger Drehstromgleichrichter

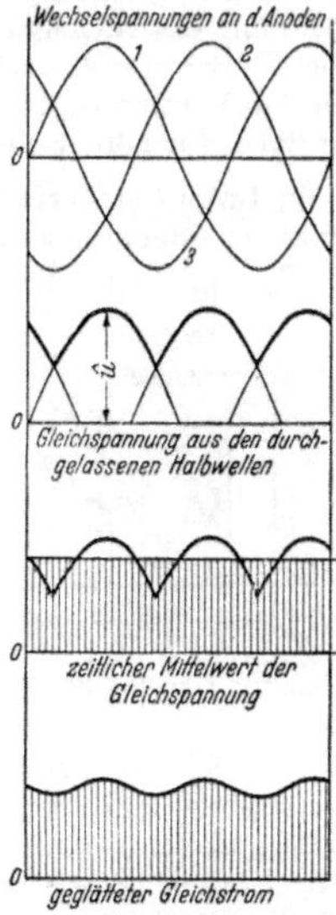

Bild 178. Wirkungsweise des dreiphasigen Gleichrichters nach Bild 177

des Glaskolbens bewirkt werden; über eine Hilfselektrode Z, der eine Drossel D' vorgeschaltet ist, wird ein kleiner Zündstrom geschlossen, der bei der Trennung vom Quecksilber einen kleinen Zündlichtbogen hervorruft. Zweckmäßiger ist die Tauchzündung nach Bild 179b, bei der ein äußerer Magnet eine eiserne Zunge Z kurzzeitig aus dem Quecksilber hebt und dadurch den Zündlichtbogen einleitet. Bei der Spritzzündung großer Gleichrichter (Bild 180) zieht die Zündspule a einen eisernen Kolben b an und spritzt durch Verdrängung des Quecksilbers durch das Röhrchen c Quecksilber gegen die Zündanode d. Wenn der Gleichstrom unterbrochen wird, erlischt der Lichtbogen und muß neu gezündet werden. Um eine solche Neuzündung zu vermeiden, kann durch Hilfselektroden H (Bild 179) ständig ein kleiner Lichtbogen unterhalten werden, der den Hauptlichtbogen sofort neu zündet, wenn er bei Nichtabgabe von Gleichstrom erloschen sein sollte.

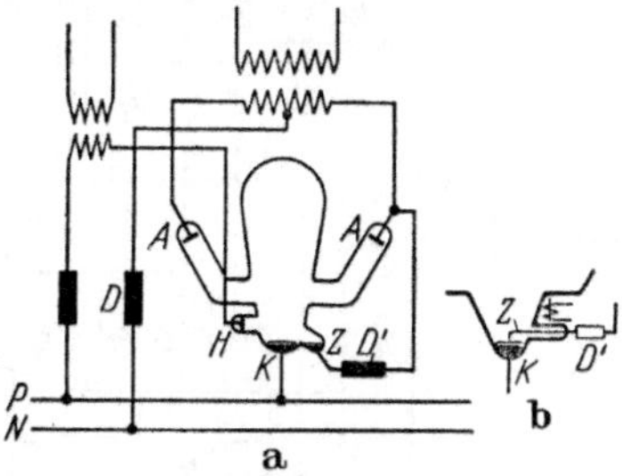

Bild 179. Einphasenstrom-Quecksilberdampfgleichrichter

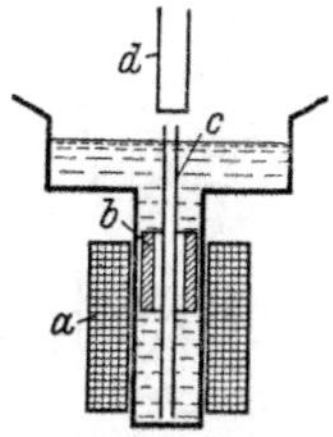

Bild 180 Spritzzündung

Großgleichrichter haben *Eisen*gefäße, die heute so luftdicht hergestellt werden können, daß eine besondere Vakuumpumpe entbehrlich ist. Durch Parallelschalten von Anoden werden Stromstärken von mehr als 10000 A erreicht. Drehstrom-Großgleichrichter werden zuweilen auch aus einphasigen Einzelgefäßen zusammengestellt, wodurch sich neben anderen Vorteilen eine wirksamere Kühlung ergibt.

Der Lichtbogen eines Quecksilberdampfgleichrichters benötigt eine Eigenspannung von 15 bis 25 V, die von der Stromstärke ziemlich unabhängig ist. Da gewöhnlich keine sehr hohen Gleichspannungen für den Betrieb erforderlich sind, fällt dieser Spannungsverlust um so mehr ins Gewicht, je kleiner die Betriebsspannung des Gleichstroms ist. Der Wirkungsgrad ist daher ziemlich unabhängig von der Belastung, wächst aber mit der Gleichstromspannung (bei 110 V etwa 0,8; bei 500 V etwa 0,94; bei 2000 V bis 0,99). Der Quecksilberdampfgleichrichter ist daher für höhere Spannungen selbst dem Einankerumformer überlegen.

b) Gittergesteuerte Stromrichter. In ähnlicher Weise, wie in einer Radioröhre durch ein Steuergitter zwischen Kathode und Anode der Röhrenstrom verändert und ganz gesperrt werden kann, läßt sich auch in einem Quecksilberdampfgleichrichter ein Gitter anordnen, Bild 181. Durch Anlegen einer negativen Sperrspannung U_g an das Gitter G kann auch hier der Gleichstrom beeinflußt werden, weil das negativ geladene Gitter die Elektronen der Kathode zurückstößt. Ein wesentlicher Unterschied besteht jedoch darin, daß die Radioröhre gasleer ist, während sich im Gleichrichtergefäß Quecksilberdampf befindet. Dieser wird von den schnellfliegenden Elektronen getroffen, wodurch von den Quecksilberdampfatomen Elektronen abgesprengt werden. Es bilden sich also auch unabhängig von der Kathode neue Elektronen, die ihren Weg zur Anode nehmen. Die bei einer solchen *Stoßionisation* übrigbleibenden Quecksilberionen sind positiv geladen. Sie streben zum negativen Gitter und heben dessen sperrende Wirkung auf. So kann man einen einmal eingeleiteten Anodenstrom dann nicht mehr durch das Gitter unterbrechen. Er fließt weiter, bis die Anodenspannung auf null absinkt oder eine andere Anode mit höherer Spannung den Strom übernimmt. Der Strom wird dadurch eingeleitet, daß das Gitter einen kurzen, kräftigen *positiven* Spannungsstoß erhält. Das Wesentliche des gittergesteuerten Stromrichters ist, daß man diesen Zündungsstromstoß zu bestimmten Zeitpunkten gibt und damit besondere

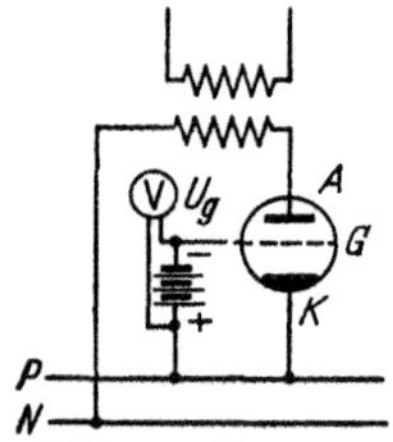

Bild 181. Gittergesteuerter Gleichrichter

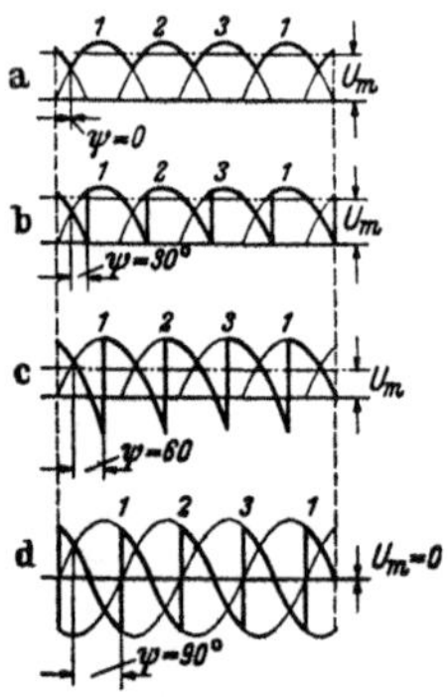

Bild 182. Spannungsregelung mit dem Steuergitter

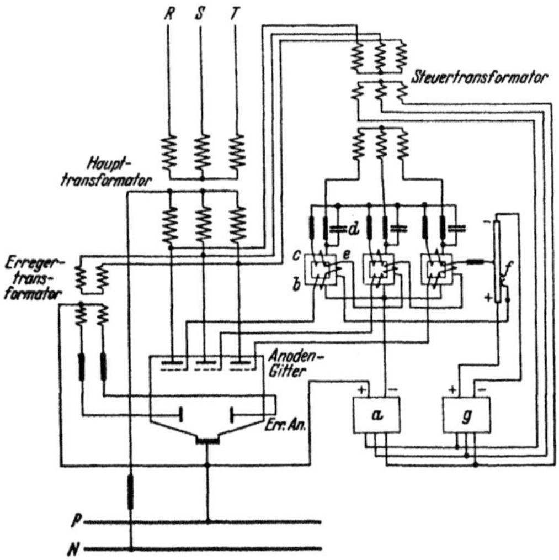

Bild 183. Schaltung eines gittergesteuerten Quecksilberdampfgleichrichters

Wirkungen erzielt. In Bild 182a sind die drei positiven Spannungshalbwellen eines Drehstroms dargestellt. Wenn im Zeitpunkt des Schnitts der Sinuslinien durch Spannungsstoß gezündet wird, erhält man eine Gleichspannung U_m, die durch die stark ausgezogene Linie gegeben ist. Läßt man hingegen die Zündung um $\psi = 30^\circ$ verzögert einsetzen, Bild 182b, dann ergibt sich eine kleinere Gleichspannung U_m, die bei Steigerung des Zündverzögerungswinkels ψ schließlich bis auf $U_m = 0$ gebracht werden kann. Man kann also durch eine solche Regelung eine Gleichrichterspannung (fast verlustlos) von einem Höchstwert bis auf null regeln und große Gleichstrommotoren bei dem meist vorhandenen Drehstrom weitgehend in der Drehzahl steuern.

In der Steuerung nach Bild 183 wird die Stoßspannung durch drei *Stoßtransformatoren* erzeugt, die ihre Primärspannung *c* aus dem Steuertransformator empfangen. Durch Vorschaltglieder *d* ist diese aus Sinuswellen in Dreieckwellen umgeformt. Die Sekundärwicklung *b* ist mit dem Gitter verbunden. Wesentlich ist, daß die Stoßtransformatoren durch die Wicklung *e* über den Spannungsteiler *f* und den Trockengleichrichter *g* eine Vormagnetisierung erhalten; außerdem haben sie eine ausgeprägt scharfe Sättigungsgrenze. Dadurch wird erreicht, daß in der Induktionswicklung *b* nicht ständig, sondern mit starken Unterbrechungen, stoßweise, Spannung induziert wird, weil während der Zeit der Überschreitung der Sättigungsgrenze keine Flußänderung eintritt. Durch Verändern der Gleichstromerregung mittels des Spannungsteilers *f* läßt sich der Zeitpunkt dieser Flußänderung um den Zündverzögerungswinkel ψ verschieben, weil der Sättigungspunkt bei verschiedenem Gleichstrom und dreieckförmigem Wechselstrom für die Magnetisierung zu verschiedenen Zeitpunkten erreicht wird. Der Trockengleichrichter *a* liefert die negative Vorspannung für die Gitter. Die Stoßspannung kann zeitlich auch durch Zwischenschalten eines Drehtransformators (Phasenschieber) verschoben werden.

Wechselrichter sollen zur Umformung von Gleichstrom in Wechsel- oder Drehstrom dienen. Da aber immer nur ein Strom in Richtung von der Anode zum Quecksilber möglich ist, muß bei dem Wechselrichter notwendig die Quecksilberkathode mit dem *negativen* Pol der Gleichstromquelle verbunden werden. Hierzu sind bei wechselndem Betrieb (Rückgewinnung von Energie) entweder zwei Gefäße oder Schnellumschaltung nötig.

c) Glühkathoden-Gleichrichter. Sie sind meist wie die Radioröhren gasleer, als Elektronenquelle dient ein Heizleiter (Wolfram, Thorium, Überzüge der Oxyde der Erdalkalien), Bild 184. Zur Beschleunigung der von der Glühkathode austretenden Elektronen und deren Überführung zur Anode wird eine größere Spannung benötigt, die als Verlust zu buchen ist, da diese Energie beim Auftreffen der Elektronen auf die Anode in Wärme umgesetzt wird; Kühlung der Anode ist daher notwendig. Diese Gleichrichter können deshalb nur bei hohen Spannungen wirtschaftlich sein, wie sie für Röntgenuntersuchungen an Werkstoffen und elektrische Entstaubungen notwendig sind.

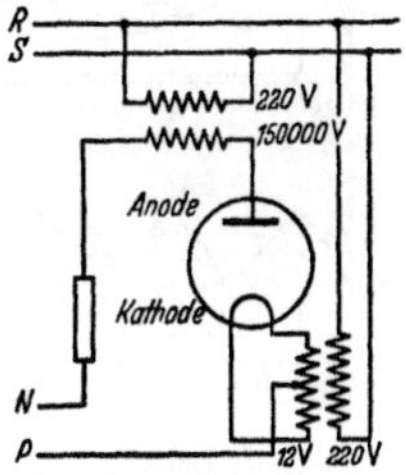

Bild 184. Glühkathoden-Gleichrichter

Besondere Bedeutung hat das *Thyratron*, S. 920, eine gasgefüllte gittergesteuerte Glühkathodenröhre, erlangt, weil mit ihm die unmittelbare Steuerung und Regelung von Gleichstrommotoren an Drehstromnetzen möglich geworden ist. Als Gasfüllung dienen entweder Edelgase oder Quecksilberdampf sehr geringen Druckes, die zum Zünden und ordnungsgemäßen Arbeiten einer bestimmten Temperatur bedürfen (Anheizzeit erforderlich).

d) Trockengleichrichter. Üblich sind Sperrschichten aus Kupferoxydul auf Kupfer- oder Selen in dünner Schicht auf Aluminiumblechen. Jene für Meßgeräte, diese für Betriebsströme, wobei Spannungen von 25 bis 30 V/Zelle und Ströme von 30 bis 40 mA/cm² erreicht werden. Wirkungsgrad maximal 92%. Die Kühlung besorgen breite Plattenränder oder ein Lüfter. Hohe Leistung (bis 70 A), Einfachheit im Aufbau, Wegfall von Heizung und Abnutzung verhalfen diesem Gleichrichter zu weitgehender Verwendung. Neuerdings werden auch *Silizium*gleichrichter mit noch höherer Leistung und größerem Wirkungsgrad angewendet.

e) Kontaktumformer haben Schaltkontakte, die im Augenblick des Stromdurchgangs durch Null kommutieren. Ein Synchronmotor mit Nockenwelle steuert die Silberkontakte, die bei geringem Spannungsverlust (hoher Wirkungsgrad) Ströme bis etwa 10000 A leiten können. Der Umschaltaugenblick kann durch Verdrehen des Motorständers geändert werden. Dennoch läßt sich nahezu funkenfreies Stromwenden nur dann erreichen, wenn währenddessen ein fast stromloser *Bereich* geschaffen wird. Dies besorgen Schaltdrosseln mit steiler Magnetisierung und scharfem Sättigungsknick (Fe-Ni, 50%). Höhere Phasenzahl erweitert den Wendebereich (jedoch höhere Kontaktzahl). Die Kontaktabnutzung dieser Gleichrichter hält sich trotz der hohen Schaltzahlen in erträglichen Grenzen.

VIII. Elektromotor und Arbeitsmaschine

a) Betriebsarten. Ursprünglich hat man eine größere Zahl von Arbeitsmaschinen durch *Transmissionen* angetrieben, wobei ein einziger Motor mit größerer Leistung eine Anzahl Maschinen betrieb. Wegen der großen Verluste durch Transmission und Leerlauf, besonders wenn nur eine der Maschinen gebraucht wurde, Übergang zum *Gruppenantrieb*, bei dem eine gewöhnlich zu gleicher Zeit benötigte Anzahl von Maschinen zu je einer Gruppe mit gemeinsamem Antriebsmotor zusammengefaßt wurde. Diese Antriebsart hat auch heute noch in besonderen Fällen ihre Berechtigung. Vorherrschend ist jedoch der *Einzelantrieb*, bei dem jede Arbeitsmaschine ihren eigenen Antriebsmotor erhält (s. a. Abschn. Verfahren u. Maschinen der Metallbearbeitung, S. 664). Der Motor kann der Eigenart jeder Arbeitsmaschine angepaßt werden; er steht still, wenn die Maschine nicht arbeitet, und meistens können alle Zwischenglieder wegfallen. Bei großen Maschinen mit mehreren Arbeits- und Bewegungsgetrieben geht man sogar zum *Mehrmotorenantrieb* über. Bei den Kranen erhält jedes Bewegungsgetriebe (Heben, Kranfahren, Katzfahren, Drehen) einen eigenen Motor, ebenso wie bei großen Werkzeugmaschinen die Arbeitsspindel, das Bewegungs- und das Vorschubgetriebe. Diese Auflösung der ursprünglichen großen Motoren in viele kleine tritt besonders in Erscheinung in den vielen Elektrohandwerkzeugen, bei denen der Motor unmittelbar von dem Arbeiter in die Hand genommen wird.

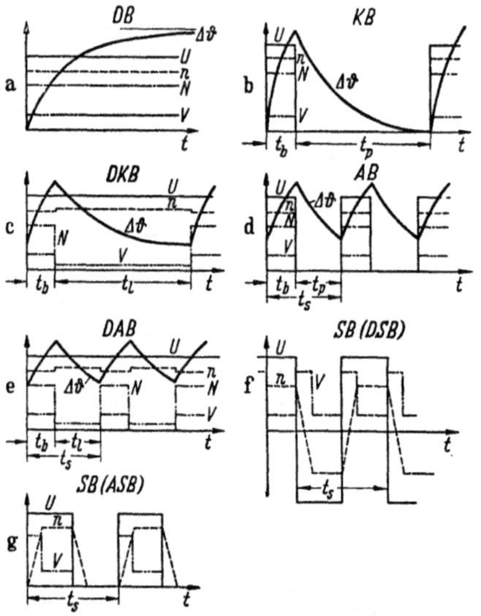

Bild 185. Die verschiedenen Betriebsarten
a) Dauerbetrieb, b) Kurzzeitbetrieb, c) Durchlaufbetrieb mit Kurzzeitbelastung, d) Aussetzbetrieb (Eingeschwungener Temperaturzustand), e) Durchlaufbetrieb mit Aussetzbelastung, f) Schaltbetrieb (Durchlaufschaltbetrieb, Umkehrbetrieb), g) Schaltbetrieb (Aussetzschaltbetrieb mit mechanischer Bremsung)
U = Spannung, n = Drehzahl, N = abgegebene Leistung, V = Verlustleistung im Motor, $\Delta\vartheta$ = Übertemperatur, t = Zeit, t_b = Betriebszeit, t_p = Pausenzeit, t_l = Leerlaufzeit, t_s = Spielzeit

Die „Regeln für elektrische Maschinen" (VDE 0530) unterscheiden sieben Betriebsarten, Bild 185:

Dauerbetrieb (DB), bei welchem die Betriebsdauer mit Nennleistung so groß ist, daß der Motor die Beharrungs-Endtemperatur erreicht (Pumpen).

Kurzzeitbetrieb (KB). Auf eine vereinbarte kurze Betriebsdauer t_b (= 10, 30 oder 60 min), in der sich der Motor bis zur zulässigen Höchsttemperatur erwärmen kann, folgt eine Stillstandszeit t_p, in der sich der Motor wieder auf die Umgebungstemperatur abkühlt (Schleusentormotoren, Drehbrückenmotoren). Die bei KB auf dem Leistungsschild angegebene Leistung kann nicht dauernd abgegeben werden.

Aussetzbetrieb (AB). Einschaltzeiten t_b wechseln mit Ruhezeiten t_p, wobei die Spielzeit 10 min nicht übersteigen soll. Die Temperatur kann in der kurzen Ruhezeit nicht bis auf die der Umgebung fallen. Wie Bild 185d erkennen läßt, steigt die Übertemperatur $\Delta\vartheta$ mit jedem neuen Arbeitsspiel an und darf schließlich die zulässige Übertemperatur nicht überschreiten. Die auf dem Schild angegebene Nennleistung führt als Aussetzleistung zu dieser Grenztemperatur. Das Verhältnis der Einschaltdauer zur Spieldauer, also $t_b/(t_b + t_p)$, heißt die *relative Einschaltdauer* (ED). Als Normalwerte gelten: 20 % (selten benutzte Kranmotoren), 40% (normale Werkstattkrane), 60% (Hilfsmaschinen im Stahlwerkbetrieb).

Durchlaufbetrieb mit Kurzzeitbelastung (DKB). Er unterscheidet sich von dem Kurzzeitbetrieb dadurch, daß der Motor nach der Belastung nicht stillsteht, sondern *leer* weiterläuft. Der Motor ist dauernd in Betrieb und kühlt sich während der Leerlaufzeit auf die dem Leerlauf entsprechende Temperatur ab (Normzeiten wie bei KB).

Durchlaufbetrieb mit Aussetzbelastung (DAB) unterscheidet sich vom aussetzenden Betrieb dadurch, daß nach der kurzen Betriebszeit t_b nicht Stillstand, sondern jeweils Leerlauf eintritt, wobei aber die Leerlauftemperatur nicht erreicht wird.

Schaltbetrieb (SB). Die Erwärmung ist weniger durch eine Belastung, als durch Schaltvorgänge, wie Anlaufen, Umschalten und Bremsen, bestimmt. Es werden zwei verschiedene Arten unterschieden:

Durchlaufschaltbetrieb (DSB). Der belastete Motor wird in regelmäßiger oder unregelmäßiger Folge ohne Pausen geschaltet, Bild 185f.

Aussetzschaltbetrieb (ASB). Bei diesem treten spannungslose Pausen auf, in denen aber die Motortemperatur nicht bis auf die Temperatur des Kühlmittels sinken kann, Bild 185g.

Bei allen Betriebsarten darf die höchste Temperatur der Motorwicklung (Grenzübertemperatur) die für die Isolation jeweils zugelassene Dauertemperatur nicht übersteigen, wobei eine Sicherheit von 5 bis 15 grd zwischen der Meßstelle am Motor und der noch wärmeren unzugänglichen Stelle innerhalb der Wicklung anzunehmen ist und die Temperatur des Kühlmittels (Luft) unterhalb 40°C bleiben muß.

Für die üblichen, getränkten Isolierstoffe der Klasse A (Baumwolle, Zellwolle, Kunstseide, Preßspan) beträgt die maximale Dauertemperatur 105° C, so daß die Grenzübertemperatur im Motor 60° C nicht überschreiten darf.

b) Bauliche Anpassung des Motors. Die Leistung wird vom Motor zur Arbeitsmaschine nur noch selten durch Flachriemen, häufiger durch Keilriemen übertragen. Bevorzugt werden Zahnräder- oder Schneckengetriebe, wobei man ursprünglich von einer baulichen Veränderung des Motors grundsätzlich absah. Erst mit der allgemeinen Einführung des Drehstrommotors, dessen äußere Hülle nicht wie bei den Gleichstrommotoren magnetisch aktiv ist, paßte man den Motor auch in seiner Form an. Bild 186 zeigt einen *Flanschmotor*, der mittels Flansches an der Arbeitsmaschine befestigt wird, Bild 187 einen *Einbaumotor*, bei welchem von dem Motorenwerk nur die elektrischen und magnetisch aktiven Teile eines Drehstrommotors geliefert werden, die dann in einen Maschinenständer eingebaut werden können. Wenn der Konstrukteur der Arbeitsmaschine sowohl den Einbau der Motoren wie auch der Schalt- und Anlaßvorrichtungen von Anfang an mit berücksichtigt, lassen sich formschöne zweckmäßige Arbeitsmaschinen entwickeln. Normung nach DIN 42950 (März 1952).

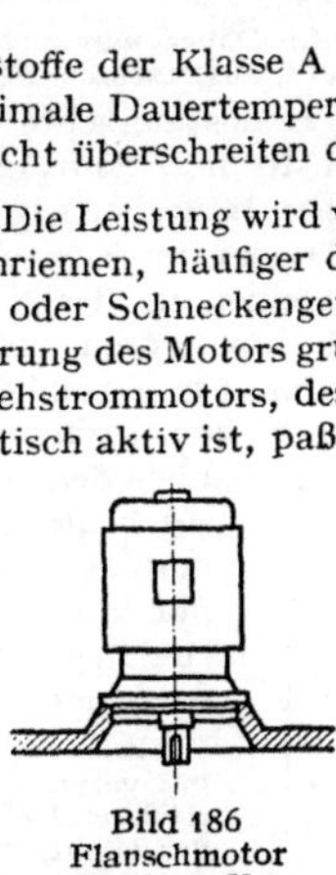

Bild 186
Flanschmotor
Bauform V 1

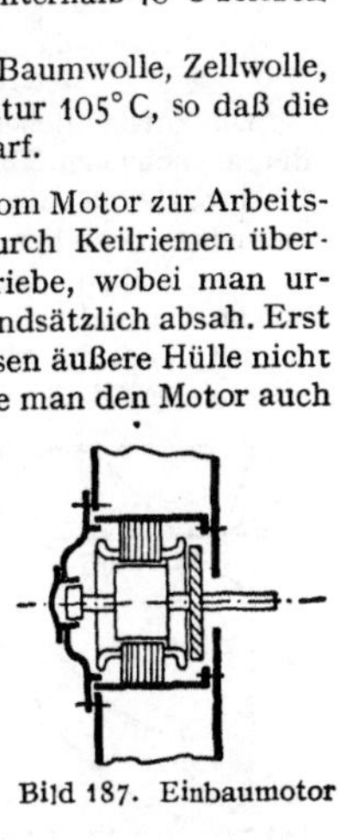

Bild 187. Einbaumotor

Zum Schutz gegen Fremdkörper, Staub und Wasser muß der Elektromotor entsprechend gebaut sein, was von großem Einfluß auf seine Leistung ist. Ein offener Motor für saubere und trockene Räume vermag die in ihm entwickelte Verlustwärme leicht an die Umgebung abzugeben. Ein geschlossener Motor hingegen dürfte bei gleicher Größe nur mit einem Bruchteil der Leistung beansprucht werden, weil er weit weniger Wärme abzugeben vermag. Um diesen Nachteil zu mildern, erhalten diese Motoren eine besonders starke *Eigenbelüftung* (E), bei welcher der Motor durch ein am Läufer angebautes Lüfterrad einen kräftigen Luftstrom entweder durch den Motor ober bei völlig geschlossener Bauart über die äußere Rippenoberfläche oder durch innere Röhren treibt (Röhrenkühlung). Motoren, die in ihrer Drehzahl weit heruntergeregelt werden müssen, und große Motoren erhalten *Fremdlüftung* durch einen gesondert angetriebenen Lüfter. In Sonderfällen wird Wasserkühlung vorgesehen. Für Motoren und andere elektrische Betriebsmittel in *schlagwettergefährdeten* Anlagen gelten besondere Bestimmungen (VDE 0170 u. 0171). Als Schutzarten für Motoren gelten: 1. druckfeste Kapselung des ganzen Motors oder einzelner Teile; 2. Plattenschutzkapselung (Drahtgewebeverschlüsse unzulässig); 3. Fremdbelüftung mit Frischluft. Die Schutzarten sind durch einen Buchstaben mit 2 Ziffern genormt, DIN 40050 (Dez. 1956), z. B. P33 = Schutz gegen groben Staub und Schwallwasser.

c) Leistungsanpassung des Motors. Die von der anzutreibenden Arbeitsmaschine benötigte Leistung läßt sich in vielen Fällen leicht berechnen. Wenn dies nicht der Fall ist, müssen Erfahrungswerte helfen. Bei Dauerbetrieb ist ein Motor dieser Nennleistung aus der Motorenliste zu wählen; ein zu schwach bemessener Motor wird unzulässig warm, ein zu reichlich bemessener Motor arbeitet mit geringem Wirkungsgrad und Leistungsfaktor.

Bei aussetzendem Betrieb sind gemäß der gegebenen Einschaltdauer Sondermotoren auszuwählen; hierbei sind bei hoher Anlaufzahl mit Massenbeschleunigung Leistungszuschläge zu machen, während bei wechselnder Last eine verringerte Leistung ausreicht.

d) Drehmomentanpassung. Das Nenndrehmoment M eines Motors ist

$$M = N/2\pi n.$$

Ein Motor von 7,36 kW = 10 PS und $n = 1000$ U/min hat daher ein Nennmoment $M = 7{,}36\ \text{kW}/(2\pi\cdot 1000\cdot \text{min}^{-1}) = 7{,}36\cdot 1000\ \text{W}\cdot 60\,\text{sek}/(2\pi\cdot 1000) = 71\ \text{Wsek} \approx 710\ \text{kgcm}$ oder auch $M = 10\ \text{PS}\cdot 60\ \text{sek}/2\pi\cdot 1000 = 10\cdot 75\ \text{mkg}\cdot\text{sek}^{-1}\cdot 60\ \text{sek}/2\pi\cdot 1000 \approx 7{,}1\ \text{kgm}$.

Nach den REM müssen die Wechselstrommotoren im Lauf mindestens die folgenden Höchstmomente (Kippmoment) als Vielfaches von M entwickeln:

Synchronmotoren	1,5fach
Motoren für Dauer- und kurzzeitigem Betrieb. . . .	1,6fach
Motoren für aussetzenden Betrieb	2fach

Die tatsächlichen Höchstmomente liegen bei den Gleichstrommotoren und den asynchronen Drehstrom-Schleifringmotoren noch höher, so daß bei richtiger Leistungsbemessung bei Dauerbetrieb keine Bedenken hinsichtlich des Drehmomentes bestehen. Drehstrom-Kurzschlußmotoren können jedoch ein Anlaufmoment haben, das kleiner als das Nennmoment ist. Bei Kolbenpumpen mit hohem Gegendruck, Kompressoren und langen Transportbändern kann das im Anlauf benötigte Moment das normale wesentlich, oft bis zum doppelten Wert übersteigen. Es ist daher nachzuprüfen, ob das Motoranlaufmoment hinreichend über dem Anlaufmoment der Arbeitsmaschine liegt. Auch die Änderung des Momentes während des Anlaufs, sowohl beim Motor als auch bei der Arbeitsmaschine, ist von wesentlicher Bedeutung. Bild 188 zeigt vier typische Drehmomentkurven von Arbeitsmaschinen.

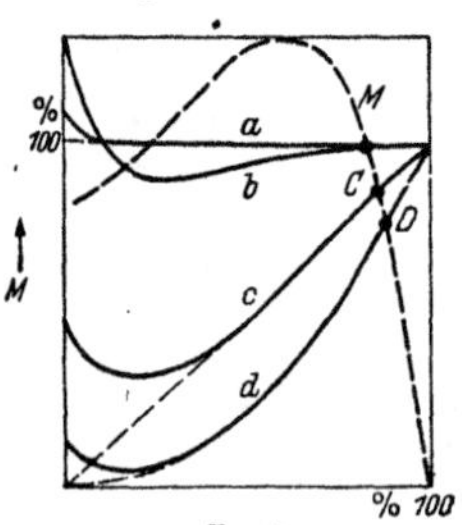

Bild 188. Drehmomenttypen der Arbeitsmaschinen

Kurve a mit konstantem Moment gilt etwa für Hebezeuge mit geringer Arbeitsgeschwindigkeit, Kurve b für solche mit größeren Reibungswiderständen, bei Kurve c ist das Momenr der Drehzahl verhältnisgleich, wie es ungefähr für Kalander der Papierfabrikation zutrifft, und Linie d mit quadratischer Abhängigkeit gilt für Lüfter und Kreiselpumpen ohne wesentliche Druckhöhe. In allen Fällen weicht die Drehmomentkurve anfangs von dem gestrichelt gezeichneten theoretischen Verlauf etwas nach oben ab, weil die größere Reibung der Ruhe und die Beschaffenheit des Öls besonders nach längerem Stillstand größere Widerstände verursachen. Die Momentenkurve M des Drehstrommotors (stark gestrichelt) zeigt, daß Maschinen gemäß a und b nicht angetrieben werden können, weil das Anlaufmoment des Motors nicht ausreicht. Für die Antriebe c und d würde der Motor vom Moment aus gesehen verwendbar sein, wobei sich der Betriebspunkt *C* bzw. *D* einstellen würde. Um den großen Anlaufstrom des Kurzschlußmotors herabzusetzen, könnte man bei dem Antrieb *d* einen Stern-Dreieckschalter anwenden; bei Antrieb *c* verbietet sich dies, weil das sonst auf ein Drittel herabgeminderte Anlaufmoment des Motors nicht mehr ausreichen würde.

Bild 189 zeigt eine verhältnismäßig gute Anpassung des Momentes *M* eines Kurzschlußmotors an das Moment *A* einer Kugelmühle. Die durch Schraffur angedeutete Differenz zwischen dem Motormoment und dem der Mühle dient zur Beschleunigung, die ziemlich gleichmäßig verläuft. Auch extremen Anforderungen vermag der Elektromotor zu genügen, sowohl durch kurzzeitiges Anlaufen (Webstühle) wie auch durch Sanftanlauf (Spinnmaschinen).

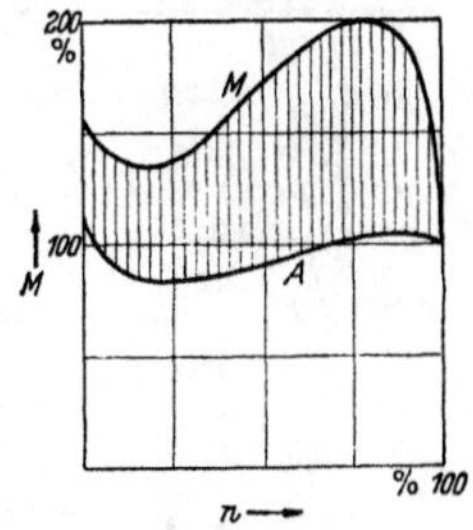

Bild 189. Schweranlauf einer Kugelmühle mit Stromverdrängungsmotor

e) Anlassen durch unmittelbares Einschalten mit einem Anlaßschalter ist bei Gleichstrommotoren nur bei kleinen Leistungen (bis etwa 1 kW) möglich. Drehstrom-Kurzschlußmotoren, insbesondere als Wirbelstrom- und Doppelkäfigmotoren, können bis zu großen Leistungen (100 und mehr kW), möglichst mit Stern-Dreieckschalter zur Verminderung des Anlaufstromes, geschaltet werden.

Bild 190: Wendeschaltung eines Kurzschlußläufermotors für Vorwärts- und Rückwärtslauf durch zwei Schütze *c* 1 oder *c* 2 (elektromagnet. Schalter); Betätigung durch kurzzeitiges Niederdrücken der Tastschalter *b*1 oder *b* 2; Stillsetzen durch Niederdrücken von *b*3. Damit beim Drücken von *b*1 und *b*2 das jeweilige Schütz nicht wieder abfällt, ist der Spulenstrom über einen Hilfskontakt (Schließer) geführt. Über einen Öffner ist der Spulenstrom des anderen Schützes geführt, damit nicht beide Schütze zugleich anziehen können

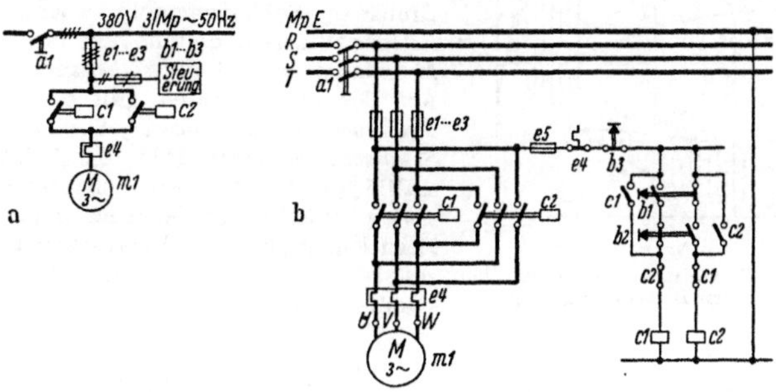

Bild 190. Wendeschaltung eines Kurzschlußläufermotors mit Schützen
a) Übersichtsschaltplan; b) Stromlaufplan

Der Schaltplan 190b erlaubt, den gesamten Stromlauf, sowohl des Motors als auch seiner Steuerung, in ihrem Zusammenwirken ohne Schwierigkeiten zu verfolgen. Derartige Schaltpläne werden daher als *Stromlaufpläne* bezeichnet. Bei den heute weniger gebräuchlichen *Wirkschaltplänen* sind alle zu einem Gerät (z. B. Schütz) gehörigen Schaltkontakte und Spulen zusammengezeichnet.

Bei großen Schaltungen werden derartige Pläne unübersichtlich. In solchen Fällen ist ein *Übersichtsschaltplan* zweckmäßig, der nur einpolig gezeichnet wird und Einzelteile, insbesondere der Steuerung, nur andeutet, Bild 190a.

Für komplizierte Schaltungen wird der in Bild 190b dargestellte Stromlaufplan angewendet: Einzelne Stromkreise, wie in Bild 190b der Motorstromkreis und die Steuerung, werden getrennt dargestellt: Die Schaltelemente müssen durch Buchstaben genau bezeichnet werden, weil die Hilfskontakte eines Schützes oft nicht in einem anderen Stromlauf zu finden sind.

Als weiteres Beispiel ist in Bild 191 eine selbsttätige Schützen-Stern-Dreieckschaltung mit Tastschalterbetätigung als Übersichtsschaltplan, Bild 191a, und als Stromlaufplan, Bild 191b, dargestellt. Ein kurzzeitiges Drücken des Tastschalters b_1 genügt, um den Motor in Stern über Schütz c1 u. c2 anlaufen zu lassen. Das Zeitrelais $d1$ mit einer dem Motor angepaßten Verzögerung sorgt für Abschaltung des Spulenstroms $c2$ und Einschaltung von $c3$ in Dreiecksschaltung. Bei dieser Umschaltung muß die Drehrichtung erhalten bleiben.

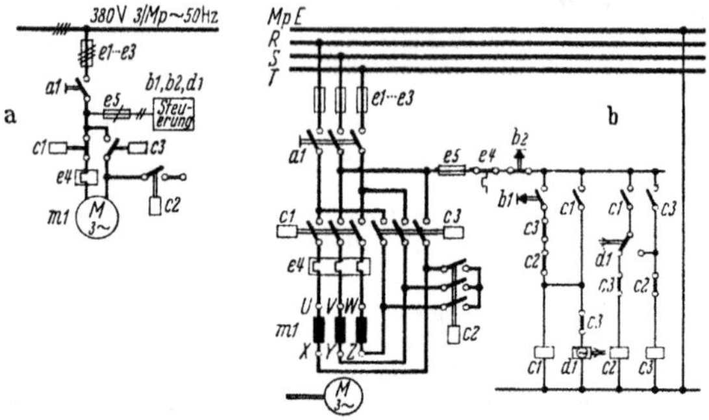

Bild 191. Selbsttätige Schützen-Stern-Dreieck-Schaltung mit Tastschalterbetätigung. a) Übersichtsschaltplan; b) Stromlaufplan

Bild 192 stellt den Verlauf des Drehmomentes und des Stromes bei Stern-Dreieckschaltung in % des Nennwertes dar. M_a ist das von einer Spülpumpe benötigte Moment. M_s das Motormoment bei Stern- und M_D bei Dreieckschaltung. Beim Umschalten tritt ein erheblicher Stromsprung ein; er bleibt jedoch weit unter dem Einschaltstrom, der bei unmittelbarem Einschalten in Dreieck auftreten würde. Durch Schraffur sind die für die Beschleunigung aufgewendeten Momente dargestellt.

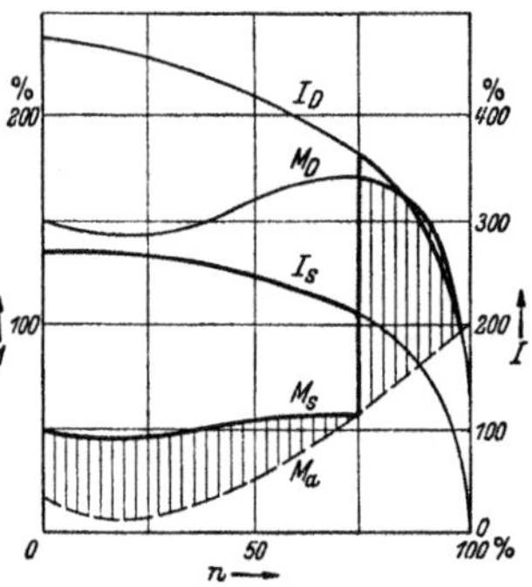

Bild 192. Strom- und Momentenverlauf bei Stern-Dreieckschaltung

Anlasser werden für Gleichstrom- und Drehstrom-Schleifringmotoren benötigt. Nach Art des Widerstandsstoffes unterscheidet man *Metallanlasser* und *Flüssigkeitsanlasser*, nach Art der Stufenschalter gibt es *Flachbahn-*, *Trommel-*, *Walzenanlasser*, *Steuerschalter* und *Schützensteuerungen*, Bild 193. Anlaßvorgang s. Bild 194. Der Anlaßspitzenstrom I_2 auf der ersten Stufe ist anzunehmen, und zwar unter Berücksichtigung der Belastbarkeit des Netzes. Wenn das Netz nicht das plötzliche Einschalten eines größeren Stromes verträgt und

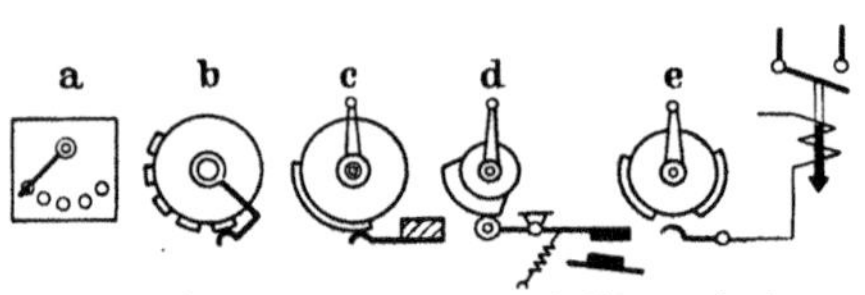

Bild 193. a) Flachbahnanlasser, b) Trommelanlasser, c) Walzenanlasser, d) Steuerschalter, e) Schützensteuerung

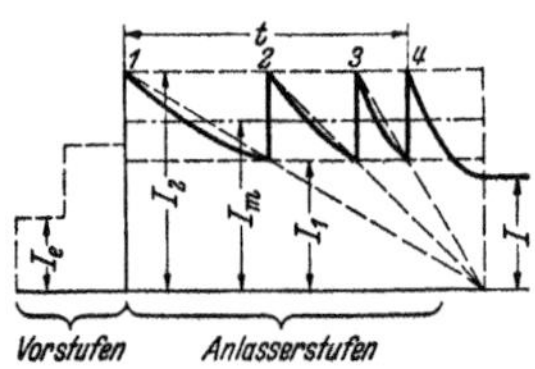

Bild 194. Anlaßvorgang

nur ein Einschaltstrom I_e zugelassen ist, müssen eine oder mehrere Vorstufen vorgeschaltet werden, auf denen der Motor gewöhnlich noch nicht anläuft. I_2 muß so groß sein, daß genügend Drehmomentüberschuß für die Beschleunigung vorhanden ist. Großes I_2 führt zu einem grobstufigen Anlasser, der bei Hütten- und Stahlwerkmaschinen erwünscht, bei vielen anderen Arbeitsmaschinen wegen der Heftigkeit des Anlaufs unerwünscht ist. Mit der Beschleunigung auf der Stellung *1* sinkt der Strom bis auf den Schaltstrom I_1. Ist dieser erreicht, muß auf Stellung *2* weitergeschaltet werden usw., so daß beim Anlassen der Strom stets zwischen I_2 und I_1 bleibt. Der mittlere Anlaßstrom I_m ist etwa gleich $\sqrt{I_1 I_2}$; die Anlaßzeit in sek kann zu $t = 4 + 2\sqrt{N}$ sek gesetzt werden, worin N die Motorleistung in kW ist. Für einen gleichförmigen Anlauf müssen die Widerstandsstufen ungleich ausgeführt werden, und zwar die Anfangsstufen groß, die Endstufen klein, derart, daß bei Nebenschlußmotoren und asynchronen Drehstrommotoren die Stufen in geometrischer Reihe im Verhältnis I_2/I_1 wachsen. Der Reihenschlußmotor kommt bei gleichem Stromverhältnis mit weniger Stufen aus.

Das Verhältnis $I_m : I$ heißt die *Schwere des Anlaufs.* Hiernach unterscheidet man *Schweranlauf, Vollastanlauf* und *Halblastanlauf.* Folgende Normwerte für $I_m : I$ sind dafür festgesetzt:

	Halblast-anlauf	Vollast-anlauf	Schwer-anlauf
Flachbahn- und Trommelanlasser	0,65	1,3	1,7
Flüssigkeits- und Walzenanlasser	0,75	1,5	2,0

Neben der Schwere des Anlaufs ist für einen Anlasser noch die Anlaßzeit, die Anlaßhäufigkeit und die Anlaßzahl bestimmend. Anlaufschwere und Anlaßzeit wurden bereits festgelegt. Unter der *Anlaßzahl* versteht man die Zahl der Anlaßvorgänge, die man mit einem Zeitabstand gleich der doppelten Anlaßzeit durchführen kann, ohne daß die vorgeschriebene Höchsttemperatur ϑ (80° C bei Ölkühlung, 175° C bei Luftkühlung) überschritten wird. Die *Anlaßhäufigkeit* ist die Zahl der Anlaßvorgänge, die während einer Stunde in gleichem Abstand durchgeführt werden können, ohne daß die Temperatur die Höchstgrenze überschreitet.

Bild 195 zeigt in der oberen Kurve einen luftgekühlten Anlasser mit der Anlaßzahl *2* und der Anlaßhäufigkeit *5*, in der unteren Kurve einen Ölanlasser, der naturgemäß eine größere Wärmekapazität hat, mit der Anlaßzahl *4* und der Anlaßhäufigkeit *2*. Die Firmenlisten enthalten Angaben über diese Größen. Kein normaler Anlasser darf zum dauernden Steuern des Motors benutzt werden, da weder die Kontakte noch die Widerstände die Dauerentwicklung von Wärme ertragen. Hierfür sind entsprechend gebaute *Steueranlasser* notwendig. Für aussetzenden Betrieb gelten besondere Bestimmungen, die dem Vorschriftenbuch oder Spezialwerken zu entnehmen sind.

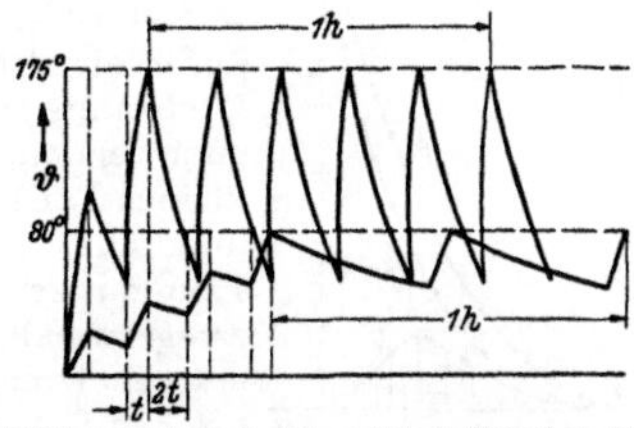

Bild 195. Anlaßzahl und Anlaßhäufigkeit eines Anlassers mit Ölkühlung (unten) und mit Luftkühlung (oben)

f) In der **Anpassung der Drehzahl** an die Arbeitsmaschine ist der Elektromotor unerreicht. An sich läßt sich ein Motor für jede Drehzahl bauen. Da aber die Verteilung der Verluste nicht gleichgültig ist, wird es für jede Leistung eine besonders günstige Drehzahl geben, die um so höher liegt, je kleiner die Leistung ist. Daher wird es bei kleinen Leistungen immer schwer sein, ohne ein Zwischengetriebe zwischen Motor und Arbeitsmaschine auszukommen. Diese Getriebe brauchen jedoch im allgemeinen nicht groß zu sein und haben als Rädergetriebe einen hohen Wirkungsgrad. Nach oben hin sind zwar 3000 U/min bei dem zweipoligen Drehstrommotor Grenzdrehzahl; es ist jedoch durch Ineinanderschachteln zweier Motoren möglich, auch 6000 U/min zu erreichen; höhere Drehzahlen sind nur bei höheren Frequenzen möglich, da $n = 60\,f/p$. Mit Hochfrequenz erreicht man z. B. Drehzahlen von ≈ 200000 U/min bei Innenschleifmaschinen für kleinste Bohrungen.

Sehr viele Arbeitsmaschinen fordern eine veränderbare Antriebsdrehzahl. Durch Elektromotoren kann diese Forderung im allgemeinen immer erfüllt werden. Bei Vernachlässigung des Ankerwiderstandes gilt für Gleichstrommotoren die Beziehung $n = U/(C\Phi)$. Es gibt also zwei Möglichkeiten für die Drehzahlsteuerung, einmal die Spannungssteuerung durch Ändern von U und ferner die Feldsteuerung durch Ändern des magnetischen Flusses Φ. Jene läßt sich mit einem Steueranlasser an Stelle eines normalen Anlassers leicht durchführen. Sie hat jedoch den Nachteil erheblicher Verluste im Widerstand, auch bleibt die mit einem bestimmten Widerstand eingestellte Drehzahl nicht konstant, wenn sich die Belastung ändert. Der Verlust ist weiter abhängig vom Verlauf des von der Arbeitsmaschine benötigten Drehmomentes. Nimmt man nach Bild 196 ein gleichbleibendes Drehmoment M an, so ist die Nutzleistung N_2, die M und n verhältnisgleich ist, eine gerade Linie. Der Strom ist bei unveränderlichem Drehmoment konstant und daher auch die zugeführte Leistung N_1. Der Regelverlust $V = N_1 - N_2$ ist bei den verschiedenen Drehzahlen durch Schraffur dargestellt. Die Verluste sind also um so größer, je weiter man die Drehzahl vermindert. Wenn das Drehmoment der Arbeitsmaschine mit der Drehzahl quadratisch wächst, Bild 197, kommt gewöhnlich nur ein Gleichstrom-Nebenschlußmotor in Frage. Dieser hat ein dem Strom verhältnisgleiches Drehmoment; der Strom steigt also mit der Drehzahl auch quadratisch an und, da die Spannung des Netzes unverändert bleibt, ebenso die dem Netz entnommene Leistung N_1. Der Steuerverlust $V = N_1 - N_2$ ist jetzt viel kleiner und erreicht bei 67% der Drehzahl ein Maximum von 14,8% der Volleistung. In diesem Fall wäre selbst eine Dauersteuerung mit kleiner Drehzahl tragbar.

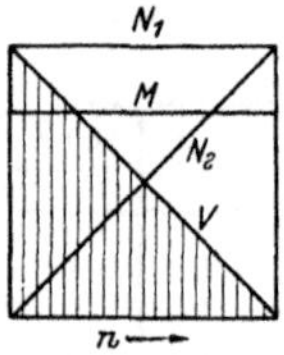

Bild 196. Steuerverlust V bei Antrieb mit Nebenschlußmotor und konstantem Drehmoment M

Die *Feldsteuerung* ist bei den Gleichstrommotoren in einfacher Weise nur bei dem Nebenschlußmotor möglich, und zwar, da im normalen Lauf das Feld bereits angenähert gesättigt ist, nur durch Schwächung des Erregerstroms, wodurch die Drehzahl *steigt*. Die dadurch erreichte weitgehende Drehzahlregelung ist nahezu verlustlos und daher mit Vorzug anzuwenden, wenn Gleichstrom zur Verfügung steht. Bei kleinen Leistungen kann die Drehzahl bis zur 4fachen Normaldrehzahl gesteigert werden, wenn durch Wendepole gute Kommutierung und durch eine zusätzliche Hauptschlußerregerwicklung ein stabiler Lauf gesichert ist. Bei einer so starken Drehzahlüberhöhung kann die Drehzahl aus mechanischen Gründen unerwünscht hoch sein. Dann ist die normale Drehzahl des Motors gering anzunehmen, was jedoch zu großen und teueren Motoren führt. Die Drehzahl von Motoren, auf deren Schild nur die Nenndrehzahl angegeben ist, sollte nicht um mehr als 20% gesteigert werden. Bild 198 stellt einen Steueranlasser mit den genormten Klemmenbezeichnungen dar.

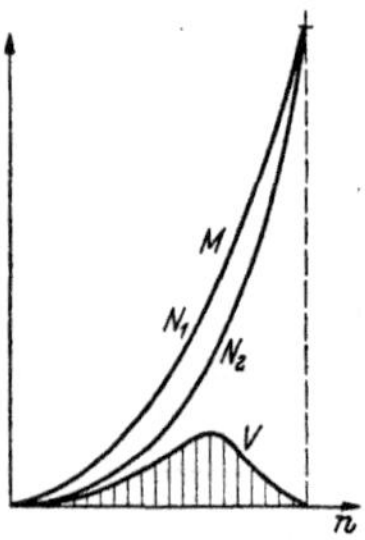

Bild 197. Steuerverlust V bei Antrieb mit Nebenschlußmotor und quadratisch mit der Drehzahl wachsendem Drehmoment M

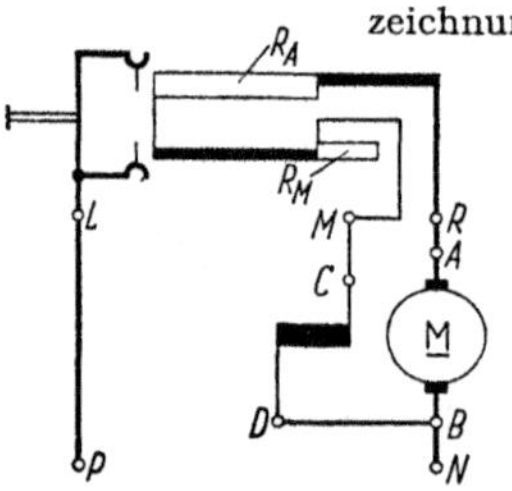

Bild 198. Steueranlasser R_A mit Feldsteuerung R_M

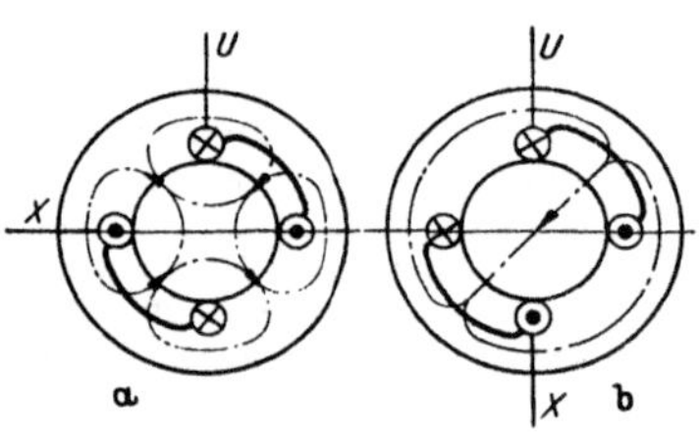

Bild 199
Polumschaltung (links 4polig, rechts 2polig)

Drehstrom-Asynchronmotoren zeigen bei Steuerung mittels Läuferwiderstandes die gleichen Nachteile wie die Gleichstrommotoren. Eine Feldsteuerung ist bei ihnen nicht möglich. Eine häufig angewendete verlustlose Grobregelung ist die

Polumschaltung, deren Prinzip Bild 199 veranschaulicht. Bei der Darstellung 199a eines Stranges ergeben die beiden Spulen ein vierpoliges Feld, das bei Umpolung der einen Spule in ein zweipoliges, Bild 199b, übergeht. In dieser Schaltung hat der Motor die *doppelte* Drehzahl. Der Läufer bleibt als Kurzschlußläufer unverändert, während er als Schleifringläufer ebenfalls umgeschaltet werden müßte; diese Ausführung wird daher vermieden. Durch Einwickeln einer zweiten, getrennten Wicklung lassen sich eine oder gar zwei weitere Drehzahlstufen gewinnen. Nachteil der Polumschaltung: der Leistungsfaktor ist etwas geringer als bei normalen Motoren, der Motorpreis liegt höher, und zahlreiche Leitungen führen zum Motor. Bild 200 zeigt den Schaltplan einer Polumschaltung (*Dahlander*-schaltung) für Vor- und Rückwärtslauf mit 2 Drehzahlstufen.

Große Asynchronmotoren werden häufig mit Regelsätzen ausgerüstet. Bild 201 (*Krämer*-Schaltung) stellt einen Antriebsmotor *a* dar, der zu seiner Unterstützung mit einem Hintermotor *b* gekuppelt ist. Dieser Nebenschlußmotor empfängt seine Energie aus dem Läufer des Hauptmotors *a* über einen Einankerumformer *c*. Der Widerstand *R* dient nur zum Anlassen, nicht zum Regeln. Die Wirkungsweise läßt Bild 202 erkennen. Die dem Hauptmotor *a* zugeführte Drehstromleistung N wird von ihm mit dem Betrag N_m unmittelbar an der Welle abgegeben; ein Teil N_u, der um so größer wird, je kleiner die Drehzahl ist, geht über den Läufer mit verminderter Frequenz in den Einankerumformer und wird in Gleichstrom umgeformt, der seine Leistung über den Hintermotor *b* an die Antriebswelle abgibt. Mit dem Feldregler *d* wird die Gegenspannung von *b* verändert, wodurch über *c* dem Läufer von *a* eine veränderliche Spannung aufgedrückt und damit eine bestimmte Drehzahl aufgezwungen wird. Mit *e* kann der Leistungsfaktor eingestellt werden. Je größer der geforderte Regelbereich ist, um so größer müssen die Hintermaschinen sein.

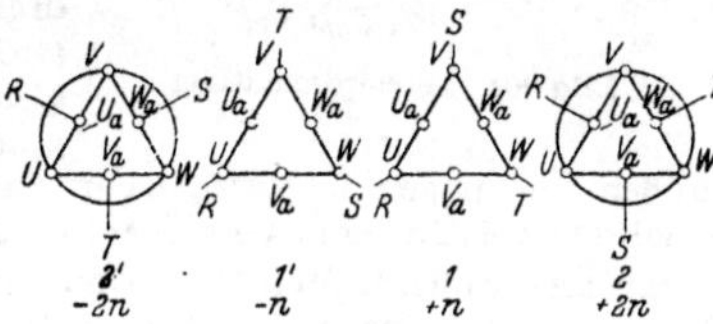

Bild 200
Schaltplan einer Umkehr-Polumschaltung

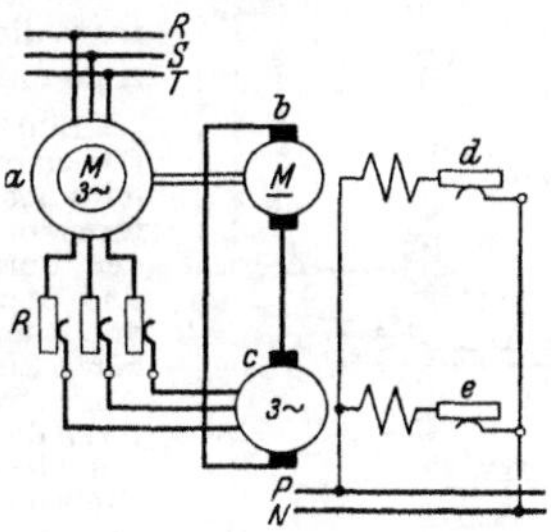

Bild 201. Drehstrommotor *a* mit Gleichstromregelsatz

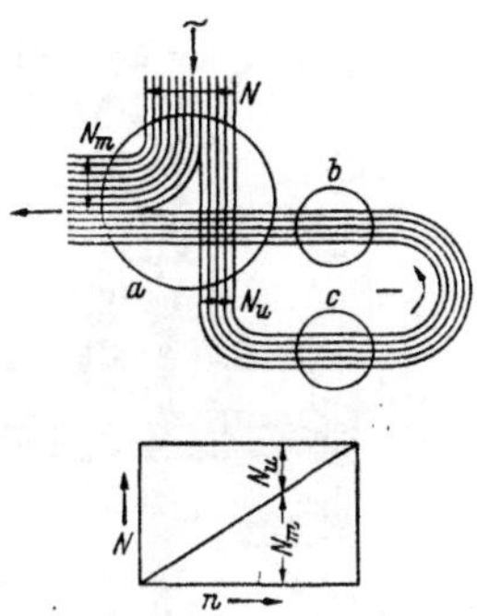

Bild 202. Energiefluß der Schaltung Bild 201

Der durch Bild 203 dargestellte Regelsatz hat als gekuppelte Hintermaschine *b* einen *Frequenzwandler*, dessen Aufgabe die Umwandlung der Läuferfrequenz von *a* in die Netzfrequenz ist. Dadurch kann unter Vermittlung des Regeltransformators *c*, wie in Bild 161, dem Läufer von *a* eine die Drehzahl bestimmende Läuferspannung aufgedrückt werden. Durch Bürstenverstellung kann der Leistungsfaktor verändert werden. Der Frequenzwandler ist ein Anker mit einer Wicklung, die auf der einen Seite einen Stromwender hat, während auf der anderen Seite Schleifringe angeschlossen sind. Eine Ständerwicklung ist nicht vorhanden.

An die Stelle des Frequenzwandlers kann nach dem Verfahren BBC-*Scherbius* auch eine Stromwender-Reihenschlußmaschine treten, welche die bei der Regelung abgegebene Läuferleistung in mechanische Leistung umformt oder sie über einen Synchrongenerator an das Netz zurückgibt.

Eine ebenfalls für große Leistungen und auch für alle Stromarten anwendbare Regelart stellt die *Leonard*-schaltung (Bild 204) dar.

Ein ständig laufender Umformer ist mit seinem Motor *e* an das Netz angeschlossen. Der Hauptgenerator *a* speist den Hauptmotor *b*, der dem Antrieb dient. Der kleine Erregergenerator *c* liefert den Erregerstrom für die drei Gleichstrommaschinen. Während der Hauptmotor *b* im allgemeinen konstante Erregung hat, wird der Hauptgenerator *a* mittels eines Feldrelgers so erregt, daß er eine der geforderten Drehzahl des

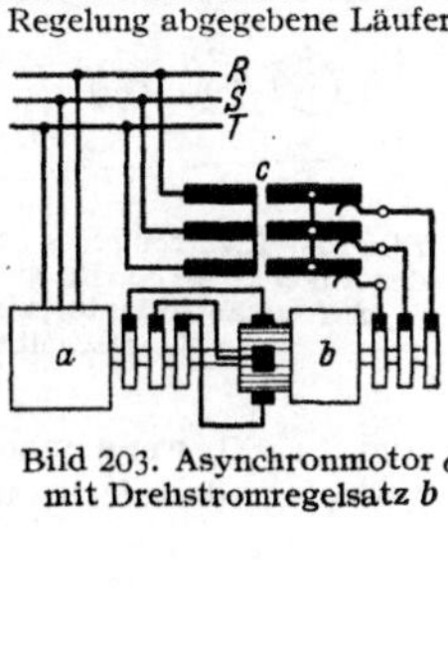

Bild 203. Asynchronmotor *a* mit Drehstromregelsatz *b*

Hauptmotors entsprechende Spannung liefert. Mit dem Umschalter *d* kann die Erregung umgepolt werden, wodurch der Hauptmotor seine Drehrichtung umkehrt.

Die Leonardschaltung ermöglicht, die Drehzahl des Hauptmotors *b* unabhängig von der Stromart des Netzes feinstufig von null bis zum Nennwert ohne wesentliche Verluste zu regeln; durch Schwächen der Motorerregung kann die Drehzahl noch weiter gesteigert werden. Die Schaltung erlaubt ferner auch ein Bremsen mit Rückgewinnung der Energie, wenn die Arbeitsmaschine rückwirkend über die eingestellte Drehzahl hinaus antreibt. Ein Nachteil ist der große Aufwand an Maschinen; denn abgesehen von der kleinen Erregermaschine *c* müssen die drei anderen Maschinen *a*, *b* und *e* etwa gleiche Größe haben. Der Gesamtwirkungsgrad ist gleich dem Produkt der drei Einzelwirkungsgrade der drei Maschinen und bleibt nur bei großen Leistungen in erträglichen Grenzen. Anwendung findet die Leonardschaltung bei Umkehrwalzwerken, großen Aufzügen und Fördermaschinen.

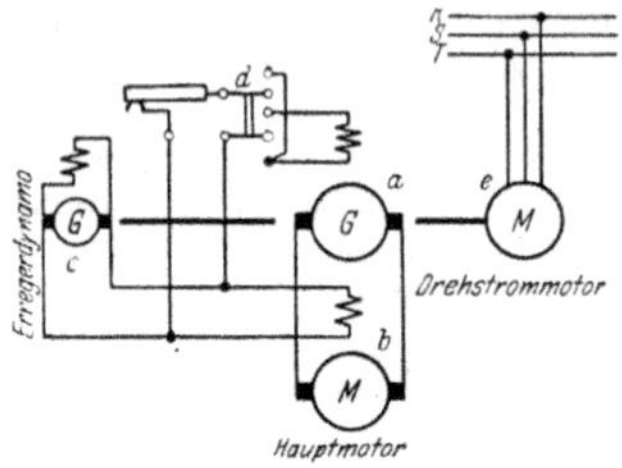

Bild 204. Leonardschaltung

g) Elektronische Motorsteuerung ist eine neuzeitliche Art der Steuerung und Regelung kleinerer und mittlerer Motoren durch neu entwickelte *Thyratrons* (s. S. 911). Mit diesen gesteuerten Glühkathodenröhren kann man Gleichstrom-Nebenschlußmotoren an Wechsel- oder Drehstromnetzen betreiben und in weiten Grenzen steuern. Anlasser sind nicht mehr erforderlich, weil die Gittersteuerung der Thyratrons die Einstellung beliebiger Ankerspannung ermöglicht.

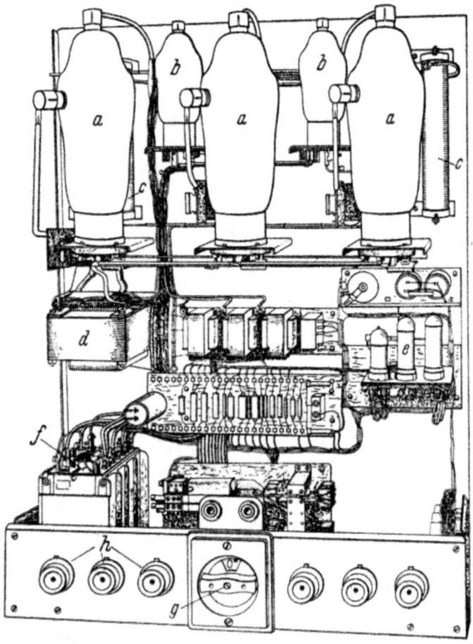

Bild 205. Elektronisches Steuergerät. *a* Thyratrons für den Anker-, *b* für den Erregerstrom, *c* Bremswiderstände *d* Heiztransformator, *e* Steuerröhren, *f* Schützen, *g* Hauptschalter, *h* Sicherungen

Bild 205 zeigt die Röhren *a* (Drehstrom) für den Ankerstrom, *b* für den Erregerstrom; der Transformator *d* liefert den Heizstrom der Röhren. *e* sind Verstärker- und Steuerröhren für die Gitter von *a* und *b*. Die Schütze *f* dienen zum Ein- und Umschalten des Ankerstroms. *g* ist der Hauptschalter, *h* die Sicherungen. Neben diesem Steuergerät ist an handlicher Stelle ein Bedienungsgerät angeordnet mit Druckknöpfen und einem Spannungsteiler; mit diesem kann man über *e* den Thyratrons *a* und *b* eine bestimmte Sollspannung entsprechend einer gewünschten Drehzahl zuführen. Man vergleicht mit dieser Spannung die Istspannung des Motors (oder genauer die von einer Tachometerdynamo, die mit dem Motor gekuppelt ist). Jede Abweichung ruft eine augenblickliche Korrektur hervor. Es ist so möglich, nicht nur Drehzahlen unterhalb der Nenndrehzahl mittels der Ankerspannung, sondern auch oberhalb derselben mittels der Feldröhren einzustellen.

Man erreicht einen Regelbereich von 1 : 25, wenn man Abweichungen von $\pm 5\,\%$, und 1 : 100, wenn man $\pm 10\%$ der Höchstdrehzahl zuläßt. Diese Regelung ist verlust- und stufenlos und erspart umfangreiche Getriebe. Gewöhnlich wird eine zusätzliche Strombegrenzung des Motors angeordnet, die bei Erreichen eines Grenzstroms die Gitterspannungen von *a* negativ und damit den Motorstrom null werden läßt. Sobald das hohe Drehmoment verschwindet, läuft der Motor von selbst wieder hoch. Das Anlaufen geht unter diesem großen Strom schnell vor sich, ebenso das Stillsetzen; dabei ist der Anker in Bremsschaltung auf die Widerstände *c* geschaltet. Man kann auch die Drehzahlen in wechselnder Reihenfolge einstellen (automatische Programmsteuerung). Nicht nur Drehzahlen, sondern auch Drehmomente und Leistungen können mit solchen Steuergeräten nach Belieben geregelt werden, ferner ist es möglich, zwei oder mehr Motoren, deren Arbeitsmaschinen gleich oder in einer bestimmten Beziehung zueinanderstehen müssen, genau und mit höchster Geschwindigkeit zu regeln.

h) Magnetverstärker (Transduktor). Es sind dies Drosselspulen ohne Luftspalt mit einer zweiten Spule zur Gleichstrom-Vormagnetisierung des Nickeleisens (s. S. 877), dessen Magnetisierungslinie bei Nulldurchgang sehr steil, nach dem Knie sehr flach ist. Stellt man die Vormagnetisierung auf das Knie ein, dann ist bei steigender Stromstärke die Induktivität sehr klein, bei abnehmender Stromstärke aber groß. Umgekehrt verhält sich die Wechselstromstärke. Mit einer solchen Drossel kann man mit einem sehr kleinen Gleichstrom einen großen Wechselstrom steuern (Verstärker).

Sie dienen sehr häufig wie die elektronischen Geräte zur Steuerung und Regelung von Gleichstrom-Nebenschlußmotoren an Wechsel- oder Drehstromnetzen.

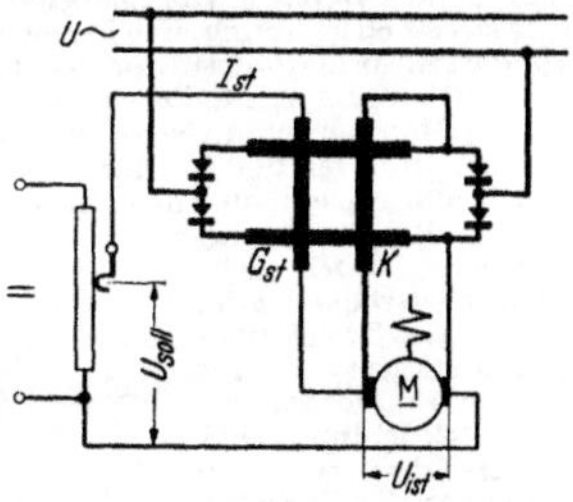

Bild 206
Magnetverstärker zur Steuerung eines Gleichstrom-Nebenschlußmotors

Bild 206 zeigt eine Schaltung an einem Wechselstromnetz, aus dem vier Gleichrichter in Brückenschaltung, Bild 231, über die zwei horizontal gezeichneten Arbeitsspulen des Magnetverstärkers dem Motor *M* Gleichstrom liefern. G_{st} ist die Steuerspule, die ihren Gleichstrom I_{st} aus einem Spannungsteiler zur Einstellung der Steuerspannung U_{soll} empfängt. Diese Spannung kann auch über Trockengleichrichter aus dem Wechselstromnetz abgenommen werden. Der Spannung U_{soll} steht die Motorspannung U_{ist} entgegen. Läuft der Motor zu langsam, dann überwiegt U_{soll}, und der Strom I_{st} steigt. Der Motor läuft dann schneller. Die Spule *K* ist ebenfalls eine Steuerspule mit geringer Windungszahl, die aber, vom Motorstrom gespeist, zur Kompoundierung und zur genauen Regelung dient. Der benötigte Steuergleichstrom kann in einfacher Weise durch Trockengleichrichter gewonnen werden. Der Eisenkern kann in der Form etwa Bild 79 entsprechen. Die beiden äußeren Schenkel tragen die beiden horizontal gezeichneten Spulen, deren Magnetfluß nicht durch den Mittelschenkel geht. Auf diesem Schenkel ist die Gleichstrom-Steuerspule angeordnet.

Transduktoren zeichnen sich durch Unempfindlichkeit und unbegrenzte Lebensdauer aus.

In der Weiterentwicklung treten an die Stelle der Röhren zunehmend Halbleiter (z. B. Germanium), in denen ohne Vakuum ähnliche elektronische Erscheinungen auftreten. Diese *Transistoren* sind außerordentlich klein und von langer Lebensdauer, sie benötigen keine Heizung.

IX. Verteilung der elektrischen Energie

1. Verteilungsart

Elektrische Leistung kann entweder mit großem Strom und kleiner Spannung oder umgekehrt mit kleinem Strom und hoher Spannung übertragen werden. Große Ströme verlangen hohen Aufwand an Leitungsbaustoff, hohe Spannungen erhöhten Aufwand an Isolation. Da dieser im allgemeinen wesentlich geringer als jener ist, werden Fernübertragungen nur mit *Hochspannung* durchgeführt.

Gleichstrom. Die höchst zulässige Beleuchtungsspannung ist 250 V, die höchste genormte Spannung 220 V. Da Gleichstrom nicht umspannbar ist, ist auch 220 V

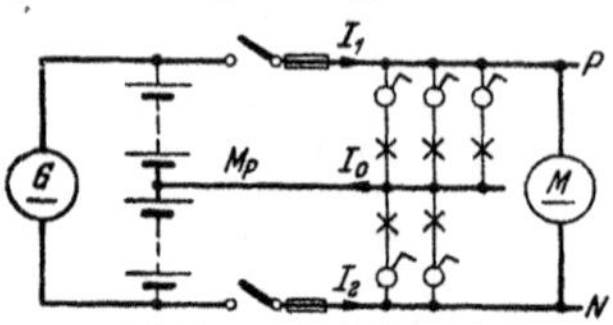

Bild 207. Dreileiternetz

die höchste Übertragungsspannung, mit der man wirtschaftlich kaum weiter als 500 m reicht. Durch Verkettung zweier Zweileiternetze zu einem *Dreileiternetz* (Bild 207) steigt die Übertragungsspannung auf den doppelten Wert der Beleuchtungsspannung. Es ist zwar noch ein Mittelleiter M_p nötig, aber da er nur den Strom $I_0 = I_1 - I_2$ führt, wurde er früher schwächer als die Außenleiter bemessen; dies ist wegen der Gefahren bei Leitungsbruch nicht mehr zulässig, und damit entfällt die Anwendung von Dreileiternetzen.

Wechsel- und *Drehstrom* können auf hohe Übertragungsspannung transformiert werden. Sie muß um so höher gewählt werden, je größer die Entfernung und je größer die Übertragungsleistung ist. Auf die Gebrauchsspannung wird im allgemeinen in zwei oder mehr Stufen abgespannt.

Die Verteilung in einer größeren Fabrik veranschaulicht Bild 208. Die Energie wird mit beispielsweise 60 kV durch eine Fernleitung *a* einer Haupttransformatorenstation *b* zugeführt und auf 6 kV umgespannt. Diese Spannung kann großen Motoren unmittelbar zugeführt werden. Für die mittleren und kleinen Motoren wird auf 500 V umgespannt und den umliegenden Gebäuden diese Spannung zugeleitet. Bei sehr großem Gelände sind noch mehr Transformatorenstationen *c* für 6 kV/500 V vorhanden. Für Beleuchtung sind weitere Transformatoren *d* 500/220 V notwendig. Wenn es die Entfernungen erlauben, kann für die mittleren und kleinen Motoren auch 380 V gewählt werden, so daß die Lampen dann in Sternschaltung mit Mittelpunktsleiter ohne weitere Umspannung mit 220 V betrieben werden können.

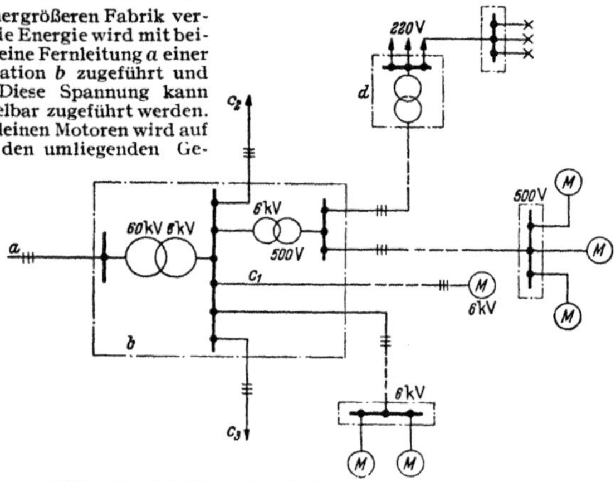

Bild 208. Schaltung für die Verteilung in einer Fabrik

Größere Sicherheit bei Störungen bieten *Ringnetze* (Bild 213) oder *Maschennetze.*

2. Leitungsberechnung

Von einer elektrischen Leitung fordert man:

1. genügende mechanische Festigkeit,
2. keine unzulässige Erwärmung unter Strom,
3. keinen unzulässigen Spannungs- oder Leistungsverlust.

Gemäß Forderung 1 sollen festverlegte isolierte Kupferleitungen mindestens 1,5 mm² haben, Kupferfreileitungen hingegen 10 mm². Damit nach Forderung 2 keine unzulässige Erwärmung eintritt, dürfen die in nachstehender Zahlentafel angegebenen Stromwerte nicht überschritten werden. Ferner sind die Sicherungen für diese Leitungen angegeben (VDE 0100). Ihre Nennwerte sind niedriger als die Stromwerte der Leitungen, weil die Schmelzstromstärke höher als ihr Nennwert ist, jedoch sollen die Leitungen *dauernd* nicht höher, als den Nennwerten der Sicherungen entspricht, belastet werden. Neben dem *Überlastungsschutz* gibt es den *Kurzschlußschutz.* Für diesen können die Sicherungen bis zu drei Stufen höher als die der Zahlentafel gewählt werden.

Kurzschlußschutz nur zulässig, wenn Überlastungsschutz der Leitungen durch *Stromsicherungen* oder durch *Motorschutzschalter* am Leitungsende sichergestellt.

Belastbarkeit von isolierten Leitungen

Nennquerschnitt	Gruppe 1		Gruppe 2		Gruppe 3	
	Kupfer	Aluminium	Kupfer	Aluminium	Kupfer	Aluminium
mm²	A	A	A	A	A	A
0,75	—	—	13	—	16	—
1	12	—	16	—	20	—
1,5	16	—	20	—	25	—
2,5	21	16	27	21	34	27
4	27	21	36	29	45	35
6	35	27	47	37	57	45
10	48	38	65	51	78	61
16	65	51	87	68	104	82
25	88	69	115	90	137	107
35	110	86	143	112	168	132
50	140	110	178	140	210	165
70	—	—	220	173	260	205
usw.						

Gruppe 1: Bis zu drei Leitungen in Rohren.
Gruppe 2: Rohrdrähte, Stegleitungen, Feuchtraumleitungen.
Gruppe 3: Einadrige Leitungen frei in Luft mit Zwischenraum ≧ Leitungsdmr., einadrige Leitungen für ortveränderliche Verbraucher.

Stromsicherungen und Leitungsschutzschalter zum Schutz gegen Überlastung

Nennquerschnitt		Nennstrom der Stromsicherung					
Kupfer	Aluminium	Gruppe 1		Gruppe 2		Gruppe 3	
mm²	mm²	A	A [1]	A	A [1]	A	A [1]
0,75	—	—	(—)	10	(10)	10	(15)
1	—	6	(10)	10	(15)	15	(20)
1,5	2,5	10	(15)	15	(20)	20	(25)
2,5	4	15	(20)	20	(25)	25	(35)
4	6	20	(25)	25	(35)	35	(50)
6	10	25	(35)	35	(50)	50	(60)
10	16	35	(50)	50	(60)	60	(80)
16	25	50	(60)	60	(80)	80	(100)
25	35	60	(80)	80	(100)	100	(125)
35	50	80	(100)	100	(125)	125	(160)
50	70	100	(125)	125	(160)	160	(200)
70	—	—	(—)	160	(225)	200	(260)
—	96	—	(—)	160	(200)	200	(225)
usw.							

[1] Vorläufig zulässige größere Werte nach den Übergangsbestimmungen VDE 0100 Ü.

Für blanke Leitungen bis 50 mm² Cu gelten die Stromwerte der Gruppe 3, während für Kabel besondere Vorschriften bestehen (VDE 0255). Bei aussetzendem Betrieb können die Leitungen höher belastet werden, wobei der quadratische Mittelwert des wechselnden Stroms zugrunde zu legen ist.

Zur Forderung 3 hinsichtlich Spannungs- und Leistungsverlust bestehen keine Vorschriften. Sie ergeben sich aus betrieblichen und wirtschaftlichen Erwägungen. Bei einer Glühlampenbelastung wird man wegen der Spannungs- und Lichtstärkeschwankungen ungern mehr als 3% Spannungsabfall zulassen, während bei Motoren 5 bis 7% tragbar sind.

Belastbarkeit bei Raumtemperaturen über 25 °C

Raumtemperatur °C	Zulässige Belastung in % der Werte obiger Tafel
30	92
35	85
40	75
45	65
50	53
55	38

a) Berechnung des Spannungsabfalls der einseitig gespeisten Leitung.

α) *Gleichstrom- und Einphasenwechselstromleitung.* Eine *Gleichstromleitung* bereits nach Bild 5 mit der einfachen Leiterlänge l und der gesamten Länge $2\,l$ berechnet. Ihr Widerstand ist $R = 2l/(\varkappa F)$ mit F = Leiterquerschnitt und $\varkappa$ = Leitfähigkeit des Leiterstoffs im betriebs-warmen Zustand (für Cu ist $\varkappa \approx 50\ \mathrm{m}/\Omega\,\mathrm{mm}^2$). Bild 209 zeigt den einpoligen Leiter mit einer Strombelastung I_2 am Ende, in dem also ein Spannungsabfall $I_2 \cdot R = 2\,l\,I_2/(\varkappa F)$ entsteht. Um diesen Spannungsbetrag ist die am Leitungsende gemessene Spannung U_2 kleiner als U_1 am Leitungsanfang. Der Spannungsabfall $\varDelta U$ bezogen auf die Endspannung U_2 ist der *relative* Spannungsabfall $\varepsilon = \varDelta U/U_2$. Der erforderliche Leitungsquerschnitt kann hieraus berechnet und seine Zulässigkeit auf Erwärmung geprüft werden (Tafel S. 923).

Bei der Berechnung einer *Wechselstromleitung* muß ihre Leitungsinduktivität L berücksichtigt werden. In ihrem induktiven Widerstand $X = \omega L$ tritt also noch ein zweiter Spannungsabfall $I_2 \omega L$ auf, der gegenüber dem im Widerstand R um 90° phasenverschoben ist.

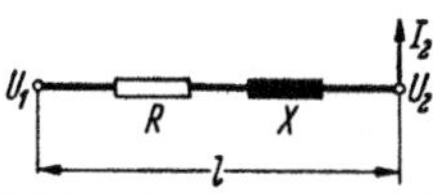

Bild 209. Ersatzschaltplan der Wechselstromleitung

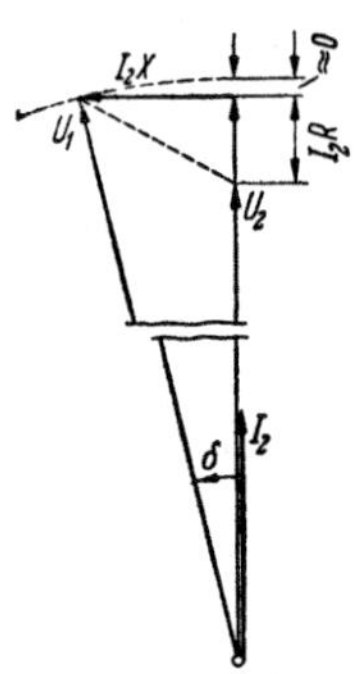

Bild 210. Induktionsfreie Belastung der Leitung

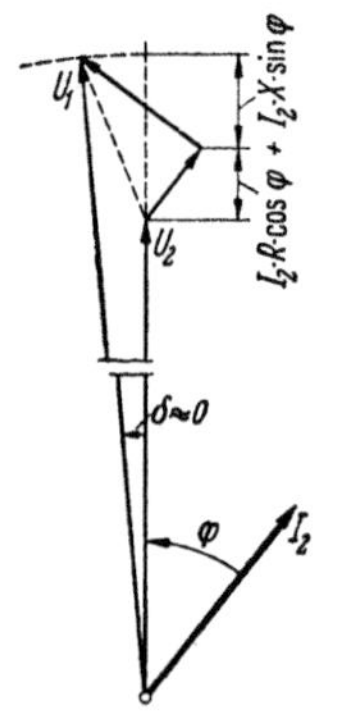

Bild 211. Induktive Belastung der Leitung

Bild 210 zeigt dies für eine Strombelastung am Ende mit $\cos\varphi_e = 1$ (Beleuchtung). Da die Spannungsabfälle verhältnismäßig klein gegenüber der Netzspannung sind, empfiehlt es sich, den Diagramm-Maßstab groß zu wählen. Man erkennt dann, daß die beiden Spannungen U_1 und U_2 ziemlich geringe Phasenverschiebung δ gegeneinander haben, so daß der Unterschied $U_1 - U_2 \approx I_2 \cdot R \cdot \cos\varphi$ ist, wie bei Gleichstrom.

Der induktive Widerstand X kann bei normaler Rohrinstallation und Kabeln zu 0,07 bis 0,14 Ω/km, bei Freileitungen zu 0,3 bis 0,4 Ω/km angenommen werden; die letzteren Werte sind etwa 4mal so groß, weil der große Abstand der Freileitungen einen mehrfach größeren Kraftfluß durch die Leiterschleife ermöglicht, s. S. 862.

Bei einer induktiven Belastung der Leitung mit $\cos\varphi > 0{,}8$ oder gar kapazitiver Art kann man vorstehende Vereinfachung noch zulassen, weil man den errechneten Leitungsquerschnitt i. allg. auf den nächstgrößeren genormten aufrundet. Hingegen ist bei beliebig anderer Belastung ein genaues Vektordiagramm zur Lösung zu benutzen, wie Bild 211 zeigt.

β) *Symmetrisch belastete Drehstromleitungen.*

Dieser Fall gilt für alle Drehstrommotoren, deren Schaltungsart, Stern oder Dreieck, keinen Einfluß auf die Leitungsberechnung hat. Es kann daher Sternschaltung angenommen und die einfache Leitungslänge l *eines* Strangs für die Rechnung und das Vektordiagramm zugrunde gelegt werden. Der Leitungswiderstand ist also jetzt $R = l/(\varkappa F)$ und der errechnete Spannungsabfall bezieht sich auf die Phasenspannung U_p. Den Spannungsabfall zwischen den Leitungsspannungen erhält man dann durch Multiplikation mit dem Verkettungsfaktor $\sqrt{3}$.

Beispiel: Ein Drehstrommotor 30 kW, 380 V, $\eta = 0{,}88$, $\cos\varphi = 0{,}86$, soll 300 m entfernt vom Verteilungspunkt angeschlossen werden, an dem 395 V herrschen. Bei offenem Läufer wurden zwischen den Schleifringen 200 V gemessen. Wie groß ist der Leitungsquerschnitt zu wählen, damit der Motor bei Nennlast mindestens seine Nennspannung bekommt? Der Motornennstrom berechnet sich zu 60 A. Der verkettete Spannungsabfall beträgt (395 — 380) V = 15 V, folglich auf jeder Leitung 15/1,73 = 8,6 V.

Sei für Verlegung einer Kabel- oder ähnlichen Installation ein *Blindwiderstand* von 0,3 km · 0,07 Ω/km = 0,021 Ω vorhanden, so ergibt sich ein Spannungsabfall von 60 A · 0,021 Ω = = 1,26 V. Es ist dann der Spannungsabfall durch den Ohmschen Leitungswiderstand allein bestimmend; also $I \cdot R \cdot \cos\varphi = 8{,}6$ V, woraus $R = 8{,}6\ \mathrm{V}/(60\ \mathrm{A} \cdot 0{,}86) = 0{,}16\ \Omega$ und daraus

$F = 300\ \text{m}/(50\ \text{m}/\Omega\ \text{mm}^2 \cdot 0{,}16\ \Omega) = 38\ \text{mm}^2$, aufgerundet auf 50 mm², der für Cu nach Gruppe 2 der Belastungstafel 178 A erträgt. Wäre eine Freileitung vorgesehen, dann würde der Blindwiderstand wesentlich größer sein, und das Vektordiagramm müßte Auskunft geben, bei welchem Leiterquerschnitt der Spannungsabfall von 8,6 V je Leiter nicht überschritten würde. Der Sekundärstrom I_2 im Läufer wird $I_2 \approx 60\ \text{A} \cdot 380\ \text{V}/200\ \text{V} = 112\ \text{A}$, dem bei Dauerbetrieb 25 mm² Cu entsprechen würde; bei kurzer Leitungsstrecke würde aber der Querschnitt zweckmäßig dem der Ständerleistung angepaßt werden.

γ) *Drehstromleitung mit einseitiger Speisung und mehreren Belastungsstellen*, Bild 212.

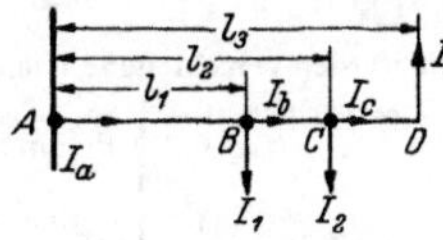

Bild 212. Induktive Belastung mit mehreren Belastungsstellen

Wenn in diesem Fall die Leistungsfaktoren der einzelnen Belastungen angenähert übereinstimmen und ferner der Leitungsquerschnitt in allen Abschnitten etwa gleich sein soll, benutzt man die vorstehend beschriebene Methode der Bestimmung des Spannungsabfalls, indem man vom Leitungsende ausgeht und die Spannungsabfälle summiert.

Bei ungleicher Phasenverschiebung geht man den gleichen Weg unter Benutzung des Vektordiagramms.

b) Berechnung des Spannungsabfalls einer Ringleitung, Bild 213.

Jede Leitung stellt hier einen geschlossenen Ring dar, also bei Einphasenwechselstrom zwei Ringe, bei Drehstrom drei. Da jeder Ring von zwei Seiten gespeist wird, muß die Summe dieser Ströme gleich der Summe der Belastungsströme sein: $I_a + I_b = I_1 + I_2 + I_3$.

Die Berechnung geht davon aus, daß an einer Stelle (hier bei C) der Strom geteilt von beiden Seiten zufließt. Dadurch ist die Berechnung des Ringes auf zwei Aufgaben mit einseitiger Speisung zurückgeführt. Es muß sich dann ergeben, daß der Spannungsabfall auf Strecke AC gleich demjenigen von BC ist. Trifft dies nicht zu, dann ist die angenommene Stromaufteilung bei C zu ändern oder gar auf eine andere Abnahmestelle zu verlegen.

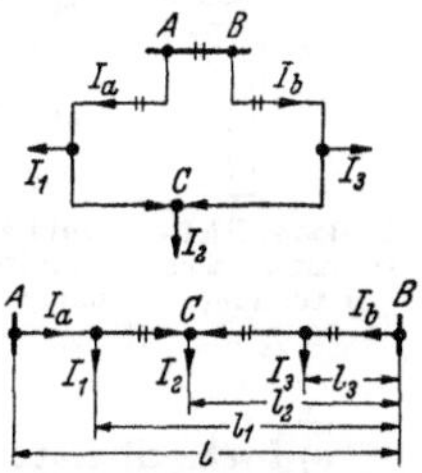

Bild 213. Ringleitung

Bei vermaschten Netzen benutzt man zur schnellen Bestimmung der Stromverteilung und des Spannungsabfalls *Netzmodelle*.

X. Elektrische Meßgeräte

1. Allgemeines über Meßgeräte

An jedem Meßgerät sind die Art des Meßwerkes (durch ein Sinnbild), die Meßgröße und weitere für die Verwendung wichtige Größen angegeben.

Die wichtigsten *Sinnbilder* sind:

Drehspulmeßgerät. Nur für Gleichstrom.

 Drehspulmeßgerät. Für Wechselstrom mit Thermoumformer.

 Drehspulmeßgerät. Für Wechselstrom mit Gleichrichter.

 Dynamisches Meßgerät ohne Eisen. Für Gleich- und Wechselstrom.

 Dasselbe, eisengeschlossen.

 Weicheisen-(Dreheisen-)Meßgerät. Für Gleich- und Wechselstrom.

 Drehfeldmeßgerät (Induktions-, Ferrarisgerät). Nur für Wechselstrom.

 Hitzdrahtmeßgerät. Für Gleich- und Wechselstrom.

 Drehspulmeßgerät mit Kreuzspule. Für Widerstandsmesser.

 Dynamisches Meßgerät ohne Eisen mit Kreuzspule.

 Dasselbe, eisengeschlossen.

Es werden verschiedene Klassen unterschieden. Es bedeutet:

Klassenzeichen 0,1	Feinmeßgeräte	
„ 0,2		
„ 0,5		Die Zahlen geben den zulässigen Anzeigefehler in % des Endwertes vom Meßbereich an.
„ 1	Betriebsmeßgeräte	
„ 1,5		
„ 2,5		
„ 5		

Stromart: — Gleichstrom, ~ Wechselstrom.

Gebrauchslage: ⊥ senkrecht, ⊓ waagerecht, ∠ schräg.

Prüfspannung der Isolation: schwarzumrandeter Stern mit einer Zahl, welche die Prüfspannung in kV angibt.

Bild 214. Elektromagnetische Dämpfung

Bild 215 Luftdämpfung

Feinmeßgeräte haben eine Vorrichtung zur Korrektur der Nullpunkteinstellung. Zum Kleinhalten der Beruhigungszeit des beweglichen Organs ist eine *Dämpfung* notwendig. Man unterscheidet die elektromagnetische Dämpfung, Bild 214, bei der ein mit dem Zeiger verbundenes Aluminiumblech sich zwischen den Polen eines Dauermagneten bewegt, und die Luftdämpfung, Bild 215, bei der ein kleiner Kolben sich frei in einem Zylinder bewegt.

2. Bauarten

a) Drehspulmeßgerät mit Dauermagnet, Bild 216. Zwischen den Polschuhen *a* eines Dauermagneten *b* und einem feststehenden Eisenanker *d* liegt frei beweglich eine Drehspule *c*, die, von dem zu messenden Strom durchflossen, sich wie der Anker eines Motors zu drehen sucht. Als Gegenkraft dienen zwei Spiralfedern. Das Drehmoment der Drehspule ist dem Magnetfluß, und da dieser unverändert bleibt, auch unmittelbar dem Strom verhältnisgleich. Die Skala hat daher eine gleichmäßige Teilung. Umgekehrtgerichtete Ströme rufen auch umgekehrte Ausschläge hervor. Das Drehspulmeßgerät ist daher für Wechselstrom nicht brauchbar. Um es auch für diesen verwendbar zu machen, stattet man es mit einem *Gleichrichter* aus. Neuerdings finden auch *Kernmagnet*-Meßwerke Anwendung; bei ihnen ist an Stelle des Kernes innerhalb der Drehspule ein feststehender Magnet aus hochwertigen Magnetstofflegierungen (CuNiCo oder CuNiFe) angeordnet, während die Spule nach außen ein Weicheisenhohlzylinder umschließt (ideale Abschirmung gegen Fremdfelder, Kleinheit des ganzen Meßwerkes).

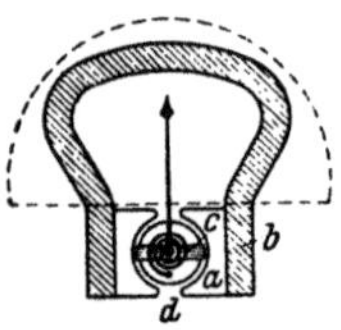

Bild 216 Drehspulmeßgerät

b) Dreheisen-Meßgerät, Bild 217. In einer Spule *a* befinden sich zwei konzentrische Weicheisenbleche, von denen das eine, *b*, fest ist, das andere, *c*, mit dem Zeiger verbunden ist. Durch den Stromfluß der Spule werden beide Bleche gleichnamig magnetisiert; sie stoßen sich daher ab und rufen den Zeigerausschlag hervor, und zwar unabhängig von der Stromrichtung. Das Dreheisengerät ist daher für Gleich- und Wechselstrom brauchbar. Als

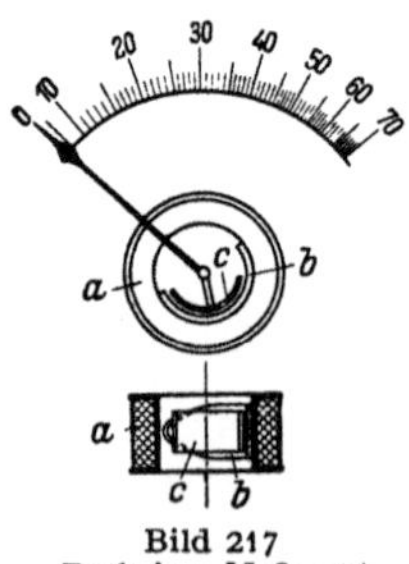

Bild 217 Dreheisen-Meßgerät

Gegenkraft dient eine Spiralfeder. Da ein geringer remanenter Magnetismus in den Eisenblechen nicht vermeidbar ist, erreichen diese Meßgeräte nicht die Genauigkeit der Drehspulmeßgeräte. Sie werden überwiegend als Betriebsmeßgeräte angewendet.

c) Elektrodynamisches Meßgerät, Bild 218. Das Meßwerk entspricht dem des Drehspulmeßgeräts; jedoch tritt an die Stelle des Dauermagneten eine oder besser zwei geteilte Spulen. Da das Feld dieser Spulen dem Strom verhältnisgleich ist, muß bei Reihenschaltung der festen und beweglichen Spule der Ausschlag dem Quadrat der Stromstärke verhältnisgleich sein. Die Skala ist daher anfangs eng und später weiter geteilt. Bei wechselnder Stromrichtung ändert sich die Ausschlagrichtung nicht, weil sich die Feldrichtungen *beider* Spulen dadurch umkehren: $(-I)\cdot(-I) = +I^2$. Vorwiegende Anwendung als Leistungsmesser, wobei die feste Spule vom Strom durchflossen ist, während die Drehspule an Spannung liegt. Da die Spannung hierbei meist konstant ist, muß der Zeigerausschlag dann dem Strom proportional sein.

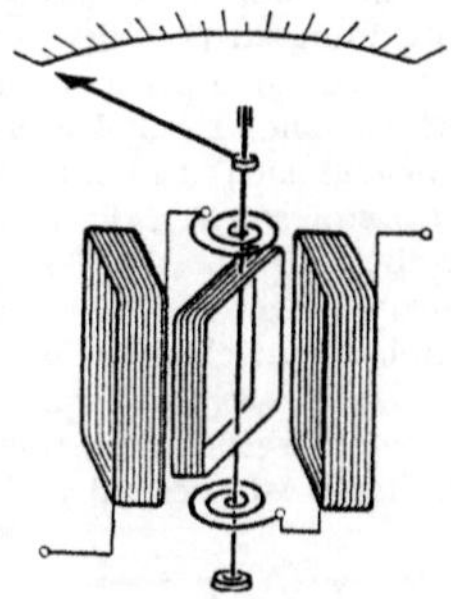

Bild 218
Dynamisches Meßgerät

d) Induktionsmeßgerät. Der das Meßwerk bewegende Strom wird durch Induktion erzeugt. Sie sind daher nur für Wechselstrom verwendbar. Bild 219 zeigt einen Elektromagneten mit geblättertem Eisen, dessen Spule *a* von dem zu messenden Strom durchflossen ist. Zwischen den Polen ist eine Aluminiumscheibe oder -trommel *b* angeordnet. Die Hälfte des einen Poles ist von einer Kurzschlußwindung *c* umschlossen; dadurch tritt zwischen den beiden Kraftflußhälften eine Phasenverschiebung auf, die wie ein Drehfeld auf die Scheibe induzierend und drehend wirkt. Eine Spiralfeder läßt durch ihre Gegenkraft nur eine Winkeldrehung zu, die mit der Stärke des Stromes wächst. Das *Drehfeldmeßgerät* (Bild 220) beruht auf der Wirkungsweise eines Wechselstrommotors. Der Strom teilt sich und wird in den vertikalen Wicklungen durch Vorschalten einer Drossel oder eines Kondensators phasenverschoben; dadurch bildet sich ein schwaches Drehfeld aus, das die Trommel mit dem Zeiger mitzunehmen sucht. Die Skalen der Induktionsgeräte sind anfangs eng und bei höheren Strömen weit geteilt.

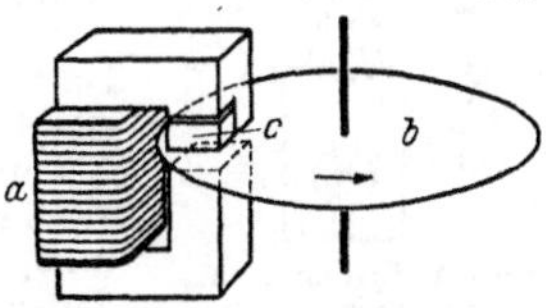

Bild 219. Induktionsmeßgerät

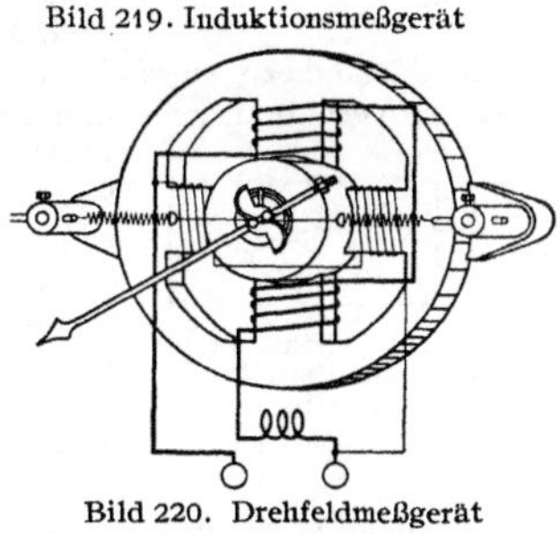

Bild 220. Drehfeldmeßgerät

e) Hitzdraht-Meßgeräte, Bild 221, beruhen auf der Wärmedehnung eines vom Meßstrom durchflossenen Hitzdrahtes *A B*. Die Dehnung wird über ein Fadensystem auf eine Rolle *a* und den Zeiger *b* übertragen. Die Feder *c* sorgt für die nötige Gegenspannung. Das Gerät ist für Gleich- und Wechselstrom verwendbar und zeichnet sich bei richtigem Bau durch Frequenzunabhängigkeit aus. Ein Nachteil ist die Empfindlichkeit gegen Überströme; meist wird daher eine kleine Schmelzsicherung eingebaut. Die Skala ist der Wärmeentwicklung gemäß quadratisch geteilt.

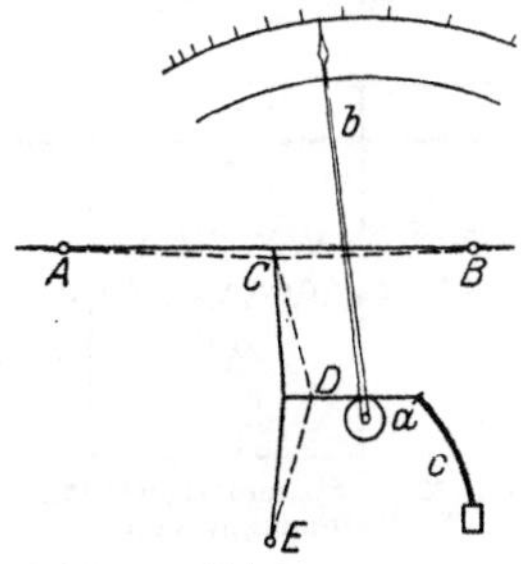

Bild 221. Hitzdrahtmeßgerät

3. Verwendungszwecke

a) Strom- und Spannungsmesser dürfen beim Einschalten den Strom- und Spannungszustand der Schaltung nicht verändern. Die in Reihe liegenden Strommesser müssen daher einen möglichst *kleinen*, die parallelzuschaltenden Spannungsmesser einen möglichst *großen* Eigenwiderstand haben. Beide Gerätearten unterscheiden sich also nur durch ihren Widerstand. Es gibt auch *elektrostatische Spannungsmesser*, die im Prinzip einem Drehkondensator ähneln und einen unendlich großen Gleichstrom-Widerstand haben. Der bewegliche Fächer ist mit einem Zeiger verbunden und wird bei Anlegen einer genügend hohen Spannung infolge statischer Anziehung in den festen Fächer hineingezogen.

Der *Meßbereich* kann bei manchen *Strommessern* durch Unterteilen der Spule *erweitert* werden; die Spulenteile werden parallel und in Reihe geschaltet. Verbreiteter ist, besonders bei Drehspulmeßgeräten, die Verwendung von *Nebenwiderständen*, durch die ein Teil des Meßstroms an dem Gerät vorbeigeleitet wird, Bild 222. Wenn der Strommesser mit dem Eigenwiderstand r einen Meßbereich i hat, muß zum Messen des Stromes I durch den Nebenwiderstand R_N der Strom $I-i$ geleitet werden. Da die Spannung an diesem ebenfalls ri beträgt, ergibt sich die erforderliche Widerstandsgröße $R_N = ri/(I-i)$. Bei einer n-fachen Erweiterung des Meßbereichs, also $I = ni$, ergibt sich

$$R_N = r/(n-1).$$

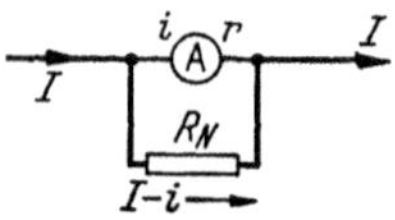

Bild 222. Strommesser mit Nebenschluß

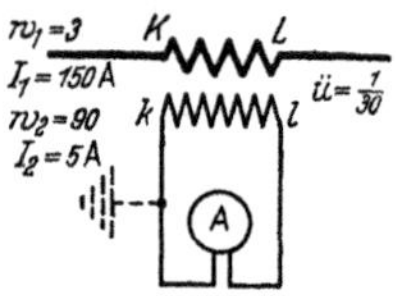

Bild 223. Strommessung mit Stromwandler

Da die Widerstände der Meßleitungen in diesen Widerständen enthalten sind, dürfen an diesen gegenüber der Eichung keine Änderungen vorgenommen werden. Bei Wechselstrom führt die Verwendung von Nebenschlüssen infolge der Induktivität der Spulen zu Ungenauigkeiten. Es ist daher zweckmäßiger, einen *Stromwandler* (Bild 223) zu verwenden; er ist durch den Strommesser sekundär nahezu kurzgeschlossen; der Fluß ist dann fast null, und die Stromstärken verhalten sich genau umgekehrt wie die Windungszahlen.

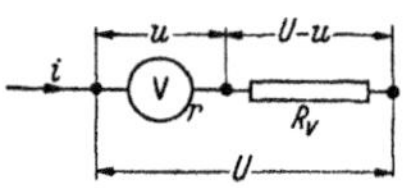

Bild 224. Spannungsmesser mit Vorwiderstand

Der *Meßbereich von Spannungsmessern* wird durch Vorwiderstände (Bild 224) erweitert. Bei einem Eigenwiderstand r des Spannungsmessers und einem Meßbereich u ist dessen Strom $i = u/r$. Da bei einer zu messenden Spannung U der Betrag $U-u$ durch den Vorwiderstand vernichtet werden muß, ist dessen Widerstand $R_v = (U-u)/i$. Bei einer Erweiterung des Bereichs auf das n-fache, also $U = nu$, ergibt sich

$$R_v = r(n-1).$$

Bei hohen Wechselspannungen wird der Meßbereich durch *Spannungswandler* (Bild 225) erweitert. Da Spannungsmesser keine nennenswerte Belastung des Transformators darstellen, sind dessen Spannungsverluste vernachlässigbar, und die Spannungen verhalten sich wie die Windungszahlen.

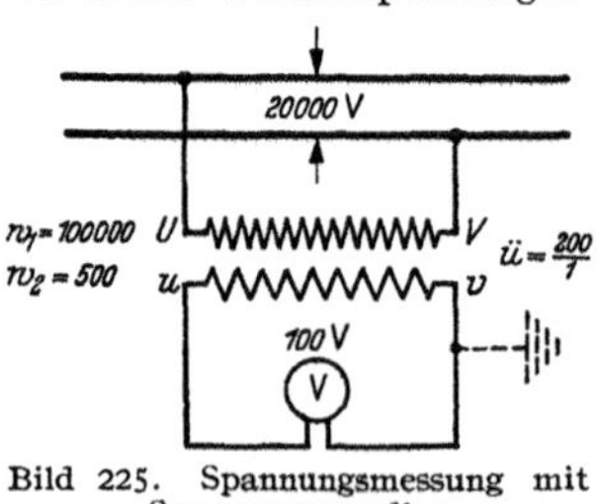

Bild 225. Spannungsmessung mit Spannungswandler

Beispiel: Ein Drehspulmeßgerät hat einen Meßbereich von 5 mA und einen inneren Widerstand von 10 Ω. Welcher Nebenschluß und Vorwiderstand ist nötig, wenn man Ströme bis 10 A und Spannungen bis 250 V messen will? Bei der Strommessung sind 10 A − 0,005 A = 9,995 A durch den Nebenschluß an dem Meßgerät vorbeizuleiten. Die Spannung an diesem und zugleich an dem Strommesser ist $U = 10\,\Omega \cdot 0{,}005\,\text{A} = 0{,}05\,\text{V}$. Der Widerstand des Nebenschlusses muß also $R_N = 0{,}05\,\text{V}/9{,}995\,\text{A} = 0{,}0050025\,\Omega$ sein. Als Spannungsmesser mißt das Gerät bei Vollausschlag 0,05 V. Durch den Vorwiderstand sind daher noch 250 V — 0,05 V = 249,95 V zu vernichten. Der Vorwiderstand muß also R_v = 249,95 V/0,005 A = 49990 Ω haben.

b) Quotientenmesser. In manchen Fällen soll nicht eine Einzelgröße, sondern der Quotient aus zwei Größen gemessen werden. Dies ist besonders beim Messen von Widerständen $R = U : I$ der Fall. Als Meßwerke kommen Drehspul-, Induktions- oder auch elektrodynamische Geräte in Frage, am häufigsten das *Kreuzspulmeßgerät.*

Als Widerstandsmesser hat es zwei um 90° gekreuzte Spulen im Magnetfeld, von denen die eine wie ein Strommesser vom Strom des zu messenden Widerstandes durchflossen wird, während die andere an der Spannung des Widerstandes liegt. Eine Feder als Richtkraft besitzt ein solches Meßgerät nicht, es stellt sich daher im stromlosen Zustand ganz beliebig ein. Beim Einschalten hingegen wirken die Drehmomente der beiden Spulen einander entgegen, bis sie sich das Gleichgewicht halten. Die Einstellung ist allein durch den Widerstand bestimmt und nicht etwa durch die Größe der an den Widerstand gelegten Spannung, weil sich bei einer Spannungsänderung das Drehmoment in den beiden entgegenwirkenden Spulen in gleichem Maß verändert

c) Leistungsmesser. *Gleichstrom*leistungen können durch gleichzeitiges Messen von Strom und Spannung bestimmt werden.

Bei *Wechselstrom* ist dies nicht möglich, weil der Leistungsfaktor $\cos\varphi$ unbekannt ist. Als Präzisionsleistungsmesser dienen meist elektrodynamische Meßgeräte, Bild 226, bei denen die feste Stromspule wie ein Strommesser vom Verbraucherstrom (I) durchflossen ist, während die drehbare Spule wie ein Spannungsmesser an der Spannung U liegt. Der Ausschlag ist der Leistung $N = U I \cos\varphi$ verhältnisgleich, er ist also z. B. null, wenn I ein Blindstrom ist, weil das Feld der Stromspule immer dann seinen Höchstwert erreicht, wenn die Spannung null ist. Das resultierende Drehmoment ist daher null. Als Betriebsleistungsmesser werden häufig Induktionsgeräte (Bild 220) benutzt, bei denen die dickdrähtigen Spulen als Stromspulen, die dünndrähtigen als Spannungsspulen dienen.

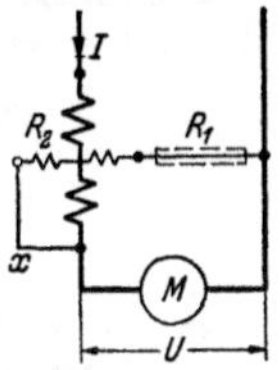

Bild 226. Schaltung eines Leistungsmessers

Erweiterung des Meßbereichs in zweifacher Weise: Durch Parallelschalten zweier Stromspulenhälften kann der Strommeßbereich verdoppelt werden, durch Vorwiderstände vor der Spannungsspule läßt sich der Spannungsmeßbereich wie bei einem Spannungsmesser erweitern. Dieser Widerstand R_1 muß wie gezeichnet, und nicht bei x (Bild 226) eingeschaltet werden, weil sonst die beiden Spulen an verschiedenen Polen der Spannung liegen würden und bei hohen Spannungen die Gefahr eines Überschlags zwischen den Spulen bestünde. Bei Hochspannung wird Meßbereich durch Strom- und Spannungswandler erweitert.

d) Arbeitsmesser (Zähler). Bei *Gleichstrom* und konstanter Spannung genügt ein *Amperestundenzähler*, der entweder ein elektrolytischer Zähler (Abscheiden von Quecksilber aus einer Lösung) oder ein Motorzähler sein kann. Einen *Wattstundenzähler* für Gleichstrom zeigt Bild 227. Die feststehenden Stromspulen erzeugen ein dem Verbrauchsstrom verhältnisgleiches Feld, in dem der Anker *a* drehbar gelagert ist. Als Gegenkraft dient eine Bremsscheibe *b* mit Bremsmagnet *c*. Anker *a* liegt über dem Stromwender an der Spannung und überträgt seine Umdrehungen auf das Zählwerk *d*. Die Hilfsspule *e* dient zur Kompensation der Reibung; sie erzeugt schon bei dem Verbrauchsstrom null ein schwaches Feld, das durch Verstellen der Spule so eingestellt werden kann, daß der Zähler knapp vor dem Anlauf steht.

Wechselstromzähler sind meist *Induktionszähler*, Bild 228. Eine Stromspule *a* und eine

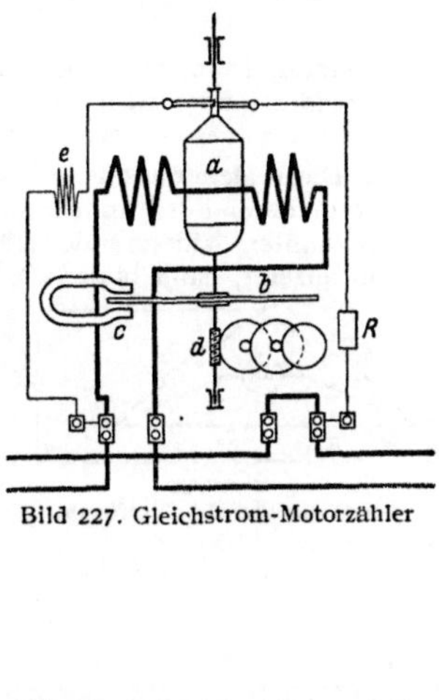

Bild 227. Gleichstrom-Motorzähler

Spannungsspule b mit Eisenkernen erzeugen zwei Felder, die um 90° gegeneinander verschoben sind und in der Drehscheibe Ströme und ein Drehmoment induzieren. Als Gegenkraft dient die Bremsung eines Bremsmagneten c, dessen Bremsmoment beim Eichen durch stärkeres Hereinschwenken vergrößert werden kann. Die Drehzahl ist der Leistung verhältnisgleich. Sie wird auf ein Zählwerk übertragen.

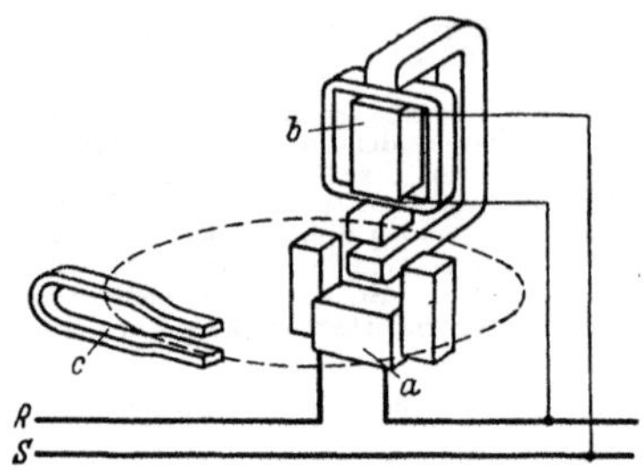

Bild 228. Wechselstrom-Induktionszähler

Alle Zähler werden in kWh geeicht. Ihre Genauigkeit ist bei kleiner Belastung und bei Überlast meist wesentlich geringer als bei Normallast. Die für einen Zähler zugelassene *Fehlergrenze* ist:

bei 100% Nennstrom ± 2% des Sollwertes für Einphasen-Wechselstrom- und Drehstromzähler bei gleichseitiger Belastung,

bei 100% Nennstrom ± 2,5% des Sollwertes für Zweileiter-Gleichstromzähler und Dreileiter-Gleichstromzähler bei gleichseitiger Belastung.

XI. Elektrotechnische Messungen

1. Widerstandsmessungen

a) Bei der **indirekten Widerstandsmessung** wird der unbekannte Widerstand aus einer Strom- und Spannungsmessung errechnet. Nach Bild 229 ergibt sich $R_x = U/I$, und zwar genügend genau, wenn der Strom I sehr viel größer als der Strom des Spannungsmessers ist. Anderenfalls ist zu bedenken, daß der gemessene Strom sich aus dem des Widerstandes und dem Spannungsmesserstrom zusammensetzt; dieser (U/R_i) ist also von dem gemessenen Strom abzuziehen. Genau ist daher $R_x = U/(I - U/R_i)$. In Bild 230 mißt der Strommesser zwar richtig den

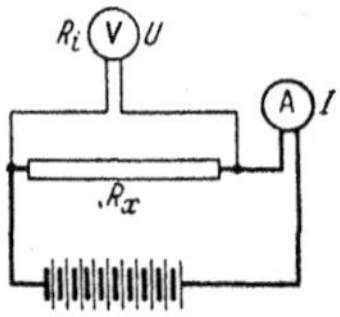

Bild 229
Widerstandsmessung (richtige Spannungsmessung)

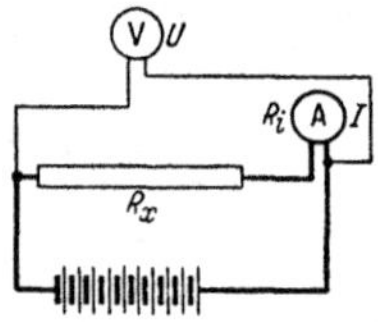

Bild 230
Widerstandsmessung (richtige Strommessung)

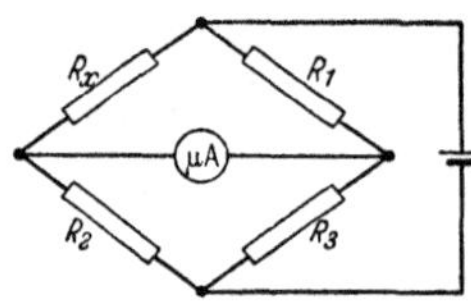

Bild 231
Wheatstonesche Brücke

Widerstandsstrom, aber die gemessene Spannung ist zu groß, weil der Strommesserwiderstand mitgemessen wird. Dann ist $R_x = U/I - R_i$, worin R_i den kleinen Strommesserwiderstand bedeutet.

b) Die **Widerstandsmeßbrücke von Wheatstone,** Bild 231, hat drei bekannte Widerstände und den unbekannten Widerstand R_x. Wenn man durch Verändern der bekannten Widerstände erreicht, daß das empfindliche Galvanometer keinen Strom anzeigt, dann bilden R_x und R_2 sowie R_1 und R_3 einfache Reihenschaltungen, und es muß sich $R_x : R_2 = R_1 : R_3$ verhalten. Hieraus folgt $R_x = R_1 R_2 / R_3$. Die bekannten Widerstände können als Stöpselwiderstände ausgeführt sein, wobei $R_2 : R_3$ in groben Stufen wie 1 : 10, 1 : 100, 1 : 1000 einstellbar sind, während durch den feinunterteilten Widerstand R_1 genau abgeglichen werden

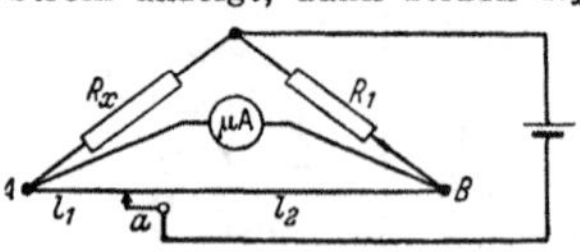

Bild 232
Meßbrücke mit Schleifdraht

kann. Meßbrücken für Betriebsmessungen haben statt $R_2 + R_3$ einen ausgespannten Widerstandsdraht $l_1 + l_2$ von gleichem Querschnitt, auf dem ein Kontakt gleitet, Bild 232. In diesem Fall ist R_1 grob gestuft, und die Abgleichung auf Stromlosigkeit der Brücke geschieht durch Verschieben des Kontaktes *a*. Es ist dann: $R_x = R_1 l_1/l_2$. Aus Genauigkeitsgründen wähle man R_1 so, daß die Abgleichstellung im mittleren Bereich des Schleifdrahtes liegt. Für das Messen sehr kleiner Widerstände ($< 1\,\Omega$) sind besondere Meßbrücken notwendig, welche die Kontaktwiderstände umgehen.

c) Flüssigkeitswiderstände werden mit einer Wechselstrombrücke gemessen, weil bei Gleichstrom elektrolytische Spannungen die Messung fälschen. Zur Anzeige des Brückenstromes kann dann ein Hörer verwendet werden. Als Stromquelle dient ein Element und ein kleiner Induktor mit Selbstunterbrechung.

d) Isolationswiderstände sind im praktischen Betrieb sehr häufig zu messen. Nach den Vorschriften muß hierzu die Betriebsspannung, mindestens aber 100 V verwendet werden. Der Isolationswiderstand zwischen den Leitungen einer Anlage (Bild 233) sollte eigentlich unendlich hoch sein; praktisch ist dies nicht möglich; daher fordern die Vorschriften, daß der die Isolation durchfließende Strom 1 mA nicht übersteigen soll, und zwar im Bereich zwischen zwei Sicherungen oder nach der letzten Sicherung. Der Mindestwiderstand der Isolation muß demgemäß das 1000-fache der Betriebsspannung sein (bei 220 V also mindestens 220000 Ω). Man mißt ihn mit einer Hilfsbatterie und einem Spannungsmesser bekannten Widerstandes R_i nach Bild 233. R_i liegt in diesem Fall in Reihe mit dem Isolationswiderstand R_x, es muß sich daher R_x zu R_i verhalten wie die Spannung $(E - U')$ am Isolationswiderstand zur Spannung U' am Spannungsmesser. Daraus folgt $R_x = R_i(E - U')/U'$. Die Leitungsanlage ist beim Messen vom Netz abgetrennt, alle Lampen sind ausgeschraubt und die Schalter eingeschaltet. Der Widerstand *einer* Leitung gegen Erde kann entsprechend nach Bild 234 gemessen werden.

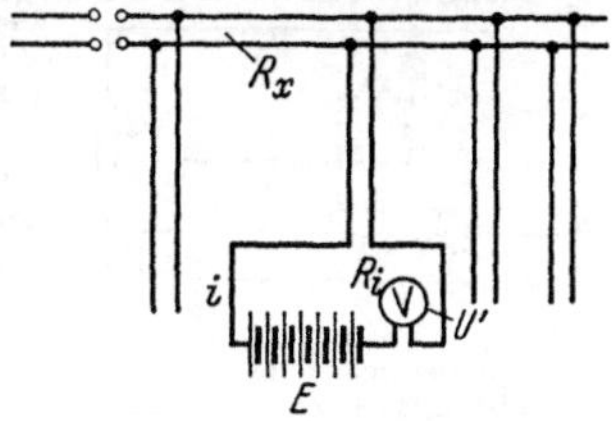

Bild 233. Messung des Isolationswiderstandes zwischen den Leitern

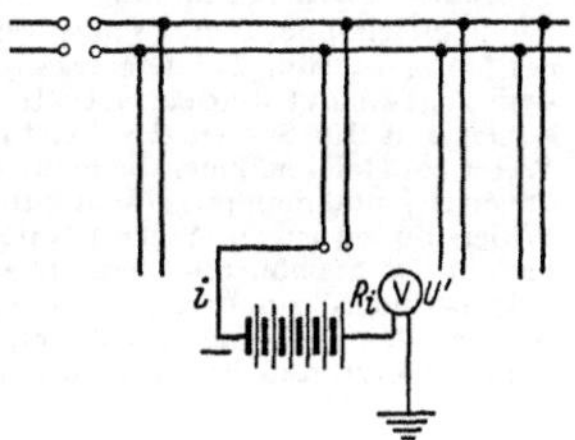

Bild 234. Messung des Isolationswiderstandes gegen Erde

Meßschaltungen für *Benutzen der Betriebsspannung* zeigen Bild 235 für die Widerstandsmessung zwischen den Leitungen und Bild 236 für Messungen gegen Erde. Die Meßergebnisse mit Betriebsspannung können durch Isolationswiderstände der voraufgehenden Leitungen gefälscht werden, so daß gegebenenfalls eine Korrektur nötig wird. Bei ausgedehnten Leitungsanlagen ist bei *Wechselstrom* auch der Kapazitätsstrom zu berücksichtigen.

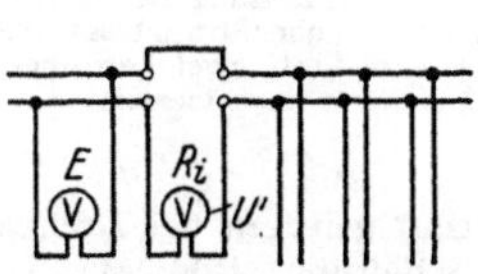

Bild 235. Messung des Isolationswiderstandes zwischen den Leitern mit Netzspannung

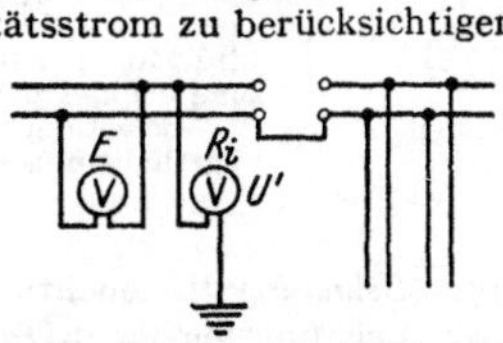

Bild 236. Messung des Isolationswiderstandes eines Leiters gegen Erde mit Netzspannung

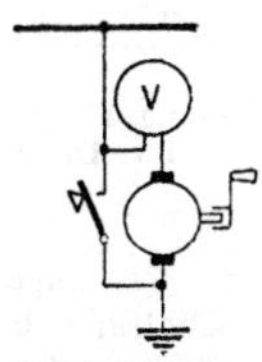

Bild 237 Kurbelinduktor

Für einfache Betriebsmessungen eignet sich der *Kurbelinduktor*, Bild 237. Er enthält einen kleinen Gleichstromgenerator mit Kurbelantrieb und einen

Spannungsmesser. Bei gedrückter Taste zeigt dieser die erzeugte Spannung E, die bei gleich schnellem Weiterdrehen und Loslassen der Taste auf einen Wert U' absinkt, weil dann der Isolationswiderstand R_x mit dem Spannungsmesserwiderstand R_i in Reihe geschaltet ist. R_x berechnet sich dann nach der oben angeführten Beziehung, wenn nicht schon die in Ohm geteilte Skala ein unmittelbares Ablesen erlaubt. Die Messung wird erleichtert, wenn man im Augenblick einer bestimmten Meßspannung E die Zeigerstellung durch Fallbügel oder dgl. auf dem Wert U' festhält oder einen Kreuzspul-Widerstandsmesser verwendet, bei dem der Ausschlag unabhängig von der Spannung ist (s. S. 929, Abschn. b).

2. Leistungsmessungen

für *Gleich-* und *Wechselstrom* wurden bereits durch Bild 226 angegeben.

Bild 238 zeigt eine solche Schaltung mit Stromwandler. Damit zwischen Strom- und Spannungsspule keine die Isolation gefährdenden Spannungen auftreten, muß die gestrichelte Verbindung gezogen werden. Nach Berücksichtigung des Vorwiderstandes VW ist die Anzeige mit dem Übersetzungsverhältnis des Stromwandlers zu multiplizieren.

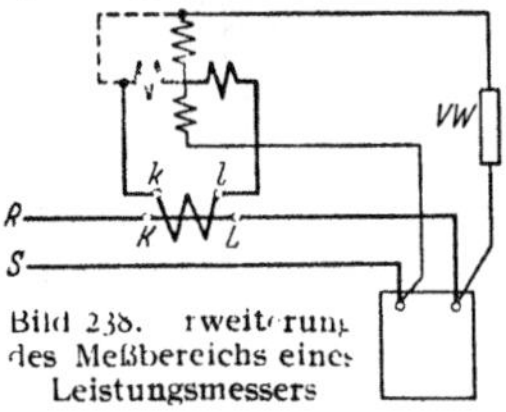

Bild 238. Erweiterung des Meßbereichs eines Leistungsmessers

Bei *Drehstrom* ist zwischen gleichmäßiger und ungleichmäßiger Belastung der Stränge zu unterscheiden. Die Stränge eines Motors sind stets *gleich stark belastet*, und daher genügt *ein* Leistungsmesser, dessen Spannungsspule an der Strangspannung zwischen dem zugehörigen Außenleiter und dem Mittelleiter M_p oder dem Sternpunkt des Motors liegt, Bild 239. Die angezeigte Leistung ist die Strangleistung, die bei dreiphasigem Drehstrom mit 3 zu multiplizieren ist.

Beim Messen einer solchen Strangleistung ist zu beachten, daß für die Spannungsspule immer die Spannung *des* Stranges gewählt werden muß, in dem auch die Stromspule liegt. Eine andere Strangspannung (z. B. zwischen R oder S und M_p in Bild 239) ist zwar größenmäßig gleich, aber in der Phase verschoben und liefert daher ein falsches Meßergebnis. Wenn der Motor in Bild 239 Dreieckschaltung hat, kann die zuletzt angegebene Schaltung trotzdem angewendet werden. Ist aber der Mittelleiter nicht erreichbar, kann man das Dreieck öffnen und die Spulen des Leistungsmessers in *einen* der drei Stränge einschalten (s. o.). Wenn bei gleichmäßiger Belastung weder der Sternpunkt zu erreichen noch das Dreieck zu öffnen ist, muß man mit einem *künstlichen Sternpunkt* (Bild 240) arbeiten. Aus drei *gleichen* Widerständen ist ein Stern gebildet, wobei ein Strang die Spannungsspule als Widerstand enthält. Da bei höheren Spannungen der Spulenwiderstand nicht hinreicht, ist ihr noch soviel Widerstand vorzuschalten, daß der gesamte Strangwiderstand mit dem der beiden anderen Stränge übereinstimmt. Die Anzeige des Leistungsmessers ist auch hier mit 3 zu multiplizieren, vorausgesetzt, daß die Skalenwerte nicht bereits verdreifacht sind.

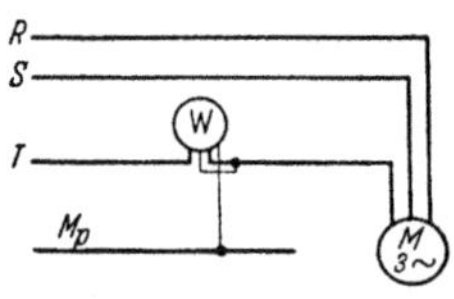

Bild 239. Leistungsmessung eines Drehstrommotors

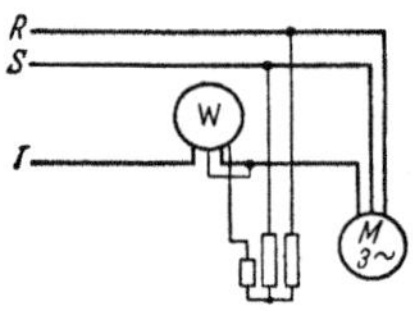

Bild 240. Leistungsmessung bei gleicher Strangbelastung mit künstlichem Sternpunkt

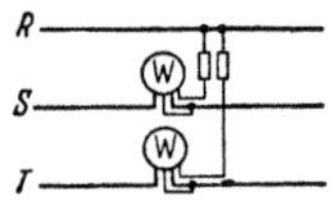

Bild 241. Leistungsmessung bei ungleicher Strangbelastung mit zwei Leistungsmessern

Bei *ungleichmäßiger Belastung* (Beleuchtungsanlagen) genügen bei Dreieckschaltung bereits *zwei* Leistungsmesser (*Aron*sche Schaltung, Bild 241). Die Stromspulen liegen in zwei Zuleitungen, während die Spannungsspulen einerseits an diese und andererseits an die noch freie dritte Leitung angeschlossen sind. Die *Gesamt*leistung der drei Stränge ist gleich der Summe der beiden Leistungsmesserangaben, die selbst bei gleicher Belastung der Stränge keineswegs gleich sind. Bei geringem Leistungsfaktor kann sogar einer der Leistungsmesser negativen Ausschlag zeigen; dann ist er zum Ablesen umzupolen und seine Angabe von der des anderen abzuziehen.

Die Leistungsmessung in einem Drehstromnetz mit Mittelleiter M_p (Bild 242) erfordert drei Leistungsmesser; die Summe ihrer Anzeigen ergibt die Gesamtleistung. Selbstverständlich kann man bei den Schaltungen nach Bild 241 und 242 auch mit einem einzigen Gerät auskommen, wenn man bei konstanter Belastung dieses umschaltbar macht.

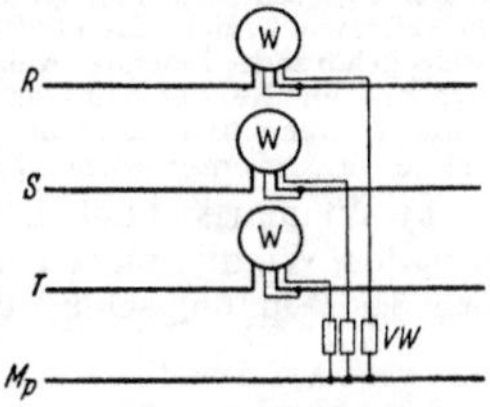

Bild 242. Vierleiternetz mit ungleicher Strangbelastung

Für *Arbeitsmessungen* werden in den *Zählern* die gleichen Schaltungen benutzt; bei ungleicher Belastung werden mehrere Meßwerke in einem Zähler angeordnet, die mittels gemeinsamer Achse das Zählwerk antreiben.

3. Frequenzmessungen

Man unterscheidet zwischen Zeigerfrequenzmessern und Zungenfrequenzmessern. *Zungenfrequenzmseser* haben einen Elektromagneten, der wie ein Spannungsmesser an die Wechselspannung der zu messenden Frequenz angeschlossen wird. Vor dem Magneten sind Stahlbandzungen mit mechanisch abgestuften Schwingungsfrequenzen angeordnet; diejenige, deren Schwingungsfrequenz mit der elektrischen Frequenz des Magneten übereinstimmt, gerät in starkes Mitschwingen. *Zeigerfrequenzmesser* haben meist einen elektrischen Schwingungskreis, in dem die Stromspule eines elektrodynamischen Meßgerätes liegt. Zwei gegeneinander wirkende Drehspulen führen einerseits einen kapazitiven und andererseits einen induktiven Strom, wodurch bei wechselnder Frequenz ein Zeigerausschlag entsteht.

Ohne Frequenzmesser läßt sich die Frequenz aus der zu messenden Drehzahl eines Generators oder Synchronmotors bekannter Polzahl ermitteln.

4. Fehlerortbestimmungen

Das Beseitigen einer Störung in elektrischen Anlagen setzt eine planmäßige Fehlersuche voraus. Hierbei sind viele Wege möglich; man muß den Weg höchster Wahrscheinlichkeit zuerst gehen. Demgemäß prüft man zuerst, ob die Sicherungen in Ordnung, alle Schalter eingeschaltet und alle Stromquellen Spannung geben. Als Fehler treten häufig auf: Unterbrechungen des Stromweges, Windungsschluß in Spulen und Widerständen und Körperschluß.

a) Unterbrechung des Stromweges kann durch Drahtbruch oder Lockern von Kontakten entstanden sein. Da dieses besonders bei beweglichen Geräten wahrscheinlicher ist, wird man den Fehler zunächst durch Bewegen der Kontakte und Leitungen erkennbar zu machen versuchen. Hierbei richte man sich nach dem Schaltplan, der bekannt sein muß, und prüfe zunächst nur diejenigen Kontakte an Leitungen, Geräten und Motoren, welche die wahrscheinlichste Fehlerursache sind. Für weiteres Prüfen auf Stromwegunterbrechung dienen der *Kurbelinduktor*, *Spannungsmesser* sowie ein Prüfgerät, das man sich aus einer Taschenlampenbatterie und einem Wecker (oder Glühlämpchen) mit zwei beweglichen Leitungen zusammenstellt, Bild 243. Um eine Reihenschaltung auf Unterbrechung zu prüfen, wird man dieses Gerät mit einer Leitung an den Anfang der Reihenschaltung legen und mit der anderen Leitung von Leitungspunkt zu Leitungspunkt weiterschreitend prüfen, ob noch Verbindung besteht. Bei höheren Widerständen ist es zweckmäßiger, einen Spannungsmesser oder Kurbelinduktor in gleicher Weise zu benutzen, wobei in jenem Fall die Betriebsspannung angelegt werden muß.

Bei einem Gleichstrom-Reihenschlußmotor kann die Prüfung in gleicher Weise durchgeführt werden; bei Nebenschlußmotoren ist zunächst festzustellen, ob die Unterbrechung im Ankerkreis oder im Feldkreis liegt, was schon am Ausschaltlichtbogen erkennbar ist. Die in Reihe geschalteten Feldspulen können nach Bild 243 geprüft werden. Eine Unterbrechung im Anker macht sich durch heftiges Feuern am Kommutator bemerkbar, wobei die zur Fehlerstelle gehörende Lamelle Anlauffarben zeigt. Drehstrommotoren laufen bei Stromunterbrechung im Ständer nicht an, bei Unterbrechung im Läufer nur mit vermindertem Drehmoment. Auch hier zeigt der Ausschaltlichtbogen oder ein eingeschalteter Strommesser, welcher Strang unterbrochen ist.

b) Windungsschluß tritt auf, wenn in einer Spule durch Zerstörung der Isolation Windungslagen kurzgeschlossen werden. Bei einer Einzelspule macht sich der Windungsschluß durch verminderten Widerstand, also erhöhte Stromaufnahme und Erwärmung bemerkbar. Bei Wechselstrom ist die Erwärmung noch stärker, weil die kurzgeschlossenen Windungen wie die Sekundärwicklung eines Transformators im Kurzschluß wirken. Spulen in Reihenschaltung (z. B. Feldspulen eines Gleichstrommotors, Bild 243) zeigen einen Windungsschluß dadurch an, daß die betreffende Spule im Betrieb kühler bleibt (wenn nicht stärkere Kühlung die Ursache ist). Bei Wechselstrom kann die fehlerhafte Spule durch die kurzgeschlossenen Windungen auch wärmer werden.

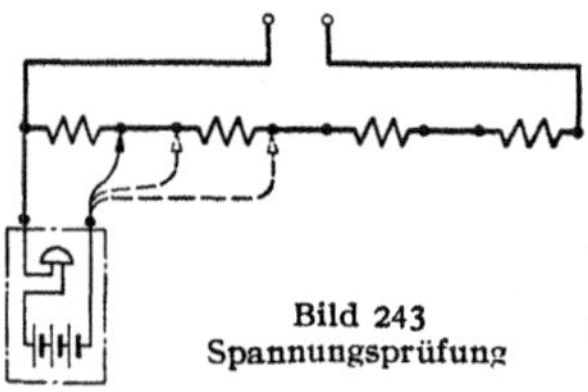

Bild 243
Spannungsprüfung

c) Körperschluß ist vorhanden, wenn durch einen Isolationsschaden stromführende Teile in Verbindung mit sonst nicht spannungsführenden Teilen kommen (z. B. mit dem Motorgehäuse). Körperschluß stört den Betrieb an sich nicht, er verursacht aber *Berührungsgefahr*. Ist das Netz geerdet, d. h. ständig mit Erde verbunden (Betriebserdung), so führt ein Körperschluß bei genügender Stärke zu einem Kurzschluß, und die Sicherungen brennen durch.

Körperschluß kann durch einen Kurbelinduktor oder einen Spannungsmesser zwischen dem stromführenden Leiter und Körper festgestellt werden. Der Fehlerort läßt sich durch Trennen der stromführenden Teile (z. B. Trennung von Anker und Feldwicklung) bestimmen. Wo dies nicht ohne weiteres möglich ist, kann die Methode der *Wheatstone*schen Brücke nach Bild 244 benutzt werden. Die vierspulige Feldwicklung *CD* sei mit einem Schleifdraht verbunden, wobei der Schleifkontakt über ein Galvanometer an den Körper des Motors gelegt sei. Wenn das Galvanometer in der gezeichneten Kontaktstellung stromlos ist, so liegt die Körperschlußstelle bei Bild 244 von *C* aus kurz nach dem Eingang in die zweite Feldspule. In gleicher Weise kann auch bei Drehstromwicklungen der Fehlerort gefunden werden.

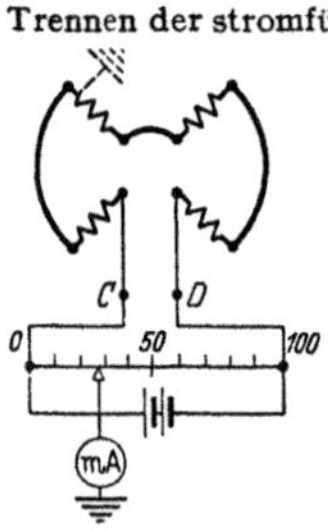

Bild 244. Körperschlußsuche mit der Wheatstoneschen Brücke

XII. Elektrische Beleuchtung

1. Grundgrößen der Lichttechnik

Es ist zu unterscheiden:

a) Lichtstärke I. Die frühere Hefnerkerze (HK) ist durch die internationale *neue Kerze* (NK) 1 *candela* [cd] ersetzt; diese ist $^1/_{60}$ derjenigen Lichtstärke, die von 1 cm² eines schwarzen Körpers von der Temperatur des erstarrenden Platins (1768 °C) ausgestrahlt wird. 1 cd ist etwa 1,1 HK.

b) Beleuchtungsstärke E. Sie bezieht sich auf eine beleuchtete Fläche. Die Einheit ist das *Lux* [lx]; das ist jene Beleuchtungsstärke, welche von der Lichtstärkeeinheit 1 cd in 1 m Abstand auf einer senkrecht zur Strahlrichtung stehenden Fläche erzeugt wird. Von einer Lichtquelle mit I cd wird in der Entfernung r m eine Beleuchtungsstärke $E = I/r^2$ lx erzeugt, weil diese mit dem Quadrat der Entfernung abnimmt. Ist die beleuchtete Fläche um den Winkel α zur Senkrechten der Strahlrichtung geneigt, so ergibt sich $E = I \cos\alpha/r^2$.

c) Lichtstrom Φ. Er dient zur Kennzeichnung der Stärke einer Lichtquelle. Die Einheit des Lichtstroms ist das *Lumen* [lm]; das ist derjenige Lichtstrom, der eine Fläche von 1 m² trifft, wenn sie mit 1 Lux beleuchtet wird. Eine Fläche von F m², die mit E Lux beleuchtet wird, erhält einen Lichtstrom von $\Phi = F E$ Lumen. Eine Lichtquelle, die nach *allen* Seiten 1 cd ausstrahlt, würde also in 1 m Entfernung 1 lx erzeugen, und da die Kugeloberfläche mit 1 m Radius 4π ist, muß der Lichtstrom dieser Einheitslichtquelle 4π Lumen betragen.

d) Leuchtdichte B. Sie muß zur Vermeidung der Blendung kleingehalten werden. Ihre Einheit ist das *Stilb* (sb), die dann vorhanden ist, wenn eine Fläche von 1 cm² der Lichtquelle die Einheit der Lichtstärke ausstrahlt. 1 *Apostilb* ist eine Untereinheit $1 \text{ asb} = \frac{1}{10^4 \cdot \pi} \text{ sb}$.

2. Anforderungen an die Beleuchtung

a) Wichtigste Forderung ist eine dem Zweck angepaßte **Beleuchtungsstärke.** Die Vorschläge für die neuen Normen ordnen die Räume und die Arbeiten in den Berufszweigen nach den Beleuchtungsansprüchen. Allgemein soll gelten:

	Art		Allgemeinbeleuchtung allein	Platzbeleuchtung mit zusätzlicher Allgemeinbeleuchtung	
	der Ansprüche an die Beleuchtung	der Arbeit	Mittlere Beleuchtungsstärke lx	Platzbeleuchtung lx	Zusätzliche Allgemeinbeleuchtung lx
1	sehr gering	—	30	—	—
2	gering	grob	60	—	—
3	mäßig	mittelfein	120	250	20
4	hoch	fein	250	500	40
5	sehr hoch	sehr fein	600	1000	80
6	außergewöhnlich	—	—	4000	300

Es entsprechen etwa: 1 = Flure und Abstellräume; 2 = Treppen, Lager; 3 = einfache Arbeiten und Arbeitsräume; 4 = Arbeiten an Maschinen, Feinmontage; 5 = Werkzeugherstellung, Uhrmacherei; 6 = Gravierarbeit, Edelsteinschleiferei.

Bei der Raumbeleuchtung ist zu unterscheiden zwischen der *Allgemeinbeleuchtung* und der *Arbeitsplatzbeleuchtung*[1]. Jene wird so stark gewählt, daß der Verkehr in den Räumen gesichert ist; dabei muß aber Rücksicht darauf genommen werden, daß der Kontrast zwischen ihr und der viel stärkeren Arbeitsplatzbeleuchtung nicht zu groß wird, weil das an die Arbeitsbeleuchtung gewöhnte Auge bei sehr starker Arbeitsplatzbeleuchtung eine sonst hinreichende Allgemeinbeleuchtung nicht als ausreichend empfindet. Aus dem gleichen Grund ist bei der Platz- und Straßenbeleuchtung eine ausreichende *Gleichmäßigkeit* zu fordern. Um sie zu erreichen, wählt man eine Leuchte, die das Licht vorwiegend in die Breite strahlt (Breitstrahler). Bild 245 zeigt eine solche Lichtverteilungslinie. Für verschiedene Bodenpunkte A zwischen den zwei Masten mit der Lichtpunktentfernung r und dem Beleuchtungswinkel α sind die Bodenbeleuchtungsstärken E ermittelt und als Kurve aufgetragen worden. Addiert man die von der nächsten Lampe herrührenden Beleuchtungsstärken, so erhält man die Gesamtbeleuchtung, die unter der Lampe L ihren Höchstwert

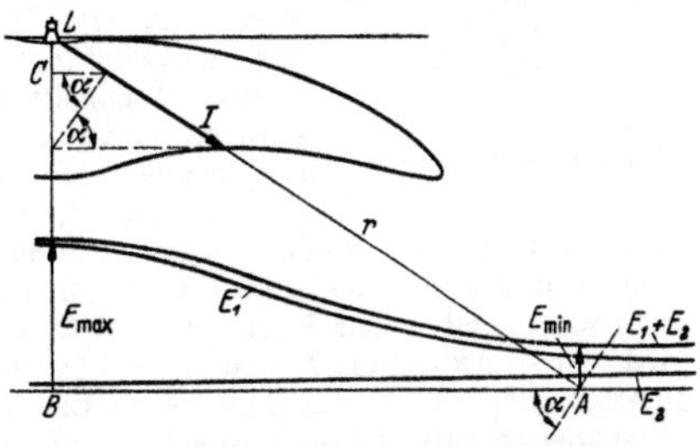

Bild 245. Bestimmung der Bodenbeleuchtung

[1] *Baierl, Fr.:* Einfluß der Arbeitsplatzbeleuchtung auf Arbeitsleistung, Arbeitsgüte u. Unfallsicherheit. Werkstatt u. Betrieb Bd. 85 (1952) S. 193/97.

E_{max} hat. Um die Gleichmäßigkeit $E_{min} : E_{max}$ zu steigern, kann man weiterhin den Mastabstand vermindern und die Masthöhe vergrößern. Beides wirkt verteuernd auf die Anlage.

Die in Bild 245 dargestellte Beleuchtungslinie einer Lampe läßt sich auch zeichnerisch leicht finden, indem man vom Schnittpunkt des Strahles, der zum Bodenpunkt A hinweist, mit der Lichtverteilungslinie der Lampe die gestrichelten Linien zeichnet. CL ist dann ein Maß für die Beleuchtung im Bodenpunkt A. Um den Maßstab dieser Strecken zu bekommen, hat man nur für einen Bodenpunkt den Wert zahlenmäßig zu errechnen, und zwar zweckmäßig für den Punkt B. Bei einer Lichtpunkthöhe h ist an dieser Stelle die Beleuchtungsstärke durch die senkrecht darüber befindliche Lampe gleich I/h^2, wobei der Wert I sich durch den vertikalen Wert der Lichtverteilungskurve ergibt. Diese ist gewöhnlich für eine Lampe von 1000 Lumen gezeichnet. Die für die gegebenen Verhältnisse benötigte Lampe läßt sich leicht durch verhältnisgleiche Umrechnung des Lichtstroms bestimmen.

Für Arbeitsplätze werden Leuchten nach Bild 246 benötigt, die das Licht auf den Arbeitsbereich konzentrieren. Die für die Arbeitsplatzbeleuchtung zu wählenden Beleuchtungsstärken richten sich nicht nur nach der Feinheit der Arbeit, sondern auch nach dem Kontrast der Arbeitsstelle gegenüber dem Hintergrund. Bei schwarzen Fäden über einem schwarzen Stoff ist der Kontrast sehr gering, so daß die Beleuchtungsstärke besonders hoch zu wählen ist. Für jede Arbeit gibt es eine Beleuchtungsstärke, bei der ein Optimum der Arbeitsleistung erreicht wird.

Bild 246. Leuchte für direkte Beleuchtung

Beispiel: In einem Zeichensaal soll eine mittlere Arbeitsplatzbeleuchtung von 1000 Lux vorhanden sein. Die Leuchte, Bild 246, ist so angebracht, daß sie eine Fläche von 0,5 m² beleuchtet. Es ist dann $\Phi = 1000\,\text{lx} \cdot 0{,}5\,\text{m}^2/\eta = 625\,\text{lm}$, worin der Wirkungsgrad der Leuchte zu $\eta = 0{,}8$ eingesetzt ist. Es wäre in der Leuchte eine Lampe von 60 Watt zu verwenden.

b) Für eine gute Beleuchtung ist das **Vermeiden der Blendung** wichtig. Glühlampen mit Klarglas haben eine so hohe Leuchtdichte, daß immer dann ein Blendschutz notwendig ist, wenn bei dem üblichen Sehen direktes Licht in das Auge fallen kann. Die Blendung kann vermieden werden durch Mattierung des Lampenkolbens, wobei man zweckmäßig Innenmattierung wegen des geringen Lichtverlustes wählt, durch zweckmäßig angeordnete Leuchten oder durch konstruktive Gestaltung der Leuchten. Man unterscheidet Leuchten für direkte, für halbindirekte und für indirekte Beleuchtung. Leuchten für *direkte Beleuchtung* (Bild 246) sind so gebaut, daß sie den Lichtstrom der Lampe vollständig nach unten ablenken. Erhellt wird also nur die Bodenfläche eines Raumes oder die Arbeitsfläche, so daß außer einem geringen Lichtverlust in der Leuchte kein weiterer Verlust auftritt. Die *indirekte Beleuchtung* nach Bild 247 hat eine Leuchte, die das nach unten ausgestrahlte Licht restlos abschirmt und gegen Decke und Wände wirft. Obwohl man in diesem Fall Decke und Wände weiß oder mindestens sehr hellfarbig hält, ist der Lichtverlust sehr groß. Im günstigsten Fall kann man mit einem Wirkungsgrad von $\eta = 0{,}4$ rechnen. Bei der *halbindirekten Beleuchtung* läßt die Leuchte einen Teil des Lichtes direkt ohne Blendgefahr nach unten treten, während der andere Teil gegen Decke und Wände geworfen wird. Im günstigsten Fall wird ein Wirkungsgrad von $\eta = 0{,}55$ erreicht. Die drei Beleuchtungsarten unterscheiden sich wesentlich durch die *Schattigkeit*. Starke und tiefe Schatten treten bei direkter Beleuchtung auf, während bei vollständig indirekter Beleuchtung kaum eine Schattenbildung wahrzunehmen ist. Da für das Erkennen von Körperformen eine gewisse Schattigkeit erforderlich ist, ist die indirekte Beleuchtung für Museen und Ausstellungen plastischer Kunst ungeeignet. In Zeichensälen hingegen, wo auf der Zeichenfläche jede Schattigkeit stört, ist die indirekte Beleuchtung oder mindestens die halbindirekte Beleuchtung vorteilhaft. Für Büros eignet sich am besten die halbindirekte Beleuchtung.

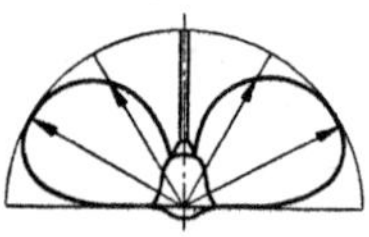

Bild 247. Leuchte für indirekte Beleuchtung

Beispiel: In einer Dreherei von $10 \times 30\ m^2$ Grundfläche soll die mittlere Beleuchtungsstärke der Allgemeinbeleuchtung 50 lx betragen. Die Wände, die weiß gehalten sind, sollen auf der unteren Hälfte mitbeleuchtet werden. Unter Annahme eines Wirkungsgrades der Leuchten von 0,8 und eines Wirkungsgrades der übrigen Beleuchtung von 0,6, also insgesamt 0,48, ergibt sich ein Nutzlichtstrom $\Phi = FE/\eta = 300\ m^2 \cdot 50\ lx : 0{,}48 = 31300\ lm$. Bei Anordnung von 6 Leuchten wären Lampen von je 300 W nötig. Eine gleichmäßigere Beleuchtung würde sich bei 8 Leuchten ergeben, allerdings würden 200 W-Lampen dann einen zu geringen Lichtstrom ergeben. Es wäre im besonderen Fall zu erwägen, ob mit Rücksicht auf die größere Gleichförmigkeit eine geringere Beleuchtungsstärke zugelassen werden könnte.

3. Lampentechnik

Neben den *Metalldraht-Glühlampen* mit Gasfüllung (Stickstoff, Argon, Krypton) und einer Lichtausbeute von 10 lm/W bei kleinen und 20 lm/W bei großen Lampen gewinnen Lampen mit höherer Wirtschaftlichkeit zunehmende Bedeutung. Die *Quecksilberdampf-Hochdrucklampe* für 220 V hat einen Quarz- oder Hartglasbrenner, dem eine Drossel vorgeschaltet ist. Durch eine zusätzliche Zündelektrode die einer der beiden Hauptelektroden sehr nahe angeordnet ist, wird der Entladevorgang im Quecksilberdampf eingeleitet. Das Licht hat eine grünlichgelbe oder blauviolette Färbung, die bei Straßen- und Werkstattbeleuchtung eine gute Unterscheidungsmöglichkeit gibt. Die Lichtausbeute beträgt etwa 40 lm/W. Die den Augen schädlichen ultravioletten Strahlen werden durch den Glaskolben zurückgehalten.

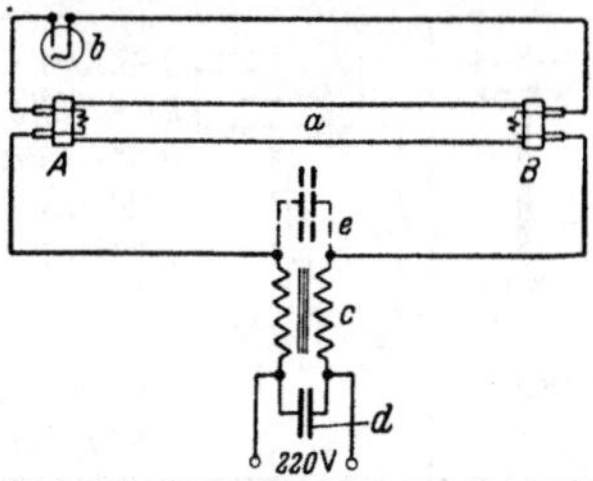

Bild 248. Schaltung einer Leuchtstoffröhrenlampe

Die *Leuchtstoff-Lampen*, Bild 248, sind eine wichtige Weiterentwicklung in der Lampentechnik. Sie werden mit 220 V Wechselstrom betrieben und haben ein etwa 1 m langes mit Quecksilberdampf gefülltes Glasrohr *a*. Wesentlich ist, daß hier die durch den Quecksilberdampf erzeugte Ultraviolettstrahlung durch eine Leuchtstoffschicht, welche sich auf der Innenwand des Rohres befindet, in langwelliges, sichtbares Licht umgewandelt wird, wodurch die Lichtausbeute auf das Dreifache der Glühlampen steigt. Beim Einschalten brennt die Röhre zunächst noch nicht. Lediglich der Glimmzünder *b*, auch Starter genannt, brennt und erwärmt einen Bimetallstreifen, der nach einer Weile den Glimmzünder kurzschließt und damit einen hohen Strom verursacht. Die Röhrenelektroden heizen dadurch die Röhre an. Nach etwa einer Sekunde ist der Glimmstarter wieder abgekühlt und öffnet den Stromkreis, wodurch in der Drossel *c* ein so starker Spannungsstoß verursacht wird, daß die Röhre zündet. Das Licht der Röhre ist tageslichtähnlich bis violett, eine bessere Rotwiedergabe erreicht die *Zweischicht-Leuchtstofflampe*, bei welcher die violette Strahlung durch eine innere, konzentrische Schicht vermindert wird. Blendgefahr besteht kaum, weil die Leuchtdichte gering ist. Der Kondensator *d* dient zur

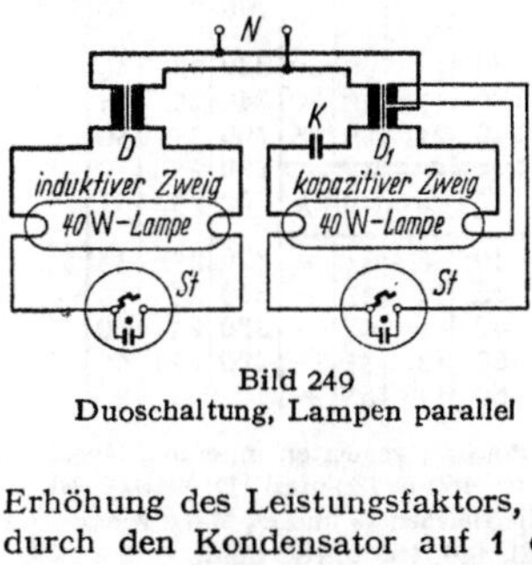

Bild 249
Duoschaltung, Lampen parallel

Bild 250
Glasrasterleuchte

Erhöhung des Leistungsfaktors, der durch die Drossel auf 0,5 vermindert, aber durch den Kondensator auf 1 erhöht wird. Der Kondensator *e* dient zur Entstörung (Rundfunk). Die Lebensdauer der Röhre ist weniger durch die Brennzeit als durch die Zahl der Schaltungen bestimmt.

Die *Duoschaltung* (Bild 249) mit zwei Leuchtstofflampen in Parallelschaltung hat nur im kapazitiven Zweig einen großen Kondensator *K* zur Erhöhung des Leistungsfaktors. Die kleinen Kondensatoren in den Glimmstartern *St* dienen auch hier der Beseitigung der Rundfunkstörungen und geben eine zusätzliche Starthilfe. Da der Strom im induktiven Zweig nacheilend, im kapazitiven Zweig voreilend ist, ergänzt sich das Leuchten der beiden Röhren zu einem flimmerfreien Licht. Durch Unterbringen in Glasrasterleuchten, Bild 250, läßt sich eine sehr gleichmäßige Lichtverteilung erzielen.

Anreißmaße (Wurzelmaße) für Stab- und Formstähle

Auszug aus überarbeitetem Entwurf DIN 997 (Ausgabe der Norm Anfang 1963)

Maße in mm

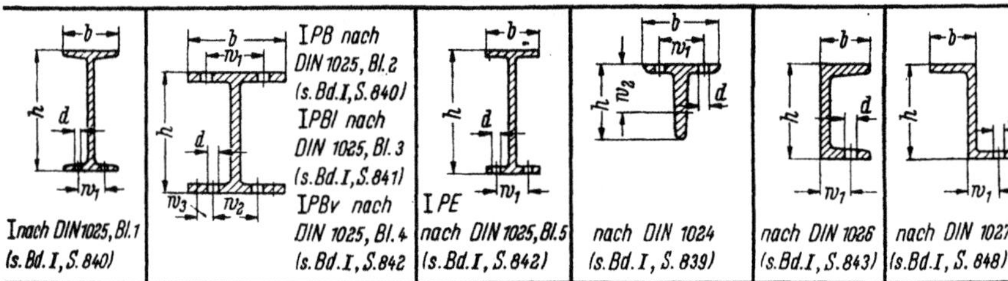

I h	d*	einreihig w1	I PB / I PBl / I PBv h	d*	einreihig w1	zweireihig w2	zweireihig w3	I PE h	d*	einreihig w1	T h = b	d*	w1	w2	[h	d*	w1	⅂ h	d*	w1
80	6,4	22	—	—	—	—	—	**80**	6,4	25	**20**	3,2	—	—	**30**	8,4	18	**30**	11	2…
100	6,4	28	**100**	13	55	—	—	**100**	8,4	30	**.25**	3,2	15	14	**40**	11	18	**40**	11	2…
120	8,4	32	**120**	17	65	—	—	**120**	8,4	35	**30**	4,3	17	17	**50**	11	20	**50**	11	2…
140	11	34	**140**	21	75	—	—	**140**	11	40	**35**	4,3	19	19	**65**	11	25	**60**	13	2…
160	11	40	**160**	23	85	—	—	**160**	13	44	**40**	6,4	21	22	**70**	11	25	**80**	13	3…
180	13	44	**180**	25	100[1]	—	—	**180**	13	48	**45**	6,4	24	25	**80**	13	25	**100**	17	3…
200	13	48	**200**	25	110[2]	—	—	**200**	13	52	**50**	6,4	30	30	**100**	13	30			
220	13	52	**220**	25	120[3]	—	—	**220**	17	58	**60**	8,4	34	35	**120**	17	30	**120**	17	3…
240	17	56	**240**	25	—	90	35	**240**	17	65	**70**	11	38	40	**140**	17	35	**140**	17	3…
260	17	60	**260**	25	—	100	40	**270**	21	72	**80**	11	45	45	**160**	21	35	**160**	21	3…
280	17	62	**280**	25	—	110	45	**300**	23	80	**90**	13	50	50	**180**	21	40	**180**	23	4…
300	21	64	**300**	25	—	120	50								**200**	23	40	**200**	23	4…
320	21	70	**320**	25	—	120	50	**330**	25	85	**100**	13	60	60	**220**	23	45			
340	21	74	**340**	25	—	120	50	**360**	25	90	**120**	17	70	70	**240**	25	45			
360	23	76	**360**	25	—	120	50	**400**	28	95	**140**	21	80	75	**260**	25	50			
380	23	82	**400**	25	—	120	50	**450**	28	100					**280**	25	50			
400	23	86	**450**	25	—	120	50				T B h = 1/2 b	breitfüßig			**300**	25	55			
425	25	88	**500**	28	—	120	45[4]	**500**	28	110	**30**	8,4	34	—	**320**	25	55			
450	25	94	**550**	28	—	120	45[4]	**550**	28	115	**35**	11	37	—	**350**	25	55			
475	28	96	**600**	28	—	120	45[4]	**600**	28	120	**40**	11	45	—	**380**	25	60			
500	28	100									**50**	13	55	—	**400**	25	60			
550	28	110	**650**	28	—	120	45[4]				**60**	17	65	—						
600	28	120	**700**	28	—	120	45[4]													
			800	28	—	120	45[4]													
			900	28	—	120	45[4]													
			1000	28	—	120	45[4]													

← Die I B-Reihe (mit geneigten inneren Flanschflächen, f h = 100, 120, 140, 160 u. 180 mm), DIN 1025, Bl. 2 (s. Bd. S. 840/41) hat die gleichen d- und w_1-Maße wie die I PB-Rei für h = 100, 120, 140, 160 u. 180 mm.

* Größtmaß. Für Niete und Schrauben von kleinerem Durchmesser können die gleichen Anreißmaße a gewendet werden. — [1–4] Abweichungen für I PBv: bei w_1 [1] 95 [2] 105 [3] 115; bei w_3 [4] 50.

Sachverzeichnis des zweiten Bandes

* an der Seitenangabe verweist auf Zahlentafel

Anreißmaße und Lochabstände für gleichschenklige Winkelstähle.

Auszug aus überarbeitetem Entwurf DIN 997 bzw. 999 (Ausgabe der Norm Anfang 1963)

Maße in mm

Gleich- u. ungleichsch. Winkelstähle

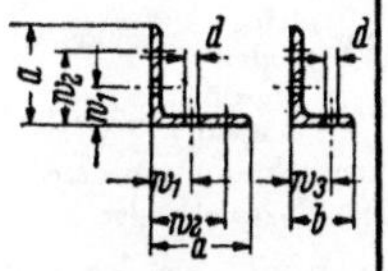

nach DIN 1028 und 1029 (s. Bd. I, S. 844/45 u. 846/47)

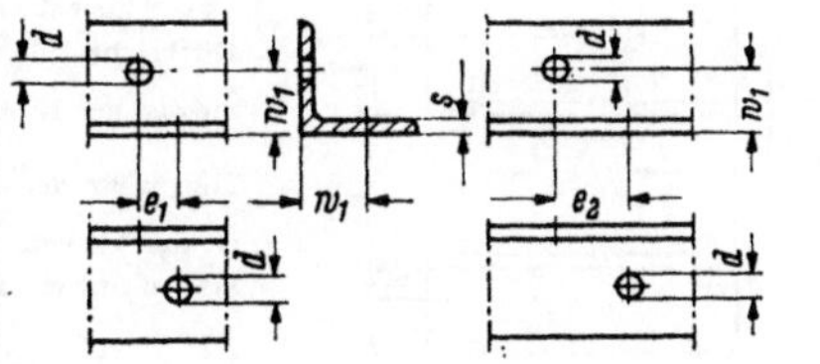

e_1 ist der kleinste Lochabstand, bei dem sich mit Rücksicht auf den Döpper- u. Kopfdurchmesser die Niete schlagen lassen.

e_2 ist der kleinste Lochabstand, bei dem in Zugstäben nur ein Loch abzuziehen ist.

L a; b	* d	w_1 w_2	zweireihig w_2
20	4,3	12	—
25	6,4	15	—
30	8,4	17	—
35	11	18	—
40	11	22	—
45	13	25	—
50	13	30	—
55	17	30	—
60	17	35	—
65	21	35	—
70	21	40	—
75	23	40	—
80	23	45	—
90	25	50	—
100	25	45	60
110	25	45	70
120	25	50	80
130	25	50	90
140	28	50	95
150	28	50	105
160	28	60	115
180	28	60	135
200	28	60	150
250	28	60	200

* Größtmaß. Für Niete u. Schrauben von kleinerem Dmr. können die gleichen Anreißmaße angewendet werden.

** Für Niete und Schrauben von kleinerem Dmr. können die gleichen Anreißmaße und Lochabstände wie bei den angegebenen kleinsten Durchmessern angewendet werden.

L	s	w_1	** d	e_1	e_2
20	3 4	12	4,3	12 13	19
25	3 4 5	15	6,4	15 16 17	24
30	3 4 5	17	8,4	12 14 15	26
35	4 5 6	18	11	15 16 17	32
40	4 5 6	22	11	13 14 15	33
45	5 7	25	13	16 19	38
50	5 6 7 9	30	13	0 8 11 15	42
	5 6 7 9		11	0 0 0 5	38
55	6 8 10	30	17	20 22 25	48
	6 8 10		13	8 13 16	42
60	6 8 10	35	17	10 15 19	52
	6 8 10		13	0	45
65	7 9 11	35	21	27 30 32	62
	7 9 11		17	13 17 20	52
	7 9 11		13	0	45

L	s	w_1	** d	e_1	e_2
70	7 9 11	40	21	20 24 26	62
	7 9 11		17	0 7 10	55
	7 9 11		13	0	48
75	7 8 10 12	40	23	26 28 30 32	65
	7 8 10 12		21	20 22 25 28	62
	7 8 10 12		17	0 0 6 13	55
80	8 10 12 14	45	23	19 23 26 29	69
	8 10 12 14		21	10 16 20 24	65
	8 10 12 14		17	0	58
90	9 11 13 16	50	25	22 26 29 33	75
	9 11 13 16		23	0 14 19 25	72
	9 11 13 16		21	0 0 10 18	69

Für zweireihige Lochanordnungen (von a = 100 bis 200 mm) wird auf DIN 999 verwiesen.

Lochabstände für ungleichschenklige Winkelstähle

Auszug aus überarbeitetem Entwurf DIN 998 (Ausgabe der Norm Anfang 1963)

Maße in mm

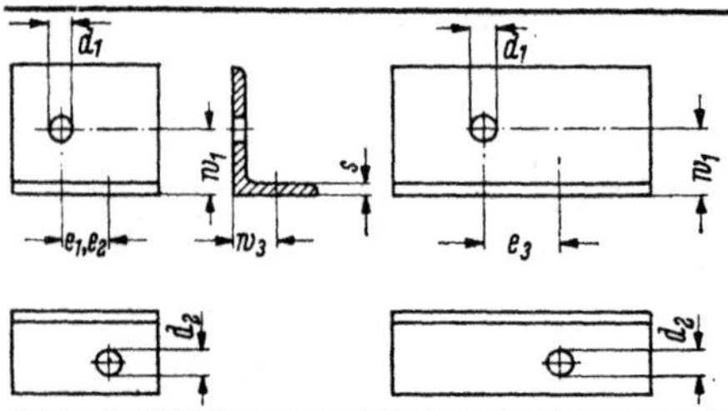

e_1 / e_2 ist der kleinste Lochabstand, bei dem sich mit Rücksicht auf den Döpper- und Kopfdurchmesser der Niet im kleinen / großen Schenkel schlagen läßt, wenn der Niet im großen / kleinen bereits sitzt.

e_3 ist der kleinste Lochabstand, bei dem in Zugstäben nur ein Loch abzuziehen ist.

L a × b	s	w_1	w_3	d_1*	d_2*	e_1	e_2	e_3
30 20	3 4	17	12	8,4	4,3	10 11	0	17
40 20	3 4	22	12	11	4,3	12 13	0	18
45 × 30	3 4 5	25	17	13	8,4	16 17 18	0	29
50 × 40	4 5	30	22	13	11	18 19	0	36
	4 5			11		13 14		
60 × 30	5 7	35	17	17	8,4	22 23	0	31
	5 7			13		18 20		
60 × 40	5 6 7	35	22	17	11	20 21 22	0	38
	5 6 7			13		16 17 18		
65 × 50	5 7 9	35	30	21	13	19 22 24	13 18 21	44
	5 7 9			17		13 16 19	0 0 11	
	5 7 9			21	11	14 18 20	10 15 19	40
	5 7 9			17		0 11 15	0 0 8	
75 × 50	5 7 9	40	30	23	13	21 24 26	0 9 15	45
	5 7 9			21		19 22 24	0 0 10	
	5 7 9			17		13 16 19	0	
	5 7 9			23	11	16 20 22	0 0 13	41
	5 7 9			21		14 18 20	0	
	5 7 9			17		0 11 15		
75 × 55	5 7 8 9	40	30	23	17	26 28 29 30	13 18 20 22	52
	5 7 8 9			21		24 26 27 28	0 13 15 17	
	5 7 8 9			17		19 22 23 24	0	
	5 7 8 9			23	13	21 24 25 26	0 11 14 16	45
	5 7 8 9			21		19 22 23 24	0 0 6 11	
	5 7 8 9			17		13 16 18 19	0	
80 × 40	6 8	45	22	23	11	27 28	0	40
	6 8			21		26 27		
	6 8			17		21 23		
80 × 65	6 8 10	45	35	23	21	27 30 32	10 16 21	62
	6 8 10			21		26 29 31	0 9 16	
	6 8 10			23	17	21 23 26	0 0 13	55
	6 8 10			21		18 21 24	0	
90 × 60	6 8	50	35	25	17	24 27	0	57
	6 8			23		21 23		
	6 8			21		18 21		
	6 8			25	13	18 22		49
	6 8			23		14 18		
	6 8			21		10 16		

* Für Niete und Schrauben von kleinerem Dmr. können die gleichen Anreißmaße und Lochabstände wie bei den angegebenen kleinsten Durchmessern angewendet werden.

Für zweireihige Lochanordnungen ($a \times b$ = 100 × 50 bis 250 × 90) wird auf DIN 998 verwiesen.

GPSR Compliance

The European Union's (EU) General Product Safety Regulation (GPSR) is a set of rules that requires consumer products to be safe and our obligations to ensure this.

If you have any concerns about our products, you can contact us on ProductSafety@springernature.com

In case Publisher is established outside the EU, the EU authorized representative is:

Springer Nature Customer Service Center GmbH
Europaplatz 3
69115 Heidelberg, Germany

Batch number: 10682534

Printed by Printforce, the Netherlands